Thermofluiddynamik

Sebastian Ruck

Thermofluiddynamik

Grundlagen, Theorie und Beispiele der konvektiven Wärmeübertragung bei laminaren und turbulenten Strömungen

Sebastian Ruck 🆔
Karlsruher Institut für Technologie (KIT)
Karlsruhe, Deutschland

ISBN 978-3-658-48881-9   ISBN 978-3-658-48882-6 (eBook)
https://doi.org/10.1007/978-3-658-48882-6

Die Deutsche Nationalbibliothek verzeichnet diese Publikation in der Deutschen Nationalbibliografie; detaillierte bibliografische Daten sind im Internet über https://portal.dnb.de abrufbar.

Planung/Lektorat: Eric Blaschke
Springer Vieweg ist ein Imprint der eingetragenen Gesellschaft Springer Fachmedien Wiesbaden GmbH und ist ein Teil von Springer Nature.
Die Anschrift der Gesellschaft ist: Abraham-Lincoln-Str. 46, 65189 Wiesbaden, Germany

Wenn Sie dieses Produkt entsorgen, geben Sie das Papier bitte zum Recycling.

Birgit & Moritz, Lukas, Paul

Vorwort

Die Idee zum Buch *Thermofluiddynamik* entstand während meiner Forschungs- und Lehr-
tätigkeit auf dem Gebiet der turbulenten Strömungsmechanik mit Wärmeübertragung am
Karlsruher Institut für Technologie. Der häufig geäußerte *Wunsch* aus dem Auditorium
der von mir gehaltenen Vorlesungen an der Fakultät für Maschinenbau nach einem aktuellen Vorlesungsskript war die wesentliche Motivation. Das vorliegende Buch richtet sich
daher in erster Linie an Studierende der Fachrichtungen Maschinenbau und Verfahrens-
technik an Universitäten und Hochschulen im Masterbereich. Darüber hinaus dient es aber
auch als Nachschlagewerk für Ingenieurinnen und Ingenieure. Es liefert einen umfangreichen Überblick über thermofluiddynamische Phänomene und Transportvorgänge, erläutert
Methoden und Werkzeuge zur Beschreibung und Berechnung thermischer Strömungsvorgänge und enthält eine umfassende Darstellung der konvektiven Wärmeübertragung bei
laminaren und turbulenten Strömungen. Ziel des Buchs ist die Vermittlung elementarer
Zusammenhänge des Impuls- und Energietransports, wie sie in energie- und wärmetechnischen Komponenten auftreten. Neben den allgemeinen Prinzipien, Modellvorstellungen
und der mathematisch-physikalischen Beschreibung von thermischen Strömungen sowie
der obligatorischen Abhandlung laminarer Strömungen, wird die konvektive Wärmeübertragung bei turbulenten Strömungen eingehend beleuchtet. Ein wichtiges Werkzeug dabei
sind Skalenbeziehungen, die auf analytischen Überlegungen, Größenordnungsabschätzungen und asymptotischen Betrachtungen beruhen. Der Transfer von analytischen Modellen
und empirischen Ergebnissen hin zur Praxis wird durch eine Auswahl anwendungsnaher
Übungsaufgaben und Beispiele unterstützt.
Der ganz besonderer Dank gilt meinem Vater Professor Dr.-Ing. habil. Dr. h. c. Bodo Ruck
für die zahlreichen Diskussionen während der Entstehungszeit des Buches sowie für die
kritische Durchsicht des Manuskripts.
Herrn Dr.-Ing. Björn Brenneis und MSc. Isaac Lorenzo Mercado gebührt großer Dank für
das Überprüfung einzelner Abschnitte des Buches.
Die angenehme Zusammenarbeit mit Herrn Blaschke und Frau Dr. Haider vom Vieweg-
Springer Verlag sei besonders dankend erwähnt.

Karlsruhe, Mai 2025   *Sebastian Ruck*

Interessenkonflikt

Der/die Autor*in hat keine für den Inhalt dieses Manuskripts relevanten
Interessenkonflikte.

Inhaltsverzeichnis

Teil III Turbulente Strömungen

Abkürzungsverzeichnis

a	$\mathrm{m^2\,s^{-1}}$	Temperaturleitfähigkeit
a_t	$\mathrm{m^2\,s^{-1}}$	Wirbeldiffusivität, turbulente Temperaturleitfähigkeit
b	m	Geometriebreite
c	$\mathrm{J\,kg^{-1}\,K^{-1}}$	Wärmekapazität
c_p		Druckbeiwert
c_f		Reibungskoeffizient
c_s	$\mathrm{m\,s^{-1}}$	Schallgeschwindigkeit
d	m	Geometrielänge
d	m	Spalttiefe
d	m	Wandversatz
e	$\mathrm{J\,kg^{-1}}$	spezifische innere Energie
$\vec{e}$		Einheitsvektor
f	$\mathrm{N\,kg^{-1}}$	massenspezifische Kraft
f	$\mathrm{s^{-1}}$	Frequenz
f		Reibungskoeffizient, Fanning-Reibungsbeiwert
f		normierte longitudinale Autokovarianzfunktionen
g	$\mathrm{m\,s^{-2}}$	Erdbeschleunigung
g		normierte transversale Autokovarianzfunktionen
h	$\mathrm{J\,kg^{-1}}$	spezifische Enthalpie
h	m	Höhe
h_r	m	Rauheitshöhe
h_s	m	Sandkornrauheitshöhe
$h_{s,a}$	m	äquivalente Sandkornrauheitshöhe
h_r^+		Rauheits-Reynolds-Zahl
h		Häufigkeitfunktion
i	$\mathrm{N\,m^{-2}}$	isotrope Anteil des Spannungstensors
k	$\mathrm{J\,kg^{-1}}$	turbulente kinetische Energie
k_s	m	Rauheitshöhe
k		Grenzschichtdickenverhältnis

l	m	Länge
l	m	Räumliche Ausdehnung
$\tilde{l}$	m	Turbulenz-Längeskala
l_m	m	Mischungsweglänge
l_t	m	Längenskala großer Wirbelstrukturen
l_s	m	Längenskala der größten Wirbelstrukturen
l_B	m	Batchelor-Längenskala
l_{OC}	m	Obukhov-Corrsin-Längenskala
m	kg	Masse
m	m	Ortskoordinate
m		Richtung
$\dot{m}$	$kg\,s^{-1}$	Massenstrom
n		Anzahl der Stichprobenwerte
$\vec{n}$		Normaleneinheitsvektor
p	$N\,m^{-2}$	Druck
q		Strömungsgröße
$\dot{q}$	$J\,s^{-1}\,m^{-2}$	Wärmestromdichte
r	m	radiale Zylinderkoordinate
$\vec{r}$	m	Verschiebungsvektor
$\vec{s}$	$N\,m^{-2}$	Spannungsvektor
t	s	Zeit
t_s	m	Wanddicke
t_t		Zeitskala bzw. Umsatzrate großer Wirbelstrukturen
$\underline{t}$	$N\,m^{-2}$	Spannungstensor
u	$m\,s^{-1}$	Strömungsgeschwindigkeit
u_t	$m\,s^{-1}$	Geschwindigkeit großer Wirbelstrukturen
u_τ	$m\,s^{-1}$	Schubspannungsgeschwindigkeit
u_m	$m\,s^{-1}$	querschnittsgemittelte Strömungsgeschwindigkeit
v	$m\,s^{-1}$	Strömungsgeschwindigkeit
w	$m\,s^{-1}$	Strömungsgeschwindigkeit
x	m	Ortskoordinate
y	m	Ortskoordinate
y_0	m	Rauheitslänge
z	m	Ortskoordinate

Großbuchstaben

A	m^2	Fläche
B		Konstante
$\tilde{B}$		Rauheitsparameter
C		Kovarianzfunktion
C		Konstante
C_K		Kolmogorov-Konstante
C_ε		entdimensionalisierte Dissipationsrate

D	m	Durchmesser
D_h	m	hydraulischer Durchmesser
E	J	Energie
E	$\mathrm{m^3\,s^{-2}}$	Energie-Spektrum-Funktion
E	$\mathrm{m^3\,s^{-2}}$	eindimensionales Energie-Spektrum
E_T	$\mathrm{K^2\,m^{-1}}$	Temperatur-Spektrum-Funktion
F	$\mathrm{m^3\,s^{-2}}$	eindimensionales Energie-Spektrum
F	$\mathrm{kg\,m\,s^{-2}}$	Kraft
E_{TT}	$\mathrm{K^2\,m^{-1}}$	eindimensionale Temperatur-Spektrum-Funktion
H	J	Enthalpie
$\dot{H}$	$\mathrm{J\,s^{-1}}$	Enthalpiestrom
H		Summenhäufigkeitsfunktion
H_{12}		Formparameter
I	$\mathrm{kg\,m\,s^{-1}}$	Impuls
K	$\mathrm{kg\,m\,s^{-2}}$	Volumenkraft
K_ρ		Dichteänderungszahl
K_{Nu}		Korrekturfaktor für Kennzahlgleichungen
K		Verlustkoeffizient
L	m	Lauflänge
N		Raumpunkte
M		Menge
P	W	Leistung
Q	J	Wärme
O^{lev}		Funktion
$\dot{Q}$	$\mathrm{J\,s^{-1}}$	Wärmestrom
R	$\mathrm{J\,kg^{-1}\,K^{-1}}$	Gaskonstante
R^*		Radienverhältnis
R	m	Krümmungsradius
R		Korrelationsfunktion
S	$\mathrm{kg\,m\,s^{-2}}$	Oberflächenkraft
S	$\mathrm{J\,K^{-1}}$	Entropie
S	$\mathrm{s^{-1}}$	Verzerrungstensor
S	$\mathrm{m^2\,s^{-1}}$	Spektrum
T	K	thermodynamische Temperatur
T	s	Betrachtungszeitraum
T_u		Turbulenzgrad
U	m	Umfang
V	$\mathrm{m^3}$	Volumen
X	m	Strecke

Sonderzeichen

$\mathcal{L}$	m	integrales Längenmaß
$\mathcal{D}$	$\mathrm{m^2\,s^{-3}}$	Diffusionsrate

$\mathcal{P}$	$\mathrm{m^2\,s^{-3}}$	Produktionsrate
$\mathcal{T}$	s	integrales Zeitmaß

Griechische Buchstaben

α	$\mathrm{W\,m^{-2}\,K^{-1}}$	Wärmeübertragungskoeffizient
α	rad	Winkel
α^*		Höhen-Breiten-Verhältnis
β	$\mathrm{K^{-1}}$	Wärmeausdehnungskoeffizient
β		Clauser-Parameter
β^*		Breiten-Höhen-Verhältnis
γ		Produktionsdichte
Γ		Diffusionskoeffizient
γ		Intermittenzfaktor
δ	m	hydrodynamische Grenzschichtdicke
δ_{th}	m	thermische Grenzschichtdicke
δ_1	m	Verdrängungsdicke
δ_2	m	Impulsverlustdicke
δ_3	m	Energieverlustdicke
δ^+		von Kármán-Zahl
δ_ν	m	viskos Länge (innere Skala)
δ_λ	m	molekulare Länge
δ_{ij}		Kronecker-Delta
$\delta_*, \delta_{th,*}$		Wandnormale charakteristische Länge in der Grenzschicht
ΔU^+		Rauheitsfunktion
ΔT_τ	K	Reibungstemperatur
ϵ		Seitenverhältnis
ε	$\mathrm{m^2\,s^{-3}}$	Dissipationsrate
χ	$\mathrm{K^2\,s^{-1}}$	Dissipationsrate der Temperaturvarianz
$\tilde{\varepsilon}_k$	$\mathrm{m^2\,s^{-3}}$	pseudo-Dissipation
ζ		Referenzkonfiguration
η		Ähnlichkeitsvariable
η	m	Kolmogorov-Skala
ϑ		Flussdichte
κ	$\mathrm{m^{-1}}$	Wellenzahl
κ		von-Kármán-Konstante
κ_η	$\mathrm{m^{-1}}$	Wellenzahl
Λ	m	Wellenlänge
λ	$\mathrm{W\,m^{-1}\,K^{-1}}$	Wärmeleitfähigkeit
λ	m	räumliche Taylor-Mikroskala
λ_τ	s	zeitliche Taylor-Mikroskala
μ	$\mathrm{kg\,m^{-1}\,s^{-1}}$	dynamische Viskosität
ν	$\mathrm{m^2\,s^{-1}}$	kinematische Viskosität
ν_t	$\mathrm{m^2\,s^{-1}}$	Wirbelviskosität

ξ		Darcy-Reibungsbeiwert bzw. Rohrreibungszahl
Π	$\mathrm{m^2\,s^{-3}}$	Energietransferrate
Π		Profilparameter
ρ	$\mathrm{kg\,m^{-3}}$	Dichte
ρ		normierte Autokovarianzfunktion
τ_{ij}	$\mathrm{N\,m^{-2}}$	Komponenten des deviatorischen Spannungstensors
τ	s	Zeitverschiebung
ϕ		extensive Größe
$\underline{\phi}$	$\mathrm{m^5\,s^{-2}}$	Geschwindigkeit-Spektraltensor
$\overline{\phi}_{TT}$	$\mathrm{K^2\,m^3}$	Temperatur-Spektralfunktion
ψ		volumenspezifische Größe
φ		intensive Größe
φ		allgemeine Strömungsgröße
φ	rad	azimuthale Zylinderkoordinate
ω	$\mathrm{s^{-1}}$	Kreisfrequenz
ω	$\mathrm{s^{-1}}$	Wirbelstärke
Ω	$\mathrm{N\,m^{-2}}$	Rotationstensor
Ξ		Diagnostik-Funktion

Hochgestellt

a	äußere
i	innere
$*$	dimensionslose Variable
$+$	dimensionslose Variable
$'$	Schwankungswert

Tiefgestellt

∞	Anströmung
∞	ausgebildet
0	charakteristische Größe
a	absolut
a	äußere
A	Fläche-gemittelt
am	adiabatische Mischung
app	scheinbar
aus	Austritt
BC	Randbedingung
CS	molekulare Schicht
$Diss$	Dissipation
e	effektiv
E	Experiment

eff	effektiv
ein	Eintritt
$Fluid$	Fluid
G	Gebiet
ges	gesamt
Hei	Heizung
H	konstanten Wandwärmestromdichte
i	i-te Richtung
i	innere
j	j-te Richtung
Ku	Kühlung
k	k-te Richtung
kin	kinetisch
$krit$	kritisch
L	Länge-gemittelte
lam	laminar
m	gemittelte Größe
m	m-te Richtung
max	Maximum
min	Minimum
ML	Mittellinie
M	molekulare Unterschicht
mP	materielle Punkte
p	isobare
R	Bezug
R	Realität
R_0	Referenzzustand
$ref,c.p.$	isothermer Referenzzustand
Ref	Referenz
s	Festkörper
$stat$	statisch
t	turbulent
tS	turbulente Schicht
T	konstanten Wandtemperatur
th	thermisch
th,tS	thermische turbulente Schicht
th,WS	thermische Wandschicht
τ	Reibungs
V	Volumen
v	isochore
W	Wand
WS	Wandschicht

Symbole

∇	Gradient
$\nabla\cdot$	Nabla-Operator
Δ	Differenz
O	Größenordnung
$\overline{}$	gemittelte Größe
$\rightarrow$	Vektor
$\wedge$	Schätzwert
$\overline{}$	Tensor
$\lesssim$	kleiner oder näherungsweise gleich groß
$\gtrsim$	größer oder näherungsweise gleich groß
$\leq$	kleiner oder gleich groß
$\geq$	größer oder gleich groß
$\sim$	proportional zueinander mit Proportionalitätskonstante $O(1)$
$\langle\angle$	Zeitmittel
$'$	Schwankungswert

Abkürzungen

CFD	Computer Fluid Dynamics
CW	Cold Wire
DNS	Direkte Numerische Simulation
EVM	Wirbelviskosität-Annahme
GDH	Gradienten-Diffusions-Annahme
HW	Hot Wire
ODS	Oxide Dispersion-strengthened
LDA	Laser-Doppler-Anemometrie
LES	Large Eddy Simulation
LIF	Laser-Induced-Fluorescence
N	Nachlaufschicht
PIV	Particle-Image-Velocimetry
RANS	Reynolds-Averaged-Navier-Stokes
TBC	Thermal Barrier Coating
T	turbulente Schicht
Ü	Übergangsschicht
VU	viskose Unterschicht
ZPG TBL	Zero Pressure Gradient Turbulent Boundary Layer

Kennzahlen

Bi	Biot-Zahl
Br	Brinkmann-Zahl

Ec	Eckert-Zahl
Eu	Euler-Zahl
Fo	Fourier-Zahl
Fr	Froude-Zahl
Gr	Grashof-Zahl
Gz	Graetz-Zahl
Kn	Knudsen-Zahl
Ma	Mach-Zahl
Nu	Nusselt-Zahl
Pe	Péclet-Zahl
Pr	Prandtl-Zahl
Ra	Rayleigh-Zahl
Re	Reynolds-Zahl
Re_τ	Reibungs-Reynolds-Zahl
Ri	Richardson-Zahl
St	Stanton-Zahl
Str	Strouhal-Zahl

Teil I
Grundlagen

Kapitel 1
Einführung

In einer Vielzahl von energie- und wärmetechnischen Bauteilen, Komponenten oder Apparaten des Maschinen- und Anlagenbaus, der Klima- und Umwelttechnik sowie der Prozess- oder der Energietechnik treten laminare und turbulente Gas- und Flüssigkeitsströmungen auf. Beispiele hierfür sind Strömungen in Solarreceivern, Kollektoren, Absorbern, Dampferzeugern, Wärmeübertragern, Speichern, Rohrleitungen, Kondensatoren, Pumpen, Turbinen, Reaktoren, Mischern, Katalysatoren, Backöfen, Abzugshauben, Wasserkochern, Ventilatoren, Heizungen, Klimageräten, Luftbefeuchtern, Filtersystemen, CPU-Lüftern, Gasthermen usw. Die Strömungen unterscheiden sich je nach Anwendung in ihrer Komplexität und weisen verschiedene physikalische Eigenschaften auf. Detaillierte Kenntnisse über die vorliegenden thermischen Strömungsfelder sind eine wichtige Voraussetzung für Neuentwicklungen und Grundlagenuntersuchungen mit den Zielen der Effizienz- und Effektivitätssteigerung, der Ressourceneffizienz, der Kostenreduktion sowie der Steigerung von Qualität, Sicherheit und Produktivität. Die einer Fluidströmung zugrundeliegenden Geschwindigkeits-, Druck-, Dichte- und Temperatur- bzw. Konzentrationsfelder werden durch thermofluiddynamische Phänomene bestimmt. Sie lassen sich mit Hilfe der kontinuumsmechanischen Gesetzmäßigkeiten des Impuls- und Energietransport beschreiben und anhand daraus abgeleiteter Berechnungsmethoden ermitteln oder durch experimentelle Untersuchungen bestimmen. Die Bedeutung der Thermofluiddynamik für die Auslegung und Entwicklung von energie- und wärmetechnischen Anwendungen ist immens wichtig und soll im Folgenden anhand von drei F&E-Beispielen aus unterschiedlichen ingenieurtechnischen Themengebieten kurz aufgezeigt werden:

Beispiel 1.1

Bei thermofluiddynamischen Prozessen zur Energieumwandlung in Kraftwerken ist man meistens bestrebt, hohe Temperaturdifferenzen des Arbeitsmediums zu erzielen, um den Wirkungsgrad zu steigern (Carnot-Wirkungsgrad: $1 - T_{min}/T_{max}$). So ist der Wirkungsgrad einer Gasturbine umso höher, je höher die Gastemperaturen im Expansionsteil der Gasturbinenanlagen liegen (und je höher das Druckverhältnis der Turbine ist). Wie in Abb.

1.1 a skizziert, werden aktuell Gastemperaturen von über 1500 °C angestrebt, wobei die Oberflächentemperaturen der ersten Schaufel-Reihe der Turbine über 1200 °C betragen können. Das Einhalten der materialbedingten Maximaltemperatur erfordert neben dem Einsatz von ODS-Legierungen (Oxide dispersion-strengthened (Merrick et al. (1977))) und keramischen TBC-Beschichtungen (Thermal barrier coating (Padture et al. (2002))), die in Abb. 1.1 b gezeigte aktive Kühlung durch Sekundärluft in der Turbinenschaufel und Filmströmungen entlang der Schaufeloberfläche. Für die Sekundärluftkühlung sind in die Turbinenschaufel flache Kühlkanäle integriert, die mit einem gasförmigen Kühlmedium (z. B. Luft) durchströmt werden. Zur Verbesserung der Energieübertragung in Form eines Wärmeaustauschs zwischen den Kühlkanalwänden und dem Kühlmedium, d. h. zur Steigerung des konvektiven Wärmeübergangs sind die Kanalwände strukturiert. Die Oberflächenstrukturen in Form von Rippen oder Pins führen zu Wirbelablösungen, freien Scherschichtströmungen oder einer erhöhten advektiven Durchmischung, wodurch intensive Wärmeaustauschprozesse in der Nähe der Kühlkanalwände stattfinden. Die Energieeffizienz und Effektivität ist von vielen unterschiedlichen Parametern abhängig (Fluid, Fluidgeschwindigkeit, Fluidtemperatur, Wandtemperaturen, Rauheiten, usw.). Eine detaillierte Untersuchung der Strömungs- und Temperaturfelder anhand experimenteller und numerischer Methoden ist für die Auslegung derartiger Oberflächenstrukturen daher unerlässlich.

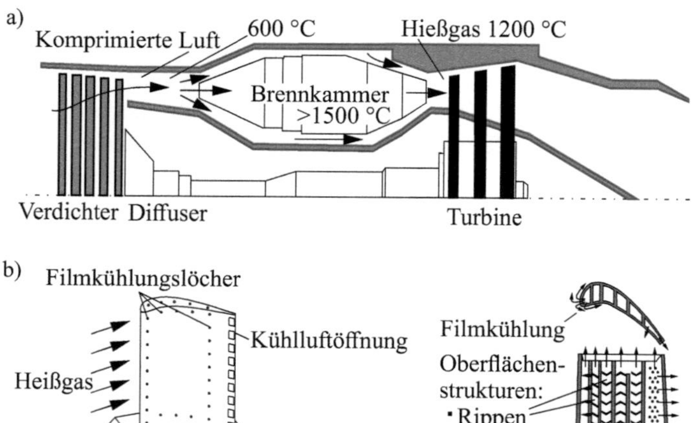

Abb. 1.1 *a*) Schematische Darstellung einer Gasturbine *b*) und Verbesserung des konvektiven Wärmeübergangs durch die aktive Kühlung einer Turbinenschaufel mit Sekundärluftkühlung und Filmströmungen nach Han (2004).

Beispiel 1.2

Fließt Strom durch ein elektrisches Bauteil, so wird Energie aufgrund des elektrischen Widerstands dissipiert. Betrachtet man Schaltkreise wie Prozessoren kommt noch das Schalten der Binärzustände hinzu, wobei die Ladungsverschiebungen zur weiteren Wärmeentwicklung beitragen. Je schneller geschaltet wird, desto wärmer wird der Prozessor. Bei hochmodernen Prozessoren mit Taktfrequenzen im Bereich mehrerer Gigahertz können Leistungsdichten von über $100\,\mathrm{W\,cm^{-2}}$ auf der Platinenfläche auftreten. Die Abführung dieser Leistung muss durch einen geeigneten Wärmetransport sichergestellt werden. Offensichtlich spielt das Wärmemanagement eine entscheidende Rolle, um möglichst hohe Taktfrequenzen zu erreichen. Dementsprechend ist eine an das CPU-Design angepasste, thermofluiddynamisch optimierte Auslegung der Kühlelemente (Lüfter, Heatpipes, Kühlrippen, usw.) überaus wichtig für die Entwicklung neuer leistungsfähiger Mainboards.

Beispiel 1.3

Bei Solarturmkraftwerken wird die Solarstrahlung mit Hilfe von Heliostaten auf die Receivereinheit an der Spitze des Solarturms fokussiert. Durch die Strahlungskonzentration lassen sich an den Absorbern Leistungsstromdichten erzielen, die weitaus höher sein können, als man es von Strahlungsheizflächen konventioneller Kraftwerken her kennt (Stieglitz und Heinzel (2012)). Die Gesamtleistung des Solarkraftwerks ist durch die von der Receivereinheit übertragbare Leistungsdichte limitiert. Die hohen Materialtemperaturen und schnellen Laständerungen (die beispielsweise durch Wolken oder Regen verursacht werden) führen zu einer hohen Beanspruchung der Kraftwerkskomponenten. Kritische Bauteile, wie die Receiver oder die Wärmeübertrager zwischen Primär- und Sekundärkreislauf bei Flüssigsalz- oder Flüssigmetallsystemen, bedürfen neben der Auslegung auf die Prozessvariablen des Kraftwerkskreislaufs, einer detaillierten thermofluiddynamischen Untersuchung. Hierbei besteht die Hauptaufgaben darin, eine unter strömungs- und thermofluiddynamischen Gesichtspunkten optimierte Komponente zu entwickeln oder kritische Strömungsbereiche zu identifizieren. So lassen sich beispielsweise die Ausbildung von Wärmebrücken oder das Auftreten kritischer Materialtemperaturen infolge einer ungünstigen Fluidströmung vermeiden.

Dies sind nur drei Beispiele, die verdeutlichen, dass die Entwicklung thermisch beanspruchter Komponenten thermofluiddynamische Untersuchungen des zugrunde liegenden Impuls- und Energietransports bedarf. Es werden hierfür analytische, experimentelle und numerische Methoden eingesetzt, mit deren Hilfe man integrale Größen, wie die Wärmeübertragungsraten und der Strömungswiderstand, oder detaillierte Verteilungen des Geschwindigkeits- und Temperaturfelds ermittelt. Anhand der gewonnen Erkenntnisse lassen sich u. a. funktionale Eigenschaften analysieren, energetische Optimierungen ableiten oder die Langzeitfestigkeit, bzw. die Versagensgrenze unter Maximalbeanspruchung bestimmen. Für eine erfolgreiche Anwendung dieser Methoden sind neben Grundlagenkenntnissen in der Kraftwerks- und Energietechnik auch Fachwissen in den Bereichen Thermodynamik, Strömungsmechanik und Wärmeübertragung erforderlich. All diese Bereiche bilden zusammen das Fachgebiet der Thermofluiddynamik. Die Grundlagen hierfür werden im vorliegenden Buch zusammengestellt. Mit Hilfe des vermittelten Wissens soll der Leser in die Lage versetzt werden, …

- … Differentialgleichungen für thermofluiddynamische Prozesse aufzustellen, entsprechende dimensionslose Kennzahlen abzuleiten und anzuwenden,
- … die Transportvorgänge der konvektiven Wärmeübertragung zu erklären und mit Hilfe von Kennzahlen in ein adäquates Modell zu überführen,
- … turbulente Strömungen anhand statistischer Verfahren zu analysieren,
- … Näherungsverfahren und Korrelationen zur Ermittlung von Kennzahlen für die Wärmeübertragung und den Strömungswiderstand bei erzwungener Konvektion für laminare und turbulente Strömungen entlang von Körperoberflächen sowie in Rohren und Kanälen zu erklären und zu verwenden,
- … Rechenverfahren und Modellierungsansätze für turbulente Strömungen mit Wärmeübertragung zu bewerten und diese anwendungsspezifisch auszuwählen,
- … Experimente für thermohydraulische Fragestellungen und Validierungsaufgaben zu planen sowie
- … Methoden zu entwickeln, um die lokale und globale Effizienz und Effektivität der Wärmeübertragung bei thermischen Strömungen zu optimieren.

Literaturverzeichnis

Merrick HF, Curwick LR, Kim Y0 (1997) Development of an Oxide Lispersion Strengthened Turbine Blade Alloy by Mechanical Alloying, CP-135150, NASA
Padture NP, Gell M., Jordan EH (2002) Thermal Barrier Coatings for Gas-Turbine Engine Applications. Science, doi: 10.1126/science.1068609
Han JC (2004) Recent Studies in Turbine Blade Cooling. Int. J. Rotating Mach, doi: 10.1155/S1023621X04000442
Stieglitz R, Heinzel V (2012) Thermische Solarenergie. Springer, Berlin Heidelberg

Kapitel 2
Grundgleichungen

Zusammenfassung Im vorliegenden Kapitel befassen wir uns mit den Grundlagen für eine mathematische Beschreibung thermischer Strömungsvorgänge. Nach dem Kennenlernen der Kontinuumshypothese werden wir auf Basis der Bilanzgleichungen die Erhaltungsgleichungen für Masse, Impuls und Energie formulieren. Mit Hilfe der Zustandsgleichungen gelingt es die Temperaturgleichung für thermische Strömungsfelder aus den Erhaltungsgleichungen zu gewinnen. Abschließend wird das Konzept der Skalenbeziehungen erläutert, die ein wichtiges Werkzeug zur Beschreibung des Verhaltens relevanter charakteristischer Größen eines Strömungsvorgangs darstellen.

Lernziele

- Sie können die Unterschiede zwischen intensiven, extensiven und spezifischen Größen benennen und erklären.
- Sie sind in der Lage, Bilanzgleichungen für extensive und intensive Größen aufzustellen und die einzelnen Gleichungsterme zu erläutern.
- Sie können die Erhaltungsgleichungen für Masse, Impuls und Energie herleiten und die einzelnen Gleichungsterme beschreiben.
- Sie lernen mit Hilfe der Boussinesq-Approximation Auftriebskräfte in der inkompressiblen Impulsgleichung zu berücksichtigen.
- Sie sind in der Lage, Skalenbeziehungen für thermische Strömungsvorgänge zu entwickeln.

© Der/die Autor(en), exklusiv lizenziert an
Springer Fachmedien Wiesbaden GmbH, ein Teil von Springer Nature 2025
S. Ruck, *Thermofluiddynamik*, https://doi.org/10.1007/978-3-658-48882-6_2

2.1 Kontinuumsmechanische Grundlagen

Die mathematische Beschreibung von thermofluiddynamischen Vorgängen eines Arbeitsmediums in thermisch belasteten Bauteilen geschieht anhand von Bilanzgleichungen, mit
deren Hilfe sich u. a. die Geschwindigkeits-, Druck-, Dichte- und Temperaturfelder bestimmen lassen. Bilanzgleichungen erhält man durch das Bilanzieren von Bilanzgrößen. Handelt es sich bei den Bilanzgrößen um Erhaltungsgrößen wie beispielsweise Masse, Impuls
oder Energie, so ergeben sich Erhaltungsgleichungen. Bevor wir uns mit der Herleitung
der Erhaltungsgleichungen für die Thermofluiddynamik befassen, müssen wir zunächst
klären, was man sich unter einem Fluid vorstellen muss, um dessen Bewegungen und Eigenschaften hinreichend genau quantifizieren zu können. Mit wenigen Ausnahmen, hilft uns
dabei die Kontinuumshypothese. Sie liefert nämlich eine geeignete Modellvorstellung zur
Beschreibung thermofluiddynamischer Vorgänge. Im Rahmen der Kontinuumsmechanik
stellt ein Fluid einen materiellen Körper dar, der sich aus Fluidelementen, den sogenannten
materiellen Punkten, zusammensetzt. Das Konzept ist in Abb. 2.1 skizziert. Materielle
Punkte ergeben sich aus der Zuordnung von Materialeigenschaften zu Raumpunkten. Sie
sind statistisch gleichmäßig in dem von ihnen eingenommenen Gebiet im Raum verteilt.
Ein materieller Punkt lässt sich als ein räumlicher Zusammenschluss von einer ausreichend
großen Anzahl von Molekülen interpretieren, wobei die Eigenschaften des materiellen
Punktes den Mittelwerten der Moleküleigenschaften entsprechen. Einige Bedingungen,
die für die Gültigkeit der Kontinuumshypothese für Fluide notwendig sind, sollen hier kurz
aufgelistet werden:

- Die linearen Abmessungen jedes einzelnen materiellen Punktes l_{mP} sind klein im Vergleich zur charakteristischen Länge l_0 des betrachteten Strömungsvorgangs, aber groß
  genug, um die molekulare Struktur zu vernachlässigen.
- Ein materieller Punkt ist ein kompakter Zusammenschluss von Molekülen. Bei Gasen
  ist die mittlere freie Weglänge l_m der Moleküle viel kleiner als die charakteristischen
  makroskopischen Abmessungen der betrachteten Strömungskonfiguration, sodass für
  die Knudsen-Zahl stets $Kn = l_m/l_0 \ll 1$ gilt.
- Die physikalischen Eigenschaften eines Fluids sind durch die räumliche Verteilung der
  materiellen Punkte und deren individuellen Eigenschaften bestimmt, die dem statistischen Mittel über die Eigenschaften der vorliegenden Moleküle entsprechen.
- Das von den materiellen Punkten eingenommene Gebiet wird durch das Volumen ΔV
  beschrieben. Das Verhältnis der Masse Δm der materiellen Punkte zum dazugehörigen
  Volumen ΔV definiert die Massendichte ρ. Der Grenzübergang liefert die Dichte des
  Fluids als eine stetige Funktion des Ortes $\vec{x}$ und der Zeit t

$$\rho(\vec{x},t) \equiv \lim_{\Delta m, \Delta V \to 0} \frac{\Delta m}{\Delta V} = \frac{dm}{dV}; \qquad [\text{kg m}^{-3}] \quad . \qquad (2.1)$$

Solange die genannten Bedingungen erfüllt sind, können wir davon ausgehen, dass sich
thermische Strömungsvorgänge mit Hilfe kontinuumsmechanischer Gesetzmäßigkeiten beschreiben lassen. Gaskinetische Betrachtungen sind mit dieser Modellvorstellung natürlich
nicht möglich. Die auf molekularer Ebene ablaufenden Prozesse werden schließlich nur als
Mittelwert berücksichtigt. Für viele ingenieurtechnische Fragestellungen der Thermofluid-

dynamik ist ein gaskinetischer Ansatz aber auch nicht notwendig und wäre wegen des hohen rechentechnischen Aufwandes auch nicht immer praktikabel.

Bewegung des materiellen Körpers

Die Beschreibung der Fluidbewegung (Bewegung des materiellen Körpers) basiert auf der Kinematik der materiellen Punkte. Daher ist es notwendig, diese eindeutig zu identifizieren. Im Rahmen der Kontinuumshypothese wird jedem materiellen Punkt zu jedem Zeitpunkt t ein Ort des Euklidischen Raums zugeordnet. Durch die Einführung eines Koordinatensystems lässt sich die Lage eines jeden materiellen Punkts mit einem Ortsvektor $\vec{x}$ zu jedem Zeitpunkt t beschreiben. Eine Unterscheidung zwischen den materiellen Punkten gelingt durch die Angabe von Positionsvektoren $\vec{\zeta}$ zu den materiellen Punkten. Hierzu ordnet man den Positionsvektoren $\vec{\zeta}$ der materiellen Punkte die Ortsvektoren $\vec{x}$ zu einem für den Körper charakteristischen Zeitpunkt t_0 zu, sodass $\vec{\zeta} = \vec{x}(t_0)$ gilt. Die Zuordnung von Positionsvektoren zu Ortsvektoren zum Zeitpunkt t_0 definiert die Referenzkonfiguration. Entspricht diese dem Ausgangszustand der Betrachtung, wird sie auch als Initialkonfiguration bezeichnet. Im Gegensatz dazu bezieht sich die Momentankonfiguration auf den aktuellen Zeitpunkt t. Die Zuordnung des Positionsvektors $\vec{\zeta}$ zu einem materiellen Punkt ändert sich mit der Zeit nicht. Der Ortsvektor

$$\vec{x} = \vec{x}(\vec{\zeta},t) \tag{2.2}$$

gibt demzufolge den Ort $\vec{x}$ an, an dem sich der materielle Punkt mit der Referenzkonfiguration $\vec{\zeta}$ (zum Zeitpunkt t_0) zum Zeitpunkt t befindet. Für einen materiellen Punkt beschreibt $\vec{x}(\vec{\zeta},t)$ dessen Bahn und für aufeinanderfolgende Zeitpunkte dessen Bewegung, wobei die Geschwindigkeit $\vec{u}$ des materiellen Punkts durch die zeitliche Ableitung von $\vec{x}(\vec{\zeta},t)$ bei festem $\vec{\zeta}$ gegeben ist. Die Bewegung des materiellen Körpers ergibt sich somit aus der zeitlichen Abfolge verschiedener Konfigurationen $\vec{x}(\vec{\zeta},t)$.

Die Zuordnung eines materiellen Punktes durch den Vektor $\vec{x}(\vec{\zeta},t)$ ist eindeutig und invertierbar, da jeder materieller Punkt zu einem Zeitpunkt nur einen Raumpunkt belegt, und sich an jedem Raumpunkt zu einem Zeitpunkt immer nur ein materieller Punkt befindet. Somit können wir durch den Vektor

$$\vec{\zeta} = \vec{\zeta}(\vec{x},t) \tag{2.3}$$

auch den materiellen Punkt angeben, der sich zum Zeitpunkt t am Ort $\vec{x}$ befindet. In diesem Sinne bezeichnet man $\vec{\zeta}$ als materielle Koordinate und $\vec{x}$ als Feldkoordinate bzw. räumliche Koordinate.

Lagrange'sche und Euler'sche Darstellung

Für jeden materiellen Punkt eines Fluids lassen sich zum Zeitpunkt t physikalische Größen wie beispielsweise die Dichte ρ, die Geschwindigkeit $\vec{u}$, der Druck p oder die Temperatur T angeben. Die physikalischen Eigenschaften eines Fluids werden durch die räumliche Verteilung der materiellen Punkte und deren individuelle Eigenschaften bestimmt. Lässt sich eine beliebige physikalische Größe φ eines Fluids durch die Eigenschaften von Posi-

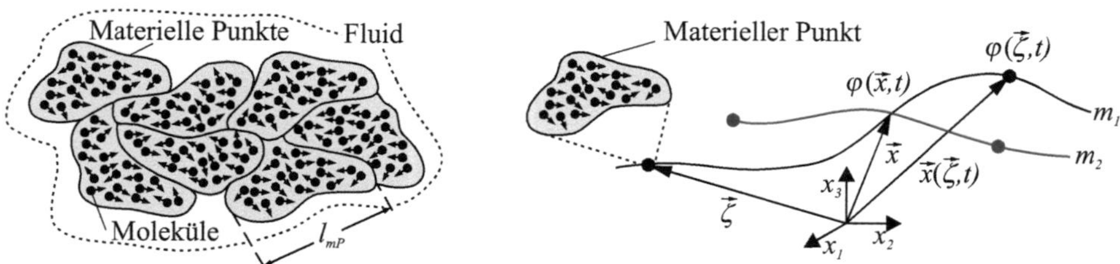

Abb. 2.1 Modellvorstellung eines materiellen Körpers und Lagrange'sche und Euler'sche Beschreibungsweise, Bahnkurven der materiellen Punkte m_1 und m_2.

tionsvektor $\vec{\zeta}$ und Zeit t bzw. von Ort $\vec{x}$ und Zeit t angeben, so nennt man sie Feldgröße[1].

Werden Feldgrößen als Funktion eines für den materiellen Punkt charakteristischen Vektors seiner Referenzkonfiguration $\vec{\zeta}$ und der Zeit t angegeben, spricht man von der Lagrange'schen bzw. materiellen Beschreibungsweise und es gilt

$$\varphi = \varphi(\vec{\zeta},t) \quad . \tag{2.4}$$

Am Ort $\vec{x}(\vec{\zeta},t)$ besitzt der materielle Punkt mit der Referenzkonfiguration $\vec{\zeta}$ die physikalische Größe $\varphi(\vec{\zeta},t)$. Die Änderung der Feldgröße $\varphi(\vec{\zeta},t)$ basiert demnach auf der zeitlichen Änderung der Eigenschaften des materiellen Punkts mit der Referenzkonfiguration $\vec{\zeta}$. Während die materielle Beschreibungsweise in der Festkörper- und Strukturmechanik weit verbreitet ist, findet sie in der Thermofluiddynamik oder Strömungsmechanik kaum Anwendung. Dort interessiert man sich eher für das Verhalten des Fluids innerhalb eines definierten räumlichen Gebiets und in der Regel nicht für das Verhalten einzelner materieller Punkte beim Durchqueren dieses Gebietes. Dementsprechend gibt man Feldgrößen als Funktion von Ort $\vec{x}$ und Zeit t an und es gilt

$$\varphi = \varphi(\vec{x},t) \quad . \tag{2.5}$$

Man spricht in diesem Fall von der Euler'schen Beschreibungsweise. Die Änderung der Feldgröße $\varphi(\vec{x},t)$ am Ort $\vec{x}$ resultiert aus der Änderung der physikalischen Größe des materiellen Punktes am Ort $\vec{x}$ und daher, dass sich am Ort $\vec{x}$ zu verschiedenen Zeitpunkten verschiedene materielle Punkte befinden. Mit Gl. (2.2) und Gl. (2.3) lassen sich materielle und räumliche Koordinaten als unabhängige Variablen einer Funktion zur Beschreibung der Größe φ ineinander umrechnen. Es gilt somit

$$\varphi(\vec{x},t) = \varphi(\vec{x}(\vec{\zeta},t),t) = \varphi(\vec{\zeta},t) \quad . \tag{2.6}$$

---

[1] In der Strömungsmechanik und Thermofluiddynamik wird häufig der Begriff Strömungsgröße anstatt des Begriffs Feldgröße verwendet.

Zeitableitungen

Anhand von Bilanzgleichungen lassen sich zeitliche und räumliche Änderungen von Feldgrößen beschreiben. Bei Abhängigkeiten von mehreren Variablen handelt es sich um partielle Differentialgleichungen. Grundsätzlich lassen sich Änderungen einer von mehreren Variablen abhängigen Funktion $\varphi = f(\xi_i,...,\xi_n)$ durch das totale Differential

$$D\varphi = \sum_{i=1}^{n} \frac{\partial \varphi}{\partial \xi_i} \cdot D\xi_i \qquad (2.7)$$

beschreiben. Aus Gl. (2.7) können wir unmittelbar auf die totale zeitliche Ableitung

$$\frac{D\varphi}{Dt} = \sum_{i=1}^{n} \frac{\partial \varphi}{\partial \xi_i} \cdot \frac{D\xi_i}{Dt} \qquad (2.8)$$

schließen. Die Eigenschaften eines Fluids ändern sich im Allgemeinen mit der zeitlichen Änderung der materiellen Punkte, aus denen das betrachtete Fluid besteht. Daher besitzt die zeitliche Änderung der materiellen Punkte für die Herleitung der Bilanzgleichungen eine übergeordnete Bedeutung. Liegt die physikalische Größe $\varphi(\vec{\zeta},t)$ in Lagrange'scher Beschreibungsweise vor, so entspricht die totale zeitliche Ableitung von $\varphi(\vec{\zeta},t)$ der zeitlichen Ableitung von $\varphi(\vec{\zeta},t)$ bei festem (bzw. zeitlich unveränderlichem) $\vec{\zeta}$

$$\frac{D\varphi(\vec{\zeta},t)}{Dt} = \left.\frac{\partial \varphi(\vec{\zeta},t)}{\partial t}\right|_{\vec{\zeta}} \qquad . \qquad (2.9)$$

Man bezeichnet diesen Ausdruck als materielle Ableitung. In den Erhaltungsgleichungen oder Bilanzgleichungen der Thermofluiddynamik werden die Feldgrößen vorzugsweise in Euler'scher Beschreibungsweise angegeben. Wir suchen daher nach einer Möglichkeit die materielle Ableitung von φ in Euler'scher Beschreibungsweise darzustellen. Ist die Konvertierbarkeit zwischen räumlichen und materiellen Koordinaten zur vektoriellen Beschreibung eines materiellen Punkts eindeutig umkehrbar, so gilt Gl. (2.6). Unter Berücksichtigung von Gl. (2.8) und Gl. (2.9) ergibt sich für die materielle Ableitung der physikalischen Größe φ aus Gl. (2.6),

$$\frac{D\varphi(\vec{\zeta},t)}{Dt} = \frac{D\varphi(\vec{x}(\vec{\zeta},t),t)}{Dt} = \frac{\partial \varphi(\vec{x}(\vec{\zeta},t),t)}{\partial t} \cdot \frac{Dt}{Dt} + \frac{\partial \varphi(\vec{x}(\vec{\zeta},t),t)}{\partial \vec{x}} \cdot \frac{D\vec{x}(\vec{\zeta},t)}{Dt} \qquad . \qquad (2.10)$$

Die materielle Ableitung des Ortsvektors $D\vec{x}(\vec{\zeta},t)/Dt$ entspricht der Geschwindigkeit $\vec{u}(\vec{\zeta},t)$ eines materiellen Punktes mit der Referenzkonfiguration $\vec{\zeta}$ entlang seiner Bahn $\vec{x}(\vec{\zeta},t)$. Mit Gl. (2.3) gelingt der Übergang auf $\vec{u}(\vec{x},t)$. Gemäß Gl. (2.10) setzt sich die materielle Ableitung der physikalischen Größe φ in Euler'scher Beschreibungsweise aus der lokalen zeitlichen Änderung der physikalischen Größe am festen Ort und der örtlichen Änderung dieser Größe durch die Bewegung des materiellen Punkts zusammen.

2.2 Bilanzgleichungen

Bei Bilanzgleichungen der Thermofluiddynamik handelt es sich in der Regel um Differentialgleichungen zur Beschreibung der Änderungen von Feldgrößen.

2.2.1 Wo wird bilanziert?

Bilanzgleichungen können für beliebig bewegte Volumen, ortsfeste Volumen oder materielle Volumen formuliert werden. Der allgemeinste Fall ist das beliebig bewegte Volumen, bei dem sich sowohl das Volumen als auch die Masse ändern. Beim ortsfesten Volumen V ändert sich das Volumen nicht mit der Zeit und die Masse kann in das vom Volumen eingenommene Gebiet durch die Oberfläche A hinein und aus ihm heraus transportiert werden. Beim materiellen Volumen hingegen bleibt die Masse konstant und das räumliche Volumen $V(t)$ ändert sich mit der Zeit. Hierbei entspricht die Masse m der Summe der Massenelemente dm, der vom Volumen eingeschlossenen Menge M an materiellen Punkten und lässt sich durch das Integral der Dichte über das materielle Volumen $V(t)$ ausdrücken,

$$
m = \int_M dm = \iiint_{V(t)} \rho \, dV \quad .
\tag{2.11}
$$

Die Oberfläche $A(t)$ eines materiellen Volumens wird aus den am Volumenrand befindlichen materiellen Punkten zum Zeitpunkt t gebildet und wird materielle Oberfläche genannt. Materielle Volumen erfüllen somit die Eigenschaften thermodynamisch geschlossener Systeme.

2.2.2 Was wird bilanziert?

Bilanzgleichungen können für intensive und extensive Größen aufgestellt werden. Physikalische Größen, die für ein materielles Volumen (bzw. geschlossenes System) definiert sind, nennen wir extensive Größen ϕ. Sie sind daher nur eine Funktion der Zeit t und unabhängig vom Ort $\vec{x}$: $\phi \rightarrow \phi(t)$. Dementsprechend erhält man mit der totalen zeitlichen Ableitung einer extensiven Größe, die für ein materielles Volumen vorliegt, gewöhnliche Differentialgleichungen in der Zeit. Zu den extensiven Größen gehören beispielsweise das Volumen V, die Masse m, der Impuls $\vec{I}$, die Energie E, die Enthalpie H, usw. Intensive Größen φ beschreiben die Eigenschaften der materiellen Punkte in einem beliebigen Volumen. Sie sind masse- bzw. dichteunabhängig und lassen sich durch die Angabe von Teilchen $\vec{\zeta}$ und Zeit t: $\varphi \rightarrow \varphi(\vec{\zeta},t)$ oder als Funktion von Ort $\vec{x}$ und Zeit t : $\varphi \rightarrow \varphi(\vec{x},t)$ angeben. Die totale zeitliche Ableitung einer intensiven Größe in Euler'scher Beschreibungsweise führt auf partielle Differentialgleichungen. Feldgrößen wie die Geschwindigkeit $\vec{u}$, die Temperatur T, der Druck p oder die Dichte ρ gehören zu den intensiven Größen. Spezifische Größen sind auf die Masse, die Stoffmenge oder das Volumen bezogene extensive Größen und gehören zur Klasse der intensiven Größen, z. B. die spezifische innere Energie $e = dE/dm$. Durch die Integration einer spezifischen Größe über das entsprechende Bilanzgebiet erhält man eine extensive Größe. Es lassen sich somit folgende Beziehungen zwischen extensiven und intensiven Größen angeben:

- Die mit der Masse m (der Menge M an materiellen Punkten) referenzierte extensive Größe $\phi(t)$ lässt sich durch Integration a) der mit den materiellen Punkten referenzierten spezifischen Größe $\varphi(\vec{\zeta},t)$ über die Menge m der materiellen Punkte oder b) der volumenspezifischen Größe $\psi(\vec{x},t) = \varphi(\vec{x},t) \cdot \rho$ über das dazugehörige materielle Volumen $V(t)$ ausdrücken

$$\phi(t) = \int_M \varphi(\vec{\zeta},t)\, dm = \iiint_{V(t)} \varphi(\vec{x},t) \cdot \rho\, dV = \iiint_{V(t)} \psi(\vec{x},t)\, dV \quad . \tag{2.12}$$

- Die zeitliche Änderung einer extensiven Größe $\phi(t)$ eines materiellen Volumens entspricht der zeitlichen Änderung des Volumenintegrals über die zugehörige volumenspezifische Größe $\psi(\vec{x},t)$

$$\frac{D}{Dt}\phi(t) = \frac{D}{Dt} \int_M \varphi(\vec{\zeta},t)\, dm$$
$$= \frac{D}{Dt} \iiint_{V(t)} \varphi(\vec{x},t) \cdot \rho\, dV = \frac{D}{Dt} \iiint_{V(t)} \psi(\vec{x},t)\, dV \quad . \tag{2.13}$$

2.2.3 Wie wird bilanziert?

Die Herleitung der Bilanzgleichungen erfolgt vorzugsweise in integraler Form durch Bilanzierung von extensiven Größen (Masse, Impuls, Energie, …) an einem materiellen Volumen, d. h. an geschlossenen Systemen. Die Grundlage bilden häufig die Erhaltungssätze und die allgemeinen Gesetzmäßigkeiten der technischen Mechanik und der Thermodynamik, die meist für materielle Volumen formuliert wurden. In diesem Fall besitzen Bilanzgleichungen den Charakter von Erhaltungssätzen.

Die allgemeine Bilanzgleichung für ein materielles Volumen lässt sich folgendermaßen darstellen: Die zeitliche Änderung einer extensiven Größe (=Bilanzgröße) entspricht dem konduktiven, nicht massegebundenen Fluss durch die Oberfläche des Volumens und der Produktion der Bilanzgröße innerhalb des Volumens

$$\frac{D}{Dt}\phi(t) = \frac{D}{Dt} \iiint_{V(t)} \psi(\vec{x},t)\, dV = \iint_{A(t)} \vartheta(\vec{x},t) \cdot \vec{n}\, dA + \iiint_{V(t)} \gamma(\vec{x},t)\, dV \quad , \tag{2.14}$$

mit der Flussdichte ϑ und der Produktionsdichte γ. Der konduktive Fluss wird auch als diffusiver Transport bezeichnet und durch Einführen eines Transport- bzw. Diffusionskoeffizienten Γ mit einer Gradienten-Approximation in der Form

$$\vartheta = \Gamma \cdot \nabla \psi \tag{2.15}$$

angegeben. Die Überführung der integralen Bilanzgleichung eines materiellen Volumens $V(t)$ auf ein raumfestes Volumen V mit der Oberfläche A liefert die differenzielle Form der Bilanzgleichung. Hierfür verwenden wir das Reynolds'sche Transporttheorem (siehe Altenbach (2018) für eine detaillierte Herleitung) und erhalten für das zeitliche Differential des Integrals von $\psi(\vec{x},t)$ über $V(t)$

$$\frac{D}{Dt} \iiint\limits_{V(t)} \psi(\vec{x},t)\, dV = \iiint\limits_{V} \frac{\partial \psi(\vec{x},t)}{\partial t}\, dV + \iint\limits_{A} \psi(\vec{x},t) \cdot \vec{u} \cdot \vec{n}\, dA \quad . \tag{2.16}$$

Der erste Term auf der rechten Seite von Gl. (2.16) beschreibt die zeitliche Änderung von ψ und der zweite Term auf der rechten Seite den Fluss von ψ durch die Volumenoberfläche. Mit Hilfe des Gauß'schen Integralsatzes lässt sich der Fluss des Feldes $\psi(\vec{x},t)$ durch die Oberfläche A des Volumens V in ein Volumenintegral über die Divergenz des Feldes darstellen

$$\iiint\limits_{V} \frac{\partial \psi(\vec{x},t)}{\partial t}\, dV + \iint\limits_{A} \psi(\vec{x},t) \cdot \vec{u} \cdot \vec{n}\, dA = \iiint\limits_{V} \left[\frac{\partial \psi(\vec{x},t)}{\partial t} + \nabla \cdot (\psi(\vec{x},t) \cdot \vec{u}) \right] dV \quad , \tag{2.17}$$

und man erhält somit für die zeitliche Änderung einer extensive Größe

$$\frac{D}{Dt}\phi(t) = \frac{D}{Dt} \iiint\limits_{V(t)} \psi(\vec{x},t)\, dV = \iiint\limits_{V} \left[\frac{\partial \psi(\vec{x},t)}{\partial t} + \nabla \cdot (\psi(\vec{x},t) \cdot \vec{u}) \right] dV \quad . \tag{2.18}$$

Mit Gl. (2.18) ergibt sich aus der integralen Bilanzgleichung gemäß Gl. (2.14)

$$\iiint\limits_{V} \left[\frac{\partial \psi(\vec{x},t)}{\partial t} + \nabla \cdot (\psi(\vec{x},t) \cdot \vec{u}) \right] dV$$

$$= \iint\limits_{A} (\Gamma \cdot \nabla \psi(\vec{x},t) \cdot \vec{n})\, dA + \iiint\limits_{V} \gamma(\vec{x},t)\, dV \quad , \tag{2.19}$$

wobei die zeitlich veränderlichen Bereiche auf der rechten Seite von Gl. (2.14) durch feste Bereiche ersetzt worden sind ($V(t) \rightarrow V$; $A(t) \rightarrow A$). Mit Hilfe des Satzes von Gauß lässt sich das Flächenintegral in Gl. (2.19) in ein Volumenintegral umformen

$$\iiint\limits_{V} \left[\frac{\partial \psi(\vec{x},t)}{\partial t} + \nabla \cdot (\psi(\vec{x},t) \cdot \vec{u}) \right] dV$$

$$= \iiint\limits_{V} \nabla \cdot (\Gamma \cdot \nabla \psi(\vec{x},t))\, dV + \iiint\limits_{V} \gamma(\vec{x},t)\, dV \quad . \tag{2.20}$$

Die beliebige Wahl des Integrationsgebiets V erlaubt die Darstellung von Gl. (2.20) in differenzieller Form

$$\frac{\partial \psi(\vec{x},t)}{\partial t} + \nabla \cdot (\psi(\vec{x},t) \cdot \vec{u}) = \nabla \cdot (\Gamma \cdot \nabla \psi(\vec{x},t)) + \gamma(\vec{x},t) \qquad (2.21)$$

und ermöglicht, den örtlichen und zeitlichen Verlauf von intensiven Größen zu berechnen. Der erste Term auf der linken Seite von Gl. (2.21) beschreibt die zeitliche Änderung, der zweite Term Änderungen aufgrund des konvektiven Transports, der erste Term auf der rechten Seite von Gl. (2.21) entspricht dem diffusiven Transport und der letzte Term stellt die Produktion der volumenspezifischen Größe ψ dar.

Unter Verwendung der in der Strömungsmechanik und Thermofluiddynamik verbreiteten Indexschreibweise gemäß der Einstein'schen Summationsvereinbarung (Altenbach (2018)) ergibt sich für kartesische Koordinaten die differenzielle Form der Bilanzgleichung für eine volumenspezifische Größe $\psi(\vec{x},t)$ zu

$$\frac{\partial \psi(x_k,t)}{\partial t} + \frac{\partial}{\partial x_j} \left(\psi(x_k,t) \cdot u_j \right) = \frac{\partial}{\partial x_j} \left(\Gamma \cdot \frac{\partial \psi(x_k,t)}{\partial x_j} \right) + \gamma(x_k,t) \quad . \qquad (2.22)$$

Die gewonnen Ergebnisse aus Gl. (2.14) – Gl. (2.22) werden wir im Folgenden zur Herleitung der Massen-, Impuls- und Energiegleichung verwenden.

2.3 Kontinuitätsgleichung

Der Massenerhaltungssatz besagt, dass sich die Masse m eines materiellen Volumens mit der Zeit nicht ändert,

$$\frac{D}{Dt}m = \frac{D}{Dt} \int_M dm = \frac{D}{Dt} \iiint_{V(t)} \rho \, dV = 0 \quad . \qquad (2.23)$$

Für ein raumfestes Volumen lässt sich aus Gl. (2.23) unter Anwendung des Reynolds'schen Transporttheorems

$$\frac{D}{Dt} \iiint_V \rho \, dV = \iiint_V \left[\frac{\partial \rho}{\partial t} + \frac{\partial(\rho \cdot u_j)}{\partial x_j} \right] dV = 0 \qquad (2.24)$$

die differenzielle Form der Massenerhaltungsgleichung herleiten. Die sogenannte 1. Formulierung der Kontinuitätsgleichung lautet demnach

$$\frac{\partial \rho}{\partial t} + \frac{\partial(\rho \cdot u_j)}{\partial x_j} = 0 \quad . \qquad (2.25)$$

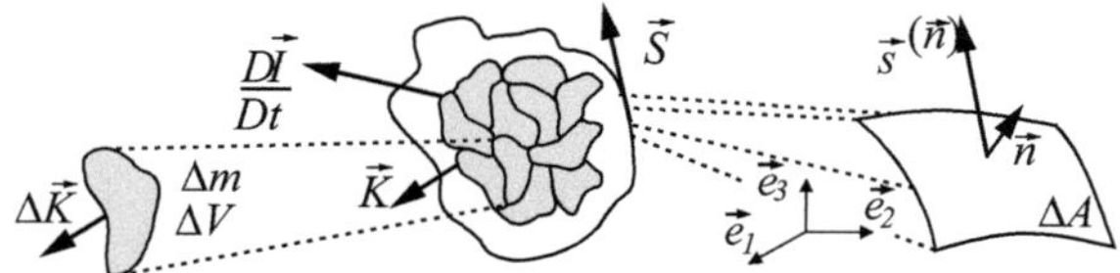

Abb. 2.2 Impulsänderung an einem aus materiellen Volumen bestehenden Körper.

Mit der Identität

$$\frac{\partial(\rho \cdot u_j)}{\partial x_j} = u_j \cdot \frac{\partial \rho}{\partial x_j} + \rho \cdot \frac{\partial u_j}{\partial x_j} \tag{2.26}$$

ergibt sich die sogenannte 2. Formulierung der Kontinuitätsgleichung

$$\frac{D\rho}{Dt} + \rho \cdot \frac{\partial u_j}{\partial x_j} = 0 \quad , \tag{2.27}$$

wobei für den Differentialoperator D/Dt die Beziehung gemäß Gl. (2.10) gilt. Bei inkompressiblen Fluiden verschwindet die Dichteänderung, sodass sich die 1. und 2. Formulierung der Kontinuitätsgleichung vereinfachen zu

$$\frac{\partial u_j}{\partial x_j} = 0 \quad . \tag{2.28}$$

2.4 Impulsgleichung

Der Impulserhaltungssatz basiert auf dem 2. und 3. Newton'schen Axiom und besagt, dass die zeitliche Änderung des Impulses $\vec{I}(t)$ eines materiellen Volumens gleich der Summe der auf diesen Körper wirkenden Kräfte $\vec{F}$ ist,

$$\frac{D}{Dt}\vec{I}(t) = \frac{D}{Dt}\int_M \vec{u}\, dm = \frac{D}{Dt}\iiint_{V(t)} \vec{u} \cdot \rho\, dV = \sum \vec{F} \quad . \tag{2.29}$$

Für die Kraftkomponente in i-te Richtung ergibt sich dementsprechend

$$\frac{D}{Dt}I_i(t) = \frac{D}{Dt}\int_M u_i\, dm = \frac{D}{Dt}\iiint_{V(t)} u_i \cdot \rho\, dV = \sum F_i \quad . \tag{2.30}$$

Grundsätzlich unterscheidet man zwischen den Massen- bzw. Volumenkräften $\vec{K}$ und den Oberflächenkräften $\vec{S}$,

$$\sum \vec{F} = \vec{K} + \vec{S} \quad . \tag{2.31}$$

Massen- und Volumenkräfte

Die Massen- bzw. Volumenkräfte $\vec{K}$ besitzen ihre Ursache in Feldern mit der massenspe-zifischen Kraft $\vec{f}$ [N kg^{-1}]. Wie in Abb. 2.2 veranschaulicht, wirken die Massen- bzw. Volumenkräfte an allen materiellen Punkten des Körpers. Hierzu gehören beispielsweise Gravitations- oder Magnetfelder. Betrachtet man die Kraft $\Delta\vec{K}$, die auf einen beliebigen Teil des Fluids mit der Masse Δm und dem dazugehörigen Volumen ΔV wirkt, so liefert der Grenzübergang zum materiellen Punkt die spezifische Massenkraft $\vec{k}_m$ bzw. die spezifische Volumenkraft $\vec{k}_V$. Die spezifische Massenkraft

$$\vec{k}_m = \lim_{\Delta m \to 0} \frac{\Delta\vec{K}}{\Delta m} = \lim_{\Delta m \to 0} \frac{\vec{f} \cdot \Delta m}{\Delta m} = \vec{f} \tag{2.32}$$

ist eine auf die Masse bezogene Kraft und die spezifische Volumenkraft

$$\vec{k}_V = \lim_{\Delta V \to 0} \frac{\Delta\vec{K}}{\Delta V} = \lim_{\Delta V, \Delta m \to 0} \frac{\vec{f} \cdot \Delta m}{\Delta V} = \vec{f} \cdot \rho \tag{2.33}$$

ist eine auf das Volumen bezogene Kraft. Die Kraftkomponenten in i-te Richtung lauten demzufolge

$$K_i = \int_M k_{m,i}\, dm \quad , \tag{2.34}$$

$$K_i = \iiint_{V(t)} k_{V,i}\, dV \quad . \tag{2.35}$$

Oberflächenkräfte

Für ein beliebig orientiertes Flächenelement mit der Fläche ΔA, an der die Oberflächenkraft $\Delta\vec{S}$ angreift (Abb. 2.2), lässt sich der Spannungsvektor

$$\vec{s}^{(\vec{n})}(\vec{x},t) = \begin{pmatrix} s_1^{(\vec{n})} \\ s_2^{(\vec{n})} \\ s_3^{(\vec{n})} \end{pmatrix} = \lim_{\Delta A \to 0} \frac{\Delta\vec{S}}{\Delta A} = \frac{d\vec{S}}{dA} \tag{2.36}$$

definieren. Der Index $\vec{n}$ entspricht dem Normalenvektor $\vec{n} = (n_1, n_2, n_3)^T$ und kennzeichnet die Orientierung des Flächenelements, auf das $\vec{s}^{(\vec{n})}$ wirkt. Man sieht, dass $\vec{s}^{(\vec{n})}$ sowohl vom Ort $\vec{x}$ und der Zeit t, als auch von der Orientierung des Flächenelements abhängt. Mit Hilfe der Cauchy-Formel kann der Spannungsvektor $\vec{s}^{(\vec{n})}$ eines beliebig orientierten Flächenelements mit dem Spannungstensor $\underline{t}$ und dessen Komponenten t_{ji} verknüpft wer-den, der am Ort $\vec{x}$ die Spannungen angibt, die in den Richtungen der Achsen des für den Spannungstensors $\underline{t}$ zugrunde gelegten Koordinatensystems wirken.

Zur Veranschaulichung des Zusammenhangs zwischen Spannungsvektor und Spannungs-tensor betrachtet man das in Abb. 2.3 dargestellte differenzielle tetraederförmige Volumen dV. Der Normalenvektor der schrägen Fläche sei $\vec{n}$, die Normalenvektoren der übrigen

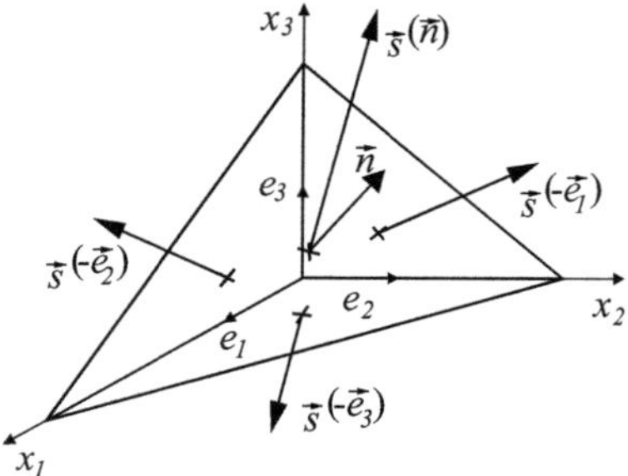

Abb. 2.3 Spannungen am tetraederförmigen Volumenelement zur Veranschaulichung des Zusammenhang zwischen Spannungsvektor und Spannungstensor nach Mang et al. (2013).

Flächen seien $-\vec{e}_1$, $-\vec{e}_2$ und $-\vec{e}_3$. Auf die vier Seitenflächen $dS^{(-\vec{e}_1)},\ldots, dS$ wirken die zugehörigen Spannungsvektoren $\vec{s}^{(-\vec{e}_1)}, \ldots, \vec{s}^{(\vec{n})}$. Beim Grenzübergang $dV \to 0$ geht das Volumen in einen Punkt über, an dem die Spannungsvektoren angreifen. Volumenkräfte sind mit dem Grenzübergang verschwunden und eine Bilanz der Oberflächenkräfte liefert

$$0 = -\vec{s}^{(-\vec{e}_1)} \cdot dS^{(-\vec{e}_1)} - \vec{s}^{(-\vec{e}_2)} \cdot dS^{(-\vec{e}_2)}$$
$$-\vec{s}^{(-\vec{e}_3)} \cdot dS^{(-\vec{e}_3)} + \vec{s}^{(\vec{n})} \cdot dS \quad . \tag{2.37}$$

Mit Hilfe der Komponenten des Normalenvektors $\vec{n}$ können wir die Flächeninhalte der Seitenfläche in Gl. (2.37) durch

$$dS^{(-\vec{e}_1)} = n_1 \cdot dS$$
$$dS^{(-\vec{e}_2)} = n_2 \cdot dS \tag{2.38}$$
$$dS^{(-\vec{e}_3)} = n_3 \cdot dS$$

angeben und erhalten nach Umformen die Cauchy-Formel

$$\vec{s}^{(\vec{n})} = \vec{s}^{(-\vec{e}_1)} \cdot n_1 + \vec{s}^{(-\vec{e}_2)} \cdot n_2 + \vec{s}^{(-\vec{e}_3)} \cdot n_3 \quad . \tag{2.39}$$

Der zur Fläche mit dem Normalenvektor $-\vec{e}_1$ gehörende Spannungsvektor $\vec{s}^{(-\vec{e}_1)}$ kann in seine achsenparallelen Komponenten zerlegt werden

$$\vec{s}^{(-\vec{e}_1)} = t_{11} \cdot \vec{e}_1 + t_{12} \cdot \vec{e}_2 + t_{13} \cdot \vec{e}_3 \quad . \tag{2.40}$$

Ein ähnliches Vorgehen liefert die Komponenten der Spannungsvektoren der Flächen mit den Normalenvektoren $-\vec{e}_2$ und $-\vec{e}_3$ und für Gl. (2.39) ergibt sich

$$\vec{s}^{(\vec{n})} = [t_{11} \cdot \vec{e}_1 + t_{12} \cdot \vec{e}_2 + t_{13} \cdot \vec{e}_3 \cdot] \, n_1$$
$$+ [t_{21} \cdot \vec{e}_1 + t_{22} \cdot \vec{e}_2 + t_{23} \cdot \vec{e}_3 \cdot] \cdot n_2 \tag{2.41}$$
$$+ [t_{31} \cdot \vec{e}_1 + t_{32} \cdot \vec{e}_2 + t_{33} \cdot \vec{e}_3] \cdot n_3 \quad ,$$

und vektoriell ausgeschrieben

$$\vec{s}^{(\vec{n})} = \begin{pmatrix} s_1^{(\vec{n})} \\ s_2^{(\vec{n})} \\ s_3^{(\vec{n})} \end{pmatrix} = \begin{pmatrix} t_{11} \cdot \vec{n}_1 + t_{21} \cdot \vec{n}_2 + t_{31} \cdot \vec{n}_3 \\ t_{12} \cdot \vec{n}_1 + t_{22} \cdot \vec{n}_2 + t_{32} \cdot \vec{n}_3 \\ t_{13} \cdot \vec{n}_1 + t_{23} \cdot \vec{n}_2 + t_{33} \cdot \vec{n}_3 \end{pmatrix}$$

$$= \begin{pmatrix} t_{11} & t_{21} & t_{31} \\ t_{12} & t_{22} & t_{32} \\ t_{13} & t_{23} & t_{33} \end{pmatrix} \cdot \begin{pmatrix} n_1 \\ n_2 \\ n_3 \end{pmatrix} = \begin{pmatrix} t_{11} \\ t_{12} \\ t_{13} \end{pmatrix} \cdot n_1 + \begin{pmatrix} t_{21} \\ t_{22} \\ t_{23} \end{pmatrix} \cdot n_2 + \begin{pmatrix} t_{31} \\ t_{32} \\ t_{33} \end{pmatrix} \cdot n_3 \quad . \tag{2.42}$$

Die Komponenten t_{ji} bestimmen den Spannungszustand an dem Punkt, der sich durch $dV \rightarrow 0$ ergibt. Mit Hilfe der Cauchy-Formel lassen sich die Komponenten des Spannungsvektors $s_i^{(\vec{n})}$ als eine lineare Funktion der Komponenten t_{ji} des Spannungstensors $\underline{t}$ und der Komponenten n_j des Normalenvektors $\vec{n}$ angeben

$$s_i^{(\vec{n})} = t_{ji} \cdot n_j \quad , \tag{2.43}$$

und für den Spannungsvektor $\vec{s}^{(\vec{n})}$ gilt

$$\vec{s}^{(\vec{n})} = \underline{t} \cdot \vec{n} \quad . \tag{2.44}$$

Wie sich anhand der Drehimpulserhaltung zeigen lässt (siehe Spurk und Aksel (2006)), ist der Spannungstensor ein symmetrischer Tensor 2. Stufe, $t_{ji} = t_{ij}$. Das bedeutet, es existieren drei zueinander senkrechte Flächenelemente, an denen ausschließlich Normalspannungen wirken.

Die Integration der Komponente des Spannungsvektors $s_i^{(\vec{n})}$ in i-ter Richtung über die Oberfläche des betrachteten Fluidbereichs liefert die resultierende Oberflächenkraft

$$S_i = \iint\limits_{A(t)} s_i^{(\vec{n})} \, dA = \iint\limits_{A(t)} \vec{t}_i \cdot \vec{n} \, dA = \iiint\limits_{V(t)} \frac{\partial t_{ij}}{\partial x_j} \, dV \quad , \tag{2.45}$$

mit $\vec{t}_i = [t_{1i}, t_{2i}, t_{3i}]^T$. Mit Gl. (2.35) und Gl. (2.45) lautet die Impulsbilanz gemäß Gl. (2.30) für ein materielles Volumen

$$\frac{D}{Dt} \iiint\limits_{V(t)} u_i \cdot \rho \, dV = \iiint\limits_{V(t)} f_i \cdot \rho \, dV + \iiint\limits_{V(t)} \frac{\partial t_{ij}}{\partial x_j} \, dV \quad . \tag{2.46}$$

Die Anwendung des Reynolds'schen Transporttheorems auf Gl. (2.46) führt auf die differenzielle Form der Impulserhaltung, die sogenannte Impulsgleichung

$$\frac{\partial}{\partial t}(\rho \cdot u_i) + \frac{\partial}{\partial x_j}(\rho \cdot u_i \cdot u_j) = f_i \cdot \rho + \frac{\partial t_{ij}}{\partial x_j} \quad . \tag{2.47}$$

Mit Hilfe der Produktregel und der Anwendung der Kontinuitätsgleichung (2.25) lässt sich Gl. (2.47) umformen zu

$$\rho \cdot \left[\frac{\partial u_i}{\partial t} + u_i \cdot \frac{\partial u_i}{\partial x_j} \right] = f_i \cdot \rho + \frac{\partial t_{ij}}{\partial x_j} \quad . \tag{2.48}$$

Mechanischer Druck und deviatorische Spannungskomponenten

In der Thermofluiddynamik bzw. Strömungsmechanik ist der mechanische Druck $\bar{p}$ definitionsgemäß eine in allen Raumrichtungen wirkende isotrope Spannung infolge der wirkenden Normalspannungen. Dementsprechend definiert man den Druck $\bar{p}$ als den negativen Mittelwert der Hauptinvariante des Spannungstensors

$$\frac{1}{3} \cdot t_{kk} \equiv -\bar{p} \quad . \tag{2.49}$$

Das Minuszeichen in Gl. (2.49) ist dem Sachverhalt geschuldet, dass auf das Fluid überwiegend negative Druckspannungen und praktisch keine Zugspannungen wirken, der mechanische Druck aber positiv ist. Unter gewissen Voraussetzungen entspricht der mechanische Druck $\bar{p}$ dem thermodynamischen Druck $p(\rho,T)$ eines ruhenden Fluids (Baehr und Stephan (2010)), wovon im Folgenden ausgegangen wird. Der Druck leistet keinen Beitrag zu den viskosbedingten Fluidreibungsspannungen, die aufgrund der Fluidbewegung entstehen. Daher entsprechen die Fluidreibungsspannungen eines Fluids den deviatorischen Spannungen und ergeben sich durch Subtraktion des Mittelwerts der Hauptinvariante vom Spannungstensor. Man erhält somit für die deviatorischen Spannungskomponenten

$$\tau_{ij} \equiv t_{ij} - \frac{1}{3} \cdot t_{kk} = t_{ij} + p \cdot \delta_{ij} \quad , \tag{2.50}$$

mit dem Kronecker-Delta $\delta_{ij} = 1$ für $i = j$ und $\delta_{ij} = 0$ für $i \neq j$ (Deen (1998)). Das Umformen von Gl. (2.50) und Einsetzen in Gl. (2.48) ergibt

$$\rho \cdot \left[\frac{\partial u_i}{\partial t} + u_j \cdot \frac{\partial u_i}{\partial x_j} \right] = f_i \cdot \rho + \frac{\partial \tau_{ij}}{\partial x_j} - \frac{\partial p}{\partial x_i} \quad . \tag{2.51}$$

Die Komponenten des Fluidreibungsspannungstensors τ_{ij} lassen sich mit Hilfe von konstitutiven Beziehungen berechnen, z. B. mit dem Stokes'schen Schubspannungsansatz für Newton'sche Fluide (siehe Kapitel 2.6.1 und Kapitel 2.8).

2.5 Energiegleichung

Der Energieerhaltungssatz für ein strömendes Fluid besagt, dass die zeitliche Änderung der Gesamtenergie E_{ges} eines materiellen Volumens gleich der Leistung der äußeren Kräfte P und der pro Zeiteinheit zugeführten Wärme $\dot{Q}$ ist,

$$\frac{D}{Dt} E_{ges}(t) = \frac{D}{Dt} \iiint\limits_{V(t)} e_{ges} \cdot \rho \, dV = P + \dot{Q} \quad , \tag{2.52}$$

wobei $e_{ges} = dE_{ges}/dm$ die spezifische Gesamtenergie ist. Unter Vernachlässigung der potenziellen Energie, setzt sich die Gesamtenergie E_{ges} des materiellen Volumens aus der inneren Energie E und der kinetischen Energie E_{kin} zusammen

$$\frac{D}{Dt}(E + E_{kin}) = \frac{D}{Dt} \iiint\limits_{V(t)} (e + e_{kin}) \cdot \rho \, dV = \frac{D}{Dt} \iiint\limits_{V(t)} \left(e + \frac{u_i{}^2}{2}\right) \cdot \rho \, dV \quad , \qquad (2.53)$$

mit der spezifischen inneren Energie e und der spezifischen kinetischen Energie $e_{kin} = u_i{}^2/2$. Wie man erkennt, ist die Energiebilanz gemäß Gl. (2.52) bzw. Gl. (2.53) sozusagen eine Erweiterung des 1. Hauptsatzes der Thermodynamik um den kinetischen Anteil der Energie aufgrund der Fluidbewegung. Die Leistung der äußeren Kräfte P ergibt sich aus den am Körper wirkenden Volumen- und Oberflächenkräften sowie der Fluidgeschwindigkeit

$$P = \vec{K} \cdot \vec{u} + \vec{S} \cdot \vec{u} \quad . \qquad (2.54)$$

Mit der Indexschreibweise und den Ergebnissen aus Gl. (2.35) und Gl. (2.45) erhält man für die Leistung durch die äußeren Kräfte

$$\begin{aligned} P &= \iiint\limits_{V(t)} u_i \cdot f_i \cdot \rho \, dV + \iint\limits_{A(t)} u_i \cdot s_i{}^{(\vec{n})} \, dA \\ &= \iiint\limits_{V(t)} \left[u_i \cdot f_i \cdot \rho + \frac{\partial (u_i \cdot t_{ij})}{\partial x_j} \right] dV \quad . \end{aligned} \qquad (2.55)$$

Die Wärmeleitung entspricht dem molekularen Energietransport aufgrund von atomaren und molekularen Wechselwirkungen infolge von Temperaturunterschieden und lässt sich mit dem Wärmestromdichtevektor $\vec{q}(\vec{x},t)$ [$\mathrm{W\,m^{-2}} = \mathrm{J\,s^{-1}\,m^{-2}}$] quantifizieren. Entsprechend der allgemeinen Definition eines Flusses (bzw. einer Stromdichte), gibt der Wärmestromdichtevektor $\vec{q}(\vec{x},t)$ den Wärmestrom $d\dot{Q}$ [$\mathrm{W} = \mathrm{J\,s^{-1}}$] an, der senkrecht durch ein beliebig orientiertes differenzielles Flächenelement dA fließt,

$$\frac{d\dot{Q}}{dA} = \vec{q}(\vec{x},t) \cdot \vec{n} = |\vec{q}| \cdot \cos(\alpha) \quad . \qquad (2.56)$$

Wie in Abb. 2.4 skizziert, kennzeichnet der Einheitsnormalenvektor $\vec{n}$ die Richtung der äußeren Flächennormalen des differenziellen Flächenelements dA und α den Winkel zwischen Einheitsvektor $\vec{n}$ und Wärmestromdichtevektor $\vec{q}$. Mit dem Wärmestromdichtevektor aus Gl. (2.56) lässt sich die Intensität des Wärmestroms $\dot{Q}$ an einem beliebigen Ort $\vec{x}$ zum Zeitpunkt t angeben. Durch die Integration über die Oberfläche $A(t)$ eines materiellen Volumens erhält man die pro Zeiteinheit zugeführte Wärme

$$\dot{Q} = \iint\limits_{A(t)} -\dot{q}_j \cdot n_j \, dA = - \iiint\limits_{V(t)} \left(\frac{\partial \dot{q}_j}{\partial x_j}\right) dV \quad . \qquad (2.57)$$

Das negative Vorzeichen in Gl. (2.57) rührt daher, dass ein dem Normalenvektor entgegengesetzt fließender Wärmestrom die Gesamtenergie des materiellen Volumens erhöht. Mit Gl. (2.55) und Gl. (2.57) erhält man aus Gl. (2.52)

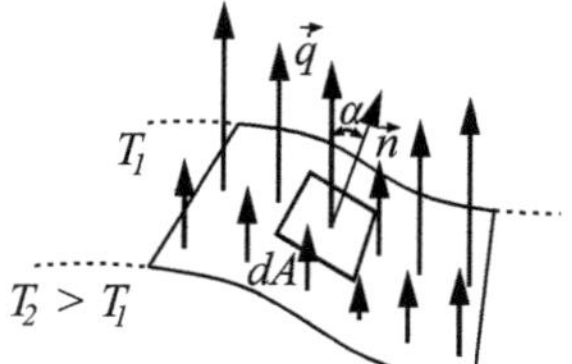

Abb. 2.4 Wärmestromdichte $\vec{q}(\vec{x},t)$ durch ein beliebig orientiertes differenzielles Flächenelement dA.

$$\frac{D}{Dt} \iiint\limits_{V(t)} e_{ges} \cdot \rho \, dV = - \iiint\limits_{V(t)} \left(\frac{\partial \dot{q}_j}{\partial x_j} \right) dV + \iiint\limits_{V(t)} \left[u_i \cdot f_i \cdot \rho + \frac{\partial (u_i \cdot t_{ij})}{\partial x_j} \right] dV \quad . \quad (2.58)$$

Wenden wir das Reynolds'sche Transporttheorem auf die linke Seite von Gl. (2.58) an und ersetzen die zeitlich veränderlichen Integrationsbereiche der rechten Seite durch feste Bereiche, so ergibt sich die differenzielle Form der Energiegleichung

$$\frac{\partial}{\partial t} \left(\rho \cdot e_{ges} \right) + \frac{\partial}{\partial x_j} \left(\rho \cdot e_{ges} \cdot u_j \right) = - \frac{\partial \dot{q}_j}{\partial x_j} + u_i \cdot f_i \cdot \rho + \frac{\partial \left(u_i \cdot t_{ij} \right)}{\partial x_j} \quad . \quad (2.59)$$

Eine konstitutive Beziehung zur Berechnung der Wärmestromdichte liefert das Fourier'sche Wärmeleitungsgesetz (siehe Kapitel 2.6.2).

Wärmestrahlung bewirkt ebenfalls einen Wärmestrom. Der Energiebeitrag infolge von Strahlung lässt sich durch einen zusätzlichen Produktionsterm (z. B. q_s) auf der rechten Seite von Gl. (2.59) berücksichtigen.

2.5.1 Bilanzgleichung der inneren und kinetischen Energie

Die innere Energie steht in direkter Beziehung zur Fluidtemperatur sowie zum spezifischen Volumen (Baehr und Kabelac (2012)) und spielt in der Thermofluiddynamik eine übergeordnete Rolle.[2] Durch das Einsetzen der spezifischen inneren Energie e und der spezifischen kinetischen Energie e_{kin} für die spezifische Gesamtenergie e_{ges} in Gl. (2.59)

$$\frac{\partial}{\partial t} (\rho \cdot e) + \frac{\partial}{\partial t} \left(\rho \cdot \frac{u_i^2}{2} \right) + \frac{\partial}{\partial x_j} (\rho \cdot e \cdot u_j) + \frac{\partial}{\partial x_j} \left(\rho \cdot \frac{u_i^2}{2} \cdot u_j \right)$$
$$= u_i \cdot f_i \cdot \rho + u_i \cdot \frac{\partial \tau_{ij}}{\partial x_j} + \tau_{ij} \cdot \frac{\partial u_i}{\partial x_j} - u_i \cdot \frac{\partial p}{\partial x_i} - p \cdot \frac{\partial u_i}{\partial x_i} - \frac{\partial \dot{q}_j}{\partial x_j} \quad (2.60)$$

lassen sich die Gleichungen für die spezifische innere Energie

---

[2] Grundsätzlich unterscheidet man zwischen thermischer, chemischer und nuklearer innerer Energie. In diesem Buch wird der Begriff „innere Energie" für die thermische innere Energie verwendet.

Tabelle 2.1 Terme der rechten Seite der Gleichungen der inneren Energie (2.63) und der kinetischen Energie (2.64) pro Volumeneinheit.

Spezifische kinetische Energie	Arbeit pro Zeit der äußeren Volumenkräfte	$u_i \cdot f_i \cdot \rho$
	Reversible Arbeit pro Zeit der Fluidreibungsspannungen und des Drucks	$u_i \cdot \left(\dfrac{\partial \tau_{ij}}{\partial x_j} - \dfrac{\partial p}{\partial x_i} \right)$
Spezifische innere Energie	Zu-/Abgeführte Wärme pro Zeit	$-\dfrac{\partial \dot{q}_j}{\partial x_j}$
	Reversible Volumenänderungsarbeit des Drucks pro Zeit	$-p \cdot \dfrac{\partial u_i}{\partial x_i}$
	Irreversible Arbeit der Fluidreibungsspannungen pro Zeit; entspricht der in Wärme umgewandelten Arbeit pro Zeit infolge der Dissipation	$\tau_{ij} \cdot \dfrac{\partial u_i}{\partial x_j}$

$$\frac{\partial}{\partial t}(\rho \cdot e) + \frac{\partial}{\partial x_j}(\rho \cdot e \cdot u_j) = \tau_{ij} \cdot \frac{\partial u_i}{\partial x_j} - p \cdot \frac{\partial u_i}{\partial x_i} - \frac{\partial \dot{q}_j}{\partial x_j} \qquad (2.61)$$

und für die spezifische kinetische Energie

$$\frac{\partial}{\partial t}\left(\rho \cdot \frac{u_i^2}{2}\right) + \frac{\partial}{\partial x_j}\left(\rho \cdot \frac{u_i^2}{2} \cdot u_j\right) = u_i \cdot f_i \cdot \rho + u_i \cdot \frac{\partial \tau_{ij}}{\partial x_j} - u_i \cdot \frac{\partial p}{\partial x_i} \qquad (2.62)$$

identifizieren. Für die Zuordnung der Terme der rechten Seite von Gl. (2.60) zur spezifischen inneren Energie e und zur spezifischen kinetischen Energie e_{kin} ist zu berücksichtigen, dass die Gleichung für die spezifische kinetische Energie auch durch Bildung des Skalarprodukts aus der vektoriellen Impulsgleichung und dem Geschwindigkeitsvektor $\vec{u}$ gewonnen werden kann. Mit Hilfe der Produktregel und der Kontinuitätsgleichung (2.25) erhält man für Gl. (2.61)

$$\rho \cdot \left(\frac{\partial e}{\partial t} + u_j \cdot \frac{\partial e}{\partial x_j} \right) = \tau_{ij} \cdot \frac{\partial u_i}{\partial x_j} - p \cdot \frac{\partial u_i}{\partial x_i} - \frac{\partial \dot{q}_j}{\partial x_j} \qquad (2.63)$$

und für Gl. (2.62)

$$\rho \cdot \left[\frac{\partial}{\partial t}\left(\frac{u_i^2}{2}\right) + u_j \cdot \frac{\partial}{\partial x_j}\left(\frac{u_i^2}{2}\right) \right] = u_i \cdot f_i \cdot \rho + u_i \cdot \left(\frac{\partial \tau_{ij}}{\partial x_j} - \frac{\partial p}{\partial x_i} \right) \quad . \qquad (2.64)$$

Man bezeichnet Gl. (2.61) bzw. Gl. (2.63) als 1. Formulierung der Energiegleichung der Thermofluiddynamik bzw. als Gleichung der thermischen Energie. Die Terme der rechten Seite von Gl. (2.63) und Gl. (2.64) stellen Leistung pro Volumeneinheit bzw. Wärme pro Zeit- und Volumeneinheit dar und lassen sich gemäß Tabelle 2.1 interpretieren. (Die Unterscheidung zwischen irreversibler und reversibler Arbeit bedarf einen Blick auf die Entropiebilanz und wird in Aufgabe 2.1 und 2.2 behandelt.)

2.5.2 Weitere Formulierungen der Energiegleichung

Für manche Aufgabenstellungen erweist es sich als zweckmäßig, anstelle der spezifischen inneren Energie e die spezifische Enthalpie h zu verwenden. Die differenzielle Form der Erhaltungsgleichung für die spezifische Gesamtenthalpie $h_{ges} = e + u_i{}^2/2 + p/\rho$ gewinnt man aus Gl. (2.59)

$$\frac{\partial}{\partial t}\left(\rho \cdot h_{ges}\right) + \frac{\partial}{\partial x_j}\left(\rho \cdot h_{ges} \cdot u_j\right) = \frac{\partial p}{\partial t} + u_i \cdot f_i \cdot \rho + \frac{\partial\left(u_i \cdot \tau_{ij}\right)}{\partial x_j} - \frac{\partial \dot{q}_j}{\partial x_j} \quad . \tag{2.65}$$

Eine häufig verwendete Formulierung der Energiegleichung kombiniert die spezifische Gesamtenergie e_{ges} und die spezifische Gesamtenthalpie h_{ges}

$$\frac{\partial}{\partial t}\left(\rho \cdot e_{ges}\right) + \frac{\partial}{\partial x_j}\left(\rho \cdot h_{ges} \cdot u_j\right) = u_i \cdot f_i \cdot \rho + \frac{\partial\left(u_i \cdot \tau_{ij}\right)}{\partial x_j} - \frac{\partial \dot{q}_j}{\partial x_j} \quad . \tag{2.66}$$

Die differenzielle Form der Erhaltungsgleichung für die spezifische Enthalpie $h = e + p/\rho$ ergibt sich aus Gl. (2.61)

$$\frac{\partial}{\partial t}\left(\rho \cdot h\right) + \frac{\partial}{\partial x_j}\left(\rho \cdot h \cdot u_j\right) = \frac{\partial p}{\partial t} + \frac{\partial\left(u_j \cdot p\right)}{\partial x_j} + t_{ij} \cdot \frac{\partial u_i}{\partial x_j} - \frac{\partial \dot{q}_j}{\partial x_j} \quad . \tag{2.67}$$

Gl. (2.67) bezeichnet man als 2. Formulierung der Energiegleichung. Mit der Kontinuitätsgleichung und der Beziehung für die Komponenten des Spannungstensors gemäß Gl. (2.50) erhält man

$$\rho \cdot \left(\frac{\partial h}{\partial t} + u_j \cdot \frac{\partial h}{\partial x_j}\right) = \frac{\partial p}{\partial t} + u_j \cdot \frac{\partial p}{\partial x_j} + \tau_{ij} \cdot \frac{\partial u_i}{\partial x_j} - \frac{\partial \dot{q}_j}{\partial x_j} \quad . \tag{2.68}$$

2.6 Konstitutive Beziehungen

Wodurch unterscheiden sich die Erhaltungsgleichungen für Gase, Flüssigkeiten oder Festkörper? Generell sind in der Kontinuumsmechanik die hergeleiteten Erhaltungsgleichungen universell, d. h. sie gelten für feste, flüssige und gasförmige Medien, solange die Kontinuumshypothese erfüllt ist. Die Unterschiede werden durch die jeweiligen Materialeigenschaften festgelegt. Um thermofluiddynamische Transportvorgänge mit Hilfe der kennengelernten Gleichungen beschreiben zu können, müssen wir daher noch das Materialverhalten und konstitutive Beziehungen zur Bestimmung der Fluidreibungsspannungen und der Wärmestromdichte angeben. Es ist zweckdienlich, konstitutive Beziehungen zu verwenden, die die Komponenten des Fluidreibungsspannungstensors τ_{ij} und des Wärmestromdichtevektors $\dot{q}_j$ als Funktion anderer Feldgrößen beschreiben. Somit lassen sich die makroskopischen Auswirkungen der auf molekularer Ebene ablaufenden Vorgänge mit Hilfe von Feldgrößen und empirisch ermittelten Transportkoeffizienten abbilden.

Tabelle 2.2 Wärmeleitfähigkeit für eingesetzte Stoffe in der Energie- und Wärmetechnik. Alle Werte in $[W\,m^{-1}\,K^{-1}]$ bei 20 °C und 0,1 MPa außer [*1] Mittelwert bei $300-600\,°C$ (Pacio et al (2013)) und [*2] Mittelwert bei $290-390\,°C$ (VDI e V (2013)). Eine Zusammenstellung nützlicher Korrelationen von Materialeigenschaften für unterschiedliche Medien findet sich in VDI e V (2013). Korrelationen für die Materialeigenschaften von Flüssigmetallen oder Flüssigsalzen als Wärmeträgermedien in der Energie- und Kraftwerkstechnik sind beispielsweise in Jäger (2017) und Serrano-López et al (2013) zusammengefasst.

Gase		Flüssigkeiten		Metalle/Stähle		Isoliermaterialien	
He	0,143	Fl. Salz[*1]	0,53	Stahl	42	Glas-/Steinwolle	0,035-
CO_2	0,015	Fl. Na[*1]	68,6	X5	15		0,045
O_2	0,023	H_2O	0,598	Kupfer	393	Polystrol	0,03-
N_2	0,02	Thermo-Öl[*2]	0,086	Alu	221		0,04

2.6.1 Spannungstensor

Entsprechend der allgemeinen Definition eines Flusses (bzw. einer Stromdichte) beschreibt die Fluidreibungsspannung die Intensität der molekularen Impulsübertragung. Eine konstitutive Beziehung zwischen der Fluidreibungsspannung und dem Geschwindigkeitsgradienten ist das sogenannte Fließgesetz. Für Newton'sche Fluide lassen sich mit dem Stokes'schen Schubspannungsansatz die Komponenten des Fluidreibungsspannungstensors

$$\tau_{ij} = \mu(p,T) \cdot \left(\frac{\partial u_i}{\partial x_j} + \frac{\partial u_j}{\partial x_i} \right) - \frac{2}{3} \cdot \mu(p,T) \cdot \frac{\partial u_k}{\partial x_k} \cdot \delta_{ij} \tag{2.69}$$

angeben (Deen (1998)). Die dynamische Viskosität μ $[Pa\,s = kg\,m^{-1}\,s^{-1}]$ in Gl. (2.69) ist der molekulare Transportkoeffizient. In der Thermofluiddynamik wird häufig auch die kinematische Viskosität $\nu = \mu/\rho$ $[m^2\,s^{-1}]$ verwendet. Die Viskosität ist temperatur- und druckabhängig und wird in der Praxis durch Korrelationen approximiert, wobei die entsprechenden Koeffizienten und Parameter auf empirischen Datensätzen beruhen (Bird et al (2002)). Für vielen Fluiden besteht eine ausgeprägte Temperaturabhängigkeit, wie in Abb. 2.5 für die Viskosität unterschiedlicher Gase, Flüssigkeiten sowie Flüssigmetalle und Flüssigsalze gezeigt wird, während die Druckabhängigkeit hingegen häufig vernachlässigt werden kann.

2.6.2 Wärmestromdichtevektor

Die Ursache für Wärmeleitung sind Temperaturgradienten. Wärme wird infolge von atomaren und molekularen Wechselwirkungen in Richtung abnehmender Temperaturen transportiert. Einen Zusammenhang zwischen Wärmestromdichte und Temperaturgradient gibt das Fourier'sche Wärmeleitungsgesetz Fourier (1873) an. Es liefert eine für die meisten festen, flüssigen und gasförmigen Medien gültige konstitutive Vektorbeziehung zwischen dem Wärmestromdichtevektor $\vec{q}$ und dem Temperaturgradienten ∇T. Für die Komponenten des Wärmestromdichtevektors gilt

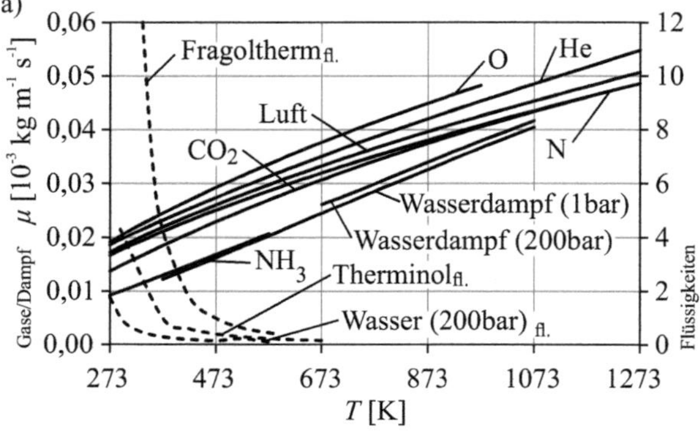

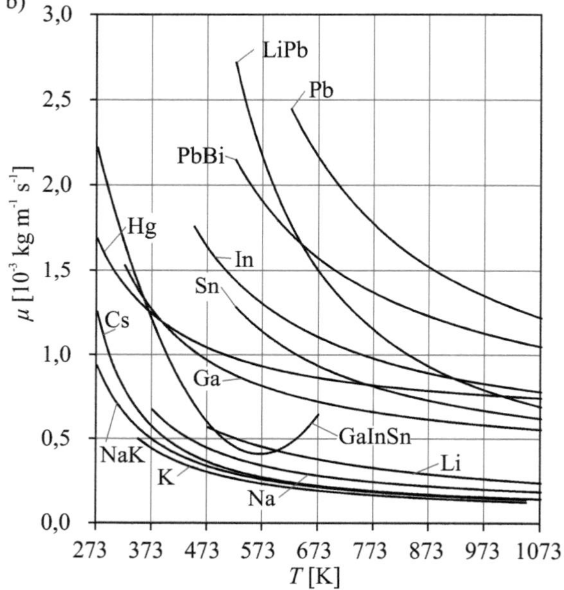

Abb. 2.5 Dynamische Viskosität μ von a) Gasen und Flüssigkeiten (VDI e V (2013)) und von b) Flüssigmetallen (Jäger (2017)).

$$\dot{q}_j = -\lambda \cdot \frac{\partial T}{\partial x_j} \quad . \tag{2.70}$$

Die Wärmeleitfähigkeit λ [W m^{-1} K^{-1}] in Gl. (2.70) ist der molekulare Transportkoeffizient. Sie ist eine Materialeigenschaft und im Allgemeinen ein Tensor 2. Stufe. Für isotrope und homogene Medien lässt sich der Tensor auf eine druck- und temperaturabhängige Stoffwertfunktion $\lambda \rightarrow \lambda(p,T)$ reduzieren. Wie man Abb. 2.6 entnehmen kann, ist die Temperaturabhängigkeit der Wärmeleitfähigkeit für Flüssigkeiten und gasförmige Medien unterschiedlich stark ausgeprägt. Um die verschiedenen Größenordnungen von Medien aus der Energie- und Wärmetechnik kennen zu lernen, sind in Tabelle 2.2 und in Abb. 2.7 Wärmeleitfähigkeiten von gängigen Wärmeträgermedien, Komponentenwerkstoffen und Isoliermaterialien aufgeführt. Unter atmosphärischen Bedingungen

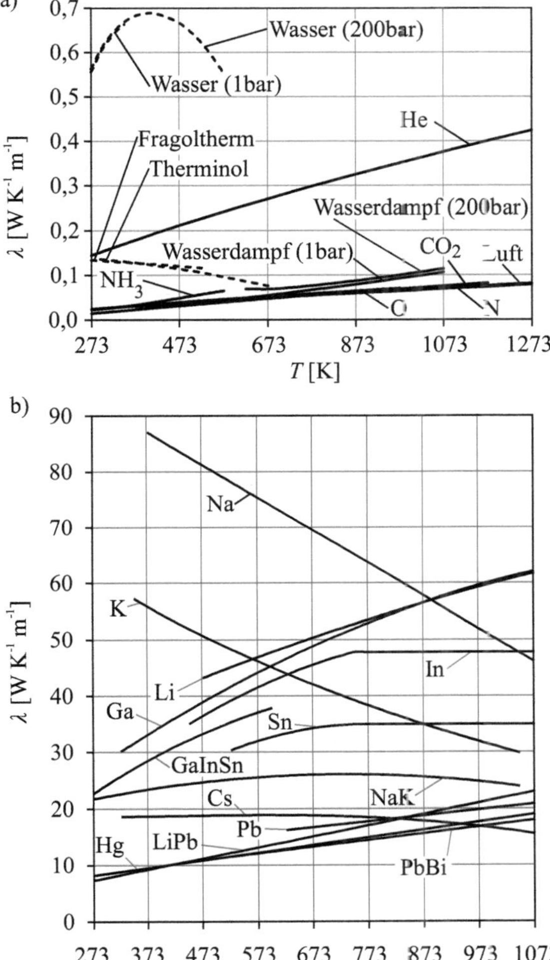

Abb. 2.6 a) Wärmeleitfähigkeit λ von a) Gasen und Flüssigkeiten (VDI e V (2013)) und von b) Flüssigmetallen (Jäger (2017)).

liegen die Größenordnungen[3] der Wärmeleitfähigkeit von Gasen überwiegend im Bereich $O(10^{-2})\,\mathrm{W\,m^{-1}\,K^{-1}} \leq \lambda \leq O(10^{-1})\,\mathrm{W\,m^{-1}\,K^{-1}}$, wobei die Wärmeleitfähigkeit mit Zunahme der molaren Masse abnimmt. Bei Flüssigkeiten können sich die Wärmeleitfähigkeiten um mehrere Größenordnungen unterscheiden. So besitzt beispielsweise flüssiges Solarsalz (Eutektikum aus 60 % $NaNO_3$ und 40 % KNO_3) im Temperaturbereich von 300 - 600 °C eine mittlere Wärmeleitfähigkeit von $\lambda = 0,53\,\mathrm{W\,m^{-1}\,K^{-1}}$, während flüssiges Natrium im gleichen Temperaturbereich eine mittlere Wärmeleitfähigkeit von $\lambda = 68,6\,\mathrm{W\,m^{-1}\,K^{-1}}$ aufweist. Bei Stählen führt die Dotierung des Werkstoffs zu einer Erhöhung der Festigkeit und zu einer Abnahme der Wärmeleitfähigkeit.

---

[3] Größenordnungen geben wir mit $O(\,)$ an.

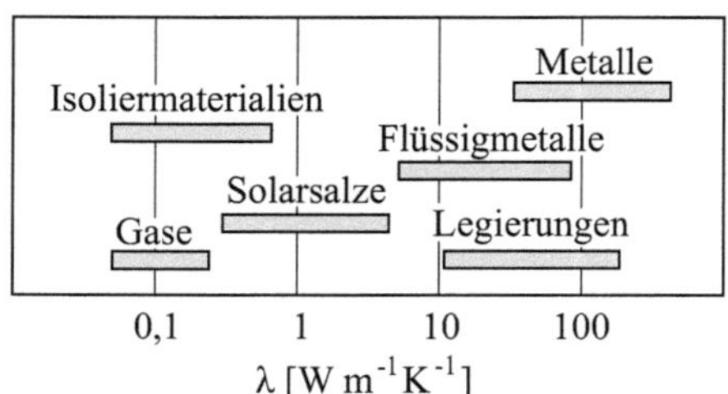

Abb. 2.7 a) Wärmeleitfähigkeiten von Flüssigkeiten, Gasen und festen Soffen.

2.7 Kalorische Zustandsgleichungen

Der Zusammenhang zwischen der spezifischen inneren Energie e, der Temperatur (= thermodynamische Temperatur) T und dem spezifischen Volumen $v = 1/\rho$ bzw. der spezifischen inneren Enthalpie h, der Temperatur T und dem Druck p ist durch die kalorischen Zustandsgleichungen

$$de = \left(\frac{\partial e}{\partial T}\right)_v \cdot dT + \left(\frac{\partial e}{\partial v}\right)_T \cdot dv = c_v \cdot dT + \left(\frac{\partial e}{\partial v}\right)_T \cdot dv \quad , \tag{2.71}$$

$$dh = \left(\frac{\partial h}{\partial T}\right)_p \cdot dT + \left(\frac{\partial h}{\partial p}\right)_T \cdot dp = c_p \cdot dT + \left(\frac{\partial h}{\partial p}\right)_T \cdot dp \quad , \tag{2.72}$$

mit der isochore Wärmekapazität c_v bzw. isobare Wärmekapazität c_p [J kg^{-1} K^{-1}] gegeben. Unter bestimmten Voraussetzungen können Vereinfachungen angenommen werden, die die Anzahl der unabhängigen Variablen für die spezifische innere Energie und Enthalpie reduzieren. Für ideale Gase hängt die Änderung der spezifischen inneren Energie e bzw. die Änderung der spezifischen Enthalpie h nur von der Temperatur T ab,

$$de = c_v \cdot dT \quad , \tag{2.73}$$

$$dh = c_p \cdot dT \quad , \tag{2.74}$$

und die isochore und isobare Wärmekapazität sind gemäß der Mayer-Relation über die Gaskonstante R entsprechend

$$R = c_p - c_v \tag{2.75}$$

miteinander verknüpft. Ideale Gase mit konstanter isochorer und isobarer Wärmekapazität bezeichnet man als kalorisch perfekte Gase. Für inkompressible Fluide bleibt eine Unterscheidung zwischen isochorer und isobarer Wärmekapazität aus,

$$c = c_p = c_v \quad . \tag{2.76}$$

Es ist zu beachten, dass Wärmekapazitäten in der Regel stark temperaturabhängig sind. Bei der Auslegung und Berechnung thermofluiddynamischer Systeme muss daher die

Temperaturabhängigkeit berücksichtigt bzw. durch geeignete Korrelationen approximiert werden.

2.7.1 Gleichung für die materielle Ableitung der Temperatur

In der Thermofluiddynamik legen Temperaturdifferenzen die treibenden Temperaturpotenziale in der Strömung fest. Die Temperaturverteilung ist maßgeblich für die innere Energie und aufgrund ihrer experimentellen Bestimmbarkeit von zentraler Bedeutung für thermofluiddynamische Analysen. Mit Gl. (2.71) und Gl. (2.72) lassen sich die materiellen Ableitungen der inneren Energie e und der spezifischen Enthalpie h als Funktionen der Temperaturen T, der Dichte ρ, des Drucks p sowie der Wärmekapazitäten c_v und c_p darstellen. Mit etwas Rechengeschick können wir daraus eine Transportgleichung der Temperatur gewinnen, anhand der die totale Änderung des Temperaturfelds einer Strömung beschrieben werden kann.

Für die Herleitung formen wir zunächst die letzten Terme von Gl. (2.71) und Gl. (2.72) mit Hilfe der Gibb'schen Gleichung (Gibbs (1973))

$$T \cdot ds = de + p \cdot dv \tag{2.77}$$

sowie mit deren Äquivalent (Baehr und Kabelac (2012))

$$T \cdot ds = dh - v \cdot dp \tag{2.78}$$

und mit den Zustandsgleichungen für die Entropie in der Form $s(v,T)$ und $s(p,T)$

$$ds = \left(\frac{\partial s}{\partial T}\right)_v \cdot dT + \left(\frac{\partial s}{\partial v}\right)_T \cdot dv \quad , \tag{2.79}$$

$$ds = \left(\frac{\partial s}{\partial T}\right)_p \cdot dT + \left(\frac{\partial s}{\partial p}\right)_T \cdot dp \quad , \tag{2.80}$$

um. Für die weitere Umformung substituiert man de in Gl. (2.77) durch Gl. (2.71),

$$ds = \frac{c_v}{T} \cdot dT + \frac{1}{T} \cdot \left[\left(\frac{\partial e}{\partial v}\right)_T + p\right] \cdot dv \quad , \tag{2.81}$$

und dh in Gl. (2.78) durch Gl. (2.72),

$$ds = \frac{c_p}{T} \cdot dT + \frac{1}{T} \cdot \left[\left(\frac{\partial h}{\partial p}\right)_T - v\right] \cdot dp \quad . \tag{2.82}$$

Ein Koeffizientenvergleich zwischen Gl. (2.81) und Gl. (2.79) bzw. zwischen Gl. (2.82) und Gl. (2.80) liefert

$$\left(\frac{\partial s}{\partial v}\right)_T = \frac{1}{T} \cdot \left[\left(\frac{\partial e}{\partial v}\right)_T + p\right] \quad , \tag{2.83}$$

bzw.

$$\left(\frac{\partial s}{\partial p}\right)_T = \frac{1}{T} \cdot \left[\left(\frac{\partial h}{\partial p}\right)_T - v\right] \quad . \tag{2.84}$$

Die partielle Ableitung von Gl. (2.83) bzw. Gl. (2.84) nach der Temperatur und weiteres Umformen ergibt

$$\frac{\partial}{\partial T}\left(\frac{\partial s}{\partial v}\right)_T = -\frac{1}{T^2} \cdot \left[\left(\frac{\partial e}{\partial v}\right)_T + p\right] + \frac{1}{T} \cdot \left(\frac{\partial p}{\partial T}\right)_v = 0 \quad ,$$

$$\left(\frac{\partial e}{\partial v}\right)_T = T \cdot \left(\frac{\partial p}{\partial T}\right)_v - p \tag{2.85}$$

bzw.

$$\frac{\partial}{\partial T}\left(\frac{\partial s}{\partial p}\right)_T = -\frac{1}{T^2} \cdot \left[\left(\frac{\partial h}{\partial p}\right)_T - v\right] - \frac{1}{T} \cdot \left(\frac{\partial v}{\partial T}\right)_p = 0 \quad ,$$

$$\left(\frac{\partial h}{\partial p}\right)_T = -T \cdot \left(\frac{\partial v}{\partial T}\right)_p + v \quad . \tag{2.86}$$

Die letzten Terme in Gl. (2.71) und Gl. (2.72) können wir durch Gl. (2.85) und Gl. (2.86) substituieren und erhalten

$$de = c_v \cdot dT + \left[T \cdot \left(\frac{\partial p}{\partial T}\right)_v - p\right] \cdot dv \tag{2.87}$$

und

$$dh = c_p \cdot dT - \left[T \cdot \left(\frac{\partial v}{\partial T}\right)_p - v\right] \cdot dp \quad . \tag{2.88}$$

Mit dem spezifischen Volumen $v = 1/\rho$ und $-dv/v = d\rho/\rho$ sowie dem isobaren thermischen Wärmeausdehnungskoeffizient $\beta = -1/\rho \cdot (\partial \rho/\partial T)_p$ bzw. $\beta = 1/v \cdot (\partial v/\partial T)_p$ ergeben sich aus Gl. (2.87) und Gl. (2.88) die materiellen Ableitungen der spezifischen inneren Energie

$$\frac{De}{Dt} = c_v \cdot \frac{DT}{Dt} - \frac{1}{\rho^2} \cdot \left[T \cdot \left(\frac{\partial p}{\partial T}\right)_v - p\right] \cdot \frac{D\rho}{Dt} \tag{2.89}$$

und der spezifischen Enthalpie

$$\frac{Dh}{Dt} = c_p \cdot \frac{DT}{Dt} + \frac{1}{\rho} \cdot \left[1 - \beta \cdot T\right] \cdot \frac{Dp}{Dt} \quad . \tag{2.90}$$

Durch Kombination von Gl. (2.89) bzw. Gl. (2.90) mit der 1. bzw. 2. Formulierung der Energiegleichung (Gl. (2.63) bzw. Gl. (2.68)) erhalten wir eine Bestimmungsgleichung für das Temperaturfeld zur Beschreibung der zeitlichen und konvektiven Änderungen

$$c_v \cdot \rho \cdot \frac{DT}{Dt} = -\frac{\partial \dot{q}_j}{\partial x_j} - T \cdot \left(\frac{\partial p}{\partial T}\right)_v \cdot \frac{\partial u_i}{\partial x_i} + \phi_{Diss} \qquad (2.91)$$

bzw.

$$c_p \cdot \rho \cdot \frac{DT}{Dt} = -\frac{\partial \dot{q}_j}{\partial x_j} + \beta \cdot T \cdot \frac{Dp}{Dt} + \phi_{Diss} \quad , \qquad (2.92)$$

wobei der Dissipationsterm in der Funktion $\phi_{Diss} = \tau_{ij} \cdot \partial u_i / \partial x_j$ zusammengefasst wird.

2.8 Masse-, Impuls- und Energiegleichungen für Newton'sche Fluide

Die Kontinuitäts-, Impuls- und Energiegleichungen für Newton'sche Fluide bilden zusammen mit dem Stokes'schen Schubspannungsansatz (Gl. (2.69)) und dem Fourier'schen Wärmeleitungsgesetz (Gl. (2.70)) ein Gleichungssystem zur Berechnung von Strömungs- und Temperaturfeldern.

Die Kontinuitätsgleichung lautet

$$\frac{\partial \rho}{\partial t} - \frac{\partial(\rho \cdot u_i)}{\partial x_i} = 0 \quad . \qquad (2.93)$$

Mit den Komponenten des Spannungstensors

$$\tau_{ij} = 2 \cdot \mu(p,T) \cdot \left(S_{ij} - \frac{1}{3} \cdot S_{kk} \cdot \delta_{ij}\right) \qquad (2.94)$$

und des Deformationsgeschwindigkeitstensors, bzw. Verzerrungstensors

$$S_{ij} \equiv \frac{1}{2} \cdot \left(\frac{\partial u_i}{\partial x_j} + \frac{\partial u_j}{\partial x_i}\right) \qquad (2.95)$$

ergibt sich die Impulsgleichung zu

$$\rho \cdot \frac{Du_i}{Dt} = \rho \cdot \left[\frac{\partial u_i}{\partial t} + u_j \cdot \frac{\partial u_i}{\partial x_j}\right] = f_i \cdot \rho - \frac{\delta p}{\partial x_i} \\ + \frac{\partial}{\partial x_j}\left[2 \cdot \mu(p,T) \cdot \left(S_{ij} - \frac{1}{3} \cdot S_{kk} \cdot \delta_{ij}\right)\right] \quad . \qquad (2.96)$$

Die 1. und 2. Formulierung der Energiegleichung lauten

$$\rho \cdot \frac{De}{Dt} = \rho \cdot \left[\frac{\partial e}{\partial t} + u_j \cdot \frac{\partial e}{\partial x_j}\right] = \frac{\partial}{\partial x_j}\left(\lambda \cdot \frac{\partial T}{\partial x_j}\right) - p \cdot \frac{\partial u_i}{\partial x_i} + \phi_{Diss} \quad , \qquad (2.97)$$

$$\rho \cdot \frac{Dh}{Dt} = \rho \cdot \left[\frac{\partial h}{\partial t} + u_j \cdot \frac{\partial h}{\partial x_j}\right] = \frac{\partial}{\partial x_j}\left(\lambda \cdot \frac{\partial T}{\partial x_j}\right) + \frac{Dp}{Dt} + \phi_{Diss} \qquad (2.98)$$

bzw.

$$c_v \cdot \rho \cdot \frac{DT}{Dt} = c_v \cdot \rho \cdot \left[\frac{\partial T}{\partial t} + u_j \cdot \frac{\partial T}{\partial x_j}\right]$$
$$= \frac{\partial}{\partial x_j}\left(\lambda \cdot \frac{\partial T}{\partial x_j}\right) - T \cdot \left(\frac{\partial p}{\partial T}\right)_v \cdot \frac{\partial u_i}{\partial x_i} + \phi_{Diss} \quad , \tag{2.99}$$

$$c_p \cdot \rho \cdot \frac{DT}{Dt} = c_p \cdot \rho \cdot \left[\frac{\partial T}{\partial t} + u_j \cdot \frac{\partial T}{\partial x_j}\right]$$
$$= \frac{\partial}{\partial x_j}\left(\lambda \cdot \frac{\partial T}{\partial x_j}\right) + \beta \cdot T \cdot \frac{Dp}{Dt} + \phi_{Diss} \quad , \tag{2.100}$$

mit der Dissipationsfunktion

$$\phi_{Diss} = \tau_{ij} \cdot \frac{\partial u_i}{\partial x_j} = 2 \cdot \mu(p,T) \cdot \left(S_{ij} - \frac{1}{3} \cdot S_{kk} \cdot \delta_{ij}\right) \cdot \frac{\partial u_i}{\partial x_j} \quad . \tag{2.101}$$

2.8.1 Masse-, Impuls- und Energiegleichung für inkompressible Fluide und für Fluide mit konstanten Stoffwerten

Können Kompressibilitätseffekte vernachlässigt werden, so geht man von Strömungen inkompressibler Fluide (mit $\rho = const.$) aus. Strömungen mit Mach-Zahlen $Ma = u/c_s < 0{,}3$ gelten beispielsweise als inkompressibel, wobei $c_s = \partial p/\partial \rho|_s$ die Schallgeschwindigkeit ist. Dementsprechend können wir in guter Näherung Kompressibilitätseffekte bei Luftströmungen unter (normalen) atmosphärischen Bedingungen mit Strömungsgeschwindigkeiten von bis ca. $100\,\mathrm{m\,s^{-1}}$ vernachlässigen. Für ein inkompressibles Fluid lauten die Grundgleichungen

$$\frac{\partial u_i}{\partial x_i} = 0 \quad , \tag{2.102}$$

$$\rho \cdot \frac{Du_i}{Dt} = \rho \cdot \left[\frac{\partial u_i}{\partial t} + u_j \cdot \frac{\partial u_i}{\partial x_j}\right] = f_i \cdot \rho - \frac{\partial p}{\partial x_i} + 2 \cdot \frac{\partial}{\partial x_j}\left(\mu \cdot S_{ij}\right) \quad , \tag{2.103}$$

$$c \cdot \rho \cdot \frac{DT}{Dt} = c \cdot \rho \cdot \left[\frac{\partial T}{\partial t} + u_j \cdot \frac{\partial T}{\partial x_j}\right] = \frac{\partial}{\partial x_j}\left(\lambda \cdot \frac{\partial T}{\partial x_j}\right) + 2 \cdot \mu \cdot S_{ij} \cdot \frac{\partial u_i}{\partial x_j} \quad . \tag{2.104}$$

Für ein Fluid mit konstanten Stoffwerten (c_p, c_v, λ, $\rho = const.$) erhält man

$$\frac{\partial u_i}{\partial x_i} = 0 \quad , \tag{2.105}$$

$$\rho \cdot \frac{Du_i}{Dt} = \rho \cdot \left[\frac{\partial u_i}{\partial t} + u_j \cdot \frac{\partial u_i}{\partial x_j}\right] = f_i \cdot \rho - \frac{\partial p}{\partial x_i} + 2 \cdot \mu \cdot \frac{\partial S_{ij}}{\partial x_j} \quad , \tag{2.106}$$

$$c \cdot \rho \cdot \frac{DT}{Dt} = c \cdot \rho \cdot \left[\frac{\partial T}{\partial t} + u_j \cdot \frac{\partial T}{\partial x_j} \right] = \lambda \cdot \frac{\partial^2 T}{\partial x_j{}^2} + 2 \cdot \mu \cdot S_{ij} \cdot \frac{\partial u_i}{\partial x_j} \quad . \tag{2.107}$$

Ein Vergleich von Gl. (2.104) bzw. Gl. (2.107) mit Gl. (2.99) und Gl. (2.100) zeigt, dass für inkompressible Fluide bzw. konstante Stoffwerte die 1. und 2. Formulierung der Energiegleichung ineinander übergehen, da für den isobaren thermischen Ausdehnungskoeffizienten

$$\beta = -\frac{1}{\rho} \cdot \left(\frac{\partial \rho}{\partial T} \right)_p = 0 \tag{2.108}$$

gilt. Für Newton'sche Fluide kann die Dissipationsfunktion der Energiegleichung (2.104) und (2.107) durch die Umformung

$$\tau_{ij} \cdot \frac{\partial u_i}{\partial x_j} = \frac{1}{2} \cdot (\tau_{ij} + \tau_{ji}) \cdot \frac{\partial u_i}{\partial x_j} = \frac{1}{2} \cdot \left(\tau_{ij} \cdot \frac{\partial u_i}{\partial x_j} + \tau_{ij} \cdot \frac{\partial u_j}{\partial x_i} \right) = \tau_{ij} \cdot S_{ij} \tag{2.109}$$

in der Form

$$\phi_{Diss} = 2 \cdot \mu \cdot S_{ij} \cdot \frac{\partial u_i}{\partial x_j} = 2 \cdot \mu \cdot S_{ij} \cdot S_{ij} = 2 \cdot \mu \cdot S_{ij}{}^2 \tag{2.110}$$

angegeben werden.

Zylinder- und Polarkoordinaten

Der Vollständigkeit halber, geben wir abschließend die Masse-, Impuls- und Energiegleichung in Zylinder- und Polarkoordinaten für Newton'sche Fluide mit konstanten Stoffwerten an. Die dazugehörigen Koordinatensysteme sind in Abb. 2.8 dargestellt.

Zylinderkoordianten:

- Kontinuitätsgleichung

$$\frac{1}{r} \cdot \frac{\partial}{\partial r} (r \cdot v) + \frac{1}{r} \cdot \frac{\partial w}{\partial \varphi} + \frac{\partial u}{\partial x} = 0 \quad , \tag{2.111}$$

- Impulsgleichung in r-Richtung

$$\rho \cdot \left[\frac{\partial v}{\partial t} + v \cdot \frac{\partial v}{\partial r} + \frac{w}{r} \cdot \frac{\partial v}{\partial \varphi} - \frac{w^2}{r} + u \cdot \frac{\partial v}{\partial x} \right] = f_r \cdot \rho$$
$$-\frac{\partial p}{\partial r} + \mu \cdot \left[\frac{\partial}{\partial r} \left(\frac{1}{r} \cdot \frac{\partial (r \cdot v)}{\partial r} \right) + \frac{1}{r^2} \cdot \frac{\partial^2 v}{\partial \varphi^2} - \frac{2}{r^2} \cdot \frac{\partial w}{\partial \varphi} + \frac{\partial^2 v}{\partial x^2} \right] \tag{2.112}$$

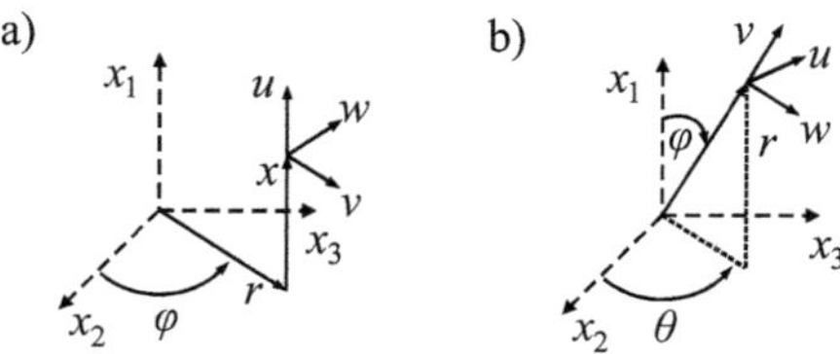

Abb. 2.8 Nomenklatur der Zylinder- und Polarko-ordinaten.

- Impulsgleichung in φ-Richtung

$$\rho \cdot \left[\frac{\partial w}{\partial t} + v \cdot \frac{\partial w}{\partial r} + \frac{w}{r} \cdot \frac{\partial w}{\partial \varphi} + \frac{v \cdot w}{r} + u \cdot \frac{\partial w}{\partial x} \right] = f_\varphi \cdot \rho$$

$$- \frac{1}{r} \cdot \frac{\partial p}{\partial \varphi} + \mu \cdot \left[\frac{\partial}{\partial r} \left(\frac{1}{r} \cdot \frac{\partial (r \cdot w)}{\partial r} \right) + \frac{1}{r^2} \cdot \frac{\partial^2 w}{\partial \varphi^2} + \frac{2}{r^2} \cdot \frac{\partial v}{\partial \varphi} + \frac{\partial^2 w}{\partial x^2} \right] \tag{2.113}$$

- Impulsgleichung in x-Richtung

$$\rho \cdot \left[\frac{\partial u}{\partial t} + v \cdot \frac{\partial u}{\partial r} + \frac{w}{r} \cdot \frac{\partial u}{\partial \varphi} + u \cdot \frac{\partial u}{\partial x} \right]$$

$$= f_x \cdot \rho - \frac{\partial p}{\partial x} + \mu \cdot \left[\frac{1}{r} \cdot \frac{\partial}{\partial r} \left(r \cdot \frac{\partial u}{\partial r} \right) + \frac{1}{r^2} \cdot \frac{\partial^2 u}{\partial \varphi^2} + \frac{\partial^2 u}{\partial x^2} \right] \tag{2.114}$$

- Energiegleichung

$$c \cdot \rho \cdot \left[\frac{\partial T}{\partial t} + v \cdot \frac{\partial T}{\partial r} + \frac{w}{r} \cdot \frac{\partial T}{\partial \varphi} + u \cdot \frac{\partial T}{\partial x} \right]$$

$$= \lambda \cdot \left[\frac{1}{r} \cdot \frac{\partial}{\partial r} \left(r \cdot \frac{\partial T}{\partial r} \right) + \frac{1}{r^2} \cdot \frac{\partial^2 T}{\partial \varphi^2} + \frac{\partial^2 T}{\partial x^2} \right]$$

$$+ 2 \cdot \mu \left[\left(\frac{\partial v}{\partial r} \right)^2 + \left(\frac{1}{r} \cdot \left(\frac{\partial w}{\partial \varphi} + v \right) \right)^2 + \left(\frac{\partial u}{\partial x} \right)^2 \right] \tag{2.115}$$

$$+ \mu \cdot \left[\left(\frac{\partial w}{\partial x} + \frac{1}{r} \cdot \frac{\partial u}{\partial \varphi} \right)^2 + \left(\frac{\partial u}{\partial r} + \frac{\partial v}{\partial x} \right)^2 + \left(\frac{1}{r} \cdot \frac{\partial v}{\partial \varphi} + r \cdot \frac{\partial}{\partial r} \left(\frac{w}{r} \right) \right)^2 \right]$$

<u>Polarkoordinaten</u>

- Kontinuitätsgleichung

$$\frac{1}{r^2} \cdot \frac{\partial (r^2 \cdot v)}{\partial r} + \frac{1}{r \cdot \sin \varphi} \cdot \frac{\partial}{\partial \varphi} (w \cdot \sin \varphi) + \frac{1}{r \cdot \sin \varphi} \cdot \frac{\partial u}{\partial \theta} = 0 \quad . \tag{2.116}$$

- Impulsgleichung in r-Richtung

$$\rho \left[\frac{\partial v}{\partial t} + v \cdot \frac{\partial v}{\partial r} + \frac{w}{r} \cdot \frac{\partial v}{\partial \varphi} + \frac{u}{r \cdot \sin \varphi} \cdot \frac{\partial v}{\partial \theta} - \frac{w^2 + u^2}{r} \right] = f_r \cdot \rho$$
$$- \frac{\partial p}{\partial r} + \mu \cdot \left[\nabla^2 \cdot v - \frac{2}{r^2} v - \frac{2}{r^2} \cdot \frac{\partial w}{\partial \varphi} - \frac{2}{r^2} \cdot w \cdot \cot \varphi - \frac{2}{r^2 \cdot \sin \varphi} \cdot \frac{\partial u}{\partial \theta} \right] \tag{2.117}$$

- Impulsgleichung in φ-Richtung

$$\rho \cdot \left[\frac{\partial w}{\partial t} + v \cdot \frac{\partial w}{\partial r} + \frac{w}{r} \cdot \frac{\partial w}{\partial \varphi} + \frac{u}{r \cdot \sin \varphi} \cdot \frac{\partial w}{\partial \theta} + \frac{v \cdot w}{r} - \frac{u^2 \cdot \cot \varphi}{r} \right] = f_\varphi \cdot \rho$$
$$- \frac{1}{r} \cdot \frac{\partial p}{\partial \varphi} + \mu \cdot \left[\nabla^2 w + \frac{2}{r^2} \cdot \frac{\partial v}{\partial \varphi} - \frac{w}{r^2 \cdot \sin^2 \varphi} - \frac{2 \cos \varphi}{r^2 \cdot \sin^2 \varphi} \cdot \frac{\partial u}{\partial \theta} \right] \tag{2.118}$$

- Impulsgleichung in θ-Richtung

$$\rho \cdot \left[\frac{\partial u}{\partial t} + v \cdot \frac{\partial u}{\partial r} + \frac{w}{r} \cdot \frac{\partial u}{\partial \varphi} + \frac{u}{r \cdot \sin \varphi} \cdot \frac{\partial w}{\partial \theta} + \frac{u \cdot v}{r} + \frac{w \cdot u}{r} \cdot \cot \varphi \right] = f_\theta \cdot \rho$$
$$- \frac{1}{r \cdot \sin \varphi} \cdot \frac{\partial p}{\partial \theta} + \mu \cdot \left[\nabla^2 u - \frac{u}{r^2 \cdot \sin^2 \varphi} + \frac{2}{r^2 \cdot \sin \varphi} \cdot \frac{\partial v}{\partial \theta} + \frac{2 \cdot \cos \varphi}{r^2 \cdot \sin^2 \varphi} \cdot \frac{\partial w}{\partial \theta} \right] \tag{2.119}$$

- Energiegleichung

$$c \cdot \rho \cdot \left[\frac{\partial T}{\partial t} + v \cdot \frac{\partial T}{\partial r} + \frac{w}{r} \cdot \frac{\partial T}{\partial \varphi} + \frac{u}{r \cdot \sin \varphi} \cdot \frac{\partial T}{\partial \theta} \right]$$
$$= \lambda \cdot \left[\frac{1}{r^2} \cdot \frac{\partial}{\partial r} \left(r^2 \cdot \frac{\partial T}{\partial r} \right) + \frac{1}{r^2 \cdot \sin \varphi} \cdot \frac{\partial}{\partial \varphi} \left(\sin \varphi \cdot \frac{\partial T}{\partial \varphi} \right) + \frac{1}{r^2 \cdot \sin^2 \varphi} \cdot \frac{\partial^2 T}{\partial \theta^2} \right]$$
$$+ 2 \cdot \mu \cdot \left[\left(\frac{\partial v}{\partial r} \right)^2 + \left(\frac{1}{r} \cdot \frac{\partial w}{\partial \varphi} + \frac{v}{r} \right)^2 + \left(\frac{1}{r \cdot \sin \varphi} \cdot \frac{\partial u}{\partial \theta} + \frac{v}{r} + \frac{w \cdot \cot \varphi}{r} \right)^2 \right]$$
$$+ \mu \cdot \left[\left(r \cdot \frac{\partial}{\partial r} \left(\frac{w}{r} \right) + \frac{1}{r} \cdot \frac{\partial v}{\partial \varphi} \right)^2 + \left(\frac{1}{r \cdot \sin \varphi} \cdot \frac{\partial v}{\partial \theta} + r \cdot \frac{\partial}{\partial r} \left(\frac{u}{r} \right) \right)^2 \right.$$
$$\left. + \left(\frac{\sin \varphi}{r} \cdot \frac{\partial}{\partial \varphi} \left(\frac{u}{\sin \varphi} \right) + \frac{1}{r \cdot \sin \varphi} \cdot \frac{\partial w}{\partial \theta} \right)^2 \right] \tag{2.120}$$

In Gl. (2.117) – Gl. (2.119) lautet der Operator

$$\nabla^2 = \frac{1}{r^2} \cdot \frac{\partial}{\partial r} \left(r^2 \cdot \frac{\partial}{\partial r} \right) + \frac{1}{r^2 \cdot \sin \varphi} \cdot \frac{\partial}{\partial \varphi} \left(\sin \varphi \cdot \frac{\partial}{\partial \varphi} \right) + \frac{1}{r^2 \sin^2 \varphi} \left(\frac{\partial^2}{\partial \theta^2} \right) \quad . \tag{2.121}$$

2.8.2 Boussinesq-Approximation

Sind äußere Ursachen für das Zustandekommen einer Strömung verantwortlich, spricht man von erzwungener Konvektion. Diese Ursachen können beispielsweise aufgeprägte Druckgradienten durch Pumpen bei Innenströmungen, magnetische Kraftfelder bei Flüssigmetallströmungen oder angreifende Reibungsspannungen durch die bewegten Schaufeln bei Verdichtern sein. Dagegen spricht man von freier Konvektion, wenn durch Dichteänderungen infolge von Temperaturdifferenzen Druckunterschiede im Strömungsfeld entstehen, die in einer Auftriebsbewegung resultieren.

Führen Temperaturdifferenzen zu Auftriebskräften in Strömungen infolge von Dichteänderungen, Temperaturunterschiede für die Stoffwerte in den weiteren Termen der Kontinuitäts-, Impuls- und Energiegleichungen aber eine untergeordnete Rolle spielen, können zur Bestimmung des Strömungs- und Temperaturfelds die inkompressiblen Impulsgleichungen in der Form der Boussinesq-Approximation verwendet werden. Mit Hilfe der Boussinesq-Approximation lässt sich zum einen der Aufwand bei numerischen Berechnungen von auftriebsbehafteten Strömungen gegenüber den kompressiblen Erhaltungsgleichungen erheblich reduzieren und zum anderen helfen die so gewonnenen Gleichungen aufgrund ihrer geringeren Komplexität bei theoretischen Betrachtungen und Größenordnungsabschätzungen.

Für die Herleitung der Boussinesq-Approximation gehen wir davon aus, dass Temperaturänderungen in der Impulsgleichung lediglich zu Dichteunterschieden führen. Demnach geben wir alle Stoffwerte zu einem Referenzzustand R_0 an. Änderungen der Dichte (infolge von Temperaturänderungen) um den Referenzzustand ρ_{R_0} quantifizieren wir mit $\Delta\rho$, sodass für die Dichte

$$\rho = \rho_{R_0} + \Delta\rho \tag{2.122}$$

gilt. Mit Gl. (2.122) ergibt sich für die inkompressible Impulsgleichung

$$\left(\rho_{R_0} + \Delta\rho\right) \cdot \frac{Du_i}{Dt} = g \cdot \left(\rho_{R_0} + \Delta\rho\right) \cdot x_{g,i} - \frac{\partial p}{\partial x_i} + 2 \cdot \frac{\partial}{\partial x_j}\left(\mu_{R_0} \cdot S_{ij}\right) \quad . \tag{2.123}$$

Die Komponenten der Erdbeschleunigung werden durch $g_i = g \cdot x_{g,i}$ angegeben, wobei die Vektorkomponente $x_{g,i}$ einerseits die Richtung und andererseits die Anteile der Konstanten g in i-ter Richtung beschreibt. Eine Auftriebskraft infolge von Temperaturänderungen ergibt sich aus der Differenz der gravitationsbedingten Volumenkraft und der Auftriebskraft des hydrostatischen Zustands und es ist daher zweckmäßig, die Änderungen des Druckfelds aufgrund der Strömungsbewegung gesondert von den Änderungen des hydrostatischen Druckfelds zu betrachten. Dementsprechend spalten wir den Druckterm in Gl. (2.123) auf in einen Anteil p_{stat}, der für das hydrostatische Strömungsfeld steht, und in einen Anteil $\tilde{p}$, der die Druckänderung aufgrund der Fluidbewegung berücksichtigt ($p = p_{stat} + \tilde{p}$). Für Gl. (2.123) erhält man dementsprechend

$$\left(\rho_{R_0} + \Delta\rho\right) \cdot \frac{Du_i}{Dt}$$

$$= g \cdot \left(\rho_{R_0} + \Delta\rho\right) \cdot x_{g,i} - \frac{\partial p_{stat}}{\partial x_i} - \frac{\partial \tilde{p}}{\partial x_i} + 2 \cdot \frac{\partial}{\partial x_j}\left(\mu_{R_0} \cdot S_{ij}\right) \quad . \tag{2.124}$$

Unter der Annahme, dass das hydrostatische Strömungsfeld als Referenzzustand dient (d. h. der Zustand eines ruhenden Fluids), können wir gemäß der hydrostatischen Grundgleichung

$$\frac{\partial p_{stat}}{\partial x_i} = g \cdot \rho_{R_0} \cdot x_{g,i} \tag{2.125}$$

den hydrostatischen Druckterm in Gl. (2.124) durch die Volumenkraft $g \cdot \rho_{R_0} \cdot x_{g,i}$ ausdrücken und erhalten somit

$$\left(\rho_{R_0} + \Delta\rho\right) \cdot \frac{Du_i}{Dt} = g \cdot \Delta\rho \cdot x_{g,i} - \frac{\partial \tilde{p}}{\partial x_i} + 2 \cdot \frac{\partial}{\partial x_j}\left(\mu_{R_0} \cdot S_{ij}\right) \quad . \tag{2.126}$$

Wie eingangs erwähnt, werden bei der Boussinesq-Approximation die Auswirkungen von Dichteänderungen ausschließlich in der Auftriebskraft berücksichtigt, so dass die Dichteänderungen $\Delta\rho$ auf der linken Seite von Gl. (2.126) entfallen,

$$\rho_{R_0} \cdot \frac{Du_i}{Dt} = g \cdot \Delta\rho \cdot x_{g,i} - \frac{\partial \tilde{p}}{\partial x_i} + 2 \cdot \frac{\partial}{\partial x_j}\left(\mu_{R_0} \cdot S_{ij}\right) \quad . \tag{2.127}$$

Kleine Änderungen der Dichte können wir durch eine Taylor-Reihenentwicklung der thermischen Zustandsgleichung für die Dichte $\rho(T,p)$ um den Referenzzustand

$$\rho(T,p) = \rho_{R_0} + \left(\frac{\partial\rho}{\partial T}\right)_{R_0} \cdot (T - T_{R_0}) + \left(\frac{\partial\rho}{\partial p}\right)_{R_0} \cdot (p - p_{R_0}) + \dots \tag{2.128}$$

annähern, wobei die Taylor-Reihe nach dem ersten linearen Term abgebrochen wird. Bei Fragestellungen in thermisch bedingten Auftriebsströmungen ist die charakteristische Strömungsgeschwindigkeit häufig viel kleiner als die Schallgeschwindigkeit und es gilt $u_0^2 \ll c_s^2$, wodurch die Druckabhängigkeit der Dichte $(\partial\rho/\partial p)|_T = c_p/c_v \cdot 1/c_s^2$ als vernachlässigbar klein angenommen werden kann. In diesem Fall ist die Dichte eine Funktion der Temperatur und aus Gl. (2.128) folgt

$$\rho(T) = \rho_{R_0} + \left(\frac{\partial\rho}{\partial T}\right)_{R_0} \cdot (T - T_{R_0}) = \rho_{R_0} - \rho_{R_0} \cdot \beta_{R_0} \cdot (T - T_{R_0}) \quad , \tag{2.129}$$

mit dem Wärmeausdehnungskoeffizient $\beta_{R_0} = -1/\rho_{R_0} \cdot (\partial\rho/\partial T)_{R_0}$ zum Referenzzustand. Mit Gl. (2.122), Gl. (2.127) und Gl. (2.129) erhalten wir letztendlich die inkompressible Impulsgleichung in Form der Boussinesq-Approximation

$$\rho_{R_0} \cdot \frac{Du_i}{Dt} = -g \cdot \rho_{R_0} \cdot \beta_{R_0} \cdot (T - T_{R_0}) \cdot x_{g,i} - \frac{\partial \tilde{p}}{\partial x_i} + 2 \cdot \frac{\partial}{\partial x_j}\left(\mu_{R_0} \cdot S_{ij}\right) \quad . \tag{2.130}$$

2.8.3 Wie viele Gleichungen braucht man?

Treten in der Strömung keine Temperaturunterschiede auf und liegen konstante Stoffwerte vor, dann stehen mit der Kontinuitätsgleichung und den Impulsgleichungen vier Gleichungen zur Bestimmung von vier Unbekannten (u, v, w und p) zur Verfügung. Handelt es sich um eine thermische Strömung mit näherungsweise konstanten Stoffwerten, so müssen die Kontinuitätsgleichung, die Impulsgleichungen und die Energiegleichung an jeder Stelle des Strömungsfeldes gelöst werden. Es liegen somit fünf Gleichungen für fünf Unbekannte (u, v, w, p und T) vor. Solange keine Auftriebsterme in der Impulsgleichung berücksichtigt werden, besitzt die Lösung der Energiegleichung keinen Einfluss auf die Impulsgleichungen. Bei kompressiblen Strömungen muss neben der Kontinuitätsgleichung, den Impulsgleichungen und der Energiegleichung noch eine weitere Gleichung für die Dichte (z. B. thermische Zustandsgleichung idealer Gase) zur Bereitstellung von sechs Gleichungen für sechs Unbekannte (u, v, w, p, T und ρ) verwendet werden. Treten weitere Temperatur- und Druckabhängigkeiten von Stoffwerten auf, so müssen zu deren Bestimmung weitere Zustandsgleichungen bzw. Stoffwertfunktionen an jeder Stelle im Strömungsfeld gelöst werden.

2.9 Anfangs- und Randbedingungen

Für die Lösung der Impuls- und Energiegleichung ist die Angabe von problemspezifischen Anfangs- und Randbedingungen für das vorliegende Betrachtungsgebiet und Betrachtungsintervall zwingend erforderlich. Anfangsbedingungen legen die zu einem bestimmten Anfangszeitpunkt des Betrachtungsintervalls vorliegenden Feld- und Stoffgrößen fest. Randbedingungen beschreiben das örtliche Verhalten der Variablen und Stoffgrößen an den Grenzen des Betrachtungsgebiets. Für thermofluiddynamische Fragestellungen lassen sich Randbedingungen wie folgt klassifizieren:

1. Die Randbedingung 1. Art (Dirichlet'sche Randbedingung) gibt die entsprechende Größe als Funktion von Ort $\vec{x}$ und Zeit t an. Hierzu gehört beispielsweise auch die Haftbedingung, aufgrund der sich die Fluidreibungskräfte in der Nähe von Wänden ändern. Dementsprechend besitzt ein Fluidteilchen, das die Wand berührt, keine Relativgeschwindigkeit gegenüber der Wand und es gilt

$$u_i(\vec{x},t)|_W = u_{i,W}(\vec{x},t) \quad . \tag{2.131}$$

Unter der Annahme, dass ein thermisches Gleichgewichts an der Wand herrscht, gilt demzufolge für das Temperaturfeld

$$T(\vec{x},t)|_W = T_W(\vec{x},t) \quad . \tag{2.132}$$

2. Die Angabe eines Gradientenfelds an den Grenzen des Betrachtungsgebiets bezeichnet man als Randbedingung 2. Art (Neumann'sche Randbedingung). Dies ist beispielsweise der Fall, wenn die Wärmestromdichte an der Wand vorgegeben wird,

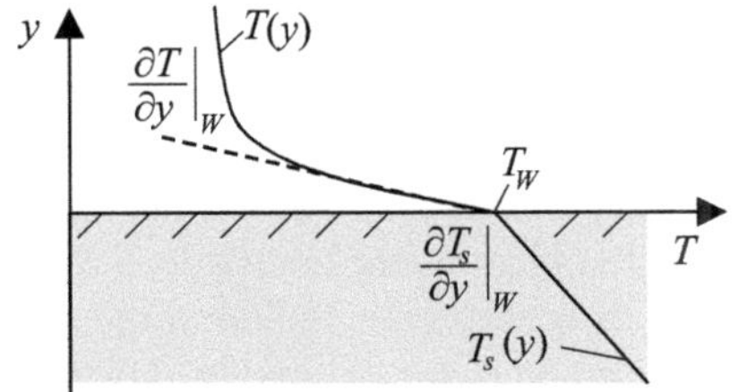

Abb. 2.9 Kopplungsbedingungen entsprechen Randbedingungen 3. Art.

$$\dot{q}_W = -\lambda \cdot \frac{\partial T}{\partial y}\bigg|_W \quad . \tag{2.133}$$

Das Fourier'sche Wärmeleitungsgesetz führt demzufolge auf die Festlegung des Temperaturgradienten an der Wand. Beispielsweise gilt bei einer adiabaten Wand $\dot{q}_W = 0$.

3. Randbedingungen der 3. Art sind Kopplungsbedingungen, die bei Berührung verschiedener Medien angegeben werden müssen. Bei der konvektiven Wärmeübertragung liegt eine energetische Kopplung zwischen Fluid und Festkörper vor. Dementsprechend lautet die Randbedingung an den Mediengrenzen

$$-\lambda \cdot \frac{\partial T}{\partial y}\bigg|_W = -\lambda_s \cdot \frac{\partial T_s}{\partial y}\bigg|_W \quad . \tag{2.134}$$

Der Index s kennzeichnet die Parameter und Größen des wärmeleitenden Strukturmaterials. Wie in Abb. 2.9 dargestellt, gilt für den Wärmestrom, der an das Fluid übergeht

$$\dot{q}_W = -\lambda \cdot \frac{\partial T}{\partial y}\bigg|_W \quad , \tag{2.135}$$

und der Wärmestrom im Festkörper wird durch Wärmeleitung an die Oberfläche transportiert

$$\dot{q}_W = -\lambda_s \cdot \frac{\partial T_s}{\partial y}\bigg|_W \quad . \tag{2.136}$$

Je nach Anwendung treten die genannten Randbedingungen in unterschiedlicher Kombination auf. So sind z. B. eine umfangseitige konstante Wandtemperatur und axiale konstante Wandwärmestromdichte typisch für Rohre aus gut wärmeleitenden Materialien und dünner Wandstärke in Wärmeübertragern. Die thermischen Randbedingungen bei Innenströmungen in energie- und wärmetechnischen Anwendungen werden wir in Kapitel 6.1.3 besprechen. Für thermofluiddynamische Grundlagenbetrachtungen werden häufig die idealisierten Standardrandbedingungen einer konstanten Wandtemperatur $T_W = const.$ und einer konstanten Wandwärmestromdichte $\dot{q}_W = const.$ verwendet.

2.10 Skalenbeziehungen

Die hergeleiteten Erhaltungsgleichungen beschreiben die Geschwindigkeits- und Temperaturfelder aller thermofluiddynamischen Fragestellungen innerhalb der Grenzen der Kontinuumsmechanik exakt. Aufgrund ihres nichtlinearen Charakters liegt jedoch keine allgemeine Lösung vor. Vereinfachungen können nur in bestimmten Fällen vorgenommen werden. In der Energie- und Wärmetechnik oder im Maschinen- und Anlagenbau werden das Geschwindigkeits- und Temperaturfeld insbesondere durch die nichtlinearen Eigenschaften bestimmt, sodass die Größenordnungen der entsprechenden Terme die Größenordnungen der anderen Terme um ein Vielfaches übersteigen. Um das Strömungsverhalten sowie thermofluiddynamische Zusammenhänge dennoch mit Hilfe analytischer bzw. semianalytischer Verfahren vorhersagen, berechnen oder abschätzen zu können, nutzt man häufig sogenannte Skalenbeziehungen, die mit Hilfe der Skalenanalyse hergeleitet werden können. Hierbei wird angenommen, dass sich für jeden Strömungsprozess Zeit- und Längenskalen sowie die dazugehörigen Geschwindigkeiten festlegen lassen, die für den Transport der Prozess- bzw. Strömungsgröße charakteristisch sind. Als Skalenbeziehungen bezeichnen wir funktionale Zusammenhänge zwischen charakteristischen Größen, mit denen sich das Verhalten von Zeitskalen, Längenskalen und Feldgrößen eines thermofluiddynamischen Strömungsvorgangs angeben lässt. Charakteristische Größen repräsentieren dabei die relevanten Feldgrößen, Längenmaße und Zeitspannen der betrachteten Strömungssituation.[4] Die charakteristischen Zeiten $t_{0,i}$ bzw. Längen $l_{0,i}$ beschreiben die Zeitspannen bzw. die Distanzen der betrachteten Strömungsgrößen. Sie bestimmen die charakteristischen Geschwindigkeiten $u_{0,i}$, mit $i = 1,2,\ldots$. Diese entsprechen den dominanten Strömungsgeschwindigkeiten des Strömungsvorgangs. Die charakteristische Temperaturdifferenz ΔT_0 bzw. die charakteristische Druckdifferenz Δp_0 beschreiben das treibende Potenzial der Strömung, und p_0 sowie gegebenenfalls T_0 sind charakteristisch für den spezifischen Referenzzustand des thermofluiddynamischen Vorgangs. Die charakteristischen Größen ändern sich je nach Strömungssituation. Beispielsweise entspricht bei einer groben Betrachtung der stationären Rohrströmung die charakteristische Geschwindigkeit der querschnittsgemittelten Strömungsgeschwindigkeit u_m und die charakteristische Länge ist der Rohrdurchmesser D. Interessiert man sich für die wandnahe Strömung einer turbulenten Rohrströmung, so werden jedoch andere charakteristische Größen zur Analyse des Strömungsvorgangs herangezogen.

Zur näherungsweisen Beschreibung des Verhaltens relevanter Kenngrößen eines Strömungsvorgangs werden Skalenbeziehungen verwendet. Zu ihrer Herleitung betrachtet man die wirkenden Kräfte und Energieflüsse und schätzt deren Größenordnung für den betrachteten Bereich ab. Dabei wird wie folgt vorgegangen:

1. Definition eines Betrachtungsgebiets für die Skalenbeziehung. Die Wahl des Betrachtungsbereichs beeinflusst die charakteristischen Größen entscheidend. Daher ist darauf zu achten, dass das gewählte Gebiet groß genug ist, um die zu erwartenden Änderun-

---

[4] Verwenden wir als charakteristische Größe nicht die Variablen der tatsächlichen Zeitskalen, Längenskalen oder Feldgrößen, kennzeichnen wir die als charakteristische Größe deklarierte Variable mit dem Index 0.

gen der relevanten Größen auflösen zu können und klein genug ist, um äußere Effekte auszuschließen.

2. Aufstellen thermofluiddynamischer Zusammenhänge anhand von Erhaltungs- und Bewegungsgleichungen oder Gleichgewichtsbeziehungen auf Basis der wirkenden Kräfte und Energieflüsse.

3. Festlegen der relevanten charakteristischen Größen für die thermofluiddynamische Fragestellung.

4. Unter Verwendung der Regeln für Größenordnungsabschätzungen die dominanten Terme bzw. dominanten charakteristischen Größen bestimmen.

Im Rahmen dieses Buches nutzen wir für Angaben von funktionalen Zusammenhängen durch Skalenbeziehungen häufig den Operator $\sim$. Dieser bedeutet *proportional zueinander, wobei die Proportionalitätskonstante von der Größenordnung eins ist.* Dezimale Größenordnungen geben wir mit dem Operator $O(\ldots)$ an. Hierbei geben dezimale Größenordnungen die Wertebereiche der betrachteten Größen oder Terme an. Beispielsweise besitzt die Größe A die Größenordnung $O(1)$, wenn ihr tatsächlicher Wert im Bereich $0{,}1 < A < 10$ liegt. Von vergleichbaren Größenordnungen zweier Größen sprechen wir, wenn der Quotient beider Größen im offenen Intervall von $0{,}1$ und $1{,}0$ liegt, z. B. $0{,}1 < A/B < 1{,}0$ bzw. $0{,}1 < B/A < 1{,}0$.

Regeln für Größenordnungsabschätzungen

Größenordnungsabschätzungen sind ein wichtiges Werkzeug der Skalenanalyse. Mit ihrer Hilfe können wir herausfinden, welche Kräfte und Energieflüsse bei einer thermofluiddynamischen Fragestellung bedeutsam sind. Häufig ergeben sich daraus Vereinfachungen für die beschreibenden Differentialgleichungen und es können die für den Strömungsvorgang maßgeblichen Feldgrößen sowie charakteristischen Größen und Kennzahlen identifiziert werden. Wir nutzen hierfür die allgemeinen Regeln für Größenordnungsabschätzungen:

$$\text{Summenregel:} \qquad A + B = C \qquad\qquad A \sim B \to A \sim B \sim C \qquad (2.137)$$

$$A > \text{ bzw. } \gg B \to A \sim C \qquad (2.138)$$

$$\text{Produktregel:} \qquad A \cdot B = C \qquad\qquad A \cdot B \sim C \qquad (2.139)$$

$$\text{Quotientenregel:} \qquad A/B = C \qquad\qquad A/B \sim C \qquad (2.140)$$

Übungsaufgaben

2.1 Leite die Bilanzgleichung der Entropie

$$\rho \cdot \frac{Ds}{Dt} = \frac{\phi_{Diss}}{T} - \frac{\dot{q}_j}{T^2} \cdot \frac{\partial T}{\partial x_j} - \frac{\partial}{\partial x_j}\left(\frac{\dot{q}_j}{T}\right) \qquad (2.141)$$

aus der Gibbs'schen Relation gemäß Gl. (2.77) her.

2.2 Zeige mit Hilfe der Bilanzgleichung der Entropie, dass der Term $\phi_{Diss} = \tau_{ij} \cdot \partial u_i / \partial x_j$ in der Energiegleichung (2.63) die irreversible Arbeit beschreibt.

2.3 Turbulente Strömungen sind immer rotationsbehaftet, d. h. die Wirbelstärke

$$\vec{\omega} = \nabla \times \vec{u} \tag{2.142}$$

ist immer ungleich Null und wird daher häufig zur Analyse von wirbelbehafteten Strömungen herangezogen. Leite die Wirbelgleichung (=Transportgleichung der Wirbelstärke)

$$\frac{D\vec{\omega}}{Dt} = (\vec{\omega} \cdot \nabla)\vec{u} + \nu \cdot \nabla^2 \vec{\omega} \tag{2.143}$$

her. Bilde hierfür die Rotation der vektoriellen Impulsgleichung (externe Kraftfelder bleiben unberücksichtigt) für ein Fluid mit konstanten Stoffwerten

$$\frac{\partial \vec{u}}{\partial t} + (\vec{u} \cdot \nabla)\vec{u} = -\nabla \left(\frac{p}{\rho} \right) + \nu \cdot \nabla^2 \vec{u} \tag{2.144}$$

und forme die einzelnen Terme mit den folgenden Rechenregeln um

$$\nabla \times \nabla \varphi = 0 \quad , \tag{2.145}$$

$$\nabla \cdot (\nabla \times \vec{u}) = 0 \quad , \tag{2.146}$$

$$\vec{u} \times \vec{\omega} = \frac{1}{2} \cdot \nabla(\vec{u} \cdot \vec{u}) - (\vec{u} \cdot \nabla)\vec{u} \quad , \tag{2.147}$$

$$\nabla \times (\vec{\varphi} \times \vec{\vartheta}) = (\vec{\vartheta} \cdot \nabla)\vec{\varphi} - \vec{\vartheta}(\nabla \cdot \vec{\varphi}) + \vec{\varphi}(\nabla \cdot \vec{\vartheta}) - (\vec{\varphi} \cdot \nabla)\vec{\vartheta} \quad . \tag{2.148}$$

2.4 Leite ausgehend von der Wirbelgleichung (2.143) die Transportgleichung der Enstrophie $\omega = \vec{\omega} \cdot \vec{\omega}$ her,

$$\frac{D\omega^2}{Dt} = \nu \cdot \nabla^2 \omega^2 + 2 \cdot \omega_i \cdot \omega_j \cdot \frac{\partial u_i}{\partial x_j} - 2 \cdot \nu \cdot \frac{\partial \omega_i}{\partial x_j} \cdot \frac{\partial \omega_i}{\partial x_j} \quad . \tag{2.149}$$

2.5 Richtig oder Falsch?

1. Ortsfeste und materielle Volumen sind Sonderfälle des beliebig bewegten Volumens. Beim beliebig bewegten Volumen ändert sich zum einen das Volumen und zum anderen wird Masse in das Volumen hinein- und hinaustransportiert.
2. Eine Bilanzgleichung für eine extensive Größe eines materiellen Volumens beschreibt die zeitliche Änderung der extensiven Größe infolge des konduktiven Flusses durch die Oberfläche des Volumens.
3. Die Terme der Impulsgleichung in differentieller Form stellen Kraft pro Volumeneinheit dar, und die Terme der Energiegleichung stellen Arbeit bzw. Wärme pro Masseneinheit dar.

4. Die Wärmeleitfähigkeit ist eine Materialeigenschaft und lässt sich ganz Allgemeinen mit einer druck- und temperaturabhängigen Stoffwertfunktion beschreiben.

5. Mit Hilfe von konstitutiven Beziehungen werden die Effekte der molekularen Vorgänge auf die makroskopischen Vorgänge durch Feldgrößen und Transportkoeffizienten angenähert.

6. Für ein inkompressibles Fluid lassen sich die Erhaltungsgleichungen für die spezifische Enthalpie und die spezifische innere Energie ineinander überführen.

7. Sowohl eine konstante Wandtemperatur $T_W = const.$ als auch eine konstante Wandwärmestromdichte $\dot{q}_W = const.$ werden durch eine Randbedingung der 1. Art angegeben werden.

8. Ist die Temperaturabhängigkeit der Stoffwerte ausschließlich für die Auftriebskräfte von Bedeutung, kann das Strömungsfeld mit der Boussinesq-Approximation berechnet werden.

2.6 Wissensfragen

- Beschreibe die kontinuumsmechanische Modellvorstellung eines Fluids!
- Was ist der Unterschied zwischen einem ortsfesten und einem materiellen Volumen?
- Erkläre die Euler'sche und Lagrange'sche Betrachtungsweise.
- Erkläre den Unterschied zwischen Referenz- und Momentankonfiguration.
- Welche Bedeutung besitzen die Terme der allgemeinen Bilanzgleichung?
- Was ist der Unterschied zwischen einer intensiven, extensiven und spezifischen Größe?
- Wie lautet die differentielle Form der Masse-, Impuls- und Energiegleichung?
- Wie ist der Druck in der Thermofluiddynamik bzw. in der Strömungsmechanik definiert?
- Welche Arten von innerer Energie gibt es?
- Welche Bedeutung besitzen die Terme der inneren Energiegleichung?
- Wie lässt sich Strahlungswärme in der Energiegleichung berücksichtigen?
- Was lässt sich mit konstitutiven Beziehungen beschreiben?
- Wie wird bei thermofluiddynamischen Fragestellungen üblicherweise der Wärmestromdichtevektor approximiert?
- Wie lässt sich bei Newton'schen Fluiden der Spannungstensor approximieren?
- Welche Größenordnungen besitzen die Wärmeleitfähigkeit von Gasen, Flüssigkeiten und Metallen?
- Was liefern die kalorischen Zustandsgleichungen?
- Wie vereinfachen sich die Zustandsgleichungen für ideale Gase, inkompressible Medien, und kalorisch perfekte Gase?
- Wie lautet die Gleichung für materielle Ableitung der Temperatur eines inkompressiblen Fluids?
- Wie lassen sich Auftriebsterme in der inkompressiblen Impulsgleichung berücksichtigen?
- Erkläre das Konzept der Selbstähnlichkeit.
- Welche Arten von Anfangs- und Randbedingungen gibt es?

Literaturverzeichnis

Altenbach H (2018) Kontinuumsmechanik. Springer Vieweg Berlin, Heidelberg

Baehr HD, Stephan K (2010) Wärme- und Stoffübertragung. Springer Berlin, Heidelberg

Baehr HD, Kabelac S (2012) Thermodynamik. Springer Vieweg Berlin, Heidelberg

Bird RB, Stewart WE, Lightfoot EN (2002) Transport Phenomena. John Wiley & Sons

Foss JF, Panton RL, Yarin AL (2007) Nondimensional Representation of the Boundary-Value Problem. In: Tropea C, Yarin AL, Foss JF (ed) Handbook of Experimental Fluid Mechanics. Springer, Berlin, Heidelberg

Fourier JBJ (1873) Théorie Analytique de la Chaleur. F. Didot, Paris

Gibbs T (1873) Graphical methods in the thermodynamics of fluids. Trans Connecticut Acad 2: 309--342

Deen WM (1998) TAnalysis of Transport Phenomena. Oxford University Press

Jäger W (2017) Thermodynamic evaluation of liquid metals as heat transfer fluids in concentrated solar power plants. Nucl Eng Des, doi: 10.1016/j.nucengdes.2017.04.028

Mang H, Herbert A, Hofstegger G (2013) Festigkeitslehre. Springer Vieweg Berlin, Heidelberg

Pacio J, Singer C, Wetzel T, Uhlig R (2013) Thermodynamic evaluation of liquid metals as heat transfer fluids in concentrated solar power plants. Appl Therm Eng, doi: 10.1016/j.applthermaleng.2013.07.010

Serrano-López R, Fradera J, Cuesta-López S (2013) Molten salts database for energy applications. Chem Eng Process, doi: 10.1016/j.cep.2013.07.008

Spurk J, Aksel N (2006) Strömungslehre. Springer, Berlin Heidelberg

Stieglitz R, Heinzel V (2010) Thermische Solarenergie. Springer, Berlin Heidelberg

VDI e. V. (2013) VDI-Wärmeatlas. Springer Vieweg Berlin, Heidelberg

Kapitel 3
Kennzahlen der Thermofluiddynamik

Zusammenfassung Dimensionslose Kennzahlen sind in der Thermofluiddynamik unverzichtbar. Sie dienen der Beschreibung von Strömungen und den damit einhergehenden Phänomenen. Man benötigt sie für die Entwicklung von Experimenten, bei denen Messungen an verkleinerten oder vergrößerten Modellen in Versuchsanlagen mit unterschiedlichen Fluiden und Versuchsbedingungen durchgeführt werden und zur Übertragung der experimentell gefundenen Ergebnisse auf groß oder klein skalierte Anwendungen. Im vorliegenden Kapitel werden wir nach Einführung der grundlegenden Annahmen für Ähnlichkeitsbetrachtungen, die Kennzahlen für erzwungene und freie Konvektion mit Hilfe der Methode der Kräfte- und Energieverhältnisse sowie der Methode der Differentialgleichungen herleiten. Der Wärmeübertragungskoeffizient sowie die Nusselt-Zahl werden ausgiebig behandelt und Kennzahlgleichungen hierfür formuliert.

Lernziele

- Sie lernen die Aufgaben und den Nutzen der Ähnlichkeitstheorie für die Thermofluiddynamik kennen.
- Sie lernen die Methode der Kräfte- und Energieverhältnisse und die Methode der Differentialgleichungen zur Ableitung dimensionsloser Kennzahlen kennen.
- Sie sind in der Lage, Kennzahlen für erzwungene und freie Konvektion zu entwickeln, zu benennen und deren physikalische Bedeutung zu erläutern.
- Sie sind in der Lage, die Temperaturabhängigkeit von Stoffwerten in Kennzahlgleichungen für die Nusselt-Zahl zu berücksichtigen.

© Der/die Autor(en), exklusiv lizenziert an
Springer Fachmedien Wiesbaden GmbH, ein Teil von Springer Nature 2025
S. Ruck, *Thermofluiddynamik*, https://doi.org/10.1007/978-3-658-48882-6_3

3.1 Ähnlichkeit und dimensionslose Kennzahlen

Die Bearbeitung von thermofluiddynamischen Fragstellungen erfordert detaillierte Kenntnisse über das Strömungs- und Temperaturfeld. Beide Felder werden in komplizierter Weise durch

- die Strömungsform bzw. -situtation (Körperumströmung, Innenströmung, Grenzschichtströmung, Freistrahl, Mischungsschicht, Nachlaufströmung, . . .),
- den Strömungszustand (laminar, transitionell, turbulent, hypersonisch, . . .),
- den Strömungstyp (hydrodynamisch und thermisch entwickelnde oder ausgebildete Strömung)
- die Art der Konvektion (Zwangskonvektion, freie Konvektion oder Mischkonvektion),
- die Stoffeigenschaften (Dichte, Viskosität, Wärmeleitfähigkeit, . . .),
- die geometrische Grundform und die Oberflächenbeschaffenheit (konkav, konvex, eben, . . . , Rauigkeiten) sowie
- die Anfangs- und Randbedingungen

bestimmt und können für gewöhnlich mit den in Tabelle 3.1 aufgeführten dimensionsbehafteten Variablen beschrieben werden. Da eine analytische Lösung thermofluiddynamischer bzw. strömungsmechanischer Fragestellungen in der Regel mit gewissen Vereinfachungen und Einschränkungen verbunden ist, können die gesuchten Verteilungen von Feldgrößen in der Praxis meist nur anhand von numerischen und experimentellen Untersuchungen ermittelt werden. Während das Ziel von numerischen Simulationen die Ermittlung des thermischen Strömungsfelds für die tatsächlich vorliegenden Rand- bzw. Strömungsbedingungen ist, gründen experimentelle Studien für thermofluiddynamische Fragestellungen häufig auf Untersuchungen an verkleinerten bzw. vergrößerten Modellen unter Laborbedingungen. Wir stellen uns natürlich umgehend die Frage, unter welchen Voraussetzungen eine Skalierung von realen Fragestellungen auf Labormaßstab erlaubt ist, und inwieweit die im Labor gewonnenen Erkenntnisse auch in der Realität anwendbar sind. Die Antwort hierauf liefert die Ähnlichkeitstheorie, die uns mit den dimensionslosen Kennzahlen ein Werkzeug für die Skalierung von Modellen und für die Übertragbarkeit der gefundenen Lösungen auf ähnliche Fragestellungen zur Verfügung stellt.

Die Ähnlichkeitstheorie besagt, dass physikalische Vorgänge unabhängig vom vorliegenden Maßsystem sind und sich auf einen Zusammenhang zwischen dimensionslosen Kennzahlen zurückführen lassen (Spurk (1992)). Dimensionslose Kennzahlen sind dementsprechend den (thermo-)fluiddynamischen Vorgang beschreibende Kenngrößen und die Verwendung von dimensionslosen Kennzahlen ermöglicht die Beschreibung eines Strömungsvorgangs ohne einen Bezug zum gewählten System, in dem der Vorgang stattfindet. Vorgänge, die in unterschiedlichen Systemen mit identischen dimensionslosen Kennzahlen beschrieben werden, sind bei gleichen Zahlenwerten der dimensionslosen Kennzahlen ähnlich. Demzufolge können wir mit Hilfe von dimensionslosen Kennzahlen gefundene Lösungen auf ähnliche Fragestellungen übertragen und im Umkehrschluss physikalische Vorgänge durch die richtige Wahl von Kennzahlen zwischen Systemen transferieren. Es lässt sich somit schlussfolgern:

- Die Verwendung dimensionsloser Kennzahlen ermöglicht eine Skalierung physikalischer Vorgänge zwischen Realität und Modell.
- Ähnliche physikalische Vorgänge werden in gleicher Weise mit identischen dimensionslosen Kennzahlen in Realität und in Versuchsanlagen anhand skalierter Modelle beschrieben. (Es ist daher häufig ratsam, Ergebnisse – ob durch Experiment oder numerische Simulation ermittelt – in dimensionsloser Form anzugeben.)

Kennzahlen sind demzufolge die Grundlage eines jeden Modellversuchs, bei dem Messungen an verkleinerten oder vergrößerten Modellen mit unterschiedlichen Fluiden durchgeführt werden. Sie erlauben Aussagen über die spätere Anwendungsausführung sowie Anwendbarkeit im Groß- oder Kleinmaßstab. Es ist jedoch zu beachten, dass eine vollständige Übertragbarkeit der Phänomene nur dann gegeben ist, wenn folgende Bedingungen erfüllt sind:

1. **Physikalische Ähnlichkeit**: Alle einen Vorgang beschreibenden dimensionslosen Kennzahlen (z. B. für Strömungsform, Strömungszustand, Art der Konvektion, Stoffeigenschaften, ...) müssen in den skalierten Modellausführungen den gleichen Zahlenwert aufweisen.
2. **Geometrische Ähnlichkeit**: Gleiche Bauformen und Oberflächeneigenschaften unter Beibehaltung der Höhen-Breiten-Längen-Verhältnisse zwischen Original- und Modellausführung sind für die Anwendung der Ähnlichkeitsgesetze notwendig.
3. **Ähnlichkeit der Anfangs- und Randbedingungen** sowie die Berücksichtigung und Beibehaltung äußerer Einflüsse sind erforderlich.

Ein weiterer Vorteil bei der Verwendung von dimensionslosen Kennzahlen zur Beschreibung thermofluiddynamischer Vorgänge besteht darin, dass die Anzahl der den Vorgang beeinflussenden, dimensionslosen Kennzahlen geringer ist als die Anzahl der dimensionsbehafteten Einflussgrößen (Beispiele finden sich z. B. in Baehr und Stephan (2010)). Darüber hinaus können Kennzahlen zu sogenannten Kennzahlgleichungen zusammengefasst werden, wodurch eine Untersuchung kombinierter Einflüsse möglich ist.

Tabelle 3.1 Feldgrößen und Parameter mit Einheiten der Thermofluiddynamik.

Ortskoordinate	$\vec{x}$	m
Zeit	t	s
Körperabmessung/-form	l	m
Rauheitshöhe	h_r	m
Geschwindigkeit	$\vec{u}$	$\mathrm{m\,s^{-1}}$
Druck	p	$\mathrm{N\,m^{-2} = kg\,m^{-1}\,s^{-2}}$
Temperatur	T	K
Innere Energie, Wärme, Enthalpie	E, Q, H	$\mathrm{J = kg\,m^2\,s^{-2}}$
Entropie	S	$\mathrm{J\,K^{-1} = kg\,m^2\,s^{-2}\,K^{-1}}$
Dichte	ρ	$\mathrm{kg\,m^{-3}}$
Thermischer Ausdehnungskoeffizient	β	$\mathrm{K^{-1}}$
Dynamische Viskosität	μ	$\mathrm{kg\,m^{-1}\,s^{-1}}$
Molekulare Wärmeleitfähigkeit	λ	$\mathrm{W\,m^{-1}\,K^{-1} = kg\,m\,s^{-3}\,K^{-1}}$
Spezifische Wärmekapazität	c, c_p, c_v	$\mathrm{J\,kg^{-1}\,K^{-1} = m^2\,s^{-2}\,K^{-1}}$
Schallgeschwindigkeit	c_s	$\mathrm{m\,s^{-1}}$

Wir können den Nutzen der Ähnlichkeitstheorie und der daraus abgeleiteten Kennzahlen für die Thermofluiddynamik wie folgt zusammenfassen:

- **Skalierung** – Eine Skalierung von physikalischen Vorgängen auf verkleinerte/vergrößerte Modelle ist möglich und erlaubt die Untersuchung thermofluiddynamischer bzw. strömungsmechanischer Fragestellungen unter Laborbedingungen.
- **Transfer** – Mit dimensionslosen Kennzahlen lassen sich physikalische Vorgänge unabhängig vom vorliegenden Maßsystem beschreiben und auf andere ähnliche Fragestellungen übertragen.
- **Reduktion** – Die Anzahl der dimensionslosen Kennzahlen ist gegenüber den dimensionsbehafteten Einflussgrößen häufig reduziert.

Bei der Auswahl der Kennzahlen zur Beschreibung eines thermofluiddynamischen Transportvorgangs, der mit einem Modellversuch untersucht werden soll, ist zu beachten, dass nur in seltenen Fällen eine Kongruenz aller Kennzahlen vorliegt. Oft muss man sich mit einer partiellen Ähnlichkeit begnügen. Partielle Ähnlichkeiten können immer dann auftreten, wenn das zu untersuchende thermische Strömungsphänomen durch verschiedene Kennzahlen beschreibbar ist. Sie tritt sicherlich immer dann auf, wenn sowohl im skalierten Modellversuch als auch in der Realität das identische Fluid zum Einsatz kommt. Inwiefern das zu untersuchende Strömungsphänomen mit einer partiellen Ähnlichkeit hinreichend genau untersucht werden kann, ist grundsätzlich eine Einzelfallbetrachtung. Für uns besteht die Herausforderung üblicherweise darin, die wichtigsten thermofluiddynamischen Strömungsphänomene einer vorliegenden ingenieurtechnischen Fragestellung zu identifizieren und hierauf aufbauend die wichtigsten Kennzahlen abzuleiten. Selbstverständlich ist die Kenntnis über die auftretenden strömungsmechanischen und energetischen Vorgänge und Gesetzmäßigkeiten, anhand derer eine Wertung bzw. Wichtung der zugrundeliegenden Kennzahlen möglich ist, die Voraussetzung für eine erfolgreiche thermofluiddynamische Untersuchung. In den nachfolgenden Unterkapiteln wird es darum gehen, die wesentlichen Kennzahlen der Thermofluiddynamik herzuleiten und ihre Bedeutung kennenzulernen. Eine Zusammenstellung einiger relevanter Kennzahlen der Thermofluiddynamik findet sich am Ende des Kapitels in Tabelle 3.4, S. 77.

3.2 Entdimensionalisierung der Grundgleichungen

Neben dem Π-Theorem nach Buckingham (1914), lassen sich mit der Methode der Kräfte- und Energieverhältnisse sowie mit der Methode der Differentialgleichungen die wesentlichen dimensionslosen Kennzahlen der Thermofluiddynamik für Zwangskonvektion, Mischkonvektion und freie Konvektion entwickeln, wie im Folgenden gezeigt wird.

3.2.1 Methode der Kräfte- und Energieverhältnisse

Dimensionslose Kenngrößen die einen physikalischen Vorgang abbilden, bezeichnet man als dimensionslose Kennzahlen. In der Thermofluiddynamik beschreibt die überwiegende Mehrzahl an Kennzahlen demnach die auftretenden Kräfte und Energieflüsse in dimensionsloser Form. Mit Hilfe der Methode der Kräfte- und Energieverhältnisse[1] lassen sich Verhältnisse von Kräften und Energieflüssen ableiten, die für das betrachtete Strömungsfeld charakteristisch sind. Man geht hierbei der grundlegenden Frage nach, welche Kräfte und Energieflüsse den Strömungsvorgang beeinflussen bzw. eigentlich bewirken. Um mit dieser Methode im Folgenden allgemeingültige Kennzahlen zu gewinnen, bilden wir anhand der Terme der allgemeinen Impuls- und Energiegleichung dimensionslose Kräfte- und Energieflussverhältnisse. Die Differentialgleichungen enthalten schließlich alle (in diesem Buch betrachteten) wesentlichen Terme, mit denen thermische Strömungsvorgänge beschrieben werden. Wir beginnen mit der Impulsgleichung

$$\underbrace{\rho \cdot \frac{Du_i}{Dt}}_{\text{\textcircled{a}}} = \underbrace{\rho \cdot \left(\frac{\partial u_i}{\partial t} + u_j \cdot \frac{\partial u_i}{\partial x_j} \right)}_{\text{\textcircled{b}}} = \underbrace{f_i \cdot \rho}_{\text{\textcircled{c}}} - \underbrace{\frac{\partial p}{\partial x_i}}_{\text{\textcircled{d}}} + \underbrace{\frac{\partial \tau_{ij}}{\partial x_j}}_{\text{\textcircled{e}}} \quad . \tag{3.1}$$

Die einzelnen Terme in Gl. (3.1) repräsentieren ⓐ die Trägheitskraft mit den Anteilen für ⓑ die zeitliche und konvektive Impulsänderung, ⓒ die Volumenkraft, ⓓ die Druckkraft und ⓔ die Fluidreibungskraft pro Volumeneinheit. Tritt die Schwerkraft infolge der Erdbeschleunigung $\vec{g}$ als Volumenkraft auf, gilt $f_i \cdot \rho = g \cdot \rho \cdot x_{g,i}$. (Die i-teKomponente der Erdbeschleunigung g_i wird jeweils durch das Produkt der Konstante g [kg m s^{-2}] und dem dimensionslosen Vektor $x_{g,i}$, der einerseits die Richtung und andererseits die Anteile von g in i-ter Richtung beschreibt, ausgedrückt.) Entsprechend unseren Überlegungen zur Boussinesq-Approximation (vgl. Kapitel 2.8.2) können wir Auftriebskräfte infolge von temperaturbedingten Dichteänderungen in einem modifizierten Schwerkraftterm $-g \cdot \rho \cdot \beta \cdot \Delta T \cdot x_{g,i}$ abbilden. Als Nächstes führen wir die allgemeinen charakteristischen Größen

$$l_0, \ u_0, \ t_0, \ \Delta T_0, \ \Delta p_0, \ g_0, \ \rho_0, \ \mu_0, \ c_{p_0}, \ \lambda_0 \tag{3.2}$$

ein, mit deren Hilfe sich dimensionsbehaftete Parametergruppen für die einzelnen Terme der Impuls- und Energiegleichung angeben lassen. Die dimensionsbehafteten Parametergruppen für die volumenspezifischen Kraftterme der Impulsgleichung lauten:

$$\text{Trägheitskraft:} \qquad \rho \cdot \frac{Du_i}{Dt} \sim \rho_0 \cdot \frac{u_0}{t_0} = \rho_0 \cdot \frac{u_0^2}{l_0} \tag{3.3}$$

$$\text{Zeitliche Impulsänderung:} \qquad \rho \cdot \frac{\partial u_i}{\partial t} \sim \rho_0 \cdot \frac{u_0}{t_0} \tag{3.4}$$

$$\text{Konvektive Impulsänderung:} \qquad \rho \cdot u_j \cdot \frac{\partial u_i}{\partial x_j} \sim \rho_0 \cdot \frac{u_0^2}{l_0} \tag{3.5}$$

---

[1] auch fraktionelle Methode gennant

Schwerkraft:
$$\rho \cdot g \sim \rho_0 \cdot g_0 \tag{3.6}$$

Auftriebskraft:
$$\rho \cdot g \cdot \beta \cdot \Delta T \sim \rho_0 \cdot g_0 \cdot \beta_0 \cdot \Delta T_0 \tag{3.7}$$

Druckkraft:
$$\frac{\partial p}{\partial x_i} \sim \frac{\Delta p_0}{l_0} \tag{3.8}$$

Reibungskraft:
$$\frac{\partial}{\partial x_j}\left[2 \cdot \mu \cdot \left(S_{ij} - \frac{1}{3} \cdot S_{kk} \cdot \delta_{ij}\right)\right] \sim \mu_0 \cdot \frac{u_0}{l_0^2} \tag{3.9}$$

Um dimensionslose Kennzahlen[2] herzuleiten, bilden wir nun mit den Parametergruppen aus Gl. (3.3) − Gl. (3.9) dimensionslose Kräfteverhältnisse. Der Quotient aus Trägheits- und Reibungskraft ergibt die Reynolds-Zahl

$$Re_{l_0} \equiv \frac{\rho_0 \cdot u_0^2}{l_0} \bigg/ \frac{\mu_0 \cdot u_0}{l_0^2} = \frac{u_0 \cdot l_0}{\nu_0} \quad , \tag{3.10}$$

mit deren Hilfe man u. a. angeben kann, ob ein laminarer oder turbulenter Strömungszustand vorliegt. Das Verhältnis von Trägheits- zu Schwerkraft liefert die Froude-Zahl

$$Fr_{l_0}^2 \equiv \frac{\rho_0 \cdot u_0^2}{l_0} \bigg/ \rho_0 \cdot g_0 = \frac{u_0^2}{g_0 \cdot l_0} \quad , \tag{3.11}$$

die der Beurteilungen von Schwerkrafteinflüssen in Strömungen dient. Die Euler-Zahl

$$Eu \equiv \frac{\Delta p_0}{l_0} \bigg/ \frac{\rho_0 \cdot u_0^2}{l_0} = \frac{\Delta p_0}{\rho_0 \cdot u_0^2} \tag{3.12}$$

erhalten wir aus dem Quotienten von Druck- und Trägheitskraft. Sie entspricht in gewisser Weise dem doppelten Druckbeiwert c_p (Schlichting und Gersten (2006)). Die Strouhal-Zahl

$$Str_{l_0} \equiv \frac{\rho_0 \cdot u_0}{t_0} \bigg/ \frac{\rho_0 \cdot u_0^2}{l_0} = u_0 \cdot f_0 \bigg/ \frac{u_0^2}{l_0} = \frac{f_0 \cdot l_0}{u_0} \tag{3.13}$$

ergibt sich aus dem Verhältnis der zeitlichen zur konvektiven Impulsänderung des Strömungsvorgangs und dient der Charakterisierung von Instationaritäten, die mit der Frequenz f_0 im Strömungsfeld auftreten. Der Quotient aus temperaturbedingter Auftriebskraft und Trägheitskraft ergibt die Richardson-Zahl

$$Ri_{l_0} \equiv \rho_0 \cdot g_0 \cdot \beta_0 \cdot \Delta T_0 \bigg/ \frac{\rho_0 \cdot u_0^2}{l_0} = \frac{g_0 \cdot \beta_0 \cdot \Delta T_0 \cdot l_0}{u_0^2} \quad . \tag{3.14}$$

---

[2] Im vorliegenden Buch werden die Kennzahlen (fast) immer mit einem Index angegeben, der für die charakteristische Länge des zu beschreibenden Strömungsvorgangs steht. Somit kann die Kennzahl eindeutig dem Strömungsvorgang zugeordnet werden.

Mit den für die freie Konvektion charakteristischen Temperaturdifferenzen bei einer vorgegebenen Wandtemperatur T_W

$$\Delta T_0 = T_W - T_R \quad , \tag{3.15}$$

erhalten wir

$$Ri_{l_0} = \frac{\beta_0 \cdot (T_W - T_R) \cdot g_0 \cdot l_0}{u_0^2} \tag{3.16}$$

und bei vorgegebener Wandwärmestromdichte[3] $\dot{q}_W$

$$\Delta T_0 = \dot{q}_W \cdot \frac{l_0}{\lambda_0} \quad , \tag{3.17}$$

ergibt sich

$$Ri_{l_0} = \frac{\beta_0 \cdot \dot{q}_W \cdot g_0 \cdot l_0^2}{u_0^2 \cdot \lambda_0} \quad . \tag{3.18}$$

Die Referenztemperatur T_R ist eine dem betrachteten Wärmeübertragungsproblem angepasste Temperatur. Sie entspricht bei Umströmungen der Anström- bzw. Umgebungstemperatur T_∞ und bei Innenströmungen der adiabaten Mischungstemperatur T_{am} (siehe Kapitel 3.3.2). Erweitern wir Gl. (3.16) bzw. Gl. (3.18) derart, dass der Faktor $1/Re_{l_0}^2$ entsteht,

$$\begin{aligned}
Ri_{l_0} &= \frac{\beta_0 \cdot (T_W - T_R) \cdot g_0 \cdot l_0}{u_0^2} \cdot \frac{\mu_0^2}{\mu_0^2} \cdot \frac{l_0^2}{l_0^2} \cdot \frac{\rho_0^2}{\rho_0^2} \\
&= \frac{\beta_0 \cdot (T_W - T_R) \cdot g_0 \cdot l_0^3}{\nu_0^2} \cdot \frac{1}{Re_{l_0}^2}
\end{aligned} \tag{3.19}$$

bzw.

$$\begin{aligned}
Ri_{l_0} &= \frac{\beta_0 \cdot \dot{q}_W \cdot g_0 \cdot l_0^2}{u_0^2 \cdot \lambda_0} \cdot \frac{\mu_0^2}{\mu_0^2} \cdot \frac{l_0^2}{l_0^2} \cdot \frac{\rho_0^2}{\rho_0^2} \\
&= \frac{\beta_0 \cdot \dot{q}_W \cdot g_0 \cdot l_0^4}{\nu_0^2 \cdot \lambda_0} \cdot \frac{1}{Re_{l_0}^2} \quad ,
\end{aligned} \tag{3.20}$$

erhält man die Grashof-Zahl

$$Gr_{l_0} \equiv \frac{\beta_0 \cdot (T_W - T_R) \cdot g_0 \cdot l_0^3}{\nu_0^2} \tag{3.21}$$

bzw.

$$Gr_{l_0} \equiv \frac{\beta_0 \cdot \dot{q}_W \cdot g_0 \cdot l_0^4}{\nu_0^2 \cdot \lambda_0} \quad . \tag{3.22}$$

---

[3] Die charakteristische Temperaturdifferenz für eine vorgegebene Wandwärmestromdichte entsprechend Gl. (3.17) ergibt sich aus Subsitution der Größen des Fourier'schen Wärmeleitungsgesetzes gemäß Gl. (2.70) mit den entsprechenden charakteristischen Größen.

Die Grashof-Zahl beschreibt gewissermaßen das Verhältnis von Auftriebs- und Trägheitskraft zu Reibungskraft. Ebenso wie die Richardson-Zahl Ri_{l_0}, kann auch das Verhältnis von $Gr_{l_0}/Re_{l_0}^2$ genutzt werden, um den Einfluss von Auftriebseffekten in Strömungen abschätzen zu können. Dominiert die Reynolds-Zahl, wird das Verhältnis klein ($Gr_{l_0}/Re_{l_0}^2 \ll 1$) und die Auftriebskraft kann für die betrachtete Strömungssituation vernachlässigt werden. Bei großen Wärmeströmen oder hohen Temperaturdifferenzen bzw. kleinen Strömungsgeschwindigkeiten steigt die Grashof-Zahl gegenüber der Reynolds-Zahl an und die aus der temperaturbedingten Dichtevariation resultierende Auftriebskraft gewinnt an Relevanz ($Gr_{l_0}/Re_{l_0}^2 \geq O(1)$). Es kommt zur sogenannten Mischkonvektion, einer Überlagerung von freier Konvektion und Zwangskonvektion, oder freier Konvektion. Anhand des $Gr_{l_0}/Re_{l_0}^2$-Kriteriums ist es jedoch nicht möglich, zwischen Mischkonvektion und freier Konvektion zu unterscheiden. Eine Unterscheidung zwischen freier Konvektion, Misch- oder Zwangskonvektion kann für bestimmte Strömungskonfigurationen durch eine Größenordnungsabschätzung erfolgen (Bejan (2013)).

Als Nächstes kümmern wir uns um das thermische Strömungsfeld und die dazugehörigen Kennzahlen. Ein analoges Vorgehen für die Energiegleichung (ohne Volumenänderungsarbeit des Drucks)

$$
\underbrace{c_p \cdot \rho \cdot \left(\frac{\partial T}{\partial t} + u_j \cdot \frac{\partial T}{\partial x_j} \right)}_{\text{ⓐ}} = \underbrace{\frac{\partial}{\partial x_j} \left(\lambda \cdot \frac{\partial T}{\partial x_j} \right)}_{\text{ⓑ}} + \underbrace{\phi_{Diss}}_{\text{ⓒ}} \quad ,
\tag{3.23}
$$

führt uns auf die dimensionslosen Energieverhältnisse, die Kennzahlen von thermischen Strömungen bilden. Für die Terme der ⓐ zeitlichen und konvektiven Änderung der spezifischen Energie sowie für die ⓑ diffusiven und ⓒ dissipativen Terme erhält man mit den charakteristischen Größen aus Gl. (3.2) die folgenden dimensionsbehafteten Parametergruppen:

Zeitliche Energieänderung:
$$
c_p \cdot \rho \cdot \frac{\partial T}{\partial t} \sim \frac{c_{p_0} \cdot \rho_0 \cdot \Delta T_0}{t_0}
\tag{3.24}
$$

Konvektive Energieänderung:
$$
c_p \cdot \rho \cdot u_j \cdot \frac{\partial T}{\partial x_j} \sim \frac{c_{p_0} \cdot \rho_0 \cdot u_0 \cdot \Delta T_0}{l_0}
\tag{3.25}
$$

Wärmeleitung:
$$
\frac{\partial}{\partial x_j} \left(\lambda \cdot \frac{\partial T}{\partial x_j} \right) \sim \frac{\lambda_0 \cdot \Delta T_0}{l_0^2}
\tag{3.26}
$$

Dissipation:
$$
2 \cdot \mu \cdot \left(S_{ij} - \frac{1}{3} \cdot S_{kk} \cdot \delta_{ij} \right) \cdot \frac{\partial u_i}{\partial x_j} \sim \mu_0 \cdot \left(\frac{u_0}{l_0} \right)^2
\tag{3.27}
$$

Für die Herleitung der Kennzahlen bilden wir jetzt dimensionslose Energieverhältnisse mit den Parametergruppen aus Gl. (3.24) – Gl. (3.27), wobei vorausgesetzt wird, dass die charakteristischen Längen für Geschwindigkeits- und Temperaturänderungen von gleicher Größenordnung sind. Der Quotient aus Konvektion und Wärmeleitung ergibt die Péclet-Zahl

$$Pe_{l_0} \equiv \frac{c_{p_0} \cdot \rho_0 \cdot u_0 \cdot \Delta T_0}{l_0} \bigg/ \frac{\lambda_C \cdot \Delta T_0}{l_0^2} = \frac{c_{p_0} \cdot \rho_0}{\lambda_0} \cdot u_0 \cdot l_0 = \frac{u_0 \cdot l_0}{a_0} \quad , \tag{3.28}$$

mit der charakteristischen Größe a_0 für die Temperaturleitfähigkeit

$$a \equiv \frac{\lambda}{\rho \cdot c_p}; \qquad [\mathrm{m^2\,s^{-1}}] \quad , \tag{3.29}$$

die ähnlich wie die Wärmeleitfähigkeit λ eine Materialeigenschaft ist und mit deren Hilfe die Temperaturverteilung infolge von Temperaturgradienten beschrieben werden kann. Die Péclet-Zahl ist eine wichtige Kennzahl zur Charakterisierung des Energietransportmechanismus, der zum einen durch die makroskopische Bewegung des Fluids und zum anderen durch die mikroskopische Bewegungen der Atome und Moleküle bestimmt wird. Liegen hohe Wärmekapazität und hohe Strömungsgeschwindigkeit vor, dominieren die makroskopischen Bewegungen den Energietransport (Pe_{l_0} ↑), wohingegen bei langsam strömenden Fluiden, oder bei Fluiden mit sehr guter Wärmeleitfähigkeit, auch die molekulare Wärmeleitung eine entscheidende Rolle für die Energieübertragung spielen kann (Pe_{l_0} ↓).

Erweitern wir Gl. (3.28) mit der Viskosität μ_0, erhalten wir neben der Reynolds-Zahl (Gl. (3.10)) die Prandtl-Zahl

$$Pr \equiv \frac{\mu_0 \cdot c_{p_0}}{\lambda_0} = \frac{\nu_0}{a_0} \quad . \tag{3.30}$$

Die Prandtl-Zahl gewichtet den Transportkoeffizienten des Geschwindigkeitsfelds gegenüber dem Transportkoeffizienten des Temperaturfeldes. Sie ist eine dimensionslose Stoffgröße und stellt somit einen Sonderfall der dimensionslosen Kennzahlen in der Thermofluiddynamik dar. Die Prandtl-Zahl beschreibt die Fähigkeit eines Fluids, Impuls und Energie molekular zu übertragen. Ihre Größenordnung variiert für unterschiedliche Fluide. In Tabelle 3.2 sind Stoffgrößen und Prandtl-Zahlen einiger typischer Wärmeträgermedien in der Energie- und Wärmetechnik aufgeführt. Abb. 3.1 können die Prandtl-Zahl-Bereiche verschiedener Medien entnommen werden. Die Prandtl-Zahlen konventioneller Wärmeträgermedien wie Luft oder Wasser sind von der Größenordnung $Pr = O(1)$. Wie in Abb. 3.2 a gezeigt, ändert sich dies auch über einen großen Temperaturbereich nicht. Flüssigmetalle besitzen aufgrund der hohen molekularen Wärmeleitfähigkeit Prandtl-Zahlen

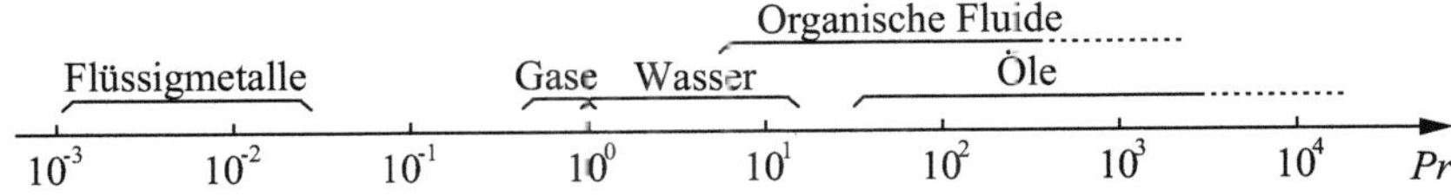

Abb. 3.1 Prandtl-Zahlen verschiedener Medien nach Kays (1966).

Tabelle 3.2 Temperaturbereiche, Stoffgrößen und Prandtl-Zahlen von verschiedenen Wärmeträgern in der Energie- und Wärmetechnik. Flüssig-Salz (Eutektikum aus 60 % NaNO3 und 40 % KNO3) und flüssiges Natrium (Pacio et al (2013)). Thermo-Öl (Therminol VP-1), Luft und Helium (VDI e V (2013)). Flüssig-Salz, Natrium und LBE: Mittelwerte bei 300 °C − 600 °C und 0,1 MPa. Thermo-Öl: Mittelwert für 290 °C − 390 °C. Luft und Helium: Mittelwerte bei 400 °C − 1000 °C und 0,1 MPa.

	Fl.-Salz	Fl. Na	Therminol VP-1	Luft	He
T_{min} [°C]	220	98	-	-	-
T_{max} [°C]	600	883	390-420	-	-
c_p [kJ kg^{-1} K^{-1}]	1,52	1,27	2,46	1,1	5,2
ρ [kg m^{-3}]	1804	850	757	0,37	0,05
μ [mPa s]	1,69	0,27	0,181	0,0189	0,0186
λ [W m^{-1} K^{-1}]	0,53	68,6	0,086	0,066	0,35
Pr	4,85	0,005	5,12	0,93	0,67

von der Größenordnung $O(10^{-3}) \leq Pr \leq O(10^{-2})$. Durch die ausgeprägte Temperaturabhängigkeit der Stoffwerte kann sich die Prandtl-Zahl eines Flüssigmetalls merklich über den Temperatureinsatzbereich in einer energietechnischen Anwendung ändern, wie in Abb. 3.2 b dargestellt. Die Größenordnung der Prandtl-Zahlen von Ölen liegt im Bereich von $O(10^1) \leq Pr \leq O(10^5)$ und besitzt ebenfalls eine ausgeprägte Temperaturabhängigkeit.

Eine weitere Kennzahl ergibt sich aus dem Quotienten von Dissipation und Wärmeleitung. Die Brinkmann-Zahl

$$Br \equiv \mu_0 \cdot \left(\frac{u_0}{l_0}\right)^2 \Bigg/ \frac{\lambda_0 \cdot \Delta T_0}{l_0^2} = \frac{\mu_0 \cdot u_0^2}{\lambda_0 \cdot \Delta T_0} \tag{3.31}$$

beschreibt das Verhältnis zwischen der durch die Viskosität erzeugten Reibungswärme und dem Abtransport dieser Wärme mittels Wärmeleitung. Der Quotient von Konvektion und Dissipation liefert

$$\frac{c_{p_0} \cdot \rho_0 \cdot u_0 \cdot \Delta T_0}{l_0} \Bigg/ \mu_0 \cdot \left(\frac{u_0}{l_0}\right)^2 = \frac{c_{p_0} \cdot \Delta T_0}{u_0^2} \cdot \frac{u_0 \cdot l_0}{\nu_0} \quad . \tag{3.32}$$

Der Term auf der rechten Seite von Gl. (3.32) entspricht dem Produkt aus der bereits bekannten Reynolds-Zahl (Gl. (3.10)) und dem Reziprok-Wert der Eckert-Zahl

$$Ec \equiv \frac{u_0^2}{c_{p_0} \cdot \Delta T_0} \quad , \tag{3.33}$$

die das Verhältnis von kinetischer Energie des Fluids zur Enthalpie kennzeichnet. Das Produkt aus Eckert-Zahl und Prandtl-Zahl entspricht wiederum der Brinkmann-Zahl,

$$Br = Ec \cdot Pr \quad . \tag{3.34}$$

Die Eckert-Zahl Ec bzw. Brinkmann-Zahl Br ist ein Maß für Dissipationseffekte in einer Strömung und ist für thermofluiddynamische Strömungsvorgänge immer dann von Bedeutung, wenn eine nennenswerte Erwärmung infolge der Fluidreibung auftritt. Solche

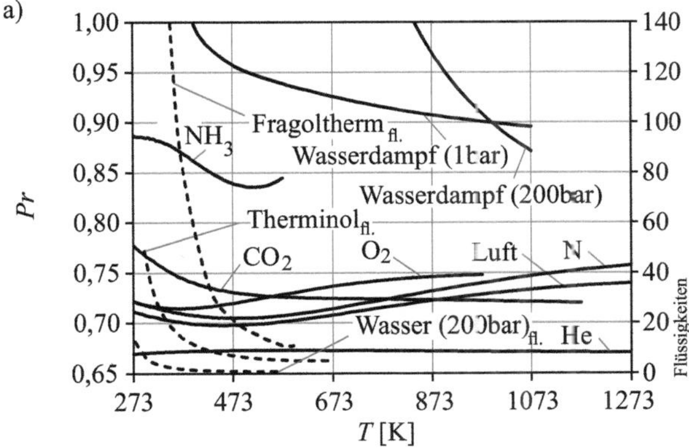

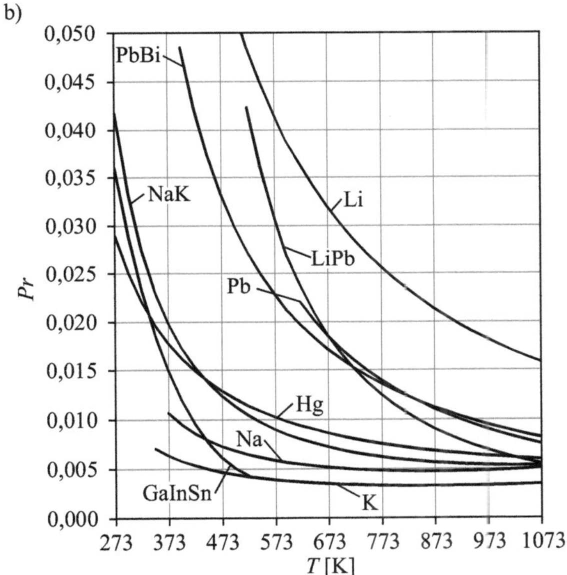

Abb. 3.2 Prandtl-Zahlen von a) Gasen und Flüssigkeiten (VDI e V (2013)) und von b) Flüssigmetallen (Jäger (2017)).

Zustände treten beispielsweise bei Strömungen mit sehr stark ausgeprägten Geschwindigkeitsgradienten auf. In der Regel dürfen die Dissipationseffekte für $Br = Ec \cdot Pr \ll 1$ bei energetischen Betrachtungen vernachlässigt werden, während sie jedoch weiterhin für die Entropiebilanzierung von Bedeutung sein können (Bejan (1979)).

Für instationäre Wärmeleitungsvorgänge ist die Fourier-Zahl

$$Fo_{l_0} \equiv \frac{\lambda_0 \cdot \Delta T_0}{l_0^2} \bigg/ \frac{c_{p_0} \cdot \rho_0 \cdot \Delta T_0}{t_0} = \frac{a_0 \cdot t_0}{l_0^2} \tag{3.35}$$

von Interesse. Sie beschreibt das Verhältnis von Wärmeleitung zur zeitlichen Änderung der spezifischen inneren Energie.

Eine zusammengesetzte Kennzahl, die sowohl auf Kräften als auch auf thermischen Größen beruht, ist die Rayleigh-Zahl. Sie lautet bei vorgegebener Wandtemperatur gemäß Gl. (3.15)

$$Ra_{l_0} \equiv \frac{\beta_0 \cdot (T_W - T_R) \cdot g_0 \cdot l_0^3}{\nu_0 \cdot a_0} \tag{3.36}$$

und bei vorgegebener Wandwärmestromdichte gemäß Gl. (3.17)

$$Ra_{l_0} \equiv \frac{\beta_0 \cdot \dot{q}_W \cdot g_0 \cdot l_0^4}{\nu_0 \cdot \lambda_0 \cdot a_0} \ . \tag{3.37}$$

Sie geht der Frage nach, wie schnell die Wärmeleitung einen auftriebsbedingten Temperaturgradienten ausgleicht und lässt sich interpretieren als das Verhältnis der Zeitskala für Wärmeleitung zur Zeitskala für auftriebsbedingte Konvektion.

3.2.2 Methode der Differentialgleichungen

Die Methode der Differentialgleichungen beruht auf dem Sachverhalt, dass sich ein Strömungsvorgang mit Hilfe von entdimensionalisierten Erhaltungsgleichungen unabhängig vom Bezugssystem beschreiben lässt. Die infolge der Entdimensionalisierung entstehenden dimensionslosen Parametergruppen vor den einzelnen Kraft- und Energietermen bilden die dimensionslosen Kennzahlen. Dementsprechend liegt der Methode ein System von Erhaltungsgleichungen zugrunde, das die strömungs- bzw. thermofluiddynamische Fragestellung beschreibt und anhand dessen Kennzahlen hergeleitet werden. Die Vorgehensweise der Methode lässt sich nach Zierep (1991) in die folgenden Schritte gliedern:

1. Aufstellen der Differentialgleichungen und Randbedingungen für die betrachtete thermofluiddynamische Fragestellung.
2. Entdimensionalisierung aller auftretenden Variablen durch Substitution mit dimensionslosen Variablen und charakteristischen Bezugsgrößen.
3. Bildung von Kennzahlen durch Umsortieren und Zusammenfassen der dimensionsbehafteten Variablen zu sogenannten dimensionslosen Parametergruppen.

Für die Herleitung von allgemeinen Kennzahlen der Thermofluiddynamik, wenden wir die Methode der Differentialgleichungen auf die Masse-, Impuls- und Energiegleichungen von einphasigen Newton'schen Fluiden an (Gl. (2.93), Gl. (2.96), Gl. (2.99)). Für die Entdimensionalisierung führen wir zunächst die charakteristischen Größen

$$l_0, \ u_0, \ \Delta T_0, \ p_0, \ \Delta p_0, \ g_0, \ \rho_0, \ \mu_0, \ c_{p_0}, \ c_{v_0}, \ \lambda_0, \ \beta_0 \tag{3.38}$$

ein und entdimensionalisieren damit alle Variablen der Grundgleichungen durch Substitution dieser mit den dimensionslosen Variablen

$$x_i{}^* = \frac{x_i}{l_0} \quad , \quad t^* = \frac{t \cdot u_0}{l_0} \quad , \quad u^* = \frac{u_i}{u_0} \quad , \quad T^* = \frac{T}{\Delta T_0} \quad , \quad p^* = \frac{p - p_0}{\Delta p_0} \quad ,$$

$$\rho^* = \frac{\rho}{\rho_0} \quad , \qquad \mu^* = \frac{\mu}{\mu_0} \quad , \qquad \lambda^* = \frac{\lambda}{\lambda_0} \quad , \qquad g^* = \frac{g}{g_0} \quad , \quad c_p{}^* = \frac{c_p}{c_{p_0}} \quad ,$$

$$c_v{}^* = \frac{c_v}{c_{v_0}} \quad , \qquad \beta^* = \frac{\beta}{\beta_0} \quad , \quad S_{ij}{}^* = \frac{l_0}{u_0} \cdot S_{ij} \quad , \quad \phi_{Diss}{}^* = \frac{l_0{}^2 \cdot \phi_{Diss}}{\mu_0 \cdot u_0{}^2} \quad .$$

Kontinuitätsgleichung

Die dimensionslosen Variablen werden jetzt in die Strömungsgleichungen eingesetzt. Für die Kontinuitätsgleichung

$$\frac{\partial \rho}{\partial t} + \frac{\partial (\rho \cdot u_i)}{\partial x_i} = 0 \tag{3.39}$$

erhält man

$$\frac{\rho_0 \cdot u_0}{l_0} \cdot \frac{\partial \rho^*}{\partial t^*} + \frac{\rho_0 \cdot u_0}{l_0} \cdot \frac{\partial (\rho^* \cdot u_i{}^*)}{\partial x_i{}^*} = \frac{\rho_0 \cdot u_0}{l_0} \cdot \left[\frac{\partial \rho^*}{\partial t^*} + \frac{\partial (\rho^* \cdot u_i{}^*)}{\partial x_i{}^*} \right] = 0 \quad . \tag{3.40}$$

Die dimensionslose Gleichung (3.40) unterscheidet sich rein formal von der dimensionsbehafteten Gleichung (3.39) und wir können demnach aus Gl. (3.40) keine Kennzahl ableiten.

Impulsgleichung

Als Nächstes betrachten wir die Impulsgleichung

$$\rho \cdot \frac{\partial u_i}{\partial t} + \rho \cdot u_j \cdot \frac{\partial u_i}{\partial x_j}$$
$$= g \cdot \rho \cdot x_{g,i} - \frac{\partial p}{\partial x_i} + \frac{\partial}{\partial x_j} \left[2 \cdot \mu \cdot \left(S_{ij} - \frac{1}{3} \cdot S_{kk} \cdot \delta_{ij} \right) \right] \quad . \tag{3.41}$$

Zur Wahrung der Übersichtlichkeit werden die Gleichungsterme zunächst separat behandelt und abschließend wieder zusammengefasst. Die Terme der zeitlichen und konvektiven Impulsänderungen ergeben

$$\rho \cdot \frac{\partial u_i}{\partial t} + \rho \cdot u_j \cdot \frac{\partial u_i}{\partial x_j} \rightarrow \frac{\rho_0 \cdot u_0{}^2}{l_0} \cdot \rho^* \cdot \frac{\partial u_i{}^*}{\partial t^*}$$
$$+ \frac{\rho_0 \cdot u_0{}^2}{l_0} \cdot \rho^* \cdot u_j{}^* \cdot \frac{\partial u_i{}^*}{\partial x_j{}^*} \tag{3.42}$$
$$= \frac{\rho_0 \cdot u_0{}^2}{l_0} \cdot \rho^* \cdot \left[\frac{\partial u_i{}^*}{\partial t^*} + u_j{}^* \cdot \frac{\partial u_i{}^*}{\partial x_j{}^*} \right] \quad .$$

Für den Term der Schwerkraft erhält man

$$g \cdot \rho \cdot x_{g,i} \rightarrow g_0 \cdot \rho_0 \cdot g^* \cdot \rho^* \cdot x_{g,i} \tag{3.43}$$

und für den Term der Druckkraft ergibt sich

$$\frac{\partial p}{\partial x_i} \rightarrow \frac{\partial \left(p^* \cdot \Delta p_0 + p_0\right)}{\partial \left(x_i^* \cdot l_0\right)} = \frac{\Delta p_0}{l_0} \cdot \frac{\partial p^*}{\partial x_i^*} \quad . \tag{3.44}$$

Für den Reibungskraftterm gilt

$$\frac{\partial}{\partial x_j}\left[2 \cdot \mu \cdot \left(S_{ij} - \frac{1}{3} \cdot S_{kk} \cdot \delta_{ij}\right)\right]$$

$$\rightarrow \frac{\partial}{\partial \left(x_j^* \cdot l_0\right)}\left[2 \cdot \mu^* \cdot \mu_0 \cdot \left(\frac{1}{2} \cdot \left(\frac{\partial \left(u_i^* \cdot u_0\right)}{\partial \left(x_j^* \cdot l_0\right)} + \frac{\partial \left(u_j^* \cdot u_0\right)}{\partial \left(x_i^* \cdot l_0\right)}\right)\right.\right.$$

$$\left.\left. - \frac{1}{3} \cdot \frac{\partial \left(u_k^* \cdot u_0\right)}{\partial \left(x_k^* \cdot l_0\right)} \cdot \delta_{ij}\right)\right]$$

$$= \frac{\mu_0 \cdot u_0}{l_0^2} \cdot \frac{\partial}{\partial x_j^*}\left[2 \cdot \mu^* \cdot \left(\frac{1}{2} \cdot \left(\frac{\partial u_i^*}{\partial x_j^*} + \frac{\partial u_j^*}{\partial x_i^*}\right) - \frac{1}{3} \cdot \frac{\partial u_k^*}{\partial x_k^*} \cdot \delta_{ij}\right)\right] \tag{3.45}$$

$$= \frac{\mu_0 \cdot u_0}{l_0^2} \cdot \frac{\partial}{\partial x_j^*}\left[2 \cdot \mu^* \cdot \left(S_{ij}^* - \frac{1}{3} \cdot S_{kk}^* \cdot \delta_{ij}\right)\right] \quad .$$

Das Zusammenfassen von Gl. (3.41) – Gl. (3.45) führt auf

$$\frac{\rho_0 \cdot u_0^2}{l_0} \cdot \rho^* \cdot \left[\frac{\partial u_i^*}{\partial t^*} + u_j^* \cdot \frac{\partial u_i^*}{\partial x_j^*}\right]$$

$$= g_0 \cdot \rho_0 \cdot g^* \cdot \rho^* \cdot x_{g,i} - \frac{\Delta p_0}{l_0} \cdot \rho^* \cdot \frac{\partial p^*}{\partial x_i^*} \tag{3.46}$$

$$+ \frac{\mu_0 \cdot u_0}{l_0^2} \cdot \frac{\partial}{\partial x_j^*}\left[2 \cdot \mu^* \cdot \left(S_{ij}^* - \frac{1}{3} \cdot S_{kk}^* \cdot \delta_{ij}\right)\right] \quad .$$

und das anschließende Umformen liefert die dimensionslose Form der Impulsgleichung

$$\rho^* \cdot \left[\frac{\partial u_i^*}{\partial t^*} + u_j^* \cdot \frac{\partial u_i^*}{\partial x_j^*}\right] = \frac{l_0 \cdot g_0}{u_0^2} \cdot g^* \cdot \rho^* \cdot x_{g,i} - \frac{\Delta p_0}{\rho_0 \cdot u_0^2} \cdot \frac{\partial p^*}{\partial x_i^*}$$

$$+ \frac{\mu_0 \cdot u_0}{l_0^2} \cdot \frac{l_0}{\rho_0 \cdot u_0^2} \cdot \frac{\partial}{\partial x_j^*}\left[2 \cdot \mu^* \cdot \left(S_{ij}^* - \frac{1}{3} \cdot S_{kk}^* \cdot \delta_{ij}\right)\right] \quad . \tag{3.47}$$

Die dimensionslosen Parametergruppen vor dem Schwerkraft-, dem Druckkraft- und dem Reibungskraftterm können wir durch weiteres Umformen zu den bereits kennengelernten Kennzahlen entsprechend Gl. (3.10), Gl. (3.11) und Gl. (3.12) zusammenfassen und erhalten

$$\rho^* \cdot \left[\frac{\partial u_i^*}{\partial t^*} + u_j^* \cdot \frac{\partial u_i^*}{\partial x_j^*}\right] = \frac{1}{Fr_{l_0}^2} \cdot g^* \cdot \rho^* \cdot x_{g,i} - Eu \cdot \frac{\partial p^*}{\partial x_i^*}$$

$$+ \frac{1}{Re_{l_0}} \cdot \frac{\partial}{\partial x_j^*}\left[2 \cdot \mu^* \cdot \left(S_{ij}^* - \frac{1}{3} \cdot S_{kk}^* \cdot \delta_{ij}\right)\right] \quad . \tag{3.48}$$

Ein analoges Vorgehen bei der Entdimensionalisierung und dem anschließenden Umformen der Impulsgleichung mit der Boussinesq-Approximation (2.130) führt auf

$$\rho^* \cdot \left[\frac{\partial u_i^*}{\partial t^*} + u_j^* \cdot \frac{\partial u_i^*}{\partial x_j^*} \right] = -Ri_{l_0,R_C} \cdot g^* \cdot \rho^* \cdot \beta_{R_0}^* \cdot \left(T^* - T_{R_0}^* \right) \cdot x_{g,i}$$
$$-Eu_{R_0} \cdot \frac{\partial \tilde{p}^*}{\partial x_i^*} + \frac{2}{Re_{l_0,R_0}} \cdot \frac{\partial}{\partial x_j^*} \left(\mu^* \cdot S_{ij}^* \right) \quad . \tag{3.49}$$

In Gl. (3.49) kennzeichnet R_0 den Referenzzustand der Boussinesq-Approximation. Die dimensionslose Darstellung der Impulsgleichung (3.48) und (3.49) gibt uns zwar keine Auskunft über die Strömungsvorgänge, auf denen die Kennzahlen beruhen, erlaubt uns jedoch eine Bewertung der Impulstransportmechanismen für unterschiedliche Strömungssituationen. Hierbei untersucht man das asymptotische Verhalten von Gl. (3.48) und Gl. (3.49) für sehr große oder sehr kleine Werte der Kennzahlen. Spielt die Trägheitskraft gegenüber der Schwerkraft bzw. der Auftriebskraft eine untergeordnete Rolle, liegt eine kleine Froude-Zahl bzw. große Richardson-Zahlen vor. Der Grenzfall $Re \rightarrow \infty$ liefert die Impulsgleichung für reibungsfreie Strömungen und für den Grenzfall $Re \rightarrow 0$ erhalten wir die Impulsgleichung für schleichende Strömungen (Deen (1998)).

Energiegleichung

Die dimensionslosen Variablen werden nun in die Energiegleichung

$$c_p \cdot \rho \cdot \frac{\partial T}{\partial t} + c_p \cdot \rho \cdot u_j \cdot \frac{\partial T}{\partial x_j} = \frac{\partial}{\partial x_j} \left(\lambda \cdot \frac{\partial T}{\partial x_j} \right) + \beta \cdot T \cdot \frac{Dp}{Dt} + \phi_{Diss} \tag{3.50}$$

eingesetzt. Wie bei der Impulsgleichung behandeln wir die Terme zunächst einzeln, bevor sie anschließend wieder zusammengeführt werden. Für die zeitliche und konvektive Energieänderung erhält man

$$c_p \cdot \rho \cdot \frac{\partial T}{\partial t} + c_p \cdot \rho \cdot u_j \cdot \frac{\partial T}{\partial x_j}$$
$$\rightarrow c_{p_0} \cdot c_p^* \cdot \rho_0 \cdot \rho^* \cdot \frac{\partial \left(T^* \cdot \Delta T_0 \right)}{\partial \left(t^* \cdot l_0/u_0 \right)}$$
$$+ c_{p_0} \cdot c_p^* \cdot \rho_0 \cdot \rho^* \cdot u_0 \; u_j^* \cdot \frac{\partial \left(T^* \cdot \Delta T_0 \right)}{\partial \left(x_j^* \cdot l_0 \right)} \tag{3.51}$$
$$= \frac{c_{p_0} \cdot \rho_0 \cdot u_0 \cdot \Delta T_0}{l_0} \cdot c_p^* \cdot \rho^* \cdot \left(\frac{\partial T^*}{\partial t^*} + u_j^* \cdot \frac{\partial T^*}{\partial x_j^*} \right) \quad .$$

Der Wärmeleitungsterm wird nach Substitution der dimensionsbehafteten Variablen mit den dimensionslosen Variablen zu

$$\frac{\partial}{\partial x_j}\left(\lambda \cdot \frac{\partial T}{\partial x_j}\right) \rightarrow \frac{\partial}{\partial (x_j{}^* \cdot l_0)}\left[\lambda^* \cdot \lambda_0 \cdot \frac{\partial (T^* \cdot \Delta T_0)}{\partial (x_j{}^* \cdot l_0)}\right]$$
$$= \frac{\lambda_0 \cdot \Delta T_0}{l_0{}^2} \cdot \frac{\partial}{\partial x_j{}^*}\left[\lambda^* \cdot \frac{\partial T^*}{\partial x_j{}^*}\right] \tag{3.52}$$

und die materielle Ableitung des Drucks lautet

$$\beta \cdot T \cdot \frac{Dp}{Dt} \rightarrow \beta^* \cdot \beta_0 \cdot T^* \cdot \Delta T_0 \cdot \frac{D (p^* \cdot \Delta p_0 + p_0)}{D (t^* \cdot l_0/u_0)}$$
$$= \beta_0 \cdot \Delta T_0 \cdot \frac{u_0 \cdot \Delta p_0}{l_0} \cdot \beta^* \cdot T^* \cdot \frac{Dp^*}{Dt^*} \quad . \tag{3.53}$$

Unter Berücksichtigung von Gl. (3.44) erhält man für den Dissipationsterm

$$\left[2 \cdot \mu \cdot \left(S_{ij} - \frac{1}{3} \cdot S_{kk} \cdot \delta_{ij}\right)\right] \cdot \frac{\partial u_i}{\partial x_j}$$
$$\rightarrow \frac{\mu_0 \cdot u_0{}^2}{l_0{}^2} \cdot \left[2 \cdot \mu^* \cdot \left(S_{ij}{}^* - \frac{1}{3} \cdot S_{kk}{}^* \cdot \delta_{ij}\right)\right] \cdot \frac{\partial u_i{}^*}{\partial x_j{}^*} = \frac{\mu_0 \cdot u_0{}^2}{l_0{}^2} \cdot \phi_{Diss}{}^* \quad . \tag{3.54}$$

Das Zusammenführen von Gl. (3.51) – Gl. (3.54) und das anschließende Umformen liefern die dimensionslose Energiegleichung

$$\rho^* \cdot c_p{}^* \cdot \left(\frac{\partial T^*}{\partial t^*} + u_j{}^* \cdot \frac{\partial T^*}{\partial x_j{}^*}\right)$$
$$= \frac{l_0}{c_{p_0} \cdot \rho_0 \cdot u_0 \cdot \Delta T_0} \cdot \frac{\lambda_0 \cdot \Delta T_0}{l_0{}^2} \cdot \frac{\partial}{\partial x_j{}^*}\left[\lambda^* \cdot \frac{\partial T^*}{\partial x_j{}^*}\right]$$
$$+ \frac{l_0}{c_{p_0} \cdot \rho_0 \cdot u_0 \cdot \Delta T_0} \cdot \beta_0 \cdot \Delta T_0 \cdot \frac{u_0 \cdot \Delta p_0}{l_0} \cdot \beta^* \cdot T^* \cdot \frac{Dp^*}{Dt^*} \tag{3.55}$$
$$+ \frac{l_0}{c_{p_0} \cdot \rho_0 \cdot u_0 \cdot \Delta T_0} \cdot \frac{\mu_0 \cdot u_0{}^2}{l_0{}^2} \cdot \phi_{Diss}{}^* \quad .$$

Durch Erweiterung des ersten Terms auf der rechten Seite mit μ_0

$$\rho^* \cdot c_p{}^* \cdot \left(\frac{\partial T^*}{\partial t^*} + u_j{}^* \cdot \frac{\partial T^*}{\partial x_j{}^*}\right) = \frac{\mu_0}{\rho_0 \cdot u_0 \cdot l_0} \cdot \frac{\lambda_0}{c_{p_0} \cdot \mu_0} \cdot \frac{\partial}{\partial x_j{}^*}\left[\lambda^* \cdot \frac{\partial T^*}{\partial x_j{}^*}\right]$$
$$+ \beta_0 \cdot \Delta T_0 \cdot \frac{u_0{}^2}{c_{p_0} \cdot \Delta T_0} \cdot \frac{\Delta p_0}{\rho_0 \cdot u_0{}^2} \cdot \beta^* \cdot T^* \cdot \frac{Dp^*}{Dt^*} \tag{3.56}$$
$$+ \frac{\mu_0}{\rho_0 \cdot u_0 \cdot l_0} \cdot \frac{u_0{}^2}{c_{p_0} \cdot \Delta T_0} \cdot \phi_{Diss}{}^*$$

erhält man zum einen die Reynolds-Zahl (Gl. (3.10)) und zum anderen die Prandtl-Zahl (Gl. (3.30)). Erweitern wir den Term der Volumenänderungsarbeit des Drucks mit u_0, lässt sich die Eckert-Zahl (Gl. (3.33)), die Euler-Zahl (Gl. (3.12)) und die sogenannte isobare Dichteänderungszahl

$$K_\rho \equiv -\beta_0 \cdot \Delta T_0 \quad , \tag{3.57}$$

identifizieren. Letztere stellt eine Erweiterung des isobaren thermischen Wärmeausdehnungskoeffizienten β_0 um die charakteristische Temperaturdifferenzen ΔT_0 dar. Die dimensionslose Parametergruppe vor dem Dissipationsterm ist der Quotient aus Eckert- und Reynolds-Zahl. Demzufolge lautet die dimensionslose Energiegleichung letztendlich

$$\rho^* \cdot c_p^* \cdot \left(\frac{\partial T^*}{\partial t^*} + u_j^* \cdot \frac{\partial T^*}{\partial x_j^*} \right) = \frac{1}{Re_{l_0} \cdot Pr} \cdot \frac{\partial}{\partial x_j^*} \left[\lambda^* \cdot \frac{\partial T^*}{\partial x_j^*} \right]$$
$$-K_\rho \cdot Ec \cdot Eu \cdot \beta^* \cdot T^* \cdot \frac{Dp^*}{Dt^*} + \frac{Ec}{Re_{l_0}} \cdot \phi_{Diss}^* \quad . \tag{3.58}$$

Eine Bewertung von Energietransportmechanismen in Strömungsvorgängen gelingt durch die Betrachtung des asymptotischen Verhaltens von Gl. (3.58). Bekanntlich kennzeichnet die Péclet-Zahl das Verhältnis von Konvektion zu Wärmeleitung. Ist der konvektive Wärmetransport dominant, nimmt die Péclet-Zahl große Werte an und der Einfluss des Wärmeleitungsterms in Gl. (3.58) verschwindet. Bei vielen konventionellen energie- und wärmetechnischen Fragestellungen sind die Strömungszustände durch mittlere bis hohe Reynolds-Zahlen gekennzeichnet. Das Verhältnis von Eckert-Zahl zu Reynolds-Zahl ist sehr klein und der Dissipationsterm in Gl. (3.58) kann gegenüber den weiteren Termen der Energiegleichung vernachlässigt werden.

3.3 Wärmeübertragungskoeffizient und Nusselt-Zahl

Bei der Auslegung von energie- und wärmetechnischen Komponenten ist der konvektive Wärmeübergang von herausragendem Interesse. Als konvektiven Wärmeübergang bezeichnet man die Wärmeübertragung zwischen einer Komponentenwand und einer Gas- oder Flüssigkeitsströmung, z. B. zwischen einer beheizten Rohrwand und dem im Rohr strömenden kalten Gas. Unter der Annahme, dass die Dissipation keine allzu große Rolle bei der Energieübertragung spielt[4], stellt sich bei Strömungen entlang fester, beheizter Wände das in Abb. 3.3 skizzierte Geschwindigkeits- und Temperaturprofil ein. Im gezeigten Fall gilt für die Fluidtemperatur $T(y > 0) < T_W$. Der wandnahe Strömungsbereich ist durch den ausgeprägten Einfluss von molekularen Transportvorgängen gekennzeichnet und wird dementsprechend durch große Geschwindigkeits- und Temperaturgradienten geprägt. Die Haftbedingung an der Wand führt zur Abnahme der Fluidbewegung in Richtung der Wand. Die wandparallele Strömungsgeschwindigkeit sinkt an der Wand bis auf den Wert $u(y = 0) = 0$ ab und die Temperatur des Fluids nimmt von der Wandtemperatur $T(y = 0) = T_W$ mit zunehmendem Wandabstand ab. Aufgrund der Temperaturdifferenz zwischen der Wandtemperatur und der Fluidtemperatur fließt ein Wärmestrom. Unabhängig von den thermischen Randbedingungen, der Konvektionsart, dem Strömungszustand, usw. lässt sich die dazugehörige Wandwärmestromdichte durch

---

[4] Bei hohen Geschwindigkeiten führt die Dissipation in Wandnähe zu einer Reibungserwärmung des Fluids unmittelbar an der Wand, wodurch sich das Temperaturprofil gegenüber Abb. 3.3 unterscheidet, siehe hierzu z. B. Jischa (1982).

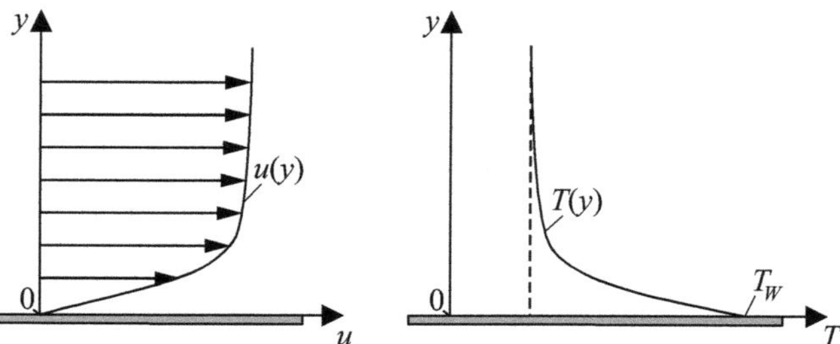

Abb. 3.3 Geschwindigkeits- und Temperaturprofile in Wandnähe.

$$\dot{q}_W \equiv \alpha \cdot (T_W - T_R) \tag{3.59}$$

berechnen. Die für das Fluid charakteristische Temperatur T_R entspricht bei Umströmung der Anström- bzw. Umgebungstemperatur T_∞ und bei Innenströmung der adiabaten Mischungstemperatur T_{am} (siehe Kapitel 3.3.2). Der Wärmeübertragungskoeffizient α $[W \cdot m^{-2} \cdot K^{-1}]$ bildet die komplexen Abhängigkeiten des konvektiven Wärmeübergangs vom herrschenden Geschwindigkeits- und Temperaturfeld ab, was wir nun näher betrachten werden. Unmittelbar an der Wand liegt aufgrund der Haftbedingung infolge der Viskosität keine Fluidbewegung vor und der Energietransport findet ausschließlich durch Wärmeleitung statt. Demzufolge lässt sich mit dem Fourier'schen Wärmeleitungsgesetz die Wandwärmestromdichte

$$\dot{q}_W = -\lambda(T_W) \cdot \left.\frac{\partial T}{\partial y}\right|_W \tag{3.60}$$

angeben. Durch die Kombination von Gl. (3.59) und Gl. (3.60) wird ersichtlich, dass der Wärmeübertragungskoeffizient durch die Steigung des Temperaturfeldes an der Wand und durch die Temperaturdifferenz zwischen Wand- und Fluidtemperatur $T_W - T_R$ bestimmt wird

$$\alpha \equiv -\lambda(T_W) \cdot \frac{\left.\dfrac{\partial T}{\partial y}\right|_W}{(T_W - T_R)} \ . \tag{3.61}$$

In Abb. 3.4 ist der Wärmeübertragungskoeffizient grafisch veranschaulicht. Das Verhältnis des Quotienten λ/α zur Temperaturdifferenz $T_W - T_R$ entspricht der Steigung $-\partial T/\partial y|_W$. Der Wärmeübertragungskoeffizient ist einer der wichtigsten Parameter bei thermofluiddynamischen Fragestellungen. Man unterscheidet im Allgemeinen zwischen einem lokalen Wärmeübertragungskoeffizienten $\alpha(\vec{x})$ und einem über die Wärmeübertragungsfläche A gemittelten Wärmeübertragungskoeffizienten α_m bzw. einem über die Länge $L = [a\ b]$ gemittelten Wärmeübertragungskoeffizienten $\alpha_L(x)$. Mit dem Wärmestrom $\dot{Q}$ durch die Wärmeübertragungsfläche A mit der Länge L und der Breite B,

$$\dot{Q} = \int_A \dot{q}_W(\vec{x})\, dA = \int_A \alpha(\vec{x}) \cdot (T_W(\vec{x}) - T_R(\vec{x}))\, dA$$
$$= \alpha_m \cdot \int_A (T_W(\vec{x}) - T_R(\vec{x}))\, dA \ , \tag{3.62}$$

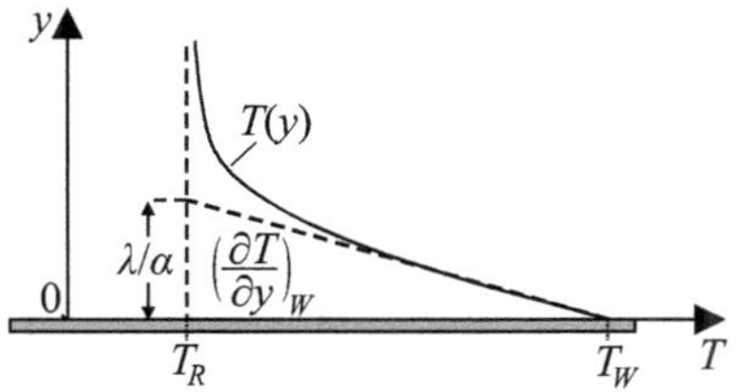

Abb. 3.4 Temperaturprofil $T(y)$ als Funktion des Wandabstandes y.

bzw.

$$\dot{Q} = B \cdot \int_a^b \dot{q}_W(\vec{x})\, dx = B \cdot \int_a^b \alpha(\vec{x}) \cdot (T_W(\vec{x}) - T_R(\vec{x}))\, dx$$
$$= \alpha_L(a,b) \cdot B \cdot \int_a^b (T_W(\vec{x}) - T_R(\vec{x}))\, dx \quad , \tag{3.63}$$

erhalten wir

$$\alpha_m = \frac{\int_A \dot{q}_W(x)\, dA}{\int_A (T_W(\vec{x}) - T_R(\vec{x}))\, dA} \quad \tag{3.64}$$

bzw.

$$\alpha_L(a,b) = \frac{\int_a^b \dot{q}_W(\vec{x})\, dx}{\int_a^b (T_W(\vec{x}) - T_R(\vec{x}))\, dx} \quad . \tag{3.65}$$

Ist der Wärmeübertragungskoeffizient bekannt, lässt sich klären, wie groß die Wandwärmestromdichte $\dot{q}_W$ bei gegebener Temperaturdifferenz $T_W - T_R$ ist, oder welche Temperaturdifferenz $T_W - T_R$ vorliegt, wenn eine Wandwärmestromdichte $\dot{q}_W$ an der Wand aufgeprägt wird. Da für die Berechnung des konvektiven Wärmeübergangs detaillierte Kenntnisse über das Temperaturfeld in Wandnähe vorliegen müssen und diese meistens nur mit erheblichem numerischen oder experimentellen Aufwand ermittelt werden können, wurde für eine Vielzahl von technisch relevanten Geometrien und Randbedingungen der lokale und gemittelte Wärmeübertragungskoeffizient anhand von Messungen der Wand- und Fluidtemperatur bestimmt und dimensionslos in Form der Nusselt-Zahl Nu angegeben.

Eine Definitionsgleichung für die Nusselt-Zahl erhalten wir durch Anwendung der Methode der Differentialgleichungen auf die Bestimmungsgleichung des Wärmeübertragungskoeffizienten Gl. (3.61). Zunächst führen wir den dimensionslosen Wandabstand y^*, die dimensionslose Wärmeleitfähigkeit λ^* und die dimensionslosen Temperaturen T^*, $T_W{}^*$ und $T_R{}^*$ gemäß

$$y^* = \frac{y}{l_0}; \qquad \lambda^* = \frac{\lambda}{\lambda_0}; \qquad T^* = \frac{T}{\Delta T_0}; \qquad T_W{}^* = \frac{T_W}{\Delta T_0}; \qquad T_R{}^* = \frac{T_R}{\Delta T_0}$$

mit den Bezugsgrößen l_0, λ_0, T_0 und ΔT_0 ein und substituieren damit die dimensionsbehafteten Größen in Gl. (3.61)

$$
\begin{aligned}
\alpha &= -\lambda^* \cdot \lambda_0 \cdot \frac{\left.\dfrac{\partial\, [T^* \cdot \Delta T_0]}{\partial\, (y^* \cdot l_0)}\right|_W}{(T_W{}^* - T_R{}^*) \cdot \Delta T_0} \\[2mm]
&= -\frac{\lambda_0}{l_0 \cdot \Delta T_0} \cdot \frac{\lambda^*}{(T_W{}^* - T_R{}^*)} \cdot \left(\left.\frac{\partial\, [T^* \cdot \Delta T_0]}{\partial y^*}\right)\right|_W \\[2mm]
&= -\frac{\lambda_0}{l_0} \cdot \frac{\lambda^*}{(T_W{}^* - T_R{}^*)} \cdot \left.\frac{\partial T^*}{\partial y^*}\right|_W \ .
\end{aligned}
\tag{3.66}
$$

Die Nusselt-Zahl ist nun so definiert, dass sie dem tatsächlichen Wärmeübertragungskoeffizienten α in entdimensionalisierter Form entspricht und wir erhalten aus Gl. (3.66) ihre Definitionsgleichung

$$
Nu_{l_0} \equiv \alpha \cdot \frac{l_0}{\lambda_0} = -\frac{\lambda^*}{(T_W{}^* - T_R{}^*)} \cdot \left.\frac{\partial T^*}{\partial y^*}\right|_W \ .
\tag{3.67}
$$

Die Substitution des Wärmeübertragungskoeffizienten in Gl. (3.67) durch Gl. (3.59) führt auf eine für messtechnische Arbeiten nützliche Bestimmungsgleichung der Nusselt-Zahl

$$
Nu_{l_0} = \frac{\dot{q}_W}{(T_W - T_R)} \cdot \frac{l_0}{\lambda_0} \ .
\tag{3.68}
$$

Bei Wärmeübertragungsproblemen kann die dimensionslose Temperatur auf unterschiedliche Weise definiert werden. So verwendet man bei erzwungener Konvektion (und vernachlässigbarer Dissipation) häufig

$$
T^* = \frac{T - T_W}{T_R - T_W} = \frac{T_W - T}{T_W - T_R} \ ,
\tag{3.69}
$$

während man bei freier Konvektion häufig

$$
T^* = \frac{T - T_R}{T_W - T_R} = \frac{T_R - T}{T_R - T_W}
\tag{3.70}
$$

nutzt. Es sind aber auch andere Definitionen möglich. Mit der dimensionslosen Temperatur aus Gl. (3.69) bzw. Gl. (3.70) und unter der Annahme einer konstanten Wärmeleitfähigkeit, entspricht die Nusselt-Zahl dem dimensionslosen Temperaturgradienten an der Wand. In Analogie zum Wärmeübertragungskoeffizienten unterscheidet man generell zwischen einer lokalen Nusselt-Zahl

$$
Nu_{l_0}(\vec{x}) = \alpha(\vec{x}) \cdot \frac{l_0}{\lambda_0}
\tag{3.71}
$$

zur Beschreibung des Wärmeübergangs am Ort $\vec{x}$ und einer flächengemittelten Nusselt-Zahl

$$
Nu_{l_0,m} = \alpha_m \cdot \frac{l_0}{\lambda_0} \ ,
\tag{3.72}
$$

oder einer Länge-gemittelten Nusselt-Zahl

$$Nu_{l_0,L}(a,b) = \alpha_L(a,b) \cdot \frac{l_0}{\lambda_0} \quad . \tag{3.73}$$

mit den gemittelten Wärmeübertragungskoeffizienten gemäß Gl. (3.64) und Gl. (3.65). Neben der Nusselt-Zahl wird häufig (insbesondere in englischsprachiger Literatur) die Stanton-Zahl

$$St_{l_0}(\vec{x}) \equiv \frac{Nu_{l_0}(\vec{x})}{Re_{l_0} \cdot Pr} = \frac{\alpha(\vec{x})}{\rho_0 \cdot u_0 \cdot c_{p_0}} \quad , \tag{3.74}$$

bzw.

$$St_{l_0,m} \equiv \frac{Nu_{l_0,m}}{Re_{l_0} \cdot Pr} = \frac{\alpha_m}{\rho_0 \cdot u_0 \cdot c_{p_0}} \quad , \tag{3.75}$$

oder

$$St_{l_0,L}(a,b) \equiv \frac{Nu_{l_0,L}(a,b)}{Re_{l_0} \cdot Pr} = \frac{\alpha_L(a,b)}{\rho_0 \cdot u_0 \cdot c_{p_0}} \tag{3.76}$$

verwendet, um die lokale bzw. gemittelte konvektive Wärmeübertragung zu quantifizieren. Die Stanton-Zahl gibt das Verhältnis aus konvektivem Wärmeübergang (übertragene Wärme in das Fluid) zu advektiv transportierter Wärme (durch das Fluid transportierte Wärme) an. Wie wir in den folgenden Kapiteln sehen werden, unterscheiden sich Nusselt- bzw. Stanton-Zahlen für verschiedene Strömungsformen.

3.3.1 Biot-Zahl

Die Biot-Zahl charakterisiert die konvektive Randbedingung eines Wärmeleitungsprozesses in einem festen Körper, indem sie das Verhältnis von konvektivem Wärmetransport zur Wärmeleitung des Körpers beschreibt. Für ihre Herleitung wenden wir die Methode der Differentialgleichungen auf die Kopplungsrandbedingung (Randbedingung 3. Art)

$$-\lambda_s \cdot \frac{\partial T_s}{\partial y}\Big|_W = \alpha \cdot (T_W - T_R) \tag{3.77}$$

an. Die in Gl. (3.77) mit dem Index s gekennzeichneten Größen beziehen sich auf das wärmeleitende Strukturmaterial. Zunächst formulieren wir mit den Bezugsgrößen $l_{s,0}$, $\lambda_{s,0}$, T_0 und ΔT_0 die dimensionslosen Variablen

$$y^* = \frac{y}{l_{s,0}}; \qquad \lambda_s^* = \frac{\lambda_s}{\lambda_{s,0}}; \qquad T_s^* = \frac{T_s}{\Delta T_0}; \qquad T_W^* = \frac{T_W}{\Delta T_0}; \qquad T_R^* = \frac{T_R}{\Delta T_0}$$

und ersetzen anschließend mit diesen die dimensionsbehafteten Größen in Gl. (3.77). Wir erhalten somit

$$\lambda_s^* \cdot \lambda_{s,0} \cdot \frac{\partial (T_s^* \cdot \Delta T_0)}{\partial y^* \, l_{s,0}}\Big|_W = \alpha \cdot (T_W^* - T_R^*) \cdot \Delta T_0 \tag{3.78}$$

und das Umsortieren auf eine dimensionslose Form führt auf die Biot-Zahl

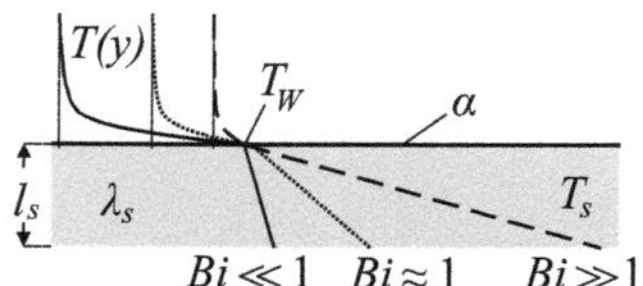

Abb. 3.5 Temperaturverteilungen für unterschiedliche Biot-Zahlen.

$$Bi_{l_{s,0}} \equiv \alpha \cdot \frac{l_{s,0}}{\lambda_{s,0}} = -\frac{\lambda_s^*}{\left(T_W^* - T_R^*\right)} \cdot \frac{\partial T_s^*}{\partial y^*}\bigg|_W \quad . \tag{3.79}$$

Wie aus Gl. (3.79) ersichtlich, ist die Biot-Zahl aus ähnlichen Größen aufgebaut wie die Nusselt-Zahl, jedoch mit dem Unterschied, dass sich die Wärmeleitfähigkeit und die charakteristische Länge auf den wärmeleitenden Körper beziehen und nicht auf die Strömungssituation. Die Biot-Zahl setzt den Wärmeleitwiderstand des wärmeleitenden Körpers $l_{s,0}/\lambda_s$ zum Wärmeübergangswiderstand $1/\alpha$ an seiner Oberfläche ins Verhältnis. In Abb. 3.5 sind die Temperaturverteilungen für unterschiedliche Biot-Zahlen skizziert. Liegen kleine bzw. große Biot-Zahlen vor, ist der Wärmeübergangswiderstand wesentlich größer bzw. kleiner als der Wärmeleitwiderstand des Körpers. Dementsprechend ist die Temperaturdifferenz $T_W - T_R$ im Fluid weitaus größer bzw. kleiner als die Temperaturdifferenz im wärmeleitenden Körper. Für sehr kleine Biot-Zahlen ($Bi \to 0$) erscheint die Temperaturverteilung im Körper für das Fluid als nahezu konstant ($T_s \to T_W$).

3.3.2 Adiabate Mischungstemperatur

Die Temperaturverteilung bei Innenströmung ist schematisch in Abb. 3.6 a skizziert. Die Wärmeleitung an den Kanalinnenwänden beeinflusst den Enthalpietransport des Fluids, der das Temperaturfeld bestimmt. Da bei energetischen Bilanzierungen über räumliche Betrachtungsgebiete mit querschnittsgemittelten Größen gerechnet wird, benötigen wir eine Fluidtemperatur, die für den Enthalpietransport über die Querschnittsfläche des Kanals bzw. Rohrs relevant ist und das ist die sogenannte adiabate Mischungstemperatur. Für die Herleitung einer Definitionsgleichung für die adiabate Mischungstemperatur wenden wir den 1. Hauptsatz der Thermodynamik für stationäre Fließprozesse (siehe u. a. Baehr und Kabelac (2012)) auf den in Abb. 3.6 b gezeigten Kontrollraum an. Der Kontrollraum wird durch die Innenwand begrenzt, über deren Fläche dA_i zwischen den Stellen 0 und 1 der Wärmestrom

$$d\dot{Q} = \alpha \cdot (T_W - T_{am}) \cdot dA_i \tag{3.80}$$

an das Fluid abgegeben wird und demzufolge eine Änderung des Enthalpiestroms entsprechend

$$d\dot{Q} = d\dot{H} \tag{3.81}$$

bewirkt. Unter Vernachlässigung der Änderung der kinetischen Energie des Fluids in axialer Richtung zwischen den Stellen 0 und 1 gilt für die Änderung des Enthalpiestroms

$$d\dot{H} = \dot{m} \cdot dh(p, T_{am}) \quad . \tag{3.82}$$

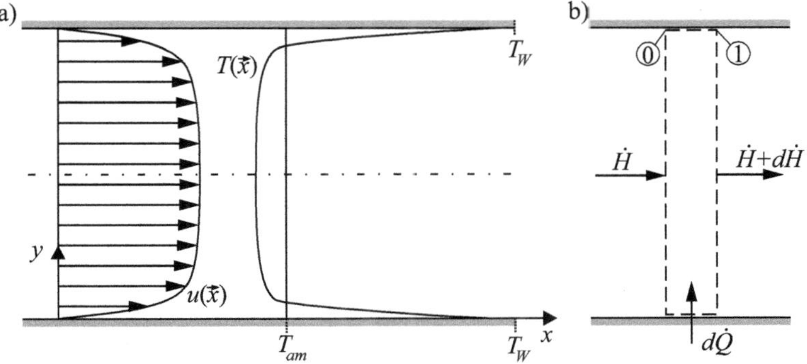

Abb. 3.6 a) Geschwindigkeits- und Temperaturprofile und b) Energiebilanz bei einer thermischen Innenströmung.

In Gl. (3.82) wird angenommen, dass das Fluid mit der vollständig vermischten und demzufolge über den Rohr- bzw. Kanalquerschnitt konstanten adiabaten Mischungstemperatur $T_{am}(x)$ in das Kontrollvolumen ein- bzw. austritt. Eine Integration von Gl. (3.82) zwischen den Stellen 0 und 1 liefert die Enthalpiedifferenz

$$\Delta \dot{H} = \dot{m} \cdot \left(h_1(p_1, T_{1,am}) - h_0(p_0, T_{0,am}) \right) \quad . \tag{3.83}$$

Vernachlässigen wir zwischen den Stellen 0 und 1 den Einfluss der Druckänderung auf die spezifische Enthalpie h und nehmen für diesen Bereich eine konstante spezifische Wärmekapazität c_p an, ergibt sich für das betrachtete Kontrollvolumen

$$\dot{H}_1 - \dot{H}_0 = \dot{m} \cdot c_p \cdot \left(T_{1,am} - T_{0,am} \right) \tag{3.84}$$

und für den lokalen querschnittsgemittelten Enthalpiestrom an einer beliebigen Stelle x lässt sich

$$\dot{H}(x) = \dot{m} \cdot c_p \cdot T_{am}(x) \tag{3.85}$$

schlussfolgern. Der lokale querschnittsgemittelte Enthalpiestrom hängt selbstverständlich vom tatsächlich herrschenden Geschwindigkeits- und Temperaturfeld ab und kann durch die Integration des Produkts von Dichte und Geschwindigkeit $\rho(\vec{x}) \cdot u(\vec{x})$ und lokaler spezifischer Enthalpie $h(\vec{x})$ über den Kanalquerschnitt A gemäß

$$\dot{H}(x) = \int_A \rho \cdot u \cdot h \, dA \quad , \tag{3.86}$$

bzw. mit den oben eingeführten Vereinfachungen gemäß

$$\dot{H}(x) = \int_A \rho \cdot u \cdot c_p \cdot T \, dA \tag{3.87}$$

Tabelle 3.3 Nusselt-Zahl-Korrelationen der turbulenten Rohrströmungen von Notter und Sleicher (1972), die sogenannte Dittus-Boelter-Korrelation von McAdams (1942) und Korrelationen für die freie Konvektion an der vertikalen Platte von Kato et al (1968) (Startpunkt der Plattenumströmung ist $x = 0$).

Rohrströmung	
Notter und Sleicher (1972)	$Nu_{D,\infty} = 5 + 0{,}015 \cdot Re_D{}^a \cdot Pr^b;$ $a = 0{,}88 - 0{,}24/(4 + Pr);$ $b = 0{,}333 + 0{,}5 \cdot e^{-0{,}6 \cdot Pr};$ $10^4 < Re_D < 10^6; 0{,}1 < Pr < 10^4$
McAdams (1942) Dittus-Boelter-Korrelation[5]	$Nu_{D,\infty} = 0{,}023 \cdot Re_D{}^{0{,}8} \cdot Pr^n;$ $10^4 < Re_D; 0{,}7 < Pr < 160$ $n = 0{,}4$ Fluid aufheizen; $n = 0{,}3$ Fluid kühlen
Freie Konvektion an der vertikalen Platte	
Kato et al (1968)	$Nu(x) = c \cdot Gr(x)^m \cdot (Pr^n - L);$ $0{,}3 \leq Pr \leq 100; c = 0{,}138;$ $L = 0{,}55; n = 0{,}175; m = 0{,}36$

ermittelt werden (siehe u. a. Kays et al (2005)). Die Substitution des lokalen Enthalpiestroms in Gl. (3.85) mit Gl. (3.87) und das anschließende Umformen liefern die Definitionsgleichung der adiabaten Mischungstemperatur

$$T_{am}(x) \equiv \frac{1}{\dot{m} \cdot c_p} \cdot \int_A \rho \cdot u \cdot c_p \cdot T \, dA \tag{3.88}$$

bzw.

$$T_{am}(x) \equiv \frac{\int_A \rho \cdot u \cdot c_p \cdot T \, dA}{c_p \cdot \int_A \rho \cdot u \, dA} \, . \tag{3.89}$$

3.4 Kennzahlgleichungen der Nusselt-Zahl

Die Herleitung der Kennzahlen aus den Erhaltungsgleichungen der Thermofluiddynamik mit der Methode der Differentialgleichungen hat gezeigt, dass in einem thermischen Strömungsfeld ein funktionaler Zusammenhang zwischen den Kennzahlen besteht. Dementsprechend können wir mit Kennzahlen sogenannte Kennzahlgleichungen (Korrelationen) entwickeln. Mit ihnen lassen sich unterschiedliche Einflüsse auf das Geschwindigkeits- und Temperaturfeld abbilden und werden verwendet, um Änderungen von Kennzahlen in Abhängigkeit von anderen Kennzahlen zu beschreiben. Da das Temperaturfeld maßgeblich vom Geschwindigkeitsfeld abhängt, lassen sich entsprechend Gl. (3.48), Gl. (3.49) und Gl. (3.58) sowie unter Berücksichtigung von Gl. (3.67) für die Nusselt-Zahl folgende funktionale Zusammenhänge schlussfolgern,

Zwangskonvektion:
$$Nu_{l_0} = f\left(Re_{l_0}, Fr_{l_0}, Pr, Ec, Eu, K_\rho, \ldots\right), \qquad (3.90)$$

Freie Konvektion:
$$Nu_{l_0} = f\left(Re_{l_0}, Fr_{l_0}, Gr_{l_0}, Pr, Ec, Eu, K_\rho, \ldots\right) \quad . \qquad (3.91)$$

Für viele technische Fragestellungen der konventionellen Wärmeübertragung sind Kompressibilitätseffekte vernachlässigbar und die Dissipation spielt demzufolge für die Energieübertragung im Fluid eine untergeordnete Rolle. Vernachlässigt man bei Zwangskonvektion den Einfluss der Schwerkraft auf die Strömung und berücksichtigt den Einfluss von temperaturbedingten Änderungen der Stoffwerte sowie von äußeren Effekten durch Einführen von Korrekturfaktoren, so lässt sich die Nusselt-Zahl als Kennzahlgleichung der Reynolds- und Prandtl-Zahl angeben. Bei freier Konvektion hängt die Kennzahlgleichung für die Nusselt-Zahl nicht von der Reynolds-Zahl ab, sondern von der Grashof-Zahl und von der Prandtl-Zahl. Liegt Mischkonvektion vor, lässt sich die Nusselt-Zahl mit Hilfe von Reynolds-, Grashof- und Prandtl-Zahl beschreiben. Unter Betrachtung der genannten Abhängigkeiten wurden für eine Vielzahl von technisch relevanten Anwendungen Korrelationen zur Abschätzung des Wärmeübergangs in Form von Potenzfunktionen ermittelt. Beispiele von Nusselt-Zahl-Korrelationen sind in Tabelle 3.3 für die reine Zwangskonvektion bei einer Rohrströmung und für die freie Konvektion an einer vertikalen, beheizten Platte angegeben.

Temperaturabhängige Stoffwerte

Bei vielen Wärmeübertragungsvorgängen sind Effekte temperaturabhängiger Stoffwerte beachtlich und die Annahme konstanter Stoffwerte in Kennzahlgleichungen für die Nusselt-Zahl würde zu ungenauen Näherungen führen. Dies ist insbesondere bei hohen Wandwärmestromdichten der Fall, wo beachtliche Unterschiede zwischen T_W und T_{am} bzw. T_∞ auftreten. Die Methode der Referenz-Temperatur und die Methode der Stoffwertverhältnisse sind gängige Verfahren, um den Einfluss von temperaturabhängigen Stoffwerten in den Kennzahlgleichungen zu berücksichtigen. Beide Methoden sollen nun kurz vorgestellt werden:

Methode der Referenztemperatur

Die Methode der Referenztemperatur beruht auf der Idee, die Stoffwerte in den Nusselt-Zahl-Korrelationen mit einer für das Problem charakteristischen Referenztemperatur T_{Ref} zu berechnen
$$Nu_{l_0} = Nu_{l_0}\left(Re_{l_0}(T_{Ref}, \ldots), \ldots\right) \quad . \qquad (3.92)$$

Bei Innenströmungen verwendet man als Referenztemperatur den arithmetischen Mittelwert aus mittlerer Fluideintrittstemperatur T_{ein} und Fluidaustrittstemperatur T_{aus}

---

[5] Die ursprünglich von Dittus und Boelter (1930) veröffentlichte Nusselt-Zahl-Korrelation $Nu_D = 0,0243 \cdot Re_D^{0,8} \cdot Pr^{0,4}$ für $T_{Fluid} < T_W$ bzw. $Nu_D = 0,0265 \cdot Re_D^{0,8} \cdot Pr^{0,3}$ für $T_{Fluid} > T_W$ zur Berechnung der Nusselt-Zahl bei turbulenter Rohrströmung weicht von der in Tabelle 3.3 angegebenen Dittus-Boelter-Korrelation ab. Warum die Gleichung $Nu_D = 0,023 \cdot Re_D^{0,8} \cdot Pr^{0,4}$ trotzdem den Namen Dittus-Boelter trägt, ist in Winterton (1998) nachzulesen.

$$T_{Ref} = \frac{T_{ein} + T_{aus}}{2} \quad , \tag{3.93}$$

wobei für kurze Rohre oder Kanäle $T_{Ref} = T_{ein}$ angenommen werden kann. Hingegen entspricht bei Umströmungen die Referenztemperatur dem arithmetischen Mittelwert aus Wandtemperatur T_W und der Temperatur der Anströmung T_∞

$$T_{Ref} = \frac{T_\infty + T_W}{2} \quad . \tag{3.94}$$

Wie in Merker (1987) veranschaulicht, können derart einfache Beziehungen für die Berücksichtigung der Temperaturabhängigkeit von Stoffwerten zu falschen Ergebnissen führen: Liegen für die Kühlung (Index Ku) oder für die Heizung (Index Hei) eines Fluids bei einer Innenströmung die Ein- und Austrittstemperaturen $T_{ein,Ku} = T_{aus,Hei}$ und $T_{aus,Ku} = T_{ein,Hei}$ vor, so berechnet man mit Gl. (3.93) für beide Fälle eine identische Referenztemperatur und damit gleiche Werte für die Nusselt-Zahl. Die Strömungsgleichungen und die Temperaturgleichung sind aufgrund der temperaturabhängigen Stoffwerten gekoppelt. Bei Kühlung und Heizung verlaufen die Temperaturgradienten zwischen Kanalkernströmung und Strömung im wandnahen Bereich entgegengesetzt. Dementsprechend variieren die temperaturabhängigen Verteilungen der Stoffwerte je nach Richtung des Wärmestroms und die unterschiedlichen Geschwindigkeits- und Temperaturprofile bei Kühlung und Heizung bewirken verschiedene Nusselt-Zahlen. Eine Möglichkeit, die Temperaturabhängigkeit in Nusselt-Zahl-Korrelationen zu berücksichtigen und die Richtungsabhängigkeit des Wärmestroms abzubilden, bietet die Methode der Stoffwertverhältnisse, die wir als Nächstes kennenlernen werden.

Methode der Stoffwertverhältnisse

Bei der Methode der Stoffwertverhältnisse werden die Stoffwerte in den Korrelationen bei einer der vorliegenden Strömungskonfiguration entsprechenden Referenztemperatur $T_{Ref,c.p.}$ (und evtl. bei einem Referenzdruck $p_{Ref,c.p.}$) ermittelt (*c.p.* steht für *constant property*) und anschließend mit einem Korrekturfaktor K_{Nu} multipliziert

$$Nu_{l_0} = Nu_{l_0,T_{Ref\,c.p.}}\left(Re_{l_0,T_{Ref,c.p.}}, \dots\right) \cdot K_{Nu}(T_1,T_2,\dots) \quad . \tag{3.95}$$

Der Korrekturfaktor in Gl. (3.95) wird durch Potenzfunktionen der Stoffwertverhältnisse bei zwei charakteristischen Temperaturen gebildet. Man muss also zum einen die Referenztemperatur $T_{Ref\,c.p.}$ für die Stoffwerte der dimensionslosen Kennzahlen in den Korrelationen festlegen und zum anderen einen Korrekturfaktor in der Form

$$K_{Nu} = \prod_i \left[\frac{\gamma_i\,(T_1)}{\gamma_i\,(T_2)}\right]^{n_i} \tag{3.96}$$

bestimmen. Der Ausdruck γ_i in Gl. (3.96) steht für die relevanten Stoffwerte mit dem Exponenten n_i. Die Temperatur T_2 entspricht der lokalen bzw. mittleren Wandtemperatur, während die Temperatur T_1 der vorliegenden Strömungssituation anzupassen ist. So nutzt man für T_1 bei Innenströmungen die lokale bzw. mittlere adiabate Mischungstemperatur T_{am} und bei Umströmungen die Temperatur der ungestörten Anströmung T_∞. Die Referenztemperatur $T_{Ref\,c.p.}$ bezieht sich im Idealfall auf einen sogenannten isothermen Strömungszustand mit (nahezu) keinem Temperaturunterschied zwischen Wand und Fluid. Hiermit konzentrieren sich die Effekte von temperaturabhängigen Stoffwerten im Korrekturfaktor. Bei Innenströmung gilt für den isothermen Strömungszustand $T_W \approx T_{am}$ (Hufschmitd und Burck (1968)), d. h., $T_{Ref\,c.p.} \to T_W$ bzw. $T_{Ref\,c.p.} \to T_{am}$, oder man greift auf den arithmetischen Mittelwert gemäß Gl. (3.93) zurück (VDI e V (2013)), d. h., $T_{Ref\,c.p.} \to T_{Ref}$. Bei Umströmungen nutzt man für $T_{Ref\,c.p.}$ entweder die Wandtemperatur T_W oder die Temperatur der ungestörten Anströmung T_∞ (Gersten und Herwig (1984)). Während bei Flüssigkeiten die Temperatureinflüsse im Wesentlichen zu Viskositätsänderungen führen, wirken sich bei Gasen Temperaturänderungen auf alle Stoffwerte aus, wobei für turbulente Strömungsbedingungen das Temperaturverhältnis in der Potenzfunktion als Korrekturfaktor ausreicht. Beispielsweise kann der Einfluss der Temperaturabhängigkeit der Stoffwerte auf die Nusselt-Zahl bei turbulenten Innenströmungen von Flüssigkeiten, nach den Experimenten von Hufschmitd und Burck (1968) durch

$$Nu_{l_0} = \left(\frac{Pr(T_{am})}{Pr(T_W)}\right)^{0,11} \cdot Nu_{l_0,T_{Ref\,c.p.}} \tag{3.97}$$

$$2 \leq Pr \leq 180; \quad 3 \cdot 10^3 \leq Re_{l_0} \leq 6,4 \cdot 10^5; \quad 1 < Pr(T_W)/Pr(T_{am}) < 28$$

und bei turbulenten Innenströmungen von Gasen nach Gnielinski (1975) durch

$$Nu_{l_0} = \left(\frac{T_{am}}{T_W}\right)^{n} \cdot Nu_{l_0,T_{Ref\,c.p.}} \tag{3.98}$$

$$n = 0 \ \text{für} \ T_W < T_{am} \ \text{und} \ n = 0,45 \ \text{für} \ 0,5 < T_{am}/T_W < 1$$

berücksichtigt werden. Bei der turbulent umströmten Platte lässt sich die Temperaturabhängigkeit der Stoffwerte nach Zhukauskas und Ambrazyavichyus (1961) durch

$$Nu_{l_0} = \left(\frac{Pr(T_\infty)}{Pr(T_W)}\right)^{0,25} \cdot Nu_{l_0,T_{Ref\,c.p.}} \tag{3.99}$$

$$0,7 \leq Pr \leq 380; \quad 2 \cdot 10^4 \leq Re_{l_0} \leq 5 \cdot 10^7$$

in Nusselt-Zahl-Korrelationen einbeziehen.

Übungsaufgaben

3.1 Der Wärmeverlust eines Körpers in einer Wasserströmung ($u_R = 12\,\mathrm{m\,s^{-1}}$) soll in einem Windkanal-Experiment untersucht werden. Der Körper besitzt eine charakteristische Länge von $l_R = 0,2\,\mathrm{m}$ und soll im Windkanal durch ein um den Faktor 5 vergrößertes Modell abgebildet werden, siehe Abb. 3.7. Die Werte von Wasser betragen $\nu_{H_2O} = 1 \cdot 10^{-6}\,\mathrm{m^2\,s^{-1}}$, $\lambda_{H_2O} = 0,5\,\mathrm{W\,m^{-1}\,K^{-1}}$ von Luft $\nu_{Luft} = 15,5 \cdot 10^{-6}\,\mathrm{m^2\,s^{-1}}$, $\lambda_{Luft} = 0,0262\,\mathrm{W\,m^{-1}\,K^{-1}}$.

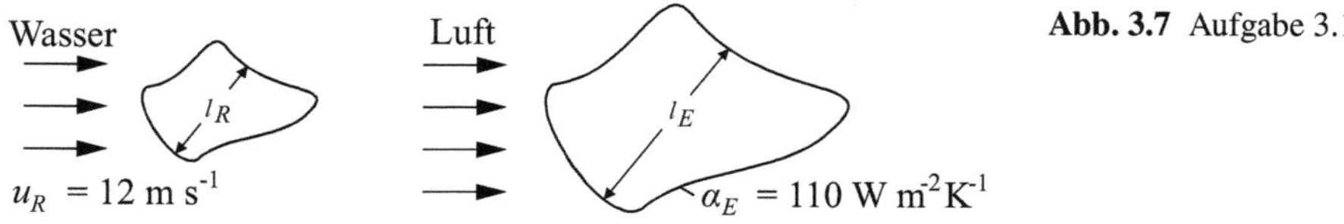

Abb. 3.7 Aufgabe 3.1

- Wie hoch muss die Geschwindigkeit u_E im Experiment sein, sodass eine physikalische Ähnlichkeit der Strömungen vorliegt?
- Es wird ein mittlerer Wärmeübertragungskoeffizient von $\alpha_E = 110\,\mathrm{W\,m^{-2}\,K^{-1}}$ im Experiment gemessen. Wie groß wird der entsprechende Wärmeübertragungskoeffizient in der Realität sein?
- Wie groß ist das Verhältnis der Temperaturdifferenzen $\Delta T_E / \Delta T_R$, wenn in der Realität die 10fache Wärmestromdichte wie im Experiment vorliegt?

Der Index R bzw. E kennzeichnet die Werte in Realität bzw. im Experiment.

3.2 In ähnlicher Weise wie für Turbinenschaufeln oder Brennkammern von Gasturbinen, soll mit Hilfe von strukturierten Kanalwänden eine Verbesserung des konvektiven Wärmeübergangs in der „Ersten Wand" von Fusionsreaktoren erzielt werden, um auch bei höheren Wärmestromdichten die Einhaltung der materialspezifischen Maximaltemperaturen gewährleisten zu können. Als Kühlgas wird Helium (mittlere Temp. 340 °C, 80 bar) eingesetzt. Zur Erprobung unterschiedlicher Oberflächenstrukturen, sollen in einem Versuchskanal die Nusselt-Zahl-Verteilungen unter atmosphärischen Bedingungen bestimmt werden. Für die Versuche soll das in Abb. 3.8 skizzierte Modell des Kühlkanals gefertigt werden.

Das Höhen-Breiten-Verhältnis der Kühlkanäle beträgt $a = b_R/h_R$. Die charakteristische Länge (=Bezugsgröße) ist der sogenannte hydraulische Durchmesser $D_h = (4 \cdot A)/U$, mit dem Kanalquerschnitt A und dem Umfang U. Es können folgende konstante Werte verwendet werden – Helium (340 °C, 80 bar: $\rho_R = 6{,}28\,\mathrm{kg\,m^{-3}}$, $\mu_R = 3{,}29 \cdot 10^{-5}\,\mathrm{kg\,m^{-1}\,s^{-1}}$, $\lambda_R = 2{,}54 \cdot 10^{-2}\,\mathrm{W\,m^{-1}\,K^{-1}}$, $c_{p,R} = 5196\,\mathrm{W\,s\,kg^{-1}\,K^{-1}}$, $c_{s,R} = 1400\,\mathrm{m\,s^{-1}}$) – Helium (20 °C, 1 bar: $\rho_E = 1{,}20\,\mathrm{kg\,m^{-3}}$, $\mu_E = 1{,}83 \cdot 10^{-5}\,\mathrm{kg\,m^{-1}\,s^{-1}}$, $\lambda_E = 2{,}59 \cdot 10^{-2}\,\mathrm{W\,m^{-1}\,K^{-1}}$, $c_{p,E} = 1005\,\mathrm{W\,s\,kg^{-1}\,K^{-1}}$, $c_{s,E} = 343\,\mathrm{m\,s^{-1}}$). Der Index R bzw. E kennzeichnet die Werte in Realität bzw. des Experiments.

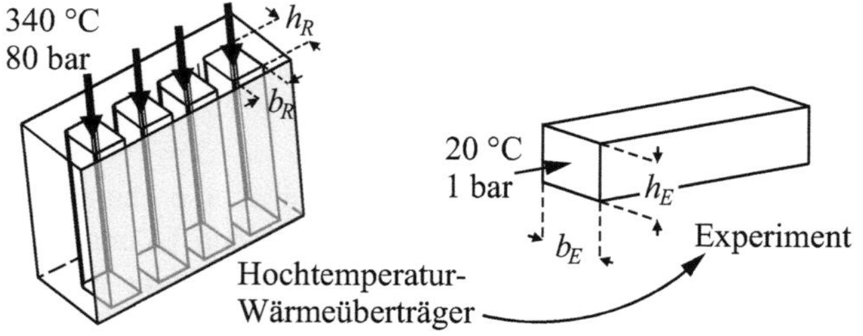

Abb. 3.8 Aufgabe 3.2

■ Welche Forderungen aus der Ähnlichkeitsmechanik sind zu erfüllen und mit Hilfe von welchen dimensionslosen Kennzahlen lässt sich der Versuchskanal ausgelegen?

3.3 Ein beheizter Körper mit der charakteristischen Länge $l_{0,1}$ = 2,0 m und konstanter Oberflächentemperatur T_W = 300 °C wird von Luft mit der Geschwindigkeit $u_{\infty,1}$ = 120 m s^{-1} und Temperatur T_∞ = 450 °C angeströmt, wobei sich eine mittlere Wandwärmestromdichte von $\dot{q}_{W,1}$ = 15 · 10^3 W m^{-2} einstellt. Wie groß wäre der mittlere Wärmeübertragungskoeffizient des in Abb. 3.9 skizzierten geometrisch ähnlichen Körpers mit der charakteristischen Länge $l_{0,2}$ = 6,0 m, der sich in einer Luftströmung mit der Geschwindigkeit $u_{\infty,2}$ = 40 m s^{-1} unter Beibehaltung der thermischen Randbedingungen befände? Es ist von reiner Zwangskonvektion auszugehen.

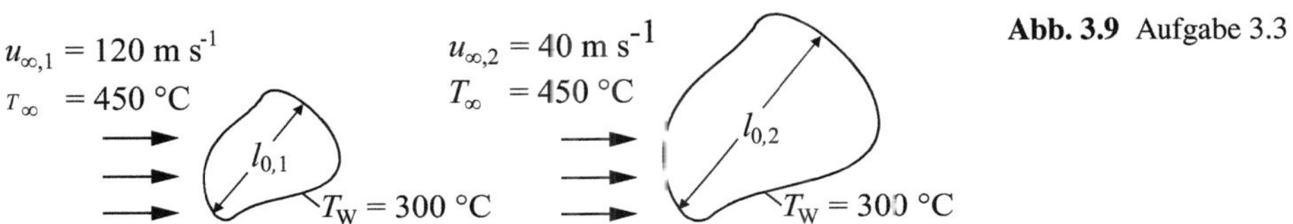

Abb. 3.9 Aufgabe 3.3

3.4 Im Rahmen eines Experiments soll der Verlauf des mittleren Wärmeübertragungskoeffizienten eines Zylinders ermittelt werden, siehe Abb. 3.10. Hierfür wird ein elektrisch beheizter Zylinder mit dem Durchmesser D_1 = 0,2 m in einer Luftströmung bei Raumtemperatur T_∞ = 20 °C (ρ = 1,18 kg m^{-3}, μ = 1,83 · 10^{-5} kg m^{-1} s^{-1}, λ = 2,59 · 10^{-2} W m^{-1} K^{-1}, Pr_{Luft} = 0,71) mit unterschiedlichen Geschwindigkeiten umströmt und die sich einstellende Oberflächentemperatur gemessen. Bei einer Geschwindigkeit von $u_{\infty,1}$ = 18 m s^{-1} wird eine mittlere Oberflächentemperatur von $T_{W,1}$ = 50,50 °C und bei einer Geschwindigkeit von $u_{\infty,2}$ = 12 m s^{-1} wird eine mittlere Oberflächentemperatur von $T_{W,2}$ = 62,27 °C ermittelt. Die Wandwärmestromdichte des Zylinders lässt sich elektrisch regeln. Sie ist während der Versuche konstant und beträgt $\dot{q}_W$ = 2000 W m^{-2}. Die mittlere Nusselt-Zahl von beheizten Zylindern in einer Gasströmung kann anhand einer Kennzahlgleichung der Form $Nu_{D,m} = c \cdot Re_D{}^m \cdot Pr^n$ beschrieben werden, wobei c, m und n Konstanten sind.

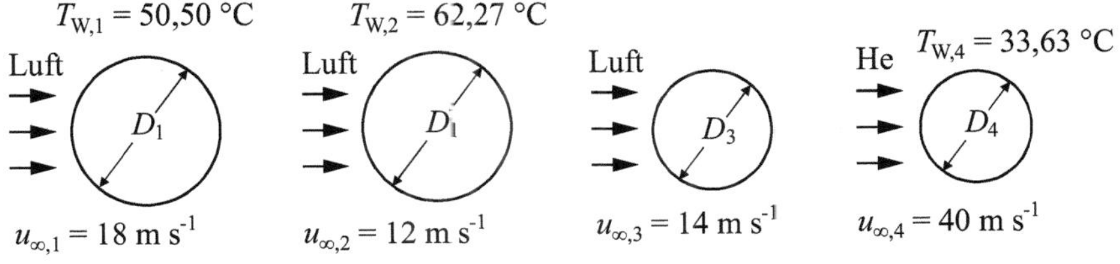

Abb. 3.10 Aufgabe 3.4

- Wie groß ist der mittlere Wärmeübertragungskoeffizient für einen Zylinder des Durchmessers $D_3 = 0,16\,\text{m}$ bei einer Strömungsgeschwindigkeit von $u_{\infty,3} = 14\,\text{m}\,\text{s}^{-1}$?

In einem weiteren Experiment wird Helium bei Raumtemperatur ($\rho_{\text{He}} = 0,164\,\text{kg}\,\text{m}^{-3}$, $\mu_{\text{He}} = 1,96 \cdot 10^{-5}\,\text{kg}\,\text{m}^{-1}\,\text{s}^{-1}$, $\lambda_{\text{He}} = 1,52 \cdot 10^{-1}\,\text{W}\,\text{m}^{-1}\,\text{K}^{-1}$, $Pr_{\text{He}} = 0,67$) anstatt Luft verwendet. Die mittlere Oberflächentemperatur des Zylinders mit dem Durchmesser $D_4 = 0,15\,\text{m}$ beträgt $T_{W,4} = 33,63\,°\text{C}$ bei einer Geschwindigkeit von $u_{\infty,4} = 40\,\text{m}\,\text{s}^{-1}$.

- Wie lautet die Kennzahlgleichung zur Bestimmung der Nusselt-Zahl?

3.5 Richtig oder Falsch?

1. Die Prinzipien der Ähnlichkeitstheorie erlauben eine Skalierung physikalischer Vorgänge zwischen verkleinerten und vergrößerten Modellen, den Transfer von gefundenen Lösungen auf ähnliche Fragestellungen und die Reduktion der Anzahl der beschreibenden Einflussgrößen.
2. Die Prandtl-Zahl beschreibt die Fähigkeit eines Fluids hinsichtlich der viskosen Impuls- und konvektiven Energieübertragung.
3. Die Eckert-Zahl wird betrachtet, wenn Reibungseffekte in Strömungen zu Wärmeänderungen führen. Jedoch spielt die Dissipation für den Energiehaushalt bei vielen konventionellen Wärmeübertragungsproblemen eine untergeordnete Rolle.
4. Die Nusselt-Zahl entspricht bei reiner Zwangskonvektion dem dimensionslosen Temperaturgradienten an der Wand.
5. Zur Beurteilung der Wärmeübertragungseigenschaften unterschiedlicher Wärmeträger für die identische wärmetechnische Anwendung ist eine Gegenüberstellung ihrer Nusselt-Zahlen zweckdienlich und gegenüber einer Darstellung der Wärmeübertragungskoeffizienten zu bevorzugen.
6. Die adiabate Mischungstemperatur lässt sich in einfacher Weise durch Integration des Temperaturfelds über den Kanal- bzw. Rohrquerschnitt ermitteln.
7. Die Grashof- bzw. Rayleigh-Zahl wird zur Charakterisierung von auftriebsgetriebenen Strömungen aufgrund von temperaturbedingten Dichtevariationen im Fluid herangezogen.
8. Das Verhältnis von $Gr_{l_0}/Re_{l_0}^2$ wird herangezogen, um zwischen Mischkonvektion und freier Konvektion zu unterscheiden.
9. Durch die Verwendung der Methode der Stoffwertverhältnisse lässt sich der Gültigkeitsbereich von Nusselt-Zahl-Korrelationen erweitern.

3.6 Wissensfragen

- Wie lauten die Annahmen der Ähnlichkeitstheorie und die daraus abgeleiteten Schlussfolgerungen?
- Welche Voraussetzungen müssen für eine vollständige Ähnlichkeit zwischen Realität und Modell erfüllt sein?
- Welchen Nutzen bieten die Ähnlichkeitstheorie und die abgeleiteten Kennzahlen für die Untersuchung thermofluiddynamischer Fragestellungen?
- Welche Methoden gibt es neben dem π-Theorem zur Herleitung von Kennzahlen?
- Nenne die drei Schritte der Methode der Differentialgleichungen!
- Beschreibe das Vorgehen bei der Methode der Kraft- und Energieverhältnisse!

- Was ist das Besondere an der Prandtl-Zahl?
- Welche Größenordnungen besitzen die Prandtl-Zahlen von Flüssigmetallen?
- Welche dimensionslose Kennzahl beschreibt den konvektiven Wärmeübergang?
- Wie ist die Nusselt-Zahl definiert?
- Was ist die adiabate Mischungstemperatur?
- Wie lässt sich abschätzen, ob erzwungene Konvektion oder Mischkonvektion vorliegt?
- Von welchen Kennzahlen wird die Nusselt-Zahl im Allgemeinen bei Zwangskonvektion, Mischkonvektion oder freier Konvektion beeinflusst?
- Wie kann die Temperaturabhängigkeit von Stoffwerten bei Kennzahlgleichungen für die Nusselt-Zahl berücksichtigt werden?

Literaturverzeichnis

Baehr HD, Stephan K (2010) Wärme- und Stoffübertragung. Springer, Berlin, Heidelberg

Baehr H D, Kabelac S (2012) Thermodynamik. Springer Vieweg, Berlin, Heidelberg

Bejan A (1979) A Study of Entropy Generation in Fundamental Convective Heat Transfer. J Heat Transf, doi: 10.1115/1.3451063

Bejan A (2013) Convection Heat Transfer. John Wiley & Sons

Buckingham E (1914) On Physically Similar Systems; Illustrations of the Use of Dimensional Equations. Phys. Rev., doi: 10.1103/PhysRev.4.345

Deen WM (1998) Analysis of Transport Phenomena. Oxford University Press

Dittus FW, Boelter LM (1985) Heat transer in automobile radiators of turbular type. Int J Heat Mass Transf, doi: 10.1016/0735-1933(85)90003-X

Gersten K, Herwig H (1984) Impuls- und Wärmeübertragung bei variablen Stoffwerten für die laminare Plattenströmung. Wärme- und Stroffübertragung, doi: 10.1007/BF01461487

Gnielinski V (1975) Neue Gleichungen für den Wärme- und den Stoffübergang in turbulent durchströmten Rohren und Kanälen. Forsch Ing-Wes, doi: 10.1007/BF02559682

Hufschmitd W, Burck E (1968) Der Einfluss Temperaturabhängiger Stoffwerte auf den Wärmeübergang bei turbulenter Strömung von Flüssigkeiten in Rohren bei hohen Wärmestromdichten und Prandtlzahlen. Int J Heat Mass Transf, doi: 10.1016/0017-9310(68)90009-4

Jäger W (2017) Thermodynamic evaluation of liquid metals as heat transfer fluids in concentrated solar power plants. Nucl Eng Des, doi: 10.1016/j.nucengdes.2017.04.028

Jischa M (1992) Konvektiver Impuls-, Wärme- und Stoffaustausch. Vieweg Teubner Verlag, Wiesbaden

Kato H, Niichi N, Masaru H (1968) On the turbulent heat transfer by free convection from a vertical plate. Int J Heat Mass Transf, doi: 10.1016/0017-9310(68)90029-X

Kays WM (1966) Convective Heat and Mass Transfer. McGraw Hill, New York

Kays WM, Crawford M, Wiegand B (1966) Convective Heat and Mass Transfer. McGraw Hill, New York

McAdams WA (1942) CHeat Transmission. McGraw Hill, New York

Merker GP (1987) Konvektive Wärmeübertragung. Springer Berlin, Heidelberg

Notter RH, Sleicher CA (1972) A solution to the turbulent Graetz problem - III Fully developed and entry region heat transfer rates. Chem Eng Sci, doi: 10.1016/0009-2509(72)87065-9

Pacio J, Singer C, Wetzel T, Uhlig R (2013) Thermodynamic evaluation of liquid metals as heat transfer fluids in concentrated solar power plants. Appl Therm Eng, doi: 10.1016/j.applthermaleng.2013.07.010

Schlichting H, Gersten K (2006) Grenzschichttheorie. Springer, Berlin, Heidelberg

Spurk J (1992) Dimensionsanalyse. Springer, Berlin, Heidelberg

VDI e. V. (2013) VDI-Wärmeatlas. Springer Vieweg, Berlin, Heidelberg

Winterton RHS (1988) Where did the Dittus and Boelter equation come from? J Heat Mass Transf, doi: 10.1016/0735-1933(85)90003-X

Zhukauskas AA, Ambrazyavichyus AB (1961) Heat Transfer of a Plate in a Liquid Fluid. Int J Heat Mass Transf, doi: 10.1007/BF02559682

Zierep J (1991) Ähnlichkeitsgesetze und Modellregeln der Strömungslehre. Braun-Verlag, Karlsruhe

Tabelle 3.4 Zusammenstellung von wichtigen Kennzahlen.

Kennzahlen aus Kräfteverhältnissen		**Verhältnis von …**	**Maß für**
Reynolds-Zahl	$Re_{l_0} \equiv \dfrac{\rho_0 \cdot u_0 \cdot l_0}{\mu_0}$	… Trägheits- zu Reibungskraft	Strömungszustand
Froude-Zahl	$Fr_{l_0} \equiv \dfrac{u_0}{\sqrt{g_0 \cdot l_0}}$	… Trägkeits- zu Schwerkraft	Schwerkrafteinfluss
Euler-Zahl	$Eu \equiv \dfrac{\Delta p}{\rho_0 \cdot u_0^2}$	… Druck- zu Trägheitskraft	Druckverhältnis
Strouhal-Zahl	$Str_{l_0} \equiv \dfrac{f_0 \cdot l_0}{u_0}$	… zeitlicher zu räumlicher Bewegungsänderung	Instationärität
Richardson-Zahl	$Ri_{l_0} \equiv \dfrac{\beta_0 \cdot \Delta T_0 \cdot g_0 \cdot l_0}{u_0^2}$	… thermisch bedingter Auftriebs- zu Trägheitskraft	Konvektionsart
Grashof-Zahl	$Gr_{l_0} \equiv \dfrac{\beta_0 \cdot \Delta T_0 \cdot g_0 \cdot l_0^3}{\nu_0^2}$	thermisch bedingte Auftriebs- und Trägheits- zu Reibungskraft	Thermische Konvektion
Kennzahlen aus Energieverhältnissen		**Verhältnis von …**	**Maß für**
Nusselt-Zahl	$Nu_{l_0} \equiv \dfrac{\alpha \cdot l_0}{\lambda_0}$	… konvektivem Wärmeübergang zu Wärmeleitung des Fluids	Konvektiven Wärmeübergang
Stanton-Zahl	$St \equiv \dfrac{\alpha}{\rho_0 \cdot u_0 \cdot c_{p_0}}$	… konvektivem Wärmeübergang zu spezifischer Enthalpie	Konvektiven Wärmeübergang
Biot-Zahl	$Bi_{l_{s,0}} \equiv \dfrac{\alpha \cdot l_{s,0}}{\lambda_{s,0}}$	… Wärmeleit- zu Wärmeübertragungswiderstand	Wärmeleitvorgang
Eckert-Zahl	$Ec \equiv \dfrac{u_0^2}{c_{p_0} \cdot \Delta T_0}$	… kinetischer Energie des Fluids zur Enthalpiedifferenz	Dissipationseffekte
Péclet-Zahl	$Pe_{l_0} \equiv \dfrac{u_0 \cdot l_0}{a_0}$	… makroskopischem zu molekularem Energietransport	Energietransport
Fourier-Zahl	$Fo_{l_0} \equiv \dfrac{a_0 \cdot t_0}{l_0^2}$	… Wärmeleitung zu zeitlicher Energieänderung	Instationäre Wärmeleitung
Brinkmann-Zahl	$Br \equiv \dfrac{\mu_0 \cdot u_0^2}{\lambda_0 \cdot \Delta T_0}$	… Dissipation zu Wärmeleitung	Dissipationseffekte
Zusammengesetzte Kennzahlen		**Verhältnis von …**	**Maß für**
Prandtl-Zahl	$Pr \equiv \dfrac{\mu_0 \cdot c_{p_0}}{\lambda_0} = \dfrac{\nu_0}{a_0}$	… molekularem Impuls- zu molekularem Energietransport	Energietransport
Rayleigh-Zahl	$Ra_{l_0} \equiv \dfrac{\beta_0 \cdot \Delta T_0 \cdot g_0 \cdot l_0^3}{\nu_0 \cdot a_0}$	Auftriebs- und Trägheits- zu Reibungskraft	Thermische Konvektion

Teil II
Laminare Strömungen

Kapitel 4
Laminare hydrodynamische und thermische Grenzschicht bei erzwungener Konvektion

Zusammenfassung Im Rahmen des vorliegenden Kapitels beschäftigen wir uns mit der laminaren Grenzschicht, die bei der Umströmung von ebenen bzw. gering gekrümmten Körperoberflächen auftritt. Zunächst betrachten wir das von Prandtl eingeführte Grenzschichtkonzept zur Quantifizierung des wandnahen Strömungsraums. Für die Analyse thermofluiddynamischer Strömungsvorgänge entwickeln wir Skalenbeziehungen zur Beschreibung der charakteristischen Größen der Grenzschichtströmung. Wir betrachten den Einfluss der Prandtl-Zahl auf das thermische Strömungsfeld und leiten Skalenbeziehungen für den Reibungskoeffizienten und die Nusselt-Zahl her. Anschließend werden die hydrodynamischen und thermischen Grenzschichtgleichungen formuliert. Die Einführung wichtiger Kenngrößen für Grenzschichtströmungen schließt dieses Kapitel ab.

Lernziele

- Sie können die unterschiedlichen Bereiche der hydrodynamischen Grenzschicht und der thermischen Grenzschicht benennen und erklären.
- Sie sind in der Lage, charakteristische Größen, Skalenbeziehungen und Größenordnungen der hydrodynamischen Grenzschicht und der thermischen Grenzschicht in Abhängigkeit von der Reynolds- und Prandtl-Zahl abzuleiten.
- Sie können die laminaren, zweidimensionalen Grenzschichtgleichungen herleiten und deren Besonderheiten erklären.
- Sie sind in der Lage, mit Hilfe der Grenzschichtgleichungen einen funktionalen Zusammenhang zwischen Reibungskoeffizient, Reynolds-, Prandtl- und Nusselt-Zahl zu entwickeln.

© Der/die Autor(en), exklusiv lizenziert an
Springer Fachmedien Wiesbaden GmbH, ein Teil von Springer Nature 2025
S. Ruck, *Thermofluiddynamik*, https://doi.org/10.1007/978-3-658-48882-6_4

4.1 Grenzschichtkonzept

Bei Gas- oder Flüssigkeitsströmungen in energie- und wärmetechnischen Komponenten spielt sich häufig der wesentliche Impuls- und Energietransport für die konvektive Wärmeübertragung in unmittelbarer Wandnähe ab. Entsprechend dem Grenzschichtkonzept von Prandtl (1905) lässt sich für Strömungen großer Reynolds-Zahlen der in Abb. 4.1 gezeigte wandnahe Strömungsraum entlang eines Körpers in einen hydrodynamischen sowie einen thermischen Außenbereich und einen Grenzschichtbereich unterteilen. Der Außenbereich wird als reibungsarm bzw. reibungsfrei und drehungsfrei betrachtet. Viskose und molekulare Effekte spielen hier eine untergeordnete Rolle und die Strömung lässt sich in guter Näherung durch die Euler-Gleichungen (siehe hierfür z. B. White (2011)) berechnen. Die hydrodynamische und thermische Grenzschicht ist durch das Auftreten ausgeprägter Geschwindigkeits- und Temperaturgradienten gekennzeichnet. In Wandnähe kommt der Fluidviskosität für die Fluidbewegung eine besondere Bedeutung zu und die molekulare Fluidreibungsspannung sowie die molekulare Wärmeleitung tragen maßgeblich zum Impuls- und Energietransport bei. Die hydrodynamische Grenzschicht entwickelt sich zu Beginn einer Körperumströmung mit der ungestörten Anströmgeschwindigkeit u_∞ und die thermische Grenzschicht entsteht infolge einer Temperaturdifferenz zwischen Anströmtemperatur T_∞ und Wandtemperatur T_W. Sowohl die hydrodynamische Grenzschichtdicke δ als auch die thermische Grenzschichtdicke δ_{th} wachsen mit der Lauflänge in Hauptströmungsrichtung $l_x = x + x_{off}$ bzw. $l_{x,th} = x + x_{th,off}$ stetig monoton an, wobei x_{off} bzw. $x_{th,off}$ die Distanz zwischen dem Koordinatenursprung und dem Beginn der Grenzschicht in Hauptströmungsrichtung x darstellt.[1] Die Grenzschichtausdehnung in Wandnormalenrichtung ist wesentlich geringer als in Hauptströmungsrichtung, sodass nach einer gewissen Lauflänge von $\delta \ll l_x$ bzw. $\delta_{th} \ll l_{x,th}$ ausgegangen werden kann. Der Übergang von der hydrodynamischen und thermischen Grenzschicht in den Außenbereich verläuft kontinuierlich.

Das Grenzschichtkonzept bringt grundlegende Vereinfachungen mit sich. Zum einen müssen wir die reibungs- und drehungsbehaftete Strömung nur in einem räumlich begrenzten Gebiet mit den Abmessungen l_x und δ bzw. $l_{x,th}$ und δ_{th} berücksichtigen, zum anderen können die nichtlinearen, partiellen Grundgleichungen unter Berücksichtigung der Grenzschichtausdehnung für Strömungen hoher Reynolds-Zahlen in die erheblich vereinfachten Grenzschichtgleichungen überführt werden. Wir sind dadurch in der Lage,

- Näherungsverfahren und Ähnlichkeitslösungen zur Ermittlung von Grenzschichtdicken sowie des Reibungs- und Wärmeübertagungskoeffizienten bzw. der Nusselt-Zahl zu entwickeln und
- funktionale Zusammenhänge zwischen Reibungskoeffizient und Nusselt-Zahl in Form von Wärmeübertragungsanalogien herzuleiten.

Im vorliegenden Buch wird ausschließlich die stationäre, zweidimensionale thermische Grenzschichtströmung behandelt. Wir beschränken uns dabei auf Fluide mit konstanten Stoffwerten, ohne das Wirken externer Kraftfelder und mit vernachlässigbarer Dissipation für die Wärmeübertragung. Zur Beschreibung dienen die Kontinuitätsgleichung

---

[1] Für den Fall, dass $x \gg x_{off}$ bzw. $x \gg x_{off,th}$ gilt, entspricht $l_x = x$ bzw. $l_{x,th} = x$.

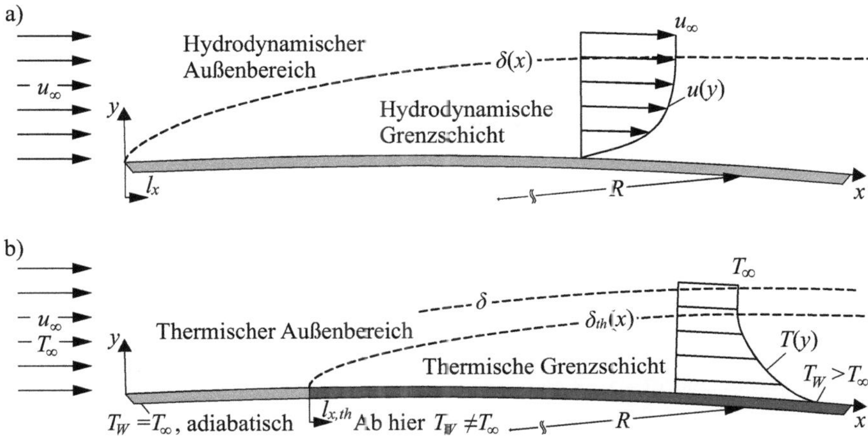

Abb. 4.1 a) Hydrodynamischer und b) thermischer Grenzschichtbereich bei der laminaren Strömung entlang einer Körperoberfläche (mit Krümmungsradius $R \gg \delta$).

$$\frac{\partial u}{\partial x} + \frac{\partial v}{\partial y} = 0 \quad , \tag{4.1}$$

die Impulsgleichungen

$$\rho \cdot u \cdot \frac{\partial u}{\partial x} + \rho \cdot v \cdot \frac{\partial u}{\partial y} = -\frac{\partial p}{\partial x} + \mu \cdot \left(\frac{\partial^2 u}{\partial x^2} + \frac{\partial^2 u}{\partial y^2} \right) \quad , \tag{4.2}$$

$$\rho \cdot u \cdot \frac{\partial v}{\partial x} + \rho \cdot v \cdot \frac{\partial v}{\partial y} = -\frac{\partial p}{\partial y} + \mu \cdot \left(\frac{\partial^2 v}{\partial x^2} + \frac{\partial^2 v}{\partial y^2} \right) \tag{4.3}$$

und die Energiegleichung

$$c \cdot \rho \cdot u \cdot \frac{\partial T}{\partial x} + c \cdot \rho \cdot v \cdot \frac{\partial T}{\partial y} = \lambda \cdot \frac{\partial^2 T}{\partial x^2} + \lambda \cdot \frac{\partial^2 T}{\partial y^2} \quad . \tag{4.4}$$

Die Vorgehensweise zur Herleitung der Grenzschichtgleichungen für ein laminares thermisches Strömungsfeld lässt sich in die folgenden zwei Schritte gliedern:

1. Unter Berücksichtigung der Grenzschichtabmessungen werden charakteristische Größen und Skalenbeziehungen für die hydrodynamische und thermische Grenzschichtströmung entwickelt.
2. Wir untersuchen das asymptotische Verhalten der dimensionslosen Grundgleichungen für den Fall großer Reynolds-Zahlen $Re_{l_x} \gg 1$ und identifizieren die dominierenden Terme.

4.1.1 Charakteristische Größen und Skalenbeziehungen der laminaren hydrodynamischen Grenzschicht

Wir werden jetzt charakteristische Größen für die auftretenden Geschwindigkeiten und Längen definieren und Skalenbeziehungen entwickeln, mit deren Hilfe wir anschließend die Impulsgleichungen vereinfachen können. Hierfür betrachten wir die in Abb. 4.1 a dargestellte zweidimensionale laminare hydrodynamische Grenzschicht bei großen Reynolds-Zahlen entlang eines Körpers. Die Strömung liegt am Körper an. Die wandparallele Komponente der Strömungsgeschwindigkeit steigt vom Wert $u(x, y = 0) = 0$ an der Wand asymptotisch bis auf den Wert der Außenströmungsgeschwindigkeit am Grenzschichtrand[2] $u(x, y = \delta) = u_\infty$. In Hauptströmungsrichtung ändern sich die Feldgrößen aufgrund von Konvektion, und die dazugehörige charakteristische Geschwindigkeit in Hauptströmungsrichtung ist von der Größenordnung der ungestörten Anströmgeschwindigkeit u_∞. Wir verwenden daher u_∞ zur Kennzeichnung der charakteristischen Geschwindigkeit in Hauptströmungsrichtung. Die charakteristische Länge in Wandnormalenrichtung ist die hydrodynamische Grenzschichtdicke δ und die charakteristische Länge in Hauptströmungsrichtung entspricht der Lauflänge l_x (Grenzschichtausdehnung in Hauptströmungsrichtung x). Wir kennzeichnen die charakteristischen Längen dementsprechend mit δ und l_x.

Mit den zuvor definierten charakteristischen Größen folgt aus der Kontinuitätsgleichung (4.1) für die charakteristische Geschwindigkeit in Wandnormalenrichtung die Skalenbeziehung

$$v_0 \sim \frac{u_\infty}{l_x} \cdot \delta \quad . \tag{4.5}$$

Ohne Einschränkungen vorauszusetzen oder irgendeine Annahmen zu tätigen, wird die stationäre Strömung in einer Grenzschicht im Allgemeinen durch die konvektive Impulsänderung, die Druckkraft und die Reibungskraft beschrieben. Mit den charakteristischen Größen lassen sich unter Berücksichtigung der volumenspezifischen Kraftterme aus Gl. (4.2) und Gl. (4.3) weitere Skalenbeziehungen formulieren. Man erhält für die Terme der konvektiven Impulsänderung in Hauptströmungsrichtung

$$\rho \cdot u \cdot \frac{\partial u}{\partial x} + \rho \cdot v \cdot \frac{\partial u}{\partial y} \sim \rho_0 \cdot \frac{u_\infty{}^2}{l_x} + \rho_0 \cdot \frac{v_0 \cdot u_\infty}{\delta} \tag{4.6}$$

und in Wandnormalenrichtung

$$\rho \cdot u \cdot \frac{\partial v}{\partial x} + \rho \cdot v \cdot \frac{\partial v}{\partial y} \sim \rho_0 \cdot \frac{u_\infty \cdot v_0}{l_x} + \rho_0 \cdot \frac{v_0{}^2}{\delta} \quad . \tag{4.7}$$

Für die Reibungsterme ergibt sich in Hauptströmungsrichtung

---

[2] Aufgrund der asymptotischen Annäherung der wandparallelen Geschwindigkeit an die ungestörte Geschwindigkeit der Außenströmung kann die hydrodynamische Grenzschichtdicke u. U. sehr große Werte annehmen. Anstelle von δ wird daher häufig die 99 %-Grenzschichtdicke δ_{99} zur Festlegung des Grenzschichtrands verwendet, wobei $u(x, y = \delta_{99}) \equiv 0{,}99 \cdot u_\infty$ gilt.

$$\rho \cdot v \cdot \frac{\partial^2 u}{\partial x^2} + \rho \cdot v \cdot \frac{\partial^2 u}{\partial y^2} \sim \rho_0 \cdot v_0 \cdot \frac{u_\infty}{l_x^2} + \rho_0 \cdot v_0 \cdot \frac{u_\infty}{\delta^2} \tag{4.8}$$

und in Wandnormalenrichtung

$$\rho \cdot v \cdot \frac{\partial^2 v}{\partial x^2} + \rho \cdot v \cdot \frac{\partial^2 v}{\partial y^2} \sim \rho_0 \cdot v_0 \cdot \frac{v_0}{l_x^2} + \rho_0 \cdot v_0 \cdot \frac{v_0}{\delta^2} \quad . \tag{4.9}$$

Substituieren wir v_0 in Gl. (4.6) und Gl. (4.7) durch Gl. (4.5), so erhält man unter Berücksichtigung der Regeln für Größenordnungsabschätzungen (siehe Kapitel 2.10) für die Terme der konvektiven Impulsänderung in Hauptströmungsrichtung

$$\rho \cdot u \cdot \frac{\partial u}{\partial x} + \rho \cdot v \cdot \frac{\partial u}{\partial y} \sim \rho_0 \cdot \frac{u_\infty{}^2}{l_x} + \rho_0 \cdot \frac{u_\infty{}^2}{l_x} \tag{4.10}$$

und in Wandnormalenrichtung

$$\rho \cdot u \cdot \frac{\partial v}{\partial x} + \rho \cdot v \cdot \frac{\partial v}{\partial y} \sim \rho_0 \cdot \frac{v_0{}^2}{\delta} + \rho_0 \cdot \frac{v_0{}^2}{\delta} \quad . \tag{4.11}$$

Die Grenzschichtdicke δ wächst langsam mit der Lauflänge l_x in Hauptströmungsrichtung an und nach einer gewissen Lauflänge kann $\delta \ll l_x$ angenommen werden. Demnach folgt aus Gl. (4.8)

$$\rho \cdot v \cdot \frac{\partial^2 u}{\partial x^2} - \rho \cdot v \cdot \frac{\partial^2 u}{\partial y^2} \sim \rho_0 \cdot v_0 \cdot \frac{u_\infty}{\delta^2} \tag{4.12}$$

und aus Gl. (4.9)

$$\rho \cdot v \cdot \frac{\partial^2 v}{\partial x^2} + \rho \cdot v \cdot \frac{\partial^2 v}{\partial y^2} \sim \rho_0 \cdot v_0 \cdot \frac{v_0}{\delta^2} \quad . \tag{4.13}$$

Um eine Skalenbeziehung für die volumenspezifische Druckkraft in der Grenzschicht zu erhalten, werden zunächst die Änderungen des Druckfeldes $p(x,y)$ anhand des totalen Differentials

$$Dp(x,y) = \frac{\partial p}{\partial x} \cdot Dx + \frac{\partial p}{\partial y} \cdot Dy \tag{4.14}$$

bewertet. Mit Hilfe der stationären, zweidimensionalen Impulsgleichungen (Gl. (4.2) und Gl. (4.3)) sowie mit den Ergebnissen aus Gl. (4.10) – Gl. (4.13) können wir für den Druckgradienten in Hauptströmungsrichtung die Beziehung

$$-\frac{\partial p}{\partial x} \sim \rho_0 \cdot \frac{u_\infty{}^2}{l_x} + \rho_0 \cdot v_0 \cdot \frac{u_\infty}{\delta^2} \tag{4.15}$$

und in Wandnormalenrichtung die Beziehung

$$-\frac{\partial p}{\partial y} \sim \rho_0 \cdot \frac{v_0{}^2}{\delta} + \rho_0 \cdot v_0 \cdot \frac{v_0}{\delta^2} \tag{4.16}$$

angeben. Mit Gl. (4.15) und Gl. (4.16) ergeben sich für die Terme der rechten Seite des totalen Differentials aus Gl. (4.14)

$$-\frac{\partial p}{\partial x} \cdot Dx \sim \rho_0 \cdot \frac{u_\infty^2}{l_x} \cdot l_x + \rho_0 \cdot v_0 \cdot \frac{u_\infty}{\delta^2} \cdot l_x \quad , \tag{4.17}$$

$$-\frac{\partial p}{\partial y} \cdot Dy \sim \rho_0 \cdot \frac{v_0^2}{\delta} \cdot \delta + \rho_0 \cdot v_0 \cdot \frac{v_0}{\delta^2} \cdot \delta \quad . \tag{4.18}$$

Durch Substitution von u_∞ in Gl. (4.17) durch die Beziehung für die wandnormale charakteristische Geschwindigkeit gemäß Gl. (4.5) lässt sich zeigen, dass für $\delta \ll l_x$ der Anteil infolge des Druckgradienten in Wandnormalenrichtung gegenüber dem Anteil infolge des Druckgradienten in Hauptströmungsrichtung für das totale Differential aus Gl. (4.14) vernachlässigbar klein ist,

$$\rho_0 \cdot v_0^2 \cdot \left(\frac{l_x}{\delta}\right)^2 + \rho_0 \cdot v_0 \cdot \frac{v_0}{\delta} \cdot \left(\frac{l_x}{\delta}\right)^2$$
$$\gg \rho_0 \cdot v_0^2 + \rho_0 \cdot v_0 \cdot \frac{v_0}{\delta} \quad , \tag{4.19}$$

und demnach gilt

$$Dp(x,y) \sim \frac{\partial p}{\partial x} \cdot Dx \quad . \tag{4.20}$$

Der Druck in der Grenzschicht ändert sich demzufolge vornehmlich in Hauptströmungsrichtung x, wohingegen die Änderungen in Wandnormalenrichtung y vergleichsweise gering sind. Wir können schlussfolgern, dass der Druck über die Grenzschichtdicke näherungsweise konstant ist und durch eine von der Koordinate x abhängige Funktion $p = p(x)$ beschrieben werden kann. Demnach entspricht der Druck irgendwo in der Grenzschicht am Ort $\vec{x} = (x,y)$ dem Druck am Grenzschichtrand am Ort x. Mit der eindimensionalen Euler-Gleichung am Grenzschichtrand

$$\frac{1}{\rho} \cdot \frac{\partial p}{\partial x}\bigg|_{y=\delta} = -u_\infty(x) \cdot \frac{du_\infty(x)}{dx} \tag{4.21}$$

lässt sich jetzt zeigen, dass der Druckgradient in Hauptströmungsrichtung der Grenzschicht mit dem dynamischen Druck der Außenströmung skaliert

$$-\frac{\partial p}{\partial x} \sim \rho_0 \cdot \frac{u_\infty^2}{l_x} \tag{4.22}$$

und dass für die charakteristische Größe des Druckpotentials die Skalenbeziehung

$$\Delta p_0 \sim \rho_0 \cdot u_\infty^2 \tag{4.23}$$

gilt. Unter Berücksichtigung der Ergebnisse aus Gl. (4.10) – Gl. (4.23) lässt sich in der Grenzschicht für $\delta \ll l_x$ aus der stationären Impulsgleichung in Hauptströmungsrichtung die Skalenbeziehung

$$v_0 \cdot \frac{u_\infty}{\delta^2} \sim \frac{u_\infty^2}{l_x} \tag{4.24}$$

formulieren. Durch Umformen von Gl. (4.24) und Verwenden der lokalen Reynolds-Zahl $Re_{l_x} = u_\infty \cdot l_x / v_0$ erhalten wir für die hydrodynamische Grenzschichtdicke die Skalenbeziehung

$$\frac{\delta^2}{l_x^2} \sim \frac{v_0}{u_\infty \cdot l_x} \quad,$$

$$\delta \sim \frac{l_x}{Re_{l_x}^{1/2}} \quad. \tag{4.25}$$

Entsprechend Gl. (4.25) wächst die hydrodynamische Grenzschicht mit $\sqrt{l_x}$. Aus Gl. (4.25) lässt sich schlussfolgern, dass die mit der Lauflänge l_x gebildete lokale Reynolds-Zahl das quadrierte Verhältnis der Lauflänge l_x zur Grenzschichtdicke δ beschreibt. Es bleibt anzumerken, dass unter Berücksichtigung der zugrunde liegenden Impulsänderungsmechanismen in Hauptströmungsrichtung und in Wandnormalenrichtung δ als diffusive Länge und l_x als konvektive Länge bezeichnet werden.

4.1.2 Charakteristische Größen und Skalenbeziehungen der laminaren thermischen Grenzschicht

Als Nächstes betrachten wir die in Abb. 4.1 b gezeigte zweidimensionale thermische Grenzschichtströmung. Innerhalb der thermischen Grenzschicht ändert sich die Temperatur des Fluids von der Wandtemperatur $T(x, y = 0) = T_W$ bis auf den Wert der Fluidtemperatur der Außenströmung am Grenzschichtrand $T(x, y = \delta_{th}) = T_\infty$. Die charakteristische Temperaturdifferenz skaliert mit der Temperaturdifferenz zwischen Fluidtemperatur der Außenströmung T_∞ und Wandtemperatur T_W. Die dazugehörige charakteristische Länge in Wandnormalenrichtung ist die thermische Grenzschichtdicke δ_{th} und die charakteristische Länge in Hauptströmungsrichtung entspricht der Lauflänge $l_{x,th}$, mit der sich die thermische Grenzschicht ausdehnt. Wir gehen im Folgenden davon aus, dass die Lauflängen der hydrodynamischen und thermischen Grenzschicht annähernd identisch ($l_x \approx l_{x,th}$) bzw. mindestens von gleicher Größenordnung sind. In analoger Weise wie für die hydrodynamische Grenzschicht kennzeichnen wir die charakteristischen Längen mit δ_{th} und l_x. Die Geschwindigkeit u_0 charakterisiert den konvektiven Wärmetransport in der thermischen Grenzschicht und ändert sich mit dem Verhältnis von hydrodynamischer zu thermischer Grenzschichtdicke.

Mit den charakteristischen Größen erhalten wir aus Gl. (4.4) für den konvektiven Wärmetransport

$$c \cdot \frac{\partial (T \cdot u)}{\partial x} + c \cdot \frac{\partial (T \cdot v)}{\partial y} \sim \frac{c_0 \cdot u_0 \cdot \Delta T_0}{l_x} + \frac{c_0 \cdot v_0 \cdot \Delta T_0}{\delta_{th}} \tag{4.26}$$

und für den molekularen Wärmetransport

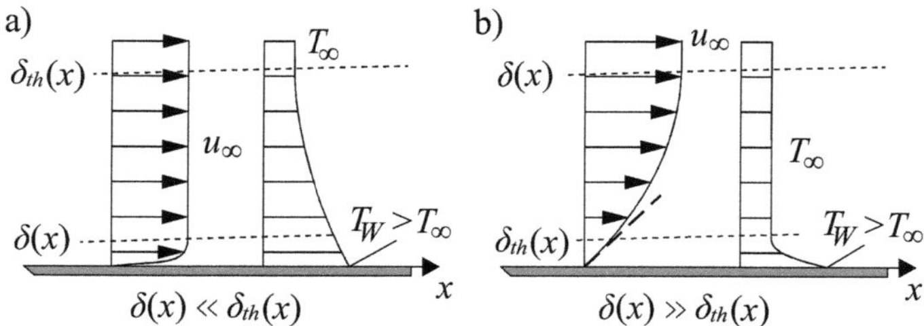

Abb. 4.2 Grenzschichtdickenverhältnis für den Fall a) $\delta \ll \delta_{th}$ und b) $\delta \gg \delta_{th}$.

$$\frac{\lambda}{\rho} \cdot \frac{\partial^2 T}{\partial y^2} + \frac{\lambda}{\rho} \cdot \frac{\partial^2 T}{\partial y^2} \sim \frac{\lambda_0 \cdot \Delta T_0}{\rho_0 \cdot l_x^2} + \frac{\lambda_0 \cdot \Delta T_0}{\rho_0 \cdot \delta_{th}^2} \quad . \tag{4.27}$$

Können die dissipativen Effekte bei der Wärmeübertragung vernachlässigt werden, so bestimmen der konvektive und der molekulare Wärmetransport das Temperaturfeld und entsprechend der stationären, zweidimensionalen Energiegleichung (4.4) erhält man mit Gl. (4.26) und Gl. (4.27)

$$\frac{c_0 \cdot u_0 \cdot \Delta T_0}{l_x} + \frac{c_0 \cdot v_0 \cdot \Delta T_0}{\delta_{th}} \sim \frac{\lambda_0 \cdot \Delta T_0}{\rho_0 \cdot l_x^2} + \frac{\lambda_0 \cdot \Delta T_0}{\rho_0 \cdot \delta_{th}^2} \quad . \tag{4.28}$$

Die Quotienten aus den charakteristischen Geschwindigkeiten und den charakteristischen Längen in Hauptströmungs- und Wandnormalenrichtung auf der linken Seite von Gl. (4.28) sind entsprechend der Kontinuitätsgleichung

$$\frac{u_0}{l_x} \sim \frac{v_0}{\delta_{th}} \tag{4.29}$$

vergleichbar und aus Gl. (4.28) ergibt sich

$$\frac{c_0 \cdot u_0}{l_x} \sim \frac{\lambda_0}{\rho_0 \cdot l_x^2} + \frac{\lambda_0}{\rho_0 \cdot \delta_{th}^2} \quad . \tag{4.30}$$

Nach einer gewissen Lauflänge darf man für die thermische Grenzschicht $\delta_{th} \ll l_x$ annehmen und der erste Term auf der rechten Seite von Gl. (4.30) kann gegenüber dem zweiten Term vernachlässigt werden,

$$\frac{c_0 \cdot u_0}{l_x} = \frac{\lambda_0}{\rho_0 \cdot \delta_{th}^2} \quad . \tag{4.31}$$

Wie in Abb. 4.2 verdeutlicht, kann die charakteristische Geschwindigkeit des konvektiven Wärmetransports in Gl. (4.31) mit dem Grenzschichtdickenverhältnis δ/δ_{th} erheblich variieren. Für den in Abb. 4.2 a gezeigten Fall $\delta \ll \delta_{th}$, treten in einem großen Bereich der thermischen Grenzschicht keine Geschwindigkeitsgradienten auf und die Geschwindigkeitsänderungen sind ausschließlich auf die unmittelbare Wandnähe begrenzt. Die für den konvektiven Wärmetransport relevante Geschwindigkeit ist daher größtenteils konstant und wir können die ungestörte Anströmgeschwindigkeit u_∞ als charakteristische Geschwindigkeit für den konvektiven Wärmetransport verwenden. Aus Gl. (4.31) folgt

$$\frac{\delta_{th}^2}{l_x^2} \sim \frac{\lambda_0}{l_x \cdot \rho_0 \cdot c_0 \cdot u_\infty} \quad . \tag{4.32}$$

Erweitern wir Gl. (4.32) um die dynamische Viskosität μ_0, so ergibt sich mit der lokalen Reynolds-Zahl $Re_{l_x} = u_\infty \cdot l_x / \nu_0$ für die thermische Grenzschichtdicke die Skalenbeziehung

$$\frac{\delta_{th}^2}{l_x^2} \sim \frac{\lambda_0}{l_x \cdot \rho_0 \cdot c_0 \cdot u_\infty} \cdot \frac{\mu_0}{\mu_0} = \frac{\lambda_0}{c_0 \cdot \mu_0} \cdot \frac{\mu_0}{l_x \cdot \rho_0 \cdot u_\infty} \quad . \tag{4.33}$$

Ein weiteres Umformen führt auf

$$\frac{\delta_{th}}{l_x} \sim Pr^{-1/2} \cdot Re_{l_x}^{-1/2} = Pe_{l_x}^{-1/2} \quad . \tag{4.34}$$

Entsprechend Gl. (4.34) nimmt das Verhältnis von thermischer Grenzschichtdicke δ_{th} zur Lauflänge l_x durch eine Zunahme des Verhältnisses von konvektivem Wärmetransport zu reiner Wärmeleitung ($\to$ steigende Péclet-Zahl Pe_{l_x}) ab. Mit Gl. (4.34) und Gl. (4.25) erhält man für das Verhältnis von hydrodynamischer zu thermischer Grenzschichtdicke

$$\frac{\delta_{th}}{\delta} \sim \frac{1}{Pr^{1/2}} \quad . \tag{4.35}$$

Für den in Abb. 4.2 b gezeigten Fall $\delta \gg \delta_{th}$ ist die charakteristische Geschwindigkeit des konvektiven Wärmetransports nicht mehr von der Größenordnung der ungestörten Anströmgeschwindigkeit u_∞. Die charakteristische Geschwindigkeit entspricht näherungsweise der Größenordnung der Geschwindigkeit am Rand der thermischen Grenzschicht und somit gilt

$$u_0 \sim u(x, y = \delta_{th}) \quad . \tag{4.36}$$

Wie von Gersten und Herwig (1992) gezeigt, lässt sich für $\delta \gg \delta_{th}$ die Geschwindigkeit am Rand der thermischen Grenzschicht mit Hilfe einer Taylor-Reihenentwicklung der Geschwindigkeit an der Wand

$$u(x,y) = u(x, y = 0) + \left.\frac{\partial u}{\partial y}\right|_W \cdot y + \dots \tag{4.37}$$

ermitteln. Für den Geschwindigkeitsgradienten an der Wand gilt

$$\left.\frac{\partial u}{\partial y}\right|_W \sim \frac{u_\infty}{\delta} \tag{4.38}$$

und man erhält aus Gl. (4.37) für die Geschwindigkeit am Rand der thermischen Grenzschicht

$$u(x, y = \delta_{th}) \sim \frac{u_\infty}{\delta} \cdot \delta_{th} \quad . \tag{4.39}$$

Ersetzen wir u_0 in Gl. (4.31) durch Gl. (4.36) mit Gl. (4.39), so ergibt sich für die thermische Grenzschichtdicke die Skalenbeziehung

$$\frac{\delta_{th}{}^3}{\delta} \sim \frac{\lambda_0 \cdot l_x}{\rho_0 \cdot c_0 \cdot u_\infty} \quad . \tag{4.40}$$

Wird Gl. (4.40) um die dynamische Viskosität μ_0 erweitert, so erhält man

$$\frac{\delta_{th}{}^3}{\delta} \sim \frac{\lambda_0 \cdot l_x}{\rho_0 \cdot c_0 \cdot u_\infty} \cdot \frac{\mu_0}{\mu_0} = \frac{\lambda_0}{c_0 \cdot \mu_0} \cdot \frac{\mu_0 \cdot l_x}{\rho_0 \cdot u_\infty} = \frac{1}{Pr} \cdot \frac{l_x{}^2}{Re_{l_x}} \quad ,$$

$$\frac{\delta_{th}{}^3}{\delta} \sim \frac{1}{Pr} \cdot \frac{l_x{}^2}{Re_{l_x}} \quad . \tag{4.41}$$

Mit Gl. (4.25) folgt aus Gl. (4.41)

$$\frac{\delta_{th}}{l_x} \sim Pr^{-1/3} \cdot Re_{l_x}{}^{-1/2} \tag{4.42}$$

und

$$\frac{\delta_{th}}{\delta} \sim \frac{1}{Pr^{1/3}} \quad . \tag{4.43}$$

Der Zusammenhang für die charakteristische Geschwindigkeit des konvektiven Wärmetransports entsprechend Gl. (4.36) und Gl. (4.39) gilt bei laminarer Strömung näherungsweise auch für den Fall, dass die hydrodynamische Grenzschichtdicke etwa gleich groß oder größer als die thermische Grenzschichtdicke ist, $\delta \gtrsim \delta_{th}$.

Durch Gl. (4.35) und Gl. (4.43) wurde gezeigt, dass sowohl für den Fall $\delta \gg \delta_{th}$ und $\delta \gtrsim \delta_{th}$ als auch für den Fall $\delta \ll \delta_{th}$ das Grenzschichtdickenverhältnis mit $1/Pr^n$ skaliert. Dementsprechend gilt

$$\delta_{th}/\delta \gg 1 \quad \text{für} \quad Pr \ll 1 \quad \text{und} \quad \delta_{th}/\delta \ll 1 \quad \text{für} \quad Pr \gg 1 \quad . \tag{4.44}$$

Die laminare hydrodynamische Grenzschicht und die laminare thermische Grenzschicht bei großen Reynolds-Zahlen $Re_{l_x} \gg 1$ entlang einer ebenen, beheizten Platte sind in Abb. 4.3 für Fluide mit Prandtl-Zahlen von a) $Pr \ll 1$, b) $Pr \approx 1$ und c) $Pr \gg 1$ dargestellt. Der Einfluss der molekularen Wärmeleitung auf die Wärmeübertragung im Fluid nimmt für kleine Prandtl-Zahlen zu und für große Prandtl-Zahlen ab, wobei das Verhältnis von thermischer zu hydrodynamischer Grenzschichtdicke zu- bzw. abnimmt. Die Ergebnisse aus Gl. (4.34) und Gl. (4.35), aus Gl. (4.42) und Gl. (4.43) sowie aus Gl. (4.44) lassen sich wie folgt zusammenfassen:

$$Pr \ll 1: \qquad \frac{\delta_{th}}{\delta} \sim Pr^{-1/2} \quad ; \qquad \frac{\delta_{th}}{l_x} \sim Pr^{-1/2} \cdot Re_{l_x}{}^{-1/2} \tag{4.45}$$

$$Pr \gtrsim 1 \text{ und } Pr \gg 1: \qquad \frac{\delta_{th}}{\delta} \sim Pr^{-1/3} \quad ; \qquad \frac{\delta_{th}}{l_x} \sim Pr^{-1/3} \cdot Re_{l_x}{}^{-1/2} \tag{4.46}$$

Gl. (4.45) und Gl. (4.46) zeigen, dass bei erzwungener Konvektionsströmung entlang einer ebenen Grenzfläche die hydrodynamische und die thermische Grenzschicht in gleicher

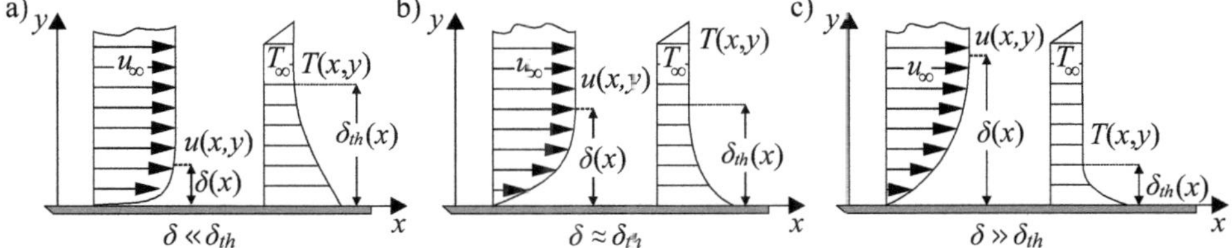

Abb. 4.3 Grenzschichtdickenverhältnisse für a) $\delta \ll \delta_{th}$ und $Pr \ll 1$, b) $\delta \approx \delta_{th}$ und $Pr \approx 1$ sowie c) $\delta \gg \delta_{th}$ und $Pr \gg 1$.

Weise mit $\sqrt{l_x}$ ansteigt, jedoch das Verhältnis der beiden Grenzschichtdicken zueinander in unterschiedlicher Weise durch die Prandtl-Zahl bestimmt wird.

Zur Herleitung der Skalenbeziehungen in Gl. (4.45) und Gl. (4.46) hatten wir anfangs vorausgesetzt, dass die Dissipation gegenüber der molekularen Wärmeleitung viel kleiner ist bzw. vernachlässigbar gering ist. Wir wollen jetzt noch prüfen, unter welchen Bedingungen diese Annahme gerechtfertigt ist. Mit Hilfe von Gl. (4.5) und den charakteristischen Größen, erhält man für die Dissipation in der zweidimensionalen Grenzschicht

$$\Phi_{Diss} = 2 \cdot \mu \cdot \left[\left(\frac{\partial u}{\partial x} \right)^2 + \left(\frac{\partial v}{\partial y} \right)^2 \right] + \mu \cdot \left(\frac{\partial u}{\partial y} + \frac{\partial v}{\partial x} \right)^2 \tag{4.47}$$

die Beziehung

$$\frac{\Phi_{Diss}}{\rho_0} \sim \nu_0 \cdot \frac{u_0^2}{l_x^2} \quad . \tag{4.48}$$

Entsprechend unserer Annahme

$$\frac{\lambda_0 \cdot \Delta T_0}{\rho_0 \cdot \delta_{th}^2} \gg \nu_0 \cdot \frac{u_0^2}{l_x^2} \quad , \tag{4.49}$$

ergibt sich die Bedingung

$$\frac{l_x^2}{\delta_{th}^2} \gg Ec \cdot Pr = Br \quad . \tag{4.50}$$

Aus Gl. (4.50) erkennt man, das bei Wärmeübertragungsvorgängen die Dissipation gegenüber der Wärmeleitung vernachlässigen werden darf, solange nicht allzu große Brinkmann-Zahlen vorliegen.

4.1.3 Skalenbeziehung von Reibungskoeffizient und Nusselt-Zahl bei erzwungener Konvektion

Die Bestimmung des Strömungswiderstands, der sich aus Reibungs- und Druckanteilen zusammensetzt, und der konvektiven Wärmeübertragung in Form dimensionsloser Kennzahlen ist eine der wichtigsten Aufgaben bei ingenieurtechnischen Fragestellungen in der Thermofluiddynamik. Anhand der Ergebnisse aus Gl. (4.25) und Gl. (4.45) bzw. Gl. (4.46) können wir zeigen, wie die Kennzahlgleichungen für den Reibungskoeffizienten c_f und für die Nusselt-Zahl Nu_{l_x} bei erzwungener Konvektion von der Reynolds-Zahl bzw. von der Reynolds-Zahl und der Prandtl-Zahl abhängen.

Für die lokale Wandschubspannung τ_W gilt

$$\tau_W = \mu \cdot \left.\frac{\partial u}{\partial y}\right|_W \sim \mu_0 \cdot \frac{u_\infty}{\delta} \quad . \tag{4.51}$$

Mit Gl. (4.25) für die hydrodynamische Grenzschichtdicke δ und der Definitionsgleichung für den lokalen Reibungskoeffizienten

$$c_f(x) \equiv \frac{\tau_W(x)}{\frac{1}{2} \cdot \rho \cdot u_\infty^2} \tag{4.52}$$

erhält man die Beziehung

$$c_f(x) \sim \frac{\mu_0 \cdot \dfrac{u_\infty}{l_x} \cdot Re_{l_x}^{1/2}}{\rho_0 \cdot u_\infty^2} \sim Re_{l_x}^{-1/2} \quad . \tag{4.53}$$

Die lokale Nusselt-Zahl wird mit der Lauflänge l_x gebildet und wir können demzufolge die Nusselt-Zahl mit $Nu_{l_x}(l_x) = Nu_{l_x}$ formal angeben. Mit den charakteristischen Größen für den Temperaturgradienten an der Wand

$$\left.\frac{\partial T}{\partial y}\right|_W \sim \frac{\Delta T_0}{\delta_{th}} \tag{4.54}$$

und Gl. (3.68) für die Nusselt-Zahl ergibt sich

$$Nu_{l_x} = \frac{\dot{q}_W}{\Delta T_0} \cdot \frac{l_x}{\lambda_0} \sim \frac{\dot{q}_W}{\left.\dfrac{\partial T}{\partial y}\right|_W \cdot \delta_{th}} \cdot \frac{l_x}{\lambda_0} \sim \frac{l_x}{\delta_{th}} \quad . \tag{4.55}$$

Die lokale Nusselt-Zahl Nu_{l_x} skaliert mit dem Verhältnis von der Lauflänge l_x zur lokalen thermischen Grenzschichtdicke δ_{th}. Verwenden wir die Beziehungen aus Gl. (4.45) und Gl. (4.46) für die thermische Grenzschichtdicke δ_{th} ergeben sich folgende Skalenbeziehungen für die lokale Nusselt-Zahl (bei laminarer, erzwungener Konvektion)

$$Pr \ll 1: \qquad\qquad Nu_{l_x} \sim Pr^{1/2} \cdot Re_{l_x}^{\;1/2} \qquad\qquad (4.56)$$

$$Pr \gtrsim 1: \qquad\qquad Nu_{l_x} \sim Pr^{1/3} \cdot Re_{l_x}^{\;1/2} \qquad\qquad (4.57)$$

Die Gültigkeit von Gl. (4.53) sowie Gl. (4.56) und Gl. (4.57) werden wir in Kapitel 5.2 bzw. 5.3 bestätigen und die noch fehlenden Konstanten bestimmen.

4.1.4 Grenzschichtdicke und Verlustdicken

Im Rahmen der Grenzschichttheorie werden unterschiedliche Dicken verwendet, um die Grenzschichtströmung zu charakterisieren bzw. die Grenzschichtdicke zu quantifizieren. Die hydrodynamische Grenzschichtdicke entspricht dem Wandabstand, bei dem die wandparallele Strömungsgeschwindigkeit u in der Grenzschicht der Geschwindigkeit der ungestörten Außenströmung u_∞ entspricht. Aufgrund der asymptotischen Annäherung an die Geschwindigkeit der Außenströmung, kann die hydrodynamische Grenzschichtdicke u. U. sehr große Werte annehmen. Man verwendet daher häufig die 99 %-Grenzschichtdicke δ_{99}. Sie ist definiert als der Wandabstand, bei dem die wandparallel gerichtete Strömungsgeschwindigkeit u in der Grenzschicht 99 % der Geschwindigkeit der ungestörten Außenströmung u_∞ beträgt

$$\frac{u_\infty - u(y = \delta_{99})}{u_\infty} \equiv 0{,}01 \quad . \qquad\qquad (4.58)$$

Bei konvex gekrümmten Wänden kann sich die wandparallel gerichtete Strömungsgeschwindigkeit trotz Erreichen des 99 %-Kriteriums über weite Strecken in wandnormaler Richtung ändern und die Angabe der Grenzschichtdicke mit Gl. (4.58) ist nur mit enormem (messtechnischem) Aufwand möglich. Man nutzt zur Quantifizierung der Grenzschichtdicke daher häufig sogenannte Verlustdicken, die eine Änderung der reibungsfreien Außenströmung beschreiben. Die in Abb. 4.4 dargestellte Verdrängungsdicke

$$\delta_1 \equiv \int_0^\infty \left(1 - \frac{u}{u_\infty}\right) dy \qquad\qquad (4.59)$$

entspricht der Schichtdicke, um welche eine reibungsfreie Strömung aufgrund der Fluidverdrängung infolge der Fluidreibung in der Grenzschicht von der Wand weg nach außen gedrängt würde. Der durch die Verdrängung verringerte Massenstrom in der Grenzschicht bewirkt eine Verminderung des Impulses und der kinetischen Energie gegenüber einer reibungsfreien Strömung. Dementsprechend stellt die Impulsverlustdicke

$$\delta_2 \equiv \int_0^\infty \frac{u}{u_\infty} \cdot \left(1 - \frac{u}{u_\infty}\right) dy \qquad\qquad (4.60)$$

ein Maß für die Verminderung des Impulsflusses dar und die Energieverlustdicke

$$\delta_3 \equiv \int_0^\infty \frac{u}{u_\infty} \cdot \left(1 - \left(\frac{u}{u_\infty}\right)^2\right) dy \qquad\qquad (4.61)$$

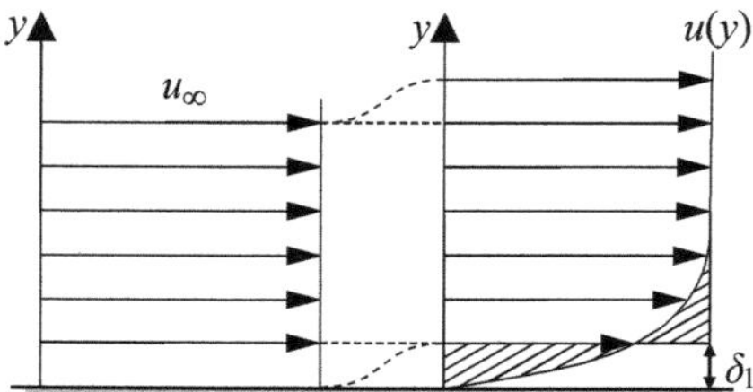

Abb. 4.4 Konzept der Verdrängungsdicke für eine zweidimensionale Grenzschichtströmung nach Herwig (2008).

bildet die Verluste an kinetischer Energie ab. Ähnlich wie die hydrodynamische Grenzschichtdicke sind die Verlustdicken abhängig von der Reynolds-Zahl, von der Geschwindigkeitsverteilung entlang des Körpers und von der Position auf dem Körper. Anstelle der Lauflänge l_x oder der hydrodynamischen Grenzschichtdicke δ, nutzt man in Veröffentlichungen häufig die in Gl. (4.59) – Gl. (4.59) definierten Verlustdicken zur Bildung und Angabe der Reynolds-Zahlen: Re_{δ_1}, Re_{δ_2} und Re_{δ_3}. Die Erscheinungsform einer hydrodynamischen Grenzschicht wird auch mit dem sogenannten Formparameter

$$H_{12}(x) \equiv \delta_1(x)/\delta_2(x) \tag{4.62}$$

quantifiziert, der aus dem Verhältnis von der Verdrängungsdicke zur Impulsverlustdicke gebildet wird.

4.2 Grenzschichtgleichungen

Wir werden jetzt die Grenzschichtgleichungen für die laminare hydrodynamische und thermische Grenzschicht entwickeln. Wir beschränken uns hierbei auf die zweidimensionalen Grenzschichtgleichungen. Mit einer ähnlichen Vorgehensweise lassen sich generell auch die dreidimensionalen Grenzschichtgleichungen entwickeln, die beispielsweise in Oertel (2012) zu finden sind.

4.2.1 Hydrodynamische Grenzschichtgleichungen

Als Ausgangspunkt für die Herleitung der laminaren hydrodynamischen Grenzschichtgleichungen dienen die Kontinuitätsgleichung und die Impulsgleichungen für den stationären, zweidimensionalen Fall für Fluide mit konstanten Stoffwerten und ohne das Wirken externer Kraftfelder gemäß Gl. (4.1) – Gl. (4.3). Zur Entdimensionalisierung aller auftretenden Variablen nutzen wir die charakteristischen Größen der hydrodynamischen Grenzschicht: Die charakteristische Geschwindigkeit in Hauptströmungsrichtung entspricht der ungestörten Anströmgeschwindigkeit u_∞ und die charakteristische Länge in Hauptströmungsrichtung entspricht der Strecke der Lauflänge l_x. Als charakteristische Größe in Wandnormalenrichtung wählen wir die hydrodynamische Grenzschichtdicke δ. Unter Verwendung der Beziehung aus Gl. (4.25) und der Kontinuitätsgleichung (4.29) ergibt sich für die charakteristische Geschwindigkeit in Wandnormalenrichtung

$$\frac{u_\infty}{l_x} \sim \frac{v_0}{\delta} \sim \frac{v_0}{l_x} \cdot Re_{l_x}^{1/2} \quad , \tag{4.63}$$

$$v_0 \sim \frac{u_\infty}{Re_{l_x}^{1/2}} \quad . \tag{4.64}$$

Die Bezugsgröße des Drucks entspricht der Beziehung aus Gl. (4.23). Die dimensionslosen Variablen für die Entdimensionalisierung der Strömungsgleichungen lauten somit:

$$x^* = \frac{x}{l_x} \quad , \tag{4.65}$$

$$y^* = \frac{y}{\delta} = \frac{y}{l_x} \cdot Re_{l_x}^{1/2} \quad , \tag{4.66}$$

$$u^* = \frac{u}{u_\infty} \quad , \tag{4.67}$$

$$v^* = \frac{v}{u_\infty} \cdot Re_{l_x}^{1/2} \quad , \tag{4.68}$$

$$p^* = \frac{p - p_0}{\rho_0 \cdot u_\infty^2} \quad , \tag{4.69}$$

Aufgrund der konstanten Stoffwerte gilt für die dimensionslose Dichte $\rho^* = \rho/\rho_0 = 1$ und für die dimensionslose Viskosität $v^* = v/v_0 = 1$. Nach der Substitution der dimensionsbehafteten Variablen durch die dimensionslosen Variablen und die charakteristischen Größen in der Kontinuitätsgleichung (4.1) ergibt sich

$$\frac{u_\infty}{l_x} \cdot \frac{\partial u^*}{\partial x^*} + \frac{u_\infty}{l_x} \cdot \frac{\sqrt{Re_{l_x}}}{\sqrt{Re_{l_x}}} \cdot \frac{\partial v^*}{\partial y^*} = 0 \quad ,$$

$$\frac{\partial u^*}{\partial x^*} + \frac{\partial v^*}{\partial y^*} = 0 \quad . \tag{4.70}$$

Wie erwartet, wird die Kontinuitätsgleichung auch in der Grenzschicht ohne Einschränkungen erfüllt. Für die Impulsgleichung in Hauptströmungsrichtung (4.2) erhält man nach Substitution der dimensionsbehafteten Variablen durch die dimensionslosen Variablen und die charakteristischen Größen

$$\rho_0 \cdot \frac{u_\infty^2}{l_x} \cdot u^* \cdot \frac{\partial u^*}{\partial x^*} + \rho_0 \cdot \frac{u_\infty^2}{l_x} \cdot \frac{\sqrt{Re_{l_x}}}{\sqrt{Re_{l_x}}} \cdot v^* \cdot \frac{\partial u^*}{\partial y^*}$$

$$= -\rho_0 \cdot \frac{u_\infty^2}{l_x} \cdot \frac{\partial p^*}{\partial x^*} + \mu_0 \cdot \left(\frac{u_\infty}{l_x^2} \cdot \frac{\partial^2 u^*}{\partial x^{*2}} + \frac{u_\infty}{l_x^2} \cdot Re_{l_x} \cdot \frac{\partial^2 u^*}{\partial y^{*2}} \right)$$

und das anschließende Umformen ergibt

$$u^* \cdot \frac{\partial u^*}{\partial x^*} + v^* \cdot \frac{\partial u^*}{\partial y^*} = -\frac{\partial p^*}{\partial x^*} + \frac{\mu_0 \cdot l_x}{\rho_0 \cdot u_\infty{}^2} \cdot \frac{u_\infty}{l_x{}^2} \cdot \frac{\partial^2 u^*}{\partial x^{*2}}$$

$$+ \frac{\mu_0 \cdot l_x}{\rho_0 \cdot u_\infty{}^2} \cdot \frac{u_\infty}{l_x{}^2} \cdot Re_{l_x} \cdot \frac{\partial^2 u^*}{\partial y^{*2}} \quad ,$$

$$u^* \cdot \frac{\partial u^*}{\partial x^*} + v^* \cdot \frac{\partial u^*}{\partial y^*} = -\frac{\partial p^*}{\partial x^*} + \frac{1}{Re_{l_x}} \cdot \frac{\partial^2 u^*}{\partial x^{*2}} + \frac{\partial^2 u^*}{\partial y^{*2}} \quad . \tag{4.71}$$

Ein analoges Vorgehen für die Impulsgleichung in Wandnormalenrichtung (4.3) liefert

$$\rho_0 \cdot \frac{u_\infty{}^2}{l_x \cdot \sqrt{Re_{l_x}}} \cdot u^* \cdot \frac{\partial v^*}{\partial x^*} + \rho_0 \cdot \frac{u_\infty{}^2}{l_x \cdot \sqrt{Re_{l_x}}} \cdot v^* \cdot \frac{\partial v^*}{\partial y^*}$$

$$= -\rho_0 \cdot \frac{u_\infty{}^2}{l_x} \cdot \sqrt{Re_{l_x}} \cdot \frac{\partial p^*}{\partial y^*}$$

$$+ \mu_0 \cdot \left(\frac{u_\infty}{l_x{}^2 \cdot \sqrt{Re_{l_x}}} \cdot \frac{\partial^2 v^*}{\partial x^{*2}} + \frac{u_\infty}{l_x{}^2} \cdot \sqrt{Re_{l_x}} \cdot \frac{\partial^2 v^*}{\partial y^{*2}} \right) \quad ,$$

$$\frac{1}{\sqrt{Re_{l_x}}} \cdot \left(u^* \cdot \frac{\partial v^*}{\partial x^*} + v^* \cdot \frac{\partial v^*}{\partial y^*} \right) = -\sqrt{Re_{l_x}} \cdot \frac{\partial p^*}{\partial y^*}$$

$$+ \frac{\mu_0 \cdot l_x}{\rho_0 \cdot u_\infty{}^2} \cdot \frac{u_\infty}{l_x{}^2 \cdot \sqrt{Re_{l_x}}} \cdot \frac{\partial^2 v^*}{\partial x^{*2}} + \frac{\mu_0 \cdot l_x}{\rho_0 \cdot u_\infty{}^2} \cdot \frac{u_\infty}{l_x{}^2} \cdot \sqrt{Re_{l_x}} \cdot \frac{\partial^2 v^*}{\partial y^{*2}} \quad ,$$

$$\frac{1}{Re_{l_x}} \cdot \left(u^* \cdot \frac{\partial v^*}{\partial x^*} + v^* \cdot \frac{\partial v^*}{\partial y^*} \right) = -\frac{\partial p^*}{\partial y^*} + \frac{1}{Re_{l_x}{}^2} \cdot \frac{\partial^2 v^*}{\partial x^{*2}} + \frac{1}{Re_{l_x}} \cdot \frac{\partial^2 v^*}{\partial y^{*2}} \quad . \tag{4.72}$$

Wir schätzen nun die Relevanz der Terme aus Gl. (4.71) und Gl. (4.72) für Grenzschichtströmungen mit $Re_{l_x} \gg 1$ ab. Alle Terme mit dem Faktor $1/Re_{l_x}$ und $1/Re_{l_x}{}^2$ sind für $Re_{l_x} \gg 1$ gegenüber den restlichen Termen sehr klein und können vernachlässigt werden. Die Resubstitution der dimensionslosen Variablen in Gl. (4.71) und Gl. (4.72) durch die dimensionsbehafteten Größen liefert die hydrodynamischen Grenzschichtgleichungen für eine stationäre, zweidimensionale, laminare Strömung eines Fluids mit konstanten Stoffwerten und ohne das Wirken externer Kraftfelder

$$\frac{\partial u}{\partial x} + \frac{\partial v}{\partial y} = 0 \quad , \tag{4.73}$$

$$\rho \cdot u \cdot \frac{\partial u}{\partial x} + \rho \cdot v \cdot \frac{\partial u}{\partial y} = -\frac{\partial p}{\partial x} + \mu \cdot \frac{\partial^2 u}{\partial y^2} \quad , \tag{4.74}$$

$$0 = -\frac{\partial p}{\partial y} \quad . \tag{4.75}$$

Für die Lösung des Gleichungssystems Gl. (4.73) – Gl. (4.75) stehen die Randbedingungen an der Wand und am Grenzschichtrand

$$\text{Haftbedingung:} \qquad u(x, y = 0) = v(x, y = 0) = 0 \qquad (4.76)$$

$$\text{Freistromzustand:} \qquad u(x, y = \delta) = u_\delta(x) = u_\infty(x) \qquad (4.77)$$

zur Verfügung. Die hydrodynamischen Grenzschichtgleichungen gelten für $Re_{l_x} \gg 1$, was bei der Umströmung von thermisch belasteten Bauteilen – mit Ausnahme von langsam strömenden, hochviskosen Fluiden – häufig erfüllt ist.

Entsprechend Gl. (4.14) – Gl. (4.23) ist der Druck in der Grenzschicht keine Funktion der wandnormalen Koordinate (vgl. Gl. (4.75)), sondern wird von der Außenströmung am Grenzschichtrand aufgeprägt, $p(x) = p_\infty(x)$, der wiederum durch die Form des umströmten Körpers bestimmt wird. Für die Umströmung ebener Körperoberflächen oder in guter Näherung für leicht gekrümmte Körperoberflächen (Krümmungsradius $R \gg \delta$) ändert sich die Anströmgeschwindigkeit in Hauptströmungsrichtung entlang der Körperoberfläche nicht ($\partial u_\infty(x)/\partial x = 0$) und der Druckgradient verschwindet ($\partial p/\partial x = 0$).

4.2.2 Thermische Grenzschichtgleichung

Die thermische Grenzschichtgleichung werden wir aus der stationären, zweidimensionalen Energiegleichung mit konstanten Stoffwerten und ohne Dissipation gemäß Gl. (4.4) herleiten. Für die Bildung der dimensionslosen Variablen dienen die charakteristischen Größen als Bezugsgrößen. Die charakteristischen Längen entsprechen der räumlichen Ausdehnung der thermischen Grenzschicht, wobei die Lauflänge l_x die charakteristische Länge in Hauptströmungsrichtung ist und die charakteristische Länge in Wandnormalenrichtung durch die thermische Grenzschichtdicke δ_{th} entsprechend Gl. (4.45) und Gl. (4.46)

$$\delta_{th} \sim l_x \cdot Pr^{-n} \cdot Re_{l_x}^{-1/2} \qquad (4.78)$$

beschrieben wird. Mit Hilfe von Gl. (4.29) erhält man die charakteristische Geschwindigkeit für den konvektiven Wärmetransport in Wandnormalenrichtung

$$\frac{u_0}{l_x} \sim \frac{v_0}{\delta_{th}} \sim \frac{v_0}{l_x} \cdot Pr^n \cdot Re_{l_x}^{1/2} \quad ,$$

$$v_0 \sim u_0 \cdot Pr^{-n} \cdot Re_{l_x}^{-1/2} \quad . \qquad (4.79)$$

Dementsprechend lauten die dimensionslosen Variablen

$$x^* = \frac{x}{l_x} \quad , \qquad (4.80)$$

$$y^* = \frac{y}{\delta_{th}} = \frac{y}{l_x} \cdot Pr^n \cdot Re_{l_x}^{1/2} \quad , \qquad (4.81)$$

$$u^* = \frac{u}{u_0} \quad , \tag{4.82}$$

$$v^* = \frac{v}{u_0} \cdot Pr^n \cdot Re_{l_x}^{1/2} \quad , \tag{4.83}$$

$$T^* = \frac{T}{\Delta T_0} \quad , \tag{4.84}$$

und für die dimensionslosen Stoffwerte gilt $\rho^* = \rho/\rho_0 = 1$, $c^* = c/c_0 = 1$ und $\lambda^* = \lambda/\lambda_0 = 1$. Die Substitution der dimensionsbehafteten Variablen in der Energiegleichung (4.4) durch die dimensionslosen Variablen ergibt

$$\frac{c_0 \cdot \rho_0 \cdot u_0 \cdot \Delta T_0}{l_x} \cdot u^* \cdot \frac{\partial T^*}{\partial x^*} + \frac{c_0 \cdot \rho_0 \cdot u_0 \cdot \Delta T_0}{l_x} \cdot \frac{Pr^n \cdot Re_{l_x}^{1/2}}{Pr^n \cdot Re_{l_x}^{1/2}} \cdot v^* \cdot \frac{\partial T^*}{\partial y^*}$$

$$= \frac{\lambda_0 \cdot \Delta T_0}{l_x^2} \cdot \frac{\partial^2 T^*}{\partial x^{*2}} + \frac{\lambda_0 \cdot \Delta T_0}{l_x^2} \cdot Pr^{2 \cdot n} \cdot Re_{l_x} \cdot \frac{\partial^2 T^*}{\partial y^{*2}} \quad ,$$

$$u^* \cdot \frac{\partial T^*}{\partial x^*} + v^* \cdot \frac{\partial T^*}{\partial y^*} = \frac{l_x}{c_0 \cdot \rho_0 \cdot u_0 \cdot \Delta T_0} \cdot \frac{\lambda_0 \cdot \Delta T_0}{l_x^2} \cdot \left(\frac{\partial^2 T^*}{\partial x^{*2}} + Pr^{2 \cdot n} \cdot Re_{l_x} \cdot \frac{\partial^2 T^*}{\partial y^{*2}} \right) \quad ,$$

$$u^* \cdot \frac{\partial T^*}{\partial x^*} + v^* \cdot \frac{\partial T^*}{\partial y^*} = \frac{1}{Pr \cdot Re_{l_x}} \cdot \left(\frac{\partial^2 T^*}{\partial x^{*2}} + Pr^{2 \cdot n} \cdot Re_{l_x} \cdot \frac{\partial^2 T^*}{\partial y^{*2}} \right) \quad ,$$

$$u^* \cdot \frac{\partial T^*}{\partial x^*} + v^* \cdot \frac{\partial T^*}{\partial y^*} = \frac{1}{Pr \cdot Re_{l_x}} \cdot \frac{\partial^2 T^*}{\partial x^{*2}} + \frac{Pr^{2 \cdot n}}{Pr} \cdot \frac{\partial^2 T^*}{\partial y^{*2}} \quad . \tag{4.85}$$

Liegen Prandtl-Zahlen von $Pr \gtrless O(1)$ vor, verschwindet der erste Term auf der rechten Seite von Gl. (4.85) für $Re_{l_x} \gg 1$. In diesem Fall ist die Wärmeleitung in Hauptströmungsrichtung gegenüber der Wärmeleitung in Wandnormalenrichtung vernachlässigbar klein. Nach Wiedereinführen der dimensionsbehafteten Variablen erhält man die thermische Grenzschichtgleichung für eine stationäre, zweidimensionale, laminare Strömung eines Fluids mit konstanten Stoffwerten, mit Prandtl-Zahlen von $Pr \gtrless 1$ und ohne Dissipation

$$c \cdot \rho \cdot u \cdot \frac{\partial T}{\partial x} + c \cdot \rho \cdot v \cdot \frac{\partial T}{\partial y} = \lambda \cdot \frac{\partial^2 T}{\partial y^2} \quad . \tag{4.86}$$

Für sehr kleine Prandtl-Zahlen $Pr \ll 1$, wie sie bei Flüssigmetallen vorliegen, ist die Wärmeleitung in Richtung der Laufkoordinate l_x zu Beginn der Grenzschichtentwicklung (geringe Re_{l_x}) und eventuell auch für $Re_{l_x} \gg 0$ zu berücksichtigen. In diesem Fall entspricht die thermische Grenzschichtgleichung der allgemeinen Form der Energiegleichung (4.4).

Zusätzlich zu den Randbedingungen des Strömungsfelds entsprechend Gl. (4.76) und Gl. (4.77) stehen für die Lösung der thermischen Grenzschichtgleichung (4.86) die Randbedingungen an der Wand und am Grenzschichtrand

$$\text{Haftbedingung:} \qquad T(x, y = 0) = T_W(x) \qquad\qquad (4.87)$$

$$\text{Freistromzustand:} \qquad T(x, y = \delta) = T_\infty(x) \qquad\qquad (4.88)$$

zur Verfügung.

4.3 Reynolds-Analogie wandnaher Strömungen

Der Impuls- und Energietransport in wandnahen Bereichen einer laminaren Strömung verhält sich für Fluide mit Prandtl-Zahlen von $Pr \approx 1$ ähnlich, wie anhand den mittels numerischer Integration berechneten dimensionslosen Geschwindigkeits- und Temperaturprofilen für ein Fluid mit konstanten Stoffwerten in Abb. 4.5 gezeigt. Für $Pr = 1$ liegen identische Geschwindigkeits- und Temperaturprofile vor, während entsprechend den Grenzschichtdickenverhältnissen aus Gl. (4.45) und Gl. (4.46) die Temperaturprofile für $Pr \ll 1$ wesentlich bauchiger und für $Pr \gg 1$ wesentlich flacher als das Geschwindigkeitsprofil sind.

Die Ähnlichkeit zwischen Geschwindigkeits- und Temperaturfeld für Fluide mit Prandtl-Zahlen von $Pr \approx 1$ können wir verwenden, um die sogenannte Reynolds-Analogie[3] – eine Beziehung zwischen der Nusselt-Zahl und dem Reibungskoeffizienten – herzuleiten. Hierfür entdimensionalisieren wir zunächst die hydrodynamische Grenzschichtgleichung (4.74) und die thermische Grenzschichtgleichung (4.86) mit den dimensionslosen Variablen

$$x^* = \frac{x}{l_x} \quad , \qquad\qquad y^* = \frac{y}{\delta} = \frac{y}{l_x} \cdot Re_{l_x}^{1/2} \quad , \qquad\qquad u^* = \frac{u}{u_\infty} \quad ,$$

$$v^* = \frac{v}{u_\infty} \cdot Re_{l_x}^{1/2} \quad , \qquad\qquad T^* = \frac{T}{\Delta T_0} \quad ,$$

und den dimensionslosen Stoffwerten $\rho^* = \rho/\rho_0 = 1$, $v^* = v/v_0 = 1$, $c^* = c/c_0 = 1$ und $\lambda^* = \lambda/\lambda_0 = 1$. Es wird angenommen, dass 1) Fluide mit Prandtl-Zahlen von $Pr \approx 1$ betrachtet werden, 2) für Fluide mit Prandtl-Zahlen von $Pr \approx 1$ für die Grenzschichtdicken $\delta \approx \delta_{th}$ gilt, 3) für die Lauflängen $l_x \approx l_{th.x}$ gilt und 4) der Druckgradient in Hauptströmungsrichtung vernachlässigt werden kann. Man erhält somit die dimensionslosen Gleichungen

$$u^* \cdot \frac{\partial u^*}{\partial x^*} + v^* \cdot \frac{\partial u^*}{\partial y^*} = \frac{\partial^2 u^*}{\partial y^{*2}} \qquad\qquad (4.89)$$

und

$$u^* \cdot \frac{\partial T^*}{\partial x^*} + v^* \cdot \frac{\partial T^*}{\partial y^*} = \frac{1}{Pr} \cdot \frac{\partial^2 T^*}{\partial y^{*2}} \quad . \qquad\qquad (4.90)$$

---

[3] Man nutzt den Begriff *Reynolds-Analogie* häufig zur Kenntlichmachung der Ähnlichkeit von mittleren Geschwindigkeits- und Temperaturfeldern im Rahmen der Turbulenzmodellierung bei Verwendung der Wirbelviskosität-Annahme (Kapitel 9.6).

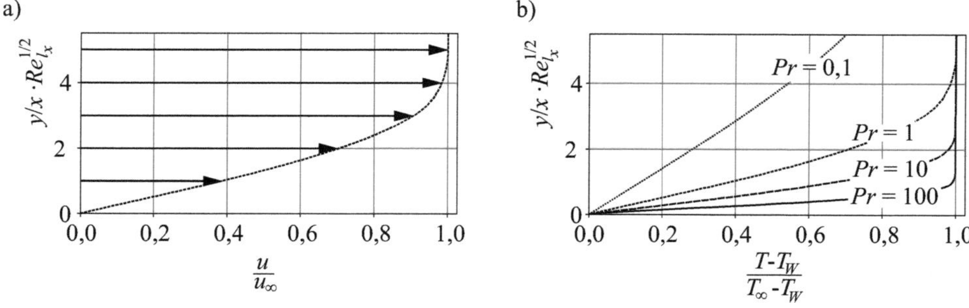

Abb. 4.5 a) Dimensionsloses Geschwindigkeitsprofil u/u_∞ und b) dimensionsloses Temperaturprofil $T - T_W/T_\infty - T_W$ als Funktion des mit der hydrodynamischen Grenzschichtdicke normierten Wandabstandes $y/(x \cdot Re_{l_x}^{1/2})$ für verschiedene Prandtl-Zahlen.

Gl. (4.89) und Gl. (4.90) sind bis auf den Faktor $1/(Pr)$ vor den Diffusionstermen von ähnlicher Struktur. Mit den Randbedingungen

$$u^*(x^*,y^* = 0) = 0 \qquad\qquad u^*(x^*,y^* = \infty) = 1 \qquad\qquad (4.91)$$

$$T^*(x^*,y^* = 0) = 0 \qquad\qquad T^*(x^*,y^* = \infty) = 1 \qquad\qquad (4.92)$$

erhält man für ein Fluid mit einer Prandtl-Zahl von $Pr = 1$ offensichtlich identische Lösungen für das Geschwindigkeits- und Temperaturfeld,

$$u^*(x^*,y^*) = T^*(x^*,y^*) \quad . \qquad\qquad (4.93)$$

Mit den dimensionslosen Variablen der hydrodynamischen Grenzschichtströmung (Gl. (4.65) – Gl. (4.67)) erhält man für die lokale Wandschubspannung

$$\tau_W(x) = \mu \cdot \left.\frac{\partial u}{\partial y}\right|_W = Re_{l_x}^{1/2} \cdot \frac{\mu_0 \cdot u_\infty}{l_x} \cdot \left.\frac{\partial u^*}{\partial y^*}\right|_W \qquad\qquad (4.94)$$

und für den dazugehörigen Reibungskoeffizienten

$$c_f(x) = \frac{\tau_W(x)}{1/2 \cdot \rho \cdot u_\infty^2} = \frac{2}{Re_{l_x}^{1/2}} \cdot \left.\frac{\partial u^*}{\partial y^*}\right|_W \quad . \qquad\qquad (4.95)$$

Weiteres Umformen führt auf den dimensionslosen Geschwindigkeitsgradienten an der Wand

$$\left.\frac{\partial u^*}{\partial y^*}\right|_W = \frac{c_f(x)}{2} \cdot Re_{l_x}^{1/2} \quad . \qquad\qquad (4.96)$$

Unter Berücksichtigung von Gl. (3.66), Gl. (3.67) und Gl. (3.69) ergibt sich für die Nusselt-Zahl

$$Nu_{l_x}(x) = \alpha \cdot \frac{l_x}{\lambda_0} = Re_{l_x}^{1/2} \cdot \left.\frac{\partial T^*}{\partial y^*}\right|_W \quad . \qquad\qquad (4.97)$$

Entsprechend der Ähnlichkeitsbeziehung aus Gl. (4.93) können wir den dimensionslosen Temperaturgradienten in Gl. (4.97) durch den dimensionslosen Geschwindigkeitsgradienten aus Gl. (4.96) ersetzen und erhalten somit die Reynolds-Analogie für laminare Grenzschichtströmungen

$$Nu_{l_x}(x) = \frac{c_f(x)}{2} \cdot Re_{l_x} \quad . \tag{4.98}$$

Mit Gl. (3.74) und $Pr \approx 1$ lässt sich die Reynolds-Analogie auch durch die Stanton-Zahl ausdrücken

$$St_{l_x}(x) = \frac{c_f(x)}{2} \quad . \tag{4.99}$$

Übungsaufgaben

4.1 Über einen flaches Bauteil strömt Luft von der Temperatur $T_\infty = 20\,°\text{C}$ mit der Geschwindigkeit von $u_\infty = 0{,}8\,\text{m}\,\text{s}^{-1}$ ($\rho = 0{,}962\,\text{kg}\,\text{m}^{-3}$, $\mu = 2{,}25 \cdot 10^{-5}\,\text{kg}\,\text{m}^{-1}\,\text{s}^{-1}$, $\lambda = 3{,}22 \cdot 10^{-2}\,\text{W}\,\text{m}^{-1}\,\text{K}^{-1}$, $Pr = 0{,}71$).

- Schätze die hydrodynamische Grenzschichtdicke an der Stelle 2,77 m hinter der Körpervorderkante ab?
- Zeige, dass unter den genannten Bedingungen die Dissipation gegenüber der molekularen Wärmeleitung vernachlässigt werden kann.

4.2 Leite die hydrodynamische Grenzschichtgleichung her. Gehe wie folgt vor:

1. Formuliere charakteristische Größen für die hydrodynamische Grenzschichtströmung.
2. Bilde für die einzelnen Terme von Gl. (4.2) mit den dazugehörigen charakteristischen Größen Parametergruppen.
3. Forme die einzelnen Terme so um, dass dimensionslose Parametergruppen entstehen. Nutze hierfür die Skalenbeziehung entsprechend Kapitel 4.1.1.
4. Untersuche das asymptotische Verhalten der dimensionslosen Parametergruppen für $Re_{l_x} \gg 1$, um die relevanten Terme von Gl. (4.2) zu bestimmen.

4.3 Leite die thermische Grenzschichtgleichung aus Gl. (4.4) analog zu Aufgabe 4.2 her. Nutze hierbei die Skalenbeziehung entsprechend Kapitel 4.1.2.

4.4 Gemäß Gl. (4.56) und Gl. (4.57) skaliert die lokale Nusselt-Zahl mit $Re_x^{1/2}$. Wie skaliert die Lauflänge-gemittelte Nusselt-Zahl $Nu_L(x)$ und wie groß ist das Verhältnis $Nu(x)/Nu_L(x)$ für die thermische Randbedingung $T_W = const.$?

4.5 Richtig oder Falsch?

1. Um eine Skalenbeziehung für die hydrodynamische Grenzschichtdicke in Abhängigkeit von der Grenzschichtausdehnung in Hauptströmungsrichtung und der Reynolds-Zahl entwickeln zu können, muss der Druckkraftgradient in der Grenzschicht vernachlässigt werden.

2. Die hydrodynamische Grenzschicht und die thermische Grenzschicht wachsen mit $\sqrt{l_x}$ an und das Verhältnis der hydrodynamischen Grenzschichtdicke zur thermischen Grenzschichtdicke wird durch die Prandtl-Zahl Pr bestimmt.

3. Für ebene, frei umströmte Körper kann der Druckgradient in Hauptströmungsrichtung $\partial p/\partial x$ in guter Näherung vernachlässigt werden und es treten ausschließlich Änderungen des Drucks in Wandnormalenrichtung $\partial p/\partial y$ in der Grenzschicht auf.

4. Der Reibungskoeffizient hängt wie die Nusselt-Zahl von der Reynolds-Zahl und der Prandtl-Zahl ab und unterscheidet sich je nach Fluid.

5. Die Wärmeleitung in Hauptströmungsrichtung in der Grenzschicht kann bei Flüssigmetallen vernachlässigt werden.

6. Für Fluide mit Prandtl-Zahlen von der Größenordnung $Pr = O(1)$ kann die Dissipation in der Grenzschichtgleichung vernachlässigt werden, solange $Re_{l_x} \cdot Pr^{2/n} \gg Br$ gilt.

7. Das Verhältnis zwischen hydrodynamischer Grenzschichtdicke und thermischer Grenzschichtdicke ändert sich in einer Strömung nicht, solange die Änderungen der Prandtl-Zahl infolge von Temperatur- oder Druckeinflüssen vernachlässigbar gering sind.

8. Für Flüssigmetalle lässt sich anhand der Grenzschichtgleichung zeigen, dass die laminaren Strömungs- und Temperaturfelder ähnlich verhalten und die sogenannte Reynolds-Analogie gilt.

4.6 Wissensfragen

- Erkläre das Grenzschichtkonzept und die Eigenschaften der laminaren hydrodynamischen und thermischen Grenzschicht.
- Wie hängt die hydrodynamische Grenzschichtdicke von der Reynolds-Zahl ab?
- Warum muss die Entwicklung der hydrodynamischen Grenzschicht bei der Größenordnungsabschätzung der thermischen Grenzschichtdicke beachtet werden?
- Was sagt die Abhängigkeit der thermischen Grenzschichtdicke von der Péclet-Zahl über die ablaufenden Energietransportmechanismen aus?
- Wie skaliert die thermische Grenzschichtdicke mit der Prandtl-Zahl?
- Warum ändert sich die thermische Grenzschichtdicke mit der Prandtl-Zahl?
- Unter welchen Voraussetzungen kann die Dissipation in der thermischen Grenzschicht vernachlässigt werden?
- Wie verhält sich der Druck in der Grenzschicht und wie lässt er sich berechnen?
- Wie ändert sich der Druck in der hydrodynamischen Grenzschicht?
- Von welchen Kennzahlen hängen der Reibungskoeffizient und die Nusselt-Zahl ab; wie lauten die Skalenbeziehungen?
- Wie lauten die laminaren, zweidimensionalen, stationären hydrodynamischen Grenzschichtgleichungen ohne Wirken von Volumenkräfte für ein Fluid mit konstanten Stoffwerten?
- Wie lautet die laminare, zweidimensionale, stationäre thermische Grenzschichtgleichung ohne Dissipation für ein Fluid mit konstanten Stoffwerten?
- Welche Randbedingungen werden für die Lösung des Gleichungssystems der Grenzschichtgleichungen benötigt?
- Was besagt die Reynolds-Analogie und wie lautet der Zusammenhang zwischen dem Reibungskoeffizienten und der Nusselt-Zahl, der sich damit herleiten lässt?
- Welche Verlustdicken gibt es?

- Erkläre die strömungsinduzierte Strömungsablösung bei einer Körperumströmung?
- Wie wirkt sich die Strömungsablösung auf die konventive Wärmeübertragung aus?

Literaturverzeichnis

Gersten K, Herwig H (2012) Strömungsmechanik. Grundlagen der Impuls-, Wärme- und Stoffübertragung aus asymptotischer Sicht. Vieweg+Teubner Verlag, Wiesbaden
Herwig H (2010) Strömungsmechanik. Vieweg+Teubner Verlag, Wiesbaden
Oertel H jr (2012) Prandtl-Führer durch die Strömungslehre. Springer Vieweg, Wiesbaden
Prandtl L (1905) Über Flüssigkeitsbewegung bei sehr kleiner Reibung. Internationaler Mathematiker Kongress in Heidelberg 1904, doi: 10.1007/978-3-662-11836-8_43
White FM (2011) Fluid Mechanics. McGraw Hill, New York

Kapitel 5
Konvektive Wärmeübertragung bei laminarer Umströmung

Zusammenfassung Eines der häufigst betrachteten Lehrbeispiele in der Thermofluiddynamik ist die konvektive Wärmeübertragung entlang einer einseitig umströmten ebenen Platte. Im Rahmen des vorliegenden Kapitels werden wir uns mit analytischen und semianalytischen Lösungswegen zur Bestimmung des Reibungskoeffizienten und der Nusselt-Zahl für die einseitig laminar umströmte ebene Platte bei erzwungener Konvektion beschäftigen. Näherungslösungen und Korrelationsgleichungen werden mit Hilfe der Integralmethode und der Ähnlichkeitslösung der Grenzschichtgleichungen ermittelt.

Lernziele

- Sie können lokale und mittlere Reibungskoeffizienten und Nusselt-Zahlen mit Hilfe der Integralmethode berechnen.
- Sie lernen, die Grenzschichtgleichungen in ein System gewöhnlicher Differentialgleichungen zu überführen.
- Sie sind in der Lage, die Ansätze der Ähnlichkeitslösungen für die thermische Grenzschichtströmung zu erklären.

5.1 Strömungswiderstand und konvektive Wärmeübertragung

Zur Angabe des Strömungungswiderstands und der konvektiven Wärmeübertragung an laminar oder turbulent umströmten, thermisch beanspruchten Oberflächen von Körpern, Komponenten oder Anlagen, verwendet man neben den (ingenieurtechnischen) dimensionsbehafteten Größen, den lokalen Reibungskoeffizienten

$$c_f(\vec{x}) = \frac{2 \cdot \tau_W(\vec{x})}{u_\infty^2 \cdot \rho} \tag{5.1}$$

und die lokale Nusselt-Zahl

$$Nu_{l_0}(\vec{x}) = \frac{l_0}{\lambda} \cdot \alpha(\vec{x}) \quad . \tag{5.2}$$

Die Bestimmung des lokalen Reibungskoeffizienten und der lokalen Nusselt-Zahl bei einer Oberflächenströmung setzt die Lösung der Impulsgleichungen und der Energiegleichung bzw. im Falle einer ebenen Platte die Lösung der Grenzschichtgleichungen voraus.[1] Obwohl die in Kapitel 4 kennengelernten Grenzschichtgleichungen die komplexen Strömungsvorgänge entlang umströmter Körper in mathematisch vereinfachter Form wiedergeben, müssen für eine (semi-)analytische Lösung weitere Vereinfachungen und spezielle Annahmen getroffen werden. Wir nutzen hierfür das Konzept der Selbstähnlichkeit, wenden die Integralmethode an oder ermitteln die Ähnlichkeitslösungen der Grenzschichtgleichungen.

5.2 Integralmethode

Die im Folgenden vorgestellte Integralmethode zur Näherungslösung der Grenzschichtgleichungen für die laminar umströmte ebene Platte basiert auf den Arbeiten von von Kármán (1921) und Pohlhausen (1921a). Die Grundidee der Integralmethode[2] ist es, die Masse-, Impuls- und Energiegleichung als integrales Mittel über die Grenzschichtdicke zu lösen. Man verzichtet hierbei auf eine exakte Lösung des Geschwindigkeits- und Temperaturfelds in der Grenzschicht und konzentriert sich auf die Integralwerte.

Ausgangspunkt unserer Berechnungen sind die stationären, zweidimensionalen Grenzschichtgleichungen (4.73), (4.74) und (4.86) für Fluide mit konstanten Stoffwerten ohne das Wirken externer Kraftfelder und Dissipation

---

[1] Es sei angemerkt, dass wir im Folgenden davon ausgehen, dass sich die zweidimensionale Grenzschicht vom Koordinatenursprung bei $x = 0$ und $y = 0$ aus entwickelt. Demnach entspricht $x(= l_x)$ der Grenzschichtausdehnung in Hauptströmungsrichtung und $\delta(x)$ bzw. $\delta_{th}(x)$ der Ausdehnung der hydrodynamischen Grenzschicht bzw. der thermischen Grenzschicht in Wandnormalenrichtung.

[2] Analytische Lösungsansätze wie die Integralmethode besitzen in heutigen Entwicklungsprozessen aufgrund leistungsstarker Rechner, gepaart mit leicht bedienbaren Simulationsprogrammen, eine geringe Bedeutung. Sie bieten jedoch die Möglichkeit, sich mit den zugrundeliegenden mathematischen und physikalischen Eigenschaften von Grenzschichtströmungen und selbstähnlichen Strömungsgrößen näher vertraut zu machen.

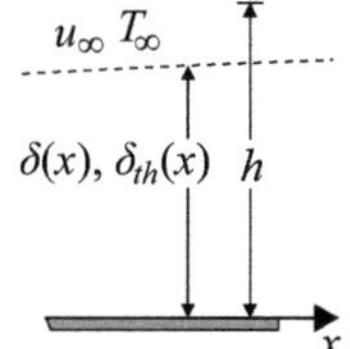

Abb. 5.1 Integrationsbereich der Integralmethode

$$\frac{\partial u}{\partial x} + \frac{\partial v}{\partial y} = 0 \quad , \tag{5.3}$$

$$\frac{\partial u^2}{\partial x} + \frac{\partial (u \cdot v)}{\partial y} - u_\infty \cdot \frac{du_\infty}{dx} = \nu \cdot \frac{\partial^2 u}{\partial y^2} \quad , \tag{5.4}$$

$$\frac{\partial (u \cdot T)}{\partial x} + \frac{\partial (v \cdot T)}{\partial y} = \frac{\lambda}{\rho \cdot c} \cdot \frac{\partial^2 T}{\partial y^2} \quad , \tag{5.5}$$

mit den Randbedingungen $\delta(x = 0) = 0$, $u(x,y = 0) = 0$ und $u(x,y = \delta) = u_\infty(x)$ sowie $\delta_{th}(x = 0) = 0$, $T(x,y = 0) = T_W$ und $T(x,y = \delta_{th}) = T_\infty$. Für den Druckgradienten in Hauptströmungsrichtung wurde in Gl. (5.4) die eindimensionale Euler-Gleichung entsprechend Gl. (4.21) verwendet.

Als Erstes leiten wir die integralen Impuls- und Energiebilanzen für die Plattengrenzschicht her, indem wir Gl. (5.3) – Gl. (5.5) in Wandnormalenrichtung über die in Abb. 5.1 skizzierte Höhe $h \geq \delta, \delta_{th}$ integrieren. Die Integration der Kontinuitätsgleichung (5.3) ergibt

$$-\int_0^h \frac{\partial u}{\partial x} \, dy = \int_0^h \frac{\partial v}{\partial y} \, dy \quad ,$$

$$-\int_0^h \frac{\partial u}{\partial x} \, dy = v(x,y)\big|_0^h = v(x,h) - v(x,0) = v(x,h) \quad . \tag{5.6}$$

Die Integration der Impulsgleichung (5.4) liefert unter Berücksichtigung von Gl. (5.6)

$$\int_0^h \left(\frac{\partial u^2}{\partial x} + \frac{\partial (u \cdot v)}{\partial y} - u_\infty \cdot \frac{du_\infty}{dx} \right) dy = \int_0^h \nu \cdot \frac{\partial^2 u}{\partial y^2} \, dy \quad ,$$

$$\int_0^h \frac{\partial u^2}{\partial x} \, dy + \left[u(x,y) \cdot v(x,y) \right]_0^h - \int_0^h u_\infty \cdot \frac{du_\infty}{dx} \, dy = \left[\nu \cdot \frac{\partial u}{\partial y} \right]_0^h \quad ,$$

$$\int_0^h \frac{\partial u^2}{\partial x} \, dy - u_\infty \cdot \int_0^h \frac{\partial u}{\partial x} \, dy - \int_0^h u_\infty \cdot \frac{du_\infty}{dx} \, dy = \nu \cdot \frac{\partial u}{\partial y}\bigg|_{y=h} - \nu \cdot \frac{\partial u}{\partial y}\bigg|_{y=0} \quad ,$$

$$\int_0^h \frac{\partial u^2}{\partial x} \, dy - \int_0^h \left[\frac{\partial (u \cdot u_\infty)}{\partial x} - u \cdot \frac{du_\infty}{dx} \right] dy - \int_0^h u_\infty \cdot \frac{du_\infty}{dx} \, dy = -\nu \cdot \frac{\partial u}{\partial y}\bigg|_{y=0} \quad ,$$

$$\int_0^h \left[\frac{\partial u^2}{\partial x} - \frac{\partial (u \cdot u_\infty)}{\partial x} + u \cdot \frac{du_\infty}{dx} - u_\infty \cdot \frac{du_\infty}{dx} \right] dy = -v \cdot \left. \frac{\partial u}{\partial y} \right|_{y=0} ,$$

$$\int_0^h \left[\frac{\partial}{\partial x} [u \cdot (u_\infty - u)] + (u_\infty - u) \cdot \frac{du_\infty}{dx} \right] dy = v \cdot \left. \frac{\partial u}{\partial y} \right|_{y=0} . \tag{5.7}$$

In Gl. (5.7) ist die Höhe h unabhängig von x und die Geschwindigkeit $u(x,y)$ eine stetige Funktion, sodass wir die Differentiation vor das Integral ziehen dürfen,

$$\frac{\partial}{\partial x} \int_0^h [u \cdot (u_\infty - u)] \, dy + \frac{du_\infty}{dx} \cdot \int_0^h (u_\infty - u) \, dy = v \cdot \left. \frac{\partial u}{\partial y} \right|_{y=0} . \tag{5.8}$$

Gl. (5.8) bezeichnet man als integrale Impulsbilanz . Mit der Verdrängungsdicke aus Gl. (4.59) und der Impulsverlustdicke aus Gl. (4.60) ergibt sich aus Gl. (5.8) der Impulssatz der Grenzschicht nach von Kármán

$$\frac{\partial}{\partial x} \left(u_\infty^2 \cdot \delta_2 \right) + \delta_1 \cdot u_\infty \cdot \frac{du_\infty}{dx} = \frac{\tau_W}{\rho} , \tag{5.9}$$

wobei $\tau_W = \mu \cdot \partial u / \partial y |_{y=0}$ der Wandschubspannung entspricht. Da es sich im betrachteten Fall um eine längs angeströmte ebene Platte in einem unendlich ausgedehnten Strömungsfeld handelt, verschwindet der Druckgradient in Gl. (5.8) und wir können den dafür stehenden Term weglassen. Die Strömungsgeschwindigkeit außerhalb der Grenzschicht entspricht der Anströmgeschwindigkeit $u_\infty = const.$ und demzufolge gilt $u_\infty - u = 0$ für $y \geq \delta$, wodurch sich die Integrationsgrenzen in Gl. (5.8) verschieben lassen ($h \to \delta$). Wir erhalten dadurch die Integralbedingung für die hydrodynamische laminare Plattengrenzschicht

$$\frac{\partial}{\partial x} \int_0^\delta [u \cdot (u_\infty - u)] \, dy = v \cdot \left. \frac{\partial u}{\partial y} \right|_{y=0} . \tag{5.10}$$

Ein ähnliches Vorgehen für die Energiegleichung liefert die integrale Energiebilanz. Hierfür integrieren wir zuerst Gl. (5.5) in wandnormaler Richtung und ziehen die Differentiation vor das Integral

$$\int_0^h \left(\frac{\partial (u \cdot T)}{\partial x} + \frac{\partial (v \cdot T)}{\partial y} \right) dy = \int_0^h a \cdot \frac{\partial^2 T}{\partial y^2} \, dy ,$$

$$\int_0^h \frac{\partial (u \cdot T)}{\partial x} \, dy + [v(x,y) \cdot T(x,y)]_0^h = \left[a \cdot \frac{\partial T}{\partial y} \right]_0^h ,$$

$$\int_0^h \frac{\partial (u \cdot T)}{\partial x} \, dy - T_\infty \cdot \int_0^h \frac{\partial u}{\partial x} \, dy = -a \cdot \left. \frac{\partial T}{\partial y} \right|_{y=0} ,$$

$$\int_0^h \left(\frac{\partial(u \cdot T)}{\partial x} - \frac{\partial(u \cdot T_\infty)}{\partial x} + u \cdot \frac{\partial T_\infty}{\partial x} \right) dy = -a \cdot \frac{\partial T}{\partial y}\bigg|_{y=0} \quad ,$$

$$\frac{\partial}{\partial x} \int_0^h \left[u \cdot (T_\infty - T) \right] dy - u \cdot \int_0^h \frac{\partial T_\infty}{\partial x} dy = a \cdot \frac{\partial T}{\partial y}\bigg|_{y=0} \quad . \tag{5.11}$$

In der Außenströmung ist die Temperatur per Definition konstant $T(x,y \geq \delta_{th}) = T_\infty = const$. Es gilt demnach $T_\infty - T = 0$ für $y \geq \delta_{th}$ und wir können in Gl. (5.11) die Integrationsgrenze verschieben ($h \to \delta_{th}$) und erhalten somit die integrale Energiebilanz

$$\frac{\partial}{\partial x} \int_0^{\delta_{th}} \left[u \cdot (T_\infty - T) \right] dy = a \cdot \frac{\partial T}{\partial y}\bigg|_{y=0} \quad . \tag{5.12}$$

Mit der für einen advektiven Wärmetransport repräsentativen Verlustdicke

$$\delta_4 \equiv \int_0^\infty \frac{u}{u_\infty} \cdot \left(\frac{T}{T_\infty} - 1 \right) dy \tag{5.13}$$

ergibt sich für Gl. (5.12)

$$u_\infty \cdot T_\infty \cdot \frac{d\delta_4}{dx} = - \frac{\dot{q}w}{c \cdot \rho} \quad . \tag{5.14}$$

Durch das Auswerten der integralen Impuls- und Energiebilanzen (Gl. (5.8) und Gl. (5.12)) ist es möglich, Näherungsgleichungen für den lokalen Reibungskoeffizienten und die lokale Nusselt-Zahl zu ermitteln – und das werden wir im Folgenden zeigen.

5.2.1 Näherungslösung für den Reibungskoeffizienten

Die Geschwindigkeitsverteilung innerhalb der zweidimensionalen laminaren Plattengrenzschicht ist selbstähnlich. Das bedeutet, dass das Geschwindigkeitsprofil in Abb. 5.2 derart normiert werden kann, dass es unabhängig vom Ort x in der Grenzschicht ist. Für eine selbstähnliche Darstellung verwenden wir die hydrodynamische Grenzschichtdicke $\delta(x)$ mit der unabhängigen Variablen x sowie die ungestörte Anströmgeschwindigkeit u_∞ als charakteristische Größen, um die Ähnlichkeitsvariable

$$\eta = \frac{y}{\delta(x)} \tag{5.15}$$

und die ähnlichkeitstransformierte Geschwindigkeit

$$u^* = \frac{u(x,y)}{u_\infty} \tag{5.16}$$

zu formulieren. Die ähnlichkeitstransformierte Geschwindigkeitsverteilung u^* der laminaren Plattenumströmung besitzt an allen Positionen x eine identische Verteilung und es gilt $u^* \to u^*(\eta)$. Das selbstähnliche Geschwindigkeitsprofil entlang einer laminar umström-

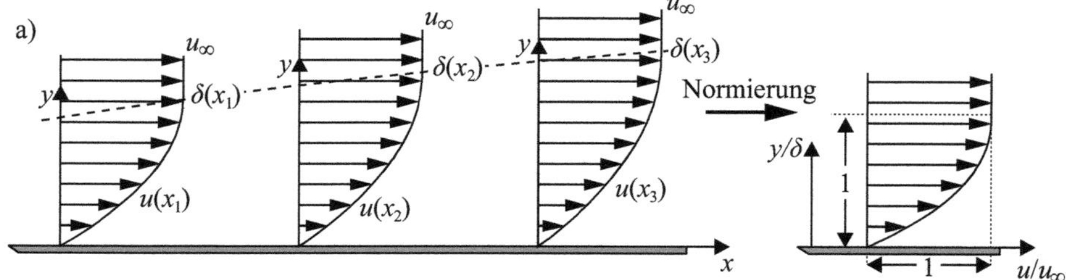

Abb. 5.2 Selbstähnliches Geschwindigkeitsprofil in einer laminaren Plattengrenzschicht.

ten ebenen Platte lässt sich in guter Näherung durch einen Polynomansatz beschreiben (Pohlhausen (1921a)). Wir wählen ein Polynom dritten Grades

$$u^*(\eta) = c_0 + c_1 \cdot \eta + c_2 \cdot \eta^2 + c_3 \cdot \eta^3 \tag{5.17}$$

und erhalten mit den Randbedingungen

Haftbedingung:	$u^*(\eta = 0) = c_0 = 0$
Geschwindigkeit am Grenzschichtrand:	$u^*(\eta = 1) = c_0 + c_1 + c_2 + c_3 = 1$
Reibungsspannungen am Grenzschichtrand:	$\left.\dfrac{du^*}{d\eta}\right|_{\eta=1} = c_1 + 2 \cdot c_2 + 3 \cdot c_3 = 0$
Wandbindung:	$\left.\dfrac{d^2u^*}{d\eta^2}\right|_{\eta=0} = 2 \cdot c_2 = 0$

die Konstanten $c_0 = 0$, $c_1 = 3/2$, $c_2 = 0$ und $c_3 = -1/2$ und somit das Geschwindigkeitsprofil

$$u^*(\eta) = \frac{3}{2} \cdot \eta - \frac{1}{2} \cdot \eta^3 \quad . \tag{5.18}$$

Der lokale Reibungskoeffizient lässt sich mit den Ähnlichkeitsgrößen gemäß Gl. (5.15) und Gl. (5.16) durch

$$c_f(x) = \frac{2 \cdot \tau_W(x)}{u_\infty^2 \cdot \rho} = \frac{2 \cdot \mu}{u_\infty^2 \cdot \rho} \cdot \left.\frac{\partial u}{\partial y}\right|_W = \frac{2 \cdot \nu}{u_\infty \cdot \delta(x)} \cdot \left.\frac{du^*}{d\eta}\right|_{\eta=0} \tag{5.19}$$

angeben. Nutzen wir Gl. (5.18) für die Geschwindigkeit $u^*(\eta)$ in Gl. (5.19), müssen wir nur noch die hydrodynamische Grenzschichtdicke $\delta(x)$ bestimmen, um den Reibungsbeiwert zu ermitteln. Das gelingt uns durch die Auswertung der Integralbedingung der hydrodynamischen Grenzschicht entsprechend Gl. (5.10). Zunächst substituieren wir die dimensionsbehaftete Koordinate y und Geschwindigkeit $u(x,y)$ in Gl. (5.10) entsprechend der Ähnlichkeitsvariable η und der ähnlichkeitstransformierten Geschwindigkeit $u^*(\eta)$. Wir erhalten somit

$$\frac{\partial}{\partial x}\left(u_\infty^2 \cdot \delta \int_0^1 u^* \cdot (1 - u^*)\, d\eta\right) = \nu \cdot \frac{u_\infty}{\delta} \cdot \left.\frac{du^*}{d\eta}\right|_{\eta=0} \quad . \tag{5.20}$$

Mit der dimensionslosen Geschwindigkeitsverteilung aus Gl. (5.18) ergibt sich für Gl. (5.20)

$$\frac{\partial}{\partial x}\left(u_\infty^2 \cdot \delta \cdot \int_0^1 \left[\left(\frac{3}{2}\cdot\eta - \frac{1}{2}\cdot\eta^3\right)\cdot\left(1 - \frac{3}{2}\cdot\eta + \frac{1}{2}\cdot\eta^3\right)\right] d\eta\right) = \frac{3}{2}\cdot\nu\cdot\frac{u_\infty}{\delta} \quad ,$$

$$\frac{\partial}{\partial x}\left(u_\infty^2 \cdot \delta \cdot \left[\frac{3}{4}\cdot\eta^2 - \frac{1}{8}\cdot\eta^4 - \frac{9}{12}\cdot\eta^3 + \frac{3}{10}\cdot\eta^5 - \frac{1}{28}\cdot\eta^7\right]_0^1\right) = \frac{3}{2}\cdot\nu\cdot\frac{u_\infty}{\delta} \quad ,$$

$$\frac{\partial}{\partial x}\left(\frac{39}{280}\cdot u_\infty^2 \cdot \delta\right) = \frac{3}{2}\cdot\nu\cdot\frac{u_\infty}{\delta} \quad ,$$

$$\delta\, d\delta = \left(\frac{140}{13}\frac{\nu}{u_\infty}\right) dx \quad . \tag{5.21}$$

Die anschließende Integration von Gl. (5.21) führt mit der Randbedingung $\delta(x = 0) = 0$ auf die gesuchte Grenzschichtdicke

$$\delta(x) = \sqrt{280/13}\cdot\left(\frac{\nu \cdot x}{u_\infty}\right)^{1/2} = 4{,}64\cdot\frac{x}{Re_x^{1/2}} \quad . \tag{5.22}$$

Unter der Verwendung der Ergebnisse aus Gl. (5.18) und Gl. (5.22) in Gl. (5.19) erhalten wir den gesuchten lokalen Reibungskoeffizienten für die einseitig laminar umströmte ebene Platte

$$c_f(x) = \frac{2\cdot\nu}{u_\infty\cdot\delta(x)}\cdot\left.\frac{du^*}{d\eta}\right|_{\eta=0} = \frac{2\cdot\nu\cdot Re_x^{1/2}}{u_\infty\cdot\sqrt{280/13}\cdot x}\cdot\frac{3}{2}$$
$$= 0{,}646\cdot\frac{Re_x^{1/2}}{Re_x} = \frac{0{,}646}{Re_x^{1/2}} \quad . \tag{5.23}$$

Mit der Grenzschichtdicke aus Gl. (5.22) und dem Geschwindigkeitsprofil aus Gl. (5.18), können wir der Vollständigkeit halber noch die Verlustdicken gemäß Gl. (4.59) – Gl. (4.61) bestimmen. Sie lauten

$$\delta_1(x) = 1{,}74\cdot\frac{x}{Re_x^{1/2}} \quad , \tag{5.24}$$

$$\delta_2(x) = 0{,}646\cdot\frac{x}{Re_x^{1/2}} \quad , \tag{5.25}$$

$$\delta_3(x) = 1{,}0\cdot\frac{x}{Re_x^{1/2}} \tag{5.26}$$

und der Formparameter beträgt

$$H_{12}(x) = \frac{\delta_1(x)}{\delta_2(x)} = 2{,}69 \quad . \tag{5.27}$$

5.2.2 Näherungslösung für die Nusselt-Zahl bei $T_W = const.$

Bei Vorliegen einer konstanten Wandtemperatur $T_W = const.$ ergeben sich selbstähnliche Temperaturprofile innerhalb der laminaren thermischen Plattengrenzschicht. Die Normierung erfolgt mit der thermischen Grenzschichtdicke $\delta_{th}(x)$ sowie der Temperaturdifferenz aus ungestörter Anströmtemperatur T_∞ und Wandtemperatur T_W. Sie führt auf die Ähnlichkeitsvariable

$$\eta_{th} = \frac{y}{\delta_{th}(x)} \tag{5.28}$$

und die ähnlichkeitstransformierte Temperatur

$$T^* = \frac{T(x,y) - T_W(x)}{T_\infty - T_W(x)} \quad . \tag{5.29}$$

Für eine selbstähnliche Temperaturverteilung ist die dimensionslose Temperatur in Gl. (5.29) unabhängig von der Position x und es gilt $T^* \rightarrow T^*(\eta_{th})$. Wir wählen ein Polynom dritten Grades, um das selbstähnliche Temperaturprofil entlang der laminar umströmten ebenen Platte zu beschreiben,

$$T^*(\eta_{th}) = d_0 + d_1 \cdot \eta_{th} + d_2 \cdot \eta_{th}^2 + d_3 \cdot \eta_{th}^3 \quad . \tag{5.30}$$

Die Randbedingungen

Kopplungsbedingung an der Wand: $\qquad T^*(\eta_{th} = 0) = d_0 = 0$

Temperatur am Grenzschichtrand: $\qquad T^*(\eta_{th} = 1) = d_0 + d_1 + d_2 + d_3 = 1$

Stetigkeit der Temperatur am Grenzschichtrand: $\qquad \left.\frac{dT^*}{d\eta_{th}}\right|_{\eta_{th}=1} = d_1 + 2 \cdot d_2 + 3 \cdot d_3 = 0$

Wandbindung: $\qquad \left.\frac{d^2T^*}{d\eta_{th}^2}\right|_{\eta_{th}=0} = 2 \cdot d_2 = 0$

führen auf die Konstanten $d_0 = 0$, $d_1 = 3/2$, $d_2 = 0$ und $d_3 = -1/2$ und demnach gilt für das dimensionslose Temperaturprofil

$$T^*(\eta_{th}) = \frac{3}{2} \cdot \eta_{th} - \frac{1}{2} \cdot \eta_{th}^3 \quad . \tag{5.31}$$

Für die lokale Nusselt-Zahl aus Gl. (5.2) erhalten wir mit Gl. (5.28) und Gl. (5.29)

$$Nu(x) = \frac{x}{\lambda} \cdot \alpha(x) = -\frac{x}{(T_W - T_\infty)} \cdot \left.\frac{\partial T}{\partial y}\right|_W = \frac{x}{\delta_{th}(x)} \cdot \left.\frac{dT^*}{d\eta_{th}}\right|_{\eta_{th}=0} . \tag{5.32}$$

Entsprechend Gl. (5.32) müssen wir bei Verwendung von Gl. (5.31) für die Temperatur T^* nur noch die thermische Grenzschichtdicke ermitteln, um die lokale Nusselt-Zahl zu bestimmen. Hierfür nutzen wir die Integralbedingung für die Energie gemäß Gl. (5.12). Zunächst führen wir in Gl. (5.12) die ähnlichkeitstransformierte Geschwindigkeit u^* aus Gl. (5.16), die ähnlichkeitstransformierte Temperatur T^* aus Gl. (5.29) und die Ähnlichkeitsvariable η_{th} aus Gl. (5.28) ein und erhalten

$$\frac{\partial}{\partial x} \int_0^1 \delta_{th} \cdot [u^* \cdot u_\infty \cdot (T_\infty - T^* \cdot (T_\infty - T_W) - T_W)] \, d\eta_{th}$$

$$= a \cdot \frac{(T_\infty - T_W)}{\delta_{th}} \cdot \left.\frac{\partial T^*}{\partial \eta_{th}}\right|_{\eta_{th}=0} ,$$

$$\frac{\partial}{\partial x} \left(u_\infty \cdot \delta_{th} \cdot \int_0^1 [u^* \cdot (1 - T^*)] \, d\eta_{th}\right) = \frac{a}{\delta_{th}} \cdot \left.\frac{\partial T^*}{\partial \eta_{th}}\right|_{\eta_{th}=0} . \tag{5.33}$$

Entsprechend unseren Überlegungen aus Kapitel 4.1.2 hinsichtlich der relevanten Geschwindigkeit für den konvektiven Wärmetransport in der thermischen Grenzschicht müssen wir bei der Entwicklung einer Näherungslösung für die Nusselt-Zahl aus Gl. (5.33) zwischen den beiden Grenzschichtdickenverhältnissen $\delta_{th} \lessgtr \delta$ und $\delta \ll \delta_{th}$ unterschieden.

$T_W = const.$ und $\delta_{th} \lessgtr \delta$

Für Grenzschichtströmungen von Fluiden mit Prandtl-Zahlen der Größenordnung $Pr \gtrsim 1$ gilt $\delta_{th} \lessgtr \delta$. Die für den konvektiven Wärmetransport in der thermischen Grenzschicht verantwortliche Geschwindigkeit ändert sich mit dem Wandabstand (vgl. Abb. 4.3 b und c). Unter der Annahme eines selbstähnlichen Geschwindigkeits- und Temperaturfelds kann in Gl. (5.33) die ähnlichkeitstransformierte Geschwindigkeit u^* und die ähnlichkeitstransformierte Temperatur T^* durch die Verteilungen aus Gl. (5.18) und aus Gl. (5.31) substituiert werden, wobei die Ähnlichkeitsvariable der hydrodynamischen Grenzschicht η in Abhängigkeit der Ähnlichkeitsvariable der thermischen Grenzschicht η_{th} gegeben ist,

$$\eta_{th} = \frac{y}{\delta_{th}} , \tag{5.34}$$

$$\eta = \eta_{th} \cdot \frac{\delta_{th}}{\delta} . \tag{5.35}$$

Das Verhältnis der hydrodynamischen zur thermischen Grenzschichtdicke wird durch die Prandtl-Zahl bestimmt. Solange die Änderungen der Prandtl-Zahl durch Temperatur- oder Druckeinflüsse vernachlässigbar gering sind, gilt für das Grenzschichtdickenverhältnis

$$k = \frac{\delta_{th}}{\delta} = const. \quad . \tag{5.36}$$

Für konstante Grenzschichtdickenverhältnisse reduziert sich die Abhängigkeit der ähnlichkeitstransformierten Geschwindigkeits- und Temperaturverteilung auf die Variable η_{th} und die thermische Grenzschichtdicke δ_{th} ist ausschließlich eine Funktion von x. Damit gehen die partiellen Ableitungen in Gl. (5.33) in gewöhnliche Ableitungen über. Die Integration liefert

$$\frac{\partial}{\partial x}\left(u_\infty \cdot \delta_{th} \cdot \int_0^1 \left[\left(\frac{3}{2}\cdot\frac{\delta_{th}}{\delta}\cdot\eta_{th} - \frac{1}{2}\cdot\left(\frac{\delta_{th}}{\delta}\right)^3\cdot\eta_{th}^3\right)\cdot\left(1-\frac{3}{2}\cdot\eta_{th}+\frac{1}{2}\cdot\eta_{th}^3\right)\right]d\eta_{th}\right) = \frac{3}{2}\cdot\frac{a}{\delta_{th}} \quad ,$$

$$\frac{\partial}{\partial x}\left(u_\infty \cdot \delta_{th} \cdot \left[\frac{3}{4}\cdot\frac{\delta_{th}}{\delta}\cdot\eta_{th}^2 - \frac{1}{8}\cdot\left(\frac{\delta_{th}}{\delta}\right)^3\cdot\eta_{th}^4 \ldots \\ \ldots - \frac{9}{12}\cdot\frac{\delta_{th}}{\delta}\cdot\eta_{th}^3 + \frac{3}{20}\cdot\left(\frac{\delta_{th}}{\delta}\right)^3\cdot\eta_{th}^5 \ldots \\ \ldots + \frac{3}{20}\cdot\frac{\delta_{th}}{\delta}\cdot\eta_{th}^5 - \frac{1}{28}\cdot\left(\frac{\delta_{th}}{\delta}\right)^3\cdot\eta_{th}^7\right]_0^1\right) = \frac{3}{2}\cdot\frac{a}{\delta_{th}} \quad ,$$

$$\frac{\partial}{\partial x}\left(u_\infty \cdot \delta_{th} \cdot \left[\frac{3}{20}\cdot\frac{\delta_{th}}{\delta} - \frac{3}{280}\cdot\left(\frac{\delta_{th}}{\delta}\right)^3\right]\right) = \frac{3}{2}\cdot\frac{a}{\delta_{th}} \quad ,$$

$$\frac{\partial}{\partial x}\left(\delta \cdot \left[\frac{1}{10}\cdot\left(\frac{\delta_{th}}{\delta}\right)^2 - \frac{1}{140}\cdot\left(\frac{\delta_{th}}{\delta}\right)^4\right]\right) = \frac{a}{u_\infty \cdot \delta_{th}} \quad . \tag{5.37}$$

Bei konstantem Grenzschichtdickenverhältnis gemäß Gl. (5.36) erhalten wir für Gl. (5.37)

$$\left[\frac{1}{10}\cdot k^2 - \frac{1}{140}\cdot k^4\right]\cdot\frac{d\delta}{dx} = \frac{a}{u_\infty \cdot \delta_{th}} \quad . \tag{5.38}$$

Für ein Grenzschichtdickenverhältnis von $k \lesseqgtr 1$ ist der zweite Term in der eckigen Klammer auf der linken Seite in Gl. (5.38) sehr klein und kann gegenüber dem ersten Term vernachlässigt werden. Dementsprechend gilt

$$\frac{d\delta}{dx} = \frac{10\cdot a}{u_\infty \cdot k^2 \cdot \delta_{th}} = \frac{10\cdot a}{u_\infty \cdot k^2 \cdot \frac{\delta_{th}}{\delta}\cdot\delta} = \frac{10\cdot a}{u_\infty \cdot k^3 \cdot \delta} \quad . \tag{5.39}$$

Formen wir anschließend Gl. (5.39) um zu

$$k^3 = \frac{10 \cdot a}{u_\infty \cdot \left(\delta \dfrac{d\delta}{dx}\right)} \tag{5.40}$$

und substituieren den Term $\delta\, d\delta/dx$ entsprechend Gl. (5.21), erhält man

$$k^3 = \frac{10 \cdot a}{u_\infty \cdot \dfrac{140}{13} \dfrac{\nu}{u_\infty}} = \frac{13}{14} \cdot \frac{a}{\nu} \quad ,$$

$$\frac{\delta_{th}}{\delta} = 0{,}976 \cdot Pr^{-1/3} \quad . \tag{5.41}$$

Mit Gl. (5.41) für das Grenzschichtdickenverhältnis, mit Gl. (5.31) für das dimensionslose Temperaturprofil T^* und mit Gl. (5.22) für die hydrodynamische Grenzschichtdicke $\delta(x)$ ergibt sich für die lokale Nusselt-Zahl entsprechend Gl. (5.32)

$$Nu(x) = \frac{x}{\delta_{th}(x)} \cdot \frac{dT^*}{d\eta_{th}}\Big|_{\eta_{ta}=0}$$
$$= \frac{x}{0{,}976 \cdot Pr^{-1/3} \cdot \delta(x)} \cdot \frac{3}{2} = 0{,}331 \cdot Pr^{1/3} \cdot Re_x^{1/2} \quad . \tag{5.42}$$

Für die Bestimmung einer über die Länge $L = [0\ x]$ (der umströmten Platte) gemittelten Nusselt-Zahl müssen wir zunächst noch mit Hilfe des lokalen Wärmeübertragungskoeffizienten

$$\alpha(x) = \frac{\lambda}{\delta_{th}(x)} \cdot \frac{dT^*}{d\eta_{th}}\Big|_{\eta_{ta}=0} = \frac{3}{2} \cdot \frac{\lambda}{\delta_{th}(x)} = 1{,}54 \cdot Pr^{1/3} \cdot \frac{\lambda}{\delta(x)} \tag{5.43}$$

den Länge-gemittelten Wärmeübertragungskoeffizienten berechnen. Für $T_W = const.$ folgt aus Gl. (3.65)

$$\alpha_L(x) = \frac{1}{x} \cdot \int_0^x \alpha(\tilde{x}) d\tilde{x} \quad . \tag{5.44}$$

Wir erhalten dementsprechend

$$\alpha_L(x) = \frac{1}{x} \cdot \int_0^x 1{,}54 \cdot Pr^{1/3} \cdot \frac{\lambda}{\delta(\tilde{x})} \, d\tilde{x}$$
$$= \frac{1}{x} \cdot \int_0^x 0{,}331 \cdot Pr^{1/3} \cdot \lambda \cdot \sqrt{\frac{u_\infty}{\nu}} \cdot \tilde{x}^{-1/2} \, d\tilde{x}$$
$$= \frac{1}{x} \cdot \left[0{,}662 \cdot Pr^{1/3} \cdot \lambda \cdot \sqrt{\frac{u_\infty}{\nu}} \cdot \tilde{x}^{1/2} \right]_0^x$$
$$= 0{,}662 \cdot \frac{\lambda}{x} \cdot Pr^{1/3} \cdot Re_x^{1/2} \tag{5.45}$$

und damit die Länge-gemittelte Nusselt-Zahl

$$Nu_L(x) = \alpha_L(x) \cdot \frac{x}{\lambda} = 0{,}662 \cdot Pr^{1/3} \cdot Re_x^{1/2} \quad . \tag{5.46}$$

$T_W = const.$ und $\delta \ll \delta_{th}$

Für Fluide mit $Pr \ll 1$, d. h. für Flüssigmetalle, liegt ein Grenzschichtdickenverhältnis von $k \gg 1$ vor. Es darf davon ausgegangen werden, dass innerhalb des größten Teils der thermischen Grenzschicht die Strömungsgeschwindigkeit der Anströmgeschwindigkeit $u_\infty = const.$ entspricht (vgl. Abb. 4.3 a) und demzufolge für das ähnlichkeitstransformierte Geschwindigkeitsprofil $u^* = 1$ gilt. Unter der Annahme eines selbstähnlichen Temperaturfelds können wir die ähnlichkeitstransformierte Temperatur T^* in Gl. (5.33) durch Gl. (5.31) substituieren und erhalten eine gewöhnliche Differentialgleichung. Deren Integration führt auf

$$\frac{\partial}{\partial x}\left(u_\infty \cdot \delta_{th} \cdot \int_0^1 \left[1 - \frac{3}{2}\cdot \eta_{th} + \frac{1}{2}\cdot \eta_{th}^3\right] d\eta_{th}\right) = \frac{3}{2}\cdot \frac{a}{\delta_{th}} \quad ,$$

$$\frac{\partial}{\partial x}\left(u_\infty \cdot \delta_{th} \cdot \left[\eta_{th} - \frac{3}{4}\cdot \eta_{th}^2 + \frac{1}{8}\cdot \eta_{th}^4\right]_0^1\right) = \frac{3}{2}\cdot \frac{a}{\delta_{th}} \quad ,$$

$$\frac{\partial}{\partial x}\left(\frac{3}{8}\cdot u_\infty \ \delta_{th}\right) = \frac{3}{2}\cdot \frac{a}{\delta_{th}} \quad ,$$

$$\frac{\partial}{\partial x}\left(u_\infty \cdot k \ \delta\right) = 4 \cdot \frac{a}{k\cdot \delta} \quad . \tag{5.47}$$

Solange die Prandtl-Zahl konstant bleibt, ändert sich das Grenzschichtdickenverhältnis auch bei Flüssigmetallen nicht. Formen wir Gl. (5.47) um zu

$$k^2 = 4 \cdot \frac{a}{u_\infty \cdot \left(\delta \dfrac{d\delta}{dx}\right)} \tag{5.48}$$

und ersetzen den Ausdruck $\delta \, d\delta$ durch Gl. (5.21), erhält man

$$k^2 = 4 \cdot \frac{a}{u_\infty \cdot \dfrac{140}{13}\ \dfrac{\nu}{u_\infty}} \quad ,$$

$$\frac{\delta_{th}}{\delta} = 0{,}609 \cdot Pr^{-1/2} \quad . \tag{5.49}$$

Mit Gl. (5.49) und Gl. (5.22) für die hydrodynamische Grenzschichtdicke $\delta(x)$ ergibt sich gemäß Gl. (5.32) für den lokalen Wärmeübertragungskoeffizienten

$$\alpha(x) = \frac{\lambda}{\delta_{th}(x)} \cdot \frac{dT^*}{d\eta_{th}}\bigg|_{\eta_{th}=0} = \frac{3}{2}\cdot \frac{\lambda}{\delta_{th}(x)} = 2{,}46 \cdot Pr^{1/2}\cdot \frac{\lambda}{\delta(x)} \tag{5.50}$$

und für den über die Länge $L = [0\ x]$ gemittelten Wärmeübertragungskoeffizienten

$$\alpha_L(x) = \frac{1}{x} \cdot \int_0^x 2{,}46 \cdot Pr^{1/2} \cdot \frac{\lambda}{\delta(\tilde{x})} \, d\tilde{x}$$

$$= \frac{1}{x} \cdot \int_0^x 0{,}53 \cdot Pr^{1/2} \cdot \lambda \cdot \sqrt{\frac{u_\infty}{\nu}} \cdot \tilde{x}^{-1/2} \, d\tilde{x}$$

$$= \frac{1}{x} \cdot \left[1{,}06 \cdot Pr^{1/2} \cdot \lambda \cdot \sqrt{\frac{u_\infty}{\nu}} \cdot \tilde{x}^{1/2} \right]_0^x \tag{5.51}$$

$$= 1{,}06 \cdot \frac{\lambda}{x} \cdot Pr^{1/2} \cdot Re_x^{1/2} \quad .$$

Dementsprechend lautet die lokale Nusselt-Zahl

$$Nu(x) = \frac{x}{\delta_{th}(x)} \cdot \frac{dT^*}{d\eta_{th}}\bigg|_{\eta_{th}=0} = \frac{3}{2} \cdot \frac{x}{0{,}609 \cdot Pr^{1/2} \cdot \delta(x)} = 0{,}531 \cdot Pr^{1/2} \cdot Re_x^{1/2} \tag{5.52}$$

und für die Länge-gemittelte Nusselt-Zahl erhält man

$$Nu_L(x) = \alpha_L(x) \cdot \frac{x}{\lambda} = 1{,}06 \cdot Pr^{1/2} \cdot Re_x^{1/2} \quad . \tag{5.53}$$

5.3 Ähnlichkeitslösung der Grenzschichtgleichungen

Der im Folgenden vorgestellte Lösungsansatz verfolgt das Ziel, die partiellen Grenzschicht-gleichungen aufgrund der Selbstähnlichkeit der Strömungsgrößen in der Grenzschicht in gewöhnliche Differentialgleichungen zu überführen und diese anschließend (wenn auch nur numerisch) zu lösen. Die vorgestellten Ähnlichkeitslösungen orientieren sich an den Arbeiten von Blasius (1908) und Pohlhausen (1921b). Als Erstes führen wir die Strom-funktionen

$$u = \frac{\partial \psi}{\partial y} \quad , \tag{5.54}$$

$$v = -\frac{\partial \psi}{\partial x} \tag{5.55}$$

ein, um die Geschwindigkeitskomponenten u und v durch partielle Ableitungen der Variable $\psi(x,y)$ darzustellen. Mit Gl. (5.54) und Gl. (5.55) lauten die laminaren Grenzschichtglei-chungen (Gl. (5.3)– Gl. (5.5))

$$\frac{\partial^2 \psi}{\partial y \partial x} - \frac{\partial^2 \psi}{\partial y \partial x} = 0 \quad , \tag{5.56}$$

$$\frac{\partial \psi}{\partial y} \cdot \frac{\partial^2 \psi}{\partial y \partial x} - \frac{\partial \psi}{\partial x} \cdot \frac{\partial^2 \psi}{\partial y^2} = \nu \cdot \frac{\partial^3 \psi}{\partial y^3} \quad , \tag{5.57}$$

$$\frac{\partial \psi}{\partial y} \cdot \frac{\partial T}{\partial x} - \frac{\partial \psi}{\partial x} \cdot \frac{\partial T}{\partial y} = a \cdot \frac{\partial^2 T}{\partial y^2} \quad . \tag{5.58}$$

Die Ordnung der Ableitung hat sich gegenüber den Ausgangsgleichungen erhöht. Um dennoch eine Vereinfachung zu erzielen, nutzen wir die Selbstähnlichkeit der Grenzschichtströmung aus. Unter der Annahme eines konstanten Grenzschichtdickenverhältnisses, hängen die hydrodynamische und die thermische Grenzschichtdicke in gleicher Weise von x ab. Mit den in Kapitel 4.1.1 und Kapitel 4.1.2 kennengelernten Skalenbeziehungen für die hydrodynamische und die thermische Grenzschichtdicke sowie dem Ergebnis aus Gl. (5.22) ist ersichtlich, dass der Term $x \cdot Re_x^{-1/2}$ eine geeignete Bezugsgröße der gemeinsamen Ähnlichkeitsvariable für das Geschwindigkeits- und Temperaturfeld darstellt. Diese lautet dementsprechend

$$\eta(x,y) = \frac{y}{x} \cdot Re_x^{1/2} = y \cdot \left(\frac{u_\infty}{v \cdot x}\right)^{1/2} \quad . \tag{5.59}$$

5.3.1 Hydrodynamische Grenzschicht

Die Selbstähnlichkeit der Geschwindigkeitsverteilung in der hydrodynamischen Grenzschicht liefert uns mit Gl. (5.59) das ähnlichkeitstransformierte Geschwindigkeitsprofil

$$\frac{u(x,y)}{u_\infty} = \frac{u(x,\eta)}{u_\infty} = g(x,\eta) \to g(\eta) \quad . \tag{5.60}$$

Die Geschwindigkeitsänderungen werden entsprechend Gl. (5.60) alleinig durch die Ähnlichkeitsvariable η beschrieben. Unter Berücksichtigung von Gl. (5.59) und Gl. (5.60) erhalten wir durch die Integration von Gl. (5.54) die Stromfunktion

$$\psi = \int_0^y u\, d\tilde{y} = (u_\infty \cdot v \cdot x)^{1/2} \cdot \int_0^\eta g(\tilde{\eta})\, d\tilde{\eta} \quad . \tag{5.61}$$

Den Term vor dem letzten Integral in Gl. (5.61) fassen wir mit der Funktion $h(x) = (u_\infty \cdot v \cdot x)^{1/2}$ zusammen und ersetzen das unbekannte Integral durch die noch unbekannte Funktion $f(\eta)$. Man erhält für die Stromfunktion

$$\psi(x,\eta) = h(x) \cdot f(\eta) \quad . \tag{5.62}$$

Mit den Ableitungen

$$\frac{\partial \eta}{\partial y} = \left(\frac{u_\infty}{v \cdot x}\right)^{1/2} \quad , \tag{5.63}$$

$$\frac{\partial \eta}{\partial x} = -\frac{1}{2} \cdot \frac{\eta}{x} \quad , \tag{5.64}$$

$$\frac{\partial h}{\partial x} = \frac{1}{2} \cdot \left(\frac{v \cdot u_\infty}{x}\right)^{1/2} \quad , \tag{5.65}$$

ergeben sich für die in Gl. (5.56) – Gl. (5.58) vorkommenden Ableitungen von ψ

$$\frac{\partial \psi}{\partial y} = \frac{\partial (h \cdot f)}{\partial y} = \frac{\partial (h \cdot f)}{\partial \eta} \cdot \frac{\partial \eta}{\partial y} = h \cdot \frac{df}{d\eta} \cdot \frac{\partial \eta}{\partial y} = u_\infty \cdot f' \quad , \tag{5.66}$$

$$\begin{aligned}
\frac{\partial \psi}{\partial x} &= \frac{\partial (h \cdot f)}{\partial x} = f \cdot \frac{\partial h}{\partial x} + h \cdot \frac{\partial f}{\partial x} \\
&= f \cdot \frac{\partial h}{\partial x} + h \cdot \frac{df}{d\eta} \cdot \frac{\partial \eta}{\partial x} = \frac{1}{2} \cdot \left(\frac{u_\infty \cdot \nu}{x} \right)^{1/2} \cdot (f - \eta \cdot f') \quad ,
\end{aligned} \tag{5.67}$$

$$\frac{\partial^2 \psi}{\partial x \partial y} = \frac{\partial}{\partial x}\left[\frac{\partial \psi}{\partial y} \right] = \frac{\partial}{\partial x}\left[u_\infty \cdot f' \right] = u_\infty \cdot \frac{df'}{d\eta} \cdot \frac{\partial \eta}{\partial x} = -\frac{1}{2} \cdot \frac{u_\infty}{x} \cdot \eta \cdot f'' \quad , \tag{5.68}$$

$$\frac{\partial^2 \psi}{\partial y^2} = \frac{\partial}{\partial y}\left[\frac{\partial \psi}{\partial y} \right] = \frac{\partial}{\partial y}\left[u_\infty \cdot f' \right] = u_\infty \cdot \left(\frac{u_\infty}{\nu \cdot x} \right)^{1/2} \cdot f'' \quad , \tag{5.69}$$

$$\frac{\partial^3 \psi}{\partial y^3} = \frac{\partial}{\partial y}\left[\frac{\partial^2 \psi}{\partial y^2} \right] = \frac{\partial}{\partial y}\left[u_\infty \cdot \left(\frac{u_\infty}{\nu \cdot x} \right)^{1/2} \cdot f'' \right] = \frac{u_\infty^2}{\nu \cdot x} \cdot f''' \quad . \tag{5.70}$$

Mit Gl. (5.66) – Gl.(5.70) können wir Gl. (5.57) in eine gewöhnliche, nichtlineare Differentialgleichung dritter Ordnung, die sogenannte Blasius-Gleichung,

$$f \cdot f'' + 2 \cdot f''' = 0 \tag{5.71}$$

überführen. Die Randbedingungen zur Lösung von Gl. (5.71)

$$\eta = 0 : \quad f = f' = 0 \qquad\qquad\qquad \eta \to \infty : \quad f' = 1 \tag{5.72}$$

erhält man aus den Randbedingungen der hydrodynamischen Grenzschicht unter Berücksichtigung der Definitionsgleichungen der Stromfunktion (5.54) und (5.55)

$$u(x, y = 0) = \left. \frac{\partial \psi}{\partial y} \right|_{y=0} = u_\infty \cdot f' = 0 \quad , \tag{5.73}$$

$$-v(x, y = 0) = \left. \frac{\partial \psi}{\partial x} \right|_{y=0} = \frac{1}{2} \cdot \left(\frac{u_\infty \cdot \nu}{x} \right)^{1/2} \cdot (f - \eta \cdot f') = 0 \quad , \tag{5.74}$$

$$u(x, y = \delta) = \left. \frac{\partial \psi}{\partial y} \right|_{y=\delta} = u_\infty \cdot f' = u_\infty \quad . \tag{5.75}$$

Das Gleichungssystem Gl. (5.71) – Gl. (5.72) lässt sich durch numerische Integration lösen (siehe Aufgabe 5.6). In Abb. 5.3 sind die Funktion f sowie ihre Ableitungen f' und f'' dargestellt. Entsprechend Gl. (5.66) entspricht $f' = u/u_\infty$. In der hydrodynamischen Grenzschicht steigt die wandparallele Komponente der Strömungsgeschwindigkeit vom Wert $u(x, y = 0) = 0$ an der Wand bis auf den Wert der Außenströmungsgeschwindigkeit am Grenzschichtrand $u(x, y = \delta) = u_\infty$ an. Wählt man als hydrodynamische Grenzschichtdicke den Wandabstand, bei dem die wandparallele Geschwindigkeitskomponente bis auf 99 % der ungestörten Anströmgeschwindigkeit angewachsen ist, so folgt mit den Ergebnissen aus Abb. 5.3 und Gl. (5.59) für die hydrodynamische Grenzschichtdicke

$$\delta(x) = 4{,}91 \cdot \left(\frac{\nu \cdot x}{u_\infty}\right)^{1/2} = \frac{4{,}91 \cdot x}{Re_x^{\,1/2}} \quad . \tag{5.76}$$

Mit Gl. (4.59) – Gl. (4.61) für die Verlustdicken und den Randbedingungen aus Gl. (5.71) erhalten wir die Bestimmungsgleichungen der Verdrängungsdicke

$$\begin{aligned}
\delta_1(x) &= \left(\frac{\nu \cdot x}{u_\infty}\right)^{1/2} \cdot \int_0^\infty (1 - f')\, d\eta \\
&= \left(\frac{\nu \cdot x}{u_\infty}\right)^{1/2} \cdot \lim_{\eta \to \infty} (\eta - f) \quad ,
\end{aligned} \tag{5.77}$$

der Impulsverlustdicke

$$\begin{aligned}
\delta_2(x) &= \left(\frac{\nu \cdot x}{u_\infty}\right)^{1/2} \cdot \int_0^\infty f' \cdot (1 - f')\, d\eta \\
&= \left(\frac{\nu \cdot x}{u_\infty}\right)^{1/2} \cdot \left(f|_0^\infty - f \cdot f'|_0^\infty + \int_0^\infty f \cdot f''\, d\eta\right) \\
&= \left(\frac{\nu \cdot x}{u_\infty}\right)^{1/2} \cdot \int_0^\infty f \cdot f''\, d\eta
\end{aligned} \tag{5.78}$$

und der Energieverlustdicke

$$\begin{aligned}
\delta_3(x) &= \left(\frac{\nu \cdot x}{u_\infty}\right)^{1/2} \cdot \int_0^\infty f' \left(1 - f'^2\right) d\eta \\
&= \left(\frac{\nu \cdot x}{u_\infty}\right)^{1/2} \cdot \left(f|_0^\infty - f \cdot f'^2|_0^\infty + 2 \cdot \int_0^\infty f \cdot f' \cdot f''\, d\eta\right) \\
&= \left(\frac{\nu \cdot x}{u_\infty}\right)^{1/2} \cdot 2 \cdot \int_0^\infty f \cdot f' \cdot f''\, d\eta \quad .
\end{aligned} \tag{5.79}$$

Die numerische Integration von Gl. (5.77), Gl. (5.78) und Gl. (5.79) liefert die Verdrängungsdicke $\delta_1(x) = 1{,}7208 \cdot x \cdot Re_x^{-1/2}$, die Impulsverlustdicke $\delta_2(x) = 0{,}664 \cdot x \cdot Re_x^{-1/2}$ und die Energieverlustdicke $\delta_3(x) = 1{,}0444 \cdot x \cdot Re_x^{-1/2}$ sowie den Formparameter $H_{12}(x) = 2{,}59$.

Anhand von Gl. (5.1), Gl. (5.54), Gl. (5.63) und Gl. (5.66) erhält man für den lokalen Reibungskoeffizienten

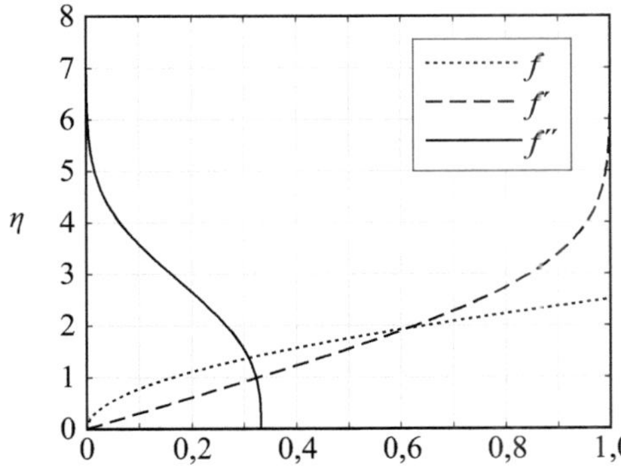

Abb. 5.3 Funktion f sowie deren Ableitung f' und f'' für die laminare Plattengrenzschicht.

$$c_f(x) = \frac{2 \cdot \tau_W(x)}{u_\infty^2 \cdot \rho} = \frac{2 \cdot \mu}{u_\infty^2 \cdot \rho} \cdot \left.\frac{\partial u}{\partial y}\right|_{y=0} = \frac{2 \cdot \nu}{u_\infty^2} \cdot \left.\frac{\partial u}{\partial \eta}\right|_{\eta=0} \cdot \left.\frac{\partial \eta}{\partial y}\right|_{y=0}$$

$$= \frac{2 \cdot \nu}{u_\infty^2} \cdot \frac{\partial}{\partial \eta}\left(\frac{\partial \psi}{\partial y}\right)\bigg|_{\eta=0} \cdot \left.\frac{\partial \eta}{\partial y}\right|_{y=0} = \frac{2 \cdot \nu}{u_\infty^2} \cdot \frac{\partial}{\partial \eta}\left(u_\infty \cdot f'\right)\bigg|_{\eta=0} \cdot \left.\frac{\partial \eta}{\partial y}\right|_{y=0} \tag{5.80}$$

$$= \frac{2 \cdot \nu}{u_\infty} \cdot f''(\eta = 0) \cdot \left(\frac{u_\infty}{\nu \cdot x}\right)^{1/2} = \frac{2 \cdot f''(\eta = 0)}{Re_x^{1/2}} \quad .$$

Die Lösung der in Abb. 5.3 gezeigten numerischen Integration liefert $f''(\eta = 0) = 0{,}332$ und dementsprechend ergibt sich aus Gl. (5.80)

$$c_f(x) = \frac{0{,}664}{Re_x^{1/2}} \quad . \tag{5.81}$$

5.3.2 Thermische Grenzschicht

Für die Lösung der Energiegleichung (5.58) betrachten wir die laminare Plattengrenzschicht bei konstanter Wandtemperatur $T_W = const.$. Wir nehmen an, dass die dimensionslose Temperaturverteilung in der Plattengrenzschicht selbstähnlich ist. Für das ähnlichkeitstransformierte Temperaturprofil gilt

$$\frac{T(x,y) - T_W}{T_\infty - T_W} = T^*(x,\eta) \rightarrow T^*(\eta) \quad . \tag{5.82}$$

Unter Einbeziehung der Ergebnisse der Ähnlichkeitslösung für die hydrodynamische Grenzschicht und unter Verwendung der Ableitung gemäß Gl. (5.66) – Gl. (5.70) können wir die partielle Energiegleichung in eine gewöhnliche Differentialgleichung zweiter Ordnung überführen

$$u_\infty \cdot f' \cdot \frac{\partial T^*}{\partial \eta} \cdot \frac{\partial \eta}{\partial x} - \frac{1}{2} \cdot \left(\frac{u_\infty \cdot v}{x}\right)^{1/2} \cdot (f - \eta \cdot f') \cdot \frac{\partial T^*}{\partial \eta} \cdot \frac{\partial \eta}{\partial y}$$

$$= a \cdot \frac{\partial}{\partial \eta}\left[\frac{\partial T^*}{\partial \eta} \cdot \frac{\partial \eta}{\partial y}\right] \cdot \frac{\partial \eta}{\partial y} \quad,$$

$$u_\infty \cdot f' \cdot \frac{\partial T^*}{\partial \eta} \cdot \left(-\frac{1}{2} \cdot \frac{\eta}{x}\right) - \frac{1}{2} \cdot \left(\frac{u_\infty \cdot v}{x}\right)^{1/2} \cdot (f - \eta \cdot f') \cdot \frac{\partial T^*}{\partial \eta} \cdot \left(\frac{u_\infty}{v \cdot x}\right)^{1/2}$$

$$= a \cdot \frac{\partial}{\partial \eta}\left[\frac{\partial T^*}{\partial \eta} \cdot \left(\frac{u_\infty}{v \cdot x}\right)^{1/2}\right] \cdot \left(\frac{u_\infty}{v \cdot x}\right)^{1/2} \quad,$$

$$-\frac{1}{2} \cdot \left(\frac{u_\infty \cdot v}{x}\right)^{1/2} \cdot f \cdot \frac{\partial T^*}{\partial \eta} \cdot \left(\frac{u_\infty}{v \cdot x}\right)^{1/2} = a \cdot \frac{\partial^2 T^*}{\partial \eta^2} \cdot \left(\frac{u_\infty}{v \cdot x}\right) \quad,$$

$$-\frac{1}{2} \cdot \frac{u_\infty}{x} \cdot f \cdot \frac{\partial T^*}{\partial \eta} = a \cdot \frac{\partial^2 T^*}{\partial \eta^2} \cdot \left(\frac{u_\infty}{v \cdot x}\right) \quad,$$

$$0 = \frac{1}{2} \cdot Pr \cdot f \cdot T^{*'} + T^{*''} \quad. \tag{5.83}$$

Mit Gl. (5.63) ergibt sich aus Gl. (5.32)

$$Nu(x) = \frac{x}{\lambda} \cdot \alpha(x) = -\frac{x}{\Delta T_0} \cdot \frac{\partial T}{\partial y}\Big|_{y=0}$$
$$= x \cdot \frac{\partial T^*}{\partial \eta}\Big|_{\eta=0} \cdot \frac{\partial \eta}{\partial y} = T^{*'}(\eta = 0) \cdot Re_x^{1/2} \tag{5.84}$$

und daher benötigen wir $T^{*'}(\eta = 0)$, um die lokale Nusselt-Zahl zu bestimmen. Die numerische Integration von Gl. (5.83) mit den transformierten Randbedingungen

$$\eta = 0: \quad T^* = 0 \qquad\qquad \eta \to \infty: \quad T^* = 1 \tag{5.85}$$

und den Randbedingungen des Geschwindigkeitsfelds aus Gl. (5.72) führt auf die in Abb. 5.4 gezeigten Verläufe von $f, f', f'', T^*, T^{*'}$ über η (hier für $Pr = 0{,}01$ und $Pr = 10$). In Abb. 5.5 ist der Verlauf von $T^{*'}(\eta = 0)$ über der Prandtl-Zahl dargestellt. Die ebenfalls gezeigten asymptotischen Lösungen für $Pr \to 0$ aus Schlichting und Gersten (2006) und für $Pr \to \infty$ nach Léveque (1928) führen auf die Nusselt-Zahl-Korrelationen

$$Pr \to 0 \qquad\qquad Nu(x) = 0{,}564 \cdot Re_x^{1/2} \cdot Pr^{1/2} \quad, \tag{5.86}$$

$$Pr \to \infty \qquad\qquad Nu(x) = 0{,}339 \cdot Re_x^{1/2} \cdot Pr^{1/3} \quad. \tag{5.87}$$

In Tabelle 5.1 sind einige Werte von $T^{*'}(\eta = 0)$ für unterschiedliche Prandtl-Zahlen zusammengestellt. Für Prandtl-Zahlen im Bereich von $0{,}6 \leq Pr \leq 10$ lässt sich $T^{*'}(\eta = 0)$ durch die empirisch ermittelte Funktion $0{,}332 \cdot Pr^{1/3}$ approximieren. Die sich ergebende Nusselt-Zahl-Korrelation

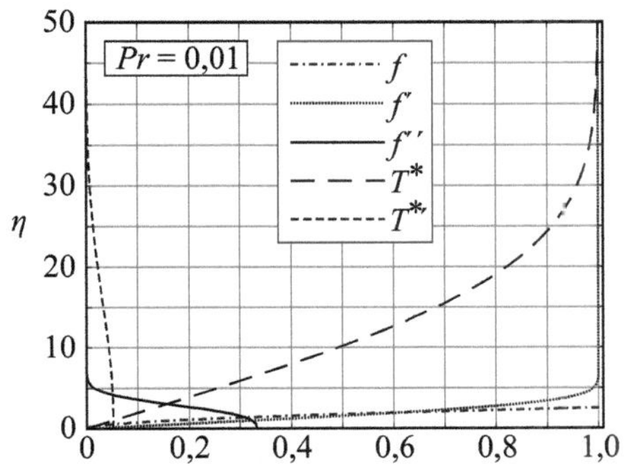 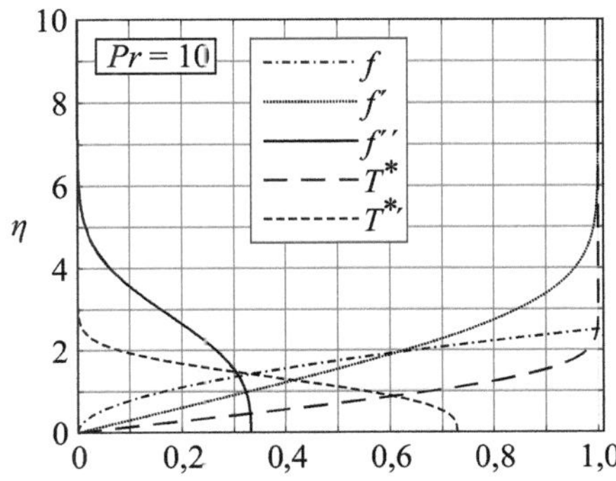

Abb. 5.4 f, f', f'', T^* und $T^{*'}$ über η für $Pr = 0{,}01$ und 10.

$$Nu(x) = 0{,}332 \cdot Re_x^{1/2} \cdot Pr^{1/3} \tag{5.88}$$

ist nahezu identisch mit der Näherungslösung der Integralmethode aus Gl. (5.42). Den lokalen Wärmeübertragungskoeffizienten

$$\alpha(x) = 1{,}63 \cdot Pr^{1/3} \cdot \frac{\lambda}{\delta(x)} \tag{5.89}$$

erhält man durch Kombination der Gl. (5.2), Gl. (5.76) und Gl. (5.88). Die Integration von Gl. (5.89) entsprechend Gl. (5.44) führt auf den über die Länge $L = [0\ x]$ gemittelten Wärmeübertragungskoeffizienten

$$\alpha_L(x) = 0{,}664 \cdot \frac{\lambda}{x} \cdot Re_x^{1/2} \cdot Pr^{1/3} \quad . \tag{5.90}$$

Die dazugehörige Länge-gemittelte Nusselt-Zahl-Korrelation lautet

$$Nu_L(x) = 0{,}664 \cdot Re_x^{1/2} \cdot Pr^{1/3} \quad . \tag{5.91}$$

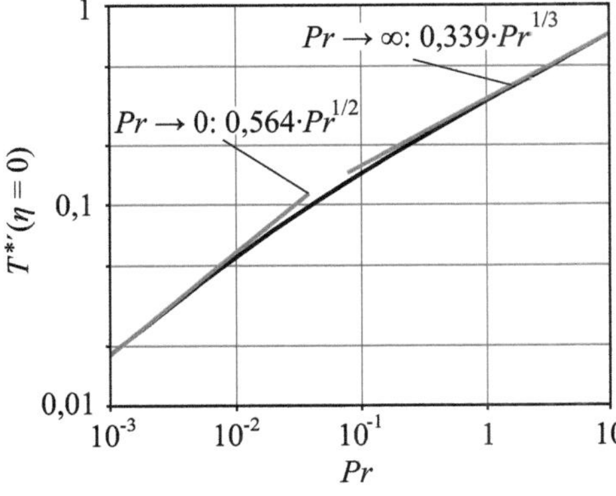

Abb. 5.5 $T^{*'}(\eta = 0)$ für verschiedene Prandtl-Zahlen sowie der asymptotische Verlauf für $Pr \rightarrow 0$ und $Pr \rightarrow \infty$.

Tabelle 5.1 $T^{*'}(\eta = 0)$ für unterschiedliche Prandtl-Zahlen. Werte für $Pr = 0{,}01; 0{,}1; 100$ und 1000 aus Polifke und Kopitz (2009); Werte im Bereich $0{,}6 \leq Pr \leq 10$ nach Pohlhausen (1921b).

Pr	0,01	0,1	0,6	0,7	0,8	0,9	1,0	7	10	100	1000
$T^{*'}(\eta = 0)$	0,051	0,14	0,276	0,293	0,307	0,32	0,332	0,645	0,73	1,582	3,512

Ihr Verlauf ist zusammen mit den von Whitaker (1976) experimentell ermittelten Werten für eine Prandtl-Zahl von $Pr = 0{,}7$ in Abb. 5.6 dargestellt.

Die Temperaturabhängigkeit der Stoffwerte in den Nusselt-Zahl-Korrelationen für Fluide mit Prandtl-Zahlen im Bereich $0{,}82 \leq Pr \leq 2800$ lässt sich nach Wehle und Brandt (1984) mit der Methode der Stoffwertverhältnisse entsprechend

$$Nu(x) = \left(\frac{\rho_W}{\rho_\infty}\right)^{0,19} \cdot \left(\frac{\mu_W}{\mu_\infty}\right)^{0,4-n(Pr)} \cdot \left(\frac{Pr_W}{Pr_\infty}\right)^{-0,4} \cdot \left(\frac{c_{pW}}{c_{p\infty}}\right)^{0,5} \cdot Nu_{T_\infty\, c.p.}(x) \qquad (5.92)$$

berücksichtigen, wobei für den Exponenten $n(Pr) = 0{,}178 \cdot Pr_\infty^{0,04}$ gilt und für die mit dem Index ∞ gekennzeichneten Größen die korrespondierenden Werte bei Anströmbedingungen mit der Referenztemperatur T_∞ verwendet werden. Zur Berücksichtigung der Temperaturabhängigkeit der Stoffwerte bei Fluiden mit kleineren Prandtl-Zahlen lassen sich die Korrekturen nach Gersten und Herwig (1984) verwenden. Für Flüssigmetalle findet man in Jischa (1982) die Nusselt-Zahl-Korrelation

$$Nu(x) = 0{,}5 \cdot Re_x^{1/2} \cdot Pr^{1/2}; \qquad\qquad 0{,}005 \leq Pr \leq 0{,}05 \qquad (5.93)$$

und somit gilt für den lokalen Wärmeübertragungskoeffizienten

$$\alpha(x) = 2{,}46 \cdot Pr^{1/2} \cdot \frac{\lambda}{\delta(x)} \qquad . \qquad (5.94)$$

Ein zum Rechenweg aus Gl. (5.51) analoges Vorgehen liefert den über die Länge $L = [0 \ x]$ gemittelten Wärmeübertragungskoeffizient

$$\alpha_L(x) = 1{,}0 \cdot \frac{\lambda}{x} \cdot Re_x^{1/2} \cdot Pr^{1/2} \qquad (5.95)$$

und die Länge-gemittelte Nusselt-Zahl

$$Nu_L(x) = 1{,}0 \cdot Re_x^{1/2} \cdot Pr^{1/2} \qquad . \qquad (5.96)$$

Der lokale Wärmeübertragungskoeffizient (Gl. (5.89) und Gl. (5.94)) ist umgekehrt proportional zur hydrodynamischen Grenzschichtdicke und nimmt unabhängig von der Prandtl-Zahl mit zunehmender Lauflänge x ab.

Bei der thermischen Randbedingung $\dot{q}_W = const.$ greifen wir auf empirisch gewonnene Korrelationen zurück. Beispielsweise geben Baehr und Kabelac (2012) die Nusselt-Zahl-Korrelation

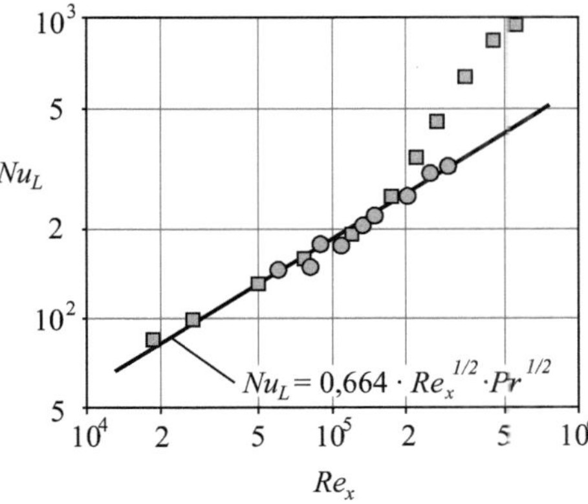

Abb. 5.6 Mittlere Nusselt-Zahl entsprechend Gl. (5.91) und experimentelle Werte für $Pr = 0{,}7$ nach Whitaker (1976). Abweichungen bei höheren Reynolds-Zahlen aufgrund von Änderungen des Strömungszustands.

$$Nu(x) = \sqrt{\pi} \cdot \frac{Re_x^{1/2}}{2} \cdot h(Pr); \qquad 0 \leq Pr \leq \infty; \quad Re_x \leq 5 \cdot 10^5$$

$$h(Pr) = \frac{Pr^{1/2}}{\left(1 + 2{,}55 \cdot Pr^{0{,}25} + 48{,}66 \cdot Pr\right)^{1/6}} \tag{5.97}$$

an, wobei der Fehler zwischen 0,13 ‰ ($0{,}2 \leq Pr \leq \infty$) und 2,4 % ($0 \leq Pr \leq 0{,}2$) gegenüber den empirischen Werten liegt. Für Fluide mit Prandtl-Zahlen von $Pr = O(1)$ findet man in Kays et al (2005) die für Überschlagsrechnungen handliche Korrelation

$$Nu(x) = 0{,}453 \cdot Re_x^{1/2} \cdot Pr^{1/3} \quad . \tag{5.98}$$

Ein Vergleich von Gl. (5.98) mit Gl. (5.88) zeigt, dass bei laminaren Strömungen die Wärmeübertragung durch Änderung der thermischen Randbedingungen um 36 % variiert.

Übungsaufgaben

5.1 Leite die Verdrängungs-, Impulsverlust- und Energieverlustdicke für die einseitig laminar umströmte ebene Platte gemäß Gl. (5.24), Gl. (5.25) und Gl. (5.26) her. Wie groß ist der Formparameter $H_{12} = \delta_1(x)/\delta_2(x)$. Nutze für die Herleitung die Geschwindigkeitsverteilung aus Gl. (5.18) und die Definitionsgleichungen (4.59) – (4.61).

5.2 Flüssiges Natrium ($\rho = 900\,\mathrm{kg\,m^{-3}}$, $\mu = 5{,}34 \cdot 10^{-4}\,\mathrm{kg\,m^{-1}\,s^{-1}}$, $\lambda = 84{,}17\,\mathrm{W\,m^{-1}\,K^{-1}}$, $Pr = 0{,}0086$) strömt mit der ungestörten Geschwindigkeit $u_\infty = 0{,}1\,\mathrm{m\,s^{-1}}$ und Temperatur $T_\infty = 100\,^\circ\mathrm{C}$ über eine ebene beheizte Platte mit der konstanten Temperatur $T_W = 200\,^\circ\mathrm{C}$, siehe Abb. 5.7 . Die Plattenlänge beträgt $L = 1{,}1\,\mathrm{m}$.

- Wie groß sind die lokale Wandschubspannung und die lokale Wandwärmestromdichte 0,7 m stromab der vorderen Plattenkante?

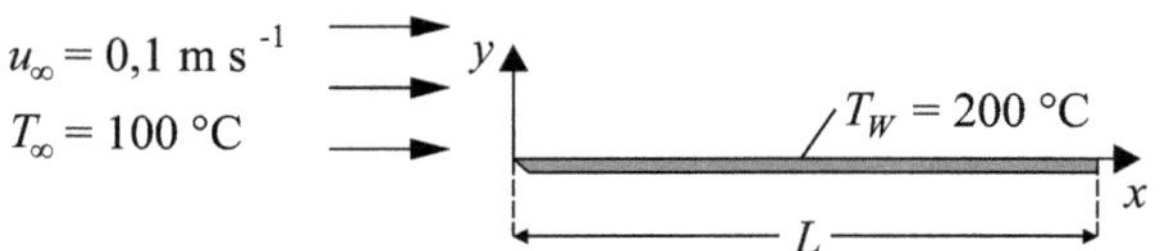

Abb. 5.7 Aufgabe 5.2

- Wie groß sind die an der Platte angreifende Reibungskraft und der an das Flüssigmetall übertragene Wärmestrom, wenn die Plattenbreite $B = 12$ m beträgt?

5.3 Über die in Abb. 5.8 skizzierte ebene beheizte Platte mit der konstanten Oberflächentemperatur $T_W = 300\,°C$ strömt Öl ($\rho = 867\,\text{kg m}^{-3}$, $\mu = 3{,}3 \cdot 10^{-4}\,\text{kg m}^{-1}\,\text{s}^{-1}$, $\lambda = 0{,}106\,\text{W m}^{-1}\,\text{K}^{-1}$, $Pr = 5{,}92$), Lithium ($\rho = 509\,\text{kg m}^{-3}$, $\mu = 5{,}02 \cdot 10^{-4}\,\text{kg m}^{-1}\,\text{s}^{-1}$, $\lambda = 45{,}0\,\text{W m}^{-1}\,\text{K}^{-1}$, $Pr = 0{,}015$) oder Luft ($\rho = 0{,}665\,\text{kg m}^{-3}$, $\mu = 2{,}88 \cdot 10^{-5}\,\text{kg m}^{-1}\,\text{s}^{-1}$, $\lambda = 4{,}12 \cdot 10^{-2}\,\text{W m}^{-1}\,\text{K}^{-1}$, $Pr = 0{,}72$) mit der ungestörten Geschwindigkeit $u_\infty = 0{,}3\,\text{m s}^{-1}$ und Temperatur $T_\infty = 200\,°C$.

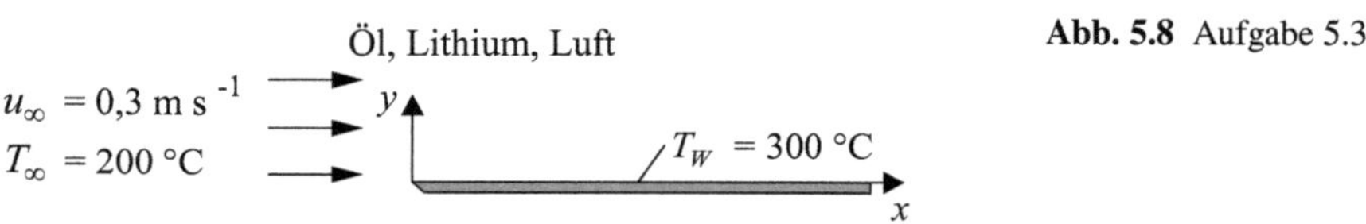

Abb. 5.8 Aufgabe 5.3

- Wie groß sind jeweils die hydrodynamische und thermische Grenzschichtdicke $0{,}1$ m stromab der vorderen Plattenkante?
- Skizzieren Sie für die drei Fluide den Verlauf der hydrodynamischen und thermischen Grenzschichten.

5.4 Entlang eines ebenen Heizers der Länge $L = 0{,}13$ m mit einer konstanten Oberflächentemperatur strömt Luft ($\rho = 0{,}665\,\text{kg m}^{-3}$, $\mu = 3{,}55 \cdot 10^{-5}\,\text{kg m}^{-1}\,\text{s}^{-1}$, $\lambda = 5{,}02 \cdot 10^{-2}\,\text{W m}^{-1}\,\text{K}^{-1}$, $Pr = 0{,}76$) mit der ungestörten Geschwindigkeit $u_\infty = 12\,\text{m s}^{-1}$ und Temperatur $T_\infty = 400\,°C$, siehe Abb. 5.9. Die lokale Wärmestromdichte am Ende des Heizers beträgt $\dot{q}_W(x = 0{,}13\,\text{m}) = 210\,\text{W m}^{-2}$.

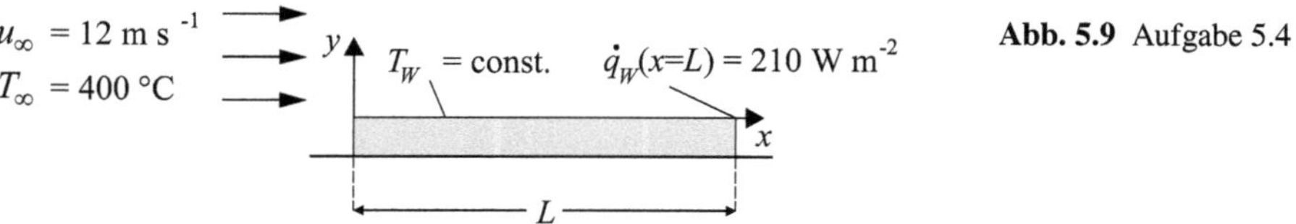

Abb. 5.9 Aufgabe 5.4

- Bestimmen Sie die konstante Oberflächentemperatur des Heizers.

- Wie groß ist die Gesamtleistung des Heizers, wenn die Heizerfläche $A = 0{,}091\,\mathrm{m}^2$ beträgt?

5.5 Luft ($\rho = 0{,}962\,\mathrm{kg\,m^{-3}}$, $\mu = 2{,}25 \cdot 10^{-5}\,\mathrm{kg\,m^{-1}\,s^{-1}}$, $\lambda = 3{,}22 \cdot 10^{-2}\,\mathrm{W\,m^{-1}\,K^{-1}}$, $Pr = 0{,}71$) von der Temperatur $T_\infty = 20\,^\circ\mathrm{C}$ strömt mit der Geschwindigkeit von $u_\infty = 2{,}3\,\mathrm{m\,s^{-1}}$ über eine Heizer. Wie Abb. 5.10 zeigt, besteht der Heizer aus 18 rechteckigen Modulen ($M1$, ..., $M2$), die jeweils eine Länge $L_M = 0{,}013\,\mathrm{m}$ und eine Breite von $b = 0{,}3\,\mathrm{m}$ besitzen. Die in Reihe angeordneten Module bilden eine ebene Fläche mit einer Gesamtlänge von $18 \cdot L_M = 0{,}234\,\mathrm{m}$. Jedes Modul verfügt über eine eigene Leistungsregelung.

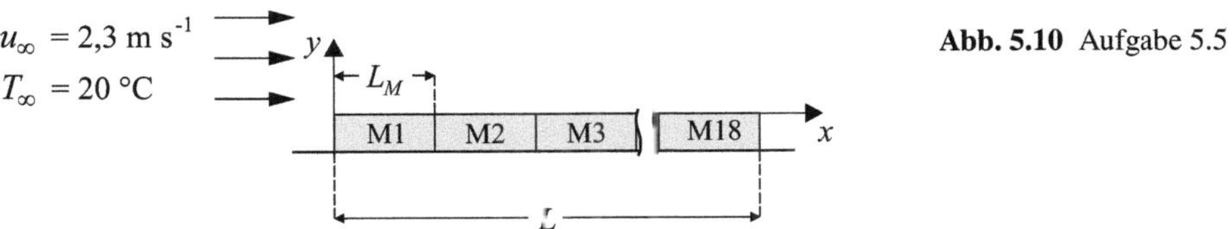

Abb. 5.10 Aufgabe 5.5

- Wie groß sind die Leistungen am ersten und beim zwölften Modul, sodass man von einer konstanten Oberflächentemperatur von $T_W = 400\,^\circ\mathrm{C}$ ausgehen kann?
- Bestimme die lokale Wandtemperatur am Ende des Heizers, wenn jedes Modul mit 14 W beheizt wird und man von einer konstanten Wandwärmestromdichte entlang des Heizers ausgehen kann.

5.6 Löse das Gleichungssystem Gl. (5.71) – Gl. (5.75) mit Hilfe von einer Computersoftware durch numerisches Differenzieren und stelle die Verteilungen von f, f' und f'' über η entsprechend Abb. 5.3 graphisch dar.

5.7 Löse Gl. (5.83) mit den Randbedingungen gemäß Gl. (5.85) sowie Gl. (5.71) – Gl. (5.75) mit Hilfe von einer Computersoftware durch numerisches Differenzieren und stelle die Verteilungen von f, f', f'', T^* und $T^{*'}$ über η für $Pr = 0{,}01$, $1{,}0$ und 10 graphisch dar.

5.8 Richtig oder Falsch?

1. Die Geschwindigkeits- und Temperaturverteilung innerhalb von Grenzschichten können selbstähnlich sein. In diesem Fall sind das Geschwindigkeits- und das Temperaturprofil identisch.
2. Bei Flüssigmetallen ändert sich das Grenzschichtdickenverhältnis in Hauptströmungsrichtung und die Anwendung der Integralmethode oder der Ähnlichkeitslösung ist nicht möglich.
3. Die numerischen Lösungen der laminaren Grenzschichtgleichungen erfordern die Formulierung von integralen Randbedingungen.
4. Die konvektive Wärmeübertragung bei laminarer Strömung entlang einer Plattengrenzschicht hängt von den thermischen Randbedingungen ab.
5. Bei der laminaren Plattengrenzschicht ist die Nusselt-Zahl für $\dot{q}_W = const.$ im Allgemeinen kleiner als für $T_W = const.$

5.9 Wissensfragen

- Wie lautet die Ähnlichkeitstransformation für ein selbstähnliches Geschwindigkeits- bzw. Temperaturprofil in der Grenzschicht?
- Wie lautet die Definitionsgleichung für den lokalen Reibungskoeffizienten und die lokale Nusselt-Zahl bei Vorliegen einer selbstähnlichen Geschwindigkeits- bzw. Temperaturverteilung in der Grenzschicht?
- Mit welcher Funktion kann das Geschwindigkeits- und Temperaturprofil in der Grenzschicht näherungsweise beschrieben werden?
- Was ist die Grundidee der Integralmethode?
- Skizziere die Vorgehensweise der Integralmethode zur Gewinnung von Näherungslösungen für den Reibungskoeffizienten und die Nusselt-Zahl.
- Beschreibe die Vorgehensweise für die Ähnlichkeitslösung der Grenzschichtgleichungen für Impuls und Energie.
- Welche Annahmen müssen getroffen werden, um aus der in Kapitel 4 kennengelernten Gleichung für die zweidimensionale thermische Grenzschichtströmung eine gewöhnliche Differentialgleichung für die Ähnlichkeitslösung zu erhalten?
- Wie lautet die Ähnlichkeitsvariable für das Temperaturprofil bei der Ähnlichkeitslösung?

Literaturverzeichnis

Baehr H D, Kabelac S (2012) Thermodynamik. Springer Vieweg Berlin, Heidelberg

Blasius H (1908) Grenzschichten in Flüssigkeiten mit kleiner Reibung. Z Angew Math Phys 56: 1–37

Gersten K, Herwig H (1984) Impuls- und Wärmeübertragung bei variablen Stoffwerten für die laminare Plattenströmung. Wärme- und Stoffubertragung, doi: 10.1007/BF01461487

Jischa M (1992) Konvektiver Impuls-, Wärme- und Stoffaustausch. Vieweg Teubner Verlag, Wiesbaden

Kays WM, Crawford M, Wiegand B (1966) Convective Heat and Mass Transfer. McGraw Hill

Léveque MA (1928) Les lois de la transmission de chaleur par convection. Ann Mines Mem 12(1): 201–415

Pohlhausen E (1921) Zur näherungsweisen Integration der Differentialgleichung der laminaren Grenzschicht. Z Angew Math Mech, doi: 10.1002/zamm.19210010402

Pohlhausen E (1921) Der Wärmeaustausch zwischen festen Körpern und Flüssigkeiten mit kleiner Reibung und kleiner Wärmeleitung. Z Angew Math Mech, doi: 10.1002/zamm.19210010205

Polifke W, Kopitz J (1976) Wärmeübertragung. Pearson

Schlichting H, Gersten K (2006) Grenzschichttheorie. Springer, Berlin Heidelberg

Wehle F, Brandt F (1984) Einfluß der Temperaturabhängigkeit der Stoffwerte auf den Wärmeübergang an der turbulent überströmten ebenen Platte. Wärme- und Stoffübertragung, doi: 10.1007/BF01466345

White FM (2011) Fluid Mechanics. McGraw Hill, New York

Whitaker S (1976) Elementary Heat Transfer Analysis. Pergamon Press

von Kármán T (1921) Über laminare und turbulente Reibung. Z Angew Math Mech, doi: 10.1002/zamm.19210010401

Kapitel 6
Konvektive Wärmeübertragung bei laminaren Innenströmungen

Zusammenfassung In diesem Kapitel werden laminare Innenströmungen in geraden Kanälen mit unterschiedlichen Querschnitten behandelt. Nach dem Kennenlernen der Strömungstypen und der thermischen Randbedingungen gehen wir auf hydrodynamisch ausgebildete sowie hydrodynamisch und thermisch ausgebildete Innenströmungen näher ein und ermitteln analytisch Reibungsbeiwerte und Nusselt-Zahlen oder geben hierfür Korrelationen an. Der Einfluss von axialer Wärmeleitung, Dissipation und Wärmequellen auf die konvektive Wärmeübertragung wird aufgezeigt. Anschließend werden sich hydrodynamisch oder thermisch entwickelnde Innenströmungen sowie sich hydrodynamisch und thermisch simultan entwickelnde Innenströmungen erörtert. Aktuelle sowie gängige Kennzahlgleichungen für die Einlauflänge und die Nusselt-Zahl werden vorgestellt und diskutiert.

Lernziele

- Sie können die unterschiedlichen Strömungstypen bei Innenströmungen erklären.
- Sie lernen thermische Randbedingungen kennen und sind in der Lage, ihre Auswirkungen auf das thermische Strömungsfeld und die Nusselt-Zahl zu erklären.
- Sie können Lösungen für das laminare Geschwindigkeits- und Temperaturfeld bei unterschiedlichen Strömungstypen entwickeln.
- Sie sind in der Lage, Korrelationen für den Reibungsbeiwert und für die Nusselt-Zahl für hydrodynamisch und thermisch ausgebildete Strömungen herzuleiten.
- Sie lernen Lösungen des Graetz-Nusselt-Problems und Kennzahlgleichungen für die thermische Einlaufströmung kennen.

© Der/die Autor(en), exklusiv lizenziert an
Springer Fachmedien Wiesbaden GmbH, ein Teil von Springer Nature 2025
S. Ruck, *Thermofluiddynamik*, https://doi.org/10.1007/978-3-658-48882-6_6

6.1 Thermische Innenströmungen

In Anlagen, Komponenten und Apparaten der Energie- und Wärmetechnik treten Innenströmungen in runden und/oder eckigen Kanälen auf. Das strömende Arbeitsfluid dient
der Kühlung und Erwärmung thermisch belasteter Bauteile sowie dem Transport und
der Mischung von Medien oder Wärme. Beispiele hierfür sind die mit Öl durchströmten
Rohrleitungen von Raffinerien, die mit Thermoöl betriebenen Absorberrohre linearkonzen-
trierender Solarkraftwerke, die gasgekühlten Reaktorkomponenten von Kern- oder Fusionsreaktoren, die Lüftungskanäle oder -schächte von Klimaanlagen und die Abgaswege in
Verbrennungs- oder Heizungsanlagen. Der Strömungszustand ist überwiegend turbulent,
jedoch kommen in langsam durchströmten Bauteilen, in Kleinkomponenten oder beim
Einsatz höher viskoser Arbeitsfluide (z. B. Ölströmungen in Hydraulikleitungen oder Pipe-
lines) durchaus auch laminare Strömungen vor und genau darum geht es im vorliegenden
Kapitel.

6.1.1 Strömungstypen

Innenströmungen werden je nach Anfangs- und Randbedingungen in verschiedene Strömungstypen klassifiziert. Unabhängig vom Strömungszustand unterscheidet man grundsätzlich zwischen

- sich hydrodynamisch entwickelnden Strömungen,
- hydrodynamisch ausgebildeten Strömungen,
- hydrodynamisch ausgebildeten und sich thermisch entwickelnden Strömungen,
- sich hydrodynamisch und thermisch simultan entwickelnden Strömungen und
- hydrodynamisch und thermisch ausgebildeten Strömungen.

In Abb. 6.1 sind die Geschwindigkeits- und Temperaturprofile verschiedener Strömungstypen für die laminare Strömung in einem Kanal mit beliebiger, aber in axialer Richtung gleichbleibender Querschnittsfläche skizziert. Am Kanaleintritt bildet sich infolge der
Fluidviskosität eine Scherschicht an der Kanalinnenwand aus, die mit zunehmender axialer
Lauflänge x in Richtung des Kanalinneren anwächst (Abb. 6.1 a). Die verringerten Strömungsgeschwindigkeiten im wandnahen Bereich führen infolge der Massenerhaltung zu
einem kontinuierlichen Anstieg der axialen Strömungsgeschwindigkeit im Kanalinneren.
Die Geschwindigkeitsverteilung der sich hydrodynamisch entwickelnden Strömung (siehe
Kapitel 6.4) ändert sich stetig. Bei einer bestimmten axialen Lauflänge $x = X_{hy}$ ist die an der
Komponentenwand anliegende Scherschicht bis zu ihrer maximalen Dicke, z. B. bei achsen-
symmetrischen Kanälen bis zur Kanalmittelachse, angewachsen und die Geschwindigkeits-
verteilung ist für $x \geq X_{hy}$ in axialer Richtung invariant ($\partial u/\partial x = 0 : u(x,y,z) \rightarrow u(y,z)$).
In diesem Fall bezeichnen wir die Innenströmung als hydrodynamisch ausgebildet (siehe
Kapitel 6.2). Das Fluid bewegt sich auf geordneten Bahnen und es treten keine Geschwindigkeitskomponenten normal zur Kanallängsachse auf. Die Strecke X_{hy} vom Kanaleintritt
bis zum Erreichen der hydrodynamisch ausgebildeten Strömung nennen wir hydrodynamische Einlauflänge (siehe Kapitel 6.4.1).

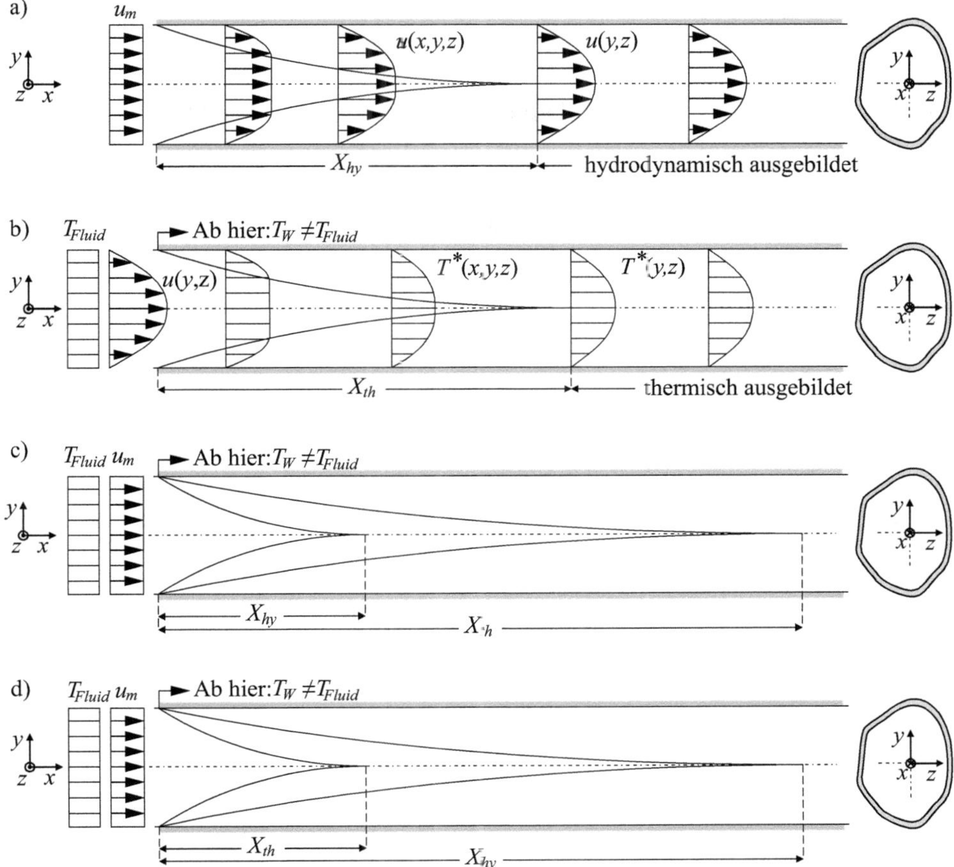

Abb. 6.1 Entwicklung des Geschwindigkeitsfelds und dimensionslosen Temperaturfelds bei Innenströmungen: a) Sich hydrodynamisch entwickelnde Strömung, b) sich thermisch entwickelnde Strömung und sich simultan entwickelnde Strömung für Fluide mit c) $Pr > 1$ und mit d) $Pr < 1$.

Unterscheiden sich in einer hydrodynamisch ausgebildeten Strömung die Wand- und Fluidtemperaturen ab einem bestimmten Ort voneinander, so bildet sich aufgrund des molekularen Wärmetransports eine Temperaturschicht aus (Abb. 6.1 b). Die Dicke der Temperaturschicht nimmt mit der Lauflänge zu. Mit der Strecke X_{th} gibt man die thermische Einlauflänge an, innerhalb der sich die Strömung thermisch entwickelt (siehe Kapitel 6.5). Da sich die Temperatur $T(\vec{x})$ je nach thermischer Randbedingung auch für $x \geq X_{th}$ in axialer Richtung stetig ändert, bezeichnet man eine Strömung laut Definition als thermisch ausgebildet, wenn die Form des dimensionslosen Temperaturprofils T^* unabhängig von der axialen Lauflänge ist

$$\frac{\partial}{\partial x}\left(\frac{T - T_W}{T_{an} - T_W}\right) = \frac{\partial T^*}{\partial x} = 0 \quad . \tag{6.1}$$

Für den Fall, dass sich die Wand- und Fluidtemperatur bereits am Kanaleintritt unterscheiden, spricht man von einer sich hydrodynamisch und thermisch simultan entwickelnden Strömung (Abb. 6.1 c und d) (Kapitel 6.6). In ähnlicher Weise wie bei den Grenzschichtströmungen, wird im Einlaufbereich von Innenströmungen das Verhältnis der sich entwickelnden hydrodynamischen und thermischen Schicht durch die Prandtl-Zahl bestimmt. Bei Fluiden mit Prandtl-Zahlen von $Pr > 1$ entwickelt sich das Geschwindigkeitsfeld weitaus schneller als das Temperaturfeld und die hydrodynamische Einlauflänge ist demzufolge kürzer als die thermische Einlauflänge, $X_{hy} < X_{th}$. Bei Fluiden mit Prandtl-Zahlen von $Pr < 1$ liegt der umgekehrte Fall vor, $X_{hy} > X_{th}$, da die hohe Temperaturleitfähigkeit zu einem schnellen Anwachsen der Temperaturschicht führt.

6.1.2 Reibungsbeiwert und Nusselt-Zahl bei Innenströmungen

Der dimensionslose Fanning-Reibungsbeiwert (Reibungskoeffizient) f und der Druckverlustbeiwert (Rohrreibungszahl bzw. Darcy-Reibungsbeiwert) ξ gehören mit zu den wichtigsten Kenngrößen für die hydraulische Auslegung innendurchströmter (energie- und wärmetechnischer) Komponenten. Sie bilden in gewissermaßen den Quotienten der Fluidreibungskraft bzw. der Druckkraft zur Impulsänderung ab. Im Allgemeinen unterscheidet man bei Innenströmungen zwischen den in axialer Richtung abhängigen lokalen Kenngrößen

$$f_{l_0}(x) \equiv \frac{\overline{\tau}_W(\vec{x})}{\frac{1}{2} \cdot \rho \cdot u_m^2} \tag{6.2}$$

und

$$\xi_{l_0}(x) \equiv \frac{\left(-\frac{\partial p}{\partial x}\right) \cdot l_0}{\frac{1}{2} \cdot \rho \cdot u_m^2} \tag{6.3}$$

sowie den über die axiale Länge $L = [a \ \ b]$ gemittelten Kenngrößen

$$f_{l_0,L}(a,b) \equiv \frac{\frac{1}{L} \cdot \int_a^b \overline{\tau}_W(\vec{x})\, dx}{\frac{1}{2} \cdot \rho \cdot u_m^2} \tag{6.4}$$

und

$$\xi_{l_0,L}(a,b) \equiv \frac{\frac{D_h}{L} \cdot \int_a^b \left(-\frac{\partial p}{\partial x}\right)\, dx}{\frac{1}{2} \cdot \rho \cdot u_m^2} \ , \tag{6.5}$$

die wir mit dem Index L kennzeichnen. Die Größe $\overline{\tau}_W$ entspricht der über den Umfang gemittelten Wandschubspannung. Bei Innenströmungen ist es üblich, die Kenngrößen mit dem hydraulischen Durchmesser $D_h = 4 \cdot$ Kanalquerschnittsfläche/Kanalumfang $= 4 \cdot A/U$

zu bilden. Bei turbulenten Innenströmungen ist der hydraulische Durchmesser D_h eines Kanals mit beliebig geformtem Umfang äquivalent zum Durchmesser D eines kreisrunden Rohrs, der näherungsweise auf den gleichen Reibungsbeiwert führt. Für laminare Innenströmungen ist dies hingegen nicht der Fall. Die Verwendung des hydraulischen Durchmessers ist reiner Formalismus und wird daher häufig nicht konsequent verfolgt. Der hydraulische Durchmesser stellt auch keine universelle charakteristische Länge für Kanäle mit beliebiger Querschnittsfläche dar und es lassen sich andere Größen wie beispielsweise die radizierte Querschnittsfläche $\sqrt{A}$ (Yovanovich und Muzychka (1997)) als charakteristische Bezugsgrößen zur Entdimensionalisierung bei laminaren Innenströmungen verwenden.

Bei einer hydrodynamisch ausgebildeten Strömung ändert sich das Geschwindigkeitsprofil ausschließlich in Wandnormalenrichtung. In axialer Richtung herrscht ein Kräftegleichgewicht aus Reibungs- und Druckkräften. Die Wandschubspannung $\bar{\tau}_W$ bzw. der Druckgradient in axialer Richtung $\partial p/\partial x$ ist konstant und $f_{l_0}(x)$ aus Gl. (6.2) bzw. $\xi_{l_0}(x)$ aus Gl. (6.3) geht in einen konstanten Reibungskoeffizienten $f_{l_0,\infty}$ bzw. Druckverlustbeiwert $\xi_{l_0,\infty}$ über. Der Index ∞ kennzeichnet den ausgebildeten Strömungszustand. Obwohl nicht zwingend notwendig, ist es oft zweckdienlich, auch den Fanning-Reibungsbeiwert f mit der charakteristischen Kenngröße l_0 zu indizieren. Wie eine Kräftebilanz an einem Kanalstück mit beliebiger, aber gleichbleibender Querschnittsfläche A und Umfang U bei einer hydrodynamisch ausgebildeten Strömung zeigt,

$$\bar{\tau}_W \cdot U \cdot dx + A \cdot \left(p + \frac{\partial p}{\partial x} \cdot dx\right) - p \cdot A = 0 \quad ,$$

$$\frac{\bar{\tau}_w}{-\dfrac{\partial p}{\partial x}} = \frac{A}{U} \quad , \tag{6.6}$$

lassen sich Fanning-Reibungsbeiwert und Druckverlustbeiwert über das Fläche-Umfang-Verhältnis ineinander umrechnen, z. B.

$$f_{l_0,\infty} = \xi_{l_0,\infty}/4 \tag{6.7}$$

für eine Rohrströmung mit dem Radius $R = D/2$ oder eine ebene Kanalströmung zwischen zwei Platten mit einem Plattenabstand von $2 \cdot h$.

Die am häufigsten genutzte Kenngröße zur Quantifizierung der konvektiven Wärmeübertragung bei wärmetechnischen Anwendungen ist die Nusselt-Zahl (vgl. Kapitel 3.3, S. 61 ff.). Bei thermischen Innenströmungen unterscheiden wir generell zwischen einer lokalen Nusselt-Zahl

$$Nu_{l_0,BC}(\vec{x}) = \alpha_{l_0,BC}(\vec{x}) \cdot \frac{l_0}{\lambda}$$

$$= -\frac{\left.\dfrac{\partial T(\vec{x})}{\partial y}\right|_W}{(T_W(\vec{x}) - T_{am}(\vec{x}))} \cdot l_0 = \frac{\dot{q}_W(\vec{x})}{(T_W(\vec{x}) - T_{am}(\vec{x}))} \cdot \frac{l_0}{\lambda} \tag{6.8}$$

und einer über die axiale Länge $L = [a \ b]$ gemittelten Nusselt-Zahl

$$Nu_{l_0,L,BC}(a,b) = \alpha_{l_0,L,BC}(a,b) \cdot \frac{l_0}{\lambda} \quad . \tag{6.9}$$

In Gl. (6.8) entspricht $\alpha_{D_h,BC}(\vec{x})$ dem lokalen Wärmeübertragungskoeffizienten und in Gl. (6.9) repräsentiert $\alpha_{l_0,L,BC}(a,b)$ den Länge-gemittelten Wärmeübertragungskoeffizienten, der entsprechend Gl. (3.65) berechnet wird. Bei gleichförmig beheizten Kanälen mit einer in axialer Richtung unveränderlichen Innenquerschnittsfläche ohne Ecken bzw. scharfe Innenrundungen sind beide Nusselt-Zahlen über den Umfang konstant und hängen nur von der axialen Koordinate x ab. Mit dem Index BC in Gl. (6.8) und Gl. (6.9) kennzeichnen wir die vorliegende thermische Randbedingung (siehe Kapitel 6.1.3). Bei einer hydrodynamisch und thermisch ausgebildeten Strömung ändert sich die Nusselt-Zahl (vgl. Gl. (3.67) – Gl. (3.70)) in axialer Richtung nicht, denn es gilt entsprechend Gl. (6.1)

$$\frac{\partial}{\partial y}\left(\frac{\partial T^*}{\partial x}\right) = \frac{\partial}{\partial x}\left(\frac{\partial T^*}{\partial y}\right) = 0 \quad . \tag{6.10}$$

In diesem Fall geht die ortsabhängige Nusselt-Zahl aus Gl. (6.8) in eine konstante Nusselt-Zahl über, $Nu_{l_0,BC}(\vec{x}) \rightarrow Nu_{l_0,\infty,BC}$. In Gl. (6.8) und Gl. (6.10) repräsentiert y die wandnormale Koordinate.

6.1.3 Thermische Randbedingungen

Thermische Randbedingungen beschreiben die thermischen Gegebenheiten in Form von Wandtemperaturen (1. Art), Wandwärmestromdichten (2. Art), Kopplungsbedingungen (3. Art) oder speziellen thermischen Konfigurationen an den Außen- und/oder Innenwänden bei Rohr- und Kanalströmungen sowohl räumlich als auch zeitlich. Unabhängig vom Strömungszustand bestimmen sie die Entwicklung des Temperaturfelds und beeinflussen demzufolge die konvektive Wärmeübertragung. In Tabelle 6.1 und Tabelle 6.2 sind einige wichtige thermische Randbedingungen für Innenströmungen in einwandigen Kanälen zusammengefasst. Bei Strömungen in Doppelwand-Kanal-Systemen, wie beispielsweise ebene Kanalströmungen zwischen zwei Platten oder Ringspaltströmungen, treten ebenfalls die in Tabelle 6.1 und in Tabelle 6.2 aufgeführten thermischen Randbedingungen auf, wobei sich diese an den beiden Wänden unterscheiden können.

Eine in axialer Richtung konstante Wandtemperatur liegt beispielsweise bei Kondensatoren oder Verdampfern vor, während nuklear oder elektrisch beheizte Kanäle eine in axialer Richtung annähernd konstante Wandwärmestromdichte aufweisen können. Bei Strömungen in gleichmäßig beheizten, geraden Kanälen mit gleichbleibendem Kanalquerschnitt ohne Ecken bzw. scharfe Innenrundungen sowie gleichbleibenden Wanddicken tritt eine konstante axiale Wandwärmestromdichte ohne Variation der umfangseitigen Wandtemperatur und umfangseitigen Wandwärmestromdichte auf, oder es tritt eine konstante axiale und umfangseitige Wandtemperatur auf. Die beiden zuletzt genannten thermischen Randbedin-

Tabelle 6.1 Klassifizierung von thermischen Randbedingungen für Innenströmungen in geraden Kanälen oder Rohren bei Vorgabe einer konstanten axialen Wandwärmestromdichte entsprechend Abb. 6.2 nach Shah und London (1972). Mit der axialen Koordinate x, der vertikalen Koordinate y und der transversalen Koordinate z.

	Umfangseitig: Wandtemperatur bzw. Wandwärmestromdichte konstant	
(H)	Gleichmäßig thermisch belastete gerade Kanäle mit gleichbleibendem Kanalquerschnitt ohne Ecken bzw. scharfe Innenrundungen	$\dot{q}_W(x,y,z) = const.$ $T_W = T_W(x)$
	Umfangseitig: Wandtemperatur konstant, Wandwärmestromdichte variiert	
$(H1)$	Kanäle von Wärmeübertragern aus gut leitenden Materialien	$\dot{q}_W = \dot{q}_W(y,z)$ $T_W = T_W(x)$
	Umfangseitig: Wandtemperatur variiert, Wandwärmestromdichte konstant	
$(H2)$	Kanäle von Wärmeübertragern aus schlecht leitenden Materialien und konstanten Wanddicken	$\dot{q}_W(y,z) = \lambda \cdot \left.\dfrac{\partial T}{\partial n}\right\|_W = const.$ $T_W(x,y,z)$
	Umfangseitig: Wandtemperatur und Wandwärmestromdichte an jeder axialen Position linear proportional zueinander (Konvektiv-Randbedingung)	
$(H3)$	Endlicher Wärmedurchgangskoeffizient $k = \lambda_s/t_s$, vernachlässigbare umfangseitige Wärmeleitung in der Kanalwand	$\dot{q}_W = \dot{q}_W(y,z)$ $\lambda \cdot \left.\dfrac{\partial T}{\partial n}\right\|_W = k \cdot (T_W^{(a)} - T_W)$
	Umfangseitig: Wandtemperatur und Wandwärmestromdichte variieren durch Vorgabe der Wärmeleitung (Wärmeleitungsrandbedingung)	
$(H4)$	Umfangseitige Wandwärmestromdichte: $-\lambda_s \cdot \int_0^{t_s} \left(\dfrac{\partial T_s}{\partial m}\right) dn,$ Wärmedurchgangskoeffizient sehr groß	$\dot{q}_W = \dot{q}_W(y,z)$ $\lambda \cdot \left.\dfrac{\partial T}{\partial n}\right\|_W = \dot{q}_W^{(a)} - \lambda_s \cdot t_s \cdot \dfrac{\partial^2 T_s}{\partial m^2}$

gungen kennzeichnen wir der Reihe nach mit den Buchstaben H und T. Im vorliegenden Kapitel geht es größtenteils genau um derartige thermische Strömungskonfigurationen, wobei wir uns auf die Rohr-, die ebene Kanal- und die konzentrische Ringspaltströmung konzentrieren.

Die Beantwortung der Frage nach einer Beziehung zwischen Wand- und Fluidtemperatur bzw. adiabaten Mischungstemperatur und der einhergehenden Wandwärmeströme sowie deren räumlichen Änderungen ist bei thermofluiddynamischen Fragestellungen von übergeordnetem Interesse. In Abb. 6.3 sind die axialen Änderungen von $\dot{q}_W(x)$, $T(\vec{x})$, $T_W(x)$ und $T_{am}(x)$ in einem symmetrisch beheizten, geraden Kanal für die thermischen Randbedingungen einer konstanten Wandwärmestromdichte und einer konstanten Wandtemperatur bei hydrodynamisch und thermisch ausgebildeter Strömung skizziert. Ist die Wandtemperatur konstant, nähert sich die Fluidtemperatur entlang der Kanalquerschnittsfläche mit

Tabelle 6.2 Klassifizierung von thermischen Randbedingungen für Innenströmungen in Kanälen bei Vorgabe einer konstanten axialen Wandtemperatur nach Shah und London (1972). Mit der axialen Koordinate x, der vertikalen Koordinate y und der transversalen Koordinate z.

	Umfangseitig: Wandwärmestromdichte variiert, Wandtemperatur konstant	
(T)	Gleichförmig beheizte gerade Kanäle mit gleichbleibendem Kanalquerschnitt ohne Ecken bzw. scharfe Innenrundungen	$\dot{q}_W(x,y,z)$ $T_W(x,y,z) = const.$
	Axiale Außenwandtemperatur konstant, umfangseitige Wandtemperatur und Wandwärmestromdichte an jeder axialen Position linear proportional zueinander (Konvektive Randbedingung)	
$(T3)$	endlicher Wärmedurchgangskoeffizient $k = \lambda_s/t_s$	$T_W^{(a)} = T_W^{(a)}(y,z)$ $T_W(x,y,z)$ $\lambda \cdot \left.\dfrac{\partial T}{\partial n}\right\|_W = k \cdot (T_W^{(a)} - T_W)$

zunehmender Lauflänge der Wandtemperatur an ($T_W - T_{am} \rightarrow 0$ für $x \rightarrow \infty$) und der Temperaturgradient an der Wand nimmt ab ($\partial T/\partial y|_W \rightarrow 0$). Liegt eine konstante Wandwärmestromdichte in axialer Richtung vor, bleibt der Temperaturgradient an der Wand unverändert und die Wand- und Fluidtemperaturen steigen in axialer Richtung an. Eine Beziehung zwischen der Wandtemperatur T_W, der Fluidtemperatur T und der adiabaten Mischungstemperatur T_{am} lässt sich durch die Energiebilanz

$$dÝ\dot{H} = d\dot{Q} \tag{6.11}$$

an dem in Abb. 3.6 b gezeigten Kanalstück herstellen. Für den Fall einer konstanten Wandwärmestromdichte entlang der Kanalwände ergibt sich aus Gl. (6.11)

$$c \cdot \dot{m} \cdot dT_{am} = \dot{q}_W \cdot U \cdot dx \quad,$$

$$\frac{dT_{am}}{dx} = \frac{\dot{q}_W \cdot U}{c \cdot \dot{m}} \quad, \tag{6.12}$$

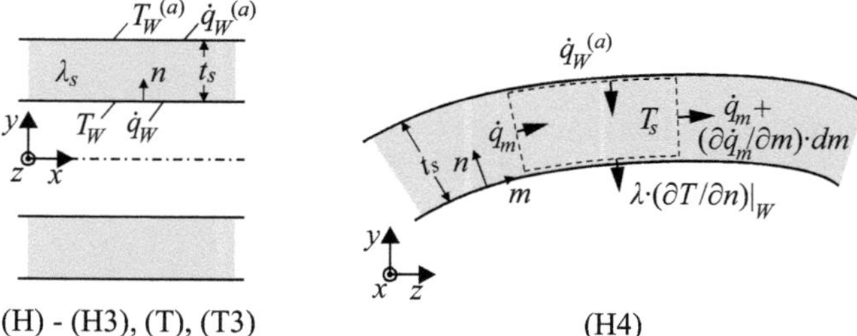

Abb. 6.2 Thermische Randbedingungen bei Innenströmungen nach Shah und London (1972). Mit der Wärmeleitfähigkeit der Wand λ_s, der Wanddicke t_s, der Umfangskoordinate m und der Wandmaterialtemperatur T_s.

wobei U der benetzte Umfang des Kanals ist. Die Integration von Gl. (6.12) liefert eine lineare Funktion für die adiabate Mischungstemperatur

$$T_{am}(x) = \frac{\dot{q}_W \cdot U}{c \cdot \dot{m}} \cdot x + T_{am}(x = 0) \quad . \tag{6.13}$$

Mit $\dot{q}_W = \alpha \cdot (T_W - T_{am}) = const.$ folgt umgehend, dass sich die Wandtemperatur in axialer Richtung ebenfalls linear ändert (Abb. 6.3 a)

$$T_W(x) = \frac{\dot{q}_W \cdot U}{c \cdot \dot{m}} \cdot x + \frac{\dot{q}_W}{\alpha} + T_{am}(x = 0) \quad . \tag{6.14}$$

Liegt hingegen eine konstante Wandtemperatur vor, erhalten wir aus Gl. (6.11)

$$c \cdot \dot{m} \cdot dT_{am} = \alpha \cdot \Delta T \cdot U \cdot dx \quad ,$$

$$\frac{dT_{am}}{dx} = -\frac{d\Delta T}{dx} = \frac{\alpha \cdot \Delta T \cdot U}{c \cdot \dot{m}} \quad , \tag{6.15}$$

mit $\Delta T = T_W - T_{am}$ und die Integration von Gl. (6.15) ergibt

$$\frac{T_W - T_{am}(x)}{T_W - T_{am}(x = 0)} = \exp\left(-\frac{\alpha \cdot U}{c \cdot \dot{m}} \cdot x\right) \quad . \tag{6.16}$$

Wie in Abb. 6.3 b gezeigt, strebt die adiabate Mischungstemperatur $T_{am}(x)$ asymptotisch gegen die Wandtemperatur $T_W = const.$ und die Temperaturdifferenz $T_W - T_{am}(x)$ nimmt in axialer Richtung x exponentiell ab, wodurch auch die lokale Wandwärmestromdichte in axialer Richtung abnimmt.

6.2 Hydrodynamisch ausgebildete Strömungen

Die analytische Bestimmung der Reibungsbeiwerte ist bei hydrodynamisch ausgebildeten Innenströmungen für einfache Geometrien aufgrund der unkomplizierten Geschwindigkeitsverteilungen möglich, wie nachfolgend für die Rohr-, Kanal- und Ringspaltströmung gezeigt wird.

6.2.1 Rohrströmungen

Für die Ermittlung der Reibungsbeiwerte müssen wir zunächst das Geschwindigkeitsprofil bestimmen, um damit die Wandschubspannung oder den Druckverlust in axialer Richtung berechnen zu können. Bei einer hydrodynamisch ausgebildeten Strömung in einem Rohr (Abb. 6.4 a) ist das Geschwindigkeitsprofil symmetrisch zur Rohrmittelachse und invariant in Hauptströmungsrichtung ($\partial/\partial x = 0$). Es treten keine radialen oder azimutalen Geschwindigkeiten auf und die axiale Geschwindigkeit ändert sich ausschließlich in radialer

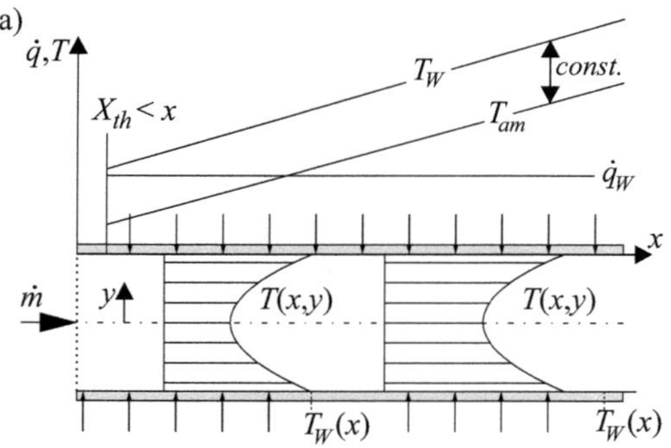

Abb. 6.3 Einfluss einer konstanten a) Wandwärmestromdichte und b) Wandtemperatur auf $\dot{q}_W(x)$, $T(\vec{x})$, $T_W(x)$ und $T_{am}(x)$.

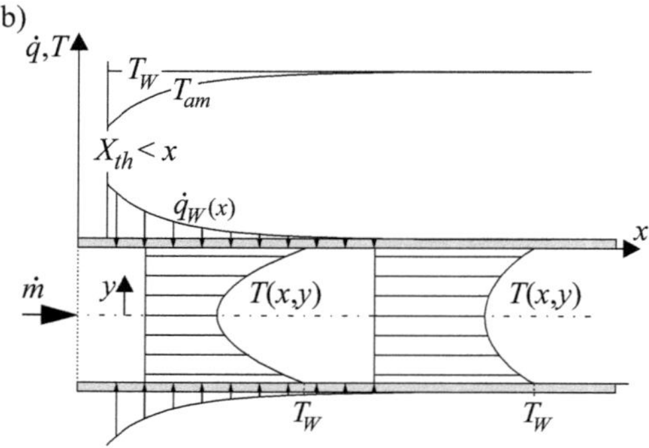

Richtung ($u = u(r)$). Die Impulsgleichungen in den Zylinderkoordinaten r, φ und x mit den dazugehörigen Geschwindigkeiten v, w und u für ein Fluid mit konstanten Stoffwerten und ohne Wirken von Volumenkräften,

$$\rho \cdot \left(\frac{\partial v}{\partial t} + v \cdot \frac{\partial v}{\partial r} + \frac{w}{r} \cdot \frac{\partial v}{\partial \varphi} - \frac{w^2}{r} + u \cdot \frac{\partial v}{\partial x} \right)$$
$$= -\frac{\partial p}{\partial r} + \mu \cdot \left[\frac{\partial}{\partial r} \left(\frac{1}{r} \cdot \frac{\partial}{\partial r} (r \cdot v) \right) + \frac{1}{r^2} \cdot \frac{\partial^2 v}{\partial \varphi^2} - \frac{2}{r^2} \cdot \frac{\partial w}{\partial \varphi} + \frac{\partial^2 v}{\partial x^2} \right], \tag{6.17}$$

$$\rho \cdot \left(\frac{\partial w}{\partial t} + v \cdot \frac{\partial w}{\partial r} + \frac{w}{r} \cdot \frac{\partial w}{\partial \varphi} + \frac{v \cdot w}{r} + u \cdot \frac{\partial w}{\partial x} \right)$$
$$= -\frac{1}{r} \cdot \frac{\partial p}{\partial \varphi} + \mu \cdot \left[\frac{\partial}{\partial r} \left(\frac{1}{r} \cdot \frac{\partial}{\partial r} (r \cdot w) \right) + \frac{1}{r^2} \cdot \frac{\partial^2 w}{\partial \varphi^2} + \frac{2}{r^2} \cdot \frac{\partial v}{\partial \varphi} + \frac{\partial^2 w}{\partial x^2} \right], \tag{6.18}$$

$$\rho \cdot \left(\frac{\partial u}{\partial t} + v \cdot \frac{\partial u}{\partial r} + \frac{w}{r} \cdot \frac{\partial u}{\partial \varphi} + u \cdot \frac{\partial u}{\partial x} \right)$$
$$= -\frac{\partial p}{\partial x} + \mu \cdot \left[\frac{1}{r} \cdot \frac{\partial}{\partial r} \cdot \left(r \cdot \frac{\partial u}{\partial r} \right) + \frac{1}{r^2} \cdot \frac{\partial^2 u}{\partial \varphi^2} + \frac{\partial^2 u}{\partial x^2} \right], \tag{6.19}$$

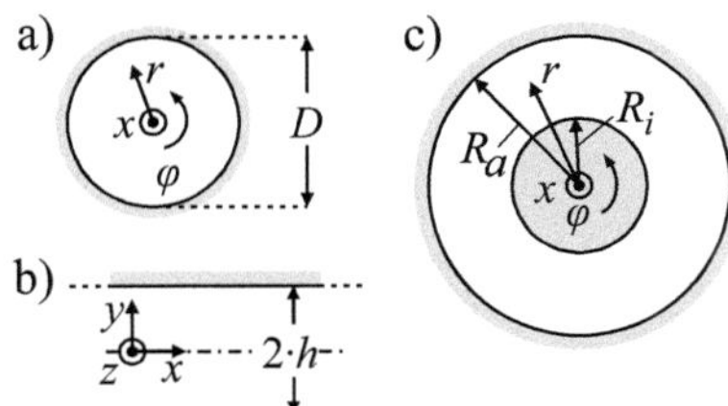

Abb. 6.4 Unterschiedliche Querschnittsformen bei Innen-strömungen.

vereinfachen sich für eine stationäre, hydrodynamisch ausgebildete Rohrströmung demnach zu

$$0 = \frac{\partial p}{\partial r} \quad , \tag{6.20}$$

$$0 = \frac{\partial p}{\partial \varphi} \quad , \tag{6.21}$$

$$0 = -\frac{1}{\rho} \cdot \frac{dp}{dx} + \nu \cdot \frac{1}{r} \cdot \frac{d}{dr}\left(r \cdot \frac{du}{dr}\right) \quad . \tag{6.22}$$

Anhand von Gl. (6.20) – Gl. (6.22) erkennen wir, dass bei einer hydrodynamisch ausge-bildeten Strömung der Druck ausschließlich eine Funktion der axialen Koordinate ist und ein Kräftegleichgewicht zwischen der Druckkraft und der viskosen Reibungskraft besteht. Die zweifache Integration von Gl. (6.22) mit den Randbedingungen

$$u(r = R) = 0 \quad ; \qquad\qquad \frac{du}{dr}\bigg|_{r=0} = 0 \tag{6.23}$$

liefert das Geschwindigkeitsprofil

$$u(r) = \frac{1}{4 \cdot \mu} \cdot \left(-\frac{dp}{dx}\right) \cdot R^2 \cdot \left(1 - \frac{r^2}{R^2}\right) \quad . \tag{6.24}$$

Die maximale Geschwindigkeit tritt in der Rohrachse bei $r = 0$ auf,

$$u_{max} = u(r = 0) = \frac{1}{4 \cdot \mu} \cdot \left(-\frac{dp}{dx}\right) \cdot R^2 \quad , \tag{6.25}$$

und durch Mittelung von Gl. (6.24) über die Rohrquerschnittsfläche $A = \pi \cdot R^2$ ergibt sich die mittlere Geschwindigkeit

$$u_m = \frac{1}{A} \cdot \int_A u(r)\, dA(r) = \frac{2 \cdot \pi}{\pi \cdot R^2} \cdot \int_0^R u(r) \cdot r\, dr$$

$$= \frac{R^2}{8 \cdot \mu} \cdot \left(-\frac{dp}{dx}\right) = \frac{1}{2} \cdot u_{max} \quad . \tag{6.26}$$

Die Substitution des axialen Druckgradienten in Gl. (6.24) durch Gl. (6.26) führt auf die Geschwindigkeitsverteilung

$$u(r) = 2 \cdot u_m \cdot \left[1 - \left(\frac{r}{R}\right)^2\right] \quad . \tag{6.27}$$

Das Differenzieren von Gl. (6.27) liefert die Wandschubspannung

$$\overline{\tau}_W = \mu \cdot \frac{du}{dy}\bigg|_{y=0} = 4 \cdot \mu \cdot \frac{u_m}{R} \tag{6.28}$$

und mit Gl. (6.6) ergibt sich der Druckgradient

$$-\frac{dp}{dx} = 8 \cdot \mu \cdot \frac{u_m}{R^2} \quad . \tag{6.29}$$

Mit Gl. (6.28) in Gl. (6.2) bzw. Gl. (6.29) in Gl. (6.3) erhalten wir für den Fanning-Reibungsbeiwert

$$f_{D,\infty} = \frac{16}{Re_D} \tag{6.30}$$

bzw. für den Druckverlustbeiwert

$$\xi_{D,\infty} = \frac{64}{Re_D} \quad . \tag{6.31}$$

6.2.2 Ebene Kanalströmung

Als Nächstes kümmern wir uns um die hydrodynamisch ausgebildete Strömung zwischen den in Abb. 6.4 b skizzierten in Querrichtung unendlich ausgedehnten Platten, die im Abstand $2 \cdot h$ zueinander entfernt angeordnet sind. Die Geschwindigkeitsverteilung ist in Hauptströmungsrichtung invariant ($\partial u/\partial x = 0$) und für die Quer- und Vertikalgeschwindigkeiten gilt $v = w = 0$. Ein zur Rohrströmung analoges analytisches Vorgehen führt auf die Geschwindigkeitsverteilung

$$u(y) = \frac{1}{2 \cdot \mu} \cdot \left(-\frac{dp}{dx}\right) \cdot \left(h^2 - y^2\right) \tag{6.32}$$

bzw.

$$u(y) = \frac{3}{2} \cdot u_m \cdot \left[1 - \left(\frac{y}{h}\right)^2\right] \quad , \tag{6.33}$$

mit der mittleren Geschwindigkeit

$$u_m = \frac{1}{2 \cdot h} \cdot \int_{-h}^{+h} u(y)\,dy = \frac{h^2}{3 \cdot \mu} \cdot \left(-\frac{dp}{dx}\right) \quad , \tag{6.34}$$

auf den Fanning-Reibungsbeiwert

$$\tilde{f}_{4\cdot h,\infty} = \frac{24}{Re_{4\cdot h}}$$ (6.35)

und auf den Druckverlustbeiwert

$$\xi_{4\,h,\infty} = \frac{96}{Re_{4\cdot h}} \quad .$$ (6.36)

6.2.3 Konzentrische Ringspaltströmung

Für das Geschwindigkeitsfeld einer hydrodynamisch ausgebildeten Strömung im konzentrischen Ringspalt (Abb 6.4 c) dürfen (in gleicher Weise wie bei der hydrodynamisch ausgebildeten Rohrströmung) eine in Hauptströmungsrichtung invariante Geschwindigkeitsverteilung ($\partial/\partial x = 0$) und verschwindende Quergeschwindigkeiten ($v = w = 0$) angenommen werden. Wir können demzufolge die vereinfachten Impulsgleichungen Gl. (6.20) – Gl. (6.22) zur Gewinnung einer analytischen Lösung für das Geschwindigkeitsfeld verwenden. Mit den Randbedingungen $u(r = R_i) = u(r = R_a) = 0$ an der Innen- und Außenwand des konzentrischen Ringspalts erhält man durch zweimalige Integration von Gl. (6.22) die Geschwindigkeitsverteilung

$$u(r) = \frac{1}{4\cdot\mu} \cdot \left(-\frac{dp}{dx}\right) \cdot \left[R_a{}^2 - r^2 + \left(R_a{}^2 - R_i{}^2\right) \cdot \frac{\ln\left(r/R_a\right)}{\ln(R_a/R_i)}\right] \quad .$$ (6.37)

Die Mittlung von Gl. (6.37) über die Querschnittsfläche $A = \pi \cdot \left(R_a^2 - R_i^2\right)$ liefert die mittlere Geschwindigkeit

$$u_m = \frac{1}{8\cdot\mu} \cdot \left(-\frac{dp}{dx}\right) \cdot \left[R_a{}^2 + R_i{}^2 - \frac{R_a{}^2 - R_i{}^2}{\ln\left(R_a/R_i\right)}\right] \quad .$$ (6.38)

Da sich die Wandschubspannungen an der Innen- und Außenwand unterscheiden, ist es zweckmäßig, die Reibungsbeiwerte anhand des Druckverlustes herzuleiten. Mit dem hydraulischen Durchmesser $D_h = 2\cdot(R_a - R_i)$ für die Ermittlung der Reynolds-Zahl erhalten wir entsprechend Gl. (6.3) für den Druckverlustbeiwert

$$\xi_{D_h,\infty} = \frac{64}{Re_{D_h}} \cdot \frac{(R_a - R_i)^2}{R_a{}^2 - R_i{}^2 - \dfrac{\left(R_a{}^2 - R_i{}^2\right)}{\ln\left(R_a/R_i\right)}}$$ (6.39)

und der Zusammenhang aus Gl. (6.7) liefert dann den Fanning-Reibungsbeiwert

$$f_{D_h,\infty} = \frac{16}{Re_{D_h}} \cdot \frac{(R_a - R_i)^2}{R_a{}^2 + R_i{}^2 - \dfrac{\left(R_a{}^2 - R_i{}^2\right)}{\ln\left(R_a/R_i\right)}} \quad .$$ (6.40)

Geometrie	Seitenverhältnis
Regelmäßige Polynome	$\epsilon = 1$
Rechtecke und Ellipsen	$\epsilon = \dfrac{b}{a}$
Trapeze	$\epsilon = \left(\dfrac{2 \cdot b}{a + c}\right)^n \begin{cases} n = 1, & b < (a+c)/2 \\ n = -1, & b > (a+c)/2 \end{cases}$
Gleichschenklige Dreiecke	$\epsilon = \begin{cases} b/a, & b < a \\ a/b, & b > a \end{cases}$
Konzentrische Ringspalte	$\epsilon = \dfrac{1 - R_i/R_a}{\pi \cdot (1 + R_i/R_a)}$

Tabelle 6.3 Seitenverhältnis ϵ für Gl. (6.42), Gl. (6.93) und Gl. (6.108). Polynom, Rechteck, Ellipse, Ringspalt aus Muzychka und Yovanovich (2002a); Trapez, Dreieck aus Muzychka und Yovanovich (2009). Parameter für die Kanalquerschnitte in Abb. 6.5. Ebener Kanal $\epsilon = 0.01$, kreisrundes Rohr $\epsilon = 1$.

6.2.4 Strömung in rechteckigen Kanälen

In rechteckigen Kanälen mit der Breite $2 \cdot a$ und der Höhe $2 \cdot b$ sowie mit einem Höhen-Breiten-Verhältnis $\alpha^* = b/a$ lässt sich der Reibungsbeiwert im Bereich $1/50 \leq \alpha^* \leq 1$ mit der von Shah und London (1978a) ermittelten Korrelation

$$f_{D_h,\infty} = \frac{24}{Re_{D_h}} \cdot (1 - 1{,}3553 \cdot (\alpha^*) + 1{,}9467 \cdot (\alpha^*)^2$$
$$- 1{,}7012 \cdot (\alpha^*)^3 + 0{,}9564 \cdot (\alpha^*)^4 - 0{,}2537 \cdot (\alpha^*)^5) \tag{6.41}$$

approximieren, wobei der hydraulische Durchmesser durch $D_h = (4 \cdot a \cdot b)/(a+b)$ gegeben ist. Die Abweichung zu numerisch berechneten Daten liegt bei $\pm 0{,}05\%$ (Shah und London (1978b)).

6.2.5 Strömung in Kanälen mit beliebigem Querschnitt

Der Reibungskoeffizient von Strömungen in Kanälen mit beliebiger Kanalquerschnittsfläche lässt sich nach Muzychka und Yovanovich (2002a) durch die Korrelation

$$f_{\sqrt{A},\infty} \cdot Re_{\sqrt{A}} = \frac{12}{\sqrt{\epsilon} \cdot (1 + \epsilon) \cdot \left[1 - \dfrac{192 \cdot \epsilon}{\pi^5} \cdot \tanh\left(\dfrac{\pi}{2 \cdot \epsilon}\right)\right]} \tag{6.42}$$

annähern, wobei A die Kanalquerschnittsfläche ist. Die Seitenverhältnisse ϵ der in Abb. 6.5 gezeigten Geometrien sind in Tabelle 6.3 zusammengestellt. Die mit Gl. (6.42) berechneten Werte können um bis zu 10% von empirisch ermittelten Ergebnissen abweichen.

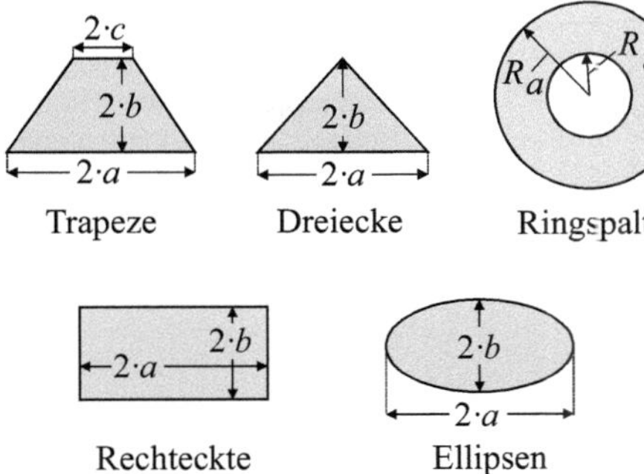

Abb. 6.5 Parameter für die Kanalquerschnitte in Tabelle 6.3.

6.3 Hydrodynamisch und thermisch ausgebildete Strömungen

Wir betrachten nun den Fall der hydrodynamisch und thermisch ausgebildeten Strömung. Für die Rohrströmung und die ebene Kanalströmung lassen sich die Nusselt-Zahlen für gewisse thermische Randbedingungen analytisch bestimmen. In den Fällen, in denen eine analytische Lösung nicht möglich ist oder komplexere Geometrien vorliegen, greifen wir auf numerisch ermittelte Ergebnisse zurück und geben die daraus resultierenden Kennzahlgleichungen an.

6.3.1 Rohrströmung

Zur Berechnung der Nusselt-Zahl $Nu_{D,\infty,H}$ bzw. $Nu_{D,\infty,T}$[1] für die hydrodynamisch und thermisch ausgebildete Rohrströmung (Abb 6.6 a) nutzen wir die Energiegleichung in Zylinderkoordinaten r, φ und x mit den dazugehörigen Geschwindigkeiten v, w und u. Sie lautet für ein Fluid mit konstanten Stoffwerten

$$\rho \cdot c \cdot \left(\frac{\partial T}{\partial t} + v \cdot \frac{\partial T}{\partial r} + \frac{w}{r} \cdot \frac{\partial T}{\partial \varphi} + u \cdot \frac{\partial T}{\partial x} \right)$$

$$= \lambda \cdot \left[\frac{1}{r} \cdot \frac{\partial}{\partial r} \left(r \cdot \frac{\partial T}{\partial r} + \frac{1}{r^2} \cdot \frac{\partial^2 T}{\partial \varphi^2} + \frac{\partial^2 T}{\partial x^2} \right) \right]$$

$$+ 2 \cdot \mu \cdot \left[\left(\frac{\partial v}{\partial r} \right)^2 + \left(\frac{1}{r} \cdot \left(\frac{\partial w}{\partial \varphi} + v \right) \right)^2 + \left(\frac{\partial u}{\partial x} \right)^2 \right] \tag{6.43}$$

$$+ \mu \cdot \left[\left(\frac{\partial w}{\partial x} + \frac{1}{r} \cdot \frac{\partial u}{\partial \varphi} \right)^2 + \left(\frac{\partial u}{\partial r} + \frac{\partial v}{\partial x} \right)^2 \right.$$

$$\left. + \left(\frac{1}{r} \cdot \frac{\partial v}{\partial \varphi} + r \cdot \frac{\partial}{\partial r} \left(\frac{w}{r} \right) \right)^2 \right] \quad .$$

---

[1] Die Indizes H und T beziehen sich auf die Fälle in Tabelle 6.1 und Tabelle 6.2.

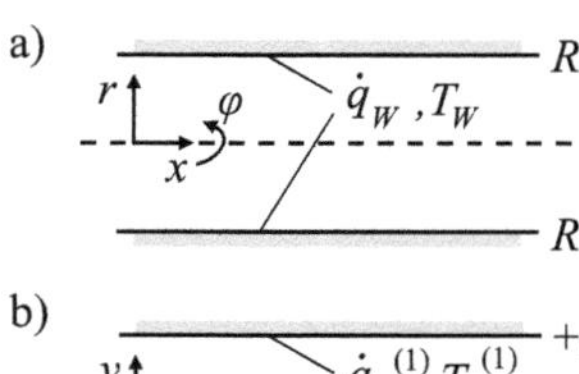
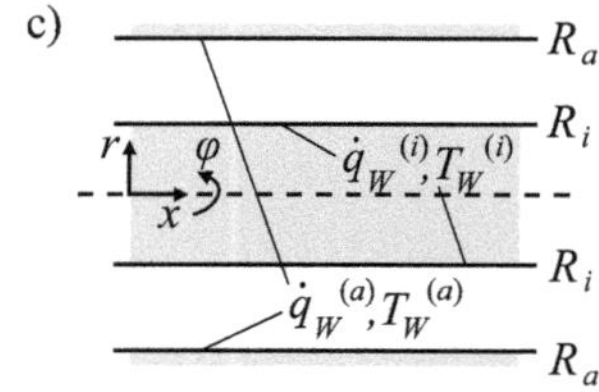

Abb. 6.6 Verschiedene thermische Randbedingungen bei Innenströmung im a) Rohr, b) zwischen zwei Platten und c) konzentrischen Ringspalt.

Für das Strömungsfeld gelten die gleichen Vereinfachungen wie bei isothermen hydrodynamisch ausgebildeten Strömungen. Unter der Annahme von Stationarität und bei Vernachlässigung der axialen und azimutalen Wärmeleitung sowie der Dissipation vereinfacht sich Gl. (6.43) für die hydrodynamisch und thermisch ausgebildete Strömung zu

$$u \cdot \frac{\partial T}{\partial x} = a \cdot \frac{1}{r} \cdot \frac{\partial}{\partial r}\left(r \cdot \frac{\partial T}{\partial r}\right) \quad . \tag{6.44}$$

Rohrströmung bei konstanter Wandwärmestromdichte (thermische Randbedingung (H) aus Tabelle 6.1)

Verwenden wir die Ergebnisse aus Kapitel 6.2.1 für das Geschwindigkeitsprofil und substituieren für den Fall einer konstanten Wandwärmestromdichte die axiale Temperaturänderung $\partial T / \partial x$ in Gl. (6.44) – unter Berücksichtigung von Gl. (6.1) und Gl. (6.12) – durch

$$\frac{\partial T}{\partial x} = \frac{dT_W}{dx} = \frac{dT_{am}}{dx} = \frac{\dot{q}_W \cdot U}{c \cdot \dot{m}} \quad , \tag{6.45}$$

ergibt sich

$$\frac{2 \cdot u_m}{a} \cdot \left(1 - \frac{r^2}{R^2}\right) \cdot \frac{\dot{q}_W \cdot U}{c \cdot \dot{m}} = \frac{1}{r} \cdot \frac{\partial}{\partial r}\left(r \cdot \frac{\partial T}{\partial r}\right) \quad . \tag{6.46}$$

Die zweimalige Integration von Gl. (6.46) mit den Randbedingungen

$$\left.\frac{\partial T}{\partial r}\right|_{r=0} = 0 \quad ; \qquad\qquad T(x, r = R) = T_W(x) \tag{6.47}$$

führt auf die Temperaturverteilung

$$T(x,r) = T_W(x) - \frac{2 \cdot u_m \cdot R^2}{a} \cdot \left[\frac{3}{16} + \frac{1}{16} \cdot \left(\frac{r}{R}\right)^4 - \frac{1}{4} \cdot \left(\frac{r}{R}\right)^2\right] \cdot \frac{\dot{q}_W \cdot U}{c \cdot \dot{m}} \quad . \tag{6.48}$$

Die Berechnung der adiabaten Mischungstemperatur entsprechend Gl. (3.88) ergibt

$$T_{am}(x) = T_W(x) - \frac{11}{48} \cdot \frac{D}{\lambda} \cdot \dot{q}_W \quad . \tag{6.49}$$

Durch Umformen von Gl. (6.49) erhält man die Nusselt-Zahl

$$Nu_{D,\infty,H} = \frac{48}{11} \quad . \tag{6.50}$$

Die Kombination aus Gl. (6.48) und Gl. (6.49) liefert schließlich auch noch die Verteilung des dimensionslosen Temperaturprofils

$$T^* = \frac{T - T_W}{T_{am} - T_W} = \frac{96}{11} \cdot \left[\frac{3}{16} + \frac{1}{16} \cdot \left(\frac{r}{R} \right)^4 - \frac{1}{4} \cdot \left(\frac{r}{R} \right)^2 \right] \quad . \tag{6.51}$$

Rohrströmung bei konstanter Wandtemperatur (thermische Randbedingung (T) aus Tabelle 6.2)

Für die Berechnung der Nusselt-Zahl verwenden wir die vereinfachte Energiegleichung (6.44). Mit dem Geschwindigkeitsprofil aus Gl. (6.27) und der axialen Temperaturänderung bei konstanter Wandtemperatur gemäß Gl. (6.1),

$$\frac{\partial T}{\partial x} = \frac{T - T_W}{T_{am} - T_W} \cdot \frac{dT_{am}}{dx} = T^* \cdot \frac{dT_{am}}{dx} \quad , \tag{6.52}$$

ergibt sich

$$\frac{2 \cdot u_m}{a} \cdot \left[1 - \left(\frac{r}{R} \right)^2 \right] \cdot T^* \cdot \frac{dT_{am}}{dx} = \frac{1}{r} \cdot \frac{\partial}{\partial r} \left(r \cdot \frac{\partial T}{\partial r} \right) \quad . \tag{6.53}$$

Mit den Ergebnisse aus Gl. (6.15) lässt sich die axiale Änderung der adiabaten Mischungstemperatur durch

$$\frac{dT_{am}}{dx} = \frac{4 \cdot \alpha \cdot (T_W - T_{am})}{c \cdot \rho \cdot u_m \cdot D} \tag{6.54}$$

ersetzen und man erhält unter Verwendung der dimensionslosen Größen $r^* = r/R$, $u^* = u/u_m$ sowie T^* entsprechend Gl. (6.52) die entdimensionalisierte Form von Gl. (6.53)

$$-2 \cdot Nu_{D,\infty,T} \cdot \left[1 - r^{*2} \right] \cdot T^* = \frac{1}{r^*} \cdot \frac{d}{dr^*} \left(r^* \cdot \frac{dT^*}{dr^*} \right) \quad . \tag{6.55}$$

Die Lösung der Differentialgleichung (6.55) ist nicht trivial. Mit Hilfe eines Reihenansatzes ermittelte Shah und Bhatti (1987) die Nusselt-Zahl

$$Nu_{D,\infty,T} = 3{,}6568 \quad . \tag{6.56}$$

Die asymptotische Lösung der Energiegleichung für die thermische Einlaufströmung (Kapitel 6.5.2, siehe Aufgabe 6.6) führt ebenso auf die Nusselt-Zahl aus Gl. (6.56) (Stephan (1959), Grigull und Tratz (1965)).

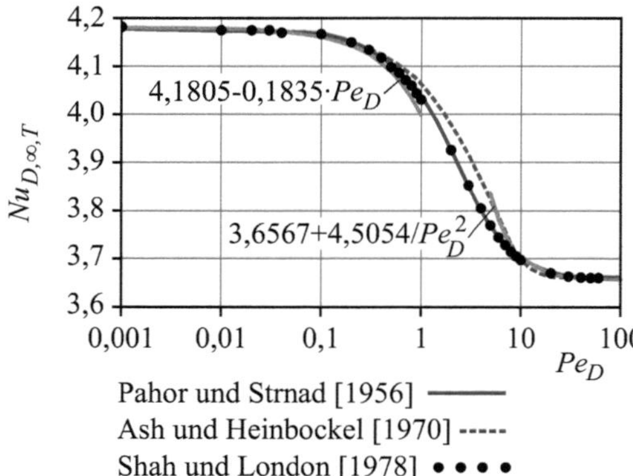

Abb. 6.7 Einfluss der axialen Wärmeleitung auf die Nusselt-Zahl für eine Rohrströmung bei Vorliegen der thermischen Randbedingung (T) aus Tabelle 6.2. Die grauen Linien entsprechen Gl. (6.60) und Gl. (6.61).

Axiale Wärmeleitung, Dissipation und Wärmequellen

Das Auftreten von axialer Wärmeleitung, Dissipation und Wärmequellen beeinflusst das Temperaturfeld von Innenströmungen erheblich. Im Folgenden geben wir die Auswirkungen in Form von Nusselt-Zahl-Korrelationen für hydrodynamisch und thermisch ausgebildete Innenströmungen von Fluiden mit konstanten Stoffwerten an.

Die ab- bzw. zugeführte Wärme durch die axiale Wärmeleitung $\lambda \cdot \partial^2 T/\partial x^2$ bewirkt grundsätzlich eine Reduzierung bzw. eine Erhöhung der lokalen Enthalpie, wodurch sich das Temperaturfeld und demzufolge auch die Nusselt-Zahl ändert. Liegen jedoch konstante Wandwärmestromdichten vor, ist die axiale Wärmeleitung im Fluid gleichförmig und die Nusselt-Zahl $Nu_{D,\infty,H}$ ändert sich nicht. Die Berücksichtigung des Dissipationsterms in der Energiegleichung führt nach Ou und Cheng (1973) auf die Nusselt-Zahl Korrelation

$$Nu_{D,\infty,H} = \frac{48}{11} \cdot \frac{1}{1 + \dfrac{48}{11} \cdot Br_D} \, , \tag{6.57}$$

wobei für die Brinkmann-Zahl $Br_D = \mu \cdot u_m^2/\dot{q}_W \cdot D$ gilt. Spielen Wärmequellen eine Rolle, lässt sich nach Tao (1961) die Nusselt-Zahl mit

$$Nu_{D,\infty,H} = \frac{48}{11} \cdot \frac{1}{1 + \dfrac{3}{44} \cdot \dfrac{\gamma \cdot D}{\dot{q}_W}} \tag{6.58}$$

annähern, wobei die Größe γ in Gl. (6.58) den Produktions- bzw. Quellterm repräsentiert. Berücksichtigt man neben den Wärmequellen auch die Dissipation, so führt die Superposition deren Auswirkung auf die Wärmeübertragung nach Tyagi (1966) auf die Kennzahlgleichung

$$Nu_{D,\infty,H} = \frac{48}{11} \cdot \frac{1}{1 + \dfrac{3}{44} \cdot \dfrac{\gamma \cdot D}{\dot{q}_W} + \dfrac{48}{11} \cdot Br_D} \cdot \qquad (6.59)$$

Gemäß Gl. (3.58) ändert sich der Einfluss der axialen Wärmeleitung auf die Wärmeübertragung mit der Péclet-Zahl. Für konstante Wandtemperaturen, lässt sich die Auswirkung der axialen Wärmeleitung auf die Nusselt-Zahl nach Pahor und Strnad (1956)[2] mit

$$Nu_{D,\infty,T} = 3{,}6567 + \frac{4{.}5054}{Pe_D^2}; \qquad Pe_D \gg 1 \quad , \qquad (6.60)$$

$$Nu_{D,\infty,T} = 4{,}1805 - 0{,}1835 \cdot Pe_D; \qquad Pe_D \ll 1 \qquad (6.61)$$

berücksichtigen. In Abb. 6.7 ist der Verlauf der Nusselt-Zahl für verschiedene Péclet-Zahlen und die thermische Randbedingung $T_W = const.$ nach Pahor und Strnad (1956) und Ash und Heinbockel (1970) aus Shah und London (1978a) dargestellt. Man erkennt, dass für Péclet-Zahlen $Pe_D > 100$ die axiale Wärmeleitung keinen wesentlichen Beitrag mehr zum konvektiven Wärmeübergang leistet. Spielt die Dissipation bei der Energieübertragung eine Rolle, so ergibt sich nach Tyagi (1966) die von der Brinkmann-Zahl unabhängige konstante Nusselt-Zahl $Nu_{D,\infty,T} = 48/5$.

6.3.2 Ebene Kanalströmung

Zur Berechnung der konvektiven Wärmeübertragung bei einer hydrodynamisch und thermisch ausgebildeten ebenen Kanalströmung zwischen zwei Platten, die im Abstand $2 \cdot h$ voneinander entfernt angeordnet sind (Abb. 6.6 b), vereinfachen wir zunächst die Energiegleichung (2.107). Für die stationäre Strömung eines Fluids mit konstanten Stoffwerten und vernachlässigbarer axialer Wärmeleitung und Dissipation erhält man

$$\frac{3}{2} \cdot u_m \cdot \left[1 - \left(\frac{y}{h}\right)^2 \right] \cdot \frac{\partial T}{\partial x} = a \cdot \frac{\partial^2 T}{\partial y^2} \quad , \qquad (6.62)$$

wobei für die axiale Geschwindigkeit Gl. (6.33) gilt. Da an beiden Platten unterschiedliche thermische Randbedingungen herrschen können, werden wir jetzt die in Abb. 6.8 gezeigten Fälle separat betrachten und die dazugehörigen Nusselt-Zahlen herleiten.

Ebene Kanalströmung bei konstanten Wandwärmestromdichten

Zunächst geht es um den in Abb. 6.8 a gezeigten Fall, dass an beiden Platten konstante Wandwärmestromdichten $\dot{q}_W^{(1)} = const.$ und $\dot{q}_W^{(2)} = const.$ vorliegen, wobei nicht voraus-

---

[2] Michelsen und Villadsen (1974) ermittelten nahezu identische Korrelationen für die Nusselt-Zahl wie Pahor und Strnad (1956): $Nu_{D,\infty,T} = 3{,}6568 + 4{,}487/Pe_D^2$, $Pe_D > 5$ und $Nu_{D,\infty,T} = 4{,}1807 - 0{,}1835 \cdot Pe_D$, $Pe_D < 1{,}5$. Der angegebene Gültigkeitsbereich von $Pe_D < 1{,}5$ bzw. $Pe_D > 5$ lässt sich auch auf Gl. (6.60) bzw. Gl. (6.61) anwenden.

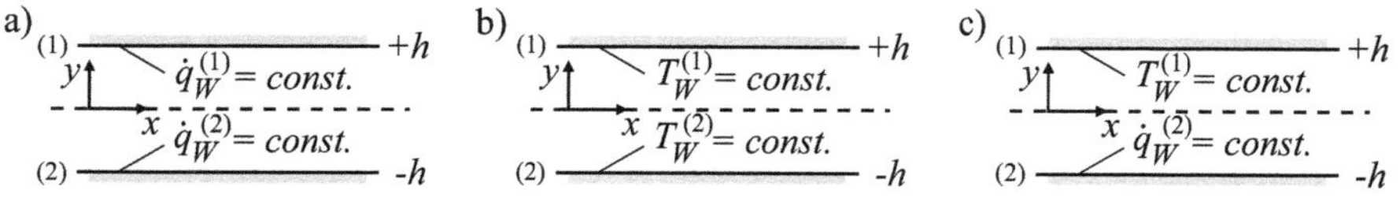

a) $T_W^{(1)}$ ... $\dot{q}_W^{(1)} = const.$ ... $+h$ ... $\dot{q}_W^{(2)} = const.$ ... $-h$

b) ... $T_W^{(1)} = const.$ ... $+h$ ... $T_W^{(2)} = const.$ ... $-h$

c) ... $T_W^{(1)} = const.$ ... $+h$ ... $\dot{q}_W^{(2)} = const.$ ... $-h$

Abb. 6.8 Thermische Randbedingungen bei der ebenen Kanalströmung.

gesetzt wird, dass beide Wandwärmestromdichten identisch sind. Entsprechend Gl. (6.1) und Gl. (6.12) erhalten wir für die axiale Temperaturänderung in Gl. (6.62)

$$\frac{\partial T}{\partial x} = \frac{dT_{am}}{dx} = \frac{\dot{q}_W^{(1)} \cdot d + \dot{q}_W^{(2)} \cdot d}{c \cdot \dot{m}} = \frac{\left(\dot{q}_W^{(1)} + \dot{q}_W^{(2)}\right)}{2 \cdot c \cdot \rho \cdot u_m \cdot h} \quad , \tag{6.63}$$

wobei d die unendliche Tiefe des Kanals ist. Die zweimalige Integration von Gl. (6.62) unter Berücksichtigung der axialen Temperaturänderung entsprechend Gl. (6.63) liefert

$$T(x,y) = \frac{\left(\dot{q}_W^{(1)} + \dot{q}_W^{(2)}\right)}{\lambda \cdot h} \cdot \left[\frac{3}{8} \cdot y^2 - \frac{1}{16} \cdot \frac{y^4}{h^2}\right] + C_1 \cdot y + C_2 \quad . \tag{6.64}$$

Mit den Randbedingungen für Platte (1)

$$T_W^{(1)} = T(x,y = h) \quad , \tag{6.65}$$

$$\dot{q}_W^{(1)} = \lambda \cdot \left.\frac{\partial T}{\partial y}\right|_{y=h} \tag{6.66}$$

ergibt sich die Temperaturverteilung

$$T(x,y) = T_W^{(1)}(x) + \frac{\left(\dot{q}_W^{(1)} + \dot{q}_W^{(2)}\right)}{\lambda \cdot h} \cdot \left[\frac{3}{8} \cdot y^2 \right.$$
$$\left. - \frac{1}{16} \cdot \frac{y^4}{h^2} - \frac{5}{16} \cdot h^2\right] + \frac{\left(\dot{q}_W^{(1)} - \dot{q}_W^{(2)}\right)}{2 \cdot \lambda} \cdot (y - h) \quad . \tag{6.67}$$

Das positive Vorzeichen vor dem Term auf der rechten Seite von Gl. (6.66) rührt daher, dass die y-Koordinate von der Kanalmitte in Richtung der Platte (1) zeigt. Die adiabate Mischungstemperatur lässt sich entsprechend Gl. (3.88) ermitteln und lautet

$$T_{am} = T_W^{(1)} - \frac{17}{70} \cdot \frac{h}{\lambda} \cdot \left(\dot{q}_W^{(1)} + \dot{q}_W^{(2)}\right) \cdot h + \frac{1}{2} \cdot \frac{h}{\lambda} \cdot \left(\dot{q}_W^{(2)} - \dot{q}_W^{(1)}\right) \quad . \tag{6.68}$$

Durch Umformen von Gl. (6.68) erhält man an Platte (1) die Nusselt-Zahl

$$\frac{\dot{q}_W^{(1)} \cdot \left(26 - 9 \cdot \frac{\dot{q}_W^{(2)}}{\dot{q}_W^{(1)}}\right)}{4 \cdot 35} \cdot \frac{4 \cdot h}{\lambda} = T_W^{(1)} - T_{am} \quad,$$

$$\frac{\dot{q}_W^{(1)}}{T_W^{(1)} - T_{am}} \cdot \frac{4 \cdot h}{\lambda} = \frac{140}{26 - 9 \cdot \frac{\dot{q}_W^{(2)}}{\dot{q}_W^{(1)}}} \quad,$$

$$Nu^{(1)}_{4 \cdot h, \infty, \dot{q}_W^{(\cdot)}, \dot{q}_W^{(2)}} = \frac{140}{26 - 9 \cdot \frac{\dot{q}_W^{(2)}}{\dot{q}_W^{(1)}}} \quad. \tag{6.69}$$

Um an Platte (2) die Nusselt-Zahl zu bestimmen, müssen wir die Randbedingungen in Gl. (6.65) und Gl. (6.66) entsprechend anpassen und erhalten

$$Nu^{(2)}_{4 \cdot h, \infty, \dot{q}_W^{(1)}, \dot{q}_W^{(2)}} = \frac{140}{26 - 9 \cdot \frac{\dot{q}_W^{(1)}}{\dot{q}_W^{(2)}}} \quad. \tag{6.70}$$

Mit Gl. (6.69) bzw. Gl. (6.70) lassen sich die Nusselt-Zahlen für weitere Kombinationen der thermischen Randbedingungen angeben. Sind die Wandwärmestromdichten an beiden Platten identisch ($\dot{q}_W^{(1)} = \dot{q}_W^{(2)}$), so erhält man an jeder Platte eine Nusselt-Zahl von

$$Nu_{4 \cdot h, \infty, H} = \frac{140}{17} \quad. \tag{6.71}$$

Ist eine der Platte adiabatisch isoliert ($\dot{q}_W = 0$) lautet die Nusselt-Zahl für die andere Platte

$$Nu_{4 \cdot h, \infty, \dot{q}_W^{(*)}, 0} = \frac{140}{26} \quad. \tag{6.72}$$

Ebene Kanalströmung bei konstanter Wandtemperatur

Besitzen beide Platten konstante Wandtemperaturen lässt sich die Energiegleichung nicht analytisch lösen (siehe Aufgabe 6.7). Nach Stephan (1959) führt die numerische Lösung der Energiegleichung für die thermische Einlaufströmung im Spalt mit identischen Wandtemperaturen an beiden Platten ($T_W^{(1)} = T_W^{(2)} = const.$) auf die Nusselt-Zahl

$$Nu_{4 \cdot h, \infty, T} = 7{,}55 \quad. \tag{6.73}$$

Herrschen unterschiedliche konstante Wandtemperaturen an beiden Platten ($T_W^{(1)} \neq T_W^{(2)}$) erhält man aus der asymptotischen Lösung ($R_i/R_a \rightarrow 1, x \rightarrow \infty$) für die Einlaufströmung im konzentrischen Ringspalt nach Lundberg et al (1963) an jeder Platte die Nusselt-Zahl

$$Nu_{4 \cdot h, \infty, T_W^{(1)} \neq T_W^{(2)}} = 4 \quad. \tag{6.74}$$

Ebene Kanalströmung bei $T_W^{(1)} = const.$ und $\dot{q}_W^{(2)} = const.$

Für den in Abb. 6.8 c dargestellten Fall, dass an einer der beiden Platten eine konstante Wandtemperatur ($T_W^{(1)} = const.$) herrscht und an der anderen Platte eine konstante Wandwärmestromdichte ($\dot{q}_W^{(2)} = const.$) vorliegt, lauten die Nusselt-Zahlen an den Platten

$$Nu^{(1)}_{4\cdot h,\infty,T_W^{(1)},\dot{q}_W^{(2)}} = 4 \quad , \tag{6.75}$$

$$Nu^{(2)}_{4\cdot h,\infty,T_W^{(1)},\dot{q}_W^{(2)}} = 4 \quad . \tag{6.76}$$

Verschwindet die Wandwärmestromdichte ($\dot{q}_W^{(2)} = 0$) ergeben sich die Nusselt-Zahlen

$$Nu^{(1)}_{4\cdot h,\infty,T_W^{(1)},0} = 4{,}86 \quad , \tag{6.77}$$

$$Nu^{(2)}_{4\cdot h,\infty,T_W^{(1)},0} = 0 \quad . \tag{6.78}$$

Die Ergebnisse aus Gl. (6.75) – Gl. (6.78) erhält man aus den asymptotischen Lösungen ($R_i/R_a \to 1$, $x \to \infty$) der Einlaufströmung im konzentrischen Ringspalt nach Lundberg et al (1963).

Axiale Wärmeleitung, Dissipation und Wärmequellen

Die axiale Wärmeleitung $\lambda \cdot \partial^2 T/\partial x^2$ wirkt sich bei konstanten Wandwärmestromdichten nicht auf die Nusselt-Zahl aus. Spielt die Dissipation für die Wärmeübertragung eine Rolle, so hängt die Nusselt-Zahl bei Vorliegen konstanter Wandwärmestromdichten an beiden Platten entsprechend Abb. 6.8 a von der Brinkmann-Zahl ab. Nach Sheela-Francisca und Tso (2009) gilt für die Nusselt-Zahl an Platte (1) bei unterschiedlichen Wandwärmestromdichten ($\dot{q}_W^{(1)} = const. \neq \dot{q}_W^{(2)} = const.$)

$$Nu^{(1)}_{4\cdot h,\infty,\dot{q}_W^{(1)},\dot{q}_W^{(2)}} = \frac{140}{26 - 9 \cdot \dfrac{\dot{q}_W^{(2)}}{\dot{q}_W^{(1)}} + 108 \cdot Br^{(1)}_{4\cdot h}} \quad , \tag{6.79}$$

für den Fall, dass Platte (2) adiabatisch isoliert ist ($\dot{q}_W^{(2)} = 0$)

$$Nu^{(1)}_{4\cdot h,\infty,\dot{q}_W^{(1)},0} = \frac{70}{13 + 54 \cdot Br^{(1)}_{4\cdot h}} \tag{6.80}$$

und bei identischen Wandwärmestromdichten an beiden Platten ($\dot{q}_W^{(1)} = \dot{q}_W^{(2)} = const.$)

$$Nu^{(1)}_{4\cdot h,\infty,H} = \frac{140}{17 + 108 \cdot Br^{(1)}_{4\cdot h}} \quad . \tag{6.81}$$

Werden bei identischen Wandwärmestromdichten ($\dot{q}_W^{(1)} = \dot{q}_W^{(2)} = const.$) an beiden Platten zusätzlich zur Reibungswärme auch noch Wärmequellen berücksichtigt, so gilt nach Tyagi (1966)

$$Nu_{4\cdot h,\infty,H}^{(1)} = \frac{140}{17} \cdot \frac{1}{1 + \dfrac{3}{68} \cdot \dfrac{\gamma \cdot 4 \cdot h}{\dot{q}_W^{(1)}} + \dfrac{108}{17} \cdot Br_{4\cdot h}^{(1)}} \cdot \qquad (6.82)$$

In Gl. (6.79) – Gl. (6.82) lautet die Brinkmann-Zahl $Br_{4\cdot h}^{(1)} = \mu \cdot u_m^2/(\dot{q}_W^{(1)} \cdot 4 \cdot h)$.

Sind die konstanten Wandtemperaturen an beiden Platten identisch ($T_W^{(1)} = T_W^{(2)} = const.$), so lässt sich nach Pahor und Strnad (1961) [Gl.(6.83)] sowie Grosjean et al (1963) [Gl. (6.84)] der Einfluss der axialen Wärmeleitung auf die Nusselt-Zahl mit den Korrelationen

$$\frac{1}{2} \cdot Nu_{4\cdot h,\infty,T} = Nu_{2\cdot h,\infty,T} = 3{,}77 + \left(1 - \frac{3{,}79}{Pe_{2\cdot h}^2} + \ldots\right); \quad Pe_{2\cdot h} \gg 1 \quad, \qquad (6.83)$$

$$\frac{1}{2} \cdot Nu_{4\cdot h,\infty,T} = Nu_{2\cdot h,\infty,T} = 4{,}059 \cdot \big(1 - 0{,}030859 \cdot Pe_{2\cdot h}$$
$$+0{,}0069436 \cdot Pe_{2\cdot h}^2 + \ldots\big); \quad Pe_{2\cdot h} \ll 1 \qquad (6.84)$$

berechnen. Die Berücksichtigung dissipativer Effekte bei identischen, konstanten Wandtemperaturen an beiden Platten ($T_W^{(1)} = T_W^{(2)} = const.$) führt nach Tyagi (1966) auf die konstante Nusselt-Zahl $Nu_{4\cdot h,\infty,T} = 70/4$.

6.3.3 Konzentrische Ringspaltströmung

Ähnlich wie bei der ebenen Kanalströmung bestimmen auch bei der konzentrischen Ringspaltströmung die Kombinationen der thermischen Randbedingungen an den Rohrwänden das Temperaturfeld und die konvektive Wärmeübertragung. Können axiale Wärmeleitung, Dissipation und weitere Wärmequellen vernachlässigt werden, so vereinfacht sich die beschreibende Energiegleichung zur Differentialgleichung (6.44). Lösungen für Kombina-

R_i/R_a	$Nu_{D_h,\infty,\dot{q}_W^{(i)},0}^{(ii)}$	$Nu_{D_h,\infty,\dot{q}_W^{(a)},0}^{(aa)}$	θ_i^*	θ_a^*
0	∞	4,365	∞	0
0,05	17,81	4,792	2,18	0,0294
0,1	11,91	4,834	1,383	0,0562
0,2	8,499	4,883	0,905	0,1041
0,4	6,583	4,979	0,603	0,1823
0,6	5,912	5,099	0,473	0,2455
0,8	5,58	5,24	0,401	0,294
1,0	5,385	5,385	0,346	0,346

Tabelle 6.4 Nusselt-Zahlen und Koeffizienten für Gl. (6.85) und Gl. (6.86) nach Kays und Perkins (1972).

tionen der thermischen Randbedingungen - konstante Wandwärmestromdichten an beiden Wänden (H), konstante Wandtemperaturen an beiden Wänden (T) sowie eine konstante Wandwärmestromdichte an einer Wand und eine konstante Wandtemperatur an der anderen Wand - lassen sich durch Superposition von Einzellösungen gewinnen. Wir gehen hierauf im Weiteren nicht näher ein, sondern belassen es dabei, Korrelationen für die Nusselt-Zahlen beim Vorliegen konstanter Wandwärmestromdichten oder konstanter Wandtemperaturen an beiden Wänden anzugeben. Die Nusselt-Zahlen an der inneren und äußeren Rohrwand für beliebige Wärmestromdichteverhältnisse lassen sich nach Lundberg et al (1963) durch

$$Nu^{(i)}_{D_h,\infty,\dot{q}_W^{(i)},\dot{q}_W^{(a)}} = \frac{Nu^{(ii)}_{D_h,\infty,\dot{q}_W^{(i)},0}}{1 - \dfrac{\dot{q}_W^{(a)}}{\dot{q}_W^{(i)}} \cdot \theta_i^*} \tag{6.85}$$

bzw.

$$Nu^{(a)}_{D_h,\infty,\dot{q}_W^{(i)},\dot{q}_W^{(a)}} = \frac{Nu^{(aa)}_{D_h,\infty,\dot{q}_W^{(a)},0}}{1 - \dfrac{\dot{q}_W^{(i)}}{\dot{q}_W^{(a)}} \cdot \theta_a^*} \tag{6.86}$$

ermitteln. Die Koeffizienten θ_i^* und θ_a^* sowie die Nusselt-Zahlen $Nu^{(ii)}_{D_h,\infty,\dot{q}_W^{(i)},0}$ und $Nu^{(aa)}_{D_h,\infty,\dot{q}_W^{(a)},0}$ sind in Tabelle 6.4 angegeben. $Nu^{(ii)}_{D_h,\infty,\dot{q}_W^{(i)},0}$ bzw. $Nu^{(aa)}_{D_h,\infty,\dot{q}_W^{(a)},0}$ entspricht der Nusselt-Zahl, wenn an der Innenwand bzw. an der Außenwand eine konstante Wärmestromdichte vorliegt und die Außenwand bzw. die Innenwand adiabatisch isoliert ist.

In Abb. 6.9 werden die Verteilungen der Nusselt-Zahlen für konstante Wandwärmestromdichten ($\dot{q}_W^{(i)} = \dot{q}_W^{(a)} = const.$) sowie für konstante Wandtemperaturen ($T_W^{(i)} = T_W^{(a)} = const.$) in Abhängigkeit des Radienverhältnisses R_i/R_a dargestellt. Die Nusselt-Zahl der konzentrischen Ringspaltströmung entspricht im Grenzfall $R_i/R_a \to 0$ der Nusselt-Zahl der Rohrströmung und im Grenzfall $R_i/R_a \to 1$ der Nusselt-Zahl der ebenen Kanalströmung. Die Nusselt-Zahlen der konzentrischen Ringspaltströmung in Abhängigkeit des Radienverhältnisses $R^* = R_i/R_a$ für die beiden letztgenannten thermischen Randbedingungen lassen sich nach Shah und Bhatti (1987) durch folgende Korrelationen approximieren:

$$Nu_{D_h,\infty,T} = 3{,}657 + 98{,}95 \cdot R^*; \qquad 0{,}02 \le R^* \ , \tag{6.87}$$

$$\begin{aligned} Nu_{D_h,\infty,T} = 5{,}3302 \cdot \Big(&1 + 3{,}2904 \cdot R^* - 12{,}0075 \cdot R^{*2} \\ &+ 18{,}8298 \cdot R^{*3} - 9{,}698 \cdot R^{*4} \Big); \qquad 0{,}02 \ge R^* \end{aligned} \tag{6.88}$$

und

$$Nu_{D_h,\infty,H} = 4{,}364 + 100{,}95 \cdot R^*; \qquad 0{,}02 \le R^* \ , \tag{6.89}$$

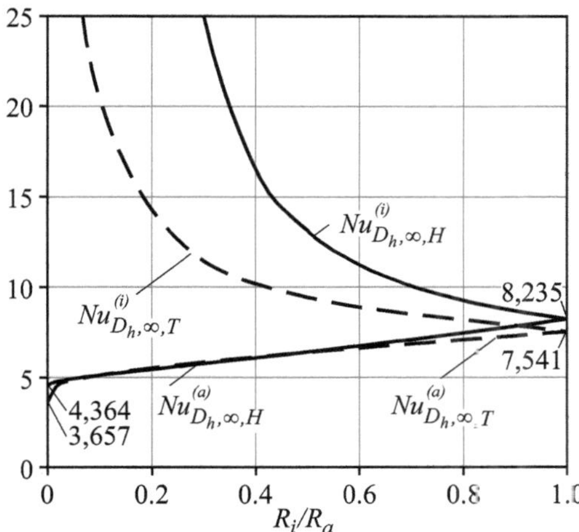

Abb. 6.9 Nusselt-Zahlen der konzentrischen Ringspaltströmung in Abhängigkeit des Radienverhältnisses R_i/R_a für konstante Wandwärmestromdichten (H) sowie für konstante Wandtemperaturen (T) an beiden Wänden nach Daten von Shah und London (1978a). Mit $Nu^{(i)}$ und $Nu^{(a)}$ für die Nusselt-Zahlen am inneren und äußeren Zylinder.

$$Nu_{D_h,\infty,H} = 6{,}2066 \cdot \left(1 + 2{,}3103 \cdot R^* - 7{,}7553 \cdot R^{*2} + 13{,}2851 \cdot R^{*3} \right. $$
$$\left. -10{,}5987 \cdot R^{*4} + 2{,}6178 \cdot R^{*5} - 0{,}468 \cdot R^{*6}\right); \qquad 0{,}02 \geq R^* \quad . \tag{6.90}$$

6.3.4 Strömung in rechteckigen Kanälen

Um die Nusselt-Zahl in rechteckigen Kanälen mit Breite $2 \cdot a$ und der Höhe $2 \cdot b$ anzugeben, greifen wir (wie auch bei den Reibungsbeiwerten) auf die von Shah und London (1978a) angegebene Korrelation zurück. Demnach gilt für Rechteckkanäle mit dem Höhen-Breiten-Verhältnis $\alpha^* = b/a$ beim Vorliegen der thermischen Randbedingung einer konstanten axialen Wandwärmestromdichte an allen vier Wänden

$$Nu_{D_h,\infty,H1} = 8{,}235 \cdot \left(1 - 2{,}0421 \cdot (\alpha^*) + 3{,}0853 \cdot (\alpha^*)^2 \right. $$
$$\left. -2{,}4765 \cdot (\alpha^*)^3 + 1{,}0578 \cdot (\alpha^*)^4 - 0{,}1861 \cdot (\alpha^*)^5\right) \tag{6.91}$$

bzw. einer konstanten axialen und umfangseitigen Wandtemperatur

$$Nu_{D_h,\infty,T} = 7{,}541 \cdot \left(1 - 2{,}61 \cdot (\alpha^*) + 4{,}97 \cdot (\alpha^*)^2 \right. $$
$$\left. -5{,}119 \cdot (\alpha^*)^3 + 2{,}702 \cdot (\alpha^*)^4 - 0{,}548 \cdot (\alpha^*)^5\right) \quad . \tag{6.92}$$

Die Abweichung von Gl. (6.91) bzw. von Gl. (6.92) gegenüber empirischen Daten liegt bei $\pm 0{,}03\%$ bzw. $\pm 0{,}1\%$.

Tabelle 6.5 Druckverlustbeiwerte und Nusselt-Zahlen für hydrodynamisch und thermisch ausgebildete Strömungen. Identische konstante Wandwärmeströme oder Wandtemperaturen an den Wänden. Rohr- und ebene Kanalströmung entsprechend Kapitel 6.2 und 6.3, Strömung im Dreick- und Rechteckkanal nach Shah und London (1978a), Strömung im Sechs- und Achteckkanal nach Asako und Nakamura (1988).

	D_h	$\xi_\infty \cdot Re_{D_h}$	$Nu_{D_h,\infty,H}$	$Nu_{D_h,\infty,T}$
	D	64	4,36	3,66
	$4 \cdot h$	96	8,24	7,54
	d	56,68	3,61	2,98
	$2 \cdot d/3$	53,33	3,11	2,47
	$d \cdot \sqrt{3}$	60,28	4,02	3,35
	$\left(\sqrt{2} + 1\right) \cdot d$	61,52	4,21	3,47

6.3.5 Weitere Geometrien

Die Geschwindigkeits- und Temperaturprofile sowie die Reibungsbeiwerte und die Nusselt-Zahlen für einfache Strömungen im Rohr, Spalt und im konzentrischen Ringspalt wurden soweit möglich analytisch gelöst. Um genaue Nusselt-Zahlen für komplexere Geometrien zu erhalten, muss auf numerische Methoden zurückgegriffen werden. In Tabelle 6.5 sind Reibungsbeiwerte und Nusselt-Zahlen für ausgewählte Geometrien zusammengestellt. Ist man an Näherungen interessiert, reicht es häufig, generalisierte Kennzahlgleichungen zu nutzen. Muzychka und Yovanovich (2002b) entwickelten eine generalisierte Nusselt-Zahl-Korrelation für Strömungen in Kanälen mit gleichbleibender, aber beliebiger Querschnittsfläche, die für eine Vielzahl von Querschnittsformen die entsprechenden Nusselt-Zahlen mit einer Genauigkeit von $\pm 10\%$ wiedergibt,

$$Nu_{\sqrt{A},\infty,BC} = \frac{c_1 \cdot f_{\sqrt{A},\infty} \cdot Re_{\sqrt{A}}}{8 \cdot \sqrt{\pi} \cdot \epsilon^\gamma} \ . \tag{6.93}$$

Für den Term $f_{\sqrt{A},\infty} \cdot Re_{\sqrt{A}}$ gilt Gl. (6.42) und Werte für Seitenverhältnisse ϵ der in Abb. 6.5 gezeigten Geometrien sind Tabelle 6.3 zu entnehmen. Der sogenannte Formfaktor γ hängt von der Querschnittsform ab und liegt im Bereich zwischen $-1/3$ und $1/10$. Für rechteckige Kanäle und elliptische Kanäle gilt $\gamma = 1/10$ und für rhombische und dreieckige

Kanäle beträgt der Formfaktor $\gamma = -1/3$. Der Koeffizient ist $c_1 = 3{,}24$ bei einer konstanten Wandtemperatur (T) und $c_1 = 3{,}86$ bei einer konstanten Wandwärmestromdichte (H).

6.4 Sich hydrodynamisch entwickelnde Strömung

Zu Beginn einer Kanalströmung entwickelt sich das Strömungsfeld und man spricht dementsprechend von einer sich hydrodynamisch entwickelnden Strömung. Infolge der Haftbedingung bildet sich an den Kanalinnenwänden eine Scherschicht aus, die mit zunehmender Lauflänge anwächst. Das sich bewegende Fluid wird in Richtung der Kanalmitte verdrängt, wodurch die axiale Strömungsgeschwindigkeit im Kanalinneren aufgrund des gleichbleibenden Massenstroms ansteigt. Im Folgenden gehen wir davon aus, dass sich die Strömung mit einem gleichförmigen Geschwindigkeitsprofil von der Stelle $x = 0$ an beginnend in axialer Richtung x hydrodynamisch entwickelt. In Abb. 6.10 ist das sich entwickelnde Geschwindigkeitsprofil für die Rohreinlaufströmung gezeigt. Die Impulsübertragung wird während des Entwicklungsvorgangs durch Druck-, Reibungs- und Trägheitskräfte bestimmt. Geschwindigkeitsverteilungen und relevante Kennzahlen wurden in einer Vielzahl von Studien anhand von Näherungsverfahren oder numerischen Methoden ermittelt. Da sich das Gleichungssystem für die hydrodynamische Einlaufströmung nicht analytisch lösen lässt, kümmern wir uns im Folgenden ausschließlich um die Darstellung und Diskussion verschiedentlich ermittelter Ergebnissen.

6.4.1 Hydrodynamischer Einlaufbereich

Im hydrodynamischen Einlaufbereich entwickelt sich das Geschwindigkeitsfeld. Die hydrodynamische Einlauflänge X_{hy} entspricht der axialen Strecke zwischen dem Blockprofil der Geschwindigkeit zu Beginn der Innenströmung und dem hydrodynamisch ausgebildeten Geschwindigkeitsprofil (vgl. Abb. 6.1 a).

Größenordnung und dimensionslose Einlauflänge

Obwohl sich die anwachsende Scherschicht im Einlaufbereich einer sich entwickelnden Innenströmung in verschiedenen Punkten von der Grenzschichtströmung unterscheidet, lassen sich ähnliche Kräfteverhältnisse formulieren und wir können die in Kapitel 4.1.1 gefundenen Skalenbeziehungen der Grenzschichtströmung zur Abschätzung der hydrodynamischen Einlauflänge nutzen. Beim Erreichen des Ortes der hydrodynamisch ausgebildeten Innenströmung ($x = X_{hy}$) ist die Scherschichtdicke h_{hy} von der Größenordnung des Kanaldurchmessers ($D, 2 \cdot h, \ldots \sim l_0$). Entsprechend Gl. (4.25) erhalten wir

$$\frac{X_{hy}}{\left(\dfrac{u_m \cdot X_{hy}}{\nu}\right)^{1/2}} \sim h_{hy}(X_{hy}) \sim l_0 \tag{6.94}$$

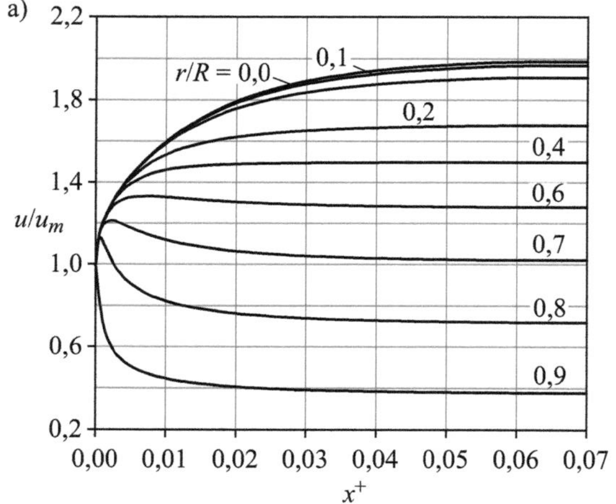

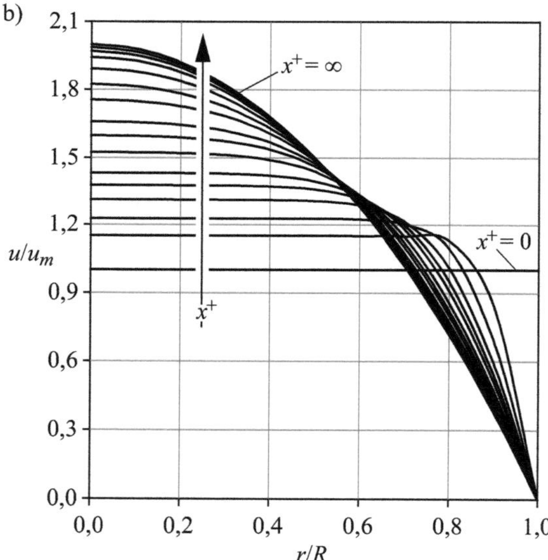

Abb. 6.10 Entwicklung der lokalen Geschwindigkeiten a) $u(x^+)/u_m$ für variierende Werte von r/R und b) $u(r/R)/u_m$ für variierende Werte von x^+ im Einlaufbereich einer laminaren Rohrströmung nach Hornbeck (1964).

und für die Einlauflänge gilt

$$X_{hy}{}^{1/2} \sim \left(Re_{l_0} \cdot l_0\right)^{1/2} \quad . \tag{6.95}$$

Die Beziehungen aus Gl. (6.95) nutzt man für gewöhnlich zur Entdimensionalisierung der axialen Lauflänge für sich hydrodynamisch entwickelnde Strömungen gemäß

$$x_{l_0}^+ \equiv \frac{x}{Re_{l_0} \cdot l_0} \quad . \tag{6.96}$$

Mit dem hydraulischen Durchmesser als charakteristischer Länge gilt

$$x^+ \equiv \frac{x}{Re_{D_h} \cdot D_h} \quad . \tag{6.97}$$

Definitionsgleichung und Korrelationen

Die in der Praxis häufig verwendete Definitionsgleichung zur Bestimmung der hydrodynamischen Einlauflänge

$$\left| \frac{u_{max}(x = X_{hy}) - u_{max}(x > X_{hy})}{u_{max}(x = X_{hy})} \right| \equiv 0{,}01 \quad . \tag{6.98}$$

besagt, dass eine Strömung als hydrodynamisch ausgebildet gilt, wenn die Maximalgeschwindigkeit des sich entwickelnden Geschwindigkeitsprofils 99% der Maximalgeschwindigkeit des ausgebildeten Geschwindigkeitsprofils erreicht hat. In den letzten Jahrzehnten wurden zahlreiche Bestimmungsgleichungen für die Einlauflänge von Innenströmungen in Kanälen unterschiedlicher Geometrie ermittelt. Die weit verbreiteten Korrelationen zur Bestimmung der hydrodynamischen Einlauflänge für Rohrströmungen

$$\frac{X_{hy}}{D} = \frac{0{,}6}{0{,}035 \cdot Re_D + 1} + 0{,}056 \cdot Re_D \tag{6.99}$$

und für ebene Kanalströmungen (mit Spalthöhe von $2 \cdot h$)

$$\frac{X_{hy}}{D_h} = \frac{0{,}315}{0{,}0175 \cdot Re_{D_h} + 1} + 0{,}011 \cdot Re_{D_h} \tag{6.100}$$

wurde von Chen (1973) auf Basis der Ergebnisse von Friedmann et al (1968) entwickelt. Nach Durst et al (2005) lässt sich die hydrodynamische Einlauflänge für Rohrströmungen mit

$$\frac{X_{hy}}{D} = \left[0{,}619^{1,6} + (0{,}0567 \cdot Re_D)^{1,6} \right]^{1/1,6} \tag{6.101}$$

und für ebene Kanalströmungen mit

$$\frac{X_{hy}}{D_h} = \frac{1}{2} \cdot \left[0{,}631^{1,6} + (0{,}0221 \cdot Re_{D_h})^{1,6} \right]^{1/1,6} \tag{6.102}$$

bestimmen. Die Potenzierung der Terme in Gl. (6.101) und Gl. (6.102) gewährleistet eine sehr hohe Genauigkeit der berechneten Einlauflänge auch für den Bereich kleiner Reynolds-Zahlen, in dem eine rein lineare Korrelationsgleichung aufgrund der Nichtlinearität des Konvektionsterms zu nennenswerten Ungenauigkeiten führen würde. Bei Ringspaltströmungen nimmt die Einlauflänge bei gleichbleibender Reynolds-Zahl mit zunehmendem Radienverhältnis R_i/R_a ab (Sparrow und Lin (1964)). Aufgrund der vielfältigen Datenlage, wird an dieser Stelle auf die Angabe validierter Korrelationen verzichtet und stattdessen auf fachspezifische Kompendien (z. B. Kakac (1982); Rohsenow und Hartnett (1973)) verwiesen.

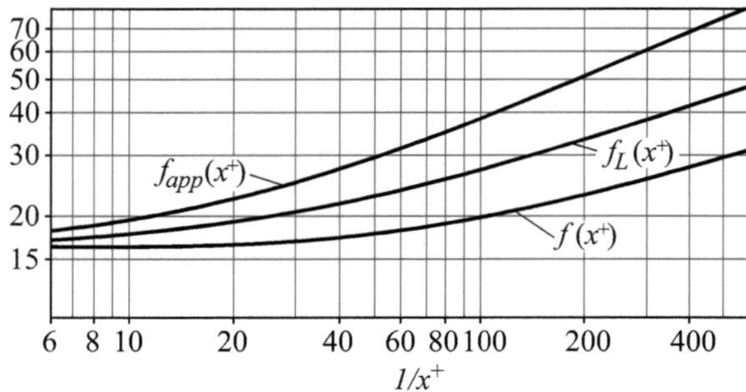

Abb. 6.11 Scheinbarer, Länge-gemittelter und lokaler Reibungs-koeffizient im Einlaufbereich einer laminaren Rohrströmung nach Langhaar (1942) aus Rohsenow und Hartnett (1973).

6.4.2 Druckverlust im Einlaufbereich

Das Strömungsfeld im Einlaufbereich wird aufgrund der sich entwickelnden Scherschichten an den Kanalinnenwänden durch Druck-, Reibungs- und Trägheitskräfte bestimmt. Dementsprechend setzt sich der Druckverlust im Einlaufbereich aus Anteilen der Reibungskräfte und der konvektiven Impulsänderungen zusammen. Aus diesem Grund wurde der scheinbare Reibungskoeffizient (Fanning-Reibungsbeiwert)

$$f_{l_0,app}(x) \equiv \frac{\Delta p}{\frac{1}{2} \cdot \rho \cdot u_m^2} \cdot \frac{A}{U} \cdot \frac{1}{x} \qquad (6.103)$$

bzw. der scheinbare Darcy-Reibungsbeiwert

$$\xi_{l_0,app}(x) \equiv \frac{\Delta p}{\frac{1}{2} \cdot \rho \cdot u_m^2} \cdot \frac{l_0}{x} \qquad (6.104)$$

für den Einlaufbereich eingeführt, der neben den Reibungskräften auch den Beitrag von Impulsänderungen zum Druckverlust Δp in axialer Richtung zwischen der Stelle $x = 0$ und der Stelle x repräsentiert. Für den dimensionslosen Druckverlust $\Delta p^* = \Delta p / (1/2 \cdot \rho \cdot u_m^2)$ zwischen $x^+ = 0$ und x^+ im Einlaufbereich gilt

$$\Delta p^* = \xi_{D_h,app} \cdot Re_{D_h} \cdot x^+ = 4 \cdot f_{D_h,app} \cdot Re_{D_h} \cdot x^+ \quad . \qquad (6.105)$$

In Abb. 6.11 sind die Reibungskoeffizienten f_D (Gl. (6.2)), $f_{D,L}$ (Gl. (6.4)) und $f_{D,app}$ (Gl. (6.105)) für den Einlaufbereich einer laminaren Rohrströmung nach Langhaar (1942) aus Rohsenow und Hartnett (1973) dargestellt. Die zusätzlich auftretende Impulsänderung führt zu einem nichtlinearen Abfall des Druckverlustes in Hauptströmungsrichtung. Gegen Ende der Einlaufströmung verschwinden die aus der Impulsänderung resultierenden Kräfte und die lokalen Reibungskoeffizienten streben asymptotisch gegen den konstanten Wert der hydrodynamisch ausgebildeten Strömung. Der scheinbare Reibungskoeffizient im Einlaufbereich von Rohrströmungen lässt sich nach Bender (1969) durch die Korrelation

R_i/R_a	K_∞	$f_{D_h,\infty} \cdot Re_{D_h}$	C
0,00	1,250	16,000	0,000212
0,05	0,830	21,567	0,000050
0,10	0,784	22,343	0,000043
0,50	0,688	23,813	0,000032
0,75	0,678	22,967	0,000030
1,00	0,674	24,000	0,000029

Tabelle 6.6 Parameter für Gl. (6.107) zur Berechnung des scheinbaren Reibungskoeffizienten im Einlaufbereich von konzentrischen Ringspaltströmungen nach Shah (1978).

$$f_{D,app}(x^+) \cdot Re_D = \frac{3,44}{\sqrt{x^+}} + \frac{\dfrac{1,25}{4 \cdot x^+} + 16 - \dfrac{3,44}{\sqrt{x^+}}}{1 + \dfrac{0,00018}{x^{-2}}} \qquad (6.106)$$

mit hinreichender Genauigkeit (Abweichungen von empirischen Daten < 3%) berechnen. Auf Basis von Gl. (6.106) entwickelte Shah (1978) für unterschiedliche runde und rechteckige einwandige Kanäle sowie Doppelwand-Kanal-Systeme die Korrelation

$$f_{D_h,app}(x^+) \cdot Re_{D_h} = \frac{3,44}{\sqrt{x^+}} + \frac{\dfrac{K_\infty}{4 \cdot x^+} + f_{D_h,\infty} \cdot Re_{D_h} - \dfrac{3,44}{\sqrt{x^+}}}{1 + \dfrac{C}{x^{+2}}} \, . \qquad (6.107)$$

Für die konzentrische Ringspaltströmung sind Werte von K_∞, $f_\infty \cdot Re_{D_h}$ und C in Tabelle 6.6 zu finden. Für die Radienverhältnisse von $R_i/R_a = 0$ bzw. $R_i/R_a = 1$ erhält man aus Gl. (6.107) eine Korrelation für die Rohrströmung bzw. ebene Kanalströmung. Die Abweichungen der mit Gl. (6.107) berechneten Reibungskoeffizienten von numerisch ermittelten Werten liegen bei < 3%.

Eine für den praktischen Gebrauch nützliche Korrelation zur Abschätzung des scheinbaren Reibungskoeffizienten bei Einlaufströmungen in Kanälen mit beliebigen Kanalquerschnittgeometrien wurde von Muzychka und Yovanovich (1998) entwickelt und von Muzychka und Yovanovich (2002a) in der Form

$$f_{\sqrt{A},app}(x^+) \cdot Re_{\sqrt{A}} = \left[\left(\frac{3,44}{\sqrt{x^+_{\sqrt{A}}}} \right)^2 + \left(\frac{12}{\sqrt{\epsilon} \cdot (1 + \epsilon) \cdot \left[1 - \dfrac{192 \cdot \epsilon}{\pi^5} \cdot \tanh\left(\dfrac{\pi}{2 \cdot \epsilon}\right) \right]} \right)^2 \right]^{1/2} \qquad (6.108)$$

angegeben. Für die dimensionslose Einlauflänge in Gl. (6.108) gilt

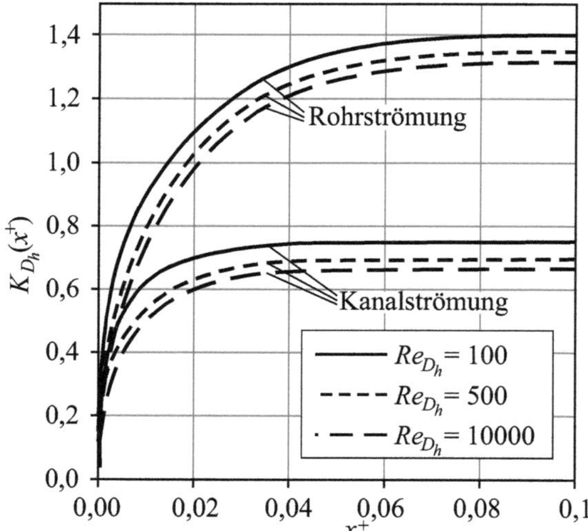

Abb. 6.12 Verlustkoeffizient im Einlaufbereich einer Rohr- und Kanalströmung für unterschiedliche Reynolds-Zahlen nach Schmidt und Zeldin (1969).

$$x^+_{\sqrt{A}} = \frac{x}{\sqrt{A} \cdot Re_{\sqrt{A}}} \quad . \tag{6.109}$$

Die Seitenverhältnisse ϵ der in Abb. 6.5 gezeigten Kanalquerschnittgeometrien sind in Tabelle 6.3 aufgelistet. Die mit Gl. (6.108) ermittelten Reibungskoeffizienten weichen bei kleinen Seitenverhältnissen um bis zu 10% von numerisch berechneten Werten ab.

Eine weitere Möglichkeit, die Auswirkungen von Einlaufeffekten auf das Strömungsfeld zu quantifizieren, besteht darin, den Druckverlust als Summe aus dem Reibungsbeiwert $\xi_{D_h,\infty}$ bzw. dem Reibungskoeffizient $f_{D_h,\infty}$ einer hydrodynamisch ausgebildeten Strömung und dem sogenannten Verlustkoeffizienten

$$K_{l_0}(x) \equiv \left(f_{l_0,app} - f_{l_0,\infty}\right) \cdot \frac{U}{A} \cdot x \tag{6.110}$$

anzugeben. Es gilt demnach

$$K_{D_h}(x^+) = 4 \cdot \left(f_{D_h,app} - f_{D_h,\infty}\right) \cdot Re_{D_h} \cdot x^+ = \left(\xi_{D_h,app} - \xi_{D_h,\infty}\right) \cdot Re_{D_h} \cdot x^+ \tag{6.111}$$

und für den dimensionslosen Druckverlust ergibt sich

$$\begin{aligned}
\Delta p^* &= \xi_{D_h,app} \cdot Re_{D_h} \cdot x^+ = \xi_{D_h,\infty} \cdot Re_{D_h} \cdot x^+ + K_{D_h}(x^+) \\
&= 4 \cdot f_{D_h,app} \cdot Re_{D_h} \cdot x^+ = 4 \cdot f_{D_h,\infty} \cdot Re_{D_h} \cdot x^+ + K_{D_h}(x^+) \quad .
\end{aligned} \tag{6.112}$$

Der Verlustkoeffizient bildet die Auswirkungen der Trägheitskräfte und der Reibungskräfte auf den Druckverlust im Einlaufbereich ab. Wie man der in Abb. 6.12 gezeigten Verteilung des Verlustkoeffizienten im Einlaufbereich einer Rohr- und ebenen Kanalströmung entnehmen kann, steigt der Verlustkoeffizient in axialer Richtung von $K_{D_h}(x^+ = 0) = 0$

bis auf einen konstanten Wert $K_{D_h}(x^+ = \infty) = K_{D_h,\infty}$ im hydrodynamisch ausgebildeten Strömungsbereich an.

Der Verlustkoeffizient ist eine Funktion der Reynolds-Zahl, wobei die Reynolds-Zahl-Abhängigkeit mit zunehmender Reynolds-Zahl Re_{D_h} abnimmt, siehe Abb 6.12. Nach Chen (1973) kann der Verlustkoeffizient für Rohrströmungen mit

$$K_{D,\infty} = 1{,}2 + \frac{38}{Re_D} \tag{6.113}$$

und für ebene Kanalströmungen mit

$$K_{D_h,\infty} = 0{,}64 + \frac{38}{Re_{D_h}} \tag{6.114}$$

ermittelt werden.

6.5 Hydrodynamisch ausgebildet, sich thermisch entwickelnde Strömung

Eine thermische Einlaufströmung bei hydrodynamisch ausgebildetem Strömungsfeld liegt beispielsweise in Rohrleitungen vor, wenn auf einen ausreichend langen unbeheizten Rohrleitungsabschnitt ein beheizter Rohrleitungsabschnitt folgt. Auch bei laminaren Strömungen von hochviskosen Fluiden ($Pr \gg 1$) im Einlaufbereich von beheizten Kanälen tritt näherungsweise eine hydrodynamisch ausgebildete, sich thermisch entwickelnde Strömung auf. In diesem Fall bildet sich das Geschwindigkeitsfeld infolge des vergleichsweise hohen molekularen Impulstransports sehr viel schneller aus als das Temperaturfeld, sodass das Geschwindigkeitsprofil bereits nach kurzer Einlauflänge seine endgültige Form erreicht, während sich das Temperaturprofil nur langsam ändert. Im Folgenden gehen wir davon aus, dass sich eine hydrodynamisch ausgebildete Strömung mit einem gleichförmigen Temperaturprofil von der Stelle $x = 0$ an beginnend in axialer Richtung x thermisch entwickelt.

Im thermischen Einlaufbereich variiert der Wärmeübertragungskoeffizient erheblich. Man nutzt zur Beschreibung des konvektiven Wärmeübergangs neben der lokalen Nusselt-Zahl $Nu_{l_0,BC}(x)$ auch die Länge-gemittelte Nusselt-Zahl $Nu_{l_0,L,BC}(x)$ über die axiale Länge $L = [0\ x]$. Wie in Bennett (2019a) gezeigt (siehe Aufgabe 6.5), berechnet sich bei Innenströmungen die Länge-gemittelte Nusselt-Zahl bei Vorliegen einer konstanten Wandtemperatur anhand von

$$Nu_{l_0,L,T}(x) = \frac{1}{x} \int_0^x Nu_{l_0,T}(\tilde{x})\, d\tilde{x} \tag{6.115}$$

und bei Vorliegen einer konstanten axialen Wandwärmestromdichte mit

$$Nu_{l_0,L,H}(x) = x \Big/ \int_0^x \frac{1}{Nu_{l_0,H}(\tilde{x})}\, d\tilde{x} \quad . \tag{6.116}$$

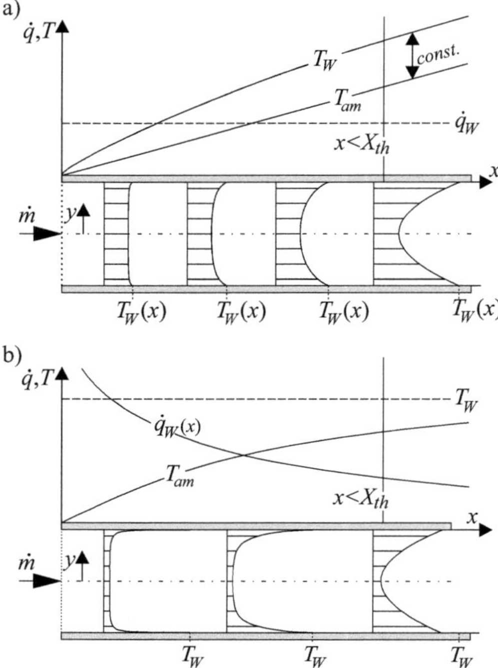

Abb. 6.13 Einfluss einer konstanten a) Wandwärmestromdichte und b) Wandtemperatur auf $\dot{q}_W(x)$, $T(\vec{x})$, $T_W(x)$ und $T_{am}(x)$ bei thermischen Einlaufströmungen.

Korrelationen für Nusselt-Zahlen im Einlaufbereich von Innenströmungen bei unterschiedlichen Randbedingungen und für verschiedene Geometrien sind in fachspezifischen Nachschlagewerken (z. B. Kakac (1982), Rohsenow und Hartnett (1973), Shah und London (1978a), ...) zu finden. Aufgrund unterschiedlicher Definitionsgleichungen für die Ermittlung der Länge-gemittelten Nusselt-Zahl – insbesondere beim Vorliegen einer konstanten Wandwärmestromdichte – wird empfohlen, bei der Verwendung der Korrelationen die zugrunde liegenden Mittelungsansätze zu berücksichtigen.

6.5.1 Thermischer Einlaufbereich

Strömt ein Fluid durch einen Kanal mit der Wandtemperatur $T_W \neq T_{Fluid}$, so entwickelt sich ein Temperaturprofil. Die axiale Strecke, innerhalb der sich das dimensionslose Temperaturprofil vom anfänglichen Blockprofil bis hin zum gleichbleibenden Profil des ausgebildeten Temperaturfelds ändert, bezeichnen wir als thermische Einlauflänge X_{th}.

Größenordnung und dimensionslose Einlauflänge

In ähnlicher Weise wie bei der hydrodynamischen Einlaufströmung, können wir bei der thermischen Einlaufströmung die in Kapitel 4.1.2 gefundenen Skalenbeziehungen der thermischen Grenzschichtströmung nutzen, um die thermische Einlauflänge abzuschätzen. Die charakteristische Geschwindigkeit für den konvektiven Energietransport bei Innenströmungen ist von der Größenordnung der mittleren Strömungsgeschwindigkeit u_m, die gemäß $u_m = \dot{m}/(\rho \cdot A)$ mit dem Massenstrom $\dot{m}$, der Dichte ρ und der Kanalquerschnittsfläche A berechnet wird. Die Dicke der Temperaturschicht h_{th} einer thermisch ausgebildeten Innenströmung ist unabhängig von der Prandtl-Zahl und von der Größenordnung des Kanaldurchmessers $(D, 2 \cdot h, \ldots \sim l_0)$. Aus Gl. (4.34) folgt

$$\frac{X_{th}}{\left(\dfrac{u_m \cdot X_{th}}{\nu}\right)^{1/2}} \cdot \frac{1}{Pr^{1/2}} \sim h_{th}(X_{th}) \sim l_0 \tag{6.117}$$

und für die thermische Einlauflänge ergibt sich

$$X_{th}^{1/2} \sim \left(Re_{l_0} \cdot Pr \cdot l_0\right)^{1/2} \quad . \tag{6.118}$$

Ein Vergleich mit Gl. (6.95) zeigt, dass das Verhältnis aus thermischer und hydrodynamischer Einlauflänge eine Funktion der Prandtl-Zahl ist. Mit der Beziehung aus Gl. (6.118) lässt sich die axiale Lauflänge für sich thermisch entwickelnde Strömungen entdimensionalisieren,

$$x_{l_0}^* \equiv \frac{x}{Re_{l_0} \cdot Pr \cdot l_0} \quad . \tag{6.119}$$

Mit dem hydraulischen Durchmesser als charakteristische Länge folgt

$$x^* \equiv \frac{x}{Re_{D_h} \cdot Pr \cdot D_h} \quad . \tag{6.120}$$

Der Reziprokwert der entdimensionalisierten axialen Lauflänge gemäß Gl. (6.120) entspricht der dimensionslosen Graetz-Zahl

$$Gz_{D_h}(x) = \frac{Re_{D_h} \cdot Pr \cdot D_h}{x} \quad . \tag{6.121}$$

Definitionsgleichung und Korrelationen

Asymptotische Betrachtungen führen zur Ermittlung der thermischen Einlauflänge. Daher definiert man die thermische Einlauflänge X_{th} üblicherweise als die Länge einer innendurchströmten Geometrie mit der Wandtemperatur $T_W \neq T_{Fluid}$, innerhalb der die lokale Nusselt-Zahl von ihrem anfänglichen Wert bei gleichförmigem Temperaturprofil bis auf das 1,05 fache der Nusselt-Zahl für die thermisch ausgebildete Strömung abgesunken ist,

$$\frac{Nu_{l_0,BC}(x = X_{th})}{Nu_{l_0,\infty,BC}} \equiv 1{,}05 \quad . \tag{6.122}$$

Rohr	$X^*_{th,D,T} = 0{,}0335$
	$X^*_{th,D,H} = 0{,}0431$
Spalt	$X^*_{th,4\cdot h,T} = 0{,}00797$
	$X^*_{th,4\cdot h,H} = 0{,}0115$

Tabelle 6.7 Mit $Re_{D_h} \cdot Pr \cdot D_h$ entdimensionalisierte thermische Einlauflängen für Rohr- und ebene Kanalströmung bei konstanter Wandtemperatur oder konstanter Wandwärmestromdicht nach Shah und London (1978a).

Wie die Skalenbeziehung entsprechend Gl. (6.117) – Gl. (6.121) zeigt, hängt die thermische Einlauflänge von der Reynolds-Zahl und der Prandtl-Zahl ab. Darüber hinaus bestimmen die thermischen Randbedingungen das sich entwickelnde Temperaturfeld und beeinflussen demnach auch die thermische Einlauflänge. In Tabelle 6.7 sind thermische Einlauflängen für die Rohrströmung und die ebene Kanalströmung angegeben.

6.5.2 Rohrströmung

Vernachlässigt man die axiale und azimutale Wärmeleitung sowie die Dissipation und setzt konstante Stoffwerte voraus, so kann die vereinfachte Energiegleichung (6.44) mit dem Geschwindigkeitsprofil für eine hydrodynamisch ausgebildete Strömung aus Gl. (6.27) zur Bestimmung der konvektiven Wärmeübertragung bei der thermischen Einlaufströmung im Rohr verwendet werden. Mit der dimensionslosen axialen Koordinate entsprechend Gl. (6.119), der dimensionslosen radialen Koordinate $r^* = r/R$ und der dimensionslosen Temperatur bei Vorliegen einer konstanten Wandtemperatur

$$T^* = \frac{T - T_W}{T_{in} - T_W} \tag{6.123}$$

bzw. bei Vorliegen einer konstanten Wandwärmestromdichte

$$T^* = \frac{T - T_{in}}{\dot{q}_W \cdot D/\lambda} \tag{6.124}$$

erhält man die dimensionslose Energiegleichung

$$\frac{2}{(1 - r^{*2})} \cdot \left(\frac{\partial^2 T^*}{\partial r^{*2}} + \frac{1}{r^*} \cdot \frac{\partial T^*}{\partial r^*} \right) = \frac{\partial T^*}{\partial x^*} \quad . \tag{6.125}$$

Die Größe T_{in} in Gl. (6.123) und Gl. (6.124) entspricht der Temperatur zu Beginn der thermischen Einlaufströmung bei $x = 0$. Die numerische Integration von Gl. (6.125) mit den Randbedingungen bei konstanter Wandtemperatur

$$T^*(x^* \le 0, r^*) = 1 \quad ; \quad T^*(x^* > 0, r^* = 1) = 0 \quad ; \quad \left.\frac{\partial T^*}{\partial r^*}\right|_{r^*=0} = 0 \tag{6.126}$$

bzw. mit den Randbedingungen bei konstanter Wandwärmestromdichte

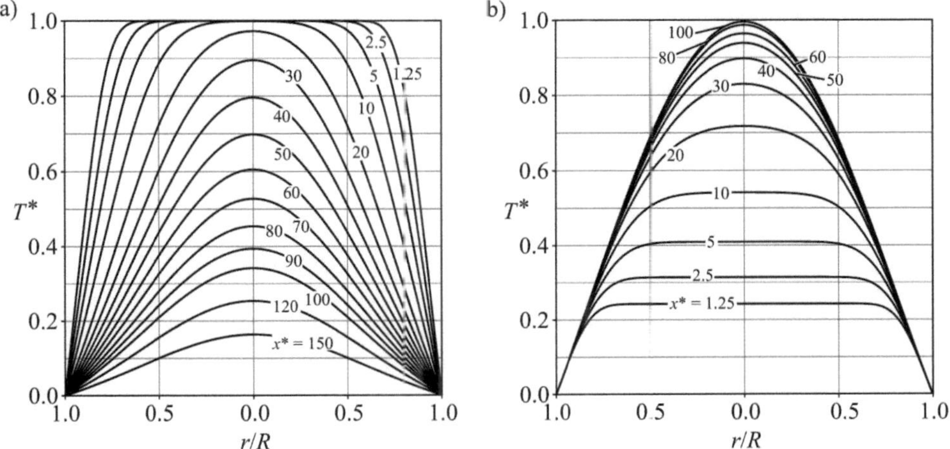

Abb. 6.14 Entwicklung des dimensionslosen Temperaturfelds T^* bei Strömung im kreisrunden Rohr an unterschiedlichen axialen Positionen x^* für die thermischen Randbedingungen a) (T) aus Tabelle 6.2 und b) (H) aus Tabelle 6.1.

$$T^*(x^* \leq 0, r^*) = 0 \quad ; \qquad \left.\frac{\delta T^*}{\partial r^*}\right|_{r^*=1} = \frac{1}{2} \quad ; \qquad \left.\frac{\partial T^*}{\partial r^*}\right|_{r^*=0} = 0 \qquad (6.127)$$

liefert die in Abb. 6.14 gezeigte Verteilung der dimensionslosen Temperatur, mit deren Hilfe sich die Nusselt-Zahl berechnen lässt. Die axialen Entwicklungen der adiabaten Mischungstemperatur, der Wandtemperatur und der Wandwärmestromdichte sind in Abb. 6.13 skizziert. In Abb. 6.15 sind die lokalen und Länge-gemittelten Nusselt-Zahlen über der dimensionslosen axialen Koordinate aufgetragen. Unabhängig von den thermischen Randbedingungen nimmt die Nusselt-Zahl zu Beginn der Einlaufströmung sehr große Werte an und fällt mit zunehmender axialer Lauflänge auf die Werte der hydrodynamisch und thermisch ausgebildeten Strömung ab (vgl. Gl. (3.60) und Gl. (3.61)). Die hydrodynamisch ausgebildete, sich thermisch entwickelnde Strömung im Rohr bei konstanter Wandtemperatur wurde zuerst von Graetz (1885) und später von Nusselt (1910) behandelt. Man bezeichnet diese Art von thermischer Einlaufströmung daher als Graetz- oder als Graetz-Nusselt-Problem. Nach Shome und Jensen (1993) lässt sich bei konstanter Wandtemperatur die lokale Nusselt-Zahl durch

$$Nu_{D,T}(x^*) = \begin{cases} 1{,}022/(x^*)^{0{,}3366} - 0{,}3856 \quad ; & 10^{-6} < x^* \leq 10^{-3} \\ 3{,}6568 + 0{,}2249/(x^*)^{0{,}4956} \cdot e^{(-55{,}9857 \cdot x^*)} \quad ; & x^* > 10^{-3} \end{cases} \qquad (6.128)$$

und die Länge-gemittelte Nusselt-Zahl durch

$$Nu_{D,L,T}(x^*) = \begin{cases} -0{,}5632 + 1{,}5711/(x^*)^{0{,}3351} \quad ; & 10^{-6} < x^* \leq 10^{-3} \\ 0{,}9828 + 1{,}129/(x^*)^{0{,}3685} \quad ; & 10^{-3} < x^* \leq 10^{-2} \\ 3{,}6568 + 0{,}1272/(x^*)^{0{,}7273} \cdot e^{(-3{,}1563 \cdot x^*)} \quad ; & x^* > 10^{-2} \end{cases} \qquad (6.129)$$

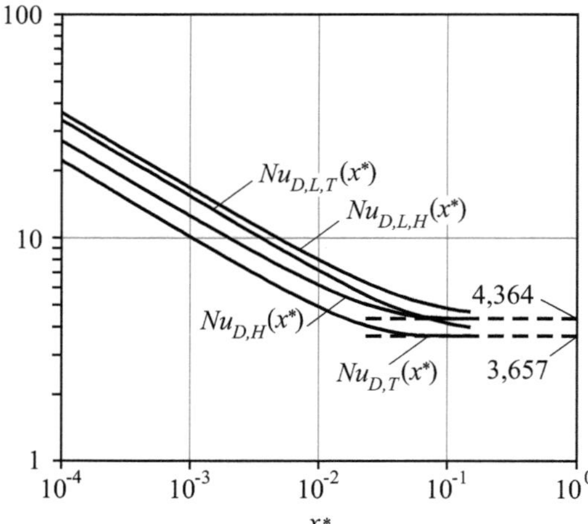

Abb. 6.15 Lokale Nusselt-Zahl $Nu_D(x^*)$ und Länge-gemittelte Nusselt-Zahl $Nu_{D,L}(x^*)$ für die hydrodynamisch ausgebildete, such thermisch entwickelnde Rohrströmung. Daten aus Cotta und Özişik (1986a,b). $Nu_{D,L,H}(x^*)$ entsprechend Gl. (6.116) berechnet.

annähern. Liegt eine konstante Wandwärmestromdichte vor, kann die lokale Nusselt-Zahl unter Verwendung von Gl. (6.128) wie folgt angenähert werden

$$Nu_{D,H}(x^*) = Nu_{D,T}(x^*) \cdot \left[1 + 98{,}42 \cdot \left(1 + x^{*-0{,}24}\right)\right]^{0{,}03} \quad . \tag{6.130}$$

Weitaus genauer lässt sich die lokale Nusselt-Zahl bei Vorliegen einer konstanten Wandwärmestromdichte nach Shah und London (1978a) aus den von Shah (1975) ($x^* \leq 1{,}5 \cdot 10^{-3}$) und Grigull und Tratz (1965) ($x^* > 1{,}5 \cdot 10^{-3}$) ermittelten Korrelationen

$$Nu_{D,H}(x^*) = \begin{cases} 1{,}302/(x^*)^{1/3} - 1 \quad ; & x^* \leq 5 \cdot 10^{-5} \\ 1{,}302/(x^*)^{1/3} - 0{,}5 \quad ; & 5 \cdot 10^{-5} < x^* \leq 1{,}5 \cdot 10^{-3} \\ 4{,}364 + 8{,}68 \cdot \left(10^3 \cdot x^*\right)^{-0{,}506} \cdot e^{-41 \cdot x^*} \quad ; & x^* > 1{,}5 \cdot 10^{-3} \end{cases} \tag{6.131}$$

berechnen. Wie in Bennett (2019b) aufgeführt, weisen gängige Korrelationen für die Länge-gemittelte Nusselt-Zahl bei Vorliegen einer konstanten Wandwärmestromdichte gegenüber aktuellen Daten – wie den hochgenauen in Abb. 6.15 dargestellten Nusselt-Zahlen von Cotta und Özişik (1986a,b) – eine hohe Ungenauigkeit auf. Auf Basis der von Bennett (2019b,c) formulierten generalisierten Nusselt-Zahl-Korrelation (Kapitel 6.5.4) für Strömungen in geraden Kanälen mit beliebiger Querschnittsfläche lassen sich für Rohrströmungen bei den thermischen Randbedingungen (T) und (H) sowohl lokale als auch Länge-gemittelte Nusselt-Zahlen berechnen, die von den oben genannten Daten (Cotta und Özişik (1986a,b)) um höchstens $\pm1{,}5\%$ abweichen.

6.5.3 Ebene Kanalströmung

Zur Berechnung der konvektiven Wärmeübertragung bei thermischen Einlaufströmungen zwischen zwei unendlich ausgedehnten Platten lässt sich – für ein Fluid mit konstanten Stoffwerten sowie vernachlässigbarer axialer Wärmeleitung und Dissipation – die Energiegleichung (6.62) mit der Geschwindigkeitsverteilung aus Gl. (6.33) nutzen. Wir beschränken uns im Folgenden auf die Fälle, in denen an beiden Wänden entweder identische konstante Wandtemperaturen oder identische konstante Wandwärmestromdichten vorliegen. Mit der dimensionslosen Lauflänge entsprechend Gl. (6.119), der dimensionslosen vertikalen Koordinate $y^* = y/h$ und je nach thermischer Randbedingung der dimensionslosen Temperatur entsprechend Gl. (6.123) oder

$$T^* = \frac{T - T_{in}}{\dot{q}_W \cdot 4 \cdot h/\lambda} \quad , \tag{6.132}$$

ergibt sich die dimensionslose Energiegleichung

$$\frac{32}{3 \cdot (1 - y^{*2})} \cdot \frac{\partial^2 T^*}{\partial y^{*2}} = \frac{\partial T^*}{\partial x^*} \quad . \tag{6.133}$$

Die dimensionslose Temperaturverteilung im Einlaufbereich erhält man durch numerische Integration von Gl. (6.133). Hierbei lauten die Randbedingungen bei konstanten Wandtemperaturen

$$T^*(x^* \leq 0, y^*) = 1 \quad ; \qquad T^*(x^* > 0, y^* = 1) = 0 \quad ; \qquad \left.\frac{\partial T^*}{\partial y^*}\right|_{y^*=0} = 0 \tag{6.134}$$

und bei konstanten Wandwärmestromdichten

$$T^*(x^* \leq 0, y^*) = 0 \quad ; \qquad \left.\frac{\partial T^*}{\partial y^*}\right|_{y^*=1} = \frac{1}{4} \quad ; \qquad \left.\frac{\partial T^*}{\partial y^*}\right|_{y^*=0} = 0 \tag{6.135}$$

Die dimensionslosen Temperaturverteilungen sind in Abb. 6.16 gezeigt und die lokalen sowie Länge-gemittelten Nusselt-Zahlen sind über die dimensionslose axiale Koordinate x^* in Abb. 6.17 dargestellt. Nach Shah (1975) kann bei identischen konstanten Wandtemperaturen an beiden Platten die lokale Nusselt-Zahl anhand von

$$Nu_{D_h,T}(x^*) = \begin{cases} 1{,}233/(x^*)^{1/3} + 0{,}4 \quad ; & x^* \leq 1{,}0 \cdot 10^{-3} \\ 7{,}541 + 6{,}874 \cdot \left(10^3 \cdot x^*\right)^{-0,488} \cdot e^{-245 \cdot x^*} \quad ; & x^* > 1{,}0 \cdot 10^{-3} \end{cases} \tag{6.136}$$

und die Länge-gemittelte Nusselt-Zahl anhand von

$$Nu_{D_h,L,T}(x^*) = \begin{cases} 1{,}849 \cdot (x^*)^{-1/3} \quad ; & x^* \leq 0{,}5 \cdot 10^{-3} \\ 1{,}849 \cdot (x^*)^{-1/3} + 0{,}6 \quad ; & 0{,}5 \cdot 10^{-3} < x^* \leq 6{,}0 \cdot 10^{-3} \\ 7{,}541 + 0{,}0235 \cdot (x^*) \quad ; & x^* > 6{,}0 \cdot 10^{-3} \end{cases} \tag{6.137}$$

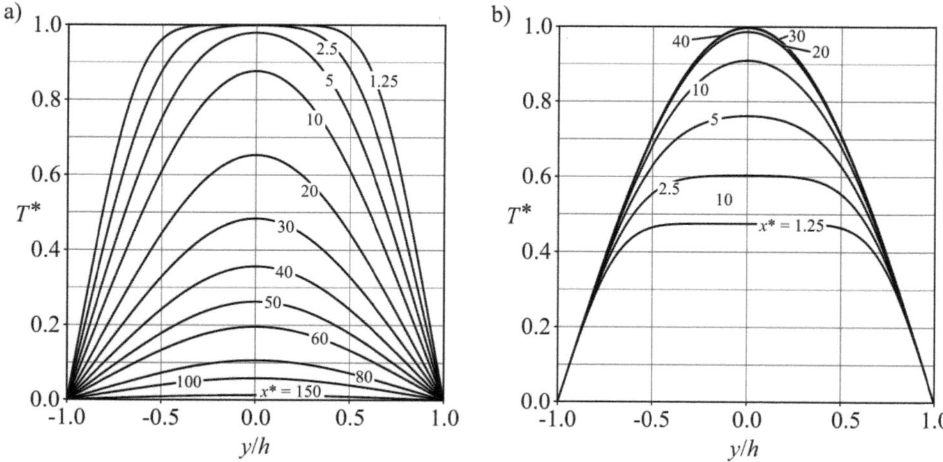

Abb. 6.16 Entwicklung des dimensionslosen Temperaturfelds T^* bei der ebenen Kanalströmung zwischen zwei Platten an unterschiedlichen axialen Positionen x^* für die thermischen Randbedingungen a) (T) aus Tabelle 6.2 und b) (H) aus Tabelle 6.1.

angenähert werden. Nach Shah und London (1978a) liegen die maximalen Abweichungen der anhand von Gl. (6.136) und Gl. (6.137) berechneten Nusselt-Zahlen von numerischen Ergebnissen bei ±3%. Eine Korrelation für die lokale Nusselt-Zahl bei identischen konstanten Wandwärmestromdichten an beiden Platten – mit bis zu 6,1% Abweichung von den numerischen Ergebnissen aus Cotta und Özişik (1986a,b) – stammt ebenfalls aus Shah (1975) und lautet

$$Nu_{D_h,L,H}(x^*) = \begin{cases} 1,490 \cdot (x^*)^{-1/3} \; ; & x^* \le 0,2 \cdot 10^{-3} \\ 1,490 \cdot (x^*)^{-1/3} - 0,4 \; ; & 0,2 \cdot 10^{-3} < x^* \le 1,0 \cdot 10^{-3} \\ 8,235 + 8,68 \cdot \left(10^{-3} \cdot x^*\right)^{-0.506} \cdot e^{-164 \cdot x^*} \; ; x^* > 1,0 \cdot 10^{-3} \end{cases} \quad (6.138)$$

Die von Bennett (2019b) vorgeschlagene Modifikation der Größe −0.4 zu +0.4 in Gl. (6.138) für $0,2 \cdot 10^{-3} < x^* \le 1,0 \cdot 10^{-3}$ reduziert die maximale Abweichung auf ±1,1%. Liegen identische konstante Wandtemperaturen oder identische konstante Wandwärmestromdichten an beiden Platten vor, liefern die Korrelationen entsprechend Gl. (6.139) und Gl. (6.145) nach Bennett (2019b) Näherungen für die lokalen sowie Länge-gemittelten Nusselt-Zahlen der ebenen Kanalströmung, die gegenüber den von Cotta und Özişik (1986a,b) ermittelten und in Abb. 6.15 dargestellten Werten um ±1,5% abweichen.

6.5.4 Strömung in Kanälen mit beliebigem Querschnitt

Es gibt eine Reihe von sogenannten generalisierten Kennzahlgleichungen, mit denen die Nusselt-Zahl bei hydrodynamisch ausgebildeten, sich thermisch entwickelnden Innenströ-

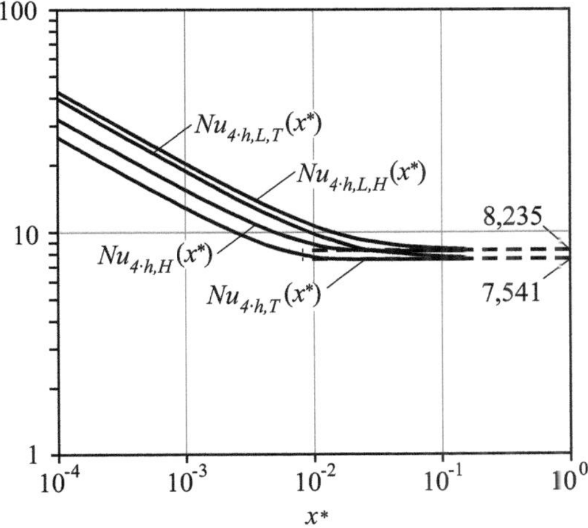

Abb. 6.17 Lokale Nusselt-Zahl $Nu_{4\cdot h}(x^*)$ und Länge-gemittelte Nusselt-Zahl $Nu_{4\cdot h,L}(x^*)$ für die hydrodynamisch ausgebildete, sich thermisch entwickelnde ebene Kanalströmung. Daten aus Cotta und Özişik (1986a,b). $Nu_{4\cdot h,L,H}(x^*)$ entsprechend Gl. (6.116) berechnet.

mungen in geraden Kanälen mit beliebiger Querschnittsfläche ermittelt werden kann. Die von Bennett (2019c) entwickelten generalisierten Korrelationen für die lokalen und Länge-gemittelten Nusselt-Zahlen bei konstanten Wandtemperaturen oder konstanten (axialen) Wandwärmestromdichten weisen für eine Vielzahl von Querschnittsformen geringe Ungenauigkeiten gegenüber Ergebnissen aus numerischen Simulationen auf und werden im Folgenden vorgestellt. Hiernach berechnet sich die Länge-gemittelte Nusselt-Zahl anhand von

$$Nu_{D_h,L,BC}(x^*) = \left(\left(A_{BC}\cdot\left(\xi_{\infty,D_h}\cdot Re_{D_h}/x^*\right)^{\frac{1}{3}}\right)^n\right.$$
$$\left.+ \left(Nu_{D_h,\infty,BC} - O^{Lev}\right)^n\right)^{\frac{1}{n}} + O^{Lev} \ . \tag{6.139}$$

In Gl. (6.139) gilt bei Vorliegen einer konstanten Wandtemperatur

$$A_T = 0{,}40377 \tag{6.140}$$

oder einer konstanten (axialen) Wandwärmestromdichte

$$A_{HX} = 0{,}43399 \ , \tag{6.141}$$

und für die Funktionen

$$O^{Lev} = \frac{Nu_{D_h,\infty,BC} - 7{,}16}{5{,}0} \ , \tag{6.142}$$

$$n = \frac{Nu_{D_h,\infty,BC} + 45{,}5}{14{,}5} \tag{6.143}$$

für $3 < Nu_{D_h,\infty,BC} < 9$. Der Index HX in Gl. (6.141) sowie in Gl. (6.145) steht für die thermische Randbedingung (H), $(H1)$ oder $(H2)$ aus Tabelle 6.1. Mit Gl. (6.139) lässt sich die lokale Nusselt-Zahl bei Vorliegen einer konstanten Wandtemperatur durch

$$\frac{Nu_{D_h,T}(x^*)}{Nu_{D_h,L,T}(x^*)} = 1 - \frac{\left(\dfrac{(x^*)^{-\frac{n}{3}}}{3}\right)}{\left(\left(x^*\right)^{-\frac{n}{3}} + \left(\dfrac{Nu_{D_h,\infty,T}-O^{Lev}}{A_T\cdot\left(\xi_{\infty,D_h}\cdot Re_{D_h}\right)^{\frac{1}{3}}}\right)^n\right) \cdot \left(1 + \dfrac{O^{Lev}}{A_T\cdot\left(\xi_{\infty,D_h}\cdot Re_{D_h}\right)^{\frac{1}{3}} \cdot \left(\left(x^*\right)^{-\frac{n}{3}} + \left(\dfrac{Nu_{D_h,\infty,T}-O^{Lev}}{A_T\cdot\left(\xi_{\infty,D_h}\cdot Re_{D_h}\right)^{\frac{1}{3}}}\right)^n\right)^{\frac{1}{n}}}\right)} \tag{6.144}$$

bzw. bei Vorliegen einer konstanten (axialen) Wandwärmestromdichte durch

$$\frac{Nu_{D_h,L,HX}(x^*)}{Nu_{D_h,HX}(x^*)} = 1 + \frac{\left(\dfrac{(x^*)^{-\frac{n}{3}}}{3}\right)}{\left(\left(x^*\right)^{-\frac{n}{3}} + \left(\dfrac{Nu_{D_h,\infty,H}-O^{Lev}}{A_{HX}\cdot\left(\xi_{\infty,D_h}\cdot Re_{D_h}\right)^{\frac{1}{3}}}\right)^n\right) \cdot \left(1 + \dfrac{O^{Lev}}{A_{HX}\cdot\left(\xi_{\infty,D_h}\cdot Re_{D_h}\right)^{\frac{1}{3}} \cdot \left(\left(x^*\right)^{-\frac{n}{3}} + \left(\dfrac{Nu_{D_h,\infty,HX}-O^{Lev}}{A_{HX}\cdot\left(\xi_{\infty,D_h}\cdot Re_{D_h}\right)^{\frac{1}{3}}}\right)^n\right)^{\frac{1}{n}}}\right)} \tag{6.145}$$

approximieren. Für Strömungen im kreisrunden Rohr oder zwischen zwei Platten bei den thermischen Randbedingungen (T) oder (H) (siehe Tabelle 6.1 und 6.2) liefern die in Gl. (6.139) – Gl. (6.145) angegebenen Korrelationen relativ genaue (Abweichung von numerischen Ergebnisse um $\pm1{,}5\%$) Nusselt-Zahlen (Bennett (2019b)). Von numerisch berechneten Nusselt-Zahlen für Strömungen in quadratischen, rechteckigen, elliptischen, dreieckigen, rhombischen und trapezförmigen Kanälen weichen nach Bennett (2019c) die anhand von Gl. (6.139) – Gl. (6.145) ermittelten Nusselt-Zahlen um $\pm5\%$ ab. Die vorgestellten generalisierten Korrelationen sind nicht für Strömungen in Kanälen mit kleinen Seitenverhältnissen sowie der thermischen Randbedingung $H2$ geeignet.

6.6 Sich hydrodynamisch und thermisch simultan entwickelnde Strömung

Entwickeln sich die hydrodynamische und die thermische Strömung gleichzeitig, so spielt das Verhältnis von Scher- und Temperaturschicht im Einlaufbereich für die konvektive

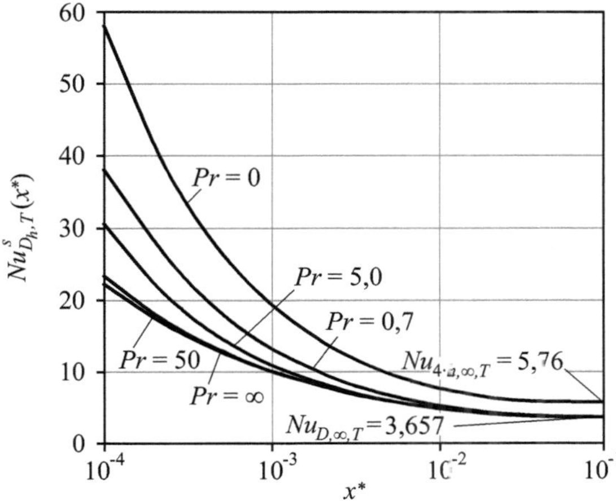

Abb. 6.18 Lokale Nusselt-Zahl $Nu^s_{D,T}(x^*)$ für die sich hydrodynamisch und thermisch simultan entwickelnde Rohrströmung nach Jensen (1989).

Wärmeübertragung eine entscheidende Rolle. In ähnlicher Weise wie bei den Grenzschichtströmungen, ist die Nusselt-Zahl abhängig von der Prandtl-Zahl, die das Verhältnis von hydrodynamischer zu thermischer Schichtdicke bestimmt. Die lokale Nusselt-Zahl der sich hydrodynamisch und thermisch simultan entwickelnden Rohrströmung ist in Abb. 6.18 für unterschiedliche Prandtl-Zahlen dargestellt. Die Kurven der verschiedenen Prandtl-Zahlen liegen zwischen $Pr = 0$ und $Pr = \infty$. Für $Pr = 0$ verschwindet die Viskosität, während die Wärmeleitfähigkeit endlich ist. Da sich das Blockprofil der Geschwindigkeit nicht ändert, spricht man in diesem Fall von einer Kolbenströmung (siehe z. B. Jischa (1982)). Für $Pr = \infty$ erhält man die Nusselt-Zahl-Verteilung des Graetz-Problems. In diesem Fall ist die Strömung aufgrund des hohen Impulsaustauschs hydrodynamisch ausgebildet und entwickelt sich ausschließlich thermisch. Ausgehend von den thermischen Einlauflängen des Graetz-Problems (vgl. Tabelle 6.7) steigen die dimensionslosen Einlauflängen bei sich hydrodynamisch und thermisch entwickelnden Strömungen mit kleiner werdenden Prandtl-Zahlen an.

Korrelationen für die lokale und Länge-gemittelte Nusselt-Zahl bei Vorliegen von konstanten Wandtemperaturen sind beispielsweise für die Rohrströmung in Shome und Jensen (1993) und Baehr und Stephan (2010) sowie für die ebene Kanalströmung in Stephan (1959) und Shah und Bhatti (1987) zu finden. Viele Korrelationen für Länge-gemittelte Nusselt-Zahlen in Kanälen mit konstanten Wandwärmestromdichten weichen laut Bennett (2019d) aufgrund fehlerbehafteter Mittelungsmethoden (Bennett (2019a)) erheblich von empirischen Daten ab. Genaue Nusselt-Zahlen für die sich hydrodynamisch und thermisch simultan entwickelnde Einlaufströmung im kreisrunden Rohr oder zwischen zwei Platten bei Vorliegen der thermischen Randbedingungen (T) oder (H) (siehe Tabelle 6.1 und 6.2) liefern die von Bennett (2019d) entwickelten generalisierten Kennzahlgleichungen, die wir im Folgenden kennenlernen werden. Die Länge-gemittelte Nusselt-Zahl kann hiernach mit

$$Nu^s_{D_h,L,BC}(x^*)$$

$$= \frac{\left(\left(A_{BC} \cdot \left[\frac{\xi_{\infty,D_h} \cdot Re_{D_h}}{x^*}\right]^{\frac{1}{3}}\right)^n + \left[Nu_{D_h,\infty,BC} - O^{Lev}\right]^n\right)^{\frac{1}{n}} + O^{Lev}}{\tanh\left(\left(E \cdot \xi_{\infty,D_h} \cdot Re_{D_h}\right)^{\frac{1}{3}} \cdot (Pr \cdot x^*)^{\frac{1}{6}} \cdot \left[1 + (S \cdot Pr \cdot x^*)^{\frac{p}{6}}\right]^{\frac{1}{p}}\right)} \quad (6.146)$$

ermittelt werden. In Gl. (6.146) wird die Funktion O^{Lev} durch Gl. (6.142) und n durch Gl. (6.143) berechnet. Die weiteren Funktionen in Gl. (6.146) lauten

$$p = 9{,}75 - 4{,}06 \cdot Nu_{D_h,\infty,BC} + 0{,}511 \cdot Nu_{D_h,\infty,BC}{}^2 \quad , \qquad (6.147)$$

$$S = \exp\left(1{,}78 \cdot Nu_{D_h,\infty,BC} - 7{,}42\right) \quad , \qquad (6.148)$$

$$E = \frac{g(Pr)}{5{,}312} \quad , \qquad (6.149)$$

$$g(Pr) = B_{BC} \cdot \left(1 + [C_{BC}/Pr]^{\frac{3}{4}}\right)^{\frac{2}{3}} \quad . \qquad (6.150)$$

Für den Koeffizienten A_{BC} in Gl. (6.146) gilt je nach thermischer Randbedingung Gl. (6.140) und Gl. (6.141) und für die Koeffizienten B_{BC} sowie C_{BC} in Gl. (6.150) gilt bei Vorliegen einer konstanten Wandtemperatur

$$B_T = 1{,}122; \quad C_T = 0{,}0472 \quad , \qquad (6.151)$$

oder einer konstanten (axialen) Wandwärmestromdichte

$$B_H = 1{,}288; \quad C_H = 0{,}0206 \quad . \qquad (6.152)$$

Die lokale Nusselt-Zahl wird bei Vorliegen einer konstanten Wandtemperatur mit

$$\frac{Nu^s_{D_h,T}(x^*)}{Nu^s_{D_h,L,T}(x^*)} = \frac{Nu_{D_h,T}(x^*)}{Nu_{D_h,L,T}(x^*)} - \frac{2 - \left[1 + (S \cdot Pr \cdot x^*)^{\frac{p}{6}}\right]^{-1}}{3 \cdot \sinh\left(2 \cdot F_L\right)/F_L} \qquad (6.153)$$

bzw. einer konstanten (axialen) Wandwärmestromdichte mit

$$\frac{Nu^s_{D_h,L,H}(x^*)}{Nu^s_{D_h,H}(x^*)} = \frac{Nu_{D_h,L,H}(x^*)}{Nu_{D_h,H}(x^*)} + \frac{2 - \left[1 + (S \cdot Pr \cdot x^*)^{\frac{p}{6}}\right]^{-1}}{3 \cdot \sinh\left(2 \cdot F_L\right)/F_L} \qquad (6.154)$$

berechnet. Die Funktion $Nu_{D_h,L,T}(x^*)$ in Gl. (6.153) bzw. die Funktion $Nu_{D_h,L,H}(x^*)$ in Gl. (6.154) wird mit Hilfe von Gl. (6.139) ermittelt. Die Funktion $Nu_{D_h,T}(x^*)$ in Gl. (6.153) wird mit Gl. (6.144) und die Funktion $Nu_{D_h,H}(x^*)$ in Gl. (6.154) wird mit Gl. (6.145) berechnet. Für die Funktion $F_{L,BC}$ in Gl. (6.153) und in Gl. (6.154) gilt

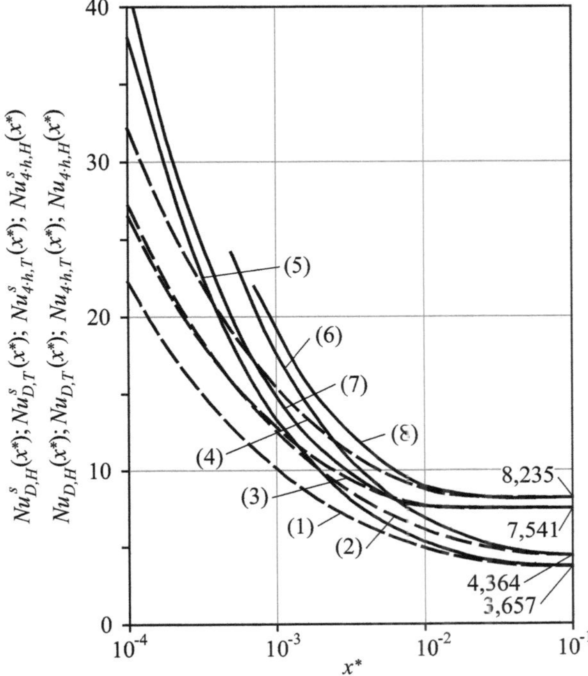

Abb. 6.19 Vergleich der lokalen Nusselt-Zahlen für das Graetz-Problem und für sich simultan entwickelnde Strömungen von Fluiden mit $Pr = 0{,}7$ und $0{,}72$ im Rohr und zwischen zwei ebenen Platten. Graetz-Problem: Rohr T (1), H (2); Spalt T (3), H (4) nach Cotta und Özişik (1986a,b). Sich simultan entwickelnde Strömung: Rohr T (5) nach Jensen (1989), Rohr H (6) nach Bankston und McEligot (1970), parallele Platten T (7) nach Campos Silva et al (1992), parallele Platten H (8) nach Hwang und Fan (1964). Thermische Randbedingungen (H) und (T) aus Tabelle 6.1 und aus Tabelle 6.2).

$$F_{L,BC} = \left(\frac{g(Pr) \cdot \xi_{D_h,\infty} \cdot Re_{D_h} \cdot \sqrt{Pr \cdot x^{*}}}{5{,}312} \right)^{\frac{1}{3}} \cdot \left(1 + [S \cdot Pr \cdot x^{*}]^{\frac{p}{6}} \right)^{\frac{1}{p}} \quad . \tag{6.155}$$

Die Anwendung von Gl. (6.146) – Gl. (6.155) bei Rohrströmungen und ebenen Kanalströmungen von Fluiden mit Prandtl-Zahlen $Pr \geq 0{,}7$ liefert Ergebnisse, die von numerisch ermittelten Nusselt-Zahl-Verteilungen um weniger als 5% abweichen.

Für die Angabe einer wesentlich kompakteren aber auch ungenaueren Näherungsgleichung greifen wir auf die generalisierte Nusselt-Zahl-Korrelation von Muzychka und Yovanovich (2004) zurück. Hierbei verwenden wir, wie bereits zuvor bei den Reibungsbeiwerten (Gl. (6.42) und Gl. (6.108)) und der Nusselt-Zahl (Gl. (6.93)), die radizierte Querschnittsfläche $\sqrt{A}$ als charakteristische Länge. Die Nusselt-Zahl berechnet sich hiernach anhand von

	c_1	c_2	c_3	c_4	c_5	c_6
$Nu^s_{\sqrt{A},T}(x^*_{\sqrt{A}})$	3,24	1	0,409	1	0,564	1,644
$Nu^s_{\sqrt{A},H}(x^*_{\sqrt{A}})$	3,86	1	0,501	1	0,886	1,909
$Nu^s_{\sqrt{A},L,T}(x^*_{\sqrt{A}})$	3,24	3/2	0,409	2	0,564	1,644
$Nu^s_{\sqrt{A},L,H}(x^*_{\sqrt{A}})$	3,86	3/2	0,501	2	0,886	1,909

Tabelle 6.8 Koeffizienten für Gl. (6.156)

$$
\begin{aligned}
Nu^s_{\sqrt{A},BC}(x^*_{\sqrt{A}}) \text{ bzw.} \\
Nu^s_{\sqrt{A},L,BC}(x^*_{\sqrt{A}})
\end{aligned}
= \left[\left(\frac{c_4 \cdot c_5 \cdot (x^*_{\sqrt{A}})^{-1/2}}{\left[1 + \left(c_6 \cdot Pr^{1/6} \right)^{9/2} \right]^{2/9}} \right)^m \right.
$$
$$
\left. + \left[\left(c_2 \cdot c_3 \cdot \left(\frac{f_{\sqrt{A},\infty} \cdot Re_{\sqrt{A}}}{x^*_{\sqrt{A}}} \right)^{1/3} \right)^5 + \left(Nu_{\sqrt{A},\infty,BC} \right)^5 \right]^{m/5} \right]^{1/m} ,
\tag{6.156}
$$

mit der Funktion

$$
m = 2,27 + 1,65 \cdot Pr^{1/3} \ . \tag{6.157}
$$

Für den Term $f_{\sqrt{A},\infty} \cdot Re_{\sqrt{A}}$ gilt Gl. (6.42), für $Nu_{\sqrt{A},\infty,BC}$ gilt Gl. (6.93) und für $x^*_{\sqrt{A}}$ gilt

$$
x^*_{\sqrt{A}} = \frac{x}{\sqrt{A} \cdot Re_{\sqrt{A}} \cdot Pr} \ . \tag{6.158}
$$

Die Konstanten in Gl. (6.156) sind in Tabelle 6.8 gegeben. Für die Rohrströmung und die ebene Kanalströmung von Fluiden mit Prandtl-Zahlen im Bereich $0,1 \leq Pr \leq \infty$ ergeben sich Abweichungen von numerischen Ergebnissen von bis zu 25%.

In Abb. 6.19 sind die lokalen Nusselt-Zahl-Verläufe im Einlaufbereich bei sich hydrodynamisch und thermisch simultan entwickelnder Strömung sowie für das Graetz-Problem sowohl für die Rohrströmung als auch für die ebene Kanalströmung gezeigt. Bei der sich simultan entwickelnden Strömung wirkt sich der bewegungshemmende Einfluss der molekularen Fluidreibung auf den Bereich der sich entwickelnden Scherschicht aus. Solange das Geschwindigkeitsprofil noch nicht ausgebildet ist, wird die Wärme mit zunehmendem Wandabstand in axialer Richtung mit höheren Geschwindigkeiten transportiert als beim Graetz-Problem. Die Nusselt-Zahlen sind in diesem Fall erhöht.

Übungsaufgaben

6.1 Durch den in Abb. 6.20 gezeigten rechteckigen Kanal von der Höhe $h = 0,01$ m, der Breite $b = 0,04$ m und der Länge $L = 1,2$ m strömt Luft mit dem Massenstrom $\dot{m} = 1,0\,\text{g s}^{-1}$. Die adiabate Lufttemperatur am Kanaleinlass beträgt $T_{am,ein} = 76,8\,°\text{C}$ (Stoffwerte Luft: $\rho = 0,995\,\text{kg m}^{-3}$, $\mu = 2,11 \cdot 10^{-5}\,\text{kg m}^{-1}\,\text{s}^{-1}$, $\lambda = 0,03\,\text{W m}^{-1}\,\text{K}^{-1}$, $c_p = 1010\,\text{W s kg}^{-1}\,\text{K}^{-1}$). An der Kanalwand liegt die konstante Wandwärmestromdichte $\dot{q}_W = 800\,\text{W m}^{-2}$ vor.

- Wie hoch ist die adiabate Mischungstemperatur und die Wandtemperatur am Kanalaustritt?

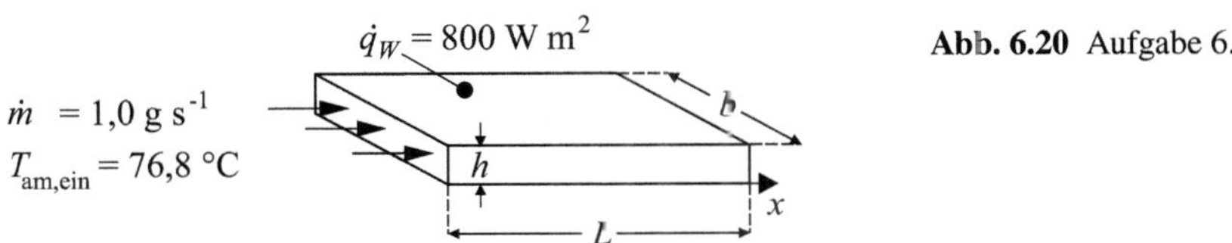

Abb. 6.20 Aufgabe 6.1

6.2 Flüssiges Natrium (mit den Stoffwerten $\rho = 883\,\text{kg m}^{-3}$, $\mu = 3,68 \cdot 10^{-4}\,\text{kg m}^{-1}\,\text{s}^{-1}$, $\lambda = 76,9\,\text{W m}^{-1}\,\text{K}^{-1}$, $c_p = 1313,43\,\text{W s kg}^{-1}\,\text{K}^{-1}$) mit einer mittleren Temperatur von $T_{am,ein} = 230\,°\text{C}$ strömt in einem ebenen Spalt von der Höhe $h = 0,1$ m mit dem Massenstrom $\dot{m} = 0,2\,\text{kg s}^{-1}$ pro Meter Breite, siehe Abb. 6.21. Beide Kanalwände besitzen die konstante Temperatur $T_W = 300\,°\text{C}$.

- Wie hoch ist der Wärmeübertragungskoeffizient unter Annahme, dass eine hydrodynamisch und thermisch ausgebildete Strömung vorliegt?

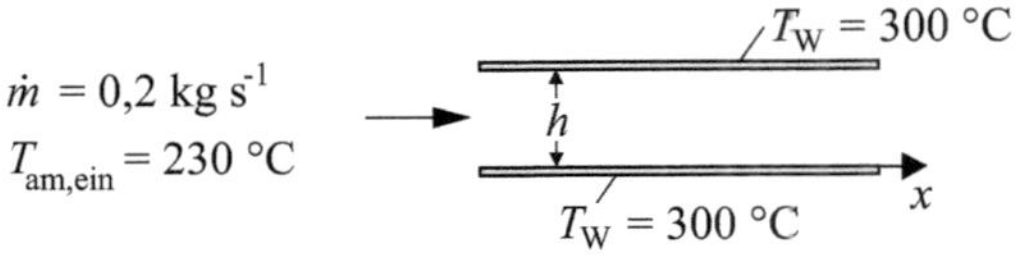

Abb. 6.21 Aufgabe 6.2

6.3 In einem dünnen Kanal mit der Höhe $2 \cdot h = 0,05$ m, der Breite $b = 2,0$ m und der Länge $L = 4,0$ m strömt Luft (mit den Stoffwerten $\rho = 1,033\,\text{kg m}^{-3}$, $\mu = 2,04 \cdot 10^{-5}\,\text{kg m}^{-1}\,\text{s}^{-1}$, $\lambda = 2,91 \cdot 10^{-2}\,\text{W m}^{-1}\,\text{K}^{-1}$, $c_p = 1008,47\,\text{W s kg}^{-1}\,\text{K}^{-1}$, $Pr = 0,707$) mit dem Massenstrom $\dot{m} = 20\,\text{g s}^{-1}$. Die Eintrittstemperatur am Anfang des Kanals beträgt $T_{am,ein} = 64\,°\text{C}$. Wie in Abb. 6.22 veranschaulicht, sind die ersten 3,85 m des Kanals isoliert. Die letzten 0,15 m des Kanals werden durch eine Konvektionsströmung gekühlt, wodurch sich eine konstante Wandtemperatur an den Kanalwänden von $T_W = 40\,°\text{C}$ einstellt. Die Wandaußen- und Wandinnentemperatur sind näherungsweise gleich. Da $h \ll b$ gilt, entspricht die Strömung im betrachteten Kanal in guter Näherung einer ebenen Kanalströmung.

- Wie hoch ist die adiabate Mischungstemperatur am Kanalaustritt?

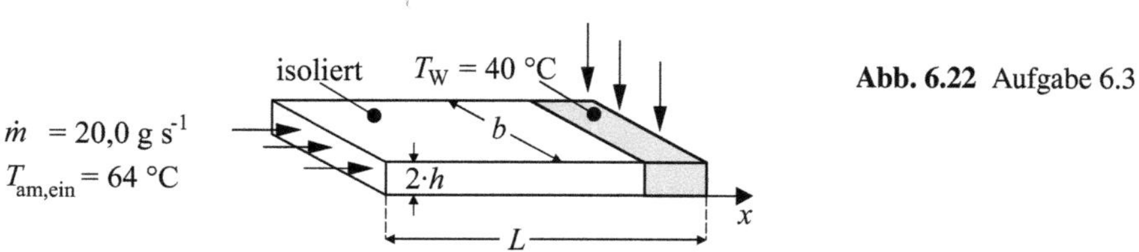

Abb. 6.22 Aufgabe 6.3

6.4 In dem in Abb. 6.23 skizzierten Rohr mit dem Radius $D = 0{,}1\,\mathrm{m}$ und der Länge $l = 12{,}7\,\mathrm{m}$ strömt Öl (mit den Stoffwerten $\rho = 924\,\mathrm{kg\,m^{-3}}$, $\mu = 7{,}35 \cdot 10^{-4}\,\mathrm{kg\,m^{-1}\,s^{-1}}$, $\lambda = 1{,}24 \cdot 10^{-1}\,\mathrm{W\,m^{-1}\,K^{-1}}$, $c_p = 1844\,\mathrm{W\,s\,kg^{-1}\,K^{-1}}$) mit dem Massenstrom $\dot{m} = 0{,}01\,\mathrm{kg\,s^{-1}}$. An der Rohrwand liegt eine konstante Wandwärmestromdichte vor und dementsprechend steigt die adiabate Mischungstemperatur von $T_{am,ein} = 110\,°C$ am Rohreinlass auf $T_{am,aus} = 150\,°C$ am Rohraustritt.

- Wie hoch ist die Wandtemperatur am Rohraustritt unter der Annahme, dass sich die Strömung ab dem Rohreintritt hydrodynamisch und thermisch entwickelt.
- Dem beheizten Rohr wird eine hydrodynamische Einlaufstrecke vorgeschaltet, sodass zu Beginn der beheizten Strecke eine hydrodynamisch ausgebildete Strömung vorliegt. Wie hoch ist die Wandtemperatur des Rohrs 1,2 m stromabwärts nach Beginn der beheizten Strecke?

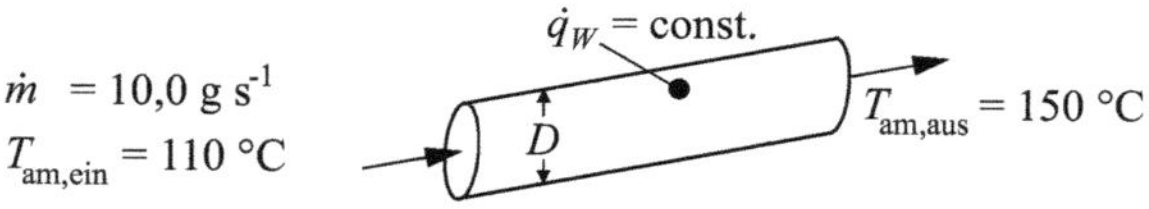

Abb. 6.23 Aufgabe 6.4

6.5 Zeige, dass der über die Länge $L = [0\ x]$ gemittelte Wärmeübertragungskoeffizient in einem Rohr bei Vorliegen einer konstanten Wandwärmestromdichte anhand von

$$Nu_{l_0,L,H}(x) = x \Big/ \int_0^x \frac{1}{Nu_{l_0,H}(\tilde{x})}\, d\tilde{x}\ .$$

und bei einer konstanten Wandtemperatur anhand von

$$Nu_{l_0,L,T}(x) = \frac{1}{x} \int_0^x Nu_{l_0,T}(\tilde{x})\, d\tilde{x}$$

berechnet wird.

6.6 Ermittle die Temperaturverteilung aus Abb. 6.14 und die Nusselt-Zahl $Nu_{D,\infty,BC}$ für eine hydrodynamisch ausgebildete, sich thermisch entwickelnde Rohrströmung bei (T) bzw. (H) (siehe Tabelle 6.2 und 6.1) durch Lösen von Gl. (6.125) mit den Randbedingungen gemäß Gl. (6.126) mit Hilfe von einer Computersoftware durch numerisches Differenzieren.

6.7 Ermittle die Temperaturverteilung aus Abb. 6.16 und die Nusselt-Zahl $Nu_{4\cdot h,\infty,BC}$ für eine hydrodynamisch ausgebildete, sich thermisch entwickelnde Kanalströmung bei (T) bzw. (H) (siehe Tabelle 6.2 und 6.1) durch Lösen von Gl. (6.133) mit den Randbedingungen gemäß Gl. (6.134) mit Hilfe von einer Computersoftware durch numerisches Differenzieren.

6.8 Richtig oder Falsch?

1. Bei einer hydrodynamisch ausgebildeten bzw. hydrodynamisch und thermisch ausgebildeten Innenströmung ändert sich die Geschwindigkeits- bzw. Temperaturverteilung in axialer Richtung nicht.
2. Unabhängig von den vorliegenden Randbedingungen lässt sich durch eine Verbesserung des Wärmeübertragungskoeffizienten die adiabate Mischungstemperatur steigern und die Wandtemperatur reduzieren.
3. Die konvektive Wärmeübertragung hängt bei hydrodynamisch und thermisch ausgebildeter laminarer Innenströmung von den thermischen Randbedingungen, der Reynolds-Zahl und der Prandtl-Zahl ab.
4. Die thermische Einlauflänge beim Graetz-Problem ist abhängig von der Geometrie, den thermischen Randbedingungen und der Péclet-Zahl.
5. Die konvektive Wärmeübertragung bei einer sich hydrodynamisch und thermisch simultan entwickelnden Strömung ist größer als bei einer hydrodynamisch ausgebildeten, sich thermisch entwickelnden Strömung.

6.9 Wissensfragen

- Wie viele unterschiedliche Strömungstypen von Innenströmungen gibt es?
- Skizziere die Strömungsprofile und erkläre die ablaufenden Strömungsprozesse.
- Was bedeutet hydrodynamisch ausgebildet?
- Was bedeutet hydrodynamisch und thermisch ausgebildet?
- Wie ändert sich das dimensionslose Temperaturprofil in axialer Richtung für eine hydrodynamisch und thermisch ausgebildete Strömung?
- Skizziere den Verlauf der Wandtemperatur, der adiabaten Mischungstemperatur und der Wandwärmestromdichte für die thermischen Randbedingungen $\dot{q}_W = const.$ und $T_W = const.$ in axialer Richtung bei einer ausgebildeten Strömung?
- Von welchen Einflussgrößen hängt die Nusselt-Zahl bei laminarer ausgebildeter Innenströmung ab?
- Was bewirkt die axiale Wärmeleitung bei hydrodynamisch und thermisch ausgebildeter Strömung? Mit welcher Kennzahl lässt sich der Grenzwert angeben?
- Wie ist die hydrodynamische und thermische Einlauflänge definiert? Wie lauten die Definitionsgleichungen?
- Welche Kräfte wirken im Einlaufbereich einer Innenströmung?
- Was besagt der scheinbare Reibungskoeffizient?
- Was ist der Verlustkoeffizient?
- Wie lautet die Skalenbeziehung für die hydrodynamische bzw. thermische Einlauflänge?
- Wie ist die Graetz-Zahl definiert?
- Was wird als Graetz-Nusselt-Problem bezeichnet?
- Unter welchen Bedingungen kann ein Graetz-Nusselt-Problem auftreten?

- Besitzen die thermischen Randbedingungen einen Einfluss auf die dimensionslosen thermischen Einlauflängen beim Graetz-Nusselt-Problem?
- Ändert sich die lokale Nusselt-Zahl oder die thermische Einlauflänge bei sich hydrodynamisch und thermisch simultan entwickelnden Strömungen mit der Prandtl-Zahl?

Literaturverzeichnis

Asako Y, Nakamura H (1988) Developing laminar flow and heat transfer in the entrance region of regular polygonal ducts. Int J Heat Mass Transf, doi: 10.1016/0017-9310(88)90186-X

Ash RL, Heinbockel JH (1970) Note on Heat Transfer in Laminar, Fully Developed Pipe Flow with Axial Conduction. Zeitschrift für angewandte Mathematik und Physik, doi: 10.1007/BF01590654

Bankston CA, McEligot DM (1970) Turbulent and laminar heat transfer to gases with varying properties in the entry region of circular ducts. Int J Heat Mass Transf, doi: 10.1016/0017-9310(70)90110-9

Baehr HD, Stephan K (2010) Wärme- und Stoffübertragung. Springer Berlin, Heidelberg

Bender E (1969) Druckverlust bei laminarer Strömung im Rohreinlauf. Chemie Ingenieur Technik, doi: 10.1002/cite.330411108

Bender E (2019) A Historical Misperception on Calculating the Average Convection Coefficient in Tubes With Constant Wall Heat Flux. J Heat Transf, doi: 10.1115/1.4043303

Bender E (2019) Correlations for the Graetz problem in convection - Part 1: For round pipes and parallel plates. Int J Heat Mass Transf, doi: 10.1016/j.ijheatmasstransfer.2019.03.006

Bender E (2019) Correlations for the Graetz problem in convection - Part 2: For ducts of arbitrary cross-section. Int J Heat Mass Transf, doi: 10.1016/j.ijheatmasstransfer.2019.02.052

Bender E (2019) Correlations for Convection in Hydrodynamically Developing Laminar Duct Flow. J Heat Transf, doi: 10.1115/1.4044390

Chen RY (1973) Flow in the Entrance Region at Low Reynolds Numbers. J Fluids Eng, doi: 10.1115/1.3446948

Cotta RM, Özişik MN (1986) Laminar forced convection to non-Newtonian fluids in ducts with prescribed wall heat flux. Int Commun Heat Mass Transf, doi: 10.1016/0735-1933(86)90020-5

Cotta RM, Özişik MN (1986) Laminar forced convection of power-law non-Newtonian fluids inside ducts. Wärme- und Stoffübertragung, doi: 10.1007/BF01303453

Dryden HL, Murnaghan FD, Bateman H (2010) Hydrodynamics. Dover Publications, New York

Durst F, Ray S, Ünsal B, Bayoumi OC (2005) The Development Lengths of Laminar Pipe and Channel Flows. J Fluids Eng, doi: 10.1115/1.2063088

Friedmann, M Gillis J Liron N (1968) Laminar flow in a pipe at low and moderate reynolds numbers. Appl Sci Res, doi: 10.1007/BF00383937

Graetz L (1885) Über die Wärmeleitfähigkeit von Flüssigkeiten. Ann Phys Chem 25: 337–357

Grigull U, Tratz H (1965) Thermischer Einlauf in ausgebildeter laminarer Rohrströmung. Int J Heat Mass Transf, doi: 10.1016/0017-9310(65)90016-5

Grosjean CC, Pahor S, Strnad J (1963) Heat Transfer in Laminar Flow through a Gap. Appl Sci Res, doi: 10.1007/BF03184987

Hwang CL, Fan LT (1964) Finite difference analysis of forced-convection heat transfer in entrance region of a flat rectangular duct. Appl Sci Res A, doi: 10.1007/BF00382066

Hornbeck RW (1964) Laminar flow in the entrance region of a pipe. Appl Sci Res A, doi: 10.1007/BF00382049

Jensen MK (1989) Simultaneously developing laminar flow in an isothermal circular tube. Int Commun Heat Mass Transf, doi: 10.1016/0735-1933(89)90007-9

Jischa M (1992) Konvektiver Impuls-, Wärme- und Stoffaustausch. Vieweg Teubner Verlag, Wiesbaden

Kakac S, Shah RK, Aung W (1982) Handbook of Single-Phase Convective Heat Transfer. John Wiley & Sons Inc, New York

Kays WM, Perkins HC (1972). Laminar convective heat transfer in ducts. In Rohsenow WM und Hartnett JP (Ed.), *Handbook of Heat Transfer* (pp. 7–74). McGraw Hill

Landhaar HL (1942) Steady flow in the transition length of a straight tube. J Appl Mech, doi: 10.1115/1.4009183

Lundberg RE, Reynolds WC and Kays, W. M.(1963) Heat Transfer with Laminar Flow in Concentric Annuli with Constant and Variable Wall Temperature, D-1972. NASA, 19630010444

Michelsen ML Villadsen J (1974) The Graetz Problem with Axial Heat Conduction. Int J Heat Mass Transf, doi: 10.1016/0017-9310(74)90140-9

Muzychka YS Yovanovich MM (1998) Modeling friction factors in non-circular ducts for developing laminar flow. 2nd AIAA, Theoretical Fluid Mechanics Meeting, Albuquerque, USA, doi: 10.2514/6.1998-2492

Muzychka YS Yovanovich MM (2002a) Laminar Flow Friction and Heat Transfer in Non-Circular Ducts and Channels Part I - Hydrodynamic Problem. International Symposium on Compact Heat Exchangers held, Grenoble, France (pp. 123–130)

Muzychka YS Yovanovich MM (2002b) Laminar Flow Friction and Heat Transfer in Non-Circular Ducts and Channels Part II- Thermal Problem. International Symposium on Compact Heat Exchangers held, Grenoble. France (pp. 131–139)

Muzychka YS Yovanovich MM (1998) Laminar Forced Convection Heat Transfer in the Combined Entry Region of Non-Circular Ducts. J Heat Transf, doi: 10.1115/1.1643752

Muzychka YS Yovanovich MM (2009) Pressure Drop in Laminar Developing Flow in Non-circular Ducts: A scaling and Modeling Approach. J Fluids Eng, doi: 10.1115/1.4000377

Ou JW Cheng KC (1973) Viscous dissipation effects on thermal entrance region heat transfer in pipes with uniform wall heat flux. Appl Sci Res, doi: 10.1007/BF00413074

Pahor S Strnad J(1956) Die Nusseltsche Zahl für laminare Strömung im zylindrischen Rohr mit konstanter Wandtemperatur. Appl Therm Eng, doi: 10.1007/BF01601183

Pahor S Strnad J (1961) A note on heat transfer in laminar flow through a gap. Appl Sci Res, doi: 10.1007/BF00411900

Nusselt W (1910) Die Abhängigkeit der Wärmeübergangszahl von der Rohrlänge. VDI-Z. 54: 1154–1158

Rohsenow WM Hartnett JP (1973) Handbook of Heat Transfer. McGraw-Hill

Schmidt FW, Zeldin B (1969) Laminar Flow in Inlet Section of Tubes and Ducts. AIChE J, doi: 10.1002/aic.690150425

Sheela-Francisca J, Tso CP (2009) Viscous dissipation effects on parallel plates with constant heat flux boundary conditions. Int Commun Heat Mass Transf, doi: 10.1016/j.icheatmasstransfer.2008.11.003

Shome B, Jensen MK (1993) Correlations for simultaneously developing laminar flow and heat transfer in a circular tube. Int J Heat Mass Transf, doi: 10.1016/S0017-9310(05)80209-1

Shah RK, London AL (1972) Thermal boundary conditions and some solutions for laminar duct flow forced convection. J Heat Transf, doi: 10.1115/1.3450158

Shah RK (1978) A correlation for laminar hydrodynamic entry length solutions for circular and noncircular ducts. J Fluids Eng, doi: 10.1115/1.3448626

Shah RK (1975) Thermal entry length solutions for the circular tube and parallel plates, Proc Natl Heat Mass Trasf Conf, 3rd Indian Inst Technol, Bombay HMT-11-75

Shah RK, London AL (1978a) Laminar Flow Forced Convection in Ducts. In Irvine TF Jr, Hartmett JP (Ed.), *Advances in Heat Transfer*. Academic Press

Shah RK, London AL (1978b) Laminar Flow Forced Convection Heat Transfer and Flow Friction in Straight and Curved Ducts - A Summary of Analytical Solutions. NR-090-342, Standford University

Shah RK, Bhatti, MS (1987) Laminar convective heat transfer in ducts. In Kacac S, Shah RS, Aung W (Ed.) *Handbook of Single-Phase Convective Heat Transfer* (Kapitel 3). John Wiley & Sons Inc, New York

Campos Silva JB, Cotta RM, Aparecido JB (1992) Analytical solutions to simultaneously developing laminar flow inside parallel-plate channels. Int J Heat Mass Transf, doi: 10.1016/0017-9310(92)90255-Q

Sparrow EM, Siegel R (1958) Laminar Tube Flow with Arbitrary Internal Heat Sources and Wall Heat Transfer. Nucl Sc Eng, doi: 10.13182/NSE58-A15365

Sparrow EM, Lin SH (1964) The Developing Laminar Flow and Pressure Drop in the Entrance Region of Annular Ducts. J Basic Eng, doi: 10.1115/1.3655963

Stephan K (1959) Wärmeübergang und Druckabfall bei nicht ausgebildeter Laminarströmung in Rohren und in ebenen Spalten. Chemie Ingenieur Technik, doi: 10.1002/cite.330311204

Tao LN (1961) On Some Laminar Forced-Convection Problems. J Heat Transf, doi: 10.1115/1.3683669

Tyagi VP (1966) Laminar Forced Convection of a Dissipative Fluid in a Channel. J Heat Transf, doi: 10.1115/1.3691501

Yilmaz T, Cihan E (1995) An Equation for Laminar Flow Heat Transfer for Constant Heat Flux Boundary Condition in Ducts of Arbitrary Cross-Sectional Area. J Heat Mass Transf, doi: 10.1115/1.2822644

Yovanovich MM, Muzychka YS (1997) Solutions of Poisson Equation Within Singly and Doubly Connected Prismatic Domains. AIAA, doi: 10.2514/6.1997-3880

Teil III
Turbulente Strömungen

Kapitel 7
Turbulente Strömungen

Zusammenfassung Die in thermofluiddynamischen Prozessen der Energie- und Wärmetechnik auftretenden Strömungen sind überwiegend turbulent. Das Anliegen des vorliegenden Kapitels ist es, eine kurze, in Teilen heuristische Einführung in das Themengebiet der Turbulenz zu liefern, um damit die Grundlagen für eine tiefergehende mathematische Behandlung des Themenfeldes in den nachfolgenden Kapiteln zu schaffen. Der Fokus des Kapitels liegt auf dem Kennenlernen der Eigenschaften turbulenter Strömungen. Das Konzept der Energiekaskade wird erläutert, die Quintessenz der Kolmogorov-Hypothesen beschrieben und die Verteilung der kinetischen Energie turbulenter Strömungsstrukturen im Energiespektrum diskutiert. Zudem wird die Größenordnung turbulenter Skalen behandelt und ihre Abhängigkeit von der Reynolds- und der Prandtl-Zahl aufgezeigt. In diesem Kontext werden die Kolmogorov-, Obukhov-Corrsin- und Batchelor-Skalen hergeleitet.

Lernziele

- Sie lernen Begriffe aus dem Gebiet der turbulenten Strömungen kennen und können diese erläutern.
- Sie können das Konzept der Energiekaskade für turbulente Strömungen erklären.
- Sie sind in der Lage, die kleinsten Längen-, Zeit- und Geschwindigkeitsskalen eines thermischen turbulenten Strömungsfelds abzuschätzen.
- Sie können die Bedeutung turbulenter Strömungen für ingenieurtechnische Fragestellungen beschreiben.
- Sie sind in der Lage, die Schlussfolgerungen der Kolmogorov-Hypothesen zu erläutern.

S. Ruck, *Thermofluiddynamik*, https://doi.org/10.1007/978-3-658-48882-6_7

7.1 Relevanz turbulenter Strömungen

Fluidströmungen in energie- und wärmetechnischen Anlagen oder Komponenten sind nur in Ausnahmefällen laminar. In Pumpen, Turbinen, Wärmeübertragern, Brennstabbündeln, Rauchgasleitungen, Lüftungsanlagen, Ventilatoren, usw. ist die Strömung meist turbulent. Dies gilt nicht nur für das Gebiet der Energie- und Wärmetechnik, sondern für viele Strömungen in Natur und Technik, z. B. bei der Umströmung von Flugzeugen, Land- oder Wasserfahrzeugen, bei Strömungen in der Atmosphäre, bei Innenströmungen in Rohrleitungen, bei Strömungen in Flüssen, usw. Turbulente Transportvorgänge dominieren für gewöhnlich die Geschwindigkeits-, Druck- und Temperaturfelder. Ihr Anteil am Impuls- und Energietransport in einer Strömung ist wesentlich größer als der molekulare Anteil. Ein hoher Austausch von Impuls und Energie ist die Folge, und dementsprechend bestimmt die Turbulenz den Widerstand umströmter Körper, den Druckverlust in Rohrleitungen, die (thermische) Vermischung, die konvektive Wärmeübertragung an Heizflächen usw. Turbulente Strömungen unterscheiden sich grundlegend von laminaren Strömungen und bedürfen einer gesonderten Behandlung. Ihr Verständnis gründet das Fundament, um komplexe Strömungsvorgänge in energie- und wärmetechnischen Komponenten, Apparaten und Anlagen zu analysieren und vorherzusagen.

7.2 Kennzahlen für den Strömungszustand

Der Strömungszustand eines strömenden Fluids wird prinzipiell durch das Auftreten störungsinduzierter Instabilitätsphänomene bestimmt (Oertel und Delfs (1996)). Störungen treten in den Scherschichten einer Strömung auf und äußern sich in Schwankungsbewegungen der Fluidteilchen. Sie bewirken einen zusätzlichen transversalen Impuls- und Energieaustausch und führen zu einem zeitlich und räumlich unregelmäßigen Auftreten der Feldgrößen. Die Störungsenergie in den Scherschichten wird durch die mittlere Fluidbewegung der Grundströmung bereitgestellt. Sind die Störungen klein, wird die Störungsenergie infolge viskoser Reibung dissipiert. In diesem Fall erfahren die Störungen eine Dämpfung und die Fluidbewegung verläuft in geordneten Bahnen. Derartige stabile Strömungszustände bezeichnen wir als laminar. In Abb. 7.1 a ist der Verlauf eines Farbfadens in einer

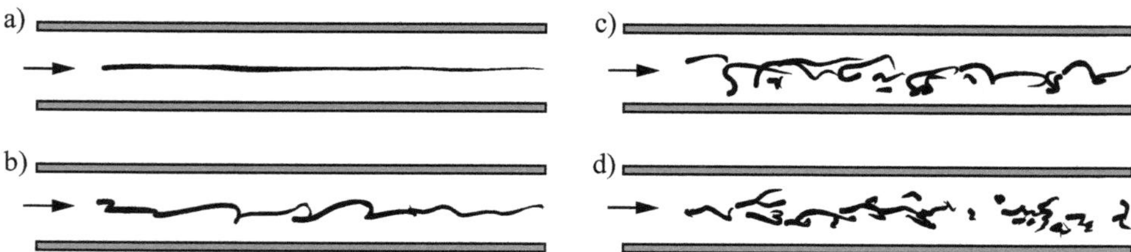

Abb. 7.1 Verlauf eines Farbfadens in einer Rohrströmung während der Transition von einem a) laminaren zu einem d) turbulenten Strömungszustand nach Fotos von N. H. Johannesen und C. Lowe aus Van Dyke (1988).

laminaren Rohrströmung skizziert. Reicht die molekulare Viskosität jedoch nicht aus, um die Störungsenergie vollständig zu dissipieren, nehmen die Störungen zu. Die Strömung wird, wie in Abb. 7.1 b und c mit Hilfe des Farbfadens in einer Rohrströmung dargestellt, zunehmend instabil und geht in den in Abb. 7.1 d gezeigten, durch ungeordnete Strukturen gekennzeichneten turbulenten Strömungszustand über. Der Übergangsvorgang von einer laminaren zu einer turbulenten Strömung wird als Transition bezeichnet.

Der Strömungszustand wird offensichtlich durch die Wechselwirkung zwischen der Störungsintensität der Strömung und dem viskosen Dämpfungsvermögen des Fluids beeinflusst, was sich bei erzwungener Konvektionsströmung im Auftreten von Trägheits- und Reibungskräften äußert. Da die Reynolds-Zahl bekanntlich das Verhältnis von Trägheits- zu Reibungskräften beschreibt, liegt es nahe, sie als Indikator für das Auftreten von laminaren und turbulenten Strömungszuständen bei erzwungener Konvektion zu verwenden. Eine Größenordnungsabschätzung zeigt, dass die Trägheitskräfte quadratisch mit der Geschwindigkeit anwachsen, während die Reibungskräfte nur linear ansteigen. Dementsprechend ist bei großen Strömungsgeschwindigkeiten der Einfluss der Viskosität gering und die Trägheitskräfte dominieren die Strömung. Vorhandene Störungen im Strömungsfeld können durch die Viskosität nicht mehr gedämpft werden und steigen weiter an. Die Grenze zwischen laminarem und turbulentem Strömungszustand hängt von der Strömungsform ab und wird bei erzwungener Konvektionsströmung durch die kritische Reynolds-Zahl

$$Re_{l_0,krit} = \frac{u_{0,krit} \cdot l_0}{\nu} \quad \text{oder} \quad = \frac{u_0 \cdot l_{0,krit}}{\nu} \tag{7.1}$$

gekennzeichnet. Die kritische Reynolds-Zahl ist sensitiv gegenüber den vorherrschenden Anfangs- und Randbedingungen der Strömung, die je nach Situation stark variieren. Liegen störungsintensive Verhältnisse vor, kann die Transition bereits bei kleinen Reynolds-Zahlen erfolgen, während sie bei geringen Störungen erst bei weitaus größeren Reynolds-Zahlen stattfindet. Dementsprechend handelt es sich bei der kritischen Reynolds-Zahl mehr um einen Reynolds-Zahlbereich als um einen expliziten Grenzwert. In Abb. 7.1 ist der Übergang von einer laminaren zu einer turbulenten Rohrströmung dargestellt. Die mit dem Durchmesser D, der dynamischen Viskosität μ, der Rohrquerschnittsfläche A und dem Massenstrom $\dot{m}$ oder der querschnittsgemittelten Geschwindigkeit u_m gebildete kritische Reynolds-Zahl beträgt für Rohrströmungen typischerweise

$$Re_{D,krit} = \frac{D \cdot \dot{m}}{A \cdot \mu_0} = \frac{u_m \cdot D}{\nu_0} \approx 2300 \quad . \tag{7.2}$$

Sofern keine weiteren Störquellen vorliegen, bleibt die Strömung für $Re_D < Re_{D,krit}$ stets laminar. Die Reynolds-Zahl, unterhalb derer die Strömung laminar bleibt, wird auch als kritische transitionelle Reynolds-Zahl bezeichnet. Eine vollständig turbulente Rohrströmung kann je nach Anfangs- und Randbedingungen erst bei wesentlich größeren Reynolds-Zahlen auftreten (Pfenniger (1961)). Trotz intensiver Forschung sind verschiedene Aspekte des Transitionsvorgangs bei Innenströmungen derzeit noch nicht vollständig geklärt (Mullin (2011)). Bei der Umströmung von Körpern spielen viskose Effekte nur in der hydrodynamischen Grenzschicht eine bedeutende Rolle. Die mit der Lauflänge l_x bzw. mit der

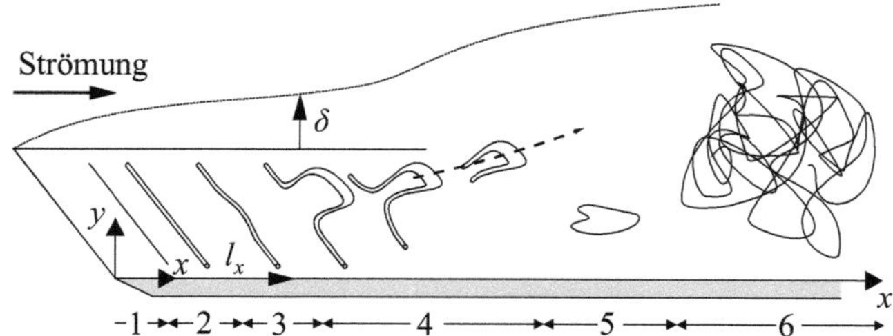

Abb. 7.2 Skizze der Transition an der ebenen Platte (nach Bailly und Comte-Bellot (2015)) bei Grenz-schichtströmung: Bei der kritischen Reynolds-Zahl $Re_{l_x,krit}$ wird die 1) stabile, laminare Grenzschichtströ-mung von 2) zweidimensionalen Störwellen, den sogenannten Tollmien-Schlichting-Wellen überlagert. 3) Weiter stromabwärts wird die Strömung zunehmend dreidimensional und es entwickeln sich 4) großska-lige Strömungsstrukturen wie Hufeisenwirbel. 5) Der Zerfall der großskaligen Wirbelstrukturen und das Auftreten von Turbulenzflecken zeigen das Ende des Transitionsprozesses an. Stromabwärts liegt 6) eine vollturbulente Grenzschichtströmung vor.

Impulsverlustdicke δ_2 gebildete kritische Reynolds-Zahl beträgt bei der Plattengrenzschicht nach Preston (1958)

$$Re_{l_x,krit} = \frac{u_\infty \cdot l_{x,krit}}{v_0} \approx 2{,}3 \cdot 10^5 \quad , \tag{7.3}$$

$$Re_{\delta_2,krit} = \frac{u_\infty \cdot \delta_{2,krit}}{v_0} \approx 320 \tag{7.4}$$

und markiert das Ende des in Abb. 7.2 dargestellten Übergangsprozess von einer laminaren zu einer voll turbulenten Grenzschichtströmung. Durch Reduktion der Störungsintensität in der Außenströmung können aber auch für diesen Strömungstyp höhere kritische Reynolds-Zahlen erreicht werden, z. B. $Re_{l_x,krit} \approx 5 \cdot 10^6$ (Wells (1967)). Die Ausbildung turbulenter Grenzschichtströmungen hoher Reynolds-Zahlen kann duch den Einsatz von Stolperdräh-ten in unmittelbarer Oberflächennähe herbeigeführt werden. Diese Methode erlaubt eine erhebliche Variation der mit der Impulsverlustdicke gebildeten kritischen Reynolds-Zahl (Fernholz und Finleyt (1996)) und sie wird daher häufig bei Grenzschichtuntersuchungen im Windkanal eingesetzt.

Bei freier Konvektion wird das Anwachsen der Strömungsinstabilität durch die Auf-triebskräfte mitbestimmt. Die Grashof-Zahl setzt die Auftriebs- und Trägheitskräfte ins Verhältnis zur Reibungskraft und kann zur Charakterisierung des Strömungszustands bei auftriebsbehafteten Strömungen verwendet werden. Die mit der Lauflänge l_x gebildete kri-tische Grashof-Zahl $Gr_{l_x,krit}$ besitzt für die freie Konvektion an einer beheizten vertikalen Platte mit $T_W = const.$ die Größenordnung (Bejan und Lage (1990))

$$Gr_{l_x,krit} = \frac{\beta \cdot (T_W - T_\infty) \cdot g \cdot l_x^{\,3}}{v_0^2} = O(10^9); \quad 10^{-3} \le Pr \le 10^3 \quad , \tag{7.5}$$

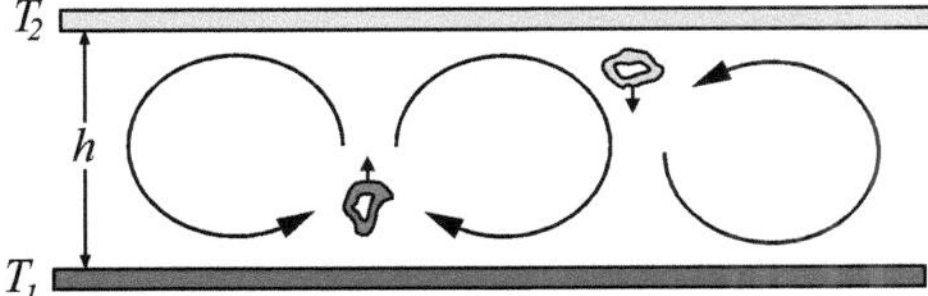

Abb. 7.3 Rayleigh-Bénard-Konvektion.

z. B. $Gr_{l_x,krit} = 1{,}5 \cdot 10^9$ für Luft ($Pr = 0{,}71$) oder $Gr_{l_x,krit} = 1{,}3 \cdot 10^9$ für Wasser ($Pr = 6{,}7$) (Mahajan und Gebhart (1979)). Für die in Abb. 7.3 skizzierte Rayleigh-Bénard-Konvektion beträgt die Größenordnung für die mit dem Plattenabstand h gebildete kritische Rayleigh-Zahl $Ra_{h,krit} = O(10^5)$ (Müller und Erhard (1999)).

7.3 Eigenschaften turbulenter Strömungen

Turbulente Strömungen weisen eine Vielzahl von Eigenschaften auf, die sich erheblich von denen laminarer Strömung unterscheiden. Wir werden in den folgenden Unterkapiteln versuchen, anhand verschiedener Konzepte und Modellvorstellungen die Eigenschaften turbulenter Strömungen hervorzuheben, um hierdurch ein tieferes Verständnis für turbulente Strömungsvorgänge zu entwickeln.

7.3.1 Zufällig, lokal und instationär

Der Impuls- und Energietransport in einer turbulenten Strömung wird durch die zeitlich und räumlich veränderlichen Schwankungsbewegungen der Fluidteilchen charakterisiert. In Abb. 7.4 a sind die axialen Geschwindigkeitsverläufe einer turbulenten Strömung in einem Kanal mit künstlichen Rauigkeiten in Wandnähe dargestellt, die unter gleichen Randbedingungen am gleichen Ort zu verschiedenen Zeitpunkten ermittelt wurden. Die instationären Geschwindigkeitsverläufe beider Messreihen erscheinen zufällig. Dies ist darauf zurückzuführen, dass zwei an einem Ort (bzw. zu einem Zeitpunkt an zwei Orten) gemessene Signale mit zunehmendem Zeitversatz (bzw. mit zunehmendem Abstand der Messorte) zueinander immer unähnlicher, d. h. unkorrelierter, zueinander werden, und dass Geschwindigkeits- oder Temperaturmesssignale durch einen regellosen Charakter gekennzeichnet sind. Dadurch unterscheiden sich die Geschwindigkeitsverläufe in Abb. 7.4 a, obwohl sie unter vergleichbaren Voraussetzungen gemessen wurden. Darüber hinaus würde man bei wiederholter Durchführung des gleichen Experiments, trotz (fast) identischer Versuchsbedingungen bzw. Anfangs- und Randbedingungen, immer wieder unterschiedliche zeitliche oder räumliche Signalverläufe der Feldgrößen an den selben Raum- oder Zeitpunkten messen. Bereits kleinste Abweichungen in den Anfangs- und Randbedingungen führen zu Änderungen der Fluidbewegung und damit zu Unterschieden in den gemessenen Feldgrößen von Versuch zu Versuch.

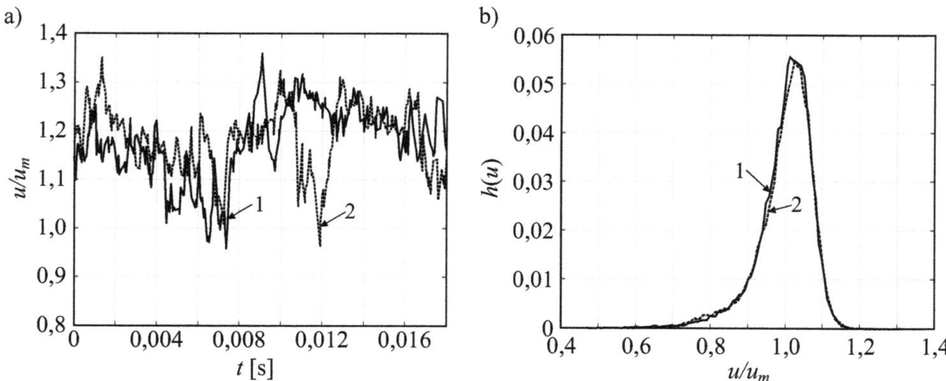

Abb. 7.4 a) Mit der querschnittsgemittelten Geschwindigkeit u_m normierte axiale Geschwindigkeit u in einer turbulenten Kanalströmung bei $Re_{2 \cdot h} = 5 \cdot 10^4$ und b) aus den Histogrammen ermittelte Häufigkeitsfunktionen $h(u)$. Durchführung der Messungen 1 und 2 am selben Ort zu unterschiedlichen Zeitpunkten.

Wir können demnach schlussfolgern, dass die Auswertung von instantanen oder lokalen (d. h. auf einen Messpunkt begrenzten) Einzelmessungen in turbulenten Strömungen keine Rückschlüsse auf zurückliegende Ereignisse und keine Vorhersagen über das zukünftige Strömungsverhalten erlaubt. Nicht reproduzierbare Daten lassen keine allgemeingültigen Schlussfolgerungen zu und helfen nur selten bei der Beantwortung wissenschaftlicher oder ingenieurtechnischer Fragestellungen. Um dennoch aussagekräftige Ergebnisse aus turbulenten Untersuchungen zu gewinnen, müssen wir statistische Methoden für die Analyse und mathematische Beschreibung verwenden. Es ist nämlich so, dass die zeitlich-räumliche Struktur einer turbulenten Strömung unter gewissen Voraussetzungen reproduzierbar ist. Die statistischen Eigenschaften und die daraus abgeleiteten statistischen Kenngrößen der turbulenten Strömungsgrößen sind ebenfalls reproduzierbar. So ähneln sich beispielsweise die in Abb. 7.4 b gezeigten Häufigkeitsdiagramme der sich in Abb. 7.4 a unterscheidenden Geschwindigkeitsverläufe. Eine zeitliche Mittelung der Geschwindigkeiten im gezeigten Beispiel würde daher zu ähnlichen arithmetischen Mittelwerten führen. Die Grundlagen statistischer Methoden zur Analyse turbulenter Strömungen werden im Kapitel 8 ausführlich behandelt.

7.3.2 Multiskalar, drehungsbehaftet und dissipativ

Turbulente Strömungen bestehen aus dreidimensionalen Wirbelstrukturen, die in Wechselwirkung zueinander stehen. Wie in Abb. 7.5 skizziert, können wir uns unter einer turbulenten Wirbelstruktur bzw. einem Wirbel ein über die räumliche Ausdehnung l zusammenhängendes, drehungsbehaftetes Fluidstück mit der spezifischen[1] Geschwindigkeit

---

[1] Spezifisch bedeutet hier auf den betrachteten Skalenbereich begrenzt.

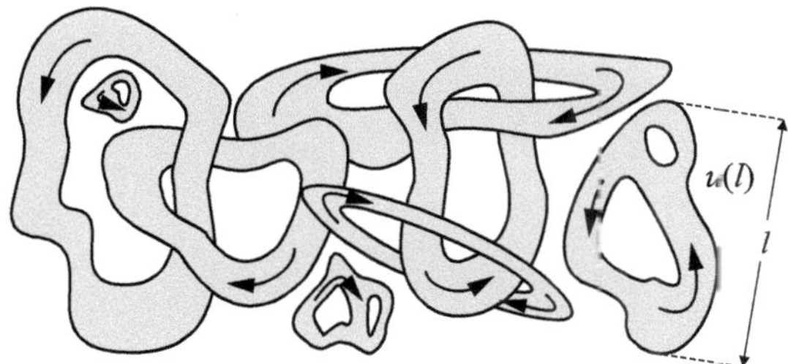

Abb. 7.5 Konzeptionelle Darstellung von Wirbelstrukturen im turbulenten Strömungsfeld.

$u(l)$ und der Zeitskala $t(l) = l/u(l)$ vorstellen. Die Geschwindigkeit $u(l)$ ist charakteristisch für die Geschwindigkeitsänderung $\Delta_l u = u(\vec{x} + \vec{l}) - u(\vec{l})$ über die Distanz l und von der Größenordnung der radizierten Strukturfunktion, $u(l) \sim \langle \Delta_l u^2 \rangle^{1/2}$ für $l \le l_0$ (Frisch (1995)). Die Größenordnung der Länge l entspricht der Größenordnung des Betrags von $\vec{l}$, $l \sim |\vec{l}|$. Diese Modellvorstellung ermöglicht den Zugang zur phänomenologischen bzw. skalenanalytischen Betrachtung turbulenter Strömungen. Die Wirbelstrukturen eines turbulenten Strömungsfelds besitzen unterschiedliche Längen-, Zeit- und Geschwindigkeitsskalen. Wirbel unterschiedlicher Skalen interagieren miteinander und bewegen sich auf chaotischer Art und Weise in dem von ihnen induzierten turbulenten Strömungsfeld. Eine vollständig turbulent entwickelte Strömung weist daher ein breites Spektrum an Skalen auf. Eine grobe Unterscheidung lässt sich anhand der in Abb. 7.6 gezeigten Längenskalen vornehmen. Die Längenskala l_s der größten turbulenten Strukturen ist für gewöhnlich von der Größenordnung der charakteristischen Länge l_0 der jeweiligen strömungsmechanischen Fragestellung. Beispielsweise wäre dies bei einer Rohrströmung der Rohrdurchmesser, $l_s \sim D$, oder bei einer Grenzschichtströmung die hydrodynamische Grenzschichtdicke, $l_s \sim \delta$. Ein wenig kleiner, aber ebenfalls von der Größenordnung der charakteristischen Länge l_0, sind die turbulenten Strukturen mit der Längenskala l_t. Bei Wirbelstrukturen dieser Größe konzentriert sich die kinetische Energie der turbulenten Strömungsbewegung. Wirbelstrukturen mit der Längenskala l_t werden daher als groß und energiereich bezeichnet. Dabei ist zu beachten, dass die spektrale Verteilung die Längenskala l_t bestimmt. Ist die turbulente Strömung vollständig entwickelt und es liegen große Reynolds-Zahlen vor, besitzt der Großteil der Wirbelstrukturen auch wesentlich kleinere Längenskalen. Die Längenskala der kleinsten Wirbelstrukturen ist die Kolmogorov-Längenskala η (Kolmogorov (1941)[2]).

Die Tatsache, dass turbulente Wirbelstrukturen unterschiedliche Größenordnungen aufweisen, wirft viele Fragen auf: Wie groß sind die größten Wirbel? Wie klein sind die kleinsten Wirbel? Welche Geschwindigkeit besitzen die größten und die kleinsten Wirbel? Wie lange verbleiben die Wirbelstrukturen im Strömungsfeld, bevor sie wieder verschwinden? Welche Mechanismen führen zu ihrer Entstehung und ihrem Verschwinden? Wie bewegen sich die Wirbelstrukturen? Woher stammt die Energie zur Produktion von Wirbelstrukturen? Welche Wirbel haben die größte kinetische Energie? Wie ändert sich die kinetische Energie von Wirbelstrukturen mit der Längenskala? Unterscheiden sich die

---

[2] Die Publikation Kolmogorov (1991) ist die englische Übersetzung der im Original in russischer Sprache erschienenen Publikation Kolmogorov (1941).

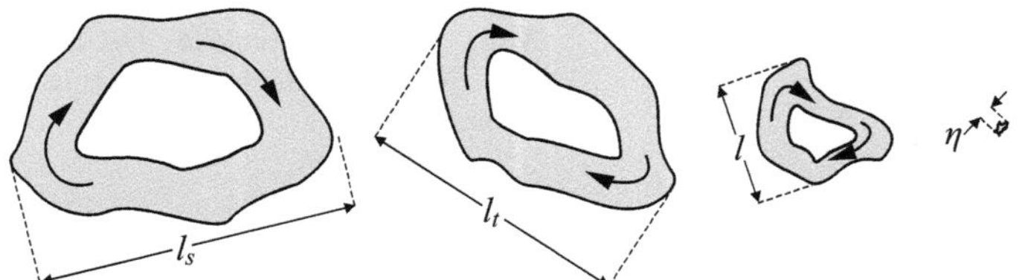

Abb. 7.6 Wirbel unterschiedlicher Skalen im turbulenten Strömungsfeld.

Skalen der Geschwindigkeits- und Temperaturfelder? Wie transportieren Wirbelstrukturen Wärme, Temperatur oder andere passive Skalare? Wie hoch sind die technischen Anforderungen, um das gesamte Skalenspektrum einer turbulenten Strömung in numerischen Berechnungen oder im Experiment zu erfassen? Ist es überhaupt sinnvoll/zielführend alle Skalen zu erfassen? Welche Untersuchungsmethoden erlauben eine skalenscharfe Erfassung der Strömungsstrukturen? ... Um Antworten auf diese und weitere Fragen zu erhalten und damit turbulente Strömungen etwas besser zu verstehen, betrachten wir zunächst das Konzept der Energiekaskade und die Hypothesen von Kolmogorov (1941).

7.3.3 Energiekaskade

Das in Abb. 7.7 skizzierte Konzept der Energiekaskade beschreibt den Transfer von kinetischer Energie zwischen Wirbelstrukturen unterschiedlicher Größe in einer vollständig turbulent entwickelten Strömung bei hohen Reynolds-Zahlen[3]. Eine Wirbelstruktur mit der Längenskala l und der spezifischen Geschwindigkeit $u(l)$ besitzt die kinetische Energie (pro Masseneinheit) $u(l)^2$. Nach dem Konzept der Energiekaskade zerfallen die großen Wirbelstrukturen aufgrund von Trägheitseinflüssen in kleinere Wirbelstrukturen, wobei die kinetische Energie (pro Masseneinheit) von den großen zu den kleineren Strukturen transferiert wird. Die kleineren Wirbelstrukturen sind ebenfalls instabil, und zerfallen unter Weitergabe ihrer kinetischen Energie in noch kleinere Wirbelstrukturen ... und so weiter und so fort ... Es handelt sich also um einen Kaskadenprozess. Die kinetische Energie wird dem turbulenten Strömungsfeld durch die mittlere Bewegung der Grundströmung bereitgestellt. Die großen, energiereichen Wirbelstrukturen der Längenskala l_t besitzen die mit ihren Geschwindigkeiten u_t gebildete kinetische Energie $u_t{}^2$. Um Aussagen über den Energietransfer zwischen großen und kleinen Wirbeln treffen zu können, stellt man sich vor, dass die Wirbel während des Zerfallsprozesses aufgrund ihrer Bewegung verzerrt werden. Wie in Abb. 7.8 skizziert, entfernen sich einzelne Bereiche einer Wirbelstruktur voneinander, während sich andere Bereiche über die Länge l mit der Geschwindigkeit $u(l)$ annähern, bevor der Wirbel in kleinere Strukturen zerfällt. Aufgrund dieser Relativbewegung der Wirbelbereiche lässt sich die Zeitskala $t(l)$ innerhalb des Zerfallsprozesses auch als Transferzeit einer mit dem Wirbel transportierten Größe interpretieren. Demnach wird beim Zerfall der großen energiereichen Wirbel in kleinere Wirbel die kinetische Energie

---

[3] Erst bei hohen Reynolds-Zahlen $Re_{l_0} \to \infty$ ist das Spektrum breit genug, um die Skalenbereiche für Produktion, trägheitsbedingten Zerfall und Vernichtung eindeutig zu unterscheiden

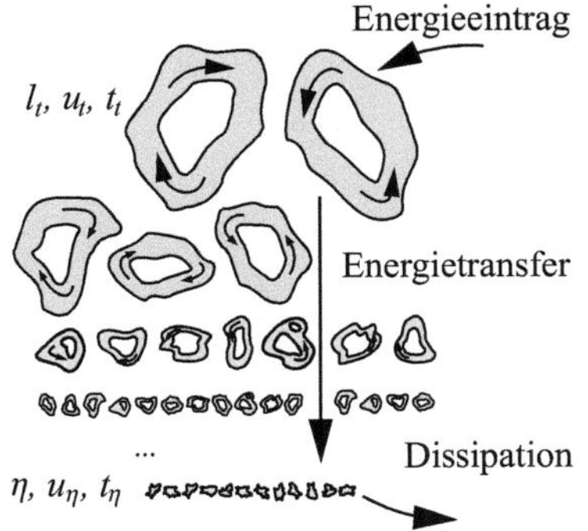

Abb. 7.7 Schematische Darstellung der Energiekaskade.

u_t^2 innerhalb der Zeit $t_t = l_t/u_t$ transferiert. Daraus ergibt sich die massenspezifische Energietransferrate

$$\Pi_t \sim u_t \cdot \frac{u_t^2}{l_t} = \frac{u_t^2}{t_t} \quad . \tag{7.6}$$

Ist die spezifische Reynolds-Zahl groß, $Re(l) = u(l) \cdot l/v \gg 1$, spielen viskose Effekte eine untergeordnete Rolle und die Trägheit bestimmt die Wirbelbewegung und den Wirbelzerfall. Der Skalenbereich, in dem die Trägheitskräfte dominieren, wird als Inertialbereich bezeichnet. Je kleiner die Wirbelstrukturen werden, desto mehr gewinnt die Dissipation infolge der Viskosität ($\phi_{Diss} = v \cdot S_{ij} \cdot \partial u_i/\partial x_j$) für den spezifischen Energietransfer an Bedeutung. Für immer kleiner werdende Wirbelstrukturen wird die kinetische Energie aufgrund der molekularen Fluidreibung zunehmend in innere Energie dissipiert, d. h., ab einer gewissen spezifischen Reynolds-Zahl geht die kinetische Energie verstärkt in die innere Energie über. Für $Re(l) = u(l) \cdot l/v = O(1)$ dominiert die Dissipation und damit endet dann der Inertialbereich und der Dissipationsbereich beginnt. Die Skalen der kleinsten Wirbelstrukturen, bei denen die Umwandlung von kinetischer in innere Energie gerade noch stattfindet, sind die Kolmogorov-Skalen (η, u_η, t_η). Die drehungsbehaftete Wirbelbewegung kommt infolge der Dissipation bei Wirbelstrukturen mit Längenskalen $l \leq \eta$ zum Erliegen und der Kaskadenprozess ist beendet. Unter der Annahme eines stationären energetischen Gleichgewichts der Energiekaskade ist die Dissipationsrate ε gleich der Energietransferrate Π_t und es gilt

$$\varepsilon = \Pi_t \sim \frac{u_t^3}{l_t} \quad . \tag{7.7}$$

Aus Gl. (7.7) ist ersichtlich, dass im Rahmen der Energiekaskade die Menge an dissipierter Energie durch die kinetische Energie der größten Wirbelstrukturen festgelegt wird und unabhängig von der Viskosität ist. Aus der Bedingung $Re(l) = u(l) \cdot l/v = O(1)$ wissen wir auch, dass die Viskosität die Längenskalen mitbestimmt, ab der die Dissipation den Zerfallsprozess prägt. Abschließend sei angemerkt, dass in der empirischen Turbulenzmo-

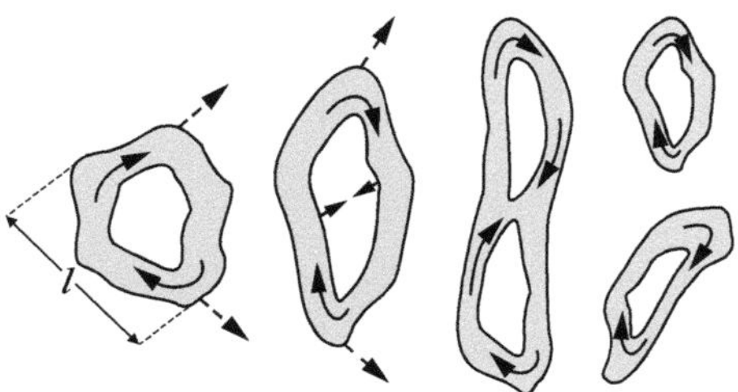

Abb. 7.8 Verformung von Wirbelstrukturen der Länge l mit $u(l)$ während des Zerfallsprozesses.

dellierung häufig die Gl. (7.7) als Ausgangspunkt für die Bestimmung von Modellgrößen verwendet wird.

7.3.4 Kolmogorov-Hypothesen

In einem turbulenten Strömungsfeld werden die Eigenschaften von Wirbelstrukturen mit Längenskalen von der Größenordnung der charakteristischen Länge l_0 der vorliegenden strömungsmechanischen Fragestellung für gewöhnlich durch die Randbedingungen beeinflusst. Ihre statistischen Eigenschaften sind im Allgemeinen richtungsabhängig, d. h., sie sind statistisch anisotrop. Gemäß den Hypothesen von Kolmogorov (1941) wird angenommen, dass bei hohen Reynolds-Zahlen die turbulenten Wirbelstrukturen, die während des Zerfallsprozesses kleiner werden, zunehmend ihre Richtungsabhängigkeit verlieren. Demnach sind in einer turbulenten Strömung bei großen Reynolds-Zahlen die statistischen Eigenschaften der kleinskaligen turbulenten Wirbelstrukturen mit Längenskalen von der Größe $l \ll l_t$ isotrop, d. h. richtungsunabhängig (siehe hierzu auch Kapitel 8.3.5, S. 247 ff.). Man geht sogar noch einen Schritt weiter. Die immer kleiner werdenden Wirbelstrukturen verlieren neben der Richtungsabhängigkeit auch ihren Bezug zu den Randbedingungen und der Geometrie der strömungsmechanischen Fragestellung, so dass man von universellen statistischen Eigenschaften der kleinskaligen turbulenten Strukturen ausgehen kann. Demzufolge verhalten sich die kleinskaligen turbulenten Strukturen in jeder turbulenten Strömung bei großer Reynolds-Zahl statistisch ähnlich.

Diese statistische Ähnlichkeit der Eigenschaften kleinskaliger turbulenter Strukturen erlaubt weitere Schlussfolgerungen. Hierzu betrachten wir noch einmal die Energiekaskade. Unter der Annahme eines stationären energetischen Gleichgewichts des Kaskadenprozesses gilt Gl. (7.7). Die von den großen energiereichen Wirbeln induzierte Menge an kinetischer Energie wird von den kleiner werdenden Wirbelstrukturen an die noch kleiner werdenden Wirbelstrukturen weitergegeben. Die Aufrechterhaltung des energetischen Gleichgewichts durch die Weitergabe der kinetischen Energie während des Zerfalls wird generell mit einer schnellen Anpassungsfähigkeit der kleinskaligen Wirbelstrukturen hinsichtlich des aufgeprägten Energieinhalts begründet. Die Energietransferrate entspricht der Dissipationsrate und man bezeichnet den Skalenbereich $l \ll l_t$ als universellen Gleich-

gewichtsbereich (vgl. Abb. 7.9). Durch den Verlust der Richtungsabhängigkeit und durch
den Verlust des Bezugs zu den Randbedingungen werden die statistischen Eigenschaften
der kleinen Wirbelstrukturen von den großen, energiereichen Wirbelstrukturen entkoppelt.
Demnach sind die Einflussgrößen auf den Energietransfer infolge des Wirbelzerfalls und
auf die Beendigung des Kaskadenprozesses durch die Zunahme der Reibungskräfte für
turbulente Strukturen mit Längenskalen $l \ll l_t$ ausschließlich die Dissipationsrate ε und
die Viskosität ν. Die Abhängigkeit von den Randbedingungen verschwindet, bzw. findet
nur dahingehend Berücksichtigung, dass die großen Wirbelstrukturen die Energietransferrate initial bestimmen. Die 1. Ähnlichkeitshypothese von Kolmogorov bezieht sich auf
diesen Sachverhalt und besagt, dass die mit der turbulenten Geschwindigkeit assoziierten
statistischen Eigenschaften einer lokal isotropen (also auf die kleinskaligen Wirbelstrukturen mit Längenskalen von der Größe $l \ll l_t$ bezogen) Turbulenz eindeutig durch die
Dissipationsrate ε und die Viskosität ν bestimmt sind.

Für turbulente Strukturen mit Längenskalen von der Größe $\eta \ll l \ll l_t$ wurde bereits
im vorherigen Unterkapitel angenommen, dass die Wirbelbewegung und der Wirbelzerfall alleinig durch die Trägheitskräfte bestimmt werden und Reibungskräfte noch keinen
wesentlichen Beitrag zum Wirbelzerfallsprozess leisten. Diese Annahme führt auf die
2. Ähnlichkeitshypothese von Kolmogorov. Ihr zufolge sind die mit der turbulenten Geschwindigkeit assoziierten statistischen Eigenschaften turbulenter Strukturen mit Längenskalen der Größe $\eta \ll l \ll l_t$ eindeutig durch die Dissipationsrate ε und unabhängig von
der Viskosität ν bestimmt. In diesem hypothetischen Rahmen und unter der Annahme eines energetischen Gleichgewichts entspricht die Energietransferrate $\Pi(l)$ von Wirbeln der
Größe $l \gg \eta$ und $l \ll l_t$, d. h. die von Wirbelstrukturen der Länge $\eta \ll l \ll l_t$ und der
Geschwindigkeit $u(l)$ in der Zeit $t(l) = l/u(l)$ transferierte kinetische Energie $u(l)^2$, der
Dissipationsrate ε. Für die Energietransferrate $\Pi(l)$ im Inertialbereich der Energiekaskade
gilt somit die Beziehung

$$\varepsilon \sim \Pi(l) \sim \frac{u(l)^2}{l} \sim \Pi_t \sim \frac{u_t{}^3}{l_t} \quad . \tag{7.8}$$

7.3.5 Verteilung der kinetischen Energie

In einem turbulenten Strömungsfeld interagieren turbulente Wirbelstrukturen unterschiedlicher Längen-, Zeit- und Geschwindigkeitsskalen. Dementsprechend weisen die Feldgrößen ein breites Spektrum von Frequenzen f bzw. Wellenzahlen (= Ortsfrequenz) κ_i
($i = 1,2,3$) auf, das durch die charakteristischen Skalen der Wirbelstruktur bestimmt wird.
Anhand der Spektralanalyse von Geschwindigkeitssignalen einer turbulenten Strömung
lässt sich die Energie-Spektrum-Funktion gewinnen, mit deren Hilfe die Verteilung und
der Austausch der kinetischen Energie einer turbulenten Strömung in Abhängigkeit von
der Wirbelgröße diskutiert werden kann. Wie man die Energie-Spektrum-Funktion aus
Geschwindigkeitssignalen berechnet und unter welchen Voraussetzungen dies sinnvoller-
weise geschieht, ist in Kapitel 8.3.4 beschrieben. Für den Augenblick genügt es zu wissen,
dass sich turbulente Geschwindigkeitssignale (sowie Signale aller Feldgrößen einer turbu-

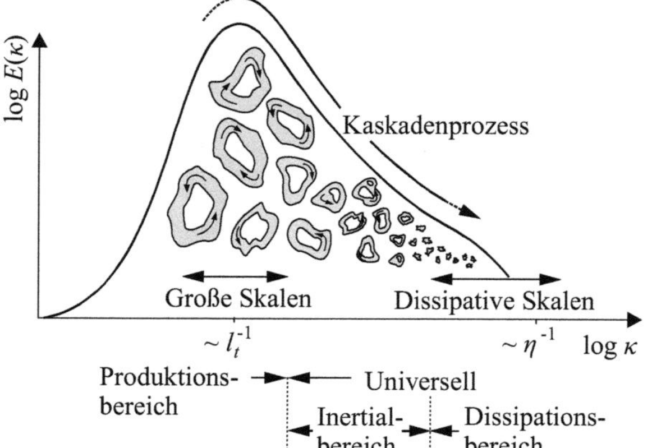

Abb. 7.9 Schematische Darstellung der Verteilung der kinetischen Energie E über den Betrag κ des Wellenzahlvektors (Energie-Spektrum-Funktion $E(\kappa)$).

lenten Strömung) spektral zerlegen lassen. In Abb. 7.9 ist die Energie-Spektrum-Funktion $E(\kappa)$, d. h. die Verteilung der kinetischen Energie E über der Wellenzahl κ (=Betrag des Wellenzahlvektors, $\kappa = |\vec{\kappa}|$), für eine vollständig turbulent entwickelte Strömung bei hohen Reynolds-Zahlen schematisch dargestellt. Die Wellenzahl ist näherungsweise umgekehrt proportional zur Längenskala der Wirbelstrukturen, $l \sim \kappa^{-1}$. Die kinetische Energie ist über den gesamten Bereich der Wirbelstrukturen verteilt. Der Energieeintrag in das turbulente Strömungsfeld, die sogenannte Turbulenzproduktion, findet bei den großen Strukturen statt und der Großteil der kinetischen Energie konzentriert sich im Bereich um die Wirbelstrukturen mit der Längenskala l_t. Die Strukturen in diesem Bereich werden durch die Randbedingungen und die Geometrie der Strömungssituation geprägt und ihre statistischen Eigenschaften sind im Allgemeinen anisotrop. Die kinetische Energie nimmt mit abnehmender Größe der Wirbelstrukturen ab und damit auch die Verteilung der Energie-Spektrum-Funktion mit zunehmender Wellenzahl. Die immer kleiner werdenden Wirbelstrukturen verlieren zunehmend den Bezug zu den Randbedingungen der Strömungssituation und folglich werden die statistischen Eigenschaften isotrop und universell. Solange die Längenskalen der Wirbelstrukturen deutlich größer als die Kolmogorov-Längenskala $l \gg \eta$ sind, bestimmt die Trägheit den Energietransfer und die kinetische Energie nimmt im Inertialbereich mit den kleiner werdenden Wirbeln infolge des Zerfallsprozesses stetig ab. Je kleiner die Wirbelgröße l ist (d. h., je größer die Wellenzahl κ ist), desto mehr gewinnt die Dissipation an Bedeutung für den Energietransfer. Die kinetische Energie nimmt im Dissipationsbereich aufgrund der kleineren Wirbelstrukturen und der Dissipation ab. Daher fällt die Energie-Spektrum-Funktion im Dissipationsbereich stärker ab als im Inertialbereich. Für Wirbelstrukturen mit Längenskalen von $l \leq \eta$ ist der Wirbelzerfall beendet und die kinetische Energie wird vollständig dissipiert. Entsprechend der Energietransfermechanismen des Kaskadenprozesses lässt sich das Energie-Spektrum in Richtung zunehmender Wellenzahlen κ der Reihe nach in einen Produktions-, einen Inertial- und einen Dissipationsbereich unterteilen. Der Übergang zwischen den Bereichen ist fließend und es gibt keine scharfe Abgrenzung zwischen den einzelnen Bereichen.

Wie lassen sich turbulente Strömungen berechnen?

Neben unterschiedlichen experimentellen Messmethoden zur Bestimmung der Feldgrößen turbulenter Strömungen stehen uns auch verschiedene Konzepte und Verfahren zur numerischen Berechnung zur Verfügung. Turbulente Strömungen können mit Hilfe der Direkten Numerischen Simulation (DNS), der Grobstruktursimulation (Large Eddy Simulation, LES) oder der Turbulenzmodellierung auf Basis der Reynolds-gemittelten Erhaltungsgleichungen (Reynols-Averaged-Navier-Stokes, RANS) numerisch berechnet werden. Wie in Abb. 7.10 anhand der Energie-Spektrum-Funktion dargestellt ist, verfolgen die drei genannten Methoden unterschiedliche Konzepte, um das multiskalare Strömungsfeld aufzulösen und zu bestimmen. Bei DNS (siehe z. B. Moin und Mahesh (1998)) wird die Strömung über alle relevanten großen Skalen bis hin zu den Kolmogorov-Skalen simuliert. Dabei werden die Erhaltungsgleichungen ohne zusätzliche Modellannahmen gelöst, d. h., die Gleichungen werden direkt berechnet. Die Ausdehnung des Rechengebiets wird demnach durch die charakteristischen Längenskalen der Strömungssituation und durch die Kolmogorov-Längenskala bestimmt. Die Größenordnung des numerischen Gesamtaufwands kann bis zur dritten Potenz der Reynolds-Zahl $Re_{l_t}^3$ ansteigen (vgl. Gl. (7.35) und Gl. (7.37)). Aus diesem Grund sind DNS für Strömungen hoher Reynolds-Zahlen nur unter enormen Kosten realisierbar. Darüber hinaus führt die Sensitivität des zugrunde liegenden nichtlinearen Gleichungssystems gegenüber den Anfangsbedingungen zu langen Rechenzeiten und aufwendigen statistischen Auswertungen der instantanen und lokalen Strömungs- oder Skalarfelder, um reproduzierbare und aussagekräftige Ergebnisse zu erhalten. DNS werden aufgrund leistungsstarker Rechner immer beliebter für wissenschaftliche Grundlagenuntersuchungen und sind für ein tieferes Verständnis von turbulenten Strömungsvorgängen von großem Wert. Ihr Einsatz eignet sich insbesondere für Strömungssituationen und -bereiche, in denen die Messtechnik an die Grenzen ihrer zeitlichen und/oder räumlichen Auflösung stößt oder in denen Messungen überhaupt nicht durchführbar sind. Für die Berechnung technisch relevanter Strömungen im Ingenieurwesen ist DNS aufgrund des erheblichen numerischen Aufwandes jedoch noch kein gangbarer Weg. Laut Abschätzungen von Spalart (2000) wird man im Jahr 2080 erstmals in der Lage sein, die turbulente Umströmung eines Autos oder Flugzeugs ganzheitlich mit DNS zu berechnen – unter der Voraussetzung, dass sich die Rechenleistung alle fünf Jahre verfünffacht.

Der in Abb. 7.10 illustrierte LES-Ansatz besteht darin, die großen Skalen des turbulenten Strömungsfelds (durch Lösen räumlich gefilterter Erhaltungsgleichungen) direkt zu berechnen, während die kleineren Skalen mit Hilfe von Feinstruktur-Modellgleichungen approximiert werden (siehe Sagaut (2006) oder Fröhlich (2006) für eine ausführliche Beschreibung der LES-Methode). Der Ansatz kombiniert in vorteilhafter Weise zwei wesentliche Sachverhalte. Einerseits sind es meist die simulierten großen Wirbelstrukturen, die maßgeblich zum Verhalten der turbulenten Strömung beitragen. Andererseits weisen die modellierten kleinskaligen Wirbelstrukturen aufgrund ihrer Unabhängigkeit gegenüber den Randbedingungen der Strömungssituation isotrope statistische Eigenschaften und einen universellen Charakter auf. Dementsprechend gelten die Feinstrukturmodelle für LES in gewisser Weise ebenfalls als universell und bedürfen daher nur geringfügiger Anpassungen an die jeweilige Strömungskonfiguration. Üblicherweise ragt das Spektrum der direkt berechneten Skalen weit in den Trägheitsbereich hinein. Die Anforderungen und der numerische Aufwand va-

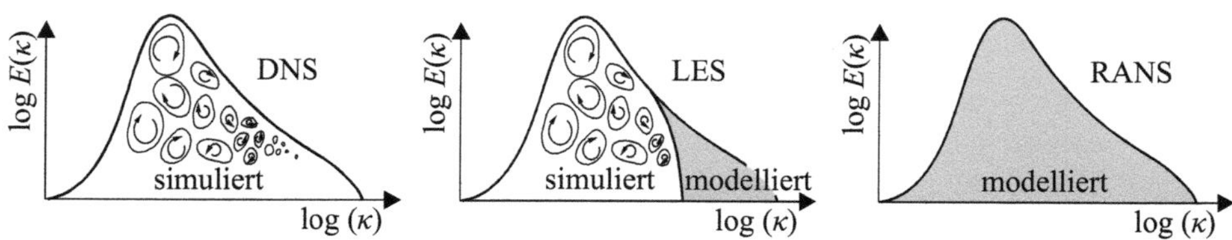

Abb. 7.10 Auflösung der Skalen des turbulenten Strömungsfelds am Beispiel der Energie-Spektrum-Funktion mittels DNS, LES und RANS.

riieren daher stark je nach Anwendung und fallspezifischer Reynolds-Zahl. Beispielsweise skaliert die Anzahl der Raumpunkte mit $Re_{l_x}^{26/14}$ für die wandaufgelöste LES und mit Re_{l_x} für die wandmodellierte LES einer isothermen, turbulenten Grenzschichtströmung, wobei l_x der Lauflänge der turbulenten Grenzschicht in Hauptströmungsrichtung entspricht (im Vergleich: Anzahl der Raumpunkte für DNS skaliert mit $Re_{l_x}^{37/14}$) (Choi und Moin (2012)). Unter Beachtung des Moore'schen Gesetzes schlussfolgerte Piomelli (2014), dass LES für wandaufgelöste Strömungen bei hohen Reynolds-Zahlen $> O(10^5)$ bis zum Jahr 2030 auf Anwendungen in der Grundlagenforschung begrenzt sein wird, jedoch zunehmend für die Berechnung von Strömungen mit weniger stark ausgeprägtem Reynolds-Zahl-abhängigen Rechenaufwand oder mit kleinen bis moderaten Reynolds-Zahlen zum Einsatz kommt. Ähnlich wie bei DNS erfordern statistisch konvergente Ergebnisse lange Rechenzeiten und die Ergebnisanalyse eine aufwändige statistische Auswertung (Ries et al (2018)).

Zur Beantwortung ingenieurtechnischer Fragestellungen aus den Bereichen Energie- und Wärmetechnik sowie Maschinen- und Anlagenbau greift man in der Industrie in der Regel auf numerische Werkzeuge zurück, die das Strömungsfeld mit Hilfe zeitlich gemittelter Erhaltungsgleichungen berechnen und die turbulenten Skalen vollständig modellieren. Bei der Berechnungsmethode auf Basis der Reynolds-Averaged-Navier-Stokes(RANS)-Gleichungen werden die Auswirkungen der turbulenten Strömung auf das zeitlich gemittelte Strömungsfeld durch Turbulenzmodelle abgebildet. Das Verhalten des turbulenten Strömungsfelds wird mit Hilfe von Modell- und Transportgleichungen für mittlere Strömungs- und Modellgrößen approximiert (siehe Rodi (1993) oder Wilcox (2006) für eine detaillierte Darstellung der RANS-Methode und Turbulenzmodelle). Gegenüber DNS und LES besitzen RANS-Berechnungen den Vorteil einer deutlich geringeren räumlichen sowie zeitlichen Auflösung. Turbulenzmodelle sind jedoch wenig universell und bedürfen bei komplexeren Strömungen einer spezifischen Anpassung der Modellgleichungen und -konstanten, was zu einem hohen Modellierungsaufwand führt und meist eine umfangreiche Validierung mit sich bringt. Wie wir im weiteren Verlauf des Buchs sehen werden, bieten der RANS-Ansatz und die darauf basierenden Modellgleichungen die Möglichkeit, analytische Lösungen sowohl für isotherme als auch für thermische Fragestellungen zu gewinnen.

7.3.6 Wie groß sind die kleinsten Skalen des Geschwindigkeitsfelds?

Die Breite des Spektrums wird durch die größten und kleinsten Skalen einer turbulenten Strömung bestimmt. Während die Randbedingungen der Strömungssituation die großen Skalen festlegen, wird die Größenordnung der Kolmogorov-Skalen (η, u_η, t_η) durch die spezifische Reynolds-Zahl $Re(l) = u(l) \cdot l/\nu$ bestimmt und hängt entsprechend der 1. Ähnlichkeitshypothese von Kolmogorov von der Dissipationsrate ε und der Viskosität ν ab. Im Folgenden werden zunächst Skalenbeziehungen für die Kolmogorov-Skalen in Abhängigkeit von den Skalen der großen, energiereichen turbulenten Strukturen (l_t, u_t, t_t) ermittelt und darauf aufbauend die Definitionsgleichungen der Kolmogorov-Skalen angegeben.

Da die spezifische Reynolds-Zahl $Re_{l_t} = l_t \, u_t/\nu$ mit der für die Strömungskonfiguration charakteristischen Reynolds-Zahl skaliert[4], lassen sich anhand der jetzt vorgestellten Skalenbeziehungen die Kolmogorov-Skalen abschätzen. Für die Herleitung der Skalenbeziehungen nutzen wir die Ergebnisse der Überlegungen zum Energietransfer des Kaskadenprozesses einer vollständig turbulent entwickelten Strömung entsprechend Gl. (7.6) und Gl. (7.7). Durch Erweiterung von Gl. (7.7) mit der dritten Potenz der spezifischen Reynolds-Zahl der großen, energiereichen Wirbelstrukturen erhält man für die Energietransferrate

$$\Pi_t \sim Re_{l_t}{}^3 \cdot \frac{\nu^3}{l_t{}^3 \cdot u_t{}^3} \cdot \frac{u_t{}^3}{l_t} = Re_{l_t}{}^3 \cdot \frac{\nu^3}{l_t{}^4} \quad . \tag{7.9}$$

Der Energietransfer endet bei den kleinsten Wirbeln, da die viskosen Effekte überwiegen und die kinetische Energie dissipiert wird. Wir können die Dissipationsrate ε in Gl. (7.9) mit Hilfe der Dissipationsfunktion der Erhaltungsgleichung für die innere Energie ($\phi_{Diss} = \nu \cdot S_{ij} \cdot \partial u_i/\partial x_j$) unter Verwendung der Kolmogorov-Skalen abschätzen. Mit $S_{ij} \sim u_\eta/\eta$ und $\partial u_i/\partial x_j \sim u_\eta/\eta$ ergibt sich für die Dissipationsrate

$$\varepsilon \sim \nu \cdot \left(\frac{u_\eta}{\eta}\right)^2 \quad . \tag{7.10}$$

Für die spezifische Reynolds-Zahl der kleinsten Wirbelstrukturen, also für die Reynolds-Zahl, die mit den Kolmogorov-Skalen gebildet wird, gilt

$$\frac{u_\eta \cdot \eta}{\nu} \sim 1 \quad . \tag{7.11}$$

Substituieren wir u_η/η in Gl. (7.10) mit ν/η^2 entsprechend Gl. (7.11) ergibt sich

$$\varepsilon \sim \frac{\nu^3}{\eta^4} \quad . \tag{7.12}$$

Mit Gl. (7.9) für die Energietransferrate und mit Gl. (7.12) für die Dissipationsrate erhält man aus Gl. (7.7) eine Skalenbeziehung für die Kolmogorov-Längenskala in Abhängigkeit

---

[4] Häufig gilt $Re_{l_t}/Re_{l_0} \sim O(10^{-2} \dots 10^0)$.

von den Skalen der großen, energiereichen turbulenten Wirbelstrukturen,

$$\eta \sim l_t \cdot Re_{l_t}^{-3/4} \quad . \tag{7.13}$$

Eine Skalenbeziehung für die Geschwindigkeiten der kleinsten Wirbelstrukturen erhalten wir durch eine ähnliche Vorgehensweise. Zunächst erweitern wir Gl. (7.7) mit der spezifischen Reynolds-Zahl der großen, energiereichen Wirbelstrukturen

$$\Pi_t \sim Re_{l_t}^{-1} \cdot \frac{l_t \cdot u_t}{\nu} \cdot \frac{u_t^3}{l_t} = Re_{l_t}^{-1} \cdot \frac{u_t^4}{\nu} \tag{7.14}$$

und substituieren anschließend $(1/\eta)^2$ in Gl. (7.10) durch $(u_\eta/\nu)^2$ entsprechend Gl. (7.11) und erhalten somit

$$\varepsilon \sim \frac{u_\eta^4}{\nu} \quad . \tag{7.15}$$

Ausgehend von Gl. (7.7) ergibt sich mit Gl. (7.14) für die Energietransferrate und mit Gl. (7.15) für die Dissipationsrate eine Skalenbeziehung für die Geschwindigkeit der kleinsten Wirbelstrukturen,

$$u_\eta \sim u_t \cdot Re_{l_t}^{-1/4} \quad . \tag{7.16}$$

Mit Gl. (7.13) und Gl. (7.16) können wir für die Kolmogorov-Zeitskala

$$t_\eta = \frac{\eta}{u_\eta} \sim \frac{l_t \cdot Re_{l_t}^{-3/4}}{u_t \cdot Re_{l_t}^{-1/4}} = t_t \cdot Re_{l_t}^{-1/2} \tag{7.17}$$

formulieren. Die Frequenzen, mit denen eine turbulente Wirbelstruktur im Strömungsfeld auftritt, sind in gewisser Weise proportional zum Reziprokwert der Zeitskalen. Entsprechend Gl. (7.17) sind großskalige Wirbelstrukturen niederfrequent und kleinskalige Wirbelstrukturen hochfrequent. Anhand von Gl. (7.13), Gl. (7.16) und Gl. (7.17) erkennen wir, dass die Größenordnungen der Kolmogorov-Skalen mit den Größenordnungen der Skalen der großen, energiereichen Wirbelstrukturen skalieren und mit steigender Reynolds-Zahl abnehmen. Wie in Abb. 7.11 skizziert, wächst die Differenz zwischen den kleinsten und den größten Wirbelstrukturen mit der Reynolds-Zahl an, wodurch sich das Spektrum verbreitert und die Bandbreite an Längen-, Zeit- und Geschwindigkeitsskalen zunimmt. Während die Größenordnung der Längenskalen der großen Wirbelstrukturen durch die Randbedingungen der vorliegenden Strömungssituation bestimmt wird, verschiebt sich das Ende des Dissipationsbereichs mit steigender Reynolds-Zahl zu immer größeren Wellenzahlen. Beispielsweise liegen bei Strömungen mit moderaten Reynolds-Zahlen ($O(10^4)$) zwei bis drei Größenordnungen und bei Strömungen mit großen Reynolds-Zahlen ($O(10^6)$) vier bis fünf Größenordnungen zwischen der kleinsten und der größten Längenskala. Die Reynolds-Zahl-Abhängigkeit der Skalen wirkt sich nicht nur auf die Breite der Energie-Spektrum-Funktion aus. So steigt mit zunehmender Reynolds-Zahl der Energieeintrag in das turbulente Strömungsfeld infolge verstärkter Turbulenzproduktion an.

Die in Gl. (7.12) und Gl. (7.15) angegebenen Skalenbeziehungen dienen als Basis für die

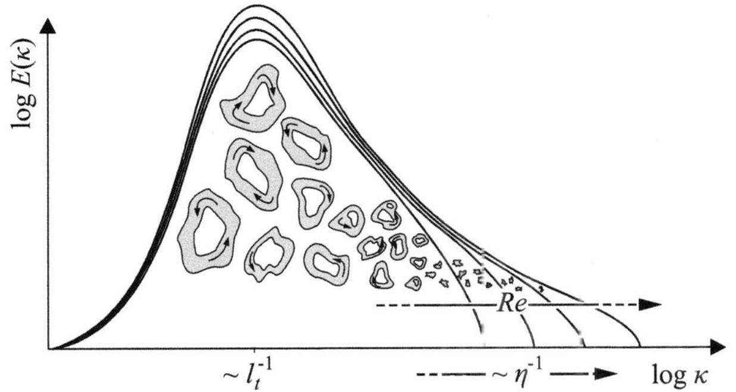

Abb. 7.11 Anwachsen der Breite des Spektrums mit der Reynolds-Zahl infolge kleiner werdender Kolmogorov-Längenskalen.

Definitionsgleichungen der Kolmogorov-Skalen:

$$\eta \equiv \left(v^3/\varepsilon\right)^{1/4} \quad , \tag{7.18}$$

$$u_\eta \equiv (\varepsilon \cdot v)^{1/4} \quad , \tag{7.19}$$

$$t_\eta \equiv (v/\varepsilon)^{1/2} \quad . \tag{7.20}$$

Gl. (7.18) – Gl. (7.20) sind im Wesentlichen die Schlussfolgerungen aus der Energiekaskade und der ersten Ähnlichkeitshypothese von Kolmogorov.

7.3.7 Wie groß sind die kleinsten Skalen des Temperaturfelds?

Thermische Transport- und Mischungsprozesse in turbulenten Strömungsfeldern werden durch Wärmeleitung und advektiven Wärmetransport bestimmt. Ihre Effizienz hängt maßgeblich vom Zerfall der Temperaturinhomogenitäten produzierenden großskaligen Strömungsstrukturen in kleinere Strukturen ab. Die Kopplung von turbulentem Impuls- und Wärmetransport ist dabei von entscheidender Bedeutung. Je nach Fluid tritt das Abklingen des turbulenzbedingten advektiven Transports durch thermische Diffusion aufgrund der molekularen Diffusivität und durch Dissipation aufgrund der molekularen Viskosität bei Strömungsstrukturen mit unterschiedlichen Längenskalen auf. Dementsprechend können die kleinsten Skalen des turbulenzbedingten Wärmetransports im Temperaturfeld (im Folgenden auch „kleinste Temperaturskalen" oder „kleinste Skalen des Temperaturfelds" genannt) mit der Längenskala η_T, der Zeitskala t_{η_T} und der Geschwindigkeit u_{η_T} von den Kolmogorov-Skalen abweichen. Die Längenskalen eines turbulenten Strömungsfelds, bei denen die Dissipation für den Impulstransport und die molekulare Wärmeleitung für den Wärmetransport bedeutend sind, variieren mit der Prandtl-Zahl. Wir bezeichnen diesen für die Modellierung, Vorhersage und Analyse von Wärmeübertragungsphänomenen in turbulenten Strömungen immens wichtigen Sachverhalt als Skalenseparation. Zur Verdeutlichung der Skalenseparation, leiten wir nun Skalenbeziehungen zur Abschätzung der kleinsten Skala des Temperaturfelds auf der Basis einer spezifischen Péclet-Zahl-Betrachtung her.

Hierfür betrachten wir eine thermische, vollständig turbulent entwickelte Strömung bei hohen Reynolds-Zahlen (bezogen auf das mittlere Geschwindigkeitsfeld). Die Gültigkeit der Energiekaskade (Kapitel (7.3.3)) und der Ähnlichkeitshypothesen (Kapitel (7.3.4)) für den turbulenten Impulstransport wird vorausgesetzt. Das der Betrachtung zugrunde liegende Strömungsfeld besteht aus dreidimensionalen Strömungsstrukturen, die miteinander in Wechselwirkung stehen und sich in der von ihnen induzierten Strömung chaotisch bewegen. Unter einer Strömungsstruktur stellen wir uns wieder ein über die räumliche Ausdehnung l zusammenhängendes, drehungsbehaftetes Fluidstück mit der spezifischen Geschwindigkeit $u(l)$ und der Zeitskala $t(l) = l/u(l)$ vor. Die Längenskala l bezieht sich auf die inverse Wellenzahl κ im Energiespektrum (Kapitel 8.3.4), $l \sim \kappa^{-1}$. Die kleinsten Skalen des Strömungsfelds sind die Kolmogorov-Skalen. Der Strömung ist ein im Mittel gleichförmiger Temperaturgradient aufgeprägt, wodurch ein mittleres Temperaturfeld vorliegt. Wir setzen hohe Péclet-Zahlen (bezogen auf das mittlere Geschwindigkeits- und Temperaturfeld) voraus. Die Temperatur verhält sich passiv, sodass der turbulente Impulstransport nicht durch den Wärmetransport beeinflusst wird und sich die Temperatur infolge der Bewegung des turbulenten Strömungsfelds ändert.

In einer turbulenten Strömung sind die beiden für die Wärmeübertragungsvorgänge wesentlichen Mechanismen die Advektion infolge der Strömungsbewegung und die Diffusion infolge der molekularen Diffusivität. Der bewegungsbedingte Wärmetransport mit den turbulenten Strömungsstrukturen führt zu unterschiedlichen Temperaturgradienten und damit zum Aufkommen unterschiedlicher Temperaturdifferenzen im Strömungsfeld. Strömungsstrukturen mit der spezifischen Längenskala l und der spezifischen Geschwindigkeit $u(l)$ transportieren die Wärme $u(l) \cdot \Delta T(l)/l$ und induzieren Temperaturgradienten $\Delta T(l)/l$, wodurch der spezifische molekulare Wärmetransport $a \cdot \Delta T(l)/l^2$ infolge von Wärmeleitung auftritt. $\Delta T(l)$ ist charakteristisch für die Temperaturänderung $\Delta_l T = T(\vec{x} + \vec{l}) - T(\vec{l})$ über die Distanz l und es gilt $\Delta T(l) \sim \langle \Delta_l T^2 \rangle^{1/2}$ für $l \leq l_0$. Die Größenordnung der Länge l entspricht der Größenordnung des Betrags des Vektors $\vec{l}$, $l \sim |\vec{l}|$. Mit der Längenskala l_T, der Zeitskala t_T und der Geschwindigkeit $u(l_T)$ kennzeichnen wir die mit der Bewegung der großen energiereichen Wirbelstrukturen assoziierten Temperaturänderungen, wobei wir von $l_T \sim l_t$, $t_T \sim t_t$ und $u(l_T) \sim u(l_t)$ ausgehen dürfen. Der Zerfallsprozess führt zu einer Verkleinerung der Strömungsstrukturen, die für den bewegungsbedingten Wärmetransport verantwortlich sind. Obwohl die Temperatur aufgrund der Bewegung der Strömungsstrukturen ein breites Spektrum an Skalen aufweist, sind die turbulenzinduzierten Temperaturschwankungen nicht ausschließlich Nebenprodukte des turbulenten Impulstransports, und die statistischen Parameter hängen nicht nur von der Dissipationsrate ε und der kinematischen Viskosität ν ab (Monin und Yaglom (1975), siehe auch Kapitel 8.3.4, S. 244 ff.).

Die durch die Bewegung induzierten Temperaturschwankungen erscheinen zufällig und die anhand von Strömungsstrukturen mit Längenskalen $l \ll l_T$ hervorgerufenen Temperaturdifferenzen sind klein im Vergleich zu den mittleren Temperaturunterschieden des Strömungsfeldes. Die spezifischen Wärmeübertragungsvorgänge im turbulenten Strömungsfeld lassen sich durch die Advektions-Diffusions-Gleichung beschreiben. Nach Corrsin (1951) bestimmt die spezifische Péclet-Zahl $Pe_l = u(l) \cdot l/a$, ab welcher Längenskala die Wärmeleitung wirksam wird und definiert demnach die kleinste Längenskala im Temperaturfeld. Sind die Strömungsstrukturen hinreichend groß, sodass $Pe_l \gg 1$ gilt, spielt der molekulare Wärmetransport gegenüber dem advektiven Wärmetransport für den spezifischen Gesamtwärmetransfer eine untergeordnete Rolle. Die mit der Bewegung erzeugten Temperaturgradienten ändern sich mit der Größe der Strömungsstrukturen. Je kleiner die turbulenten Strömungsstrukturen aufgrund des Zerfalls sind, desto kleiner sind auch die für die Temperaturgradienten entsprechenden Längenskalen. Für kleiner werdende Strömungsstrukturen steigt der Anteil der molekularen Wärmeleitung am spezifischen Wärmetransport an. Der Einfluss der Viskosität auf den Impulstransport nimmt zu, wodurch der spezifische advektive Wärmetransport vermindert wird und der Einfluss der molekularen Wärmeleitung auf den spezifischen Wärmetransfer zunehmend an Bedeutung gewinnt. Corrsin (1951) gibt eine spezifische Peclet-Zahl von $Pe_l = 10$ an, ab der die molekulare Wärmeleitung wesentlich zum Wärmetransfer beiträgt. In Anlehnung an Obukhov (1949) gehen wir davon aus, dass bei spezifischen Péclet-Zahlen von $Pe_l \leq 1$ die thermische Diffusion durch molekulare Leitung den Wärmetransport bestimmt. Es werden die aufgrund der Bewegung von Strömungsstrukturen mit der Längenskala $l = \eta_T$ und der Geschwindigkeit $u(l = \eta_T)$ assoziierten spezifischen Temperaturgradienten $\Delta T(l = \eta_T)/(l = \eta_T)$ durch die molekulare Wärmeleitung ausgeglichen, anstatt durch noch kleinere Strömungsstrukturen mit den dazugehörigen kleinen Geschwindigkeiten transportiert. Unter der Annahme, dass die Dissipation für die Wärmebilanz keine Rolle spielt und instationäre Effekte vernachlässigbar sind, entspricht bei der kleinsten Längenskala η_T der spezifische advektive Wärmetransport der molekularen Wärmeleitung und es gilt

$$\frac{u_{\eta_T} \cdot \eta_T}{a} \sim 1 \quad , \tag{7.21}$$

mit $u_{\eta_T} = u(l = \eta_T)$. Während die Dissipation den trägheitsbedingten Impulstransport für immer kleinere Längenskalen beendet, führt die molekulare Wärmeleitung zum Erliegen des bewegungsbedingten turbulenten Wärmetransports. Die Kopplung zwischen dem Geschwindigkeits- und Temperaturfeld entscheidet dabei, ab wann – bei kleiner werdenden turbulenten Strömungsstrukturen – die molekulare Wärmeleitung die Temperaturunterschiede ausgleicht. Die Kombination aus spezifischer Reynolds-Zahl Re_l und Prandtl-Zahl Pr, d. h. die spezifische Péclet-Zahl Pe_l, legt offensichtlich die kleinsten Skalen des turbulenzbedingten Wärmetransports im Temperaturfeld fest. Bei gleichbleibender Strömungssituation besteht je nach Fluid eine mehr oder weniger starke Kopplung zwischen turbulenter Impuls- und Wärmeübertragung, was sich in einem mit der Prandtl-Zahl variierenden turbulenten Wärmetransport widerspiegelt. Für Fluide mit Prandtl-Zahlen $Pr \ll 1$ oder $Pr \gg 1$ lassen sich anhand von Gl. (7.21) und unter Verwendung der Ergebnisse der Energiekaskade und der Kolmogorov-Hypothesen Skalenbeziehungen zur Bestimmung der kleinsten Skala des Temperaturfelds einer vollständig turbulenten Strömung gewinnen.

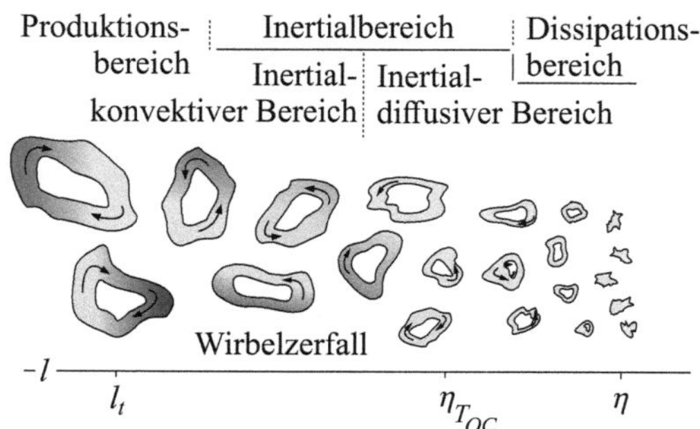

Abb. 7.12 Wirbel unterschiedlicher Skalen im turbulenten Geschwindigkeits- und Temperaturfeld für Fluide mit Prandtl-Zahlen von $Pr \ll 1$. Entsprechend den Transportmechanismen unterteilt man den Inertialbereich in einen inertial-konvektiven (bzw. inertial-advektiven) und einen inertial-diffusiven Bereich.

Fluide mit Pr $\ll$ 1:

Die hohe Wärmeleitfähigkeit von Flüssigmetallen bewirkt, dass die molekulare Wärmeleitung den Wärmetransfer bereits bei turbulenten Wirbelstrukturen dominiert, deren Längenskalen im Inertialbereich der Energie-Spektrum-Funktion liegen (Obukhov (1949), Corrsin (1951)), wie sich aus den spezifischen Reynolds- und Péclet-Zahlen leicht zeigen lässt,

$$\left.\begin{array}{l} Re_\eta = \dfrac{u_\eta \cdot \eta}{\nu} \sim 1 \\[2ex] Pe_{\eta_T} = \dfrac{u_{\eta_T} \cdot \eta_T}{a} \sim 1 \end{array}\right\} \text{da } a \gg \nu \text{ für } Pr \ll 1 \rightarrow \frac{u_{\eta_T} \cdot \eta_T}{\nu} \gg 1 \; . \qquad (7.22)$$

Aus Gl. (7.22) wird ersichtlich, dass das Produkt aus der kleinsten Längenskala des Temperaturfelds und der dazugehörigen spezifischen Geschwindigkeit für $a \gg \nu$ wesentlich größer ist als das Äquivalent der Kolmogorov-Skalen und es lässt sich demnach für die Längenskala schlussfolgern,

$$\eta_T > \eta \text{ für } Pr \ll 1 \; . \qquad (7.23)$$

Wie von Tennekes und Lumley (1972) angegeben, umfasst der Inertialbereich des Energiespektrums bei hohen Reynolds- und Péclet-Zahlen den von der Trägheit dominierten inertial-konvektiven Bereich und einen von der Trägheit und der molekularen Wärmeleitung bestimmten inertial-diffusiven Bereich des Temperaturspektrums (Kapitel 8.3.4). Unter der Annahme von $l \sim \kappa^{-1}$ können hierzu analog die in Abb. 7.12 schematisch dargestellten Längenskalen-abhängigen Teilbereiche für den spezifischen Wärmetransportvorgang in turbulenten Strömungen formuliert werden. Der inertial-konvektive Bereich koinzidiert mit Strömungsstrukturen der Längenskala $l \gg \max(\eta_T,\eta)$ und $l \ll \min(l_T,l_t)$ und einem Wärmetransport infolge des trägheitsbedingten Wirbeltransports. Im inertial-diffusiven Bereich ist die molekulare Wärmeleitung wirksam. Generell gilt, dass lokale Temperaturgradienten $\Delta T(\eta_T)/\eta_T$, die durch advektiven Transport mit turbulenten Strömungsstrukturen der Längenskala η_T und der Geschwindigkeit u_{η_T} entstehen, im weiteren Verlauf des Wirbelzerfalls durch molekulare Wärmeleitung schneller ausgeglichen werden als durch advektiven Wärmetransport. Die molekulare Wärmeleitung führt zur Beendigung des advektiven Wärmetransports und zum Verschwinden der turbulenten Temperaturfluktuationen. Dementsprechend findet kein bewegungsinduzierter Wärmetransport mit Wirbeln der Längenskala $l < \eta_T$ statt. Gemäß Gl. (7.21) besteht ein energetisches Gleichgewicht zwischen dem advektiven Transport der spezifischen Temperatur $\Delta T(\eta_T)$ mit Wirbelstrukturen der Längenskala η_T sowie der Geschwindigkeit u_{η_T} und der molekularen Wärmeleitung infolge des bewegungsinduzierten Temperaturgradienten $\Delta T(\eta_T)/\eta_T$. Solange beim Zerfallsprozess die kleiner werdenden Wirbelstrukturen der Längenskala l noch so groß sind, dass die Reibungskräfte eine vernachlässigbare Rolle spielen ($l \gg \eta$) und der Transfer an kinetischer Energie $u(l)^2$ alleinig durch die Trägheitskräfte bestimmt wird ($l \ll l_t$), ist entsprechend der zweiten Ähnlichkeitshypothese von Kolmogorov (1941) das Verhalten der turbulenten Strukturen einzig durch die Dissipation bestimmt. Demzufolge gilt gemäß Gl. (7.8) für die Dissipationsrate $\varepsilon = \Pi(l) \sim u(l)^2/t(l) = u(l)^3/l$. Gehen wir entsprechend Gl. (7.23) davon aus, dass die Längenskala η_T viel größer als die Kolmogorov-Längenskala und kleiner als die Längenskala der großen, energiereichen Wirbelstrukturen ist, so erhalten wir für das Produkt aus Geschwindigkeits- und Längenskala

$$u_{\eta_T} \cdot \eta_T \sim \varepsilon^{1/3} \cdot \eta_T^{4/3}; \qquad \eta \ll \eta_T \ll l_t \quad . \tag{7.24}$$

Die Substitution von $u_{\eta_T} \cdot \eta_T$ in Gl. (7.21) entsprechend Gl. (7.24) und das anschließende Umformen führt auf eine Skalenbeziehung für η_T. Sie dient der Definition der sogenannten Obukhov-Corrsin-Skala

$$\eta_{T_{OC}} \equiv \left(\frac{a^3}{\varepsilon} \right)^{1/4} ; \qquad Pr \ll 1; \qquad \eta_T \gg \eta \tag{7.25}$$

zur Quantifizierung der kleinsten Längenskala des Temperaturfelds einer turbulenten Strömung von Fluiden mit $Pr \ll 1$ (Obukhov (1949); Corrsin (1951)).

Fluide mit $Pr \gg 1$:

Für Fluid mit Prandtl-Zahlen von $Pr \gg 1$ tritt der Fall auf, dass turbulente Temperaturfluktuationen noch für kleinere Skalen als die Kolmogorov-Skalen persistieren,

$$\left. \begin{array}{l} Re_{\eta} = \dfrac{u_{\eta} \cdot \eta}{\nu} \sim 1 \\[2mm] Pe_{\eta_T} = \dfrac{u_{\eta_T} \cdot \eta_T}{a} \sim 1 \end{array} \right\} \text{da } a \ll \nu \text{ für } Pr \gg 1 \ \rightarrow \ \frac{u_{\eta_T} \cdot \eta_T}{\nu} \ll 1 \quad . \tag{7.26}$$

Gl. (7.26) führt zu der Schlussfolgerung, dass die kleinste Skala des Temperaturfelds kleiner als die Kolmogorov-Skala ist und es gilt demnach

$$\eta_T \ll \eta \text{ für } Pr \gg 1 \quad . \tag{7.27}$$

Während der Transport kinetischer Energie infolge des trägheitsbedingten Wirbelzerfalls im Rahmen der Energiekaskade durch die Dissipation bereits zum Erliegen gekommen ist, setzt sich der bewegungsbedingte Wärmetransport durch reine Scherbewegungen des

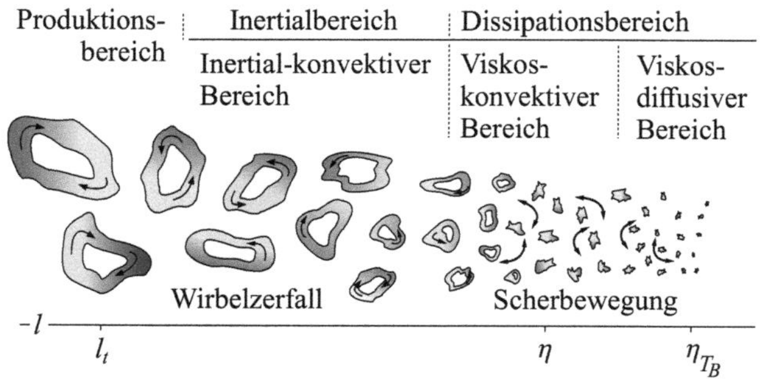

Abb. 7.13 Strömungsstrukturen unterschiedlicher Skalen im turbulenten Geschwindigkeits- und Temperaturfeld für Fluide mit Prandtl-Zahlen von $Pr > 1$.

Strömungsfelds fort (Batchelor (1959)). Nach Beendigung des Wirbelzerfalls variieren die Längen- und Geschwindigkeitsskalen der Strömungsstrukturen durch Scherbewegungen aufgrund der herrschenden Reibungskräfte. Der Prozess ist schematisch in Abb. 7.13 skizziert, wobei die Längenskalen-abhängigen Bereiche aus den entsprechenden spektralen Teilbereichen des Temperaturspektrums übertragen wurden (Tennekes und Lumley (1972)). Der Transport durch die turbulente Scherbewegung wird als viskos-konvektiv bezeichnet. Definitionsgemäß beginnt der viskos-konvektive Bereich mit dem Dissipationsbereich. Dementsprechend sind die größten Skalen im viskos-konvektiven Bereich ein wenig größer als die Kolmogorov-Skala. Der viskos-konvektive Wärmetransport ist beendet, wenn die Längen- und Geschwindigkeitsskalen infolge der Scherbewegung so klein sind, dass die molekulare Wärmeleitung wesentlich zum Wärmeübergang beiträgt, was den Beginn des viskos-diffusiven Bereichs anzeigt. Gemäß Gl. (7.21) wird der advektive Wärmetransport durch Scherbewegung von Strömungsstrukturen mit der Längenskala η_T und der Geschwindigkeit u_{η_T} vollständig durch den molekularen Wärmestrom $a \cdot \Delta T / \eta_T^2$ ausgeglichen. Man kann davon ausgehen, dass der bewegungsbedingte Wärmetransport mit Strömungsstrukturen der Längenskalen von $l < \eta_T$ keinen relevanten Beitrag leistet. Die bewegungsinduzierten Temperaturunterschiede werden durch molekulare Wärmeleitung schneller ausgeglichen als dass Wärme mit noch kleineren Strömungsstrukturen transportiert wird. Die Scherbewegung von Strömungsstrukturen mit Längenskalen $l \leq \eta$ wird durch die Viskosität bestimmt und somit lässt sich die Bewegung der auf diesen Skalenbereich limitierten Strömungsstrukturen mit den Erhaltungsgleichungen für hochviskose Strömungen (siehe z. B. Deen (1998)) beschreiben. Während der advektive Wärmetransport weiterhin durch Turbulenz bestimmt wird, ist die Änderung der Geschwindigkeitsgradienten der Scherbewegung gleichförmig (Batchelor (1959)). Bevor die Dissipation zum Erliegen des Wirbelzerfalls führt, sind die Skalen der kleinsten Wirbelstrukturen, mit denen ein bewegungsinduzierter Wärmetransport stattfindet, von der Größenordnung der Kolmogorov-Längenskala. Unter Berücksichtigung der Überlappung des Dissipationsbereichs mit dem viskos-konvektiven Bereich kann zwischen den Kolmogorov-Skalen und der Längenskala η_T sowie der Geschwindigkeit u_{η_T} aufgrund der Scherbewegung der Strömungsstrukturen die lineare Beziehung

$$\frac{u_{\eta_T}}{\eta_T} \sim \frac{u_\eta}{\eta}; \quad l \leq \eta \tag{7.28}$$

angenommen werden. Mit Gl. (7.28) erhält man aus Gl. (7.21)

$$\eta_T{}^2 \sim \frac{\eta}{u_\eta} \cdot a \quad .$$

(7.29)

Substituieren wir η/u_η in Gl. (7.29) durch $\sqrt{\varepsilon/\nu}$ entsprechend Gl. (7.10) ergibt sich eine Skalenbeziehung für η_T, aus der die Definitionsgleichung für die sogenannte Batchelor-Skala

$$\eta_{T_B} \equiv \left(a^2 \cdot \frac{\nu}{\varepsilon}\right)^{1/4} ; \quad Pr \gg 1; \quad \eta_T \ll \eta$$

(7.30)

hervorgeht, mit der sich die kleinste Längenskala des Temperaturfelds einer turbulenten Strömung von Fluiden mit $Pr \gg 1$ quantifizieren lässt.

Bei Betrachtung von Gl. (7.25) und Gl. (7.30) fällt auf, dass die kleinsten Skalen des Temperaturfelds von der Dissipationsrate abhängen. Zuletzt sei angemerkt, dass sowohl Gl. (7.25) als auch Gl. (7.30) in die Definitionsgleichung der Kolmogorov-Längenskala für Prandtl-Zahlen von $Pr = 1$ übergehen. Allerdings ist Gl. (7.25) infolge der Einschränkungen aus der zugrundegelegten zweiten Ähnlichkeitshypothese auf Fluide mit Prandtl-Zahlen von $Pr \ll 1$ beschränkt.

Skalenbeziehungen zwischen Geschwindigkeits- und Temperaturfeld:

Unter Berücksichtigung von Gl. (7.13), Gl. (7.18), Gl. (7.25) und Gl. (7.30) erhält man für das Verhältnis von der Kolmogorov-Längenskala bzw. der Längenskala der großen energiereichen Wirbelstrukturen zur kleinsten Skala des Temperaturfelds die Beziehungen

$$Pr \ll 1: \qquad \eta/\eta_{T_{OC}} \sim Pr^{3/4}; \qquad l_t/\eta_{T_{OC}} \sim Pr^{3/4} \cdot Re_{l_t}{}^{3/4}$$

(7.31)

$$Pr > 1: \qquad \eta/\eta_{T_B} \sim Pr^{1/2}; \qquad l_t/\eta_{T_B} \sim Pr^{1/2} \cdot Re_{l_t}{}^{3/4}$$

(7.32)

Auflösungsanforderung

Die Abhängigkeit der kleinsten Skalen von der vorliegenden Strömungssituation hat selbstverständlich erhebliche Auswirkungen auf die Auflösungsanforderungen einer experimentellen oder numerischen Analyse. Sollen beispielsweise turbulente Strömungen mit einem sehr hohen Detaillierungsgrad untersucht werden, so kann es notwendig sein, auch die kleinsten turbulenten Skalen zu ermitteln. In diesem Fall wird die räumliche und zeitliche Auflösung für numerische oder experimentelle Untersuchungen eines isothermen turbulenten Strömungsfelds von der Größenordnung der Kolmogorov-Längenskala η und eines thermischen turbulenten Strömungsfelds von Fluiden mit $Pr > 1{,}0$ von der Größenordnung der Batchelor-Skala η_{T_B} bestimmt. Entsprechend den Ergebnissen aus Gl. (7.13), Gl. (7.16) und Gl. (7.17) sind die Kolmogorov-Skalen abhängig von der Reynolds-Zahl. Was dies für die zeitliche und räumliche Auflösung von thermofluiddynamischen Untersuchungen bedeutet, mit deren Hilfe turbulente Strömungsstrukturen bis zu einer Größenordnung der kleinsten Skalen berechnet oder analysiert werden können, wollen wir jetzt abschätzen. Für unsere Überlegungen betrachten wir eine vollständig turbulent entwickelte Strömung, die sich mit der charakteristischen Strömungsgeschwindigkeit u_0 in einem dreidimensionalen Gebiet der Ausdehnung L_G bewegt. Die Anzahl der Raumpunkte, mit denen das Gebiet in einer Raumrichtung aufgelöst werden muss, wird durch die Raumschrittweite Δx bestimmt. Bei Strömungen von Fluiden mit Prandtl-Zahlen von $Pr \leq 1$ sind die kleinsten Skalen des Strömungsfelds kleiner bzw. fast genauso groß wie die kleinsten Skalen des Temperaturfelds und die Größenordnung der Raumschrittweite entspricht der Größenordnung der Kolmogorov-Längenskala

$$\Delta x \sim \eta \quad . \tag{7.33}$$

Für die Anzahl der Raumpunkte N in einer Raumrichtung gilt somit

$$N \sim \frac{L_G}{\Delta x} \sim \frac{L_G}{\eta} \sim \frac{L_G}{l_t} \cdot Re_{l_t}^{3/4} \quad . \tag{7.34}$$

Dementsprechend ergibt sich für das gesamte dreidimensionale Gebiet

$$N^3 \sim \left(\frac{L_G}{l_t} \right)^3 \cdot Re_{l_t}^{9/4} \quad . \tag{7.35}$$

Wir erkennen, dass die Anzahl der Raumpunkte mit $Re_{l_t}^{2,25}$ zunimmt. Um sicherzustellen, dass wir die zeitlichen Änderungen der turbulenten Strukturen, die sich mit der für das Strömungsproblem charakteristischen Strömungsgeschwindigkeit u_0 im Strömungsfeld bewegen, vollständig erfassen, müssen wir das Zeitintervall Δt für die Untersuchung an die räumliche Auflösung anpassen. Die Größenordnung der Zeitschrittweite beträgt daher

$$\Delta t \sim \frac{\Delta x}{u_0} \sim \frac{\eta}{u_0} \tag{7.36}$$

und die Anzahl der Zeitschritte für den Betrachtungszeitraum T lässt sich mit

$$N_t \sim \frac{T}{\Delta t} \sim \frac{T}{\eta/u_0} \sim \frac{T}{l_t/u_0} \cdot Re_{l_t}^{3/4} \quad . \tag{7.37}$$

abschätzen. Bei thermischen Strömungen von Fluiden mit $Pr \gg 1$ wird die Größenordnung der Raumschrittweite durch die Batchelor-Skala des Temperaturfelds entsprechend Gl. (7.30) bestimmt: $\Delta x \sim \eta \cdot Pr^{-1/2}$. Dementsprechend müssen in diesem Fall Gl. (7.35) zur Abschätzung der Raumpunkte um den Faktor $Pr^{3/2}$ und Gl. (7.37) zur Abschätzung der Anzahl der Zeitschritte um den Faktor $Pr^{1/2}$ erweitert werden. Unter Umständen kann die molekulare Wärmeleitung für den turbulenten Strömungsvorgang von Bedeutung sein. In diesem Fall muss die Diffusionszeit der Wärmeleitung $(\Delta x)^2 / a$ für die Festlegung des Zeitintervalls Δt berücksichtigt werden.

Die Anforderungen an die zeitliche und räumliche Auflösung experimenteller oder numerischer Untersuchungsmethoden zur Detektion der kleinsten Skalen in einem turbulenten Strömungsfeld steigen mit der Reynolds-Zahl. Im Maschinen- und Anlagenbau liegen Reynolds-Zahlen typischerweise im Bereich von $10^2 \leq Re_{l_0} \leq 10^{10}$, z. B. $10^4 \leq Re_{l_0} \leq 10^6$ für Kühlkanalströmungen, $10^6 \leq Re_{l_0} \leq 10^7$ für Kraftfahrzeugumströmungen und $10^7 \leq Re_{l_0} \leq 10^9$ für Flugzeugumströmungen. Hierbei ist die für den Strömungsvorgang charakteristische Reynolds-Zahl Re_{l_0} meistens um ein bis zwei Größenordnungen größer als die mit den großen, energiereichen turbulenten Skalen gebildete spezifische Reynolds-Zahl Re_{l_t}. Die Breite des Spektrums kann sich auf bis zu acht Größenordnungen zwischen den kleinsten und den größten Skalen erstrecken. Eine Untersuchung der Wirbelstrukturen des gesamten Skalenspektrums für Strömungen im Maschinen- und Anlagenbau ist bei den zur Verfügung stehenden Messsystemen durch die mögliche Auflösung der kleinsten und größten Skalen und bei numerischen Simulationen durch Rechenleistung und Speicherkapazität begrenzt. Man konzentriert sich daher bei der (thermo-)fluiddynamischen Untersuchung von Strömungen meist auf einen bestimmten Skalenbereich. Bei Experimenten sollte die höchste räumliche und zeitliche Auflösung des Messsystems um mindestens eine Größenordnung kleiner sein, als die zeitlichen und räumlichen Skalen von möglichen Unstetigkeiten des zu untersuchenden Strömungsphänomens.

7.3.8 Mischungsintensiv

Im Gegensatz zu laminaren Strömungen, bei denen der advektive Impuls- und Energieaustausch auf geordneten Bahnlinien stattfindet, bewirken die turbulenten Schwankungsbewegungen einen zur mittleren Fluidbewegung zusätzlichen Queraustausch von Impuls und Energie zwischen benachbarten Fluidbereichen, wodurch sich u. a. die Durchmischung von skalaren Größen wie beispielsweise der Temperatur verstärkt. Für den Gesamttransport ist die molekulare Diffusion gegenüber der turbulenten Durchmischung gering, wie sich am Beispiel der in Abb. 7.14 skizzierten Strömung in einen einseitig beheizten zweidimensionalen Kanal veranschaulichen lässt. Im laminaren Fall (Abb. 7.14 a) geschieht der Wärmetransport senkrecht zur Hauptströmungsrichtung ausschließlich durch Wärmeleitung, während im turbulenten Fall (Abb. 7.14 b) ein Wärmetransport durch turbulente Schwankungsbewegungen stattfindet. Um zu zeigen, dass die turbulente Strömung wesentlich mischungsintensiver ist als die laminare Strömung, schätzen wir ab, um wie viel schneller die Wärme zwischen den beiden Wänden im turbulenten Fall übertragen wird. Die charakteristische Zeit für die Wärmeleitung bei laminarer Strömung beträgt

$$\frac{c_{p_0} \cdot \rho_0 \cdot \Delta T_0}{t_{lam}} \sim \frac{\lambda_0 \cdot \Delta T_0}{D^2} \rightarrow t_{lam} \sim \frac{c_{p_0} \cdot \rho_0 \cdot D^2}{\lambda_0} \quad . \tag{7.38}$$

Unter der Annahme, dass die großen Wirbelstrukturen maßgeblich zum Wärmetransport beitragen, erhält man für den turbulenzbedingten Wärmetransport die charakteristische Zeit

$$\frac{c_{p_0} \cdot \rho_0 \cdot \Delta T_0}{t_t} \sim \frac{c_{p_0} \cdot \rho_0 \cdot u_t \cdot \Delta T_0}{l_t} \rightarrow t_t \sim \frac{l_t}{u_t} \quad . \tag{7.39}$$

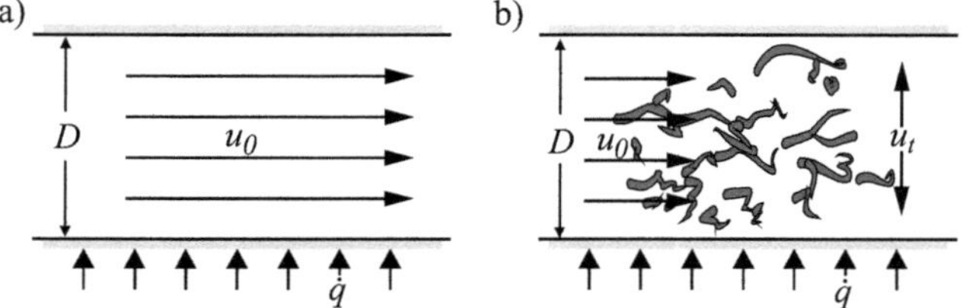

Abb. 7.14 Skizze einer a) laminaren und b) turbulenten Strömung in einem einseitig beheizten Kanal.

Außerhalb des wandnahen Bereichs ist die turbulente Schwankungsgeschwindigkeit um ein bis zwei Größenordnungen kleiner als die querschnittsgemittelte Geschwindigkeit der Grundströmung und die Größenordnung der Längenskalen der großen, energiereichen Wirbelstrukturen entspricht in etwa der charakteristischen Länge der Strömung, $l_t \sim D$. Aus dem Verhältnis t_{lam} zu t_t erkennt man, dass die Wärme bei turbulenter Innenströmung aufgrund des zusätzlichen advektiven Transports um den Faktor $0,1 - 0,01 \cdot Re_D \cdot Pr$ schneller transportiert wird als bei der laminarer Innenströmung, bei der ausschließlich Wärmeleitung stattfindet. Mit Ausnahme strömender Flüssigmetalle in energie- und wärmetechnischen Anlagen ist die turbulente Durchmischung für gewöhnlich wesentlich intensiver als die molekulare Diffusion.

Mit der Intensivierung der thermischen Durchmischung steigen auch die Reibungsverluste[5]. Infolge der wandnormalen Schwankungsbewegungen wird schnell strömendes Fluid bis an die Wand hin transportiert, wodurch die wandnahen Geschwindigkeiten ansteigen und die Wandschubspannung zunimmt. Beispielsweise ist bei einer vollständig ausgebildeten laminaren Rohrströmung die mittlere Nusselt-Zahl konstant und der Reibungsbeiwert beträgt $f_{D,\infty} = 16 \cdot Re_D^{-1/2}$, während bei einer vollständig turbulent entwickelten Rohrströmung die mittlere Nusselt-Zahl mit $Re_D^{4/5}$ ansteigt und der Reibungsbeiwert entsprechend der Blasius-Korrelation $f_{D,\infty} = 0,0791 \cdot Re_D^{-0,25}$ im Bereich $4000 \leq Re_D \leq 10^5$ (siehe Tabelle 12.3, S. 403) abfällt. Die Auswirkungen der Strömungszustände auf die Reibungsbeiwerte $f_{D,\infty}$ und die Nusselt-Zahlen $Nu_{D,\infty}$ für eine Rohrströmung sind in Abb. 7.15 gezeigt. Das Aufdicken der Strömungsgrenzschicht während des Transitionsprozesses ist in Abb. 7.2 skizziert. Bei einer einseitig laminar umströmten Platte wachsen die hydrodynamische und die thermische Grenzschicht mit $\delta, \delta_{th} \sim Re_{l_x}^{-1/2}$. Dementsprechend skaliert der Reibungsbeiwert mit $c_f(x) \sim Re_{l_x}^{-1/2}$ und die Nusselt-Zahl ist proportional zu $Nu_{l_x} \sim Re_{l_x}^{1/2}$. Liegt eine turbulente Plattengrenzschicht vor, so hängen die hydrodynamische Grenzschichtdicke und der Reibungsbeiwert von $Re_{l_x}^{-1/5}$ ab und die Nusselt-Zahl skaliert mit $Nu_{l_x} \sim Re_{l_x}^{4/5}$ (siehe Kapitel 11).

Der mischungsintensive turbulente Transport ist für viele ingenieurtechnische Anwendungen wichtig. So ermöglichen turbulente Strömungen beispielsweise die Erhöhung der Wärmeübertragung in Wärmeübertragern, die Verbesserung von Mischungsprozessen in Reaktoren, die Erhöhung der Dispersion von Rauchgasen in der Atmosphäre, die Steige-

---

[5] Druckverluste bei Körperumströmungen können sich durch eine verändertes Strömungsablöseverhalten der turbulenten Grenzschichtströmung unter Umständen auch reduzieren, z. B. die Druckwiderstandsabnahme bei Kugelumströmung durch den Transitionsprozess in der Grenzschicht (Achenbach (1972)).

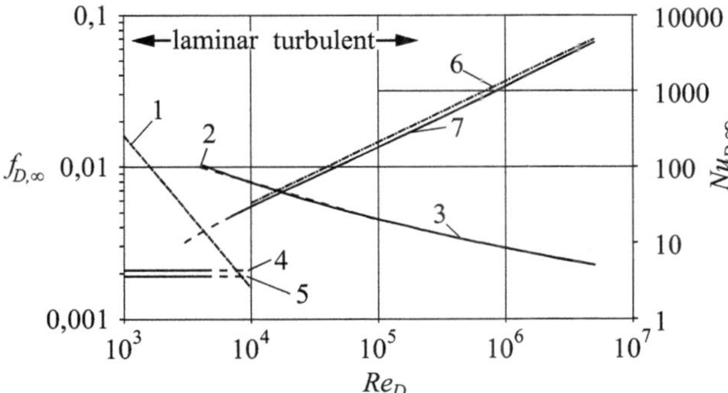

Abb. 7.15 Fanning-Reibungsbeiwert f_∞: (1) $16/Re_D$; (2) Blasius-Korr. (siehe Tabelle 12.3, S. 403); (3) Petukov-Korr. (Petukhov (1970)); Nusselt-Zahl $Nu_{D,\infty}$: (4) 4,36 (H); (5) 3,66 (T); (6) Dittus-Boelter-Korr. (McAdams (1942)); (7) Gnielinski-Korr. (Gnielinski (1975)).

rung der thermischen Durchmischung des Kühlwasserauslaufs in Flüssen oder die effektive Vormischung von Treibstoff und Luft für deren Verbrennung in Motoren.

7.3.9 Zusammenstellung der Eigenschaften turbulenter Strömungen

Abschließend fassen wir noch einmal die kennengelernten Eigenschaften turbulenter Strömungen zusammen. Turbulente Strömungen sind instationär, drehungsbehaftet, dreidimensional und multiskalar. Ein turbulentes Strömungsfeld besteht aus Wirbelstrukturen unterschiedlicher Längen-, Geschwindigkeits- und Zeitskalen, die miteinander interagieren. Das Spektrum der Skalen verbreitert sich mit zunehmender Reynolds-Zahl, wobei die Längenskalen der großen Wirbelstrukturen durch die Randbedingungen der vorliegenden Strömungssituation bestimmt werden. Die Transition hin zu einer turbulenten Strömung beginnt oberhalb einer kritischen Kennzahl, die je nach Strömungsform variiert. Instantane und lokale Feldgrößen einer turbulenten Strömung erscheinen zufällig und ungeordnet. Ihr räumliches und zeitliches Verhalten kann unter gewissen Voraussetzungen mit Hilfe von statistischen Methoden beschrieben werden. Die intensiven Schwankungsbewegungen des Strömungsfeldes führen mit zunehmender Reynolds-(bzw. Grashof-)Zahl dazu, dass der turbulente Anteil am Impuls- und Energieaustausch innerhalb der Strömung wesentlich größer ist als die molekulare Diffusion. Demnach dominieren turbulente Transportvorgänge das Verhalten von Geschwindigkeits-, Druck- und Temperaturfeldern.

Übungsaufgaben

7.1 Rohre mit den Durchmessern $D = 0{,}05$ m, $0{,}1$ m, $0{,}5$ m und $1{,}0$ m werden mit Wasser ($\nu = 1{,}00 \cdot 10^{-6}$ m^2 s^{-1}) bzw. Luft ($\nu = 1{,}55 \cdot 10^{-5}$ m^2 s^{-1}) durchströmt. Wie groß ist die querschnittsgemittelte Geschwindigkeit, sodass der Strömungszustand gerade noch laminar ist?

7.2 Eine ebene Platte wird von Wasser ($v = 1{,}00 \cdot 10^{-6}\,\mathrm{m^2\,s^{-1}}$) bzw. Luft ($v = 1{,}55 \cdot 10^{-5}\,\mathrm{m^2\,s^{-1}}$) mit der ungestörten Geschwindigkeit $u_\infty = 5{,}0\,\mathrm{m\,s^{-1}}$, $20{,}0\,\mathrm{m\,s^{-1}}$, $50{,}0\,\mathrm{m\,s^{-1}}$ und $100{,}0\,\mathrm{m\,s^{-1}}$ umströmt. Wie groß ist die Läuflänge bis die Transition beginnt?

7.3 Leite eine Skalenbeziehung für die Zeitskala der Strömungstrukturen her, deren Längenskala der Obukhov-Corrsin-Skala bzw. Batchelor-Skala entspricht.

7.4 Richtig oder Falsch?

1. Die kritische Reynolds- bzw. Grashof-Zahl kennzeichnet bei Zwangskonvektion bzw. freier Konvektion das Ende des Transitionsvorgangs von einer laminaren zu einer turbulenten Strömung.
2. Die Energiekaskade endet bei den kleinen Skalen infolge viskoser Effekte, wobei die Dissipationsrate durch die Viskosität des Fluids festgelegt wird.
3. Die Bandbreite an Längen-, Geschwindigkeits- und Zeitskalen in einer turbulenten Strömung ist von der Reynolds-Zahl abhängig.
4. Die großen Längenskalen turbulenter Strukturen in einer turbulenten Strömung sind von der Größenordnung der charakteristischen Längen der Strömungssituation und die Kolmogorov-Längenskala ändert sich mit der Reynolds-Zahl.
5. Der mischungsintensive Charakter von turbulenten Strömungen führt zu einer Erhöhung der thermischen Durchmischung und einer Verminderung der Reibungsverluste.
6. Die kleinsten Längenskalen des Temperaturfelds werden durch die Kopplung des turbulenten Geschwindigkeits- und Temperaturfelds bestimmt und sind daher von der Prandtl-Zahl abhängig.
7. Die kleinsten Längenskalen des Temperaturfelds bei Fluiden mit $Pr > 1$ sind kleiner als die Kolmogorov-Längenskala und größer als die kleinsten Skalen des Temperaturfelds bei Fluid mit $Pr \ll 1$.

7.5 Wissensfragen

- Erklären sie in heuristischen Ansätzen das Auftreten von Turbulenz.
- Mit Hilfe welcher charakteristischen Kennzahlen lässt sich das Einsetzen turbulenter Strömungszustände bei erzwungender Konvektion und bei freier Konvektion kennzeichnen?
- Welche kritischen Kennzahlen für welche Strömungsform kennen sie?
- Welche Eigenschaften zeichnen turbulente Strömungen aus?
- Warum sind statistische Methoden zur Analyse von turbulenten Strömungen notwendig?
- Was versteht man unter einer turbulenten Wirbelstruktur?
- Erklären Sie das Multiskalenkonzept?
- Welche Wirbelstrukturen im Strömungsfeld transportieren die meiste kinetische Energie?
- Was bestimmt die größten sowie die großen, energiereichen Wirbelstrukturen?
- Wovon hängen die kleinsten Wirbelstrukturen des Geschwindigkeitsfelds ab?
- Auf welchen Voraussetzungen und Annahmen basiert die Energiekaskade?
- Wie interagieren die Wirbelstrukturen unterschiedlicher Größe entsprechend dem Kaskadenprozess?
- Warum nimmt man im Rahmen der Kolmogorov-Hypothesen an, dass die statistischen Eigenschaften der kleinskaligen Wirbelstrukturen isotrop sind?

- Wie unterscheiden sich die erste und zweite Ähnlichkeitshypothese von Kolmogorov?
- Wie ändert sich die kinetische Energie einer turbulenten Strömung mit der Längenskala? Skizzieren Sie deren Verteilung.
- Wie ändern sich die Kolmogorov-Skalen, wenn die charakteristische Reynolds-Zahl der Strömung ansteigt? Wie ändert sich die Verteilung der kinetischen Energie?
- Wie lauten die Kolmogorov-Skalen?
- Unter welchen Umständen unterscheiden sich die kleinsten Wirbelstrukturen des Geschwindigkeitsfelds und die kleinsten Strömungsstrukturen des Temperaturfelds?
- Wie lauten die Definitionsgleichung für die Obukhov-Corrsin-Skala und für die Batchelor-Skala?
- Warum sind turbulente Strömungen mischungsintensiver als laminare Strömungen? Nenne verschiedene Anwendungen in der Energietechnik, bei denen das Auftreten einer turbulenten Strömung vorteilhaft oder nachteilhaft ist.
- Wie unterscheiden sich die verschiedenen numerischen Ansätze zur Berechnung von turbulenten Strömungen?

Literaturverzeichnis

Achenbach E (1972) Experiments on the flow past spheres at very high Reynolds numbers. J Fluid Mech, doi: 10.1017/S0022112072000874

Bailly C, Comte-Bellot G (2015) Turbulence. Springer, doi: 10.1007/978-3-319-16160-0

Batchelor GK (1959) Small-scale variation of convected quantities like temperature in turbulent fluid Part 1. General discussion and the case of small conductivity. J Fluid Mech, doi: 10.1017/S0022112059000009X

Bejan A, Lage JL (1990) The Prandtl number effect on the transition in natural convection along a vertical surface. J Heat Transf, doi: 10.1115/1.2910457

Brown GL, Roshko A (1974) On density effects and large structure in turbulent mixing layers. J Fluid Mech, doi: 10.1017/S002211207400190X

Corrsin S (1951) On the Spectrum of Isotropic Temperature Fluctuations in an Isotropic Turbulence. J Appl Phys, doi: 10.1063/1.1699986

Choi H, Moin P (2012) Grid-point requirements for large eddy simulation: Chapman's estimates revisited. Phys Fluids, doi: 10.1063/1.3676783

Deen WM (1998) Analysis of Transport Phenomena. Oxford University Press

Fernholz HH, Finleyt PJ (1996) The incompressible zero-pressure-gradient turbulent boundary layer: An assessment of the data. Prog Aerosp Sci, doi: 10.1016/0376-0421(95)00007-0

Ferziger J, Peric M (2008) Numerische Strömungsmechanik. Springer-Verlag, Berlin Heidelberg

Frisch U (2006) Turbulence The Legacy of A. N. Kolmogorov. Cambridge University Press, doi: 10.1017/CBO9781139170666

Fröhlich J (2006) Large Eddy Simulation turbulenter Strömungen. Vieweg+Teubner Verlag, Wiesbaden

Gnielinski V (1975) Neue Gleichungen für den Wärme- und den Stoffübergang in turbulent durchströmten Rohren und Kanälen. Forsch Ing-Wes, doi: 10.1007/BF02559682

Kolmogorov AN (1941) Local structure of turbulence in an incompressible viscous fluid at very large Reynolds numbers. Dokl. Akad. Nauk SSSR 30: pp. 299-303

Kolmogorov AN (1991) Local structure of turbulence in an incompressible viscous fluid at very large Reynolds numbers. In Tikhomirov VM (Ed.), *Selected Works of A. N. Kolmogorov* (pp. 312–318) Kluwer Academic Publishers, Dordrecht, Boston, London

McAdams WA (1942) Heat Transmission. McGraw-Hill

Mahajan RL, Gebhart B (1979) An experimental determination of transition limits in a vertical natural convection flow adjacent to a surface. J Fluid Mech, doi: 10.1017/S0022112079000070

Moin P, Mahesh K (1998) Direct Numerical Simulation: A Tool in Turbulence Research. Annu Rev Fluid Mech, doi: 10.1146/annurev.fluid.30.1.539

Monin AS, Yaglom AM (1975) Statistical Fluid Mechanics, Volume II: Mechanics of Turbulence. MIT Press, Cambridge, Massachussetts

Müller U, Erhard P (1999) Freie Konvektion und Wärmeübertragung. CF Müller Verlag

Mullin T (2011) Experimental Studies of Transition to Turbulence in a Pipe. Annu Rev Fluid Mech, doi: 10.1146/annurev-fluid-122109-160652

Obukhov AM (1949) Structure of temperature field in turbulent flow. Izvestiya Seriya Geograficheskaya i Geofizicheskaya, engl. Übersetzung FTD-HT-23-394-70 13(1): pp. 58–69

Oertel H jr, Delfs J (1996) Strömungsmechanische Instabilitäten. Springer-Verlag, Berlin Heidelberg

Pethukhov BS (1970) Heat transfer and friction in turbulent pipe flow with variable physical properties. Adv Heat Transf, doi: 10.1016/S0065-2717(08)70153-9

Pfenniger W (1961). Transition in the inlet length tubes at high Reynolds numbers. In Lachmann GV (Ed.), *Boundray layer and flow control* (pp. 970–980). Pergamon Press, New York

Piomelli, U (2014) Large eddy simulations in 2030 and beyond. Philos Trans R Soc London Ser A, doi: 10.1098/rsta.2013.0320

Preston JH (1958) The minimum Reynolds number for a turbulent boundary layer and the selection of a transition device. J Fluid Mech, doi: 10.1017/S0022112058000057

Ries F, Nishad K, Dressler L, Janicka J, Sadiki A (2018) Evaluating large eddy simulation results based on error analysis. Theoretical Computational Fluid Dynamics, doi: 10.1007/s00162-018-0474-0

Rodi, W (1993) Turbulence models and their application in hydraulics: a state-of-the-art review. Taylor & Francis

Sagaut P (2006) Large Eddy Simulation for Incompressible Flows. Springer-Verlag, Berlin Heidelberg

Spalart PR (2000) Strategies for turbulence modelling and simulations. Int J Heat Fluid Flow, doi: 10.1016/S0142-727X(00)00007-2

Tennekes H, Lumley JL (1972) A First Course in Turbulence. MIT Press, Cambridge, Massachussetts

Van Dyke M (1988) An Album of Fluid Motion. The Parabolic Press

Wells CS (1967) Effects of freestream turbulence on boundary-layer transition. AIAA J, doi: /doi.org/10.2514/3.3931
Wilcox DC (2006) Turbulence Modeling for CFD, 3rd Edition. DCW Industries

Kapitel 8
Quantifizierung turbulenter Strömungen: Kennzahlen, Korrelationen & Spektren

Zusammenfassung Die mathematische Beschreibung turbulenter Strömungen erfordert fast immer den Einsatz statistischer Methoden – und genau hierum geht es in diesem Kapitel. Zunächst werden die für turbulente Strömungen relevanten statistischen Momente und Kennzahlen eingeführt, sowie Korrelations- und Kovarianzfunktionen formuliert. Die Sonderfälle statistisch stationäre Turbulenz, homogene Turbulenz und isotrope Turbulenz werden diskutiert und wichtige Größen turbulenter Strömungen wie integrale Zeit- und Längenmaße sowie Taylor-Mikroskalen kennengelernt. Die Taylor-Hypothese wird erläutert und die Energie-Spektrum-Funktion sowie das Temperatur-Spektrum werden näher betrachtet.

Lernziele

- Sie sind in der Lage, das Prinzip der Ensemblemittelung zu erklären und an Beispielen zu erläutern.
- Sie lernen die Begriffe statistisch stationär, homogen und isotrop kennen und können ihre Besonderheiten für turbulente Strömungen erklären.
- Sie sind in der Lage die statistischen Kenngrößen sowie die (Taylor-)Zeit- und Längenmaße einer turbulenten Strömung zu bestimmen.
- Sie lernen Möglichkeiten kennen, um die spektrale Verteilung turbulenter Strömungsgrößen darzustellen.

8.1 Statistische Beschreibung turbulenter Strömungsgrößen

Die Feldgrößen einer turbulenten Strömung[1] treten in chaotischer Art und Weise auf und erscheinen daher zufällig. Das Strömungsfeld wird durch ungeordnete Schwankungsbewegungen der Fluidteilchen bestimmt. Dementsprechend scheidet für die Mehrzahl der (thermo-)fluiddynamischer Fragestellungen in ingenieurtechnischen Anwendungen eine instantane Beobachtung der Strömungsgrößen als Analysemethode aus. Man greift daher auf statistische Auswertungen zurück. Bei der Untersuchung turbulenter Strömungen mit statistischen Methoden analysiert man für gewöhnlich zeit- und ortsabhängige Messsignale. In diesem Kontext wird davon ausgegangen, dass eine turbulente Strömungsgröße am Ort $\vec{x}$ zur Zeit t der Realisierung eines Zufallsereignisses entspricht. Mit Hilfe statistischer Methoden lassen sich technisch relevante Fragen nach dem Mittelwert, der Schwankungsbreite, dem Maximalwert, der Wahrscheinlichkeit des Überschreitens eines bestimmten Grenzwerts usw. von einer Strömungsgröße beantworten.

Bei den im Buch aufgeführten statistischen Kenngrößen und Parametern gehen wir davon aus, dass die zur Auswertung herangezogenen Strömungsgrößen zu äquidistanten Zeit- und/oder Raumpunkten vorliegen. Ist dies nicht der Fall (wie beispielsweise bei der unkorrigierten Messung von Strömungsgeschwindigkeiten mit Hilfe der Laser-Doppler-Anemometrie (Ruck (1990)) oder der Phasen-Doppler-Anemometrie), so müssen die nachfolgend dargestellten Mittelungsoperationen und Gleichungen unter Umständen modifiziert angewendet werden (George et al (1978)). Kenntnisse der Grundlagen der Stochastik und ihrer zentralen Begriffe wie Dichtefunktion, Verteilungsfunktion, statistische Momente, Korrelation(-funktion), Kovarianz(-funktion), statistisch stationär, homogen usw. werden im Folgenden vorausgesetzt.

8.1.1 Häufigkeits- und Summenhäufigkeitverteilung

Im Rahmen einer statistischen Beschreibung turbulenter Strömungen betrachten wir die zeitliche bzw. räumliche Abfolge einer turbulenten Strömungsgröße, z. B. ein zeitabhängiges Messsignal eines Hitzdrahtanemometers, das wir analysieren wollen. Dazu stellen wir uns vor, dass das kontinuierliche Signal über die Messzeit in zeitgleichen Schritten abgetastet wird. Dies führt zu einer Stichprobe vom Umfang N aus einer endlichen Grundgesamtheit, d. h. zu einer Teilmenge der Gesamtheit gleichartiger, zu untersuchender Elemente, die sich hinsichtlich ihrer Werte charakterisieren lassen. Es gibt also eine endliche Anzahl von Werten q_j mit $j = 1, 2, \ldots, N$. Für eine statistische Beschreibung gruppieren wir die Stichprobenwerte in sogenannte Klassen. Wie in Abb. 8.1 anhand eines zeitabhängigen Signals verdeutlicht, ordnen wir dazu die Werte q_j ihrer Größe nach. Zunächst definieren wir das Intervall der Breite $\Delta q = max(q) - min(q)$ und unterteilen dieses in m Klassen gleicher Breite Δq_l mit $l = 1, 2, \ldots, m$. Jede Klasse Δq_l besitzt eine Klassenmitte $\hat{q}_l$. Schließlich ordnen wir die Werte q_j den entsprechenden Klassen Δq_l zu.

---

[1] Wir sprechen im Folgenden von turbulenten Strömungsgrößen.

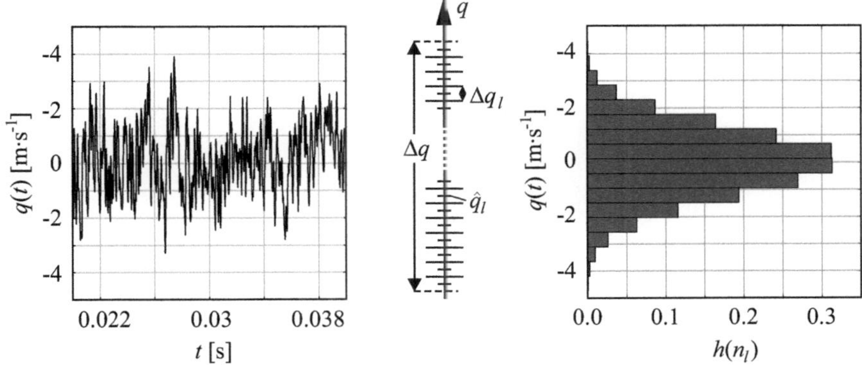

Abb. 8.1 Statistische Aufbereitung einer Messgröße: Diskretisierung eines kontinuierlichen zeitabhängigen Messsignals und Einordnung der so erhaltenen diskreten Werte in Klassen.

Das Verhältnis der Anzahl der Stichprobenwerte n_l in der l-ten Klasse zur Gesamtanzahl der Stichprobenwerte N beschreibt die relativen Klassenhäufigkeiten

$$h_l = \frac{n_l}{N} \quad , \tag{8.1}$$

mit deren Hilfe wir die Häufigkeitsverteilung der betrachteten Strömungsgröße bilden können. Die Häufigkeitsverteilung wird in diesem Fall durch die diskrete Häufigkeitsfunktion

$$h(n_l) = \frac{n_l}{N}; \qquad l = 1,2,\ldots,m \tag{8.2}$$

bestimmt. Die Form der Häufigkeitsverteilung wird durch die statistische Verteilung der betrachteten turbulenten Strömungsgröße, die Gesamtanzahl der Stichprobenwerte N und die Anzahl der Klassen m bestimmt. Als Beispiel zeigt Abb. 8.2 a die Häufigkeitsdiagramme von Geschwindigkeiten, die an einem Ort in der Nachlaufströmung eines Zylinders und hinter einem Gitter im Windkanal mittels Hitzdrahtanemometrie gemessen wurden. Während die Häufigkeitsverteilung der Gitterströmung die Eigenschaften einer Normalverteilung aufweist, ist die Geschwindigkeit im Zylindernachlauf nicht normalverteilt, was übrigens für turbulente Strömungsgrößen bei unterschiedlichen Strömungssituationen gilt (Davidson (2015)). Anhand der Häufigkeitsverteilung kann durch

$$\sum_{l=a}^{b} \frac{n_l}{N} \tag{8.3}$$

die Häufigkeit angegeben werden, dass ein Wert q_j innerhalb des Intervalls der Klassen Δq_a und Δq_b liegt. Aus der Häufigkeitsfunktion lässt sich die diskrete Summenhäufigkeitsfunktion

$$H(q_j \leq \Delta q_a) = \sum_{l=1}^{a} h(n_l) \tag{8.4}$$

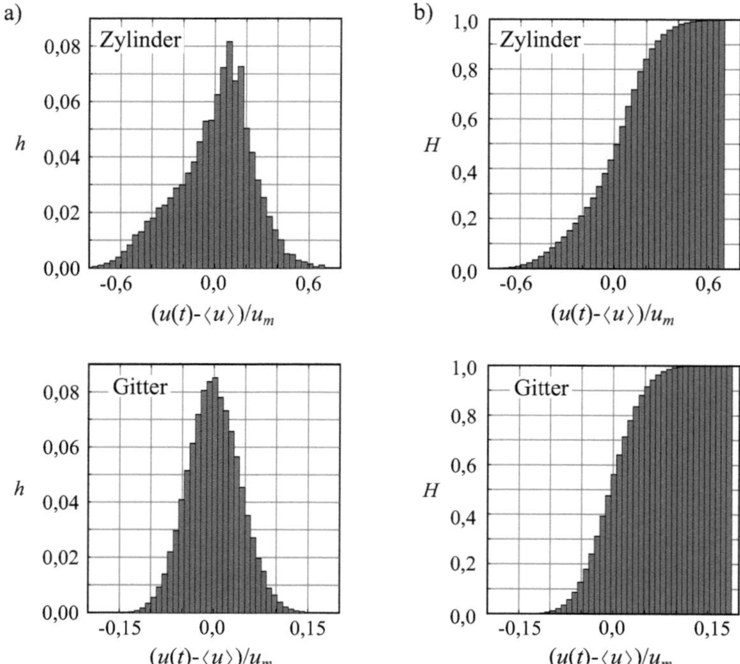

Abb. 8.2 a) Diskrete Häufigkeitsverteilung und dazugehörige b) Summenhäufigkeitsverteilung von zeitabhängigen Geschwindigkeitssignalen, die hinter einem Zylinder und einem Gitter im Windkanal bei moderater Reynolds-Zahl $(O(10^4))$ gemessen wurden. Mit der instantanen Geschwindigkeit $u(t)$, der zeitgemittelten Geschwindigkeit $\langle u \rangle$ und der Anströmgeschwindigkeit u_m.

ableiten. Sie ist die Summe der relativen Klassenhäufigkeiten aller Klassen, deren Klassenmitte kleiner oder gleich der Klassenmitte von Δq_a ist. Durch ihre graphische Darstellung erhält man eine Treppenfunktion, wie in Abb. 8.2 b dargestellt ist. Die Summenhäufigkeit gibt die Häufigkeit des Ereignisses $q_j \leq \Delta q_a$ an, z. B. wie häufig ist eine gemessene Geschwindigkeit kleiner oder gleich den Werten im Intervall der Klasse Δq_a. Für eine unendlich Anzahl von Messwerten $N \rightarrow \infty$ und eine verschwindende Teilintervallbreite $\Delta q_l \rightarrow 0$ geht die diskrete Häufigkeitsfunktion h in die Dichtefunktion f und die diskrete Summenhäufigkeitsfunktion H in die Verteilungsfunktion F über.

8.1.2 Ensemble

Eine turbulente Strömungsgröße am Ort $\vec{x}$ zur Zeit t erscheint zufällig und ist daher einzigartig. Dies wird deutlich, wenn wir die in Abb. 8.3 skizzierten Signalverläufe einer Fluidtemperatur betrachten, die man bei wiederholter Durchführung eines Experiments an ein und demselben Ort in einer thermischen turbulenten Strömung misst. Obwohl bei jeder Messung das Experiment von Beginn an unter den (fast) identischen Anfangs- und Randbedingungen durchgeführt und über identische Zeitintervalle gemessen wurde, bewirkten bereits kleinste Unterschiede bei den Anfangs- und Randbedingungen, dass sich die zeitlichen und räumlichen Signalverläufe von Messung zu Messung unterscheiden. Um für derartige Signale belastbare und reproduzierbare Aussagen mit Hilfe von statistischen Momenten und Kennzahlen zu formulieren, bedient man sich des Werkzeugs der Ensemblemittelung. Ist $q_{i,k}(\vec{x},t)$ bzw. $q_{j,k}(\vec{x},t)$ die k-te Realisierung der Strömungsgröße q_i bzw. q_j an einem Ort $\vec{x}$ zur Zeit t, die über alle N Signalverläufe des Ensembles identisch verteilt ist, so lautet die Definitionsgleichung für das n-te absolute Moment

$$\langle q_i^n \rangle (\vec{x},t) \equiv \lim_{N \to \infty} \frac{1}{N} \sum_{k=1}^{N} q_{i_k}{}^{n}(\vec{x},t) \tag{8.5}$$

und für das n-te zentrale Moment

$$\langle q_i'^n \rangle (\vec{x},t) \equiv \lim_{N \to \infty} \frac{1}{N} \sum_{k=1}^{N} \left[q_{i_k} - \langle q_i \rangle \right]^{n}(\vec{x},t) \quad , \tag{8.6}$$

mit dem Schwankungswert $q_{ik}' = q_{ik} - \langle q_i \rangle$ von q_{ik} um dem Mittelwert $\langle q_i \rangle$. Für die Korrelationsfunktion gilt

$$R_{q_i q_j}(\vec{x},\vec{r},t,\tau) \equiv \lim_{N \to \infty} \frac{1}{N} \sum_{k=1}^{N} q_{i_k}(\vec{x},t) \cdot q_{j_k}(\vec{x} + \vec{r}, t + \tau) \tag{8.7}$$

und für die Kovarianzfunktion[2]

$$C_{q_i q_j}(\vec{x},\vec{r},t,\tau) \equiv \lim_{N \to \infty} \frac{1}{N} \sum_{k=1}^{N} \left[q_{i_k} - \langle q_i \rangle \right](\vec{x},t) \cdot \left[q_{j_k} - \langle q_j \rangle \right](\vec{x} + \vec{r}, t + \tau) \quad , \tag{8.8}$$

mit den Verschiebungen $\vec{r}$ und τ. Die in Gl. (8.5) - Gl. (8.8) angegebenen statistischen Momente und Kenngrößen sind wichtige Werkzeuge für die Signalanalyse von experimentell oder numerisch ermittelten Daten. Während beispielsweise die Momente zur Bestimmung von Mittelwert [Gl. (8.5), $n = 1$] und Varianz [Gl. (8.6), $n = 2$] verwendet werden, dient die (Auto)kovarianzfunktion zur Ermittelung bestimmter Längen- und Zeitskalen turbulenter Strömungsstrukturen. Es sei an dieser Stelle noch darauf hingewiesen, dass die anhand der Ensemblemittelung gewonnenen statistischen Kenngrößen gemäß Gl. (8.5) - Gl. (8.8) auf statistisch unabhängigen Strömungsgrößen beruhen: Die unterschiedlichen Signalverläufe des Ensembles sind voneinander unabhängig und dementsprechend sind die Strömungsgrößen von Signalverlauf zu Signalverlauf ebenfalls voneinander unabhängig.

Selbstverständlich können nicht unendlich viele Signalverläufe ($N \to \infty$) für das Ensemble ermittelt werden. Anhand von Experimenten oder numerischen Simulationen können wir

---

[2] Bei der Angabe von Korrelations- und Kovarianzfunktionen kennzeichnet der erste Index q_i die Feldgröße am Ort $\vec{x}$ bzw. zur Zeit t und der zweite Index q_j die Feldgröße am Ort $\vec{x} + \vec{r}$ zur Zeit $t + \tau$.

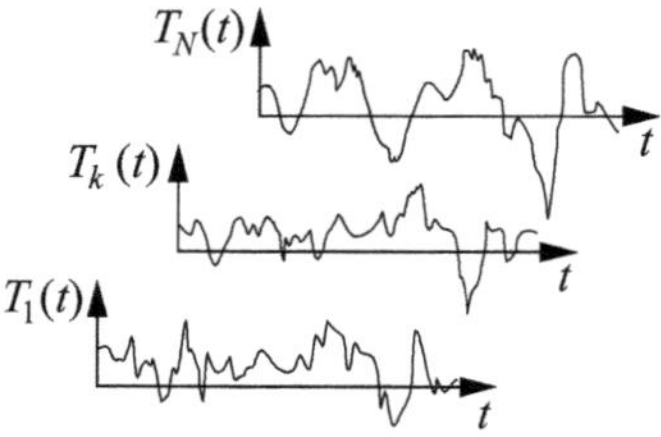

Abb. 8.3 Ensemble von zeitabhängigen Temperatursignalen in einer turbulenten Strömung für $k = 1, \ldots, N$ Realisierungen von $T(t)$.

immer nur für eine endliche Anzahl N die in Gl. (8.5) - Gl. (8.8) definierten Werte schätzen. So ergibt sich beispielsweise für den in Abb. 8.3 gezeigten Fall einer Temperaturmessung an einem Ort $\vec{x}$ mit den in Abb. 8.4 illustrierten Methoden der Ensemblemittelung der Schätzwert[3] für den Mittelwert (1. absolute Moment)

$$\hat{T}_N(\vec{x},t_m) = \frac{1}{N} \sum_{k=1}^{N} T_k(\vec{x},t_m) \quad , \tag{8.9}$$

für die Varianz (2. zentrale Moment)

$$\hat{T}_N'^2(\vec{x},t_m) = \sigma^2_{\hat{T}_N}(\vec{x},t_m) = \frac{1}{N} \sum_{k=1}^{N} \left[T_k - \hat{T}_N \right]^2 (\vec{x},t_m) \quad , \tag{8.10}$$

für die Autokorrelationsfunktion

$$\hat{R}_{TT}(\vec{x},t_m,\tau) = \frac{1}{N} \sum_{k=1}^{N} T_k(\vec{x},t_m) \cdot T_k(\vec{x},t_m + \tau) \quad , \tag{8.11}$$

und für die Autokovarianzfunktion

$$\hat{C}_{TT}(\vec{x},t_m,\tau) = \frac{1}{N} \sum_{k=1}^{N} \left[T_k - \hat{T}_N \right] (\vec{x},t_m) \cdot \left[T_k - \hat{T}_N \right] (\vec{x},t_m + \tau) \quad . \tag{8.12}$$

Die Methode der Ensemblemittelung ist bei (thermo-)fluiddynamischen Fragestellungen im Allgemeinen auch für eine endliche Anzahl von N Signalverläufen nicht sonderlich praxistauglich. Identische Anfangs- und Randbedingungen für die wiederholte Durchführung eines Versuchs sind nur schwer zu gewährleisten. Darüber hinaus wird man bestrebt sein, den Mittelungsprozess auf eine einfache Art und Weise zu realisieren, sodass die Versuchsdurchführung auf ein Minimum an Wiederholungen reduziert werden kann. Aus diesem Grund nimmt man bei (thermo-)fluiddynamischen Untersuchungen von turbulenten Strömungen häufig den Sonderfall der statistisch stationären Turbulenz oder der homogenen bzw. isotropen Turbulenz an. Beide Sonderfälle ermöglichen aufgrund der zeitlichen bzw. räumlichen Invarianz der statistischen Verteilungen der turbulenten Strömungsgrößen grundlegende Vereinfachungen in der statistischen Beschreibung. Beispielsweise entspricht

---

[3] Schätzwerte werden mit ^ gekennzeichnet.

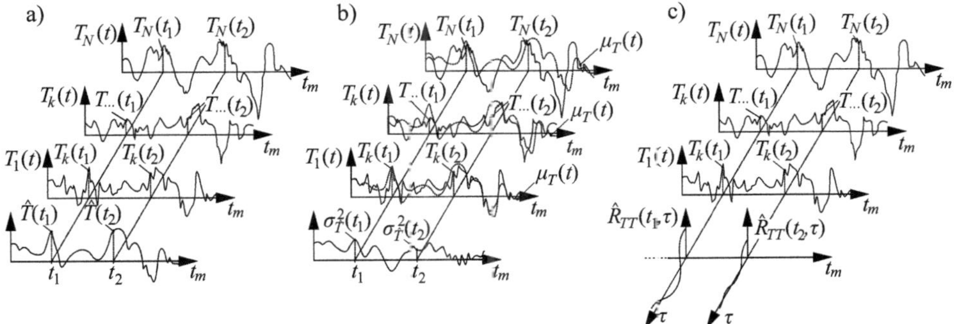

Abb. 8.4 Schematische Darstellung der Ensemblemittelung für die a) Mittelwerte, b) Varianzen und c) Korrelationsfunktionen. (a, b in Anlehnung an Romano et al (2007)).

der Ensemblemittelwert bei statistisch stationären bzw. homogenen Strömungsfeldern dem Mittelwert über die Zeit t bzw. das Betrachtungsgebiet V in der jeweiligen Richtung einer einzelnen Messreihe. Damit entfällt die Notwendigkeit, das Experiment wieder und wieder durchzuführen.

8.2 Statistisch stationäre Turbulenz

Bei statistisch stationärer Turbulenz sind die in Gl. (8.5) - Gl. (8.8) angegebenen statistischen Kenngrößen zeitinvariant. Demzufolge sind die statistischen Kenngrößen wie beispielsweise $\langle q \rangle$, $\langle q'^2 \rangle$, $R_{q_i q_j}$ oder $C_{q_i q_j}$ unabhängig vom Zeitpunkt t und ändern sich nicht mit der Zeit. Erfüllt ein physikalischer Vorgang die Eigenschaft der Ergodizität, so lassen sich die statistischen Kennzahlen durch einen Zeitmittelungsprozess über einen einzigen Signalverlauf berechnen. Bei ergodisch stochastischen Prozessen sind somit die ensemble-gemittelten Momente und Korrelationen mit ihren korrespondierenden Zeitmittelwerten über unabhängige Größen einer einzigen Realisierung äquivalent. Stochastische Prozesse, die stationäre physikalische Phänomene abbilden, sind in der Regel ergodisch (Bendat und Piersol (2010)) und dies gilt auch für turbulente Strömungen. Alle stationären thermofluiddynamischen Vorgänge können wir demnach als ergodisch betrachten. Diese Eigenschaft führt in der Praxis zu einer erheblichen Erleichterung. Handelt es sich nämlich um statistisch stationäre Turbulenz, so können wir zu einem beliebigen Zeitpunkt mit der Messung oder Speicherung der Feldgrößen beginnen.

In der Signalanalyse wird allgemein zwischen schwacher und starker Stationarität unterschieden (Hoffmann und Wolff (2014)). Bei schwacher Stationarität sind ein- und zweidimensionale Dichte- und Verteilungsfunktionen translationsinvariant. Dementsprechend sind der Erwartungswert und die Varianz endlich und Korrelations- oder Kovarianzfunktionen zeittranslationsinvariant. Im Gegensatz dazu setzt starke Stationarität zeitliche Translationsinvarianz für alle endlichdimensionalen Verteilungs- und Dichtefunktionen voraus.

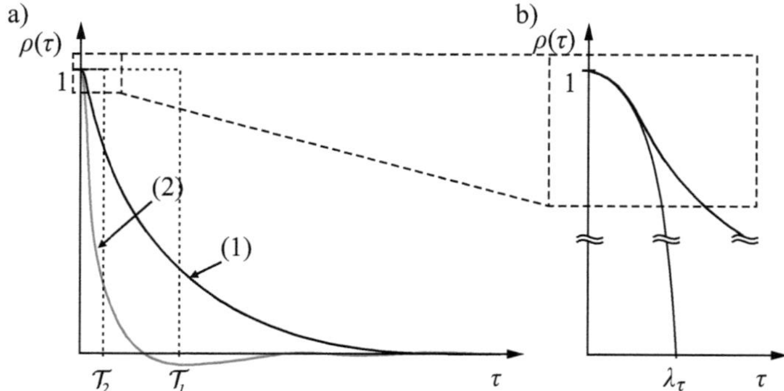

Abb. 8.5 a) Integrales Zeitmaß eines (1) niederfrequenten und (2) hochfrequenten Messsignals; b) graphische Darstellung der zeitlichen Taylor-Mikroskala als oskulierende Parabel an der normierten Autokovarianzfunktion.

Bei gaußverteilten Prozessen sind die statistischen Eigenschaften und die Verteilungsfunktion durch den Erwartungswert und die Varianz eindeutig bestimmt.

8.2.1 Autokovarianzfunktion

Die Autokovarianzfunktion der turbulenten Strömungsgröße $q_i(\vec{x},t)$ eines statistisch stationären Strömungsfeldes am Ort $\vec{x}$ ist aufgrund der zeitlichen Translationsinvarianz nur von der Zeitverschiebung $\tau = t_2 - t_1$ zwischen den Zeitpunkten t_1 und t_2 abhängig und es gilt

$$C_{q_i q_i}(\vec{x},\tau) = \langle q_i'(\vec{x},t) \cdot q_i'(\vec{x},t+\tau)\rangle \quad . \tag{8.13}$$

Die normierte Autokovarianzfunktion lautet

$$\rho_{q_i q_i}(\vec{x},\tau) = \frac{\langle q_i'(\vec{x},t) \cdot q_i'(\vec{x},t+\tau))\rangle}{\langle q_i'^2(\vec{x},t)\rangle} \tag{8.14}$$

und besitzt aufgrund der Symmetriebedingung, der Normierung und der Cauchy-Schwarz-Ungleichung der Reihe nach die Eigenschaften:

$$\rho_{q_i q_i}(\vec{x},\tau) = \rho_{q_i q_i}(\vec{x},-\tau) ; \qquad \rho_{q_i q_i}(\vec{x},0) = 1 ; \qquad |\rho_{q_i q_i}(\vec{x},\tau)| \le 1 \quad . \tag{8.15}$$

8.2.2 Integrales Zeitmaß

Liegt Ergodizität vor, ist die Autokovarianzfunktion von turbulenten Strömungsgrößen endlich, $C_{q_i q_i}(\tau \to \infty) \to 0$ und es lässt sich durch die Integration der normierten Autokovarianzfunktion aus Gl. (8.14) entlang der Zeitverschiebung $\tau \to \infty$ das integrale Zeitmaß

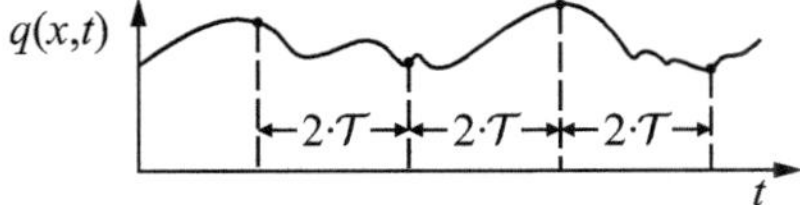

Abb. 8.6 Schematische Darstellung der statistischen Unabhängigkeit von aufeinanderfolgenden Samples eines kontinuierlichen Signals.

$$\mathcal{T}_{q_i q_i}(\vec{x}) \equiv \int_0^\infty \rho_{q_i q_i}(\vec{x},\tau)d\tau = \frac{1}{C_{q_i q_i}(\vec{x},0)} \cdot \int_0^\infty C_{q_i q_i}(\vec{x},\tau)\,d\tau \qquad (8.16)$$

berechnen. Wie schnell die Autokovarianzfunktion vom Wert $C_{q_i q_i}(\vec{x},0)$ als Funktion der Verschiebung τ gegen $C_{q_i q_i}(\vec{x},\infty)$ konvergiert, ist für die innere Kohärenz (= Erhaltungstendenz) des Signal von q_i charakteristisch. Demnach kennzeichnet das integrale Zeitmaß die Zeitspanne, innerhalb der eine turbulente Strömungsgröße $q_i(\vec{x},t)$ am Ort $\vec{x}$ mit sich selbst korreliert, bzw. innerhalb der die mit der Strömungsgröße $q_i(\vec{x},t)$ assoziierte turbulente Wirbelstruktur am Ort $\vec{x}$ aufgrund der Strömungsbewegung ihre Identität verliert. Wie in Abb. 8.5 a skizziert, sind die integralen Zeitmaße eines hochfrequenten Signals kleiner als die integralen Zeitmaße eines niederfrequenten Signals.

In der Praxis nutzt man das integrale Zeitmaß $\mathcal{T}$ unter anderem dazu, die Zeitpunkte festzulegen, zu denen zwei voneinander statistisch unabhängige Werte einer Strömungsgröße nacheinander innerhalb der Dauer T eines Messsignals auftreten. Ist das integrale Zeitmaß viel kleiner als die Messdauer $T \gg \mathcal{T}$, so beträgt laut Tennekes und Lumley (1972) die Anzahl von unabhängigen Werten innerhalb des Messsignals

$$N = \frac{T}{2 \cdot \mathcal{T}} \quad . \qquad (8.17)$$

Wie in Abb. 8.6 verdeutlicht, treten in einem Zeitsignal erst nach einem Zeitabstand von mindestens $2 \cdot \mathcal{T}$ voneinander unabhängige Werte für die statistische Auswertung auf. Dies wiederum bedeutet, dass Aufnahme- oder Schreibraten kleiner als $1/(2 \cdot \mathcal{T})$ keine zusätzliche Information für die statistischen Momente liefern und zu keiner beschleunigten Konvergenz ihrer Schätzer führen. Die Einzelmesswerte eines kontinuierlichen Signals der Länge $2 \cdot \mathcal{T}$ tragen als ein statistisch unabhängiger Wert zur Bestimmung der statistischen Momente bei. Für die Ermittlung des integralen Zeitmaßes mit Hilfe der Autokovarianzfunktion sind jedoch zeitlich hochaufgelöste Daten erforderlich.

8.2.3 Spektrum

Eine turbulente Strömung besteht aus dreidimensionalen Wirbelstrukturen unterschiedlicher Längen-, Geschwindigkeits- und Zeitskalen, die miteinander in Wechselwirkung stehen. Wirbelstrukturen verschiedener Größe tragen auf unterschiedliche Weise zum Strömungsverhalten bei. Das Zeitsignal einer turbulenten Strömung enthält daher viele Informationen über die Zeitskalen der Wirbelstrukturen, die für die Entstehung des Zeitsignals verantwortlich sind. Mit Hilfe der Fourier-Transformation (siehe für eine ausgiebige Herleitung z. B. Osgood (2019)) lässt sich das zeitliche Signal einer turbulenten Strömungsgröße in seine spektralen Anteile im Frequenzraum zerlegen. Ist die Kovarianzfunktion betrags-integrierbar,

$$\int_{-\infty}^{+\infty} |C_{q_i q_i}(\vec{x},\tau)|\, d\tau = \int_{-\infty}^{+\infty} |\langle q_i'(\vec{x},t) \cdot q_i'(\vec{x},t+\tau)\rangle|\, d\tau < \infty \quad , \tag{8.18}$$

und das ist für die Kovarianzfunktion von turbulenten Strömungsgrößen der Fall, bildet sie gemäß dem Wiener-Chintschin-Therorem mit dem Spektrum ein Fourier-Transformation-Paar

$$\begin{aligned} S_{q_i q_i}(\vec{x},\omega) &\equiv \frac{1}{2 \cdot \pi} \cdot \int_{-\infty}^{\infty} C_{q_i q_i}(\vec{x},\tau) \cdot e^{-i \cdot \tau \cdot \omega}\, d\tau \\ &= \frac{1}{\pi} \cdot \int_{0}^{\infty} C_{q_i q_i}(\vec{x},\tau) \cdot \cos(\omega \cdot \tau)\, d\tau \quad , \end{aligned} \tag{8.19}$$

$$\begin{aligned} C_{q_i q_i}(\vec{x},\tau) &= \int_{-\infty}^{\infty} S_{q_i q_i}(\vec{x},\omega) \cdot e^{i \cdot \tau \cdot \omega}\, d\omega \\ &= 2 \cdot \int_{0}^{\infty} S_{q_i q_i}(\vec{x},\omega) \cdot \cos(\omega \cdot \tau)\, d\omega \quad , \end{aligned} \tag{8.20}$$

mit der Kreisfrequenz $\omega = 2 \cdot \pi \cdot f$ und der Frequenz f. Die Normierung der Fourier-Transformation ist in der Literatur nicht einheitlich und der Vorfaktor von $1/(2 \cdot \pi)$ kann zwischen Hin- und Rücktransformation aufgeteilt werden. In Gl. (8.19) und Gl. (8.20) wurde eine Aufteilung des Vorfaktors entsprechend Monin und Yaglom (1975) gewählt. Das Spektrum $S_{q_i q_i}(\vec{x},\omega)$ entspricht der spektralen Verteilung von Fourier-Moden unterschiedlicher Frequenz ω, aus denen die Autokovarianzfunktion $C_{q_i q_i}(\vec{x},\tau)$ aufgebaut wird. Das Integral

$$\int_{\omega_1}^{\omega_2} S_{q_i q_i}(\vec{x},\omega)\, d\omega \tag{8.21}$$

gibt dementsprechend den Anteil der Fourier-Moden im Frequenzband $\omega_1 < \omega < \omega_2$ an, die zur Varianz

$$C_{q_i q_i}(\vec{x},0) = \langle q'(\vec{x},t)^2\rangle = 2 \cdot \int_{0}^{\infty} S_{q_i q_i}(\vec{x},\omega)\, d\omega \tag{8.22}$$

beitragen. $S_{q_i q_i}(\vec{x},\omega)\, d\omega$ ist der Beitrag zu $\langle q'(\vec{x},t)^2\rangle$, den die Fourier-Moden im Freqenz-band $\omega + d\omega$ leisten. Wie sich leicht zeigen lässt, ist der Betrag des Spektrums mit der Frequenz $\omega = 0$ proportional zum integralen Zeitmaß

$$\begin{aligned} S_{q_i q_i}(\vec{x},0) &= \frac{1}{2 \cdot \pi} \cdot \int_{-\infty}^{\infty} C_{q_i q_i}(\vec{x},\tau)\, d\tau = \frac{1}{\pi} \cdot \int_{0}^{\infty} C_{q_i q_i}(\vec{x},\tau)\, d\tau \\ &= \frac{C_{q_i q_i}(\vec{x},0)}{\pi} \cdot \int_{0}^{\infty} \rho_{q_i q_i}(\vec{x},\tau)\, d\tau = \frac{\langle q_i'(\vec{x},t)^2\rangle}{\pi} \cdot \mathcal{T}_{q_i q_i}(\vec{x}) \quad . \end{aligned} \tag{8.23}$$

Das Spektrum $S_{u_i u_i}(\vec{x},\omega)$ der Autokovarianz der Geschwindigkeit ist mit dem aus der Signaltechnik bekannten Leistungsdichtespektrum vergleichbar. Für die Betrachtung der

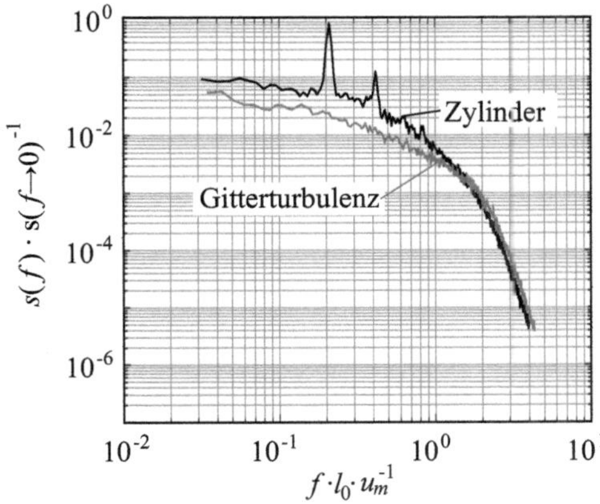

Abb. 8.7 Mit dem Schätzwert $s(f \rightarrow 0)$ normiertes Spektrum $s(f)$ über der entdimensionalisierten Frequenz $f \cdot l_0 \cdot u_m^{-1}$ im Nachlauf eines Zylinders und hinter einem Gitter bei einer Reynolds-Zahl von $Re_{l_0} \approx 1{,}0 \cdot 10^4$, gebildet mit dem Zylinderdurchmesser bzw. der Gitterweite für l_0 und der mittleren Windkanalgeschwindigkeit u_m.

spektralen Verteilung turbulenter Strömungen kann es zweckdienlich sein, dass doppelte Spektrum zu verwenden,

$$s_{q_i q_i}(\vec{x},\omega) \equiv 2 \cdot S_{q_i q_i}(\vec{x},\omega) \quad . \tag{8.24}$$

Abb. 8.7 zeigt beispielhaft die normierten Spektren der Geschwindigkeiten, die in der Nachlaufströmung eines Zylinders und hinter einem Gitter im Windkanal mit Hitzdrahtsonden gemessen wurden. Die Spektren $s(f)$ sind mit dem jeweiligen Schätzwert $s(f \rightarrow 0)$ normiert und die Frequenz f mit dem Zylinderdurchmesser bzw. der Gitterweite und der mittleren Windkanalgeschwindigkeit u_m entdimensionalisiert. Während bei der Gitterturbulenz keine dominante Frequenz auftritt, führt die periodische Wirbelablösung am Zylinder auf die für den unterkritischen Reynolds-Zahlbereich typische (Roshko (1954)) Strouhal-Zahl von $Str_D \approx 0{,}2$.

8.2.4 Zeitliche Taylor-Mikroskala

Obwohl die Taylor-Mikroskalen keine tiefere strömungsphysikalische Interpretation zulassen (Pope (2000)), nutzt man sie zur Quantifizierung der zeitlichen und räumlichen Skalen von turbulenten Wirbelstrukturen mittlerer Größe, d. h. von Wirbelgrößen zwischen den Längenskalen der großen, energiereichen Strukturen und der Kolmogorov-Längenskala. Darüber hinaus kann unter bestimmten Bedingungen die Dissipationsrate aus der Taylor-Mikroskala abgeschätzt werden. Für statistisch stationäre Strömungen erhält man die zeitliche Taylor-Mikroskala mit Hilfe einer Taylor-Reihenentwicklung der Autokovarianzfunktion um die Entwicklungsstelle $\tau = 0$

$$C_{q_i q_i}(\vec{x},\tau) = C_{q_i q_i}(\vec{x},0) + \tau \cdot \left. \frac{\partial C_{q_i q_i}(\vec{x},\tau)}{\partial \tau} \right|_{\tau=0}$$
$$+ \frac{1}{2} \cdot \tau^2 \cdot \left. \frac{\partial^2 C_{q_i q_i}(\vec{x},\tau)}{\partial \tau^2} \right|_{\tau=0} + \cdots \quad . \tag{8.25}$$

Da $C_{q_i q_i}(\vec{x},\tau)$ symmetrisch ist, verschwinden die ungeraden Terme $(\tau \cdot \partial C_{q_i q_i}/\partial\tau|_{\tau=0}, \dots)$ in Gl. (8.25) und es ergibt sich

$$C_{q_i q_i}(\vec{x},\tau) = C_{q_i q_i}(\vec{x},0) + \frac{1}{2} \cdot \tau^2 \cdot \left.\frac{\partial^2 C_{q_i q_i}(\vec{x},\tau)}{\partial\tau^2}\right|_{\tau=0} + \cdots \quad . \tag{8.26}$$

Die anschließende Normierung der Autokovarianzfunktion in Gl. (8.26) mit der Varianz $C_{q_i q_i}(\vec{x},0)$ führt auf

$$\rho_{q_i q_i}(\vec{x},\tau) = 1 + \frac{1}{2} \cdot \tau^2 \cdot \left.\frac{\partial^2 \rho_{q_i q_i}(\vec{x},\tau)}{\partial\tau^2}\right|_{\tau=0} + \cdots \quad ,$$

$$\rho_{q_i q_i}(\vec{x},\tau) = 1 + \frac{1}{2} \cdot \tau^2 \cdot \ddot{\rho}_{q_i q_i}(\vec{x},\tau)|_{\tau=0} + \cdots \quad , \tag{8.27}$$

mit $\ddot{} = \partial^2/\partial\tau^2$. Die zeitliche Taylor-Mikroskala ist definiert durch

$$\lambda_{i,\tau}^2 \equiv -\frac{2}{\ddot{\rho}_{q_i q_i}(\vec{x},\tau)|_{\tau=0}} = -\frac{2}{\partial^2\rho(\vec{x},\tau)/\partial\tau^2|_{\tau=0}} \quad , \tag{8.28}$$

wobei $\ddot{\rho}_{q_i q_i}(\vec{x},\tau)|_{\tau=0}$ aufgrund der Kurvenform von $\rho_{q_i q_i}$ als negativ vorausgesetzt wird. Aus Gl. (8.27) und Gl. (8.28) erhält man

$$\rho_{q_i q_i}(\vec{x},\tau) = 1 - \frac{\tau^2}{\lambda_{q_i,\tau}^2} + \cdots \quad . \tag{8.29}$$

Wie in Abb. 8.5 b zu sehen ist, beschreibt Gl. (8.29) eine die normierte Autokovarianzfunktion oskulierende Parabel mit dem Ursprung bei $\rho(\vec{x},0)$ und die Taylor-Mikroskala definiert den Schnittpunkt mit der Abszisse.

Mit Hilfe einer Taylor-Reihenentwicklung von $q_i'(\vec{x},t)$ um den Entwicklungspunkt t für die Verschiebung τ lässt sich ein Zusammenhang zwischen der Varianz und der zeitlichen Ableitung des Schwankungswerts

$$\left\langle \left(\frac{\partial q_i'(\vec{x},t)}{\partial t}\right)^2 \right\rangle = 2 \cdot \frac{\langle q_i'(\vec{x})^2 \rangle}{\lambda_{q_i,\tau}^2} \tag{8.30}$$

herleiten. Hierzu entwickelt man $q_i'(\vec{x},t)$ zum Zeitpunkt t für die Verschiebung τ

$$q_i'(\vec{x},t+\tau) = q_i'(\vec{x},t) + \tau \cdot \frac{\partial q_i'(\vec{x},t)}{\partial t} + \frac{\tau^2}{2} \cdot \frac{\partial^2 q_i'(\vec{x},t)}{\partial t^2} + \cdots \quad . \tag{8.31}$$

Die Multiplikation von Gl. (8.31) mit $q_i'(\vec{x},t)$ und anschließender Anwendung des Mittelungs-Operators $\langle \dots \rangle$ führt auf

$$\langle q_i'(\vec{x},t) \cdot q_i'(\vec{x},t+\tau) \rangle = \langle q_i'(\vec{x},t)^2 \rangle + \tau \cdot \langle q_i'(\vec{x},t) \cdot \frac{\partial q_i'(\vec{x},t)}{\partial t} \rangle$$
$$+ \frac{\tau^2}{2} \cdot \langle q_i'(\vec{x},t) \cdot \frac{\partial^2 q_i'(\vec{x},t)}{\partial t^2} \rangle + \cdots \quad . \tag{8.32}$$

Das Anwenden der Produktregel in Gl. (8.32) und anschließende Umformung ergibt

$$\langle q_i'(\vec{x},t) \cdot q_i'(\vec{x},t+\tau) \rangle = \langle q_i'(\vec{x},t)^2 \rangle + \frac{\tau}{2} \cdot \frac{\delta \langle q_i'(\vec{x},t)^2 \rangle}{\partial t}$$
$$+ \frac{\tau^2}{4} \cdot \frac{\partial^2 \langle q_i'(\vec{x},t)^2 \rangle}{\partial t^2} - \frac{\tau^2}{2} \cdot \langle \left(\frac{\partial q_i'(\vec{x},t)}{\partial t} \right)^2 \rangle + \cdots \quad . \tag{8.33}$$

Bei statistisch stationärer Turbulenz sind die statistischen Kenngrößen invariant gegenüber einer Zeitverschiebung. Demnach verschwindet die Zeitableitung der Varianz $\langle q_i'(\vec{x},t)^2 \rangle$ in Gl. (8.33) und wir erhalten

$$\rho_{q_i q_i}(\vec{x},\tau) = 1 - \frac{\tau^2}{2 \cdot \langle q_i'(\vec{x})^2 \rangle} \cdot \langle \left(\frac{\partial q_i'(\vec{x},t)}{\partial t} \right)^2 \rangle + \cdots \quad . \tag{8.34}$$

Ein Vergleich von Gl. (8.34) mit Gl. (8.29) liefert den Zusammenhang aus Gl. (8.30) zwischen der Taylor-Mikroskala und der zeitlichen Ableitung des Schwankungswerts.

8.3 Homogene Turbulenz

Ähnlich wie bei der statistisch stationären Turbulenz führt die Annahme einer räumlichen Invarianz der statistischen Größen im Strömungsfeld zu grundlegenden Vereinfachungen in der mathematischen Beschreibung (Batchelor (1956)). Bei homogener Turbulenz ist das Feld der turbulenten Schwankungsgrößen translationsinvariant und demzufolge sind die statistischen Kenngrößen sowie die Korrelations- bzw. Kovarianzfunktionen unabhängig vom Ort $\vec{x}$. Sie unterscheiden sich lediglich in der Richtung. Beispielsweise gilt für die Varianz der drei Geschwindigkeitskomponenten in einem homogenen turbulenten Strömungsfeld $\partial \langle u_1'^2 \rangle / \partial x_j = 0$, $\partial \langle u_2'^2 \rangle / \partial x_j = 0$, $\partial \langle u_3'^2 \rangle / \partial x_j = 0$. Turbulente Strömungen in Natur und Technik weisen immer einen inhomogenen Charakter auf. Die Annahme homogener Turbulenz kann in turbulenten Strömungen bis zu einem gewissen Grad für Skalenbereiche gelten, die etwas größer als die Kolmogorov-Längenskala sind. Aufgrund der statistischen Eigenschaften des Strömungsfelds bei homogener Turbulenz ist sie jedoch das bevorzugte Spielfeld für wissenschaftliche Grundlagenuntersuchungen. Darüber hinaus fehlen ohne die Annahme homogener Turbulenz in der Praxis häufig die notwendigen Vereinfachungen, um turbulente Strömungsfelder mit statistischen Methoden zu analysieren und die gewonnenen Erkenntnisse auf andere Fragestellungen zu übertragen.

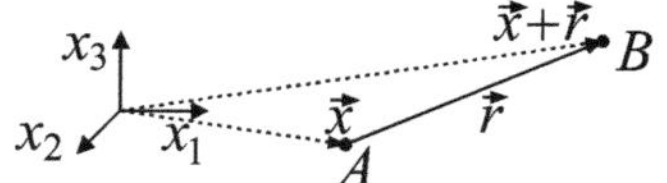

Abb. 8.8 Verschiebungsvektor $\vec{r}$ zwischen den Punkten A am Ort $\vec{x}$ und B am Ort $\vec{x} + \vec{r}$.

8.3.1 Kovarianzfunktion

In einem homogenen Strömungsfeld ist die Kovarianzfunktion invariant gegenüber einer Translation und hängt demnach nur vom Verschiebungsvektor $\vec{r}$ ab. Für die Zwei-Punkt-Kovarianzfunktion zwischen den Punkten $\vec{x}$ und $\vec{x} + \vec{r}$ zum Zeitpunkt t gilt daher

$$C_{q_i q_j}(\vec{r},t) = \langle q_i'(\vec{x},t) \cdot q_j'(\vec{x} + \vec{r},t) \rangle \quad . \tag{8.35}$$

Die normierte Kovarianzfunktion lautet

$$\rho_{q_i q_j}(\vec{r},t) = \frac{\langle q_i'(\vec{x},t) \cdot q_j'(\vec{x} + \vec{r},t) \rangle}{\sqrt{\langle q_i'(\vec{x},t)^2 \rangle} \cdot \sqrt{\langle q_j'(\vec{x},t)^2 \rangle}} \tag{8.36}$$

und besitzt in homogen turbulenten Strömungen aufgrund der Symmetriebedingung, der Normierung und der Cauchy-Schwarz-Ungleichung der Reihe nach die Eigenschaften:

$$\rho_{q_i q_j}(\vec{r},t) = \rho_{q_j q_i}(-\vec{r},t) \ ; \qquad \rho_{q_i q_j}(0,t) = 1 \ ; \qquad |\rho_{q_i q_j}(\vec{r},t)| \leq 1 \quad . \tag{8.37}$$

Üblicherweise wird der Verschiebungsvektor in Gl. (8.35) so gewählt, dass die translatorische Verschiebung r parallel zur Koordinatenachse der Richtung m verläuft. In diesem Fall können wir die Kovarianzfunktion mit Hilfe des Einheitvektors $\vec{e}_m$ angeben: $C_{q_i q_j}(r \cdot \vec{e}_m,t) = \langle q_i'(\vec{x},t) \cdot q_j'(\vec{x} + r \cdot \vec{e}_m,t) \rangle$. Der Index m kennzeichnet die Richtung der Verschiebung r parallel zur Koordinatenachse der Richtung m. Mitunter ordnet man auch die Richtung m der Verschiebung durch Verwendung von r_m zu, um die Komponente des Verschiebungsvektors eindeutig anzugeben.

Ist $\vec{q}(\vec{x},t)$ ein divergenzfreies Vektorfeld ($\nabla \cdot \vec{q} = 0$), so erfüllt die Zwei-Punkt-Kovarianzfunktion $C_{q_i q_j}$ die Beziehung

$$\frac{\partial C_{q_i q_j}(\vec{r},t)}{\partial r_i} = \frac{\partial C_{q_i q_j}(\vec{r},t)}{\partial r_j} = 0 \quad , \tag{8.38}$$

wobei r_i bzw. r_j der Komponente des Verschiebungsvektors in Richtung der Koordinatenachse i bzw. j entspricht (siehe Abb. 8.8). Für eine Zwei-Punkt-Kovarianzfunktion der Geschwindigkeiten $u_i(\vec{x},t)$ und $u_j(\vec{x},t)$ bezeichnet man Gl. (8.38) auch als Kontinuitätsbedingung (Rotta (1972)).

Taylor-Hypothese

Die Taylor-Hypothese der eingefrorenen Turbulenz (Taylor (1938)) ermöglicht die Rekonstruktion räumlicher Kovarianzfunktionen aus Zeitsignalen, die mit Sonden an festen Messorten im Strömungsfeld gemessen werden. Sie wird in experimentellen Untersuchungen beispielsweise zur Analyse der räumlichen Struktur turbulenter Strömungen (Krogstad et al (1998); Hutchins und Marusic (2007)) aus Zeitsignalen sowie zur Approximation räumlicher Gradienten aus Zeitgradienten (Browne et al (1983)) eingesetzt. Im Rahmen der Taylor-Hypothese gehen wir davon aus, dass sich die räumliche Struktur eines turbulenten Strömungsfelds – innerhalb eines bestimmten Betrachtungszeitraums – nur geringfügig ändert, während sie sich mit einer charakteristischen Konvektivgeschwindigkeit $u_{kon,m}$ gleichförmig in Richtung m bewegt. Die richtige Wahl der Konvektivgeschwindigkeit $u_{kon,m}$ bei der Taylor-Hypothese ist entscheidend für die Ergebnisqualität. Häufig wird die lokale mittlere Strömungsgeschwindigkeit des betrachteten Strömungsbereichs innerhalb des Betrachtungszeitraums verwendet, obwohl diese Wahl zu fehlerbehafteten Ergebnissen in den räumlichen Strukturen und Wellenzahl-Spektren führen kann (Zaman und Hussain (1981), Álamo Del and Jiménez (2009)). Im Rahmen der Taylor-Hypothese nimmt man an, dass sich das turbulente Strömungsfeld in der Zeit τ mit der Konvektivgeschwindigkeit $u_{kon,m}$ translatorisch um die Distanz $r = u_{kon,m} \cdot \tau$ in Richtung m verschiebt. Somit lässt sich die zeitliche Änderung einer Strömungsgröße an einem festen Ort im Strömungsfeld auf eine räumliche Verschiebung infolge der konvektiven Strömungsbewegung zurückführen. Wie in Abb. 8.9 dargestellt, entspricht die mit einer stationären Sonde am Ort $\vec{x}$ zur Zeit $t + \tau$ gemessene Strömungsgröße $q_i(\vec{x}, t + \tau)$ der am Ort $\vec{x} - r \cdot \vec{e}_m = \vec{x} - u_{kon,m} \cdot \tau \cdot \vec{e}_m$ zur Zeit t gemessenen Strömungsgröße $q_i(\vec{x} - u_{kon,m} \cdot \tau \cdot \vec{e}_m, t)$. Solange die turbulenzinduzierten Verschiebungen von Wirbelstrukturen innerhalb des Zeitintervalls τ gegenüber den Längenskalen der relevanten Wirbelstrukturen klein sind, gilt in guter Näherung

$$q_i(\vec{x} - r \cdot \vec{e}_m, t) = q_i(\vec{x} - u_{kon,m} \cdot \tau \cdot \vec{e}_m, t) = q_i(\vec{x}, t + \tau) \quad . \tag{8.39}$$

Die folgende Rechnung zeigt, dass im Rahmen dieser Betrachtung die räumliche Kovarianzfunktion unter statistisch homogenen und stationären Bedingungen in eine zeitliche Kovarianzfunktion mit der Verschiebung τ überführt werden kann,

$$\begin{aligned}
C_{q_j q_i}(-r \cdot \vec{e}_m) &= \langle q_j'(\vec{x}, t) \cdot q_i'(\vec{x} - r \cdot \vec{e}_m, t) \rangle \\
&= \langle q_j'(\vec{x}, t) \cdot q_i'(\vec{x}, t + \tau) \rangle = C_{q_j q_i}(\tau) \quad ,
\end{aligned} \tag{8.40}$$

Aus Gl. (8.40) folgt der für die Analyse turbulenter Strömungen wichtige Zusammenhang zwischen räumlicher und zeitlicher Autokovarianzfunktion: $C_{q_i q_i}(\tau) = C_{q_i q_i}(r \cdot \vec{e}_m)$. Man bezeichnet das turbulente Strömungsfeld aufgrund der angenommenen starrkörperhaften Verschiebung auch als „eingefroren" und spricht daher auch von der Taylor-Hypothese der eingefrorenen Turbulenz. Je kleiner die turbulenzbedingten Änderungen der Strömungsgröße im Vergleich zu Änderungen aufgrund der lokalen mittleren Strömungsbewegung sind, desto besser funktioniert die Taylor-Hypothese, z. B. $\sqrt{\langle u'^2 \rangle} \ll \langle u \rangle$. Die praktische Anwendung der Taylor-Hypothese in ihrer ursprünglichen Form ist nicht ausschließlich auf homogene Turbulenz beschränkt, führt aber nur in turbulenzarmen inhomogenen Strömungen bzw. Strömungen mit geringer Scherung zu hinreichend genauen Ergebnissen (Lin

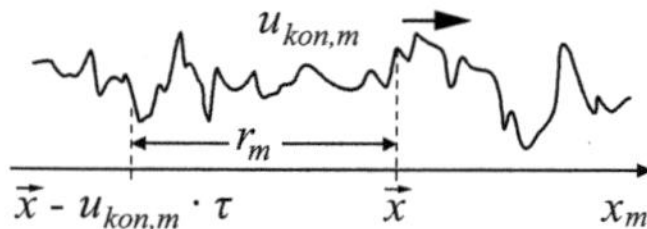

Abb. 8.9 Taylor Hypothese: Das „eingefrorene" turbulente Strömungsfeld wird mit der Konvektivgeschwindigkeit $u_{kon,m}$ transportiert. Für die Strömungsgröße q_i gilt näherungsweise $q_i(\vec{x} - u_{kon,m} \cdot \tau, t) = q_i(\vec{x}, t + \tau)$.

(1953)). In turbulenzintensiven Strömungen und Strömungsbereichen hoher Scherung bewegen sich turbulente Wirbelstrukturen mit unterschiedlichen Konvektivgeschwindigkeiten, die unter Umständen von der lokalen mittleren Strömungsgeschwindigkeit abweichen. In diesem Fall würde die Verwendung von Gl. (8.40) zur Rekonstruktion räumlicher Kovarianzfunktionen aus zeitlichen Signalen ungenaue Ergebnisse liefern (Fisher und Davies (1964)). Trotz der bekannten Unzulänglichkeiten wird die Taylor-Hypothese zur Auswertung von Experimenten genutzt, bei denen das Arbeiten mit zwei Messsonden nicht möglich ist.

8.3.2 Integrales Längenmaß

In turbulenten Strömungen ist die Zwei-Punkt-Kovarianzfunktion der Strömungsgrößen q_i und q_j im Allgemeinen endlich, $C_{q_i q_j}(\vec{r} \to \infty) \to 0$, wodurch die beiden Strömungsgrößen ab einer gewissen Entfernung zueinander nicht mehr miteinander in Beziehung stehen. Die Integration der normierten Kovarianzfunktion entlang der Verschiebung r in Richtung m liefert das integrale Längenmaß

$$\mathcal{L}_{q_i q_j}^{(m)}(t) \equiv \frac{1}{C_{q_i q_j}(0,t)} \int_0^\infty C_{q_i q_j}(r \cdot \vec{e}_m, t)\, dr \quad . \tag{8.41}$$

Es kennzeichnet die Strecke, über die zwei Strömungsgrößen miteinander in Beziehung stehen und ist damit ein Maß für die räumliche Ausdehnung der mit den Strömungsgrößen q_i und q_j assoziierten Wirbelstruktur in einem turbulenten Strömungsfeld (Hinze (1959)). Das mit der Geschwindigkeit gebildete integrale Längenmaß quantifiziert die Ausdehnung größerer Wirbelstrukturen einer turbulenten Strömung in Richtung m zum Zeitpunkt t. In der Praxis kann die obere Integrationsgrenze in Gl. (8.41) auf unterschiedliche Weise definiert werden, wobei die Wahl den Wert des integralen Längenmaßes beeinflusst (O'Neill et al (2004)). Bei homogener Turbulenz hängt das integrale Längenmaß nur von der Richtung m und der Verschiebung r ab.

In der Literatur häufig verwendete integrale Längenmaße turbulenter Strömungen sind die mit den longitudinalen Autokovarianzfunktionen $C_{u_1 u_1}(r \cdot \vec{e}_1, t)$ und $C_{u_2 u_2}(r \cdot \vec{e}_2, t)$ gebildeten Längenmaße

$$\mathcal{L}_{u_1 u_1}^{(1)}(t) \equiv \frac{1}{\langle u_1'(t)^2 \rangle} \int_0^\infty C_{u_1 u_1}(r \cdot \vec{e}_1, t)\, dr \quad , \tag{8.42}$$

$$\mathcal{L}_{u_2 u_2}^{(2)}(t) \equiv \frac{1}{\langle u_2'(t)^2 \rangle} \int_0^\infty C_{u_2 u_2}(r \cdot \vec{e}_2, t)\, dr \quad , \qquad (8.43)$$

sowie die mit den transversalen Autokovarianzfunktionen $C_{u_1 u_1}(r \cdot \vec{e}_2, t)$ und $C_{u_2 u_2}(r \cdot \vec{e}_1, t)$ gebildeten Längenmaße

$$\mathcal{L}_{u_1 u_1}^{(2)}(t) \equiv \frac{1}{\langle u_1'(t)^2 \rangle} \int_0^\infty C_{u_1 u_1}(r \cdot \vec{e}_2, t)\, dr \quad , \qquad (8.44)$$

$$\mathcal{L}_{u_2 u_2}^{(1)}(t) \equiv \frac{1}{\langle u_2'(t)^2 \rangle} \int_0^\infty C_{u_2 u_2}(r \cdot \vec{e}_1, t)\, dr \quad . \qquad (8.45)$$

Die Taylor-Hypothese liefert einen für die Analyse von experimentellen Daten wichtigen Zusammenhang zwischen dem integralen Längen- und Zeitmaß. Sind die Änderungen der räumlichen Struktur des turbulenten Strömungsfelds gering während es sich innerhalb des gewählten Betrachtungszeitraums mit der zugehörigen Konvektivgeschwindigkeit $u_{kon,m}$ translatorisch in Richtung m bewegt, so lässt sich anhand von

$$\mathcal{L}_{q_i q_i}^{(m)}(\vec{x}, t) = \mathcal{T}_{q_i q_i}(\vec{x}, t) \cdot u_{kon,m} \qquad (8.46)$$

das integrale Längenmaß aus dem integralen Zeitmaß bestimmen.

8.3.3 Räumliche Taylor-Mikroskalen

Analog zur zeitlichen Taylor-Mikroskala kann die räumliche Taylor-Mikroskala mit Hilfe der Taylor-Reihenentwicklung der Autokovarianzfunktion um den Entwicklungspunkt $r = 0$ formuliert werden. Die Taylor-Reihenentwicklung lautet hiernach

$$C_{q_i q_i}(r \cdot \vec{e}_m, t) = C_{q_i q_i}(0, t) + r \cdot \left. \frac{\partial C_{q_i q_i}(r \cdot \vec{e}_m, t)}{\partial x_m} \right|_{r=0}$$
$$+ \frac{r^2}{2} \cdot \left. \frac{\partial^2 C_{q_i q_i}(r \cdot \vec{e}_m, t)}{\partial x_m^2} \right|_{r=0} + \cdots \quad . \qquad (8.47)$$

Da $C_{q_i q_i}(r \cdot \vec{e}_m, t)$ symmetrisch ist, verschwinden die ungeraden Terme der rechten Seite von Gl. (8.47) und es gilt

$$C_{q_i q_i}(r \cdot \vec{e}_m, t) = C_{q_i q_i}(0, t) + \frac{r^2}{2} \cdot \left. \frac{\partial^2 C_{q_i q_i}(r \cdot \vec{e}_m, t)}{\partial x_m^2} \right|_{r=0} + \cdots \quad ,$$

$$\frac{C_{q_i q_i}(r \cdot \vec{e}_m, t)}{C_{q_i q_i}(0, t)} = 1 + \frac{r^2}{2} \cdot \frac{\partial^2}{\partial x_m^2} \left[\frac{C_{q_i q_i}(r \cdot \vec{e}_m, t)}{C_{q_i q_i}(0, t)} \right] \Bigg|_{r=0} + \cdots \quad ,$$

$$\rho_{q_i q_i}(r \cdot \vec{e}_m, t) = 1 + \frac{r^2}{2} \cdot \ddot{\rho}_{q_i q_i}(r \cdot \vec{e}_m, t)|_{r=0} + \cdots \quad , \qquad (8.48)$$

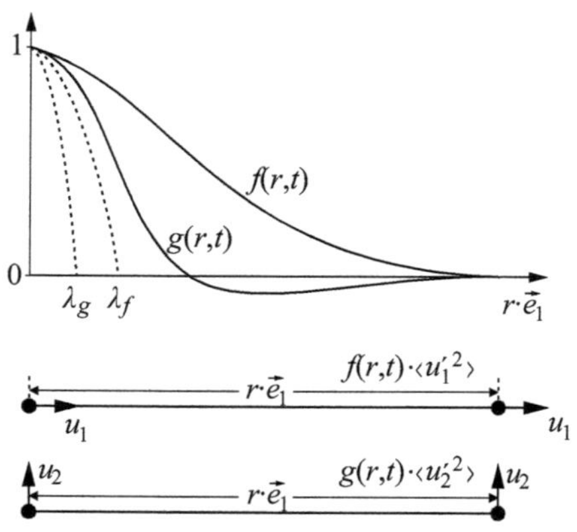

Abb. 8.10 Graphische Darstellung der räumlichen Taylor-Mikroskalen λ_f und λ_g als oskulierende Parabeln an den normierten Autokovarianzfunktionen $f(r,t)$ gemäß Gl. (8.54) und $g(r,t)$ gemäß Gl. (8.55).

mit der normierten Autokovarianzfunktion gemäß Gl. (8.36) und dem Operator für die zweifache räumliche Ableitung $\ddot{} = \partial^2/\partial x_m^2$. Analog zur zeitlichen Taylor-Mikroskala ist die räumliche Taylor-Mikroskala in Richtung m definiert durch

$$\lambda_{q_i}^{(m)\,2} \equiv -\frac{2}{\ddot{\rho}_{q_i q_i}(r \cdot \vec{e}_m, t)|_{r=0}} \ . \tag{8.49}$$

Aus Gl. (8.48) folgt demnach

$$\rho_{q_i q_i}(r \cdot \vec{e}_m, t) = 1 - \frac{r^2}{\lambda_{q_i}^{(m)\,2}} + \cdots \ . \tag{8.50}$$

Die räumliche Taylor-Mikroskala steht mit den räumlichen Gradienten des Schwankungswerts durch

$$\lambda_{q_i}^{(m)\,2} = 2 \cdot \frac{\langle q_i'(t)^2 \rangle}{\langle (\partial q_i'(\vec{x},t)/\partial x_m)^2 \rangle} \tag{8.51}$$

zueinander in Beziehung. Unter der Annahme isotroper Turbulenz (Kapitel 8.3.5) können wir die räumliche Taylor-Mikroskala nutzen, um die Dissipationsrate ε abzuschätzen. Die Herleitung von Gl. (8.51) erfolgt analog zur zeitlichen Taylor-Mikroskala, die wir im vorherigen Abschnitt kennengelernt haben (siehe Aufgabe 8.2). Am häufigsten werden die in Abb. 8.10 skizzierten Taylor-Mikroskalen

$$\lambda_f^2 \equiv \lambda_{u_1}^{(1)\,2} = -\frac{2}{{}^{**}f(r,t)|_{r=0}} \ , \tag{8.52}$$

$$\lambda_g^2 \equiv \lambda_{u_2}^{(1)\,2} = -\frac{2}{{}^{**}g(r,t)|_{r=0}} \tag{8.53}$$

verwendet, wobei die Funktionen f und g die normierten Autokovarianzfunktionen der Geschwindigkeiten

$$f(r,t) \equiv \frac{\langle u_1'(\vec{x},t) \cdot u_1'(\vec{x} + r \cdot \vec{e}_1,t)\rangle}{\langle u_1'(t)^2\rangle} = \frac{C_{u_1 u_1}(r \cdot \vec{e}_1,t)}{C_{u_1 u_1}(0,t)} \quad , \tag{8.54}$$

$$g(r,t) \equiv \frac{\langle u_2'(\vec{x},t) \cdot u_2'(\vec{x} + r \cdot \vec{e}_1,t)\rangle}{\langle u_2'(t)^2\rangle} = \frac{C_{u_2 u_2}(r \cdot \vec{e}_1,t)}{C_{u_2 u_2}(0,t)} \tag{8.55}$$

darstellen und für den Operator $^{**} = \partial^2/\partial r^2$ gilt. Für die in Gl. (8.52) und Gl. (8.53) angegebenen Taylor-Mikroskalen erhält man entsprechend Gl. (8.51)

$$\lambda_f^2 = 2 \cdot \frac{\langle u_1'(t)^2\rangle}{\left\langle\left(\frac{\partial u_1'(\vec{x},t)}{\partial x_1}\right)^2\right\rangle} \quad , \tag{8.56}$$

$$\lambda_g^2 = 2 \cdot \frac{\langle u_2'(t)^2\rangle}{\left\langle\left(\frac{\partial u_2'(\vec{x},t)}{\partial x_1}\right)^2\right\rangle} \quad . \tag{8.57}$$

Setzt man die Gültigkeit der Taylor-Hypothese der eingefrorenen Turbulenz voraus, so lässt sich leicht zeigen (Aufgabe 8.4), dass die räumliche Taylor-Mikroskala $\lambda_{q_i}^{(m)}$ gemäß Gl. (8.49) und die zeitliche Taylor-Mikroskala $\lambda_{q_i,\tau}$ gemäß Gl. (8.28) über die Konvektivgeschwindigkeit $u_{kon,m}$ in folgender Beziehung zueinander stehen,

$$\lambda_{q_i}^{(m)^2} = u_{kon,m}^2 \cdot \lambda_{q_i,\tau}^2 \quad . \tag{8.58}$$

8.3.4 Spektrum-Funktionen und Wellenzahlspektren

Die Wirbelstrukturen einer turbulenten Strömung besitzen je nach Größe verschiedene Eigenschaften und tragen in unterschiedlicher Weise zur Strömungsbewegung bei. Ein über Raumpunkte abgetastetes Messsignal repräsentiert Beiträge von Wirbelstrukturen unterschiedlicher Größe und eine turbulente Strömungsgröße setzt sich aus Fluktuationen zusammen, die von verschiedenen Wellenzahlen herrühren. Bei homogener Turbulenz können die spektralen Anteile im Wellenzahlraum mit Hilfe der Fourier-Transformation von über Linien abgetasteten Signalen bestimmt werden. Die resultierenden Spektrum-Funktionen und Wellenzahlspektren sind bei der Analyse der räumlichen Struktur turbulenter Strömungen von übergeordneter Bedeutung. Mit ihrer Hilfe können beispielsweise die Verteilung und der Austausch kinetischer Energie in Abhängigkeit von der Wirbelgröße diskutiert werden.

Ähnlich wie bei der Spektralanalyse von Zeitsignalen ist die Fourier-Transformation der Zwei-Punkt-Kovarianzfunktion das entscheidende Werkzeug für die Spektralanalyse turbulenter Strömungen. Der Geschwindigkeit-Spektraltensor (auch Energie-Spektrum-Tensor genannt) $\underline{\phi}(\vec{\kappa},t)$ setzt sich aus den Fourier-Transformierten der Zwei-Punkt-Kovarianzfunktionen $\overline{C_{u_i u_j}}(\vec{r},t)$ von den Geschwindigkeiten $u_i(\vec{x},t)$ und $u_j(\vec{x},t)$ zusammen. Es gilt demnach

$$\phi_{ij}(\vec{\kappa},t) \equiv \frac{1}{(2 \cdot \pi)^3} \cdot \iiint_{-\infty}^{+\infty} C_{u_i u_j}(\vec{r},t) \cdot e^{-i \cdot \vec{\kappa} \cdot \vec{r}} \, d\vec{r} \tag{8.59}$$

und

$$C_{u_i u_j}(\vec{r},t) = \iiint_{-\infty}^{+\infty} \phi_{ij}(\vec{\kappa},t) \cdot e^{i \cdot \vec{\kappa} \cdot \vec{r}} \, d\vec{\kappa} \quad , \tag{8.60}$$

mit dem Wellenzahlvektor $\vec{\kappa} = (\kappa_1,\kappa_2,\kappa_3)^T$ sowie den Ausdrücken $d\vec{r} = dr_1 \, dr_2 \, dr_3$ und $d\vec{\kappa} = d\kappa_1 \, d\kappa_2 \, d\kappa_3$. Der Geschwindigkeit-Spektraltensor ist im Allgemeinen komplex. Wie in Rotta (1972) gezeigt, genügt er der Bedingung

$$\phi_{ij}^*(\vec{\kappa},t) = \phi_{ij}(-\vec{\kappa},t) \quad , \tag{8.61}$$

der Symmetriebedingung

$$\phi_{ij}(\vec{\kappa},t) = \phi_{ij}(-\vec{\kappa},t) \tag{8.62}$$

und der Orthogonalitätsbedingung

$$\kappa_i \cdot \phi_{ij}(\vec{\kappa},t) = \kappa_j \cdot \phi_{ji}(\vec{\kappa},t) \quad . \tag{8.63}$$

Die Spur von ϕ_{ij} ist reell und nichtnegativ, $\phi_{ii} = \phi_{ii}^* \geq 0$. Die Komponenten des Geschwindigkeit-Spektraltensors stellen die spektrale Verteilung von Fourier-Moden im Wellenzahlraum dar, aus denen die entsprechende Kovarianzfunktion aufgebaut ist. Fourier-Moden sind vom Wellenzahlvektor abhängige Funktionen, wobei der Betrag des Wellenzahlvektors $\kappa = |\vec{\kappa}| = \sqrt{\kappa_1^2 + \kappa_2^2 + \kappa_3^2}$ die Wellenlänge der Fourier-Mode $\Lambda(\kappa) = 2 \cdot \pi / |\vec{\kappa}|$ festlegt. Für $\vec{r} = 0$ repräsentiert der Geschwindigkeit-Spektraltensor die Verteilungsdichte der Geschwindigkeitskovarianzen im Wellenzahlraum,

$$C_{ij}(0,t) = \iiint_{-\infty}^{+\infty} \phi_{ij}(\vec{\kappa},t) \, d\vec{\kappa} \quad . \tag{8.64}$$

Demnach gibt $\phi_{ij}(\vec{\kappa},t) \, d\vec{\kappa}$ den Anteil aller Fourier-Moden an, die im Bereich $\vec{\kappa}$ und $\vec{\kappa} + d\vec{\kappa}$ zur Kovarianz $\langle u_i'(t) \cdot u_j'(t) \rangle$ beitragen.

Anstelle des äußerst komplizierten und im Allgemeinen komplexen Geschwindigkeit-Spektraltensors ist es im Rahmen der Spektralanalyse turbulenter Strömungsfelder zweckdienlich, die Verteilung der kinetischen Energie über dem Betrag des Wellenzahlvektors κ in Form der richtungsunabhängigen Energie-Spektrum-Funktion $E(\kappa)$ zu betrachten.

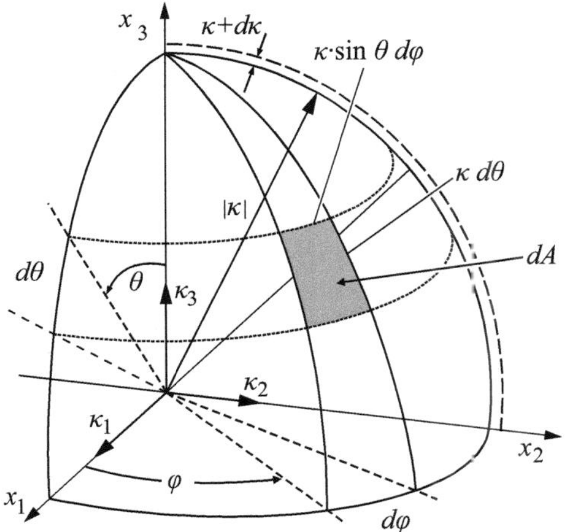

Abb. 8.11 Integration der wellenzahlabhängigen Verteilung der kinetischen Energie über die kugelförmige Oberfläche $A(\kappa)$ mit dem Radius $\kappa = |\vec{\kappa}|$, dem Polarwinkel θ und dem Azimutwinkel φ.

Die Verteilung der kinetischen Energie im Wellenzahlraum ist definiert als die halbe Spur des Geschwindigkeit-Spektraltensors und daher entspricht – wie in Abb. 8.11 dargestellt – die Energie-Spektrum-Funktion einer Integration der wellenzahlabhängigen Verteilung der kinetischen Energie über die kugelförmige Oberfläche $A(\kappa)$ mit dem Radius κ im dreidimensionalen Wellenzahlraum

$$E(\kappa,t) \equiv \frac{1}{2} \cdot \oint_{\kappa=|\vec{\kappa}|} \phi_{ii}(\vec{\kappa},t)\, dA(\kappa) \quad , \tag{8.65}$$

$$E(\kappa,t) = \frac{1}{2} \cdot \int_{\varphi=0}^{2\cdot\pi} \int_{\theta=0}^{\pi} \phi_{ii}(\vec{\kappa},t) \cdot \kappa^2 \cdot \sin\theta\, d\theta\, d\varphi \quad . \tag{8.66}$$

$E(\kappa,t)$ ist eine reelle, nichtnegative skalare Funktion, die die spektrale Energieverteilung über dem Betrag des Wellenzahlvektors κ darstellt. Wie von Pope (2000) angemerkt, geht in Gl. (8.65) bei der Betrachtung der Spur des Geschwindigkeit-Spektraltensors die Richtungsinformation der Geschwindigkeit verloren, während die Richtungsabhängigkeit der Fourier-Moden durch die Integration über den Wellenzahlvektor verschwindet. $E(\kappa,t)$ vereint demnach die Anteile aller drei spektralen Komponenten von $\phi_{ii}(\vec{\kappa},t)$. Die Integration der Energie-Spektrum-Funktion über alle κ liefert die sogenannte turbulente kinetische Energie

$$k \equiv \int_0^\infty E(\kappa,t)\, d\kappa \quad . \tag{8.67}$$

Offensichtlich entspricht die Integration von $E(\kappa,t)$ über alle κ der Integration von $1/2 \cdot \phi_{ii}(\vec{\kappa},t)$ über alle $\vec{\kappa}$ und es gilt demnach

$$k = \int_0^\infty E(\kappa,t)\, d\kappa = \frac{1}{2} \cdot \iiint_{-\infty}^{+\infty} \phi_{ii}(\vec{\kappa},t)\, d\vec{\kappa} = \frac{1}{2} \cdot C_{u_i u_i}(0,t) = \frac{1}{2} \cdot \langle u_i'(t)^2 \rangle \quad . \tag{8.68}$$

In Gl. (8.68) repräsentiert $E(\kappa)d\kappa$ den Anteil von $\phi_{ii}(\vec{\kappa},t)$ an $k(t)$, der sich, wie in Abb. 8.11 gezeigt, innerhalb der Kugelschale mit der Dicke $d\kappa$ im dreidimensionalen Wellenzahlraum befindet.

Eindimensionales Spektrum

Früher oder später stellt sich die Frage, wie die Energie-Spektrum-Funktion bestimmt und berechnet werden kann. Ein Blick auf Gl. (8.59) - Gl. (8.65) zeigt, dass zur Ermittlung der Energie-Spektrum-Funktion Zwei-Punkt-Kovarianzfunktionen in allen drei Raumrichtungen zu einem Zeitpunkt benötigt werden. Mit experimentellen Methoden scheint dieses Unterfangen nicht realisierbar zu sein und so findet man in der Literatur für Ergebnisse aus Experimenten fast ausschließlich das eindimensionale Spektrum F_{ij}. Es basiert auf der eindimensionalen Kovarianzfunktion mit der translatorischen Verschiebung r_m, die entlang einer Linie parallel zur Koordinatenachse der Richtung m verläuft. r_m kennzeichnet die entsprechende Komponente des Verschiebungsvektors $\vec{r}$, z. B. gilt für eine Verschiebung entlang der x_1-Koordinatenachse $\vec{r} = (r_1,0,0)^T$. Die Fourier-Transformierte der Kovarianzfunktion $C_{u_i u_j}(r_m \cdot \vec{e}_m,t)$ mit den Geschwindigkeiten $u_i(\vec{x},t)$ und $u_j(\vec{x},t)$ definiert das eindimensionale Spektrum

$$
\begin{aligned}
F_{ij}(\kappa_m,t) &\equiv \frac{1}{2 \cdot \pi} \cdot \int_{-\infty}^{+\infty} C_{u_i u_j}(r_m \cdot \vec{e}_m,t) \cdot e^{-i \cdot \kappa_m \cdot r_m} \, dr_m \\
&= \frac{1}{\pi} \cdot \int_0^{\infty} C_{u_i u_j}(r_m \cdot \vec{e}_m,t) \cdot \cos(\kappa_m \cdot r_m) \, dr_m \quad ,
\end{aligned}
\tag{8.69}
$$

wobei für die Rücktransformation

$$
\begin{aligned}
C_{u_i u_j}(r_m \cdot \vec{e}_m,t) &= \int_{-\infty}^{\infty} F_{ij}(\kappa_m,t) \cdot e^{i \cdot \kappa_m \cdot r_m} \, d\kappa_m \\
&= 2 \cdot \int_0^{\infty} F_{ij}(\kappa_m,t) \cdot \cos(\kappa_m \cdot r_m) \, d\kappa_m
\end{aligned}
\tag{8.70}
$$

gilt. Zwischen dem eindimensionalen Spektrum und dem Geschwindigkeit-Spektraltensor besteht der in Abb. 8.12 skizzierte Zusammenhang (siehe Aufgabe 8.3)

$$
F_{ij}(\kappa_a,t) = \iint_{-\infty}^{+\infty} \phi_{ij}(\vec{\kappa},t) \, d\kappa_b \, d\kappa_c \quad ,
\tag{8.71}
$$

mit $a = 1$, $b = 2$, $c = 3$ bzw. $a = 2$, $b = 1$, $c = 3$ bzw. $a = 3$, $b = 1$, $c = 2$. Gemäß Gl. (8.71) entspricht das eindimensionale Spektrum einer Integration des Geschwindigkeit-Spektraltensors über Ebenen im Wellenzahlraum, die orthogonal zur κ_a-Achse stehen. Wie in Frost (1977) gezeigt, tragen dementsprechend auch Fourier-Moden mit Wellenzahlen $\kappa > \kappa_a$ zu $F_{ij}(\kappa_a,t)$ bei, z. B. besitzt $F_{ij}(\kappa_a = 0,t)$ Anteile von $\phi_{ij}(\vec{\kappa},t)$ aus der Ebene $(0,\kappa_b,\kappa_c)$. Die Tatsache, dass zum eindimensionalen Spektrum bei einer bestimmten Wellenzahl auch Wirbelstrukturen anderer Wellenzahlen beitragen, bezeichnet man als Aliasing. Dieser Effekt tritt beim eindimensionalen Spektrum auf und idealerweise nicht bei der Energie-Spektrum-Funktion ($E(\kappa,t) \to 0$ für $\kappa \to 0$). Offensichtlich unterscheiden

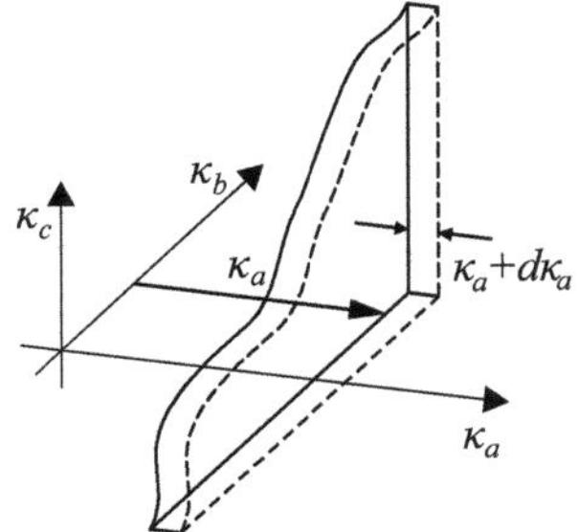

Abb. 8.12 Darstellung des eindimensionalen Spektrums im dreidimensionalen Wellenzahlraum mit dem Wellenzahlvektor $\vec{\kappa} = (\kappa_a,\kappa_b,\kappa_c)$, wobei $a = 1$, $b = 2$, $c = 3$ bzw. $a = 2$, $b = 1$, $c = 3$ bzw. $a = 3$, $b = 1$, $c = 2$ gilt.

sich $E(\kappa,t)$ und $F_{ij}(\kappa_m,t)$ und demnach gibt das eindimensionale Spektrum nicht unbedingt die tatsächliche spektrale Verteilung der kinetischen Energie über der Wellenzahl wieder.

Das häufig vorzufindende longitudinale eindimensionale Spektrum lautet

$$F_{11}(\kappa_1,t) = \frac{1}{2 \cdot \pi} \cdot \int_{-\infty}^{+\infty} C_{u_1u_1}(r_1 \cdot \vec{e}_1,t) \cdot e^{-i \cdot k_1 \cdot r_1} \, dr_1$$

$$= \frac{\langle u_1'(t)^2 \rangle}{2 \cdot \pi} \cdot \int_{-\infty}^{+\infty} f(r_1) \cdot e^{-i \cdot k_1 \cdot r_1} \, dr_1 \tag{8.72}$$

und das transversale eindimensionale Spektrum lautet

$$F_{22}(\kappa_1,t) = \frac{1}{2 \cdot \pi} \cdot \int_{-\infty}^{+\infty} C_{u_2u_2}(r_1 \cdot \vec{e}_1,t) \cdot e^{-i \cdot k_1 \cdot r_1} \, dr_1$$

$$= \frac{\langle u_2'(t)^2 \rangle}{2 \cdot \pi} \cdot \int_{-\infty}^{+\infty} g(r_1) \cdot e^{-i \cdot k_1 \cdot r_1} \, dr_1 \quad , \tag{8.73}$$

wobei $f(r)$ und $g(r)$ die Autokovarianzfunktionen aus Gl. (8.54) und Gl. (8.55) sind. Aus Gl. (8.72) und Gl. (8.73) ergeben sich für $\kappa_1 = 0$ Beziehungen zwischen dem eindimensionalen Spektrum und den integralen Längenmaßen

$$F_{11}(\kappa_1 = 0,t) = \frac{1}{\pi} \cdot \int_0^{\infty} C_{u_1u_1}(r_1 \cdot \vec{e}_1,t) \cdot \cos(0) \, dr_1 = \frac{\mathcal{L}_{u_1u_1}^{(1)} \cdot \langle u_1'(t)^2 \rangle}{\pi} \tag{8.74}$$

und

$$F_{22}(\kappa_1 = 0,t) = \frac{1}{\pi} \cdot \int_0^{\infty} C_{u_2u_2}(r_1 \cdot \vec{e}_1,t) \cdot \cos(0) \, dr_1 = \frac{\mathcal{L}_{u_2u_2}^{(1)} \cdot \langle u_2'(t)^2 \rangle}{\pi} \quad . \tag{8.75}$$

Die Definition des eindimensionalen Spektrums ist in der Literatur nicht einheitlich. Während man in theoretischen Arbeiten auf die in Gl. (8.69) – Gl. (8.73) angegebene Formulierung des eindimensionalen Spektrums zurückgreift, wird in experimentellen Arbeiten das eindimensionale Spektrum E_{ij} überwiegend als die mit dem Faktor 2 multiplizierte Fourier-Transformierte der Geschwindigkeit-Kovarianzfunktion definiert,

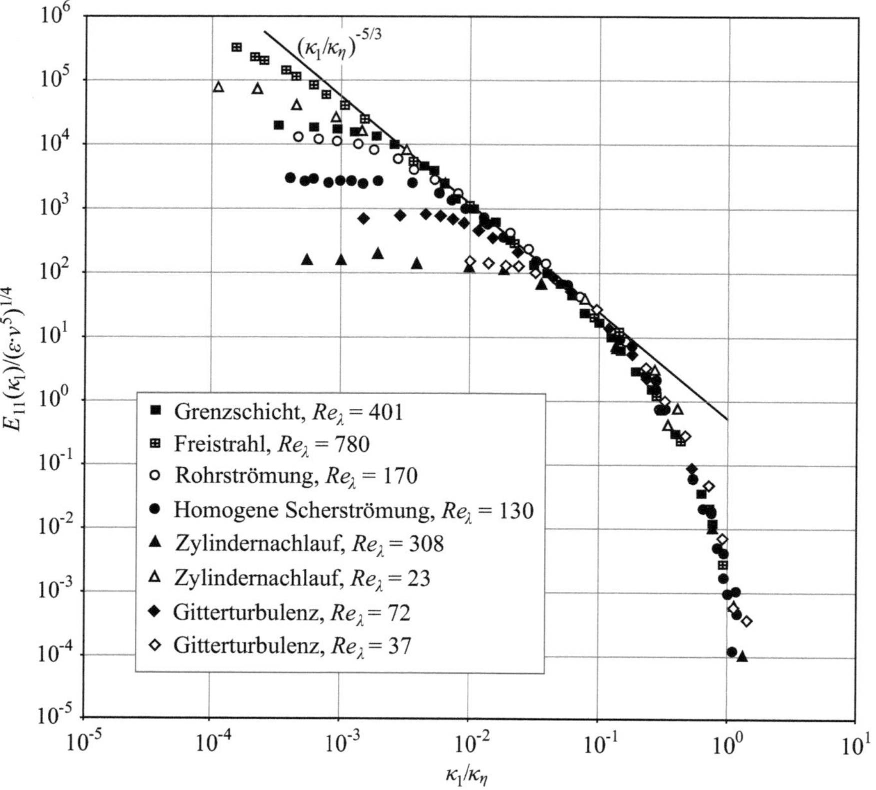

Abb. 8.13 Normiertes eindimensionales Spektrum nach Chapman (1979). Daten für Grenzschicht ($y/\delta = 0.5$; $Re_\delta = 3{,}1 \cdot 10^5$): Sandborn und Marshall (1965); Freistrahl: Gibson (1963); Rohrströmung ($Re_D = 5 \cdot 10^5$): Laufer (1953); homogene Scherströmung: Champagne et al (1970); Zylindernachlauf: Uberoi und Freymuth (1969); Gitterturbulenz: Comte-Bellot und Corrsin (1971).

$$E_{ij}(\kappa_m,t) \equiv 2 \cdot F_{ij}(\kappa_m,t) \quad . \tag{8.76}$$

Dementsprechend gilt für das longitudinale Spektrum

$$\int_0^\infty E_{11}(\kappa_1,t)\, d\kappa_1 = \langle u_1'(t)^2 \rangle \tag{8.77}$$

und für das transversale Spektrum

$$\int_0^\infty E_{22}(\kappa_1,t)\, d\kappa_1 = \langle u_2'(t)^2 \rangle \quad . \tag{8.78}$$

In Abb. 8.13 sind verschiedene von Chapman (1979) zusammengefasste, auf experimentell gewonnenen Geschwindigkeitsdaten basierende, eindimensionale Spektren für unterschiedliche Strömungssituationen gezeigt. Nach der 1. Ähnlichkeitshypothese von Kolmogorov (Kapitel 7.3.4) lässt sich die spektrale Verteilung der kinetischen Energie im universellen Gleichgewichtsbereich mit der Dissipationsrate ε und der Viskosität ν normieren. Aus dimensionsanalytischen Gründen verwendet man $u_\eta{}^2 \cdot \eta = (\varepsilon \cdot \nu^5)^{1/4}$. Die Wellenzahl wird mit der Kolmogorov-Wellenzahl $\kappa_\eta \equiv \eta^{-1} = (\nu^3/\varepsilon)^{-1/4}$ normiert. Diese Eigenschaften lassen sich auf das eindimensionale Spektrum übertragen. Aufgrund der Normierung ändert sich die spektrale Energieverteilung für große Wellenzahlen nicht. Für kleiner werdende Wellenzahlen zeigen sich die erwarteten Unterschiede infolge der Abhängigkeit des eindimensionalen Spektrums von der Reynolds-Zahl und der Strömungssituation.

Taylor-Hypothese und das eindimensionale Spektrum

Die experimentelle Bestimmung von Zwei-Punkt-Kovarianzfunktionen setzt die Messung von Strömungsgrößen an zwei Messpunkten im Strömungsfeld voraus, wobei ein Messpunkt entlang einer Linie translatorisch verschiebbar sein muss. Dies ist in realen Anwendungen messtechnisch oft nicht realisierbar. Beispielsweise kann bei Messungen mit invasiven Messsonden (Hitzdrahtsonden, Permanentmagnetsonden, . . .) die stromaufwärts gelegene Messsonde die Strömung derart beeinflussen, dass eine Messung der Strömungsgröße mit der stromabwärts befindlichen Messsonde gestört wird. Eindimensionale Spektren der Form $F_{ii}(\kappa_m)$ (bzw. $E_{ii}(\kappa_m)$) basieren daher häufig auf Messsignalen, die an einem festen Ort im turbulenten Strömungsfeld (z. B. mit einer stationären Hitzdraht-Sonde) gemessen und unter Annahme der Taylor-Hypothese (Kapitel 8.3.1) berechnet wurden. Ändert sich die räumliche Struktur des turbulenten Strömungsfelds nur geringfügig, während sie sich gleichförmig mit der Konvektivgeschwindigkeit $u_{kon,m}$ in Richtung m bewegt, lassen sich die zeitlichen und räumlichen Fourier-Moden ineinander überführen. Wie in Abb. 8.14 veranschaulicht, bezieht sich in diesem Fall die an einem festen Ort ermittelte Frequenz f auf die räumliche Fourier-Mode mit der Wellenlänge $\Lambda_m = u_{kon,m}/f$ und der Konvektivgeschwindigkeit $u_{kon,m}$. Mit $\Lambda_m = 2 \cdot \pi/\kappa_m$ gilt zwischen der Frequenz f und der Wellenzahl κ_m einer Fourier-Mode der Zusammenhang

$$\omega = 2 \cdot \pi \cdot f = \kappa_m \cdot u_{kon,m} \quad . \tag{8.79}$$

Mit Gl. (8.79) und der Zeitverschiebung $\tau = r_m/u_{kon,m}$ können wir die Definitionsgleichung des eindimensionalen Spektrums

$$F_{ii}(\kappa_m,t) = \frac{1}{\pi} \cdot \int_0^\infty C_{u_i u_i}(r_m \cdot \vec{e}_m,t) \cdot \cos(\kappa_m \cdot r_m)\, dr_m \tag{8.80}$$

umformen zu

$$F_{ii}(\kappa_m,t) = \frac{1}{2} \cdot E_{ii}(\kappa_m,t) = \frac{1}{\pi} \cdot \int_0^\infty C_{u_i u_i}(r_m \cdot \vec{e}_m,t) \cdot \cos(\omega \cdot \tau)\, d\tau \cdot u_{kon,m} \quad . \tag{8.81}$$

Für statistisch homogene und stationäre Bedingungen gilt Gl. (8.40) und aus Gl. (8.81) folgt

$$F_{ii}(\kappa_m) = \frac{1}{2} \cdot E_{ii}(\kappa_m,t) = \frac{u_{kon,m}}{\pi} \cdot \int_0^\infty C_{u_i u_i}(\tau) \cdot \cos(\omega \cdot \tau)\, d\tau \quad . \tag{8.82}$$

Unter Berücksichtigung von Gl. (8.19) bzw. Gl. (8.24) für das frequenzbasierte Spektrum ergibt sich

$$F_{ii}(\kappa_m) = u_{kon,m} \cdot S_{u_i u_i}(\omega) \tag{8.83}$$

bzw.

$$E_{ii}(\kappa_m) = u_{kon,m} \cdot s_{u_i u_i}(\omega) \quad . \tag{8.84}$$

Entsprechend Gl. (8.83) (bzw. Gl. (8.84)) kann das eindimensionale Spektrum $F_{ii}(\kappa_m)$ (bzw. $E_{ii}(\kappa_m)$) durch das korrespondierende Spektrum $S_{u_i u_i}(\omega)$ (bzw. $s_{u_i u_i}(\omega)$) angenähert werden, solange die Taylor-Hypothese erfüllt ist. In diesem Fall besitzt die Verteilung des anhand von Gl. (8.83) ermittelten eindimensionalen Spektrums $F_{ii}(\kappa_m)$ (bzw. $E_{ii}(\kappa_m)$) die gleiche Form wie das auf der Zeitfrequenz basierende Spektrum $S_{u_i u_i}(\omega)$ (bzw. $s_{u_i u_i}(\omega)$). Wir können somit das eindimensionale Spektrum aus der zeitlichen Kovarianzfunktion bestimmen – was insbesondere für experimentelle Untersuchungen wichtig ist.

Bei der Verwendung der Taylor-Hypothese zur Rekonstruktion von Wellenzahlspektren ist Vorsicht geboten, da eine unkritische Anwendung von Gl. (8.83) zu Aliasing-behafteten Spektren führen kann. Die Konvektivgeschwindigkeit einer Wirbelstruktur hängt von ihrer Längenskala ab. Insbesondere bei größeren Wirbelstrukturen unterscheidet sie sich in Größe und Richtung von der lokalen mittleren Geschwindigkeit (Townsend (1976)). Dementsprechend variieren die Konvektivgeschwindigkeiten von verschieden großen Wirbelstrukturen und können daher auch von der für die Verschiebung des eingefrorenen Strömungsfelds gewählten Strömungsgeschwindigkeit $u_{kon,m}$ innerhalb des Betrachtungsgebiets abweichen. Als Konvektivgeschwindigkeit nutzt man häufig die lokal gemittelte Geschwindigkeit, aber auch die Verwendung der Phasen-gemittelten Geschwindigkeit oder der Momentangeschwindigkeit ist üblich. Die Änderung der Konvektivgeschwindigkeit mit der Wirbelgröße wurde unter anderem für turbulente Grenzschichtströmungen (Krogstad et al (1998); LeHew et al (2012)) sowie für Scherschichtströmungen in Kanälen (Álamo Del and Jiménez (2009)) näher untersucht. Die Abhängigkeit der Konvektivgeschwindigkeit von der Wirbelgröße zeigt sich am deutlichsten in Wandnähe (Kim und Hussain (1993)). Bei turbulenter Kanalströmung korreliert die Konvektivgeschwindigkeit mit der Größe einer räumlich kohärenten Wirbelstruktur, die sich in Richtung der Wandnormalen erstreckt. Die Konvektivgeschwindigkeit entspricht näherungsweise dem räumlichen Mittelwert des zeitlich gemittelten Strömungsgeschwindigkeitsprofils über den wandnormalen Bereich, über den sich die Wirbelstruktur erstreckt. Folglich skalieren die Konvektivgeschwindigkeiten großer Wirbelstrukturen mit der querschnittsgemittelten Strömungsgeschwindigkeit, während die Konvektivgeschwindigkeiten kleiner Wirbelstrukturen – mit Ausnahme des unmittelbaren Wandbereichs, in dem die Konvektivgeschwindigkeit konstant ist – näherungsweise der lokalen mittleren Strömungsgeschwindigkeit entsprechen. Daraus ergeben sich signifikante Unterschiede für die Konvektivgeschwindigkeit in Wandnähe. Eine direkte Proportionalität zwischen Frequenz- und Wellenzahlraum gemäß Gl. (8.83) kann daher nicht angenommen werden. Die Anwendung der Taylor-Hypothese in Wandnähe mit einer von der Wellenlänge unabhängigen, lokal gemittelten Konvektivgeschwindigkeit würde zu Aliasing-behafteten Wellenzahl-Spektren führen. Die sich schneller bewegen-

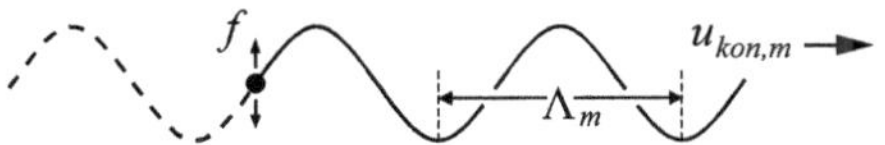

Abb. 8.14 Schematische Darstellung des Zusammenhangs zwischen der Frequenz f und einer räumlichen Fourier-Mode mit der Wellenlänge Λ_m, die sich gleichförmig mit $u_{kon,m}$ bewegt.

den großen Wirbelstrukturen bewirken in Wandnähe zusätzliche Hochfrequenzanteile. Die Taylor-Hypothese transferiert diese zu kleineren Wellenlängen, und ihre Beiträge zum Wellenzahlspektrum führen zu zusätzlichen lokalen Minima und Maxima in der Verteilung der Energie-Spektrum-Funktion (Álamo Del and Jiménez (2009); Moin (2009)).

5/3-Kolmogorov-Obukhov-Gesetz von $E(\kappa,t)$ für den Inertialbereich

Die Energie-Spektrum-Funktion $E(\kappa)$ ist nach der 2. Ähnlichkeitshypothese von Kolmogorov (Kapitel 7.3.4) im Inertialbereich eine Funktion von ε, $E = f(\kappa,\varepsilon)$. Eine dimensionsanalytische Betrachtung führt auf die Beziehung

$$E(\kappa) \sim \varepsilon^{2/3} \cdot \kappa^{-5/3}; \qquad \frac{1}{l_t} \ll \kappa \ll \kappa_\eta \ . \tag{8.85}$$

Mit dem Einführen der sogenannten Kolmogorov-Konstanten C_K in Gl. (8.85) ergibt sich das 5/3-Kolmogorov-Obukhov-Gesetz für die Energie-Spektrum-Funktion

$$E(\kappa) = C_K \cdot \varepsilon^{2/3} \ \kappa^{-5/3}; \qquad \frac{1}{l_t} \ll \kappa \ll \kappa_\eta \ , \tag{8.86}$$

und für den eindimensionalen Fall folgt

$$E_{11}(\kappa_1) = C_{K_1} \cdot \varepsilon^{2/3} \cdot \kappa_1^{-5/3}; \qquad \frac{1}{l_t} \ll \kappa_1 \ll \kappa_\eta \ . \tag{8.87}$$

Wie in Abb. 8.13 gezeigt, liegt die $\kappa_1^{-5/3}$-Steigung für den Inertialbereich des eindimensionalen longitudinalen Spektrums unabhängig von der Strömungssituation und der Reynolds-Zahl vor, sofern Letztere so groß ist, dass ein Inertialbereich existiert. In diesem Fall wird das eindimensionale longitudinale Spektrum mit der longitudinalen Autokovarianzfunktion der Geschwindigkeitskomponente in Hauptströmungsrichtung gebildet. Nach Sreenivasan (1995) ist die entsprechende Kolmogorov-Konstante für Reynolds-Zahlen von $Re_\lambda \gtrsim 50$ universell und beträgt $C_{K_1} = 0{,}53$, mit $Re_\lambda = \langle u_1'^2 \rangle^{1/2} \cdot \lambda_f \cdot (1/2)^{1/2}/\nu$. Die Steigung der Spektrum-Funktion, die auf der Autokovarianzfunktion der Geschwindigkeitskomponente in Querrichtung basiert, d. h. die Steigung des transversalen eindimensionalen Spektrums, verhält sich anders. Beispielsweise verläuft bei Scherströmungen die Steigung bis zum Erreichen einer Reynolds-Zahl von $Re_\lambda \approx 1000$ flacher, womit von einer Reynolds-Zahl-Abhängigkeit und eingeschränkter Universalität ausgegangen werden muss. Die Kolmogorov-Konstante für den Inertialbereich bleibt jedoch unverändert. Unter der Annahme von Isotropie lässt sich $C_K = 55/18 \cdot C_{K_1}$ (Monin und Yaglom (1975)) folgern und wir erhalten $C_K = 1{,}62$ für die Kolmogorov-Konstante in Gl. (8.86).

Spektrum der Temperatur

Wie für die Geschwindigkeit lässt sich auch für die Temperatur in thermischen turbulenten Strömungen das Wellenzahlspektrum bestimmen. In Analogie zum Geschwindigkeit-Spektraltensor definiert die Fourier-Transformation der Autokovarianzfunktion der Temperatur $C_{TT}(\vec{r},t)$ die Temperatur-Spektralfunktion $\phi_{TT}(\vec{\kappa},t)$. Es gilt demzufolge für die Hin- und Rücktransformation

$$\phi_{TT}(\vec{\kappa},t) \equiv \frac{1}{(2 \cdot \pi)^3} \cdot \iiint_{-\infty}^{+\infty} C_{TT}(\vec{r},t) \cdot e^{-i\cdot\vec{\kappa}\cdot\vec{r}} \, d\vec{r} \quad , \tag{8.88}$$

$$C_{TT}(\vec{r},t) = \iiint_{-\infty}^{+\infty} \phi_{TT}(\vec{\kappa},t) \cdot e^{i\cdot\vec{\kappa}\cdot\vec{r}} \, d\vec{\kappa} \quad . \tag{8.89}$$

Die Integration der Temperatur-Spektralfunktion über die kugelförmige Oberfläche mit dem Radius κ im dreidimensionalen Wellenzahlraum ergibt die skalare Temperatur-Spektrum-Funktion

$$E_T(\kappa,t) \equiv \oint_{\kappa=|\vec{\kappa}|} \phi_{TT}(\vec{\kappa},t) \, dA(\kappa) \quad , \tag{8.90}$$

und die Integration der Temperatur-Spektrum-Funktion über alle κ liefert die Temperaturvarianz

$$\int_0^{+\infty} E_T(\kappa,t) \, d\kappa = \langle T'(t)^2 \rangle \quad . \tag{8.91}$$

Die Temperatur-Spektrum-Funktion $E_T(\kappa,t)$ entspricht demnach der um die Richtungsinformationen beraubten Temperatur-Spektralfunktion $\phi_{TT}(\vec{\kappa},t)$. Das messtechnisch bestimmbare eindimensionale Temperatur-Spektrum wird üblicherweise definiert als die doppelte Fourier-Transformierte der Autokovarianzfunktion der Temperatur

$$\begin{aligned}
E_{TT}(\kappa_m,t) &\equiv \frac{1}{\pi} \cdot \int_{-\infty}^{+\infty} C_{TT}(r_m \cdot \vec{e}_m,t) \cdot e^{-i\cdot k_m \cdot r_m} \, dr_m \\
&= \frac{2}{\pi} \cdot \int_0^{+\infty} C_{TT}(r_m \cdot \vec{e}_m,t) \cdot \cos(r_m \cdot \vec{e}_m) \, dr_m \quad ,
\end{aligned} \tag{8.92}$$

mit der Rücktransformation

$$\begin{aligned}
C_{TT}(r_m \cdot \vec{e}_m,t) &= \frac{1}{2} \cdot \int_{-\infty}^{+\infty} E_{TT}(\kappa_m,t) \cdot e^{i\cdot\kappa_m \cdot r_m} \, d\kappa_m \\
&= \int_0^{+\infty} E_{TT}(\kappa_m,t) \cdot \cos(r_m \cdot \vec{e}_m) \, d\kappa_m \quad ,
\end{aligned} \tag{8.93}$$

sodass gilt

$$\int_0^{+\infty} E_{TT}(\kappa_m,t) \, d\kappa_m = \langle T'(t)^2 \rangle \quad . \tag{8.94}$$

Beim eindimensionalen Temperatur-Spektrum $E_{TT}(\kappa_m)$ muss wie beim eindimensionalen Spektrum-Funktion $F_{ii}(\kappa_m)$ (bzw. $E_{ii}(\kappa_m)$) mit Aliasing gerechnet werden, was sich anhand der Verallgemeinerung von Gl. (8.71) leicht zeigen lässt. Auch bei thermischen turbulenten Strömungen wird die Taylor-Hypothese der eingefrorenen Turbulenz genutzt, um aus einem Zeitspektrum die eindimensionale Temperatur-Spektrum-Funktion zu gewinnen.

Ähnlichkeitshypothesen für ein passives Skalar

Obukhov (1949) und Corrsin (1951) erweiterten die von Kolmogorov (1941) in den Ähnlichkeitshypothesen (Kapitel 7.3.4) dargelegten Ideen auf einen passiven Skalar[4]. In diesem Kontext[5] wird die Varianz der Temperatur $\langle T'^2 \rangle$ als ein geeignetes Maß für die turbulenzinduzierte Temperaturinhomogenität (lokale Temperaturdifferenzen) innerhalb des betrachteten turbulenten Strömungsgebiets angesehen. Während die Advektion die Ausbildung der Temperaturinhomogenität vorantreibt, ist es die molekulare Wärmeleitung bei den kleinen Wirbelstrukturen, die das Temperaturfeld vergleichmäßigt und zu einer Verringerung der Temperaturinhomogenität führt (vgl. Kapitel 7.3.7). Die Advektion scheint keinen direkten Effekt auf die Homogenisierung des durch Temperaturfluktuationen schwankenden Temperaturfelds zu besitzen. Es wird daher angenommen, dass ein skalarer Varianzfluss Π_T von den großen Skalen zu den kleinen Skalen während des Zerfallsprozesses der Strömungsstrukturen stattfindet. Die „Dissipationsrate" der Temperaturvarianz χ quantifiziert die Vernichtung der Temperaturinhomogenitäten infolge von molekularer Wärmeleitung und für einen stationären Gleichgewichtszustand gilt $\chi = \Pi_T$. Sie ist unabhängig von der molekularen Diffusivität und erfüllt die Beziehung

$$\chi \sim u(l_T) \cdot \frac{\Delta T(l_T)^2}{l_T} \quad . \tag{8.95}$$

Analog zu den Kolmogorov-Hypothesen wurden im Rahmen der Kolmogorov-Obukhov-Corrsin(K-O-C)-Betrachtung Ähnlichkeitshypothesen für die statistischen Eigenschaften räumlicher Strukturen eines thermischen turbulenten Strömungsfelds formuliert (Monin und Yaglom (1975)). Diese lassen sich wie folgt angeben:

1. Ähnlichkeitshypothese – In einer vollentwickelten turbulenten Strömung bei hinreichend großen Reynolds- und Péclet-Zahlen sind die mit den Geschwindigkeits- und Temperaturfluktuationen assoziierten statistischen Eigenschaften von Strömungsstrukturen mit $l \ll \min(l_t; l_T)$ isotrop und werden durch die Dissipationsrate ε, die Viskosität v, die Dissipationsrate der Temperaturvarianz χ und die Temperaturleitfähigkeit a eindeutig bestimmt.

2. Ähnlichkeitshypothese – In einer vollentwickelten turbulenten Strömung bei hinreichend großen Reynolds- und Péclet-Zahlen sind die mit den Geschwindigkeits- und Temperaturfluktuationen assoziierten statistischen Eigenschaften von Strömungsstrukturen mit $l \ll \min(l_t; l_T)$ und $l \gg \eta_{T_{OC}}$ innerhalb des inertial-konvektiven Bereichs eindeutig durch die Dissipationsrate ε und die Dissipationsrate der Temperaturvarianz χ bestimmt.

---

[4] Im Folgenden betrachten wir die Temperatur als passiven Skalar.

[5] Die sogenannte Kolmogorov-Obukhov-Corrsin(K-O-C)-Betrachtung.

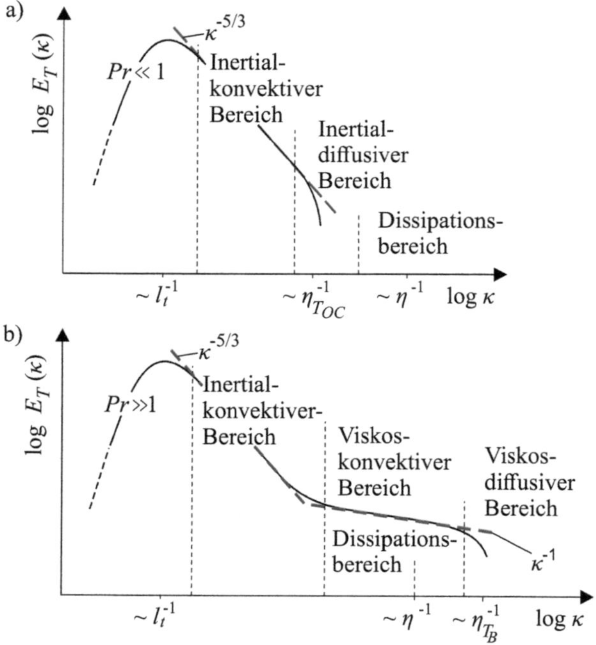

Abb. 8.15 Schematische Darstellung der Temperatur-Spektrum-Funktion für Fluide mit Prandtl-Zahlen von a) $Pr \ll 1$ und b) $Pr \gg 1$ nach Tennekes und Lumley (1972).

Verteilung der Temperatur-Spektrum-Funktion

In Abb. 8.15 sind mögliche Verläufe von Temperatur-Spektrum-Funktionen für Fluide unterschiedlicher Prandtl-Zahlen bei turbulenten Strömungen schematisch dargestellt. Aus der 2. Ähnlichkeitshypothese folgerte Corrsin (1951), dass die Temperatur-Spektrum-Funktion im inertial-konvektiven Bereich eine Funktion von den Dissipationsraten ε und χ ist, $E_T = f(\kappa,\varepsilon,\chi)$ und aus dimensionsanalytischen Gründen gilt

$$E_T(\kappa,t) = C_{T_{OC}} \cdot \chi \cdot \varepsilon^{-1/3} \cdot \kappa^{-5/3}; \qquad \min\left(\frac{1}{l_T}; \frac{1}{l_t}\right) \ll \kappa \ll \kappa_{\eta_{T_{OC}}} \ , \qquad (8.96)$$

mit der sogenannten Obukhov-Corrsin-Konstante $C_{T_{OC}}$. Die Verteilung der Temperatur-Spektrum-Funktion weist unabhängig von der Prandtl-Zahl eine $\kappa^{-5/3}$-Steigung auf, sofern die Reynolds-Zahl und die Péclet-Zahl so groß sind, dass sich ein inertial-konvektiver Bereich entwickelt. Nach Sreenivasan (1996) tritt bei isotroper Turbulenz die $\kappa^{-5/3}$-Steigung in der longitudinalen Temperatur-Spektrum-Funktion im inertial-konvektiven Bereich bereits bei verhältnismäßig kleinen Reynolds-Zahlen auf und zwar für $Re_\lambda > 50$ mit $Re_\lambda = \langle u_1'^2 \rangle^{1/2} \cdot \lambda_f \cdot (1/2)^{1/2} / \nu$. Bei Scherströmungen strebt die Steigung der longitudinalen Temperatur-Spektrum-Funktion mit zunehmender Reynolds-Zahl asymptotisch gegen den Wert $\kappa^{-5/3}$ und erst ab einer Reynolds-Zahl größer als $Re_\lambda \approx 1000$ liegt eine $\kappa^{-5/3}$-Steigung vor. Die Obukhov-Corrsin-Konstante des eindimensionalen Temperatur-Spektrums

$$E_{TT}(\kappa_1) = C_{T_{OC},1} \cdot \chi \cdot \varepsilon^{-1/3} \cdot \kappa_1^{-5/3}; \qquad \min\left(\frac{1}{l_T}; \frac{1}{l_t}\right) \ll \kappa_1 \ll \kappa_{\eta_{T_{OC}}} \quad , \qquad (8.97)$$

beträgt im Mittel $C_{T_{OC},1} = 0,4$ (Sreenivasan (1996)). Im dreidimensionalen Fall ergibt sich unter lokal isotropen Bedingungen (siehe Monin und Yaglom (1975)) $C_{T_{OC}} = 5/3 \cdot C_{T_{OC},1} = 0,67$ ($C_{T_{OC}} = 0,68$ (Watanabe und Gotoh (2004))).

Im viskos-konvektiven Bereich verläuft die Temperatur-Spektrum-Funktion gemäß den Überlegungen von Batchelor (1959) mit einer κ^{-1}-Steigung deutlich flacher und wird anhand von

$$E_T(\kappa) = C_B \cdot \chi \cdot \left(\frac{\varepsilon}{\nu}\right)^{1/2} \cdot \kappa^{-1} \qquad (8.98)$$

beschrieben. Hierbei kennzeichnet C_B die sogenannte Batchelor-Konstante. Der experimentelle Nachweis der κ^{-1}-Steigung ist, wie in Warhaft (2000) erwähnt, schwierig. DNS-Ergebnissen (Bogucki et al (1997); Yeung et al (2004)) bestätigen jedoch die Existenz einer κ^{-1}-Steigung im viskos-konvektiven Bereich. Empirisch ermittelte Werte der Batchelor-Konstanten C_B aus Gl. (8.98) liegen überwiegend zwischen 3 und 6 (Gotoh und Yeung (2012)).

8.3.5 Isotrope Turbulenz

Die isotrope Turbulenz kann als ein Sonderfall der homogenen Turbulenz angesehen werden. Die Translationsinvarianz der statistischen Größen des turbulenten Schwankungsfelds wird um die Rotations- und Spiegelungsinvarianz erweitert. Damit sind die statistischen Eigenschaften der turbulenten Schwankungsbewegungen im gesamten Strömungsfeld unabhängig von der Lage und der Orientierung. Beispielsweise gilt für die Varianzen der drei Geschwindigkeitskomponenten in einem isotropen turbulenten Strömungsfeld: $\langle u_1'^2 \rangle = \langle u_2'^2 \rangle = \langle u_3'^2 \rangle$. Lokale isotrope Bedingungen treten insbesondere bei kleinskaligen turbulenten Strukturen in Strömungen hoher Reynolds-Zahlen auf. Dies ist auf den Verlust von Richtungsinformationen durch den Wirbelzerfall zurückzuführen. (siehe Kapitel 7.3.2).

Die Annahme von isotropen Bedingungen führt zu erheblichen Vereinfachungen in der beschreibenden Statistik, was sich auch in den (kennengelernten) statistischen Werkzeugen zur Analyse homogener Turbulenz widerspiegelt und wir uns im Folgenden kurz anschauen werden. So reduziert sich die Anzahl der Zwei-Punkt-Kovarianzfunktionen der Geschwindigkeiten die zur räumlichen Beschreibung des turbulenten Geschwindigkeitsfelds an einem Raumpunkt benötigt werden. Mit der longitudinalen Autokovarianzfunktion $f(r,t)$ aus Gl. (8.54) und der transversalen Autokovarianzfunktion $g(r,t)$ aus Gl. (8.55) lässt sich mit

$$C_{u_i u_j}(r,t) = \langle u(t)'^2 \rangle \cdot \left(g(r,t) \cdot \delta_{ij} + (f(r,t) - g(r,t)) \cdot \frac{r_i \cdot r_j}{r^2}\right) \qquad (8.99)$$

jede beliebige Kovarianzfunktion angeben, wobei r_i und r_j die Verschiebungen entlang der entsprechenden Koordinatenachse sind und $r^2 = r_i \cdot r_j$ für $i = j$ entspricht. Die Autokovarianzfunktionen $f(r,t)$ und $g(r,t)$ sind nicht voneinander unabhängig und können durch die Kármán-Howarth-Beziehung

$$g(r,t) = f(r,t) + \frac{1}{2} \cdot r \cdot \frac{\partial}{\partial r} f(r,t) \tag{8.100}$$

ineinander überführt werden (siehe hierfür z. B. Bailly und Comte-Bellot (2015)). Demnach lassen sich bei isotroper Turbulenz alle Kovarianzfunktionen der Geschwindigkeit entweder anhand von $f(r,t)$ oder $g(r,t)$ bestimmen. Gleiches gilt für die charakteristischen Längenskalen. Die Integration von Gl. (8.100) liefert zwischen den longitudinalen integralen Längenmaßen die Beziehung

$$
\begin{aligned}
\mathcal{L}_{u_2 u_2}^{(1)} &= \int_0^\infty g(r,t)\,dr = \int_0^\infty \left[f(r,t) + \frac{1}{2} \cdot r \cdot \frac{\partial}{\partial r} f(r,t) \right] dr \\
&= \int_0^\infty \left[f(r,t) + \frac{1}{2} \cdot \frac{\partial}{\partial r} \left[r \cdot f(r,t) \right] - \frac{1}{2} \cdot f(r,t) \right] dr \\
&= \frac{1}{2} \cdot \int_0^\infty \left[f(r,t) + \frac{\partial}{\partial r} \left[r \cdot f(r,t) \right] \right] dr \\
&= \frac{1}{2} \cdot \int_0^\infty f(r,t)\,dr + \frac{1}{2} \left[r \cdot f(r,t) \right]_0^\infty \\
&= \frac{1}{2} \cdot \int_0^\infty f(r,t)\,dr = \frac{1}{2} \cdot \mathcal{L}_{u_1 u_1}^{(1)} \quad .
\end{aligned}
\tag{8.101}
$$

Die Ableitung von Gl. (8.100) führt auf

$$
\begin{aligned}
\frac{\partial}{\partial r} g(r,t) &= \frac{\partial}{\partial r} f(r,t) + \frac{1}{2} \cdot \frac{\partial}{\partial r} f(r,t) + \frac{1}{2} \cdot \frac{\partial^2}{\partial r^2} f(r,t) \\
&= \frac{3}{2} \cdot \frac{\partial}{\partial r} f(r,t) + \frac{1}{2} \cdot \frac{\partial^2}{\partial r^2} f(r,t)
\end{aligned}
\tag{8.102}
$$

bzw.

$$
\begin{aligned}
\frac{\partial^2}{\partial r^2} g(r,t) &= \frac{3}{2} \cdot \frac{\partial^2}{\partial r^2} f(r,t) + \frac{1}{2} \cdot \frac{\partial^2}{\partial r^2} f(r,t) + \frac{1}{2} \cdot \frac{\partial^3}{\partial r^3} f(r,t) \\
&= 2 \cdot \frac{\partial^2}{\partial r^2} f(r,t) + \frac{1}{2} \cdot r \cdot \frac{\partial^3}{\partial r^3} f(r,t) \quad ,
\end{aligned}
\tag{8.103}
$$

womit man gemäß Gl. (8.52) und Gl. (8.53) zwischen den auf $f(r,t)$ und $g(r,t)$ basierenden Taylor-Mikroskalen den Zusammenhang

$$\lambda_g^2 = -\frac{2}{\dfrac{\partial^2}{\partial r^2}g(r,t)\big|_{r=0}} = -\frac{2}{2\cdot\dfrac{\partial^2}{\partial r^2}f(r,t)\big|_{r=0} + \dfrac{1}{2}\cdot 0\cdot\dfrac{\partial^3}{\partial r^3}f(r,t)\big|_{r=0}}$$

$$= -\frac{1}{\dfrac{\partial^2}{\partial r^2}f(r,t)\big|_{r=0}} = \frac{\lambda_f^2}{2} \tag{8.104}$$

erhält. Die Richtungsinvarianz der Autokovarianzfunktion bei isotroper Turbulenz führt demnach auf gleichgroße oder ähnlich große integrale Längenmaße bzw. Taylor-Mikroskalen bei entsprechender relativer Verschiebung. So gilt beispielsweise entsprechend Gl. (8.101) und Gl. (8.104) $\mathcal{L}_{u_1 u_1}^{(1)} = \mathcal{L}_{u_2 u_2}^{(2)} = \mathcal{L}_{u_3 u_3}^{(3)}$ und $\mathcal{L}_{u_1 u_1}^{(1)} = 2\cdot\mathcal{L}_{u_2 u_2}^{(1)} = 2\cdot\mathcal{L}_{u_3 u_3}^{(1)}, \ldots$ sowie $\lambda_{u_1}^{(1)} = \lambda_{u_2}^{(2)} = \lambda_{u_3}^{(3)}$ und $\lambda_{u_1}^{(1)} = \sqrt{2}\cdot\lambda_{u_2}^{(1)} = \sqrt{2}\cdot\lambda_{u_3}^{(1)}, \ldots$.

Übungsaufgaben

8.1 Bestätige die Symmetriebedingung der Kovarianzfunktion $C_{q_i q_j}(\vec{r},t) = C_{q_j q_i}(-\vec{r},t)$ bei homogener Turbulenz. Verwende hierfür die Substitution $\vec{x}' = \vec{x} + \vec{r}$.

8.2 Bestätige den Zusammenhang zwischen der räumlichen Taylor-Mikroskala und dem Gradienten des Schwankungswerts gemäß Gl. (8.51). Multipliziere hierfür die Taylor-Reihenentwicklung von $q_i'(\vec{x},t)$ um die Entwicklungsstelle $\vec{x}$ in Richtung m (mit der Verschiebung r) und mittele anschließend die sich ergebende Gleichung.

8.3 Zeige anhand von Gl. (8.59), Gl. (8.69) und mit der Ausblendeigenschaft

$$\int_{-\infty}^{+\infty} f(x)\cdot\delta\,dx = f(0)$$

der Dirac-δ-Funktion, dass das eindimensionale Spektrum $F_{ij}(\kappa_1)$ der Integration der ursprünglichen Energie-Spektrum-Funktion über Ebenen im Wellenzahlraum entspricht, die orthogonal zur κ_1-Achse stehen, d. h. beweise

$$F_{ij}(\kappa_1,t) = \iint_{-\infty}^{+\infty} \phi_{ij}(\vec{\kappa},t)\,d\kappa_2\,d\kappa_3 \quad .$$

8.4 Zeige, dass im Rahmen der Taylor-Hypothese der eingefrorenen Turbulenz zwischen den zeitlichen und räumlichen Taylor-Mikroskalen der Zusammenhang

$$\lambda_f = u_{kon,m}\cdot\lambda_{u_1,\tau}$$

und zwischen dem zeitlichen und räumlichen integralen Zeitmaß der Zusammenhang

$$\mathcal{L}_{q_i q_i}^{(m)}(\vec{x},t) = \mathcal{T}_{q_i q_i}(\vec{x},t)\cdot u_{kon,m} \quad$$

besteht.

8.5 Richtig oder Falsch?

1. Um für Feldgrößen von turbulenten Strömungen Aussagen mit Hilfe von statistischen Größen zu formulieren, bedient man sich u. a. der Methode der Ensemblemittelung.
2. Bei der Ensemblemittelung entspricht die Mittelung über alle Realisierungen eines Experiments, der Mittelung über eine einzige Realisierung des Experiments.
3. Bei statistisch stationärer Turbulenz sind die turbulenten Feldgrößen invariant gegenüber einer zeitlichen Verschiebung und bei homogener Turbulenz ist das turbulente Schwankungsfeld invariant gegenüber einer Translation, Rotation und Spiegelung, wobei die räumlichen Gradienten der Erwartungswerte der Feldgrößen gleichförmig sind.
4. Mit Hilfe der Taylor-Hypothese ist es möglich, die räumliche Kovarianz anhand von zeitlich abgetasteten Signalen zu berechnen, die mit einer stationären Sonde an einem festen Ort im Strömungsfeld gemessen wurden.
5. Im Wandbereich von Scherströmungen führt die Taylor-Hypothese bei Berechnung des eindimensionalen Spektrums aus dem Frequenzspektrum zur Aliasling, d. h. Wirbelstrukturen, deren Konvektivgeschwindigkeiten schneller sind als die lokale mittlere Strömungsgeschwindigkeit, bewirken zusätzliche Niederfrequenzanteile.
6. Das mit der Geschwindigkeit gebildete integrale Längenmaß kennzeichnet die räumliche Ausdehnung der großen, energiereichen Wirbelstrukturen und ist generell kleiner als die räumliche Taylor-Mikroskala.
7. Bei isotroper Turbulenz führt die Richtungsinvarianz dazu, dass man anhand der Kenntnis einer Autokovarianzfunktion alle restlichen Kovarianzfunktionen bestimmen kann.

8.6 Wissensfragen

- Welche Methode ermöglicht theoretisch die Ermittlung statistischer Größen bei turbulenten Strömungen und warum ist die Verwendung der Methode notwendig?
- Erklären Sie die Methode der Ensemblemittelung am Beispiel einer beliebigen turbulenten Feldgröße?
- Welche statistischen Größen sind für die Auswertung von turbulenten Strömungen von herausragender Bedeutung?
- Erklären Sie die Begriffe statistisch stationäre Turbulenz, homogene Turbulenz und isotrope Turbulenz?
- Was ist die Besonderheit der Turbulenz bei statistisch stationären, homogenen und isotropen Bedingungen?
- Zu welchen Auswirkungen führt die Annahme statistisch stationärer oder homogener Turbulenz bei der Ermittlung von statistischen Größen?
- Was kennzeichnet das integrale Längenmaß und was die räumliche Taylor-Mirkoskala?
- Unter welchen Bedingungen lässt sich das integrale Lägenmaß aus dem integralen Zeitmaß rekonstruieren?
- Beschreibe den Nutzen der Taylor-Hypothese für experimentelle Untersuchungen.
- Welche Ursachen führen bei Anwendung der Taylor-Hypothese zu fehlerhaften Ergebnissen?
- Was ist der Unterschied zwischen dem Geschwindigkeits-Spektraltensor, der Energie-Spektrum-Funktion und dem eindimensionalen Spektrum?
- Warum verschwindet das eindimensionale Spektrum nicht für eine verschwindende Wellenzahl?

- Wie lautet die Beziehung zwischen dem eindimensionalen Spektrum und dem integralen Längenmaß?
- Welche numerischen Berechnungsansätze eigenen sich, um das Spektrum einer turbulenten Strömung zu ermitteln?
- Welchen Bereich kennzeichnet die $\kappa^{-5/3}$-Steigung der Energie-Spektrum-Funktion?
- Mit welchen Größen lässt sich die Energie-Spektrum-Funktion normieren, sodass sich diese unabhängig von Reynolds-Zahl und Strömungssituation darstellen lässt?
- Was versteht man unter dem Temperatur-Spektraltensor und wie berechnet man diesen?
- Skizziere die Temperaturvarianz-Spektrum-Funktion für $Pr \ll 1$ und $Pr \geq 1$.
- Nenne die Ähnlichkeitshypothesen für ein passives Skalar.

Literaturverzeichnis

Álamo Del JC, Jiménez J (2009) Estimation of turbulent convection velocities and corrections to Taylor's approximation. J Fluid Mech , doi: 10.1017/S0022112009991029

Bailly C, Comte-Bellot G (2015) Turbulence. Springer, doi: 10.1007/978-3-319-16160-0

Batchelor GK (1956) The Theory of Homogeneous Turbulence. Oxford University Press

Bendat JS, Piersol AG (2010) Random Data: Analysis and Measurement Procedures. John Wiley & Sons Inc, New York

Bogucki D, Domaradzki JA, Yeung PK (1997) Direct numerical simulations of passive scalars with $Pr > 1$ advected by turbulent flow. J Fluid Mech, doi: 10.1017/S0022112097005727

Browne LWB, Antonia RA, Rajagopalan S (1983) The spatial derivative of temperature in a turbulent flow and Taylor's hypothesis. Phys Fluids, doi: 10.1063/1.864271

Champagne FH, Harris VG, Corrsin S (1970) Experiments on nearly homogeneous turbulent shear flow. J Fluid Mech, doi: 10.1017/S0022112070000538

Chapman DR (1979) Computational Aerodynamics Development and Outlook. AIAA J, doi: 10.2514/3.61311

Comte-Bellot G, Corrsin S (1971) Simple Eulerian time correlation of full-and narrow-band velocity signals in grid-generated, 'isotropic' turbulence. J Fluid Mech, doi: 10.1017/S0022112071001599

Corrsin S (1951) On the Spectrum of Isotropic Temperature Fluctuations in an Isotropic Turbulence. J Appl Phys, doi: 10.1063/1.1699986

Davidson PA (2015) Turbulence: An Introduction for Scientists and Engineers. Oxford University Press, Oxford.

Fisher MJ, Davies POAL (1964) Correlation measurements in a non-frozen pattern of turbulence. J Fluid Mech, doi: 10.1017/S0022112064000076

Frost W (1977) Spectral Theory of Turbulence. In Frost W, Moulden TH (Ed.), *Handbook of Turbulence, Volume 1, Fundamentals and Applications* (pp. 85–125) Springer, Boston, Massachussetts

George WK, Beuther PD, Lumely JL (1978) Processing of Random Signals. In Hansen BW (Ed.), *Proceedings of the Dynamic Flow Conference 1978 on Dynamic Measurements in Unsteady Flows* (pp. 757–800) Springer, Dordrecht

Gibson MM (1963) Spectra of turbulence in a round jet. J Fluid Mech, doi: 10.1017/S002211206300015X

Gotoh T, Yeung PK (2012) Passive Scalar Transport in Turbulence: A Computational Perspective. In Davidson PA, Kaneda Y, Sreenivasan KR (Ed.), *Ten Chapters in Turbulence* (pp. 87–131) Cambridge University Press, Cambridge

Hinze JO (1959) Turbulence, An introduction to Its Mechanism and Theory. McGraw-Hill

Hutchins N, Marusic I. (2007) Evidence of very long meandering features in the logarithmic region of turbulent boundary layers. J Fluid Mech, doi: 10.1017/S0022112006003946

Hoffmann R, Wolff M (2014) Intelligente Signalverarbeitung 1. Springer Vieweg, Berlin, Heidelberg

LeHew J, Guala M, McKeon B (2004) A Study of Convection Velocities in a Zero Pressure Gradient Turbulent Boundary Layer. AIAA J, doi: 10.2514/6.2010-4474

Jiménez J, Álamo Del JC, Flores O (2004) The large-scale dynamics of near-wall turbulence. J Fluid Mech, doi: 10.1017/S0022112004008389

Kim J, Hussain F (1993) Propagation velocity of perturbations in turbulent channel flow. Phys Fluids, doi: 10.1063/1.858653

Kolmogorov AN (1941) Local structure of turbulence in an incompressible viscous fluid at very large Reynolds numbers. Dokl. Akad. Nauk SSSR 30: 299-303

Krogstad PA, Kaspersen JH, Rimstad, S (1998) Convection velocities in a turbulent boundary layer. Phys Fluids, doi: 10.1063/1.869617

Laufer J (1953) The Structure of Turbulence in Fully Developed Pipe Flow, Technical Note 2954. National Advisory Committee for Aeronautics

Lin CC (1953) On Taylor's hypothesis and the acceleration terms in the Navier-Stokes equations. Q Appl Math 10(4): pp. 295-306

Miller PL, Dimotakis PE (1996) Measurements of scalar power spectra in high Schmidt number turbulent jets. J Fluid Mech, doi: 10.1017/S0022112096001425

Monin AS, Yaglom AM (1975) Statistical Fluid Mechanics, Volume II: Mechanics of Turbulence. MIT Press, Cambridge, Massachussetts

Moin P (2009) Revisiting Taylor's hypothesis. J Fluid Mech, doi: 10.1017/S0022112009992126

Obukhov AM (1949) Structure of temperature field in turbulent flow. Izvestiya Seriya Geograficheskaya i Geofizicheskaya, engl. Übersetzung FTD-HT-23-394-70 13(1): pp. 58–69

O'Neill PL, Nicolaides D, Honnery D, Soria J (2004) Autocorrelation Functions and the Determination of Integral Length with Reference to Experimental and Numerical Data. In Behnia M, Lin W, McBain GD (Ed.), *Proceedings of the Fifteenth Australasian Fluid Mechanics Conference, Sydney, Australia* (pp. 1–4)

Osgood B (2019) Lectures on the Fourier Transform and Its Applications. American Mathematical Society

Pope, S (2000) Turbulent Flows. Cambridge University Press

Romano GP, Ouellette NT, Xu H, Bodenschatz E, Steinberg V, Meneveau C, Katz J (2007) Measurements of Turbulent Flows. In Tropea C, Yarin AL, Foss JF (Ed.), *Handbook of Experimental Fluid Mechanics* (pp. 745-855) Springer-Verlag, Berlin, Heidelberg

Roshko A (1954) On the drag and shedding frequency of two-dimensional bluff bodies, NACA-TN-3169. National Advisory Committee for Aeronautics

Rotta J (1972) Turbulente Strömungen. Vieweg Teubner, Verlag Wiesbaden

Ruck, B. (1990) Lasermethoden in der Strömungsmesstechnik. AT Fachverlag GmbH Stuttgart

Sandborn VA, Marshall RD (1965) Local isotropy in wind tunnel turbulence. DA-AMC-28-043-64-G-9, Technical Report, Colorado State University

Sreenivasan KR (1991) On local isotropy of passive scalars in turbulent shear flows. Proc R Soc London A, doi: 10.1098/rspa.1991.0087

Sreenivasan KR (1995) On the universality of the Kolmogorov constant. Phys Fluids, doi: 10.1063/1.868656

Sreenivasan KR (1996) The passive scalar spectrum and the Obukhov–Corrsin constant. Phys Fluids, doi: 10.1063/1.868826

Taylor GI (1938) The Spectrum of Turbulence. Proc R Soc London A, doi: 10.1098/rspa.1938.0032

Tennekes H, Lumley JL (1972) A First Course in Turbulence. MIT Press, Cambridge, Massachussetts

Townsend, AA (1976) The Strucutre of Turbulent Shear Flows. Cambridge University Press, Cambridge

Uberoi MS, Freymuth P (1969) Spectra of Turbulence in Wakes behind Circular Cylinders. Phys Fluids, doi: 10.1063/1.1692675

Watanabe T, Gotoh T (2004) Statistics of a passive scalar in homogeneous turbulence. New J Phys, doi: dx.doi.org/10.1088/1367-2630/6/1/040

Warhaft Z (2000) Passive Scalars in Turbulent Flows. Annu Rev Fluid Mech, doi: doi.org/10.1146/annurev.fluid.32.1.203

Yeung P, Xu S, Donzis D, Sreenicasan KR (2004) Simulations of Three-Dimensional Turbulent Mixing for Schmidt Numbers of the Order 1000. Flow Turbul Combust, doi: 10.1023/B:APPL.0000044400.66539.78

Zaman KBMQ, Hussain AKMF (1981) Taylor hypothesis and large-scale coherent structures. J Fluid Mech, doi: 10.1017/S0022112081000463

Kapitel 9
Reynolds-gemittelte Transportgleichungen

Zusammenfassung Im vorliegenden Kapitel leiten wir die Reynolds-gemittelten Gleichungen und die daraus abgeleiteten Transportgleichungen für die turbulente kinetische Energie, die Reynolds-Spannungen, die Reynolds-Wärmeströme und die Temperaturvarianz her, die die Änderungen des mittleren Strömungsfeldes durch turbulente Schwankungen beschreiben. Wir befassen uns auch mit der Wirbelviskosität- und Gradienten-Diffusion-Annahme sowie mit dem Konzept der turbulenten Prandtl-Zahl als möglichem Ansatz zur Schließung der Reynolds-gemittelten Gleichungen.

Lernziele

- Sie können die Gleichungen zur Beschreibung zeitlich gemittelter turbulenter Strömungen herleiten und das sogenannte Schließungsproblem erklären.
- Sie sind in der Lage, die Transportgleichungen der turbulenten Schwankungsgrößen, der turbulenten kinetischen Energie und der Temperaturvarianz zu entwickeln und die physikalische Bedeutung der einzelnen Terme zu benennen.
- Sie lernen die Wirbelviskosität- und Gradienten-Diffusion-Annahme zur Schließung der Reynolds-Gleichungen kennen und können deren Anwendbarkeit kritisch beurteilen.
- Sie können die turbulente Prandtl-Zahl und das auf der Reynolds-Analogie basierende Schließungskonzept zur Bestimmung der Wirbeldiffusivität erläutern.

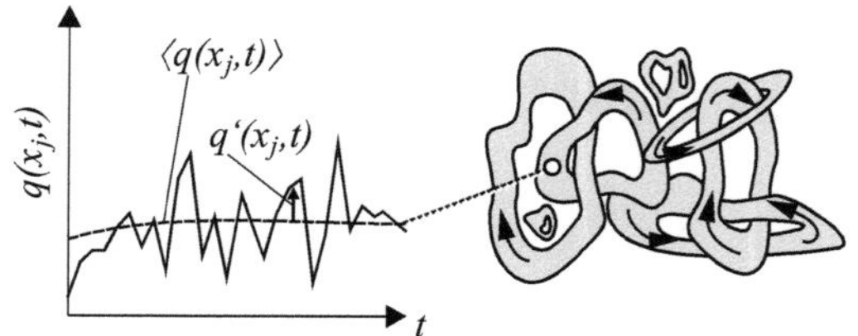

Abb. 9.1 Mit der Reynolds-Dekomposition wird eine turbulente Feldgröße $q(x_j,t)$ als Summe aus Mittelwert $\langle q(x_j,t)\rangle$ und Schwankungswert $q'(x_j,t) = q(x_j,t) - \langle q(x_j,t)\rangle$ dargestellt.

9.1 Reynolds-Gleichungen

Um die absoluten und zentralen Momente einer turbulenten Strömung in Bezug auf die Strömungssituation interpretieren zu können, benötigen wir Transportgleichungen, mit denen sich die Änderungen dieser statistischen Kenngrößen beschreiben lassen. Für Zeitsignale einer turbulenten Strömung verwenden wir die sogenannten Reynolds-gemittelten Gleichungen (RANS = Reynolds-Averaged-Navier-Stokes) und die daraus abgeleiteten Transportgleichungen für die statistischen Momente. Mit ihrer Hilfe lassen sich die Auswirkungen des turbulenten Strömungsverhaltens auf das mittlere Strömungsfeld bestimmen. Ausgangspunkt für die im Folgenden hergeleiteten Reynolds-gemittelten Gleichungen sind die in Kapitel 2.8.1 angegebenen Grundgleichungen der Thermofluiddynamik für Fluide mit konstanten Stoffwerten. Zur Herleitung der Reynolds-gemittelten Gleichungen führen wir zunächst den Modellansatz der sogenannten Reynolds-Dekomposition (Reynolds (1895)) zur Beschreibung einer turbulenten Strömungsgröße ein. Wie in Abb. 9.1 veranschaulicht, kann mit Hilfe der Reynolds-Dekomposition eine turbulente Strömungsgröße $q(x_j,t)$ als Summe aus Mittelwert $\langle q(x_j,t)\rangle$ und Schwankungswert $q'(x_j,t) = q(x_j,t) - \langle q(x_j,t)\rangle$ modelliert werden:

$$q(x_j,t) = \langle q(x_j,t)\rangle + q'(x_j,t) \quad . \tag{9.1}$$

Demnach ergibt sich für die Geschwindigkeit

$$u(x_j,t) = \langle u(x_j,t)\rangle + u'(x_j,t) \quad , \tag{9.2}$$

für die Temperatur

$$T = \langle T(x_j,t)\rangle + T'(x_j,t) \quad , \tag{9.3}$$

und für den Druck

$$p(x_j,t) = \langle p(x_j,t)\rangle + p'(x_j,t) \quad . \tag{9.4}$$

Ohne Einschränkungen oder Annahmen vorauszusetzen, entspricht die Mittelung $\langle \ldots \rangle$ bei der Reynolds-Zerlegung in Gl. (9.1) dem Ensemblemittelwert aus Kapitel 8.1.2. Liegt eine statistisch stationäre turbulente Strömung vor, so ist der Ensemblemittelwert invariant gegenüber einer zeitlichen Verschiebung und es gilt: $\langle q(x_j,t)\rangle \rightarrow \langle q(x_j)\rangle$.[1]

---

[1] Es sei an dieser Stelle erwähnt, dass statistische Stationarität keine Voraussetzung sein muss, um das zeitlich gemittelte Auftreten von turbulenten Strömungen mit Hilfe der Reynolds-Dekomposition auszudrücken.

Um die Reynolds-Gleichungen aus den Grundgleichungen zu entwickeln, werden im ersten Schritt die Strömungsgrößen durch ihre Mittel- und Schwankungswerte entsprechend Gl. (9.2), Gl (9.3) und Gl. (9.4) substituiert. Anschließend werden die resultierenden Gleichungen zeitlich gemittelt. Aus den Beziehungen für die Mittelung eines Schwankungswertes

$$\langle q' \rangle = 0 \quad , \tag{9.5}$$

$$\langle q' \cdot \langle q \rangle \rangle = \langle q' \rangle \cdot \langle q \rangle = 0 \quad , \tag{9.6}$$

$$\langle q'^2 \rangle \neq 0 \quad , \tag{9.7}$$

folgt für das Zeitmittel des Produkts zweier Strömungsgrößen (q und o)

$$\langle (\langle q \rangle + q') \cdot (\langle o \rangle + o') \rangle = \langle \langle q \rangle \cdot \langle o \rangle + \langle q \rangle \cdot o' + q' \cdot \langle o \rangle + q' \cdot o' \rangle$$
$$= \langle \langle q \rangle \cdot \langle o \rangle \rangle + \langle \langle q \rangle \cdot o' \rangle + \langle q' \cdot \langle o \rangle \rangle + \langle q' \cdot o' \rangle = \langle q \rangle \cdot \langle o \rangle + \langle q' \cdot o' \rangle \quad , \tag{9.8}$$

sowie für die zeitlich gemittelten Ableitungen

$$\frac{\partial \langle \langle q \rangle + q' \rangle}{\partial t} = \frac{\partial \langle q \rangle}{\partial t} + \frac{\partial \langle q' \rangle}{\partial t} = \frac{\partial \langle q \rangle}{\partial t} \quad , \tag{9.9}$$

bzw.

$$\frac{\partial \langle \langle q \rangle + q' \rangle}{\partial x_j} = \frac{\partial \langle q \rangle}{\partial x_j} + \frac{\partial \langle q' \rangle}{\partial x_j} = \frac{\partial \langle q \rangle}{\partial x_j} \quad . \tag{9.10}$$

9.1.1 Kontinuitätsgleichung

Für die Kontinuitätsgleichung (2.105) erhält man nach Substitution der Geschwindigkeiten gemäß Gl. (9.2) und anschließender zeitlicher Mittelung

$$\frac{\partial \langle \langle u_i \rangle + u_i' \rangle}{\partial x_i} = \frac{\partial \langle u_i \rangle}{\partial x_i} + \frac{\partial \langle u_i' \rangle}{\partial x_i} = \frac{\partial \langle u_i \rangle}{\partial x_i} = 0 \quad . \tag{9.11}$$

Wie man erkennt, hat sich die Kontinuitätsgleichung für turbulente Strömungen gegenüber der ursprünglichen Form rein äußerlich kaum verändert. Die Kontinuitätsgleichung lässt sich natürlich auch für Schwankungswerte der Strömungsgeschwindigkeit formulieren. Somit gilt

$$\frac{\partial u_i'}{\partial x_i} = 0 \quad . \tag{9.12}$$

9.1.2 Impulsgleichung

Verwendet man die Mittel- und Schwankungswerte für die Strömungsgrößen in der Impulsgleichung (2.106) und mittelt diese zeitlich, so erhält man

$$\rho \cdot \left[\frac{\partial \langle \langle u_i \rangle + u_i' \rangle}{\partial t} + \frac{\partial \langle (\langle u_j \rangle + u_j') \cdot (\langle u_i \rangle + u_i') \rangle}{\partial x_j} \right]$$

$$= \rho \cdot \langle \langle f_i \rangle + f_i' \rangle - \frac{\partial \langle \langle p \rangle + p' \rangle}{\partial x_i} + 2 \cdot \mu \cdot \frac{\partial}{\partial x_j} \langle \langle S_{ij} \rangle + S_{ij}' \rangle \quad ,$$

$$\rho \cdot \frac{\partial \langle u_i \rangle}{\partial t} + \rho \cdot \langle u_j \rangle \cdot \frac{\partial \langle u_i \rangle}{\partial x_j}$$

$$= \rho \cdot \langle f_i \rangle - \frac{\partial \langle p \rangle}{\partial x_i} + 2 \cdot \mu \cdot \frac{\partial \langle S_{ij} \rangle}{\partial x_j} - \rho \cdot \frac{\partial \langle u_i' \cdot u_j' \rangle}{\partial x_j} \quad ,$$

$$\rho \cdot \frac{\partial \langle u_i \rangle}{\partial t} + \rho \cdot \langle u_j \rangle \cdot \frac{\partial \langle u_i \rangle}{\partial x_j}$$

$$= \rho \cdot \langle f_i \rangle - \frac{\partial \langle p \rangle}{\partial x_i} + \frac{\partial}{\partial x_j} \left(\langle \tau_{ij} \rangle - \rho \cdot \langle u_i' \cdot u_j' \rangle \right) \quad . \tag{9.13}$$

Durch Einführung der Reynolds-Dekomposition und anschließender zeitlicher Mittelung entstehen aus dem nichtlinearen Konvektivterm der Impulsgleichung die turbulenten Zusatzterme $-\rho \cdot \langle u_i' \cdot u_j' \rangle$. Die Ausdrücke $\langle u_i' \cdot u_j' \rangle$ bezeichnet man als Reynolds-Spannungen. Sie sind ein Maß für den zeitlich gemittelten turbulenten Impulstransport und werden im Reynolds-Spannungstensor $\underline{t}^t$, mit den Komponenten

$$t_{ij}^t = -\rho \cdot \langle u_i' \cdot u_j' \rangle \quad , \tag{9.14}$$

zusammengefasst. Der Reynolds-Spannungstensor, auch turbulenter Spannungstensor genannt, ist ein symmetrischer Tensor 2. Stufe, $\langle u_i' \cdot u_j' \rangle = \langle u_j' \cdot u_i' \rangle$. Die Komponenten der Hauptdiagonalen sind Normalspannungen $\langle u_i'^2 \rangle$ und die Komponenten der Nebendiagonalen entsprechen Tangentialspannungen $\langle u_i' \cdot u_j' \rangle$ für $i \neq j$. Man nennt $\langle u_i'^2 \rangle$ Reynolds-Normalspannungen und $\langle u_i' \cdot u_j' \rangle$ für $i \neq j$ Reynolds-Scherspannungen. Die Bezeichnung „Spannung" beruht darauf, dass die Einheiten der Komponenten t_{ij}^t des Reynolds-Spannungstensors (9.14) und die des molekularen Spannungstensors t_{ij} identisch sind. Die strömungsphysikalischen Phänomene, die zur Entstehung von Reynolds-Spannungen führen, unterscheiden sich aber grundlegend von denen der molekularen Spannungen.

In Analogie zu den molekularen Spannungen lässt sich der turbulente Spannungstensor in einen isotropen und einen deviatorischen Term zerlegen. Der isotrope Term lautet

$$i_{ij}^t = -\frac{1}{3} \cdot \rho \cdot \langle u_k'^2 \rangle \cdot \delta_{ij} \tag{9.15}$$

und für den deviatorischen Term ergibt sich demzufolge

$$\tau_{ij}^t = -\rho \cdot \langle u_i' \cdot u_j' \rangle + \frac{1}{3} \cdot \rho \cdot \langle u_k'^2 \rangle \cdot \delta_{ij} \quad . \tag{9.16}$$

Der isotrope Term ist ähnlich wie der mittlere Druck für den Impulstransport unwirksam und kann zusammen mit diesem in einem modifizierten Druckterm

$$\langle \tilde{p} \rangle = \langle p \rangle + \frac{1}{3} \cdot \rho \cdot \langle u_k'^2 \rangle \cdot \delta_{ij} \tag{9.17}$$

ausgedrückt werden. Wir erhalten somit die Reynolds-gemittelte Impulsgleichung

$$\rho \cdot \frac{\partial \langle u_i \rangle}{\partial t} + \rho \cdot \langle u_j \rangle \cdot \frac{\partial \langle u_i \rangle}{\partial x_j} = \rho \cdot \langle f_i \rangle - \frac{\partial \langle \tilde{p} \rangle}{\partial x_i} + \frac{\partial}{\partial x_j} \left(\langle \tau_{ij} \rangle + \tau_{ij}^t \right) \quad . \tag{9.18}$$

Für eine kompaktere Schreibweise lassen sich noch die molekularen und turbulenten Spannungen in einem Modellterm $\tau^{eff} = \langle \tau \rangle + \tau_{ij}^t$ zusammenfassen. Es ergibt sich somit

$$\rho \cdot \frac{\partial \langle u_i \rangle}{\partial t} + \rho \cdot \langle u_j \rangle \cdot \frac{\partial \langle u_i \rangle}{\partial x_j} = \rho \cdot \langle f_i \rangle - \frac{\partial \langle \tilde{p} \rangle}{\partial x_i} + \frac{\partial \tau^{eff}}{\partial x_j} \quad . \tag{9.19}$$

9.1.3 Energiegleichung

Mit einem ähnlichen Vorgehen wie für die Impulsgleichung erhalten wir aus der Energiegleichung (2.107) die Reynolds-gemittelte Energiegleichung

$$c \cdot \rho \cdot \left[\frac{\partial \langle \langle T \rangle + T' \rangle}{\partial t} + \frac{\partial \langle (\langle T \rangle + T') \cdot (\langle u_j \rangle + u_j') \rangle}{\partial x_j} \right]$$
$$= \lambda \cdot \frac{\partial^2 \langle \langle T \rangle + T' \rangle}{\partial x_j^2} + 2 \cdot \mu \cdot \langle \left(\langle S_{ij} \rangle + S_{ij}' \right) \cdot \frac{\partial \left(\langle u_i \rangle + u_i' \right)}{\partial x_j} \rangle \quad ,$$

$$c \cdot \rho \cdot \frac{\partial \langle T \rangle}{\partial t} + c \cdot \rho \cdot \langle u_j \rangle \cdot \frac{\partial \langle T \rangle}{\partial x_j} + c \cdot \rho \cdot \frac{\partial \langle u_j' \cdot T' \rangle}{\partial x_j}$$
$$= \lambda \cdot \frac{\partial^2 \langle T \rangle}{\partial x_j^2} + 2 \cdot \mu \cdot \langle S_{ij} \rangle \cdot \frac{\partial \langle u_i \rangle}{\partial x_j} + 2 \cdot \mu \cdot \langle S_{ij}' \cdot \frac{\partial u_i'}{\partial x_j} \rangle \quad . \tag{9.20}$$

Die beiden letzten Terme in Gl. (9.20) entsprechen den Dissipationstermen, die mit den mittleren Geschwindigkeiten und mit den Geschwindigkeitsschwankungen gebildet werden. Man bezeichnet die Terme der Reihe nach als viskose Dissipation und als turbulente Dissipation. Bei vielen energie- und wärmetechnischen Fragestellungen sind die Strömungszustände durch hohe Reynolds-Zahlen und eine relativ kleine Mach-Zahl gekennzeichnet. Die charakteristischen Eckert- sowie Brinkmann-Zahlen sind klein und die Dissipation spielt für die Bilanz der inneren Energie nur eine untergeordnete Rolle. Eine Ausnahme hiervon bilden beispielsweise Gas-Strömungen in Kompressoren und Verdichtern, bei denen die innere Energie infolge der Kompression erheblich ansteigt. Im Folgenden werden die Dissipationsterme in der Reynolds-gemittelten Energiegleichung nicht weiter berücksichtigt. Gl. (9.20) vereinfacht sich somit zu

$$c \cdot \rho \cdot \frac{\partial \langle T \rangle}{\partial t} + c \cdot \rho \cdot \langle u_j \rangle \cdot \frac{\partial \langle T \rangle}{\partial x_j} = -\frac{\partial}{\partial x_j} \left(\langle \dot{q}_j \rangle + c \cdot \rho \cdot \langle u'_j \cdot T' \rangle \right) \quad . \tag{9.21}$$

Aus dem nichtlinearen Konvektivterm entstehen die sogenannten Reynolds-Wärmeströme $\langle u'_j \cdot T' \rangle$, die für den zeitlich gemittelten turbulenten Transport der inneren Energie repräsentativ sind und im Reynolds-Wärmestromdichtevektor $\vec{q}^{\,t}$ mit den Komponenten

$$\dot{q}^t_j = c \cdot \rho \cdot \langle u'_j \cdot T' \rangle \tag{9.22}$$

zusammengefasst werden. Mit dem Modellterm $\dot{q}^{eff}_j = \langle \dot{q}_j \rangle + \dot{q}^t_j$ erhalten wir für die Reynolds-gemittelte Energiegleichung

$$c \cdot \rho \cdot \frac{\partial \langle T \rangle}{\partial t} + c \cdot \rho \cdot \langle u_j \rangle \cdot \frac{\partial \langle T \rangle}{\partial x_j} = -\frac{\partial \dot{q}^{eff}_j}{\partial x_j} \quad . \tag{9.23}$$

9.1.4 Das „Turbulenzproblem" der Reynolds-gemittelten Gleichungen

Wie in Kapitel 7.3.2 gezeigt wurde, wachsen die Anforderungen an die zeitliche und räumliche Auflösung zur Erfassung und Berechnung turbulenter Strömungsvorgänge mit der Reynolds- bzw. der Péclet-Zahl und eine skalenumfassende, vollständige Beschreibung ist für die meisten technischen Anwendungen nicht möglich. Für viele ingenieurtechnische Fragestellungen sind die genauen Details der turbulenten Fluidbewegung häufig zweitrangig. Von Interesse sind vielmehr die Auswirkungen der turbulenten Schwankungen auf die mittlere Strömungsbewegung in Form von Reibungs- und Druckverlusten oder in Form des mittleren Wärmetransports. Die Reynolds-gemittelten Gleichungen bilden demnach eine Basis für analytische und numerische Berechnungsverfahren zur Bestimmung gemittelter Geschwindigkeits- und Temperaturfelder.

In den Reynolds-gemittelten Gleichungen werden die Auswirkungen der turbulenten Schwankungen auf das mittlere Impuls- und Energiefeld durch die Reynolds-Spannungen und die Reynolds-Wärmeströme abgebildet,

$$\frac{\partial \langle u_j \rangle}{\partial x_j} = 0 \quad , \tag{9.24}$$

$$\rho \cdot \frac{\partial \langle u_i \rangle}{\partial t} + \rho \cdot \langle u_j \rangle \cdot \frac{\partial \langle u_i \rangle}{\partial x_j} = \rho \cdot \langle f_i \rangle - \frac{\partial \langle p \rangle}{\partial x_i} + \frac{\partial}{\partial x_j} \left(\langle \tau_{ij} \rangle - \rho \cdot \langle u'_i \cdot u'_j \rangle \right) \quad , \tag{9.25}$$

$$c \cdot \rho \cdot \frac{\partial \langle T \rangle}{\partial t} + c \cdot \rho \cdot \langle u_j \rangle \cdot \frac{\partial \langle T \rangle}{\partial x_j} = -\frac{\partial}{\partial x_j} \left(\langle \dot{q}_j \rangle + c \cdot \rho \cdot \langle u'_j \cdot T' \rangle \right) \quad . \tag{9.26}$$

Die Divergenz einer Komponente des Reynolds-Spannungstensors bzw. des Reynolds-Wärmestromvektors entspricht einer zusätzlichen Kraft bzw. einer zusätzlichen Leistung pro Volumeneinheit. Im Allgemeinen sind diese turbulenten Spannungen und Wärmeströme wesentlich größer als die korrespondierenden molekularen Größen. Das Auftreten von turbulenten Schwankungstermen hat zur Folge, dass es mehr unbekannte Größen gibt, als zeitlich gemittelte Bilanzgleichungen zur Verfügung stehen. Zusätzlich zu den Größen des mittleren Impuls- und Energiefelds müssen 6 Reynolds-Spannungen und 3 Reynolds-Wärmeströme ermittelt werden. Um die Gleichungen schließen zu können, müssen daher Wege gefunden werden, die Kovarianzen der Schwankungswerte zu bestimmen. Bei numerischen Berechnungen gibt es unterschiedliche Verfahren zur Schließung der Reynolds-gemittelten Gleichungen (siehe z. B. Wilcox (2006)). Bei Verfahren 1. Ordnung werden die Reynolds-Spannungen und Reynolds-Wärmeströme direkt modelliert. Auf Basis der Wirbelviskosität-Annahme (EVA, engl. *Eddy Viscosity Approach*) bzw. Gradienten-Diffusion-Annahme (GDH, engl. *Gradient Diffusion Hypothesis*) (Kapitel 9.6) approximiert man die Kovarianzen durch die mittleren Gradientenfelder und die Modellgrößen Wirbelviskosität ν_t und Wirbeldiffusivität a_t. Anhand von algebraischen Bestimmungsgleichungen oder von halbempirischen Transportgleichungen für charakteristische Größen des turbulenten Strömungsfeldes, wie beispielsweise die turbulente kinetische Energie (Kapitel 9.2) oder die Temperaturvarianz (Kapitel 9.4), werden Turbulenzparameter bestimmt, die mit den Modellgrößen in Beziehung stehen. Bei Verfahren 2. Ordnung werden für jede Komponente des Reynolds-Spannungstensors und des Reynolds-Wärmestromvektors separate Transportgleichungen aufgestellt (Kapitel 9.3) und gelöst. Bei diesem Vorgehen treten neue unbekannte Größen in den Transportgleichungen der Kovarianzen auf, was unweigerlich zu einem neuen (noch größeren) Schließungsproblem führt. Möchte man die Transportgleichungen der Reynolds-Spannungen und Reynolds-Wärmeströme zur Schließung der Reynolds-gemittelten Gleichungen heranziehen, so wird man in der Regel gezwungen sein, Modellgrößen und -gleichungen zur Berechnung der neuen unbekannten Größen zu verwenden. Die Analyse empirischer Datensätze aus experimentellen Untersuchungen oder DNS liefert die Grundlage für die Entwicklung von Näherungs- und Modellgleichungen, die letztendlich zur Schließung der Reynolds-Gleichungen führen.

9.2 Turbulente kinetische Energie

Eine der am häufigsten verwendeten Größen zur Charakterisierung turbulenter Strömungen ist die bereits kennengelernte turbulente kinetische Energie, die sich aus der Spur des Reynolds-Spannungstensors wie folgt

$$k(\vec{x},t) = \frac{1}{2} \cdot \left(\langle u_1'(\vec{x},t)^2 \rangle + \langle u_2'(\vec{x},t)^2 \rangle + \langle u_3'(\vec{x},t)^2 \rangle \right) = \frac{1}{2} \cdot \langle u_i'(\vec{x},t)^2 \rangle \qquad (9.27)$$

zusammensetzt. Die turbulente kinetische Energie (pro Masseneinheit) einer Strömung entspricht der kinetischen Schwankungsenergie in allen Raumrichtungen. Sie dient auch als Bindeglied zwischen spektraler und zeitlicher Darstellung turbulenter Strömungsgrößen (siehe Kapitel 8.3.4).

Turbulenzgrad

Sowohl in numerischen Simulationen als auch in Experimenten wird die Turbulenzintensität einer Strömung oft mit Hilfe des dimensionslosen Turbulenzgrads (auch Turbulenzintensität genannt)

$$T_u \equiv \frac{\sqrt{\frac{1}{3} \cdot \left(\langle u_1'^2 \rangle + \langle u_2'^2 \rangle + \langle u_3'^2 \rangle \right)}}{\sqrt{\langle u \rangle^2 + \langle v \rangle^2 + \langle w \rangle^2}} \tag{9.28}$$

ausgedrückt. Als grobe Richtwerte finden sich in verschiedenen Lehrbüchern häufig die Angaben: $T_u < 1\,\%$ hinter einem Turbulenzgitter zur Erzeugung homogen isotroper Turbulenz im Windkanal, $T_u \approx 5\,\%$ bei vollständig turbulenter Kanal- oder Rohrströmung, $T_u \approx 10\,\%$ bei Scherströmungen in Wandnähe und $T_u > 10\,\%$ in Nachlaufströmungen hinter Körpern. Für eine grobe Angabe dient der Ansatz $T_u \approx \langle u_1'^2 \rangle^{1/2} / \langle u_1 \rangle$.

9.2.1 Transportgleichung der turbulenten kinetischen Energie

Die Transportgleichung der turbulenten kinetischen Energie ist von zentraler Bedeutung bei der Analyse experimenteller Daten turbulenter Strömungen und deren Modellierung mittels halbempirischer Transportgleichungen. Für die Herleitung der Transportgleichung der turbulenten kinetischen Energie entwickeln wir aus den Impulsgleichungen eine Bilanzgleichung, die die zeitliche und konvektive Änderung der turbulenten kinetischen Energie

$$\frac{1}{2} \cdot \frac{D\langle u_i'^2 \rangle}{Dt} = \frac{1}{2} \cdot \frac{\partial \langle u_i'^2 \rangle}{\partial t} + \langle u_j \rangle \cdot \frac{1}{2} \cdot \frac{\partial \langle u_i'^2 \rangle}{\partial x_j} = \frac{\partial k}{\partial t} + \langle u_j \rangle \cdot \frac{\partial k}{\partial x_j} \tag{9.29}$$

beschreibt, wobei die konvektive Änderung mit der mittleren Strömungsgeschwindigkeit stattfindet. Hierfür bilden wir das Skalarprodukt zwischen der Impulsgleichung in vektorieller Darstellung (für Fluide mit konstanten Stoffwerten und ohne das Wirken externer Kraftfelder) mit den Komponenten

$$\frac{\partial u_i}{\partial t} + u_j \cdot \frac{\partial u_i}{\partial x_j} = -\frac{1}{\rho} \cdot \frac{\partial p}{\partial x_i} + \nu \cdot \frac{\partial}{\partial x_j} \frac{\partial u_i}{\partial x_j} \tag{9.30}$$

und dem Vektor der Geschwindigkeitsschwankungen mit den Komponenten u_i' und erhalten dadurch

$$u_i' \cdot \frac{\partial u_i}{\partial t} + u_i' \cdot u_j \cdot \frac{\partial u_i}{\partial x_j} = -\frac{u_i'}{\rho} \cdot \frac{\partial p}{\partial x_i} + u_i' \cdot \nu \cdot \frac{\partial}{\partial x_j} \frac{\partial u_i}{\partial x_j} \quad . \tag{9.31}$$

In Gl. (9.31) wird demnach jeder Term der Reihe nach, entsprechend den Indizes, aufsummiert. Anschließend substituieren wir die Strömungsgrößen in Gl. (9.31) entsprechend der Reynolds-Dekomposition durch Mittelwerte sowie Schwankungswerte

$$u_i' \cdot \frac{\partial \left(\langle u_i \rangle + u_i' \right)}{\partial t} + u_i' \cdot \left(\langle u_j \rangle + u_j' \right) \cdot \frac{\partial \left(\langle u_i \rangle + u_i' \right)}{\partial x_j}$$
$$= -\frac{u_i'}{\rho} \cdot \frac{\partial \left(\langle p \rangle + p' \right)}{\partial x_i} + u_i' \cdot \nu \cdot \frac{\partial}{\partial x_j} \frac{\partial \left(\langle u_i \rangle + u_i' \right)}{\partial x_j} \tag{9.32}$$

und mitteln die sich ergebende Gleichung zeitlich

$$\langle u_i' \cdot \frac{\partial \langle u_i \rangle}{\partial t} \rangle + \langle u_i' \cdot \frac{\partial u_i'}{\partial t} \rangle + \langle u_i' \cdot \langle u_j \rangle \cdot \frac{\partial \langle u_i \rangle}{\partial x_j} \rangle$$
$$+ \langle u_i' \cdot \langle u_j \rangle \cdot \frac{\partial u_i'}{\partial x_j} \rangle + \langle u_i' \cdot u_j' \cdot \frac{\partial u_i'}{\partial x_j} \rangle + \langle u_i' \cdot u_j' \cdot \frac{\partial \langle u_i \rangle}{\partial x_j} \rangle \tag{9.33}$$
$$= -\langle \frac{u_i'}{\rho} \cdot \frac{\partial \langle p \rangle}{\partial x_i} \rangle - \langle \frac{u_i'}{\rho} \cdot \frac{\partial p'}{\partial x_i} \rangle + \langle u_i' \cdot \nu \cdot \frac{\partial}{\partial x_j} \frac{\partial \langle u_i \rangle}{\partial x_j} \rangle + \langle u_i' \cdot \nu \cdot \frac{\partial}{\partial x_j} \frac{\partial u_i'}{\partial x_j} \rangle \; .$$

Mit den Beziehungen für die Mittelung von Schwankungswerten gemäß Gl. (9.5) – Gl. (9.10) ergibt sich

$$\langle u_i' \cdot \frac{\partial u_i'}{\partial t} \rangle + \langle u_i' \cdot \langle u_j \rangle \cdot \frac{\partial u_i'}{\partial x_j} \rangle + \langle u_i' \cdot u_j' \cdot \frac{\partial u_i'}{\partial x_j} \rangle + \langle u_i' \cdot u_j' \cdot \frac{\partial \langle u_i \rangle}{\partial x_j} \rangle$$
$$= -\langle \frac{u_i'}{\rho} \cdot \frac{\partial p'}{\partial x_i} \rangle + \langle u_i' \cdot \nu \cdot \frac{\partial}{\partial x_j} \frac{\partial u_i'}{\partial x_j} \rangle \; . \tag{9.34}$$

Das Anwenden der Produktregel führt auf

$$\frac{\partial \frac{1}{2} \cdot \langle u_i'^2 \rangle}{\partial t} + \langle u_j \rangle \cdot \frac{\partial \frac{1}{2} \cdot \langle u_i'^2 \rangle}{\partial x_j}$$
$$= -\langle u_i' \cdot u_j' \cdot \frac{\partial \langle u_i \rangle}{\partial x_j} \rangle - \langle u_j' \cdot \frac{\partial \frac{1}{2} \cdot u_i'^2}{\partial x_j} \rangle - \frac{1}{\rho} \cdot \frac{\partial \langle p' \cdot u_i' \rangle}{\partial x_i} + \langle \frac{p'}{\rho} \cdot \frac{\partial u_i'}{\partial x_i} \rangle \tag{9.35}$$
$$+ \nu \cdot \frac{\partial}{\partial x_j} \langle u_i' \cdot \frac{\partial u_i'}{\partial x_j} \rangle - \nu \cdot \langle \frac{\partial u_i'}{\partial x_j} \cdot \frac{\partial u_i'}{\partial x_j} \rangle \; .$$

Entsprechend der Kontinuitätsgleichung (9.12) verschwindet der Term $\partial u_i' / \partial x_i$ in Gl. (9.35) und wir erhalten

$$\frac{\partial \frac{1}{2} \cdot \langle u_i'^2 \rangle}{\partial t} + \langle u_j \rangle \cdot \frac{\partial \frac{1}{2} \cdot \langle u_i'^2 \rangle}{\partial x_j} = -\langle u_i' \cdot u_j' \rangle \cdot \frac{\partial \langle u_i \rangle}{\partial x_j} - \nu \cdot \langle \frac{\partial u_i'}{\partial x_j} \cdot \frac{\partial u_i'}{\partial x_j} \rangle$$
$$- \frac{1}{\rho} \cdot \frac{\partial \langle p' \cdot u_i' \rangle}{\partial x_i} + \nu \cdot \frac{\partial}{\partial x_j} \frac{\partial \frac{1}{2} \cdot \langle u_i'^2 \rangle}{\partial x_j} - \langle u_j' \cdot \frac{\partial \frac{1}{2} \cdot u_i'^2}{\partial x_j} \rangle \; , \tag{9.36}$$

Mit Gl. (9.27) ergibt sich aus Gl. (9.36)

$$\frac{\partial k}{\partial t} + \langle u_j \rangle \cdot \frac{\partial k}{\partial x_j} = -\langle u_i' \cdot u_j' \rangle \cdot \frac{\partial \langle u_i \rangle}{\partial x_j} - \nu \cdot \langle \frac{\partial u_i'}{\partial x_j} \cdot \frac{\partial u_i'}{\partial x_j} \rangle$$
$$- \frac{1}{\rho} \cdot \frac{\partial \langle p' \cdot u_i' \rangle}{\partial x_i} + \nu \cdot \frac{\partial}{\partial x_j} \frac{\partial k}{\partial x_j} - \langle u_j' \cdot \frac{\partial \frac{1}{2} \cdot u_i'^2}{\partial x_j} \rangle \quad . \tag{9.37}$$

Den zweiten Term auf der rechten Seite von Gl. (9.37) bezeichnen wir als Pseudo-Dissipation $\tilde{\varepsilon}$.

$$\tilde{\varepsilon} \equiv \nu \cdot \langle \frac{\partial u_i'}{\partial x_j} \cdot \frac{\partial u_i'}{\partial x_j} \rangle \quad . \tag{9.38}$$

Mit der Identität

$$\nu \cdot \langle \frac{\partial u_i'}{\partial x_j} \cdot \frac{\partial u_i'}{\partial x_j} \rangle = \nu \cdot \langle \frac{\partial u_i'}{\partial x_j} \left(\frac{\partial u_i'}{\partial x_j} + \frac{\partial u_j'}{\partial x_i} \right) \rangle - \nu \cdot \frac{\partial^2 \langle u_i' \cdot u_j' \rangle}{\partial x_i \partial x_j} \tag{9.39}$$

kann Gl. (9.37) umgeformt werden zu

$$\frac{\partial k}{\partial t} + \langle u_j \rangle \cdot \frac{\partial k}{\partial x_j} = -\langle u_i' \cdot u_j' \rangle \cdot \frac{\partial \langle u_i \rangle}{\partial x_j} - \nu \cdot \langle \frac{\partial u_i'}{\partial x_j} \left(\frac{\partial u_i'}{\partial x_j} + \frac{\partial u_j'}{\partial x_i} \right) \rangle$$
$$- \frac{1}{\rho} \cdot \frac{\partial \langle p' \cdot u_i' \rangle}{\partial x_i} - \langle u_j' \cdot \frac{\partial \frac{1}{2} \cdot u_i'^2}{\partial x_j} \rangle + \nu \cdot \frac{\partial}{\partial x_j} \frac{\partial k}{\partial x_j} + \nu \cdot \frac{\partial^2 \langle u_i' \cdot u_j' \rangle}{\partial x_i \partial x_j} \quad . \tag{9.40}$$

Die letzten vier Terme auf der rechten Seite von Gl. (9.40) lassen sich noch zusammenfassen, um die Transportgleichung der turbulenten kinetischen Energie in kompakter Schreibweise zu erhalten,

$$\frac{\partial k}{\partial t} + \langle u_j \rangle \cdot \frac{\partial k}{\partial x_j} = -\langle u_i' \cdot u_j' \rangle \cdot \frac{\partial \langle u_i \rangle}{\partial x_j} - \nu \cdot \langle \frac{\partial u_i'}{\partial x_j} \left(\frac{\partial u_i'}{\partial x_j} + \frac{\partial u_j'}{\partial x_i} \right) \rangle$$
$$- \frac{\partial}{\partial x_j} \left[\langle \left(\frac{p'}{\rho} + \frac{1}{2} \cdot u_i'^2 \right) \cdot u_j' \rangle - \nu \cdot \frac{\partial k}{\partial x_j} - \nu \cdot \frac{\partial \langle u_i' \cdot u_j' \rangle}{\partial x_i} \right] \quad . \tag{9.41}$$

Der Term

$$\mathcal{P} \equiv -\langle u_i' \cdot u_j' \rangle \cdot \frac{\partial \langle u_i \rangle}{\partial x_j} \tag{9.42}$$

in Gl. (9.41) beschreibt den Energietransport aus dem mittleren Geschwindigkeitsfeld in das turbulente Schwankungsfeld (vgl. Kapitel 9.2.3). In einer turbulenten Strömung gilt fast immer $\mathcal{P} > 0$ und der Term wird daher als Produktionsrate der turbulenten kinetischen Energie oder einfach als „Produktionsterm" bezeichnet. Die Scherung des Fluids infolge der mittleren Strömungsbewegung ist die Quelle des turbulenten Schwankungsfelds. Mit anderen Worten, der mittlere Geschwindigkeitsgradient treibt die Turbulenzproduktion an. Wir können schlussfolgern, dass Turbulenz in Scherströmungen großer Reynolds-Zahlen generiert wird und ohne mittlere Geschwindigkeitsgradienten aufgrund fehlender Produktion abklingen würde. Dabei ist zu beachten, dass je nach Strömungskonfiguration auch

Bereiche auftreten können, die durch einen „negativen" Produktionsterm gekennzeichnet sind (Eskinazi und Erian (1969)). In diesem Fall beschreibt der Produktionsterm eine Senke in der Bilanzgleichung der turbulenten kinetischen Energie.

Entsprechend Gl. (2.110), können wir den zweiten Term auf der rechten Seite von Gl. (9.41) als einen mit den Geschwindigkeitsschwankungen gebildeten Dissipationsterm interpretieren, der die Vernichtung der turbulenten kinetischen Energie infolge der viskosen Reibung beschreibt. Demnach kennzeichnet

$$\varepsilon \equiv \nu \cdot \left\langle \frac{\partial u'_i}{\partial x_j} \left(\frac{\partial u'_i}{\partial x_j} + \frac{\partial u'_j}{\partial x_i} \right) \right\rangle \tag{9.43}$$

die Dissipationsrate, mit der sich die zeitlich gemittelte Vernichtung der turbulenten kinetischen Energie quantifizieren lässt. Wie die folgende Rechnung zeigt, entspricht bei homogen turbulenten Strömungen inkompressibler Fluide die turbulente Dissipationsrate ε der Pseudo-Dissipationsrate $\tilde{\varepsilon}$. Durch Ausmultiplizieren von Gl. (9.43) und Anwendung der Produktregel ergibt sich für die turbulente Dissipation

$$\begin{aligned} \varepsilon &= \nu \cdot \left\langle \frac{\partial u'_i}{\partial x_j} \cdot \frac{\partial u'_i}{\partial x_j} + \frac{\partial u'_i}{\partial x_j} \cdot \frac{\partial u'_j}{\partial x_i} \right\rangle \\ &= \tilde{\varepsilon} + \nu \cdot \left\langle \frac{\partial u'_i}{\partial x_j} \cdot \frac{\partial u'_j}{\partial x_i} \right\rangle = \tilde{\varepsilon} + \nu \cdot \left\langle \frac{\partial}{\partial x_j} \left(u'_i \cdot \frac{\partial u'_j}{\partial x_i} \right) - u'_i \cdot \frac{\partial^2 u'_j}{\partial x_i \partial x_j} \right\rangle \quad . \end{aligned} \tag{9.44}$$

Der letzte Term von Gl. (9.44) verschwindet aufgrund der Kontinuitätsgleichung für Fluide mit konstanten Stoffwerten und wir erhalten

$$\varepsilon = \tilde{\varepsilon} + \nu \cdot \left\langle \frac{\partial}{\partial x_j} \left(u'_i \cdot \frac{\partial u'_j}{\partial x_i} \right) \right\rangle \quad . \tag{9.45}$$

Eine erneute Anwendung der Produktregel führt auf

$$\varepsilon = \tilde{\varepsilon} + \nu \cdot \left\langle \frac{\partial}{\partial x_j} \left(\frac{\partial \left(u'_i \cdot u'_j \right)}{\partial x_i} - u'_j \cdot \frac{\partial u'_i}{\partial x_i} \right) \right\rangle = \tilde{\varepsilon} + \nu \cdot \frac{\partial^2 \langle u'_i \cdot u'_j \rangle}{\partial x_i \partial x_j} \quad . \tag{9.46}$$

Der letzte Term von Gl. (9.46) beinhaltet die Kovarianzfunktion $R_{ij}(\vec{r},t) = \langle u'_i \cdot u'_j \rangle$ (hier mit $\vec{r} = 0$), die ja bekanntlich unter homogenen Bedingungen invariant gegenüber einer Translation ist, wodurch die partielle Ableitung von $R_{ij}(\vec{r},t)$ nach x_i bzw. x_j verschwindet und somit $\varepsilon = \tilde{\varepsilon}$ gilt. Die Differenz zwischen ε und $\tilde{\varepsilon}$ ist oft sehr klein, weshalb nicht immer zwischen $\tilde{\varepsilon}$ und ε unterschieden wird.

Die verbleibenden Terme auf der rechten Seite von Gl. (9.41) sind weder an der Produktion noch an der Vernichtung von turbulenter Energie beteiligt. Sie beschreiben den Transport turbulenter kinetischer Energie infolge von Druckfluktuationen, turbulenter Bewegung oder

Reibung. Die Terme werden der Reihe nach als Druck-Diffusion, als turbulente Diffusion und als viskose Diffusion bezeichnet. Für die viskose Diffusion verwendet man häufig auch den äquivalenten Ausdruck $2 \cdot v \cdot \langle u_i' \cdot S_{ij}' \rangle$. Abschließend lässt sich die Transportgleichung für die turbulente kinetische Energie wie folgt zusammenfassen

$$\frac{\partial k}{\partial t} + \langle u_j \rangle \cdot \frac{\partial k}{\partial x_j} \qquad \text{Zeitliche und konvektive Änderung}$$

$$= -\langle u_i' \cdot u_j' \rangle \cdot \frac{\partial \langle u_i \rangle}{\partial x_j} \qquad \text{Produktion}$$

$$-v \cdot \langle \frac{\partial u_i'}{\partial x_j} \left(\frac{\partial u_i'}{\partial x_j} + \frac{\partial u_j'}{\partial x_i} \right) \rangle \qquad \text{Turbulente Dissipation}$$

$$-\frac{\partial}{\partial x_j} \left[\langle \left(\frac{p'}{\rho} + \frac{1}{2} \cdot u_i'^2 \right) \cdot u_j' \rangle \right.$$
$$\left. -v \cdot \frac{\partial k}{\partial x_j} - v \cdot \frac{\partial \langle u_i' \cdot u_j' \rangle}{\partial x_i} \right] \qquad \text{Turbulenter Transport.} \qquad (9.47)$$

Der Produktionsterm und der Dissipationsterm werden auch in anderer Form verwendet. Der räumliche Geschwindigkeitsgradient $\partial u_i / \partial x_j$ lässt sich generell durch die Kombination aus dem symmetrischen Verzerrungstensor S_{ij} und dem antisymmetrischen Rotationstensor

$$\Omega_{ij} = \frac{1}{2} \cdot \left(\frac{\partial u_i}{\partial x_j} - \frac{\partial u_j}{\partial x_i} \right) \qquad (9.48)$$

darstellen,

$$\frac{\partial u_i}{\partial x_j} = S_{ij} + \Omega_{ij} \quad . \qquad (9.49)$$

Demnach erhält man für den Produktionsterm aus Gl. (9.47)

$$-\langle u_i' \cdot u_j' \rangle \cdot \frac{\partial \langle u_i \rangle}{\partial x_j} = -\langle u_i' \cdot u_j' \rangle \cdot \langle S_{ij} \rangle - \langle u_i' \cdot u_j' \rangle \cdot \langle \Omega_{ij} \rangle \quad . \qquad (9.50)$$

Es lässt sich leicht zeigen, dass der letzte Term in Gl. (9.50) verschwindet und somit gilt

$$-\langle u_i' \cdot u_j' \rangle \cdot \frac{\partial \langle u_i \rangle}{\partial x_j} = -\langle u_i' \cdot u_j' \rangle \cdot \langle S_{ij} \rangle \quad . \qquad (9.51)$$

Den turbulenten Dissipationsterm in Gl. (9.47) können wir unter Berücksichtigung von Gl. (9.49) durch

$$\nu \cdot \langle \frac{\partial u_i'}{\partial x_j} \left(\frac{\partial u_i'}{\partial x_j} + \frac{\partial u_j'}{\partial x_i} \right) \rangle = 2 \cdot \nu \cdot \langle S_{ij}' \cdot \frac{\partial u_i'}{\partial x_j} \rangle \tag{9.52}$$

$$= 2 \cdot \nu \cdot \langle S_{ij}' \cdot S_{ij}' \rangle + 2 \cdot \nu \cdot \langle S_{ij}' \cdot \Omega_{ij}' \rangle = 2 \cdot \nu \cdot \langle S_{ij}' \cdot S_{ij}' \rangle$$

angeben. Der quadratische Term $\langle S_{ij}' \cdot S_{ij}' \rangle$ in Gl. (9.52) zeigt, dass für die turbulente Dissipationsrate stets $\varepsilon \geq 0$ gilt und somit die Dissipation in Gl. (9.47) ausnahmslos die Vernichtung turbulenter kinetischer Energie quantifiziert.

9.2.2 Turbulenz-Längenskala und Turbulenz-Reynolds-Zahl

Mit Hilfe der turbulenten kinetischen Energie k und ihrer Dissipationsrate ε können wir eine Längenskala und eine Reynolds-Zahl definieren, die für die großen, energiereichen Wirbelstrukturen des betrachteten turbulenten Strömungsfeldes charakteristisch sind. Die sogenannte Turbulenz-Längenskala ist definiert als

$$\tilde{l} \equiv \frac{\langle u'^2 \rangle^{3/2}}{\varepsilon} = \frac{(2/3 \cdot k)^{3/2}}{\varepsilon} \tag{9.53}$$

und die damit gebildete Turbulenz-Reynolds-Zahl lautet

$$Re_{\tilde{l}} \equiv \frac{\langle u'^2 \rangle^{1/2} \cdot \tilde{l}}{\nu} = \frac{(2/3 \cdot k)^{1/2} \cdot \tilde{l}}{\nu} = \frac{(2/3 \cdot k)^2}{\varepsilon \cdot \nu} \quad , \tag{9.54}$$

wobei sich die Varianz der Geschwindigkeit $\langle u'^2 \rangle$ aus dem Mittelwert der Geschwindigkeitsvarianzen in den Richtungen des dreidimensionalen Strömungsfeldes zusammensetzt,

$$\langle u'^2 \rangle = 1/3 \cdot \langle u_i'^2 \rangle \quad \text{mit} \quad i = 1, 2, 3 \quad . \tag{9.55}$$

Die Definitionen gemäß Gl. (9.53) und Gl. (9.54) lehnen sich an das in Abb. 9.2 skizzierte Konzept der Energiekaskade (Kapitel 7.3.2) an: Die Dissipationsrate der turbulenten kinetischen Energie entspricht der Transferrate, mit der die großen, energiereichen Wirbelstrukturen ihre kinetische Energie im Rahmen des Kaskadenprozesses an die kleineren Wirbelstrukturen weitergeben.

Die in Gl. (9.53) definierte Turbulenz-Längenskala ist eine Modellgröße und keine echte physikalische Größe des turbulenten Strömungsfeldes. Sie skaliert jedoch mit dem integralen Längemaß $\mathcal{L}_{uu}^{(1)}$. Das Verhältnis $\mathcal{L}_{uu}^{(1)}/\tilde{l}$ ist eine Funktion der Reynolds-Zahl und strebt für große Reynolds-Zahlen gegen einen konstanten Wert (Frisch (1995))). Die entdimensionalisierte Dissipationsrate $C_\varepsilon \equiv \varepsilon \cdot \mathcal{L}_{uu}^{(1)}/\langle u'^2 \rangle^{3/2} = \mathcal{L}_{uu}^{(1)}/\tilde{l}$, gebildet mit dem integralen Längenmaß, variiert je nach Anfangs- und Randbedingungen sowie Reynolds-Zahl. Wie in Abb. 9.3 zu sehen ist, besitzt C_ε für verschiedene durch (in)homogene bzw. isotrope Turbulenz gekennzeichnete Strömungssituationen (Gitterturbulenz, homogene Scherströmung, Nachlaufströmungen hinter Zylindern) die Größenordnung $O(1)$ (Burattini et al (2005); Sreenivasan (1995)) und strebt bei homogener Turbulenz bzw. bei isotroper Turbulenz für

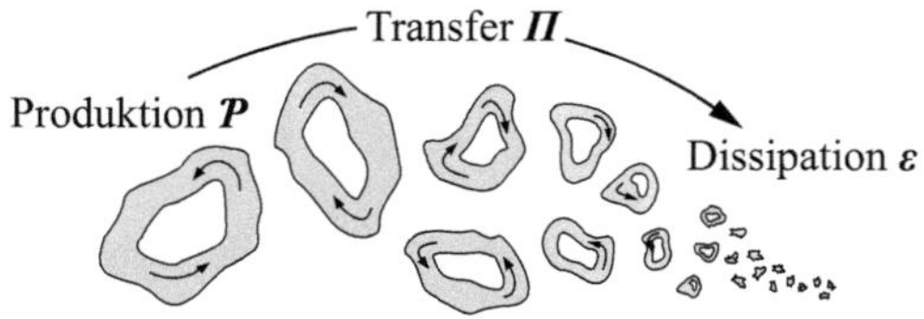

Abb. 9.2 Zerfallsprozess der Energiekaskade nach Richardson. Die aus der Grundströmung bereitgestellte kinetische Energie wird infolge eines mehrstufigen Zerfallsprozesses zunächst transferiert und letztendlich dissipiert.

Reynolds-Zahlen $Re_\lambda > 100$ bzw. > 50 asymptotisch gegen konstante Werte (Sreenivasan (1984, 1998); Pearson et al (2002)). Legt man die Definitionen aus Gl. (9.53) und Gl. (9.54) den Überlegungen aus Kapiteln 7.3.6 und 7.3.7 zugrunde, so ergeben sich für die Kolmogorov-Skalen die Skalenbeziehungen

$$\eta \sim \tilde{l} \cdot Re_{\tilde{l}}^{-3/4} \quad , \tag{9.56}$$

$$u_\eta \sim \langle u'^2 \rangle^{1/2} \cdot Re_{\tilde{l}}^{-1/4} \quad , \tag{9.57}$$

$$t_\eta \sim \frac{\tilde{l}}{\langle u'^2 \rangle^{1/2}} \cdot Re_{\tilde{l}}^{-1/2} \quad , \tag{9.58}$$

sowie für die Obukhov-Corrsin-Skala und Batchelor-Skala die Skalenbeziehungen

$$\tilde{l}/\eta_{T_{OC}} \sim Pr^{3/4} \cdot Re_{\tilde{l}}^{3/4} \quad , \tag{9.59}$$

$$\tilde{l}/\eta_{T_B} \sim Pr^{1/2} \cdot Re_{\tilde{l}}^{3/4} \quad . \tag{9.60}$$

Isotrope Turbulenz

Bei isotroper Turbulenz sind die Autokovarianzfunktionen richtungsinvariant und demnach sind die longitudinalen integralen Längenskalen (Gl. (8.41)) bzw. Taylor-Mikroskalen (Gl. (8.49)) in entsprechender longitudinaler Richtung gleichgroß, $\mathcal{L}_{u_1u_1}^{(1)} = \mathcal{L}_{u_2u_2}^{(2)} = \mathcal{L}_{u_3u_3}^{(3)}$ bzw. $\lambda_{u_1}^{(1)} = \lambda_{u_2}^{(2)} = \lambda_{u_3}^{(3)}$. Die Verallgemeinerung der Ergebnisse aus Gl. (8.99) – Gl. (8.104) führt auf $\lambda_{u_1}^{(1)} = \sqrt{2} \cdot \lambda_{u_2}^{(1)} = \sqrt{2} \cdot \lambda_{u_3}^{(1)}$, $\lambda_{u_2}^{(2)} = \sqrt{2} \cdot \lambda_{u_1}^{(2)} = \sqrt{2} \cdot \lambda_{u_3}^{(2)}$ und $\lambda_{u_3}^{(3)} = \sqrt{2} \cdot \lambda_{u_1}^{(3)} = \sqrt{2} \cdot \lambda_{u_2}^{(3)}$. Mit $\langle u_1'^2 \rangle = \langle u_2'^2 \rangle = \langle u_3'^2 \rangle$ und Gl. (8.51) erhalten wir für die räumlichen Gradienten der Geschwindigkeiten demnach

$$\left\langle \left(\frac{\partial u_1'}{\partial x_1} \right)^2 \right\rangle = \left\langle \left(\frac{\partial u_2'}{\partial x_2} \right)^2 \right\rangle = \left\langle \left(\frac{\partial u_3'}{\partial x_3} \right)^2 \right\rangle \tag{9.61}$$

und

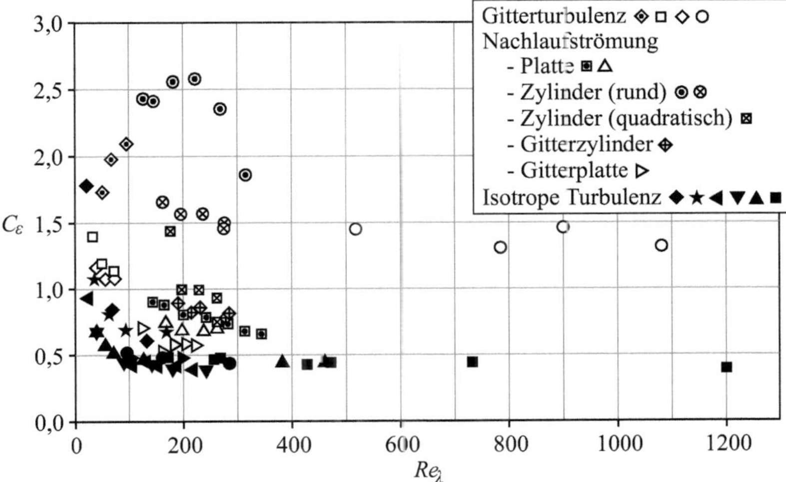

Abb. 9.3 Entdimensionalisierte Dissipationsrate nach Burattini et al (2005). Gitterturbulenz: Burattini et al (2005); Antonia et al (2002); Larssen und Devenport (2002). Nachlaufströmung: Burattini et al (2005) (runder Zylinder, Platte), Antonia et al (2002) (runder und quadratischer Zylinder, Gitterzylinder, Gitterplatte, Platte). Isotrope Turbulenz in periodischer Box: Jiménez et al (1993); Wang et al (1996); Cao et al (1999); Gotoh et al (2002); Kaneda et al (2003). $Re_\lambda = \langle u'^2 \rangle^{1/2} \cdot \lambda/\nu$ mit $\lambda^2 = 15 \cdot \nu \cdot \langle u'^2 \rangle / \varepsilon$.

$$
\begin{aligned}
2 \cdot \left\langle \left(\frac{\partial u'_1}{\partial x_1} \right)^2 \right\rangle &= \left\langle \left(\frac{\partial u'_1}{\partial x_2} \right)^2 \right\rangle = \left\langle \left(\frac{\partial u'_2}{\partial x_1} \right)^2 \right\rangle \\
&= \left\langle \left(\frac{\partial u'_2}{\partial x_3} \right)^2 \right\rangle = \left\langle \left(\frac{\partial u'_3}{\partial x_1} \right)^2 \right\rangle \\
&= \left\langle \left(\frac{\partial u'_3}{\partial x_2} \right)^2 \right\rangle = \left\langle \left(\frac{\partial u'_2}{\partial x_3} \right)^2 \right\rangle \quad .
\end{aligned}
\tag{9.62}
$$

Die Dissipationsrate der turbulenten kinetischen Energie aus Gl. (9.43) berechnet sich bei isotroper Turbulenz durch

$$
\varepsilon = \nu \cdot \left\langle \left(\frac{\partial u'_i}{\partial x_j} \right)^2 \right\rangle \quad .
\tag{9.63}
$$

und mit den räumlichen Gradienten der Geschwindigkeiten entsprechend Gl. (9.61) und Gl. (9.62) erhält man

$$
\varepsilon = 15 \cdot \nu \cdot \left\langle \left(\frac{\partial u'_1}{\partial x_1} \right)^2 \right\rangle \quad .
\tag{9.64}
$$

Nutzt man die Beziehungen zwischen den Taylor-Mikroskalen und den räumlichen Gradienten der Geschwindigkeitsschwankungen gemäß Gl. (8.56) und Gl. (8.57), den Zusammenhang zwischen den auf $f(r,t)$ und $g(r,t)$ basierenden Taylor-Mikroskalen entsprechend Gl. (8.104) sowie Gl. (9.55) für die Varianz der Geschwindigkeit, so ergibt sich aus Gl. (9.64)

$$\varepsilon = 30 \cdot \nu \cdot \frac{\langle u'^2 \rangle}{\lambda_f{}^2} = 15 \cdot \nu \cdot \frac{\langle u'^2 \rangle}{\lambda_g{}^2} \quad . \tag{9.65}$$

Weiteres Umformen und Erweitern von Gl. (9.65) liefert die Turbulenz-Längenskala

$$\tilde{l}^2 = \frac{\lambda_f{}^2}{30} \cdot Re_{\tilde{l}} = \frac{\lambda_g{}^2}{15} \cdot Re_{\tilde{l}} \tag{9.66}$$

und die Turbulenz-Reynolds-Zahl

$$Re_{\tilde{l}} = \frac{1}{30} \cdot Re_{\lambda_f}{}^2 = \frac{1}{15} \cdot Re_{\lambda_g}{}^2 \tag{9.67}$$

in Abhängigkeit der Taylor-Mikroskala für isotrope Strömungsbedingungen, mit $Re_{\lambda_f} = \lambda_f \cdot \langle u'^2 \rangle^{1/2}/\nu$ und $Re_{\lambda_g} = \lambda_g \cdot \langle u'^2 \rangle^{1/2}/\nu$.

9.2.3 Mittlere kinetische Energie

Es wird und wurde bisher immer wieder behauptet, dass die treibende Energie für das Auftreten turbulenter Schwankungsbewegungen aus der mittleren Fluidbewegung stammt. Sollte die turbulente kinetische Energie tatsächlich aus der mittleren Strömungsbewegung stammen, so müsste ein Energietransfer zwischen der Transportgleichung für die mittlere kinetische Energie und der Transportgleichung für die turbulente kinetische Energie (9.47) erkennbar sein, was wir im Folgenden zeigen. Hierfür leiten wir zunächst die Transportgleichung für die mittlere kinetische Energie

$$\langle k \rangle \equiv \frac{1}{2} \cdot \langle u_i \rangle \cdot \langle u_i \rangle \tag{9.68}$$

her. Dazu bilden wir das Skalarprodukt zwischen der Reynolds-gemittelten Impulsgleichung in vektorieller Darstellung mit den Komponenten

$$\frac{\partial \langle u_i \rangle}{\partial t} + \langle u_j \rangle \cdot \frac{\partial \langle u_i \rangle}{\partial x_j} = -\frac{1}{\rho} \cdot \frac{\partial \langle p \rangle}{\partial x_i} + \frac{1}{\rho} \cdot \frac{\partial \langle \tau_{ij} \rangle}{\partial x_j} - \frac{\partial \langle u'_i \cdot u'_j \rangle}{\partial x_j} \tag{9.69}$$

und dem Vektor der mittleren Geschwindigkeit mit den Komponenten $\langle u_i \rangle$ und erhalten somit

$$\langle u_i \rangle \left(\frac{\partial \langle u_i \rangle}{\partial t} + \langle u_j \rangle \cdot \frac{\partial \langle u_i \rangle}{\partial x_j} \right)$$
$$= -\frac{\langle u_i \rangle}{\rho} \cdot \frac{\partial \langle p \rangle}{\partial x_i} + \frac{\langle u_i \rangle}{\rho} \cdot \frac{\partial \langle \tau_{ij} \rangle}{\partial x_j} - \langle u_i \rangle \cdot \frac{\partial \langle u'_i \cdot u'_j \rangle}{\partial x_j} \quad . \tag{9.70}$$

Mit der mittleren Fluidreibungsspannung $\langle \tau_{ij} \rangle = 2 \cdot \nu \cdot \rho \cdot \langle S_{ij} \rangle$ und durch Anwenden der Produktregel ergibt sich

$$\frac{\partial \frac{1}{2} \cdot \langle u_i \rangle^2}{\partial t} + \langle u_j \rangle \cdot \frac{\partial \frac{1}{2} \cdot \langle u_i \rangle^2}{\partial x_j} = -\frac{1}{\rho} \cdot \frac{\partial}{\partial x_i} \left(\langle p \rangle \cdot \langle u_i \rangle \right) + \frac{\langle p \rangle}{\rho} \cdot \frac{\partial \langle u_i \rangle}{\partial x_i}$$

$$+ 2 \cdot v \cdot \frac{\partial}{\partial x_j} \left(\langle S_{ij} \rangle \cdot \langle u_i \rangle \right) - 2 \cdot v \cdot \langle S_{ij} \rangle \cdot \frac{\partial \langle u_i \rangle}{\partial x_j} \qquad (9.71)$$

$$- \frac{\partial}{\partial x_j} \left(\langle u_i \rangle \cdot \langle u_j' \cdot u_i' \rangle \right) + \langle u_i' \cdot u_j' \rangle \cdot \frac{\partial \langle u_i \rangle}{\partial x_j} \quad .$$

Dementsprechend lautet die Transportgleichung für die mittlere kinetische Energie der Strömung

$$\frac{\partial \langle k \rangle}{\partial t} + \langle u_j \rangle \cdot \frac{\partial \langle k \rangle}{\partial x_j} = \langle u_i' \cdot u_j' \rangle \cdot \frac{\partial \langle u_i \rangle}{\partial x_j} - 2 \cdot v \cdot \langle S_{ij} \rangle \cdot \frac{\partial \langle u_i \rangle}{\partial x_j}$$

$$+ \frac{\partial}{\partial x_j} \left(-\frac{1}{\rho} \cdot \langle p \rangle \cdot \langle u_j \rangle + 2 \cdot v \cdot \langle S_{ij} \rangle \cdot \langle u_i \rangle - \langle u_i \rangle \cdot \langle u_i' \cdot u_j' \rangle \right) \quad . \qquad (9.72)$$

Wir erkennen sofort den aus der Transportgleichung für die turbulente kinetische Energie (9.47) bekannten Produktionsterm $\langle u_i' \cdot u_j' \rangle \cdot \partial \langle u_i \rangle / \partial x_j$, allerdings mit umgekehrtem Vorzeichen. Dieser Term quantifiziert den Energietransfer zwischen der mittleren Bewegung und den turbulenten Schwankungen der Strömung. Die Energie, die bei Scherung durch die mittleren Geschwindigkeitsgradienten aufgebracht wird, geht in die turbulente kinetische Energie über. In turbulenten Strömungen liegt fast immer eine Produktionsrate der turbulenten kinetischen Energie von $-\langle u_i' \cdot u_j' \rangle \cdot \partial \langle u_i \rangle / \partial x_j > 0$ vor, und demzufolge findet ein Transfer an kinetischer Energie von der mittleren Strömungsbewegung zu den turbulenten Schwankungen statt. Sind die Produktionsterme negativ, so bedeutet dies nicht notwendigerweise eine Erhöhung der mittleren kinetischen Energie durch einen Energietransfer aus dem turbulenten Strömungsfeld in das mittlere Strömungsfeld (Hinze (1970)).

Der letzte Term auf der rechten Seite von Gl. (9.72) beschreibt die mittlere Diffusion und der bereits aus der Reynolds-Gleichung für die innere Energie (9.21) bekannte Dissipationsterm in Gl. (9.72)

$$\langle \varepsilon \rangle = 2 \cdot v \cdot \langle S_{ij} \rangle \cdot \frac{\partial \langle u_i \rangle}{\partial x_j} = 2 \cdot v \cdot \langle S_{ij} \rangle \cdot \langle S_{ij} \rangle \qquad (9.73)$$

repräsentiert den Anteil der mittleren kinetischen Energie, der gegen die viskosen Spannungen aufgebracht und direkt in Wärme umgewandelt wird. Die mit Gl. (9.73) beschriebene viskose Dissipation wird daher auch als direkte Dissipation bezeichnet. In turbulenten Strömungen gilt (fast) immer $\langle S_{ij}' \cdot S_{ij}' \rangle \gg \langle S_{ij} \rangle \cdot \langle S_{ij} \rangle$, die turbulente Dissipation ist um ein Vielfaches größer als die direkte Dissipation.

9.3 Kovarianzen

Für die statistische Analyse turbulenter Geschwindigkeits- und Temperaturfelder sind die Transportgleichungen der Reynolds-Spannungen $\langle u_i' \cdot u_j' \rangle$ und der Reynolds-Wärmeströme $\langle T' \cdot u_j' \rangle$ ein wichtiges Werkzeug. Mit ihrer Hilfe lässt sich ein tieferes Verständnis der in turbulenten Strömungen ablaufenden Transport- und Mischungsvorgänge entwickeln. Die Transportgleichungen bilden auch die Grundlage für Turbulenzmodelle 2. Ordnung, bei denen die Reynolds-Spannungen und (idealerweise auch) die Reynolds-Wärmeströme direkt und ohne Umwege modelliert werden. Die Verteilungen der Reynolds-Spannungen und Reynolds-Wärmeströme für Grenzschichten und Innenströmungen werden in den Kapiteln 10.3.4 und 10.5.2 sowie 12.2.7 und 12.3.5 diskutiert.

9.3.1 Reynolds-Spannungen

Für die Herleitung der Transportgleichungen der Reynolds-Spannungen $\langle u_i' \cdot u_j' \rangle$ müssen wir eine differenzielle Bilanzgleichung entwickeln, die die zeitliche und konvektive Änderung der Reynolds-Spannungen

$$
\begin{aligned}
\frac{D\langle u_i' \cdot u_j' \rangle}{Dt} &= \frac{\partial \langle u_i' \cdot u_j' \rangle}{\partial t} + \langle u_k \rangle \cdot \frac{\partial \langle u_i' \cdot u_j' \rangle}{\partial x_k} \\
&= \langle u_i' \cdot \frac{\partial u_j'}{\partial t} \rangle + \langle u_k \rangle \cdot \langle u_i' \cdot \frac{\partial u_j'}{\partial x_k} \rangle + \langle u_j' \cdot \frac{\partial u_i'}{\partial t} \rangle + \langle u_k \rangle \cdot \langle u_j' \cdot \frac{\partial u_i'}{\partial x_k} \rangle
\end{aligned}
\tag{9.74}
$$

abbildet. In Anlehnung an die Vorgehensweise nach Rotta (1951), multiplizieren wir die Impulsgleichung für Fluide mit konstanten Stoffwerten und ohne das Wirken externer Kraftfelder

$$
\frac{\partial u_j}{\partial t} + u_k \cdot \frac{\partial u_j}{\partial x_k} = -\frac{1}{\rho} \cdot \frac{\partial p}{\partial x_j} + \nu \cdot \frac{\partial}{\partial x_k} \frac{\partial u_j}{\partial x_k}
\tag{9.75}
$$

mit u_i' und

$$
\frac{\partial u_i}{\partial t} + u_k \cdot \frac{\partial u_i}{\partial x_k} = -\frac{1}{\rho} \cdot \frac{\partial p}{\partial x_i} + \nu \cdot \frac{\partial}{\partial x_k} \frac{\partial u_i}{\partial x_k}
\tag{9.76}
$$

mit u_j'. Es ergibt sich

$$
u_i' \cdot \frac{\partial u_j}{\partial t} + u_i' \cdot u_k \cdot \frac{\partial u_j}{\partial x_k} = -\frac{u_i'}{\rho} \cdot \frac{\partial p}{\partial x_j} + u_i' \cdot \nu \cdot \frac{\partial}{\partial x_k} \frac{\partial u_j}{\partial x_k}
\tag{9.77}
$$

und

$$
u_j' \cdot \frac{\partial u_i}{\partial t} + u_j' \cdot u_k \cdot \frac{\partial u_i}{\partial x_k} = -\frac{u_j'}{\rho} \cdot \frac{\partial p}{\partial x_i} + u_j' \cdot \nu \cdot \frac{\partial}{\partial x_k} \frac{\partial u_i}{\partial x_k} \quad .
\tag{9.78}
$$

Ein Vergleich der jeweils ersten beiden Terme von Gl. (9.77) und Gl. (9.78) mit den Termen der rechten Seite von Gl. (9.74) offenbart: Durch Einführen der Reynolds-Dekomposition in die Summe aus Gl. (9.77) und Gl. (9.78) und anschließender zeitlicher Mittelung erhält man die gesuchte Transportgleichung für die Reynolds-Spannungen $\langle u_i' \cdot u_j' \rangle$, wie wir im Folgenden zeigen werden. Die Addition von Gl. (9.77) und Gl. (9.78) liefert

$$
\underbrace{u_i' \cdot \frac{\partial u_j}{\partial t} + u_j' \cdot \frac{\partial u_i}{\partial t}}_{\text{\textcircled{a}}} + \underbrace{u_i' \cdot u_k \cdot \frac{\partial u_j}{\partial x_k} + u_j' \cdot u_k \cdot \frac{\partial u_i}{\partial x_k}}_{\text{\textcircled{b}}}
$$

$$
= -\underbrace{\left(\frac{u_i'}{\rho} \cdot \frac{\partial p}{\partial x_j} + \frac{u_j'}{\rho} \cdot \frac{\partial p}{\partial x_i} \right)}_{\text{\textcircled{c}}} + \underbrace{u_i' \cdot \nu \cdot \frac{\partial}{\partial x_k} \frac{\partial u_j}{\partial x_k} + u_j' \cdot \nu \cdot \frac{\partial}{\partial x_k} \frac{\partial u_i}{\partial x_k}}_{\text{\textcircled{d}}} \quad . \tag{9.79}
$$

Als Nächstes führen wir die Reynolds-Dekomposition in Gl. (9.79) ein und mitteln die verbleibende Gleichung zeitlich. Um eine übersichtliche Darstellung beizubehalten, werden die Terme \textcircled{a}-\textcircled{d} aus Gl. (9.79) separat behandelt und erst am Ende wieder zusammengeführt. Für den zeitabhängigen Term erhält man

$$
\text{\textcircled{a}} : u_i' \cdot \frac{\partial u_j}{\partial t} + u_j' \cdot \frac{\partial u_i}{\partial t} \rightarrow \langle u_i' \cdot \frac{\partial (\langle u_j \rangle + u_j')}{\partial t} + u_j' \cdot \frac{\partial (\langle u_i \rangle + u_i')}{\partial t} \rangle \quad . \tag{9.80}
$$

Mit den Beziehungen für die Mittelung von Schwankungswerten aus Gl. (9.5) – Gl. (9.8) sowie durch das Anwenden der Produktregel ergibt sich aus Gl. (9.80)

$$
\underbrace{\langle u_i' \cdot \frac{\partial \langle u_j \rangle}{\partial t} \rangle}_{=0} + \langle u_i' \cdot \frac{\partial u_j'}{\partial t} \rangle + \underbrace{\langle u_j' \cdot \frac{\partial \langle u_i \rangle}{\partial t} \rangle}_{=0} + \langle u_j' \cdot \frac{\partial u_i'}{\partial t} \rangle = \frac{\partial \langle u_i' \cdot u_j' \rangle}{\partial t} \quad . \tag{9.81}
$$

Für den konvektiven Term erhält man nach Ausmultiplizieren und Verwenden der Rechenregeln entsprechend Gl. (9.5) – Gl. (9.8)

$$
\text{\textcircled{b}} : u_i' \cdot u_k \cdot \frac{\partial u_j}{\partial x_k} + u_j' \cdot u_k \cdot \frac{\partial u_i}{\partial x_k}
$$

$$
\rightarrow \langle u_i' \cdot (\langle u_k \rangle + u_k') \cdot \frac{\partial (\langle u_j \rangle + u_j')}{\partial x_k} + u_j' \cdot (\langle u_k \rangle + u_k') \cdot \frac{\partial (\langle u_i \rangle + u_i')}{\partial x_k} \rangle
$$

$$
= \underbrace{\langle u_i' \cdot \langle u_k \rangle \cdot \frac{\partial \langle u_j \rangle}{\partial x_k} \rangle}_{=0} + \langle u_i' \cdot \langle u_k \rangle \cdot \frac{\partial u_j'}{\partial x_k} \rangle + \langle u_i' \cdot u_k' \cdot \frac{\partial \langle u_j \rangle}{\partial x_k} \rangle
$$

$$
+ \langle u_i' \cdot u_k' \cdot \frac{\partial u_j'}{\partial x_k} \rangle + \underbrace{\langle u_j' \cdot \langle u_k \rangle \cdot \frac{\partial \langle u_i \rangle}{\partial x_k} \rangle}_{=0} + \langle u_j' \cdot \langle u_k \rangle \cdot \frac{\partial u_i'}{\partial x_k} \rangle \tag{9.82}
$$

$$
+ \langle u_j' \cdot u_k' \cdot \frac{\partial \langle u_i \rangle}{\partial x_k} \rangle + \langle u_j' \cdot u_k' \cdot \frac{\partial u_i'}{\partial x_k} \rangle \quad .
$$

Den zweiten und sechsten Term bzw. den vierten und achten Term auf der rechten Seite von Gl. (9.82) können wir entsprechend der Produktregel zusammenfassen,

$$\langle u'_i \cdot \langle u_k \rangle \cdot \frac{\partial u'_j}{\partial x_k} \rangle + \langle u'_j \cdot \langle u_k \rangle \cdot \frac{\partial u'_i}{\partial x_k} \rangle = \langle u_k \rangle \cdot \frac{\partial \langle u'_i \cdot u'_j \rangle}{\partial x_k} \tag{9.83}$$

bzw.

$$\langle u'_i \cdot u'_k \cdot \frac{\partial u'_j}{\partial x_k} \rangle + \langle u'_j \cdot u'_k \cdot \frac{\partial u'_i}{\partial x_k} \rangle = \langle u'_k \cdot \frac{\partial (u'_i \cdot u'_j)}{\partial x_k} \rangle$$
$$= \frac{\partial \langle u'_k \cdot u'_i \cdot u'_j \rangle}{\partial x_k} - \langle u'_i \cdot u'_j \cdot \underbrace{\frac{\partial u'_k}{\partial x_k}}_{=0} \rangle \tag{9.84}$$

und wir erhalten letztendlich für den konvektiven Term aus Gl. (9.79)

$$\langle u_k \rangle \cdot \frac{\partial \langle u'_i \cdot u'_j \rangle}{\partial x_k} + \langle u'_i \cdot u'_k \rangle \cdot \frac{\partial \langle u_j \rangle}{\partial x_k} + \frac{\partial \langle u'_k \cdot u'_i \cdot u'_j \rangle}{\partial x_k} + \langle u'_j \cdot u'_k \rangle \cdot \frac{\partial \langle u_i \rangle}{\partial x_k} \quad . \tag{9.85}$$

Für den Druckterm ergibt sich mit einem analogen Vorgehen

$$\text{©} : \left(\frac{u'_i}{\rho} \cdot \frac{\partial p}{\partial x_j} + \frac{u'_j}{\rho} \cdot \frac{\partial p}{\partial x_i} \right) \rightarrow \langle \frac{u'_i}{\rho} \cdot \frac{\partial (\langle p \rangle + p')}{\partial x_j} \rangle + \langle \frac{u'_j}{\rho} \cdot \frac{\partial (\langle p \rangle + p')}{\partial x_i} \rangle$$
$$= \frac{1}{\rho} \cdot \left(\underbrace{\langle u'_i \cdot \frac{\partial \langle p \rangle}{\partial x_j} \rangle}_{=0} + \langle u'_i \cdot \frac{\partial p'}{\partial x_j} \rangle + \underbrace{\langle u'_j \cdot \frac{\partial \langle p \rangle}{\partial x_i} \rangle}_{=0} + \langle u'_j \cdot \frac{\partial p'}{\partial x_i} \rangle \right) \tag{9.86}$$
$$= \frac{1}{\rho} \cdot \left(\frac{\partial \langle u'_i \cdot p' \rangle}{\partial x_j} - \langle p' \cdot \frac{\partial u'_i}{\partial x_j} \rangle + \frac{\partial \langle u'_j \cdot p' \rangle}{\partial x_i} - \langle p' \cdot \frac{\partial u'_j}{\partial x_i} \rangle \right) \quad .$$

Durch Verwendung des Kronecker-Delta kann Gl. (9.86) weiter zu

$$-\frac{1}{\rho} \cdot \langle p' \cdot \left[\frac{\partial u'_i}{\partial x_j} + \frac{\partial u'_j}{\partial x_i} \right] \rangle + \frac{1}{\rho} \cdot \frac{\partial}{\partial x_k} \left(\langle u'_i \cdot p' \rangle \cdot \delta_{jk} + \langle u'_j \cdot p' \rangle \cdot \delta_{ik} \right) \tag{9.87}$$

umgeformt werden. Es bleibt noch der Term mit den viskosen Spannungen übrig. Wir erhalten hierfür

$$\textcircled{d} : u_i' \cdot \nu \cdot \frac{\partial}{\partial x_k} \frac{\partial u_j}{\partial x_k} + u_j' \cdot \nu \cdot \frac{\partial}{\partial x_k} \frac{\partial u_i}{\partial x_k}$$

$$\rightarrow \nu \cdot \langle u_i' \cdot \frac{\partial}{\partial x_k} \left[\frac{\partial \left(\langle u_j \rangle + u_j' \right)}{\partial x_k} \right] + u_j' \cdot \frac{\partial}{\partial x_k} \left[\frac{\partial \left(\langle u_i \rangle + u_i' \right)}{\partial x_k} \right] \rangle$$

$$= \nu \cdot \left(\underbrace{\langle u_i' \cdot \frac{\partial}{\partial x_k} \frac{\partial \langle u_j \rangle}{\partial x_k} \rangle}_{=0} + \langle u_i' \cdot \frac{\partial}{\partial x_k} \frac{\partial u_j'}{\partial x_k} \rangle + \underbrace{\langle u_j' \cdot \frac{\partial}{\partial x_k} \frac{\partial \langle u_i \rangle}{\partial x_k} \rangle}_{=0} + \langle u_j' \cdot \frac{\partial}{\partial x_k} \frac{\partial u_i'}{\partial x_k} \rangle \right) \quad . \tag{9.88}$$

Durch zweifache Anwendung der Produktregel ergibt sich für die verbleibenden Terme aus Gl. (9.88)

$$\langle u_i' \cdot \frac{\partial}{\partial x_k} \frac{\partial u_j'}{\partial x_k} \rangle + \langle u_j' \cdot \frac{\partial}{\partial x_k} \frac{\partial u_i'}{\partial x_k} \rangle$$

$$= \langle \frac{\partial}{\partial x_k} \left(u_i' \cdot \frac{\partial u_j'}{\partial x_k} \right) \rangle - \langle \frac{\partial u_i'}{\partial x_k} \cdot \frac{\partial u_j'}{\partial x_k} \rangle + \langle \frac{\partial}{\partial x_k} \left(u_j' \cdot \frac{\partial u_i'}{\partial x_k} \right) \rangle - \langle \frac{\partial u_j'}{\partial x_k} \cdot \frac{\partial u_i'}{\partial x_k} \rangle \tag{9.89}$$

und wir erhalten für die viskosen Spannungsterme

$$\nu \cdot \frac{\partial^2 \langle u_i' \cdot u_j' \rangle}{\partial x_k^2} - 2 \cdot \nu \cdot \langle \frac{\partial u_i'}{\partial x_k} \cdot \frac{\partial u_j'}{\partial x_k} \rangle \quad . \tag{9.90}$$

Das Zusammenführen der Terme aus Gl. (9.81), Gl. (9.85), Gl. (9.87) und Gl. (9.90) führt auf

$$\underbrace{\frac{\partial \langle u_i' \cdot u_j' \rangle}{\partial t}}_{\textcircled{a}}$$

$$+ \underbrace{\langle u_k \rangle \cdot \frac{\partial \langle u_i' \cdot u_j' \rangle}{\partial x_k} + \langle u_i' \cdot u_k' \rangle \cdot \frac{\partial \langle u_j \rangle}{\partial x_k} + \frac{\partial \langle u_k' \cdot u_i' \cdot u_j' \rangle}{\partial x_k} + \langle u_j' \cdot u_k' \rangle \cdot \frac{\partial \langle u_i \rangle}{\partial x_k}}_{\textcircled{b}}$$

$$= \underbrace{\frac{1}{\rho} \cdot \langle p' \cdot \left[\frac{\partial u_i'}{\partial x_j} + \frac{\partial u_j'}{\partial x_i} \right] \rangle + \frac{1}{\rho} \cdot \frac{\partial}{\partial x_k} \left(\langle u_i' \cdot p' \rangle \cdot \delta_{jk} + \langle u_j' \cdot p' \rangle \cdot \delta_{ik} \right)}_{\textcircled{c}} \tag{9.91}$$

$$\underbrace{+ \nu \cdot \frac{\partial^2 \langle u_i' \cdot u_j' \rangle}{\partial x_k^2} - 2 \cdot \nu \cdot \langle \frac{\partial u_i'}{\partial x_k} \cdot \frac{\partial u_j'}{\partial x_k} \rangle}_{\textcircled{d}} \quad .$$

Wie bei der Transportgleichung für die turbulente kinetische Energie (9.47) können die Terme nach ihrer strömungsphysikalischen Bedeutung geordnet werden. Die Terme

$$-\langle u_i' \cdot u_k' \rangle \cdot \frac{\partial \langle u_j \rangle}{\partial x_k} - \langle u_j' \cdot u_k' \rangle \cdot \frac{\partial \langle u_i \rangle}{\partial x_k} \tag{9.92}$$

kennzeichnen die Produktion und der Term

$$2 \cdot \nu \cdot \langle \frac{\partial u_i'}{\partial x_k} \cdot \frac{\partial u_j'}{\partial x_k} \rangle \tag{9.93}$$

beschreibt die Dissipation der Reynolds-Spannungen. Der Ausdruck

$$\frac{1}{\rho} \cdot \langle p' \cdot \left[\frac{\partial u_i'}{\partial x_j} + \frac{\partial u_j'}{\partial x_i} \right] \rangle \tag{9.94}$$

ist die Druck-Scher-Korrelation und der Term

$$-\frac{\partial}{\partial x_k} \left[\frac{1}{\rho} \cdot \left(\langle u_i' \cdot p' \rangle \cdot \delta_{jk} + \langle u_j' \cdot p' \rangle \cdot \delta_{ik} \right) - \nu \cdot \frac{\partial \langle u_i' \cdot u_j' \rangle}{\partial x_k} + \langle u_k' \cdot u_i' \cdot u_j' \rangle \right] \tag{9.95}$$

beinhaltet der Reihe nach die Druck-Diffusion, die viskose Diffusion der Reynolds-Spannungen und die turbulente Diffusion. Wir können somit Gleichung (9.91) in geordneter Form schreiben

$$\frac{\partial \langle u_i' \cdot u_j' \rangle}{\partial t} + \langle u_k \rangle \cdot \frac{\partial \langle u_i' \cdot u_j' \rangle}{\partial x_k} \qquad \text{Zeitliche und konvektive Änderung}$$

$$= -\langle u_i' \cdot u_k' \rangle \cdot \frac{\partial \langle u_j \rangle}{\partial x_k} - \langle u_j' \cdot u_k' \rangle \cdot \frac{\partial \langle u_i \rangle}{\partial x_k} \qquad \text{Produktion}$$

$$-2 \cdot \nu \cdot \langle \frac{\partial u_i'}{\partial x_k} \cdot \frac{\partial u_j'}{\partial x_k} \rangle \qquad \text{Dissipation}$$

$$+\frac{1}{\rho} \cdot \langle p' \cdot \left[\frac{\partial u_i'}{\partial x_j} + \frac{\partial u_j'}{\partial x_i} \right] \rangle \qquad \text{Druck-Scher-Korrelation}$$

$$-\frac{\partial}{\partial x_k} \left[\frac{1}{\rho} \cdot \left(\langle u_i' \cdot p' \rangle \cdot \delta_{jk} + \langle u_j' \cdot p' \rangle \cdot \delta_{ik} \right) \right.$$

$$\left. -\nu \cdot \frac{\partial \langle u_i' \cdot u_j' \rangle}{\partial x_k} + \langle u_k' \cdot u_i' \cdot u_j' \rangle \right] \qquad \text{Transport} \tag{9.96}$$

Der experimentell bis dato nicht bestimmbare Druck-Scher-Term in Gl. (9.96) trägt weder zur Produktion noch zur Dissipation turbulenter kinetischer Energie bei, sondern ist ausschließlich an der internen Energieverteilung beteiligt (Aufgabe 9.2). Die Druck-Scher-Korrelation wirkt sich je nach Strömungskonfiguration erheblich auf die Reynolds-Spannungen aus und darf bei der Bilanzierung der Reynolds-Spannungen im Allgemeinen nicht vernachlässigt werden.

9.3.2 Reynolds-Wärmeströme

Die Transportgleichung für die Reynolds-Wärmeströme $\langle T' \cdot u'_j \rangle$ erhält man analog zum vorherigen Kapitel 9.3.1. Als Ausgangspunkt für die Herleitung dient die Energiegleichung für Fluide mit konstanten Stoffwerten und ohne Dissipation

$$\frac{\partial T}{\partial t} + u_k \cdot \frac{\partial T}{\partial x_k} = a \cdot \frac{\partial}{\partial x_k} \frac{\partial T}{\partial x_k} \tag{9.97}$$

und die Impulsgleichung für Fluide mit konstanten Stoffwerten und ohne das Wirken externer Kraftfelder

$$\frac{\partial u_j}{\partial t} + u_k \cdot \frac{\partial u_j}{\partial x_k} = -\frac{1}{\rho} \cdot \frac{\partial p}{\partial x_j} + \nu \cdot \frac{\partial}{\partial x_k} \frac{\partial u_j}{\partial x_k} \quad . \tag{9.98}$$

Für die Herleitung einer differenziellen Bilanzgleichung, zur Beschreibung der zeitlichen und konvektiven Änderung der Reynolds-Wärmeströme,

$$
\begin{aligned}
\frac{D \langle u'_j \cdot T' \rangle}{Dt} &= \frac{\partial \langle u'_j \cdot T' \rangle}{\partial t} + \langle u_k \rangle \cdot \frac{\partial \langle u'_j \cdot T' \rangle}{\partial x_k} \\
&= \langle T' \cdot \frac{\partial u'_j}{\partial t} \rangle + \langle u_k \rangle \cdot \langle T' \cdot \frac{\partial u'_j}{\partial x_k} \rangle + \langle u'_j \cdot \frac{\partial T'}{\partial t} \rangle + \langle u_k \rangle \cdot \langle u'_j \cdot \frac{\partial T'}{\partial x_k} \rangle \quad ,
\end{aligned} \tag{9.99}
$$

multiplizieren wir Gl. (9.97) mit u'_j und Gl. (9.98) mit T' und addieren die resultierenden Gleichungen komponentenweise. Wir erhalten somit

$$
\begin{aligned}
&\underbrace{u'_j \cdot \frac{\partial T}{\partial t} + T' \cdot \frac{\partial u_j}{\partial t}}_{\text{ⓐ}} + \underbrace{u'_j \cdot u_k \cdot \frac{\partial T}{\partial x_k} + T' \cdot u_k \cdot \frac{\partial u_j}{\partial x_k}}_{\text{ⓑ}} \\
&= \underbrace{u'_j \cdot a \cdot \frac{\partial}{\partial x_k} \frac{\partial T}{\partial x_k}}_{\text{ⓒ}} - \underbrace{\frac{1}{\rho} \cdot T' \cdot \frac{\partial p}{\partial x_j}}_{\text{ⓓ}} + \underbrace{\nu \cdot T' \cdot \frac{\partial}{\partial x_k} \frac{\partial u_j}{\partial x_k}}_{\text{ⓔ}} \quad .
\end{aligned} \tag{9.100}
$$

Als Nächstes werden die Strömungsgrößen in Gl. (9.100) entsprechend der Reynolds-Dekomposition durch ihre Mittel- und Schwankungswerte substituiert und die resultierende Gleichung anschließend gemittelt. Mit den Rechenregeln gemäß Gl. (9.5) – Gl. (9.10) erhalten wir für den zeitabhängigen Term

$$\text{ⓐ}: u_j' \cdot \frac{\partial T}{\partial t} + T' \cdot \frac{\partial u_j}{\partial t} \rightarrow \langle u_j' \cdot \frac{\partial \left(\langle T \rangle + T'\right)}{\partial t} + T' \cdot \frac{\partial(\langle u_j \rangle + u_j')}{\partial t} \rangle$$

$$= \underbrace{\langle u_j' \cdot \frac{\partial \langle T \rangle}{\partial t} \rangle}_{=0} + \langle u_j' \cdot \frac{\partial T'}{\partial t} \rangle + \underbrace{\langle T' \cdot \frac{\partial \langle u_j \rangle}{\partial t} \rangle}_{=0} + \langle T' \cdot \frac{\partial u_j'}{\partial t} \rangle = \frac{\partial \langle u_j' \cdot T' \rangle}{\partial t} \quad . \tag{9.101}$$

In gleicher Weise lässt sich der konvektive Term umformen zu

$$\text{ⓑ}: u_j' \cdot u_k \cdot \frac{\partial T}{\partial x_k} + T' \cdot u_k \cdot \frac{\partial u_j}{\partial x_k}$$

$$\rightarrow \langle u_j' \cdot \left(\langle u_k \rangle + u_k'\right) \cdot \frac{\partial \left(\langle T \rangle + T'\right)}{\partial x_k} + T' \cdot \left(\langle u_k \rangle + u_k'\right) \cdot \frac{\partial(\langle u_j \rangle + u_j')}{\partial x_k} \rangle$$

$$= \underbrace{\langle u_j' \cdot \langle u_k \rangle \cdot \frac{\partial \langle T \rangle}{\partial x_k} \rangle}_{=0} + \langle u_j' \cdot \langle u_k \rangle \cdot \frac{\partial T'}{\partial x_k} \rangle + \langle u_j' \cdot u_k' \cdot \frac{\partial \langle T \rangle}{\partial x_k} \rangle$$

$$+ \langle u_j' \cdot u_k' \cdot \frac{\partial T'}{\partial x_k} \rangle + \underbrace{\langle T' \cdot \langle u_k \rangle \cdot \frac{\partial \langle u_j \rangle}{\partial x_k} \rangle}_{=0} + \langle T' \cdot \langle u_k \rangle \cdot \frac{\partial u_j'}{\partial x_k} \rangle$$

$$+ \langle T' \cdot u_k' \rangle \cdot \frac{\partial \langle u_j \rangle}{\partial x_k} + \langle T' \cdot u_k' \cdot \frac{\partial u_j'}{\partial x_k} \rangle \quad . \tag{9.102}$$

Mit Hilfe der Produktregel können wir den zweiten und sechsten Term bzw. den vierten und achten Term der rechten Seite von Gl. (9.102) zusammenfassen zu

$$\langle u_j' \cdot \langle u_k \rangle \cdot \frac{\partial T'}{\partial x_k} \rangle + \langle T' \cdot \langle u_k \rangle \cdot \frac{\partial u_j'}{\partial x_k} \rangle = \langle u_k \rangle \cdot \frac{\partial \langle T' \cdot u_j' \rangle}{\partial x_k} \tag{9.103}$$

bzw.

$$\langle u_j' \cdot u_k' \cdot \frac{\partial T'}{\partial x_k} \rangle + \langle T' \cdot u_k' \cdot \frac{\partial u_j'}{\partial x_k} \rangle = \langle u_k' \cdot \frac{\partial T' \cdot u_j'}{\partial x_k} \rangle$$

$$= \frac{\partial \langle u_k' \cdot T' \cdot u_j' \rangle}{\partial x_k} - \underbrace{\langle T' \cdot u_j' \cdot \frac{\partial u_k'}{\partial x_k} \rangle}_{=0} \tag{9.104}$$

und erhalten letztendlich für den konvektiven Term aus Gl. (9.100)

$$\langle u_k \rangle \cdot \frac{\partial \langle T' \cdot u_j' \rangle}{\partial x_k} + \langle u_j' \cdot u_k' \rangle \cdot \frac{\partial \langle T \rangle}{\partial x_k} + \frac{\partial \langle u_k' \cdot T' \cdot u_j' \rangle}{\partial x_k} + \langle T' \cdot u_k' \rangle \cdot \frac{\partial \langle u_j \rangle}{\partial x_k} \quad . \tag{9.105}$$

Für den Wärmeleitungsterm ergibt sich

$$
\text{ⓒ} : u_j' \cdot a \cdot \frac{\partial}{\partial x_k} \frac{\partial T}{\partial x_k} \rightarrow a \cdot \langle u_j' \cdot \frac{\partial}{\partial x_k} \frac{\partial (\langle T \rangle + T')}{\partial x_k} \rangle
$$

$$
= a \cdot \underbrace{\langle u_j' \cdot \frac{\partial}{\partial x_k} \frac{\partial \langle T \rangle}{\partial x_k} \rangle}_{=0} + a \cdot \langle u_j' \cdot \frac{\partial}{\partial x_k} \frac{\partial T'}{\partial x_k} \rangle \tag{9.106}
$$

$$
= a \cdot \frac{\partial}{\partial x_k} \langle u_j' \cdot \frac{\partial T'}{\partial x_k} \rangle - a \cdot \langle \frac{\partial u_j'}{\partial x_k} \cdot \frac{\partial T'}{\partial x_k} \rangle \quad .
$$

Der Druckterm lässt sich durch ein analoges Vorgehen sowie durch die Verwendung des Kronecker-Delta zu

$$
\text{ⓓ} : \frac{1}{\rho} \cdot T' \cdot \frac{\partial p}{\partial x_j} \rightarrow \langle \frac{1}{\rho} \cdot T' \cdot \frac{\partial (\langle p \rangle + p')}{\partial x_j} \rangle
$$

$$
= \frac{1}{\rho} \cdot \underbrace{\langle T' \cdot \frac{\partial \langle p \rangle}{\partial x_j} \rangle}_{=0} + \frac{1}{\rho} \cdot \langle T' \cdot \frac{\partial p'}{\partial x_j} \rangle = \frac{1}{\rho} \cdot \frac{\partial}{\partial x_j} \langle T' \cdot p' \rangle - \frac{1}{\rho} \cdot \langle p' \cdot \frac{\partial T'}{\partial x_j} \rangle \tag{9.107}
$$

$$
= \frac{1}{\rho} \cdot \frac{\partial}{\partial x_k} \langle T' \cdot p' \rangle \cdot \delta_{jk} - \frac{1}{\rho} \cdot \langle p' \cdot \frac{\partial T'}{\partial x_j} \rangle
$$

umformen und für den letzten Term in Gl. (9.100) ergibt sich

$$
\text{ⓔ} : v \cdot T' \cdot \frac{\partial}{\partial x_k} \frac{\partial u_j}{\partial x_k} \rightarrow v \cdot \langle T' \cdot \frac{\partial}{\partial x_k} \frac{\partial \left(\langle u_j \rangle + u_j' \right)}{\partial x_k} \rangle
$$

$$
= v \cdot \underbrace{\langle T' \cdot \frac{\partial}{\partial x_k} \frac{\partial \langle u_j \rangle}{\partial x_k} \rangle}_{=0} + v \cdot \langle T' \cdot \frac{\partial}{\partial x_k} \frac{\partial u_j'}{\partial x_k} \rangle \tag{9.108}
$$

$$
= v \cdot \frac{\partial}{\partial x_k} \langle T' \cdot \frac{\partial u_j'}{\partial x_k} \rangle - v \cdot \langle \frac{\partial T'}{\partial x_k} \cdot \frac{\partial u_j'}{\partial x_k} \rangle \quad .
$$

Fassen wir Gl. (9.101) und Gl. (9.105) – Gl. (9.108) zusammen und sortieren die Terme entsprechend ihrer thermofluiddynamischen Bedeutung, so ergibt sich die Transportgleichung für die Reynolds-Wärmeströme in geordneter Form zu

$$
\frac{\partial \langle u_j' \cdot T' \rangle}{\partial t} + \langle u_k \rangle \cdot \frac{\partial \langle u_j' \cdot T' \rangle}{\partial x_k} \qquad \text{Zeitliche und konvektive Änderung}
$$

$$
= -\langle u_k' \cdot T' \rangle \cdot \frac{\partial \langle u_j \rangle}{\partial x_k} - \langle u_j' \cdot u_k' \rangle \cdot \frac{\partial \langle T \rangle}{\partial x_k} \qquad \text{Produktion}
$$

$$
-(a + v) \cdot \langle \frac{\partial u_j'}{\partial x_k} \cdot \frac{\partial T'}{\partial x_k} \rangle \qquad \text{Dissipation}
$$

$$+\frac{1}{\rho} \cdot \left\langle p' \cdot \left(\frac{\partial T'}{\partial x_j}\right)\right\rangle \qquad \text{Druck-Temperatur-Korrelation}$$

$$-\frac{\partial}{\partial x_k}\left[\frac{1}{\rho} \cdot \langle p' \cdot T'\rangle \cdot \delta_{jk} - a \cdot \langle u'_j \cdot \frac{\partial T'}{\partial x_k}\rangle \right.$$
$$\left. -\nu \cdot \langle T' \cdot \frac{\partial u'_j}{\partial x_k}\rangle + \langle u'_j \cdot u'_k \cdot T'\rangle\right] \qquad \text{Transport} \qquad (9.109)$$

Die Produktion wird sowohl durch das mittlere Geschwindigkeitsfeld als auch durch das mittlere Temperaturfeld bestimmt. Der Transportterm in Gl. (9.109) beinhaltet der Reihe nach die Druck-Diffusion, die molekulare Diffusion und die turbulente Diffusion.

Bestimmung der Reynolds-Wärmeströme

Die Herleitung der Transportgleichungen der Reynolds-Wärmeströme Gl. (9.96) basiert auf rein mathematischen Operationen. Eine tiefergehende Diskussion der Reynolds-Wärmeströme erfordert Ergebnisse aus DNS oder Experimenten. Letztere erweisen sich als sehr aufwendig, da die experimentelle Bestimmung turbulenter Wärmeströme hohe Anforderungen an die Messtechnik stellt. Generell müssen die turbulenten Schwankungsgrößen der Geschwindigkeits- und Temperaturfelder simultan ermittelt werden. Hinzu kommt, dass wir auf hochauflösende Messsysteme zurückgreifen müssen. Die Definition eines gemeinsamen räumlichen Messpunkts bzw. Messvolumens sowie einer identischen Messfrequenz für die Geschwindigkeits- und Temperaturmessung ist eine grundlegende Voraussetzung für die experimentelle Bestimmung turbulenter Wärmeströme. Bei transparenten Fluiden können wir neben den invasiven Fühlermesssonden auch laserbasierte Messtechniken einsetzen. Gängige Kombinationen zur simultanen Messung von Strömungsgeschwindigkeit und Fluidtemperatur in Gasströmungen bestehen aus ① „kalter" Draht-Sonde („cold wire" (CW)) zur Temperaturmessung und Hitzdraht-Sonden („hot wire" (HW)) zur Geschwindigkeitsmessungen (Antonia et al (1977), Hishida und Nagano (1979)), ② Laser-Doppler-Anemometrie (LDA) zur Geschwindigkeitsmessung und CW-Sonde (Thole und Bogard (1994), Heist und Castro (1998)) und ③ LDA und haarfeinen Thermoelementsonden (TES) (Heitor et al (1985)). Ebenso können Messungen aus der Particle-Image-Velocimetry (PIV) und der Laser-Induced-Fluorescence (LIF) kombiniert werden (Hishida und Sakakibara (2000)), was sowohl für Gas- als auch für transparente Flüssigkeitsströmungen praktikabel einsetzbar ist. Neben den spezifischen Eigenschaften, Problematiken und Fehlerquellen bei der Anwendung der jeweiligen Messmethoden stellt der gleichzeitige Einsatz verschiedener Messsysteme zur Bestimmung von Geschwindigkeit-Temperatur-Korrelationen eine herausfordernde Aufgabe dar. Generell ist die Reduzierung der gegenseitigen Beeinflussung der Messmethoden eine wichtige und oft schwer zu erfüllende Voraussetzung bei der Versuchsdurchführung. Der Abstand zwischen zwei Drahtsonden (CW und HW) muss so gewählt werden, dass die stromabwärts gelegene CW-Sonde nicht durch die stromaufwärts gelegene HW-Sonde beeinflusst wird. Bei dieser Konfiguration sollte auch geprüft werden, ob die mit Hilfe der CW-Sonde gewonnenen Messwerte sensitiv gegenüber der Wärmestrahlung der temperaturgeregelten HW-Sonde sind. Bei kombinierten LDA- und CW-Messungen wird die Geschwindigkeitsmessung stromaufwärts vor der Temperaturmesssonde durchgeführt, um Störungen der Geschwindigkeitsmessung infolge der Wechselwirkung der Sonde mit der Strömung auszuschließen. Darüber hinaus sollte der räumliche Abstand der Messpunkte beider Messsysteme bzw. Messsonden möglichst gering sein, sodass weiterhin von einem gemeinsamen räumlichen Messbereich ausgegangen werden kann. Die Abstände zwischen den Messpunkten können hierbei bis zu einigen Kolmogorov-Längen betragen (Heist und Castro (1998), Pietri et al (2000)).

Um Temperaturschwankungen mit hoher zeitlicher Auflösung messen zu können, werden häufig Drahtsonden verwendet. Da die Ansprechzeit für typische CW-Sonden mit $\sim d^2$ skaliert (LaRue et al (1975)), sollte der Drahtdurchmesser sehr klein sein. Beim gemeinsamen Einsatz von LDA und CW-Sonde oder Thermoelement mit offener Messspitze muss die Sensitivität der dünnen Drähte gegenüber mechanischer Zerstörung sowie die eingeschränkte Funktionalität durch die verwendeten Streulichtteilchen bedacht werden. Einer Beschädigung des Messdraht durch Kollision mit Streulichtteilchen lässt sich durch den Einsatz von Aerosolen mit flüssigen Schwebeteilchen anstelle von Feststoffpartikeln als Streulichtteilchen entgegenwirken. Allerdings sind nicht alle Aerosole, die für strömungsmechanische Untersuchungen verwendet werden, für thermische Messungen geeignet. Beispielsweise kann es in der Nähe von beheizten Körpern zur Verdampfung von Aerosole kommen. In diesem Fall verringert sich die niedrige Konzentration von Tracerteilchen in direkter Wandnähe weiter und die filigrane Messsonde verweilt länger an den beheizten Wänden, was die Anfälligkeit für thermische Beschädigungen begünstigt. Des Weiteren können sich flüssigkeitsbasierte Aerosole an den Drähten ablagern, wodurch sich das dynamische Ansprechverhalten ändert und eine regelmäßige Reinigung der Messsonde erforderlich macht.

In Flüssigmetallen kann bei der Wahl eines geeigneten Messprinzips auf die elektrische Leitfähigkeit des Fluids zurückgegriffen werden. So verwendet man zur Ermittlung turbulenter Wärmeströme bei Flüssigmetallströmungen beispielsweise Permanentmagnet- bzw. Potenzialsonden. Die Thermoelemente der Sonden dienen neben der Temperaturmessung zur Detektion der Potenzialdifferenz infolge der Bewegung des Flüssigmetalls durch das permanente Magnetfeld des Messvolumens (Schulenberg und Stieglitz (2010)). Das Messkonzept zeichnet sich durch eine relativ gute Geschwindigkeitssensitivität, einen großen skalierbaren Geschwindigkeitsmessbereich und eine hohe Temperaturbeständigkeit aus. Selbst die aktuelle Generation von Permanentmagnetmesssonden besitzt allerdings einen Durchmesser von einigen Millimetern. Dadurch bleibt die räumliche Auflösung des Strömungsfeldes auf turbulente Längenskalen von einigen Millimetern beschränkt. Eine Erhöhung der räumlichen Auflösung durch Reduktion des Abstandes der Thermoelemente ermöglicht die kompaktere Bauweise von Potenzialsonden, wobei die äußere Installation des Magnetfeldes verständlicherweise zu komplexen Modellaufbauten führt.

Aufgrund der begrenzten Möglichkeiten, die Kovarianzen des Geschwindigkeits- und Temperaturfeldes (in Flüssigmetallströmungen) zu messen, stellen DNS-Berechnungen ein wichtiges Forschungswerkzeug dar. In den letzten Jahrzehnten wurden anhand von DNS ausgiebige Datensätze für kanonische Innenströmungen (Rohrströmung, ebene Kanalströmung, Couette-Strömung) bereitgestellt, mit deren Hilfe die thermofluiddynamischen Vorgänge turbulenter Strömungen detailliert untersucht werden können. Eine Vielzahl von Ergebnissen und Datensätzen von DNS-Berechnungen für Benchmark-Fälle sind online verfügbar (z. B. Abe at al (2004); Kawamura et al (1999); Seki et al (2006); Kasagi et al (1992), . . .).

9.4 Temperaturvarianz

Die Temperaturvarianz $\langle T'^2 \rangle$ gilt als Maß für die turbulente Temperaturfluktuationsstärke und ist demnach charakteristisch für den turbulenzbedingten mittleren Wärmetransport in thermischen turbulenten Strömungen.

9.4.1 Transportgleichung der Temperaturvarianz

Neben der statistischen Auswertung von thermischen turbulenten Strömungsfeldern wird die Transportgleichung der Temperaturvarianz auch zur Berechnung des turbulenten Wärmetransports mittels halbempirischer Modelle (Nagano und Kim (1988)) herangezogen. Darüber hinaus tritt die Temperaturvarianz in der Transportgleichung für die Reynolds-Wärmeströme bei Berücksichtigung temperaturbedingter Auftriebseffekte mittels Boussinesque-Approximation entsprechend Gl. (9.129) auf (Carteciano et al (1997)). Ausgangspunkt für die Herleitung der Transportgleichung der Temperaturvarianz ist die Energiegleichung für Fluide mit konstanten Stoffwerten und ohne Dissipation

$$\frac{\partial T}{\partial t} + u_k \cdot \frac{\partial T}{\partial x_k} = a \cdot \frac{\partial}{\partial x_k} \frac{\partial T}{\partial x_k} \quad . \tag{9.110}$$

Für die Herleitung einer Bilanzgleichung für die zeitliche und konvektive Änderung der Temperaturvarianz der Form

$$\begin{aligned} \frac{D\langle T'^2 \rangle}{Dt} &= \frac{\partial \langle T'^2 \rangle}{\partial t} + \langle u_k \rangle \cdot \frac{\partial \langle T'^2 \rangle}{\partial x_k} \\ &= 2 \cdot \langle T' \cdot \frac{\partial T'}{\partial t} \rangle + 2 \cdot \langle u_k \rangle \cdot \langle T' \cdot \frac{\partial T'}{\partial x_k} \rangle \end{aligned} \tag{9.111}$$

führen wir zunächst die Reynolds-Dekomposition in Gl. (9.110) ein, multiplizieren die einzelnen Terme mit T' und mitteln diese anschließend,

$$\underbrace{\langle T' \cdot \frac{\partial\left(\langle T\rangle + T'\right)}{\partial t}\rangle}_{\text{ⓐ}} + \underbrace{\langle T' \cdot \left(\langle u_k\rangle + u_k'\right) \frac{\partial\left(\langle T\rangle + T'\right)}{\partial x_k}\rangle}_{\text{ⓑ}}$$

$$= \underbrace{\langle T' \cdot a \cdot \frac{\partial}{\partial x_k} \frac{\partial\left(\langle T\rangle + T'\right)}{\partial x_k}\rangle}_{\text{ⓒ}} \quad . \tag{9.112}$$

Zur Wahrung der Übersichtlichkeit behandeln wir die Terme ⓐ – ⓒ in Gl. (9.112) im Folgenden separat. Für die zeitliche Änderung der Temperaturvarianz erhält man durch Ausmultiplizieren und Anwenden der Produktregel

$$\text{ⓐ}: \langle T' \cdot \frac{\partial\left(\langle T\rangle + T'\right)}{\partial t}\rangle = \underbrace{\langle T' \cdot \frac{\partial\langle T\rangle}{\partial t}\rangle}_{=0} + \langle T' \cdot \frac{\partial T'}{\partial t}\rangle = \frac{1}{2} \cdot \frac{\partial\langle T'^2\rangle}{\partial t} \quad . \tag{9.113}$$

Ein ähnliches Vorgehen ergibt für den Konvektivterm

$$\text{ⓑ}: \langle T' \cdot \left(\langle u_k\rangle + u_k'\right) \frac{\partial\left(\langle T\rangle + T'\right)}{\partial x_k}\rangle$$

$$= \underbrace{\langle T' \cdot \langle u_k\rangle \cdot \frac{\partial\langle T\rangle}{\partial x_k}\rangle}_{=0} + \langle T' \cdot u_k' \cdot \frac{\partial\langle T\rangle}{\partial x_k}\rangle + \langle T' \cdot \langle u_k\rangle \cdot \frac{\partial T'}{\partial x_k}\rangle + \langle T' \cdot u_k' \cdot \frac{\partial T'}{\partial x_k}\rangle \tag{9.114}$$

$$= \langle T' \cdot u_k'\rangle \cdot \frac{\partial\langle T\rangle}{\partial x_k} + \frac{1}{2} \cdot \langle u_k\rangle \cdot \frac{\partial\langle T'^2\rangle}{\partial x_k} + \frac{1}{2} \cdot \frac{\partial\langle T' \cdot T' \cdot u_k'\rangle}{\partial x_k}$$

und für den Wärmeleitungsterm

$$\text{ⓒ}: \langle T' \cdot a \cdot \frac{\partial}{\partial x_k} \frac{\partial\left(\langle T\rangle + T'\right)}{\partial x_k}\rangle = \underbrace{\langle T' \cdot a \cdot \frac{\partial}{\partial x_k} \frac{\partial\langle T\rangle}{\partial x_k}\rangle}_{=0} + \langle T' \cdot a \cdot \frac{\partial}{\partial x_k} \frac{\partial T'}{\partial x_k}\rangle \tag{9.115}$$

$$= \frac{1}{2} \cdot a \cdot \frac{\partial^2\langle T'^2\rangle}{\partial x_k{}^2} - a \cdot \langle\left(\frac{\partial T'}{\partial x_k}\right)^2\rangle \quad .$$

Das Zusammenführen der Terme aus Gl. (9.113) – Gl. (9.115) führt auf die Transportgleichung der Temperaturvarianz. Sie lautet in geordneter Form

$$\frac{\partial\langle T'^2\rangle}{\partial t} + \langle u_k\rangle \cdot \frac{\partial\langle T'^2\rangle}{\partial x_k} \qquad\qquad \text{Zeitliche und konvektive Änderung}$$

$$= -2 \cdot \langle T' \cdot u_k'\rangle \cdot \frac{\partial\langle T\rangle}{\partial x_k} \qquad\qquad \text{Produktion}$$

$$-2 \cdot a \cdot \left\langle \left(\frac{\partial T'}{\partial x_k}\right)^2 \right\rangle \qquad\qquad\qquad \text{Dissipation}$$

$$-\frac{\partial}{\partial x_k}\left[\langle T' \cdot T' \cdot u'_k \rangle - a \frac{\partial \langle T'^2 \rangle}{\partial x_k} \right] \qquad\qquad \text{Transport.} \qquad (9.116)$$

Gl. (9.116) beinhaltet der Reihe nach die zeitliche und konvektive Änderung, die Produktion, die Dissipation, die turbulente Diffusion und die molekulare Diffusion. Wir erkennen, dass sich in ähnlicher Weise wie bei der turbulenten kinetischen Energie, die Produktion der Temperaturvarianz vom mittleren Gradientenfeld bestimmt wird. Die Quadrierung des räumlichen Temperaturgradienten in Gl. (9.116) zeigt, dass die Dissipation immer eine Abnahme der Temperaturvarianz durch molekulare Wärmeleitung anzeigt.

Dissipationsrate der Temperaturvarianz bei isotroper Turbulenz

Bei isotroper Turbulenz führt die Zwei-Punkt-Kovarianzfunktion für eine skalare Transportgröße in jeder Raumrichtung zum gleichen Ergebnis. Dementsprechend gilt für die integrale Längenskalen der Temperatur $\mathcal{L}_{TT}^{(1)} = \mathcal{L}_{TT}^{(2)} = \mathcal{L}_{TT}^{(3)}$ bzw. für die Taylor-Mikroskalen der Temperatur $\lambda_T^{(1)} = \lambda_T^{(2)} = \lambda_T^{(3)} = \lambda_T$. Gemäß Gl. (8.51) erhält man für die Mittelung der räumlichen Gradienten der Temperaturfluktuationen

$$\left\langle \left(\frac{\partial T'}{\partial x_1}\right)^2 \right\rangle = \left\langle \left(\frac{\partial T'}{\partial x_2}\right)^2 \right\rangle = \left\langle \left(\frac{\partial T'}{\partial x_3}\right)^2 \right\rangle = 2 \cdot \frac{\langle T'^2 \rangle}{\lambda_T^2} \qquad (9.117)$$

und entsprechend Gl. (9.116) ergibt sich für die Dissipationsrate der Temperaturvarianz

$$\chi = 6 \cdot a \cdot \left\langle \left(\frac{\partial T'}{\partial x_1}\right)^2 \right\rangle = \frac{12 \cdot a \cdot \langle T'^2 \rangle}{\lambda_T^2} \quad . \qquad (9.118)$$

Skalenbeziehungen bei isotroper Turbulenz

Zwischen der Taylor-Mikroskala der Temperatur λ_T, der Turbulenz-Längenskala $\tilde{l}$, dem integralen Längenmaß der Temperatur $\mathcal{L}_{TT}$ und der Obukhov-Corrsin-Skala $\eta_{T_{OC}}$ bzw. Batchelor-Skala η_{T_B} können wir unter isotrop turbulenten Bedingungen anhand von Gl. (9.118) Skalenbeziehungen herleiten, die uns unter anderem für Größenordnungsabschätzungen dienen. Liegt der Erzeugung von turbulenten Geschwindigkeitsfluktuationen und Temperaturfluktuationen der gleiche Mechanismus zugrunde, können wir gemäß Gl. (8.95) für die Dissipationsrate der Temperaturvarianz die Beziehung

$$\chi \sim \frac{\langle T'^2 \rangle \cdot \langle u'^2 \rangle^{1/2}}{\tilde{l}} \qquad (9.119)$$

annehmen. Das Gleichsetzen von Gl. (9.119) und Gl. (9.118) führt auf das Verhältnis von Taylor-Mikroskala und Turbulenz-Längenskala

$$\frac{\lambda_T}{\tilde{l}} \sim \sqrt{12} \cdot \left(Re_{\tilde{l}} \cdot Pr\right)^{-1/2} \quad , \tag{9.120}$$

bzw. auf das Verhältnis von Taylor-Mikroskala und integralem Längenmaß

$$\frac{\lambda_T}{\mathcal{L}_{uu}^{(1)}} \sim \frac{\sqrt{12}}{C_\varepsilon} \cdot \left(Re_{\tilde{l}} \cdot Pr\right)^{-1/2} \tag{9.121}$$

Eine Skalenbeziehung zwischen den Taylor-Mikroskalen der Geschwindigkeit λ_f bzw. λ_g und der Temperatur λ_T liefert die Kombination von Gl. (9.120) mit Gl. (9.66)

$$\lambda_T \sim \lambda_f \cdot \sqrt{\frac{2}{5}} \cdot Pr^{-1/2} \quad , \tag{9.122}$$

bzw.

$$\lambda_T \sim \lambda_g \cdot \sqrt{\frac{4}{5}} \cdot Pr^{-1/2} \quad . \tag{9.123}$$

Mit Gl. (9.59) bzw. Gl. (9.60) folgt aus Gl. (9.120) das Verhältnis aus Taylor-Mikroskala der Temperatur und Obukhov-Corrsin-Längenskala

$$\frac{\lambda_T}{\eta_{T_{OC}}} \sim \sqrt{12} \cdot \left(Re_{\tilde{l}} \cdot Pr\right)^{1/4} \quad , \tag{9.124}$$

bzw. das Verhältnis aus Taylor-Mikroskala der Temperatur und Batchelor-Längenskala

$$\frac{\lambda_T}{\eta_{T_B}} \sim \sqrt{12} \cdot Re_{\tilde{l}}^{1/4} \quad . \tag{9.125}$$

9.5 Berücksichtigung von Auftriebskräften

Temperaturbedingte Auftriebskräfte lassen sich in der inkompressiblen Impulsgleichung durch die Boussinesq-Approximation (Kapitel 2.8.2) abbilden. Mit den Komponenten der Erdbeschleunigung g_i lautet der Auftriebsterm

$$g_i \cdot \Delta\rho = -g_i \cdot \rho_{R_0} \cdot \beta_{R_0} \cdot \Delta T_{R_0} \quad , \tag{9.126}$$

wobei $\Delta T_{R_0} = T - T_{R_0}$ die Temperaturdifferenz bzgl. der Temperatur des Referenzzustandes T_{R_0} entspricht. In der Reynolds-gemittelten Impulsgleichung führt die Berücksichtigung des Auftriebs zu einer Erweiterung von Gl. (9.18) um den Term

$$\begin{aligned} -g_i \cdot \rho_{R_0} \cdot \beta_{R_0} \cdot \Delta T_{R_0} &\rightarrow -\langle g_i \cdot \rho_{R_0} \cdot \beta_{R_0} \cdot \left(\langle T \rangle + T' - T_{R_0}\right)\rangle \\ &= -g_i \cdot \rho_{R_0} \cdot \beta_{R_0} \cdot \langle \left(\langle T \rangle - T_{R_0}\right)\rangle = -g_i \cdot \rho_{R_0} \cdot \beta_{R_0} \cdot \langle \Delta T_{R_0} \rangle \quad . \end{aligned} \tag{9.127}$$

Dementsprechend ergeben sich auf der rechten Seite der Transportgleichung der Reynolds-Spannungen (9.96) die zusätzlichen Produktionsterme

$$-g_i \cdot \rho_{R_0} \cdot \beta_{R_0} \cdot \langle u'_j \cdot T' \rangle - g_i \cdot \rho_{R_0} \cdot \beta_{R_0} \cdot \langle u'_i \cdot T' \rangle \tag{9.128}$$

und auf der rechten Seite der Transportgleichung der Reynolds-Wärmeströme (9.109) ergibt sich der zusätzliche Produktionsterm

$$-g_i \cdot \rho_{R_0} \cdot \beta_{R_0} \cdot \langle T'^2 \rangle \quad . \tag{9.129}$$

Sollen Auftriebskräfte durch die Boussinesq-Approximation bei in der Gleichung für die turbulente kinetische Energie berücksichtigt werden, so erweitern wir die rechte Seite von Gl. (9.47) um den Term

$$-g_i \cdot \rho_{R_0} \cdot \beta_{R_0} \cdot \langle u'_i \cdot T' \rangle \quad . \tag{9.130}$$

9.6 Wirbelviskosität- bzw. Gradienten-Diffusion-Annahme

Um die Reynolds-gemittelten Impuls- und Energiegleichungen für numerische und analytische Berechnungen verwenden zu können, müssen diese in geschlossener Form vorliegen. Die unbekannten Kovarianzen $\langle u'_i \cdot u'_j \rangle$ und $\langle T \cdot u'_j \rangle$ müssen dementsprechend mit Hilfe von Modellannahmen approximiert werden. Für die Schließung der Reynolds-gemittelten Impulsgleichungen und Energiegleichung werden häufig die Wirbelviskosität- und die Gradienten-Diffusion-Annahme verwendet. Ähnlich wie der Stoke'sche Schubspannungsansatz für Newton'sche Fluide einen Zusammenhang zwischen molekularen Reibungsspannungen und Verformungsgeschwindigkeiten herstellt, verknüpft die von Boussinesq (1877) vorgeschlagene Wirbelviskosität-Annahme den deviatorischen Anteil der turbulenten Spannungen mit der mittleren Scherrate

$$\tau^t_{ij} = -\rho \cdot \langle u'_i \cdot u'_j \rangle + \frac{2}{3} \cdot \rho \cdot k \cdot \delta_{ij} = 2 \cdot \rho \cdot \nu_t \cdot \langle S_{ij} \rangle \quad . \tag{9.131}$$

Die Wirbelviskosität bzw. turbulente Viskosität ν_t in Gl. (9.131) ist im Gegensatz zur molekularen Viskosität ν keine Stoffeigenschaft, sondern eine durch das Strömungsfeld bestimmte Modellgröße. Im allgemeinsten Fall ist die Wirbelviskosität orts-, zeit- und richtungsabhängig. Mit der effektiven Viskosität $\nu^{eff}(\vec{x},t) = \nu(p,T) + \nu^{ijkl}_t(\vec{x},t)$ lautet die Reynolds-gemittelte Impulsgleichung (9.13)

$$\frac{\partial \langle u_i \rangle}{\partial t} + \rho \cdot \langle u_j \rangle \cdot \frac{\partial \langle u_i \rangle}{\partial x_j}$$
$$= \langle f_i \rangle - \frac{1}{\rho} \cdot \frac{\partial}{\partial x_i} \left[\langle p \rangle + \frac{2}{3} \cdot \rho \cdot k \right] + \frac{\partial}{\partial x_j} \left[2 \cdot \nu^{eff} \cdot \langle S_{ij} \rangle \right] \quad . \tag{9.132}$$

Analog zur Approximation der konduktiven Flüsse in den Bilanzgleichungen für skalare Größen, z. B. mit dem Fourier'schen Gesetz für die molekulare Wärmeleitung oder dem Fick'schen Gesetz für die Massendiffusion (siehe z. B. Deen (1998)), werden die Reynolds-Wärmeströme mit der Gradienten-Diffusion-Annahme durch das Gradientenfeld der mittleren Temperatur angenähert. Somit gilt für die Komponente des Reynolds-

Wärmestromdichtevektors

$$\dot{q}_j^t = c \cdot \rho \cdot \langle u_j' \cdot T' \rangle = -c \cdot \rho \cdot a_t \cdot \frac{\partial \langle T \rangle}{\partial x_j} = -\lambda_t \cdot \frac{\partial \langle T \rangle}{\partial x_j} \quad . \tag{9.133}$$

Die beiden Modellgrößen in Gl. (9.133) – die Wirbeldiffusivität a_t und die turbulente Wärmeleitfähigkeit λ_t – sind keine Stoffeigenschaften, sondern vom Geschwindigkeits- und Temperaturfeld abhängige Funktionen. Die Wirbeldiffusivität a_t ist generell orts-, zeit- und richtungsabhängig. Mit der effektiven Temperaturleitfähigkeit $a^{\textit{eff}}(\vec{x},t) = a(p,T) + a_t^{jk}(\vec{x},t)$ ergibt sich für die Reynolds-gemittelte Energiegleichung (9.21)

$$\frac{\partial \langle T \rangle}{\partial t} + \langle u_j \rangle \cdot \frac{\langle T \rangle}{\partial x_j} = \frac{\partial}{\partial x_j} \left(a^{\textit{eff}} \cdot \frac{\partial \langle T \rangle}{\partial x_j} \right) \quad . \tag{9.134}$$

Nutzt man die Wirbelviskosität- und Gradienten-Diffusion-Annahme gemäß Gl. (9.131) und Gl. (9.133) zur Bestimmung des Reynolds-Spannungstensors bzw. des Reynolds-Wärmestromdichtevektors (und das ist bei vielen CFD-Codes der Fall), so hängen die Ergebnisse maßgeblich von der Wirbelviskosität und -diffusivität ab. In ingenieurtechnischen Berechnungen werden die Wirbelviskosität und –diffusivität häufig als isotrope, skalare Funktionen angenommen, wodurch sich die Anzahl der Unbekannten von 9 (Kovarianzen) auf 2 (Wirbelviskosität und –diffusivität) reduziert. Bei den Modellgleichungen zur Berechnung der unbekannten Wirbelviskosität und -diffusivität handelt es sich in der Regel um algebraische Bestimmungsgleichungen oder halbempirische Transportgleichungen, mit deren Hilfe sogenannte Turbulenzparameter ermittelt werden, die proportional zur Wirbelviskosität und -diffusivität sind und den lokalen Zustand des turbulenten Geschwindigkeits- und Temperaturfeldes näherungsweise charakterisieren sollen. Die Modellgleichungen sowie deren Konstanten und Parameter basieren auf empirisch gewonnenen Zusammenhängen und Hypothesen, die größtenteils für spezielle Strömungsformen, -zustände und -typen ermittelt wurden (siehe Wilcox (2006)).

Während die Geschwindigkeitskovarianzen mit einer Vielzahl von qualifizierten Messmethoden mit hoher Genauigkeit ermittelt werden können, ist die experimentelle Bestimmung des turbulenten Wärmestroms eine sehr komplexe und für viele Strömungsvorgänge kaum lösbare Aufgabe (Kapitel 9.3.2). Häufig ist man auf die Ergebnisse von DNS-Berechnungen angewiesen, die jedoch aufgrund des enormen numerischen Aufwands bisher noch auf kanonische Innenströmungen moderater[2] Reynolds-Zahlen beschränkt sind. Bis heute liegen nur eine begrenzte Anzahl von Modellgleichungen für die Wirbeldiffusivität vor, während für die Wirbelviskosität weitaus mehr Modelle zur Verfügung stehen.

9.6.1 Die turbulente Prandtl-Zahl

In Analogie zu den molekularen Größen lässt sich aus dem Verhältnis von skalarer Wirbelviskosität und skalarer Wirbeldiffusivität die turbulente Prandtl-Zahl

---

[2] mit Bezug auf ingenieurtechnische Anwendungen

$$Pr_t \equiv \frac{\nu_t}{a_t} \tag{9.135}$$

definieren. Im Allgemeinen ist die turbulente Prandtl-Zahl einen tensorielle Größe, wird jedoch meist als ein Skalar betrachtet. Sie ist keine dimensionslose Kennzahl, sondern lediglich ein Verhältnis von zwei Austauschgrößen. Abb. 9.4 zeigt die Verteilungen der turbulenten Prandtl-Zahl

$$Pr_t = \frac{\langle u' \cdot v' \rangle}{\langle v' \cdot T' \rangle} \cdot \frac{\dfrac{\partial \langle T \rangle}{\partial y}}{\dfrac{\partial \langle u \rangle}{\partial y}} \tag{9.136}$$

für eine ebene Grenzschichtströmung und eine ebene Kanalströmung. Wie man erkennt, hängt die turbulente Prandtl-Zahl von der Strömungsform, den thermischen Randbedingungen, der Reynolds-Zahl, der Prandtl-Zahl und dem Wandabstand bzw. dem Ort ab. Die Abhängigkeiten sind für Prandtl-Zahlen von $Pr \ll 1$ bis $Pr \gg 1$ bekannt (siehe z. B. Kozuka et al (2009), Abe und Kawamura (2002), Abe und Kawamura (2009), Alcántara-Ávila et al (2018), Alcántara-Ávila und Hoyas (2021)). Für Fluide mit Prandtl-Zahlen von der Größenordnung $Pr = O(1)$ ist der Einfluss der Reynolds-Zahl auf die turbulente Prandtl-Zahl wenig ausgeprägt. Mit Ausnahme der unmittelbaren Wandnähe liegen die turbulenten Prandtl-Zahlen für Fluide mit Prandtl-Zahlen der Größenordnung $Pr = O(1)$ überwiegend im Bereich von $0{,}6 \leq Pr_t \leq 1{,}1$.

In Flüssigmetallen wird die Wärme aufgrund der hohen Wärmeleitfähigkeit zu einem großen Teil durch die molekulare Wärmeleitung übertragen. Die turbulenten Transportmechanismen wirken in den Impuls- und Energiefeldern unterschiedlich stark, wodurch sich eine ausgeprägte Reynolds-Zahl-Abhängigkeit in den lokalen (vgl. Abb. 9.4) und globalen (vgl. Abb. 9.5) turbulenten Prandtl-Zahl-Verteilungen ergibt. Mit steigender Reynolds-Zahl gewinnen turbulente Wärmeströme für die Wärmeübertragung zunehmend an Bedeutung. Die Wirbeldiffusivität steigt an und die turbulente Prandtl-Zahl nimmt ab, während das lokale Maximum der turbulenten Prandtl-Zahlen in Richtung der Wand wandert. In diesem Fall dominiert erst bei sehr großen Reynolds-Zahlen der turbulente Wärmetransport die Wärmeübertragung auch in Bereichen hoher Temperaturgradienten.

Reynolds-Analogie bei turbulentem Wärmetransport

Die Reynolds-Analogie besagt, dass bei Strömungen von Fluiden mit Prandtl-Zahlen von der Größenordnung $Pr = O(1)$ der mittlere Impuls- und Energietransport den gleichen Mechanismen unterliegt und sich daher das mittlere Geschwindigkeits- und Temperaturfeld für bestimmte Strömungsformen und -bereiche ähnlich verhalten. Obwohl diese Bedingungen häufig nicht erfüllt sind – beispielsweise sind an einer adiabaten Wand weder das erste noch das zweite Moment des Geschwindigkeits- und Temperaturfeldes ähnlich – und die Ähnlichkeit der mittleren Felder einer turbulenten Strömung nicht bedeutet, dass auch die statischen Momente höherer Ordnung ebenfalls ähnlich sind (Grötzbach (2007)), wird dieser Sachverhalt zur Bestimmung der Wirbeldiffusivität herangezogen. Im Rahmen von Schließungskonzepten auf Basis der Reynolds-Analogie geht man davon aus, dass der turbulente Wärmetransport dem turbulenten Impulstransport ähnelt. Zur Berechnung der

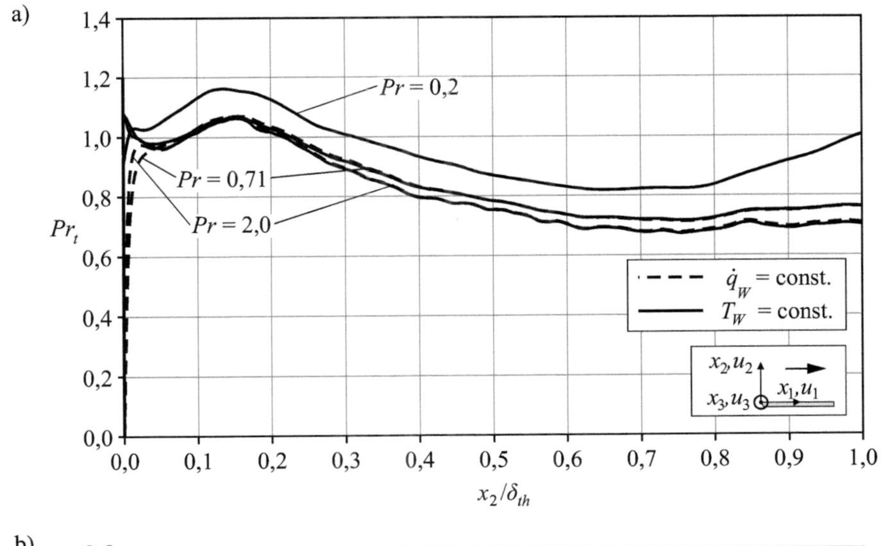

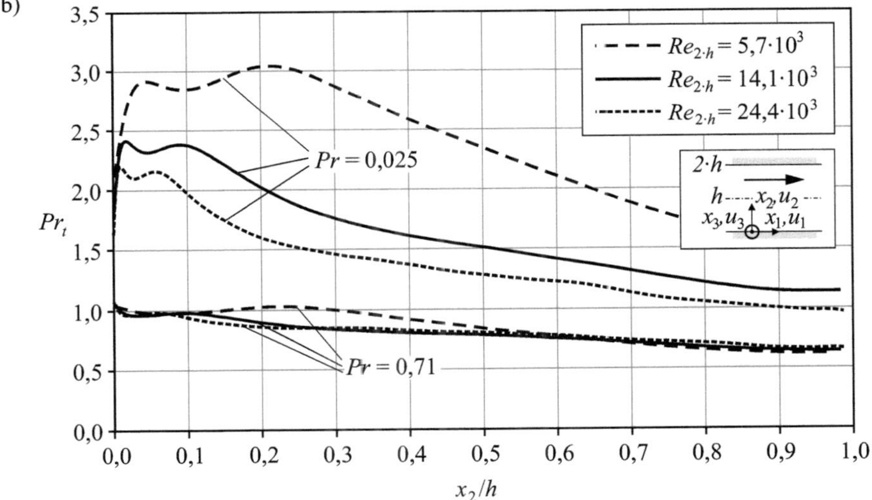

Abb. 9.4 Verteilung der turbulenten Prandtl-Zahl a) in einer ebenen Grenzschicht bei $Re_{\delta_2} = 830$ für $Pr = 0{,}2$, $0{,}71$ und $2{,}0$ aus DNS-Daten von Li et al (2009) und b) in einer ebenen Kanalströmung bei $Re_{2\cdot h} = 5{,}7 \cdot 10^3$, $14{,}1 \cdot 10^3$ und $24{,}4 \cdot 10^3$ für $Pr = 0{,}71$ und $0{,}025$ aus DNS-Daten von Kawamura et al (2000), Abe at al (2001), Abe at al (2004).

Wirbeldiffusivität wird Gl. (9.135) verwendet, indem die Abweichungen zwischen turbulentem Geschwindigkeits- und Temperaturfeld durch eine Modellgleichung für die turbulente Prandtl-Zahl berücksichtigt werden. Das Verhalten des turbulenten Impulstransports wird mit den Näherungs- bzw. Modellgleichungen für die Wirbelviskosität abgebildet und durch eine Modellgleichung für die turbulente Prandtl-Zahl auf den turbulenten Wärmetransport transferiert, wodurch eine separate Modellgleichung für die Wirbeldiffusivität entfällt. In

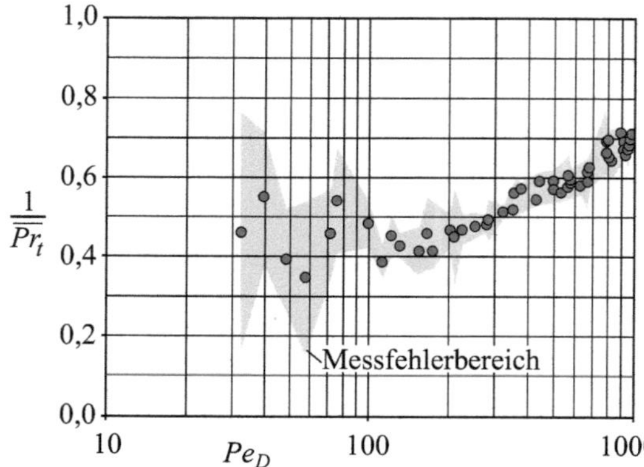

Abb. 9.5 Reziprokwert der über die Querschnittsfläche gemittelten turbulenten Prandtl-Zahl $\overline{Pr_t}$ in Abhängigkeit der Péclet-Zahl Pe_D bei einer Rohrströmungen mit Na ($Pr = 0.007$) nach Fuchs (1973).

den letzten Jahrzehnten wurden sowohl problemspezifisch angepasste als auch generalisierte Modellgleichungen für die turbulente Prandtl-Zahl entwickelt, die eine Berechnung der turbulenten Wärmeströme mit Gl. (9.135) ermöglichen (z. B. Cebeci (1973); Kays (1992)). Eine Zusammenstellung von Modellgleichungen für turbulente Prandtl-Zahlen bei Flüssigmetallströmungen findet man beispielsweise in Stieglitz (2007).

9.6.2 Generelle Anmerkungen

Die Wirbelviskosität- und Gradienten-Diffusion-Annahmen sind bemerkenswerte Konzepte, um die Reynolds-Gleichungen zu schließen. Die nachstehend aufgeführten thermofluiddynamischen Unzulänglichkeiten sollten bei Ihrer Verwendung jedoch nicht außer Acht gelassen werden.

1. Durch die Annahme der Gradienten-Diffusion-Hypothese verläuft der Fluss des turbulenten Wärmestromvektors in Richtung des Gradientenfeldes der mittleren Temperatur. Ein ähnlicher Zusammenhang besteht für die Reynolds-Spannungen und das Geschwindigkeitsgradientenfeld. Während für molekulare Größen eine Abhängigkeit der Orientierung des Flusses vom Gradientenfeld vorliegt, lässt sich dies für turbulente Strömungen nicht voraussetzen, wie das folgende Beispieles zeigt.

Der Einfluss von homogenen und inhomogenen Geschwindigkeitsverteilungen auf die Beziehung zwischen transversalem Reynolds-Wärmestrom und mittlerem Temperaturgradienten ist in Abb. 9.6 entsprechend den Experimenten von Sreenivasan et al (1983) dargestellt. Abb. 9.6 a zeigt die Verteilungen der Reynolds-Wärmeströme und mittleren Temperaturgradienten für unterschiedliche Strömungssituationen mit homogenen Geschwindigkeitsverteilungen. Unabhängig davon, ob Gitterturbulenz, oder eine homogene Scherströmung mit positivem oder negativem transversalen Gradienten der Geschwindigkeit in Hauptströmungsrichtung ($\partial u/\partial y$) vorliegt, tritt eine

– für die Gradienten-Diffusion-Annahme fundamentale – Proportionalität zwischen Reynolds-Wärmeströmen und mittleren Temperaturgradienten auf. Dieses Verhalten zeigt, dass bei homogenen Geschwindigkeitsfeldern der Wärmetransport auch mit Wirbelstrukturen stattfindet, deren charakteristische Längenskalen wesentlich kleiner sind als das integrale Längenmaß des Geschwindigkeitsfeldes. Der turbulente Wärmetransport stellt sich demnach als eine Art diffusiver Prozess dar und kann durch die Gradienten-Diffusion-Annahme approximiert werden. In Abb. 9.6 b ist die Verteilung der Reynolds-Wärmeströme und der mittleren Temperaturgradienten einer Strömungssituation mit inhomogener Geschwindigkeitsverteilung dargestellt. Der turbulente Wärmetransport wird erheblich durch die großen und richtungsabhängigen Wirbelstrukturen des Strömungsfeldes verursacht. Ein direkter Zusammenhang zwischen Reynolds-Wärmeströmen und mittleren Temperaturgradienten ist nicht erkennbar. In diesem Fall liefert die Gradienten-Diffusion-Annahme keinen gangbaren Weg zur Berechnung des turbulenten Wärmetransports.

2. Die konstitutiven Beziehungen für die molekulare Viskosität und die molekulare Wärmeleitfähigkeit basieren auf Mittelungen über Skalen, die um ein Vielfaches kleiner sind als die charakteristischen Längen- und Zeitskalen der Strömung und ihrer makroskopischen Bewegungen. Das ist ja schließlich eine notwendige Bedingung für die Kontinuumsannahme (siehe Kapitel 2). Die Eigenschaften des molekularen Flusses werden durch die jeweiligen Transportkoeffizienten abgebildet. Ein analoges Vorgehen zur Modellierung der Reynolds-Spannungen und -Wärmeströme würde demzufolge voraussetzen, dass die Skalen der turbulenten Schwankungen um ein Vielfaches kleiner sind als die charakteristischen Skalen der mittleren Strömungsbewegung und dass die Eigenschaften der turbulenten Flüsse durch turbulente Transportkoeffizienten abgebildet werden können, die man durch Mittelung über die turbulenten Skalen erhält. Beide Voraussetzungen sind bei turbulenten Strömungen keineswegs erfüllt, da Turbulenz eine Eigenschaft der Strömung und keine Eigenschaft des Fluids ist.

3. Die Verwendung der Wirbelviskosität- und Gradienten-Diffusion-Annahme führt die Auswirkungen der turbulenten Schwankungen auf die zeitlich gemittelten Größen zurück. Dies wiederum bedeutet, dass wir die Auswirkungen der turbulenten Schwankungen auf das mittlere Strömungsfeld kennen müssen, bevor wir Informationen über das mittlere turbulente Strömungsfeld erhalten können. Mit anderen Worten "...our turbulence model is about as useful as having a program to predict yesterday's weather. Thus the closure problem still very much remains..."(George (2013)).

4. Die Reduktion der Kovarianzen $\langle u'_j \cdot u'_i \rangle$ bzw. $\langle u'_j \cdot T' \rangle$ auf die Wirbelviskosität ν_t bzw. die Wirbeldiffusivität a_t und die mittleren Gradienten führt zu einem wesentlichen Informationsverlust über die Eigenschaften der turbulenten Reynolds-Spannungen bzw. -Wärmeströme. Hinzu kommt, dass anstelle einer tensoriellen, anisotropen Wirbelviskosität bzw. -diffusivität üblicherweise eine skalare, isotrope Größe zur Ermittlung der Reynolds-Spannungen bzw. -Wärmeströme verwendet wird.

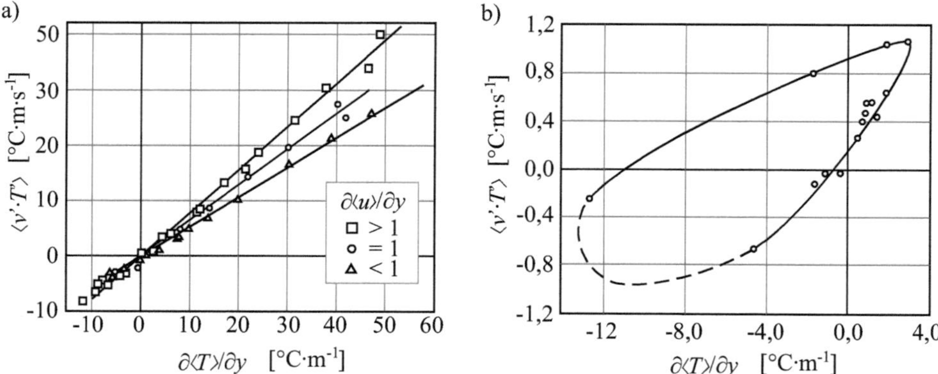

Abb. 9.6 Einfluss der Strömungskonfiguration auf die Reynolds-Wärmeströme und mittleren Temperatur-gradienten nach Sreenivasan et al (1983): a) Homogene Geschwindigkeitsverteilung bei Gitterturbulenz und homogener Scherströmung in einem Windkanal mit positivem sowie negativem mittleren Geschwin-digkeitsgradienten und b) inhomogene Geschwindigkeitsverteilung der Nachlaufströmung hinter einem Zylinder.

5. Nutzt man die turbulente Prandtl-Zahl zur Bestimmung der Reynolds-Wärmeströme entsprechend Gl. (9.136), entfällt eine separate Modellierung der Wirbeldiffusivität. Während die Annahme einer Skalierung zwischen Wirbelviskosität und Wirbeldiffusi-vität bei einfachen Strömungen von Fluiden mit Prandtl-Zahlen von der Größenordnung $Pr = O(1)$ akzeptable Ergebnisse liefern kann, funktioniert der Ansatz bei komplexeren Strömungssituationen und bei Strömungen von Flüssigmetallen nicht so einfach. Neben der Abhängigkeit der turbulenten Prandtl-Zahl vom Ort und von der Reynolds- bzw. Péclet-Zahl, ist auch entscheidend, welche Größen in die Berechnung der turbulenten Prandtl-Zahl eingehen, d. h., ob die verwendete Definition die Dreidimensionalität und die Richtungsabhängigkeit der turbulenten Wärmeströme von der vorliegenden Strö-mungssituation abbildet.

Übungsaufgaben

9.1 Überprüfe die Beziehungen für die Mittelung eines Schwankungswertes aus Gl. (9.5) – Gl. (9.7), d. h. beweise

$$\langle q' \rangle = 0 \quad ,$$

$$\langle q' \cdot \langle q \rangle \rangle = \langle q' \rangle \cdot \langle q \rangle = 0 \quad ,$$

$$\langle q'^2 \rangle \neq 0 \quad .$$

9.2 Zeigen Sie, dass der Druck-Scher-Term in der Transportgleichung für die Reynolds-Spannung (vgl. Gl. (9.96)) weder zur Produktion noch zur Vernichtung von turbulenter kinetischer Energie beiträgt. Leiten Sie hierfür die Transportgleichung für die turbulente kinetische Energie aus den Transportgleichungen der Reynolds-Spannungen

$$\frac{\partial \langle u_i' \cdot u_k' \rangle}{\partial t} + \langle u_j \rangle \cdot \frac{\partial \langle u_i' \cdot u_k' \rangle}{\partial x_j}$$

$$= -\langle u_i' \cdot u_j' \rangle \cdot \frac{\partial \langle u_k \rangle}{\partial x_j} - \langle u_k' \cdot u_j' \rangle \cdot \frac{\partial \langle u_i \rangle}{\partial x_j} - 2 \cdot \nu \cdot \langle \frac{\partial u_i'}{\partial x_j} \cdot \frac{\partial u_k'}{\partial x_j} \rangle$$

$$+ \frac{1}{\rho} \cdot \langle p' \cdot \left[\frac{\partial u_i'}{\partial x_k} + \frac{\partial u_k'}{\partial x_i} \right] \rangle - \frac{\partial}{\partial x_j} \left[\frac{1}{\rho} \cdot \left(\langle u_i' \cdot p' \rangle \cdot \delta_{kj} \right. \right.$$

$$\left. \left. + \langle u_k' \cdot p' \rangle \cdot \delta_{ij} \right) - \nu \cdot \frac{\partial \langle u_i' \cdot u_k' \rangle}{\partial x_j} + \langle u_j' \cdot u_i' \cdot u_k' \rangle \right]$$

durch Kontraktion her.

9.3 Nach einem Vorschlag von Prandtl (1945) können die charakteristischen Geschwindigkeitsskalen einer turbulenten Strömung durch die turbulente kinetische Energie beschrieben werden. Die turbulente Viskosität lässt sich demnach durch

$$\nu_t = C \cdot k^{1/2} \cdot l_m \tag{9.137}$$

berechnen, mit der Konstanten C und der sogenannten Mischungsweg-Länge l_m als charakteristische Längenskala des mittleren turbulenten Impulstransports. Man nutzt diese Beziehung bei numerischen Simulationen für die Modellierung von turbulenten Strömungen. Dazu wird die Transportgleichung (Gl. (9.47)) der turbulenten kinetischen Energie gelöst. Die Terme auf der rechten Seite von Gl. (9.47) enthalten ebenfalls unbekannte Geschwindigkeitsschwankungen und müssen dementsprechend modelliert werden. Beim 1-Gleichungsmodell der turbulenten kinetischen Energie bestimmt man die Terme der rechten Seite von Gl. (9.47) mit den Modelltermen

$$\text{ⓐ} : \frac{\partial}{\partial x_j} \left[\Gamma_k \cdot \frac{\partial k}{\partial x_j} \right]; \qquad \text{ⓑ} : 2 \cdot \nu_T \cdot \langle S_{ij}' \rangle \cdot \frac{\partial \langle u_i \rangle}{\partial x_j}; \qquad \text{ⓒ} : C_D \cdot \frac{k^{3/2}}{l_m} \quad ,$$

wobei für die Mischungsweg-Länge l_m eine algebraische Beziehung eingesetzt wird. Mit welchem der oben genannten Modellterme werden die Produktion, die Dissipation und der turbulente Transport der turbulenten kinetischen Energie berechnet und warum?

9.4 Schätze die Kolmogorov-Länge sowie die Dissipationsrate in einer turbulenten Scherströmung mit der mittleren Geschwindigkeit $\langle u \rangle = 167\,\text{m}\,\text{s}^{-1}$ und der Turbulenzintensität $T_u = 6\%$ für Luft ($\nu_{Luft} = 18{,}2 \cdot 10^{-6}\,\text{m}^2\,\text{s}^{-1}$) bzw. Wasser ($\nu_{\text{H}_2\text{O}} = 1 \cdot 10^{-6}\,\text{m}^2\,\text{s}^{-1}$) ab. Die charakteristische Länge der Strömung beträgt $l_0 = 0{,}2\,\text{m}$.

9.5 Skizziere die Vorgehensweise, um das aus einem zeitlich erfassten Messsignal ermittelte eindimensionale Spektrum dimensionslos darstellen zu können. Es ist die Gültigkeit der Taylor-Hypothese (Kapitel 8.3.1, S. 231) vorausgesetzt und es darf von isotrop turbulenten Strömungsbedingungen (Kapitel 8.3.5) ausgegangen werden.

9.6 Richtig oder Falsch?

1. Bei Strömungen großer Reynolds-Zahlen sind die turbulenten Schwankungsterme gegenüber den mittleren Geschwindigkeiten klein und können in den Erhaltungsgleichungen vernachlässigt werden.
2. Eine bedeutende Modellgröße zur Beschreibung turbulenter Strömungen ist die turbulente kinetische Energie. Die mit der mittleren kinetischen Energie normierte turbulente kinetische Energie entspricht der Turbulenzintensität.
3. Ohne mittlere Geschwindigkeitsgradienten klingt Turbulenz in einer Strömungen aufgrund fehlender Produktion in der Regel ab.
4. Die Vernichtung von kinetischer Energie in einer turbulenten Strömung geschieht infolge turbulenter und direkter Dissipation.
5. Sind die mittleren Geschwindigkeits- und Temperaturfelder ähnlich, so sind die statischen Momente höhere Ordnung ebenfalls ähnlich und die turbulenten Wärmeströme lassen sich mit einer geeigneten Modellgleichung für die turbulente Prandtl-Zahl näherungsweise modellieren.
6. Unabhängig von der Prandtl-Zahl verhalten sich die Temperaturvarianz und die turbulente kinetische Energie in Wandnähe ähnlich.
7. In gleicher Weise wie bei der molekularen Wärmeleitung, wird die Orientierung der turbulenten Wärmeflüsse durch das Gradientenfeld der mittleren Temperatur festgelegt.
8. Im Allgemeinen ist die Wirbelviskosität ein Tensor 4. Stufe und die Wirbeldiffusivität ein Tensor 2. Stufe.

9.7 Wissensfragen

- Wie lautet die Reynolds-Dekomposition und wie erhält man die RANS-Gleichungen?
- In welchen Termen der Impulsgleichungen und Energiegleichung besitzen die Reynolds-Spannungen und Reynolds-Wärmeströme ihren Ursprung und wie sind diese definiert?
- Wie lautet der isotrope und deviatorische Anteil des turbulenten Spannungsvektors?
- Was bezeichnet man als Schließungsproblem und welche Methoden gibt es, um das Schließungsproblem näherungsweise zu lösen?
- Nennen Sie typische Werte des Turbulenzgrads hinter einem Turbulenzgitter im Windkanal, in Scherströmungen in Wandnähe, in einer vollständig entwickelten turbulenten Rohrströmung und in der Nachlaufströmung von Körpern.
- Wie sind der Produktionsterm und der Dissipationsterm der turbulenten kinetischen Energie definiert?
- Was ist die treibende Kraft für die Entstehung der Turbulenz? Skizzieren Sie die Energieflüsse zwischen mittlerem Strömungsfeld und turbulentem Schwankungsfeld durch Produktion, viskose und turbulente Dissipation.
- Bei welchen Bedingungen entspricht die Pseudo-Dissipation der turbulenten Dissipation?
- Welcher für die Turbulenzmodellierung fundamentale Zusammenhang zwischen turbulenter Dissipation und turbulenter kinetischer Energie lässt sich unter der Annahme eines lokalen Gleichgewichts aufstellen?
- Wie lautet der allgemeine Aufbau der Transportgleichung für die Kovarianzen? Wie sind der Produktionsterm und der Dissipationsterm definiert?

- Welche Auswirkungen besitzt die Berücksichtigung von Auftriebskräften auf die Transportgleichung für die Kovarianzen?
- Beschreiben Sie die Schwierigkeiten bei der experimentellen Bestimmung der Reynolds-Wärmeströme! Welche Messverfahren eigenen sich?
- Erklären Sie die Wirbelviskosität und Wirbeldiffusivität?
- Erklären Sie die Wirbelviskosität-Annahme und Gradienten-Diffusion-Annahme?
- Wie ist die turbulente Prandtl-Zahl definiert? Was ist die Schwierigkeit bei der Berechnung des turbulenten Temperaturfeldes mit der turbulenten Prandtl-Zahl? Wo treten Probleme auf und welche Abhängigkeiten gilt es zu berücksichtigen?
- Nennen Sie die Eigenschaften der Wirbelviskosität- und Gradienten-Diffusion-Annahme, die zu grundsätzlichen Einschränkungen bzw. Unzulänglichkeiten führen können.

Literaturverzeichnis

Abe H, Kawamura H, Matsuo Y (2001) Direct Numerical Simulation of a Fully Developed Turbulent Channel Flow With Respect to the Reynolds Number Dependence. J Fluids Eng, doi: doi.org/10.1115/1.1366680

Abe H, Kawamura H (2002) A study of turbulence thermal structure in a channel flow through DNS up to $Re_{\tau}au$ = 640 with Pr = 0.025 and 0.71. Proceedings of the 9th European Turbulence Conference: pp 399-402

Abe H, Kawamura H, Matsuo Y (2004) Surface heat-flux fluctuations in a turbulent channel flow up to Re_{τ} = 1020 with Pr = 0.025 and 0.71. Int J Heat Fluid Flow, doi: doi.org/10.1016/j.ijheatfluidflow.2004.02.010

Abe H, Kawamura H (2009) Turbulent Prandtl Number in a Channel Flow for Pr = 0.025 and 0.71. Proceedings of the 6th International Symposium on Turbulence and Shear Flow Phenomena: pp. 67-72

Alcántara-Ávila F, Hoyas S, Pérez-Quiles MJ (2018) DNS of thermal channel flow up to Re_{τ} = 2000 for medium to low Prandtl numbers. Int J Heat Mass Transf, doi: 10.1016/j.ijheatmasstransfer.2018.05.149

Alcántara-Ávila F, Hoyas S (2021) Direct numerical simulation of thermal channel flow for medium–high Prandtl numbers up to Re_{τ} = 2000. Int J Heat Mass Transf, doi: 10.1016/j.ijheatmasstransfer.2021.121412

Antonia RA, Danh H, Prabhu A (1997) Response of a turbulent boundary layer to a step change in surface heat flux. J Fluid Mech, doi: doi.org/10.1017/S002211207700158X

Antonia RA, Zhou T, Romano GP (2002) Small-scale turbulence characteristics of two-dimensional bluff body wakes. J Fluid Mech, doi: doi.org/10.1017/S0022112002007942

Boussinesq J (1877) Essai sur la théorie des eaux courantes. Mémoires présentés par divers savants à l'Académie des Sciences

Burattini P, Lavoie P, Antonia RA (2005) On the normalized turbulent energy dissipation rate. Phys Fluids, doi: doi.org/10.1063/1.2055529

Cao N, Chen S, Doolen GD (1999) Statistics and structures of pressure in isotropic turbulence. Phys Fluids, doi: doi.org/10.1063/1.870085

Carteciano LN, Weinberg D, Müller U (1997) Development and Analysis of a Turbulent Model for Buoyant Flows. Proceedings of the 4th World Conference on Experimental Heat Transfer, Fluid Mechanics and thermodynamics, Brussels

Cebeci T (1973) A Model for Eddy Conductivity and Turbulent Prandtl Number. J Heat Transf, doi: doi.org/10.1115/1.3450031

Deen WM (1998) Analysis of Transport Phenomena. Oxford University Press

Eskinazi S, Erian EF (1969) Energy reversal in turbulent flows. Phys Fluids, doi: doi.org/10.1063/1.1692303

Frisch U (2006) Turbulence The Legacy of A. N. Kolmogorov. Cambridge University Press, doi: 10.1017/CBO9781139170666

Fuchs H (1973) Wärmeübergang an strömendes Natrium – Theoretische und experimentelle Untersuchung über Temperaturprofile und turbulente Temperaturschwankungen bei Rohrgeometrie, Dissertation, Nr. 5110, ETH Zürich

George WK (2013) Lectures in Turbulence for the 21st Century. Department of Aeronautics, Imperial College of London, UK

Gotoh T, Fukayama D, Nakano T (2002) Velocity field statistics in homogeneous steady turbulence obtained using a high-resolutiondirect numerical simulation. Phys Fluids, doi: doi.org/10.1063/1.1448296

Grötzbach G (2007) Anisotropy and Buoyancy in Nuclear Turbulent Heat Transfer – Critical Assessment and Needs for Modelling, FZKA 7363, KIT

Grötzbach G (2013) Challenges in low-Prandtl number heat transfer simulation and modelling. Nucl Eng Des, doi: doi.org/10.1016/j.nucengdes.2012.09.039

Heist DK, Castro IP (1998) Combined laser-doppler and cold wire anemometry for turbulent heat flux measurement. Exp Fluids, doi: doi.org/10.1007/s003480050186

Heitor MV, Taylor AMKP, Whitelaw JH (1985) Simultaneous velocity and temperature measurements in a premixed flame. Exp Fluids, doi: doi.org/10.1007/BF01830191

Hinze JO (1970) Turbulent flow regions with shear stress and mean velocity gradient of opposite sign. Appl Sci Res, doi: doi.org/10.1007/BF00400525

Hishida M, Nagano Y (1979) Structure of Turbulent Velocity and Temperature Fluctuations in Fully Developed Pipe Flow. J Heat Transf, doi: doi.org/10.1115/1.3450908

Hishida K, Sakakibara, J (2000) Combined planar laser-induced fluorescence-particle image velocimetry technique for velocity and temperature fields. Exp Fluids, doi: doi.org/10.1007/s003480070015

Jiménez J, Wray AA, Saffman PG, Rogallo RS (1993) The structure of intense vorticity in isotropic turbulence. J Fluid Mech, doi: doi.org/10.1017/S0022112093002393

Kaneda Y, Ishihara T, Yokokawa M, Itakura K, Uno A (2003) Energy dissipation rate and energy spectrum in high resolution direct numerical simulations of turbulence in a periodic box. Phys Fluids, doi: doi.org/10.1063/1.1539855

Kasagi N, Tomita Y, Kuroda A (1992) Direct Numerical Simulation of Passive Scalar Field in a Turbulent Channel Flow. J Heat Transf, doi: doi.org/10.1115/1.2911323

Kawamura H, Abe H, Matsuo Y (1999) DNS of turbulent heat transfer in channel flow with respect to Reynolds and Prandtl number effects. Int J Heat Fluid Flow, doi: doi.org/10.1016/S0142-727X(99)00014-4

Kawamura H, Abe H, Shingai K (2000) DNS of turbulence and heat transport in a channel flow with different Reynolds and Prandtl numbers and boundary conditions. In Nagano

Y, Hanjalic K, Tsuji T (Ed.), *Turbulence, Heat and Mass Transfer 3 (Proceedings of the 3rd International Symposium on Turbulence, Heat and Mass Transfer*, Aichi Shuppan

Kays WM (1992) Turbulent Prandtl Number - Where Are We?. J Heat Transf, doi: doi.org/10.1115/1.2911398

Kozuka M, Seki Y, Kawamura H (2009) DNS of turbulent heat transfer in a channel flow with a high spatial resolution. Int J Heat Fluid Flow, doi: doi.org/10.1016/j.ijheatfluidflow.2009.02.023

Larssen J, Devenport W (2002) The Generation and Structure of High Reynolds Number Homogeneous Turbulence. 32nd AIAA Fluid Dynamics Conference and Exhibit, doi: doi.org/10.2514/6.2002-2861

LaRue JC, Deaton T, Gibson CH (1975) Measurement of high-frequency turbulent temperature. J Appl Mech, doi: doi.org/10.1063/1.1134318

Li Q, Schlatter P, Brandt L, Henningson DS (2009) DNS of a spatially developing turbulent boundary layer with passive scalar transport. Int J Heat Fluid Flow, doi: doi.org/10.1016/j.ijheatfluidflow.2009.06.007

Nagano Y, Kim, C (1988) A two-equation model for heat transport in wall turbulent shear flows. J Heat Transf, doi: doi.org/10.1115/1.3250532

Pearson BR, Krogstad PÅ, van de Water W (2002) Measurements of the turbulent energy dissipation rate. Phys Fluids, doi: doi.org/10.1063/1.1445422

Pietri L, Amielh M, Anselmet F (2000) Simultaneous measurements of temperature and velocity fluctuations in a slightly heated jet combining a cold wire and Laser Doppler Anemometry. Int J Heat Fluid Flow, doi: doi.org/10.1016/S0142-727X(99)00071-5

Pope, S (2000) Turbulent Flows. Cambridge University Press

Prandtl L (1945) Über ein neues Formelsystem für die ausgebildete Turbulenz. Nachrichten der Akademie der Wissenschaften zu Göttingen, Mathematisch-physikalische Klasse: pp. 6–19

Reynolds, O (1895) IV. On the dynamical theory of incompressible viscous fluids and the determination of the criterion. Philos Trans R Soc (186): pp. 123–164

Rotta J (1951) Statistische Theorie nichthomogener Turbulenz. Z Phys, doi: doi.org/10.1007/BF01330059

Seki Y, Iwamoto K, Kawamura H (2006) Prandtl number Effect on Turbulence Quantities through High Spatial Resolution DNS of Turbulent Heat Transfer in a Channel Flow. Proceedings of the 5th International Symposium on Engineering Turbulence Modelling and Measurements, doi: doi.org/10.1615/ICHMT.2006.TurbulHeatMassTransf.560

Schulenberg T, Stieglitz, R (2010) Flow measurement techniques in heavy liquid metals. Nucl Eng Des, doi: doi.org/10.1016/j.nucengdes.2009.11.017

Sreenivasan KR, Tavoularis S, Corrsin S (1986) A test of gradient transport and its generalizations. In Bradbury LJS, Durst F, Launder BE, Schmidt FW, Whitelaw JH, *Turbulent Shear Flows 3* (pp. 96–112). Springer, Berlin, Heidelberg

Sreenivasan KR (1984) On the scaling of the turbulence energy dissipation rate. Phys Fluids, doi: doi.org/10.1063/1.864731

Sreenivasan KR (1995) The energy dissipation rate in turbulent shear flows. In Deshpande SA, Prabhu A, Sreenivasan KR, *Developments in Fluid Mechanics and Aerospace Engineering* (pp. 159–190). Interline Publishers

Sreenivasan KR (1998) An update on the energy dissipation rate in isotropic turbulence. Phys Fluids, doi: doi.org/10.1063/1.869575

Stieglitz R (2007) Low Prandtl number thermal hydraulics. In OECD/NEA, *Handbook on Lead-Bismuth Eutectic Alloy and Lead Properties, Materials Compatibility, Thermal-hydraulics and Technologies* (pp. 25–99). OECD Publishing, Paris

Thole KA, Bogard DG (1994) Simultaneous temperature and velocity measurements. Meas Sci Technol, doi: doi.org/10.1088/0957-0233/5/4/018

Wang LP, Chen S, Brasseur JG (1996) Examination of hypotheses in the Kolmogorov refined turbulence theory through high-resolution simulations. Part 1. Velocity field. J Fluid Mech, doi:

Wilcox DC (2006) Turbulence Modeling for CFD, DCW Industries

Kapitel 10
Turbulente Grenzschichtströmung

Zusammenfassung Die konvektive Wärmeübertragung in energie- und wärmetechnischen Bauteilen wird wesentlich durch den Impuls- und Energietransport in unmittelbarer Wandnähe bestimmt. In diesem Kapitel befassen wir uns mit der zweidimensionalen turbulenten Grenzschichtströmung ohne aufgeprägten Druckgradienten. Zunächst betrachten wir die zeitgemittelten Strömungsvorgänge in der Grenzschicht mit Hilfe empirischer Erkenntnisse und formulieren charakteristische Größen. Darauf aufbauend werden die Reynolds-gemittelten Impulsgleichungen und die Reynolds-gemittelte Energiegleichung für die turbulente Grenzschicht hergeleitet und Schichtmodelle für die Grenzschichtstruktur entwickelt. Anschließend werden die mittleren Geschwindigkeits- und Temperaturverteilungen in Form von Wandfunktionen angegeben.

Lernziele

- Sie sind in der Lage, den strukturellen Aufbau der turbulenten hydrodynamischen und turbulenten thermischen Grenzschicht bei erzwungener Konvektion zu erklären.
- Sie lernen die charakteristischen Größen und Skalenbeziehungen der turbulenten hydrodynamischen und turbulenten thermischen Grenzschicht für unterschiedliche Wandbereiche kennen.
- Sie können die Reynolds-gemittelten Grenzschichtgleichungen herleiten.
- Sie lernen Wandfunktionen zur Beschreibung des mittleren Geschwindigkeits- und Temperaturfelds in der Grenzschicht kennen.
- Sie können den Einfluss von Wandrauheiten auf das thermische turbulente Strömungsfeld in der Grenzschicht erklären.

© Der/die Autor(en), exklusiv lizenziert an
Springer Fachmedien Wiesbaden GmbH, ein Teil von Springer Nature 2025
S. Ruck, *Thermofluiddynamik*, https://doi.org/10.1007/978-3-658-48882-6_10

10.1 Grenzschichtkonzept

Turbulente Grenzschichtströmungen sind bei (thermo-)fluiddynamischen Vorgängen in Natur und Technik allgegenwärtig. Wie Abb. 10.1 zeigt, treten sie bei Strömungen hoher Reynolds-Zahlen entlang von Körpern unterschiedlichster Form auf. Beispiele sind die Umströmung von Turbinenschaufeln, Kühlrippen in Wärmeübertragern, Pumpenrädern, Ventilatorflügeln, Solarkollektoren, Windrädern, Kraftfahrzeugen, Flugzeugen, Gebäuden oder Strömungen in der Erdatmosphäre und Meeresströmungen. Das turbulente Strömungsverhalten in Grenzschichten ist hierbei von entscheidender Bedeutung für den Impuls- und Energietransport. Kenntnisse über Grenzschichtströmungen sind daher für die Auslegung von umströmten Körpern und Bauteilen sowie für die Vorhersage thermischer Strömungsvorgänge in der Energie- und Wärmetechnik unerlässlich.

Der wandnahe Strömungsbereich entlang umströmter Körperoberflächen lässt sich entsprechend dem in Abb. 10.2 skizzierten Grenzschichtkonzept in eine hydrodynamische und eine thermische Grenzschichtströmung sowie in eine hydrodynamische und eine thermische Außenströmung unterteilen. Die hydrodynamische Grenzschichtdicke δ wie auch die thermische Grenzschichtdicke δ_{th} wachsen mit der Lauflänge in Hauptströmungsrichtung $l_x = x + x_{off}$ bzw. $l_{x,th} = x + x_{th,off}$ an, wobei x_{off} bzw. $x_{th,off}$ die Distanz zwischen dem Koordinatenursprung und dem Beginn der Grenzschicht in Hauptströmungsrichtung x darstellt.[1] Wie in Abb. 7.2 gezeigt, treten in einer laminaren Grenzschicht nach einer kritischen Lauflänge $l_{x,krit}$ und dem Überschreiten einer kritischen Reynolds-Zahl $Re_{l_x,krit}$ Strömungsinstabilitäten auf, die den Transitionsprozess vom laminaren hin zum turbulenten Strömungszustand in der Grenzschicht auslösen. Da sowohl die kritische Lauflänge als auch die Strecke, entlang derer die Transition stattfindet, erheblich von den Anfangs- und Randbedingungen abhängen, unterscheidet man generell zwischen der Lauflänge l_x der gesamten hydrodynamischen Grenzschicht, der Lauflänge $l_{x,th}$ der gesamten thermischen Grenzschicht, der Lauflänge $l_{x,t}$ der turbulenten Grenzschicht und der Lauflänge $l_{x,th,t}$ der turbulenten thermischen Grenzschicht. Während der Transition führt der intensive Impulsaustausch der zunehmend turbulenten Strömung zu einem Aufdicken der Grenzschicht, wodurch die hydrodynamische Grenzschichtdicke δ und die thermische Grenzschichtdi-

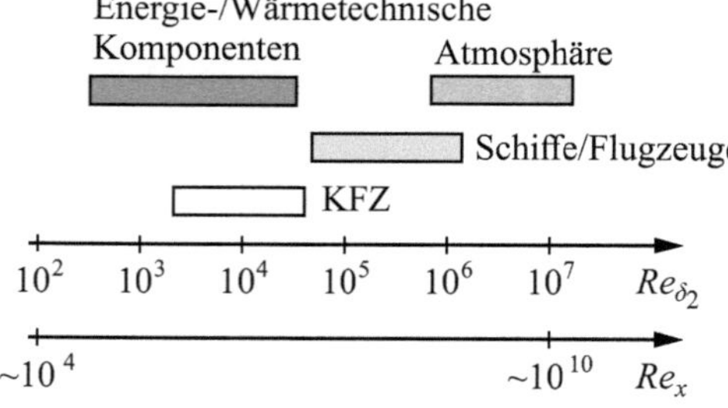

Abb. 10.1 Reynolds-Zahl-Bereiche turbulenter Grenzschichtströmungen in Natur und Technik.

---

[1] Für den Fall, dass $x \gg x_{off}$ bzw. $x \gg x_{off,th}$ gilt, entspricht $l_x = x$ bzw. $l_{x,th} = x$.

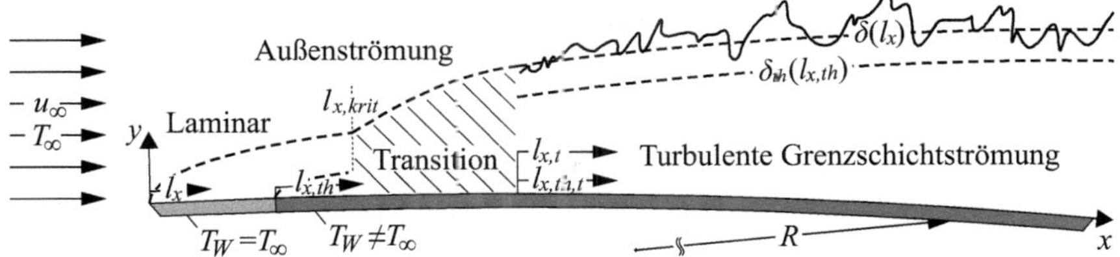

Abb. 10.2 Grenzschichtkonzept bei der Umströmung einer Körperoberfläche (mit Krümmungsradius $R \gg \delta$, δ_{th}).

cke δ_{th} ansteigen. Hydrodynamische und thermische Grenzschichten werden entscheidend von der turbulenten und der molekularen Impuls- und Energieübertragung bestimmt und sind durch das Auftreten ausgeprägter Geschwindigkeits- und Temperaturgradienten gekennzeichnet. Die Auswirkung der Fluidviskosität auf das turbulente Strömungsverhalten nimmt in Wandnähe zu und ändert sich mit der Reynolds-Zahl, sodass je nach Wandabstand lokal unterschiedliche Impulsübertragungsmechanismen herrschen. Innerhalb der thermischen Grenzschicht wird die Wärmeübertragung durch das turbulente Strömungsfeld geprägt und hängt von den molekularen Fluideigenschaften ab. Im Gegensatz dazu spielen in der reibungsarmen bzw. reibungsfreien und drehungsfreien Außenströmung viskose und turbulente Effekte für die Impuls- und Energieübertragung keine oder nur eine untergeordnete Rolle.

Reynolds-gemittelte Grenzschichtgleichungen

Wie im laminaren Fall führt das Grenzschichtkonzept auch bei turbulenten Strömungen zu wesentlichen Vereinfachungen der beschreibenden Gleichungen. So lassen sich aus den kennengelernten Reynolds-gemittelten Gleichungen die Reynolds-gemittelten Grenzschichtgleichungen für Impuls und Energie ableiten, mit denen man u. a. in der Lage ist

- Skalenbeziehungen für den Impuls- und Energietransport sowie Wandfunktionen für die mittlere Geschwindigkeits- und Temperaturverteilung zu entwickeln, die in analytischen Berechnungsmethoden und Näherungsverfahren oder in CFD-Softwaretools zur Bestimmung der turbulenten Strömung im wandnahen Bereich verwendet werden,
- funktionale Zusammenhänge zwischen Reibungskoeffizient, Nusselt-Zahl und anderen dimensionslosen Kennzahlen herzuleiten und
- thermofluiddynamische Prozesse in wandnahen Strömungsbereichen anhand statistischer Größen zu analysieren.

Die im Rahmen des Kapitels angewendete semi-analytische Vorgehensweise zur Herleitung der Reynolds-gemittelten Grenzschichtgleichungen orientiert sich an der Methode der Kräfte- und Energieverhältnisse und lässt sich in die folgenden drei Schritte gliedern:

1. Auf Basis von empirischen Ergebnissen (aus Experimenten und numerischen Simulationen) definieren wir die charakteristischen Größen der Reynolds-gemittelten Strömungsgrößen.

2. Wir unterteilen die turbulente hydrodynamische und turbulente thermische Grenzschicht in verschiedene Grenzschichtbereiche entsprechend der wirkenden Impuls- und Energieübertragungsmechanismen und entwickeln die zugehörigen Skalenbeziehungen.

3. Mit den charakteristischen Größen bilden wir Parametergruppen für die Terme der stationären, zweidimensionalen Reynolds-gemittelten Impulsgleichungen (für Fluide mit konstanten Stoffwerten und ohne das Wirken externer Kraftfelder)

$$
\rho \cdot \langle u \rangle \cdot \frac{\partial \langle u \rangle}{\partial x} + \rho \cdot \langle v \rangle \cdot \frac{\partial \langle u \rangle}{\partial y} = -\frac{\partial \langle p \rangle}{\partial x}
$$
$$
+ \mu \cdot \frac{\partial^2 \langle u \rangle}{\partial x^2} + \mu \cdot \frac{\partial^2 \langle u \rangle}{\partial y^2} - \rho \cdot \frac{\partial \langle u' \cdot u' \rangle}{\partial x} - \rho \cdot \frac{\partial \langle u' \cdot v' \rangle}{\partial y} \,, \tag{10.1}
$$

$$
\rho \cdot \langle u \rangle \cdot \frac{\partial \langle v \rangle}{\partial x} + \rho \cdot \langle v \rangle \cdot \frac{\partial \langle v \rangle}{\partial y} = -\frac{\partial \langle p \rangle}{\partial y}
$$
$$
+ \mu \cdot \frac{\partial^2 \langle v \rangle}{\partial x^2} + \mu \cdot \frac{\partial^2 \langle v \rangle}{\partial y^2} - \rho \cdot \frac{\partial \langle v' \cdot u' \rangle}{\partial x} - \rho \cdot \frac{\partial \langle v' \cdot v' \rangle}{\partial y} \tag{10.2}
$$

und Energiegleichung (für Fluide mit konstanten Stoffwerten und ohne Dissipation)

$$
c \cdot \rho \cdot \langle u \rangle \cdot \frac{\partial \langle T \rangle}{\partial x} + c \cdot \rho \cdot \langle v \rangle \cdot \frac{\partial \langle T \rangle}{\partial y} = \lambda \cdot \frac{\partial^2 \langle T \rangle}{\partial x^2}
$$
$$
+ \lambda \cdot \frac{\partial^2 \langle T \rangle}{\partial y^2} - c \cdot \rho \cdot \frac{\partial \langle u' \cdot T' \rangle}{\partial x} - c \cdot \rho \cdot \frac{\partial \langle v' \cdot T' \rangle}{\partial y} \,. \tag{10.3}
$$

4. Wir schätzen das Verhalten der dimensionslosen Parametergruppen unter Berücksichtigung der Skalenbeziehungen und der Grenzschichtabmessungen für den Fall hoher Reynolds- und Péclet-Zahlen ab und erhalten so die Reynolds-gemittelten Grenzschichtgleichungen für die zuvor definierten Grenzschichtbereiche.

10.2 Hydrodynamische turbulente Grenzschicht

Innerhalb der turbulenten hydrodynamischen Grenzschicht nimmt der Einfluss der Viskosität auf die Fluidbewegung mit abnehmendem Wandabstand zu. In direkter Wandnähe dämpft die Fluidreibung die makroskopische Fluidbewegung und diffusive Transportvorgänge prägen das Strömungsverhalten. Die mittlere wandparallele Geschwindigkeit steigt vom Wert $\langle u \rangle (y = 0) = 0$ an der Wand auf die Geschwindigkeit der ungestörten Außenströmung am Grenzschichtrand $\langle u \rangle (y = \delta) = u_\infty$. In Abb. 10.3 sind die Verteilungen der mittleren wandparallelen Geschwindigkeiten $\langle u \rangle (y)$ innerhalb einer voll turbulenten hydrodynamischen Grenzschicht ohne aufgeprägten Druckgradienten in Hauptströmungsrichtung (ZPG TBL, engl. *Zero Pressure Gradient Turbulent Boundary Layer*) für verschiedene Reynolds-Zahlen gezeigt. Die Mischungsintensität der turbulenten Strömung aufgrund des erhöhten Impulsaustausches nimmt zur Wand hin zu (bevor sie dann in direkter Wandnähe gegen Null geht), was sich in den gewölbten Geschwindigkeitsprofilen widerspiegelt.

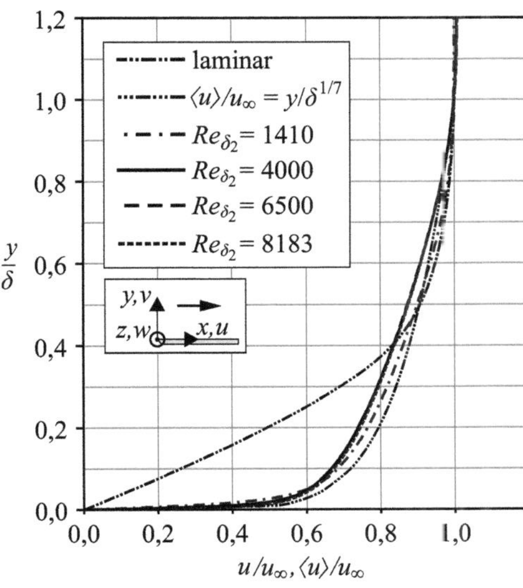

Abb. 10.3 Verteilung der mittleren Geschwindigkeit in einer ZPG TBL bei $Re_{\delta_2} = 1410$ ($Re_\tau = 650$) aus DNS-Daten von Spalart (1988), bei $Re_{\delta_2} = 4000$ ($Re_\tau = 1307$) und $Re_{\delta_2} = 6500$ ($Re_\tau = 1989$) aus DNS-Daten von Simens et al (2009), Borrell et al (2013), Sillero et al (2013) und bei $Re_{\delta_2} = 8180$ ($Re_\tau = 2479$) aus LES-Daten von Eitel-Amor et al (2014) sowie für eine laminare Grenzschichtströmung und mit Gl. (10.77) berechnet. Die Reynolds-Zahl Re_τ ist in Gl. (10.46) definiert.

Grenzschichtdicke und mittlere Lage des Grenzschichtrands

Der Grenzschichtrand kennzeichnet den Übergang von der Außenströmung zur turbulenten, drehungsbehafteten Grenzschichtströmung. Wie in Abb. 10.4 skizziert, ist der Grenzschichtrand nicht glatt, sondern entspricht einer zeitlich und räumlich intermittierenden Fläche. Es findet ein Einmischen von nicht-turbulentem Fluid von außen in die Grenzschicht statt, was zu lokalen Geschwindigkeitserhöhungen führt. Nähert man sich mit einer Geschwindigkeitsmesssonde von der Außenströmung her der Grenzschicht, so werden zunächst abwechselnd die Geschwindigkeiten der nicht-turbulenten und der turbulenten Strömung erfasst, bevor mit abnehmendem Wandabstand die voll turbulenten Geschwindigkeitsanteile überwiegen. Die Wahrscheinlichkeit, eine turbulente Grenzschichtströmung in einem bestimmten Abstand von der Wand y am Ort $\vec{x}$ anzutreffen, wird durch den Intermittenzfaktor

$$\gamma(\vec{x}) = \int_y^\infty f(\vec{x})\,dy' \tag{10.4}$$

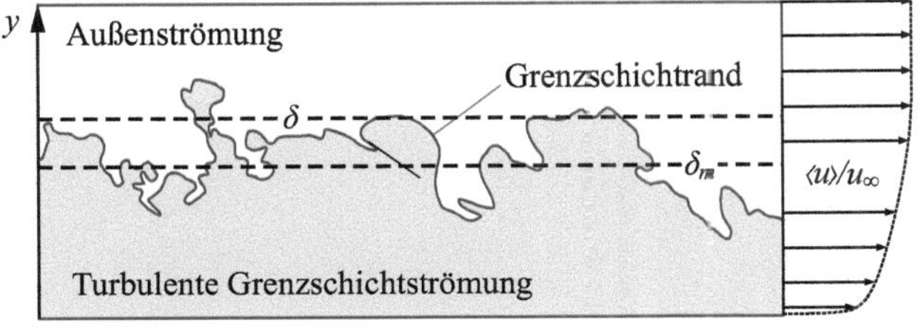

Abb. 10.4 Grenzschichtrand einer ZPG TBL.

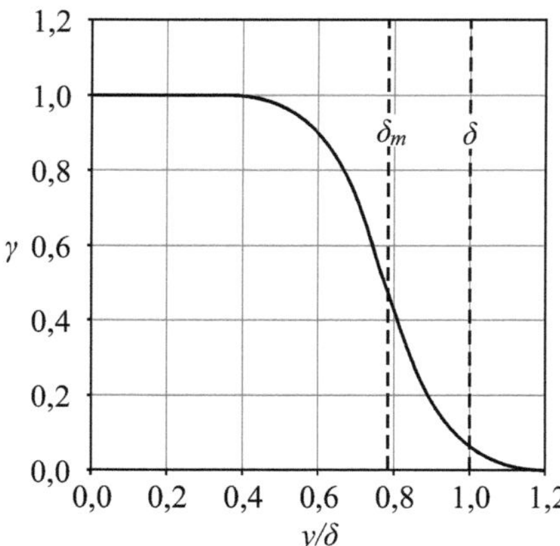

Abb. 10.5 Verlauf der Näherungsfunktion des Intermittenzfaktors nach Messungen von Klebanoff (1955) in der ZPG TBL bei $Re_{l_{x,t}} = 4{,}2 \cdot 10^6$ ($Re_{\delta_2} \approx 7500$).

beschrieben, mit der Wahrscheinlichkeitsdichtefunktion $f(\vec{x})$. Für die ZPG TBL ist der von Klebanoff (1955) experimentell ermittelte Intermittenzfaktor γ zusammen mit dem mittleren Grenzschichtrand δ_m und der hydrodynamischen Grenzschichtdicke δ in Abb. 10.5 dargestellt. In diesem Fall lässt sich nach Schlichting und Gersten (2006) der Verlauf von γ mit der Funktion

$$\gamma(l_x,y) = \left(1 + 5{,}5 \cdot \left[\frac{y}{\delta(l_x)}\right]^6\right)^{-1} \tag{10.5}$$

annähern. Die mittlere Lage des Grenzschichtrands berechnet sich mit

$$\delta_m(l_x) = \int_0^\infty \gamma(l_x,y)\, dy \tag{10.6}$$

und ist entsprechend $\delta_m(l_x) = 0{,}78 \cdot \delta(l_x)$ proportional zur hydrodynamischen Grenzschichtdicke $\delta(l_x)$. Aus Abb. 10.5 erkennt man, dass die drehungsfreie Außenströmung bis zu einem Wandabstand von $y/\delta \approx 0{,}4$ in die turbulente Grenzschicht hineinreichen kann und dass Geschwindigkeitsschwankungen bis zu einer Höhe von $y/\delta \approx 1{,}2$ detektierbar sind. Da sich am Grenzschichtrand die mittlere wandparallele Geschwindigkeit asymptotisch der ungestörten Anströmgeschwindigkeit annähert, ist es schwierig, die Grenzschichtdicke δ experimentell zu bestimmen. In der Praxis begnügt man sich daher mit den Näherungen δ_{95} bzw. δ_{99}, wobei $\langle u \rangle(x,y = \delta_{95}) \equiv 0{,}95 \cdot u_\infty$ bzw. $\langle u \rangle(x,y = \delta_{99}) \equiv 0{,}99 \cdot u_\infty$ gilt. Anstelle von δ oder δ_{95} bzw. δ_{99} nutzt man zur Quantifizierung der wandnormalen Grenzschichtausdehnung weitaus häufiger die mit der mittleren Geschwindigkeit gebildete Verdrängungsdicke

$$\delta_1 \equiv \int_0^\infty \left(1 - \frac{\langle u \rangle}{u_\infty}\right) dy \tag{10.7}$$

und die Impulsverlustdicke

$$\delta_2 \equiv \int_0^\infty \frac{\langle u \rangle}{u_\infty} \cdot \left(1 - \frac{\langle u \rangle}{u_\infty}\right) dy \quad . \tag{10.8}$$

10.2.1 Struktureller Aufbau der hydrodynamischen Grenzschicht

Der Einfluss der Viskosität auf die Fluidbewegung variiert mit dem Wandabstand und führt
zu lokal unterschiedlich wirkenden Impulsübertragungsmechanismen. Wir unterteilen die
Grenzschicht daher in Bereiche, für die bestimmte Impulsübertragungsmechanismen charakteristisch sind. Dazu werden zunächst die charakteristischen Größen in einer turbulenten
hydrodynamischen Grenzschicht bestimmt. Anschließend identifizieren wir die verschiedenen Grenzschichtbereiche unter Berücksichtigung empirischer Ergebnisse.

Charakteristische Größen der turbulenten hydrodynamischen Grenzschicht

Die charakteristischen Größen für die in Gl. (10.1) und Gl. (10.2) auftretenden Strömungsgrößen und Längen werden im Folgenden angegeben. Die Verteilung der normierten mittleren wandparallelen Geschwindigkeit in Abb. 10.3 zeigt, dass bis auf einen kleinen Bereich
in unmittelbarer Wandnähe die mittlere Geschwindigkeit $\langle u \rangle$ und die ungestörte Anströmgeschwindigkeit u_∞ von gleicher Größenordnung sind. Dementsprechend kennzeichnen
wir die charakteristische Geschwindigkeit für die mittlere Strömung in Hauptströmungsrichtung mit u_∞. Wie man Abb. 10.6 a entnehmen kann, ist die Reynolds-Normalspannung
in Hauptströmungsrichtung am größten. In einem sehr schmalen Band unmittelbar an der
Wand übersteigt sie die anderen Reynolds-Spannungen um mehrere Größenordnungen.
Darüber weicht die Reynolds-Normalspannung in Hauptströmungsrichtung nur noch in
der Wandschicht um maximal eine Größenordnung von den anderen Reynolds-Spannungen
ab, während die Standardabweichungen der verschiedenen Geschwindigkeiten in etwa die
gleiche Größenordnung aufweisen. Die Reynolds-Scherspannung $\langle u' \cdot v' \rangle$ und die Reynolds-
Normalspannung in Wandnormalenrichtung $\langle v' \cdot v' \rangle$ besitzen überwiegend eine vergleichba-
re Größenordnung und driften in unmittelbarer Wandnähe um bis zu einer Größenordnung
auseinander. Zur Kennzeichnung der charakteristischen Größen der Reynolds-Spannungen
und der Standardabweichungen der Geschwindigkeiten wählen wir: ${u_0'}^2$ für $\langle u' \cdot u' \rangle$, $u_0' v_0'$
für $\langle u' \cdot v' \rangle$ und ${v_0'}^2$ für $\langle v' \cdot v' \rangle$ sowie u_0' für $\sqrt{\langle u' \cdot u' \rangle}$ und v_0' für $\sqrt{\langle v' \cdot v' \rangle}$. Die angegebenen
Größenordnungen der Geschwindigkeiten gelten nicht nur für den limitierten Reynolds-
Zahl-Bereich der in Abb. 10.6 gezeigten Verteilungen, sondern auch für Grenzschichtströ-
mungen mit wesentlich höheren Reynolds-Zahlen (siehe hierfür z. B. $2573 \leq Re_{\delta_2} \leq 57\,720$
Fernholz und Finleyt (1996), $8{,}42 \cdot 10^4 \lesssim Re_{\delta_2} \lesssim 2{,}14 \cdot 10^5$ ($7{,}5 \cdot 10^6 \lesssim Re_{l_x} \lesssim 2{,}2 \cdot 10^8$)
Winkel et al (2012)). Zur Angabe der charakteristischen Größen des Druckpotentials in der
Grenzschicht verwenden wir Δp_0. Die charakteristische Länge in Hauptströmungsrichtung
ist von der Größenordnung der Grenzschichtausdehnung in Lauflängenrichtung l_x bzw.
$l_{x,t}$ und wird mit $l_{0,x}$ gekennzeichnet. Definitionsgemäß repräsentiert eine charakteristische Länge die Strecke, über die die zugehörige Strömungsgröße betrachtet wird. Es wird
daher angenommen, dass die charakteristische Länge in Wandnormalenrichtung für die
mittleren Strömungsgrößen mit der Höhe des jeweiligen noch zu definierenden wandnormalen Grenzschichtbereichs skaliert, in dem der betrachtete Strömungsvorgang stattfindet.
Wir kennzeichnen die charakteristische Länge in Wandnormalenrichtung zunächst mit δ_*.
Mit der Kontinuitätsgleichung ergibt sich somit für die charakteristische Geschwindigkeit
in Wandnormalenrichtung die Beziehung $v_0 \sim u_\infty \cdot \delta_* / l_{0,x}$.

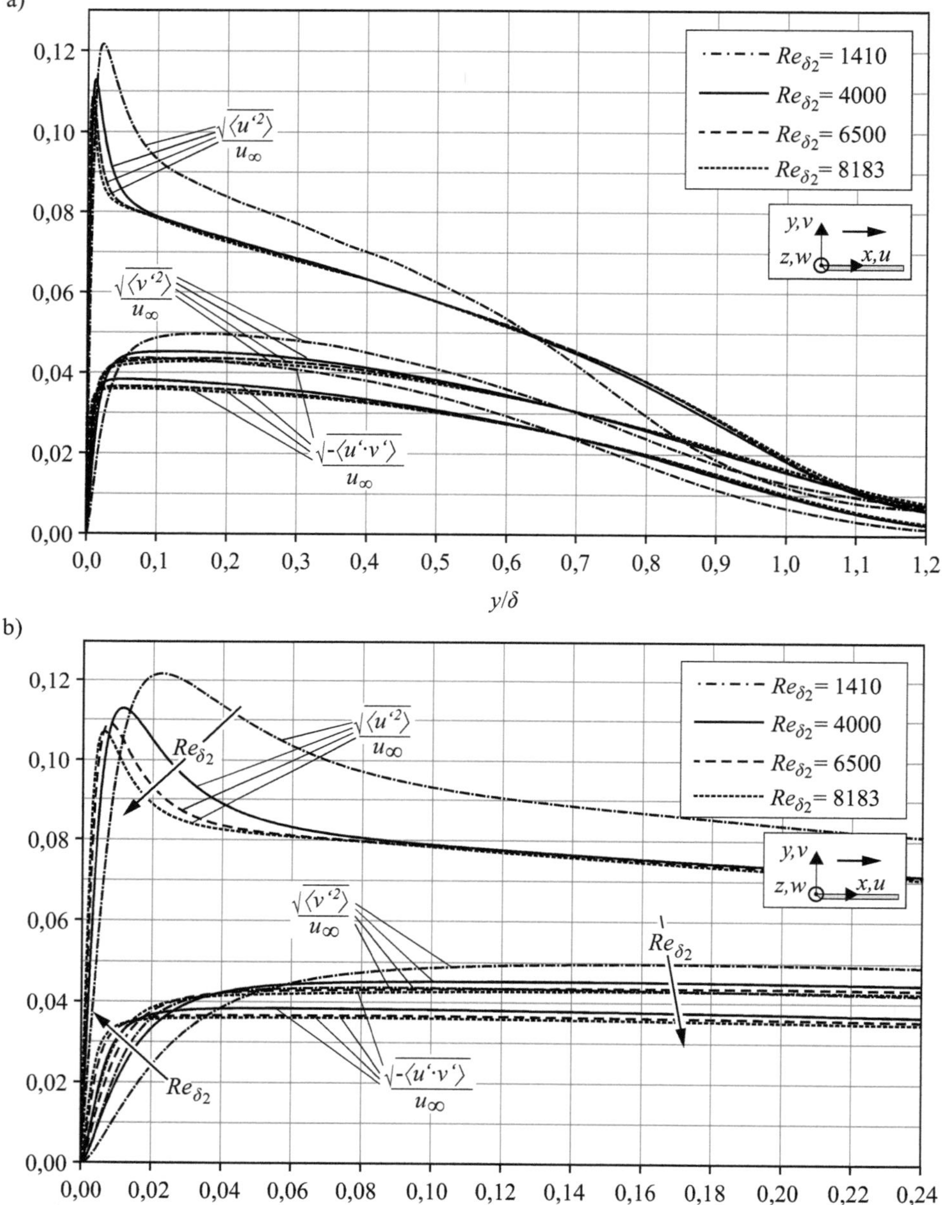

Abb. 10.6 Mit der ungestörten Anströmgeschwindigkeit normierte Verteilung der Reynolds-Spannungen in einer ZPG TBL a) entlang der Grenzschicht und b) in Wandnähe. Geschwindigkeitsdaten: $Re_{\delta_2} = 1410$ DNS-Daten von Spalart (1988); $Re_{\delta_2} = 4000$ und 6500 DNS-Daten von Simens et al (2009), Borrell et al (2013), Sillero et al (2013); $Re_{\delta_2} = 8183$ LES-Daten von Eitel-Amor et al (2014).

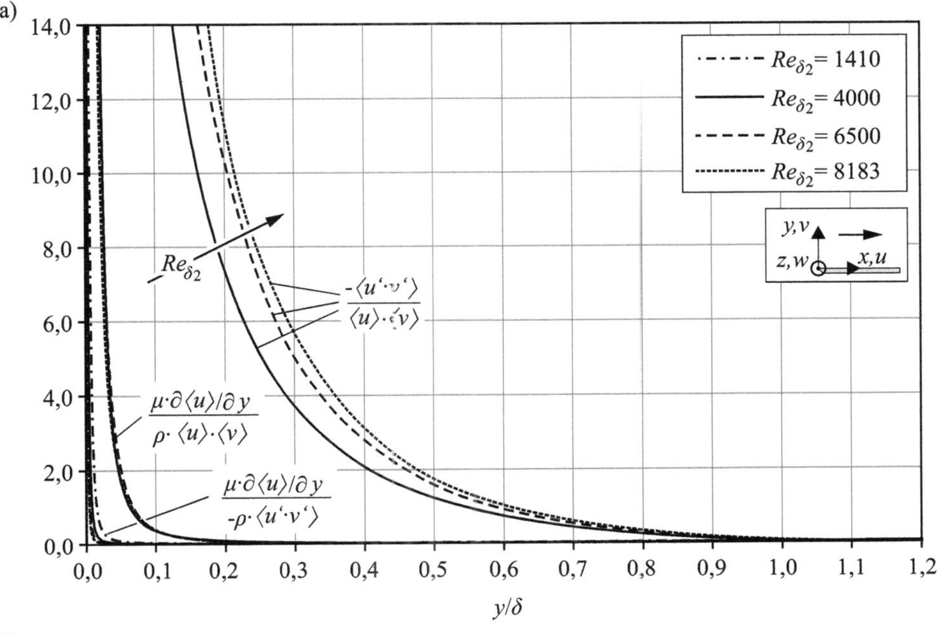

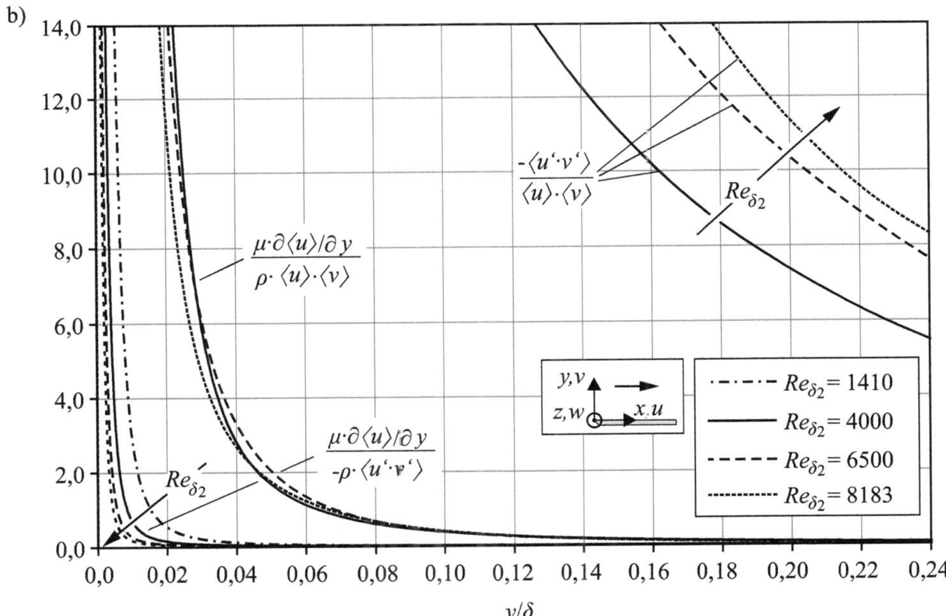

Abb. 10.7 Verhältnisse zwischen der turbulenten Reynolds-Scherspannung $-\rho \cdot \langle u' \cdot v' \rangle$, der molekularen Fluidreibungsspannung $\mu \cdot \partial \langle u \rangle / \partial y$ und dem korrespondierenden Term für die mittlere konvektive Impulsänderung $\rho \cdot \langle u \rangle \cdot \langle v \rangle$ in einer ZPG TBL a) entlang der Grenzschicht und b) in Wandnähe. Geschwindigkeitsdaten: $Re_{\delta_2} = 1410$ DNS-Daten von Spalart (1988); $Re_{\delta_2} = 4000$ und 6500 DNS-Daten von Simens et al (2009), Borrell et al (2013), Sillero et al (2013); $Re_{\delta_2} = 8183$ LES-Daten von Eitel-Amor et al (2014).

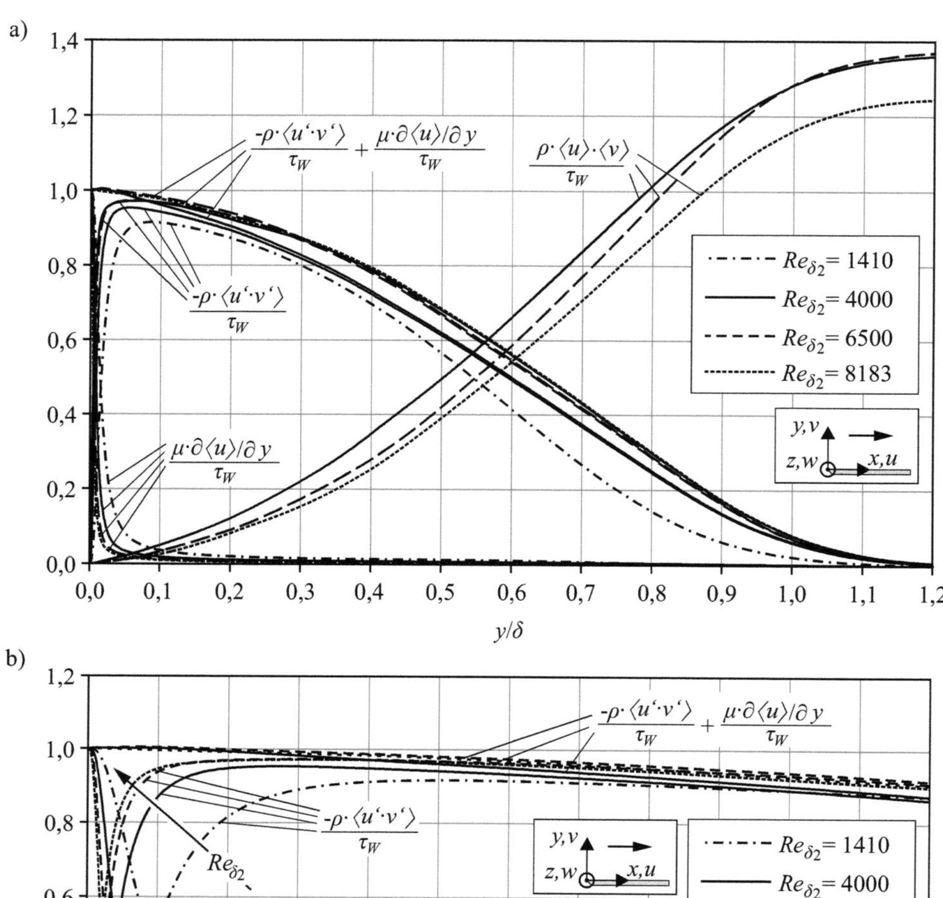

Abb. 10.8 Mit der Wandschubspannung normierte Verteilung der Reynolds-Scherspannung $-\rho \cdot \langle u' \cdot v' \rangle$, der molekularen Fluidreibungsspannung $\mu \cdot \partial\langle u\rangle/\partial y$ und deren Summe sowie des korrespondierenden Terms für die mittlere konvektive Impulsänderung $\rho \cdot \langle u\rangle \cdot \langle v\rangle$ in einer ZPG TBL a) entlang der Grenzschicht und b) in Wandnähe. Geschwindigkeitsdaten: $Re_{\delta_2} = 1410$ aus DNS-Daten von Spalart (1988); $Re_{\delta_2} = 4000$ und $Re_{\delta_2} = 6500$ aus DNS-Daten von Simens et al (2009); Borrell et al (2013), Sillero et al (2013) und für $Re_{\delta_2} = 8183$ aus LES-Daten von Eitel-Amor et al (2014).

Grenzschichtbereiche und Skalenbeziehungen

Zur Definition der Grenzschichtbereiche entsprechend der wirkenden Impulsübertragungsmechanismen betrachten wir die Terme aus Gl. (10.1) und Gl. (10.2) mit sich änderndem Wandabstand. Im Allgemeinen wird das mittlere Strömungsfeld einer zeitlich gemittelten Grenzschichtströmung durch die mittleren konvektiven Impulsänderungen, die Druckkräfte, die Fluidreibungskräfte und die turbulenten Kräfte, d. h. die Kräfte infolge turbulenter Schwankungsbewegungen, beschrieben. Unter Verwendung der charakteristischen Größen und der Grenzschichtannahme $\delta_*/l_{0,x} \ll 1$ lassen sich Skalenbeziehungen aus Gl. (10.1) und Gl. (10.2) formulieren. Demnach erhält man für die mittleren konvektiven Impulsänderungen

$$\rho \cdot \langle u \rangle \cdot \frac{\partial \langle u \rangle}{\partial x} + \rho \cdot \langle v \rangle \cdot \frac{\partial \langle u \rangle}{\partial y} \sim \rho_0 \cdot \frac{u_\infty^2}{l_{0,x}} \quad , \tag{10.9}$$

$$\rho \cdot \langle u \rangle \cdot \frac{\partial \langle v \rangle}{\partial x} + \rho \cdot \langle v \rangle \cdot \frac{\partial \langle v \rangle}{\partial y} \sim \rho_0 \cdot \frac{u_\infty^2}{l_{0,x}} \cdot \frac{\delta_*}{l_{0,x}} \quad , \tag{10.10}$$

für die volumenspezifische Fluidreibungskräfte

$$\mu \cdot \frac{\partial^2 \langle u \rangle}{\partial x^2} + \mu \cdot \frac{\partial^2 \langle u \rangle}{\partial y^2} \sim \mu_0 \cdot \frac{u_\infty}{\delta_*^2} \quad , \tag{10.11}$$

$$\mu \cdot \frac{\partial^2 \langle v \rangle}{\partial x^2} + \mu \cdot \frac{\partial^2 \langle v \rangle}{\partial y^2} \sim \mu_0 \cdot \frac{u_\infty}{\delta_*^2} \cdot \frac{\delta_*}{l_{0,x}} \tag{10.12}$$

und für die volumenspezifischen turbulenten Kräfte

$$-\rho \cdot \frac{\partial \langle u' \cdot u' \rangle}{\partial x} - \rho \cdot \frac{\partial \langle u' \cdot v' \rangle}{\partial y} \sim \rho_0 \cdot \frac{u_0' v_0'}{\delta_*} \quad , \tag{10.13}$$

$$-\rho \cdot \frac{\partial \langle v' \cdot u' \rangle}{\partial x} - \rho \cdot \frac{\partial \langle v' \cdot v' \rangle}{\partial y} \sim \rho_0 \cdot \frac{v_0'^2}{\delta_*} \quad . \tag{10.14}$$

Die Terme der Druckkräfte werden wir später separat behandeln. Entsprechend Gl. (10.9) – Gl. (10.14) sind die Kraft infolge der mittleren konvektiven Impulsänderung und die Fluidreibungskraft in Hauptströmungsrichtung deutlich größer als in Wandnormalenrichtung, während die turbulenten Kräfte vergleichbar groß sind. Die Bereichsunterteilung einer ZPG TBL in Anlehnung an die klassische Grenzschichttheorie gelingt durch Auswertung der Verhältnisse der relevanten Fluidreibungskraft, der turbulenten Kraft und der mittleren konvektiven Impulsänderung. Dazu werden die Verhältnisse der dominierenden Terme aus Gl. (10.9), Gl. (10.11) und Gl. (10.13) durch die in Abb. 10.7 dargestellten Verhältnisse zwischen der molekularen Fluidreibungsspannung, der Reynolds-Scherspannung und dem korrespondieren Term für die mittlere konvektive Impulsänderung in einer ZPG TBL abgeschätzt. Abb. 10.8 zeigt zusätzlich die Verteilung der entsprechenden Größen in der ZPG TBL. Der wandnahe Bereich, in dem die Fluidreibungskraft die Impulsübertragung wesentlich mitbestimmt, wird als Wandschicht und der darüber liegende Grenzschichtbereich ohne wesentlichen Beitrag der Fluidreibungskraft auf die Impulsübertragung als Außenschicht bezeichnet. An den Grenzen der Wandschicht dominiert entweder die Fluidreibungskraft oder die turbulente Kraft, ansonsten sind die Größenordnungen beider Kräfte in der Wandschicht vergleichbar und deutlich größer als die mittlere konvektive Impulsänderung. Daraus ergeben sich die Skalenbeziehungen

$$v_0 \cdot \frac{u_\infty}{\delta_{WS}} \sim u_0' v_0' \quad , \tag{10.15}$$

$$u_\infty^{\,2} \cdot \frac{\delta_{WS}}{l_{0,x}} \ll u_0' v_0' \quad . \tag{10.16}$$

Man erkennt aus Abb. 10.7, dass die Wandschicht nur einen kleinen Bereich der hydrodynamischen Grenzschicht einnimmt und dass das Verhältnis der Wandschichthöhe δ_{WS} zur Grenzschichtdicke δ mit steigender Reynolds-Zahl kleiner wird, z. B. $\delta_{WS}/\delta = 4{,}2\%$ für $Re_{\delta_2} = 1000$, $\delta_{WS}/\delta = 1{,}6\%$ für $Re_{\delta_2} = 6000$, $\delta_{WS}/\delta = 0{,}45\%$ für $Re_{\delta_2} = 20\,000$ (De-Graaff et al (1999)) oder $\delta_{WS}/\delta = 0{,}1\%$ für $Re_{\delta_2} = 100\,000$ (Gad-el-Hak und Bandyopadhyay (1994)). Die Wandschicht ist für das Strömungsverhalten in der gesamten Grenzschicht ungemein wichtig. In ihr treten aufgrund der ausgeprägten Fluidreibung die größten Geschwindigkeitsgradienten sowie die maximale Turbulenzproduktion und -dissipation auf. Die Außenschicht erstreckt sich vom Rand der Wandschicht bis zum Rand der hydrodynamischen Grenzschicht. Bei hinreichend hohen Reynolds-Zahlen ($Re_{\delta_2} > 600$ (Spalart (1988))) entwickelt sich oberhalb der Wandschicht die sogenannte turbulente Schicht, in der die turbulente Kraft um ein Vielfaches größer ist als die übrigen Kräfte. Danach gelten die Skalenbeziehungen

$$v_0 \cdot \frac{u_\infty}{\delta_{tS}} \ll u_0' v_0' \quad , \tag{10.17}$$

$$u_\infty^{\,2} \cdot \frac{\delta_{tS}}{l_{0,x}} \ll u_0' v_0' \quad . \tag{10.18}$$

Typische Werte für die relative Außengrenze der turbulenten Schicht δ_{tS} für eine ZPG TBL liegen im Bereich von $0{,}1 \cdot \delta$ und $0{,}2 \cdot \delta$, was mit dem Verlauf von $(-\langle u' \cdot v' \rangle)/(\langle u \rangle \cdot \langle v \rangle)$ in Abb. 10.7 übereinstimmt. Im Bereich $\delta_{tS} < y \leq \delta$ der Außenschicht einer ZPG TBL sind die turbulente Kraft und die mittlere konvektive Impulsänderung vergleichbar groß, und wesentlich größer sind als die Fluidreibungskraft. Es gilt

$$v_0 \cdot \frac{u_\infty}{\delta} \ll u_0' v_0' \quad , \tag{10.19}$$

$$u_\infty^{\,2} \cdot \frac{\delta}{l_{0,x}} \sim u_0' v_0' \quad . \tag{10.20}$$

Dieser Bereich wird auch als Nachlaufschicht bezeichnet, da das turbulente Strömungsgeschehen hier aufgrund der Intermittenz und der Einmischung nicht-turbulenter Strömungspakete an die Nachlaufströmung hinter umströmten Körpern erinnern soll. Es ist üblich, die Wandschicht und die turbulente Schicht in der sogenannten Innenschicht zusammenzufassen. Der überlappende Bereich zwischen Innen- und Außenschicht entspricht demnach der turbulenten Schicht, die daher auch als Überlappungsschicht bezeichnet wird.

10.3 Reynolds-gemittelte Impulsgleichung in der Grenzschicht

Wir leiten jetzt die zweidimensionalen Reynolds-gemittelten Impulsgleichungen für die turbulente hydrodynamische Grenzschicht her. Dazu wird das Verhalten der Impulsgleichungen (10.1) und (10.2) in den verschiedenen Grenzschichtbereichen mit Hilfe der im vorherigen Unterkapitel formulierten charakteristischen Größen und Skalenbeziehungen untersucht und die relevanten Terme für die Grenzschichtannahme $\delta_*/l_{0,x} \ll 1$ identifiziert, mit δ_{WS}, δ_{tS} oder δ für δ_*, wobei $\delta_{WS} \ll \delta_{tS} \ll \delta$ für die vorausgesetzten hohen Reynolds-Zahlen gilt. Daraus ergeben sich je nach Wandabstand unterschiedliche Reynolds-gemittelte Grenzschichtgleichungen. Wir beginnen mit der Herleitung der Reynolds-gemittelten Impulsgleichung in Wandnormalenrichtung und beziehen die dabei gewonnenen Ergebnisse in die Herleitung der Reynolds-gemittelten Impulsgleichung in Hauptströmungsrichtung mit ein.

10.3.1 Reynolds-gemittelte Impulsgleichung in Wandnormalenrichtung

Wir beginnen mit der Herleitung der Reynolds-gemittelten Impulsgleichung in Wandnormalenrichtung. Mit den charakteristischen Größen aus Kapitel 10.2.1 ergeben sich für die Reynolds-gemittelte Impulsgleichung (10.2) folgende Parametergruppen

$$\langle u \rangle \cdot \frac{\partial \langle v \rangle}{\partial x} \quad + \quad \langle v \rangle \cdot \frac{\partial \langle v \rangle}{\partial y} = -\frac{1}{\rho} \cdot \frac{\partial \langle p \rangle}{\partial y}$$

$$\frac{u_\infty^2}{l_{0,x}} \cdot \frac{\delta_*}{l_{0,x}} \qquad \frac{u_\infty^2}{l_{0,x}} \cdot \frac{\delta_*}{l_{0,x}} \qquad \frac{1}{\rho_0} \cdot \frac{\Delta p_0}{\delta_*}$$

$$+ \ \nu \cdot \frac{\partial^2 \langle v \rangle}{\partial x^2} \quad + \quad \nu \cdot \frac{\partial^2 \langle v \rangle}{\partial y^2} \quad - \quad \frac{\partial \langle u' \cdot v' \rangle}{\partial x} \quad - \quad \frac{\partial \langle v' \cdot v' \rangle}{\partial y}$$

$$\nu_0 \cdot \frac{u_\infty}{l_{0,x}^2} \cdot \frac{\delta_*}{l_{0,x}} \qquad \nu_0 \cdot \frac{u_\infty}{\delta_*^2} \cdot \frac{\delta_*}{l_{0,x}} \qquad \frac{u_0' v_0'}{l_{0,x}} \qquad \frac{v_0'^2}{\delta_*} \quad , \tag{10.21}$$

wobei δ_* die charakteristische Länge in Wandnormalenrichtung des jeweils betrachteten Grenzschichtbereichs darstellt. Unter Berücksichtigung der charakteristischen Größen und Skalenbeziehungen der jeweiligen Grenzschichtbereiche erhält man für $\delta_*/l_{0,x} \ll 1$

$$\langle u \rangle \cdot \frac{\partial \langle v \rangle}{\partial x} \quad + \quad \langle v \rangle \cdot \frac{\partial \langle v \rangle}{\partial y} = -\frac{1}{\rho} \cdot \frac{\partial \langle p \rangle}{\partial y}$$

$$\ll 1 \qquad\qquad \ll 1 \qquad\qquad \frac{1}{\rho_0} \cdot \frac{\Delta p_0}{v_0'^2}$$

$$+\, \nu \cdot \frac{\partial^2 \langle v \rangle}{\partial x^2} \;+\; \nu \cdot \frac{\partial^2 \langle v \rangle}{\partial y^2} \;-\; \frac{\partial \langle u' \cdot v' \rangle}{\partial x} \;-\; \frac{\partial \langle v' \cdot v' \rangle}{\partial y}$$

$$\ll 1 \qquad\qquad \ll 1 \qquad\qquad \ll 1 \qquad\qquad 1 \quad . \tag{10.22}$$

Die Reynolds-gemittelte Impulsgleichung in Wandnormalenrichtung der zweidimensionalen hydrodynamischen Grenzschicht lautet somit

$$0 = -\frac{1}{\rho} \cdot \frac{\partial \langle p \rangle}{\partial y} - \frac{\partial \langle v' \cdot v' \rangle}{\partial y} \tag{10.23}$$

und gilt unabhängig vom Grenzschichtbereich. Im Gegensatz zur laminaren Grenzschicht ist der Druck über die Grenzschichthöhe nicht konstant und ändert sich mit der wandnormalen Reynolds-Normalspannung. Anhand von Gl. (10.23) lässt sich der mittlere Druck in der Grenzschicht sowie der Druckgradient in Hauptströmungsrichtung bestimmen. Dazu integrieren wir Gl. (10.23) und erhalten

$$C = \langle p \rangle + \rho \cdot \langle v' \cdot v' \rangle \quad . \tag{10.24}$$

Am Grenzschichtrand sind die Reynolds-Spannungen nahezu verschwunden und der dort herrschende Druck entspricht in guter Näherung dem Druck der ungestörten Anströmung $\langle p \rangle(l_x, y = \delta) = p_\infty$, der nur eine Funktion der Koordinate x ist. Somit ergibt sich für die Integrationskonstante $C = p_\infty$ in Gl. (10.24) und für den mittleren Druck gilt

$$\frac{\langle p \rangle}{\rho} = \frac{p_\infty}{\rho} - \langle v' \cdot v' \rangle \quad . \tag{10.25}$$

Die Ableitung von Gl. (10.25) nach x führt auf den mittleren Druckgradienten in Hauptströmungsrichtung

$$\frac{\partial \langle p \rangle}{\partial x} = \frac{\partial p_\infty}{\partial x} - \rho \cdot \frac{\partial \langle v' \cdot v' \rangle}{\partial x} \quad . \tag{10.26}$$

Nutzen wir die eindimensionale Euler-Gleichung am Grenzschichtrand entsprechend Gl. (4.21) zur Beschreibung des Drucks p_∞, so lautet der mittlere Druckgradient

$$\frac{\partial \langle p \rangle}{\partial x} = -\rho \cdot u_\infty \cdot \frac{du_\infty}{dx} - \rho \cdot \frac{\partial \langle v' \cdot v' \rangle}{\partial x} \quad . \tag{10.27}$$

Analog zu Gl. (10.23) gilt Gl. (10.27) unabhängig vom Wandabstand in der hydrodynamischen Grenzschicht. Für die in diesem Buch behandelte ZPG TBL ist die Anströmgeschwindigkeit $u_\infty = const.$ und der von außen aufgeprägte Druckgradient verschwindet, wodurch der erste Term auf der rechten Seite von Gl. (10.26) und Gl. (10.27) entfällt.

10.3.2 Reynolds-gemittelte Impulsgleichung in Hauptströmungsrichtung

Mit den charakteristischen Größen aus Kapiteln 10.2.1 und 10.3.1 bilden wir zuerst für die Reynolds-gemittelte Impulsgleichung (10.1) folgende Parametergruppen

$$\langle u\rangle \cdot \frac{\partial\langle u\rangle}{\partial x} + \langle v\rangle \cdot \frac{\partial\langle u\rangle}{\partial y} = -\frac{1}{\rho}\cdot\frac{\partial p_\infty}{\partial x} + \frac{\partial\langle v'\cdot v'\rangle}{\partial x}$$

$$\frac{u_\infty{}^2}{l_{0,x}} \qquad \frac{u_\infty{}^2}{l_{0,x}} \qquad \frac{u_\infty{}^2}{l_{0,x}} \qquad \frac{v_0'{}^2}{l_{0,x}}$$

$$+\nu\cdot\frac{\partial^2\langle u\rangle}{\partial x^2} - \nu\cdot\frac{\partial^2\langle u\rangle}{\partial y^2} - \frac{\langle u'\cdot u'\rangle}{\partial x} - \frac{\partial\langle u'\cdot v'\rangle}{\partial y}$$

$$\nu_0\cdot\frac{u_\infty}{l_{0,x}{}^2} \qquad \nu_0\cdot\frac{u_\infty}{\delta_*{}^2} \qquad \frac{u_0'{}^2}{l_{0,x}} \qquad \frac{u_0'v_0'}{\delta_*} \quad . \qquad (10.28)$$

Hierbei entspricht δ_* der charakteristischen Länge in Wandnormalenrichtung des jeweils betrachteten Grenzschichtbereichs, d. h. δ_{WS}, δ_{tS} oder δ. Für den Druckterm in Gl. (10.28) wurde das Ergebnis aus Gl. (10.27) verwendet. Da sich die Impulsübertragungsmechanismen in Abhängigkeit vom Wandabstand ändern und somit unterschiedliche charakteristische Größen und Skalenbeziehungen zu berücksichtigen sind, schätzen wir als Nächstes die Terme von Gl. (10.28) für die verschiedenen Grenzschichtbereiche ab:

Wandschicht

Unter Berücksichtigung von Gl. (10.15) multiplizieren wir die charakteristischen Größen aus Gl. (10.28) mit $\delta_{WS}/u_0'v_0'$ bzw. $\delta_{WS}{}^2/(v_0\cdot u_\infty)$. Entsprechend Gl. (10.16) verschwinden die Terme der mittleren konvektiven Impulsänderung und der Druckkraft und es gilt

$$\langle u\rangle \cdot \frac{\partial\langle u\rangle}{\partial x} + \langle v\rangle \cdot \frac{\partial\langle u\rangle}{\partial y} = -\frac{1}{\rho}\cdot\frac{\partial p_\infty}{\partial x} + \frac{\partial\langle v'\cdot v'\rangle}{\partial x}$$

$$\ll 1 \qquad \ll 1 \qquad \ll 1 \qquad \frac{v_0'{}^2}{u_0'v_0'}\cdot\frac{\delta_{WS}}{l_{0,x}}$$

$$+\nu\cdot\frac{\partial^2\langle u\rangle}{\partial x^2} + \nu\cdot\frac{\partial^2\langle u\rangle}{\partial y^2} - \frac{\partial\langle u'\cdot u'\rangle}{\partial x} - \frac{\partial\langle u'\cdot v'\rangle}{\partial y}$$

$$\left(\frac{\delta_{WS}}{l_{0,x}}\right)^2 \qquad 1 \qquad \frac{u_0'{}^2}{u_0'v_0'}\cdot\frac{\delta_{WS}}{l_{0,x}} \qquad 1 \quad . \qquad (10.29)$$

Mit Ausnahme eines sehr schmalen Bereichs unmittelbar an der Wand innerhalb der viskosen Unterschicht, in dem $u_0'{}^2$ um mehrere Größenordnungen $u_0'v_0'$ übersteigen kann, verschwindet der räumliche Gradient der Reynolds-Normalspannung in Hauptströmungsrichtung für $\delta_{WS}/l_{0,x} \ll 1$. Ebenso ist der Term für die Fluidreibungsspannung vernachlässigbar. Wir erhalten somit die Reynolds-gemittelte Impulsgleichung in Hauptströmungs-richtung für die Wandschicht der zweidimensionalen hydrodynamischen Grenzschicht

$$0 = \nu \cdot \frac{\partial^2 \langle u \rangle}{\partial y^2} - \frac{\partial \langle u' \cdot v' \rangle}{\partial y} \quad . \tag{10.30}$$

Turbulente Schicht

Multipliziert man die charakteristischen Größen aus Gl. (10.28) mit $\delta_{tS}/u_0' v_0'$ und verwendet die Skalenbeziehungen gemäß Gl. (10.17) und Gl. (10.18), so können alle Terme außer denen, die sich auf Reynolds-Spannungen beziehen, vernachlässigt werden.

$$\langle u \rangle \cdot \frac{\partial \langle u \rangle}{\partial x} + \langle v \rangle \cdot \frac{\partial \langle u \rangle}{\partial y} = -\frac{1}{\rho} \cdot \frac{\partial p_\infty}{\partial x} + \frac{\partial \langle v' \cdot v' \rangle}{\partial x}$$

$$\ll 1 \qquad\qquad \ll 1 \qquad\qquad \ll 1 \qquad \frac{v_0'^2}{u_0' v_0'} \cdot \frac{\delta_{tS}}{l_{0,x}}$$

$$+ \nu \cdot \frac{\partial^2 \langle u \rangle}{\partial x^2} + \nu \cdot \frac{\partial^2 \langle u \rangle}{\partial y^2} - \frac{\partial \langle u' \cdot u' \rangle}{\partial x} - \frac{\partial \langle u' \cdot v' \rangle}{\partial y}$$

$$\ll 1 \qquad\qquad \ll 1 \qquad\quad \frac{u_0'^2}{u_0' v_0'} \cdot \frac{\delta_{tS}}{l_{0,x}} \qquad\quad 1 \quad . \tag{10.31}$$

In der turbulenten Schicht besitzen $u_0'^2$, $v_0'^2$ und $u_0' v_0'$ die gleiche Größenordnung. Mit $\delta_{tS}/l_{0,x} \ll 1$ ergibt sich die Reynolds-gemittelte Impulsgleichung in Hauptströmungsrichtung für die turbulente Schicht der zweidimensionalen hydrodynamischen Grenzschicht

$$0 = \frac{\partial \langle u' \cdot v' \rangle}{\partial y} \quad . \tag{10.32}$$

Nachlaufschicht

Die Multiplikation der Parametergruppen in Gl. (10.28) mit $l_{0,x}/u_\infty^2$ bzw. $\delta/u_0' v_0'$ sowie die Berücksichtigung der Skalenbeziehungen gemäß Gl. (10.19) und Gl. (10.20) liefert

$$\langle u \rangle \cdot \frac{\partial \langle u \rangle}{\partial x} + \langle v \rangle \cdot \frac{\partial \langle u \rangle}{\partial y} = -\frac{1}{\rho} \cdot \frac{dp_\infty}{dx} + \frac{\partial \langle v' \cdot v' \rangle}{\partial x}$$

$$1 \qquad\qquad\qquad 1 \qquad\qquad\qquad 1 \qquad \frac{v_0'^2}{u_0' v_0'} \cdot \frac{\delta}{l_{0,x}}$$

$$+ \nu \cdot \frac{\partial^2 \langle u \rangle}{\partial x^2} + \nu \cdot \frac{\partial^2 \langle u \rangle}{\partial y^2} - \frac{\partial \langle u' \cdot u' \rangle}{\partial x} - \frac{\partial \langle u' \cdot v' \rangle}{\partial y}$$

$$\ll 1 \qquad \ll 1 \qquad \frac{u_0'^2}{u_0'v_0'} \cdot \frac{\delta}{l_{0,x}} \qquad 1 \quad . \tag{10.33}$$

Die Größenordnungen von $u_0'^2$, $v_0'^2$ und $u_0'v_0'$ sind in der Nachlaufschicht vergleichbar und für $\delta/l_{0,x} \ll 1$ kann die Änderung der Reynolds-Normalspannung in Hauptströmungsrichtung vernachlässigt werden. Für die ZPG TBL verschwindet der von außen aufgeprägte Druckgradient ($dp_\infty/dx = 0$) und wir erhalten die Reynolds-gemittelte Impulsgleichung in Hauptströmungsrichtung für die Nachlaufschicht der zweidimensionalen hydrodynamischen Grenzschicht

$$\langle u \rangle \cdot \frac{\partial \langle u \rangle}{\partial x} + \langle v \rangle \cdot \frac{\partial \langle u \rangle}{\partial y} = -\frac{\partial \langle u' \cdot v' \rangle}{\partial y} \quad . \tag{10.34}$$

Formulierungen für den gesamten hydrodynamischen Grenzschichtbereich

Oft ist es notwendig und zweckdienlich, Gleichungen zur Hand zu haben, die im gesamten Grenzschichtbereich gültig sind. Die Reynolds-gemittelte Impulsgleichung in Wandnormalenrichtung (10.27) ist unabhängig vom Grenzschichtbereich gültig. Wir erhalten die korrespondierende Reynolds-gemittelte Impulsgleichung in Hauptströmungsrichtung, indem wir die weniger relevanten Terme in Gl. (10.28) ausschließlich für die Grenzschichtabmessungen $\delta_*/l_{0,x} \ll 1$ ohne Berücksichtigung der Skalenbeziehungen der jeweiligen Grenzschichtbereiche streichen. Die Änderungen der molekularen und turbulenten Spannungen in Hauptströmungsrichtung können gegenüber den Änderungen in Wandnormalenrichtung vernachlässigt werden (vgl. Gl. (10.9) – Gl. (10.13)) und wir erhalten somit die gesuchte Reynolds-gemittelte Impulsgleichung in Hauptströmungsrichtung für die zweidimensionale turbulente hydrodynamische Grenzschicht ohne einen von außen aufgeprägten Druckgradienten

$$\langle u \rangle \cdot \frac{\partial \langle u \rangle}{\partial x} + \langle v \rangle \cdot \frac{\partial \langle u \rangle}{\partial y} = \nu \cdot \frac{\partial^2 \langle u \rangle}{\partial y^2} - \frac{\partial \langle u' \cdot v' \rangle}{\partial y} \quad . \tag{10.35}$$

10.3.3 Wandfunktionen der hydrodynamischen Grenzschicht

Das Strömungsverhalten in der hydrodynamischen Grenzschicht ist selbst für die vermeintlich einfache Strömungskonfiguration der ZPG TBL noch nicht vollständig erforscht. Neue Versuchsanlagen, hochauflösende Messtechnik sowie steigende Rechenkapazitäten für DNS erlauben jedoch immer tiefere Einblicke in die ablaufende Strömungsdynamik und das Verhalten turbulenter Strukturen in der Grenzschicht bei sehr hohen Reynolds-Zahlen. Dies führt zu weiteren Ansätzen und Theorien, in denen die klassischen Skalierungsprinzipien der Grenzschichttheorie kontrovers diskutiert, in Frage gestellt und erweitert werden. Dementsprechend ist die Anwendbarkeit und Universalität verschiedener Gesetzmäßigkeiten nach wie vor Gegenstand wissenschaftlicher Forschung. Eine umfangreiche Darstellung und Diskussion der Thematik findet sich in den Übersichtsarbeiten von Gad-el-Hak und Bandyopadhyay (1994) und Marusic et al (2010).

Wie in Abb. 10.1 gezeigt, sind die Reynolds-Zahlen der Grenzschichtströmungen vieler praktische Anwendungen sehr hoch. Die experimentelle und/oder numerische Erfassung der auftretenden Strömungsvorgänge kann daher äußerst aufwendig sein und erfordert einen immensen Einsatz von Ressourcen. Zur Beschreibung des mittleren Strömungsfelds werden daher häufig sogenannte Wandfunktionen verwendet. Wandfunktionen setzen die Selbstähnlichkeit der Grenzschicht voraus, sodass die Verteilungen der mittleren Strömungsgrößen einer turbulenten hydrodynamischen Grenzschichtströmung unter bestimmten Voraussetzungen durch eine geeignete Normierung identische dimensionslose Profile in Hauptströmungsrichtung aufweisen. Dieser Fall ist gegeben, wenn der einem dimensionslosen Druckgradienten entsprechende Clauser-Parameter

$$\beta = \frac{\delta_1}{\tau_W} \cdot \frac{\partial p_\infty}{\partial x} \tag{10.36}$$

konstant ist, wobei $\partial p_\infty / \partial x$ den Druckgradienten im Außenbereich darstellt (Mellor und Gibson (1966); Rotta (1972)). Die in diesem Buch behandelte ZPG TBL erfüllt laut Definition Gl. (10.36), $\beta = 0$.

Bezugsgrößen für die Wandfunktionen

Wandfunktionen basieren auf Skalenbeziehungen und geben das Verhalten der Strömungsgrößen in dimensionsloser Form an. Als Bezugsgrößen dienen dabei charakteristische Größen. In der klassischen Grenzschichttheorie nutzt man in den Wandfunktionen die mit der Wandschubspannung τ_W und der Dichte ρ gebildete sogenannte Schubspannungsgeschwindigkeit

$$u_\tau \equiv \sqrt{\frac{\tau_W}{\rho}} \tag{10.37}$$

als Bezugsgröße für die geschwindigkeitsbasierten mittleren Strömungsgrößen. Als Bezugsgröße für die wandnormalen Längen verwendet man die mit der Schubspannungsgeschwindigkeit u_τ und der kinematischen Viskosität ν gebildete viskose Länge

$$\delta_\nu \equiv \frac{\nu}{u_\tau} \tag{10.38}$$

sowie die hydrodynamische Grenzschichtdicke δ. Die Schubspannungsgeschwindigkeit und die viskose Länge werden auch als viskose Skalen bezeichnet. Die mit u_τ und/oder δ_ν entdimensionalisierten Größen kennzeichnet man mit $^+$, z. B. $u^+ = \langle u \rangle / u_\tau$ oder $\delta^+ = \delta / \delta_\nu$.

Die Größe $u_\tau{}^2$ ist charakteristisch für die molekulare Fluidreibungsspannung in unmittelbarer Wandnähe sowie für die Reynolds-Scherspannung $\langle u' \cdot v' \rangle$ in großen Teilen der Grenzschicht und δ_ν ist die charakteristische wandnormale Länge für die mittlere Impulsübertragung im viskos geprägten Strömungsbereich der Wandschicht. Um dies zu zeigen, integrieren wir zunächst Gl. (10.30) und erhalten

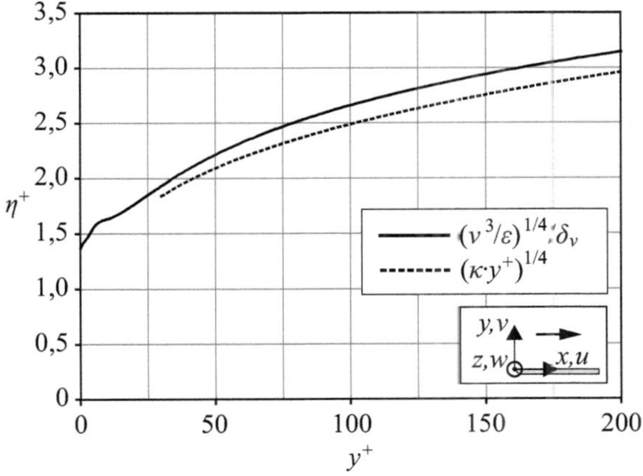

Abb. 10.9 Wandnahe Verteilung der normierten Kolmogorov-Längenskala $\eta/\delta_v = \eta^+$ in einer ZPG TBL bei $Re_{\delta_z} = 8183$ gemäß Gl. (7.18) und mit der Näherungsgleichung (10.156) für die Kolmogorov-Längenskala berechnet. Geschwindigkeitsdaten aus LES-Daten von Eitel-Amor et al (2014).

$$C = v \cdot \frac{\partial \langle u \rangle}{\partial y} - \langle u' \cdot v' \rangle \quad . \tag{10.39}$$

Unmittelbar an der Wand verhindert die Haftbedingung jegliche Strömungsbewegung und die Reynolds-Scherspannung verschwindet

$$\lim_{y \to 0} \left[C = v \cdot \frac{\partial \langle u \rangle}{\partial y} \right] \quad . \tag{10.40}$$

Die viskose Fluidreibungsspannung entspricht der Wandschubspannung. Es gilt

$$\frac{\tau_W}{\rho} = v \cdot \frac{\partial \langle u \rangle}{\partial y} \bigg|_W \tag{10.41}$$

und für die Integrationskonstante ergibt sich $C = \tau_W/\rho$. Gl. (10.39) lautet somit

$$\frac{\tau_W}{\rho} = v \cdot \frac{\partial \langle u \rangle}{\partial y} - \langle u' \cdot v' \rangle \quad . \tag{10.42}$$

Dementsprechend bleibt die effektive Schubspannung, d. h. die Summe aus molekularer Fluidreibungsspannung und Reynolds-Scherspannung, in der Wandschicht konstant. Wie Abb. 10.8 b verdeutlicht, ist der Beitrag der molekularen Fluidreibungsspannung zur effektiven Schubspannung am äußeren Rand der Wandschicht vernachlässigbar und aus Gl. (10.42) folgt

$$\lim_{y \to \delta_{WS}} \left[\frac{\tau_W}{\rho} = -\langle u' \cdot v' \rangle \right] \quad . \tag{10.43}$$

Anhand von Abb. 10.8 b und Gl. (10.41) - Gl. (10.43) lassen sich für den inneren, viskos geprägten Strömungsbereich der Wandschicht bzw. für den äußeren, turbulent-geprägten Strömungsbereich der Wandschicht unter Verwendung von Gl. (10.37) die Skalenbeziehung

$$u_\tau^{\ 2} \sim \nu \cdot \frac{\partial \langle u \rangle}{\partial y} \tag{10.44}$$

bzw.

$$u_\tau^{\ 2} \sim \langle u' \cdot v' \rangle \tag{10.45}$$

formulieren. Offensichtlich ist $u_\tau^{\ 2}$ charakteristisch für die molekulare Fluidreibungsspannung im inneren Bereich und für die Reynolds-Scherspannung im äußeren Bereich der Wandschicht. Verwenden wir Gl. (10.43) als Randbedingung zur Lösung von Gl. (10.32), so lässt sich leicht zeigen, dass $u_\tau^{\ 2}$ auch in der turbulenten Schicht die charakteristische Größe für die Reynolds-Scherspannung darstellt (vgl. Abb. 10.8 b für $y/d \leq 0{,}2$). Ein analoges Vorgehen zeigt, dass dies ebenso in der Nachlaufschicht gilt. Wir betrachten demnach u_τ als eine charakteristische Geschwindigkeit für die turbulente mittlere Impulsübertragung in der Grenzschicht.

Aufgrund des mit abnehmendem Wandabstand zunehmenden Einflusses der Viskosität auf die Fluidbewegung, nähert sich die mittlere Strömungsgeschwindigkeit in Hauptströmungsrichtung der Schubspannungsgeschwindigkeit an und es gilt $\langle u \rangle \sim u_\tau$ im viskos geprägten Strömungsbereich der Wandschicht. Verwendet man u_τ als charakteristische Geschwindigkeit für $\langle u \rangle$ zur Entdimensionalisierung von Gl. (10.44), so zeigt sich, dass δ_ν die charakteristische wandnormale Länge für die mittlere Impulsübertragung in Wandnähe ist. Wie Abb. 10.9 zeigt, sind die viskose Länge und die Kolmogorov-Längenskala von der gleichen Größenordnung. Obwohl die viskose Länge ausschließlich für den viskos geprägten Strömungsbereich der Wandschicht charakteristisch ist, verwendet man sie üblicherweise im gesamten Innenbereich. Für hinreichend große Reynolds-Zahlen ist die turbulente Strömung außerhalb der Wandschicht frei vom direkten Einfluss der Viskosität, d. h. unabhängig von der Reynolds-Zahl. Dementsprechend wird anstelle der viskosen Länge δ_ν die Grenzschichtdicke δ als charakteristische Länge für die mittlere Strömung in der Außenschicht verwendet. Wir bezeichnen daher die viskose Länge δ_ν als innere Längenskala und die Grenzschichtdicke δ als äußere Längenskala. Das Verhältnis von der hydrodynamischen Grenzschichtdicke zur viskosen Länge definiert die Reibungs-Reynolds-Zahl

$$Re_\tau \equiv \frac{\delta}{\delta_\nu} = \delta^+ = \frac{u_\tau \cdot \delta}{\nu} \quad . \tag{10.46}$$

Die dimensionslose Grenzschichtdicke δ^+ entspricht demzufolge einer lokalen Reynolds-Zahl und dient häufig zur Charakterisierung des Strömungszustands turbulenter Grenzschichten.

Wandfunktion der mittleren Geschwindigkeit

Im Folgenden werden wir mit Hilfe von Wandfunktionen die dimensionslose mittlere Strömungsgeschwindigkeit

$$u^+ \equiv \frac{\langle u \rangle}{u_\tau} \tag{10.47}$$

in der zweidimensionalen hydrodynamischen Grenzschicht angeben. Unter Berücksichtigung der unterschiedlich wirkenden Impulsübertragungsmechanismen und der beiden eingeführten charakteristischen Längen (δ_v, δ) lässt sich das dimensionslose Geschwindigkeitsprofil aus zwei Funktionen aufbauen. Nach einem Vorschlag von Coles (1956) lautet eine allgemeine Form der Wandfunktion für die dimensionslose mittlere Strömungsgeschwindigkeit in der gesamten hydrodynamischen Grenzschicht

$$u^+ = \Phi_1\left(y^+\right) + \Phi_2\left(\Pi, \frac{y}{\delta}\right) \quad . \tag{10.48}$$

Hierbei entspricht die vom dimensionslosen Wandabstand

$$y^+ \equiv \frac{y}{\delta_v} = \frac{y \cdot u_\tau}{\nu} \tag{10.49}$$

abhängige Funktion $\Phi_1(y^+)$ dem von Prandtl (1925) formulierten und als Wandgesetz bekannten Ähnlichkeitsgesetz für die mittlere Strömungsgeschwindigkeit in Wandnähe für $y/\delta \ll 1$. Die Ähnlichkeitsfunktion $\Phi_2(\Pi, y/\delta)$ in Gl. (10.48) quantifiziert die Abweichung der mittleren Strömungsgeschwindigkeit vom Wandgesetz in der Außenschicht für $y^+ \gg 1$. Die Größe Π in Gl. (10.49) ist der sogenannte Profilparameter (siehe S. 325).

An dieser Stelle sei erwähnt, dass der dimensionslose Wandabstand nach Gleichung (10.49) einer lokalen Reibungs-Reynolds-Zahl entspricht, die aus der Schubspannungsgeschwindigkeit und dem Wandabstand gebildet wird.

Wandschicht

Entsprechend unseren Überlegungen entspricht δ_v der charakteristischen wandnormalen Länge innerhalb des viskos geprägten Strömungsbereichs der Wandschicht. Um die dimensionslose mittlere Geschwindigkeitsverteilung

$$u^+ = \Phi_1(y^+) \tag{10.50}$$

in unmittelbarer Wandnähe zu gewinnen, führen wir eine Taylor-Reihenentwicklung an der Wand durch

$$u^+ = u^+(y^+ = 0) + \frac{du^+}{dy^+}\bigg|_{y^+=0} \cdot y^+ + \frac{d^2u^+}{dy^{+2}}\bigg|_{y^+=0} \cdot \frac{y^{+2}}{2} + \cdots \quad . \tag{10.51}$$

Zur Bestimmung der Geschwindigkeitsgradienten in Gl. (10.51) verwenden wir die mit u_τ und δ_v entdimensionalisierte Gl. (10.42)

$$1 = \frac{du^+}{dy^+} - \frac{\langle u' \cdot v' \rangle}{u_\tau^2} \quad . \tag{10.52}$$

Da die Reynolds-Scherspannung an der Wand verschwindet, $\langle u' \cdot v' \rangle(l_x, y = 0) = 0$, erhalten wir aus Gl. (10.52) für den ersten Gradienten in Gl. (10.51)

$$\frac{du^+}{dy^+}\bigg|_{y^+=0} = 1 \quad . \tag{10.53}$$

Die weiteren Geschwindigkeitsgradienten ergeben sich durch wiederholte Differentiation von Gl. (10.52) und anschließende Auswertung der resultierenden Terme am Ort $y^+ = 0$. Der erste von Null verschiedene Geschwindigkeitsgradient in Gl. (10.51) ist von der Größenordnung $O(y^{+4})$ (siehe Aufgabe 10.1) und demzufolge gilt

$$u^+ = y^+ + c_4 \cdot y^{+4} + c_5 \cdot y^{+5} + \cdots \quad , \tag{10.54}$$

mit

$$c_4 = \frac{v^3}{8 \cdot u_\tau^5} \cdot \left\langle \frac{\partial u'}{\partial y} \cdot \frac{\partial^2 v'}{\partial y^2} \right\rangle\bigg|_{y^+=0} \tag{10.55}$$

und

$$c_5 = \frac{v^4}{120 \cdot u_\tau^6} \cdot \frac{\partial^4 \langle u' \cdot v' \rangle}{\partial y^4}\bigg|_{y^+=0} \quad . \tag{10.56}$$

Wie in Abb. 10.10 zu sehen ist, sind die Terme höherer Ordnung in Gl. (10.54) in unmittelbarer Wandnähe sehr klein und die mittlere Geschwindigkeit folgt bis zu einem Wandabstand von $y^+ \approx 3$ einem linearen Verlauf. Diesen Bereich bezeichnet man als viskose Unterschicht[2], da hier die Fluidreibung vorwiegend die mittlere Impulsübertragung bestimmt. Obwohl die Reynolds-Scherspannung sehr klein ist, kennzeichnen turbulente Strukturen das Strömungsgeschehen in der viskosen Unterschicht, was sich z. B. in den sichtbar gemachten turbulenten Strukturen innerhalb der viskosen Unterschicht einer zweidimensionalen Grenzschichtströmung in Kline et al (1967) zeigt. Die viskose Unterschicht erstreckt sich von der Wand bis $y^+ = 3$ (Abweichung der linearen Verteilung von der tatsächlichen Verteilung $< 1\,\%$) bzw. $y^+ = 5$ (Abweichung der linearen Verteilung von der tatsächlichen Verteilung $< 5\,\%$) und umfasst ca. $10\,\%$ bzw. $16\,\%$ der Wandschicht. Den Bereich oberhalb der viskosen Unterschicht bezeichnen wir als Übergangsschicht (engl. *buffer layer*). Sie ist gekennzeichnet durch eine Abnahme des Einflusses der viskosen Fluidreibung und eine Zunahme des Einflusses der turbulenten Schwankungsbewegungen auf die mittlere Impulsübertragung. Die in der Übergangsschicht ablaufenden Strömungsvorgänge sind entscheidend für die Turbulenzproduktion. Das dimensionslose mittlere Geschwindigkeitsprofil lässt sich in diesem Bereich durch empirisch gewonnene Wandfunktionen berechnen, z. B. nach Rannie (1956)

$$u^+ = 14{,}53 \cdot \tanh\left(\frac{y^+}{14{,}53}\right); \quad y^+ \leq 27{,}5 \tag{10.57}$$

oder nach von Kármán (1939)

---

[2] Aufgrund des auch in unmittelbarer Wandnähe wirkenden turbulenten Impulstransports ist der Begriff „viskose Unterschicht" gegenüber dem häufig ebenfalls verwendeten Begriff „laminare Unterschicht" vorzuziehen, da eine laminare Strömung in der turbulenten Grenzschicht ausgeschlossen werden kann.

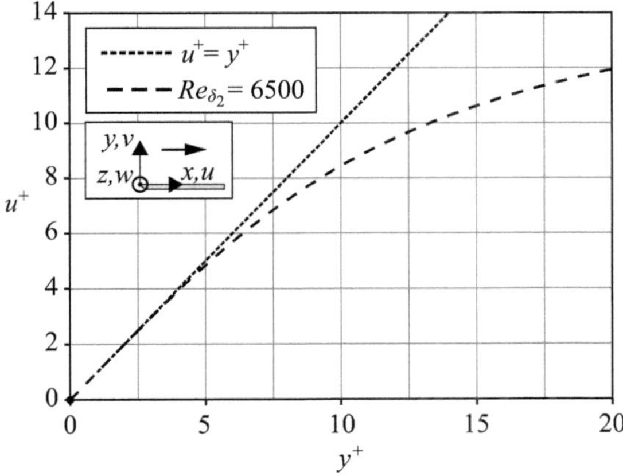

Abb. 10.10 Dimensionslose mittlere Geschwindigkeitsverteilung in einer ZPG TBL für $Re_{\delta_2} = 6500$ aus DNS-Daten von Simens et al (2009), Borrell et al (2013), Sillero et al (2013) und anhand des linearen Anteils von Gl. (10.54) berechnet.

$$u^+ = 5{,}0 \cdot \ln\left(y^+\right) - 3{,}05; \quad 5 < y^+ < 30 \ . \tag{10.58}$$

Die äußere Grenze der Übergangsschicht liegt im Bereich zwischen $y^+ = 30$ und 50. Dies entspricht näherungsweise dem Wandabstand, bei dem die molekulare Fluidreibungsspannung kleiner ist als die Reynolds-Scherspannung, ihre Größenordnungen aber gerade noch vergleichbar sind.

Turbulente Schicht (Konstante Reynolds-Scherspannung-Schicht)

In der klassischen Grenzschichttheorie erstreckt sich die turbulente Schicht von $y^+ \approx 30$ bis $y/\delta = 0{,}2$ (Sreenivasan (1989)). Bei $y^+ = 30$ beträgt $du^+/dy^+ \approx 0{,}1$ und dementsprechend ist im darüber liegenden Grenzschichtbereich die Reynolds-Scherspannung um mindestens eine Größenordnung größer als die molekulare Fluidreibungsspannung. Wie wir gleich sehen werden, ist die charakteristische Länge für den mittleren turbulenten Impulstransport proportional zum Wandabstand y. Wir nutzen sie als Bezugsgröße für die dimensionslose Verteilung der mittleren Geschwindigkeit in der turbulenten Schicht. Um diese herzuleiten, integrieren wir zunächst Gl. (10.32) und ermitteln anschließend die Integrationskonstante mit Hilfe von Gl. (10.43), womit sich

$$-\langle u' \cdot v' \rangle \approx u_\tau^2 \tag{10.59}$$

ergibt. Die Reynolds-Scherspannung in der turbulenten Schicht ist somit näherungsweise konstant und die turbulente Schicht wird daher auch als konstante Reynolds-Spannungsschicht (CRS-Schicht) bezeichnet. Mit Hilfe der Wirbelviskosität-Annahme entsprechend Gl. (9.131)

$$-\langle u' \cdot v' \rangle \approx v_t \cdot \frac{\partial \langle u \rangle}{\partial y} \tag{10.60}$$

können wir die Verteilung der mittleren Geschwindigkeit bestimmen. Nach einem Vorschlag von Prandtl (1945) lässt sich die turbulente Viskosität v_t in einer turbulenten Strömung mit der radizierten turbulenten kinetischen Energie $k^{1/2}$ und der dazugehörigen

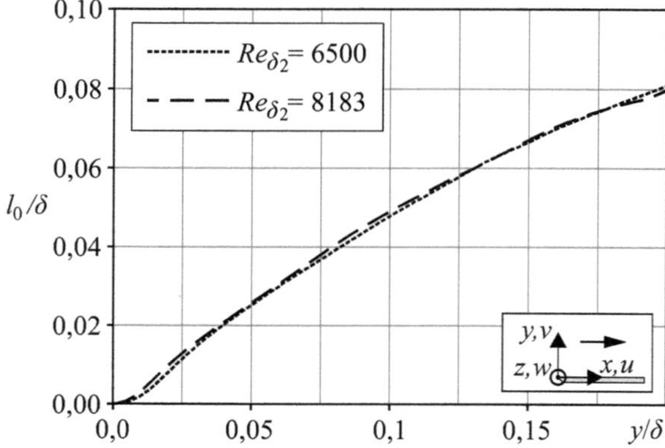

Abb. 10.11 Verteilung der Länge $l_0 = -\langle u' \cdot v' \rangle / (C \cdot k^{1/2} \cdot \partial \langle u \rangle / \partial y)$ in Gl. (10.61) in einer ZPG TBL bei $Re_{\delta_2} = 6500$ (DNS-Daten von Simens et al (2009); Borrell et al (2013); Sillero et al (2013);) und $Re_{\delta_2} = 8183$ (LES-Daten von Eitel-Amor et al (2014)). $C = 0{,}4$.

charakteristischen Längenskala l_0 entsprechend

$$v_t = C \cdot k^{1/2} \cdot l_0 \tag{10.61}$$

berechnen. Wie Abb.10.11 zeigt, steigt l_0 in der turbulenten Schicht mit zunehmendem Wandabstand y näherungsweise linear an. Für $y^+ \gg 1$ und $y/\delta \ll 1$ kann l_0 mit Hilfe der turbulenten Mischungsweglänge

$$l_0 \rightarrow l_m = \kappa \cdot y \tag{10.62}$$

abgebildet werden (Prandtl (1933)). Die Größe κ ist dabei die sogenannte Von-Kármán-Konstante. Die Anwendbarkeit von Gl. (10.62) lässt sich aus strömungsphysikalischer Sicht wie folgt deuten: Im Bereich $y^+ \gg 1$ und $y/\delta \ll 1$ dominiert die turbulente Impulsübertragung. Turbulente Strukturen entwickeln sich in der Scherschicht und wachsen in Wandnormalenrichtung an. Die zur lokalen mittleren Impulsübertragung im Wesentlichen beitragenden großen, energiereichen Strukturen sind proportional zu y. Dementsprechend ist die charakteristische Längenskala in der turbulenten Schicht weder die viskose Länge δ_ν noch die hydrodynamische Grenzschichtdicke δ, sondern skaliert mit dem Wandabstand y.

Verwendet man u_τ^2 für die turbulente kinetische Energie und die turbulente Mischungsweglänge aus Gl. (10.62) für die charakteristische Länge in Gl. (10.61), so ergibt sich mit der Wirbelviskosität-Annahme entsprechend Gl. (10.60) für Gl. (10.59)

$$u_\tau^2 = u_\tau \cdot \kappa \cdot y \cdot \frac{\partial \langle u \rangle}{\partial y} \quad . \tag{10.63}$$

Weiteres Umformen und anschließende Integration führen zum sogenannten logarithmischen Wandgesetz der dimensionslosen mittleren Geschwindigkeit

$$u^+ = \frac{1}{\kappa} \cdot \ln(y^+) + B; \qquad 1 \ll y^+ \ll \delta^+ \quad . \tag{10.64}$$

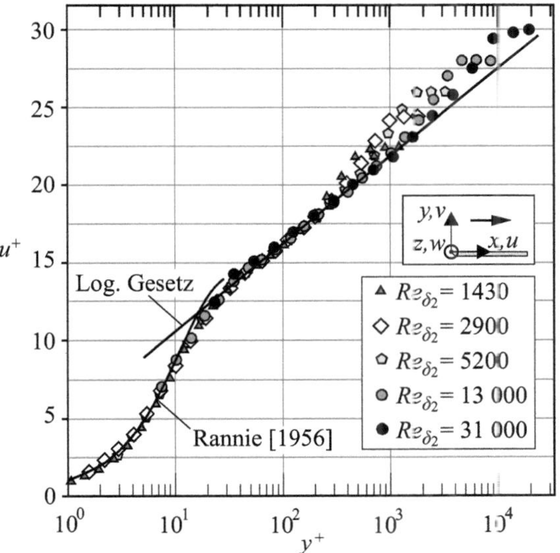

Abb. 10.12 Dimensionslose mittlere Geschwindigkeit in einer ZPG TBL für unterschiedliche Reynolds-Zahlen nach DeGraaff und Eaton (2000) sowie das logarithmische Wandgesetz aus Gl. (10.64) mit κ = 0,41 und B = 5,0 und die Wandfunktion im Übergangsbereich nach Rannie (1956) gemäß Gl. (10.57).

Die Von-Kármán-Konstante κ und die weitere Konstante B in Gl. (10.64) sind asymptotische Konstanten. Sie nehmen erst bei sehr hohen Reynolds-Zahlen konstante Werte an (Nagib und Chauhan (2008)). Dementsprechend finden sich aktuell in der Literatur unterschiedliche Werte, die von den in Lehrbüchern meist angegebenen $0,4 \leq \kappa \leq 0,41$ und $5,0 \leq B \leq 5,5$ abweichen können. Dies liegt zum einen an der experimentell relativ schwer zu bestimmenden Reibungsspannung und zum anderen an den unterschiedlichen Reynolds-Zahl-Bereichen, für die eine Vielzahl von Grenzschichtexperimenten durchgeführt wurden und innerhalb derer die Konstanten aufgrund kleiner Reynolds-Zahlen von eben diesen abhängen können. In Abb 10.12 ist das logarithmische Wandgesetz zusammen mit experimentell ermittelten Geschwindigkeitsverläufen bei unterschiedlichen Reynolds-Zahlen gezeigt. Um die Vorgänge in der Wandschicht deutlicher hervorzuheben, ist es üblich, für die Darstellung eine halblogarithmische Achsenskalierung entlang der Abszisse zu verwenden. Das Auftreten einer logarithmischen Geschwindigkeitsverteilung ist nicht auf eine ZPG TBL beschränkt, sondern findet sich auch in anliegenden Grenzschichtströmungen mit ansteigendem Druckgradienten (Perry et al (1966)), wobei die äußere Grenze des Gültigkeitsbereichs von Gl. (10.64) näher an die Wand heranrückt und sich die Konstanten κ und B mit dem Druckgradienten ändern (Knopp et al (2021)).

Nach George und Castillo (1997) lässt sich die turbulente Schicht in eine Mesoschicht und eine Trägheitsschicht unterteilen. Obwohl die turbulenten Kräfte die mittlere Impulsübertragung für $y^+ > 30$ weitgehend bestimmen, beeinflusst die Viskosität weiterhin das Verhalten der großen, energiereichen Wirbelstrukturen in der wandnahen Außenschicht, die an der Produktion der Reynolds-Spannungen beteiligt sind. Da die geometrische Nähe zur Wand die Ausdehnung der Wirbelstrukturen in der turbulenten Schicht begrenzt, liegen im Bereich $y^+ < 300$ die großen, energiereichen Wirbelstrukturen und dissipativen

Wirbelstrukturen so nahe beieinander, dass die Viskosität die Dynamik auf allen Skalen beeinflusst. Man bezeichnet diesen Bereich als Mesoschicht. Geht man von einer festen äußeren Grenze der turbulenten Schicht aus, so wächst der korrespondierende y^+-Wert an der äußeren Grenze mit steigender Reynolds-Zahl an und der Einflussbereich der Viskosität rückt näher an die Wand. Bei hinreichend großen Reynolds-Zahlen können die äußeren Grenzen der Wandschicht und der turbulenten Schicht so weit voneinander entfernt sein, dass das oberhalb der Mesoschicht im Bereich $y^+ > 300$ und $y/\delta \leq 0{,}1$ vorliegende Energiespektrum breit genug ist, damit eine Skalentrennung zwischen Produktions- und Dissipationsbereich auftritt. Dieser Bereich wird als Trägheitsschicht bezeichnet. Wie in George (2007) ausgeführt, gibt es in ihr eine eindeutige logarithmische Verteilung der dimensionslosen mittleren Strömungsgeschwindigkeit gemäß Gl. (10.64). Voraussetzung dafür, dass sich die Trägheitsschicht oberhalb von $y^+ = 300$ im Grenzschichtbereich $y/\delta \leq 0{,}1$ entwickelt, ist eine Reibungs-Reynolds-Zahl von

$$Re_\tau \geq \frac{y^+ = 300}{y/\delta = 0{,}1} = 3000 \quad . \tag{10.65}$$

Um die turbulente Strömung innerhalb der Trägheitsschicht über eine Größenordnung des y^+-Bereichs beobachten zu können, wäre gemäß Gl. (10.65) eine Reibungs-Reynolds-Zahl von $Re_\tau \geq 30000$ erforderlich.

Um die inneren und äußeren Grenzen des logarithmischen Bereichs zu identifizieren, ist es üblich, den konstanten Abschnitt (horizontaler Teil der Kurven) der in Abb. 10.13 gezeigten Diagnostikfunktion

$$\Xi \equiv y^+ \cdot \frac{du^+}{dy^+} \tag{10.66}$$

zu bestimmen, die im y^+-Bereich der Trägheitsschicht dem Reziprokwert der Von-Kármán-Konstante entspricht. Ergebnisse für Strömungen hoher Reynolds-Zahlen zeigen, dass eine rein logarithmische Verteilung der dimensionslosen mittleren Geschwindigkeit erst ab einem Wandabstand in der turbulenten Schicht auftritt, der größer ist als der traditionell mit $y^+ = 30$ angegebene Wandabstand. Ein rein logarithmischer Bereich der ZPG TBL erstreckt sich nach Österlund et al (2000), Nagib et al (2004) und Nagib et al (2007) für Reynolds-Zahlen von $Re_{\delta_2} \gtrless 6\,000$ von $y^+ \geq 200$ bis $y/\delta = 0{,}15$, wobei für Reynolds-Zahlen zwischen $Re_{\delta_2} \approx 6000$ und $Re_{\delta_2} \approx 70\,000$ die Konstanten $\kappa = 0{,}384$ und $B = 4{,}173$ betragen. George und Castillo (1997) geben dagegen die innere und äußere Grenze des rein logarithmischen Bereichs mit $y^+ = 300$ und $y/\delta = 0{,}1$ an. Eine genauere Betrachtung der verfügbaren Daten von ZPG TBL für Reynolds-Zahlen im Bereich von $Re_{\delta_2} = 6500$ bis $Re_{\delta_2} = 26\,600$ zeigt, dass sowohl bei $y^+ = 200$ als auch bei $y^+ = 300$ die Anteile der molekularen Fluidreibungsspannung an der effektiven Spannung um den Wert $du^+/dy^+ = 0{,}01$ liegen. In einer ZPG TBL mit sehr hohen Reynolds-Zahlen reicht der logarithmische Bereich nach Marusic et al (2013) von $y^+ > 3 \cdot Re_\tau^{1/2}$ bis $y/\delta < 0{,}15$ ($Re_\tau = 18\,010$ und $67\,780$) und nach Vallikivi et al (2015) von $y^+ \gtrless 400$ bis $y/\delta \lesssim 0{,}15$ ($20\,000 \leq Re_\tau \leq 72\,500$ ($64\,800 \leq Re_{\delta_2} \leq 235\,000$)). Während Vallikivi et

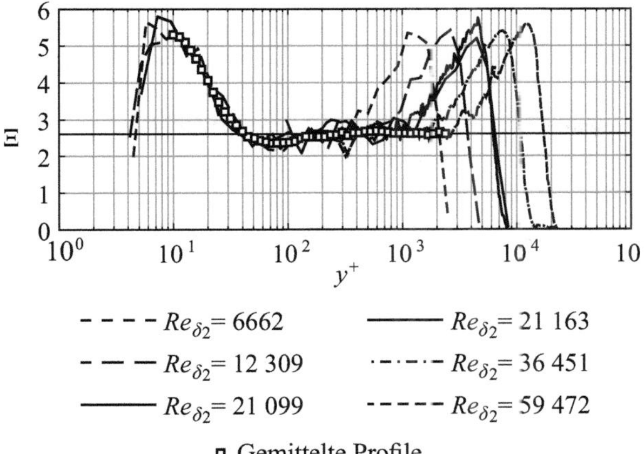

Abb. 10.13 Verteilung der Diagnostik-Funktion gemäß Gl. (10.66) für unterschiedliche Reynolds-Zahlen gemäß den Daten von Österlund (1999) ($Re_{\delta_2} = 6662, 12\,309$ und $21\,099$) und Nagib et al (2004) aus Nagib et al (2007) ($Re_{\delta_2} = 21\,163$, $36\,451$ und $59\,472$).

al (2015) die von Coles (1956) ermittelten Werte $\kappa = 0{,}4$ und $B = 5{,}1$ zur Berechnung des mittleren Geschwindigkeitsprofils gemäß Gl. (10.64) im Reynolds-Zahl-Bereich von $64\,800 \le Re_{\delta_2} \le 235\,000$ als geeignet betrachten, betragen nach Marusic et al (2013) die Konstanten $\kappa = 0{,}39$ und $B = 4{,}3$.

Die Abweichung der dimensionslosen mittleren Geschwindigkeit von der logarithmischen Verteilung im unteren Bereich der turbulenten Schicht lässt sich durch eine Modifikation des Koordinatenursprungs in Gl. (10.64) gemäß $y^+ \to y^+ + \Delta y^+_{off}$ korrigieren. Für die experimentellen Daten einer ZPG TBL von Österlund (1999) ermittelte Lindgren et al (2002) den Versatz $\Delta y^+_{off} = 5{,}0$, sodass die dimensionslose mittlere Geschwindigkeit zwischen $y^+ = 100$ und der unteren Grenze des logarithmischen Bereichs bei $y^+ \approx 200$ anhand von Gl. (10.64) mit dem modifizierten Koordinatenursprung beschrieben werden kann.

Außenschicht (Defekt-Schicht)

Oberhalb der turbulenten Schicht in der Außenschicht ist das Strömungsverhalten durch eine abnehmende turbulente Impulsübertragung gekennzeichnet. Nach Coles (1956) lässt sich die Abweichung des dimensionslosen mittleren Geschwindigkeitsprofils vom Wandgesetz bei zweidimensionalen Grenzschichtströmungen in Gl. (10.48) mit der Funktion

$$\Phi_2 = \frac{\Pi}{\kappa} \cdot W\left(\frac{y}{\delta}\right) \qquad (10.67)$$

beschreiben. Der Profilparameter (bzw. Nachlaufparameter) Π in Gl. (10.67) ist generell vom Druckgradienten sowie der Turbulenzintensität im Außenbereich abhängig und muss entsprechend der jeweiligen Strömungssituation angepasst werden. Die alleinig vom dimensionslosen Wandabstand abhängige Nachlauffunktion $W(y/\delta)$ genügt den Randbedingungen

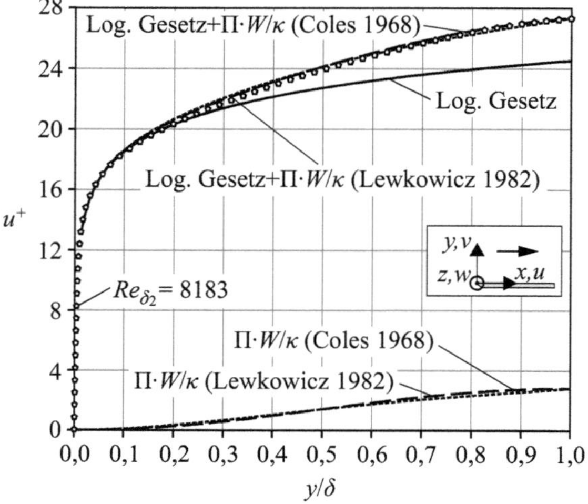

Abb. 10.14 Dimensionslose mittlere Geschwindigkeitsverteilung in einer ZPG TBL für $Re_{\delta_2} = 8183$ aus LES-Daten von Eitel-Amor et al (2014) und anhand von Gl. (10.73) ($\kappa = 0{,}384$, $B = 4{,}173$, $\Pi = 0{,}55$) berechnet, die sich aus dem logarithmischen Wandgesetz und der Nachlauffunktion aus Gl. (10.70) bzw. Gl. (10.72) zusammensetzt.

$$W\left(\frac{y}{\delta} = 0\right) = 0 \quad ; \qquad W\left(\frac{y}{\delta} = 1\right) = 2 \quad , \tag{10.68}$$

und der Normierung

$$\int_0^1 W\left(\frac{y}{\delta}\right) d\left(\frac{y}{\delta}\right) = 1 \quad . \tag{10.69}$$

Für die Nachlauffunktion sind verschiedene empirische Ansätze bekannt, z. B. nach Coles (1968)

$$W\left(\frac{y}{\delta}\right) = 2 \cdot \sin^2\left(\frac{\pi}{2} \cdot \frac{y}{\delta}\right) \quad , \tag{10.70}$$

nach Granville (1976)

$$W\left(\frac{y}{\delta}\right) = 2 \cdot \left(\frac{y}{\delta}\right)^2 \cdot \left(3 - 2 \cdot \frac{y}{\delta}\right) + \frac{1}{\Pi} \cdot \left(\frac{y}{\delta}\right)^2 \cdot \left(1 - \frac{y}{\delta}\right) \quad , \tag{10.71}$$

oder nach Lewkowicz (1982)

$$W\left(\frac{y}{\delta}\right) = 2 \cdot \left(\frac{y}{\delta}\right)^2 \cdot \left(3 - 2 \cdot \frac{y}{\delta}\right) - \frac{1}{\Pi} \cdot \left(\frac{y}{\delta}\right)^2 \cdot \left(1 - 3 \cdot \frac{y}{\delta} + 2 \cdot \left(\frac{y}{\delta}\right)^2\right) \quad . \tag{10.72}$$

Mit Gl. (10.64) für Φ_1 und mit Gl. (10.67) sowie einer Nachlauffunktion aus Gl. (10.70) – Gl. (10.72) für Φ_2 erhalten wir aus Gl. (10.48) das dimensionslose mittlere Geschwindigkeitsprofil für die Außenschicht

$$u^+ = \frac{1}{\kappa} \cdot \ln(y^+) + B + \frac{\Pi}{\kappa} \cdot W\left(\frac{y}{\delta}\right); \quad 1 \ll y^+ \leq \delta^+ \quad . \tag{10.73}$$

In Abb. 10.14 ist das mit der Nachlauffunktion aus Gl. (10.70) bzw. Gl. (10.72) berechnete dimensionslose mittlere Geschwindigkeitsprofil dargestellt. Die kubische Nachlauffunktion aus Gl. (10.71) bzw. die quadratische Nachlauffunktion aus Gl. (10.72) besitzt gegenüber der Nachlauffunktion von Coles (1968) aus Gl. (10.70) die Eigenschaft, dass die Steigung der zusammengesetzten Geschwindigkeitsverteilung – ähnlich wie bei einer realen Strömung am Grenzschichtrand – verschwindet. Hier beträgt die mittlere dimensionslose Geschwindigkeit

$$u_\infty^+ = \frac{1}{\kappa} \cdot \ln(\delta^+) + B + 2 \cdot \frac{\Pi}{\kappa} \quad . \tag{10.74}$$

Subtrahiert man Gl. (10.73) von Gl. (10.74), so ergibt sich das sogenannte Geschwindigkeits-defekt-Gesetz

$$F_D\left(\frac{y}{\delta}\right) = u_\infty^+ - u^+ = -\frac{1}{\kappa} \cdot \ln\left(\frac{y}{\delta}\right) + \frac{\Pi}{\kappa} \cdot \left[2 - W\left(\frac{y}{\delta}\right)\right]; \quad 1 \ll y^+ \le \delta^+ \tag{10.75}$$

zur Quantifizierung der Abweichung der mittleren Strömungsgeschwindigkeit von der ungestörten Anströmgeschwindigkeit. Wie in Abb. 10.15 gezeigt, lässt sich der Geschwindigkeitsdefekt in der Außenschicht einer ZPG TBL mit Gl. (10.75) relativ genau approximieren. Der Profilparameter ist für die ZPG TBL bei Reynolds-Zahlen von $Re_{\delta_2} > 6\,000$ konstant und beträgt $\Pi = 0{,}55$ (Coles (1962)), was durch experimentelle Daten bestätigt ist[3]. Die Funktion Φ_2 aus Gl. (10.67) und damit auch das Geschwindigkeitsdefekt-Gesetz gemäß Gl. (10.75) hängen nur von der dimensionslosen Grenzschichtdicke y/δ ab. Die Charakterisierung des mittleren Geschwindigkeitsprofils mit Hilfe des Geschwindigkeitsdefekt-Gesetzes folgt den allgemeinen Grundsätze der Reynolds-Zahl-Ähnlichkeit (Monin und Yaglom (1971); Townsend (1976)). Hiernach beeinflusst die Viskosität die turbulente Strömung in der Außenschicht bei hinreichend großen Reynolds-Zahlen nur indirekt, indem sie die Schubspannungsgeschwindigkeit u_τ und die Grenzschichtdicke δ mitbestimmt.

Wandfunktionen und Näherungsgleichungen für den gesamten Grenzschichtbereich

Basierend auf empirischen Ergebnissen wurden in den letzten Jahrzehnten verschiedene Wandfunktionen zur Beschreibung des mittleren Geschwindigkeitsfelds für den gesamten Grenzschichtbereich formuliert. Eine kompakte Formulierung stammt von Walz (1969). Danach lässt sich das mittlere dimensionslose Geschwindigkeitsprofil durch eine Erweiterung von Gl. (10.73) entsprechend

$$u^+ = \left(\left[1 - \frac{1}{\kappa} - B \cdot a\right] \cdot y^+ - B\right) \cdot \exp\left(-a \cdot y^+\right)$$
$$+ \frac{1}{\kappa} \cdot \ln\left(1 + y^+\right) + B + \frac{\Pi}{\kappa} \cdot W\left(\frac{y}{\delta}\right) \tag{10.76}$$

---

[3] Nagib et al (2007) ermittelte beispielsweise den 99 %-Profilparameter für unterschiedliche experimentelle Messdaten zu $\Pi_{99} = \frac{\kappa}{W(\delta_{99}/\delta)} \cdot \left[0{,}99 \cdot u_\infty^+ - \frac{1}{\kappa} \cdot \ln \delta_{99}^+ - B\right] \approx \frac{\kappa}{2} \cdot \left[0{,}99 \cdot u_\infty^+ - \frac{1}{\kappa} \cdot \ln \delta_{99}^+ - B\right] \approx 0{,}55$, wobei für $\kappa = 0{,}384$ und $B = 4{,}173$ gewählt wurden.

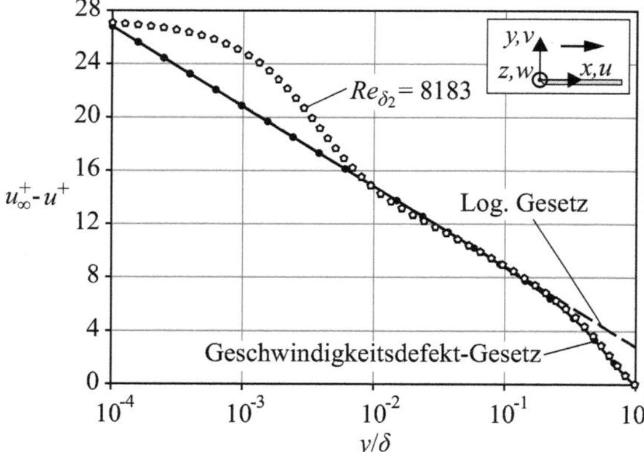

Abb. 10.15 Geschwindigkeitsdefekt $u_\infty^+ - u^+$ in einer ZPG TBL bei $Re_{\delta_2} = 8183$ aus LES-Daten von Eitel-Amor et al (2014), Geschwindigkeitsdefekt anhand von Gl. (10.75) mit der Nachlauffunktion aus Gl. (10.70) ($\kappa = 0{,}384$, $B = 4{,}173$, $\Pi = 0{,}55$) berechnet sowie der logarithmische Verlauf $u_\infty^+ - (1/\kappa + \ln(y^+) + B)$.

auch in der Wandschicht abbilden, wobei für $a = 0.3$ gilt. Für grobe Näherungen des mittleren Geschwindigkeitsprofils dient der ursprünglich für Innenströmungen eingeführte Potenzansatz (von Kármán (1921), Prandtl (1927))

$$\frac{\langle u \rangle}{u_\infty} = \eta^{(1/n)} \quad , \tag{10.77}$$

mit dem dimensionslosen Wandabstand $\eta = y/\delta$ und dem vom Druckgradienten und dem Reynolds-Zahl-abhängigen Exponenten $1/n$. In Abb. 10.3 ist das gemäß Gl. (10.77) mit $n = 7$ berechnete Geschwindigkeitsprofil dargestellt. In Janna (2020) findet man $n = 7$ für $5 \cdot 10^5 \leq Re_{l_x} \leq 5 \cdot 10^7$ und $n = 10$ für $2{,}9 \cdot 10^7 \leq Re_{l_x} \leq 5 \cdot 10^8$.

Unterteilung der hydrodynamischen Grenzschicht

Die in diesem Unterkapitel behandelten Grenzschichtbereiche sind in Abb. 10.16 dargestellt und ihre Eigenschaften sind in Tabelle 10.1 abschließend zusammengefasst.

Wandrauheiten

Die bisher betrachteten Wandfunktionen gelten (streng genommen) nur für glatte Oberflächen. Jede technische Oberfläche weist jedoch Rauheitselemente unterschiedlicher Höhe auf, die zu geometrischen Unebenheiten führen. Diese Unebenheiten der Oberfläche werden als Wandrauheit bezeichnet. Sie können das Strömungsgeschehen in Wandnähe entscheidend beeinflussen. Infolge der Wandrauheit erhöht sich der Impuls- und Energieaustausch in Wandnormalenrichtung und führt zu Änderungen des Strömungswiderstands und der konvektiven Wärmeübertragung. Durch konstruktive Maßnahmen kann künstliche Wandrauheit gezielt bei (thermo-)fluiddynamischen Fragestellungen eingesetzt werden, um z. B. den konvektiven Wärmeübergang an Brennkammerwänden, in Gasturbinenschaufeln (z. B. Han (2004)) oder bei Hochtemperaturkomponenten der Reaktortechnik (z. B. Dalle Donne (1978)) zu steigern. Sie entsteht aber auch durch Prozesse wie Erosion und

Korrosion (z. B. Bons (2010)) oder Ablagerungen (z. B. Forooghi et al (2018)) an Oberflächen, wodurch auch ungewollte Strömungssituationen entstehen können, z. B. Anstieg des Strömungswiderstands von Flugzeugen durch die Vereisung der Tragflächen.

Wirken sich Wandrauheiten auf das Strömungsgeschehen aus, so lässt sich die dimensionslose mittlere Geschwindigkeit in Wandnähe durch das modifizierte Wandgesetz (Monin und Yaglom (1971))

$$u^+ = \Phi_1 \left(y^+, h_r^+, \sigma_1, \sigma_2, \ldots \right); \quad y/\delta \ll 1 \tag{10.78}$$

beschreiben. Die Auswirkungen der Wandrauheiten auf das mittlere Strömungsfeld werden daher durch entsprechende dimensionslose Geometrieparameter $h_r^+, \sigma_1, \sigma_2, \ldots$ berücksichtigt. Hierfür gibt es eine Vielzahl an geometrischen Parametern (Chung et al (2021)). In erster Linie verwendet man die Rauheitshöhe h_r. Mit ihr werden verschiedene geometrische Größen assoziiert. So entspricht sie beispielsweise dem quadratischen Mittelwert bzw. dem Flächenmittelwert der durch Unebenheiten hervorgerufenen Oberflächenhöhenunterschiede gegenüber einer ideal glatten Oberfläche oder kennzeichnet den wandnormalen Abstand zwischen Minimal- und Maximalwert der Unebenheiten. Das Verhältnis aus der Rauheitshöhe h_r zur viskosen Länge $\mathcal{E}_\nu$ definiert ihre dimensionslose Form, die sogenannte Rauheit-Reynolds-Zahl

$$h_r^+ = \frac{h_r \cdot u_\tau}{\nu} \quad . \tag{10.79}$$

Sind die Rauheitselemente wesentlich kleiner als die viskose Unterschicht, so unterscheidet sich das mittlere Strömungsgeschehen nicht von dem einer turbulenten Grenzschichtströmung entlang einer glatten Oberfläche. Es ist dann kein Einfluss der Wandrauheit auf das

Tabelle 10.1 Bereiche der hydrodynamischen Grenzschicht; skizziert in Abb. 10.16.

Grenzschichtbereich	Ort	Eigenschaft	Abb.
Innenschicht	$0 < y/\delta \le 0{,}15$	$u^+ = \Phi_1 \left(y^+ \right)$	a
Außenschicht	$30 < y^+ \le \delta^+$	Mittleres Strömungsfeld unabhängig von molekulare Impulsübertragung	b
Nachlaufschicht	$0{,}15 < y/\delta \le 1{,}0$	Mittleres Strömungsfeld unabhängig von molekulare Impulsübertragung	c
Viskose Unterschicht	$0 < y^+ \le 5$	Beitrag von $\langle u' \cdot v' \rangle$ vernachlässigbar gering; $u^+ = y^+$	d
Übergangsschicht	$5 < y^+ \le 30$	Bereich zwischen viskoser Unterschicht und turbulenter Schicht	e
Turbulente Schicht	$30 < y^+;$ $y^+ \le 0{,}15 \cdot \delta^+$	Turbulente Impulsübertragung bestimmt mittleres Strömungsfeld; $u^+ \approx 1/\kappa \cdot \ln(y^+) + B$	f
Mesoschicht	$30 < y^+ \le 300$	Viskosität verhindern rein trägheitsbedingte turbulente Strömung	g
Trägheitsschicht	$300 < y^+;$ $y^+ \le 0{,}15 \cdot \delta^+$	Breites Skalenspektrum ermöglicht trägheitsbedingte turbulente Strömung; $u^+ = 1/\kappa \cdot \ln(y^+) + B$	h

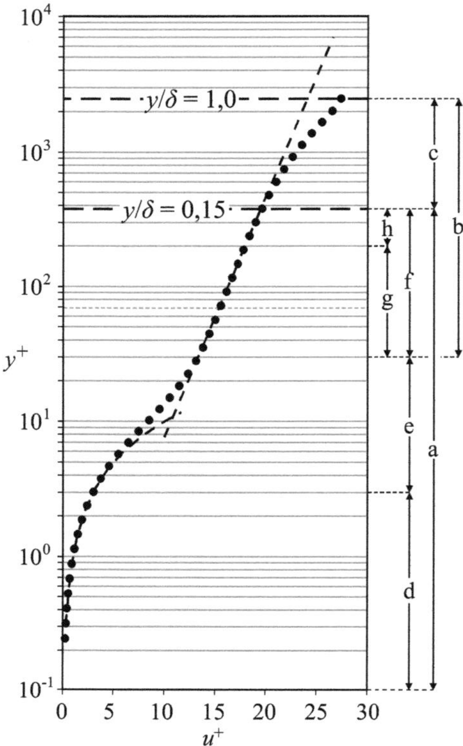

Abb. 10.16 Geschwindigkeitsprofil einer ZPG TBL bei $Re_{\delta_2} = 8183$ aus LES-Daten von Eitel-Amor et al (2014). Erläuterung der Bereiche a) Innenschicht, b) Außenschicht, c) Nachlaufschicht, d) viskose Unterschicht, e) Übergangsschicht, f) turbulente Schicht, g) Mesoschicht und h) Trägheitsschicht in Tabelle 10.1.

mittlere Strömungsfeld erkennbar und die dimensionslose mittlere Geschwindigkeitsverteilung in Wandnähe lässt sich anhand der Ähnlichkeitsfunktion

$$u^+ = \Phi_1\left(y^+\right); \qquad h_r^+ \ll 1, \; y/\delta \ll 1 \tag{10.80}$$

beschreiben, d. h., es gilt Gl. (10.54) und Gl. (10.64) für $h_r^+ \ll 1$ und $y/\delta \ll 1$. In diesem Fall bezeichnet man die Oberfläche als hydraulisch glatt. Sind die Rauheitselemente und die viskose Länge von vergleichbarer Größe oder ragen die Rauheitselemente leicht aus der viskosen Unterschicht heraus ($h_r^+ = O(1)$), spricht man von einer hydraulisch rauen Oberfläche. In der Ähnlichkeitsfunktion zur Beschreibung der mittleren dimensionslosen Geschwindigkeit tritt h_r^+ als weitere dimensionslose Längenskala auf und es gilt dementsprechend

$$u^+ = \Phi_1\left(y^+, h_r^+\right); \qquad h_r^+ = O(1), \; y/\delta \ll 1 \quad . \tag{10.81}$$

Füllen die Rauheitselemente die gesamte Wandschicht aus, so liegt eine hydraulisch vollraue Oberfläche vor. Die Strömung in der Nähe der Rauheitselemente wird vornehmlich durch die trägheitsbedingte Dynamik turbulenter Strömungsstrukturen bestimmt. Die Auswirkung der molekularen Impulsübertragung auf das wandnahe Strömungsgeschehen ist zu vernachlässigen und es verbleibt die Rauheitshöhe als dominierende Längenskala für die Ähnlichkeitsfunktion der dimensionslosen mittleren Geschwindigkeit, d. h., es gilt

$$u^+ = \Phi_1\left(h_r^+\right); \qquad h_r^+ \gg 1,\ y/\delta \ll 1 \quad . \tag{10.82}$$

In Abb. 10.17 sind die dimensionslosen mittleren Geschwindigkeitsprofile für unterschiedliche Wandrauheiten in einer ZPG TBL dargestellt. Der zusätzliche Impulsverlust infolge der Wandrauheiten führt zu einer Abwärtsverschiebung der Geschwindigkeitsverteilung gegenüber einer hydraulisch glatten Oberfläche. Für Wandabstände $y/h_r \gg 1$ gehorcht nach Clauser (1954) bzw. Hama (1954) die dimensionslose mittlere Geschwindigkeitsverteilung von Grenzschichtströmungen entlang rauer Oberflächen in der turbulenten Schicht ($y^+ \gg 1$, $y/\delta \ll 1$) der Verteilung

$$u^+ = \frac{1}{\kappa} \cdot \ln(y^+) + B - \Delta U^+; \qquad \max\left(1, h_r^+\right) \ll y^+ \ll \delta^+ \quad , \tag{10.83}$$

wobei die Rauheitsfunktion ΔU^+ die Abwärtsverschiebung der logarithmischen Verteilung beschreibt. Der Einfluss der Wandrauheit spiegelt sich somit in der Rauheitsfunktion wider. Sie erfasst den aus der Wandrauheit resultierenden Impulsverlust und kann daher als Maß für den Strömungswiderstand im Vergleich zu einer hydraulisch glatten Wand interpretiert werden. Abb. 10.18 zeigt die Beziehung zwischen der Rauheitsfunktion ΔU^+ und der Rauheit-Reynolds-Zahl h_r^+ für unterschiedliche Rauheitskonfigurationen. Ausgehend von hydraulisch glatten Bedingungen ($\Delta U^+ = 0$) steigt die Rauheitsfunktion mit zunehmender Rauheit-Reynolds-Zahl an und folgt bei vollrauen Bedingungen einem logarithmischen Verlauf. Im Allgemeinen wird die Rauheitsfunktion (von k-typischen Rauheiten, Details hierzu siehe weiter unten) mit

$$\Delta U^+ = \frac{1}{\kappa} \cdot \ln(h_r^+) + \tilde{C} \tag{10.84}$$

angegeben. Die unabhängige Variable der Rauheitsfunktion ist die Rauheit-Reynolds-Zahl, d. h., die Rauheitseffekte-abbildende Längenskala skaliert mit der Rauheitshöhe. Die Konstante $\tilde{C}$ hängt von geometrischen Parametern der Rauheitskonfiguration wie beispielsweise der Besatzdichte der Rauheitselemente auf der Oberfläche oder der Rauheitsform ab. Es gibt daher eine Vielzahl von Korrelationen in der Literatur, die funktionale Beziehungen zwischen verschiedenen Rauheitsparametern und der Rauheitsfunktion angeben (Flack und Schultz (2010)). Das Zusammenfassen von Gl. (10.83) und Gl. (10.84) sowie die Substitution von $B - \tilde{C}$ durch $\tilde{B}$ liefert

$$u^+ = \frac{1}{\kappa} \cdot \ln\left(\frac{y}{h_r}\right) + \tilde{B} \quad . \tag{10.85}$$

Der Rauheitsparameter $\tilde{B}$ in Gl. (10.85) ist ebenfalls eine Funktion der Rauheitskonfiguration und der Rauheit-Reynolds-Zahl. Er nimmt für hydraulisch glatte Oberflächen die Form

$$\tilde{B} = \frac{1}{\kappa} \cdot \ln(h_r^+) + B; \qquad h_r^+ \ll 1 \tag{10.86}$$

an und besitzt bei Strömungen entlang hydraulisch vollrauen Oberflächen einen für die vorliegende Rauheitskonfiguration spezifischen, jedoch von der Rauheit-Reynolds-Zahl unabhängigen, konstanten Wert,

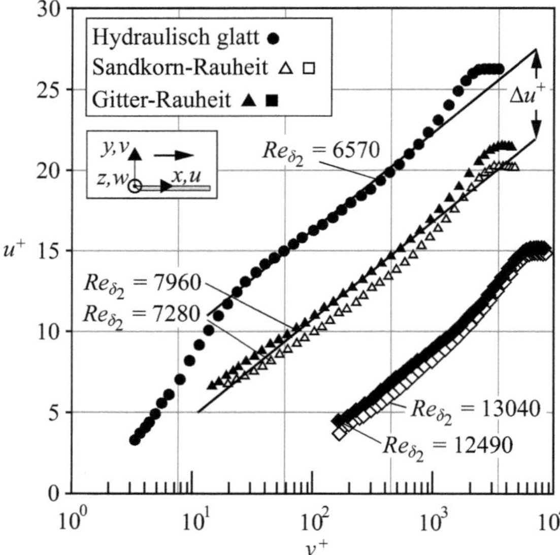

Abb. 10.17 Dimensionslose mittlere Geschwindigkeitsverteilung in einer ZPG TBL mit unterschiedlichen Wandrauheiten bei $6570 \leq Re_{\delta_2} \leq 13\,040$ nach Connelly et al (2006).

$$\tilde{B} = const.; \qquad h_r^+ \gg 1 \quad . \tag{10.87}$$

Raue Oberflächen, deren Rauheitsfunktionen von der Rauheit-Reynolds-Zahl h_r^+ abhängen, die unter vollrauen Bedingungen mit Gl. (10.84) beschrieben werden können, bezeichnet man als k-typische Rauheit. Es gibt jedoch auch Rauheitskonfigurationen mit von h_r^+ unabhängigen Rauheitsfunktionen, die durch Längenskalen der Strömungskonfiguration, wie z. B. die Grenzschichtdicke δ, bestimmt werden. Solche Rauheitskonfigurationen sind in der Regel durch glatte Oberflächen mit eng aneinanderliegenden, quer zur Hauptströmungsrichtung orientierten Zylindern (Zylinderabstand-Zylinderhöhen-Verhältnis ≤ 4 (Tani (1987))) gekennzeichnet (Streeter und Chu (1949), Sams (1952), Ambrose (1956)). In den Rippenzwischenräumen bilden sich stationäre Wirbel, die vom mittleren Strömungsfeld oberhalb der Rippen entkoppelt sind. Sie weisen einen im Vergleich zum Druckwiderstand erhöhten Reibungswiderstand auf (Leonardi et al (2007)). Man bezeichnet derartige Rauheiten als d-typische Rauheiten (Perry et al (1969)).

Durch die Einführung der hydraulischen Rauheitslänge y_0 als Geometrieparameter zur Quantifizierung der Rauheit, die vor allem in der Meteorologie bei vollständig rauen Bedingungen verwendet wird, ergibt sich für die dimensionslose mittlere Geschwindigkeit in der turbulenten Schicht eine alternative Darstellung zu Gl. (10.84),

$$u^+ = \frac{1}{\kappa} \cdot \ln\left(\frac{y}{y_0}\right) \quad , \tag{10.88}$$

mit

$$y_0 = \frac{\nu}{u_\tau} \cdot \exp\left[(-B + \Delta U^+) \cdot \kappa\right] \quad , \tag{10.89}$$

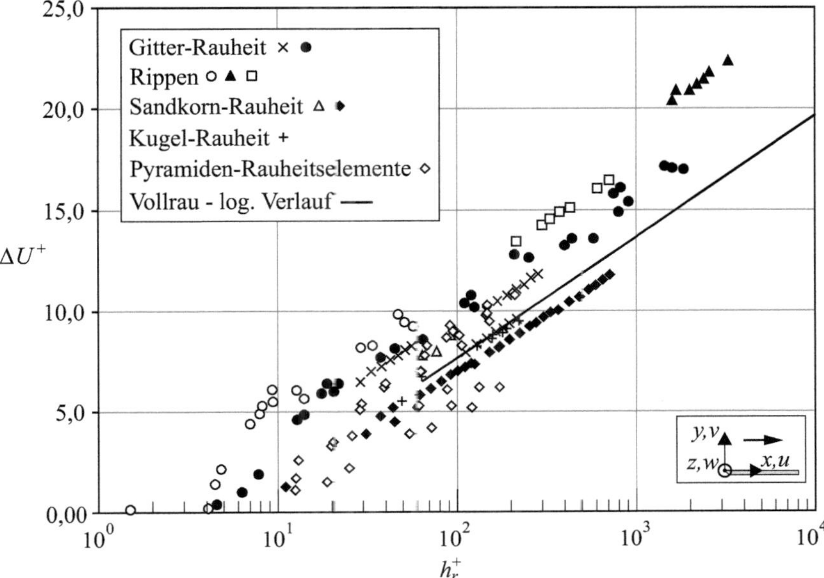

Abb. 10.18 Rauheitsfunktion für unterschiedliche Wandrauheiten nach Raupach et al (1991) und Flack und Schultz (2014): Gitter-Rauheit: Hama (1954), Flack et al (2007); Rippen: Bandyopadhyay (1987), Perry und Joubert (1963), Perry et al (1969); Sandkornrauheit: Bandyopadhyay (1987), Flack et al (2007); Kugel-Rauheit: Schultz und Flack (2005), Pyramiden-Rauheitsstrukturen: Schultz und Flack (2009); logaritmischer Verlauf für vollraue Oberflächen nach Gl. (10.84) mit $\kappa = 0,384$ und $\tilde{C} = -4,33$.

bzw.

$$y_0 = h_r \cdot \exp\left[-\tilde{B} \cdot \kappa\right] \quad . \tag{10.90}$$

Wie aus Gl. (10.90) ersichtlich, ist die Rauheitslänge y_0 ebenfalls eine Funktion der Rauheitshöhe h_r und der geometrischen Parameter der Rauheitskonfiguration. Die Rauheitslänge y_0 entspricht formal dem Wandabstand, auf den das durch die Rauheit verschobene logarithmische Geschwindigkeitsprofil gegen $u^+ = 0$ extrapoliert wird. Im Kontext des Prandtl'schen Mischungsweganssatzes zur Herleitung der logarithmischen Geschwindigkeitsverteilung erweitert die hydraulische Rauheitslänge die Prandtl'sche Mischungsweglänge gemäß $l = \kappa \cdot (y + y_0)$, sodass die Wirbelviskosität bei $y = 0$ endlich ist (Kays et al (2005)). Damit ergibt sich entsprechend Gl. (10.63) für die dimensionslose Geschwindigkeitsverteilung $u^+ = 1/\kappa \cdot \ln(y/y_0 + 1)$, wobei für $y^+ \gg 1$ der Numerus des Logarithmus in y/y_0 übergeht.

Die Wahl des Koordinatenursprungs in Gl. (10.85) und Gl. (10.88) zur Beschreibung der Strömung entlang rauer Wände erfordert besondere Aufmerksamkeit, da die Wandrauheit die gesamte Strömung in Richtung der Wandnormalen verschiebt. Dementsprechend liegt der tatsächliche Koordinatenursprung für die Angabe der dimensionslosen mittleren

Geschwindigkeitsverteilungen in der Außenschicht irgendwo zwischen dem minimalen und dem maximalen Wert der Wandrauheit und fällt nicht mit dem Ursprung der Wand bei $y = 0$ zusammen, auf der die Rauheiten liegen. Die Verschiebung des Koordinatenursprungs kann durch Einführung des Wandversatzes d in Gl. (10.85) und Gl. (10.88) in Abhängigkeit von der Rauheit-Reynolds-Zahl und der Rauheitskonfiguration berücksichtigt werden. Für Rauheiten mit niedriger und hoher Besatzdichte nähert sich $y = d$ dem minimalen und dem maximalen Wert der Rauheit. Die Verwendung von $y - d$ anstelle von y in Gl. (10.85) und Gl. (10.88) ist bei Vorliegen von Wandrauheiten in der Regel zwingend erforderlich. Der Wandversatz d kann für $y/h_r \gg 1$ wegen $\delta > y \gg h_r \sim d$ vernachlässigt werden.

Da Rauheiten in Natur und Technik in vielfältiger Form auftreten, nutzt man zur Quantifizierung von Rauheitseffekten in Grenzschichtströmungen bzw. wandnahen Scherströmungen häufig die sogenannte Sandkornrauheit als universelle Standardrauheit (Schlichting und Gersten (2006)). Unter Sandkornrauheit versteht man eine mit eng beieinanderliegenden, monodispersen Sandkörnern des Durchmessers h_s bedeckte Wand. Dieser Fall tritt in guter Näherung bei Sandpapier auf. Die mit der Sandkornrauheit gebildete Rauheit-Reynolds-Zahl lautet $h_s^+ = h_s \cdot u_\tau / \nu$. Der typische Bereich für das Vorliegen einer hydraulisch glatten Oberfläche bzw. einer vollrauen Oberfläche wird üblicherweise mit $h_s^+ \leq 5$ bzw. $h_s^+ \geq 70$ angegeben (Nikuradse (1933)). Im Übergangsbereich $5 < h_s^+ < 70$ wird die mittlere Impulsübertragung sowohl durch viskose Effekte als auch durch trägheitsbedingte Strömungsbewegungen infolge der Rauheitselemente bestimmt und man bezeichnet diesen Bereich als transitionell rau. Verwendet man die Sandkornrauheit als Rauheitshöhe in Gl. (10.84) - Gl. (10.85), so ergibt sich für den Rauheitsparameter $\tilde{B}$ bei Grenzschichtströmungen entlang hydraulisch vollrauer Oberflächen der konstante Wert (Pimenta et al (1975))

$$\tilde{B} = 8{,}5; \qquad h_s^+ \gg 1 \quad . \tag{10.91}$$

Unter diesen Bedingungen gilt entsprechend Gl. (10.90) (mit $\kappa = 0{,}41$) zwischen Rauheitslänge und Sankornrauheit der Zusammenhang

$$y_0^+ = \frac{h_s^+}{32{,}6} \quad . \tag{10.92}$$

Die Stärke des Konzepts der Sandkornrauheit liegt darin, dass zur Quantifizierung der Wandrauheit nur eine einzige geometrische Größe, nämlich der Durchmesser der monodispersen Sandkörner h_s, verwendet werden muss. Um das Konzept auch auf beliebige Rauheitskonfigurationen und -topologien anwenden zu können, führte Schlichting (1936) die sogenannte äquivalente Sandkornrauheit ein. Danach lässt sich für jede Wandrauheit eine äquivalente Sandkornrauheit $h_{s,a}$ angeben, die bei hydraulisch vollrauen Wandeigenschaften und zu gleichen Strömungsbedingungen eine zur Sandkornrauheit identische Rauheitsfunktion liefert, sofern das dimensionslose mittlere Geschwindigkeitsprofil anhand von Gl. (10.78) beschrieben werden kann. Entsprechend Gl. (10.84) und Gl. (10.91) berechnet sich für eine beliebige technische Wandrauheit mit der Rauheitsfunktion ΔU^+ die äquivalente Sandkornrauheit durch

$$B - \Delta U^+ + \frac{1}{\kappa} \cdot \ln(h_{s,a}^+) = 8{,}5 \quad , \tag{10.93}$$

wobei $h_{s,a}^+ = h_{s,a} \cdot u_\tau / \nu$ einer mit der äquivalenten Sandkornrauheit gebildeten Rauheit-Reynolds-Zahl entspricht. Es ist zu beachten, dass eine nach Gl. (10.93) ermittelte äquivalente Sandkornrauheit nur für die zugehörige Wandrauheit gültig ist. Variationen der Rauheitskonfiguration können zu signifikanten Änderungen der äquivalente Sandkornrauheit führen und es lässt sich daher nicht von einer Sandkornrauheit auf eine Rauheitskonfiguration schließen.

Die Verläufe der in Abb. 10.17 dargestellten Geschwindigkeitsprofile zeigen, dass sich die mittleren Strömungsprofile ab einem bestimmten Abstand von der Wand weitgehend ähneln und sich somit unabhängig von der Wandrauheit entwickeln. Dies gilt nicht nur für die mittlere Strömungsgeschwindigkeit, sondern auch für statistische Momente höherer Ordnung (Schultz und Flack (2005); Flack et al (2007)). Dass eine Strömungsgröße außerhalb der Rauheitsschicht bei verschiedenen Oberflächenbeschaffenheiten ähnlich verteilt ist, steht im Einklang mit der Reynolds-Zahl-Ähnlichkeitshypothese von Townsend (1976) bzw. unterstützt die daraus abgeleitete Hypothese der Wandähnlichkeit (Perry und Abell (1977), Raupach et al (1991)). Hiernach besteht für hinreichend große Reynolds-Zahlen und für $\delta/h_r \gg 1$ eine Skalentrennung zwischen den Rauheit-induzierten turbulenten Strömungsstrukturen und den großen, energiereichen Wirbelstrukturen in der Außenschicht. Die turbulente Strömung außerhalb der Rauheitsschicht und des viskos geprägten Wandbereichs wird von der Oberflächenbeschaffenheit und der Viskosität nur derart beeinflusst, dass sie die Schubspannungsgeschwindigkeit u_τ, den Wandversatz d und die Grenzschichtdicke δ festlegen. Das turbulente Strömungsgeschehen im Grenzschichtbereich oberhalb der Rauheitsschicht hängt also nur indirekt von der Wandrauheit und der Viskosität ab. Die dimensionslosen Verteilungen von mittleren Strömungsgrößen in der ZPG TBL sind außerhalb der Rauheitsschicht daher unabhängig von der Wandrauheit und der Viskosität. Somit koinzidieren die Verteilungen des dimensionslosen mittleren Geschwindigkeitsdefekts in der Form $u_\infty - \langle u \rangle / u_\tau$ über y/δ von hydraulisch rauen und hydraulisch glatten Wänden in der Außenschicht für max $\left(h_r^+, 1 \right) \ll y^+ \leq \delta^+$ und lassen sich mit Gl. (10.75) für unterschiedlichste Oberflächenbeschaffenheiten, Rauheitshöhen und Reynolds-Zahlen beschreiben (Flack et al (2005); Connelly et al (2006); Schultz und Flack (2007)).

Den wandnahen Bereich, dessen Strömungsverhalten maßgeblich durch die Rauheitsstrukturen bestimmt wird, bezeichnet man als Rauheitsschicht. Ihre Höhe wird üblicherweise mit $5 \cdot h_r$ (Raupach et al (1991)) bzw. $3 \cdot h_s$ (Flack et al (2005)) angegeben und kann daher bis in die turbulente Schicht hineinreichen. Inwieweit die dimensionslosen Verteilungen der statistischen Momente gegenüber den Oberflächenbeschaffenheiten ab einem bestimmten Wandabstand invariant sind, hängt von der vorliegenden Rauheitskonfiguration sowie von der Reynolds-Zahl und der damit verbundenen Skalentrennung ab. Beispielsweise zeigen für kleine Werte von δ/h_r die mit der wandnormalen Geschwindigkeitskomponente gebildeten statistischen Momente höherer Ordnung eine hohe Sensitivität gegenüber unterschiedlichen Oberflächeneigenschaften (Krogstad et al (1992); Krogstad und Antonia (1999); Keirsbulck et al (2002); Krogstad und Efros (2012); Antonia und Krogstad (2001)) und es treten signifikant erhöhte Profilparameter Π auf (Krogstad et al (1992); Keirsbulck et al (2002)). Wie in Flack und Schultz (2014) erläutert, kann davon ausgegangen werden, dass für hinreichend große Reynolds-Zahlen und nicht zu große Verhältnisse von Grenzschichtdicke zu Rauheitshöhe die Wandähnlichkeit gilt. Die Angabe einer kritischen Rauheitshöhe (in der Form $\delta/h_{r,krit}$), ab der die Strömung in einem großen Teil der Außenschicht durch Rauheitseffekte bestimmt wird, erweist sich als wenig universell. Während Jiménez (2004) aufgrund fundamentaler Überlegungen eine kritische Rauheitshöhe $\delta/h_{r,krit} > 40$ angeben, konnte Wandähnlichkeit für statistische Momente höherer Ordnung für kleinere $\delta/h_{r,krit}$ experimentell nachgewiesen werden (Schultz und Flack (2005); Flack et al (2007)). Offensichtlich wird die turbulente Strömung in der Außenschicht mit zunehmender Rauheitshöhe graduell von der Rauheit beeinflusst, wenn sich die Rauheitsschicht immer weiter in diesen Grenzschichtbereich ausdehnt (Flack et al (2007)).

10.3.4 Turbulente kinetische Energie und Reynolds-Spannungen

Bevor wir dieses Unterkapitel abschließen, wollen wir noch einen Blick auf die turbulente kinetische Energie und die Reynolds-Spannungen werfen. In Abb. 10.19 a wird die Verteilung der turbulenten kinetischen Energie k und der dazugehörigen Reynolds-Normalspannungen ($\langle u'^2 \rangle$, $\langle v'^2 \rangle$ und $\langle w'^2 \rangle$) sowie der Reynolds-Scherspannung $\langle u' \cdot v' \rangle$ in einer ZPG TBL bei verschiedenen Reynolds-Zahlen gezeigt. In unmittelbarer Wandnähe dämpft die Viskosität die Fluidbewegung und das Fluid kommt an der Wand vollständig zum Erliegen. Etwas oberhalb der Wand intensiviert die Scherung des Geschwindigkeitsfelds die turbulenten Schwankungsbewegungen und führt zu einem Anstieg der turbulenten kinetischen Energie und der Reynolds-Spannungen. In der zweidimensionalen Grenzschichtströmung ist $-\langle u' \cdot v' \rangle \cdot \partial\langle u \rangle/\partial y$ der dominierende Produktionsterm sowohl für die Reynolds-Normalspannung in Hauptströmungsrichtung als auch für die turbulente kinetische Energie. Demnach steckt die aus dem mittleren Strömungsfeld in das Schwankungsfeld initial eingebrachte Energie überwiegend in $\langle u'^2 \rangle$. Die infolge der Druck-Geschwindigkeit-Scherung ablaufende Energieumverteilung führt zu einem Anstieg der transversalen Reynolds-Normalspannungen. Die Reynolds-Normalspannung in Hauptströmungsrichtung erreicht ihr Maximum bei $y^+ \approx 15$ und die Höchstwerte der turbulenten kinetischen Energie und der anderen Reynolds-Normalspannungen liegen weiter außen. Die kongruente Verteilung der Reynolds-Scherspannung in der Wandschicht für unterschiedliche Reynolds-Zahlen, ihr konstanter Verlauf in der turbulenten Schicht und ihre Reynolds-Zahl-unabhängigen Maximalwerte bestätigen das Ergebnis aus Kapitel 10.3.3, dass u_τ die charakteristische Bezugsgröße für $\langle u' \cdot v' \rangle$ ist. Ein ähnliches Verhalten zeigt sich auch für die Reynolds-Normalspannung in Wandnormalenrichtung. Die Reynolds-Zahl-Abhängigkeit der wandparallel orientierten Reynolds-Normalspannungen in der Wandschicht und in der turbulenten Schicht lässt darauf schließen, dass die wandparallel verlaufenden Schwankungsgeschwindigkeiten bzw. die Standardabweichungen der entsprechenden Geschwindigkeiten eine andere charakteristische Bezugsgröße als die Wandschubspannungsgeschwindigkeit u_τ besitzen. Die beschriebenen Eigenschaften der turbulenten kinetischen Energie und der Reynolds-Spannungen gelten auch für Grenzschichtströmungen mit höheren Reynolds-Zahlen als bei den in Abb. 10.19 dargestellten

Verteilungen (z. B. Fernholz und Finleyt (1996), Samie et al (2018)).

Die Anteile der mittleren Konvektion, der Produktion, der Dissipation und des turbulenten Transports an der turbulenten kinetischen Energie entsprechend Gl. (9.47) sind in Abb. 10.19 b dargestellt. Der Anteil der mittleren Konvektion an der turbulenten kinetischen Energie ist in einer ZPG TBL vernachlässigbar gering, kann aber in Nichtgleichgewichtgrenzschichten erheblich zur turbulenten kinetischen Energie beitragen. Die anteiligen Beiträge der übrigen Größen erreichen in der Wandschicht ihre Maxima und streben mit zunehmendem Wandabstand gegen Null. In unmittelbarer Wandnähe verschwindet die turbulente kinetische Energie infolge der viskosen Dämpfung der turbulenten Schwankungen. Der Betrag der Dissipation erreicht in diesem Bereich seinen Höchstwert und entspricht dem Betrag der viskosen Diffusion. Die Produktion steigt mit zunehmendem Wandabstand an und ist bei $y^+ \approx 12$ am größten. An diesem Punkt sind die molekularen und turbulenten Spannungen in etwa gleich groß. Nach dem Abklingen der turbulenten Diffusion, der Druck-Diffusion und der viskosen Diffusion stellt sich ein Gleichgewicht zwischen Produktion und Dissipation ein, das bis in die Nachlaufschicht hinein erhalten bleibt. Dieser Bereich wird daher auch als Gleichgewichtsschicht (Schlichting und Gersten (2006)) der turbulenten hydrodynamischen Grenzschicht bezeichnet. Als untere Grenze der Gleichgewichtsschicht wird des Öfteren die untere Grenze der turbulenten Schicht genannt, aber auch die untere Grenze der Trägheitsschicht ist eine geeignete Wahl. Am äußeren Ende der Grenzschicht nehmen die Anteile der turbulenten Diffusion und der mittleren Konvektion wieder zu und liefern nach dem Abklingen von Produktion und Dissipation die wesentlichen Beiträge zur turbulenten kinetischen Energie.

10.4 Thermische turbulente Grenzschicht

Innerhalb der hydrodynamischen Grenzschicht ändert sich die Impulsübertragung mit dem Wandabstand und der Reynolds-Zahl und führt zu dem in Kapitel 10.2.1 beschriebenen strukturellen Aufbau. Die verschiedenen Impulsübertragungsmechanismen entlang der hydrodynamischen Grenzschicht beeinflussen natürlich auch die Energieübertragung in der thermischen Grenzschicht, die sich oberhalb einer Wand mit der Wandtemperatur $T_W \neq T_\infty$ entwickelt. Die Verminderung der Strömungsbewegung aufgrund des Einflusses der Viskosität führt zu einer Abnahme des advektiven Wärmetransports in Wandnähe. Temperaturunterschiede zwischen Fluid und Wand werden daher mit kleiner werdendem Wandabstand zunehmend durch die molekulare Wärmeleitung ausgeglichen. Aufgrund der mit dem Wandabstand variierenden Wärmeübertragungsvorgänge ist es für die Untersuchung thermofluiddynamischer Prozesse naheliegend, die turbulente thermische Grenzschicht analog zur turbulenten hydrodynamischen Grenzschicht zu unterteilen. Zunächst gehen wir auf die häufig anzutreffende Zweischichtstruktur ein, bevor das Konzept der Mehrschichtstruktur vorgestellt wird.

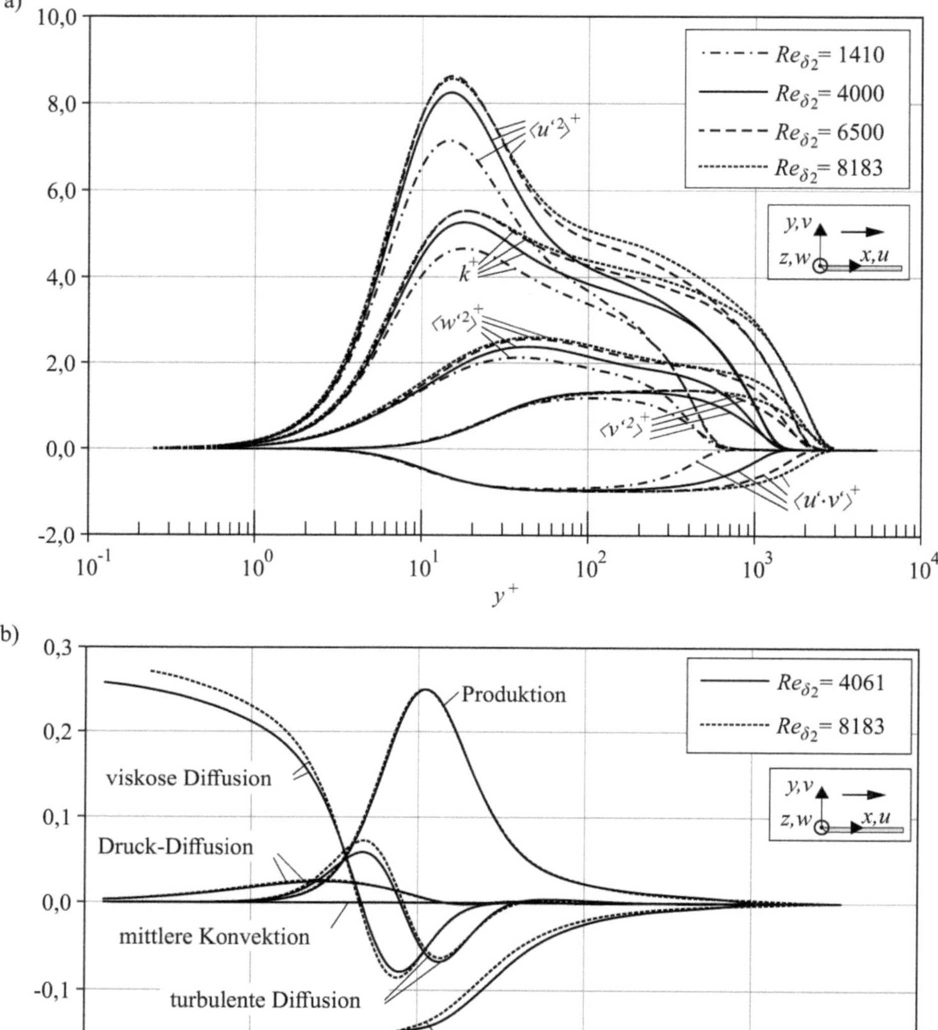

Abb. 10.19 Dimensionslose Verteilung der a) turbulenten kinetischen Energie und Reynolds-Spannungen bei verschiedenen Reynolds-Zahlen und b) der mit u_τ^4/ν normierten Beiträge von mittlerer Konvektion, Produktion, Dissipation und des turbulenten Transports an der turbulenten kinetischen Energie in einer ZPG TBL. Geschwindigkeitsdaten: $Re_{\delta_2} = 1410$ DNS-Daten von Spalart (1988); $Re_{\delta_2} = 4000$ und 6500 DNS-Daten von Simens et al (2009); Borrell et al (2013); Sillero et al (2013); $Re_{\delta_2} = 4061$ DNS-Daten von Schlatter und Örlü (2010); $Re_{\delta_2} = 8183$ LES-Daten von Eitel-Amor et al (2014).

10.4.1 Struktureller Aufbau der turbulenten thermischen Grenzschicht

Die turbulente thermische Grenzschicht wird nach dem klassischen Ansatz grob in eine wandnahe Wärmeleitungsschicht und eine darüber liegende Advektionsschicht unterteilt. In der Wärmeleitungsschicht ist der Wärmetransport mit der makroskopischen Fluidbewegung, d. h. der advektive Wärmetransport, gegenüber der molekularen Wärmeleitung zweitrangig. In der Advektionsschicht hingegen dominiert die Wärmeübertragung mit der turbulenten und mittleren konvektiven Strömungsbewegung. Hierbei ist zu beachten, dass der wesentliche advektive Wärmeabtransport von einer turbulent umströmten, gleichmäßig beheizten Wand weg in wandnormaler Richtung mit der turbulenten Strömungsbewegung erfolgt. Die wandnormale Geschwindigkeitsschwankung v' ist für den wandnahen advektiven Wärmetransport maßgeblich. Man kann davon ausgehen, dass an der äußeren Grenze der Wärmeleitungsschicht der turbulente advektive Wärmetransport weitaus größer ist als der advektive Wärmetransport infolge der mittleren Strömungsbewegung (mit Ausnahme turbulenter Grenzschichtströmungen bei sehr kleinen Péclet-Zahlen). Demnach definiert der Wandabstand, bei dem der turbulente advektive Wärmetransport und die molekulare Wärmeleitung in Wandnormalenrichtung von gleicher Größenordnung sind, näherungsweise die äußere Grenze der Wärmeleitungsschicht δ_{WL}. Nehmen wir an, dass die Größe der den Wärmetransport bestimmenden turbulenten Wirbelstrukturen mit dem Wandabstand zunimmt und die charakteristische Geschwindigkeit v'_0 besitzt, können wir an der äußeren Grenze der Wärmeleitungsschicht die lokale Péclet-Zahl

$$Pe_{\delta_{WL}} = \frac{v'_0 \cdot \delta_{WL}}{a} \sim 1 \tag{10.94}$$

definieren. Wie aus Gl. (10.94) ersichtlich, wächst die Wärmeleitungsschicht mit der Temperaturleitfähigkeit an und der advektive Wärmetransport gewinnt mit zunehmendem Wandabstand für die Wärmeübertragung an Bedeutung. Für ein Fluid mit einer Prandtl-Zahl von $Pr \approx 1$ fällt die Grenze der Wärmeleitungsschicht ungefähr mit dem Wandabstand zusammen, bei dem die viskose und die turbulente Impulsübertragung in etwa gleich groß sind, und liegt somit innerhalb der Wandschicht, z. B. gilt $\delta_{WL}^+ = 13{,}2$ bei $Pr = 0{,}7$ (Kays et al (2005)). Da die Skalenseparation die Längenskala festlegt, ab der eine turbulente Struktur wesentlich zum Wärmetransport beitragen kann, und da die Längenskalen des turbulenzbedingten Transports in Wandnähe mit dem Wandabstand ansteigen, variiert die äußere Grenze der Wärmeleitungsschicht mit der Prandtl-Zahl. Wie in Abb. 10.20 skizziert, ist bei Flüssigmetallen ($Pr \ll 1$) die Wärmeleitungsschicht deutlich größer als der viskos geprägte Wandbereich. Die charakteristische Geschwindigkeit des turbulenten Wärmetransports v'_0 außerhalb des viskos geprägten Wandbereichs ist u_τ (vgl. Abb. 10.19 a). Solange der advektive Wärmetransport durch den turbulenten advektiven Wärmetransport bestimmt wird, ergibt sich aus Gl. (10.94) für die entdimensionalisierte Dicke der Wärmeleitungsschicht

$$\frac{u_\tau \cdot \delta_{WL}}{a} \sim 1 \quad,$$

$$\delta_{WL}^+ \sim Pr^{-1}; \quad Pr \ll 1 \quad. \tag{10.95}$$

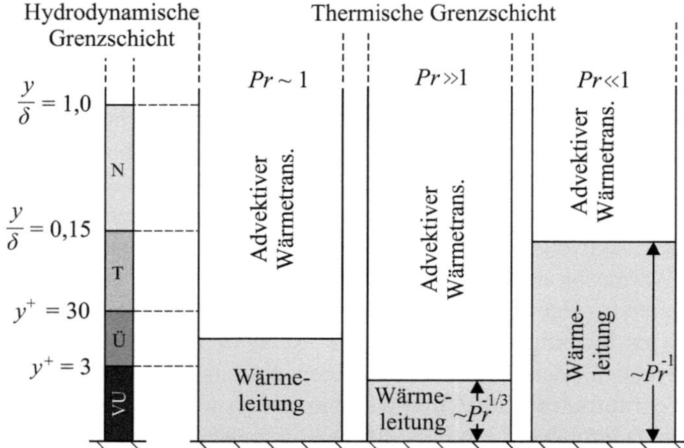

Abb. 10.20 Prandtl-Zahl-Abhängigkeit der Dicke der Wärmeleitungsschicht in der thermischen Grenzschicht. VU viskose Unterschicht, Ü Übergangsschicht, T turbulente Schicht, N Nachlaufschicht.

Dagegen wird die Wärmeleitungsschicht mit steigender Prandtl-Zahl dünner. Wie Abb. 10.20 zeigt, liegt sie für hochviskose Fluide ($Pr \gg 1$) innerhalb der viskosen Unterschicht. Eine Taylor-Reihenentwicklung an der Wand liefert die Skalenbeziehung für die Geschwindigkeitsschwankung in Wandnormalenrichtung $v'^+ \sim y^{+2} + O(y^{+3}) + \cdots$ (Monin und Yaglom (1971), Aufgabe 10.4). Somit ergibt sich $\delta_{WL}^{+2} \cdot u_\tau$ für die charakteristische Geschwindigkeit v_0' des turbulenten Wärmetransports. Aus Gl. (10.94) erhalten wir dementsprechend für den dimensionslosen Wandabstand, bis zu dem sich die Wärmeleitungsschicht ausdehnt

$$\frac{\delta_{WL}^{+2} \cdot u_\tau \cdot \delta_{WL}}{a} \sim 1 \quad ,$$

$$\delta_{WL}^+ \sim Pr^{-1/3}; \quad Pr \gg 1 \quad . \tag{10.96}$$

Nach Davidson (2015) beträgt die dimensionslose Dicke der Wärmeleitungsschicht $\delta_{WL}^+ = 5 \cdot Pr^{-1}$ für $Pr \ll 1$ und $\delta_{WL}^+ = 15 \cdot Pr^{-1/3}$ für $Pr \gg 1$. Ähnliche Prandtl-Zahl-Abhängigkeiten der dimensionslosen Dicke der Wärmeleitungsschicht wurden ebenfalls von Kader (1981) angegeben.

10.4.2 Mehrschichtstruktur der thermischen Grenzschicht

Aufgrund der Abhängigkeit der Impulsübertragung vom Wandabstand und von der Reynolds-Zahl und aufgrund der Abhängigkeit der Energieübertragung vom Wandabstand, von der Reynolds-Zahl und von der Prandtl-Zahl, ist für eine tiefergehende Analyse der Strömungsvorgänge in einer turbulenten thermischen Grenzschicht eine Bereichsunterteilung gemäß den lokal dominierenden Wärmeübertragungsmechanismen zweckmäßig. Dementsprechend erweitern wir die Zweischichtstruktur zu einer Mehrschichtstruktur der turbulenten thermischen Grenzschicht. Hierbei konzentrieren wir uns im Rahmen des Buches auf Fluide mit einer Prandtl-Zahl von $Pr \approx 1$, erläutern aber auch Unterschiede für turbulente thermische Grenzschichtströmungen von Fluiden mit Prandtl-Zahlen von $Pr \neq 1$.

Charakteristische Größen

Für die charakteristischen Geschwindigkeiten innerhalb der turbulenten thermischen Grenzschicht gelten wiederum die Erkenntnisse für die turbulente hydrodynamische Grenzschicht aus Kapitel 10.2.1. Die Ausdehnung der turbulenten thermischen Grenzschicht in Hauptströmungsrichtung $l_{x,th}$ bzw. $l_{x,th,t}$ legt die Größenordnung der zugehörigen charakteristischen Länge $l_{0,x}$ fest. Die Größenordnung der charakteristischen Länge in Wandnormalenrichtung skaliert mit der Höhe des jeweiligen Bereichs, in dem der thermische Strömungsvorgang stattfindet. Wir verwenden $\delta_{th,*}$ zur Kennzeichnung. Die charakteristische Größe für den Wärmestrom infolge der mittleren konvektiven Strömungsbewegung in Hauptströmungsrichtung bzw. Wandnormalenrichtung setzt sich aus der charakteristischen Geschwindigkeit u_∞ bzw. v_0 und der charakteristischen Temperatur ΔT_0 zusammen. Mit der Kontinuitätsgleichung erhalten wir für $v_0 \cdot \Delta T_0$ den Ausdruck $u_\infty \cdot \Delta T_0 \cdot \delta_{th,*}/l_{0,x}$. Die in Abb. 10.21 gezeigten Reynolds-Wärmestromdichten in Hauptströmungsrichtung und in Wandnormalenrichtung unterscheiden sich je nach Wandabstand. Die Reynolds-Wärmestromdichte in Hauptströmungsrichtung übersteigt in weiten Teilen der Grenzschicht die Reynolds-Wärmestromdichte in Wandnormalenrichtung. In einem sehr schmalen Bereich $y^+ < 2$ ist die Reynolds-Wärmestromdichte in Hauptströmungsrichtung um mehrere Größenordnungen größer als die Reynolds-Wärmestromdichte in Wandnormalenrichtung und im darüber liegenden Bereich bis $y^+ \approx 20$ unterscheiden sich beide Wärmestromdichten um ungefähr eine Größenordnung. Zur Kennzeichnung der charakteristischen Größen für die Reynolds-Wärmestromdichte verwenden wir je nach Richtung $u_0' \Delta T_0'$ und $v_0' \Delta T_0'$.

Schichten und Skalenbeziehungen

In Analogie zur turbulenten hydrodynamischen Grenzschicht unterteilten wir die turbulente thermische Grenzschicht in die in Abb. 10.22 gezeigten Schichten. Hierzu betrachten wir das Verhalten der Terme aus Gl. (10.3) mit dem Wandabstand. Generell wird das zeitlich gemittelte thermische Strömungsfeld in einer turbulenten thermischen Grenzschicht entlang einer gleichförmig beheizten Körperoberfläche durch den mittleren advektiven Wärmetransport, die molekulare Wärmeleitung und den turbulenten advektiven Wärmetransport beschrieben. Mit den charakteristischen Größen und der Grenzschichtannahme $\delta_{th,*}/l_{0,x} \ll 1$ erhält man aus Gl. (10.3) die Skalenbeziehungen für den volumenspezifischen Wärmestrom infolge des mittleren advektiven Wärmetransports

$$c \cdot \rho \cdot \langle u \rangle \cdot \frac{\partial \langle T \rangle}{\partial x} + c \cdot \rho \cdot \langle v \rangle \cdot \frac{\partial \langle T \rangle}{\partial y} \sim c_0 \cdot \rho_0 \cdot \frac{u_\infty \cdot \Delta T_0}{l_{0,x}} \quad , \qquad (10.97)$$

für die volumenspezifische molekulare Wärmeleitung

$$\lambda \cdot \frac{\partial^2 \langle T \rangle}{\partial x^2} + \lambda \cdot \frac{\partial^2 \langle T \rangle}{\partial y^2} \sim \lambda_0 \cdot \frac{\Delta T_0}{\delta_{th,*}^2} \qquad (10.98)$$

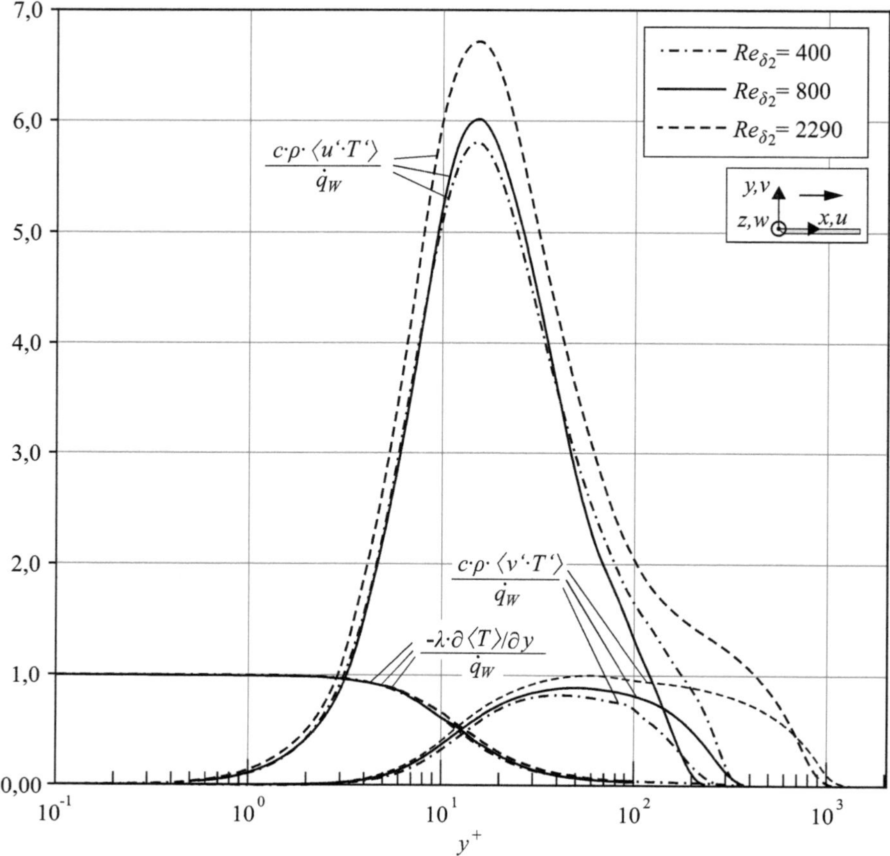

Abb. 10.21 Mit der Wandwärmestromdichte $\dot{q}_W$ normierte Verteilung der Reynolds-Wärmestromdichte $c\cdot\rho\cdot\langle u'\cdot T'\rangle$ und $c\cdot\rho\cdot\langle v'\cdot T'\rangle$ sowie der molekularen Wärmestromdichte $-\lambda\cdot\partial\langle T\rangle/\partial y$ in einer ZPG TBL für ein Fluid mit der Prandtl-Zahl $Pr = 0{,}71$ über dem Wandabstand der thermischen Grenzschicht. Geschwindigkeits-/Temperaturdaten: $Re_{\delta_2} = 400$ und 2290 nach Araya und Castillo (2012); $Re_{\delta_2} = 800$ aus DNS-Daten von Li et al (2009).

und für den volumenspezifischen Wärmestrom infolge des turbulenten advektiven Wärmetransports

$$-c\cdot\rho\cdot\frac{\partial\langle u'\cdot T'\rangle}{\partial x} - c\cdot\rho\cdot\frac{\partial\langle v'\cdot T'\rangle}{\partial y} \sim c_0\cdot\rho_0\cdot\frac{v_0'\Delta T_0'}{\delta_{th,*}} \quad . \tag{10.99}$$

Unmittelbar an der Wand ist die Strömung aufgrund der Fluidreibung abgeklungen und der advektive Wärmetransport kommt zum Erliegen. Wir bezeichnen den Wandbereich, in dem der advektive Wärmetransport gering ist und keinen nennenswerten Beitrag zur Wärmeübertragung leistet als molekulare Unterschicht. Mit zunehmendem Wandabstand nimmt der turbulente advektive Wärmetransport zu. Dadurch steigt der Anteil des turbulenten advektiven Wärmetransports an der lokalen Wärmeübertragung mit zunehmendem

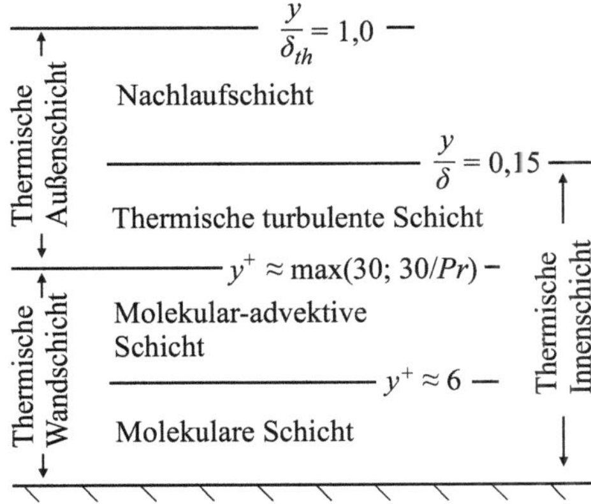

Abb. 10.22 Struktureller Aufbau der thermischen Grenzschicht für Fluide mit Prandtl-Zahlen von $Pr \approx 1$.

Wandabstand an, während der Anteil der molekularen Wärmeleitung abnimmt. Der Grenzschichtbereich, in dem die molekulare Wärmeleitung gemeinsam mit dem turbulenten advektiven Wärmetransport zur mittleren Wärmeübertragung beiträgt, bezeichnen wir als molekular-advektive Schicht. Zusammen mit der molekularen Schicht bildet sie die thermische Wandschicht, deren Dicke $\delta_{th,WS}$ von der Prandtl-Zahl abhängt. Mit den Termen aus Gl. (10.97) – Gl. (10.98) lassen sich somit folgende Skalenbeziehungen für die thermische Wandschicht formulieren,

$$a_0 \cdot \frac{\Delta T_0}{\delta_{th,WS}} \sim v_0' \Delta T_0' \quad , \tag{10.100}$$

$$u_\infty \cdot \Delta T_0 \cdot \frac{\delta_{th,WS}}{l_{0,x}} \ll v_0' \Delta T_0' \quad . \tag{10.101}$$

Oberhalb der molekular-advektiven Schicht liegt die thermische Außenschicht, in der die molekulare Wärmeleitung gegenüber dem advektiven Wärmetransport vernachlässigbar ist. Für hinreichend große Péclet-Zahlen entwickelt sich oberhalb der thermischen Wandschicht die thermische turbulente Schicht, in der die mittlere Wärmeübertragung alleinig durch den turbulenten advektiven Wärmetransport bestimmt wird. Aus Gl. (10.97) – Gl. (10.98) folgt

$$a_0 \cdot \frac{\Delta T_0}{\delta_{th,tS}} \ll v_0' \Delta T_0' \quad , \tag{10.102}$$

$$u_\infty \cdot \Delta T_0 \cdot \frac{\delta_{th,tS}}{l_{0,x}} \ll v_0' \Delta T_0' \quad . \tag{10.103}$$

Die Höhe der thermischen turbulenten Schicht kennzeichnen wir mit $\delta_{th,tS}$. Für Prandtl-Zahlen von $Pr > 1$ ist die molekulare Wärmeleitung auf einen dünneren Wandbereich beschränkt als die viskose Impulsübertragung. Dementsprechend endet die thermische Wandschicht, bevor die mittlere Impulsübertragung im Wesentlichen frei vom Einfluss viskoser Kräfte ist. Der Bereich zwischen der thermischen Wandschicht und der thermischen turbulenten Schicht wird als viskos-konvektive Schicht bezeichnet. Für Prandtl-Zahlen von

$Pr < 1$ liegt die untere Grenze der thermischen turbulenten Schicht im Bereich der turbulenten Schicht. Die thermische turbulente Schicht der turbulenten thermischen Grenzschicht endet mit der turbulenten Schicht der turbulenten hydrodynamischen Grenzschicht und die thermische Nachlaufschicht beginnt, in der nicht allein die turbulente Strömungsbewegung zum advektiven Wärmetransport beiträgt. Daraus ergeben sich die Skalenbeziehungen

$$a_0 \cdot \frac{\Delta T_0}{\delta_{th}} \ll v_0' \Delta T_0' \quad , \tag{10.104}$$

$$u_\infty \cdot \Delta T_0 \cdot \frac{\delta_{th}}{l_{0,x}} \sim v_0' \Delta T_0' \quad . \tag{10.105}$$

Bei einem Fluid mit einer Prandtl-Zahl von $Pr = 1$ fallen die Bereiche der thermischen Wandschicht und der thermischen turbulenten Schicht näherungsweise mit den Bereichen der Wandschicht und der turbulenten Schicht zusammen. Die kennengelernten Schichten finden sich teilweise auch in turbulenten thermischen Grenzschichtströmungen von Fluiden mit Prandtl-Zahlen von $Pr \neq 1$ wieder. Die Schichtstruktur der turbulenten thermischen Grenzschicht hängt jedoch entscheidend von der Prandtl-Zahl ab, wodurch sich die Konfiguration je nach Prandtl-Zahl-Bereich stark unterscheiden kann. Da die Datenlage für die turbulente thermische Grenzschichtströmungen bei hohen Reynolds-Zahlen von Fluiden mit Prandtl-Zahlen von $Pr \neq 1$ begrenzt ist, wird an dieser Stelle auf eine Diskussion des entsprechenden strukturellen Aufbaus für Fluide mit Prandtl-Zahlen von $Pr \gg 1$ und $Pr \ll 1$ verzichtet.

10.5 Reynolds-gemittelte Energiegleichung in der Grenzschicht

Als Nächstes leiten wir die zweidimensionale Reynolds-gemittelte Energiegleichung für die kennengelernten Schichten der thermischen Grenzschichtströmung her. Dazu identifizieren wir die relevanten Terme der Reynolds-gemittelten Energiegleichung in den verschiedenen Grenzschichtbereichen mithilfe der im vorherigen Unterkapitel formulierten charakteristischen Größen und Skalenbeziehungen. Die charakteristischen Größen aus Kapitel 10.4.2 liefern für die Reynolds-gemittelte Energiegleichung (10.3) die Parametergruppen

$$\langle u \rangle \cdot \frac{\partial \langle T \rangle}{\partial x} + \langle v \rangle \cdot \frac{\partial \langle T \rangle}{\partial y} =$$

$$\frac{u_\infty \cdot \Delta T_0}{l_{0,x}} \qquad \frac{u_\infty \cdot \Delta T_0}{l_{0,x}}$$

$$a \cdot \frac{\partial^2 \langle T \rangle}{\partial x^2} + a \cdot \frac{\partial^2 \langle T \rangle}{\partial y^2} - \frac{\partial \langle u' \cdot T' \rangle}{\partial x} - \frac{\partial \langle v' \cdot T' \rangle}{\partial y}$$

$$a_0 \cdot \frac{\Delta T_0}{l_{0,x}{}^2} \qquad a_0 \cdot \frac{\Delta T_0}{\delta_{th*}{}^2} \qquad \frac{u_0' \Delta T_0'}{l_{0,x}} \qquad \frac{v_0' \Delta T_0'}{\delta_{th*}} \quad . \tag{10.106}$$

wobei $\delta_{th,*}$ die charakteristische Länge in Wandnormalenrichtung des jeweilig betrachteten thermischen Grenzschichtbereichs darstellt, d. h. $\delta_{th,WS}$, $\delta_{th,tS}$ oder δ_{th}.

Thermische Wandschicht

Multipliziert man die Parametergruppen in Gl. (10.106) entsprechend Gl. (10.100) mit $\delta_{th,WS}^2/(a_0 \cdot \Delta T_0)$ bzw. $\delta_{th,WS}/(v_0'\Delta T_0')$ und berücksichtigt die Skalenbeziehungen entsprechend Gl. (10.101), können die Terme des advektiven Wärmetransports infolge der mittleren konvektiven Strömungsbewegung offensichtlich vernachlässigt werden

$$\langle u\rangle \cdot \frac{\partial\langle T\rangle}{\partial x} + \langle v\rangle \cdot \frac{\partial\langle T\rangle}{\partial y} =$$

$$\ll 1 \qquad\qquad \ll 1$$

$$a \cdot \frac{\partial^2\langle T\rangle}{\partial x^2} + a \cdot \frac{\partial^2\langle T\rangle}{\partial y^2} - \frac{\partial\langle u'\cdot T'\rangle}{\partial x} - \frac{\partial\langle v'\cdot T'\rangle}{\partial y}$$

$$\frac{\delta_{th,WS}^2}{l_{0,x}^2} \qquad 1 \qquad \frac{u_0'\Delta T_0'}{v_0'\Delta T_0'}\cdot\frac{\delta_{th,WS}}{l_{0,x}} \qquad 1 \quad . \tag{10.107}$$

Mit Ausnahme eines sehr schmalen Streifens in unmittelbarer Wandnähe, d. h. ungefähr $y^+ < 2$, innerhalb dem $\langle u'\cdot T'\rangle$ um mehrere Größenordnungen größer sein kann als $\langle v'\cdot T'\rangle$, verschwindet der Gradient des Reynolds-Wärmestroms in Hauptströmungsrichtung für $\delta_{th,WS}/l_{0,x} \ll 1$. Ebenso kann der Gradient des molekularen Wärmestroms vernachlässigt werden. Wir erhalten somit die Reynolds-gemittelte Energiegleichung für die thermische Wandschicht

$$0 = a \cdot \frac{\partial^2\langle T\rangle}{\partial y^2} - \frac{\partial\langle v'\cdot T'\rangle}{\partial y} \quad . \tag{10.108}$$

Thermische turbulente Schicht

Die Multiplikation der Parametergruppen in Gl. (10.106) mit $\delta_{th,tS}/(v_0'\Delta T_0')$ und die Berücksichtigung der Skalenbeziehungen gemäß Gl. (10.102) und Gl. (10.103) ergibt

$$\langle u\rangle \cdot \frac{\partial\langle T\rangle}{\partial x} + \langle v\rangle \cdot \frac{\partial\langle T\rangle}{\partial y} =$$

$$\ll 1 \qquad\qquad \ll 1$$

$$a \cdot \frac{\partial^2\langle T\rangle}{\partial x^2} + a \cdot \frac{\partial^2\langle T\rangle}{\partial y^2} - \frac{\partial\langle u'\cdot T'\rangle}{\partial x} - \frac{\partial\langle v'\cdot T'\rangle}{\partial y}$$

$$\ll 1 \qquad \ll 1 \qquad \frac{u_0' \Delta T_0'}{v_0' \Delta T_0'} \cdot \frac{\delta_{th,tS}}{l_{0,x}} \qquad 1 \quad . \tag{10.109}$$

In der thermischen turbulenten Schicht sind die Reynolds-Wärmestromdichten in Hauptströmungsrichtung und in Wandnormalenrichtung von gleicher Größenordnung, sodass für $\delta_{th,tS}/l_{0,x} \ll 1$ der Gradient der Reynolds-Wärmestromdichte in Hauptströmungsrichtung verschwindet. Die Reynolds-gemittelte Energiegleichung für die thermische turbulente Schicht lautet daher

$$0 = -\frac{\partial \langle v' \cdot T' \rangle}{\partial y} \quad . \tag{10.110}$$

Thermische Nachlaufschicht

Entsprechend Gl. (10.105) multiplizieren wir die Parametergruppen in Gl. (10.106) mit $\delta_{th}/(v_0' \Delta T_0')$ bzw. $l_{0,x}/(u_\infty \cdot \Delta T_0)$. Unter Berücksichtigung von Gl. (10.104) verschwinden die Terme der molekularen Wärmeleitung und es gilt

$$\langle u \rangle \cdot \frac{\partial \langle T \rangle}{\partial x} + \langle v \rangle \cdot \frac{\partial \langle T \rangle}{\partial y} =$$

$$1 \qquad\qquad 1$$

$$a \cdot \frac{\partial^2 \langle T \rangle}{\partial x^2} + a \cdot \frac{\partial^2 \langle T \rangle}{\partial y^2} - \frac{\partial \langle u' \cdot T' \rangle}{\partial x} - \frac{\partial \langle v' \cdot T' \rangle}{\partial y}$$

$$\ll 1 \qquad\qquad \ll 1 \qquad \frac{u_0' \Delta T_0'}{v_0' \Delta T_0'} \cdot \frac{\delta_{th}}{l_{0,x}} \qquad 1 \quad . \tag{10.111}$$

Die räumliche Änderung der Reynolds-Wärmestromdichte in Hauptströmungsrichtung ist für $\delta_{th}/l_{0,x} \ll 1$ vernachlässigbar, da die Wandwärmestromdichten $\langle u' \cdot T' \rangle$ und $\langle v' \cdot T' \rangle$ die gleiche Größenordnung in der Nachlaufschicht besitzen. Wir erhalten somit die Reynolds-gemittelte Energiegleichung für die thermische Nachlaufschicht

$$\langle u \rangle \cdot \frac{\partial \langle T \rangle}{\partial x} + \langle v \rangle \cdot \frac{\partial \langle T \rangle}{\partial y} = -\frac{\partial \langle v' \cdot T' \rangle}{\partial y} \quad . \tag{10.112}$$

Formulierungen für den gesamten thermischen Grenzschichtbereich

Ohne Berücksichtigung der Skalenbeziehungen der jeweiligen thermischen Grenzschichtbereiche gemäß Gl. (10.100) - Gl. (10.105), lassen sich mit der Grenzschichtannahme $\delta_{th}/l_{0,x} \ll 1$ in Gl. (10.106) die Terme feststellen (vgl. Gl. (10.97) – Gl. (10.98)), die bei Grenzschichtströmungen von Fluiden mit Prandtl-Zahlen von $Pr \approx 1$ nur einen vergleichsweise geringen Beitrag zum Energietransport in der gesamten turbulenten thermischen Grenzschicht liefern. Die molekularen und turbulenten Wärmeströme in Hauptströmungsrichtung sind gegenüber den Wärmeströmen in Wandnormalenrichtung vergleichsweise klein und können vernachlässigt werden. Dementsprechend lautet die Reynolds-gemittelte

Energiegleichung für die gesamte turbulente thermische Grenzschicht

$$\langle u \rangle \cdot \frac{\partial \langle T \rangle}{\partial x} + \langle v \rangle \cdot \frac{\partial \langle T \rangle}{\partial y} = a \cdot \frac{\partial^2 \langle T \rangle}{\partial y^2} - \frac{\partial \langle v' \cdot T' \rangle}{\partial y} \quad . \tag{10.113}$$

10.5.1 Wandfunktionen der mittleren Temperatur

Ähnlich wie für das mittlere Geschwindigkeitsfeld in der turbulenten hydrodynamischen Grenzschicht (siehe Kapitel 10.3.3) ist es üblich, für die Beschreibung des mittleren Temperaturfeldes in der turbulenten thermischen Grenzschicht Wandfunktionen zu nutzen. Dabei wird von der Selbstähnlichkeit der turbulenten thermischen Grenzschicht ausgegangen, wobei wir voraussetzen, dass die zugehörige turbulente hydrodynamische Grenzschicht ebenfalls selbstähnlich ist und die vorliegenden thermischen Randbedingungen gleichförmig und unveränderlich sind.

Bezugsgrößen für Wandfunktionen

Durch den Einsatz geeigneter charakteristischer Größen als Bezugsgrößen gelingt es, die mittlere Temperaturverteilung für den betrachteten Prandtl-Zahl-Bereich unabhängig von der Lauflänge in Hauptströmungsrichtung dimensionslos darzustellen. Entsprechend der klassischen Theorie verwendet man zur Normierung die sogenannte Reibungstemperatur

$$\Delta T_\tau \equiv \frac{\dot{q}w}{c \cdot \rho \cdot u_\tau} \tag{10.114}$$

für mittlere Temperaturänderungen, die molekulare Länge

$$\delta_\lambda \equiv \frac{a}{u_\tau} = \frac{1}{Pr} \cdot \delta_\nu \tag{10.115}$$

für wandnormale Strecken in der thermischen Innenschicht (thermische Wandschicht + thermische turbulente Schicht) und die thermische Grenzschichtdicke δ_{th} für wandnormale Strecken in der thermischen Außenschicht. Wie wir im Folgenden zeigen werden, entspricht die Reibungstemperatur ΔT_τ dem charakteristischen Temperaturpotenzial für die durch turbulente Schwankungsbewegungen induzierten mittleren Temperaturdifferenzen außerhalb der unmittelbaren Wandnähe, während die molekulare Länge δ_λ die wandnormale Strecke charakterisiert, entlang der die molekulare Wärmeleitung die mittlere wandnormale Wärmeübertragung prägt. Zuerst integrieren wir Gl. (10.108) und erhalten

$$C = a \cdot \frac{\partial \langle T \rangle}{\partial y} - \langle v' \cdot T' \rangle \quad . \tag{10.116}$$

Unmittelbar an der Wand findet kein advektiver Wärmetransport statt und die Reynolds-Wärmeströme tragen daher nicht wesentlich zur mittleren Wärmeübertragung bei, es gilt demnach

$$\lim_{y \to 0}\left[C = a \cdot \frac{\partial \langle T \rangle}{\partial y}\right] \quad . \tag{10.117}$$

Entsprechend dem Fourier'schen Wärmeleitungsgesetz an der Wand,

$$-\frac{\dot{q}_W}{c \cdot \rho} = a \cdot \left.\frac{\partial \langle T \rangle}{\partial y}\right|_W \quad , \tag{10.118}$$

ergibt sich in Gl. (10.116) für die Integrationskonstante $C = -\dot{q}_W / c \cdot \rho$ und wir erhalten somit

$$\frac{\dot{q}_W}{c \cdot \rho} = -a \cdot \frac{\partial \langle T \rangle}{\partial y} + \langle v' \cdot T' \rangle \quad . \tag{10.119}$$

Während die molekulare Wärmeleitung im wandnahen Bereich der thermischen Wandschicht dominiert,

$$\lim_{y \to 0}\left[\frac{\dot{q}_W}{c \cdot \rho} = -a \cdot \frac{\partial \langle T \rangle}{\partial y}\right] \quad , \tag{10.120}$$

verschwindet ihr Beitrag zur Wärmeübertragung am äußeren Rand der thermischen Wandschicht,

$$\lim_{y \to \delta_{th,WS}}\left[\frac{\dot{q}_W}{c \cdot \rho} = \langle v' \cdot T' \rangle\right] \quad . \tag{10.121}$$

Mit der Reibungstemperatur ΔT_τ entsprechend Gl. (10.114) ergibt sich aus Gl. (10.120) die Skalenbeziehung für den inneren, durch molekulare Wärmeleitung geprägten Bereich der thermischen Wandschicht

$$u_\tau \cdot \Delta T_\tau \sim -a \cdot \frac{\partial \langle T \rangle}{\partial y} \tag{10.122}$$

und aus Gl. (10.121) ergibt sich die Skalenbeziehung für den äußeren durch advektiven Wärmetransport geprägten Bereich der thermischen Wandschicht

$$u_\tau \cdot \Delta T_\tau \sim \langle v' \cdot T' \rangle \quad . \tag{10.123}$$

Demnach ist $u_\tau \cdot \Delta T_\tau$ charakteristisch für die molekulare Wärmestromdichte in Wandnähe und für die Reynolds-Wärmestromdichte im äußeren Bereich der thermischen Wandschicht. Wie in Kapitel 10.3.4 erläutert, skaliert die Schubspannungsgeschwindigkeit u_τ mit der wandnormalen Geschwindigkeitsschwankung v' und dementsprechend ist es naheliegend die Reibungstemperatur ΔT_τ als das charakteristische Temperaturpotenzial für die durch turbulente Schwankungsbewegungen induzierten mittleren Temperaturdifferenzen zu betrachten.

Empirische Ergebnisse zeigen, dass innerhalb des Wandbereichs, in dem die Wärmeübertragung durch die molekulare Wärmeleitung bestimmt wird, die lokale Differenz zwischen Wandtemperatur und mittlerer Fluidtemperatur die gleiche Größenordnung wie die Reibungstemperatur besitzt, $(T_W - \langle T \rangle)/\Delta T_\tau < 10$. Das Einsetzen von charakteristischen Größen auf der rechten Seite von Gl. (10.122) mit $\Delta T_0 \sim \Delta T_\tau$ führt auf die Definition der molekularen Länge aus Gl. (10.115). Die molekulare Länge δ_λ ist demnach die charakteristische Länge der mittleren wandnormalen Wärmeübertragung in dem durch die molekulare

Wärmeleitung geprägten Bereich der thermischen Wandschicht. Weiterhin zeigt ein Vergleich von Gl. (10.95) und Gl. (10.115), dass δ_λ mit δ_{WL} für Fluide mit Prandtl-Zahlen von $Pr \ll 1$ zusammenfällt. Für hinreichend große Reynolds- und Péclet-Zahlen hängen die statistischen Eigenschaften des thermischen Strömungsfeldes in der thermischen Außenschicht nicht direkt von der Viskosität und der Temperaturleitfähigkeit ab (Monin und Yaglom (1971)). Daher erscheint δ_{th} anstelle von δ_λ als eine geeignete charakteristische Länge in der thermischen Außenschicht. Neben den eingeführten charakteristischen Größen gibt es noch eine Reihe weiterer Ansätze und Skalierungsmöglichkeiten, um die Temperaturprofile in der thermischen Grenzschicht dimensionslos darstellen zu können (siehe z. B. Wang und Castillo (2003), Castillo und Wang (2003), Castillo und Wang (2004)), auf die im Rahmen dieses Buches jedoch nicht näher eingegangen wird.

Wandfunktionen der mittleren Temperatur

Wir werden jetzt mit Hilfe von Wandfunktionen die Verteilung der dimensionslosen mittleren Temperatur

$$T^+ \equiv \frac{T_W - \langle T \rangle}{\Delta T_\tau} \tag{10.124}$$

in der zweidimensionalen thermischen Grenzschicht entwickeln. Die dimensionslosen Verteilungen der mittleren Temperatur in der selbstähnlichen turbulenten thermischen Grenzschichtströmung werden nach unseren bisherigen Überlegungen im wandnahen Bereich als Funktion von δ_v und Pr und im wandfernen Bereich als Funktion von y/δ_{th} angegeben. Eine allgemeine Form einer Wandfunktion für die dimensionslose mittlere Temperatur in der zweidimensionalen turbulenten thermischen Grenzschicht lässt sich mit

$$T^+ = \Phi_{1,T}(y^+, Pr) + \Phi_{2,T}(\Pi_T, \frac{y}{\delta_{th}}) \tag{10.125}$$

angeben. Nach Gl. (10.125) wird die dimensionslose mittlere Temperatur innerhalb der thermischen Innenschicht mit dem von Squire (1951) eingeführten thermischen Wandgesetz $\Phi_{1,T}(y^+, Pr)$ berechnet, während die in Anlehnung an Squire (1959) formulierte Funktion $\Phi_{2,T}(\Pi_T, y/\delta_{th})$ die Abweichung der dimensionslosen mittleren Temperatur vom Wandgesetz in der thermischen Außenschicht angibt, mit dem thermischen Profilparameter Π_T (siehe S. 354).

Thermische Wandschicht

Die dimensionslose Verteilung der mittleren Temperatur in der Wandschicht besitzt gemäß Gl. (10.125) die Form

$$T^+(y^+, Pr) = \Phi_{1,T}(y^+, Pr) \quad . \tag{10.126}$$

Die dimensionslose mittlere Temperaturverteilung in unmittelbarer Wandnähe erhalten wir mit Hilfe einer Taylor-Reihenentwicklung an der Wand

$$T^+(y^+, Pr) = T^+(y^+ = 0) + \left.\frac{\partial T^+}{\partial y^+}\right|_{y^+=0} \cdot y^+ + \left.\frac{\partial^2 T^+}{\partial y^{+2}}\right|_{y^+=0} \cdot \frac{y^{+2}}{2} + \cdots \quad , \tag{10.127}$$

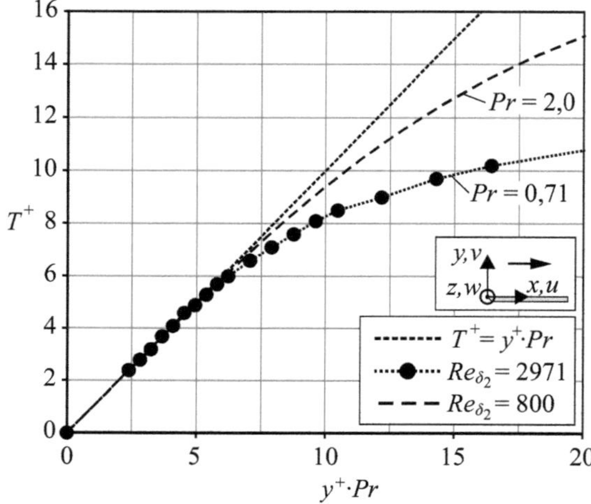

Abb. 10.23 Dimensionslose mittlere Temperaturverteilung in einer ZPG TBL für $Re_{\delta_2} = 2971$ und $Pr = 0,71$ nach Blackwell et al (1972), für $Re_{\delta_2} = 800$ und $Pr = 2,0$ aus DNS-Daten von Li et al (2009) und anhand des linearen Anteils von Gl. (10.130) mit $Pr = 1,0$ berechnet.

wobei sich die Temperaturgradienten in Gl. (10.127) aus der mit ΔT_τ und δ_λ entdimensionalisierten Form von Gl. (10.119)

$$1 = \frac{1}{Pr} \cdot \frac{\partial T^+}{\partial y^+} + \frac{\langle v' \cdot T' \rangle}{u_\tau \cdot \Delta T_\tau} \tag{10.128}$$

ergeben. Aufgrund der Haftbedingung verschwindet die Strömungsbewegung an der Wand und die Beiträge der Reynolds-Wärmestromdichte in Gl. (10.128) sind vernachlässigbar, $\langle v' \cdot T' \rangle (x, y = 0) = 0$. Somit lautet der erste Gradient in Gl. (10.127)

$$\left. \frac{\partial T^+}{\partial y^+} \right|_{y^+=0} = Pr \quad . \tag{10.129}$$

Die wiederholte Ableitung von Gl. (10.128) am Ort $y^+ = 0$ liefert die weiteren Temperaturgradienten in Gl. (10.127). Eine Auswertung der einzelnen Terme zeigt, dass der erste von Null verschiedene Temperaturgradient höherer Ordnung in Gl. (10.127) von der Größenordnung $O(y^{+4})$ ist und sich dementsprechend das dimensionslose Temperaturprofil durch die Funktion

$$T^+(y^+, Pr) = Pr \cdot \left(y^+ + c_4' \cdot y^{+4} + \cdots \right) \tag{10.130}$$

beschreiben lässt, mit dem Koeffizienten

$$c_4' = \frac{1}{8 \cdot u_\tau \cdot \Delta T_\tau} \cdot \left(\frac{\nu}{u_\tau} \right)^3 \cdot \left. \left\langle \frac{\partial T'}{\partial y} \cdot \frac{\partial^2 v'}{\partial y^2} \right\rangle \right|_{y^+=0} \quad . \tag{10.131}$$

Entgegen der ursprünglichen Annahme hängen die Koeffizienten in Gl. (10.130) generell von der Prandtl-Zahl ab (Antonia und Kim (1991)). In Abb. 10.23 ist die Temperaturverteilung in einer ZPG TBL mit $T_W = const.$ dargestellt. Der lineare Verlauf zeigt, dass die Terme höherer Ordnung in Gl. (10.130) in unmittelbarer Wandnähe sehr klein sind. Der Bereich, in dem das dimensionslose Temperaturprofil einer linearen Verteilung folgt, entspricht der molekularen Unterschicht mit der Dicke δ_M. Gl. (10.130) gilt für Strömungen entlang glatter Wände für einphasige Fluide, wobei die obere Grenze des Gültigkeitsbereichs von Gl. (10.130) von der Prandtl-Zahl abhängt. Zu deren Angabe greifen wir – aufgrund der geringen Datenlage zu turbulenten thermischen Grenzschichtströmungen von Fluiden unterschiedlicher Prandtl-Zahl – auf Ergebnisse aus DNS von Innenströmungen zurück, bei denen das dimensionslose mittlere Temperaturprofil durch eine identische Wandfunktion beschrieben werden kann (siehe Kapitel 12.3.4). Nach Alcántara-Ávila und Hoyas (2021) gilt Gl. (12.124) für $1 \leq Pr \leq 10$ und Gl. (12.123) für $0{,}007 \leq Pr \leq 1$ (Alcántara-Ávila et al (2018)). Hierbei ist die obere Grenze des Gültigkeitsbereichs von Gl. (10.130) und somit die Höhe der molekularen Unterschicht definiert als der Wandabstand, bei dem die tatsächliche dimensionslose mittlere Temperaturverteilung um $5{,}0\,\%$ von der linearen Temperaturverteilung entsprechend Gl. (10.130) abweicht. Zwischen der molekularen Unterschicht und der thermischen Außenschicht erstreckt sich die molekular-advektive Schicht und gegebenenfalls auch die viskos-konvektive Schicht, an die sich bei hinreichend hohen Péclet- und Reynolds-Zahlen direkt die thermische turbulente Schicht anschließt.

Thermische turbulente Schicht

Innerhalb der thermischen turbulenten Schicht ist der turbulente advektive Wärmetransport um mindestens eine Größenordnung größer als die molekulare Wärmeübertragung oder als der advektive Wärmetransport infolge der mittleren konvektiven Strömungsbewegung. Für das Auftreten einer thermischen turbulenten Schicht muss der turbulente Wärmetransport in dem entsprechenden Wandbereich dominieren. Während die Bereiche der turbulenten Schicht der turbulenten hydrodynamischen Grenzschicht und der thermischen turbulenten Schicht der turbulenten thermischen Grenzschicht für ein Fluid mit einer Prandtl-Zahl von $Pr = 1{,}0$ in etwa koinzidieren, verschiebt sich die untere Grenze der thermischen turbulenten Schicht für abnehmende Péclet-Zahlen weiter nach außen. Beispielsweise liegt sie für ein Fluid mit einer Prandtl-Zahl von $Pr = 0{,}71$ bei $y^+ = 42$ für $Re_{\delta_2} = 400$ (Araya und Castillo (2012)), bei $y^+ = 38{,}9$ für $Re_{\delta_2} = 800$ (Li et al (2009)), bei $y^+ = 37{,}5$ für $Re_{\delta_2} = 2971$ (Blackwell et al (1972)). Das obere Ende der turbulenten Schicht legt die maximal mögliche wandnormale Ausdehnung der thermischen turbulenten Schicht fest. Oberhalb des Bereichs $0{,}15 \leq y/\delta \leq 0{,}2$ kann davon ausgegangen werden, dass der advektive Wärmetransport nicht mehr alleinig durch die turbulente Strömungsbewegung geschieht, sondern auch die mittlere konvektive Strömungsbewegung einen gewissen Beitrag zum advektiven Wärmetransport leistet. Eine thermische turbulente Schicht liegt demnach im y^+-Bereich von $\max(Pr^{-1},1) \ll y^+ \ll \delta^+$.

Um die Verteilung der dimensionslosen mittleren Temperatur in der Form $T^+(y^+) = \Phi_{1,T}(y^+, Pr)$ herzuleiten, integrieren wir zunächst Gl. (10.110), wobei sich die Integrationskonstante anhand von Gl. (10.121) bestimmen lässt. Wir erhalten somit

$$\Delta T_\tau \cdot u_\tau = \langle v' \cdot T' \rangle \quad . \tag{10.132}$$

Da der wandnormale Reynolds-Wärmestrom in der thermischen turbulenten Schicht näherungsweise konstant ist, bezeichnet man – in Anlehnung an die konstante Reynolds-

Spannung-Schicht der hydrodynamischen Grenzschicht – die thermische turbulente Schicht auch als konstante Reynolds-Wärmestrom-Schicht (CRH-Schicht). Als Nächstes verwenden wir die Gradienten-Diffusion-Annahme, um die unbekannte Kovarianz in Gl. (10.132) zu approximieren. Entsprechend Gl. (9.133) gilt für die wandnormale Reynolds-Wärmestromdichte

$$\langle v' \cdot T' \rangle = -a_t \cdot \frac{\partial \langle T \rangle}{\partial y} \tag{10.133}$$

und aus Gl. (10.132) erhalten wir demnach

$$1 = -\frac{a_t}{u_\tau} \cdot \frac{\partial \langle T \rangle / \Delta T_\tau}{\partial y} \quad . \tag{10.134}$$

Nutzen wir den dimensionslosen Wandabstand y^+ sowie die dimensionslose Temperatur T^+ ergibt sich für Gl. (10.134) die dimensionslose Form

$$1 = \frac{a_t}{\nu} \cdot \frac{dT^+}{dy^+} \quad . \tag{10.135}$$

Durch Einführung der turbulenten Prandtl-Zahl und der Wirbelviskosität in Gl. (10.135) umgehen wir die direkte Berechnung der Wirbeldiffusivität. Hierfür substituieren wir die Wirbeldiffusivität a_t mit ν_t / Pr_t entsprechend Gl. (9.135) und erhalten

$$1 = \frac{\nu_t}{Pr_t \cdot \nu} \cdot \frac{dT^+}{dy^+} \quad . \tag{10.136}$$

Mit der Bedingung $y^+ \gg 1$ und $y/\delta \ll 1$ können wir den Mischungsweglänge-Ansatz gemäß Gl. (10.61) und Gl. (10.62) zur Berechnung der Wirbelviskosität in Gl. (10.136) verwenden. Somit ergibt sich

$$1 = \frac{\kappa \cdot u_\tau \cdot y}{Pr_t \cdot \nu} \cdot \frac{dT^+}{dy^+} \quad . \tag{10.137}$$

Die weitere Umformung und die Integration der resultierenden Gleichung

$$\frac{1}{\kappa} \cdot \frac{1}{y^+} \cdot Pr_t \cdot dy^+ = dT^+ \tag{10.138}$$

liefert das sogenannte logarithmische Wandgesetz der Temperatur

$$T^+ = \frac{Pr_t}{\kappa} \cdot \ln(y^+) + B_T(Pr) \; ; \quad \max\left(Pr^{-1}; 1\right) \ll y^+ \ll \delta^+ \quad , \tag{10.139}$$

mit dem sich die dimensionslose mittlere Temperatur in der thermischen turbulenten Schicht beschreiben lässt. Die Integrationskonstante B_T ist eine Funktion der Prandtl-Zahl (und der Reynolds-Zahl, was jedoch häufig ignoriert wird) und lässt sich nach Kader (1981) für den Prandtl-Zahl-Bereich von $0{,}006 \leq Pr \leq 4 \cdot 10^4$ anhand

$$B_T(Pr) = \left(3{,}85 \cdot Pr^{1/3} - 1{,}3\right)^2 + 2{,}12 \cdot \ln(Pr) \tag{10.140}$$

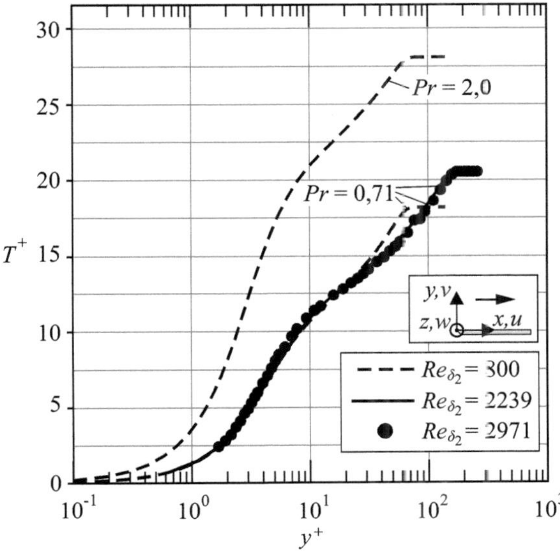

Abb. 10.24 Dimensionslose mittlere Temperatur über dem dimensionslosen Wandabstand y^+ in einer ZPG TBL für $Re_{\delta_2} = 2971$ und $Pr = 0,71$ nach Blackwell et al (1972), für $Re_{\delta_2} = 2239$ und $Pr = 0,71$ nach Araya und Castillo (2012) und für $Re_{\delta_2} = 800$ und $Pr = 0,71$ bzw. $Pr = 2,0$ aus DNS-Daten von Li et al (2009).

bestimmen. Gl. (10.140) ergibt sich aus der Extrapolation empirischer Werte von B_T für Um- und Durchströmung bei unterschiedlichen Reynolds- und Prandtl-Zahlen (Kader und Yaglom (1972)). Anstelle des Terms Pr_t/κ wird häufig der Reziprokwert einer modifizierten bzw. thermischen Von-Kármán-Konstante $1/\kappa_T$ verwendet . Das Verhältnis von turbulenter Prandtl-Zahl zur Von-Kármán-Konstante lässt sich beispielsweise durch Auswerten der thermischen Diagnostikfunktion

$$\Xi_T \equiv y^+ \cdot \frac{dT^+}{dy^+} = \frac{Pr_t}{\kappa} \tag{10.141}$$

bestimmen. Es ist davon auszugehen, dass erst für Strömungen hoher Reynolds- und Péclet-Zahlen die thermische Diagnostikfunktion ein flaches Plateau entwickelt und der Quotient Pr_t/κ konstant wird. Die thermische Von-Kármán-Konstante im Péclet-Zahl-Bereich bis $Pe_{\delta_2} \approx 7000$ liegt zwischen $0,4 \leq \kappa_T \leq 0,48$ (Balasubramanian et al (2023); Li et al (2009); Subramanian und Antonia (1981)).

In Abb. 10.24 sind dimensionslose Temperaturprofile für Fluide mit unterschiedlichen Prandtl-Zahlen gezeigt. Ob ein logarithmisches Temperaturprofil gemäß Gl. (10.139) auftritt, hängt von der Reynolds-Zahl und der Prandtl-Zahl ab. Eine thermische turbulente Schicht mit logarithmisch verteilter dimensionsloser mittlerer Temperatur liegt nur dann vor, wenn sich die konstante Reynolds-Spannung-Schicht und die konstante Reynolds-Wärmestrom-Schicht überlappen. Solange sich die untere Grenze der thermischen turbulenten Schicht innerhalb der turbulenten Schicht befindet, handelt es sich um Fluide mit Prandtl-Zahlen von $Pr < 1$ und der korrespondierende Wandabstand lässt sich in grober Näherung mit $30/Pr$ (bzw. nach Cebeci und Bradshaw (1984) mit $50/Pr$) angeben. Unter

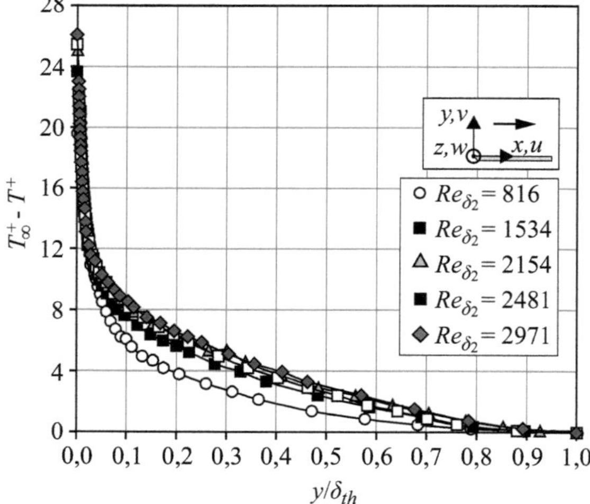

Abb. 10.25 Dimensionsloser mittlere Temperaturdefekt über dem dimensionslosen Wandabstand y/δ_{th} in einer ZPG TBL für unterschiedliche Reynolds-Zahlen aus Daten von Blackwell et al (1972).

Berücksichtigung der Ergebnisse aus Kapitel 10.3.3, S. 321 ff, lässt sich schlussfolgern, dass unter den genannten Bedingungen für das Auftreten einer logarithmischen Verteilung der dimensionslosen mittleren Temperatur innerhalb der thermischen turbulenten Schicht bei turbulenten thermischen Grenzschichtströmungen von Fluiden mit Prandtl-Zahlen von $Pr \leq 1$

$$Re_\tau \geq \frac{y^+ = 30/Pr}{y/\delta = 0,1} = 300/Pr \tag{10.142}$$

erfüllt sein und dementsprechend mindestens eine Reibungs-Péclet-Zahl von $Pe_\tau = Re_\tau \cdot Pr \geq 300$ vorliegen muss.

Thermische Außenschicht

Die Ähnlichkeit der mittleren dimensionslosen Geschwindigkeits- und Temperaturfelder in der hydrodynamischen und thermischen Grenzschicht für Fluide mit Prandtl-Zahlen von $Pr \approx 1$ (Hoffmann und Perry (1978)) legt eine Formulierung der Funktion $\Phi_{2,T}(\Pi_T, y/\delta_{th})$ in Anlehnung an Gl. (10.67) nahe. Nach Cebeci und Bradshaw (1984) kann in diesem Fall das dimensionslose mittlere Temperaturprofil in der thermischen Außenschicht durch

$$T^+ = \frac{1}{\kappa_T} \cdot \ln\left(y^+\right) + B_T(Pr) + \frac{\Pi_T}{\kappa_T} \cdot W\left(\frac{y}{\delta_{th}}\right) \tag{10.143}$$

angeben werden. Die Nachlauffunktion W berechnet sich für Fluide mit einer Prandtl-Zahl von $Pr \approx 1$ näherungsweise durch einen der Ansätze aus Gl. (10.70) - Gl. (10.72).

Ziehen wir Gl. (10.143) von der mittleren dimensionslosen Temperatur am Grenzschichtrand ab

$$T_\infty^+ = \frac{1}{\kappa_T} \cdot \ln\left(\delta_{th}^+\right) + B_T(Pr) + 2 \cdot \frac{\Pi_T}{\kappa_T} \quad, \tag{10.144}$$

ergibt sich das Temperaturdefekt-Gesetz

$$F_T\left(\frac{y}{\delta_{th}}\right) = T_\infty^+ - T^+ = -\frac{1}{\kappa_T} \cdot \ln\left(\frac{y}{\delta_{th}}\right) + \frac{\Pi_T}{\kappa_T} \cdot \left[2 - W\left(\frac{y}{\delta_{th}}\right)\right] \quad . \tag{10.145}$$

Entsprechend der Reynolds- und Péclet-Zahl-Ähnlichkeitshypothese werden die statistischen Eigenschaften der Strömung in der thermischen Außenschicht für hinreichend große Reynolds- und Péclet-Zahlen nur indirekt durch die molekulare Viskosität und die molekulare Temperaturleitfähigkeit bestimmt (Monin und Yaglom (1971)). Der thermische Profilparameter (bzw. thermische Nachlaufparameter) Π_T ist für $Re_{\delta_2} \cdot Pr > 4\,000$ näherungsweise konstant, z. B. $\Pi_{T,Re_{\delta_2} \gg 1} = 0{,}36$ für $Re_{\delta_2} \geq 5000$ (Subramanian und Antonia (1981)) und die Profile des mittleren dimensionslosen Temperaturdefekts werden mit zunehmender Reynolds- und Péclet-Zahl ähnlich, was sich in den mit steigender Reynolds-Zahl annähernden Profilen der mittleren dimensionslosen Temperaturdefekte der thermischen ZPG TBL in Abb. 10.25 widerspiegelt.

Wandrauheiten

Die konvektive Wärmeübertragung wird maßgeblich durch die Oberflächenbeschaffenheit beeinflusst. Ist die Wand rau, lässt sich die dimensionslose mittlere Temperaturverteilung in Wandnähe mit dem um die dimensionslosen Geometrieparameter der Rauheit $\sigma_1, \sigma_2, \ldots$ erweiterten thermischen Wandgesetz

$$T^+ = \Phi_{1,T}(y^+, Pr, h_r^+, \sigma_1, \sigma_2, \ldots) \tag{10.146}$$

beschreiben (Yaglom (1979)). Wandrauheiten erhöhen den konvektiven Wärmetransport infolge der geometriebedingten Vergrößerung der Wärmeübertragungsfläche und strömungsdynamischer Effekte. Dies führt zu einer Abwärtsverschiebung der dimensionslosen mittleren Temperaturverteilung entlang einer rauen Wand gegenüber der dimensionslosen mittleren Temperaturverteilung entlang einer glatten Wand. Innerhalb der thermischen turbulenten Schicht kann der Unterschied zwischen thermohydraulisch glatter und rauer Strömungskonfiguration in Anlehnung an das dimensionslose mittlere Geschwindigkeitsfeld (vgl. Kapitel 10.3.3, S. 328) durch die thermische Rauheitsfunktion ΔT^+ quantifiziert werden. Demnach lautet die dimensionslose mittlere Temperaturverteilung

$$T^+ = \frac{1}{\kappa_T} \cdot \ln(y^+) + B_T(Pr) - \Delta T^+; \quad \max\left(Pr^{-1}, 1, h_r^+\right) \ll y^+ \ll \delta^+ \quad . \tag{10.147}$$

Die thermische Rauheitsfunktion ΔT^+ ist ein Maß für die Erhöhung der Wärmeübertragung infolge rauer Oberflächen gegenüber thermohydraulisch glatten Oberflächen. In Analogie zur hydrodynamischen Grenzschicht lässt sich durch Einführung von $\tilde{C}_T$ und $\tilde{B}_T = B_T - \tilde{C}_T$ Gl. (10.147) wie folgt schreiben

$$T^+ = \frac{1}{\kappa_T} \cdot \ln\left(\frac{y}{h_r}\right) + \tilde{B}_T \quad , \tag{10.148}$$

mit

$$\Delta T^+ = \frac{1}{\kappa_T} \cdot \ln\left(h_r^+\right) + \tilde{C}_T = \frac{1}{\kappa_T} \cdot \ln\left(h_r^+\right) + B_T - \tilde{B}_T \quad . \tag{10.149}$$

Die Größen $\tilde{C}_T$ und $\tilde{B}_T$ in Gl. (10.148) und Gl. (10.149) sind von der Prandtl-Zahl Pr, der Rauheit-Reynolds-Zahl h_r^+ und Rauheitskonfiguration abhängig. Der Einfluss der Rauheitskonfiguration auf die konvektive Wärmeübertragung wurde bisher noch nicht so umfassend untersucht wie der Einfluss auf den Strömungswiderstand. Für Grenzschichtströmungen bei hohen Reynolds- und Péclet-Zahlen liegen nur wenige systematische Studien vor. Die Temperaturverschiebung ΔT^+ bzw. der thermische Rauheitsparameter $\tilde{B}_T$ in Abhängigkeit der Rauheit-Reynolds-Zahl und der Prandtl-Zahl ist daher nur für einige wenige Rauheitstypen bekannt. Eine Analogie zwischen hydrodynamischen und thermischen Rauheitsfunktionen besteht nicht, da sich Impuls- und Energieübertragung entlang rauer Oberflächen unterscheiden. Während bei hydraulisch vollrauen Oberflächen die viskosen Fluidreibungskräfte für die mittlere Impulsübertragung eine vernachlässigbare Rolle spielen, umhüllt eine molekulare Schicht die Rauheitselemente auch bei großen Rauheitshöhen und beeinflusst den konvektiven Wärmeübergang (Owen und Thomson (1963)). Der advektive Wärmetransport oberhalb der Wandrauheit erfolgt bis zu dieser die Rauheitselemente einhüllenden molekularen Schicht. Die Wärme zwischen Fluid und Wand wird final durch molekulare Wärmeleitung übertragen. Daher reagiert der konvektive Wärmeübergang auch bei vollrauen Strömungsbedingungen empfindlich auf Änderungen der Wärmeleitfähigkeit λ bzw. der Temperaturleitfähigkeit a. Die durch die Rauheiten induzierten Druckänderungen tragen ausschließlich zum Strömungswiderstand bei, wodurch dieser in der Regel stärker ansteigt als die konvektive Wärmeübertragung. Der thermische Rauheitsparameter $\tilde{B}_T$ ist nicht zwingend konstant und ΔT^+ folgt nicht notwendigerweise einer logarithmischen Verteilung. Beispielsweise nähert sich ΔT^+ für dreidimensionale, sinusoidale Rauheiten (MacDonald et al (2019)) oder unregelmäßige Rauheiten (Peeters und Sandham (2019)) unter vollrauen Bedingungen mit steigender Rauheit-Reynolds-Zahl h_r^+ jeweils einem konstanten Wert.

Weitere, aus thermofluiddynamischer Sicht gleichwertige Beschreibungsmöglichkeiten ergeben sich durch die Verwendung der hydraulischen und thermischen Rauheitslängen zur Charakterisierung der Rauheiten. Nach Kays et al (2005) ergibt sich mit der hydraulischen Rauheitslänge y_0 für die dimensionslose mittlere Temperatur in der thermischen turbulenten Schicht

$$T^+ = \frac{1}{\kappa_T} \cdot \ln\left(\frac{y}{y_0}\right) + St_{h_r}^{\,-1}\left(h_r^+, Pr\right) \quad . \tag{10.150}$$

Die sogenannte inverse Rauheit-Stanton-Zahl

$$St_{h_r}^{\,-1} = \frac{u_\tau \cdot c \cdot \rho \cdot (T_W - T_{CS})}{\dot{q}_W} \tag{10.151}$$

in Gl. (10.150) entspricht der dimensionslosen Temperaturdifferenz zwischen der Wandtemperatur T_W und der Temperatur am oberen Rand der die Rauheitselemente einhüllenden molekularen Schicht T_{CS}, innerhalb der die Wärmeübertragung durch Wärmeleitung erfolgt. Gl. (10.150) lässt sich weiter umformen zu

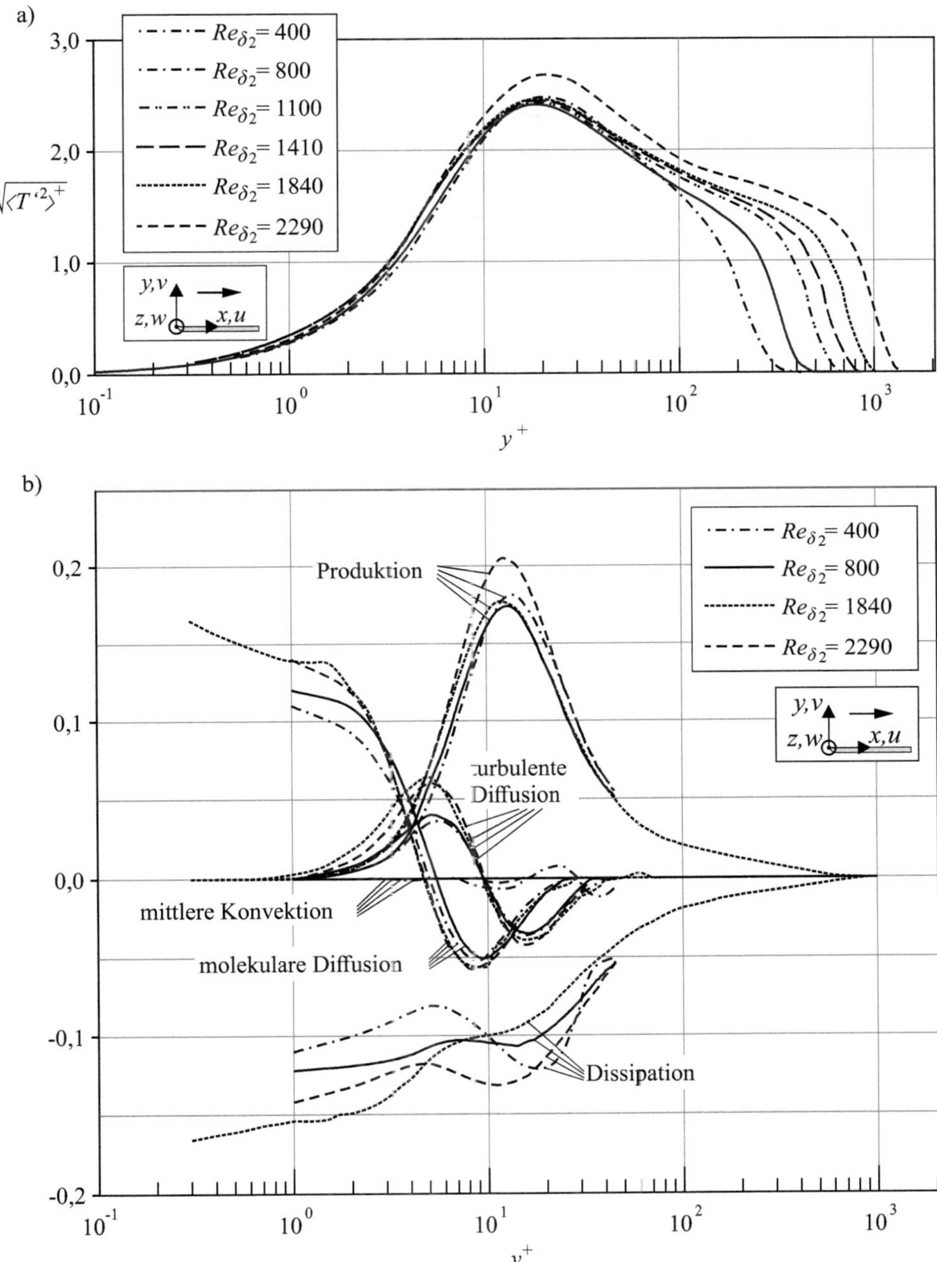

Abb. 10.26 a) Standardabweichung der entdimensionalisierten Temperatur und b) die mit $u_\tau{}^2 \cdot \Delta T_\tau{}^2/\nu$ normierten Anteile von Konvektion, Produktion, Dissipation und des molekularen sowie des turbulenten Transports von der Temperaturvarianz $\langle T'^2\rangle/2$ in einer ZPG TBL für ein Fluid mit der Prandtl-Zahl $Pr = 0{,}71$ in der thermischen Grenzschicht. Daten: $Re_{\delta_2} = 400$ und 2290 nach Araya und Castillo (2012); $Re_{\delta_2} = 800$ aus DNS-Daten von Li et al (2009); $Re_{\delta_2} = 1100$, 1410 und 1840 nach Li et al (2016).

$$T^+ = \frac{1}{\kappa_T} \cdot \ln\left(\frac{y}{h_r}\right) + \frac{1}{\kappa_T} \cdot \ln\left(\frac{h_r}{y_0}\right) + St_{h_r}^{-1}\left(h_r^+, Pr\right)$$

$$= \frac{1}{\kappa_T} \cdot \ln\left(\frac{y}{h_r}\right) + g(h_r^+, Pr) \quad , \tag{10.152}$$

wobei die Größe $g(h_r^+, Pr)$ ebenso wie $St_{h_r}^{-1}$ von der Rauheit-Reynolds-Zahl, Rauheits-konfiguration und Strömungssituation abhängt und anhand von empirischen Ergebnissen zu ermitteln ist (Dipprey und Sabersky (1963); Ligrani und Moffat (1986)).

Verwenden wir anstelle der hydraulischen Rauheitslänge y_0 die thermische Rauheitslänge $y_{0,T}$ zur Berücksichtigung des Einflusses der Wandrauheit auf die mittlere Temperaturver-teilung (Brutsaert (1982)), so ergibt sich für die dimensionslose mittlere Temperatur in der thermischen turbulenten Schicht

$$T^+ = \frac{1}{\kappa_T} \cdot \ln\left(\frac{y}{y_{0,T}}\right) \quad . \tag{10.153}$$

10.5.2 Verteilung der Temperaturvarianz

Zum Abschluss dieses Kapitels soll noch ein kurzer Blick auf die Temperaturvarianz in der turbulenten thermischen Grenzschicht geworfen werden. Die Verteilungen der radizierten Temperaturvarianz $\sqrt{\langle T'^2 \rangle}$ und die Verteilungen der mittleren Konvektion, Produktion, Dissipation und der molekularen und turbulenten Diffusion zur Temperaturvarianz $\langle T'^2 \rangle/2$ in einer ZPG TBL für ein Fluid mit einer Prandtl-Zahl von $Pr = 0{,}71$ bei unterschiedlichen Reynolds-Zahlen sind in Abb. 10.26 dargestellt.

Ein Vergleich mit den Beiträgen zur turbulenten kinetischen Energie in Abb. 10.19 b verdeutlicht die enge Kopplung zwischen dem turbulenten Impuls- und Energiefeld für Fluide mit Prandtl-Zahlen von $Pr \approx 1$. Die Verteilungen variieren mit der Reynolds-Zahl, was sich in einer Zunahme der turbulenten Größen mit steigender Reynolds-Zahl äußert. In unmittelbarer Wandnähe dämpft die Viskosität die Strömungsbewegung. Die Wärme-leitung dominiert und die molekulare Diffusion und Dissipation gleichen sich aus. Mit zunehmendem Wandabstand tritt der bewegungshemmende Einfluss der Viskosität auf das Strömungsgeschehen in den Hintergrund und die turbulent bedingten Anteile, die zur Tem-peraturvarianz beitragen, nehmen zu. Die Produktionsmaxima werden für die dargestellten Prandtl- und Reynolds-Zahlen bei $12 \lessgtr y^+ \lessgtr 14$ erreicht und liegen in der molekular-advektiven Schicht. Die Maxima der Temperaturvarianz liegt etwas weiter außen und zwar im Bereich von $14 \lessgtr y^+ \lessgtr 19$.

Übungsaufgaben

10.1 Zeige, dass für eine Taylor-Reihenentwicklung von u^+ an der Wand ($y^+ = 0$) der erste von Null verschiedene Term höherer Ordnung die Größenordnung $O(y^{+4})$ besitzt.

10.2 Zeige, dass sich mit dem Potenz-Ansatz

$$\frac{\langle u \rangle}{u_\infty} = \left(\frac{y}{\delta} \right)^{(1/n)} \tag{10.154}$$

für den Formparameter in einer ZPG TBL

$$H_{12}(x) = \frac{\delta_1}{\delta_2} = \frac{2 + n}{n} \tag{10.155}$$

ergibt.

10.3 Entwickle für die Kolmogorov-Skala in der turbulenten Schicht die Näherungsgleichung

$$\eta^+ = \left(\kappa \cdot y^+ \right)^{1/4} \quad . \tag{10.156}$$

10.4 Zeige mit Hilfe einer Taylor-Reihenentwicklung der Geschwindigkeitsfluktuationen an der Wand, dass sich in unmittelbarer Wandnähe die Reynolds-Spannungen gemäß

$$\langle u'^2 \rangle^+ \sim y^{+2} \quad , \tag{10.157}$$

$$\langle v'^2 \rangle^+ \sim y^{+4} \quad , \tag{10.158}$$

$$\langle w'^2 \rangle^+ \sim y^{+2} \quad , \tag{10.159}$$

$$\langle u' \cdot v' \rangle^+ \sim y^{+3} \quad , \tag{10.160}$$

mit dem Wandabstand ändern.

10.5 Richtig oder Falsch?

1. Die turbulente Impulsübertragung bestimmt das Strömungsverhalten über weite Teile der hydrodynamischen Grenzschicht und daher ist die Schubspannungsgeschwindigkeit eine geeignete Größe zur Entdimensionalisierung von Geschwindigkeitsdaten.
2. Der Druck in der Innen- und Außenschicht der turbulenten hydrodynamischen Grenzschicht ändert sich vornehmlich in Hauptströmungsrichtung und die Änderungen in wandnormaler Richtung sind vernachlässigbar.
3. Die Größenordnung der Schubspannungsgeschwindigkeit entspricht der Größenordnung der ungestörten Anströmgeschwindigkeit.
4. Die Reibungstemperatur ist eine geeignete charakteristische Größe für die durch turbulente Schwankungsbewegungen induzierten mittleren Temperaturdifferenzen.
5. Für Fluide mit $Pr \gg 1$ ist die Wärmeleitungsschicht der thermischen Grenzschicht um ein Vielfaches kleiner als die Innenschicht der hydrodynamischen Grenzschicht.
6. Für Fluide mit $Pr < 1$ kann sich bei sehr hohen Péclet-Zahlen eine turbulente thermische Schicht in der Innenschicht ausbilden.

10.6 Wissensfragen

- Ist u_τ eine geeignete charakteristische Geschwindigkeit für die Wandschicht, Innenschicht oder Außenschicht?
- Ist y^+ eine geeignete Variable zur dimensionslosen Darstellung von Geschwindigkeitsdaten in der Grenzschicht?
- Wie sieht der Verlauf der viskosen und turbulenten Spannungen über der hydrodynamischen Grenzschicht aus?
- Warum ist eine Unterscheidung zwischen Innen- und Außenschicht zweckmäßig?
- Wie lauten die Reynolds-gemittelten Impulsgleichungen für die unterschiedlichen Bereiche der zweidimensionalen hydrodynamischen Grenzschicht?
- Nennen Sie die unterschiedlichen Bereiche der hydrodynamischen Grenzschicht und geben sie die entsprechenden (dimensionslosen) Wandabstände an.
- Mit welcher Funktion lässt sich die Geschwindigkeitsverteilung außerhalb des logarithmischen Bereichs beschreiben? Wie bezeichnet man diese Schicht?
- Unter welchen Bedingungen ist die mittlere Geschwindigkeitsverteilung in der hydrodynamischen Grenzschicht selbstähnlich?
- Wie lautet für Fluide mit Prandtl-Zahlen von $Pr \approx 1$ die Reynolds-gemittelte Energiegleichung für die unterschiedlichen Bereiche der zweidimensionalen thermischen Grenzschicht?
- Skizziere den Verlauf der molekularen und turbulenten Wärmeströme über der thermischen Grenzschicht für Fluide mit Prandtl-Zahlen von $Pr \approx 1$. Was ändert sich für $Pr > 1$ und $Pr < 1$?
- Wie hängt die dimensionslose Dicke der Wärmeleitungsschicht des Zweischichtmodells Temperaturgrenzschicht von der Prandtl-Zahl ab?
- Skizziere den strukturellen Aufbau der thermischen Grenzschicht im Rahmen des Mehrschichtmodells für Fluide mit Prandtl-Zahlen von $Pr = O(1)$ und gebe die Wandabstände der einzelnen Bereiche an.
- Was ist die Obergrenze der molekularen Schicht und die Untergrenze der thermisch turbulenten Schicht?

Literaturverzeichnis

Alcántara-Ávila F, Hoyas S, Pérez-Quiles MJ (2018) DNS of thermal channel flow up to $Re_\tau = 2000$ for medium to low Prandtl numbers. Int J Heat Mass Transf, doi: 10.1016/j.ijheatmasstransfer.2018.06.149

Alcántara-Ávila F, Hoyas S (2021) Direct numerical simulation of thermal channel flow for medium–high Prandtl numbers up to $Re_\tau = 2000$. Int J Heat Mass Transf, doi: 10.1016/j.ijheatmasstransfer.2021.121412

Ambrose HH (1956) The effect of surface roughness on velocity distribution and boundary resistance. The University of Tennessee College of Engineering

Andreopoulos J, Bradshaw P (1981) Measurements of turbulence structure in the boundary layer on a rough surface. Bound Layer Meteorol, doi: 10.1007/BF00119902

Antonia RA, Kim J (1991) Turbulent Prandtl number in the near-wall region of a turbulent channel flow. Int J Heat Mass Transf, doi: 10.1016/0017-9310(91)90166-C

Antonia RA, Krogstad PÅ (2001) Turbulence structure in boundary layers over different types of surface roughness. Fluid Dyn Res, doi: 10.1016/S0169-5983(00)00025-3

Araya G, Castillo L (2012) DNS of turbulent thermal boundary layers up to $Re_\theta = 2300$. Int J Heat Mass Transfer, doi: 10.1016/j.ijheatmasstransfer.2012.03.038

Balasubramanian AG, Guastoni L, Schlatter P, Vinuesa R (2023) Direct numerical simulation of a zero-pressure-gradient turbulent boundary layer with passive scalars up to Prandtl number $Pr = 6$. J Fluid Mech, doi:10.1017/jfm.2023.803

Bandyopadhyay PR (1987) Rough-wall turbulent boundary layers in the transition regime. J Fluid Mech, doi: 10.1017/S0022112087001794

Blackwell BF, Kays WM, Moffat RJ (1972) The turbulent boundary layer on a porous plate: An experimental study of the heat transfer behaviour with adverse pressure gradients, HMT-16, NASA.

Bons JP (2010) A Review of Surface Roughness Effects in Gas Turbines. J Turbomach, doi: 10.1115/1.3066315

Borrell G, Sillero JA, Jiménez J (2013) A code for direct numerical simulation of turbulent boundary layers at high Reynolds numbers in BG/P supercomputers. Comput Fluids, doi: 10.1016/j.compfluid.2012.07.004

Brutsaert W (1982) The Surface Roughness Parameterization. In *Evaporation into the Atmosphere. Environmental Fluid Mechanics, vol 1* (pp. 113–127). Springer, Dordrecht

Castillo L, Wang X (2003) Equilibrium Similarity Analysis in Forced Convection Turbulent Boundary Layers With and Without Pressure Gradient. AIAA J, doi: 10.2514/6.2003-640

Castillo L, Wang X (2004) The Asymptotic Profiles In Forced Convection Turbulent Boundary Layers. In Smits AJ (Ed.), *IUTAM Symposium on Reynolds Number Scaling in Turbulent Flow. Fluid Mechanics and its Applications* (pp. 191–194). Springer, Dordrecht

Cebeci T, Bradshaw P (1984) Physical and Computational Aspects of Convective Heat Transfer. Springer, New York

Chung D, Hutchins N, Schultz MP, Flack KA (2021) Predicting the Drag of Rough Surfaces. Annu Rev Fluid Mech, doi: 10.1146/annurev-fluid-062520-115127

Clauser FH (1954) Turbulent Boundary Layers in Adverse Pressure Gradients. J Astronaut Sci, doi: 10.2514/8.2938

Coles DE (1956) The law of the wake in the turbulent boundary layer. J Fluid Mech, doi: 10.1017/S0022112056000135

Coles DE (1962) The turbulent boundary layer in a compressible fluid, Technical Report R-403-PR. United States Air Force Project RAND

Coles DE (1968) The Young Person's Guide to the Data. In Coles DE, Hirst EA (Ed.), *Proceedings of the AFOSR-IFP Stanford Conference on Computation of Turbulent Boundary Layers* (pp. 1–45). Stanford University

Connelly JS, Schultz MP, Flack KA (2006) Velocity-defect scaling for turbulent boundary layers with a range of relative roughness. Exp Fluids, doi: 10.1007/s00348-005-0049-x

Davidson PA (2015) Turbulence: An Introduction for Scientists and Engineers. Oxford University Press, Oxford

Dalle Donne, M (1978) Heat transfer in gas cooled fast reactor cores. Ann Nucl Energy, doi: 10.1016/0306-4549(78)90024-5

DeGraaff DB, Webster DR, Eaton, JK (1999) The effect of Reynolds number on boundary layer turbulence. Exp Therm Fluid Sci, doi: 10.1016/S0894-1777(98)10042-0

DeGraaff DB, Eaton, JK (2000) Reynolds-number scaling of the flat-plate turbulent boundary layer. J Fluid Mech, doi: 10.1017/S0022112000001713

Dipprey DF, Sabersky RH (1963) Heat and momentum transfer in smooth and rough tubes at various prandtl numbers. Int J Heat Mass Transfer, doi: 10.1016/0017-9310(63)90097-8

Eitel-Amor G, Örlü R, Schlatter P (2014) Simulation and validation of a spatially evolving turbulent boundary layer up to Re_{theta}= 8300. Int J Heat Fluid Flow, doi: 10.1016/j.ijheatfluidflow.2014.02.006

Fernholz HH, Finleyt PJ (1996) The incompressible zero-pressure-gradient turbulent boundary layer: An assessment of the data. Prog Aerosp Sci, doi: 10.1016/0376-0421(95)00007-0

Flack KA, Schultz MP, Shapiro TA (2005) Experimental support for Townsend's Reynolds number similarity hypothesis on rough walls. Phys Fluids, doi: 10.1063/1.1843135

Flack KA, Schultz MP, Connelly JS (2007) Examination of a critical roughness height for outer layer similarity. Phys Fluids, doi: 10.1063/1.2757708

Flack KA, Schultz MP (2010) Review of Hydraulic Roughness Scales in the Fully Rough Regime. J Fluids Eng, doi: 10.1115/1.4001492

Flack KA, Schultz MP (2014) Roughness effects on wall-bounded turbulent flows. Phys Fluids, doi: 10.1063/1.4896280

Forooghi P, Weidenlener A, Magagnato F, Böhm B, Kubach H, Koch T, Frohnapfel B (2018) DNS of momentum and heat transfer over rough surfaces based on realistic combustion chamber deposit geometries. Int J Heat Fluid Flow, doi: 10.1016/j.ijheatfluidflow.2017.12.002

Gad-el-Hak M, Bandyopadhyay PR (1994) Reynolds Number Effects in Wall-Bounded Turbulent Flows. Appl Mech Rev, doi: 10.1115/1.3111083

George WK, Castillo L (1997a) Zero-Pressure-Gradient Turbulent Boundary Layer. Appl Mech Rev, doi: 10.1115/1.3101858

George WK (2007) Is there a universal log law for turbulent wall-bounded flows?. Proc R Soc Lond A Math Phys Sci, doi: 10.1098/rsta.2006.1941

Granville PS (1976) A Modified Law of the Wake for Turbulent Shear Layers. J Fluids Eng, doi: 10.1115/1.3101858

Han JC (1976) Recent Studies in Turbine Blade Cooling. Int J Rotating Mach, doi: 10.1155/S1023621X04000442

Hama, F (1954) Boundary-layer characteristics for smooth and rough surfaces. Trans Soc Nav Archit Mar Eng (62): pp. 333–358

Hoffmann PH, Perry AE (1978) The development of turbulent thermal layers on flat plates. Int J Heat Mass Transf, doi: 10.1016/0017-9310(79)90096-6

Janna WS (2020) Introduction to Fluid Mechanics. CRC Press

Jiménez J (2004) Turbulent Flows Over Rough Walls. Annu Rev Fluid Mech, doi: 10.1146/annurev.fluid.36.050802.122103

Kader BA, Yaglom AM (1972) Heat and mass transfer laws for fully turbulent wall flows. Int J Heat Mass Transf, doi: 10.1016/0017-9310(72)90131-7

Kader BA (1981) Temperature and concentration profiles in fully turbulent boundary layers. Int J Heat Mass Transf, doi: 10.1016/0017-9310(81)90220-9

Kays WM, Crawford M, Wiegand B (2005) Convective Heat and Mass Transfer. McGraw Hill

Keirsbulck L, Labraga L, Mazouz A, Tournier C (2002) Surface Roughness Effects on Turbulent Boundary Layer Structures. J Fluids Eng, doi: 10.1115/1.1445141

Klebanoff PS (1955) Characteristics of turbulence in a boundary layer with zero pressure gradient, NACA-TR-1247. National Advisory Committee for Aeronautics

Kline SJ, Reynolds WC, Schraub FA, Runstadler PW (1967) The structure of turbulent boundary layers. J Fluid Mech, doi: 10.1017/S0022112067001740

Knopp T, Reuther N, Novara M, Schanz D, Schülein E, Schröder A, Kähler CJ (2021) Experimental analysis of the log law at adverse pressure gradient. J Fluid Mech, doi: 10.1017/jfm.2021.331

Krogstad PÅ, Antonia RA, Browne LWB (1992) Comparison between rough- and smooth-wall turbulent boundary layers. J Fluid Mech, doi: 10.1017/S0022112092000594

Krogstad PÅ, Antonia RA (1999) Surface roughness effects in turbulent boundary layers. Exp Fluids, doi: 10.1007/s003480050370

Krogstad PÅ, Efros V(2012) About turbulence statistics in the outer part of a boundary layer developing over two-dimensional surface roughness. Phys Fluids, doi: 10.1063/1.4737658

Leonardi S, Orlandi P, Antonia RA (2007) Properties of d- and k-type roughness in a turbulent channel flow. Phys Fluids, doi: 10.1063/1.2821908

Lewkowicz AK (1982) An improved universal wake function for turbulent boundary layers and some of its consequences. Z Flugwiss Weltraumforsch (6): pp. 261–266

Li Q, Schlatte, P, Brandt L, Henningson DS (2009) DNS of a spatially developing turbulent boundary layer with passive scalar transport. Int J Heat Fluid Flow, doi: 10.1016/j.ijheatfluidflow.2009.06.007

Li D, Luo K, Fan J (2016) Direct numerical simulation of heat transfer in a spatially developing turbulent boundary layer. Phys Fluids, doi: 10.1063/1.4964686

Ligrani PM, Moffat RJ (1986) Structure of transitionally rough and fully rough turbulent boundary layers. J Fluid Mech, doi: 10.1017/S0022112086001933

Lindgren B, Osterlund J, Johansson A (2002) Evaluation of scaling laws derived from lie group symmetry methods in turbulent boundary layers. AIAA J, doi: 10.2514/6.2002-1103

MacDonald M, Hutchins N, Chung D (2019) Roughness effects in turbulent forced convection. J Fluid Mech, doi: 10.1017/jfm.2018.900

Marusic I, McKeon BJ, Monkewitz PA, Nagib HM, Smits AJ, Sreenivasan KR (2010) Wall-bounded turbulent flows at high Reynolds numbers: Recent advances and key issues. Phys Fluids, doi: 10.1063/1.3453711

Marusic I, Monty JP, Hultmark M, Smits AJ (2013) On the logarithmic region in wall turbulence. J Fluid Mech, doi: 10.1017/jfm.2012.511

Mellor GL, Gibson DM (1966) Equilibrium turbulent boundary layers. J Fluid Mech, doi: 10.1017/S0022112066000612

Monin AS, Yaglom AM (1971) Statistical Fluid Mechanics, Volume I: Mechanics of Turbulence. MIT Press

Musker AJ (1979) Explicit Expression for the Smooth Wall Velocity Distribution in a Turbulent Boundary Layer. AIAA J, doi: 10.2514/3.61193

Nagib HM, Christophorou C, Monkewitz PA (2004) High Reynolds Number Turbulent Boundary Layers Subjected to Various Pressure-Gradient Conditions. In Meier GEA, Sreenivasan KR, Heinemann HJ, *IUTAM Symposium on One Hundred Years of Boundary Layer Research. Solid mechanics and its applications, vol 129.* (pp. 383–394). Springer, Dordrecht

Nagib HM, Chauhan KA, Monkewitz PA (2007) Approach to an asymptotic state for zero pressure gradient turbulent boundary layers. Phil. Trans. R. Soc. Lond., doi: 10.1098/rsta.2006.1948

Nagib HM, Chauhan KA (2008) Variations of von Kármán coefficient in canonical flows. Phys Fluids, doi: 10.1063/1.3006423

Nikuradse J (1933) Strömungsgesetze in rauhen Rohren. VDI Forschung auf dem Gebiet des Ingenieurwesens (361): pp. 1–22

Österlund JM (1999) Experimental studies of zero pressure-gradient turbulent boundary layer flow, Dissertation. Royal Institute of Technology, Stockholm, Sweden

Österlund JM, Johansson AV, Nagib HM, Hites MH (2000) A note on the overlap region in turbulent boundary layers. Phys Fluids, doi: 10.1063/1.870250

Owen PR, Thomson WR (1963) Heat transfer across rough surfaces. J Fluid Mech, doi: 10.1017/S0022112063000288

Peeters JWR, Sandham ND (2019) Turbulent heat transfer in channels with irregular roughness. Int J Heat Mass Transf, doi: 10.1016/j.ijheatmasstransfer.2019.04.013

Perry AE, Joubert PN (1963) Rough-wall boundary layers in adverse pressure gradients. J Fluid Mech, doi: 10.1017/S0022112063001245

Perry AE, Bell JB, Joubert PN (1966) Velocity and temperature profiles in adverse pressure gradient turbulent boundary layers. J Fluid Mech, doi: 10.1017/S0022112066001666

Perry AE, Schofield WH, Joubert PN (1969) Rough wall turbulent boundary layers. J Fluid Mech, doi: 10.1017/S0022112069000619

Perry AE, Abell CJ (1977) Asymptotic similarity of turbulence structures in smooth- and rough-walled pipes. J Fluid Mech, doi: 10.1017/S0022112077000457

Pimenta M, Moffat R, Kays W (1975) The turbulent boundary layer: An experimental study of the transport of momentum and heat with the effect of roughness. Stanford Universtiy

Prandtl L (1925) Bericht über Untersuchungen zur ausgebildeten Turbulenz. Z Angew Math Mech: pp. 136–139

Prandtl L (1927) Über den Reibungswiderstand strömender Luft. Ergebnisse der Aerodynamischen Versuchsanstalt zu Göttigen, III

Prandtl L (1933) Neuere Ergebnisse der Turbulenzforschung. Z Vereins Deutscher Ingenieure (77): pp. 105–114

Prandtl L (1945) Über ein neues Formelsystem für die ausgebildete Turbulenz. Nachrichten der Akademie der Wissenschaften zu Göttingen, Mathematisch-physikalische Klasse: pp. 6–19

Rannie WD (1956) Heat Transfer in Turbulent Shear Flow. J Astronaut Sci, doi: 10.2514/8.3587

Raupach MR, Antonia RA, Rajagopalan S (1991) Rough-Wall Turbulent Boundary Layers. Appl Mech Rev, doi: 10.1115/1.3119492

Rotta J (1962) Turbulent boundary layers in incompressible flow. Prog Aerosp Sci, doi: 10.1016/0376-0421(62)90014-3

Sams EW (1952) Experimental Investigation of average heat-transfer and friction coefficients for air flowing in circular tubes having square-thread-type roughness. NACA Research Mem E52D17

Samie M, Marusic I, Hutchins N, Fu MK, Fan Y, Hultmark M, Smits AJ (2018) Fully resolved measurements of turbulent boundary layer flows up to $Re_\tau = 20\,000$. J Fluid Mech, doi: 10.1017/jfm.2018.508

Schlatter P, Örlü R (2010) Assessment of direct numerical simulation data of turbulent boundary layers. J Fluid Mech, doi: 10.1017/S0022112010003113

Schlichting H (1936) Experimentelle Untersuchungen zum Rauhigkeitsproblem. Ing. Arch, doi: 10.1007/BF02084166

Schlichting H, Gersten K (2006) Grenzschichttheorie. Springer, Berlin Heidelberg

Schultz MP, Flack KA (2005) Outer layer similarity in fully rough turbulent boundary layers. Exp Fluids, doi: 10.1007/s00348-004-0903-2

Schultz MP, Flack KA (2007) The rough-wall turbulent boundary layer from the hydraulically smooth to the fully rough regime. J Fluid Mech, doi: 10.1017/S0022112007005502

Schultz MP, Flack KA (2009) Turbulent boundary layers on a systematically varied rough wall. Phys Fluids, doi: 10.1063/1.3059630

Simens MP, Jimenez J, Hoyas S, Mizuno Y (2009) A high-resolution code for turbulent boundary layers. J Comput Phys, doi: 10.1016/j.jcp.2009.02.031

Sillero JA, Jimenez J, Moser RD (2013) One-point statistics for turbulent wall-bounded flows at Reynolds numbers up to $\delta^- \approx 2000$. Phys Fluids, doi: 10.1063/1.4823831

Spalart PR (1988) Direct simulation of a turbulent boundary layer up to $R_\theta = 1410$. J Fluid Mech, doi: 10.1017/S0022112088000345

Squire HB (1951) The friction temperature: A useful parameter in heat-transfer analysis. Proceedings of the General Discussion on Heat Transfer: pp. 185–186

Squire W (1959) An extended Reynolds analogy. Proceedings of the 6th Midwest Conference on Fluid Mechanics: pp. 16-33

Sreenivasan KR (1989) The turbulent boundary layer. In Gad-el-Hak M (Ed.), *Frontiers in Experimental Fluid Mechanics* (pp: 159–209). Springer Berlin Heidelberg

Streeter VL, Chu H (1949) Fluid Flow and Heat Transfer in Artificially Roughened Pipes. Final Report, Project 4918. Armour Research Foundation, Illinois

Subramanian CS, Antonia RA (1981) Effect of Reynolds number on a slightly heated turbulent boundary layer. Int J Heat Mass Transf, doi: 10.1016/0017-9310(81)90149-6

Tani I (1987) Turbulent Boundary Layer Development over Rough Surfaces. In Meier HU, Bradshaw P (Ed.) *Perspectives in Turbulence Studies*. Springer, Berlin, Heidelberg, doi: 10.1007/978-3-642-82994-9_9

Townsend AA (1976) The Strucutre of Turbulent Shear Flows. Cambridge University Press, Cambridge

Vallikivi M, Hultmark M, Smits AJ (2015) Turbulent boundary layer statistics at very high Reynolds number. J Fluid Mech, doi: 10.1017/jfm.2015.273

von Kármán T (1939) The Analogy between Fluid Friction and Heat Transfer. Trans ASME, doi: 10.1115/1.4021298

von Kármán T (1921) Über laminare und turbulente Reibung. Z Angew Math Mech, doi: 10.1002/zamm.19210010401

Walz A (1969) Boundary layers of flow and temperature. Massachusetts Institute of Technology Press, Cambridge, Massachusetts

Wang X, Castillo L (2003) Asymptotic solutions in forced convection turbulent boundary layers. J Turbul, doi: 10.1088/1468-5248/4/1/006

Winkel ES, Cutbirth JM, Ceccio SL, Perlin M, Dowling DR (2012) Turbulence profiles from a smooth flat-plate turbulent boundary layer at high Reynolds number. Exp Therm Fluid Sci, doi: 10.1016/j.expthermflusci.2012.02.009

Yaglom AM (1979) Similarity Laws for Constant-Pressure and Pressure-Gradient Turbulent Wall Flows. Annu Rev Fluid Mech, doi: 10.1146/annurev.fl.11.010179.002445

Kapitel 11
Konvektive Wärmeübertragung bei turbulenter Umströmung

Zusammenfassung Dieses Kapitel stellt verschiedene analytische Berechnungsverfahren zur Bestimmung des lokalen Reibungskoeffizienten und der lokalen Nusselt-Zahl vor. Zunächst werden Näherungslösungen für den Reibungskoeffizienten und die Nusselt-Zahl mit Hilfe der Integralmethode hergeleitet. Anschließend nutzen wir die Wandfunktionen aus dem vorhergehenden Kapitel zur Entwicklung von Wärmeübertragungsanalogien, um Stanton-Zahl- und Nusselt-Zahl-Korrelationen zu erhalten.

Lernziele

- Sie können den lokalen und gemittelten Reibungskoeffizienten sowie die Nusselt-Zahl mit Hilfe der Integralmethode näherungsweise berechnen.
- Sie sind in der Lage, mit Hilfe von Wandfunktionen Zusammenhänge zwischen Reibungskoeffizient und Nusselt-Zahl in Form von Wärmeübertragungsanalogien herzuleiten.
- Sie lernen die Reynolds-, Prandtl- und Von-Kármán-Analogien sowie weitere analytische Wärmeübertragungsanalogien kennen.

11.1 Einleitung

Mit den Ergebnissen aus dem vorhergehenden Kapitel 10 werden wir nun den lokalen Reibungskoeffizienten

$$c_f(\vec{x}) = \frac{2 \cdot \tau_W(\vec{x})}{u_\infty^2 \cdot \rho} \tag{11.1}$$

und die lokale Nusselt-Zahl

$$Nu_{l_0}(\vec{x}) = \frac{l_0}{\lambda} \cdot \alpha(\vec{x}) \tag{11.2}$$

bzw. die lokale Stanton-Zahl

$$St_{l_0}(\vec{x}) = \frac{Nu_{l_0}(\vec{x})}{Re_{l_0} \cdot Pr} = \frac{\alpha(\vec{x})}{\rho_0 \cdot u_0 \cdot c_0} \tag{11.3}$$

für die einseitig turbulent umströmte ebene Platte mit Hilfe von Näherungen und Analogien berechnen.

11.2 Integralmethode

Mit Hilfe der Integralmethode können wir Näherungslösungen für den Reibungskoeffizienten und die Nusselt-Zahl einer einseitig turbulent umströmten ebenen beheizten Platte ermitteln. Dabei nehmen wir an, dass sich ausgehend von der Plattenspitze mit Ursprung $x = 0$ und $y = 0$ eine turbulente hydrodynamische und eine turbulente thermische Grenzschicht ausbilden. Die räumliche Ausdehnung der turbulenten hydrodynamischen bzw. turbulenten thermischen Grenzschicht in Hauptströmungsrichtung entspricht der Laufkoordinate x und in Wandnormalenrichtung dem Wandabstand y. Die bereits von der laminar umströmten ebenen Platte bekannte Integralmethode (siehe Kapitel 5) wenden wir auf die Reynolds-gemittelten Grenzschichtgleichungen (siehe Kapitel 10.3.2 und 10.5)

$$\frac{\partial \langle u \rangle}{\partial x} + \frac{\partial \langle v \rangle}{\partial y} = 0 \quad , \tag{11.4}$$

$$\langle u \rangle \cdot \frac{\partial \langle u \rangle}{\partial x} + \langle v \rangle \cdot \frac{\partial \langle u \rangle}{\partial y} = \nu \cdot \frac{\partial^2 \langle u \rangle}{\partial y^2} - \frac{\partial \langle u' \cdot v' \rangle}{\partial y} \quad , \tag{11.5}$$

$$\langle u \rangle \cdot \frac{\partial \langle T \rangle}{\partial x} + \langle v \rangle \cdot \frac{\partial \langle T \rangle}{\partial y} = a \cdot \frac{\partial^2 \langle T \rangle}{\partial y^2} - \frac{\partial \langle v' \cdot T' \rangle}{\partial y} \tag{11.6}$$

an. Die integrale Bilanz von Impuls bzw. Energie über die hydrodynamische bzw. thermische Grenzschicht erhalten wir durch Integration von Gl. (11.5) bzw. Gl. (11.6) über die hydrodynamische Grenzschichtdicke δ bzw. thermische Grenzschichtdicke δ_{th}. Als obere Integrationsgrenze wählen wir die von x unabhängige Höhe $h \geq \delta, \delta_{th}$. Für die Reynolds-gemittelte Impulsgleichung in Hauptströmungsrichtung ergibt sich

$$\int_0^h \left(\frac{\partial \langle u \rangle^2}{\partial x} + \frac{\partial (\langle u \rangle \cdot \langle v \rangle)}{\partial y} \right) dy = \int_0^h \left(\nu \cdot \frac{\partial^2 \langle u \rangle}{\partial y^2} - \frac{\partial \langle u' \cdot v' \rangle}{\partial y} \right) dy \quad ,$$

$$\int_0^h \frac{\partial \langle u \rangle^2}{\partial x} \, dy + [\langle u \rangle(x,y) \cdot \langle v \rangle(x,y)]_0^h \, dy = \left[\nu \cdot \frac{\partial \langle u \rangle}{\partial y} - \langle u' \cdot v' \rangle \right]_0^h \quad . \tag{11.7}$$

Mit der Integration der Kontinuitätsgleichung

$$\langle v \rangle(x,h) = - \int_0^h \frac{\partial \langle u \rangle}{\partial x} \, dy \tag{11.8}$$

und mit den Randbedingungen $\nu \cdot \partial \langle u \rangle / \partial y|_{y=h} = 0$, $\langle u' \cdot v' \rangle(x,0) = 0$ und $\langle u' \cdot v' \rangle(x,h) = 0$ folgt aus Gl. (11.7)

$$\frac{\partial}{\partial x} \int_0^h \left[\langle u \rangle \cdot (u_\infty - \langle u \rangle) \right] \, \partial y = \nu \cdot \left. \frac{\partial \langle u \rangle}{\partial y} \right|_{y=0} \quad . \tag{11.9}$$

Ein analoges Vorgehen für die Reynolds-gemittelte Energiegleichung führt mit den Randbedingungen $a \cdot \partial \langle T \rangle / \partial y|_{y=h} = 0$, $\langle v' \cdot T' \rangle(x,0) = 0$ und $\langle v' \cdot T' \rangle(x,h) = 0$ auf

$$\frac{\partial}{\partial x} \int_0^h \left[\langle u \rangle \cdot (T_\infty - \langle T \rangle) \right] \, dy = a \cdot \left. \frac{\partial \langle T \rangle}{\partial y} \right|_{y=0} \quad . \tag{11.10}$$

Unter Verwendung der Verlustdicken gemäß Gl. (10.7) und Gl. (10.8) erhalten wir aus Gl. (11.7) den Impulssatz einer ZPG TBL

$$\frac{\partial}{\partial x} \left(\delta_2 \cdot u_\infty^2 \right) = \frac{\tau_W}{\rho} \tag{11.11}$$

und mit der für einen mittleren advektiven Wärmetransport repräsentativen Verlustdicke

$$\delta_4 = \int_C^\infty \frac{\langle u \rangle}{u_\infty} \left(\frac{\langle T \rangle}{T_\infty} - 1 \right) dy \tag{11.12}$$

ergibt sich aus Gl. (11.10) der Energiesatz der turbulenten thermischen Grenzschicht

$$\frac{\partial}{\partial x} \left(\delta_4 \cdot u_\infty \cdot T_\infty \right) = \frac{\dot{q}_W}{\rho \cdot c} \quad . \tag{11.13}$$

11.2.1 Näherungslösung für den Reibungskoeffizienten

Den lokalen Reibungskoeffizienten erhält man durch Lösen von Gl. (11.11),

$$\frac{\partial \delta_2}{\partial x} = \frac{\tau_W}{u_\infty^2 \cdot \rho} \quad . \tag{11.14}$$

Somit erhalten wir aus Gl. (11.14) den lokalen Reibungskoeffizienten $c_f(x) = 2 \cdot \tau_W(x)/(\rho \cdot u_\infty^2)$, indem wir die räumliche Ableitung der Impulsverlustdicke bestimmen. Zunächst muss jedoch die Impulsverlustdicke ermittelt werden. Dies gelingt mit dem Potenzansatz für die mittlere Geschwindigkeit in der turbulenten hydrodynamischen Grenzschicht gemäß Gl. (10.77) in der Definitionsgleichung der Impulsverlustdicke gemäß Gl. (10.8). Innerhalb des Reynolds-Zahl-Bereichs $5 \cdot 10^5 \leq Re_x \leq 5 \cdot 10^7$ verwendet man einen $1/7$-Exponenten in Gl. (10.77) und somit folgt für die Impulsverlustdicke

$$\delta_2 = \int_0^\delta \frac{\langle u \rangle}{u_\infty} \cdot \left(1 - \frac{\langle u \rangle}{u_\infty}\right) dy = \delta \cdot \int_0^1 \eta^{1/7} \cdot \left(1 - \eta^{1/7}\right) d\eta = \frac{7}{72} \cdot \delta \quad , \tag{11.15}$$

mit $\eta = y/\delta$. In Gl. (11.15) wurde angenommen, dass die Strömungsgeschwindigkeit außerhalb der turbulenten hydrodynamischen Grenzschicht der Anströmgeschwindigkeit $u_\infty = const.$ entspricht und damit $u_\infty - \langle u \rangle = 0$ für $y \geq \delta$ gilt, wodurch sich die Integrationsgrenze in Gl. (10.8) verschiebt ($\infty \rightarrow \delta$). Zur Bestimmung der hydrodynamischen Grenzschichtdicke nutzen wir den empirisch ermittelten und in Lehrbüchern oft zu findenden Zusammenhang für die Wandschubspannung im betrachteten Reynolds-Zahl-Bereich

$$\tau_W = 0{,}0225 \cdot \rho \cdot u_\infty^2 \cdot Re_\delta^{-1/4} \quad . \tag{11.16}$$

Mit Gl. (11.16) und Gl. (11.15) ergibt sich aus Gl. (11.14)

$$\frac{\partial \delta_2}{\partial x} = \frac{7}{72} \cdot \frac{\partial \delta}{\partial x} = 0{,}0225 \cdot \frac{\nu^{1/4}}{u_\infty^{1/4} \cdot \delta^{1/4}} \quad . \tag{11.17}$$

Die Integration von Gl. (11.17) mit der Randbedingung $\delta(x = 0) = 0$ führt auf

$$\delta^{5/4} = 0{,}0225 \cdot \frac{72}{7} \cdot \frac{5}{4} \cdot \frac{\nu^{1/4}}{u_\infty^{1/4} \cdot x^{1/4}} \cdot x^{5/4} \tag{11.18}$$

und für die Grenzschichtdicke erhalten wir

$$\delta(x) = 0{,}371 \cdot x \cdot Re_x^{-1/5} \quad . \tag{11.19}$$

Demnach folgt aus Gl. (11.14) für den lokalen Reibungskoeffizienten

$$c_f(x) = 2 \cdot \frac{\partial \delta_2}{\partial x} = \frac{7}{36} \cdot 0{,}371 \cdot \frac{\partial \left(x \cdot Re_x^{-1/5}\right)}{\partial x} = 0{,}0577 \cdot Re_x^{-1/5} \quad . \tag{11.20}$$

Für Bereiche höherer Reynolds-Zahlen ändern sich die Exponenten im Potenzgesetz zur Bestimmung der mittleren dimensionslosen Geschwindigkeit und die Korrelation für die Wandschubspannung. Die Ermittlung des Reibungskoeffizienten erfolgt analog (siehe Aufgabe 11.2).

11.2.2 Näherungslösung für die Nusselt- und Stanton-Zahl bei $T_W = const.$ und $Pr \approx 1, Pr_t \approx 1$

Als Nächstes wird die konvektive Wärmeübertragung behandelt. Für Fluide mit Prandtl-Zahlen von $Pr \approx 1$ und für hinreichend große Reynolds-Zahlen kann das dimensionslose mittlere Temperaturprofil entlang einer einseitig turbulent umströmten ebenen Platte mit einem ähnlichen Potenzansatz wie die dimensionslose mittlere Geschwindigkeit gemäß Gl. (10.77) angegeben werden. Für den Reynolds-Zahl-Bereich von $5 \cdot 10^5 \leq Re_{l_x} \leq 5 \cdot 10^7$ verwenden wir

$$\frac{T_W - \langle T \rangle}{T_W - T_\infty} = \left(\frac{y}{\delta_{th}} \right)^{1/7} \quad . \tag{11.21}$$

Mit der Temperaturverteilung aus Gl. (11.21) ergibt sich für die thermische Energieverlustdicke

$$\delta_4 = \int_0^{\delta_{th}} \frac{\langle u \rangle}{u_\infty} \cdot \left(\frac{\langle T \rangle}{T_\infty} - 1 \right) dy = \frac{T_\infty - T_W}{T_\infty} \cdot \delta_{th} \cdot \int_0^1 \eta^{1/7} \cdot \left(\eta_{th}^{1/7} - 1 \right) d\eta_{th} \quad , \tag{11.22}$$

mit $\eta_{th} = y/\delta_{th}$. Für Fluide mit Prandtl-Zahlen von $Pr \approx 1$ sind die hydrodynamische und die thermische Grenzschichtdicke näherungsweise gleich groß und wir können in Gl. (11.22) die thermische Grenzschichtdicke δ_{th} durch die hydrodynamische Grenzschichtdicke δ ersetzen. Die Integration führt auf

$$\delta_4 = \frac{7}{72} \cdot \frac{T_W - T_\infty}{T_\infty} \cdot \delta \quad . \tag{11.23}$$

Mit Gl. (11.23) ergibt sich aus Gl. (11.13)

$$u_\infty \cdot \frac{7}{72} \cdot (T_W - T_\infty) \cdot \frac{\partial \delta}{\partial x} = \frac{\dot{q}_W}{\rho \cdot c} \quad . \tag{11.24}$$

Gemäß Gl. (11.14) und Gl. (11.15) gilt die Beziehung

$$\frac{c_f}{2} = \frac{7}{72} \cdot \frac{\partial \delta}{\partial x} \tag{11.25}$$

und aus Gl. (11.24) folgt

$$u_\infty \cdot (T_W - T_\infty) \cdot \frac{c_f}{2} = \frac{\dot{q}_W}{\rho \cdot c} \quad . \tag{11.26}$$

Entsprechend Gl. (11.3) erhält man aus Gl. (11.26) und Gl. (11.20) die gesuchte Stanton-Zahl

$$St(x) = \frac{c_f(x)}{2} = 0{,}0289 \cdot Re_x^{-1/5} \quad . \tag{11.27}$$

11.3 Wärmeübertragungsanalogien

Ausgehend von den in Kapitel 10.3.3 und 10.5.1 kennengelernten Wandfunktionen werden wir nun funktionale Zusammenhänge zwischen Reibungskoeffizient und Nusselt-Zahl in Form von Wärmeübertragungsanalogien entwickeln.

11.3.1 Reynolds-Analogie

Bei der Herleitung der Reynolds-Analogie für die turbulente thermische Grenzschicht, gehen wir davon aus, dass sich die turbulente Schicht und die thermische turbulente Schicht über die gesamte Grenzschicht erstrecken. Weiterhin beschränken wir uns auf Grenzschichtströmungen für Fluide mit Prandtl-Zahlen von $Pr \approx 1$ und setzen voraus, dass die hydrodynamische und die thermische Grenzschichtdicke gleich groß sind. In der turbulenten Schicht der turbulenten hydrodynamischen Grenzschicht gilt entsprechend Gl. (10.59)

$$\tau_W = -\rho \cdot \langle u' \cdot v' \rangle \tag{11.28}$$

und in der turbulenten thermischen Schicht der turbulenten thermischen Grenzschicht gilt entsprechend Gl. (10.132)

$$\dot{q}_W = c \cdot \rho \cdot \langle v' \cdot T' \rangle \quad . \tag{11.29}$$

Mit der Wirbelviskosität-Annahme gemäß Gl. (9.131) ergibt sich für Gl. (11.28)

$$\tau_W = \rho \cdot \nu_t \cdot \frac{\partial \langle u \rangle}{\partial y} \quad . \tag{11.30}$$

Die turbulente Prandtl-Zahl beträgt $Pr_t \approx 1$ in der turbulenten thermischen Schicht einer einseitig turbulent umströmten ebenen Platte für ein Fluid mit einer Prandtl-Zahl von $Pr \approx 1$ (siehe Abb. 9.4, S. 289) und mit der Gradienten-Diffusion-Annahme gemäß Gl. (9.133) erhält man für Gl. (11.29)

$$\dot{q}_W = -c \cdot \rho \cdot \nu_t \cdot \frac{\partial \langle T \rangle}{\partial y} \quad . \tag{11.31}$$

Als Nächstes eliminieren wir durch Gleichsetzen von Gl. (11.30) und Gl. (11.31) die unbekannte Wirbelviskosität

$$-\frac{\dot{q}_W}{c \cdot \tau_W} = \frac{\partial \langle T \rangle}{\partial \langle u \rangle} \tag{11.32}$$

und integrieren die hieraus resultierende Gleichung

$$-\int \frac{\dot{q}_W}{c \cdot \tau_W} \, d\langle u \rangle = \int d\langle T \rangle \quad . \tag{11.33}$$

Sind die Wandwärmestromdichte und die Wandschubspannung konstant, so kann Gl. (11.33) ohne weitere Umformung integriert werden. Mit den Randbedingungen $\langle u \rangle (x, y =$

$0) = 0$ und $\langle u \rangle (x, y = \delta) = u_\infty$ sowie $\langle T \rangle (x, y = 0) = T_W$ und $\langle T \rangle (x, y = \delta) = T_\infty$ erhält man

$$\frac{\dot{q}_W}{c \cdot \tau_W} \cdot u_\infty = T_W - T_\infty \quad . \tag{11.34}$$

Mit den Definitionsgleichungen für die Stanton-Zahl (Gl. (11.3)) und für den Reibungskoeffizienten (Gl. (11.1)) erhalten wir aus Gl. (11.34) die Reynolds-Analogie

$$St(x) = \frac{c_f(x)}{2} \quad . \tag{11.35}$$

Basierend auf empirischen Daten erweiterte Colburn (1964) die Reynolds-Analogie auf Fluide unterschiedlicher Prandtl-Zahlen. Demnach gilt

$$St(x) = \frac{c_f(x)}{2} \cdot Pr^{-2/3}; \quad Pr \geq 0{,}5 \tag{11.36}$$

und mit Gl. (11.20) ergibt sich für die lokale Nusselt-Zahl

$$Nu(x) = 0{,}0289 \cdot Re(x)^{4/5} \cdot Pr^{1/3}; \quad Pr \geq 0{,}5 \quad . \tag{11.37}$$

11.3.2 Prandtl-Analogie

Bei der Prandtl-Analogie (Prandtl (1910, 1928); Taylor (1916)) wird davon ausgegangen, dass die gesamte turbulente hydrodynamische Grenzschicht aus einer viskos-geprägten Schicht sowie einer turbulenten Schicht und die gesamte turbulente thermische Grenzschicht aus einer molekular-geprägten Schicht sowie einer turbulenten thermischen Schicht besteht. Das Geschwindigkeits- bzw. Temperaturfeld kann demnach anhand von Gl. (10.42) bzw. Gl. (10.119) beschrieben werden. Da im Rahmen der vorgestellten Prandtl-Analogie nur Fluide mit Prandtl-Zahlen von $Pr \approx 1$ betrachtet werden, darf angenommen werden, dass die in der turbulenten hydrodynamischen und turbulenten thermischen Grenzschicht korrespondierenden Schichten näherungsweise gleiche Höhen besitzen. Dementsprechend verwenden wir im Folgenden die Größe δ_{lm} für die wandnormale Ausdehnung der viskos- und molekular-geprägten Schicht und die Größe δ sowohl für die hydrodynamische Grenzschichtdicke als auch für die thermische Grenzschichtdicke.

In der viskos- und molekular-geprägten Schicht ist der turbulenzbedingte Impuls- und Wärmetransport von untergeordneter Bedeutung und entsprechend Gl. (10.42) und Gl. (10.119) gilt

$$\frac{\tau_W}{\rho} = \nu \cdot \frac{\partial \langle u \rangle}{\partial y} \tag{11.38}$$

und

$$\frac{\dot{q}_W}{c \cdot \rho} = -a \cdot \frac{\partial \langle T \rangle}{\partial y} \quad . \tag{11.39}$$

Durch Erweiterung von Gl. (11.38) um $\dot{q}_W/(c \cdot \rho)$ bzw. $-a \cdot \partial\langle T\rangle/\partial y$ entsprechend Gl. (11.39) erhält man

$$-\frac{\dot{q}_W}{\tau_W} \cdot \frac{Pr}{c} = \frac{\partial\langle T\rangle}{\partial\langle u\rangle} \quad . \tag{11.40}$$

Die anschließende Integration mit den Randbedingungen $\langle u\rangle(x,y=0) = 0$ und $\langle u\rangle(x,y = \delta_{lm}) = u_{lm}$ sowie $\langle T\rangle(x,y=0) = T_W$ und $\langle T\rangle(x,y = \delta_{lm}) = T_{lm}$ liefert

$$-\frac{\dot{q}_W}{\tau_W} \cdot \frac{Pr}{c} \cdot u_{lm} = T_{lm} - T_W \quad . \tag{11.41}$$

Bei der Integration von Gl. (11.40) wurde wie bei der Reynolds-Analogie angenommen, dass die Wandwärmestromdichte und die Wandschubspannung konstant sind. In der turbulenten Schicht sind die viskosen Kräfte und in der turbulenten thermischen Schicht ist die molekulare Wärmeleitung gegenüber den turbulenten Beiträgen vernachlässigbar. Mit der Wirbelviskosität-Annahme gemäß Gl. (9.131) bzw. Gradienten-Diffusion-Annahme gemäß Gl. (9.133) sowie der Annahme einer turbulenten Prandtl-Zahl von $Pr_t = 1$ folgt aus Gl. (10.42)

$$\frac{\tau_W}{\rho} = v_t \cdot \frac{\partial\langle u\rangle}{\partial y} \tag{11.42}$$

bzw. aus Gl. (10.119)

$$\frac{\dot{q}_W}{c \cdot \rho} = -v_t \cdot \frac{\partial\langle T\rangle}{\partial y} \quad . \tag{11.43}$$

Durch die Erweiterung von Gl. (11.42) mit $\dot{q}_W/(c \cdot \rho)$ bzw. $-v_t \cdot \partial\langle T\rangle/\partial y$ gemäß Gl. (11.43) eliminieren wir die Wirbelviskosität und integrieren die entstehende Gleichung in Wandnormalenrichtung von $y = \delta_{lm}$ bis $y = \delta$. Am Grenzschichtrand gilt $\langle u\rangle(x,y = \delta) = u_\infty$ sowie $\langle T\rangle(x,y = \delta) = T_\infty$ und es ergibt sich

$$T_\infty - T_{lm} = -\frac{\dot{q}_W}{\tau_W} \cdot \frac{1}{c} \cdot (u_\infty - u_{lm}) \quad . \tag{11.44}$$

Im nächsten Schritt verwenden wir Gl. (11.41), um die Temperatur T_{lm} in Gl. (11.44) zu substituieren und erhalten somit

$$T_W - T_\infty = \frac{\dot{q}_W}{\tau_W} \cdot \frac{u_\infty}{c} \cdot \left[1 + (Pr - 1) \cdot \frac{u_{lm}}{u_\infty}\right] \quad . \tag{11.45}$$

Unter Verwendung von Gl. (3.59) ergibt sich aus Gl. (11.45) der Wärmeübertragungskoeffizient

$$\alpha = \frac{\tau_W \cdot c}{u_\infty} \cdot \frac{1}{1 + (Pr - 1) \cdot u_{lm}/u_\infty} \quad . \tag{11.46}$$

Die Definitionsgleichungen für die Stanton-Zahl (Gl. (11.3)) und für den Reibungskoeffizienten (Gl. (11.1)) liefern den Zusammenhang

$$St(x) = \frac{c_f(x)}{2} \cdot \frac{1}{1 + (Pr - 1) \cdot u_{lm}/u_\infty} \quad . \tag{11.47}$$

Um die Prandtl-Analogie aus Gl. (11.47) zu erhalten, müssen wir noch den Geschwindigkeitsquotienten im Nenner von Gl. (11.47) approximieren. Dazu verwenden wir den Reibungskoeffizienten. Unter der Annahme, dass die Wandschubspannung in der viskosgeprägten Schicht einem linearen Zusammenhang folgt und mit

$$\tau_W = \nu \cdot \rho \cdot \frac{u_{lm}}{\delta_{lm}} \qquad (11.48)$$

beschrieben werden kann, ergibt sich für den Geschwindigkeitsquotienten

$$\frac{u_{lm}}{u_\infty} = \frac{\tau_W}{\rho} \cdot \frac{\delta_{lm}}{\nu \cdot u_\infty} = \frac{u_\tau}{u_\infty} \cdot \frac{\delta_{lm} \cdot u_\tau}{\nu} = \delta_{lm}^+ \cdot \sqrt{\frac{c_f(x)}{2}} \quad . \qquad (11.49)$$

Dementsprechend lautet die als Prandtl-Analogie bezeichnete Bestimmungsgleichung für die Stanton-Zahl

$$St(x) = \frac{c_f(x)}{2} \cdot \frac{1}{1 + (Pr - 1) \cdot \delta_{lm}^+ \cdot \sqrt{c_f(x)/2}} \quad . \qquad (11.50)$$

Für eine Prandtl-Zahl von $Pr = 1$ geht die Prandtl-Analogie in die Reynolds-Analogie über. Als die äußeren Grenzen der viskos- und molekular-geprägten Schichten finden sich in der einschlägigen Fachliteratur unterschiedliche Angaben. Hierfür empfiehlt sich der Wandabstand, bei dem die molekularen und turbulenten Spannungen bzw. die molekularen und turbulenten Wärmestromdichten in etwa gleich groß sind, d. h., $11 \leq \delta_{lm}^+ \leq 14$. Mit dem von Kays et al (2005) angegebenen Wert von $\delta_{lm}^+ = 13{,}2$ und Gl. (11.20) für den Reibungskoeffizienten ergibt sich die Nusselt-Zahl-Korrelation

$$Nu(x) = \frac{0{,}0289 \cdot Pr \cdot Re_x^{4/5}}{1 + 2{,}244 \cdot Re_x^{-1/10} \cdot (Pr - 1)} \quad . \qquad (11.51)$$

Obwohl die Prandtl-Analogie weitaus genauer ist als die Reynolds-Analogie, weichen die aus der Korrelation erhaltenen Ergebnisse für Fluide mit Prandtl-Zahlen von $Pr \neq 1$ erheblich von empirisch ermittelten Daten ab.

11.3.3 Von-Kármán-Analogie

Die Von-Kármán-Analogie (von Kármán (1939)) beschreibt einen funktionalen Zusammenhang zwischen konvektiver Wärmeübertragung und Reibungskoeffizient. Ihr liegt eine Drei-Schichten-Struktur der turbulenten hydrodynamischen bzw. turbulenten thermischen Grenzschicht aus viskoser bzw. molekularer Unterschicht, Übergangsschicht und turbulenter bzw. thermisch turbulenter Schicht zugrunde.

Zur Herleitung der Von-Kármán-Analogie formen wir zunächst die Definitionsgleichung der Stanton-Zahl wie folgt um

$$St(x) = \frac{\alpha(x)}{c \cdot \rho \cdot u_\infty} = \frac{\dot{q}_W}{c \cdot \rho \cdot u_\infty \cdot (T_W - T_\infty)}$$

$$= \frac{\dot{q}_W}{c \cdot \rho \cdot (T_W - T_\infty) \cdot u_\tau} \cdot \frac{u_\tau}{u_\infty} = \frac{1}{T_\infty^+} \cdot \frac{1}{u_\infty^+} = \frac{1}{T_\infty^+} \cdot \sqrt{\frac{c_f(x)}{2}} \quad . \tag{11.52}$$

Aus Gl. (11.52) geht hervor, dass die Stanton-Zahl bei Kenntnis von T_∞^+ und $c_f(x)$ ermittelt werden kann. Während wir für $c_f(x)$ auf empirisch ermittelte Korrelationen zurückgreifen, verwenden wir zur Bestimmung von T_∞^+ die in Kapitel 10.3.3 und in Kapitel 10.5.1 kennengelernten Wandfunktionen für das dimensionslose mittlere Geschwindigkeits- und Temperaturprofil. Mit der Wirbelviskosität-Annahme für die Reynolds-Spannungen gemäß Gl. (9.131) bzw. der Gradienten-Diffusion-Annahme für die Reynolds-Wärmeströme gemäß Gl. (9.133) gilt in der als Drei-Schichten-Struktur aufgebauten turbulenten hydrodynamischen Grenzschicht

$$\left(1 + \frac{v_t}{v}\right) \cdot \frac{\partial u^+}{\partial y^+} = 1 \quad , \tag{11.53}$$

bzw. turbulenten thermischen Grenzschicht

$$\left(\frac{1}{Pr} + \frac{v_t}{v \cdot Pr_t}\right) \cdot \frac{\partial T^+}{\partial y^+} = 1 \quad . \tag{11.54}$$

In der turbulenten Schicht bzw. thermischen turbulenten Schicht dominiert die turbulente Impulsübertragung bzw. die turbulente advektive Wärmeübertragung und der erste Term in der Klammer von Gl. (11.53) bzw. Gl. (11.54) kann vernachlässigt werden. Eliminieren wir die Wirbelviskosität in den entstehenden Gleichungen durch Gleichsetzen dieser Gleichungen, so ergibt sich

$$\frac{\partial T^+}{\partial u^+} = Pr_t \quad . \tag{11.55}$$

Die Integration von Gl. (11.55) in Wandnormalenrichtung im Intervall $[y^+ = 30, y^+ = \infty]$ mit den Randbedingungen $u^+(y^+ = 30) = u_{30}^+$ und $u^+(y^+ = \infty) = u_\infty^+$ sowie $T^+(y^+ = 30) = T_{30}^+$ und $T^+(y^+ = \infty) = T_\infty^+$ liefert

$$T_\infty^+ = Pr_t \cdot \left(u_\infty^+ - u_{30}^+\right) + T_{30}^+ \tag{11.56}$$

und wir müssen demnach zur Berechnungen von T_∞^+ bei vorgegebenem u_∞^+ die Größen u_{30}^+ und T_{30}^+ bestimmen. u_∞^+ erhalten wir aus einer Korrelationsgleichung für den Reibungskoeffizienten. Die dimensionslose mittlere Geschwindigkeit u_{30}^+ am äußeren Rand der Übergangsschicht ergibt sich durch Umformung von Gl. (11.53) und anschließender Integration im Intervall $[y^+ = 0, y^+ = 30]$

$$\int_0^{u_{30}^+} du^+ = \int_0^{30} \frac{1}{1 + \dfrac{v_t}{v}} \, dy^+ = \int_0^{5} dy^+ + \int_5^{30} \frac{1}{1 + \dfrac{v_t}{v}} \, dy^+ \quad . \tag{11.57}$$

Gemäß Gl. (11.53) entspricht der Integrand im letzten Term von Gl. (11.57) der Ableitung $\partial u^+/\partial y^+$. Mit der von von Kármán (1939) vorgeschlagenen dimensionslosen mittleren Geschwindigkeitsverteilung in der Übergangsschicht

$$u^+ = 5{,}0 \cdot \ln\left(y^+\right) + 3{,}05 \tag{11.58}$$

ergibt sich für Gl. (11.57)

$$u_{30}^+ = 5 + \int_5^{30} \frac{5}{y^+}\, dy^+ = 5 + 5 \cdot \ln(6) \quad . \tag{11.59}$$

Ein analoges Vorgehen liefert die Temperatur T_{30}^+

$$
\begin{aligned}
T_{30}^+ &= \int_{T_0^+}^{T_{30}^+} dT^+ = \int_0^{30} \frac{1}{\dfrac{1}{Pr} + \dfrac{\nu_t}{\nu \cdot Pr_t}}\, dy^+ \\[2ex]
&= \int_0^5 Pr\, dy^+ + \int_5^{30} \frac{1}{\dfrac{1}{Pr} + \dfrac{\nu_t}{\nu \cdot Pr_t}}\, dy^+ \\[2ex]
&= 5 \cdot \left[Pr + Pr_t \cdot \ln\left(1 + 5 \cdot \frac{Pr}{Pr_t}\right) \right]
\end{aligned}
\tag{11.60}
$$

und für die dimensionslose mittlere Temperatur am Grenzschichtrand erhält man

$$T_\infty^+ = Pr_t \cdot \sqrt{\frac{2}{c_f(x)}} + 5 \cdot Pr_t \cdot \left[\frac{Pr}{Pr_t} - 1\right] + 5 \cdot Pr_t \cdot \ln\left(\frac{1}{6} + \frac{5}{6} \cdot \frac{Pr}{Pr_t}\right) \quad . \tag{11.61}$$

Mit Gl. (11.61) können wir aus (11.52) die lokale Nusselt-Zahl

$$
\begin{aligned}
Nu(x) &= \frac{Re_x \cdot Pr \cdot \sqrt{c_f(x)/2}}{T_\infty^+} \\[2ex]
&= \frac{Re_x \cdot Pr \cdot Pr_t^{-1} \cdot c_f(x)/2}{1 + 5 \cdot \sqrt{\dfrac{c_f(x)}{2}} \cdot \left[\left(\dfrac{Pr}{Pr_t} - 1\right) + \ln\left(1 + \dfrac{5}{6} \cdot \left(\dfrac{Pr}{Pr_t} - 1\right)\right)\right]}
\end{aligned}
\tag{11.62}
$$

bestimmen und für eine turbulente Prandtl-Zahl von $Pr_t = 1$ ergibt sich die als Von-Kármán-Analogie bekannte Bestimmungsgleichung der lokalen Nusselt-Zahl

$$Nu(x) = \frac{Re_x \cdot Pr \cdot c_f(x)/2}{1 + 5 \cdot \sqrt{\dfrac{c_f(x)}{2}} \cdot \left[Pr - 1 + \ln\left(1 + \dfrac{5}{6} \cdot (Pr - 1)\right)\right]} \quad . \tag{11.63}$$

Für eine Prandtl-Zahl von $Pr = 1$ geht die Von-Kármán-Analogie in die Reynolds-Analogie über.

11.3.4 Analytisches Wärmeübertragungsmodell

Mit Hilfe der Bestimmungsgleichungen für den Reibungsbeiwert gemäß Gl. (11.1),

$$u_\infty^+ = \frac{1}{\sqrt{c_f(x)/2}} \qquad (11.64)$$

und der Stanton-Zahl gemäß Gl. (11.52),

$$St(x) = \frac{\sqrt{c_f(x)/2}}{T_\infty^+} \qquad (11.65)$$

können wir unter Verwendung der Wandfunktionen aus Kapitel 10.3.3 und Kapitel 10.5.1 ein weiteres einfaches analytisches Modell für die lokale Stanton- bzw. Nusselt-Zahl entwickeln. Hierbei hilft uns die Reynolds- bzw. Péclet-Zahl-Ähnlichkeit der (thermischen) Außenschicht. Mit der Temperatur am thermischen Grenzschichtrand gemäß Gl. (10.144) folgt aus Gl. (11.65)

$$St(x) = \frac{\sqrt{c_f(x)/2}}{\dfrac{1}{\kappa_T} \cdot \ln\left(\delta_{th}^+\right) + B_T(Pr) + 2 \cdot \dfrac{\Pi_T}{\kappa_T}} \cdot \qquad (11.66)$$

Für Fluide mit Prandtl-Zahlen von $Pr \approx 1$ koinzidieren die Ränder der turbulenten hydrodynamischen und turbulenten thermischen Grenzschicht näherungsweise, d. h., es gilt $\delta \approx \delta_{th}$ und wir können Gl. (11.66) mit dem Zusammenhang

$$\delta_{th}^+ = \frac{\delta_{th} \cdot u_\tau}{\nu} = \frac{\delta_{th} \cdot u_\infty}{\nu} \cdot \frac{u_\tau}{u_\infty} = Re_{\delta_{th}} \cdot \sqrt{c_f(x)/2} \approx Re_\delta \cdot \sqrt{c_f(x)/2} \qquad (11.67)$$

weiter umformen und erhalten

$$St(x) = \frac{\sqrt{c_f(x)/2}}{\dfrac{1}{\kappa_T} \cdot \ln\left(Re_\delta \cdot \sqrt{c_f(x)}\right) + B_T(Pr) + 2 \cdot \dfrac{\Pi_T}{\kappa_T} - \dfrac{\ln(2)}{2 \cdot \kappa_T}} \cdot \qquad (11.68)$$

Für die Bestimmung des Reibungskoeffizienten und der hydraulischen Grenzschichtdicke lassen sich beispielsweise die in Kapitel 11.2.1 kennengelernten Korrelationen nutzen. Um die Verwendung einer Bestimmungsgleichung für die hydraulische Grenzschichtdicke zu umgehen, substituiert man die logarithmische Funktion $\ln\left(\delta_{th}^+\right) \approx \ln(\delta^+)$ in Gl. (11.66) entsprechend Gl. (10.74) mit $\kappa \cdot u_\infty^+ - \kappa \cdot B - 2 \cdot \Pi$. Daraus ergibt sich die Stanton-Zahl-Korrelation (Simonich und Bradshaw (1978))

$$St(x) = \frac{\sqrt{c_f(x)/2}}{Pr_t \cdot (u_\infty^+ - B) + B_T(Pr) + \dfrac{2}{\kappa_T} \cdot (\Pi_T - \Pi)} \, , \qquad (11.69)$$

bzw.

$$St(x) = \frac{c_f(x)/2}{Pr_t + \sqrt{c_f(x)/2} \cdot \left(B_T(Pr) - Pr_t \cdot B + \dfrac{2}{\kappa_T} \cdot [\Pi_T - \Pi]\right)} \quad . \tag{11.70}$$

Für hinreichend große Reynolds-Zahlen, z. B. $Re_{\delta_2} \cdot Pr > 3100$ (Subramanian und Antonia (1981)), ist die Differenz aus $\Pi_T - \Pi$ näherungsweise konstant und wir können mit den asymptotischen Werten für den thermischen Nachlaufparameter $\Pi_T = 0{,}336$ (Subramanian und Antonia (1981)) und den hydraulischen Nachlaufparameter $\Pi = 0{,}55$ (Coles (1962); Nagib et al (2007)) die entsprechende Differenz in Gl. (11.70) abschätzen. Mit den Werten $Pr_t = 0{,}85$ und $\kappa_T = 0{,}47$ sowie Gl. (10.140) für $B_T(Pr)$ (Kader und Yaglom (1972)) und $B = 5{,}1$ (Coles (1956)) ergibt sich folgende Nusselt-Zahl-Korrelation

$$Nu(x)$$
$$= \frac{Re_x \cdot Pr \cdot c_f(x)/2}{0{,}85 + \sqrt{c_f(x)/2} \cdot \left(14{,}8 \cdot Pr^{2/3} - 10 \cdot Pr^{1/3} + 2{,}12 \cdot \ln(Pr) - 3{,}56\right)} \quad . \tag{11.71}$$

Übungsaufgaben

11.1 Berechne die Widerstandskraft F_W und den Widerstandskoeffizienten

$$c_W \equiv \frac{F_W}{\rho \cdot u_\infty^2 \cdot b \cdot L} \tag{11.72}$$

einer einseitig turbulent umströmten ebenen Platte mit der Breite b und Länge L.

11.2 Im Reynolds-Zahl-Bereich von $2{,}9 \cdot 10^7 \leq Re_{l_x} \leq 5{,}0 \cdot 10^8$ besitzen die Potenzfunktion aus Gl. (10.77) zur Beschreibung der dimensionslosen mittleren Geschwindigkeit und die Potenzfunktion aus Gl. (11.21) zur Beschreibung der dimensionslosen mittleren Temperatur den Exponenten $1/10$ und für die Wandschubspannung gilt

$$\tau_W = 0{,}01 \cdot \rho \cdot u_\infty^2 \cdot Re_\delta^{-1/6} \quad . \tag{11.73}$$

Berechne für diesen Reynolds-Zahl-Bereich mit der Integralmethode die hydrodynamische Grenzschichtdicke, den lokalen Reibungskoeffizienten und die lokale Nusselt-Zahl für ein Fluid mit einer Prandtl-Zahl von $Pr \approx 1$.

11.3 Über die in Abb. 11.1 skizzierte ebene Platte mit der Länge $L = 18{,}0\,\text{m}$ strömt Wasser von der Temperatur $T_\infty = 30\,°\text{C}$ ($\rho = 995{,}6\,\text{kg}\,\text{m}^{-3}$, $\mu = 7{,}80 \cdot 10^{-4}\,\text{kg}\,\text{m}^{-1}\,\text{s}^{-1}$, $\lambda = 0{,}616\,\text{W}\,\text{m}^{-1}\,\text{K}^{-1}$, $Pr = 5{,}3$) mit der ungestörten Anströmgeschwindigkeit $u_\infty = 0{,}4\,\text{m}\,\text{s}^{-1}$.

- Wie hoch ist die Wandschicht ($y^+ = 30$) auf der Platte nach eine Länge von $7\,\text{m}$?

- Berechne die Lauflänge-gemittelte Nusselt-Zahl über die gesamte Länge der Platte unter Vernachlässigung des laminaren und transitionellen Strömungsanteils der hydrodynamischen Grenzschicht zu Beginn der Platte.

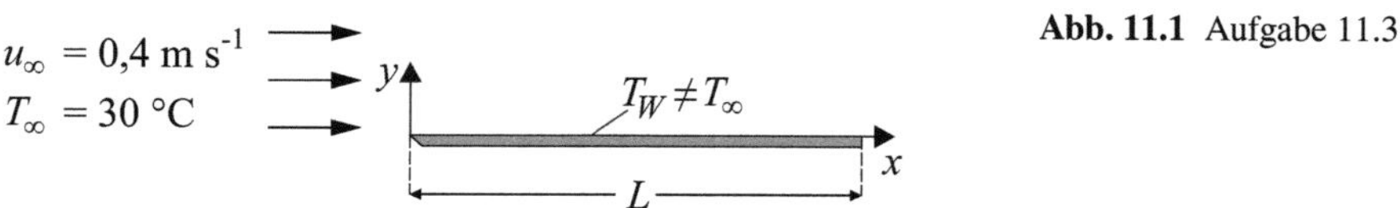

Abb. 11.1 Aufgabe 11.3

11.4 Innerhalb des Reynolds-Zahl-Bereichs $5 \cdot 10^5 \leq Re_{l_x} \leq 5 \cdot 10^7$ kann die dimensionslose mittlere Geschwindigkeitsverteilung in guter Näherung durch das 1/7-Potenzgesetz beschrieben werden. Wie lautet die korrespondierende u^+-Verteilung?

Literaturverzeichnis

Colburn AP (1964) A method of correlating forced convection heat-transfer data and a comparison with fluid friction. Int J Heat Mass Transf, doi: doi.org/10.1016/0017-9310(64)90125-5

Coles DE (1962) The turbulent boundary layer in a compressible fluid, Technical Report R-403-PR. United States Air Force Project RAND

Kays WM, Crawford M, Wiegand B (2005) Convective Heat and Mass Transfer. McGraw Hill

Nagib HM, Chauhan KA, Monkewitz PA (2007) Approach to an asymptotic state for zero pressure gradient turbulent boundary layers. Phil. Trans. R. Soc. Lond., doi: 10.1098/rsta.2006.1948

Prandtl L (1910) Eine Beziehung zwischen Wärmeaustausch und Strömungswiderstand der Flüssigkeiten. Phys Z (11): pp. 1072–1078

Prandtl L (1928) Bemerkung über den Wärmeübergang im Rohr. Phys Z (29): pp. 487–489

Simonich JC, Bradshaw P (1978) Effect of Free-Stream Turbulence on Heat Transfer through a Turbulent Boundary Layer. J Heat Transf, doi: doi.org/10.1115/1.3450875

Subramanian CS, Antonia RA (1981) Effect of Reynolds number on a slightly heated turbulent boundary layer. Int J Heat Mass Transf, doi: doi.org/10.1016/0017-9310(81)90149-6

Taylor GI (1916) British Advisory Committee. Aero Rep Mem 272 (31): pp. 423–429

von Kármán T (1939) The Analogy between Fluid Friction and Heat Transfer. Trans ASME, doi: doi.org/10.1115/1.4021298

Kapitel 12
Turbulente thermische Innenströmungen

Zusammenfassung Im vorliegenden Kapitel befassen wir uns mit den hydrodynamisch ausgebildeten sowie hydrodynamisch und thermisch ausgebildeten Strömungen in geraden Kanälen und Rohren mit gleichbleibendem Kanalquerschnitt. Wir werden die Reynolds-gemittelten Impulsgleichungen und die Reynolds-gemittelte Energiegleichung für Kanal- und Rohrströmungen herleiten. Mit diesen können wir die zeitlich gemittelten turbulenten Geschwindigkeits- und Temperaturfelder beschreiben und analysieren sowie Lösungen für den Reibungsbeiwert und die Nusselt-Zahl formulieren. Auf Basis des erworbenen Wissens sind wir in der Lage, Geschwindigkeits- und Temperaturverteilungen mit Hilfe von Wandfunktionen anzugeben.

Lernziele

- Sie können die Reynolds-gemittelten Impulsgleichungen und die Reynolds-gemittelte Energiegleichung für ausgebildete Innenströmungen in Kanälen und Rohren herleiten.
- Sie lernen den strukturellen Aufbau des thermischen Strömungsfelds für verschiedene Reynolds- und Prandtl-Zahlen kennen.
- Sie sind in der Lage, die mittleren Geschwindigkeits- und Temperaturverteilungen mit Hilfe von Wandfunktionen zu beschreiben.
- Sie können den Einfluss der Wandrauheit auf das turbulente Strömungsfeld, den Reibungsbeiwert und die konvektive Wärmeübertragung erklären.
- Sie lernen die Verteilung der turbulenten kinetischen Energie, der Reynolds-Spannungen, der Temperaturvarianz und der Reynolds-Wärmeströme für Kanalströmungen kennen.

© Der/die Autor(en), exklusiv lizenziert an
Springer Fachmedien Wiesbaden GmbH, ein Teil von Springer Nature 2025
S. Ruck, *Thermofluiddynamik*, https://doi.org/10.1007/978-3-658-48882-6_12

12.1 Einleitung

Turbulente Strömungen in Rohren und Kanälen sind die häufigste Strömungssituation in der Energie- und Wärmetechnik. Das strömende Fluid dient dabei meist als Energie- und Wärmeträger und transportiert innerhalb von Anlagen kinetische und thermische Energie zwischen den Komponenten. Beispiele aus der Energietechnik sind Flüssigmetall- oder Flüssigsalzströmungen in den Rohrbündeln der Konvektivheizflächen von Receivern konzentrierender Solarthermieanlagen, in deren Wärmeübertragern oder im Kühlkreislauf neuartiger Reaktorkonzepte. Aufgrund hoher Wärmestromdichten und temperaturbedingter materialkritischer Randbedingungen ist ein hohes thermofluiddynamisches Verständnis beim Anlagen- bzw. Komponentendesign erforderlich. Turbulente thermische Innenströmungen sind daher von übergeordneter Bedeutung.

Strömungstypen

Bei turbulenten Innenströmungen unterscheidet man generell zwischen den sich hydrodynamisch und thermisch entwickelnden Strömungen im Einlaufbereich und den vollständig ausgebildeten Strömungen. Die in Kapitel 6.1.1 beschriebenen und in Abb. 6.1 dargestellten Strömungstypen finden wir im zeitlichen Mittel auch bei turbulenten Innenströmungen. Während sich innerhalb des hydrodynamischen Einlaufbereichs für $x < X_{hy}$ das Geschwindigkeitsfeld bzw. innerhalb des thermischen Einlaufbereichs $x < X_{th}$ das dimensionslose Temperaturfeld in axialer Strömungsrichtung mit der Koordinate x ändert, sind das mittlere Geschwindigkeitsprofil bzw. das dimensionslose mittlere Temperaturprofil sowie die zugehörigen statistischen Momente höherer Ordnung im Bereich der ausgebildeten Strömung für $X_{hy} \geq x$ bzw. $X_{th} \geq x$ unabhängig von der axialen Koordinate x. D. h., für $X_{hy} \geq x$ bzw. $X_{th} \geq x$ liegt in axialer Strömungsrichtung eine homogen turbulente Strömung vor. Der Fanning-Reibungsbeiwert $f(x) \rightarrow f_\infty$ oder der Druckverlustbeiwert $\xi(x) \rightarrow \xi_\infty$ bzw. die Nusselt-Zahl $Nu_{l_0,BC}(x) \rightarrow Nu_{\infty,l_0,BC}$ besitzen für hydrodynamisch ausgebildete Strömungen bzw. hydrodynamisch und thermisch ausgebildete Strömungen einen konstanten Wert.

Einlauflängen

Im Vergleich zu laminaren Strömungen sind die hydrodynamische und die thermische Einlauflänge bei turbulenten Innenströmungen aufgrund des zusätzlichen Impuls- und Energieaustauschs durch die turbulente Fluidbewegung verhältnismäßig kurz. Die hydrodynamische Einlauflänge (Gl. (6.98)) für kreisrunde Rohre lässt sich gemäß Zhi-qing (1982) anhand von

$$\frac{X_{hy}}{D} = 1{,}359 \cdot Re_D^{1/4} \tag{12.1}$$

berechnen. Gl. (12.1) ähnelt der von White (2011) vorgeschlagenen Korrelation

$$\frac{X_{hy}}{D} = 1{,}6 \cdot Re_D^{1/4} \ . \tag{12.2}$$

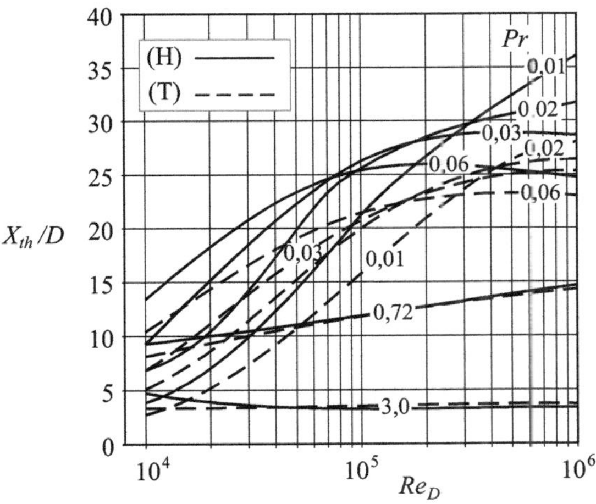

Abb. 12.1 Thermische Einlauflänge für a) konstante Wandwärmestromdichte und b) konstante Wandtemperatur über der Reynolds-Zahl für unterschiedliche Prandtl-Zahlen nach Notter und Sleicher (1972).

Eine weitere häufig verwendete Korrelation zur Bestimmung der hydrodynamischen Einlauflänge bei kreisrunden Rohren lautet

$$\frac{X_{hy}}{D} = 4{,}4 \cdot Re_D^{1/6} \ . \tag{12.3}$$

Die angegebenen Korrelationen sind jedoch nur als Näherungen zu betrachten, da die hydrodynamische Einlauflänge von verschiedenen Faktoren wie der Wandrauheit, den Anfangsbedingungen oder der Turbulenzintensität abhängt und demnach erheblich variieren kann.

In Abb. 12.1 sind die thermischen Einlauflängen X_{th} in kreisrunden Rohren für eine konstante Wärmestromdichte (*H*) (siehe Tabelle 6.1) und eine konstante Wandtemperatur (*T*) (siehe Tabelle 6.2) bei sich thermisch entwickelnder, hydrodynamisch ausgebildeter Rohrströmung gezeigt. Die thermische Einlauflänge ist in Gl. (6.122) definiert. Wie man erkennt, hängt sie unter anderem von der thermischen Randbedingung sowie von der Reynolds-Zahl und der Prandtl-Zahl ab.

12.2 Hydrodynamisch ausgebildete Innenströmung

Das Geschwindigkeitsfeld einer hydrodynamisch ausgebildeten, vollständig turbulent entwickelten Innenströmung in Rohren bzw. Kanälen mit gleichbleibendem Querschnitt weist die Besonderheit auf, dass es sowohl statistisch stationär als auch in axialer Richtung homogen ist. Im Gegensatz zu den turbulenten Grenzschichtströmungen, bei denen eine skalenanalytische Betrachtung zu den Reynolds-gemittelten Grenzschichtgleichungen führt (siehe Kapitel 10), genügt bei Innenströmungen allein die Annahme einer hydrodynamisch ausgebildeten, vollständig turbulent entwickelten Strömung aus, um die Impulsgleichungen

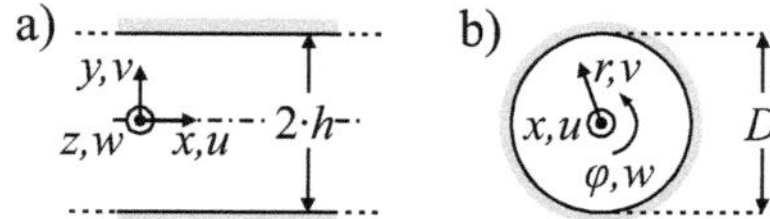

Abb. 12.2 Nomenklatur und Koordinatensysteme für a) Kanalströmung und b) Rohrströmung.

und die Energiegleichung so weit zu vereinfachen, dass Aussagen über die Verteilung von mittleren Geschwindigkeiten und Reynolds-Spannungen formuliert werden können.

12.2.1 Reynolds-gemittelte Impulsgleichung – Ebene Kanalströmung

Für eine hydrodynamisch ausgebildete, vollständig turbulent entwickelte ebene Kanalströmung (wir betrachten eine Strömung zwischen zwei unendlich ausgedehnten Platten, die im Abstand von $2 \cdot h$ zueinander entfernt sind; Hauptströmungsrichtung: x, u; Wandnormalenrichtung: y, v; Querrichtung: z, w; Koordinatenursprung: Kanalmittellinie – siehe Abb. 12.2 a) ist das zeitlich gemittelte Strömungsfeld stationär und die statistischen Momente sind symmetrisch zur Kanalmittelebene verteilt. Die mittleren Geschwindigkeiten und die Reynolds-Spannungen ändern sich in Hauptströmungsrichtung x und Querrichtung z nicht und es tritt keine mittlere Quergeschwindigkeit auf. Aus der Reynolds-gemittelten Kontinuitätsgleichung (für Fluide mit konstanten Stoffwerten)

$$\frac{\partial \langle u \rangle}{\partial x} + \frac{\partial \langle v \rangle}{\partial y} + \frac{\partial \langle w \rangle}{\partial z} = 0 \quad , \tag{12.4}$$

erhalten wir

$$\frac{\partial \langle v \rangle}{\partial y} = 0 \quad \text{mit} \quad \langle v \rangle(y = -h) = 0 \quad \rightarrow \langle v \rangle = 0 \quad , \tag{12.5}$$

und für die stationären Reynolds-gemittelten Impulsgleichungen (für Fluide mit konstanten Stoffwerten und ohne Wirken von äußeren Volumenkräften) in axialer Richtung

$$\begin{aligned}
\langle u \rangle \cdot \frac{\partial \langle u \rangle}{\partial x} + \langle v \rangle \cdot \frac{\partial \langle u \rangle}{\partial y} + \langle w \rangle \cdot \frac{\partial \langle u \rangle}{\partial z} &= -\frac{1}{\rho} \cdot \frac{\partial \langle p \rangle}{\partial x} + \nu \cdot \frac{\partial^2 \langle u \rangle}{\partial x^2} \\
+ \nu \cdot \frac{\partial^2 \langle u \rangle}{\partial y^2} + \nu \cdot \frac{\partial^2 \langle u \rangle}{\partial z^2} &- \frac{\partial \langle u' \cdot u' \rangle}{\partial x} - \frac{\partial \langle u' \cdot v' \rangle}{\partial y} - \frac{\partial \langle u' \cdot w' \rangle}{\partial z} \quad ,
\end{aligned} \tag{12.6}$$

und in Wandnormalenrichtung

$$\begin{aligned}
\langle u \rangle \cdot \frac{\partial \langle v \rangle}{\partial x} + \langle v \rangle \cdot \frac{\partial \langle v \rangle}{\partial y} + \langle w \rangle \cdot \frac{\partial \langle v \rangle}{\partial z} &= -\frac{1}{\rho} \cdot \frac{\partial \langle p \rangle}{\partial y} + \nu \cdot \frac{\partial^2 \langle v \rangle}{\partial x^2} \\
+ \nu \cdot \frac{\partial^2 \langle v \rangle}{\partial y^2} + \nu \cdot \frac{\partial^2 \langle v \rangle}{\partial z^2} &- \frac{\partial \langle v' \cdot u' \rangle}{\partial x} - \frac{\partial \langle v' \cdot v' \rangle}{\partial y} - \frac{\partial \langle v' \cdot w' \rangle}{\partial z} \quad ,
\end{aligned} \tag{12.7}$$

ergeben sich

$$0 = -\frac{1}{\rho} \cdot \frac{\partial \langle p \rangle}{\partial x} + \nu \cdot \frac{\partial^2 \langle u \rangle}{\partial y^2} - \frac{\partial \langle u' \cdot v' \rangle}{\partial y} \quad , \tag{12.8}$$

$$0 = -\frac{1}{\rho} \cdot \frac{\partial \langle p \rangle}{\partial y} - \frac{\partial \langle v' \cdot v' \rangle}{\partial y} \quad . \tag{12.9}$$

Druckgradient und Wandschubspannung

Aus Gl. (12.8) ist ersichtlich, dass das treibende Potenzial einer Innenströmung in Hauptströmungsrichtung der vorliegende mittlere axiale Druckgradient $\partial \langle p \rangle / \partial x$ ist, dem die volumenspezifische Fluidreibungskraft und turbulente Kraft entgegenwirken. Wie die folgende Rechnung zeigt, lässt sich der Druckgradient als Funktion der Wandschubspannung τ_W darstellen. Zunächst integrieren wir Gl. (12.9) in Wandnormalenrichtung,

$$\frac{1}{\rho} \cdot \langle p \rangle + C(x) = -\langle v' \cdot v' \rangle \quad , \tag{12.10}$$

und leiten anschließend nach x ab,

$$\frac{1}{\rho} \cdot \frac{\partial \langle p \rangle}{\partial x} = -\frac{\partial C(x)}{\partial x} - \frac{\partial \langle v' \cdot v' \rangle}{\partial x} \quad . \tag{12.11}$$

Bei der von uns vorausgesetzten axialen Homogenität des turbulenten Schwankungsfelds verschwindet der letzte Term in Gl. (12.11) und man erkennt, dass der mittlere axiale Druckgradient über der Kanalhöhe gleichförmig ist. Demnach liefert die Integration von Gl. (12.8)

$$\frac{\partial \langle p \rangle}{\partial x} \cdot y + C(x) = \rho \cdot \nu \cdot \frac{\partial \langle u \rangle}{\partial y} - \rho \cdot \langle u' \cdot v' \rangle \quad . \tag{12.12}$$

Mit den Randbedingungen $\mu \cdot \partial \langle u \rangle / \partial y|_{y=-h} = \tau_W$ und $-\rho \cdot \langle u' \cdot v' \rangle (y = -h) = 0$ sowie der Symmetriebedingung für die effektive Schubspannung $\mu \cdot \partial \langle u \rangle / \partial y|_{y=0} - \rho \cdot \langle u' \cdot v' \rangle (y = 0) = 0$ ergibt sich für den mittleren axialen Druckgradienten

$$\frac{\partial \langle p \rangle}{\partial x} = -\frac{\tau_W}{h} \tag{12.13}$$

und wir erhalten somit aus Gl. (12.8) bzw. für Gl. (12.12)

$$-\frac{\tau_W}{\rho} \cdot \frac{y}{h} = \nu \cdot \frac{\partial \langle u \rangle}{\partial y} - \langle u' \cdot v' \rangle \quad . \tag{12.14}$$

Liegt der Koordinatenursprung an der unteren Kanalwand, führt eine einfache Koordinatentransformation auf

$$\frac{\tau_W}{\rho} \cdot \left(1 - \frac{y}{h}\right) = \nu \cdot \frac{\partial \langle u \rangle}{\partial y} - \langle u' \cdot v' \rangle \quad . \tag{12.15}$$

12.2.2 Reynolds-gemittelte Impulsgleichung – Rohrströmung

Das mittlere Geschwindigkeitsfeld einer hydrodynamisch ausgebildeten, vollständig turbulent entwickelten Rohrströmung (Hauptströmungsrichtung: x, u; radiale Richtung: r, v; azimutale Richtung: φ, w; Koordinatenursprung: Rohrmittellinie - siehe Abb. 12.2 b) ist stationär und die Verteilung der zugehörigen statistischen Momente ist rotationssymmetrisch zur Rohrmittelachse. Es tritt keine mittlere azimutale Geschwindigkeit auf und die mittlere axiale Geschwindigkeit sowie die Reynolds-Spannungen ändern sich ausschließlich in radialer Richtung. Die Reynolds-gemittelte Kontinuitätsgleichung (für Fluide mit konstanten Stoffwerten)

$$\frac{\partial \langle u \rangle}{\partial x} + \frac{1}{r}\frac{\partial}{\partial r}\left[r \cdot \langle v \rangle \right] + \frac{1}{r} \cdot \frac{\partial \langle w \rangle}{\partial \varphi} = 0 \tag{12.16}$$

und die stationären Reynolds-gemittelten Impulsgleichungen (für Fluide mit konstanten Stoffwerten und ohne Wirken von äußeren Volumenkräften) in axialer Richtung

$$\begin{aligned}
\langle u \rangle \cdot &\frac{\partial \langle u \rangle}{\partial x} + \langle v \rangle \cdot \frac{\partial \langle u \rangle}{\partial r} + \frac{\langle w \rangle}{r} \cdot \frac{\partial \langle u \rangle}{\partial \varphi} \\
&= -\frac{1}{\rho} \cdot \frac{\partial \langle p \rangle}{\partial x} + \frac{\nu}{r} \cdot \frac{\partial}{\partial r}\left(r \cdot \frac{\partial \langle u \rangle}{\partial r} \right) + \frac{\nu}{r^2} \cdot \frac{\partial^2 \langle u \rangle}{\partial \varphi^2} + \nu \cdot \frac{\partial^2 \langle u \rangle}{\partial x^2} \\
&\quad - \frac{1}{r} \cdot \frac{\partial}{\partial r}\left(r \cdot \langle u' \cdot v' \rangle \right) - \frac{\partial \langle u'^2 \rangle}{\partial x} - \frac{1}{r} \cdot \frac{\partial \langle u' \cdot w' \rangle}{\partial \varphi} \quad ,
\end{aligned} \tag{12.17}$$

in radialer Richtung

$$\begin{aligned}
\langle u \rangle \cdot &\frac{\partial \langle v \rangle}{\partial x} + \langle v \rangle \cdot \frac{\partial \langle v \rangle}{\partial r} + \frac{\langle w \rangle}{r} \cdot \frac{\partial \langle v \rangle}{\partial \varphi} - \frac{\langle w \rangle^2}{r} \\
&= -\frac{1}{\rho} \cdot \frac{\partial \langle p \rangle}{\partial r} + \nu \cdot \frac{\partial^2 \langle v \rangle}{\partial x^2} + \nu \cdot \frac{\partial}{\partial r} \cdot \left[\frac{1}{r} \cdot \frac{\partial}{\partial r}\left(r \cdot \langle v \rangle \right) \right] + \frac{\nu}{r^2} \cdot \frac{\partial^2 \langle v \rangle}{\partial \varphi^2} \\
&\quad - \frac{2 \cdot \nu}{r^2} \cdot \frac{\partial \langle w \rangle}{\partial \varphi} - \frac{1}{r} \cdot \frac{\partial}{\partial r}\left[r \cdot \langle v'^2 \rangle \right] - \frac{1}{r} \cdot \frac{\partial \langle v' \cdot w' \rangle}{\partial \varphi} - \frac{\partial \langle u' \cdot v' \rangle}{\partial x} + \frac{\langle w'^2 \rangle}{r}
\end{aligned} \tag{12.18}$$

und in azimutaler Richtung

$$\begin{aligned}
\langle u \rangle \cdot &\frac{\partial \langle w \rangle}{\partial x} + \langle v \rangle \cdot \frac{\partial \langle w \rangle}{\partial r} + \frac{\langle w \rangle}{r} \cdot \frac{\partial \langle w \rangle}{\partial \varphi} + \frac{\langle v \rangle \langle w \rangle}{r} \\
&= -\frac{1}{r \cdot \rho} \cdot \frac{\partial \langle p \rangle}{\partial \varphi} + \nu \cdot \frac{\partial}{\partial r}\left[\frac{1}{r} \cdot \frac{\partial}{\partial r}\left(r \cdot \langle w \rangle \right) \right] + \nu \cdot \frac{\partial^2 \langle w \rangle}{\partial x^2} + \frac{\nu}{r^2} \cdot \frac{\partial^2 \langle w \rangle}{\partial \varphi^2} \\
&\quad + \frac{2 \cdot \nu}{r^2} \cdot \frac{\partial \langle v \rangle}{\partial \varphi} - \frac{2 \cdot \langle v' \cdot w' \rangle}{r} - \frac{\partial \langle v' \cdot w' \rangle}{\partial r} - \frac{\partial \langle u' \cdot w' \rangle}{\partial x} - \frac{1}{r} \cdot \frac{\partial \langle w'^2 \rangle}{\partial \varphi}
\end{aligned} \tag{12.19}$$

lassen sich dadurch erheblich vereinfachen. Aus der Kontinuitätsgleichung erhält man für die mittlere radiale Geschwindigkeit

$$\frac{\partial}{\partial y}\left(r \cdot \langle v \rangle\right) = 0 \quad \text{mit} \quad \langle v \rangle (r = R) = 0 \quad \rightarrow \langle v \rangle = 0 \quad , \tag{12.20}$$

für die Impulsgleichung in axialer Richtung

$$\begin{aligned}
0 &= -\frac{1}{\rho} \cdot \frac{\partial \langle p \rangle}{\partial x} + \frac{v}{r} \cdot \frac{\partial}{\partial r}\left(r \cdot \frac{\partial \langle u \rangle}{\partial r}\right) - \frac{1}{r} \cdot \frac{\partial}{\partial r}\left(r \cdot \langle u' \cdot v' \rangle\right) \\
&= -\frac{1}{\rho} \cdot \frac{\partial \langle p \rangle}{\partial x} + \frac{1}{r} \cdot \frac{\partial}{\partial r}\left[r \cdot \left(v \cdot \frac{\partial \langle u \rangle}{\partial r} - \langle u' \cdot v' \rangle\right)\right]
\end{aligned} \tag{12.21}$$

und für die Impulsgleichung in radialer Richtung

$$\begin{aligned}
0 &= -\frac{1}{\rho} \cdot \frac{\partial \langle p \rangle}{\partial r} - \frac{1}{r} \cdot \frac{\partial}{\partial r}\left(r \cdot \langle v'^2 \rangle\right) + \frac{\langle w'^2 \rangle}{r} \\
&= -\frac{1}{\rho} \cdot \frac{\partial \langle p \rangle}{\partial r} - \frac{\partial \langle v'^2 \rangle}{\partial r} - \frac{\langle v'^2 \rangle}{r} + \frac{\langle w'^2 \rangle}{r} \quad .
\end{aligned} \tag{12.22}$$

Druckgradient und Wandschubspannung

In Gl. (12.21) kann analog zur Kanalströmung der axiale Druckgradient $\partial \langle p \rangle / \partial x$ in Abhängigkeit von der Wandschubspannung τ_W angegeben werden. Dazu integrieren wir zunächst Gl. (12.22) in radialer Richtung

$$\frac{1}{\rho} \cdot \langle p \rangle + C(x) = -\langle v'^2 \rangle + \int_0^R \frac{\langle w'^2 \rangle - \langle v'^2 \rangle}{r} \, dr \tag{12.23}$$

und leiten diese anschließend nach x ab

$$\frac{1}{\rho} \cdot \frac{\partial \langle p \rangle}{\partial x} + \frac{\partial C(x)}{\partial x} = -\frac{\partial \langle v'^2 \rangle}{\partial x} + \int_0^R \frac{\partial}{\partial x}\left[\frac{\langle w'^2 \rangle - \langle v'^2 \rangle}{r}\right] dr \quad . \tag{12.24}$$

Da in einer axial homogen turbulenten Strömung die Ableitung der Reynolds-Spannungen in Hauptströmungsrichtung verschwindet, ist der mittlere axiale Druckgradient unabhängig von r. Die Integration von Gl. (12.21) in Wandnormalenrichtung führt daher auf

$$\frac{1}{2} \cdot \frac{\partial \langle p \rangle}{\partial x} \cdot r^2 + C(x) = r \cdot \left(\rho \cdot v \cdot \frac{\partial \langle u \rangle}{\partial r} - \rho \cdot \langle u' \cdot v' \rangle\right) \quad . \tag{12.25}$$

Die effektive Schubspannung ist symmetrisch zur Rohrmittelachse verteilt und es gilt $\mu \cdot \partial \langle u \rangle / \partial r|_{r=0} - \rho \cdot \langle u' \cdot v' \rangle (x, r = 0) = 0$, sodass sich aus Gl. (12.25)

$$\frac{1}{2} \cdot \frac{\partial \langle p \rangle}{\partial x} \cdot r = \rho \cdot v \cdot \frac{\partial \langle u \rangle}{\partial r} - \rho \cdot \langle u' \cdot v' \rangle \tag{12.26}$$

ergibt. Mit den Randbedingungen $\mu \cdot \partial\langle u\rangle/\partial r|_{r=R} = -\tau_W$ und $-\rho \cdot \langle u' \cdot v'\rangle(r = R) = 0$ erhalten wir

$$\frac{1}{2} \cdot \frac{\partial\langle p\rangle}{\partial x} = -\frac{\tau_W}{R} \tag{12.27}$$

und aus der Impulsgleichung (12.21) bzw. aus deren Integral entsprechend Gl. (12.25) folgt

$$-\frac{\tau_W}{\rho} \cdot \frac{r}{R} = \nu \cdot \frac{\partial\langle u\rangle}{\partial r} - \langle u' \cdot v'\rangle \quad . \tag{12.28}$$

Der Übergang auf ein kartesisches Koordinatensystem mit dem Ursprung an der Rohrwand überführt Gl. (12.28) auf eine ähnliche Form wie Gl. (12.15). Es gilt

$$\frac{\tau_W}{\rho} \cdot \left(1 - \frac{y}{R}\right) = \nu \cdot \frac{\partial\langle u\rangle}{\partial y} - \langle u' \cdot v'\rangle \quad . \tag{12.29}$$

12.2.3 Struktureller Aufbau der turbulenten Innenströmung

Die Viskosität wirkt sich bei Innenströmungen je nach Wandabstand unterschiedlich auf das turbulente Strömungsgeschehen aus, was zu lokal unterschiedlich herrschenden Impulsübertragungsmechanismen führt. Die sich daraus ergebenden Änderungen der Terme in Gl. (12.15) in Gl. (12.29) nutzen wir, um die Strömung in verschiedene Schichten zu unterteilen und die Gleichungen weiter zu vereinfachen.[1]

In Abb. 10.8 sind die Reynolds-Scherspannung $-\rho \cdot \langle u' \cdot v'\rangle$, die molekulare Fluidreibungsspannung $\mu \cdot \partial\langle u\rangle/\partial y$, sowie die effektive Schubspannung $\tau^{\text{eff}} = \mu \cdot \partial\langle u\rangle/\partial y - \rho \cdot \langle u' \cdot v'\rangle$ für eine hydrodynamisch ausgebildete, vollständig turbulent entwickelte Kanalströmung bei unterschiedlichen Reynolds-Zahlen dargestellt.[2] Wie aus Gl. (12.9) ersichtlich wird, sind die Änderungen der dargestellten Spannungen für den mittleren Impulsaustausch bei der Kanalströmung maßgebend. Die effektive Schubspannung folgt einer linearen Verteilung und verschwindet aufgrund der Strömungssymmetrie in Höhe der Kanalmittelachse. In Wandnähe führt die viskositätsbedingte Scherung des Fluids zu einem Anstieg der molekularen Fluidreibungsspannung und der Reynolds-Scherspannung. Das Maximum der molekularen Fluidreibungsspannung tritt unmittelbar an der Wand auf. In diesem Bereich sind die Reynolds-Spannungen nahezu vollständig verschwunden. Durch den mit zunehmendem Wandabstand abnehmenden Einfluss der Viskosität auf das Strömungsgeschehen steigt die Reynolds-Scherspannung in unmittelbarer Wandnähe steil an und die molekulare Fluidreibungsspannung fällt in gleichem Maße steil ab. Bei Erreichen des Maximums der Reynolds-Scherspannung trägt die molekulare Fluidreibungsspannung nur noch geringfügig zur effektiven Schubspannung bei und die Reynolds-Scherspannung nimmt ab diesem Punkt näherungsweise linear ab. Wie der Detailansicht des wandnahen Bereichs in Abb.

---

[1] Im Folgenden gehen wir davon aus, dass der Koordinatenursprung mit der unteren Kanalwand zusammenfällt.

[2] Ähnliche Verteilungen sind ebenso bei Rohrströmungen zu erwarten und werden daher in diesem Unterkapitel nicht gesondert behandelt.

12.3 b zu entnehmen ist, wirkt sich die Reynolds-Zahl beträchtlich auf die Spannungs-verteilung aus. So rückt der Einflussbereich der turbulenten Schwankungsbewegungen mit steigender Reynolds-Zahl näher an die Wand heran, die Maxima der Reynolds-Spannungen treten näher an der Wand auf und der viskos dominierte Bereich verkleinert sich.

Unter Betrachtung der sich mit dem Wandabstand ändernden Anteile von molekularer Flui-dreibungsspannung und Reynolds-Spannung an der effektiven Schubspannung, können wir – dem klassischen Ansatz zur Beschreibung von wandnahen Scherströmungen folgend – die hydrodynamisch ausgebildete Innenströmung in eine Wandschicht und eine turbulente Außenschicht unterteilen. Die Wandschicht liegt im Bereich $y/h \ll 1$ und erstreckt sich von der Wand bis zur Dicke δ_{WS} und die turbulente Außenschicht beginnt oberhalb der äußeren Grenze der Wandschicht und reicht bis zur Kanalmittelachse h. Während die Vis-kosität offensichtlich den Impulstransport in der Wandschicht prägt, sind viskose Effekte in der turbulenten Außenschicht für die mittlere Impulsbilanz nahezu bedeutungslos. Unter Berücksichtigung der soeben gewonnenen Erkenntnisse können wir die Impulsgleichung (12.15) je nach Wandabstand und Schicht anpassen:

Wandschicht

Innerhalb der Wandschicht leisten sowohl die molekulare Fluidreibungsspannung als auch die Reynolds-Scherspannung einen entscheidenden Beitrag zur effektiven Schubspannung. Es gilt $y/h \ll 1$ und Gl. (12.15) vereinfacht sich zu

$$\frac{\tau_W}{\rho} = \nu \cdot \frac{\partial \langle u \rangle}{\partial y} - \langle u' \cdot v' \rangle \quad . \tag{12.30}$$

Unmittelbar an der Wand ist der Anteil der turbulenten Impulsübertragung an der mittleren Impulsübertragung aufgrund des dämpfenden Charakters der Viskosität verschwindend gering, und aus Gl. (12.30) folgt

$$\lim_{y \to 0} \left[\frac{\tau_W}{\rho} = \nu \cdot \frac{\partial \langle u \rangle}{\partial y} \right] \quad . \tag{12.31}$$

Dagegen wird die mittlere Strömung am äußeren Rand der Wandschicht durch die turbulente Impulsübertragung und nicht durch die molekulare Impulsübertragung bestimmt. Aus Gl. (12.30) ergibt sich

$$\lim_{y \to \delta_{WS}} \left[\frac{\tau_W}{\rho} = -\langle u' \cdot v' \rangle \right] \quad . \tag{12.32}$$

Turbulente Außenschicht

Innerhalb der turbulenten Außenschicht ist die molekulare Fluidreibungsspannung ge-genüber der Reynolds-Scherspannung sehr klein. Die molekulare Fluidreibungskraft trägt vergleichsweise wenig zur mittleren Impulsbilanz bei. Solange die Bedingung $y/h \ll 1$ erfüllt ist, bleibt der Einfluss des Druckgradienten vernachlässigbar und entsprechend Gl. (12.15) kann die Reynolds-Scherspannung als konstant angenommen werden,

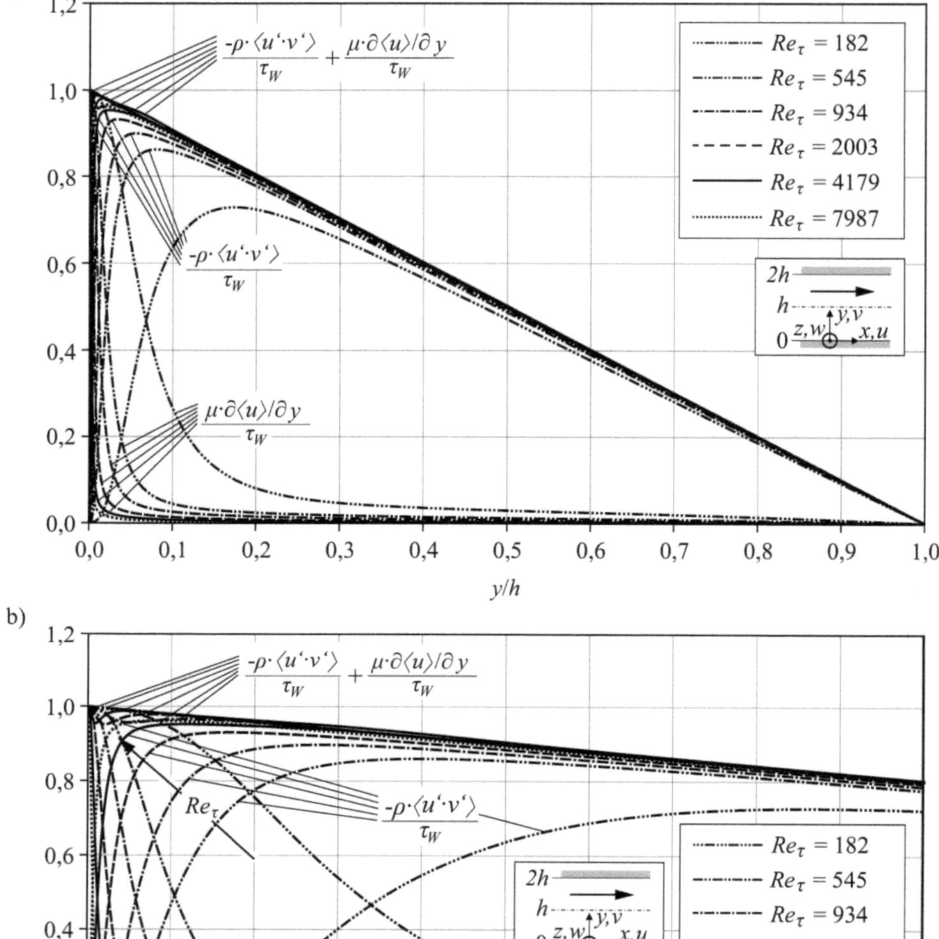

Abb. 12.3 Mit der Wandschubspannung normierte Verteilung der Reynolds-Scherspannung $-\rho \cdot \langle u' \cdot v' \rangle$ und der molekularen Fluidreibungsspannung $\mu \cdot \partial \langle u \rangle / \partial y$ sowie deren Summe in einer turbulenten Kanalströmung a) entlang der halben Kanalhöhe und b) in Wandnähe. Geschwindigkeitsdaten aus DNS: $Re_\tau = 182$ und 545 von Lee und Moser (2015); $Re_\tau = 934$ von Álamo Del und Jiménez (2003); $Re_\tau = 2003$ von Hoyas und Jiménez (2006); $Re_\tau = 4179$ von Lozano-Durán und Jiménez (2014); $Re_\tau = 7987$ von Kaneda und Yamamoto (2021).

$$\frac{\tau_W}{\rho} = -\langle u' \cdot v' \rangle \quad .$$

(12.33)

Ansonsten bzw. im darüber liegenden Teil der turbulenten Außenschicht gilt

$$\frac{\tau_W}{\rho} \cdot \left(1 - \frac{y}{h}\right) = -\langle u' \cdot v' \rangle \quad .$$

(12.34)

Der Bereich, in dem Gl. (12.33) gilt, liegt definitionsgemäß unterhalb von $y/h = 0{,}1$. Man bezeichnet ihn als turbulente Schicht und er bildet zusammen mit der Wandschicht die Innenschicht. An dieser Stelle sei darauf hingewiesen, dass die Reynolds-Spannung bei Innenströmungen unabhängig von der Reynolds-Zahl innerhalb des Bereichs $0 \leq y \leq 0{,}1$ um 10 % abnimmt (George (2007)). Aufgrund der linearen Degression weist die Verteilung der effektiven Schubspannung in Abb. 12.3 keinen konstanten Bereich auf.

12.2.4 Wandfunktionen

Für die Entwicklung von Wandfunktionen müssen die Profile der mittleren Strömungsgrößen durch eine geeignete Normierung in selbstähnliche Form überführt werden. In Analogie zur turbulenten Grenzschichtströmung (siehe Kapitel 10.3.3, S. 316 ff.) verwendet man die Schubspannungsgeschwindigkeit u_τ aus Gl. (10.37) und je nach Wandabstand die viskose Länge δ_v aus Gl. (10.38) als innere Längenskala und bei Kanalströmungen die halbe Kanalhöhe h (bzw. bei Rohrströmungen den Radius R) als äußere Längenskala für die Bezugsgrößen zur Normierung.

Die Wandfunktion für die dimensionslose mittlere axiale Geschwindigkeit in Wandnähe ist unabhängig von h (bzw. R) und lässt sich nach Prandtl (1925) in Form des Wandgesetzes

$$u^+ = \Phi_1\left(y^+\right); \quad y^+ \ll Re_\tau$$

(12.35)

angeben, mit der Reibungs-Reynolds-Zahl für Kanalströmungen $Re_\tau = h \cdot u_\tau/\nu = h^+$ (bzw. Rohrströmungen $Re_\tau = R \cdot u_\tau/\nu = R^+$). Daraus kann geschlossen werden, dass Φ_1 in Gl. (12.35) eine von der äußeren Längenskala unabhängige Funktion ist und somit die Strömungsvorgänge in Wandnähe nicht durch den Abstand zur gegenüberliegenden Wand beeinflusst werden.

Für hinreichend große Reynolds-Zahlen ist die turbulente Strömung in der turbulenten Außenschicht unabhängig von der Reynolds-Zahl. Die Viskosität beeinflusst das Strömungsgeschehen nur indirekt, indem sie die Geschwindigkeiten und Spannungen an den Schichtgrenzen festlegt. Ist die Wandschicht im Vergleich zur halben Kanalhöhe bzw. zum Radius schmal (was bei den angenommenen hohen Reynolds-Zahlen der Fall ist), so sind die Schubspannungsgeschwindigkeit u_τ und die äußere Längenskala h (bzw. R) charakteristische Bezugsgrößen für die mittleren turbulenten Strömungsgrößen. Nach von Kármán (1930) ist die mit der Schubspannungsgeschwindigkeit u_τ normierte Abweichung der mittleren axialen Strömungsgeschwindigkeit $\langle u \rangle$ von der dimensionslosen mittleren Kanalmittellinien-Geschwindigkeit (bzw. Rohrmittellinien-Geschwindigkeit) u_{ML}^+ aus-schließlich eine Funktion des mit der halben Kanalhöhe h (bzw. dem Radius R) normierten Wandabstands y. Mit der Ähnlichkeitsvariablen $\eta = y/h$ (bzw. $\eta = y/R$) lässt sich das entsprechende Mittengesetz (vgl. Geschwindigkeitsdefekt-Gesetz der turbulenten Grenz-schichtströmung, S. 327 ff) formulieren

$$u_{ML}^+ - u^+ = F_M(\eta); \quad y^+ \gg 1 \ .$$ (12.36)

Wandschicht

Die Wandschicht besteht aus der viskosen Unterschicht und der Übergangsschicht. Sie erstreckt sich von der Wand bis zu einem Abstand von δ_{WS}, bei dem die molekulare Flui-dreibungsspannung viel kleiner als die Reynolds-Scherspannung ist, ihre Größenordnungen aber gerade noch vergleichbar sind. Die wandnormale Ausdehnung der Wandschicht nimmt mit steigender Reynolds-Zahl ab und der zugehörige dimensionslose Wandabstand liegt im Bereich von $30 \leq \delta_{WS}^+ \leq 50$. Die viskose Unterschicht befindet sich in unmittelbarer Wandnähe und erstreckt sich von $y^+ = 0$ bis $y^+ \approx 5$. Eine Taylor-Reihenentwicklung an der Wand liefert die Verteilung der dimensionslosen mittleren axialen Geschwindigkeit (siehe Kapitel 10.3.3),

$$u^+ = y^+ + O(y^{+4}) + \cdots; \quad y^+ \leq 5 \ .$$ (12.37)

Zwischen der viskosen Unterschicht und der äußeren Grenze der Wandschicht liegt die Übergangsschicht. Diese beginnt bei $y^+ > 5$ und endet mit der Wandschicht zwischen $y^+ = 30$ und 50. Fast alle Wandfunktionen für die dimensionslose mittlere axiale Ge-schwindigkeit in der Übergangsschicht, die Gl. (12.35) erfüllen, sind rein empirisch. Nur wenige von ihnen liegen in expliziter Form vor, wie die von Sleicher und Emeryville (1958) für Rohrströmungen entwickelte Funktion

$$u^+ = \frac{1}{0{,}091} \cdot \arctan\left(0{,}091 \cdot y^+\right); \quad y^+ \leq 45 \ ,$$ (12.38)

die in Abb. 12.4 dargestellt ist. Da die dimensionslose mittlere axiale Geschwindigkeit gewöhnlich mit Hilfe der Wirbelviskosität-Annahme berechnet wird, finden sich für den betreffenden Wandbereich häufig auch Modellgleichungen für die Wirbelviskosität, wie beispielsweise die von Deissler (1953, 1955) für Rohrströmungen angegebene Beziehung

$$\frac{\nu_t}{\nu} = 0{,}124^2 \cdot y^+ \cdot u^+ \cdot \left[1 - \exp\left(-0{,}124^2 \cdot y^+ \cdot u^+\right)\right]; \quad y^+ < 26 \ ,$$ (12.39)

mit

$$\frac{\nu_t}{\nu} = \kappa^2 \cdot \frac{(\partial u^+/\partial y^+)^3}{(\partial^2 u^+/\partial y^{+2})^2} \ .$$ (12.40)

Damit ergibt sich die dimensionslose mittlere Geschwindigkeit

$$u^+ = \int_0^{y^+} \frac{d\tilde{y}^+}{1 + 0{,}124^2 \cdot y^+ \cdot u^+ \cdot \left[1 - \exp\left(-0{,}124^2 \cdot \tilde{y}^+ \cdot u^+\right)\right]}; \quad y^+ < 26 \ .$$ (12.41)

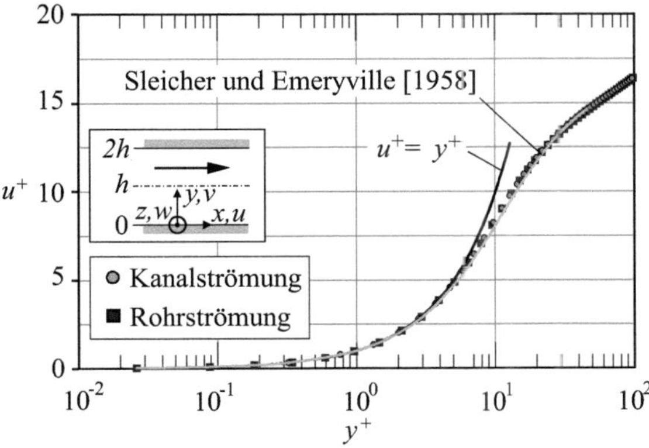

Abb. 12.4 Dimensionslose mittlere axiale Geschwindigkeit im Bereich $0 \leq y^+ \leq 100$ für eine Kanalströmung und eine Rohrströmung bei einer Reynolds-Zahlen von $Re_\tau = 2000$ nach Hoyas und Jiménez (2006) und Pirozzoli et al (2021) sowie das lineare Wandgesetz aus Gl. (12.37) und die Wandfunktion nach Sleicher und Emeryville (1958) gemäß Gl. (12.38) im Übergangsbereich.

Die dimensionslose mittlere axiale Geschwindigkeit in der Wandschicht einer Rohrströmung lässt sich nach Reichardt (1951) durch

$$u^+ = 2{,}5 \cdot \ln\left(1 + 0{,}4 \cdot y^+\right) + 7{,}8 \cdot \left[1 - \exp\left(\frac{-y^+}{11}\right) - \left(\frac{y^+}{11}\right) \cdot \exp\left(-0{,}33 \cdot y^+\right)\right] \quad (12.42)$$

beschreiben. Zur Herleitung von Gl. (12.42) löste Reichardt (1951) Gl. (12.28) für den wandnahen Strömungsbereich mit der Modellgleichung für die Wirbelviskosität

$$\frac{\nu_t}{\nu} = \kappa \cdot \left(y^+ - 11 \cdot \tanh\left(\frac{y^+}{11}\right)\right) \quad . \quad (12.43)$$

Turbulente Außenschicht

Bei ausreichend hohen Reynolds-Zahlen bildet sich in der turbulenten Außenschicht im Bereich $y^+ \gg 1$ und $y^+ \ll Re_\tau$ die turbulente Schicht aus. Viskose Effekte und der Einfluss des Druckgradienten sind vernachlässigbar klein, sodass die Reynolds-Scherspannung konstant ist (vgl. Gl. (12.33)). Entsprechend den Ansätzen von Millikan (1938) und Izakson (1937) überlappen sich in der turbulenten Schicht die Gültigkeitsbereiche des Wandgesetzes $\Phi_1(y^+)$ und des Mittengesetzes $F_M(\eta)$, wodurch die dimensionslose mittlere axiale Strömungsgeschwindigkeit $\langle u \rangle$ sowohl mit Gl. (12.35) als auch mit Gl. (12.36) beschrieben werden kann. Die gemeinsame unabhängige Variable beider Funktionen ist der Wandabstand y und das Gleichsetzen des wandnormalen Geschwindigkeitsgradienten aus Gl. (12.35) und Gl. (12.36)

$$\frac{\partial u^+}{\partial y} = \frac{\partial \Phi_1(y^+)}{\partial y} = -\frac{\partial F_M(\eta)}{\partial y} \quad (12.44)$$

führt auf

$$y^+ \cdot \frac{d\Phi_1(y^+)}{dy^+} = -\eta \cdot \frac{dF_M(\eta)}{d\eta} \quad . \quad (12.45)$$

Da wir y^+ und η in Gl. (12.45) durch Ändern von u_τ, v und h (bzw. R) unabhängig voneinander variieren können, ist Gl. (12.45) nur erfüllt, wenn die Terme auf beiden Seiten konstant sind. Daraus folgt

$$\frac{d\Phi_1}{dy^+} = \frac{C}{y^+} \tag{12.46}$$

und

$$\frac{dF_M}{d\eta} = -\frac{C}{\eta} \ . \tag{12.47}$$

Die Integration von Gl. (12.46) und Gl. (12.47) liefert die in der turbulenten Schicht gültige logarithmische Geschwindigkeitsverteilung[3] in Form des logarithmischen Wandgesetzes

$$u^+ = \frac{1}{\kappa} \cdot \ln(y^+) + B \ ; \qquad 1 \ll y^+ \ll Re_\tau \tag{12.48}$$

und in Form des Mittengesetzes

$$u_{ML}^+ - u^+ = -\frac{1}{\kappa} \cdot \ln(\eta) + B_o \ ; \qquad \frac{1}{Re_\tau} \ll \eta \ll 1 \ , \tag{12.49}$$

wobei für die Konstante C aus Gl. (12.48) und Gl. (12.49) die Von-Kármán-Konstante κ gewählt wurde. Entsprechend der Grundannahme für die getätigte Herleitung interpretiert man das logarithmische Gesetz auch als Ergebnis der Anpassungsbedingung bei der Überlappung von Innen- und Außenschicht. Neben dem Begriff *turbulente Schicht* für den Wandbereich, in dem das logarithmische Gesetz gilt, begegnen einem in der Literatur auch die Begriffe *Überlappungsbereich* und *logarithmischer Bereich*. Nach den klassischen Ansätzen, beginnt die turbulente Schicht im Bereich $30 \leq y^+ \leq 50$ und endet im Bereich von $0{,}1 \leq y^+/Re_\tau \leq 0{,}2$ (z. B. Tennekes und Lumley (1972), White (2006)). Das Auftreten der logarithmischen Geschwindigkeitsverteilung ist nicht auf die in diesem Buch überwiegend behandelten turbulenten Strömungen in kreisförmigen Rohren oder Kanälen beschränkt, sondern findet sich ebenfalls bei turbulenten Strömungen in elliptischen Rohren (Cain und Duffy (1971)), in exzentrischen und konzentrischen Ringspalten (Jonsson und Sparrow (1966); Nouri et al (1993)), in hexagonalen Kanälen (Marin et al (2016)) oder in rechteckigen Kanälen (Vinuesa et al (2014); Pirozzoli et al (2018)).

Wie aus Gl. (12.46) und Gl. (12.47) erkennbar, entspricht im Überlappungsbereich weder $\delta_v \ll y$ noch $h \gg y$ (bzw. $R \gg y$) der charakteristischen Länge für den Impulstransport. Gemäß Gl. (12.48) und Gl. (12.49) sind die Schubspannungsgeschwindigkeit u_τ und der Wandabstand y die charakteristischen Größen zur Beschreibung des dimensionslosen mittleren Strömungsfelds. Aufgrund der dimensionsanalytischen Herleitung von Gl. (12.48) und Gl. (12.49) wird das logarithmische Wandgesetz – zusammen mit der Von-Kármán-Konstante κ und der zusätzlichen Konstante B – als universell angesehen. Die Von-Kármán-Konstante wird häufig mit $\kappa = 0{,}41$ angegeben und die zusätzliche Konstan-

---

[3] Das logarithmische Wandgesetz nach Gl. (12.48) und Gl. (12.49) kann u. a. auch mit Hilfe von Ähnlichkeitsbetrachtungen (von Kármán (1930)) oder dem Mischungswegansatz (Prandtl (1925), Prandtl (1927), Prandtl (1933)) hergeleitet werden (siehe Kapitel 10.3.3, S. 321).

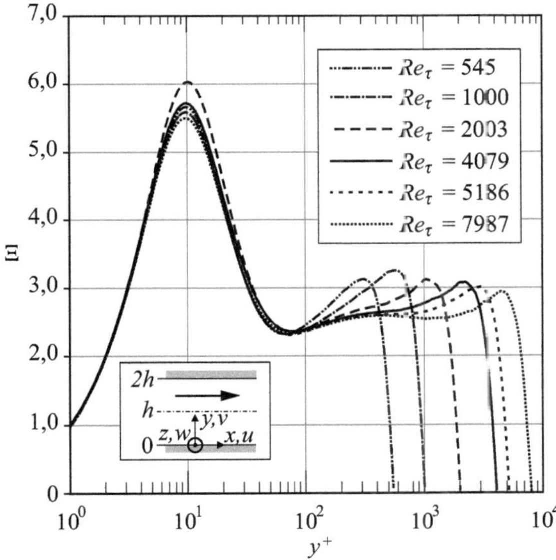

Abb. 12.5 Diagnostikfunktion $\Xi = y^+ \cdot du^+/dy^+$ für Kanalströmungen bei verschiedenen Reynolds-Zahlen. Geschwindigkeitsdaten aus DNS: $Re_\tau = 7987$ und 1000 von Kaneda und Yamamoto (2021), $Re_\tau = 5186$ und 545 von Lee und Moser (2015), $Re_\tau = 4079$ von Bernardini et al (2014) und $Re_\tau = 2003$ von Hoyas und Jiménez (2006).

te B besitzt Werte im Bereich von $5{,}0 \leq B \leq 5{,}2$ (Bradshaw und Huang (1995), Schlichting und Gersten (2006)). Ergebnisse aus Experimenten und DNS (siehe Referenzen weiter unten im Text) zeigen, dass trotz der Bedingungen $y^+ \gg 1$ und $\eta \ll 1$ die Werte von κ, B und B_o in Gl. (12.48) und Gl. (12.49) je nach Strömungstyp und Reynolds-Zahl variieren. Die Reynolds-Zahl-Abhängigkeit der Konstanten für endliche Reynolds-Zahlen deutet darauf hin, dass die dimensionslose mittlere axiale Geschwindigkeit u^+ im wandnahen Außenbereich entweder keiner eindeutigen logarithmischen Verteilung folgt (sondern z. B. einer Potenzverteilung im wandnahen Bereich und einer logarithmischen Verteilung im darüber liegenden Bereich (Zagarola und Smits (1997))), oder die Konstanten κ, B und B_o von den lokalen Strömungsbedingungen beeinflusst werden. Eine mögliche Erklärung für die Reynolds-Zahl-Abhängigkeit der Konstanten im Überlappungsbereich liefert u. a. Wosnik et al (2000). Hiernach begrenzt die geometrische Nähe zur Wand die räumliche Ausdehnung der energiereichen Wirbelstrukturen und die turbulenten Strömungsbedingungen sind daher abhängig vom dimensionslosen Wandabstand y^+. Im unteren Bereich der Außenschicht für $y^+ < 300$ beeinflusst die Viskosität die turbulente Strömungsdynamik. Obwohl die molekulare Fluidreibungsspannung für die mittlere Impulsbilanz vernachlässigbar ist, wirkt sich die Viskosität auf die energiereichen turbulenten Skalen aus, die an der Produktion der Reynolds-Spannungen beteiligt sind. In Analogie zur hydrodynamischen Grenzschicht (George und Castillo (1997), siehe auch S. 323 ff.) bezeichnen wir den Bereich als Mesoschicht. Mit zunehmender Reynolds-Zahl (gebildet mit den äußeren Skalen) verkleinert sich der wandnahe Einflussbereich der Viskosität und es entwickelt sich von der äußeren Grenze der Überlappungsschicht bei $y^+ = 0.1 \cdot Re_\tau$ ausgehend in Richtung der Wand eine Trägheitsschicht ohne Einfluss der Viskosität auf die energiereichen turbulenten Strukturen. Infolge der vernachlässigbaren Beteiligung der Viskosität stellt sich mit steigender Reynolds-Zahl eine Reynolds-Zahl-Unabhängigkeit der turbulenten Strömung

Tabelle 12.1 Die Von-Kármán-Konstante κ, die Konstanten B und B_o sowie der zugehörige Wandbereich und der Reynolds-Zahl-Bereich für Kanal- oder Rohrströmungen.

Kanalströmung

κ	B	y^+-Bereich	Re_τ-Bereich	
0,37	3,7	$150 \leq y^+$ $\leq 0,15 - 0,2 \cdot Re_\tau$	$2,0 \cdot 10^3 \leq Re_\tau \leq 5,0 \cdot 10^3$	Zanoun et al (2003)
0,384	4,27	$350 \leq y^+ \leq 0,16 \cdot Re_\tau$	$Re_\tau = 5,2 \cdot 10^3$	Lee und Moser (2015)
0,376	3,89	$500 < y^+ < 0,2 \cdot Re_\tau$	$Re_\tau = 4,0 \cdot 10^3$	Yamamoto und Tsuji (2018)
0,387	4,21	$300 < y^+ < 0,14 \cdot Re_\tau$	$Re_\tau = 8,0 \cdot 10^3$	Yamamoto und Tsuji (2018)

Rohrströmung

κ	B	y^+-Bereich	Re_τ-Bereich	
0,436	6,15	$600 < y^+ < 0,07 \cdot Re_\tau$	$9,0 \cdot 10^3 \leq Re_\tau;$ $Re_D \leq 3,5 \cdot 10^7$	Zagarola und Smits (1998)
0,421	5,6	$600 < y^+ < 0,12 \cdot Re_\tau$	$3,1 \cdot 10^5 \leq Re_D \leq 1,36 \cdot 10^7$	McKeon et al (2004)
0,38 – 0,385	4,3 – 4,45	$300 \leq y^+ \leq 0,2 \cdot Re_\tau$	$5,0 \cdot 10^3 \leq Re_\tau \leq 8,7 \cdot 10^3$	Zanoun et al (2007)
0,387	4,53	$30 \leq y^+ \leq 0,15 \cdot Re_\tau$	$1,0 \cdot 10^3 \leq Re_\tau \leq 6,0 \cdot 10^3$	Pirozzoli et al (2021)

κ	B_o	y^+-Bereich	Re_τ-Bereich	
0,421	1,2	$600 < y^+ < 0,12 \cdot Re_\tau$	$3,1 \cdot 10^5 \leq Re_D \leq 1,36 \cdot 10^7$	McKeon et al (2004)
0,387	0,961	$30 \leq y^+ \leq 0,15 \cdot Re_\tau$	$1,0 \cdot 10^3 \leq Re_\tau \leq 6,0 \cdot 10^3$	Pirozzoli et al (2021)

ein, die sich auch in den zunehmend gleichbleibenden Konstanten der Wandfunktionen des mittleren Strömungsfelds widerspiegelt. Die untere Grenze der Trägheitsschicht in der Überlappungsschicht korreliert mit dem Ort, an dem erstmals die $\kappa^{-5/3}$ Steigung des Energiespektrums (siehe Kapitel 8.3.4, S. 238 ff.) erwartet wird und liegt üblicherweise im Bereich $y^+ > 300$.

Erst für sehr hohe Reynolds-Zahlen ist der Bereich zwischen $y^+ \gg 1$ und $y^+ \ll Re_\tau$ in der turbulenten Außenschicht so breit, dass die in Gl. (10.66) kennengelernte und in Abb. 12.5 für die Kanalströmung gezeigte Diagnostikfunktion in gewissen Bereichen ein näherungsweise ebenes Plateau aufweist. Die Von-Kármán-Konstante κ sowie die weiteren Konstanten B und B_o streben mit zunehmender Reynolds-Zahl asymptotisch konstanten Werten zu (Nagib und Chauhan (2008)). Die auf Empirie basierende, jedoch individuell getroffene Wahl der Unter- und Obergrenze des „konstanten" Bereichs der Diagnostikfunktion legt den Beginn und das Ende der logarithmischen Verteilung der dimensionslosen mittleren axialen Geschwindigkeit u^+ fest und definiert das Mittelungsintervall für die Bestimmung der Von-Kármán-Konstante κ. Die in der Literatur zu findenden Grenzen des logarithmischen Bereichs (und damit des Mittelungsintervalls) sowie die Werte der Konstanten κ, B und B_0 variieren erwartungsgemäß auch bei Betrachtung desselben Strömungstyps, siehe Tabelle 12.1. Wie von Bailey et al (2014) erwähnt, erschweren bei Experimenten zudem die Messunsicherheit der mittleren Geschwindigkeit, der Schubspannungsgeschwindigkeit,

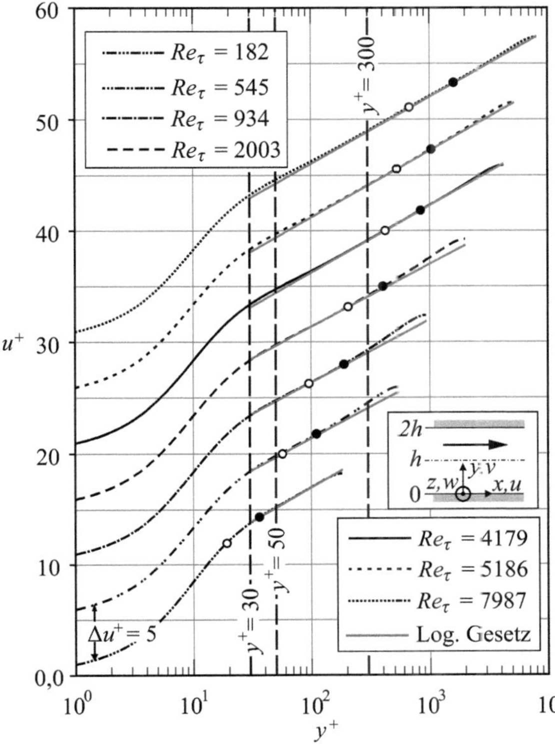

Abb. 12.6 Verteilung der dimensionslosen mittleren axialen Geschwindigkeit für eine Kanalströmung bei unterschiedlichen Reynolds-Zahlen. Die Verteilungen sind um je $\Delta u^+ = 5$ versetzt. ∘ kennzeichnet den Wandabstand $y/h = 0{,}1$; • kennzeichnet den Wandabstand $y/h = 0{,}2$. Geschwindigkeitsdaten aus DNS: $Re_\tau = 182$, 545 und 5186 von Lee und Moser (2015); $Re_\tau = 934$ von Álamo Del und Jiménez (2003); $Re_\tau = 2003$ von Hoyas und Jiménez (2006); $Re_\tau = 4179$ von Lozano-Durán und Jiménez (2014); $Re_\tau = 7987$ von Kaneda und Yamamoto (2021). Log. Gesetz: $Re_\tau = 7987$: $\kappa = 0{,}387$, $B = 4{,}21$; $Re_\tau = 5186$: $\kappa = 0{,}384$, $B = 4{,}27$; $Re_\tau = 4179$: $\kappa = 0{,}38$, $B = 4{,}24$; $Re_\tau = 2003$, 934, 545: $\kappa = 0{,}41$, $B = 5{,}2$; $Re_\tau = 182$: $\kappa = 0{,}39$, $B = 5{,}2$.

des Wandabstands sowie der für die Analyse verfügbaren Datenpunkte bei experimentell gewonnenen Daten die Angabe genauer Grenzen.

In Abb. 12.6 sind die Verteilungen der dimensionslosen mittleren Geschwindigkeit für eine Kanalströmung bei verschiedenen Reynolds-Zahlen dargestellt. Es ist zu erkennen, dass bei kleinen Reynolds-Zahlen die Überlappungsschicht nicht so stark anwächst, dass sich eine Trägheitsschicht ($y^+ > 300$) ausbilden kann. Unter der Annahme, dass die äußere Grenze der Innenschicht bei $y^+ = 0{,}1 \cdot Re_\tau$ liegt, entwickelt sich die Trägheitsschicht entsprechend Gl. (10.65) für $Re_\tau > 3000$. Die Konstanten des logarithmischen Wandgesetzes variieren je nach Wandbereich und Reynolds-Zahl. Innerhalb des Bereichs $50 \leq y^+ \leq 0{,}2 \cdot Re_\tau$ für $0{,}2 \cdot Re_\tau < 300$ bzw. $50 \leq y^+ \leq 300$ für $0{,}2 \cdot Re_\tau > 300$ kann die Geschwindigkeitsverteilung mit den Konstanten $\kappa = 0{,}41$ und $B = 5{,}2$ relativ gut beschrieben werden. Ab der Trägheitsschicht verläuft die logarithmische Verteilung steiler, sodass die Konstanten in Gl. (12.48) kleinere Werte annehmen. Die Reynolds-Zahl-Abhängigkeit des mittleren dimensionslosen axialen Geschwindigkeitsprofils für nicht allzu große Reynolds-Zahlen führte zu verschiedenen Modifikationen von Gl. (12.48), wobei meist das logarithmische Profil um Korrekturterme erweitert wird, die sich bei der asymptotischen Analyse der Anpassungsbedingung durch Überlappung von Innen- und Außenschicht ergeben (Jimé-

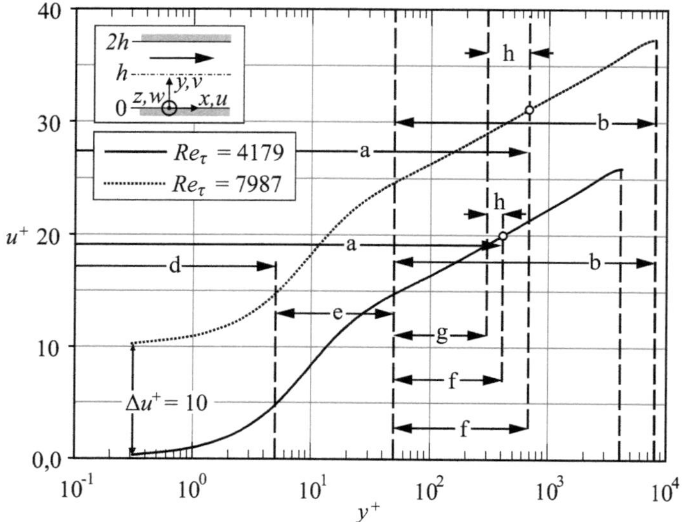

Abb. 12.7 Dimensionsloses mittleres axiales Geschwindigkeitsprofil bei einer Kanalströmung für $Re_\tau =$ 4179 aus LES-Daten von Lozano-Durán und Jiménez (2014) und $Re_\tau =$ 7987 aus DNS-Daten von Kaneda und Yamamoto (2021). Das Geschwindigkeitsprofil von $Re_\tau =$ 7987 ist um $\Delta u^+ =$ 10 nach oben verschoben. ∘ kennzeichnet den Wandabstand $y/h =$ 0,1. Erläuterung der Bereiche a) Innenschicht ($0 \leq \eta \leq 0,1$), b) turbulente Außenschicht ($30 \leq y^+ \leq Re_\tau$), d) viskose Unterschicht ($0 < y^+ \leq 5$), e) Übergangsschicht ($5 < y^+ < 30$), f) turbulente Schicht (Überlappungsschicht) ($30 \leq y^+ \leq 0,1 \cdot Re_\tau$), g) Mesoschicht ($30 \leq y^+ \leq 300$) und h) Trägheitsschicht $300 < y^+ \leq 0,1 \cdot Re_\tau$. Weitere Eigenschaften der unterschiedlichen Bereiche finden sich in Tabelle 10.1.

nez und Moser (2007)) oder aus der Berücksichtigung des mittleren Druckgradienten in Millikan (1938)'s Ansatz folgen (Luchini (2017)).

Mehrschichtstruktur

Die bisher kennengelernten unterschiedlichen Schichten, die sich entlang einer Kanal- bzw. Rohrwand bei hydrodynamisch ausgebildeten, vollständig turbulent entwickelten Strömungsbedingungen ergeben, wollen wir jetzt noch einmal rekapitulieren. Die Eigenschaften der verschiedenen Bereiche des in Abb. 12.7 gezeigten strukturellen Aufbaus stimmen mit den in Tabelle 10.1 zusammengefassten Beschreibungen des Aufbaus der hydrodynamischen Grenzschichtströmung gut überein, wobei die räumlichen Bereiche für Innenströmungen entsprechend dem vorliegenden Kapitel in der Abbildungsbeschriftung von Abb. 12.7 angepasst sind.

Wandrauheiten

Die in Kapitel 10.3.3 kennengelernten Gesetzmäßigkeiten für Strömungen entlang rauer Oberflächen gelten auch für Innenströmungen mit rauen Kanal- bzw. Rohrwänden. Demnach entspricht Gl. (10.78) der allgemeinen Ähnlichkeitsfunktion zur Beschreibung der

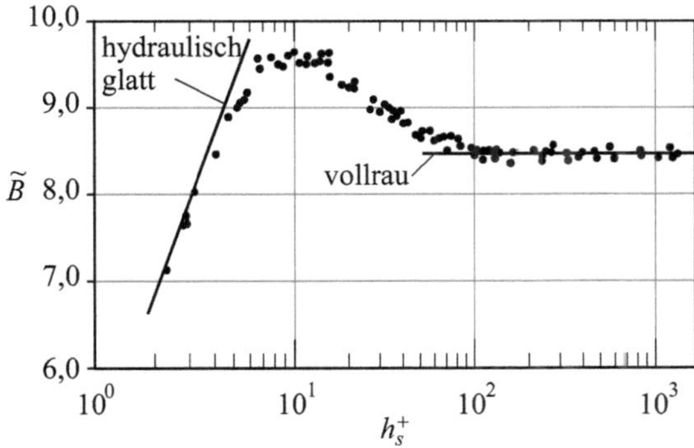

Abb. 12.8 Verteilung des Rauheitsparameters $\tilde{B}$ in Abhängigkeit der dimensionslosen Sandkornrauheit h_s^+ nach Messungen von Nikuradse (1933), sowie Darstellung von Gl. (12.52) für hydraulisch glatte Bedingungen und von Gl. (12.53) für hydraulisch vollraue Bedingungen.

mittleren dimensionslosen Geschwindigkeit in Wandnähe entlang einer hydraulisch rauen Kanal- bzw. Rohrwand, die mit Verwendung der Rauheits-Reynolds-Zahl h_r^+ gemäß Gl. (10.79) als repräsentatives dimensionsloses Maß für die Wandrauheit in

$$u^+ = \Phi_1 \left(y^+, h_r^+ \right) ; \qquad y^+ \ll Re_\tau \tag{12.50}$$

übergeht. Für die turbulente Schicht gilt

$$u^+ = \frac{1}{\kappa} \cdot \ln \left(\frac{y}{h_r} \right) + \tilde{B}; \quad \max \left(1; h_r^+ \right) \ll y^+ \ll Re_\tau \quad , \tag{12.51}$$

wobei der Rauheitsparameter $\tilde{B}$ von der Rauheit-Reynolds-Zahl h_r^+ abhängt. Den Verlauf des Rauheitsparameters $\tilde{B}$ in Abhängigkeit der Sandkornrauheit h_s^+ für eine Rohrströmung zeigt Abb. 12.8. Liegen hydraulisch glatte Wände vor, so besitzen die Rauheitselemente sehr kleine dimensionslose Rauheitshöhen und sind gänzlich in der viskosen Unterschicht eingebettet. In diesem Fall folgt $\tilde{B}$ der logarithmischen Verteilung

$$\tilde{B} = \frac{1}{\kappa} \cdot \ln(h_r^+) + B; \qquad h_r^+ \ll 1 \tag{12.52}$$

und Gl. (12.51) geht in die für hydraulisch glatte Wände formulierte Beziehung entsprechend Gl. (12.48) über. Sind die Rauheitshöhen gegenüber der viskosen Länge sehr groß ($h_r^+ \gg 1$), liegen hydraulisch vollraue Wände vor. Die turbulente Strömung in Wandnähe wird von Wirbelstrukturen bestimmt, die infolge von Strömungsablösung an den Rauheitselementen entstehen. Die hierdurch hervorgerufenen Druckkräfte tragen beachtlich zur mittleren Impulsübertragung bei. Hingegen ist das Wirken von Reibungskräfte vernachlässigbar gering und $\tilde{B}$ nimmt einen konstanten Wert an,

$$\tilde{B} = const.; \qquad h_r^+ \gg 1 \quad . \tag{12.53}$$

Zum Beispiel ergibt sich $\tilde{B} = 8{,}5$ mit der dimensionslosen Sandkornrauheit h_s^+ als repräsentatives Rauheitsmaß in Gl. (12.51) bei hydraulisch vollrauen Bedingungen. Zwischen den hydraulisch glatten und den hydraulisch vollrauen Bedingungen liegt der transitionell-raue

Tabelle 12.2 Werte des Exponenten n in Gl. (12.54) bzw. Gl. (12.55) nach Nikuradse (1932).

Re_D	$4{,}0 \cdot 10^3$	$2{,}3 \cdot 10^4$	$1{,}1 \cdot 10^5$	$1{,}1 \cdot 10^6$	$2{,}0 \cdot 10^6$	$3{,}2 \cdot 10^6$
n	6	6,6	7	8,8	10	10

Bereich, in dem die mittlere Impulsübertragung sowohl von viskos- wie auch von turbulent bedingten Strömungsvorgängen bestimmt wird. Die Grenze zwischen hydraulisch glatten und hydraulisch vollrauen Strömungsbedingungen hängt vom Rauheitstyp ab (Flack et al (2012)). Üblicherweise wird die Untergrenze für hydraulisch vollraue Strömungsbedingungen mit $h_s^+ = 70$ und die Obergrenze für hydraulisch glatte Strömungsbedingungen mit $h_s^+ = 5$ angegeben (Nikuradse (1933)).

Die Rauheitsschicht ist der wandnahe Bereich, in dem die turbulente Strömung durch die Rauigkeit beeinflusst wird. Außerhalb der Rauheitsschicht ist das Strömungsfeld gemäß der Reynolds-Zahl-Ähnlichkeitshypothese (siehe auch S. 335) sowohl von der Oberflächentopographie bzw. Rauheitsgeometrie als auch von der Viskosität unabhängig (Raupach et al (1991)). Demnach kann die Geschwindigkeitsverteilung anhand des Mittengesetzes $u_{ML}^+ - u^+$ entsprechend Gl. (12.49) in selbstähnlicher Form dargestellt werden.

12.2.5 Näherungsgleichungen für die dimensionslose mittlere axiale Geschwindigkeit im Rohr

Für analytische Betrachtungen und Überschlagsrechnungen kann die von Prandtl (1927) eingeführte Näherungsgleichung

$$\frac{\langle u \rangle}{u_{ML}} = \left(1 - \frac{r}{R}\right)^{1/n} \quad , \tag{12.54}$$

bzw. die mit der Koordinatentransformation $y = R - r$ transformierte Näherungsgleichung

$$\frac{\langle u \rangle}{u_{ML}} = \left(\frac{y}{R}\right)^{1/n} \tag{12.55}$$

zur Abschätzung der mittleren axialen Geschwindigkeitsverteilung im Rohr herangezogen werden. Hierbei ist n keine Konstante, sondern eine von der Reynolds-Zahl abhängige Größe, deren Wert für unterschiedliche Reynolds-Zahl-Bereiche in Tabelle 12.2 angegeben ist. Die Mittelung von Gl. (12.54) über die Rohrquerschnittsfläche liefert die querschnittsgemittelte Geschwindigkeit

$$\frac{u_m}{u_{ML}} = \frac{2 \cdot n^2}{(n + 1) \cdot (2 \cdot n + 1)} \quad . \tag{12.56}$$

12.2.6 Widerstandsgesetz für Innenströmungen

Für die hydrodynamische Auslegung innendurchströmter Rohre und Kanäle sind der
Fanning-Reibungsbeiwert (bzw. Reibungskoeffizient)

$$f_{l_0}(x) \equiv \frac{\overline{\tau}_W(\vec{x})}{\frac{1}{2} \cdot \rho \cdot u_m{}^2} \tag{12.57}$$

und der Druckverlustbeiwert (bzw. Darcy-Reibungsbeiwert oder die Rohrreibungszahl)

$$\xi_{l_0}(x) \equiv \frac{\left(-\dfrac{\partial \langle p \rangle}{\partial x}\right) \cdot l_0}{\frac{1}{2} \cdot \rho \cdot u_m{}^2} \tag{12.58}$$

wichtige Kenngrößen. Unter der Annahme, dass die Wandschubspannung über den Umfang
konstant ist, $\tau_W \rightarrow \overline{\tau_W}$, gilt bei hydrodynamisch ausgebildeten Innenströmungen zwischen
dem Fanning-Reibungsbeiwert und der dimensionslosen querschnittsgemittelten axialen
Geschwindigkeit der Zusammenhang

$$u_m^+ = \frac{u_m}{u_\tau} = \sqrt{\frac{2}{f_{l_0,\infty}}} \quad . \tag{12.59}$$

Mit den im vorherigen Unterkapitel kennengelernten mittleren Geschwindigkeitsprofilen
für hydrodynamisch ausgebildete, vollständig turbulent entwickelte Innenströmungen sind
wir in der Lage, das von der Reynolds-Zahl abhängige Widerstandsgesetz zur Abschätzung
des Reibungsbeiwerts in Kanal- und Rohrströmungen zu formulieren. Unter Vernachlässigung des in der Wandschicht auftretenden geringen Massenstroms sowie unter Vernachlässigung der Abweichung der mittleren dimensionslosen Geschwindigkeitsverteilung in der
turbulenten Außenschicht von der logarithmischen Geschwindigkeitsverteilung, schätzen
wir die querschnittsgemittelte Geschwindigkeit u_m ab, um entsprechend Gl. (12.59) den
Reibungsbeiwert $f_{l_0,\infty}$ zu bestimmen. Gilt die logarithmische Geschwindigkeitsverteilung
bis zur Kanal- bzw. Rohrmittelachse, ergibt sich für $y = h$ bzw. $y = R$ aus Gl. (12.49)
das Ergebnis $-\ln(1) + B_o = 0$ und man erhält für die Konstante $B_o = 0$. Die Mittelung
der logarithmischen Geschwindigkeitsverteilung gemäß Gl. (12.49) mit $B_o = 0$ über den
Strömungsquerschnitt liefert für die Kanalströmung

$$\begin{aligned}
\frac{u_{ML} - u_m}{u_\tau} &= \frac{1}{A} \cdot \int_A \frac{u_{ML} - \langle u \rangle}{u_\tau} \, dA = \frac{1}{h} \cdot \int_0^h \frac{u_{ML} - \langle u \rangle}{u_\tau} \, dy \\
&= \int_0^1 \frac{u_{ML} - \langle u \rangle}{u_\tau} \, d\eta = \int_0^1 \left(-\frac{1}{\kappa} \cdot \ln(\eta)\right) d\eta = \frac{1}{\kappa} \quad ,
\end{aligned} \tag{12.60}$$

bzw. für die Rohrströmung

$$\frac{u_{ML} - u_m}{u_\tau} = \frac{1}{A} \cdot \int_A \frac{u_{ML} - \langle u \rangle}{u_\tau} \, dA$$

$$= \frac{1}{\pi \cdot R^2} \cdot \int_0^R \frac{u_{ML} - \langle u \rangle}{u_\tau} \cdot 2 \cdot \pi \cdot r \, dr \qquad (12.61)$$

$$= \frac{2}{R^2} \cdot \int_0^R -\frac{1}{\kappa} \cdot \ln\left(\frac{R-r}{R}\right) \cdot r \, dr = \frac{3}{2 \cdot \kappa} \quad .$$

Für die dimensionslose Kanalmittellinien-Geschwindigkeit u_{ML}/u_τ in Gl. (12.60) bzw. Rohrmittellinien-Geschwindigkeit u_{ML}/u_τ in Gl. (12.61) können wir unter Berücksichtigung der getroffenen Vereinfachungen die Beziehung

$$\frac{u_{ML}}{u_\tau} = \frac{1}{\kappa} \cdot \ln\left(Re_\tau\right) + B \quad , \qquad (12.62)$$

aus Gl. (12.48) verwenden, und erhalten somit die dimensionslose mittlere Geschwindigkeit für die Kanalströmung aus Gl. (12.60)

$$\frac{u_m}{u_\tau} = \frac{1}{\kappa} \cdot \ln\left(Re_\tau\right) + B - \frac{1}{\kappa} \quad , \qquad (12.63)$$

bzw. für die Rohrströmung aus Gl. (12.61)

$$\frac{u_m}{u_\tau} = \frac{1}{\kappa} \cdot \ln\left(Re_\tau\right) + B - \frac{3}{2 \cdot \kappa} \quad . \qquad (12.64)$$

Formt man nun das Argument der logarithmischen Funktion in Gl. (12.63) entsprechend $Re_\tau = Re_{4\cdot h} \cdot u_\tau / (4 \cdot u_m)$ bzw. Gl. (12.64) entsprechend $Re_\tau = Re_D \cdot u_\tau / (2 \cdot u_m)$ um, wird die von der Reynolds-Zahl abhängige, implizite Bestimmungsgleichung für die dimensionslose querschnittsgemittelte Geschwindigkeit ersichtlich. Die Substitution des Quotienten u_m/u_τ in Gl. (12.63) bzw. Gl. (12.64) gemäß Gl. (12.59) führt auf das Widerstandsgesetz der Kanalströmung

$$\sqrt{\frac{2}{f_{4\cdot h,\infty}}} = \frac{1}{\kappa} \cdot \ln\left(Re_{4\cdot h} \cdot \sqrt{f_{4\cdot h,\infty}}\right) - \frac{1}{\kappa} \cdot \ln\left(4 \cdot \sqrt{2}\right) + B - \frac{1}{\kappa} \quad , \qquad (12.65)$$

bzw. der Rohrströmung

$$\sqrt{\frac{2}{f_{D,\infty}}} = \frac{1}{\kappa} \cdot \ln\left(Re_D \cdot \sqrt{f_{D,\infty}}\right) - \frac{1}{\kappa} \cdot \ln\left(2 \cdot \sqrt{2}\right) + B - \frac{3}{2 \cdot \kappa} \quad . \qquad (12.66)$$

Mit dem für hydrodynamisch ausgebildete Innenströmungen gültigen Zusammenhang $\overline{\tau}_W / (-\partial\langle p \rangle / \partial x) = A/U$ (siehe Gl. (6.6)) zwischen mittlerer Wandschubspannung und mittlerem Druckgradienten lässt sich aus Gl. (12.65) und Gl. (12.66) auf eine Bestimmungsgleichung für den Druckverlustbeiwert schließen. Prandtl (1932) passte die Konstanten des Widerstandsgesetzes für Strömungen in glatten Rohren aus Gl. (12.66) an empirische Daten an. Demnach gilt

Tabelle 12.3 Druckverlustbeiwerte und Reibungskoeffizienten für turbulente Strömungen in glatten Rohren mit dem Radius R und ebenen Kanälen mit dem Abstand $2 \cdot h$.

Rohrströmung		
Blasius (1913)	$\xi_{D,\infty} = 0{,}316 \cdot Re_D^{-1/4}$;	$4000 < Re_D < 10^5$
Colebrook (1939)	$\xi_{D,\infty} = 1{,}8 \cdot \log\left(Re_D/6{,}9\right)^{-2}$;	$4000 < Re_D < 10^7$
Filonekno (1954)	$\xi_{D,\infty} = \left(1{,}82 \cdot \log Re_D - 1{,}64\right)^{-2}$;	$10^4 < Re_D < 5 \cdot 10^6$
Bhatti und Shah (1987)	$\xi_{D,\infty} = 0{,}00512 + 0{,}4572 \cdot Re_D^{-0{,}311}$;	$4000 < Re_D < 10^7$
Kanalströmung		
Beavers et al (1971)	$f_{4 \cdot h,\infty} = 0{,}1268 \cdot Re_{4 \cdot h}^{-0{,}3}$;	$5000 < Re_{4 \cdot h} < 2{,}7 \cdot 10^4$
Dean (1978)	$f_{4 \cdot h,\infty} = 0{,}0868 \cdot Re_{4 \cdot h}^{-0{,}25}$;	$1{,}2 \cdot 10^4 < Re_{4 \cdot h} < 1{,}2 \cdot 10^6$

$$\frac{1}{\sqrt{\xi_{D,\infty}}} = 2{,}0 \cdot \log\left(Re_D \cdot \sqrt{\xi_{D,\infty}}\right) - 0{,}8 \; ; \quad 2{,}0 \cdot 10^3 \leq Re_D \leq 3{,}0 \cdot 10^6 \quad . \tag{12.67}$$

Um einen noch größeren Reynolds-Zahl-Bereich für turbulente Rohrströmungen abzudecken, schlugen Zagarola und Smits (1998) einer der Prandtl'schen Näherungs-Gl. (12.67) ähnliche Korrelation vor, jedoch mit anderen Konstanten und einem zusätzlichen Term, der den Einfluss der Strömung in unmittelbarer Wandnähe abbildet,

$$\frac{1}{\sqrt{\xi_{D,\infty}}} = 1{,}869 \cdot \log\left(Re_D \cdot \sqrt{\xi_{D,\infty}}\right) - 0{,}241$$
$$- \frac{233}{\left(Re_D \cdot \sqrt{\xi_{D,\infty}}\right)^{0{,}9}} \; ; \quad 1 \cdot 10^4 \leq Re_D \leq 3.5 \cdot 10^7 \quad . \tag{12.68}$$

Die Widerstandsgesetze sind in der Praxis wichtige Werkzeuge. Mit Hilfe von z. B. Gl. (12.67) oder Gl. (12.68) kann bei gegebenem Druckgradienten der Massenstrom oder bei bekanntem Massenstrom der Druckverlust ermittelt werden. Für die Bestimmung des Reibungsbeiwerts bei Rohr- und Kanalströmungen findet man in der Literatur eine Vielzahl unterschiedlicher Korrelationen in expliziter Form, von denen einige in Tabelle 12.3 zusammengefasst sind.

Wandrauheiten

Als Nächstes betrachten wir die Auswirkungen von Wandrauheiten auf das Widerstandsgesetz für Rohrströmungen. Die Abweichung der dimensionslosen mittleren axialen Geschwindigkeitsverteilung vom logarithmischen Wandgesetz wird der Einfachheit halber vernachlässigt. Gemäß Gl. (12.61) ergibt sich für die über den Rohrquerschnitt gemittelte logarithmische Geschwindigkeitsverteilung (Gl. (12.49))

$$\frac{u_{ML} - u_m}{u_\tau} = \frac{3}{2 \cdot \kappa} \quad . \tag{12.69}$$

Für raue Rohre erhalten wir für die getroffenen Vereinfachungen anhand von Gl. (12.51) die dimensionslose Rohrmittellinien-Geschwindigkeit

$$u_{ML}^{+} = \frac{1}{\kappa} \cdot \ln\left(\frac{R}{h_r}\right) + \tilde{B} \quad . \tag{12.70}$$

Die Subtraktion der Gl. (12.70) von Gl. (12.69) liefert die dimensionslose querschnittsgemittelte Geschwindigkeit

$$u_m^{+} = \frac{1}{\kappa} \cdot \ln\left(\frac{R}{h_r}\right) + \tilde{B} - \frac{3}{2 \cdot \kappa} \quad . \tag{12.71}$$

Substituieren wir anschließend die dimensionslose querschnittsgemittelte Geschwindigkeit in Gl. (12.71) mit dem Ergebnis aus Gl. (12.59), so ergibt sich der Fanning-Reibungsbeiwert für turbulente Strömungen in hydraulisch rauen Rohren

$$\sqrt{\frac{2}{f_{D,\infty}}} = \frac{1}{\kappa} \cdot \ln\left(\frac{R}{h_r}\right) + \tilde{B} - \frac{3}{2 \cdot \kappa} \quad . \tag{12.72}$$

Wie man erkennt, hängt der Reibungsbeiwert vom Rohrradius-Rauheitshöhe-Verhältnis R/h_r und der Rauheit-Reynolds-Zahl h_r^{+} ab. Für Strömungen unter hydraulisch vollrauen Bedingungen verschwindet die Abhängigkeit von der Rauheit-Reynolds-Zahl h_r^{+} mit der asymptotischen Annäherung des Rauheitsparameters $\tilde{B}$ an einen konstanten Wert. Verwenden wir die Sankornrauheit h_s in Gl. (12.72) gilt $\tilde{B} = 8{,}5$ und demnach folgt

$$\sqrt{\frac{2}{f_{D,\infty}}} = \frac{1}{\kappa} \cdot \ln\left(\frac{R}{h_s}\right) + 8{,}5 - \frac{3}{2 \cdot \kappa} \quad . \tag{12.73}$$

In Abb. 12.9 ist der Druckverlustbeiwert $\xi_{D,\infty}$ für unterschiedliche relative Rauheiten im sogenannten Moody-Diagramm (Moody (1944)) gezeigt. Da mit zunehmender Reynolds-Zahl die Strömungsbedingungen von hydraulisch glatt hin zu hydraulisch vollrau übergehen, nehmen die Druckverlustbeiwerte für abnehmende Rauheitshöhen bei immer größeren Reynolds-Zahlen konstante Werte an. Der Verlauf von $\xi_{D,\infty}$ für transitionell-raue und vollraue Bedingungen wird mit der von Colebrook (1939) vorgeschlagenen Korrelationsgleichung

$$\frac{1}{\sqrt{\xi_{D,\infty}}} = -2{,}0 \cdot \log\left(\frac{h_s}{3{,}71 \cdot D} + \frac{2{,}51}{Re_D \cdot \sqrt{\xi_{D,\infty}}}\right); \quad 4000 < Re_D < 10^7 \tag{12.74}$$

beschrieben. Die gestrichelte Linie in Abb. 12.9 markiert die Grenze zum vollrauen Bereich und entspricht dem Ausdruck

$$\sqrt{\xi_{D,\infty}} = \frac{200}{Re_D \cdot h_s/D} \quad . \tag{12.75}$$

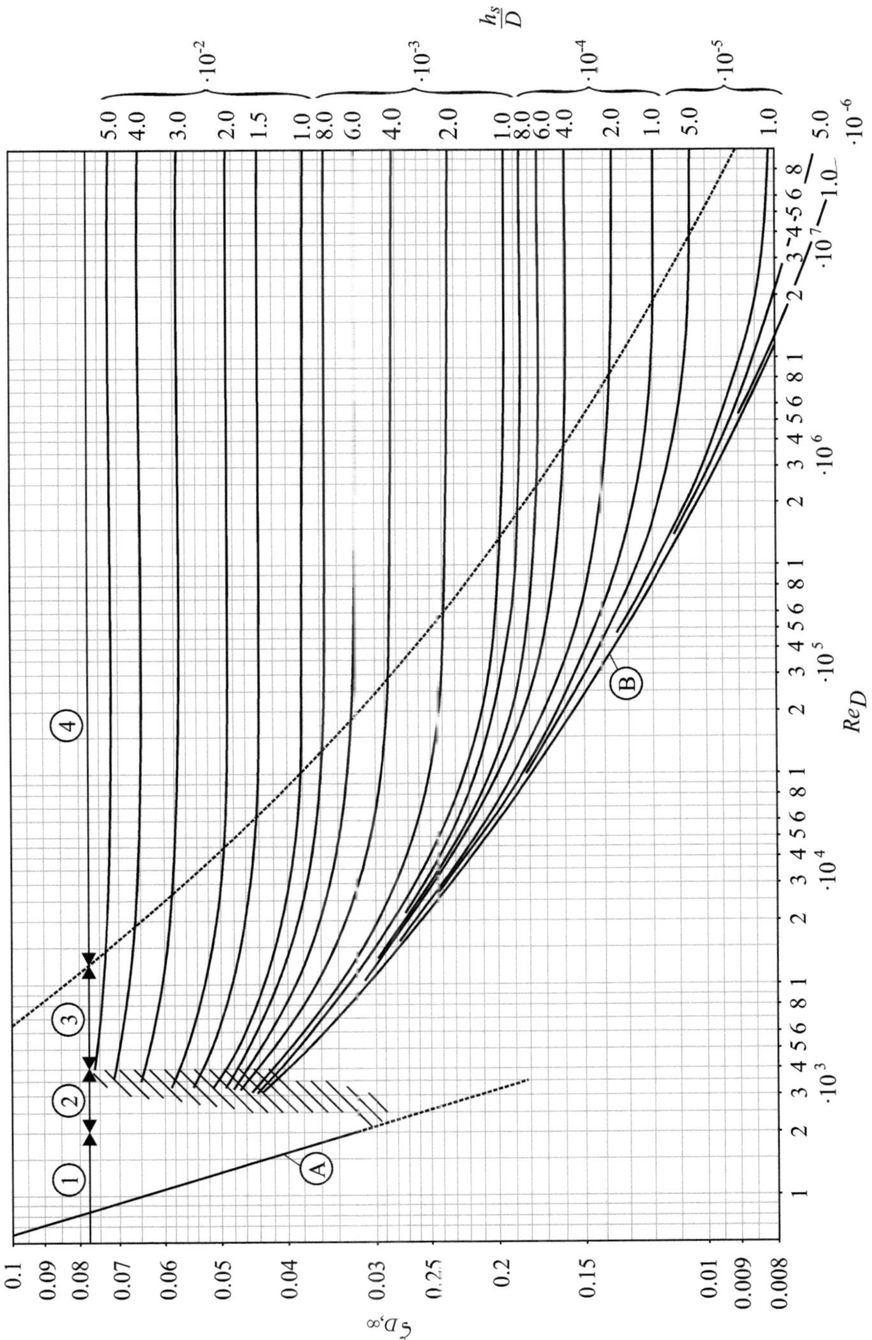

Abb. 12.9 Druckverlustbeiwert im Moody-Diagramm (Moody (1944)) nach mit den Bereichen: 1 laminar, 2 Übergangsbereich (Beginn Transition), 3 transitionell, 4 und turbulent, vollrau. A: laminare Rohrströmung und B: hydraulisch glatte Rohrströmung.

Ein Nachteil von Gl. (12.74) in der Praxis ist ihre implizite Form. Es gibt daher eine Vielzahl expliziter Näherungsgleichungen für die implizite Korrelationsgleichung von Colebrook (1939). Für Überschlagsrechnungen (Abweichung von Gl. (12.74) um bis zu 2,0 %) ist die von Haaland (1983) ermittelte kompakte Form

$$\frac{1}{\sqrt{\xi_{D,\infty}}} = -1,8 \cdot \log\left(\left(\frac{h_s/D}{3,7}\right)^{1,11} + \frac{6,9}{Re_{D,\infty}}\right) \quad . \tag{12.76}$$

zu empfehlen. Eine weitaus genauere (Abweichung von Gl. (12.74) um bis zu 0,05 %) aber auch ein wenig aufwendigere explizite Näherungsgleichung wurde von Romeo et al (2002) entwickelt und lautet

$$\frac{1}{\sqrt{\xi_{D,\infty}}} = -2,0 \cdot \log\left(\frac{h_s/D}{3,7065} - \frac{5,0272}{Re_D} \cdot \log\left(\frac{h_s/D}{3,827}\right.\right.$$
$$\left.\left.- \frac{4,567}{Re_D} \cdot \log\left(\left(\frac{h_s/D}{7,7918}\right)^{0,9924} + \left(\frac{5,3326}{208,815 + Re_D}\right)^{0,9345}\right)\right)\right) \quad . \tag{12.77}$$

Berücksichtigung von Temperatureinflüssen

Temperaturbedingte Stoffwertvariationen bei strömenden Fluiden sind in thermofluiddynamischen Anwendungen omnipräsent. Sie führen zu Änderungen des Strömungsverhaltens und beeinflussen je nach Fluid mehr oder weniger stark den Strömungswiderstand und die konvektive Wärmeübertragung und sollten demzufolge beim Einsatz von Korrelationsgleichungen für die thermofluiddynamische Auslegung von energie- und wärmetechnischen Komponenten oder Anlagen einbezogen werden. Da Korrelationsgleichungen im Allgemeinen – wenn nicht näher spezifiziert – für näherungsweise isotherme Strömungsbedingungen angegeben werden, d. h., es treten ausschließlich geringe Wärmeströme und Temperaturänderungen auf, erweitert die Berücksichtigung der Temperatureinflüsse von Stoffwerten den Gültigkeitsbereich der entsprechenden Kennzahlgleichungen. Wie in Kapitel 3.4 bereits für die Nusselt-Zahl-Korrelationen gezeigt, haben sich zur Korrektur der Temperatureinflüsse von Stoffwerten zwei unterschiedliche Methoden etabliert. Bei der Methode der Referenztemperatur werden die Stoffwerte der dimensionslosen Kennzahlen in den Korrelationen zu einer Referenztemperatur berechnet, die das vorliegende Strömungsproblem kennzeichnet (vgl. Gl. (3.92)). Diese Methode ist einfach in der Handhabung und wird vorwiegend bei Überschlagsrechnungen verwendet, besitzt jedoch eine Reihe verschiedener Schwächen (siehe hierzu ausgiebige Erläuterungen in Kays und Crawford (1993) oder Merker (1987)). Weitaus genauer, aber auch ein wenig aufwendiger ist die Methode der Stoffwertverhältnisse. Für ihre Verwendung bei turbulenten Innenströmungen werden in der Regel die Stoffwerte der dimensionslosen Kennzahlen in den Kennzahlgleichungen bei der lokalen adiabaten Mischungstemperatur berechnet und die Temperaturabhängigkeit der Stoffwerte mit einer Potenzfunktion korrigiert (vgl. Gl. (3.95) und Gl. (3.97)). Letztere entspricht einer Potenz des Verhältnisses zweier Stoffwerte, die zum einen bei der lokalen bzw. mittleren adiabaten Mischungstemperatur und zum anderen bei der lokalen bzw. mittleren Wandtemperatur zu bestimmen sind. Die Auswirkungen der Temperatureinflüsse der Stoffwerte auf die Kennzahlen äußern sich bei Flüssigkeiten und Gasen auf verschiedene Weise. Bei Flüssigkeiten schlagen sich Temperaturänderungen im Wesentlichen in der Viskosität nieder und es reicht daher meist aus, die Verhältnisse der Viskositäten im Korrekturfaktor zu verwenden. Nach Petukhov (1970) lässt sich die Temperaturabhängigkeit in der Korrelationsgleichung für den Druckverlustkoeffizient innerhalb des Bereichs $0,35 < \nu(T_W)/\nu(T_{am}) < 2$ und $10^4 < Re_D(T_{am}) < 2,3 \cdot 10^5$ für Fluide mit Prandtl-Zahlen im Bereich von $1,3 < Pr < 10$ durch

$$\frac{\xi_{D,\infty}}{\xi_{D,\infty,T_{Ref\,c.p.}}} = \begin{cases} \frac{1}{6} \cdot \left(7 - \frac{\nu(T_{am})}{\nu(T_W)}\right) ; & \text{Heizung} \\[2ex] \left(\frac{\nu(T_{am})}{\nu(T_W)}\right)^{-0,24} ; & \text{Kühlung} \end{cases} \tag{12.78}$$

berücksichtigen. Bei Gasen muss generell die Temperaturabhängigkeit aller Stoffwerte berücksichtigt werden. Es ist jedoch häufig ausreichend, den Korrekturfaktor für die Kennzahlgleichungen nur aus dem Temperaturverhältnis zu bilden.

$$\frac{\xi_{D,\infty}}{\xi_{D,\infty,T_{Ref\,c.p.}}} = \left(\frac{T_W}{T_{am}}\right)^m . \tag{12.79}$$

Mit dem Exponenten

$$m = \begin{cases} -0,6 + 5,6 \cdot \left(Re_D(T_W) \cdot \frac{\rho(T_W)}{\rho(T_{am})}\right)^{-0,38} ; & \text{Heizung} \\[2ex] -0,6 + 0,79 \cdot \left(Re_D(T_W) \cdot \frac{\rho(T_W)}{\rho(T_{am})}\right)^{-0,11} ; & \text{Kühlung} \end{cases} \tag{12.80}$$

in Gl. (12.79) lassen sich empirisch ermittelte Ergebnisse innerhalb des Bereichs $0,37 < T_W/T_{am} < 3,7$ und $1,4 \cdot 10^4 < Re_D(T_W) \cdot \rho(T_W)/\rho(T_{am}) < 10^6$ mit einer Abweichung von 3 % wiedergeben (Petukhov (1970)).

Hydraulischer Durchmesser und effektiver Durchmesser

In der Fachliteratur finden sich zahlreiche Korrelationen zur Ermittlung des Reibungsbeiwerts bei hydrodynamisch ausgebildeten, vollständig turbulent entwickelten Strömungen in kreisrunden Rohren. Diese basieren auf umfangreichen Experimenten, sind häufig hoch genau und decken einen sehr breiten Reynolds-Zahl-Bereich ab. Für Rohre oder Kanäle mit beliebigen Querschnitten ist die Anzahl der Kennzahlgleichungen für den Reibungsbeiwert infolge der unendlichen Variationsmöglichkeiten der Geometrieformen hingegen limitiert. Während man für Kanäle mit einfachen nicht-kreisrunden Querschnittsformen (z. B. rechteckige oder dreieckige Kanäle, siehe Bhatti und Shah (1987)) auf existierende Korrelationen zurück greifen kann, ist man bei komplexeren Querschnittsformen zu eigenen strömungsmesstechnischen Untersuchungen gezwungen. Da jedoch nicht immer die Ressourcen für ein kosten- und zeitintensives Experiment zur Ermittlung des Druckverlust-

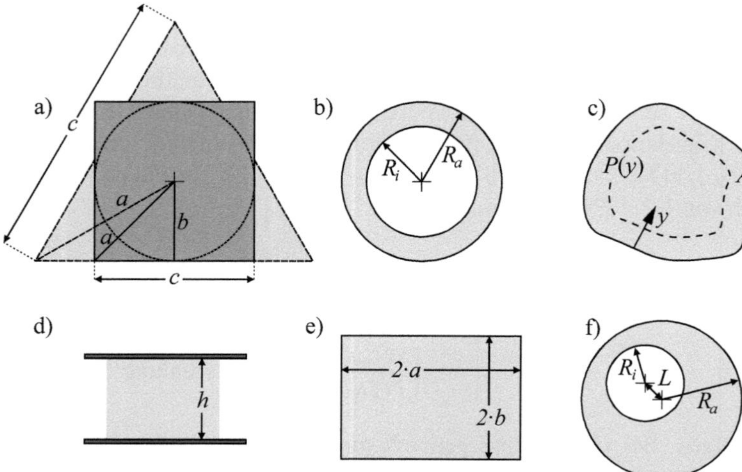

Abb. 12.10 Nomenklatur der Geometrieformen für die Größen in Gl. (12.84) – Gl. (12.91).

oder Reibungsbeiwerts zur Verfügung stehen, bedient man sich in der Praxis häufig dem Konzept des hydraulischen Durchmessers. Grundlage des Konzepts ist die Annahme, dass bei Rohren oder Kanälen mit beliebigen Querschnitten die Beziehung zwischen Reibungs- bzw. Druckverlusten und Strömungsfeld durch die gleichen Zusammenhänge wie bei kreisrunden Rohren bestimmt wird und sich die Korrelationen nur durch die charakteristische Länge *hydraulischer Durchmesser* unterscheiden. Durch die Wahl eines geeigneten hydraulischen Durchmessers ist es somit möglich, die ursprünglich für turbulente Strömungen in kreisrunden Rohren zur Abschätzung der Reibungs- oder Druckverlustbeiwerte entwickelten Kennzahlgleichungen auch für turbulente Strömungen in Rohren oder Kanälen mit beliebigen Querschnitten zu verwenden. In diesem Kontext, wird der Rohrdurchmesser D in den Kennzahlgleichungen durch den hydraulischen Durchmessen (Schiller (1923))

$$D_h \equiv \frac{4 \cdot A}{U} \tag{12.81}$$

ersetzt. Es hat sich gezeigt, dass der hydraulische Durchmesser zur Abschätzung des Reibungsbeiwerts für turbulente Strömungen in Kanälen mit nicht kreisförmigem Querschnitt verwendet werden kann, sofern diese keine allzu scharfen Ecken aufweisen. Andernfalls können Abweichungen von bis zu 30 % auftreten. In den letzten Jahrzehnten wurden auf Basis empirischer Ergebnisse eine Reihe von Modifikationen und Erweiterungen des hydraulischen Durchmessers für Kanäle unterschiedlicher Querschnittsformen vorgenommen, um die Genauigkeit bei der Bestimmung des Reibungsbeiwerts zu erhöhen. Die gefundenen geometrischen Größen subsumieren unter dem Begriff des *effektiven Durchmessers* D_e. Dieser entspricht, wie der hydraulische Durchmesser, dem Durchmesser eines kreisrunden Rohrs, der auf den gleichen Reibungsbeiwert eines Kanals mit beliebigem Querschnitt führt:

- Für rechteckige Kanäle führt die Verwendung des von Jones (1976) angegebenen effektiven Durchmessers

$$D_e = \frac{2}{3} \cdot D_h + \frac{11}{24} \cdot D_h \cdot \alpha^* \cdot (2 - \alpha^*) \ , \qquad 10^4 \lessgtr Re_{D_e} \lessgtr 10^5 \qquad (12.82)$$

gegenüber der Verwendung des hydraulischen Durchmessers aus Gl. (12.81) zu einer Reduzierung der Abweichung vom tatsächlichen Reibungsbeiwert um 15 %. Die Größe $\alpha^* = b/a$ in Gl. (12.82) beschreibt das Seitenverhältnis von Höhe $2 \cdot b$ zu Breite $2 \cdot a$ des in Abb. 12.10 gezeigten rechteckigen Kanals.

- Nach Ahmed und Brundrett (1971) ist für die Abschätzung des Reibungsbeiwerts von Kanälen mit einer gleichschenklig dreieckigen Querschnittsfläche der effektive Durchmesser

$$D_e = a + b = \sqrt{3} \cdot c \ ; \qquad 10^4 \lessgtr Re_{D_e} \lessgtr 2 \cdot 10^5 \qquad (12.83)$$

bzw. von Kanälen mit einer quadratischen Querschnittsfläche der effektive Durchmesser

$$D_e = a + b = \left(1 + \sqrt{2}\right) \cdot c \ ; \qquad 10^4 \lessgtr Re_{D_e} \lessgtr 3 \cdot 10^5 \qquad (12.84)$$

gegenüber dem hydraulischen Durchmesser aus Gl. (12.81) zu bevorzugen. Die Größen der geometrischen Maße in Gl. (12.83) und Gl. (12.84) sind in Abb. 12.10 a zu finden.

- Mit dem von Jones et al (1981) formulierten effektiven Durchmesser

$$D_e = \frac{1 + R^{*2} + \left(1 - R^{*2}\right)/\ln\left(R^*\right)}{(1 - R^*)^2} \ ; \qquad 10^4 \lessgtr Re_{D_e} \lessgtr 10^5 \qquad (12.85)$$

lässt sich der Reibungsbeiwert für Strömungen in konzentrischen Ringspalten mit dem Radiusverhältnis $R^* = R_i/R_a$ (Abb. 12.10 b) mit einer Genauigkeit von ± 5 % ermitteln.

Unter Berücksichtigung, dass die wandnormale Verteilung der dimensionslosen mittleren axialen Geschwindigkeit bei turbulenten Strömungen in geraden Kanälen mit beliebigem Querschnitt dem logarithmischen Wandgesetz in weiten Bereichen (mit Ausnahme der Kanalecken) genügt sowie der Annahme, dass die Wandschubspannung entlang des Kanalumfangs nur gering variiert, d. h. $\tau_W \rightarrow \overline{\tau}_W$, entwickelte Pirozzoli (2018) eine generalisierte Methode zur Bestimmung des effektiven Durchmessers. Die Ermittlung des Reibungsbeiwerts durch Integration des logarithmischen Wandgesetzes über den Strömungsquerschnitt für ein kreisrundes Rohr sowie für einen Kanal mit beliebigem Querschnitt (Abb. 12.10 c) unter Verwendung der Flächendichte $P(y) = \partial A/\partial y$ gemäß

$$u_m^+ = \frac{1}{A} \cdot \int_A \Phi_1(y^+) \, dA \ , \qquad (12.86)$$

$$u_m^+ = \frac{1}{A} \cdot \int_0^{y_m} P(y) \cdot \Phi_1(y^+) \, dy \qquad (12.87)$$

und der anschließende Vergleich beider Reibungsbeiwerte führt auf den effektiven Durchmesser

$$D_e = 2 \cdot y_m \cdot \exp\left(\frac{3}{2} + C\right) \quad , \tag{12.88}$$

mit dem maximalen Wandabstand y_m und der kanalgeometrie-spezifischen Konstante C. Anhand dieser Methode ergeben sich nach Pirozzoli (2018) folgende effektiven Durchmesser:

- Ebener Kanal (Abb. 12.10 d)

$$D_e = \frac{D_h}{2} \cdot \sqrt{e} \approx 1.65 \cdot \frac{D_h}{2} \quad , \tag{12.89}$$

  mit $D_h = 2 \cdot h$.

- Rechteckiger Kanal (Abb. 12.10 e)

$$D_e = \frac{1 + \beta^*}{2 \cdot \beta^*} \cdot D_h \cdot \exp\left(\frac{\alpha^* - 1}{2 \cdot \alpha^*}\right) \quad , \tag{12.90}$$

  mit $\beta^* = a/b$ und $D_h = 4 \cdot a \cdot b/(a + b)$.

- Ex- und konzentrische Ringspalt (Abb. 12.10 f)

$$D_e \approx \left(\frac{\sqrt{e}}{2} + 0{,}217 \cdot \epsilon^2\right) \cdot D_h \quad , \tag{12.91}$$

  mit der Exzentrizität $\epsilon = L/R_a - R_i \lessgtr 0.6$ und $D_h = 2 \cdot (R_a - R_i)$.

12.2.7 Verteilung der turbulenten kinetischen Energie und Reynolds-Spannungen

Die Verteilung der in Kapitel 9.2 kennengelernten turbulenten kinetischen Energie k, der dazu beitragenden Reynolds-Normalspannungen $\langle u'^2 \rangle$, $\langle v'^2 \rangle$ und $\langle w'^2 \rangle$ sowie die Reynolds-Scherspannung $\langle u' \cdot v' \rangle$ in einer Kanalströmung sind in Abb. 12.11 a dargestellt. Innerhalb der Innenschicht ähneln sie den korrespondierenden Verteilungen der turbulenten hydrodynamischen Grenzschicht (siehe Kapitel 10.3.4). Einige wichtige Eigenschaften sollen hier nochmals zusammengefasst werden:

- Der in einer Kanalströmung einzig relevante mittlere Geschwindigkeitsgradient $\partial \langle u \rangle / \partial y$ führt zu einem beachtlichen Produktionsanstieg von turbulenter kinetischer Energie und axialer Reynolds-Normalspannung. Die axiale Reynolds-Normalspannung $\langle u'^2 \rangle$ liefert den größten Beitrag zur turbulenten kinetischen Energie.

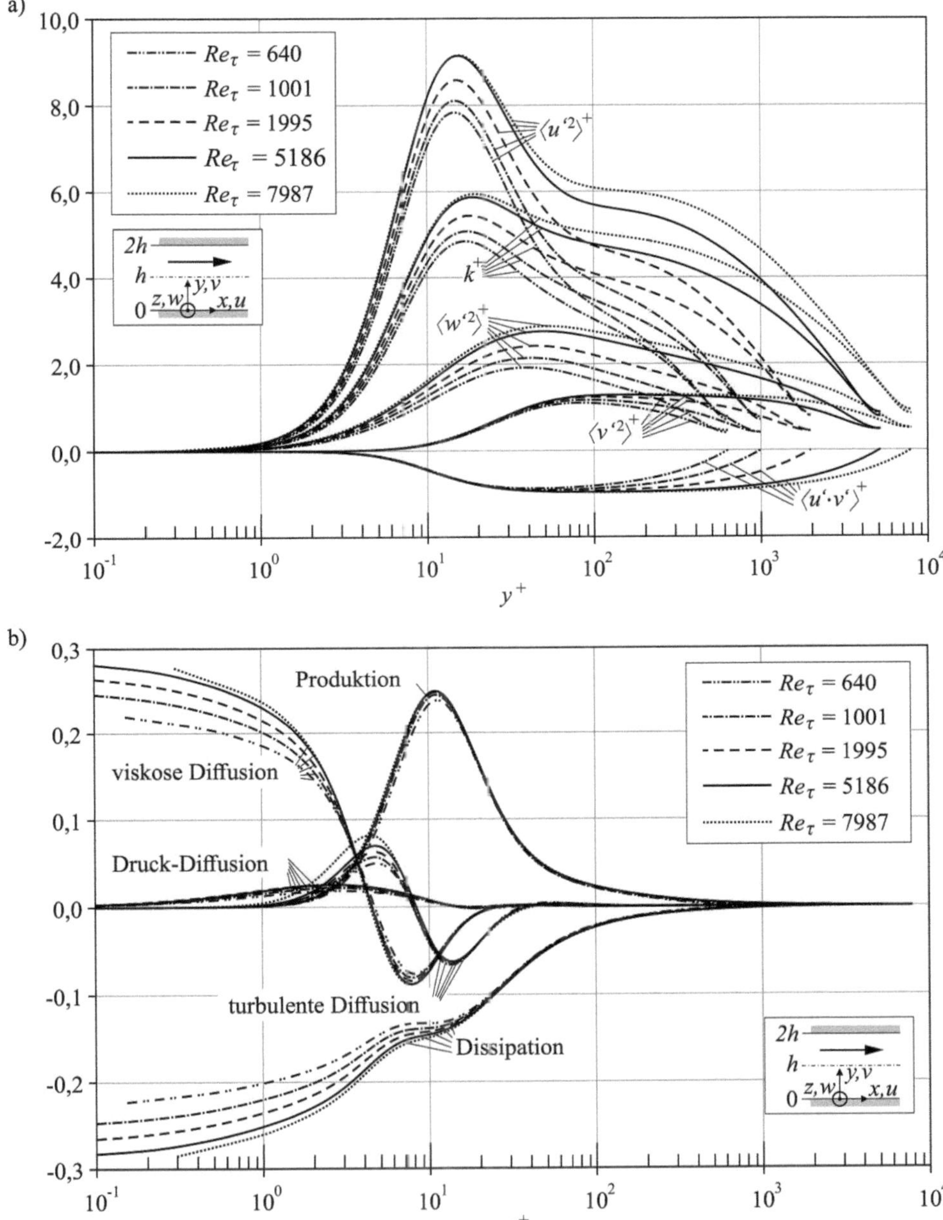

Abb. 12.11 Dimensionslose Verteilung a) der turbulenten kinetischen Energie und der Reynolds-Spannungen bei verschiedenen Reynolds-Zahlen und b) der mit u_τ^4/ν normierten Anteile von Produktion, Dissipation und des turbulenten Transports an der turbulenten kinetischen Energie in einer Kanalströmung. Geschwindigkeitsdaten aus DNS: $Re_\tau = 640$ von Kawamura et al (1998); $Re_\tau = 1001$, 1995 und 5186 von Lee und Moser (2015) und $Re_\tau = 7987$ von Kaneda und Yamamoto (2021).

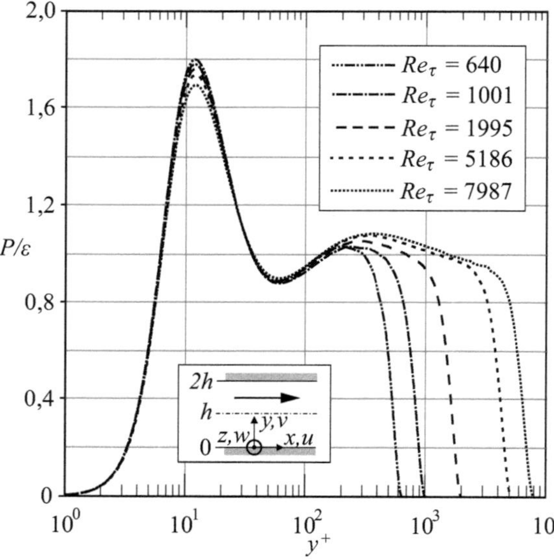

Abb. 12.12 Verteilung des Verhältnisses von Produktion zu Dissipation in einer Kanalströmung. Geschwindigkeitsdaten aus DNS: $Re_\tau = 640$ von Kawamura et al (1998); $Re_\tau = 1001$, 1995 und 5186 von Lee und Moser (2015) und $Re_\tau = 7987$ von Kaneda und Yamamoto (2021).

- Die Maxima der turbulenten kinetischen Energie und der axialen Reynolds-Normalspannung liegen in der Übergangsschicht. Während beide Größen mit zunehmendem Wandabstand bereits abnehmen, steigen die weiteren Reynolds-Normalspannungen an.
- Infolge von Energieumverteilungsprozessen durch die Druck-Geschwindigkeit-Scherung steigen die transversalen Reynolds-Normalspannungen an und erreichen ihre Maxima außerhalb der Wandschicht.

Einen Unterschied gegenüber der turbulenten Grenzschichtströmung findet man im Bereich der äußeren Grenze der turbulenten Außenschicht. Hier verschwinden die Reynolds-Spannungen infolge des turbulenten Transports nicht.

Die Transportgleichung der turbulenten kinetischen Energie (9.47) vereinfacht sich (Aufgabe 12.4) für eine hydrodynamisch ausgebildete, turbulent vollständig entwickelte Kanalströmung zu

$$
\begin{aligned}
0 = &-\langle u' \cdot v' \rangle \cdot \frac{\partial \langle u \rangle}{\partial y} - \varepsilon - \frac{1}{\rho} \cdot \frac{\partial \langle p' \cdot v' \rangle}{\partial y} + \nu \cdot \frac{\partial}{\partial y}\frac{\partial k}{\partial y} \\
&+\nu \cdot \frac{\partial}{\partial y}\frac{\partial \langle v' \cdot v' \rangle}{\partial y} - \langle \frac{\partial \frac{1}{2} \cdot u'^2 \cdot v'}{\partial y} \rangle - \langle \frac{\partial \frac{1}{2} \cdot v'^2 \cdot v'}{\partial y} \rangle - \langle \frac{\partial \frac{1}{2} \cdot w'^2 \cdot v'}{\partial y} \rangle \ ,
\end{aligned}
\tag{12.92}
$$

Abb. 12.11 b zeigt die einzelnen Anteile von Produktion, Dissipation und turbulentem Transport an der turbulenten kinetischen Energie aus Abb. 12.11 a. Mit Ausnahme des Anteils von mittlerer Konvektion, der bei hydrodynamisch ausgebildeten, vollständig turbulent entwickelten Innenströmungen verschwindet, entsprechen die Verteilungen im Großen und Ganzen denen der turbulenten hydrodynamischen Grenzschichtströmung und ihre wichtigsten Eigenschaften lassen sich wie folgt zusammenfassen:

- Die größten Beträge und Änderungen der Terme aus Gl. (12.92) treten in unmittelbarer Wandnähe auf.
- An der Wand gleicht die viskose Diffusion die Dissipation vollständig aus (Aufgabe 12.5), während die verbleibenden Anteile an der turbulenten kinetischen Energie verschwinden.
- Die größte Produktion findet in der Übergangsschicht im Bereich von $y^+ = 12$ statt. Bei diesem Wandabstand sind die Reynolds-Scherspannung und die molekulare Fluidreibungsspannung in etwa gleich groß.
- Die Transportterme tragen weder zur Entstehung noch zur Vernichtung der turbulenten kinetischen Energie bei. Nach deren Abklingen im Bereich $30 \leq y^+ \leq 50$ sind Produktion und Dissiaption die wesentlichen Anteile an der turbulenten kinetischen Energie. Ihr Verhältnis liegt dann innerhalb des Bereichs von $0{,}9 \leq \mathcal{P}/\varepsilon \leq 1{,}08$. Wie in Abb. 12.12 verdeutlicht, bedarf es Strömungen hoher Reynolds-Zahlen damit sich näherungsweise ein Gleichgewicht zwischen Produktion und Dissipation einstellt.
- Ab einem Wandabstand der oberhalb des Bereichs von $0.4 < y/h < 0.6$ liegt, steigt die turbulente Diffusion erneut an und trägt wesentlich zur turbulenten kinetischen Energie bei. Bei einem Wandabstand von $y/h \approx 0{.}75$ sind Produktion und turbulente Diffusion vergleichbar groß und im Bereich der äußeren Grenze der turbulenten Außenschicht $y/h > 0.9$ gleicht die turbulente Diffusion die Dissipation aus, während die Produktion nur noch äußerst geringe Beiträge zur turbulenten kinetischen Energie leistet.

12.3 Hydrodynamisch und thermisch ausgebildete Innenströmung

Liegt eine hydrodynamisch und thermisch ausgebildete, vollständig turbulent entwickelte Innenströmung in gleichförmig beheizten Kanälen oder Rohren mit unveränderlichem Innenquerschnitt sowie geradem Verlauf vor, so können wir im Allgemeinen das Geschwindigkeits- und Temperaturfeld als statistisch stationär und das turbulente Schwankungsfeld in axialer Richtung als homogen betrachten. Das dimensionslose mittlere Temperaturprofil

$$T^* = \left(\frac{T_W - \langle T \rangle}{T_W - T_{am}} \right)$$
(12.93)

ist unabhängig von der axialen Koordinate

$$\frac{\partial}{\partial x} \left(\frac{T_W - \langle T \rangle}{T_W - T_{am}} \right) = \frac{\partial T^*}{\partial y} = 0 \quad .$$
(12.94)

Dementsprechend bleibt die Nusselt-Zahl

$$Nu_{l_0,BC}(x) = \alpha_{l_0,BC}(\vec{x}) \cdot \frac{l_0}{\lambda}$$

$$= -\frac{\left. \frac{\partial \langle T(\vec{x}) \rangle}{\partial y} \right|_W}{(T_W(\vec{x}) - T_{am}(\vec{x}))} \cdot l_0 = \frac{\dot{q}_W(\vec{x})}{(T_W(\vec{x}) - T_{am}(\vec{x}))} \cdot \frac{l_0}{\lambda}$$
(12.95)

gemäß der Umformung

$$\frac{\partial}{\partial x}\left(\frac{\partial T^*}{\partial y}\right) = \frac{\partial}{\partial y}\left(\frac{\partial T^*}{\partial x}\right) = 0 \tag{12.96}$$

in Rohr- bzw. Kanalachsenrichtung unverändert, d. h. $Nu_{l_0,BC}(x) \to Nu_{l_0,\infty,BC}$. Der Index BC kennzeichnet die betrachtete thermische Randbedingung (siehe Kapitel 6.1.3) und die Größe y entspricht der wandnormalen Koordinate.

12.3.1 Reynolds-gemittelte Energiegleichung – Ebene Kanalströmung

In gleichförmig beheizten, ebenen Kanälen (wir betrachten eine Strömung zwischen zwei unendlich ausgedehnten Platten, die im Abstand von $2 \cdot h$ zueinander entfernt sind; Hauptströmungsrichtung: x, u; Wandnormalenrichtung: y, v; Querrichtung: z, w; Koordinatenursprung: Kanalmittellinie – siehe Abb. 12.2 a) mit unveränderlichem Innenquerschnitt ist das Temperaturfeld einer hydrodynamisch und thermisch ausgebildeten, vollständig turbulent entwickelten Strömung symmetrisch zur Kanalmittelebene verteilt. Die mittleren Geschwindigkeiten sowie die Reynolds-Wärmeströme sind invariant gegenüber einer Translation in axialer Richtung x. Außerdem treten bei einer ebenen Kanalströmung keine mittlere Quergeschwindigkeit $\langle w \rangle$ und keine Änderungen der mittleren Strömungsgrößen in Querrichtung auf. Des Weiteren gelten für das Strömungsfeld die Ergebnisse aus Kapitel 12.2.1. Dementsprechend vereinfacht sich die Reynolds-gemittelte Energiegleichung für eine stationäre Strömung eines Fluids mit konstanten Stoffwerten ohne axiale Wärmeleitung und ohne Dissipation

$$c \cdot \rho \cdot \left[\langle u \rangle \cdot \frac{\partial \langle T \rangle}{\partial x} + \langle v \rangle \cdot \frac{\partial \langle T \rangle}{\partial y} + \langle w \rangle \cdot \frac{\partial \langle T \rangle}{\partial z} \right] = \lambda \cdot \frac{\partial^2 \langle T \rangle}{\partial y^2}$$
$$+ \lambda \cdot \frac{\partial^2 \langle T \rangle}{\partial z^2} - c \cdot \rho \cdot \left[\frac{\partial \langle u' \cdot T' \rangle}{\partial x} + \frac{\partial \langle v' \cdot T' \rangle}{\partial y} + \frac{\partial \langle w' \cdot T' \rangle}{\partial z} \right] \tag{12.97}$$

zu

$$c \cdot \rho \cdot \langle u \rangle \cdot \frac{\partial \langle T \rangle}{\partial x} = \lambda \cdot \frac{\partial^2 \langle T \rangle}{\partial y^2} - c \cdot \rho \cdot \frac{\partial \langle v' \cdot T' \rangle}{\partial y} \quad . \tag{12.98}$$

Mittlere axiale Konvektion und thermische Randbedingungen

Je nach thermischer Randbedingung unterscheidet sich die mittlere Temperaturverteilung bei hydrodynamisch und thermisch ausgebildeten, vollständig turbulent entwickelten Innenströmungen in gleichförmig beheizten Kanälen oder Rohren mit unveränderlichem Innenquerschnitt sowie geradem Verlauf und entwickelt sich auf verschiedene Weise in Achsenrichtung. Für die hier betrachteten thermischen Randbedingungen einer konstanten Wandwärmestromdichte (Index $BC = H$, siehe Tabelle 6.1) oder einer konstanten Wandtemperatur (Index $BC = T$, siehe Tabelle 6.2) ist es möglich, den axiale Temperaturgradienten auf der linken Seite von Gl. (12.98) als Funktion der mittleren Wandwärmestromdichte anzugeben, wodurch sich der Term für die mittlere axiale Konvektion annähern lässt.

Mit Hilfe einer Energiebilanz an einem beheizten Kanalstück mit der Höhe $2 \cdot h$ und der unendlichen Plattentiefe d (vgl. Abb. 3.6) erhalten wir zwischen axialer Änderung der adiabaten Mischungstemperatur T_{am} und der mittleren Wandwärmestromdichte $\dot{q}_W$ den Zusammenhang

$$\frac{dT_{am}}{dx} = \frac{\dot{q}_W \cdot 2 \cdot d}{c \cdot \dot{m}} = \frac{\dot{q}_W \cdot 2 \cdot d}{c \cdot \rho \cdot u_m \cdot 2 \cdot d \cdot h} = \frac{\dot{q}_W}{c \cdot \rho \cdot u_m \cdot h} \quad . \tag{12.99}$$

Beim Vorliegen einer konstanten Wandwärmestromdichte bleibt die Temperaturdifferenz zwischen Wandtemperatur T_W und adiabater Mischungstemperatur T_{am} in axialer Richtung unverändert (siehe Kapitel 6.1.3). Dementsprechend folgt aus Gl. (12.94) für die axiale Änderung der mittleren Temperatur

$$\frac{\partial \langle T \rangle (\vec{x})}{\partial x} = \frac{dT_W(x)}{dx} = \frac{dT_{am}(x)}{dx} \tag{12.100}$$

und aus Gl. (12.98) ergibt sich unter Berücksichtigung von Gl. (12.99)

$$\frac{\langle u \rangle}{u_m} \cdot \frac{\dot{q}_W}{h} = \lambda \cdot \frac{\partial^2 \langle T \rangle}{\partial y^2} - c \cdot \rho \cdot \frac{\partial \langle v' \cdot T' \rangle}{\partial y} \quad . \tag{12.101}$$

Beim Vorliegen einer konstanten Wandtemperatur ändert sich die Wandwärmestromdichte $\dot{q}_W$ sowie die Temperaturdifferenz zwischen Wandtemperatur T_W und adiabater Mischungstemperatur T_{am} mit der axialen Lauflänge und aus Gl. (12.94) folgt

$$\frac{\partial \langle T \rangle (\vec{x})}{\partial x} = T^* \cdot \frac{dT_{am}(x)}{dx} \quad . \tag{12.102}$$

Somit ergibt sich aus Gl. (12.98)

$$\frac{\langle u \rangle}{u_m} \cdot T^* \cdot \frac{\dot{q}_W}{h} = \lambda \cdot \frac{\partial^2 \langle T \rangle}{\partial y^2} - c \cdot \rho \cdot \frac{\partial \langle v' \cdot T' \rangle}{\partial y} \quad , \tag{12.103}$$

wobei die Wandwärmestromdichte eine Funktion der axialen Koordinate x ist, $\dot{q}_W \rightarrow \dot{q}_W(x)$. Gl. (12.101) und Gl. (12.103) können weiter vereinfacht werden. Hierfür nehmen wir an, dass bei sehr hohen Reynolds-Zahlen aufgrund des ausgeprägten Blockprofils der mittleren axialen Geschwindigkeitsverteilung näherungsweise $\langle u \rangle \sim u_m$ gilt. Handelt es sich dagegen um Fluide mit Prandtl-Zahlen von $Pr \gg 1$, so kann man die dimensionslose Temperaturverteilung bei konstanter Wandtemperatur in Gl. (12.103) mit $T_W - \langle T \rangle / T_W - T_{am} \approx 1$ grob annähern[4]. Dementsprechend ergibt sich für hohe Reynolds- und Péclet-Zahlen aus Gl. (12.101) für Fluide mit Prandtl-Zahlen von $Pr \gtrsim 1$ bzw. aus Gl. (12.103) für Fluide mit Prandtl-Zahlen von $Pr \gg 1$

$$\frac{\dot{q}_W}{h} = \lambda \cdot \frac{\partial^2 \langle T \rangle}{\partial y^2} - c \cdot \rho \cdot \frac{\partial \langle v' \cdot T' \rangle}{\partial y} \quad . \tag{12.104}$$

---

[4] Nach Kays und Crawford (1993) liegen die Änderungen des Temperaturprofils für Fluide mit Prandtl-Zahlen von $Pr > 10$ innerhalb der viskosen Unterschicht.

Die Integration von Gl. (12.104) mit den Randbedingungen $\lambda \cdot \partial\langle T\rangle/\partial\langle y\rangle|_{y=-h} = -\dot{q}_W$ und $-c \cdot \rho \cdot \langle v' \cdot T'\rangle \, (y = -h) = 0$ liefert

$$\frac{\dot{q}_W}{c \cdot \rho} \cdot \frac{y}{h} = a \cdot \frac{\partial\langle T\rangle}{\partial y} - \langle v' \cdot T'\rangle \quad . \tag{12.105}$$

Liegt der Koordinatenursprung an der unteren Kanalwand, führt die lineare Koordinatentransformation auf

$$\frac{\dot{q}_W}{c \cdot \rho} \cdot \left(1 - \frac{y}{h}\right) = -a \cdot \frac{\partial\langle T\rangle}{\partial y} + \langle v' \cdot T'\rangle \quad . \tag{12.106}$$

Gl. (12.104) und Gl. (12.106) gelten nur eingeschränkt für Fluide mit Prandtl-Zahlen von $Pr \ll 1$, da bei der Vereinfachung von Gl. (12.98) die axiale Wärmeleitung vernachlässigt wurde, diese jedoch bei Flüssigmetallen von signifikanter Bedeutung für die Wärmeübertragung sein kann.

12.3.2 Reynolds-gemittelte Energiegleichung - Rohrströmung

Die Verteilung des mittleren Temperaturfelds einer hydrodynamisch und thermisch ausgebildeten, vollständig turbulent entwickelten Strömung in einem gleichmäßig beheizten Rohr (Hauptströmungsrichtung: x, u; radiale Richtung: r, v; azimutale Richtung: φ, w; Koordinatenursprung: Rohrmittellinie - siehe Abb. 12.2 b) mit unveränderlichem Innenquerschnitt sowie geradem Verlauf ist rotationssymmetrisch. Für das Strömungsfeld gelten die Ergebnisse aus Kapitel 12.2.2. Es tritt also keine mittlere Azimutgeschwindigkeit auf und gemäß Gl. (12.20) verschwindet auch die mittlere Radialgeschwindigkeit. Änderungen der mittleren Strömungsgrößen in azimutaler Richtung sind zu vernachlässigen. Unter den genannten Bedingungen können wir in axialer Richtung von einer homogen turbulenten Strömung ausgehen, womit die axialen Gradienten der Reynolds-Wärmeströme und der mittleren Geschwindigkeiten verschwinden. Die Reynolds-gemittelte Energiegleichung für eine stationäre Strömung eines Fluids mit konstanten Stoffwerten ohne axiale Wärmeleitung und ohne Dissipation

$$c \cdot \rho \cdot \left[\langle u\rangle \cdot \frac{\partial\langle T\rangle}{\partial x} + \langle v\rangle \cdot \frac{\partial\langle T\rangle}{\partial r} + \frac{\langle w\rangle}{r} \cdot \frac{\partial\langle T\rangle}{\partial \varphi}\right]$$
$$= \frac{\lambda}{r} \cdot \frac{\partial}{\partial r}\left(r \cdot \frac{\partial\langle T\rangle}{\partial r} + \frac{1}{r^2} \cdot \frac{\partial^2\langle T\rangle}{\partial \varphi^2} + \frac{\partial^2\langle T\rangle}{\partial x^2}\right) \tag{12.107}$$
$$-c \cdot \rho \cdot \left[\frac{\partial\langle u' \cdot T'\rangle}{\partial x} + \frac{\partial\langle v' \cdot T'\rangle}{\partial r} + \frac{\langle v' \cdot T'\rangle}{r} + \frac{1}{r} \cdot \frac{\partial\langle w' \cdot T'\rangle}{\partial \varphi}\right]$$

vereinfacht sich demnach zu

$$c \cdot \rho \cdot \langle u\rangle \cdot \frac{\partial\langle T\rangle}{\partial x} = \frac{\lambda}{r} \cdot \frac{\partial}{\partial r}\left(r \cdot \frac{\partial\langle T\rangle}{\partial r}\right) - \frac{c \cdot \rho}{r} \cdot \frac{\partial}{\partial r}\left(r \cdot \langle v' \cdot T'\rangle\right) \quad . \tag{12.108}$$

Entsprechend Gl. (12.98) und Gl. (12.108) wird die mittlere Energieübertragung einer hydrodynamisch und thermisch ausgebildeten Kanal- und Rohrströmung durch die mittlere axiale Konvektion, die wandnormale Wärmeleitung und den wandnormalen Reynolds-Wärmestrom beschrieben.

Mittlere axiale Konvektion und thermische Randbedingungen

In gleicher Weise wie bei Kanalströmungen, lässt sich auch bei Rohrströmungen für die thermische Randbedingung einer konstanten Wandwärmestromdichte (Index $BC = H$, siehe Tabelle 6.1) oder einer konstanten Wandtemperatur (Index $BC = T$, siehe Tabelle 6.2) die mittlere axiale Temperaturverteilung in Gl. (12.108) als Funktion der Wandwärmestromdichte angeben und damit der Term für die mittlere axiale Konvektion annähern.

Die Energiebilanz für ein Rohrstück mit dem Radius R liefert

$$\frac{dT_{am}}{dx} = \frac{\dot{q}_W \cdot 2 \cdot \pi \cdot R}{c \cdot \dot{m}} = \frac{\dot{q}_W \cdot 2 \cdot \pi \cdot R}{c \cdot \rho \cdot u_m \cdot \pi \cdot R^2} = \frac{2 \cdot \dot{q}_W}{c \cdot \rho \cdot u_m \cdot R} \tag{12.109}$$

und wir erhalten beim Vorliegen einer konstanten Wandwärmestromdichte gemäß Gl. (12.100) aus Gl. (12.108) demnach

$$2 \cdot \frac{\langle u \rangle}{u_m} \cdot \frac{\dot{q}_W}{R} = \frac{\lambda}{r} \cdot \frac{\partial}{\partial r} \left(r \cdot \frac{\partial \langle T \rangle}{\partial r} \right) - \frac{c \cdot \rho}{r} \cdot \frac{\partial}{\partial r} \left(r \cdot \langle v' \cdot T' \rangle \right) \quad . \tag{12.110}$$

Bei konstanter Wandtemperatur ist die Wandwärmestromdichte $\dot{q}_W$ eine Funktion des Orts ($\dot{q}_W \to \dot{q}_W(x)$). Mit Gl. (12.102) und Gl. (12.109) ergibt sich aus Gl. (12.108)

$$2 \cdot \frac{\langle u \rangle}{u_m} \cdot T^* \cdot \frac{\dot{q}_W}{R} = \frac{\lambda}{r} \cdot \frac{\partial}{\partial r} \left(r \cdot \frac{\partial \langle T \rangle}{\partial r} \right) - \frac{c \cdot \rho}{r} \cdot \frac{\partial}{\partial r} \left(r \cdot \langle v' \cdot T' \rangle \right) \quad . \tag{12.111}$$

Mit den gleichen Annahmen wie bei der Kanalströmung, lassen sich Gl. (12.110) und Gl. (12.111) vereinfachen. Bei Strömungen mit sehr hohen Reynolds-Zahlen gilt über weite Teile des Rohrquerschnitts näherungsweise $\langle u \rangle \sim u_m$. Besitzen die Fluide dagegen Prandtl-Zahlen von $Pr \gg 1$, so können wir die dimensionslose Temperatur in Gl. (12.111) mit $T^* = T_W - \langle T \rangle / T_W - T_{am} \approx 1$ approximieren. Demnach ergibt sich für sehr hohe Reynolds- und Péclet-Zahlen aus Gl. (12.110) für Fluide mit Prandtl-Zahlen von $Pr \gtrless 1$ bzw. aus Gl. (12.111) für Fluide mit Prandtl-Zahlen von $Pr \gg 1$

$$2 \cdot \frac{\dot{q}_W}{R} = \frac{\lambda}{r} \cdot \frac{\partial}{\partial r} \left(r \cdot \frac{\partial \langle T \rangle}{\partial r} \right) - \frac{c \cdot \rho}{r} \cdot \frac{\partial}{\partial r} \left(r \cdot \langle v' \cdot T' \rangle \right) \quad . \tag{12.112}$$

Mit den Randbedingungen $\lambda \cdot \partial \langle T \rangle / \partial \langle r \rangle |_{r=R} = \dot{q}_W$ und $-c \cdot \rho \cdot \langle v' \cdot T' \rangle (r = R) = 0$ liefert die Integration von Gl. (12.104)

$$\frac{\dot{q}_W}{c \cdot \rho} \cdot \frac{r}{R} = a \cdot \frac{\partial \langle T \rangle}{\partial r} - \langle v' \cdot T' \rangle \quad . \tag{12.113}$$

Der Übergang zu kartesischen Koordinaten und die Koordinatentransformation $y = R - r$
für ein Koordinatensystem mit der Rohrwand als Ursprung führen auf

$$\frac{\dot{q}_W}{c \cdot \rho} \cdot \left(1 - \frac{y}{R}\right) = -a \cdot \frac{\partial \langle T \rangle}{\partial r} + \langle v' \cdot T' \rangle \quad . \tag{12.114}$$

12.3.3 Struktureller Aufbau des thermischen Strömungsfelds

Die in Kapitel 10.4.1 vorgestellten Ergebnisse der Zweischichtstruktur gelten auch für
Innenströmungen. Dementsprechend fällt bei Fluiden mit einer Prandtl-Zahl von $Pr \approx 1$
die obere Grenze des Bereichs der Wärmeleitungsschicht in etwa mit dem Wandabstand
zusammen, bei dem der viskose und turbulente Impulstransport zu vergleichbaren Anteilen zur Impulsbilanz beitragen. Bei Flüssigmetallen ($Pr \ll 1$) skaliert die dimensionslose
Dicke der Wärmeleitungsschicht mit $\delta_{WL}{}^+ \sim Pr^{-1}$. Bei Innenströmungen hochviskoser
Fluide mit Prandtl-Zahlen von $Pr \gg 1$, gilt für die dimensionslose Dicke der Wärmeleitungsschicht $\delta_{WL}{}^+ \sim Pr^{-1/3}$.

Wir lassen nun die Zweischichtstruktur hinter uns und entwickeln für das thermische Strömungsfeld bei Innenströmungen ein der Struktur des hydrodynamischen Strömungsfelds
ähnelndes Mehrschichtmodell, mit dem wir im Folgenden arbeiten werden. Hierbei befassen wir uns zunächst mit Fluiden mit einer Prandtl-Zahl von $Pr \approx 1$ und betrachten
die in Abb. 12.13 darstellten Verteilungen der Reynolds-Wärmestromdichte $c \cdot \rho \cdot \langle v' \cdot T' \rangle$
und der molekularen Wärmestromdichte $-\lambda \cdot \partial \langle T \rangle / \partial y$ in dimensionsloser Darstellung für
Kanalströmungen[5] von Fluiden mit einer Prandtl-Zahl von $Pr = 0{,}71$ bei unterschiedli-
chen Reynolds-Zahlen, um den in Abb. 12.14 gezeigten strukturellen Aufbau abzuleiten.
Entsprechend Gl. (12.98) sind die beiden in Abb. 12.13 gezeigten Wärmestromdichten für
die mittlere Wärmeübertragung maßgebend. Die effektive Wärmestromdichte setzt sich
aus der Reynolds-Wärmestromdichte $c \cdot \rho \cdot \langle v' \cdot T' \rangle$ und der molekularen Wärmestromdichte $-\lambda \cdot \partial \langle T \rangle / \partial y$ zusammen und fällt linear zur Kanalmitte hin ab. Die Fluidreibung
in unmittelbarer Wandnähe verhindert einen nennenswerten Beitrag der Advektion zum
Wärmetransport. Die molekulare Wärmeleitung dominiert und wir bezeichnen diesen Bereich als molekulare Unterschicht. Mit zunehmendem Abstand von der Wand nimmt der
bewegungsdämpfende Einfluss der Viskosität auf die Strömung ab und der Anteil des advektiven Wärmetransports an der mittleren lokalen Wärmeübertragung steigt an. Der advektive Wärmetransport in Wandnähe wird vom Reynolds-Wärmestrom dominiert und der
Bereich, in dem die molekulare Wärmestromdichte und die Reynolds-Wärmestromdichte
von gleicher Größenordnung sind, entspricht der molekular-advektiven Schicht. Sie bildet
zusammen mit der molekularen Unterschicht die thermische Wandschicht mit der Dicke
$\delta_{th,WS}$. Oberhalb der thermischen Wandschicht beginnt – sobald der Beitrag der molekularen Wärmeleitung zur mittleren Wärmeübertragung vernachlässigbar klein ist – die
thermische turbulente Außenschicht. Für hinreichend große Péclet-Zahlen entwickelt sich

---

[5] Ähnliche Verteilungen sind ebenso bei Rohrströmungen zu erwarten und werden in diesem Unterkapitel
nicht gesondert behandelt.

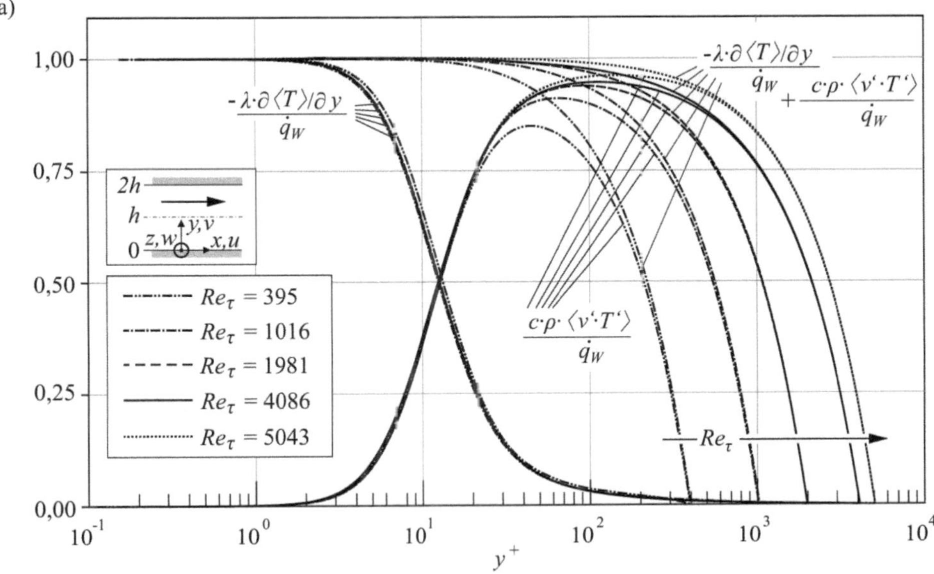

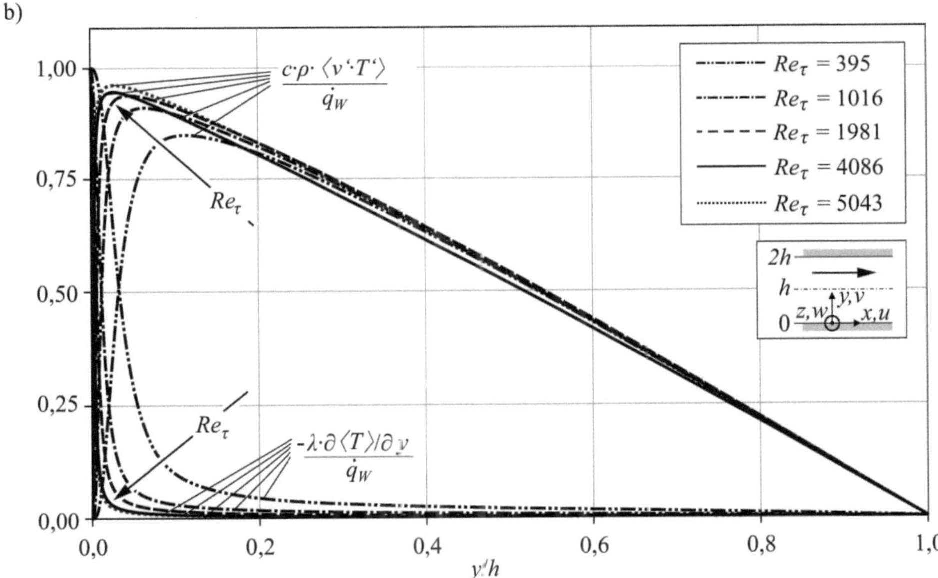

Abb. 12.13 Mit der mittleren Wandwärmestromdichte $\dot q_W$ normierte Verteilung der Reynolds-Wärmestromdichte $c \cdot \rho \cdot \langle v' \cdot T'\rangle$ und der molekularen Wärmestromdichte $-\lambda \cdot \partial\langle T\rangle/\partial y$ sowie deren Summe in einer hydrodynamisch und thermisch ausgebildeten Kanalströmung für ein Fluid mit der Prandtl-Zahl $Pr = 0{,}71$ bei unterschiedlichen Reynolds-Zahlen. Daten: $Re_\tau = 395$ aus DNS-Daten von Kawamura et al (1998), $Re_\tau = 1016$ aus DNS-Daten von Abe at al (2004), $Re_\tau = 1981$ und 5043 aus DNS-Daten von Alcántara-Ávila et al (2021) und $Re_\tau = 4086$ aus DNS-Daten von Pirozzoli et al (2016).

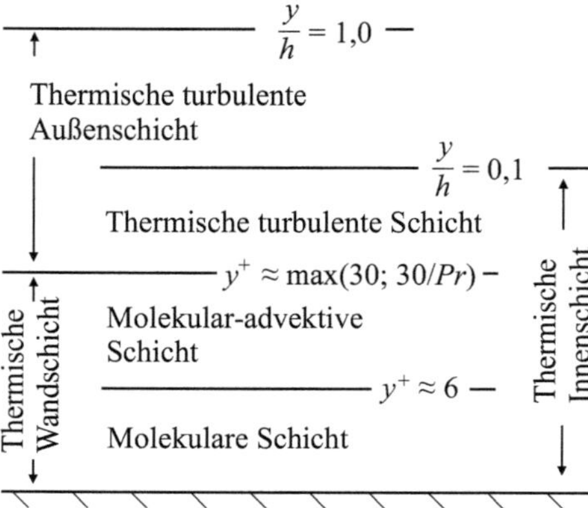

Abb. 12.14 Aufbau der Mehrschichtstruktur bei Kanalströmungen für Fluide mit Prandtl-Zahlen von $Pr \approx 1$.

im Bereich $\delta_{th,WS} < y \leq 0,1$ der thermischen turbulenten Außenschicht die thermische turbulente Schicht, in der turbulente Transportprozesse alleinig den mittleren Wärmetransport bestimmen. Sie schließt direkt an die thermische Wandschicht an. Wie wir im Folgenden feststellen werden, liegt die obere Grenze der thermischen turbulenten Schicht bei $y/h = 0,1$. Für Fluide mit Prandtl-Zahlen von $Pr > 1$ ist die molekulare Unterschicht bzw. die molekular-advektive Schicht kleiner als die viskose Unterschicht bzw. Übergangsschicht und zwischen der thermischen Wandschicht und der thermischen turbulenten Schicht liegt die viskos-konvektive Schicht. Für Fluide mit Prandtl-Zahlen von $Pr < 1$ beginnt die thermische turbulente Schicht dagegen innerhalb der turbulenten Schicht. Bei gleichbleibender Prandtl-Zahl steigt das Maximum der Reynolds-Wärmestromdichte mit zunehmender Reynolds-Zahl, d. h. mit zunehmender Péclet-Zahl, an und rückt näher an die Wand heran. Der Einflussbereich der molekularen Wärmeleitung wird in diesem Fall schmaler und die tatsächliche Ausdehnung der thermischen Wandschicht nimmt ab (Abb. 12.13 b), während sich die untere Grenze der thermischen turbulenten Außenschicht weiter in Richtung der Wand ausdehnt.

Die bis hierhin kennengelernten unterschiedlichen Impuls- und Wärmetransportmechanismen werden wir jetzt nutzen, um die Energiegleichung je nach Wandabstand und Schicht zu vereinfachen:

Thermische Wandschicht

Die thermische Wandschicht liegt im Bereich $y \ll h$. Dementsprechend vereinfacht sich Gl. (12.106) zu

$$\frac{\dot{q}w}{c \cdot \rho} = -a \cdot \frac{\partial \langle T \rangle}{\partial y} + \langle v' \cdot T' \rangle \quad . \tag{12.115}$$

Da in unmittelbarer Wandnähe die Reynolds-Wärmestromdichte sehr klein ist, folgt aus Gl. (12.115)

$$\lim_{y \to 0} \left[\frac{\dot{q}w}{c \cdot \rho} = -a \cdot \frac{\partial \langle T \rangle}{\partial y} \right] \quad . \tag{12.116}$$

Am äußeren Rand der thermischen Wandschicht verschwindet definitionsgemäß der Beitrag der molekularen Wärmeleitung zur mittleren Wärmeübertragung und aus Gl. (12.115) erhalten wir

$$\lim_{y \to \delta_{th,WS}} \left[\frac{\dot{q}_W}{c \cdot \rho} = \langle v' \cdot T' \rangle \right] \quad . \tag{12.117}$$

Thermische turbulente Außenschicht

In der thermischen turbulenten Außenschicht ist die Reynolds-Wärmestromdichte um mindestens eine Größenordnung größer als die molekulare Wärmestromdichte, womit man letztere bei der Bilanzierung vernachlässigen kann. Für ausreichend hohe Reynolds- und Péclet-Zahlen beginnt die thermische turbulente Außenschicht im Bereich $y/h \ll 1$ und aus Gl. (12.106) ergibt sich

$$\frac{\dot{q}_W}{c \cdot \rho} = \langle v' \cdot T' \rangle \quad . \tag{12.118}$$

Der Bereich in dem die Reynolds-Wärmestromdichte der Wandwärmestromdichte entspricht, ist die thermische turbulente Schicht. Sie bildet zusammen mit der thermischen Wandschicht die thermische Innenschicht. Innerhalb der thermischen turbulenten Außenschicht, jedoch außerhalb der thermischen Innenschicht gilt hingegen

$$\frac{\dot{q}_W}{c \cdot \rho} \cdot \left(1 - \frac{y}{h} \right) = \langle v' \cdot T' \rangle \quad . \tag{12.119}$$

Einfluss der Prandtl-Zahl

Die Kopplung des Geschwindigkeits- und Temperaturfelds wird bei gegebener Reynolds-Zahl durch das Verhältnis von Viskosität und Temperaturleitfähigkeit bestimmt. Dementsprechend ändert sich der in Abb. 12.14 gezeigte strukturelle Aufbau des thermischen Wandbereichs bei Innenströmungen mit der Prandtl-Zahl. Die Verteilungen der normierten Wärmeströme einer hydrodynamisch und thermisch ausgebildeten, vollständig turbulent entwickelten Kanalströmung sind in Abb. 12.15 für variierende Prandtl-Zahlen dargestellt. Ausgehend von der Prandtl-Zahl $Pr = 1,0$ dehnt sich der Wirkungsbereich der molekularen Wärmeleitung für kleiner werdende Prandt-Zahlen aus, während der Reynolds-Wärmestrom abnimmt. Dementsprechend verschiebt sich die Grenze des molekular-advektiven Bereichs sowie die untere Grenze der thermischen turbulenten Außenschicht weiter nach außen. Da das obere Ende der thermischen turbulenten Schicht definitionsgemäß mit dem oberen Ende des Bereichs $y/h \ll 1$ zusammenfällt, wird die thermische turbulente Schicht mit abnehmender Prandtl-Zahl immer schmaler, bis sie letztendlich verschwindet. Für sehr kleine Prandtl-Zahlen $Pr \ll 1$, d. h. für Fluide mit sehr hoher Wärmeleitfähigkeit, wird der Wärmetransport über die gesamte Kanalhöhe wesentlich durch die molekulare Wärmeleitung bestimmt und der Anteil des advektiven Wärmetransports ist gering.

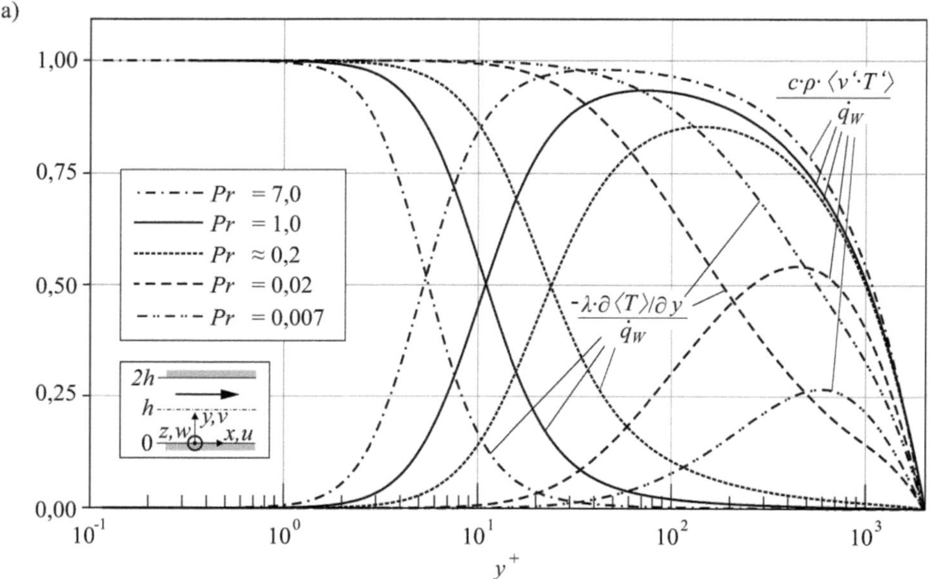

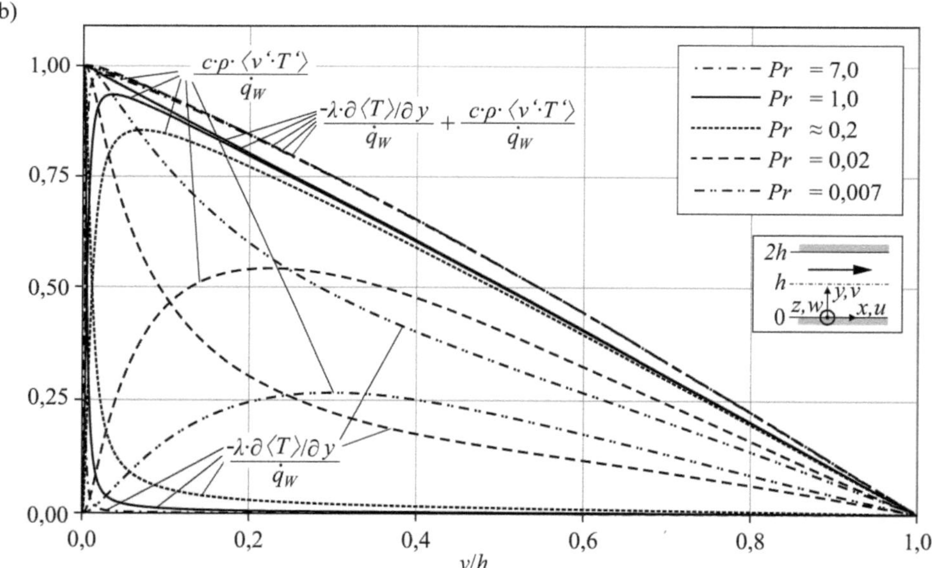

Abb. 12.15 Mit der Wandwärmestromdichte normierte Verteilung der Reynolds-Wärmestromdichte $c \cdot \rho \cdot \langle v' \cdot T' \rangle$ und der molekularen Wärmestromdichte $-\lambda \cdot \partial\langle T \rangle/\partial y$ sowie deren Summe in einer hydrodynamisch und thermisch ausgebildeten, vollständig turbulent entwickelte Kanalströmung für Fluide unterschiedlicher Prandtl-Zahlen bei einer Reynolds-Zahl von $Re_\tau \approx 2000$. Daten: $Pr = 7{,}0$; $1{,}0$; $0{,}2$ und $0{,}007$ aus DNS-Daten von Alcántara-Ávila et al (2018), Alcántara-Ávila und Hoyas (2021) und $Pr = 0{,}2$ aus DNS-Daten von Pirozzoli et al (2016).

12.3.4 Wandfunktionen

Auch bei turbulenten Innenströmungen ist es möglich, das mittlere Temperaturprofil in selbstähnlicher Form anzugeben und mit Wandfunktionen zu beschreiben. Hierzu bedarf es der Wahl geeigneter Bezugsgrößen zur Normierung der Strömungsgrößen. In der thermischen Innenschicht verwenden wir wie bei der turbulenten thermischen Grenzschichtströmung die Reibungstemperatur ΔT_τ gemäß Gl. (10.114) zur Normierung der mittleren Temperaturdifferenz. Die molekulare Länge δ_λ gemäß Gl. (10.115) entspricht der inneren Längenskala und dient zur Normierung des Wandabstands in Wandnähe. Innerhalb des wandnahen Strömungsbereichs $y^+ \ll Re_\tau$ gelingt in Anlehnung an Squire (1951) eine selbstähnliche Darstellung der mittleren dimensionslosen Temperatur durch das thermische Wandgesetz

$$T^+ = \Phi_{1,T}(y^+, Pr) ; \qquad y^+ \ll Re_\tau \quad . \tag{12.120}$$

Die Normierung der mittleren Temperaturänderung in der thermischen turbulenten Außenschicht aufgrund des turbulenten Wärmetransports erfolgt in den entsprechenden Wandfunktionen ebenfalls mit der Reibungstemperatur ΔT_τ als Bezugsgröße. Im wandfernen Strömungsbereich für $y^+ \gg \max\left(Pr^{-1}; 1\right)$ spielt die molekulare Wärmeleitung für die Wärmeübertragung keine Rolle. Die statistischen Eigenschaften des turbulenten thermischen Strömungsfelds werden nicht direkt von der molekularen Viskosität oder Diffusivität bestimmt (Monin und Yaglom (1971)). Die äußere Längenskala zur Normierung des Wandabstandes entspricht bei einer Kanalströmung der halben Kanalhöhe h (bzw. bei einer Rohrströmung dem Radius R). Nach Squire (1959) bzw. Yaglom (1979) beschreibt die Wandfunktion in Form des thermischen Mittengesetzes

$$T_{ML}^+ - T^+ = \Phi_{2,T}(\eta, \ldots) ; \qquad y^+ \gg \max\left(Pr^{-1}; 1\right) \tag{12.121}$$

die Abweichung der dimensionslosen mittleren Temperatur T^+ im Strömungsfeld von der dimensionslosen mittleren Temperatur entlang der Kanalmittelachsen (bzw. Rohrmittelachse) T_{ML}^+ in selbstähnlicher Form.

Thermische Wandschicht

Innerhalb der thermischen Wandschicht bestimmen sowohl die molekulare Wärmeleitung als auch der turbulent bedingte Wärmetransport die mittlere Wärmeübertragung. In unmittelbarer Wandnähe ist der Beitrag von $c \cdot \rho \cdot \langle v' \cdot T' \rangle$ gegenüber $-\lambda \cdot \partial \langle T \rangle / \partial y$ vergleichsweise gering und kann bei einer mittleren Bilanzierung vernachlässigt werden. Eine Taylor-Reihenentwicklung an der Wand führt in gleicher Weise wie bei der turbulenten thermischen Grenzschichtströmung auf die dimensionslose Temperaturverteilung in der Form

$$T^+(y^+, Pr) = Pr \cdot \left(y^+ + c_4' \cdot y^{+4} + \cdots\right) \quad , \tag{12.122}$$

mit dem Koeffizienten c_4' gemäß Gl. (10.131). Der Wandbereich, in dem die dimensionslose Temperatur mit der linearen Verteilung aus Gl. (12.122) beschrieben wird, entspricht der molekularen Unterschicht. Die dimensionslose Höhe der molekularen Unterschicht δ_M^+ hängt von der Prandtl-Zahl ab und ist definiert als der Wandabstand, an dem die dimensionlose mittlere Temperaturverteilung um 5,0 % vom linearen Anteil der Verteilung aus Gl. (12.123) abweicht. Nach Alcántara-Ávila und Hoyas (2021) lässt sich die dimensionslose Höhe der molekularen Unterschicht anhand von

$$\delta_M^+ = 5,9 \cdot Pr^{-0,23+0,071\cdot\log(Pr)}; \qquad 0,007 \le Pr \le 1 \quad , \tag{12.123}$$

$$\delta_M^+ = 5,9 \cdot Pr^{-0,36+0,004\cdot Pr}; \qquad 1 \le Pr \le 10 \tag{12.124}$$

bestimmen. Unter der Annahme, dass sich bei Fluiden mit Prandtl-Zahlen von $Pr \ge 1$ die Dicke der molekularen Unterschicht δ_M^+ mit der Dicke der Wärmeleitungsschicht δ_{WL}^+ gleichförmig ändert, liegt eine $Pr^{-1/3}$-Skalierung vor und in grober Näherung gilt $\delta_M^+ = 5,9 \cdot Pr^{-1/3}$ für $1 \le Pr \le 49$.

Thermische turbulente Außenschicht

Für Strömungen hoher Reynolds- und Péclet-Zahlen entwickelt sich im Bereich $y^+ \ll Re_\tau$ und $y^+ \gg \max\left(Pr^{-1},1\right)$ der thermischen turbulenten Außenschicht die thermische turbulente Schicht, in der die Reynolds-Wärmestromdichte konstant ist (vgl. Gl. (12.118)). Zur Ermittlung der dimensionslosen mittleren Temperatur T^+ gehen wir analog zu dem bereits bekannten Ansatz für das mittlere Geschwindigkeitsfeld von Millikan (1938) aus Kapitel 12.2.4 vor. Danach überlappen sich die Gültigkeitsbereiche von Gl. (12.120) und Gl. (12.121) innerhalb der thermischen turbulenten Schicht. Eine ähnliche Vorgehensweise wie in Gl. (12.44) – Gl. (12.49) liefert die in der thermischen turbulenten Schicht gültige logarithmische Verteilung der dimensionslosen mittleren Temperatur in Form des thermischen logarithmischen Wandgesetzes

$$T^+ = \alpha \cdot \ln(y^+) + B_T(Pr) ; \qquad \max\left(Pr^{-1}; 1\right) \ll y^+ \ll Re_\tau \tag{12.125}$$

und in Form des thermischen Mittengesetzes

$$T_{ML}^+ - T^+ = -\alpha \cdot \ln(\eta) + B_{o,T}(Pr) ; \qquad \max\left(\frac{1}{Re_\tau}; \frac{1}{Pe_\tau}\right) \ll \eta \ll 1 \quad , \tag{12.126}$$

mit der Konstante α und mit den von der Prandtl-Zahl abhängigen Größen B_T bzw. $B_{o,T}$. Entsprechend der Bedingung $y^+ \gg 1$ koinzidiert die untere Grenze der logarithmischen Temperaturverteilung für Fluide mit Prandtl-Zahlen von $Pr \ge 1$ mit der unteren Grenze der logarithmischen Geschwindigkeitsverteilung, d. h. bei $y^+ \approx 30$. Für Fluide mit Prandtl-Zahlen von $Pr < 1$ bedeutet die Bedingung $y^+ \cdot Pr \gg 1$, dass sich die untere Grenze der logarithmischen Temperaturverteilung oberhalb der unteren Grenze der (hydrodynamischen) turbulenten Schicht befindet. Der Wandabstand, ab dem sich eine logarithmische Verteilung der dimensionslosen mittleren Temperatur ausbildet, lässt sich mit $y^+ = 30/Pr$ abschätzen. Es bleibt hierbei anzumerken, dass für diesen Fall die herrschende Strömung eine Reibungs-Reynolds-Zahl von $h^+ > (y^+ = 30/Pr)/(y/h = 0,1) = 300/Pr$ bzw. eine Reibungs-Péclet-Zahl von $Re_\tau \cdot Pr > 300$ aufweisen muss, damit sich eine logarithmische Temperaturverteilung zu entwickeln beginnt. Eine eingehende Diskussion darüber, ab wann genau mit einer logarithmischen Verteilung zu rechnen ist, bleibt aufgrund der überschaubaren Datenlage für Innenströmungen von Fluiden mit unterschiedlichen Prandtl-Zahlen bei hohen Péclet-Zahlen an dieser Stelle aus.

Die Konstante α in Gl. (12.125) bzw. Gl. (12.126) lässt sich mit Hilfe der Gradienten-Diffusion-Annahme gemäß Gl. (9.133) angeben. Ersetzt man den dimensionslosen Temperaturgradienten in der entdimensionalisierten Form von Gl. (9.133)

$$1 = \frac{a_t}{\nu} \cdot \frac{\partial T^+}{\partial y^+} \qquad (12.127)$$

durch das Ergebnis der Ableitung von Gl. (12.125) nach y^+, ergibt sich

$$\frac{\nu}{a_t} = \frac{\alpha}{y^+} \quad . \qquad (12.128)$$

Mit der turbulenten Prandtl-Zahl gemäß Gl. (9.135), dem Prandtl'schen Ansatz für die turbulente Viskosität gemäß Gl. (10.51) und der turbulenten Mischungsweglänge gemäß Gl. (10.62) erhalten wir für die Wirbeldiffusivität

$$a_t = \frac{\kappa \cdot y^+ \cdot \nu}{Pr_t} \quad , \qquad (12.129)$$

und somit folgt aus Gl. (12.128) für die Konstante

$$\alpha = \frac{Pr_t}{\kappa} \quad . \qquad (12.130)$$

Demnach entspricht die Größe α dem Reziprokwert der thermischen Von-Kármán-Konstanten κ_T. Letztere hängt im Allgemeinen von der Reynolds- und der Prandtl-Zahl sowie von den thermischen Randbedingungen ab. Für hohe Péclet-Zahlen strebt die thermische Von-Kármán-Konstante gegen einen konstanten Wert, sodass für sehr hohe Péclet-Zahlen auf eine Reynolds-Zahl- sowie Prandtl-Zahl-Unabhängigkeit geschlossen werden darf. In diesem Fall ist der Einfluss der thermischen Randbedingungen gering. Für einen glatten <u>Kanal</u> liegen die Werte im Bereich von $0{,}43 \leq \kappa_T \leq 0{,}46$ (Abe at al (2004): $\kappa_T = 0{,}43$ für $Re_\tau = 1020$ und $Pr = 0{,}71$; Alcántara-Ávila et al (2018): $\kappa_T = 0{,}44$ für $Re_\tau = 1000, 2000$ und $Pr = 0{,}3, 0{,}5, 0{,}7$; Pirozzoli et al (2016): $\kappa_T = 0{,}46$ für $Re_\tau = 2000$ und $Pr = 0{,}7$) und für ein glattes <u>Rohr</u> beträgt die thermische Von-Kármán-Konstante beispielsweise $\kappa_T = 0{,}46$ (für $1{,}0 \cdot 10^3 \leq Re_\tau \leq 6{,}0 \cdot 10^2$ und $Pr = 1{,}0$ (Pirozzoli et al (2022))). Die Größe B_T in Gl. (12.125) kann innerhalb des Prandtl-Zahl-Bereichs von $0{,}006 \leq Pr \leq 4 \cdot 10^4$ mit der von Kader (1981) auf empirischen Ergebnissen (Kader und Yaglom (1972)) beruhenden Näherungsgleichung gemäß Gl. (10.140) bestimmt werden.

Wandrauheiten

Die erhöhte turbulente Durchmischung infolge von Wandrauheiten führt zu einer Zunahme der konvektiven Wärmeübertragung. In gleicher Weise wie bei der turbulenten Grenzschichtströmung wirken sich Rauheiten auf das wandnahe Temperaturprofil bei Innenströmungen aus. Die allgemeine Ähnlichkeitsfunktion zur Beschreibung des dimensionslosen mittleren Temperaturprofils in der Nähe rauer Wände gemäß Gl. (10.146) gilt dementsprechend auch für Innenströmungen (Yaglom und Kader (1974)). Innerhalb der thermischen turbulenten Schicht können wir den Einfluss von Wandrauheiten auf die dimensionslose mittlere Temperatur mit Hilfe der Gl. (10.147) – Gl. (10.153) beschreiben und verweisen an dieser Stelle für eine detaillierte Darstellung auf Kapitel 10.5.1, S. 355.

12.3.5 Verteilung der Temperaturvarianz und Reynolds-Wärmeströme

Die Verteilungen der radizierten Temperaturvarianz $\sqrt{\langle T'^2 \rangle}$ und die Verteilungen der mittleren Konvektion, Produktion, Dissipation sowie der molekularen und turbulenten Diffusion zur Temperaturvarianz $\langle T'^2 \rangle / 2$ in einer Kanalströmung für ein Fluid mit einer Prandtl-Zahl von $Pr = 0{,}71$ bei unterschiedlichen Reynolds-Zahlen sind in Abb. 12.16 dargestellt. Im Gegensatz zur thermisch turbulenten Grenzschichtströmung verschwindet die Temperaturvarianz an der äußeren Grenze der thermisch turbulenten Außenschicht nicht. Innerhalb der thermischen Innenschicht ähneln die Verteilungen den korrespondierenden Verteilungen der turbulenten thermischen Grenzschicht (siehe Kapitel 10.3.4), sodass an dieser Stelle auf Kapitel 10.5.2 verwiesen wird.

Die Transportgleichung der Temperaturvarianz (9.47) für eine hydrodynamisch und thermisch ausgebildete, vollständig turbulent entwickelte Kanalströmung lautet

$$
0 = -2 \cdot \langle T' \cdot u' \rangle \cdot \frac{\partial \langle T \rangle}{\partial x} - 2 \cdot \langle T' \cdot v' \rangle \cdot \frac{\partial \langle T \rangle}{\partial y} - \chi
$$
$$
- \frac{\partial}{\partial y} \left[\langle T' \cdot T' \cdot v' \rangle - a \cdot \frac{\partial \langle T' \cdot T' \rangle}{\partial y} \right] \quad . \tag{12.131}
$$

12.3.6 Wärmeübertragung

Wir werden nun Korrelationen zur Bestimmung der konvektiven Wärmeübertragung bei Innenströmungen herleiten und hierfür u. a. die kennengelernten Wandfunktionen verwenden. Hierbei handelt es sich um Wärmeübergangsanalogien, in denen die konvektive Wärmeübertragung in Abhängigkeit vom Reibungsbeiwert angegeben wird. Ihr Nutzen wird deutlich, wenn man bedenkt, dass die Messung von Reibungsbeiwerten bei Innenströmungen in der Regel wesentlich einfacher gelingt als die Messung der Wärmeübertragungskoeffizienten. Zuerst wird die in Kapitel 11.3 für die Grenzschichtströmung eingeführte Von-Kármán-Analogie für den Fall der Innenströmung angepasst, bevor wir uns einfachen analytischen Modellen zuwenden, die ebenfalls auf den zuvor behandelten Wandfunktionen basieren. Anschließend stellen wir gängige Kennzahlgleichungen vor. Die im Folgenden angegebenen Korrelationen gelten streng genommen nur für die thermische Randbedingung einer konstanten Wandwärmestromdichte entlang der Innenwand. Entsprechend Abb. 12.17 ist jedoch der Unterschied der konvektiven Wärmeübertragung zwischen konstanter

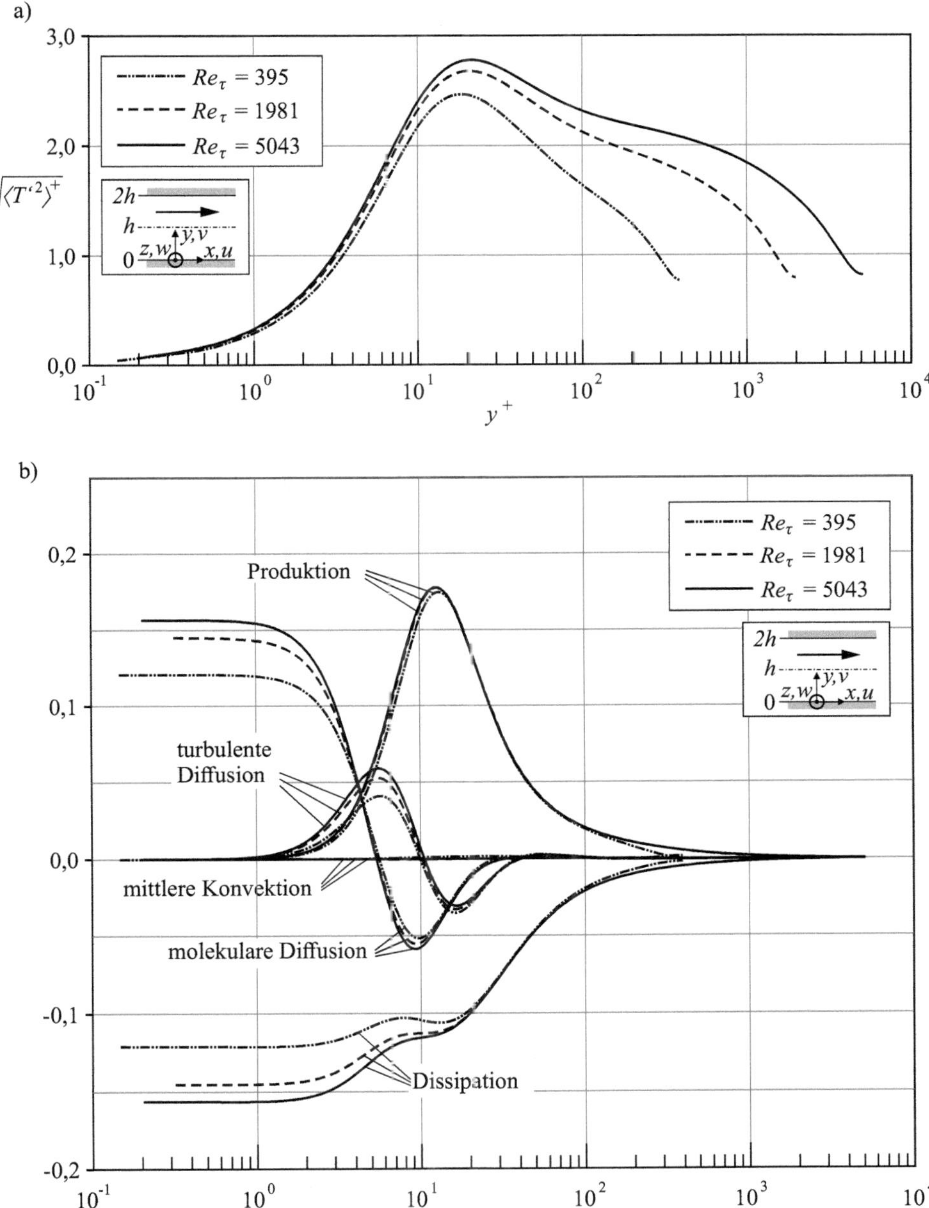

Abb. 12.16 a) Standardabweichung der entdimensionalisierten Temperatur und b) die mit $u_\tau^2 \cdot \Delta T_\tau^2/\nu$ normierten Anteile von mittlerer Konvektion, Produktion, Dissipation sowie des molekularen und des turbulenten Transports von der Temperaturvarianz $\langle T'^2 \rangle/2$ in einer Kanalströmung für ein Fluid mit der Prandtl-Zahl $Pr = 0{,}71$ bei unterschiedlichen Reynolds-Zahlen. Strömungsdaten aus DNS: $Re_\tau = 395$ von Kawamura et al (2000); $Re_\tau = 1981$ und 5043 von Alcántara-Ávila et al (2021).

Wandwärmestromdichte und konstanter Wandtemperatur für turbulente Strömungen hoher Reynolds-Zahlen von Fluiden mit Prandtl-Zahlen von $Pr \gtrless 1$ bei erzwungener Konvektion gering.

Von-Kármán-Analogie

Zur Herleitung der Von-Kármán-Analogie für Innenströmungen werden die gleichen Annahmen wie für Grenzschichtströmungen getroffen und eine Drei-Schicht-Struktur des Geschwindigkeits und Temperaturfeldes angenommen. Für eine Rohrströmung (Herleitung siehe Aufgabe 12.2) erhalten wir somit die Nusselt-Zahl-Korrelation

$$
Nu_{D,\infty,H} = \frac{\dfrac{T_W - \langle T \rangle (y = R)}{T_W - T_{am}} \cdot Re_D \cdot Pr \cdot \sqrt{\dfrac{f_{D,\infty}}{2}}}{5 \cdot \left[Pr + Pr_t \cdot \ln \left(5 \cdot \dfrac{Pr}{Pr_t} + 1 \right) \right] + \dfrac{Pr_t}{\kappa} \cdot \ln \left(\dfrac{Re_D}{60} \cdot \sqrt{\dfrac{f_{D,\infty}}{2}} \right)} \cdot \tag{12.132}
$$

Das Temperaturverhältnis $T_W - \langle T \rangle (y = R)/T_W - T_{am}$ in Gl. (12.132) kann mit Hilfe der Potenzgesetze für das Geschwindigkeits- und Temperaturprofil abgeschätzt werden. Beschränkt man sich beispielsweise auf Fluide mit Prandtl-Zahlen von $Pr \approx 1$ und Reynolds-Zahlen der Größenordnung $Re_D = O(10^5)$, so lässt sich für die Geschwindigkeit Gl. (12.54) mit $n = 7$ und für die Temperatur in analoger Weise die Beziehung

$$
\frac{T_W - \langle T \rangle}{T_W - \langle T \rangle (y = R)} = \left(1 - \frac{r}{R} \right)^{1/7} \tag{12.133}
$$

in der Bestimmungsgleichung der adiabaten Mischungstemperatur gemäß Gl. (3.89) verwenden, womit sich für das Temperaturverhältnis in Gl. (12.132)

$$
\frac{T_W - \langle T \rangle (y = R)}{T_W - T_{am}} = 1{,}2 \tag{12.134}
$$

ergibt. Die Abschätzung der Geschwindigkeits- und Temperaturverhältnisse mit Hilfe des Potenzgesetzes limitiert natürlich die Gültigkeit der gefundenen Nusselt-Zahl-Korrelation aus Gl. (12.132) auf den Reynolds-Zahl-Bereich entsprechend Tabelle 12.2.

Analytisches Modell

Mit Hilfe von Wandfunktionen für hydrodynamisch und thermisch ausgebildete, vollständig turbulent entwickelte Innenströmungen können wir einfache analytische Bestimmungsgleichungen für Stanton-Zahl-Korrelationen in Kanal- und Rohrströmungen entwickeln. Hierfür formen wir zunächst die Definitionsgleichung der Stanton-Zahl wie folgt um

$$St_{l_0,\infty} = \frac{Nu_{l_0,\infty}}{Re_{l_0} \cdot Pr} = \frac{\dfrac{\alpha \cdot l_0}{\lambda}}{\dfrac{u_m \cdot l_0}{\nu} \cdot \dfrac{\nu \cdot c \cdot \rho}{\lambda}} = \frac{\alpha}{c \cdot \rho \cdot u_m}$$

$$= \frac{\dot{q}_W}{c \cdot \rho \cdot (T_W - T_{am}) \cdot u_m} \cdot \frac{u_\tau}{u_\tau} = \frac{\Delta T_\tau}{(T_W - T_{am})} \cdot \frac{1}{u_m^+} \tag{12.135}$$

$$= \frac{\Delta T_\tau}{(T_W - T_{am})} \cdot \sqrt{\frac{f_{l_0,\infty}}{2}} = \frac{\sqrt{f_{l_0,\infty}/2}}{T_{ML}^+} \cdot \frac{T_W - T_{ML}}{T_W - T_{am}} \quad,$$

wobei die Größe T_{ML}^+ der dimensionslosen Temperatur entlang der Kanal- bzw. Rohrmittellinie entspricht. Im Folgenden vernachlässigen wir die Abweichung der dimensionslosen Temperatur von der logarithmischen Verteilung in der Kernströmung sowie in der hydrodynamischen Wandschicht und in der thermischen Wandschicht unter der Prämisse einer Strömung mit hohen Reynolds- und Péclet-Zahlen. Die dimensionslose mittlere Temperatur entlang der Mittellinie in Gl. (12.135) können wir demnach durch Gl. (12.125) mit Gl. (10.140) annähern. Für eine <u>Rohrströmung</u> erhalten wir somit die dimensionslose Mittellinientemperatur

$$T_{ML}^+ = \frac{Pr_t}{\kappa} \cdot \ln(R^+) + \left(3{,}85 \cdot Pr^{1/3} - 1{,}3\right)^2 + 2{,}12 \cdot \ln(Pr) \tag{12.136}$$

und aus Gl. (12.135) folgt für die Stanton-Zahl

$$St_{D,\infty} = \frac{\sqrt{f_{D,\infty}/2}}{\left[\dfrac{Pr_t}{\kappa} \cdot \ln(R^+) + \left(3{,}85 \cdot Pr^{1/3} - 1{,}3\right)^2 + 2{,}12 \cdot \ln(Pr)\right] \cdot \dfrac{T_W - \langle T(y = R)\rangle}{T_W - T_{am}}} \quad. \tag{12.137}$$

Den logarithmischen Term in Gl. (12.137) können wir durch Umformen der logarithmischen Geschwindigkeitsverteilung entsprechend

$$\frac{1}{\kappa} \cdot \ln(R^+) = u^+(y = R) - B = \frac{\langle u\rangle(y = R)}{u_m} \cdot \sqrt{\frac{2}{f_{D,\infty}}} - B \tag{12.138}$$

substituieren und das Geschwindigkeitsverhältnis sowie das Temperaturverhältnis mit Hilfe von Näherungsgleichungen abschätzen. Verwendet man beispielsweise für eine Rohrströmung das Potenzgesetz entsprechend Gl. (12.54) für die mittlere Geschwindigkeitsverteilung bzw. Gl. (12.133) für die mittlere Temperaturverteilung mit $n = 7$, so ergibt sich $\langle u\rangle(y = R)/u_m = 1{,}22$ bzw. $T_W - \langle T\rangle(y = R)/T_W - T_{am} = 1{,}2$ und mit $\kappa = 0{,}39$, $B = 4{,}5$ sowie einer turbulenten Prandtl-Zahl von $Pr_t = 0{,}85$ erhalten wir die Stanton-Zahl-Korrelation

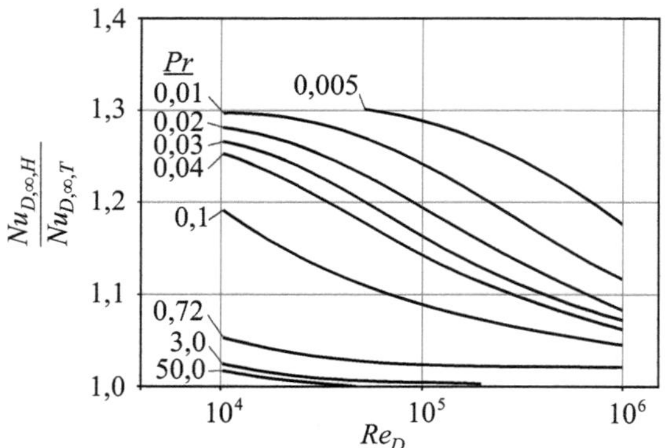

Abb. 12.17 Verhältnis der Nusselt-Zahl bei konstanter Wärmestromdichte zur Nusselt-Zahl bei konstanter Wandtemperatur über der Reynolds-Zahl für unterschiedliche Prandtl-Zahlen bei turbulenter Rohrströmung nach Notter und Sleicher (1972).

$$St_{D,\infty} = \frac{f_{D,\infty}/2}{0{,}864 + 0{,}833 \cdot \sqrt{\dfrac{f_{D,\infty}}{2}} \cdot \left[14{,}8 \cdot Pr^{2/3} - 10 \cdot Pr^{1/3}\right] + 0{,}833 \cdot \sqrt{\dfrac{f_{D,\infty}}{2}} \cdot \left[2{,}12 \cdot \ln\left(Pr\right) - 2{,}14\right]} \quad . \tag{12.139}$$

Anstatt das Geschwindigkeits- und Temperaturverhältnis mit Hilfe der Potenzgesetze anzunähern, können wir die Stanton-Zahl entsprechend Gl. (12.135),

$$St_{l_0,\infty} = \frac{\Delta T_\tau}{T_W - T_{am}} \cdot \frac{1}{u_m^+} = \frac{1}{T_{am}^+} \cdot \frac{1}{u_m^+} \quad , \tag{12.140}$$

auch durch Bestimmung der dimensionslosen adiabaten Mischungstemperatur T_{am}^+ und der dimensionslosen querschnittsgemittelten Strömungsgeschwindigkeit u_m^+ ermitteln. Mit der logarithmischen Geschwindigkeitsverteilung gemäß Gl. (12.48) sowie der logarithmischen Temperaturverteilung gemäß Gl. (12.125) erhält man für die dimensionslose adiabate Mischungstemperatur bei einer hydrodynamisch und thermisch ausgebildeten Kanalströmung

$$T_{am}^+ = \frac{\int_{A^+} T^+ \cdot u^+ \, dA^+}{\int_{A^+} u^+ \, dA^+} = \frac{\int_0^{h^+} T^+ \cdot u^+ \, dy^+}{\int_0^{h^+} u^+ \, dy^+}$$

$$= \frac{2 - B_T \cdot \kappa_T + B \cdot \kappa \cdot (-1 + B_T \cdot \kappa_T) + (-2 + B \cdot \kappa + B_T \cdot \kappa_T) \cdot \ln\left(h^+\right) + \ln^2\left(h^+\right)}{\kappa_T \cdot \left(-1 + B \cdot \kappa + \ln\left(h^+\right)\right)} \tag{12.141}$$

und für die dimensionslose querschnittsgemittelte Geschwindigkeit ergibt sich

$$u_m^+ = \frac{1}{h^+} \cdot \int_0^{h^+} u^+ \, dy^+ = \frac{\ln\left(h^+\right) + B \cdot \kappa - 1}{\kappa} \quad . \tag{12.142}$$

Die Ermittlung von Gl. (12.141) bedarf partieller Integration, weshalb wir uns im Rahmen dieses Buches auf die Angabe des Ergebnisses beschränken. Das Produkt der Reziprokwerte aus Gl. (12.141) und Gl. (12.142) führt auf die Stanton-Zahl-Korrelation

$$St_{4 \cdot h, \infty} = \frac{\kappa \cdot \kappa_T}{\ln(h^+) \cdot [\ln(h^+) + \kappa \cdot B + \kappa_T \cdot B_T - 2] + (\kappa \cdot B - 1) \cdot (\kappa_T \cdot B_T - 1) + 1} \quad . \tag{12.143}$$

Mit einem identischen Vorgehen lässt sich eine Stanton-Zahl-Korrelation für eine hydrodynamisch und thermisch ausgebildete Rohrströmung entwickeln. Die dimensionslose adiabate Mischungstemperatur lautet

$$T_{am}^+ = \frac{\int_{A^+} T^+ \cdot u^+ \, dA^+}{\int_{A^+} u^+ \, dA^+} = \frac{\int_0^{R^+} T^+ \cdot u^+ \cdot r^+ \, dr^+}{\int_0^{R^+} u^+ \cdot r^+ \, dr^+}$$
$$= \frac{7 - 3 \cdot B_T \cdot \kappa_T + B \cdot \kappa \cdot (-3 + 2 \cdot B_T \cdot \kappa_T) + 2 \cdot \ln(R^+) \cdot (-3 + B \cdot \kappa + B_T \cdot \kappa_T + \ln(R^+))}{\kappa_T \cdot (2 \cdot \kappa \cdot B + 2 \cdot \ln(R^+) - 3)} \tag{12.144}$$

und die dimensionslose querschnittsgemittelte Geschwindigkeit beträgt

$$u_m^+ = \frac{1}{A^+} \cdot \int_{A^+} u^+ \, dA^+ = \frac{2 \cdot \kappa \cdot B + 2 \cdot \ln(R^+) - 3}{2 \cdot \kappa} \quad . \tag{12.145}$$

Entsprechend Gl. (12.140) lautet somit die Stanton-Zahl-Korrelation

$$St_{D, \infty} = \frac{2 \cdot \kappa \cdot \kappa_T}{7 - 3 \cdot B_T \cdot \kappa_T + B \cdot \kappa \cdot (-3 + 2 \cdot B_T \cdot \kappa_T) + 2 \cdot \ln(R^+) \cdot (-3 + B \cdot \kappa + B_T \cdot \kappa_T + \ln(R^+))} \quad . \tag{12.146}$$

Korrelationen

Abb. 12.17 zeigt das Verhältnis der Nusselt-Zahl beim Vorliegen einer konstanten Wärmestromdichte zur Nusselt-Zahl beim Vorliegen einer konstanten Wandtemperatur in einer Rohrströmung über der Reynolds-Zahl für unterschiedliche Prandtl-Zahlen. Der Einfluss der beiden thermischen Randbedingungen auf die konvektive Wärmeübertragung bei turbulenten Innenströmungen von Fluiden mit Prandtl-Zahlen von $Pr \gtrless 1$ ist für hohe Reynolds-Zahlen ($Re_D \geq O(10^4)$) gering, sodass die ersten vier Korrelationen in Tabelle 12.4 zur Bestimmung der Nusselt-Zahl[6] unabhängig von den beiden genannten thermischen Randbedingungen herangezogen werden können. Die von McAdams (1942) eingeführte Dittus-Boelter-Korrelation eignet sich für einfache Überschlagsrechnungen, während die Korrelationen von Petukhov und Kirillov (1958), Petukhov und Popov (1963) und Gnielinski (1975) weitaus genauere Werte liefern, jedoch der vorherigen Bestimmung des Reibungskoeffizienten anhand der von Filonekno (1954) ermittelten Kennzahlgleichung (siehe Tabelle 12.3, S. 403) bedürfen. Die Korrelation von Petukhov und Kirillov (1958) weicht in ihrem Gültigkeitsbereich um bis zu 10 % von den empirisch ermittelten Werten ab, während die Abweichungen der Korrelation von Petukhov und Popov (1963) bei unter

---

[6] Eine ausgiebigere Sammlung an unterschiedlichen Korrelationen findet man beispielsweise in Bhatti und Shah (1987).

Tabelle 12.4 Nusselt-Zahl-Korrelationen für turbulente Strömungen in glatten Rohren.

McAdams (1942)	$Nu_{D,\infty} = 0{,}023 \cdot Re_D^{0,8} \cdot Pr^n$; $10^4 < Re_D$; $0{,}7 < Pr < 160$; $n = 0{,}4$ Fluid aufheizen; $n = 0{,}3$ Fluid kühlen
Petukhov und Kirillov (1958)	$Nu_{D,\infty} = \dfrac{Re_D \cdot Pr \cdot f_{D,\infty}/2}{1{,}07 + 12{,}7 \cdot \left(Pr^{2/3} - 1\right) \cdot \sqrt{f_{D,\infty}/2}}$; $10^4 < Re_D < 5{,}0 \cdot 10^6$; $0{,}5 < Pr < 2000$
Petukhov und Popov (1963)	$Nu_{D,\infty} = \dfrac{Re_D \cdot Pr \cdot f_{D,\infty}/2}{k_1 + k_2 \cdot \left(Pr^{2/3} - 1\right) \cdot \sqrt{f_{D,\infty}/2}}$; $k_1 = 1 + 13{.}6 \cdot f_{D,\infty}$; $k_2 = 11{,}7 + 1{,}8 \cdot Pr^{-1/3}$; $10^4 < Re_D < 5{,}0 \cdot 10^6$; $0{,}5 < Pr < 2000$
Gnielinski (1975)	$Nu_{D,\infty} = \dfrac{(Re_D - 1000) \cdot Pr \cdot f_{D,\infty}/2}{1{,}0 + 12{,}7 \cdot \left(Pr^{2/3} - 1\right) \cdot \sqrt{f_{D,\infty}/2}}$; $3{,}0 \cdot 10^3 < Re_D < 5{,}0 \cdot 10^6$; $0{,}5 < Pr < 2000$
Notter und Sleicher (1972)	$Nu_{D,\infty,T} = 4{,}8 + 0{,}0156 \cdot Pe_D^{0,85} \cdot Pr^{0,08}$; $Nu_{D,\infty,H} = 6{,}3 + 0{,}0167 \cdot Pe_D^{0,85} \cdot Pr^{0,08}$; $10^4 < Re_D < 10^6$; $0{,}004 < Pr < 0{,}1$

1 % liegen. Gnielinski (1975) erweiterte durch eine geringfügige Modifikation die Anwendbarkeit der Nusselt-Zahl-Korrelation von Petukhov und Kirillov (1958) auf den transitionellen Reynolds-Zahl-Bereich. Mit Hilfe des hydraulischen Durchmessers D_h können wir die Nusselt-Zahlen in gleichförmig beheizten Kanälen oder Rohren mit beliebigem, aber unveränderlichem Innenquerschnitt und nicht allzu scharfen Innenecken sowie näherungsweise geradem Verlauf anhand der in Tabelle 12.4 angegebenen Korrelationsgleichungen grob abschätzen, wobei D durch D_h zu ersetzen ist. Aber Achtung: Abweichungen gegenüber den tatsächlichen Nusselt-Zahlen von $> 20\,\%$ sind bei Verwendung des hydraulischen Durchmessers keine Seltenheit.

Der Einfluss temperaturabhängiger Stoffwerte in Nusselt-Zahl-Korrelationen lässt sich mit den in Kapitel 3.4 beschriebenen Methoden der Referenztemperatur oder der Stoffwertverhältnisse berücksichtigen. Alternativ zu den bereits kennengelernten Potenzfunktionen können wir die von Petukhov (1970) ermittelten Korrekturterme verwenden. Hiermit ergibt sich für Flüssigkeitsströmungen im Bereich von $10^4 \leq Re \leq 1{,}25 \cdot 10^5$ und $2 \leq Pr \leq 140$ sowie für $0{,}08 \leq \mu(T_W)/\mu(T_{am}) \leq 40$ die korrigierte Nussel-Zahl-Korrelation

$$\frac{Nu_{D,\infty}}{Nu_{D,\infty,T_{am\,c.p.}}} = \frac{\mu(T_{am})}{\mu(T_W)}^n; \quad n = \begin{cases} 0{,}11; & \text{Heizung} \\ 0{,}25; & \text{Kühlung} \end{cases} \tag{12.147}$$

und für Gasströmungen im Bereich von $1{,}4 \cdot 10^4 < Re_D(T_W) \cdot \rho(T_W)/\rho(T_{am}) < 10^6$ sowie
für $0{,}37 < T_W/T_{am} < 3{,}7$

$$\frac{Nu_{D,\infty}}{Nu_{D,\infty,T_{amc.p.}}} = \left(\frac{T_{am}}{T_W}\right)^n ; \quad n = \begin{cases} 0{,}3 \cdot \log\left(\dfrac{T_W}{T_{am}}\right) + 0{,}36; & \text{Heizung} \\[2ex] 0{,}36; & \text{Kühlung} \end{cases} \qquad (12.148)$$

Für Strömungen in beheizten Rohren lässt sich die Nusselt-Zahl $Nu_{D,\infty}(T_{am})$ – deren Stoffwerte bei der lokalen adiabaten Mischungstemperatur T_{am} berechnet werden – innerhalb des weiten Prandtl-Zahl-Bereichs von $0{,}1 < Pr < 10^5$ und des Reynolds-Zahl-Bereichs von $10^4 < Re_D < 10^6$ nach Sleicher und Rouse (1975) anhand der Korrelation

$$Nu_{D,\infty}(T_{am}) = 5 + 0{,}015 \cdot Re(T_{Ref})^a \cdot Pr(T_W)^b \qquad (12.149)$$

mit den Exponenten

$$a = 0{,}83 - 0{,}24/(4 + Pr(T_W)) \qquad (12.150)$$

sowie

$$b = 1/3 + 0{,}5 \cdot \exp\left(-0{,}6 \cdot Pr(T_W)\right) \qquad (12.151)$$

berechnen. Im Prandtl-Zahl-Bereich von $0{,}6 < Pr < 0{,}9$ geht Gl. (12.149) über in

$$Nu_{D,\infty}(T_{am}) = 5 + 0{,}012 \cdot Re_D(T_{Ref})^{0,83} \cdot (Pr(T_W) + 0{,}29) \qquad (12.152)$$

In Gl. (12.149) und Gl. (12.152) berechnet sich die Referenztemperatur anhand von $T_{Ref} = (T_W + T_{am})/2$. Für Verhältnisse von Wandtemperatur zu adiabater Mischungstemperatur im Bereich $2 < T_W/T_{am}$ liefern die Korrelationen gemäß Gl. (12.149) und Gl. (12.152) hinsichtlich der Genauigkeit akzeptable Werte. Für Temperaturverhältnisse im Bereich von $1 \leq T_W/T_{am} < 5$ empfehlen Sleicher und Rouse (1975) hingegen die Korrelation

$$Nu_{D,\infty}(T_{am}) = 5 + 0{,}012 \cdot Re_D(T_{am})^{0,83} \cdot (Pr(T_{am}) + 0{,}29) \cdot \left(\frac{T_W}{T_{am}}\right)^n \qquad (12.153)$$

mit dem Exponent

$$n = -\log\left(\frac{T_W}{T_{am}}\right)^{1/4} + 0{,}3 \qquad (12.154)$$

Die mit Hilfe der Korrelationen gemäß Gl. (12.149), Gl. (12.152) und Gl. (12.153) berechneten Nusselt-Zahlen weichen gegenüber experimentell ermittelten Werten im Mittel um bis zu 7 % ab.

Um die am Rohranfang auftretenden Einlaufeffekte auch bei hydrodynamisch und thermisch ausgebildeten Innenströmungen in Rohren oder Kanälen der Länge l zu erfassen, können die in Tabelle 12.4 angegebenen Nusselt-Zahl-Korrelationen mit dem Korrekturfaktor $(1 + D_h/l)^{2/3}$ (Hausen (1959)) multipliziert werden, wobei hierfür $D_h/l \leq 1$

vorausgesetzt sein muss. Die daraus resultierende Erhöhung der Nusselt-Zahl beruht auf der sich entwickelnden turbulenten Strömung im Einlaufbereich.

Bei Flüssigmetallen wirken sich die thermischen Randbedingungen deutlich auf die konvektive Wärmeübertragung aus, sodass sich die Nusselt-Zahl-Korrelationen unterscheiden. Auch das Konzept des hydraulischen Durchmessers ist für Überschlagsrechnungen bei Strömungen von Fluiden mit sehr kleinen Prandtl-Zahlen ungeeignet. Die in Tabelle 12.4 aufgeführten Kennzahlgleichungen von Notter und Sleicher (1972) liefern einen geringen Fehler gegenüber den derzeit verfügbaren experimentellen Daten und sind für einen weiten Bereich von Reynolds- und Prandtl-Zahlen anwendbar. Eine Übersicht über weitere Nusselt-Zahl-Korrelationen für Flüssigmetall-Innenströmungen wurde von Stieglitz (2007) zusammengestellt.

Wandrauheiten

Die erhöhte turbulente Durchmischung und die damit einhergehende Änderung der konvektiven Wärmeübertragung bei Strömungen in Rohren oder Kanälen mit rauen Wänden erfordern andere Kennzahlgleichungen als bei Strömungen entlang hydraulisch glatter Wände. Die in Tabelle 12.4 angegebenen Korrelationen gelten ausschließlich für Innenströmungen mit hydraulisch glatten Wänden. Im Gegensatz zum Impulstransport an der Wand, bleibt der konvektive Wärmeübergang auch unter hydraulisch vollrauen Strömungsbedingungen von der molekularen Wärmeleitfähigkeit abhängig. Die durch die Wandrauheit hervorgerufenen Strömungsphänomene wirken sich somit unterschiedlich auf den Strömungswiderstand und den konvektiven Wärmeübergang aus. Der Einfluss der Wandrauheit auf die Wärmeübertragung kann nicht einfach durch das Verwenden von Druckverlustkorrelationen für hydraulisch raue Strömungsbedingungen in den Nusselt-Zahl-Korrelationen für hydraulisch glatte Strömungsbedingungen abgebildet werden, sondern bedarf einer gesonderten Behandlung.

Die Auswirkungen von Wandrauheiten auf die Wärmeübertragung können wir durch Anpassen des vorherig kennengelernten analytischen Wärmeübertragungsmodells für eine hydrodynamisch und thermisch ausgebildete Kanalströmung auf einfache Art und Weise bestimmen. Gl. (12.140) gilt auch für turbulente thermische Innenströmungen entlang hydraulisch rauere Oberflächen. Mit $u^+_{m,R}$ und $T^+_{am,R}$ für die dimensionslosen Größen bei hydraulisch rauen Strömungsbedingungen lautet die Stanton-Zahl

$$St_{l_0,\infty} = \frac{1}{T^+_{am,R}} \cdot \frac{1}{u^+_{m,R}} \quad . \tag{12.155}$$

Der Einfluss der Wandrauheit auf das Geschwindigkeitsfeld innerhalb der turbulenten Schicht und auf das Temperaturfeld innerhalb der thermischen turbulenten Schicht lässt sich durch die hydraulische Rauheitsfunktion ΔU^+ und die thermische Rauheitsfunktion ΔT^+ in den entsprechenden Wandfunktionen abbilden. Gehen wir davon aus, dass die dimensionslosen Geschwindigkeits- und Temperaturverteilungen entlang der Kanalhöhe durch die jeweiligen logarithmischen Wandgesetze angenähert werden, so ergibt sich für die dimensionslose adiabate Mischungstemperatur

$$T_{am,R}^{+} = \frac{\begin{array}{c} 2 - B \cdot \kappa + \Delta U \cdot \kappa + (B_T - \Delta T) \cdot (-1 + B \cdot \kappa - \Delta U \cdot \kappa) \cdot \kappa_T \\ + \ln (h^+) \cdot (-2 + B \cdot \kappa - \Delta U \cdot \kappa + B_T \cdot \kappa_T - \Delta T \cdot \kappa_T + \ln (h^+)) \end{array}}{\kappa_T \cdot (-1 + B \cdot \kappa - \Delta U \cdot \kappa + \ln (h^+))} \quad (12.156)$$

und für die dimensionslose querschnittsgemittelte Geschwindigkeit

$$u_{m,R}^{+} = \frac{1}{\kappa} \cdot \left[\ln (h^+) + (B - \Delta U^+) \cdot \kappa - 1 \right] \quad . \qquad (12.157)$$

Wir erhalten somit die Stanton-Zahl-Korrelation

$$St_{4 \cdot h, \infty} = \frac{\kappa \cdot \kappa_T}{\begin{array}{c} 2 - B \cdot \kappa + \Delta U \cdot \kappa + (B_T - \Delta T) \cdot (-1 + B \cdot \kappa - \Delta U \cdot \kappa) \cdot \kappa_T \\ + \ln (h^+) \cdot (-2 + B \cdot \kappa - \Delta U \cdot \kappa + B_T \cdot \kappa_T - \Delta T \cdot \kappa_T + \ln (h^+)) \end{array}} \quad .$$

$$(12.158)$$

Wie aus Gl. (12.158) ersichtlich ist, bestimmt die Wahl der hydraulischen und thermischen Rauheitsfunktionen (Δu^+, ΔT^+) sowie die Wahl der Konstanten der logarithmischen Gesetze (κ, B, B_o) die konvektive Wärmeübertragung. Da sich Impuls- und Energieübertragung entlang rauer Wände unterscheiden, ist die Nutzung von Ähnlichkeitsbeziehungen zur Berechnung thermischer Rauheitsfunktionen nur bedingt geeignet. Beispielsweise strebt bei zunehmender Rauheits-Reynolds-Zahl unter vollrauen Strömungsbedingungen die thermische Rauheitsfunktion gegen konstante Werte, während die hydraulische Rauheitsfunktion logarithmisch ansteigt (Zhong et al (2023)).

Eine weiterhin häufig vorzufindende Nusselt-Zahl-Korrelation für thermische Strömungen in Rohren bei hydraulisch vollrauen Strömungsbedingungen wurde von Dipprey und Sabersky (1963) auf der Basis von Ähnlichkeitsbetrachtungen zwischen Impuls- und Wärmetransport sowie anhand empirischer Daten entwickelt. Sie lautet

$$St_{D,\infty} = \frac{f_{D,\infty}/2}{1 + \sqrt{\frac{f_{D,\infty}}{2}} \cdot \left(k_f \cdot \left[Re_D \cdot \sqrt{\frac{f_{D,\infty}}{2}} \cdot \frac{h_s}{D} \right]^{0,2} \cdot Pr^{0,44} - 8,48 \right)} \quad , \qquad (12.159)$$

mit

$$\frac{k_s}{D} = \exp \left(\frac{3,0 - \dfrac{1}{\sqrt{f_{D,\infty}/2}}}{2,5} \right) \quad ,$$

wobei der Parameter k_f in Gl. (12.159) von der Rauheitskonfiguration abhängig ist, z. B. $k_f = 5,19$ für Sandkornrauheiten. Gl. (12.159) ist anwendbar für h_s/D, $1,2 \leq Pr \leq 5,94$ und $1,4 \cdot 10^4 \leq Re_D \leq 5,0 \cdot 10^5$. Für die Berechnung des Reibungsbeiwerts sind Korrelationsgleichungen für hydraulisch vollraue Strömungsbedingungen heranzuziehen, z. B. Gl. (12.74).

Übungsaufgaben

12.1 Ein glattes Rohr mit dem Durchmesser von $D = 0{,}04\,\mathrm{m}$ wird von Wasser mit einer mittleren Geschwindigkeit von $u_m = 1{,}5\,\mathrm{m\,s^{-1}}$ durchströmt. Das Rohr wird elektrisch beheizt. Die Wärmestromdichte ist konstant und beträgt $\dot{q}_W = 200\,\mathrm{kW\,m^{-2}}$. Im betrachteten Bereich ist die Strömung hydrodynamisch und thermisch ausgebildete und vollständig turbulent entwickelt. An der Stelle x_1 beträgt die Wandtemperatur $T_W = 70\,^\circ\mathrm{C}$ ($\mu_W = 4{,}7 \cdot 10^{-4}\,\mathrm{kg\,m^{-1}\,s^{-1}}$).

- Berechne an der Stelle x_1 die zeitlich gemittelte Geschwindigkeit $\langle u \rangle$ und Temperatur $\langle T \rangle$ sowie die turbulente Wärmeleitfähigkeit λ_t in einem Wandabstand von $y_1 = 0{,}0009\,\mathrm{m}$.
- Die turbulente Wärmeleitfähigkeit λ_t soll mit dem Turbulenzmodell von Reichardt (1951) bestimmt werden:

$$\frac{\nu_t}{\nu} = \kappa \cdot \left(y^+ - 11 \cdot \tanh\left(\frac{y^+}{11}\right) \right) \quad . \tag{12.160}$$

Es sind folgende Werte an der Stelle x_1 für das Fluid zu verwenden: $\rho = 994\,\mathrm{kg\,m^{-3}}$; $c = 4183\,\mathrm{J\,kg^{-1}\,K^{-1}}$; $\lambda = 0{,}6107\,\mathrm{W\,m^{-1}\,K^{-1}}$; $\mu = 7{,}2 \cdot 10^{-4}\,\mathrm{kg\,m^{-1}\,s^{-1}}$; $Pr = 4{,}93$; $Pr_t = 1$; $\kappa = 0{,}4$ $B = 5{,}5$. Die Temperaturabhängigkeit des Darcy-Reibungsbeiwert soll mit Hilfe der Korrelation nach Petukhov (1970) (S. 406 ff.) berücksichtigt werden. Temperaturbedingte Stoffwertänderungen sollen der Einfachheit halber vernachlässigt werden.

12.2 Berechne mit Hilfe der Von-Kármán-Analogie die Nusselt-Zahl in einem Rohr. Gehe dabei analog zur thermischen Grenzschichtströmung gemäß Kapitel 11.3.3 vor. Nimm hierfür eine aus drei Schichten aufgebaute Mehrschichtstruktur für das Geschwindigkeits- und Temperaturfeld an. Die Prandtl-Zahl des Fluids beträgt $Pr = 1{,}0$.

12.3 Zeige mit Hilfe einer Taylor-Reihenentwicklung der Temperaturschwankung an der Wand, dass sich in unmittelbarer Wandnähe die Reynolds-Wärmestromdichten entsprechend

$$\langle u' \cdot T' \rangle^+ \sim y^{+2} \quad , \tag{12.161}$$

$$\langle v' \cdot T' \rangle^+ \sim y^{+3} \quad , \tag{12.162}$$

$$\langle w' \cdot T' \rangle^+ \sim y^{+2} \quad , \tag{12.163}$$

mit dem Wandabstand ändern, wobei $T'^+ = (T_W - T'/\Delta T_\tau)$ gilt. Zur Bestimmung der wandnormalen Gradienten von T' verwende man das Fourier'sche Wärmeleitungsgesetz

$$\dot{q}_W = -\lambda \cdot \left.\frac{\partial T}{\partial y}\right|_{y=0} \quad .$$

und für die Änderungen der Geschwindigkeitsfluktuationen in unmittelbarer Wandnähe verwendet man entsprechend Monin und Yaglom (1971)

$$u'^+(y^+) = b_1 \cdot y^+ + c_1 \cdot y^{+2} + \cdots \quad , \tag{12.164}$$

$$v'^{+}(y^{+}) = c_2 \cdot y^{+2} + \cdots \quad , \tag{12.165}$$

$$w'^{+}(y^{+}) = b_3 \cdot y^{+} + c_3 \cdot y^{+2} + \cdots \quad , \tag{12.166}$$

wobei die Größen b_1, c_1, ... vom dimensionslosen Wandabstand y^{+} unabhängige Funktionen darstellen.

12.4 Vereinfache die Transportgleichung der turbulenten kinetischen Energie

$$
\begin{aligned}
\frac{\partial k}{\partial t} + \langle u_j \rangle \cdot \frac{\partial k}{\partial x_j} &= -\langle u_i' \cdot u_j' \rangle \cdot \frac{\partial \langle u_i \rangle}{\partial x_j} - \tilde{\varepsilon} \\
&- \frac{1}{\rho} \cdot \frac{\partial \langle p' \cdot u_i' \rangle}{\partial x_i} + \nu \cdot \frac{\partial}{\partial x_j} \frac{\partial k}{\partial x_j} - \langle u_j' \cdot \frac{\partial \frac{1}{2} \cdot u_i'^2}{\partial x_j} \rangle
\end{aligned}
\tag{12.167}
$$

für eine hydrodynamisch ausgebildete, vollständig turbulent entwickelte Kanalströmung.

12.5 Zeige, dass an der Wand ($y = 0$) einer hydrodynamisch ausgebildeten, vollständig turbulent entwickelten Kanalströmung die viskose Diffusion die Dissipation ausgleicht. Nutze für die Geschwindigkeitsfluktuationen an der Wand die Ergebnisse von Aufgabe 10.4, d. h. Gl. (L.49-L.55, S. 471).

12.6 Zeige, dass an der Wand ($y = 0$) einer hydrodynamisch und thermisch ausgebildeten, vollständig turbulent entwickelten Kanalströmung die molekulare Diffusion die Dissipation der Temperaturvarianz ausgleicht. Nutze für die Geschwindigkeitsfluktuationen und für die Temperaturfluktuationen an der Wand die Ergebnisse von Aufgabe 10.4 und 12.3, d. h. Gl. (L.49-L.55, S. 471) und Gl. (L.59-L.62, S. 479).

12.7 Richtig oder Falsch?

1. Ein verschwindender Druckgradient ist eine zwingende Voraussetzung für eine logarithmische u^{+}-Verteilung bei Innenströmungen.
2. Die viskosen Skalen u_τ und ΔT_τ sind als Bezugsgrößen für die dimensionlose Darstellung der Feldgrößen in Wandnähe bei Innenströmungen geeignet.
3. Ähnlich wie bei den Grenzschichtströmungen existiert bei Innenströmungen eine konstante Reynolds-Spannung-Schicht.
4. Nusselt-Zahl-Korrelationen für turbulente Innenströmungen sind abhängig von der Reynolds- und Prandtl-Zahl, jedoch unabhängig von den thermischen Randbedingungen.
5. Das Konzept des hydraulischen Durchmessers ist unabhängig von Reynolds- und Prandtl-Zahl anwendbar, solange die Rohre und Kanäle keine allzu spitzen Eckenwinkel besitzen.
6. Der effektive Durchmesser entspricht dem Durchmesser eines kreisrunden Rohrs, der auf den gleichen Reibungsbeiwert eines Kanals mit beliebigem Querschnitt führt.

12.8 Wissensfragen

- Wie lautet die Reynolds-gemittelte Impulsgleichung für eine hydrodynamisch ausgebildete turbulente Kanalströmung?

- Skizziere bei einer Kanalströmung die molekulare und turbulente Spannungsverteilung über der halbe Kanalhöhe?
- Nenne die unterschiedlichen Bereiche der sich entwickelnden Schichten und gib die entsprechenden (dimensionslosen) Wandabstände an.
- Welche charakteristischen Größen dienen der Entdimensionalisierung des mittleren Geschwindigkeitsprofils? Warum?
- Welches Gesetz für die Geschwindigkeitsverteilung bietet sich für Überschlagsrechnungen bei Rohrströmungen an?
- Mit welcher Funktion lässt sich die Geschwindigkeitsverteilung außerhalb des logarithmischen Bereichs beschreiben?
- Was ist die Voraussetzung für eine konstante Von-Kárman-Konstante κ in der logarithmischen Geschwindigkeitsverteilung? Welche Werte nimmt κ an?
- Wie lautet für Fluide mit $Pr = O(1)$ die Reynolds-gemittelte Energiegleichung für eine hydrodynamisch und thermisch ausgebildete turbulente Kanalströmung?
- Skizziere die mit der Wandwärmestromdichte normierte molekulare und turbulente Wärmestromdichte für unterschiedliche Prandtl-Zahlen mit zunehmendem Wandabstand bei Innenströmungen.
- Skizziere die Struktur der thermischen Schichten des Mehrschichtmodells für Fluide mit $Pr = O(1)$. Was sind die Unterschiede für $Pr \gg 1$ und $Pr \ll 1$?
- Welche charakteristischen Größen dienen der Entdimensionalisierung des mittleren Temperaturprofils? Warum?
- Weisen Flüssigmetalle eine logarithmische T^+-Verteilung auf?
- Welchen Einfluss besitzen die thermischen Randbedingungen auf die Nusselt-Zahl und wie hängt diese von der Prandtl-Zahl ab?
- Erkläre das Konzept des hydraulischen Durchmessers bei turbulenter Innenströmung und warum das Konzept für Nusselt-Zahl-Korrelationen bei Flüssigmetallströmungen ungeeignet ist.

Literaturverzeichnis

Abe H, Kawamura H, Matsuo Y (2004) Surface heat-flux fluctuations in a turbulent channel flow up to $Re_\tau = 1020$ with $Pr = 0.025$ and 0.71. Int J Heat Fluid Flow, doi: doi.org/10.1016/j.ijheatfluidflow.2004.02.010

Ahmed S, Brundrett E (1971) Characteristic lengths for non-circular ducts. Int J Heat Mass Transf, doi: doi.org/10.1016/0017-9310(71)90147-5

Álamo Del JC, Jiménez J (2003) Spectra of the very large anisotropic scales in turbulent channels. Phys Fluids, doi: doi.org/10.1063/1.1570830

Alcántara-Ávila F, Hoyas S, Pérez-Quiles MJ (2018) DNS of thermal channel flow up to $Re_\tau = 2000$ for medium to low Prandtl numbers. Int J Heat Mass Transf, doi: 10.1016/j.ijheatmasstransfer.2018.06.149

Alcántara-Ávila F, Hoyas S, Pérez-Quiles MJ (2021) Direct numerical simulation of thermal channel flow for $Re_\tau = 5000$ and $Pr = 0.71$. J Fluid Mech, doi: doi.org/10.1017/jfm.2021.231

Bailey SCC, Vallikivi M, Hultmark M, Smits AJ (2014) Estimating the value of von Kármán's constant in turbulent pipe flow. J Fluid Mech, doi: doi.org/10.1017/jfm.2014.208

Bradshaw P, Huang GP (1995) The law of the wall in turbulent flow. Proc R Soc Lond A Math Phys Sci, doi: doi.org/10.1098/rspa.1995.0122

Beavers GS, Sparrow EM, Lloyd JR (1971) Low Reynolds Number Turbulent Flow in Large Aspect Ratio Rectangular Ducts. J Basic Eng, doi: doi.org/10.1115/1.3425230

Bernardini M, Pirozzoli S, Orlandi P (2014) Velocity statistics in turbulent channel flow up to Re_τ = 4000. J Fluid Mech, doi: doi.org/10.1017/jfm.2013.674

Bhatti MS, Shah RK (1987) Turbulent Forced Convection in Ducts. In Kakac S, Shah RK, Aung W (Ed.), *Handbook of Single-Phase Convective Heat Transfer*(pp. 4.1—4.166), John Wiley, New York

Blasius H (1913) Mitteilungen über Forschungsarbeiten auf dem Gebiete des Ingenieurwesens, doi: doi.org/10.1007/978-3-662-02239-9_1

Cain D, Duffy J (1971) An experimental investigation of turbulent flow in elliptical ducts. Int J Mech Sci, doi: doi.org/10.1016/0020-7403(71)90092-0

Colebrook CF (1939) Turbulent Flow in Pipes, with Particular Reference to the Transition Region between the Smooth and Rough Pipe Laws . J Inst Civ Eng , doi: doi.org/10.1680/ijoti.1939.13150

Dean RB (1978) Reynolds Number Dependence of Skin Friction and Other Bulk Flow Variables in Two-Dimensional Rectangular Duct Flow. J Fluids Eng, doi: doi.org/10.1115/1.3448633

Dipprey DF, Sabersky RH (1963) Heat and momentum transfer in smooth and rough tubes at various prandtl numbers. Int J Heat and Mass Transf, doi: doi.org/10.1016/0017-9310(63)90097-8

Deissler RG (1953) Analysis of turbulent heat transfer and flow in the entrance region of smooth passages, NACA-TM-3016. National Advisory Committee for Aeronautics (NACA)

Deissler RG (1955) Analysis of turbulent heat transfer, mass transfer, and friction in smooth tubes at high Prandtl and Schmidt numbers, NACA-TR-1210. National Advisory Committee for Aeronautics (NACA)

Filonekno GK (1954) Hydraulic Resistance in Pipes. Teploenergetika(4): pp. 40–44

Flack KA, Schultz MP, Rose WB(2012) The onset of roughness effects in the transitionally rough regime. Int J Heat Fluid Flow, doi: doi.org/10.1016/j.ijheatfluidflow.2012.02.003

George WK (2007) Is there a universal log law for turbulent wall-bounded flows?. Proc R Soc Lond A Math Phys Sci, doi: doi.org/10.1098/rsta.2006.1941

Gnielinski V (1975) Neue Gleichungen für den Wärme- und den Stoffübergang in turbulent durchströmten Rohren und Kanälen. Forsch Ing-Wes, doi: 10.1007/BF02559682

Haaland SE (1983) Simple and Explicit Formulas for the Friction Factor in Turbulent Pipe Flow. J Fluids Eng, doi: doi.org/10.1115/1.3240948

Hausen H (1959) Neue Gleichungen für die Wärmeübertragung bei freier oder erzwungener Strömung. Allg Wärmetechnik(9): pp. 75–79

Hoyas S, Jiménez J (2006) Scaling of the velocity fluctuations in turbulent channels up to Re_τ = 2003. Phys Fluids, doi: doi.org/10.1063/1.2162185

Izakson A (1937) On the formula for the velocity distribution near walls. Tech Phys USSR IV(2): pp. 155—162

Jiménez J, Moser RD (2007) What Are We Learning from Simulating Wall Turbulence?. Philos Trans A Math Phys Eng Sci, doi: doi.org/10.1098/rsta.2006.1943

Jones OC Jr (1976) An Improvement in the Calculation of Turbulent Friction in Rectangular Ducts. J Fluids Eng, doi: doi.org/10.1115/1.3448250

Jones OC Jr, Leung JCM (1981) An Improvement in the Calculation of Turbulent Friction in Smooth Concentric Annuli. J Fluids Eng, doi: doi.org/10.1115/1.3241781

Jonsson VK, Sparrow EM (1966) Experiments on turbulent-flow phenomena in eccentric annular ducts. J Fluid Mech, doi: doi.org/10.1017/S0022112066000053

Kader BA, Yaglom AM (1972) Heat and mass transfer laws for fully turbulent wall flows. Int J Heat Mass Transf, doi: doi.org/10.1016/0017-9310(72)90131-7

Kader BA (1981) Temperature and concentration profiles in fully turbulent boundary layers. Int J Heat Mass Transf, doi: doi.org/10.1016/0017-9310(81)90220-9

Kaneda Y, Yamamoto Y (2021) Velocity gradient statistics in turbulent shear flow: an extension of Kolmogorov's local equilibrium theory. J Fluid Mech, doi: doi.org/10.1017/jfm.2021.815

Kawamura H, Ohsaka K, Abe H, Yamamoto K (1998) DNS of turbulent heat transfer in channel flow with low to medium-high Prandtl number fluid. Int J Heat Fluid Flow, doi: doi.org/10.1016/S0142-727X(98)10026-7

Kays WM, Crawford M (1993) Convective Heat and Mass Transfer. McGraw Hill

Lee M, Moser RD (2015) Direct numerical simulation of turbulent channel flow up to $Re_\tau \approx 5200$. J Fluid Mech, doi: doi.org/10.1017/jfm.2015.268

Lozano-Durán A, Jiménez J (2014) Effect of the computational domain on direct simulations of turbulent channels up to $Re_\tau = 4200$. Phys Fluids, doi: doi.org/10.1063/1.4862918

Luchini P (2017) Universality of the Turbulent Velocity Profile. Phys Rev Lett, doi: doi.org/10.1103/PhysRevLett.118.224501

Marin O, Vinuesa R, Obabko AV, Schlatter P (2016) Characterization of the secondary flow in hexagonal ducts. Phys Fluids, doi: doi.org/10.1063/1.4968844

McKeon BJ, Li J, Jiang W, Morrison JF, Smits AJ (2004) Further observations on the mean velocity distribution in fully developed pipe flow. J Fluid Mech, doi: doi.org/10.1017/S0022112003007304

MacDonald M, Hutchins N, Chung D (2019) Roughness effects in turbulent forced convection. J Fluid Mech, doi: doi.org/10.1017/jfm.2018.900

McAdams WA (1942) Heat Transmission. McGraw-Hill

Merker GP (1987) Konvektive Wärmeübertragung. Springer Berlin, Heidelberg

Millikan CB (1938) A critical discussion of turbulent flow in channels and circular tubes. Proc 5th Int Congress on Applied Mechanics (Cambridge, MA, 1938) pp. 386–392

Moody LF (1944) Friction factors for pipe flow. Trans ASME, doi: doi.org/10.1115/1.4018140

Monin AS, Yaglom AM (1971) Statistical Fluid Mechanics, Volume I: Mechanics of Turbulence. MIT Press, Cambridge, Massachusetts

Nagib HM, Chauhan KA (2008) Variations of von Kármán coefficient in canonical flows. Phys Fluids, doi: doi.org/10.1063/1.3006423

Nikuradse J (1932) Gesetzmäßigkeiten der turbulenten Strömung in glatten Rohren. Forsch Ing-Wes, doi: doi.org/10.1007/BF02716946

Nikuradse J (1933) Strömungsgesetze in rauhen Rohren. Forsch Geb Ingenieurwes, VDI

Notter RH, Sleicher CA (1972) A solution to the turbulent Graetz problem - III Fully developed and entry region heat transfer rates. Chem Eng Sci, doi: doi.org/10.1016/0009-2509(72)87065-9

Nouri JM, Umur H, Whitelaw JH (1993) Flow of Newtonian and non-Newtonian fluids in concentric and eccentric annuli. J Fluid Mech, doi: doi.org/10.1017/S0022112093001922

Petukhov BS, Kirillov VV (1958) On heat exchange at turbulent flow of liquid in pipes. Teploenergetika(4): pp. 63–68

Petukhov BS, Popov V (1963) Theoretical Calculation of Heat Exchange and Frictional Resistance in Turbulent Flow in Tubes of an Incompressible Fluid With Thermophysical Properties. High Temperature(1): pp. 69–83

Petukhov BS (1970) Heat transfer and friction in turbulent pipe flow with variable physical properties. Adv Heat Transf, doi: doi.org/10.1016/S0065-2717(08)70153-9

Pirozzoli S, Bernardini M, Orlandi P (2016) Passive scalars in turbulent channel flow at high Reynolds number. J Fluid Mech, doi: doi.org/10.1017/jfm.2015.711

Pirozzoli S (2018) On turbulent friction in straight ducts with complex cross-section: the wall law and the hydraulic diameter. J Fluid Mech, doi: doi.org/10.1017/jfm.2018.66

Pirozzoli S, Modesti D, Orlandi P, Grasso F (2018) Turbulence and secondary motions in square duct flow. J Fluid Mech, doi: doi.org/10.1017/jfm.2018.66

Pirozzoli S, Romero J, Fatica M, Verzicco R, Orlandi P (2021) One-point statistics for turbulent pipe flow up to $Re_\tau \approx 6000$. J Fluid Mech, doi: doi.org/10.1017/jfm.2021.727

Pirozzoli S, Romero J, Fatica M, Verzicco R, Orlandi P (2002) DNS of passive scalars in turbulent pipe flow. J Fluid Mech, doi: doi org/10.1017/jfm.2022.265

Prandtl L (1925) Bericht über Untersuchungen zur ausgebildeten Turbulenz. Z Angew Math Mech: pp. 136–139

Prandtl L (1927) Über den Reibungswiderstand strömender Luft. Ergebnisse der Aerodynamischen Versuchsanstalt zu Göttigen, III

Prandtl L (1932) Zur turbulenten Strömung in Rohren und längs Platten. Ergebnisse der Aerodynamischen Versuchsanstalt zu Göttigen, IV: pp. 18–29

Prandtl L (1933) Neuere Ergebnisse der Turbulenzforschung. Z Verein Deutscher Ingenieure (77): pp. 105–114

Raupach MR, Antonia RA, Rajagopalan S (1991) Rough-Wall Turbulent Boundary Layers. Appl Mech Rev, doi: doi.org/10.1115/1.3119492

Reichardt H (1951) Vollständige Darstellung der turbulenten Geschwindigkeitsverteilung in glatten Leitungen. J Appl Math Mech, doi: doi.org/10.1002/zamm.19510310704

Romeo E, Royo C, Monzón A (2002) Improved explicit equations for estimation of the friction factor in rough and smooth pipes. J Chem Eng, doi: doi.org/10.1016/S1385-8947(01)00254-6

Schiller L (1923) Über den Strömungswiderstand von Rohren verschiedenen Querschnitts und Rauhigkeitsgrades. J Appl Math Mech (3): pp. 2—13

Schlichting H, Gersten K (2006) Grenzschichttheorie. Springer, Berlin Heidelberg

Sleicher CA Jr, Emeryville C (1958) Experimental Velocity and Temperature Profiles for Air in Turbulent Pipe Flow. Trans ASME, doi: doi.org/10.1115/1.4012479

Sleicher CA, Rouse MW (1975) A convenient correlation for heat transfer to constant and variable property fluids in turbulent pipe flow. Int J Heat and Mass Transf, doi: doi.org/10.1016/0017-9310(75)90279-3

Squire HB (1951) The friction temperature: A useful parameter in heat-transfer analysis. Proceedings of the General Discussion on Heat Transfer: pp. 185–186

Squire W (1959) An extended Reynolds analogy. Proceedings of the 6th Midwest Conference on Fluid Mechanics: pp. 16-33

Stieglitz R (2007) Low Prandtl number thermal hydraulics. In OECD/NEA, *Handbook on Lead-Bismuth Eutectic Alloy and Lead Properties, Materials Compatibility, Thermalhydraulics and Technologies* (pp. 25–99). OECD Publishing, Paris

Tennekes H, Lumley JL (1972) A First Course in Turbulence. MIT Press, Cambridge, Massachussetts

Vinuesa R, Noorani A, Lozano-Durán A, El Khoury GK Schlatter P, Fischer PF, Nagib HM (2014) Aspect ratio effects in turbulent duct flows studied through direct numerical simulation. J Turbul, doi: doi.org/10.1080/14685248.2014.925623

v Kármán T (1930) Mechanische Ähnlichkeit und Turbulenz. Nachrichten von der Gesellschaft der Wissenschaften zu Göttingen - Fachgruppe I(5): pp. 58–76

White FM (2006) Viscous Fluid Flow. McGraw Hill

White FM (2011) Fluid Mechanics. McGraw Hill, New York

Wosnik M, Castillo L, George WK (2000) A theory for turbulent pipe and channel flows. J Fluid Mech, doi: doi.org/10.1017/S0022112000001385

Yaglom AM, Kader BA (1974) Heat and mass transfer between a rough wall and turbulent fluid flow at high Reynolds and Péclet numbers. J Fluid Mech, doi: doi.org/10.1017/S0022112074000838

Yaglom AM (1979) Similarity Laws for Constant-Pressure and Pressure-Gradient Turbulent Wall Flows. Annu Rev Fluid Mech, doi: 10.1146/annurev.fl.11.010179.002445

Yamamoto Y, Tsuji Y (2018) Numerical evidence of logarithmic regions in channel flow at $Re_\tau = 8000$. Phys Rev Fluids, doi: doi.org/10.1103/PhysRevFluids.3.012602

Zagarola MV, Smits AJ (1997) Scaling of the Mean Velocity Profile for Turbulent Pipe Flow. Phys Rev Lett, doi: doi.org/10.1103/PhysRevLett.78.239

Zagarola MV, Smits AJ (1998) Mean-flow scaling of turbulent pipe flow. J Fluid Mech, doi: doi.org/10.1017/S0022112098002419

Zanoun ES, Durst F, Nagib H (2003) Evaluating the law of the wall in two-dimensional fully developed turbulent channel flows. Phys Fluids, doi: /doi.org/10.1063/1.1608010

Zanoun ES, Durst F, Bayoumy O, Al-Salaymeh A (2007) Wall skin friction and mean velocity profiles of fully developed turbulent pipe flows. Exp Therm Fluid Sci, doi: doi.org/10.1016/j.expthermflusci.2007.04.002

Zhi-qing W (1982) Study on correction coefficients of laminar and turbulent entrance region effect in round pipe. Appl Math Mech, doi: doi.org/10.1007/BF01897224

Zhong K, Hutchins N, Chung, D (2023) Heat-transfer scaling at moderate Prandtl numbers in the fully rough regime. J Fluid Mech, doi: doi.org/10.1017/jfm.2023.125

Lösungen

Übungsaufgaben Kapitel 2

2.1 Aus der Gibb'schen Gleichung folgt für die materielle Ableitung der Entropie die Beziehung

$$\rho \cdot T \cdot \frac{Ds}{Dt} = \rho \cdot \frac{De}{Dt} + \rho \cdot p \cdot \frac{Dv}{Dt} \quad . \tag{L.1}$$

Mit $Dv = -v/\rho \cdot D\rho$ und $v = 1/\rho$ ergibt sich aus Gl. (L.1)

$$\rho \cdot T \cdot \frac{Ds}{Dt} = \rho \cdot \frac{De}{Dt} - \frac{p}{\rho} \cdot \frac{D\rho}{Dt} \quad . \tag{L.2}$$

Der letzte Term in Gl. (L.2) lässt sich entsprechend der 2. Formulierung der Kontinuitätsgleichung (2.27) zu

$$-\frac{p}{\rho} \cdot \frac{D\rho}{Dt} = p \cdot \frac{\partial u_i}{\partial x_i} \tag{L.3}$$

umformen und für Gl. (L.2) erhält man

$$\rho \cdot T \cdot \frac{Ds}{Dt} = \rho \cdot \frac{De}{Dt} + p \cdot \frac{\partial u_i}{\partial x_i} \quad . \tag{L.4}$$

Ein Vergleich von Gl. (L.4) mit der Energiegleichung (2.63) liefert

$$\rho \cdot \frac{Ds}{Dt} = \frac{\phi_{Diss}}{T} - \frac{1}{T} \cdot \frac{\partial \dot{q}_j}{\partial x_j} \quad . \tag{L.5}$$

Mit der Identität

$$\frac{1}{T} \cdot \frac{\partial \dot{q}_j}{\partial x_j} = \frac{1}{T} \cdot \frac{\partial}{\partial x_j} \left(\frac{\dot{q}_j \cdot T}{T} \right) = \frac{\dot{q}_j}{T^2} \cdot \frac{\partial T}{\partial x_j} + \frac{\partial}{\partial x_j} \left(\frac{\dot{q}_j}{T} \right) \tag{L.6}$$

lässt sich der letzte Term in Gl. (L.5) umformen und es ergibt sich die Bilanzgleichung der Entropie

© Der/die Herausgeber bzw. der/die Autor(en), exklusiv lizenziert an
Springer Fachmedien Wiesbaden GmbH, ein Teil von Springer Nature 2025
S. Ruck, *Thermofluiddynamik*, https://doi.org/10.1007/978-3-658-48882-6

$$\rho \cdot \frac{Ds}{Dt} = \frac{\phi_{Diss}}{T} - \frac{\dot{q}_j}{T^2} \cdot \frac{\partial T}{\partial x_j} - \frac{\partial}{\partial x_j}\left(\frac{\dot{q}_j}{T}\right) \quad . \tag{L.7}$$

2.2 Da aus Wärme keine mechanische Energie infolge von Dissipation entstehen kann ($\phi_{Diss} \geq 0$ vgl. Gl. (2.110)) und Wärme ausschließlich in Richtung fallender Temperaturen fließt, sind die ersten beiden Terme der rechten Seite in der Bilanzgleichung der Entropie

$$\rho \cdot \frac{Ds}{Dt} = \frac{\phi_{Diss}}{T} - \frac{\dot{q}_j}{T^2} \cdot \frac{\partial T}{\partial x_j} - \frac{\partial}{\partial x_j}\left(\frac{\dot{q}_j}{T}\right)$$

immer größer oder gleich Null. Sie beschreiben demnach nie eine Entropieabnahme und entsprechen dem irreversiblen Anteil der Entropieänderung

$$\left(\rho \cdot \frac{Ds}{Dt}\right)_{irr} = \frac{\phi_{Diss}}{T} - \frac{\dot{q}_j}{T^2} \cdot \frac{\partial T}{\partial x_j} \quad . \tag{L.8}$$

Der letzte Term der Bilanzgleichung der Entropie beschreibt die Divergenz des Entropiestroms. Er kann größer, gleich oder kleiner Null sein und repräsentiert den reversiblen Anteil der Entropieänderung

$$\left(\rho \cdot \frac{Ds}{Dt}\right)_{rev} = \frac{\partial}{\partial x_j}\left(\frac{\dot{q}_j}{T}\right) \quad . \tag{L.9}$$

2.3 Die Rotation der vektoriellen Impulsgleichung (2.144) lautet

$$\nabla \times \frac{\partial \vec{u}}{\partial t} + \nabla \times (\vec{u} \cdot \nabla)\vec{u} = -\nabla \times \nabla\left(\frac{p}{\rho}\right) + \nabla \times \nu \cdot \nabla^2 \vec{u} \quad . \tag{L.10}$$

Wir formen nun die einzelnen Terme mit Hilfe der Rechenregeln aus Gl. (2.146) - Gl. (2.148) um. Für den ersten und letzten Term aus Gl. (L.10) gilt

$$\nabla \times \frac{\partial \vec{u}}{\partial t} = \frac{\partial}{\partial t}(\nabla \times \vec{u}) = \frac{\partial \vec{\omega}}{\partial t} \quad , \tag{L.11}$$

$$\nabla \times \nu \cdot \nabla^2 \vec{u} = \nu \cdot \nabla^2(\nabla \times \vec{u}) = \nu \cdot \nabla^2 \vec{\omega} \quad . \tag{L.12}$$

Die Rotation des Druckterms verschwindet entsprechend Gl. (2.145)

$$-\nabla \times \nabla\left(\frac{p}{\rho}\right) = 0 \quad .$$

Gemäß Gl. (2.147) können wir den Konvektivterm aus Gl. (2.144) umschreiben zu

$$(\vec{u} \cdot \nabla)\vec{u} = \nabla\left(\frac{\vec{u} \cdot \vec{u}}{2}\right) - \vec{u} \times \vec{\omega} \quad .$$

Es folgt somit für die Rotation des Konvektivterms

$$\nabla \times (\vec{u} \cdot \nabla)\vec{u} = \nabla \times \nabla \left(\frac{\vec{u} \cdot \vec{u}}{2}\right) - \nabla \times (\vec{u} \times \vec{\omega}) \quad . \tag{L.13}$$

Da $\vec{u} \cdot \vec{u}$ eine skalare Größe ist, verschwindet der erste Term auf der rechten Seite von Gl. (L.13) entsprechend Gl. (2.145). Mit Gl. (2.148) lässt sich der zweite Term auf der rechten Seite von Gl. (L.13) umformen und wir erhalten

$$\nabla \times (\vec{u} \cdot \nabla)\vec{u} = -(\vec{\omega} \cdot \nabla)\vec{u} + (\vec{u} \cdot \nabla)\vec{\omega} - \vec{u}(\nabla \cdot \vec{\omega}) + \vec{\omega}(\nabla \cdot \vec{u}) \quad . \tag{L.14}$$

Der letzte Term von Gl. (L.14) verschwindet aufgrund der Kontinuitätsgleichung und der vorletzte Term von Gl. (L.14) verschwindet entsprechend Gl. (2.146). Das Zusammenführen der Terme aus Gl. (L.11), Gl. (L.12) und Gl. (L.14) liefert die Wirbeltransportgleichung (2.143)

$$\frac{D\vec{\omega}}{Dt} = \frac{\partial \omega}{\partial t} + (\vec{u} \cdot \nabla)\vec{\omega} = (\vec{\omega} \cdot \nabla)\vec{u} + v \cdot \nabla^2 \vec{\omega} \quad . \tag{L.15}$$

2.4 Als Erstes bilden wir das Skalarprodukt zwischen dem Wirbelstärkevektor mit den Komponenten ω_i und der vektoriellen Wirbelgleichung mit den Komponenten

$$\frac{\partial \omega_i}{\partial t} + u_j \cdot \frac{\partial \omega_i}{\partial x_j} = v \cdot \frac{\partial^2 \omega_i}{\partial x_j \partial x_j} + \omega_j \cdot \frac{\partial u_i}{\partial x_j}$$

und erhalten

$$\omega_i \cdot \frac{\partial \omega_i}{\partial t} + \omega_i \cdot u_j \cdot \frac{\partial \omega_i}{\partial x_j} = \omega_i \cdot v \cdot \frac{\partial^2 \omega_i}{\partial x_j \partial x_j} + \omega_i \cdot \omega_j \cdot \frac{\partial u_i}{\partial x_j} \quad .$$

Durch Anwenden der Produktregel lassen sich die ersten drei Terme der Wirbelgleichung umformen zu

$$\frac{\partial \frac{1}{2} \cdot \omega_i^2}{\partial t} + u_j \cdot \frac{\partial \frac{1}{2} \cdot \omega_i^2}{\partial x_j}$$
$$= v \cdot \frac{\partial}{\partial x_j}\left(\omega_i \cdot \frac{\partial \omega_i}{\partial x_j}\right) - v \cdot \frac{\partial \omega_i}{\partial x_j} \cdot \frac{\partial \omega_i}{\partial x_j} + \omega_i \cdot \omega_j \cdot \frac{\partial u_i}{\partial x_j} \quad . \tag{L.16}$$

Das erneute Anwenden der Produktregel auf den ersten Term der rechten Seite von Gl. (L.16) liefert

$$\frac{\partial \frac{1}{2} \cdot \omega_i^2}{\partial t} + u_j \cdot \frac{\partial \frac{1}{2} \cdot \omega_i^2}{\partial x_j} = v \cdot \frac{\partial^2 \frac{1}{2} \cdot \omega_i^2}{\partial x_j \partial x_j} - v \cdot \frac{\partial \omega_i}{\partial x_j} \cdot \frac{\partial \omega_i}{\partial x_j} + \omega_i \cdot \omega_j \cdot \frac{\partial u_i}{\partial x_j} \quad . \tag{L.17}$$

Die anschließende Multiplikation von Gl. (L.17) mit dem Faktor 2 liefert die gesuchte Transportgleichung der Enstrophie

$$\frac{D\omega^2}{Dt} = v \cdot \nabla^2 \omega^2 + 2 \cdot \omega_i \cdot \omega_j \cdot \frac{\partial u_i}{\partial x_j} - 2 \cdot v \cdot \frac{\partial \omega_i}{\partial x_j} \cdot \frac{\partial \omega_i}{\partial x_j} \quad .$$

2.5 1) richtig, 2) falsch, 3) falsch, 4) falsch, 5) richtig, 6) richtig, 7) falsch, 8) richtig

Übungsaufgaben Kapitel 3

3.1 Bei gleicher Reynolds-Zahl besteht eine physikalische Ähnlichkeit der Strömung,

$$Re_R = Re_E \leftrightarrow \frac{u_R \cdot l_R}{\nu_{H_2O}} = \frac{u_E \cdot 5 \cdot l_R}{\nu_{Luft}} \quad ,$$

und die Geschwindigkeit im Experiment beträgt

$$u_E = \frac{u_R \cdot \nu_{Luft}}{5 \cdot \nu_{H_2O}} = 37{,}2 \, \mathrm{m\,s^{-1}} \quad . \tag{L.18}$$

Mit Hilfe der Nusselt-Zahl lässt sich das Messergebnis auf die reale Anwendung transferieren

$$Nu_R = Nu_E \leftrightarrow \frac{\alpha_R \cdot l_R}{\lambda_{H_2O}} = \frac{\alpha_E \cdot 5 \cdot l_R}{\lambda_{Luft}} \quad ,$$

$$\alpha_R = \frac{5 \cdot \alpha_E}{\lambda_{Luft}} \cdot \lambda_{H_2O} = 12\,595{,}4 \, \mathrm{W\,m^{-2}\,K^{-1}} \quad . \tag{L.19}$$

Unter der Voraussetzung, dass sich die Ergebnisse des Experiments mit Hilfe der Nusselt-Zahl auf die Realität übertragen lassen – und davon gehen wir aus –, erhalten wir

$$\frac{10 \cdot \dot{q} \cdot l_R}{\Delta T_R \cdot \lambda_{H_2O}} = \frac{\dot{q} \cdot 5 \cdot l_R}{\Delta T_E \cdot \lambda_{Luft}} \quad ,$$

$$\frac{\Delta T_E}{\Delta T_R} = \frac{1}{2} \cdot \frac{\lambda_{H_2O}}{\lambda_{Luft}} = 11{,}45 \quad . \tag{L.20}$$

3.2 Die Forderung nach geometrischer Ähnlichkeit zwischen Hochtemperatur-Wärmeübertrager und dem Versuchskanal führt zur Einhaltung des Höhen-Breiten-Verhältnisses

$$a = \frac{b_R}{h_R} = \frac{b_E}{h_E} \quad .$$

Im nächsten Schritt müssen die relevanten Kennzahlen bestimmt werden. Aus diesen lassen sich die Werte für die Kanalhöhe bzw. -breite ermitteln. Unter der Annahme, dass Auftriebseffekte $Gr/Re^2 \ll 1$, die Kompressibilität ($Ma < 0{,}3$) sowie die Dissipation keinen wesentlichen Einfluss auf die thermofluiddynamischen Vorgänge besitzen, bleiben die Reynolds-Zahl

$$Re_{D_{h_R},R} = \frac{\rho_R \cdot u_R \cdot D_{h_R}}{\mu_R} \quad , \tag{L.21}$$

die Prandtl-Zahl

$$Pr_R = \frac{\mu_R \cdot c_{p_R}}{\lambda_R} = \frac{\nu_R}{a_R} \quad ,$$

und die gesuchte Nusselt-Zahl für die Auslegung des Versuchskanals übrig. Die Prandtl-Zahlen für Helium in der Reaktoranwendung und für Luft im Experiment stimmen recht gut überein. Die Reynolds-Zahl Re_{D_h} sowie der im Labor maximal verfügbare Luftmassenstrom bestimmen die geometrischen Abmessungen des Versuchskanals. Als geometrische Bezugsgröße für die Reynolds-Zahl wird der sogenannte hydraulische Durchmesser verwendet

$$D_h = \frac{4 \cdot A}{U} = \frac{4 \cdot b \cdot h}{2 \cdot b + 2 \cdot h} = \frac{4 \cdot a \cdot h \cdot h}{2 \cdot a \cdot h + 2 \cdot h} = \frac{4 \cdot a \cdot h}{2 \cdot (a + 1)} \quad . \tag{L.22}$$

Die maximal erreichbare Reynolds-Zahl wird durch den maximal verfügbaren Luftmassenstrom bestimmt. Man erhält

$$\dot{m}_{E,max} = \rho_E \cdot u_E \cdot b_E \cdot h_E \quad ,$$

$$u_E = \frac{\dot{m}_{E,max}}{\rho_E \cdot b_E \cdot h_E} \quad . \tag{L.23}$$

Unter der Voraussetzung, dass in der Realität und im Experiment die gleichen Reynolds-Zahlen vorliegen und unter Verwendung der Beziehungen gemäß Gl. (L.21) und Gl. (L.22) ergibt sich

$$\frac{\rho_E \cdot u_E \cdot D_{h_E}}{\mu_E} = \frac{\rho_E \cdot D_{h_E}}{\mu_E} \cdot \frac{\dot{m}_{E,max}}{\rho_E \cdot a \cdot h_E \cdot h_E} = \frac{\rho_R \cdot u_R \cdot D_{h_R}}{\mu_R} \quad ,$$

$$\frac{\rho_E}{\mu_E} \cdot \frac{\dot{m}_{E,max}}{\rho_E \cdot a \cdot h_E \cdot h_E} \cdot \frac{4 \cdot a \cdot h_E}{2 \cdot (a + 1)} = \frac{\rho_R \cdot u_R}{\mu_R} \cdot \frac{4 \cdot a \cdot h_R}{2 \cdot (a + 1)} \quad ,$$

$$\frac{\rho_E}{\mu_E} \cdot \frac{\dot{m}_{E,max}}{\rho_E \cdot a \cdot h_E} = \frac{\rho_R \cdot u_R \cdot h_R}{\mu_R} \quad ,$$

$$h_E = \frac{\nu_R}{\nu_E} \cdot \frac{\dot{m}_{E,max}}{\rho_E} \cdot \frac{1}{u_R \cdot h_R} \cdot \frac{1}{a} \quad .$$

3.3 Entsprechend den Überlegungen aus Kapitel 3.4 ist die Nusselt-Zahl bei Zwangskonvektion eine Funktion von der Reynolds-Zahl und der Prandtl-Zahl. Aufgrund der gleichen Randbedingungen kann man davon ausgehen, dass die Prandtl-Zahlen identisch sind. Für die Reynolds-Zahlen im ersten und zweiten Fall gilt

$$Re_{l_0,1} = \frac{120 \, \text{m s}^{-1} \cdot 2,0 \, \text{m}}{\nu} = \frac{240 \, \text{s}^{-1}}{\nu} \quad ,$$

$$Re_{l_0,2} = \frac{40 \, \text{m s}^{-1} \cdot 6,0 \, \text{m}}{\nu} = \frac{240 \, \text{s}^{-1}}{\nu} \quad .$$

Demnach sind die mittleren Nusselt-Zahlen der beiden Körper gleich groß. Daraus ergibt sich

$$\alpha_{1,m} \cdot \frac{l_{0,1}}{\lambda} = \alpha_{2,m} \cdot \frac{l_{0,2}}{\lambda}$$

und mit Gl. (3.59) erhält man

$$\alpha_{2,m} = \frac{\dot{q}_{W,1}}{T_{W,1} - T_\infty} \cdot \frac{l_{0,1}}{l_{0,2}} = -33{,}3 \, \mathrm{W \, m^{-2} \, K^{-1}} \quad .$$

3.4 Verschiedene Strömungsgeschwindigkeiten führen bei sonst gleichen Randbedingungen zu unterschiedlichen mittleren Nusselt-Zahlen am Zylinder. Aus dem Verhältnis der Kennzahlgleichungen für die unterschiedlichen Nusselt-Zahlen ergibt sich

$$\frac{Nu_{D_1,m,1}}{Nu_{D_1,m,2}} = \frac{c \cdot Re_{D_1,1}{}^m \cdot Pr_{Luft}{}^n}{c \cdot Re_{D_1,2}{}^m \cdot Pr_{Luft}{}^n} \quad ,$$

$$\frac{\alpha_{m,1}}{\alpha_{m,2}} = \left(\frac{u_{\infty,1}}{u_{\infty,2}}\right)^m \quad ,$$

und für die Konstante m erhält man

$$m = \log\left(\frac{\alpha_{m,1}}{\alpha_{m,2}}\right) \Big/ \log\left(\frac{u_{\infty,1}}{u_{\infty,2}}\right) = 0{,}805 \quad ,$$

wobei die mittleren Wärmeübertragungskoeffizienten $\alpha_{m,1} = 65{,}57 \, \mathrm{W \, m^{-2} \, K^{-1}}$ und $\alpha_{m,2} = 47{,}31 \, \mathrm{W \, m^{-2} \, K^{-1}}$ mit Hilfe von Gl. (3.59) bestimmt wurden. Ein ähnliches Vorgehen führt auf den mittleren Wärmeübertragungskoeffizienten für den Zylinder mit dem Durchmesser $D_3 = 0{,}16 \, \mathrm{m}$ und der Strömungsgeschwindigkeit von $u_{\infty,3} = 14 \, \mathrm{m \, s^{-1}}$,

$$\alpha_{m,3} = \frac{\alpha_{m,1} \cdot \dfrac{D_1}{D_3}}{\left(\dfrac{u_{\infty,1} \cdot D_1}{u_{\infty,3} \cdot D_3}\right)^{0,805}} = 55{,}95 \, \mathrm{W \, m^{-2} \, K^{-1}} \quad .$$

Mit Gl. (3.59) ergibt sich die mittlere Wandtemperatur $T_{W,3} = 55{,}75 \,^\circ\mathrm{C}$.

Mit Hilfe eines weiteren Experiments in einer Heliumströmung lassen sich die noch fehlenden Konstanten in der Kennzahlgleichung bestimmen. Das Verhältnis der Kennzahlgleichungen für die mittleren Nusselt-Zahlen des Zylinders bei Luft- und Heliumströmung ergibt

$$\frac{\dfrac{Nu_{D_1,m,1}}{Re_{D_1,1}{}^{0,805}}}{\dfrac{Nu_{D_4,m,4}}{Re_{D_4,4}{}^{0,805}}} = \left(\frac{Pr_{Luft}}{Pr_{He}}\right)^n \quad ,$$

$$n = \log\left(\frac{\dfrac{Nu_{D_1,m,1}}{Re_{D_1,1}{}^{0,805}}}{\dfrac{Nu_{D_4,m,4}}{Re_{D_4,4}{}^{0,805}}}\right) \Big/ \log\left(\frac{Pr_{Luft}}{Pr_{He}}\right) = 0{,}33 \quad .$$

Somit erhält man $Nu_{D,m} = 0{,}027 \cdot Re_D^{\,0{,}805} \cdot Pr^{0{,}33}$ als Kennzahlgleichung für die mittlere Nusselt-Zahl bei der Zylinderumströmung.

3.5 1) richtig, 2) falsch, 3) richtig, 4) falsch, 5) falsch, 6) falsch, 7) richtig, 8) falsch, 9) richtig

Übungsaufgaben Kapitel 4

4.1 Mit Gl. (4.25) lässt sich die hydrodynamische Grenzschichtdicke abschätzen

$$\delta \approx \frac{2,77\,\text{m}}{\dfrac{0,8\,\text{m s}^{-1} \cdot 0,962\,\text{kg m}^{-3} \cdot 2,77\,\text{m}}{2,25 \cdot 10^{-5}\,\text{kg m}^{-1}\,\text{s}^{-1}}} = 9,0 \cdot 10^{-3}\,\text{m} \quad .$$

Ist die Dissipation gegenüber der molekularen Wärmeleitung vernachlässigbar, so gilt die Beziehung aus Gl. (4.50). Für die gegebenen Randbedingungen ist die Brinkmann-Zahl

$$Br = Ec \cdot Pr = \frac{(0,8\,\text{m s}^{-1})^2}{1016,09\,\text{W s kg}^{-1}\,\text{K}^{-1} \cdot (40\,°\text{C} - 20\,°\text{C})} \cdot 0,71 = 2,24 \cdot 10^{-5}$$

wesentlich kleiner als das quadrierte Verhältnis aus Lauflänge und thermischer Grenzschichtdicke gemäß Gl. (4.42)

$$\left(\frac{l_x}{\delta_{th}}\right)^2 \approx 0,71^{2/3} \cdot \frac{0,8\,\text{m s}^{-1} \cdot 2,25 \cdot 10^{-5}\,\text{kg m}^{-1}\,\text{s}^{-1} \cdot 2,77\,\text{m}}{0,962\,\text{kg m}^{-3}} = 7,54 \cdot 10^4 \quad .$$

4.2 Die Substitution der dimensionsbehafteten Variablen in der stationären, zweidimensionalen Impulsgleichung (für Fluide mit konstanten Stoffwerten und ohne Wirken von Volumenkräften) in Hauptströmungsrichtung durch die entsprechenden charakteristischen Größen führt auf

$$\rho \cdot u \cdot \frac{\partial u}{\partial x} \;+\; \rho \cdot v \cdot \frac{\partial u}{\partial y} \;=\; -\frac{\partial p}{\partial x} \;+\; \mu \cdot \frac{\partial^2 u}{\partial x^2} \;+\; \mu \cdot \frac{\partial^2 u}{\partial y^2}$$

$$\rho_0 \cdot \frac{u_\infty^2}{l_x} \qquad \rho_0 \cdot \frac{u_\infty^2}{l_x} \qquad \rho_0 \cdot \frac{u_\infty^2}{l_x} \qquad \mu_0 \cdot \frac{u_\infty}{l_x^2} \qquad \mu_0 \cdot \frac{u_\infty}{l_x^2} \cdot Re_{l_x} \quad .$$

Weiteres Umformen liefert die dimensionslosen Parametergruppen

$$\rho \cdot u \cdot \frac{\partial u}{\partial x} \;+\; \rho \cdot v \cdot \frac{\partial u}{\partial y} \;=\; -\frac{\partial p}{\partial x} \;+\; \mu \cdot \frac{\partial^2 u}{\partial x^2} \;+\; \mu \cdot \frac{\partial^2 u}{\partial y^2}$$

$$1 \qquad\qquad 1 \qquad\qquad 1 \qquad\qquad \frac{1}{Re_{l_x}} \qquad\qquad 1 \quad .$$

Für $Re_{l_x} \gg 1$ ist der Term $1/Re_{l_x}$ sehr klein. Demnach kann der Reibungsterm $\mu \cdot \partial^2 u / \partial x^2$ in der Impulsgleichung vernachlässigt werden und es ergibt sich Gl. (4.74).

4.3 Zunächst substituieren wir die dimensionsbehafteten Variablen in der stationären, zweidimensionalen Energiegleichung (mit konstanten Stoffwerten und ohne Dissipation) mit den entsprechenden charakteristischen Größen

$$c \cdot \rho \cdot u \cdot \frac{\partial T}{\partial x} \quad + \quad c \cdot \rho \cdot v \cdot \frac{\partial T}{\partial y} \quad = \quad \lambda \cdot \frac{\partial^2 T}{\partial x^2} \quad + \quad \lambda \cdot \frac{\partial^2 T}{\partial y^2}$$

$$c_0 \cdot \rho_0 \cdot u_0 \cdot \frac{\Delta T_0}{l_x} \qquad c_0 \cdot \rho_0 \cdot u_0 \cdot \frac{\Delta T_0}{l_x} \qquad \lambda_0 \cdot \frac{\Delta T_0}{l_x{}^2} \qquad \lambda_0 \cdot \frac{\Delta T_0}{l_x{}^2} \cdot Pr^{2 \cdot n} \cdot Re_{l_x}$$

und erhalten nach weiterem Umformen die dimensionslosen Parametergruppen

$$c \cdot \rho \cdot u \cdot \frac{\partial T}{\partial x} \quad + \quad c \cdot \rho \cdot v \cdot \frac{\partial T}{\partial y} \quad = \quad \lambda \cdot \frac{\partial^2 T}{\partial x^2} \quad + \quad \lambda \cdot \frac{\partial^2 T}{\partial y^2}$$

$$1 \qquad\qquad 1 \qquad\qquad \frac{1}{Pr} \cdot \frac{1}{Re_{l_x}} \qquad \frac{Pr^{2 \cdot n}}{Pr} \quad .$$

Für Fluide mit Prandtl-Zahlen von der Größenordnung $Pr \gtrless 1$ ist der axiale Wärmeleitungsterm für $Re_{l_x} \gg 1$ vernachlässigbar klein und wir erhalten Gl. (4.86).

4.4 Gemäß Gl. (4.56) und Gl. (4.57) skaliert die lokale Nusselt-Zahl mit

$$Nu(x) \sim Pr^{1/n} \cdot \left(\frac{u_\infty}{\nu} \right)^{1/2} \cdot x^{1/2} \quad .$$

Gemäß $Nu(x) = \alpha(x) \cdot x / \lambda$ gilt für den lokalen Wärmeübertragungskoeffizienten

$$\alpha(x) \sim Pr^{1/n} \cdot \lambda \cdot \left(\frac{u_\infty}{\nu} \right)^{1/2} \cdot x^{-1/2}$$

und den Lauflänge-gemittelten Wärmeübertragungskoeffizienten erhält man mit

$$\alpha_L(x) \sim \frac{1}{x} \int_0^x Pr^{1/n} \cdot \lambda \cdot \left(\frac{u_\infty}{\nu} \right)^{1/2} \cdot \tilde{x}^{-1/2} \, d\tilde{x} \quad ,$$

$$\alpha_L(x) \sim 2 \cdot Pr^{1/n} \cdot \lambda \cdot \left(\frac{u_\infty}{\nu} \right)^{1/2} \cdot x^{-1/2} \quad .$$

Demnach skaliert die Lauflänge-gemittelte Nusselt-Zahl mit

$$Nu_L(x) \sim 2 \cdot Pr^{1/n} \cdot \left(\frac{u_\infty}{\nu} \right)^{1/2} \cdot x^{1/2}$$

und das Verhältnis aus der lokalen Nusselt-Zahl zur Lauflänge-gemittelten Nusselt-Zahl beträgt

$$\frac{Nu(x)}{Nu_L(x)} \sim 2 \quad .$$

4.5 1) falsch, 2) richtig, 3) falsch, 4) falsch, 5) falsch, 6) richtig, 7) richtig, 8) falsch

Übungsaufgaben Kapitel 5

5.1 Die oberen Integrationsgrenzen in Gl. (5.24), Gl. (5.25) und Gl. (5.26) lassen sich durch $\infty \to \delta$ ersetzen, da die Strömungsgeschwindigkeit außerhalb der Grenzschicht der ungestörten Anströmgeschwindigkeit entspricht und demnach $u/u_\infty - 1 = 0$ für $y \geq \delta$ gilt. Mit der dimensionslosen Verteilung des Geschwindigkeitsprofils aus Gl. (5.18) und der Ähnlichkeitsvariablen gemäß Gl. (5.15) erhalten wir für die Verdrängungsdicke

$$\delta_1(x) = \delta \cdot \int_0^1 (1 - u^*)\, d\eta = \delta \cdot \int_0^1 \left(1 - \frac{3}{2} \cdot \eta + \frac{1}{2} \cdot \eta^3\right) d\eta$$

$$= \frac{3}{8} \cdot \delta(x) = 1{,}74 \cdot \frac{x}{Re_x^{1/2}} \quad ,$$

für die Impulsverlustdicke

$$\delta_2(x) = \delta \cdot \int_0^1 u^* \cdot (1 - u^*)\, d\eta$$

$$= \delta \cdot \int_0^1 \left(\frac{3}{2} \cdot \eta - \frac{9}{4} \cdot \eta^2 - \frac{1}{2} \cdot \eta^3 + \frac{3}{2} \cdot \eta^4 - \frac{1}{4} \cdot \eta^6\right) d\eta$$

$$= \frac{39}{280} \cdot \delta(x) = 0{,}646 \cdot \frac{x}{Re_x^{1/2}}$$

und für die Energieverlustdicke

$$\delta_3(x) = \delta \cdot \int_0^1 u^* \cdot \left(1 - u^{*2}\right) d\eta$$

$$= \delta \cdot \int_0^1 \left(\frac{3}{2} \cdot \eta - \frac{31}{8} \cdot \eta^4 + \frac{27}{8} \cdot \eta^5 + \frac{9}{8} \cdot \eta^7 - \frac{1}{8} \cdot \eta^9\right) d\eta$$

$$= \frac{69}{320} \cdot \delta(x) = 1{,}0 \cdot \frac{x}{Re_x^{1/2}} \quad .$$

Für den Formparameter der laminaren Plattengrenzschicht ergibt sich $H_{12} = 2{,}69$.

5.2 Die lokale Wandschubspannung ergibt sich aus Gl. (5.1) mit dem lokalen Reibungskoeffizienten entsprechend Gl. (5.81)

$$\tau_W(x = 0{,}7\,\text{m}) = \frac{1}{2} \cdot \rho \cdot u_\infty^2 \cdot c_f(x = 0{,}7\,\text{m})$$

$$= 0{,}5 \cdot \rho \cdot u_\infty^2 \cdot 0{,}664 \cdot Re_x^{-1/2} = 0{,}0087\,\text{N}\,\text{m}^{-2} \quad ,$$

und der lokale Reynolds-Zahl an der Stelle $x = 0{,}7\,\text{m}$

$$Re_x = \frac{0{,}7\,\text{m} \cdot u_\infty \cdot \rho}{\mu} = 117978 \quad .$$

Für die Ermittlung der lokalen Wandwärmestromdichte nutzen wir Gl. (3.59). Hierfür berechnen wir den lokalen Wärmeübertragungskoeffizienten mit Gl. (5.94) und die hydrodynamische Grenzschichtdicke mit Gl. (5.76). Somit ergibt sich

$$\dot{q}_W(x = 0{,}7\,\mathrm{m}) = \alpha(x = 0{,}7\,\mathrm{m}) \cdot (T_W - T_\infty)$$

$$= 2{,}46 \cdot Pr^{1/2} \cdot \frac{\lambda}{\delta(x = 0{,}7\,\mathrm{m})} \cdot (T_W - T_\infty) = 191{,}9\,\mathrm{kW\,m^{-2}} \quad .$$

Die an der Platte angreifende Reibungskraft erhält man durch Integration der Wandschubspannung über die Plattenoberfläche $A = L \cdot B$

$$R = \int_A \tau_W(x)\, dA = \frac{1}{2} \cdot \rho \cdot u_\infty^2 \cdot B \cdot \int_0^L c_f(x)\, dx \quad .$$

Mit Gl. (5.81) für den Reibungskoeffizienten erhält man für die Reibungskraft

$$R = \frac{1}{2} \cdot \rho \cdot u_\infty^2 \cdot B \cdot \int_0^L 0{,}664 \cdot Re_x^{-1/2}\, dx = 0{,}644 \cdot u_\infty^{3/2} \cdot \sqrt{\mu \cdot \rho \cdot L} \cdot B = 0{,}146\,\mathrm{N} \quad .$$

Die Integration der lokalen Wandwärmestromdichte über die Plattenoberfläche $A = L \cdot B$ führt auf den übertragenen Wärmestrom

$$\dot{Q} = \int_A \dot{q}_W(\vec{x})\, dA = (T_W - T_\infty) \cdot B \cdot \int_0^L \alpha(x)\, dx \quad .$$

Für den lokalen Wärmeübertragungskoeffizienten verwenden wir Gl. (5.94) und erhalten für den Wärmestrom

$$\dot{Q} = (T_W - T_\infty) \cdot B \cdot \int_0^L 2{,}46 \cdot Pr^{1/2} \cdot \frac{\lambda}{\delta(x)}\, dx$$

$$= 1{,}0 \cdot (T_W - T_\infty) \cdot Pr^{1/2} \cdot \lambda \cdot \sqrt{u_\infty \cdot \rho/\mu} \cdot L^{1/2} \cdot B = 4{,}03\,\mathrm{MW} \quad .$$

5.3 Mit Gl. (5.76) für die hydrodynamische Grenzschichtdicke erhält man bei Öl $\delta(x = 0{,}1\,\mathrm{m}) = 1{,}75 \cdot 10^{-3}\,\mathrm{m}$, bei Lithium $\delta(x = 0{,}1\,\mathrm{m}) = 2{,}82 \cdot 10^{-3}\,\mathrm{m}$ und bei Luft $\delta(x = 0{,}1\,\mathrm{m}) = 1{,}86 \cdot 10^{-2}\,\mathrm{m}$.

Für die thermische Grenzschichtdicke ergibt sich für Fluide mit $Pr \geq 1$ entsprechend Gl. (5.41) für Öl $\delta_{th}(x = 0{,}1\,\mathrm{m}) = 9{,}44 \cdot 10^{-4}\,\mathrm{m}$ und für Luft $\delta_{th}(x = 0{,}1\,\mathrm{m}) = 2{,}03 \cdot 10^{-2}\,\mathrm{m}$ und für Fluide mit $Pr \ll 1$ erhält man entsprechend Gl. (5.49) für Lithium $\delta_{th}(x = 0{,}1\,\mathrm{m}) = 1{,}4 \cdot 10^{-2}\,\mathrm{m}$.

Eine schematische Darstellung des Verlaufs der hydrodynamischen und der thermischen Grenzschicht ist in Abb. 4.3 skizziert.

5.4 Die Oberflächentemperatur des Heizers ermitteln wir anhand von Gl. (3.59). Hierbei berechnet man zunächst mit Hilfe der hydrodynamischen Grenzschichtdicke entsprechend Gl. (5.76) den lokalen Wärmeübertragungskoeffizienten am Ende des Heizers mit Gl. (5.89),

$$\alpha(x = 0{,}13\,\mathrm{m}) = 1{,}63 \cdot Pr^{1/3} \cdot \frac{\lambda}{\delta(x = 0{,}13\,\mathrm{m})} = 20{,}0\,\mathrm{W\,m^{-2}\,K^{-1}} \quad .$$

Aus Gl. (3.59) ergibt sich die konstante Oberflächentemperatur des Heizers

$$T_W = \frac{\dot{q}_W(x = 0{,}13\,\mathrm{m})}{\alpha(x = 0{,}13\,\mathrm{m})} + T_\infty = 410{,}5\,^\circ\mathrm{C} \quad .$$

Zur Bestimmung der Gesamtleistung des Heizers integrieren wir die lokale Wandwärmestromdichte über die Oberfläche $A = L \cdot B$. Mit dem lokalen Wärmeübertragungskoeffizienten aus Gl. (5.89) erhält man

$$\begin{aligned}
\dot{Q} &= \int_A \dot{q}_W(\vec{x})\,dA = (T_W - T_\infty) \cdot \frac{A}{L} \cdot \int_0^L \alpha(x)\,dx \\
&= (T_W - T_\infty) \cdot \frac{A}{L} \cdot \int_0^L 1{,}63 \cdot Pr^{1/3} \cdot \frac{\lambda}{\delta(x)}\,dx \\
&= 0{,}664 \cdot (T_W - T_\infty) \cdot Pr^{1/3} \cdot \lambda \cdot \sqrt{u_\infty \cdot \rho/\mu} \cdot L^{-1/2} \cdot A = 38{,}2\,\mathrm{W} \quad .
\end{aligned}$$

5.5 Die Leistung des ersten Moduls lässt sich mit

$$\dot{Q}_{M1} = \alpha_{L,M1} \cdot L_M \cdot b \cdot (T_W - T_\infty) = 52{,}44\,\mathrm{W\,m^{-2}\,K^{-1}} \cdot 3{,}9 \cdot 10^{-3}\,\mathrm{m^2} \cdot 380\,\mathrm{K} = 77{,}7\,\mathrm{W} \quad .$$

berechnen, wobei der mittlere Wärmeübertragungskoeffizient $\alpha_{L,M1}$ anhand von Gl. (5.90) ermittelt wurde. Ein analoges Vorgehen liefert die Leistung des zwölften Moduls

$$\begin{aligned}
\dot{Q}_{M12} &= \alpha_{L,M12} \cdot 12 \cdot L_M \cdot b \cdot (T_W - T_\infty) - \alpha_{L,M11} \cdot 11 \cdot L_M \cdot b \cdot (T_W - T_\infty) \\
&= 15{,}14\,\mathrm{W\,m^{-2}\,K^{-1}} \cdot 46{,}8 \cdot 10^{-3}\,\mathrm{m^2} \cdot 380\,\mathrm{K} \\
&\quad -15{,}82\,\mathrm{W\,m^{-2}\,K^{-1}} \cdot 42{,}9 \cdot 10^{-3}\,\mathrm{m^2} \cdot 380\,\mathrm{K} = 11{,}47\,\mathrm{W} \quad .
\end{aligned}$$

Für die Bestimmung der Wandtemperatur am Ende des letzten Moduls bei Vorgabe der Leistung von 14 W pro Modul berechnen wir zunächst mit Hilfe von Gl. (5.98) den lokalen Wärmeübertragungskoeffizienten $\alpha(x = 0{,}234\,\mathrm{m}) = 8{,}44\,\mathrm{W\,m^{-2}\,K^{-1}}$. Die Wandtemperatur ergibt sich mit Hilfe von Gl. (3.59)

$$\begin{aligned}
T_W(x = 0{,}234\,\mathrm{m}) &= \frac{\dot{Q}}{\alpha(x = 0{,}234\,\mathrm{m})} + T_\infty \\
&= \frac{14\,\mathrm{W}}{3{,}9 \cdot 10^{-3}\,\mathrm{m^2} \cdot 8{,}44\,\mathrm{W\,m^{-2}\,K^{-1}}} + 20\,^\circ\mathrm{C} = 445{,}83\,^\circ\mathrm{C} \quad .
\end{aligned}$$

5.8 1) richtig, 2) falsch, 3) falsch, 4) richtig, 5) falsch

Übungsaufgaben Kapitel 6

6.1 Entsprechend der Reynolds-Zahl $Re_{D_h} = (D_h \cdot \dot{m})/(b \cdot h \cdot \mu) = 1895$ handelt es sich um eine laminare Strömung. Der hydrodynamische Durchmesser beträgt $D_h = 4 \cdot b \cdot h/(2 \cdot b + 2 \cdot h) = 0,016\,\mathrm{m}$. Die adiabate Mischungstemperatur am Kanalaustritt berechnet sich entsprechend Gl. (6.13)

$$T_{am,aus} = \frac{800\,\mathrm{W\,m^{-1}} \cdot 2 \cdot (0,04\,\mathrm{m} + 0,01\,\mathrm{m})}{1010\,\mathrm{W\,s\,kg^{-1}\,K^{-1}} \cdot 0,001\,\mathrm{kg\,s^{-1}}} \cdot 1,2\,\mathrm{m} + 76,8\,^\circ\mathrm{C} = 171,8\,^\circ\mathrm{C} \ .$$

Mit Gl. (6.91) berechnen wir die Nusselt-Zahl $Nu_{D_h,\infty,H1} = 5,33$ und ermitteln anschließend den Wärmeübertragungskoeffizienten $\alpha(x = 1,2\,\mathrm{m}) = 5,33 \cdot 0,03\,\mathrm{W\,m^{-1}\,K^{-1}}/0,016\,\mathrm{m} = 10\,\mathrm{W\,m^{-2}\,K^{-1}}$. Somit ergibt sich für die Wandtemperatur am Kanalaustritt

$$T_{W,aus} = \frac{\dot{q}_w}{\alpha(x = 1,2\,\mathrm{m})} + T_{am,aus} = \frac{800\,\mathrm{W\,m^{-1}}}{10\,\mathrm{W\,m^{-2}\,K^{-1}}} + 171,8\,^\circ\mathrm{C} = 251,9\,^\circ\mathrm{C} \ .$$

6.2 Zunächst berechnen wir mit der Reynolds-Zahl $Re_{2 \cdot h} = (2 \cdot h \cdot \dot{m})/(h \cdot \mu) = 1086,96$ und der Prandtl-Zahl $Pr = \mu \cdot c_p/\lambda = 6,29 \cdot 10^{-3}$ die Péclet-Zahl $Pe_{2 \cdot h} = Re_{2 \cdot h} \cdot Pr = 6,8$. Die Strömung ist eindeutig laminar. Aufgrund der Péclet-Zahl darf die axiale Wärmeleitung bei der Ermittlung der konvektiven Wärmeübertragung nicht vernachlässigt werden. Die Nusselt-Zahl erhalten wir aus Gl. (6.83)

$$Nu_{2 \cdot h,\infty,T} = 3,77 \cdot \left(1 + \frac{3,79}{6,8^2} + \dots\right) = 4,08 \ .$$

6.3 Wir prüfen zuerst, ob im gekühlten Kanalbereich eine hydrodynamisch ausgebildete Strömung vorliegt. In guter Näherung entspricht die Strömung im betrachteten Kanal einer Spaltströmung $h \ll b$. Mit einem hydraulischen Durchmesser von $D_h = 0,1\,\mathrm{m}$ und einer Reynolds-Zahl von $Re_{D_h} = (D_h \cdot \dot{m})/(b \cdot 2 \cdot h \cdot \mu) = 980,4$ schätzen wir mit Gl. (6.100) die hydrodynamische Einlauflänge ab. Da $X_{hy} = 1,08\,\mathrm{m} < 3,85\,\mathrm{m}$, liegt im gekühlten Kanalbereich eine hydrodynamisch ausgebildete Strömung vor. Als nächstes prüfen wir, ob am Kanalaustritt bereits eine thermisch ausgebildete Strömung vorliegt. Nach Tabelle 6.7 ergibt sich für die thermische Einlauflänge $X_{th} = 0,552\,\mathrm{m}$. Es handelt sich also um eine hydrodynamisch ausgebildete, sich thermisch entwickelnde Strömung am Kanalaustritt. Zur Bestimmung der Austrittstemperatur benötigen wir den Wärmeübertragungskoeffizienten am Kanalaustritt bei $x = 0,15\,\mathrm{m}$ bzw. $x^* = 2,16 \cdot 10^{-3}$. Zunächst ermitteln wir anhand Gl. (6.144) die lokale Nusselt-Zahl. Mit der Lauflänge-gemittelten Nusselt-Zahl $Nu_{D_h,L,T}(x^* = 2,16 \cdot 10^{-3}) = 14,72$ entsprechend Gl. (6.139) ergibt sich die lokale Nusselt-Zahl $Nu_{D_h,T}(x^* = 2,13 \cdot 10^{-3}) = 10,25$. Der lokale Wärmeübertragungskoeffizient lautet $\alpha(x = 0,15\,\mathrm{m}) = 10,25 \cdot 0,1\,\mathrm{m}/2,91 \cdot 10^{-2}\,\mathrm{W\,m^{-1}\,K^{-1}} = 2,98\,\mathrm{W\,m^{-2}\,K^{-1}}$ und mit Gl. (6.16) erhält man für die Austrittstemperatur

$$T_{am,aus} = 40\,°C - 24\,°C \cdot \exp\left(-\frac{2{,}98\,\mathrm{W\,m^{-2}\,K^{-1}} \cdot 4{,}1\,\mathrm{m}}{1008{,}47\,\mathrm{W\,s\,kg^{-1}\,K^{-1}} \cdot 0{,}02\,\mathrm{kg\,s^{-1}}} \cdot 0{,}3\,\mathrm{m}\right) = 61{,}91\,°C \quad .$$

6.4 Die Wandtemperatur am Rohraustritt berechnet sich mit $T_{W,aus} = T_{am,aus} + \dot{q}_W/\alpha$ entsprechend Gl. (6.14). Zur Bestimmung der Wandtemperatur müssen wir demnach die Wandwärmestromdichte und den Wärmeübertragungskoeffizienten ermitteln. Aus der Energiebilanz am Rohrstück erhalten wir die Wandwärmestromdichte

$$\dot{q}_W = \frac{c_p \cdot \dot{m} \cdot \left(T_{am,aus} - T_{am,in}\right)}{l \cdot 2 \cdot \pi \cdot R} = 184{,}9\,\mathrm{W\,m^{-2}} \quad .$$

Als Nächstes müssen wir überprüfen, ob die Strömung am Rohrauslass bereits thermisch ausgebildet ist. Dazu berechnen wir die thermische Einlauflänge nach Tabelle 6.7,

$$X_{th} = 0{,}0431 \cdot Re_D \cdot Pr \cdot D = 8{,}14\,\mathrm{m} \quad ,$$

mit der Reynolds-Zahl $Re_D = (D \cdot \dot{m})/(\pi \cdot R^2 \cdot \mu) = 173{,}23$ und der Prandtl-Zahl $Pr = \mu \cdot c_p/\lambda = 10{,}93$. Die Strömung am Rohrauslass ist thermisch ausgebildet und wir erhalten für den Wärmeübertragungskoeffizienten

$$\alpha = Nu_{D,\infty,H} \cdot \lambda/D = 4{,}36 \cdot \lambda/D = 5{,}41\,\mathrm{W\,m^{-2}\,K^{-1}} \quad .$$

Die Wandtemperatur beträgt somit $T_{W,aus} = 184{,}19\,°C$.

Nach Gl. (6.119) lautet die dimensionslose axiale Lauflänge 1,2 m stromabwärts nach Beginn der beheizten Strecke $x^* = 1{,}2\,\mathrm{m}/(Re_D \cdot Pr \cdot D) = 6{,}34 \cdot 10^{-3}$. Mit der Nusselt-Zahl aus Gl. (6.131)

$$Nu_{D,H}(x^* = 6{,}34 \cdot 10^{-3}) = 4{,}364 + 8{,}68 \cdot (10^3 \cdot 6{,}34 \cdot 10^{-3})^{-0{,}506} \cdot e^{-41 \cdot 6{,}34 \cdot 10^{-3}} = 6{,}99 \quad .$$

lässt sich der Wärmeübertragungskoeffizient berechnen: $\alpha(x = 1{,}2\,\mathrm{m}) = Nu_{D,H}(x^* = 6{,}34 \cdot 10^{-3}) \cdot \lambda/D = 6{,}99 \cdot \lambda/D = 8{,}67\,\mathrm{W\,m^{-2}\,K^{-1}}$. Mit Gl. (6.14) erhält man die Wandtemperatur

$$T_W(x = 1{,}2\,\mathrm{m}) = \frac{\dot{q}_W \cdot 2 \cdot \pi \cdot R}{c_p \cdot \dot{m}} \cdot 1{,}2\,\mathrm{m} + \frac{\dot{q}_W}{\alpha(x = 1{,}2\,\mathrm{m})} + T_{am,in} = 135{,}11\,°C \quad .$$

6.5 Wird der Wärmestrom $\dot{Q}$ an ein im Rohr strömendes Fluid übergeben, liefert die Energiebilanz

$$d\dot{H} = d\dot{Q} \quad .$$

Liegt eine konstante Wärmestromdichte vor, gilt

$$c_p \cdot \dot{m} \cdot dT_{am} = \dot{q}_W \cdot U \cdot dx$$

und die Integration entlang der Strecke $L = [0 \ x]$ sowie der dazugehörigen Fläche $A = x \cdot U$, mit der Länge x in axialer Richtung und dem Rohrumfang U, liefert

$$
\begin{aligned}
c_p \cdot \dot{m} \cdot (T_{am}(x) - T_{am}(0)) &= U \cdot \int_0^x \dot{q}_W \, d\tilde{x} \\
&= U \cdot \int_0^x \alpha(\tilde{x}) \cdot (T_W(\tilde{x}) - T_{am}(\tilde{x})) \, d\tilde{x} \quad .
\end{aligned}
\tag{L.24}
$$

Nutzt man einen Länge-gemittelten Wärmeübertragungskoeffizienten α_L gilt für den über die Fläche $A = x \cdot U$ übertragenen Wärmestrom

$$
\begin{aligned}
c_p \cdot \dot{m} \cdot (T_{am}(x) - T_{am}(0)) &= U \cdot \int_0^x \alpha_L \cdot (T_W(\tilde{x}) - T_{am}(\tilde{x})) \, dx \\
&= U \cdot \alpha_L \cdot \int_0^x (T_W(\tilde{x}) - T_{am}(\tilde{x})) \, dx \quad .
\end{aligned}
\tag{L.25}
$$

Das Gleichsetzen von Gl. (L.24) und Gl. (L.25) und das anschließende Auflösen nach α_L führt zu

$$
\begin{aligned}
\alpha_L &= \frac{U \cdot \int_0^x \alpha(\tilde{x}) \cdot (T_W(\tilde{x}) - T_{am}(\tilde{x})) \, d\tilde{x}}{\int_0^x (T_W(\tilde{x}) - T_{am}(\tilde{x})) \, d\tilde{x}} \\
&= \frac{\int_0^x \dot{q}_W \, d\tilde{x}}{\int_0^x \dfrac{\dot{q}_W}{\alpha(\tilde{x})} \, d\tilde{x}} = \frac{x}{\int_0^x \dfrac{1}{\alpha(\tilde{x})} \, d\tilde{x}} = \frac{1}{\dfrac{1}{x} \cdot \int_0^x \dfrac{1}{\alpha(\tilde{x})} \, d\tilde{x}} \quad .
\end{aligned}
$$

Liegt eine konstante Wandtemperatur vor, gilt

$$
c_p \cdot \dot{m} \cdot dT_{am} = \alpha \cdot (T_W - T_{am}) \cdot U \cdot dx \quad .
\tag{L.26}
$$

Aus Gl. (L.26) folgt

$$
\frac{dT_{am}}{dx} = -\frac{d(T_W - T_{am})}{dx} = \frac{\alpha \cdot (T_W - T_{am}) \cdot U}{c_p \cdot \dot{m}}
$$

und die Integration entlang der Strecke $L = [0 \ x]$ sowie der dazugehörigen Fläche $A = x \cdot U$ führt zu

$$
\ln\left(\frac{T_W - T_{am}(x)}{T_W - T_{am}(0)}\right) = -\frac{U}{\dot{m} \cdot c_p} \cdot \int_0^x \alpha(\tilde{x}) \, d\tilde{x}
\tag{L.27}
$$

Mit Verwendung eines Länge-gemittelten Wärmeübertragungskoeffizienten α_L in Gl. (L.26) und Gl. (L.27) erhält man

$$
\ln\left(\frac{T_W - T_{am}(x)}{T_W - T_{am}(0)}\right) = -\frac{U}{\dot{m} \cdot c_p} \cdot x \cdot \alpha_L \quad .
\tag{L.28}
$$

Das Gleichsetzen von Gl. (L.27) und Gl. (L.28) führt auf

$$
\frac{U}{\dot{m} \cdot c_p} \cdot \int_0^x \alpha(\tilde{x}) \, d\tilde{x} = \frac{U}{\dot{m} \cdot c_p} \cdot x \cdot \alpha_L \quad .
$$

und das Auflösen nach α_L ergibt

$$\alpha_L = \frac{1}{x} \cdot \int_0^x \alpha(\tilde{x})\,d\tilde{x} \quad .$$

6.8 1) falsch, 2) falsch, 3) falsch, 4) richtig, 5) richtig

Übungsaufgaben Kapitel 7

7.1 Die kritische Reynolds-Zahl für die Rohrströmung beträgt $Re_{D,krit} = 2300$. Ein Umformen von Gl. (7.2) führt auf die Geschwindigkeit, bei der gerade noch von einem rein laminaren Strömungszustand ausgegangen werden kann. Für Rohrdurchmesser von $D = 0,05\,\text{m}$, $0,1\,\text{m}$, $0,5\,\text{m}$ sowie $1,0\,\text{m}$ betragen die Geschwindigkeiten der Reihe nach bei Wasserströmung $u_m = 0,046\,\text{m}\,\text{s}^{-1}$, $u_m = 0,023\,\text{m}\,\text{s}^{-1}$, $u_m = 0,0046\,\text{m}\,\text{s}^{-1}$ sowie $u_m = 0,0023\,\text{m}\,\text{s}^{-1}$ und bei Luftströmung $u_m = 0,713\,\text{m}\,\text{s}^{-1}$, $u_m = 0,357\,\text{m}\,\text{s}^{-1}$, $u_m = 0,071\,\text{m}\,\text{s}^{-1}$ sowie $u_m = 0,036\,\text{m}\,\text{s}^{-1}$.

7.2 Die kritische Reynolds-Zahl für die Plattenumströmung beträgt $Re_{l_x,krit} = 2,3 \cdot 10^5$. Ein Umformen von Gl. (7.3) liefert die kritische Lauflänge. Für eine Anströmgeschwindigkeit von $u_\infty = 5,0\,\text{m}\,\text{s}^{-1}$, $20,0\,\text{m}\,\text{s}^{-1}$, $50,0\,\text{m}\,\text{s}^{-1}$ sowie $100,0\,\text{m}\,\text{s}^{-1}$ beträgt die kritische Länge der Reihe nach bei Wasserströmung $l_x = 0,0460\,\text{m}$, $0,0115\,\text{m}$, $0,0046\,\text{m}$ sowie $0,0023\,\text{m}$ und bei Luftströmung $l_x = 0,7134\,\text{m}$, $0,1784\,\text{m}$, $0,0713\,\text{m}$ sowie $0,0357\,\text{m}$.

7.3 Die Zeitskala von Strömungsstrukturen mit der Obukhov-Corrsin-Skala als Längenskala lautet

$$t_{\eta_{T_{OC}}} \equiv \frac{\eta_{T_{OC}}}{u_{\eta_{T_{OC}}}} \quad . \tag{L.29}$$

Für die Obukhov-Corrsin-Skala gilt $\eta \ll \eta_{T_{OC}} \ll l_t$ und wir können $u_{\eta_{T_{OC}}}$ in Gl. (L.29) entsprechend Gl. (7.24) durch

$$u_{\eta_{T_{OC}}} \sim \varepsilon^{1/3} \cdot \eta_{T_{OC}}^{\,1/3}$$

substituieren und erhalten somit

$$t_{\eta_{T_{OC}}} \sim \varepsilon^{-1/3} \cdot \eta_{T_{OC}}^{\,2/3} \quad .$$

Mit Gl. (7.25) ergibt sich für die gesuchte Zeitskala

$$t_{\eta_{T_{OC}}} \sim \left(\frac{a}{\varepsilon}\right)^{1/2} \quad .$$

Die Zeitskala von Strömungsstrukturen mit der Batchelor-Skala als Längenskala lautet

$$t_{\eta_{T_B}} \equiv \frac{\eta_{T_B}}{u_{\eta_{T_B}}} \quad . \tag{L.30}$$

Für $\eta_{T_B} \leq \eta$ können wir $u_{\eta_{T_B}}$ in Gl. (L.30) entsprechend Gl. (7.29) durch

$$u_{\eta_{T_B}} \sim \frac{\eta}{\eta_{T_B}^{\,2}} \cdot a$$

ersetzten und erhalten mit Gl. (7.20) für die Zeitskala

$$t_{\eta_{T_B}} \sim (a \cdot \varepsilon)^{1/2} \quad .$$

7.4 1) falsch, 2) falsch, 3) richtig, 4) richtig, 5) falsch, 6) richtig, 7) falsch

Übungsaufgaben Kapitel 8

8.1 In Gl. (8.35) substituieren wir den Ort $\vec{x}$ druch $\vec{x}' - \vec{r}$ und erhalten für die Kovarianzfunktion

$$
\begin{aligned}
C_{q_i q_j}(\vec{x},\vec{r},t) &= \langle q_i'(\vec{x},t) \cdot q_j'(\vec{x} + \vec{r},t)\rangle \\
&= \langle q_i'(\vec{x}' - \vec{r},t) \cdot q_j'(\vec{x}' - \vec{r} + \vec{r},t)\rangle \\
&= \langle q_i'(\vec{x}' - \vec{r},t) \cdot q_j'(\vec{x}',t)\rangle \\
&= C_{q_j q_i}(\vec{x}', - \vec{r},t) \quad .
\end{aligned}
$$

In einer homogenen Strömung sind die statistischen Größen translationsinvariant und daher gilt $C_{q_i q_j}(\vec{r},t) = C_{q_j q_i}(-\vec{r},t)$.

8.2 Die Taylor-Reihe von q' um die Entwicklungsstelle $\vec{x}$ in Richtung m der Verschiebung r lautet

$$
q_i'(\vec{x} + r \cdot \vec{e}_m,t) = q_i'(\vec{x},t) + r \cdot \left.\frac{\partial q_i'(\vec{x} + r \cdot \vec{e}_m,t)}{\partial x_m}\right|_{r=0} + \frac{r^2}{2} \cdot \left.\frac{\partial^2 q_i'(\vec{x} + r \cdot \vec{e}_m,t)}{\partial x_m^2}\right|_{r=0} + \cdots \quad .
$$

Die Multiplikation mit $q_i'(\vec{x},t)$ und die anschließende zeitliche Mittelung führt auf

$$
\begin{aligned}
\langle q_i'(\vec{x} + r \cdot \vec{e}_m,t) \cdot q_i'(\vec{x},t)\rangle &= \langle q_i'(\vec{x},t)^2\rangle \\
&+ r \cdot \langle q_i'(\vec{x},t) \cdot \frac{\partial q_i'(\vec{x},t)}{\partial x_m}\rangle + \frac{r^2}{2} \cdot \langle q_i'(\vec{x},t) \cdot \frac{\partial^2 q_i'(\vec{x},t)}{\partial x_m^2}\rangle + \cdots \quad ,
\end{aligned}
$$

und unter der Annahme von homogener Turbulenz ergibt sich

$$
C_{q_i q_i}^{(m)}(r,t) = \langle q_i'(t)^2\rangle - \frac{r^2}{2} \cdot \langle \left(\frac{\partial q_i'(\vec{x},t)}{\partial x_m}\right)^2\rangle + \cdots \quad .
$$

Demnach gilt für die normierte Autokovarianzfunktion

$$
\rho_{q_i q_i}^{(m)}(r,t) = 1 - \frac{r^2}{2 \cdot \langle q_i'(t)^2\rangle} \cdot \langle \left(\frac{\partial q_i'(\vec{x},t)}{\partial x_m}\right)^2\rangle + \cdots \quad .
$$

Substituiert man abschließend $\rho_{q_i q_i}^{(m)}(r,t)$ durch Gl. (8.50), so ergibt sich der gesuchte Zusammenhang

$$
\langle \left(\frac{\partial q_i'(\vec{x},t)}{\partial x_m}\right)^2\rangle = 2 \cdot \frac{\langle q_i'(t)^2\rangle}{\lambda_{q_i}^{(m)\,2}} \quad .
$$

8.3 Wir substituieren zunächst in

$$F_{ij}(\kappa_1,t) = \iint_{-\infty}^{+\infty} \phi_{ij}(\vec{\kappa},t)\, d\kappa_2\, d\kappa_3 \quad .$$

den Geschwindigkeits-Spektraltensor $\phi_{ij}(\vec{\kappa},t)$ durch Gl. (8.59) und multiplizieren die sich ergebende Gleichung aus

$$\iint_{-\infty}^{+\infty} \phi_{ij}(\vec{\kappa},t)\, d\kappa_2\, d\kappa_3$$

$$= \iint_{-\infty}^{+\infty} \left(\frac{1}{(2\cdot\pi)^3} \cdot \iiint_{-\infty}^{+\infty} C_{ij}(\vec{r},t) \cdot e^{-i\cdot\vec{\kappa}\cdot\vec{r}}\, d\vec{r} \right) \cdot e^{-i\cdot\kappa_1\cdot r_1}\, d\kappa_2\, d\kappa_3$$

$$= \iint_{-\infty}^{+\infty} \left(\frac{1}{(2\cdot\pi)^3} \cdot \iiint_{-\infty}^{+\infty} C_{u_i u_j}(\vec{r},t) \cdot e^{-i\cdot(\kappa_1\cdot r_1 + \kappa_2\cdot r_2 + \kappa_3\cdot r_3)}\, dr_1\, dr_2\, dr_3 \right) d\kappa_2\, d\kappa_3$$

$$= \iint_{-\infty}^{+\infty} \frac{1}{2\cdot\pi} \cdot \int_{-\infty}^{+\infty} C_{ij}(\vec{r},t) \cdot e^{-i\cdot\kappa_1\cdot r_1}$$
$$\cdot \left(\frac{1}{(2\cdot\pi)^2} \cdot \iint_{-\infty}^{+\infty} e^{-i\cdot\kappa_2\cdot r_2} \cdot e^{-i\cdot\kappa_3\cdot r_3}\, d\kappa_2\, d\kappa_3 \right) dr_1\, dr_2\, dr_3 \tag{L.31}$$

Mit der Fourier-Darstellung der Dirac-δ-Funktion für den in Klammern stehenden Term in Gl. (L.31) ergibt sich

$$\iint_{-\infty}^{+\infty} \frac{1}{2\cdot\pi} \cdot \int_{-\infty}^{+\infty} C_{ij}(\vec{r},t) \cdot e^{-i\cdot\kappa_1\cdot r_1} \cdot (\delta(r_2)\cdot\delta(r_3))\, dr_1\, dr_2\, dr_3$$

$$= \frac{1}{2\cdot\pi} \cdot \int_{-\infty}^{+\infty} e^{-i\cdot\kappa_1\cdot r_1} \cdot \iint_{-\infty}^{+\infty} \delta(r_2)\cdot\delta(r_3)\cdot C_{ij}(r_1,r_2,r_3,t)\, dr_1\, dr_2\, dr_3 \quad . \tag{L.32}$$

Die Verwendung der Ausblendeigenschaft der Dirac-δ-Funktion in Gl. (L.32) führt auf Gl. (8.69)

$$\frac{1}{2\cdot\pi} \cdot \int_{-\infty}^{+\infty} C_{ij}(r_1,t) \cdot e^{-i\cdot\kappa_1\cdot r_1}\, dr_1 = F_{ij}(\kappa_1,t) \quad .$$

8.4 Entsprechend Gl. (8.49) gilt

$$\lambda_{q_i}^{(m)2} = -\frac{2\cdot\langle q_i'^2\rangle}{\left.\dfrac{\partial^2 C_{q_i q_i}(r_m)}{\partial r_m^2}\right|_{r=0}} \quad .$$

Setzen wir die Gültigkeit der Taylor-Hypothese der eingefrorenen Turbulenz voraus. Dann gilt $C_{q_i q_i}(r_m) = C_{q_i q_i}(\tau)$ sowie $r_m = \tau \cdot u_{kon,m}$ und wir erhalten

$$\lambda_{q_i}^{(m)\,2} = -\frac{2 \cdot \langle q_i'^2 \rangle \cdot u_{kon,m}^2}{\left.\dfrac{\partial^2 C_{q_i q_i}(\tau)}{\partial \tau^2}\right|_{\tau=0}} = u_{kon,m}^2 \cdot \lambda_{u_i,\tau}^2 \quad.$$

Für $q = u$, $i = 1$ und $m = 1$ ergibt sich

$$\lambda_{u_1}^{(1)\,2} = \lambda_f^2 = -\frac{2 \cdot \langle u_1'^2 \rangle \cdot u_{kon,1}^2}{\left.\dfrac{\partial^2 C_{u_1 u_1}(\tau)}{\partial \tau^2}\right|_{\tau=0}} = u_{kon,1}^2 \cdot \lambda_{u_1,\tau}^2 \quad.$$

Die Verallgemeinerung von Gl. (8.74) führt auf

$$\mathcal{L}_{q_i q_i}^{(m)} = \frac{1}{\langle q_i'^2 \rangle} \cdot \int_0^\infty C_{q_i q_i}(r_m, t) \cdot \cos(0)\, dr_m \quad.$$

Im Rahmen der Taylor-Hypothese der eingefrorenen Turbulenz gilt

$$\mathcal{L}_{q_i q_i}^{(m)} = \frac{u_{kon,m}}{\langle q_i'^2 \rangle} \cdot \int_0^\infty C_{q_i q_i}(\tau) \cdot \cos(0)\, d\tau$$

und unter Betrachtung von Gl. (8.23) erhalten wir

$$\mathcal{L}_{q_i q_i}^{(m)} = u_{kon,m} \cdot \mathcal{T}_{q_i q_i} \quad.$$

8.5 1) richtig, 2) falsch, 3) falsch, 4) richtig, 5) falsch, 6) falsch, 7) richtig

Übungsaufgaben Kapitel 9

9.1 Für die Beziehungen zur Mittelung eines Schwankungswertes aus Gl. (9.5) – Gl. (9.7) gilt:

$$\langle q' \rangle = \langle q - \langle q \rangle \rangle = \langle q \rangle - \langle q \rangle = 0 \quad , \tag{L.33}$$

$$\langle q' \cdot \langle q \rangle \rangle = \langle \langle q - \langle q \rangle \rangle \cdot \langle q \rangle \rangle = \langle (\langle q \rangle - \langle q \rangle) \cdot \langle q \rangle \rangle = 0 \quad , \tag{L.34}$$

$$\langle q'^2 \rangle = \langle (q - \langle q \rangle)^2 \rangle = \langle q^2 - 2 \cdot q \cdot \langle q \rangle + \langle q \rangle^2 \rangle$$
$$= \langle q^2 \rangle - 2 \cdot \langle q \rangle \cdot \langle q \rangle + \langle q \rangle^2 = \langle q^2 \rangle - \langle q \rangle^2 \neq 0 \quad . \tag{L.35}$$

9.2 Zunächst setzen wir den Index $k = i$ und erhalten

$$\frac{\partial \langle u_i' \cdot u_i' \rangle}{\partial t} + \langle u_j \rangle \cdot \frac{\partial \langle u_i' \cdot u_i' \rangle}{\partial x_j}$$

$$= -\langle u_i' \cdot u_j' \rangle \cdot \frac{\partial \langle u_i \rangle}{\partial x_j} - \langle u_i' \cdot u_j' \rangle \cdot \frac{\partial \langle u_i \rangle}{\partial x_j} - 2 \cdot v \cdot \langle \frac{\partial u_i'}{\partial x_j} \cdot \frac{\partial u_i'}{\partial x_j} \rangle$$

$$+ \frac{1}{\rho} \cdot \langle p' \cdot \left[\frac{\partial u_i'}{\partial x_i} + \frac{\partial u_i'}{\partial x_i} \right] \rangle - \frac{\partial}{\partial x_j} \left[\frac{1}{\rho} \cdot (\langle u_i' \cdot p' \rangle \cdot \delta_{ij} \right.$$

$$\left. + \langle u_i' \cdot p' \rangle \cdot \delta_{ij}) - v \cdot \frac{\partial \langle u_i' \cdot u_i' \rangle}{\partial x_j} + \langle u_j' \cdot u_i' \cdot u_i' \rangle \right] \quad . \tag{L.36}$$

Erweitern wir anschließend Gl. (L.36) mit dem Faktor $1/2$ ergibt sich

$$\frac{\partial \frac{1}{2} \cdot \langle u_i' \cdot u_i' \rangle}{\partial t} + \langle u_j \rangle \cdot \frac{\partial \frac{1}{2} \cdot \langle u_i' \cdot u_i' \rangle}{\partial x_j}$$

$$= -\langle u_i' \cdot u_j' \rangle \cdot \frac{\partial \langle u_i \rangle}{\partial x_j} - v \cdot \langle \frac{\partial u_i'}{\partial x_j} \cdot \frac{\partial u_i'}{\partial x_j} \rangle + \frac{1}{\rho} \cdot \langle p' \cdot \left[\frac{\partial u_i'}{\partial x_i} \right] \rangle \tag{L.37}$$

$$- \frac{\partial}{\partial x_j} \left[\frac{1}{\rho} \cdot \langle u_i' \cdot p' \rangle \cdot \delta_{ij} - v \cdot \frac{\partial \frac{1}{2} \cdot \langle u_i' \cdot u_i' \rangle}{\partial x_j} + \langle u_j' \cdot \frac{1}{2} \cdot u_i' \cdot u_i' \rangle \right] \quad .$$

Entsprechend der Kontinuitätsgleichung (9.11) verschwindet der Term $\partial u_i'/\partial x_i$ in Gl. (L.37). Die Verwendung der Definitionsgleichung für die turbulente kinetische Energie (9.27) liefert

$$\frac{\partial k}{\partial t} + \langle u_j \rangle \cdot \frac{\partial k}{\partial x_j} = -\langle u_i' \cdot u_j' \rangle \cdot \frac{\partial \langle u_i \rangle}{\partial x_j} - v \cdot \langle \frac{\partial u_i'}{\partial x_j} \cdot \frac{\partial u_i'}{\partial x_j} \rangle$$

$$- \frac{\partial}{\partial x_j} \left[\frac{1}{\rho} \cdot \langle u_i' \cdot p' \rangle \cdot \delta_{ij} - v \cdot \frac{\partial k}{\partial x_j} + \langle u_j' \cdot \frac{1}{2} \cdot u_i'^2 \rangle \right] \quad . \tag{L.38}$$

Substituieren wir die Pseudo-Dissipation in Gl. (L.38) entsprechend Gl. (9.39), ergibt sich die Transportgleichung für die turbulente kinetische Energie

$$\frac{\partial k}{\partial t} + \langle u_j \rangle \cdot \frac{\partial k}{\partial x_j} = -\langle u_i' \cdot u_j' \rangle \cdot \frac{\partial \langle u_i \rangle}{\partial x_j} - \nu \cdot \left\langle \frac{\partial u_i'}{\partial x_j} \left(\frac{\partial u_i'}{\partial x_j} + \frac{\partial u_j'}{\partial x_i} \right) \right\rangle$$

$$- \frac{\partial}{\partial x_j} \left[\frac{1}{\rho} \cdot \langle u_i' \cdot p' \rangle \cdot \delta_{ij} - \nu \cdot \frac{\partial k}{\partial x_j} + \langle u_j' \cdot \frac{1}{2} \cdot u_i'^2 \rangle - \nu \cdot \frac{\partial \langle u_i' \cdot u_j' \rangle}{\partial x_i} \right] \quad . \tag{L.39}$$

Das Verschwinden des Druck-Scher-Terms beim Übergang von der Transportgleichung für die Reynolds-Spannungen auf die Transportgleichung für die turbulente kinetische Energie lässt darauf schließen, dass die Druck-Scher-Korrelationen der Reynolds-Spannungen weder zur Produktion noch zur Vernichtung von turbulenter kinetischer Energie beitragen und somit ausschließlich an dem internen Austausch von Energie beteiligt sind.

9.3 (a) $\rightarrow$ Transportterme: In Gl. (9.47) stehen die Transportterme für die quell- und senkenfreie Verteilung von turbulenter kinetischer Energie im Strömungsfeld. Unter der Annahme, dass die turbulente kinetische Energie von Bereichen hoher zu Bereichen geringer Intensität infolge der Diffusion transportiert wird, lassen sich die entsprechenden Transportterme durch eine Gradienten-Diffusion-Annahme annähern.

(b) $\rightarrow$ Produktionsterm: Unter Verwendung der Wirbelviskositätsannahme entsprechend Gl. (9.131) für die Reynolds-Spannungen lässt sich der Produktionsterm in Gl. (9.47) approximieren.

(c) $\rightarrow$ Dissipationsterm: Der Modellterm beschreibt den Dissipationsterm in Gl. (9.47) und basiert auf dem Konzept der Energiekaskade sowie der Modellannahme eines energetischen Gleichgewichts zwischen Produktions- und Dissipationsrate der turbulenten kinetischen Energie. Unter der Annahme, dass die Mischungsweglänge l_m charakteristisch für die Längenskala der großen energiereichen Wirbelstrukturen des turbulenten Strömungsfelds ist, erhält man analog zu Gl. (9.53) den Zusammenhang

$$\varepsilon \sim \frac{k^{3/2}}{l_m} \quad . \tag{L.40}$$

Durch Einführen und Anpassen der Konstante c_D ergibt sich der Modellterm. Gl. (L.40) dient der Approximation der Dissipationsrate bei Turbulenzmodellierungsansätzen auf Basis der Transportgleichung der turbulenten kinetischen Energie.

9.4 Mit Gl. (9.28) für die Turbulenzintensität und Gl. (9.55) für die Standardabweichung der charakteristischen Geschwindigkeit im turbulenten Strömungsfeld lässt sich Gl. (9.53) umformen zu

$$\varepsilon = \frac{\left(\langle u_i' \rangle^2 \cdot Tu^2 \right)^{3/2}}{\tilde{l}} \quad . \tag{L.41}$$

Die Summe der Reynolds-Normalspannungen in einer Scherströmung schätzen wir mit $\langle u_i' \rangle \approx 10\% \cdot \langle u \rangle = 0{,}1 \cdot 167\,\mathrm{m\,s^{-1}}$ und nutzen für die Turbulenz-Längenskala $\tilde{l}$ die charakteristische Länge $l_0 = 0{,}2\,\mathrm{m}$, so ergibt sich aus Gl. (L.41) die Dissipationsrate $\varepsilon = 5{,}03\,\mathrm{m}^2\,\mathrm{s}^{-3}$. Anschließend können wir aus Gl. (7.18) die Kolmogorov-Länge $\eta = 1{,}865 \cdot 10^{-4}\,\mathrm{m}$ für Luft bzw. $\eta = 2{,}11 \cdot 10^{-5}\,\mathrm{m}$ für Wasser berechnen.

9.5 Für eine dimensionslose Darstellung normiert man üblicherweise das eindimensionale Spektrum $F_{11}(\kappa_1)$ mit $(\varepsilon \cdot v^5)^{1/4}$ und κ_1 mit der Kolmogorov-Länge η (siehe Abb. 8.13). Hierzu müssen das eindimensionale Spektrum F_{11}, die Dissipationsrate ε und die Kolmogorov-Längenskala η bestimmt werden. Wir gehen dabei wie folgt vor:

1. Berechne die zeitliche Autokovarianzfunktion $C_{u_1u_1}(\tau)$ anhand von Gl. (8.13).
2. Ermittle das zeitliche Spektrum $S_{u_1u_1}(\omega)$ anhand von Gl. (8.19).
3. Bestimme die zeitliche Taylor-Mikroskala $\lambda_{u_1,\tau}$ anhand von Gl. (8.28) und die räumliche Taylor-Mikroskala λ_f anhand von Gl. (8.58).
4. Berechne die Dissipationsrate ε anhand von Gl. (9.65) und die Kolmogorov-Skala η anhand von Gl. (7.18).
5. Nutze den Zusammenhang gemäß Gl. (8.83) zur Ermittlung des eindimensionalen Spektrums $F_{11}(\kappa_1)$.
6. Stelle $F_{11}(\kappa_1)/(\varepsilon \cdot v^5)^{1/4}$ über $\kappa_1 \cdot \eta$ dar.

Alternativ zu Punkt 3. und Punkt 4. ließe sich die Dissipationsrate ε auch anhand von Gl. (9.53) abschätzen, wobei zwischen dem pseudo-integralen Längenmaß $\tilde{l}$ und dem longitudinalen integralen Längenmaß $\mathcal{L}_{u_1u_1}^{(1)}$ beispielsweise $\tilde{l} \approx \mathcal{L}_{u_1u_1}^{(1)}$ angenommen werden kann. Zunächst muss das integrale Zeitmaß $\mathcal{T}_{u_1u_1}$ gemäß Gl. (8.16) berechnet werden. Anschließend lässt sich das integrale Längenmaß $\mathcal{L}_{u_1u_1}^{(1)}$ anhand von Gl. (8.46) ermitteln.

9.6 1) falsch, 2) falsch, 3) richtig, 4) richtig, 5) falsch, 6) falsch, 7) falsch, 8) richtig

Übungsaufgaben Kapitel 10

10.1 Zur Bestimmung der relevanten Terme der Taylor-Reihenentwicklung von u^+ an der Wand

$$u^+ = u^+(y^+ = 0) + \frac{du^+}{dy^+}\bigg|_{y^+=0} \cdot y^+ + \frac{d^2u^+}{dy^{+2}}\bigg|_{y^+=0} \cdot \frac{y^{+2}}{2} + \cdots$$

müssen wir deren Koeffizienten ermitteln. Hierfür wertet man die Ableitung in Wandnormalenrichtung von Gl. (10.52) an der Stelle $y^+ = 0$ aus. Für den Koeffizienten des quadratischen Terms gilt

$$\frac{d^2u^+}{dy^{+2}}\bigg|_{y^+=0} = \frac{1}{u_\tau^2} \cdot \frac{d\langle u' \cdot v'\rangle}{dy^+}\bigg|_{y^+=0} = \frac{1}{u_\tau^2} \cdot \frac{\nu}{u_\tau} \cdot \left(\langle \frac{\partial u'}{\partial y} \cdot v'\rangle + \langle \frac{\partial v'}{\partial y} \cdot u'\rangle\right)\bigg|_{y^+=0} = 0 \quad,$$

da u' und v' bei $y^+ = 0$ verschwinden. Eine Größenordnungsabschätzung der Kontinuitätsgleichung an der Wand

$$\frac{\partial u'^+}{\partial x^+}\bigg|_{y^+=0} + \frac{\partial v'^+}{\partial y^+}\bigg|_{y^+=0} + \frac{\partial w'^+}{\partial z^+}\bigg|_{y^+=0} = 0 \tag{L.42}$$

$$\frac{u_0'^+}{l_{x,0}} \quad \ll \quad \frac{v_0'^+}{\mathcal{E}_{WS}} \quad \gg \quad \frac{w_0'^+}{\infty} \tag{L.43}$$

zeigt, dass für $l_{x,0} \gg \delta_{WS}$ der wandnormale Gradient von v'^+ an der Wand verschwindet, $\partial v'^+/\partial y^+|_{y^+=0} = 0$ und man erhält für den Koeffizienten des kubischen Terms

$$\frac{d^3u^+}{dy^{+3}}\bigg|_{y^+=0} = \frac{1}{u_\tau^2} \cdot \left(\frac{\nu}{u_\tau}\right)^2 \cdot \left(\langle\frac{d^2u'}{dy^2} \cdot v'\rangle + 2 \cdot \langle\frac{\partial u'}{\partial y} \cdot \frac{\partial v'}{\partial y}\rangle + \langle\frac{\partial^2 v'}{\partial y^2} \cdot u'\rangle\right)\bigg|_{y^+=0} = 0 \quad.$$

Der Koeffizient des quadratischen Terms

$$\frac{d^4u^+}{dy^{+4}}\bigg|_{y^+=0} = \frac{1}{u_\tau^2} \cdot \left(\frac{\nu}{u_\tau}\right)^3 \cdot \left(3 \cdot \langle\frac{\partial u'}{\partial y} \cdot \frac{\partial^2 v'}{\partial y^2}\rangle\right)\bigg|_{y^+=0}$$

muss aufgrund der Erhaltungssätze nicht zwangsläufig verschwinden und dementsprechend ist der erste von Null verschiedene Term höherer Ordnung von der Größenordnung $O(y^{+4})$.

10.2 Wir setzen den Potenzansatz aus Gl. (10.154) in die Integralgrößen aus Gl. (10.7) und Gl. (10.8) ein und integrieren diese anschließend. Für die ZPG TBL gilt außerhalb der hydrodynamischen Grenzschicht $u_\infty - \langle u\rangle = 0$ und wir können demzufolge die Integrationsgrenzen von Gl. (10.7) und Gl. (10.8) entsprechend $\infty \to \delta$ verschieben. Somit ergibt sich für die dimensionslose Verdrängungsdicke

$$\frac{\delta_1}{\delta} = \int_0^1 \left(1 - \frac{\langle u\rangle}{u_\infty}\right) d\left(\frac{y}{\delta}\right) = \int_0^1 \left(1 - \left(\frac{y}{\delta}\right)^{\frac{1}{n}}\right) d\left(\frac{y}{\delta}\right) = \frac{1}{1+n}$$

und für die dimensionslose Impulsverlustdicke

$$\frac{\delta_2}{\delta} = \int_0^1 \frac{\langle u \rangle}{u_\infty} \cdot \left(1 - \frac{\langle u \rangle}{u_\infty}\right) d\left(\frac{y}{\delta}\right) = \int_0^1 \left(\frac{y}{\delta}\right)^{\frac{1}{n}} \cdot \left(1 - \left(\frac{y}{\delta}\right)^{\frac{1}{n}}\right) d\left(\frac{y}{\delta}\right)$$

$$= \frac{n}{1+n} - \frac{n}{2+n} = \frac{n}{(1+n) \cdot (2+n)} \quad .$$

Der Formparameter lautet dementsprechend

$$H_{12}(x) = \frac{2+n}{n} \quad .$$

10.3 In der turbulenten Schicht der turbulenten hydrodynamischen Grenzschicht sind Produktions- und Dissipationsrate näherungsweise im Gleichgewicht, $\mathcal{P}/\varepsilon = 1$. Die charakteristische Geschwindigkeit für den turbulenten Impulstransport ist die Schubspannungsgeschwindigkeit u_τ und die dazugehörige charakteristische Längenskala korreliert mit dem Wandabstand y. Der dominierende Produktionsterm lautet $-\langle u' \cdot v' \rangle \cdot \partial \langle u \rangle / \partial y$ und mit den charakteristischen Größen in der turbulenten Schicht

$$-\langle u' \cdot v' \rangle = u_\tau^2 \qquad \qquad \frac{\partial \langle u \rangle}{\partial y} = \frac{u_\tau}{\kappa \cdot y}$$

ergibt sich somit für die Dissipationsrate

$$\varepsilon = \frac{u_\tau^3}{\kappa \cdot y} \quad .$$

Wir erhalten aus der Definitionsgleichung (7.18) für die Kolmogorov-Längenskala

$$\eta = \left(\frac{\nu^3}{\varepsilon}\right)^{1/4} = \frac{\nu^{3/4}}{u_\tau^{3/4}} \cdot (\kappa \cdot y)^{1/4} = \delta_\nu^{3/4} \cdot (\kappa \cdot y)^{1/4} = \delta_\nu \cdot \frac{(\kappa \cdot y)^{1/4}}{\delta_\nu^{1/4}}$$

und somit

$$\eta^+ = \left(\kappa \cdot y^+\right)^{1/4} \quad .$$

10.4 Die Taylor-Reihenentwicklung der Geschwindigkeitsfluktuationen an der Wand liefert

$$u'^+(y^+) = u'^+(0) + \left.\frac{\partial u'^+}{\partial y^+}\right|_{y^+=0} \cdot y^+ + \left.\frac{\partial^2 u'^+}{\partial y^{+2}}\right|_{y^+=0} \cdot \frac{y^{+2}}{2} + \cdots \quad , \tag{L.44}$$

$$v'^+(y^+) = v'^+(0) + \left.\frac{\partial v'^+}{\partial y^+}\right|_{y^+=0} \cdot y^+ + \left.\frac{\partial^2 v'^+}{\partial y^{+2}}\right|_{y^+=0} \cdot \frac{y^{+2}}{2} + \cdots \quad , \tag{L.45}$$

$$w'^+(y^+) = w'(0) + \left.\frac{\partial w'}{\partial y^+}\right|_{y^+=0} \cdot y^+ + \left.\frac{\partial^2 w'^+}{\partial y^{+2}}\right|_{y^+=0} \cdot \frac{y^{+2}}{2} + \cdots \quad . \tag{L.46}$$

Aufgrund der Haftbedingung verschwinden die ersten Terme aus Gl. (L.44) – Gl. (L.46).
Eine Größenordnungsabschätzung der Kontinuitätsgleichung an der Wand

$$\frac{\partial u'^+}{\partial x^+}\bigg|_{y^+=0} + \frac{\partial v'^+}{\partial y^+}\bigg|_{y^+=0} + \frac{\partial w'^+}{\partial z^+}\bigg|_{y^+=0} = 0 \tag{L.47}$$

$$\frac{u'^+_0}{l_{x,0}} \ll \frac{v'^+_0}{\delta_\nu} \gg \frac{w'^+_0}{\infty} \tag{L.48}$$

zeigt, dass der wandnormale Gradient von v'^+ an der Wand verschwindet, $\partial v'^+/\partial y^+|_{y^+=0} = 0$. Somit folgt aus Gl. (L.44) – Gl. (L.46)

$$u'^+(y^+) = b_1 \cdot y^+ + c_1 \cdot y^{+2} + \cdots \quad , \tag{L.49}$$

$$v'^+(y^+) = c_2 \cdot y^{+2} + \cdots \quad , \tag{L.50}$$

$$w'^+(y^+) = b_3 \cdot y^+ + c_3 \cdot y^{+2} + \cdots \quad , \tag{L.51}$$

wobei die partiellen Ableitungen durch die Terme b_1, c_1, ... repräsentiert werden. Die
gegenseitige Multiplikation von Gl. (L.49) – Gl. (L.51) und anschließende Mittelung führt
auf die dominierenden Terme, mit denen sich die Reynolds-Spannungen in unmittelbarer
Wandnähe ändern

$$\langle u'^2\rangle^+ = \langle b_1{}^2\rangle \cdot y^{+2} + \cdots \quad , \tag{L.52}$$

$$\langle v'^2\rangle^+ = \langle c_2{}^2\rangle \cdot y^{+4} + \cdots \quad , \tag{L.53}$$

$$\langle w'^2\rangle^+ = \langle b_3{}^2\rangle \cdot y^{+2} + \cdots \quad , \tag{L.54}$$

$$\langle u' \cdot v'\rangle^+ = \langle b_1 \cdot c_2\rangle \cdot y^{+3} + \cdots \quad . \tag{L.55}$$

10.5 1) richtig, 2) falsch, 3) falsch, 4) richtig, 5) richtig, 6) richtig

Übungsaufgaben Kapitel 11

11.1 Zur Ermittlung des Widerstandskoeffizienten einer einseitig umströmten ebenen Platte der Breite b und der Länge L integriert man zunächst die Wandschubspannung gemäß Gl. (11.20) über die Plattenoberfläche

$$F_W = b \cdot \int_0^L \tau_W \, dx = 0{,}0286 \cdot \rho \cdot u_\infty^2 \cdot b \cdot \int_0^L Re_x^{-1/5} \, dx$$

$$= 0{,}0358 \cdot \rho \cdot u_\infty^2 \cdot b \cdot L \cdot Re_L^{-1/5} \quad .$$

Der Widerstandskoeffizient ergibt sich dann durch

$$c_W = \frac{F_W}{\rho \cdot u_\infty^2 \cdot b \cdot L} = 0{,}0358 \cdot Re_L^{-1/5} \quad .$$

11.2 Zunächst berechnen wir die Impulsverlustdicke

$$\delta_2 = \int_0^\delta \frac{\langle u \rangle}{u_\infty} \cdot \left(1 - \frac{\langle u \rangle}{u_\infty}\right) dy = \delta \cdot \int_0^1 \eta^{1/10} \cdot \left(1 - \eta^{1/10}\right) d\eta = \frac{5}{66} \cdot \delta$$

und erhalten mit der Kennzahlgleichung für die Wandschubspannung $\tau_W = 0{,}01 \cdot \rho \cdot u_\infty^2 \cdot Re_\delta^{-1/6}$ aus dem Impulssatz die hydrodynamische Grenzschichtdicke gemäß Gl. (11.14)

$$\frac{\partial \delta_2}{\partial x} = \frac{5}{66} \cdot \frac{\partial \delta}{\partial x} = 0{,}01 \cdot \frac{\nu^{1/6}}{u_\infty^{1/6} \cdot \delta^{1/6}} \quad ,$$

$$\delta^{7/6} = 0{,}01 \cdot \frac{7}{6} \cdot \frac{66}{5} \cdot \frac{\nu^{1/6}}{u_\infty^{1/6} \cdot x^{1/6}} \cdot x^{7/6} \quad ,$$

$$\delta(x) = 0{,}201 \cdot x \cdot Re_x^{-1/7} \quad .$$

Mit der hydrodynamischen Grenzschichtdicke ergibt sich aus dem Impulssatz der Reibungskoeffizient

$$c_f(x) = 2 \cdot \frac{\partial \delta_2}{\partial x} = \frac{5}{33} \cdot 0{,}201 \cdot \frac{\partial \left(x \cdot Re_x^{-1/7}\right)}{\partial x} = 0{,}0261 \cdot Re_x^{-1/7} \quad .$$

Zur Ermittlung der lokalen Nusselt-Zahl bestimmen wir als Nächstes die für einen mittleren advektiven Wärmetransport repräsentative Verlustdicke gemäß Gl. (11.12). Mit der Annahme $\delta_{th} \approx \delta$ für Fluide mit Prandtl-Zahlen von $Pr \approx 1$ erhalten wir

$$\delta_4 = \frac{T_\infty - T_W}{T_\infty} \cdot \delta \cdot \int_0^1 \eta^{1/10} \cdot \left(\eta^{1/10} - 1\right) d\eta = \frac{5}{66} \cdot \frac{T_W - T_\infty}{T_\infty} \cdot \delta \quad .$$

Für den Energiesatz der thermischen Grenzschicht gemäß Gl. (11.13) erhalten wir

$$u_\infty \cdot T_\infty \cdot \frac{5}{66} \cdot \frac{T_W - T_\infty}{T_\infty} \cdot \frac{d\delta}{dx} = \frac{\dot{q}_W}{\rho \cdot c} \quad .$$

Den Term $5/66 \cdot d\delta/dx$ ersetzten wir entsprechend dem Ergebnis für den Reibungskoeffizienten mit $c_f(x)/2 = 0{,}0131 \cdot Re_x^{-1/7}$ und erhalten damit die lokale Nusselt-Zahl

$$Nu(x) = \frac{c_f(x)}{2} \cdot Re_x \cdot Pr = 0{,}0131 \cdot Re_x^{6/7} \cdot Pr \quad .$$

11.3 Zur Berechnung des Wandabstands bei $y^+ = 30$ nutzen wir die Definitionsgleichung für den dimensionslosen Wandabstand.

$$y = y^+ \cdot \frac{\nu}{u_\tau} \quad .$$

Die Reynolds-Zahl beträgt

$$Re_{x=7\,\mathrm{m}} = \frac{u_\infty \cdot x}{\nu} = \frac{0{,}4\,\mathrm{m\,s^{-1}} \cdot 7{,}0\,\mathrm{m}}{7{,}83 \cdot 10^{-7}\,\mathrm{m^2\,s^{-1}}} = 3{,}58 \cdot 10^6$$

und wir können zur Bestimmung der Schubspannungsgeschwindigkeit die Kennzahlgleichung für den lokale Reibungskoeffizienten gemäß Gl. (11.20) verwenden.

$$u_\tau = \left(\frac{\tau_W}{\rho}\right)^{1/2} = \left[0.0289 \cdot u_\infty^2 \cdot Re_x^{-1/5}\right]^{1/2}$$

$$= \left[0.0289 \cdot \left(0{,}4\,\mathrm{m\,s^{-1}}\right)^2 \cdot \left(3.58 \cdot 10^6\right)^{-1/5}\right]^{1/2} = 1{,}50 \cdot 10^{-2}\,\mathrm{m\,s^{-1}} \quad .$$

Demnach ergibt sich für den Wandabstand bei $y^+ = 30$

$$y = 30 \cdot \frac{7{,}83 \cdot 10^{-7}\,\mathrm{m^2\,s^{-1}}}{1{,}50 \cdot 10^{-2}\,\mathrm{m\,s^{-1}}} = 0{,}0016\,\mathrm{m} \quad .$$

Gemäß Gl. (11.27) lautet der lokale Wärmeübertragungskoeffizient

$$\alpha(x) = 0{,}0289 \cdot Pr^{1/3} \cdot \lambda \cdot \frac{u_\infty^{4/5}}{\nu^{4/5}} \cdot x^{-1/5} \quad .$$

Unter Vernachlässigung des laminaren Grenzschichtbereichs berechnet sich der Lauflänge-gemittelte Wärmeübertragungskoeffizient mit

$$\alpha_L(x) = \frac{1}{x} \cdot \int_0^x \alpha(\tilde{x})\,d\tilde{x} = \frac{1}{x} \cdot \int_0^x 0{,}0289 \cdot Pr^{1/3} \cdot \lambda \cdot \frac{u_\infty^{4/5}}{\nu^{4/5}} \cdot \tilde{x}^{-1/5}\,d\tilde{x}$$

$$= 0{,}036 \cdot Pr^{1/3} \cdot \lambda \cdot \frac{u_\infty^{4/5}}{\nu^{4/5}} \cdot x^{-1/5} \quad .$$

Demnach gilt für die Lauflänge-gemittelte Nusselt-Zahl

$$Nu_L(x = 18\,\text{m}) = 0{,}036 \cdot Pr^{1/3} \cdot Re_{x=18\,\text{m}}{}^{4/5}$$

$$= 0{,}036 \cdot 5{,}3^{1/3} \cdot \left(9{,}19 \cdot 10^6\right)^{4/5} = 23355{,}0 \quad .$$

11.4 Innerhalb des Reynolds-Zahl-Bereichs $5 \cdot 10^5 \leq Re_{l_x} \leq 5 \cdot 10^7$ gilt für die dimensionslose mittlere Geschwindigkeitsverteilung

$$\frac{\langle u \rangle}{u_\infty} = \left(\frac{y}{\delta}\right)^{1/7} \quad ,$$

$$\langle u \rangle = y^{1/7} \cdot \delta^{-1/7} \cdot u_\infty \quad .$$

Für $\delta^{-1/7}$ ergibt sich durch Umformen von Gl. (11.16)

$$\delta^{-1/7} = \left(\frac{\tau_W}{\rho}\right)^{4/7} \cdot \frac{1}{u_\infty} \cdot \left(\frac{1}{0{,}0225}\right)^{4/7} \cdot \left(\frac{1}{\nu}\right)^{1/7} \quad .$$

Somit erhält man

$$\langle u \rangle = y^{1/7} \cdot \left(\frac{\tau_W}{\rho}\right)^{4/7} \cdot \frac{1}{u_\infty} \cdot \left(\frac{1}{0{,}0225}\right)^{4/7} \cdot \left(\frac{1}{\nu}\right)^{1/7} \cdot u_\infty \quad ,$$

und das weitere Umformen führt auf die dimensionslose mittlere Geschwindigkeitsverteilung

$$\langle u \rangle = 8{,}74 \cdot y^{1/7} \cdot \frac{u_\tau{}^{1/7}}{\nu^{1/7}} \cdot \left(\frac{\tau_W}{\rho}\right)^{1/2} \quad ,$$

$$u^+ = 8{,}74 \cdot y^{+1/7} \quad .$$

Übungsaufgaben Kapitel 12

12.1 Die Reynolds-Zahl der Rohrströmung beträgt

$$Re_D = \frac{\rho \cdot D \cdot u_m}{\mu} = 82833 \quad .$$

Berücksichtigt man die Temperaturabhängigkeit des Darcy-Reibungsbeiwerts mit der Korrelation nach Petukhov (1970) bei Heizung des Fluids, so erhält man

$$\xi_{D,\infty} = (1,82 \cdot \log(Re_D) - 1,64)^{-2} \cdot \frac{1}{6} \cdot \left(7 - \frac{\mu}{\mu_W}\right) = 0,017 \quad .$$

Als Nächstes bestimmen wir die Wandschubspannung

$$\overline{\tau}_W = \frac{\xi_{D,\infty}}{8} \cdot \rho \cdot u_m^2 = 4,766\,\mathrm{N\,m^{-2}}$$

und anschließend die Schubspannungsgeschwindigkeit

$$u_\tau = \sqrt{\frac{\overline{\tau}_W}{\rho}} = 0{,}0692\,\mathrm{m\,s^{-1}} \quad .$$

Den y^+-Wert an der Stelle $y_1 = 0,0005\,\mathrm{m}$ erhält man mit Hilfe der Definitionsgleichung

$$y_1^+ = y_1 \cdot \rho \cdot \frac{u_\tau}{\mu} = 86,04 \quad .$$

Um die zeitlich gemittelten Größen berechnen zu können, werden zuerst die u^+- und T^+-Werte am Ort $y^+ = 86,04$ benötigt. Ein analoges Vorgehen wie bei der Von-Kármán-Analogie (siehe Aufgabe 12.2) ergibt für die dimensionslose Geschwindigkeit

$$u^+(y^+ = 86,04) = 16,59$$

und für die dimensionslose Temperatur

$$T^+(y^+ = 86,04) = 5 \cdot \left[Pr + Pr_t \cdot \ln\left(5 \cdot \frac{Pr}{Pr_t} + 1\right)\right] + \frac{1}{\kappa} \cdot \ln\left[\frac{y^+ = 86,04}{30}\right] = 43,51 \quad .$$

Somit ergeben sich für die zeitlich gemittelte Strömungsgeschwindigkeit

$$\langle u \rangle = u^+ \cdot u_\tau = 1,15\,\mathrm{m\,s^{-1}}$$

und für die zeitlich gemittelte Temperatur

$$\langle T \rangle = T_W - T^+ \cdot \frac{\dot{q}_W}{\rho \cdot c \cdot u_\tau} = 39,78\,^\circ\mathrm{C} \quad .$$

Mit dem Wirbelviskositätsmodell von Reichardt (1951) erhält man

$$\nu_t = \frac{\mu}{\rho} \cdot \kappa \left(y^+ - 11 \cdot \tanh\left(\frac{y^+}{11}\right)\right) = 21{,}74 \cdot 10^{-6}\,\mathrm{m^2\,s^{-1}}$$

und für die turbulente Wärmeleitfähigkeit

$$\lambda_t = a_t \cdot c \cdot \rho = 90{,}4\,\mathrm{W\,m^{-1}\,K^{-1}} \quad .$$

Die turbulente Wärmeleitfähigkeit am Ort (x_1, y_1) ist fast 148 mal größer als die entsprechende molekulare Größe.

12.2 Wir formen zunächst die Definitionsgleichung der Stanton-Zahl wie folgt um

$$St_{\infty,D} = \frac{Nu_{\infty,D}}{Re_D \cdot Pr} = \frac{\dfrac{\alpha \cdot D}{\lambda}}{\dfrac{u_m \cdot D}{\nu} \cdot \dfrac{\nu \cdot c \cdot \rho}{\lambda}} = \frac{\alpha}{c \cdot \rho \cdot u_m}$$

$$= \frac{\dot{q}_W}{c \cdot \rho \cdot (T_W - T_{am}) \cdot u_m} \cdot \frac{u_\tau}{u_\tau} = \frac{\Delta T_\tau}{(T_W - T_{am})} \cdot \frac{1}{u_m^+}$$

$$= \frac{\Delta T_\tau}{(T_W - T_{am})} \cdot \sqrt{\frac{f_{D,\infty}}{2}} \quad .$$

Anschließend substituieren wird die Reibungstemperatur ΔT_τ entsprechend

$$\Delta T_\tau = \frac{T_W - T_{ML}}{T_{ML}^+}$$

und erhalten somit

$$St_{\infty,D} = \frac{\dfrac{T_W - T_{ML}}{T_W - T_{am}}\sqrt{f_{D,\infty}/2}}{T_{ML}^+}$$

bzw.

$$Nu_{\infty,D} = \frac{\dfrac{T_W - T_{ML}}{T_W - T_{am}} \cdot Re_D \cdot Pr \cdot \sqrt{f_{D,\infty}/2}}{T_{ML}^+} \quad ,$$

wobei $T_{ML} = \langle T(y = R)\rangle$ der gemittelten Temperatur entlang der Rohrmittellinie entspricht. Für die Berechnung der dimensionslosen Rohrmittellinientemperatur T_{ML}^+ nutzen wir die Wandgesetze. Die Entdimensionalisierung von Gl. (12.29) und Gl. (12.114) für die Rohrströmung führt unter Verwendung der Wirbelviskositätsannahme gemäß Gl. (9.131) für die Reynolds-Spannungen auf

$$\left(1 - \frac{y^+}{R^+}\right) = \left(1 + \frac{\nu_t}{\nu}\right) \cdot \frac{du^+}{dy^+} \tag{L.56}$$

und unter Verwendung der Gradienten-Diffusion-Annahme gemäß Gl. (9.133) für die Reynolds-Wärmeströme auf

$$\left(1 - \frac{y^+}{R^+}\right) = \frac{1}{Pr} \cdot \frac{dT^+}{dy^+} - vT^+ = \left(\frac{1}{Pr} + \frac{a_t}{v}\right) \cdot \frac{dT^+}{dy^+} = \left(\frac{1}{Pr} + \frac{v_t}{Pr_t \cdot v}\right) \cdot \frac{dT^+}{dy^+} \quad . \quad \text{(L.57)}$$

Die dimensionslose Rohrmittellinientemperatur erhalten wir durch Integration von Gl. (L.57) über den Radius R^+

$$T_{ML}^+ = \int_0^{R^+} \underbrace{\frac{\left(1 - \dfrac{\tilde{y}^+}{\tilde{R}^+}\right)}{\dfrac{1}{Pr} + \dfrac{v_t}{Pr_t \cdot v}}}_{I} \, d\tilde{y}^+ \quad .$$

Die mit dem Wandabstand einhergehenden Änderungen der Wärmetransportmechanismen führen zu bereichsspezifischen Wandfunktionen für die Beschreibung des mittleren thermischen Strömungsfelds. Es ist daher zweckmäßig, das Integrationsgebiet entsprechend den drei Schichten aufzuteilen und den Integranden I anzupassen. Mit der zugrundegelegten Annahme $Pr \approx 1$ sind die viskose Unterschicht und die molekulare Unterschicht, die Übergangsbereiche sowie die turbulente Schicht und die thermische turbulente Schicht deckungsgleich. Die molekulare Unterschicht liegt im Bereich $y^+ \leq 5$. Der turbulente Wärmetransport ist vernachlässigbar und es gilt $1 \gg y^+/R^+$, sodass sich für den Integranden

$$I = Pr$$

ergibt. In der thermischen Übergangsschicht im Bereich $5 < y^+ \leq 30$ gilt weiterhin $1 \gg y^+/R^+$ und die Geschwindigkeitsverteilung lässt sich mit der von von Kármán (1939) vorgeschlagenen Wandfunktion

$$u^+ = 5,0 \cdot \ln\left(y^+\right) + 3,05$$

ermitteln. Deren Ableitung nach y^+ führt mit Gl. (L.56) auf

$$\frac{v_t}{v} = \frac{y^+}{5} - 1$$

und für den Integranden erhalten wir

$$I = \frac{1}{\dfrac{1}{Pr} + \dfrac{y^+}{5 \cdot Pr_t} - \dfrac{1}{Pr_t}} \quad .$$

In der thermischen turbulenten Außenschicht innerhalb des Bereichs $30 < y^+ \leq R^+$ dominiert der turbulente Transport. Substituiert man den Geschwindigkeitsgradienten in Gl. (L.56) durch die Ableitung der logarithmischen Geschwindigkeitsverteilung ergibt sich

$$\frac{\nu_t}{\nu} = \frac{1 - \dfrac{y^+}{R^+}}{\dfrac{du^+}{dy^+}} = \kappa \cdot y^+ \cdot \left(1 - \frac{y^+}{R^+}\right)$$

und der Integrand lautet

$$I = \frac{Pr_t}{\kappa \cdot y^+} \quad .$$

Die anschließende Integration

$$T^+_{ML} = \int_0^5 Pr\, dy^+ + \int_5^{30} \frac{1}{\dfrac{1}{Pr} + \dfrac{y^+}{5 \cdot Pr_t} - \dfrac{1}{Pr_t}}\, dy^+ + \int_{30}^{R^+} \frac{Pr_t}{\kappa \cdot y^+}\, dy^+$$

führt auf

$$T^+_{ML} = 5 \cdot \left[Pr + Pr_t \cdot \ln\left(5 \cdot \frac{Pr}{Pr_t} + 1\right)\right] + \frac{Pr_t}{\kappa} \cdot \ln\left(\frac{R^+}{30}\right) \quad .$$

Mit

$$R^+ = \frac{R \cdot u_\tau}{\nu} = \frac{R \cdot u_m}{\nu} \cdot \sqrt{\frac{f_{D,\infty}}{2}} = \frac{Re_D}{2} \cdot \sqrt{\frac{f_{D,\infty}}{2}}$$

ergibt sich

$$Nu_{\infty,D} = \frac{\dfrac{T_W - T_{ML}}{T_W - T_{am}} \cdot Re_D \cdot Pr \cdot \sqrt{\dfrac{f_{D,\infty}}{2}}}{5 \cdot \left[Pr + Pr_t \cdot \ln\left(5 \cdot \dfrac{Pr}{Pr_t} + 1\right)\right] + \dfrac{Pr_t}{\kappa} \cdot \ln\left(\dfrac{Re_D}{60} \cdot \sqrt{\dfrac{f_{D,\infty}}{2}}\right)} \quad .$$

12.3 Die Taylor-Reihenentwicklung der Temperaturfluktuationen an der Wand liefert

$$T'^+(y^+) = T'^+(0) + \left.\frac{\partial T'^+}{\partial y^+}\right|_{y^+=0} \cdot y^+ + \left.\frac{\partial^2 T'^+}{\partial y^{+2}}\right|_{y^+=0} \cdot \frac{y^{+2}}{2} + \cdots \quad . \qquad \text{(L.58)}$$

Zur Bestimmung der wandnormalen Gradienten von T'^+ setzen wir die Reynolds-Dekomposition für die Temperatur $T = \langle T \rangle + T'$ und für die Wandwärmestromdichte den Ausdruck $\dot{q}_W + \dot{q}_W{'}$ in das Fourier'sche Wärmeleitungsgesetz ein und erhalten

$$-\lambda \cdot \left(\left.\frac{\partial \langle T \rangle}{\partial y}\right|_{y=0} + \left.\frac{\partial T'}{\partial y}\right|_{y=0}\right) = \dot{q}_W + \dot{q}_W{'} \quad .$$

Ein weiteres Umformen liefert die entdimensionalisierte Form

$$\frac{\lambda}{\dot{q}_W} \cdot \left(\left.\frac{\partial \left(T_W - \langle T \rangle\right)}{\partial y}\right|_{y=0} + \left.\frac{\partial \left(T_W - T'\right)}{\partial y}\right|_{y=0}\right) = 1 + \frac{\dot{q}_W{'}}{\dot{q}_W} \quad ,$$

und das Erweitern mit $c \cdot \rho \cdot v$ führt auf

$$\frac{1}{Pr} \cdot \left(\frac{\partial T^+}{\partial y^+}\bigg|_{y^+=0} + \frac{\partial T'^+}{\partial y^+}\bigg|_{y^+=0} \right) = 1 + \frac{\dot{q}w'}{\dot{q}w} \quad .$$

Unter Berücksichtigung von Gl. (12.122) ergibt sich

$$\frac{\partial T'^+}{\partial y^+}\bigg|_{y^+=0} = Pr \cdot \frac{\dot{q}w'}{\langle \dot{q}w \rangle} \quad .$$

Dadurch lässt sich für Gl. (L.58)

$$T'^+(y^+) = Pr \cdot \left(b_T \cdot y^+ + c_T \cdot y^{+2} + \cdots \right) \tag{L.59}$$

schreiben, wobei das Produkt von Konstanten und Quotienten aus Fluktuation und Mittelwert der Wandwärmestromdichten sowie deren Gradienten mit den Funktionen b_T, c_T, ..., usw. angegeben werden. Mit

$$u'^+(y^+) = b_1 \cdot y^+ + c_1 \cdot y^{+2} + \cdots \quad ,$$

$$v'^+(y^+) = c_2 \cdot y^{+2} + \cdots \quad ,$$

$$w'^+(y^+) = b_3 \cdot y^+ - c_3 \cdot y^{+2} + \cdots \quad ,$$

entsprechend Gl. (12.164) – Gl. (12.166) und anschließendem Mitteln erhält man für die Reynolds-Wärmestromdichten die dominierenden Terme in unmittelbarer Wandnähe in Hauptströmungsrichtung

$$\langle u' \cdot T' \rangle^+ = Pr \cdot \left(\langle b_1 \cdot b_T \rangle \cdot y^{+2} + \cdots \right) \quad , \tag{L.60}$$

in Wandnormalenrichtung

$$\langle v' \cdot T' \rangle^+ = Pr \cdot \left(\langle c_2 \cdot b_T \rangle \cdot y^{+3} + \cdots \right) \quad , \tag{L.61}$$

und in Querrichtung

$$\langle w' \cdot T' \rangle^+ = Pr \cdot \left(\langle b_3 \cdot b_T \rangle \cdot y^{+2} + \cdots \right) \quad . \tag{L.62}$$

12.4 Für eine hydrodynamisch ausgebildete, vollständig turbulent entwickelte Kanalströmung gilt $\partial/\partial t = 0$, $\partial k/\partial x = 0$, $\partial \langle u \rangle/\partial x = 0$, $\partial \langle u'^2 \rangle/\partial x = 0$, $\partial \langle v'^2 \rangle/\partial x = 0$, $\partial \langle u' \cdot v' \rangle/\partial x = 0$, $\partial/\partial z = 0$ und $\langle v \rangle = \langle w \rangle = 0$ und für Gl. (12.167) erhalten wir für den Konvektivterm

$$C = \langle u \rangle \cdot \frac{\partial k}{\partial x} + \langle v \rangle \cdot \frac{\partial k}{\partial y} + \langle w \rangle \cdot \frac{\partial k}{\partial z} = 0 \quad ,$$

für den Produktionsterm

$$\mathcal{P} = -\langle u_i' \cdot u_j' \rangle \cdot \frac{\partial \langle u_i \rangle}{\partial x_j} = -\langle u' \cdot u' \rangle \cdot \frac{\partial \langle u \rangle}{\partial x} - \langle v' \cdot u' \rangle \cdot \frac{\partial \langle v \rangle}{\partial x} - \langle w' \cdot u' \rangle \cdot \frac{\partial \langle w \rangle}{\partial x}$$
$$-\langle u' \cdot v' \rangle \cdot \frac{\partial \langle u \rangle}{\partial y} - \langle v' \cdot v' \rangle \cdot \frac{\partial \langle v \rangle}{\partial y} - \langle w' \cdot v' \rangle \cdot \frac{\partial \langle w \rangle}{\partial y}$$
$$-\langle u' \cdot w' \rangle \cdot \frac{\partial \langle u \rangle}{\partial z} - \langle v' \cdot w' \rangle \cdot \frac{\partial \langle v \rangle}{\partial z} - \langle w' \cdot w' \rangle \cdot \frac{\partial \langle w \rangle}{\partial z}$$
$$= -\langle u' \cdot v' \rangle \cdot \frac{\partial \langle u \rangle}{\partial y} \quad ,$$

und für den Diffusionsterm

$$\mathcal{D} = \frac{1}{\rho} \cdot \frac{\partial \langle p' \cdot u' \rangle}{\partial x} + \frac{1}{\rho} \cdot \frac{\partial \langle p' \cdot v' \rangle}{\partial y} + \frac{1}{\rho} \cdot \frac{\partial \langle p' \cdot w' \rangle}{\partial z}$$
$$+ \nu \cdot \frac{\partial}{\partial x} \frac{\partial k}{\partial x} + \nu \cdot \frac{\partial}{\partial y} \frac{\partial k}{\partial y} + \nu \cdot \frac{\partial}{\partial z} \frac{\partial k}{\partial z}$$
$$- \langle \frac{\partial \frac{1}{2} \cdot u_i'^2 \cdot u'}{\partial x} \rangle - \langle \frac{\partial \frac{1}{2} \cdot u_i'^2 \cdot v'}{\partial y} \rangle - \langle \frac{\partial \frac{1}{2} \cdot u_i'^2 \cdot w'}{\partial z} \rangle$$
$$= \frac{1}{\rho} \cdot \frac{\partial \langle p' \cdot v' \rangle}{\partial y} + \nu \cdot \frac{\partial}{\partial y} \frac{\partial k}{\partial y} - \langle \frac{\partial \frac{1}{2} \cdot u_i'^2 \cdot v'}{\partial y} \rangle \quad ,$$

während der Pseudo-Dissipationsterm $\tilde{\varepsilon}$ unberührt bleibt. Die Transportgleichung der turbulenten kinetischen Energie für die stationäre, zweidimensionale Kanalströmung lautet demnach

$$0 = -\langle u' \cdot v' \rangle \cdot \frac{\partial \langle u \rangle}{\partial y} - \tilde{\varepsilon} - \frac{1}{\rho} \cdot \frac{\partial \langle p' \cdot v' \rangle}{\partial y} + \nu \cdot \frac{\partial}{\partial y} \frac{\partial k}{\partial y} - \langle \frac{\partial \frac{1}{2} \cdot u_i'^2 \cdot v'}{\partial y} \rangle \quad .$$

12.5 Um zu zeigen, dass in einer hydrodynamisch ausgebildeten, vollständig turbulent entwickelten Kanalströmung die viskose Diffusion $\mathcal{D}^\nu$ die Dissipation ε an der Wand ausgleicht, untersuchen wir Gl. (12.92) mit den Geschwindigkeitsschwankungen und Reynolds-Spannungen an der Wand. Die dimensionsbehafteten Größen gehorchen ähnlichen Beziehungen wie in Gl. (L.49) – Gl. (L.55) angegeben, jedoch mit geänderten Konstanten. Um den Unterschied zu verdeutlichen, verwenden wir im Folgenden B_1, C_1 usw. anstatt b_1, c_1 usw. Wir erhalten für den

- Produktionsterm

$$\mathcal{P}|_{y=0} = \left[-\langle u' \cdot v' \rangle \cdot \frac{\partial \langle u \rangle}{\partial y} \right]_{y=0} = \left[\left(-\langle B_1 \cdot C_2 \rangle \cdot y^3 \right) \cdot \frac{\partial \langle u \rangle}{\partial y} \right]_{y=0} = 0 \quad ,$$

- Dissipationsterm

$$\varepsilon|_{y=0} = \tilde{\varepsilon}|_{y=0} + \left[\nu \cdot \frac{\partial^2 \langle v'^2 \rangle}{\partial y^2}\right]_{y=0}$$

$$= \nu \cdot \langle \frac{\partial u'}{\partial y} \cdot \frac{\partial u'}{\partial y} \rangle|_{y=0} + \nu \cdot \langle \frac{\partial v'}{\partial y} \cdot \frac{\partial v'}{\partial y} \rangle|_{y=0} + \nu \cdot \langle \frac{\partial w'}{\partial y} \cdot \frac{\partial w'}{\partial y} \rangle|_{y=0} + \left[\nu \cdot \frac{\partial^2 \langle v'^2 \rangle}{\partial y^2}\right]_{y=0}$$

$$= \nu \cdot \langle [B_1^2 + O(y)]^2 \rangle|_{y=0} + \nu \cdot \langle [B_3^2 + O(y)]^2 \rangle|_{y=0} + \left[\nu \cdot \frac{\partial^2}{\partial y^2} \left(\langle C_2^2 \rangle \cdot y^4\right)\right]_{y=0}$$

$$= \nu \cdot \left(\langle B_1{}^2 \rangle + \langle B_3{}^2 \rangle\right) \quad ,$$

- Druckdiffusionsterm

$$\mathcal{D}^P|_{y=0} = \left[-\frac{1}{\rho} \cdot \frac{\partial \langle p' \cdot v' \rangle}{\partial y}\right]_{y=0} = -\frac{1}{\rho} \cdot \left[\langle v' \cdot \frac{\partial p'}{\partial y} \rangle + \langle p' \cdot \frac{\partial v'}{\partial y} \rangle\right]_{y=0}$$

$$= -\frac{1}{\rho} \cdot \left[\langle \left(C_2 \cdot y^2\right) \cdot \frac{\partial p'}{\partial y} \rangle + \langle p' \cdot 2 \cdot C_2 \cdot y \rangle\right]_{y=0} = 0 \quad ,$$

- viskosen Diffusionsterm

$$\mathcal{D}^\nu|_{y=0} = \nu \cdot \frac{\partial^2 k}{\partial y^2}\bigg|_{y=0} = \left[\frac{\nu}{2} \cdot \frac{\partial^2 \left(\langle u'^2 \rangle + \langle v'^2 \rangle + \langle w'^2 \rangle\right)}{\partial y^2}\right]_{y=0}$$

$$= \left[\frac{\nu}{2} \cdot \frac{\partial^2 \left(\langle B_1{}^2 \rangle \cdot y^2 + \langle C_2{}^2 \rangle \cdot y^4 + \langle B_1{}^2 \rangle \cdot y^2\right)}{\partial y^2}\right]_{y=0}$$

$$= \nu \cdot \left(\langle B_1{}^2 \rangle + \langle B_3{}^2 \rangle\right) \quad ,$$

- turbulenten Diffusionsterm

$$\mathcal{D}^t|_{y=0} = \frac{1}{2} \cdot \frac{\partial}{\partial y} \langle u_i'^2 \cdot v' \rangle\bigg|_{y=0} = \left[\frac{1}{2} \cdot \frac{\partial}{\partial y} \left[\langle u'^2 \cdot v' \rangle + \langle v'^3 \rangle + \langle w'^2 \cdot v' \rangle\right]\right]_{y=0}$$

$$= \left[\frac{1}{2} \cdot \frac{\partial}{\partial y} \left[\langle B_1^2 \cdot C_2 \rangle \cdot y^4 + \langle C_2^3 \rangle \cdot y^6 + \langle B_3^2 \cdot C_2 \rangle \cdot y^4\right]\right]_{y=0} = 0 \quad .$$

Die viskose Diffusion kompensiert die Dissipation, während die restlichen Terme an der Wand nicht zur turbulenten kinetischen Energie beitragen.

12.6 Um zu zeigen, dass in einer hydrodynamisch und thermisch ausgebildeten, vollständig turbulent entwickelten Kanalströmung die thermische Dissipation χ die molekulare Diffusion $\mathcal{D}_T^\lambda$ ausgleicht, untersuchen wir das Verhalten der einzelnen Terme der entsprechend vereinfachten Transportgleichung der Temperaturvarianz

$$0 = -2 \cdot \langle T' \cdot u' \rangle \cdot \frac{\partial \langle T \rangle}{\partial x} - 2 \cdot \langle T' \cdot v' \rangle \cdot \frac{\partial \langle T \rangle}{\partial y} - \chi - \frac{\partial}{\partial y}\left[\langle T' \cdot T' \cdot v' \rangle - a\frac{\partial \langle T' \cdot T' \rangle}{\partial y} \right]$$

an der Wand unter Verwendung der Geschwindigkeitsschwankungen, Reynolds-Spannungen, Temperaturschwankungen und Reynolds-Wärmeströme an der Wand. Die dimensionsbehafteten Größen gehorchen ähnlichen Beziehungen wie in Gl. (L.49 – L.55) und in Gl. (L.59 – L.62) angegeben, jedoch mit geänderten Konstanten. Um den Unterschied zu verdeutlichen, verwenden wir im Folgenden B_T, B_1, C_1 usw. anstatt b_T, b_1, c_1 usw. Wir erhalten für den

- Produktionsterm

$$\mathcal{P}_T|_{y=0} = -\left[2 \cdot \langle T' \cdot u' \rangle \cdot \frac{\partial \langle T \rangle}{\partial x} \right]_{y=0} - \left[2 \cdot \langle T' \cdot v' \rangle \cdot \frac{\partial \langle T \rangle}{\partial y} \right]_{y=0}$$

$$= -\left[2 \cdot Pr \cdot \langle B_1 \cdot B_T \rangle \cdot y^2 \cdot \frac{\partial \langle T \rangle}{\partial x} \right]_{y=0} - \left[2 \cdot Pr \cdot \langle C_2 \cdot B_T \rangle \cdot y^3 \cdot \frac{\partial \langle T \rangle}{\partial y} \right]_{y=0} = 0 \quad,$$

- Dissipationsterm

$$\chi|_{y=0} = \left[2 \cdot a \cdot \left\langle \left(\frac{\partial T'}{\partial x_k}\right)^2 \right\rangle \right]_{y=0} = \left[2 \cdot a \cdot \left\langle \left(\frac{\partial}{\partial x_k}\left(Pr\left[B_T \cdot y + O(y^2) \right] \right)\right)^2 \right\rangle \right]_{y=0}$$

$$= \left[2 \cdot a \cdot \langle (Pr \cdot [B_T + O(y)])^2 \rangle \right]_{y=0} = 2 \cdot a \cdot Pr^2 \cdot B_T^{\,2} \quad,$$

- molekularen Diffusionsterm

$$\mathcal{D}_T^\lambda|_{y=0} = \left[a \cdot \frac{\partial^2 \langle T'^2 \rangle}{\partial y^2} \right]_{y=0} = \left[a \cdot \frac{\partial}{\partial y^2} \langle \left(Pr\left[B_T \cdot y + O(y^2) \right] \right)^2 \rangle \right]_{y=0}$$

$$= \left[a \cdot \frac{\partial}{\partial y^2} \langle \left(Pr^2 \left[B_T^2 \cdot y^2 + O(y^3) \right] \right) \rangle \right]_{y=0} = 2 \cdot a \cdot Pr^2 \cdot B_T^{\,2} \quad,$$

- turbulente Diffusionsterm

$$\mathcal{D}_T^t|_{y=0} = \left[-\frac{\partial}{\partial y} \langle T' \cdot T' \cdot v' \rangle \right]_{y=0}$$

$$= \left[-\frac{\partial}{\partial y} \langle Pr \cdot \left(B_T \cdot y + O(y^2) \right) \cdot Pr \cdot \left(B_T \cdot y + O(y^2) \right) \cdot \left(c_2 \cdot y^2 \right) \rangle \right]_{y=0} = 0 \quad.$$

Demnach gilt $\chi|_{y=0} = \mathcal{D}_T^\lambda|_{y=0}$.

12.7 1) falsch, 2) richtig, 3) falsch, 4) falsch, 5) falsch, 6) richtig

Sachwortverzeichnis

© Der/die Herausgeber bzw. der/die Autor(en), exklusiv lizenziert an
Springer Fachmedien Wiesbaden GmbH, ein Teil von Springer Nature 2025
S. Ruck, *Thermofluiddynamik*, https://doi.org/10.1007/978-3-658-48882-6